封面题字：沈国舫

北京森林

FORESTS IN BEIJING

《北京森林》编纂委员会 编

中国林业出版社
China Forestry Publishing House

图书在版编目（CIP）数据

北京森林 /《北京森林》编纂委员会编． -- 北京：中国林业出版社，2024.12． -- ISBN 978-7-5219-2930-0

Ⅰ．S718.55

中国国家版本馆CIP数据核字第2024LY1487号

责任编辑　于界芬　于晓文　张　健　李丽菁

出版发行　中国林业出版社
　　　　　（100009，北京市西城区刘海胡同7号，电话010-83143549）
电子邮箱　cfphzbs@163.com
网　　址　https://www.cfph.net
印　　刷　北京盛通印刷股份有限公司
版　　次　2024年12月第1版
印　　次　2024年12月第1次印刷
开　　本　889mm×1194mm　1/16
印　　张　49.5
字　　数　1345千字
定　　价　458.00元

《北京森林》编纂委员会

主　　　任	邓乃平	高大伟				
副 主 任	张　勇	廉国钊	林晋文	廖　全	沙海江	王金增
	朱国城	贡权民	周庆生	王小平	刘　强	

委　　　员（以姓氏笔画为序）

马　红	王　军	王　浩	方锡红	孔令水	叶向阳
冯　达	吕红文	朱建刚	朱绍文	向德忠	刘进祖
刘明星	刘春和	米国海	孙　熙	苏卫国	杜连海
杜建军	李　伟	李　欣	李延明	李迎春	李宏伟
杨　浩	杨　博	杨君利	吴志勇	吴海红	张　军
张志明	陈　鹏	陈长武	陈峻崎	武　军	周荣伍
周彩贤	单宏臣	胡　永	侯　智	侯雅芹	律　江
姜英淑	姜国华	姜浩野	姚　飞	姚立新	贺国鑫
袁士保	高春泉	黄三祥	常祥祯	盖立新	彭　强
曾小莉	薛　洋				

编纂委员会办公室

主　　　任	王小平	
副 主 任	姜英淑	刘进祖
成　　　员	张　莹	白玉洁
秘　　　书	白玉洁	

《北京森林》编写组

策　　　划	王小平
主　　　编	甘　敬
副　主　编	齐庆栓　陶万强　薛　康　张　莹

参 编 人 员（以姓氏笔画为序）

于占宇　于海群　马　红　王若楠　韦艳葵　甘　敬
白玉洁　邢韶华　刘进祖　刘欣欣　齐庆栓　关　玲
李　杰　李　莉　李　敏　李继磊　张　莹　张　峰
张　瑞　张志明　张志勇　陈青君　邵　丹　周彩贤
郑　波　赵艳香　胡　俊　南海龙　施　海　姜　俊
姜英淑　高　杰　高永龙　陶万强　陶文华　黄三祥
梁龙跃　梁崇波　蒋　薇　曾小莉　薛　康　魏雅芬

提供资料人员（以姓氏笔画为序）

于　涛　马　卓　马履一　王　敏　王建军　王翔宇
方　芳　田呈明　付瑞海　朱建刚　刘　曦　刘春莹
闫学强　孙海宁　李　利　李金海　李春义　李荣桓
李景文　李瑞生　杨欣宇　杨振威　张　博　张一鸣
张开春　张志翔　张启生　张国祯　张俊民　陆元昌
周荣伍　孟繁博　赵安琪　胡东崴　姚　飞　姚爱静
贺　毅　贺国鑫　秦永胜　耿　军　贾忠奎　高志伟
郭　佳　韩　超　智　信　靳雪洲　赖光辉　褚　杰
潘彦平

照 片 编 辑	任谊群
英 文 翻 译	申倩倩
学 名 审 核	张志翔　李进宇　陈青君　张志勇　淮稳霞　李继磊

奥林匹克森林公园全景

海淀小西山秋色

八达岭绿色长城

延庆世园会全景

林水相依的通州大运河

永定河景观生态林(大兴北臧村)

温榆河绿化(昌平沙河)

大兴机场高速路绿化

百万亩平原造林工程（延庆蔡家河）

燕山层林尽染

门头沟千军台落叶松林

序 一

《北京森林》是一本百科全书式的全面阐述其书名对象的巨著，我以愉悦的心情阅读了书稿，为其充分的包容度、丰富的内涵和高超的专业水准而表示由衷的赞赏。

我长达70多年的学术生涯与北京森林有着不解之缘。1950年我到北京上学，在卢沟桥附近的农场里进行农耕实习，看到北京市附近的山丘，从八宝山一直向北延续到阳台山，大多是荒芜无林，有不少地方甚至是岩石裸露，使我产生何时才能实现绿化的担忧。1956年我留苏学成回国，到当时的北京林学院工作，从此开始了我绿化祖国的一生实践追求。1957年我带领学生在妙峰山教学实验林场造了第一片林，又到北京市西山试验林场，与中央林业部林业科学研究所（中国林业科学研究院前身）的研究员和西山林场的技术人员一起，开始了荒山造林的试验研究工作，就这样开始了我的学术人生的起步。我从对北京市小西山和大西山的绿化，进而发展到对全市山区和平原绿化美化的关切和研究成为我的学术人生中的重要节点。

我在20世纪50年代就有机会看到北京市山区残存的天然次生林，包括门头沟区的百花山林区、怀柔区的喇叭沟门林区和延庆区的松山林区，感到这些森林还是丰富多样的，保存了区域森林动植物和微生物的多样性，可为北京市荒山绿化提供样板和支撑。但是大量的北京市荒山处于低山丘陵地带，而且原来的森林土壤已多半流失，尤其在阳坡存在着大量的岩石裸露占比很大的薄土荒山，绿化这些荒山难度很大，是世界级的难题。我在1958—1960年带领学生为北京市农林局做荒山造林规划设计，穿越门头沟区、昌平区、房山区以及密云水库的周边地区，见到的就是这番景象。以北京市小西山（现归属北京市西山林场）绿化为起端的荒山造林工作，凝聚了广大军民的奋斗努力，探索了多种方法技术，取得了显著的绿化效果，为全国广大山区的绿化造林工作树立了出色的样板。这项工作在几十年的时间里扩展到北京市全部荒山乃至平原，使北京市的森林覆盖率从区区的1.3%扩增到2023年的44.9%，在北京市现在已经很难再找到亟需绿化的荒山荒地了。举目望去，北京市的山川，春夏郁郁葱葱，秋日彩叶缤纷，即使入冬了还能看到绿色斑块（常绿针叶林）和灰色落叶阔叶林错落相间，这些森林保住了首都的良好生态，也为首都人民提供了广阔的游憩空间。此功至伟，值得称颂。

现在摆在北京市林业工作者面前的主要任务是如何提高天然次生林和人工林的质量，提高它们的生产力和稳定性，使之为广大人民提供更好的生态服务、物产服务和文化游憩服务。由于北京市降水量不足和分布不均，以及其他一些因素，要做好这件工作也是很不容易的。好在北京市有强大的科技和人才的支撑，传承北京市和全国类似地区已经积累的工作经验，吸收国际上有效的先进理念和做法，北京市对其森林可持续经营已经有了一套比较符合实际需要的工作方案，我在其中也有所参与，对于北京森林的未来发展，我抱有乐观的期待。

面对北京森林，我作为前人栽了一些树，我和后人一起享受到了它的多种恩惠。值此《北京森林》新书出版之际，我欣然接受邀请，为其作序，以致庆贺。

原中国工程院副院长
中国工程院院士 沈国舫

2024 年 11 月 15 日我的九十一岁生日

序 二

2024年1月，北京市荣获"全域国家森林城市"称号。森林，让北京这个千年古都更加美好。

北京森林续写着党的红色初心。新中国成立初期，北京的森林覆盖率仅有1.3%。1953年，中央领导同志在林业部部长的陪同下视察西山，要求林业部和北京市立即行动起来，尽快绿化西山，绿化北京。为此，北京市委作出了第一个绿化北京的决定。很多老一辈无产阶级革命家都参加过北京的绿化造林活动，特别是开展全民义务植树运动以来，党和国家主要领导人每年参加首都义务植树，并对北京的森林建设做出了一系列重要指示。北京的森林建设赓续着老一辈无产阶级革命家的红色初心。

北京森林蕴藏着市民的民生福祉。良好的生态环境是最公平的公共产品，是最普惠的民生福祉。新中国成立初期的北京，森林覆盖率只有1.3%，一到春天，风沙肆虐，许多防风防沙穿戴设备都是从北京开始的，如风镜、风衣等。经过70余年的建设，截至2023年年底，北京森林覆盖率已达到44.9%，全市公园数量达到了1065个，人均公园绿地面积达到了16.9平方米，出门见花，抬头见绿，是北京市民最惬意的骄傲。北京森林丰富了北京大都市的色彩，丰富了北京人民的生活。

北京森林记述着林业人的奋斗历程。新中国成立之初，发出了"实行大地园林化"的号召，林业部部长梁希先生用他诗人般的情怀，提出了"无山不绿，有水皆清，四时花香，万壑鸟鸣，替河山装成锦绣，把国土绘成丹青"的愿景。北京市的林业工作者，把植树造林、护绿增美作为自己的崇高责任。从新中国成立初期绿化小西山开始，到改革开放后三北防护林工程、京津风沙源治理工程，直到最近10年来的两轮百万亩造林绿化工程，他们用汗水浇灌北京森林的茁壮成长，是绿化北京、美化北京最可爱的人！

北京森林描绘了人与自然和谐共生的现代化画卷。党的二十大提出了建设人与自然和谐共生的现代化宏伟愿景。北京的森林建设正在实践着这一划时代的命题。北京市的森林正在从绿起来、美起来，到活起来发展。教育拥抱森林，北京市自然教育蓬勃发展；健康青睐森林，森林疗养在北京快速兴起。森林还为鸟类、野生动物这些可爱的生灵营造了家园，近几年增加了几十种过去没有来过的鸟类，在身边的社区公园经常有松鼠等小动物出没。现在北京市已经有野生动物612种，是生物多样性最丰富的大都市之一。以森林为伴，人们亲近自然的机会随时可达，人与自然和谐共生的画卷正在北京徐徐展开。

最近，北京市园林绿化局组织编写了《北京森林》一书，介绍了北京市的森林资源，回顾了北京森林的发展历程，展现了北京森林的建设成果。《北京森林》的出版发行将对北京的森林建设、自然保护、自然教育、森林疗养等起到极大的推动作用。

森林让北京更美好，《北京森林》将助力北京森林更加生机勃勃，前程似锦！

原国家林业局局长
中国林学会理事长

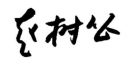

2024年6月于北京

前 言

森林是由其组成部分的生物群落（包括乔木、灌木、草本植物、地被植物及多种动物和微生物等）与周围环境（包括土壤、岩石、阳光、温度、大气、水分等非生物环境条件）相互作用形成的统一体。它是以乔木树种为主体，占据一定地域，生物与环境间相互作用、具有能量交换、物质循环代谢和信息传递功能的生态系统。森林生态系统是地球上最大的陆地生态系统，是全球生物圈中重要的一环。它是地球上的基因库、碳贮库、蓄水库、能源库和人类重要的食品库，对维系整个地球的生态平衡和生命系统起着至关重要的作用。森林是人类生产、生活的重要来源，是生存、发展的物质资源和环境基础，是人类的摇篮。人类就是从森林中走出来的。具体到一座城市，森林生态系统是维护城市生态安全、提供生态产品与服务、提升生态环境质量、实现人与自然和谐共生的重要基础和载体，发挥着防风固沙、涵养水源、调节气候、防治污染、美化环境、缓解热岛效应、保护生物多样性和应对气候变化等多种功能。

北京地区的森林属于北半球暖温带半湿润阔叶和针阔混交林植被类型。在人类社会诞生前，这里的森林和山岳、河流、湖泊、湿地一样，完全处于一种原始自然状态。在自然因素的综合作用影响下，进行着进化与演变。史料记载，北京地区的森林是一个生物物种资源非常丰富、服务功能十分齐备的原始森林生态系统。自金贞元元年（1153年），金朝皇帝海陵王完颜亮在北京建都以来，历经元、明、清三个朝代，随着皇城建设及城市规模的不断扩大、生产力水平的不断提高和人口的急剧增长，加上连续遭受战争及自然灾害的影响，北京地区的森林资源遭受严重破坏。到1949年新中国成立，北京地区的森林资源损失殆尽，仅残存次生林2万多公顷，森林覆盖率仅为1.3%。由于没有森林植被保护，自然生态系统十分脆弱，水、旱、风、沙等自然灾害频繁发生，水土流失严重，恶劣的自然生态环境，严重制约着北京的经济社会可持续发展。

新中国成立后，党中央、国务院和北京市委、市政府把保护森林资源、改善生态环境作为重大战略任务来推动。新中国成立之初，国家发出"绿化祖国""实行大地园林化"的伟大号召，要求"发展林业，绿化一切可能绿化的荒地荒山"。北京积极响应，认真落实，怀着"无山不绿，有水皆清，四时花香，万蛰鸟鸣，替河山装成锦绣，把国土绘成丹青"的美好愿景，踏上了植树造林、恢复森林的征程，开启了北京林业建设新的历史篇章。

从新中国成立之初到改革开放之前的30年，北京林业建设大体经历了艰难恢复、起步推进、曲折发展的几个阶段。在新中国成立初期，1950年2月28日至3月8日，林垦部在北京召开第一次全国林业业务会议，确定了"普遍护林，重点造林，合理采伐和合理利用"的林业建设总方针，北京建立了林业机构和护林组织，停止烧山毁林开荒，并有计划组织群众绿化造林。在20

世纪 50 年代初，为了尽快绿化小西山，以解放军驻京部队为主的义务植树大军在西山地区安营扎寨，拉开了北京地区大规模植树造林的序幕。与此同时，全市群众性的植树造林也掀起了热潮。1958 年，中央和市属各党政机关、企事业单位、大专院校到昌平、门头沟、房山、怀柔等区（县），分片包干绿化荒山。1962 年，在全市生态脆弱、风沙严重、荒山荒滩面积大、造林难度大、任务重的重点地区，组建国营林场，开展国营造林。在农村发动农民群众开展荒山造林、平原治沙造林和五大风沙区绿化。1964 年，中央提出了"以营林为基础，采育结合，造管并举，综合利用，多种经营"的林业建设总方针。在此期间，林业基础工作得到加强，林业建设稳步前进，造林面积逐年增加，造林质量不断提高。"文化大革命"初期，林业生产曾经一度处于停滞状态，同时由于强调"以粮为纲"，一些地方出现了毁林现象。进入 20 世纪 70 年代后，林业工作又逐步受到重视，平原四旁植树、农田林网建设和山区群众造林得到逐步恢复和发展。至 20 世纪 70 年代末，郊区的森林面积已从新中国成立初期的 2 万余公顷，发展到 20.39 万余公顷，森林覆盖率已由 1.3% 提高到 12.94%。

改革开放以来，北京的林业建设逐步进入持续、快速、健康发展的新阶段。1981 年 12 月，全国人大五届四次会议通过《关于开展全民义务植树运动的决议》，全国上下掀起了大规模的全民义务植树运动。与此同时，为加强对首都全民义务植树运动的领导，国务院决定成立首都绿化委员会，统一领导首都全民义务植树运动和城乡绿化美化工作。一代又一代的党和国家领导人，率先垂范，年年带头参加首都全民义务植树，极大鼓舞了首都军民绿化家园、美化环境的热情。解放军驻北京部队、武警部队指战员充分发挥突击队、战斗队作用，年复一年，积极支援首都城乡重点绿化工程建设；中直机关、中央国家机关各部门的干部职工，在搞好本单位庭院绿化的同时，奔赴郊区绿化重点地区，划分义务植树责任区，安营扎寨建立义务植树基地，年年超额完成义务植树任务；全市各行业广大干部职工、郊区农村广大农民群众以绿化造林、改善首都生态环境为己任，积极投身首都绿化造林建设。全市城乡形成了全党动员、全民动手、植树造林、绿化国土的良好局面，义务植树成为首都地区参加人数最多、持续时间最长、声势最浩大、影响最深远、成就最突出的一项群众性运动，极大推动和促进了首都城乡生态环境建设。同时，全市上下紧抓迎国庆，举办亚运会、奥运会等重大国际体育赛事，以及一些国际重要会议在北京召开的重大历史机遇，以实施绿化重点工程为带动，大力开展综合整治、大力推进植树造林，增加林木绿地资源，绿化美化城乡环境，改善、提高生态环境质量。先后实施了三北防护林，太行山绿化，京津风沙源治理，退耕还林，一道、二道绿化隔离地区建设，"五河十路"绿色通道建设，两轮百万亩造林工程等一批国家级、市级重大绿化造林工程，在全市构筑山区、平原、环城周边三道绿色生态屏障。

特别是党的十八大以来，以习近平同志为核心的党中央把生态文明建设上升为全党意志和国家战略，列入"五位一体"总体布局和"四个全面"战略布局，提出了一系列新理念新思想新战略。首都生态文明、植树造林、全域森林城市建设得到了党中央的高度关注，对大力推进北京的林业绿化和生态文明建设做出了一系列重要指示。党中央强调指出，"从涵养水源和风沙防护的角度看，北京应该多搞林业，积极恢复森林、湿地、湖泊，扩大环境容量和生态空间"；"要控制建设空间，扩大绿色空间，把青山绿水留给市民"；"要注意把针阔林比例结合好，使之更符合生物链、生态链要求；要在绿化基础上加强彩化，多种一些色彩斑斓的树种，努力建设全域森林城市，把北京建设得更美"。北京掀起了历史上前所未有的大规模造林绿化建设，更加注重人与自然和谐共生、更加注重山水林田湖草沙系统治理、更加注重生态功能和生物多样性，更加注重扩大城市绿色生态空间。

经过几代人数十年锲而不舍的艰苦努力，北京森林资源、城市绿地空间、园林绿化资源总量快速增长，绿色生态版图大幅拓展，70% 以上的市域被森林、绿地和湿地覆盖。据2019年开展的全市第九次园林绿化资源专业调查成果显示，全市林地面积为107.85万公顷，其中山区86.60万公顷，平原21.25万公顷；全市森林面积84.68万公顷，其中山区64.48万公顷，平原20.20万公顷；全市森林覆盖率达到44.35%，其中山区67.05%，平原29.73%。截至2020年年底，全市的自然保护区、风景名胜区、森林公园、湿地公园、地质公园五大类自然保护地共计79处，总面积达36.80万公顷。昔日童山濯濯、满目苍凉的山区，现如今已经变成林木苍翠、万壑鸟鸣的绿色丹青世界；平原形成了以水系林网、农田林网、道路林网绿色生态走廊为骨架，以大尺度森林湿地斑块为支撑，点、线、面、带、网、片相结合，色彩浓重、气势浑厚的秀美画卷。一个多功能、多类型、立体式、网络化的高质量绿色生态空间基本形成，山区绿屏、平原绿景、林水相依、果茂林丰、绿荫掩映、城在林中、美在心中的全域森林城市大生态格局已初步显现。昔日的沙漠化边缘城市，完成了脱胎换骨的转变，实现了环境优美、生态良好的华丽转身。这些成果的取得，关键在于有党中央、国务院的高度重视和亲切关怀，在于中央各部门、驻京解放军、武警部队的大力支持和帮助，在于历届市委、市政府的科学决策和坚强领导，在于全市广大干部群众的积极参与和不懈努力，还在于一代代广大林业工作者无怨无悔的默默坚守和无私奉献。可以说，在今后一个相当长的时期内，北京的森林恢复将由数量的增长向质量的提升转变，由大规模的植树造林向实施多功能目标经营转变。为此，编辑《北京森林》一书的时机已经成熟。

北京市园林绿化局党组高度重视本书的编写工作，为加强领导，成立了以党组书记、局长为主任，局领导班子成员为副主任，局机关各处室、局直属各单位主要负责人参与的编委会，统一领导该书的编写工作。同时，成立编委会办公室，负责本书编写的组织、协调、服务和编委会的日常工作。编委会办公室采取专职和兼职方式，抽调人员组建编写小组，确定主编、副主编，指导本书的资料收集、整理，具体负责文字的编纂、统稿工作。为加强编写力量，专门聘请了具有一定文字功底、有较强的责任心和事业心、已退居二线或退休的同志参与编纂工作，保障了编纂工作的顺利进行。

以史为鉴，可知兴替。为力求全面、客观、真实地记录新中国成立70余年来北京森林恢复和发展的辉煌历程，展示北京全域森林城市建设取得的丰硕成果，编委会办公室组织编写人员反复讨论，拟定编写大纲，在广泛征求意见的基础上反复修改调整完善，最后召开专家研讨、论证会，邀请中国工程院院士沈国舫、尹伟伦、张守攻，中国林业科学研究院研究员蔡登谷，原市林业局李永芳、于志民等老领导论证、审定。编写组根据专家所提意见，进一步完善编写大纲，细化编写任务，明确责任，由来自各相关单位熟悉情况的人员，分别承担相应的编写任务。

编写人员在完成相关编写后，提交主编、副主编审阅、交换意见，再作进一步修改，由主编、副主编集中统稿初审，进一步修改完善，形成送审稿，分别报送编委会成员审阅提出修改意见。为提高本书编辑质量，还特邀请中国林学会理事长赵树丛，中国工程院院士沈国舫、尹伟伦、张守攻，北京林业大学教授吴斌、宋维明、马履一、张志翔、翟明普、贾黎明、贾忠奎，中国林业科学研究院研究员蔡登谷、陆元昌，原市林业局、市园林绿化局李永芳、宋希友、董瑞龙、于志民、谭天鹰等老领导，对本书进行审阅把关，提出修改意见和建议。针对各方意见，对本书进行修改，形成定稿。可以说，本书的编写凝结着众多务林人的心血，是集体智慧的结晶。

本书作为一部史料性、学术性、专业性、实用性较强的工具书，力求以专业技术为主线，全面、客观、真实地记录70余年来北京森林恢复和发展历程、展示北京森林建设成果，所使用的资源数据原则上截至2020年，其他工作任务适当外延。主要内容涵盖自然概况、森林变迁、森林恢复、森林资源、森林保护、森林利用等方面的内容，共分6篇36章，约130万字。

各篇章的具体编写人员：第一章地形地貌约

0.36万字，由张莹、齐庆桂编写；第二章气候约0.59万字，由白玉洁、齐庆桂编写；第三章水资源约0.61万字，由李敏、齐庆桂编写；第四章土壤约2.42万字，由齐庆桂、魏雅芬编写；第五章植被约0.64万字，由蒋薇、薛康编写；第六章地质史时期约0.68万字、第七章原始社会时期约0.35万字、第八章奴隶社会时期约0.56万字，由齐庆桂编写；第九章封建社会及半殖民地半封建社会时期约4.54万字，由齐庆桂、李莉编写；第十章常规造林约3.48万字、第十一章全民义务植树约4.54万字、第十三章苗木培育约1.97万字、第十五章造林技术研究与应用约2.27万字，由姜俊、甘敬编写；第十二章工程造林约7.57万字，由薛康、姜俊、齐庆桂编写；第十四章森林经营约8.64万字，由高永龙、薛康、姜俊编写；第十六章林业碳汇约1.21万字，由张峰、于海群编写；第十七章森林资源现状约11.82万字，由张莹、韦艳葵、薛康编写；第十八章植物群落约11.36万字，由邢韶华、薛康编写；第十九章野生动物资源约4.24万字，由黄三祥编写；第二十章森林植物资源约5.91万字，由姜英淑、王若楠、刘欣欣编写；第二十一章森林昆虫资源约4.85万字，由张志勇、关玲、陶万强编写；第二十二章大型真菌资源约2.42万字，由陈青君、关玲、陶万强编写；第二十三章经济林资源约3.94万字，由张瑞、甘敬编写；第二十四章北京古树名木资源约1.52万字，由郑波、施海编写；第二十五章生物多样性保护约1.82万字，由周彩贤编写；第二十六章野生动植物保护约4.09万字，由黄三祥、张志明编写；第二十七章林业有害生物防控约6.52万字，由关玲、陶万强、李继磊编写；第二十八章森林防火约1.82万字，由于占宇、高杰编写；第二十九章古树名木保护约2.27万字，由郑波、施海编写；第三十章林业信息化应用约1.02万字，由赵艳香、陶文华、李杰编写；第三十一章果品产业约7.58万字，由张瑞、陶万强、甘敬编写；第三十二章森林旅游约3.64万字，由姜俊、曾小莉、甘敬编写；第三十三章蜂产业约3.94万字，由梁崇波、刘进祖编写；第三十四章自然教育约1.82万字，由马红、邵丹编写；第三十五章森林疗养约1.52万字，由南海龙编写；第三十六章林下经济约4.24万字，由梁龙跃、胡俊编写。

全书采用的284张照片，是从北京市园林绿化局机关处室、直属单位、各区园林绿化局、市区园林绿化系统外的相关单位以及个人提供的5万余张照片中，经过多次多轮反复筛选，最终确定下来的。其中，选用北京市园林绿化宣传中心62张，北京市园林绿化资源保护中心（北京市园林绿化局审批服务中心）55张，国有林场和种苗管理处37张，产业发展处28张，北京市园林绿化规划和资源监测中心（北京市林业碳汇与国际合作事务中心）17张，北京松山国家级自然保护区管理处9张，北京市园林绿化产业促进中心（北京市食用林产品质量安全中心）8张，义务植树处、生态保护修复处、首都绿色文化碑林管理处各7张，北京市林业工作总站（北京市林业科技推广站）6张。上述单位的照片，占本书选用照片的85.6%。

张莹负责全书的文字编辑、材料核对、格式统筹、照片编排等工作，任谊群负责照片收集、整理、筛选工作。

在资料收集过程中，得到相关单位和个人的大力支持。在本书即将付梓之际，谨向所有关心、关注和支持本书编写工作，为本书编写付出心血和汗水的人们致以衷心感谢！在本书的编写过程中，尽管各位参与者投入了大量精力，用心收集资料，反复修改文稿，历经数年才得以完成，但由于时间跨度较长，机构人员变动大、资料收集难度大等原因，难免出现舍本求末、挂一漏万，甚至错误的情况，敬请广大读者批评指正。

《北京森林》编纂委员会
2024年12月

Preface

Forests are among the most complex ecosystems in the world, and are indispensable to human beings due to their protective, productive and culture functions. Beijing, the capital of China, has complicated topography and climate, and features the warm temperate zone deciduous broad-leaved forest, which promotes growth of richer plant species. Historically, expansion of city scale, growth of population, wars and natural disasters led to deforestation every now and then.

In 1949 when the People's Republic of China was founded, forest cover in Beijing was only 1.3%, with only around 20000 hectare of secondary forest remained. The city embarked on a journey of afforestation and forest restoration from then on. After decades of hard work of several generations, forest area of Beijing increased to 846800 hectare, and forest cover up to 44.35%, according to a municipal survey in 2019. By end of 2020, number of natural protected areas, scenic areas, forest parks, wetland parks and geo-parks increased to 79, with a total area of 368000 hectare. Great effort has been also made to improve multi-functions of forests, including biodiversity conservation, climate change mitigation, nature education and green benefits, etc.

It is important to take history as a mirror to guide the future. Therefore, the Beijing Municipal Forestry and Parks Bureau gathered foresters and professionals from its divisions, affiliated organizations, universities and research institutes to compile this book. It aims to record and describe achievements in restoration and developments of forests in the region of Beijing relatively completely, systematically and accurately. This book is a product of collective wisdom and dedication of a number of authors and contributors whose input is gratefully acknowledged.

Due to limited professional skill and capacity, there may still be some mistakes and omissions. We welcome your kind criticisms and suggestions.

Editorial Committee of Forests in Beijing

December 2024

凡　例

一、本书力求坚持辩证唯物主义和历史唯物主义立场、观点和方法，存真求实，全面、客观记述北京森林的历史变迁与现状。

二、本书记述的地域范围大体上以 2022 年年底北京市行政区划为准，并参酌历代的城区、政区沿革和历史地理环境变迁情况适当伸缩，某些分章依其特定业务范围记述。

三、本书为创修，上限力求追溯到事业发端，下限一般为 2020 年，适当延伸到 2022 年。

四、采用规范语体文，行文力求准确、简洁、通畅，以志体为主。

五、本书编纂一般分为篇、章、节、目等层次。按北京森林发展脉络科学设置篇章，力求突出时代特征、北京特色和园林绿化行业特点。

六、新中国成立以前采用中国历史纪年与公元纪年对照方式书写，新中国成立起用公元纪年方式书写。

七、计量单位、标点符号的使用规范、统一，符合国家有关标准的规定。为尊重历史习惯，本书部分章节中的计量单位沿用亩、里、顷、斤、公斤等。

八、记述各历史时期的各种组织、机构、职务等，均以当时的名称为准，并使用全称。如后文需使用简称，在首次出现全称后括注规范简称。

九、资料主要来源于相关单位各时期林业、园林绿化发展规划、工程专项规划，林业、园林绿化工作总结，森林资源调查成果及各专项调查成果，林业、园林绿化科技研究，推广项目成果，林业年鉴、园林绿化年鉴等。

目　录

序一
序二
前言
凡例

第一篇　自然概况

第一章　地形地貌 ………………………………………………………………………… 2
　　第一节　山　地 ……………………………………………………………………… 2
　　第二节　丘　陵 ……………………………………………………………………… 3
　　第三节　平　原 ……………………………………………………………………… 3

第二章　气　候 …………………………………………………………………………… 5
　　第一节　气　温 ……………………………………………………………………… 5
　　第二节　湿度与蒸发 ………………………………………………………………… 7
　　第三节　降水、风、晴与阴日数 …………………………………………………… 7

第三章　水资源 …………………………………………………………………………… 9
　　第一节　降水量 ……………………………………………………………………… 9
　　第二节　地表水资源 ………………………………………………………………… 9
　　第三节　地下水资源 ………………………………………………………………… 11
　　第四节　水资源总量 ………………………………………………………………… 12

第四章　土　壤 …………………………………………………………………………… 13
　　第一节　土壤构成 …………………………………………………………………… 13
　　第二节　土壤类型 …………………………………………………………………… 15
　　第三节　土壤分布 …………………………………………………………………… 23

第五章　植　被 …………………………………………………………………………… 25
　　第一节　植被群落类型与分布 ……………………………………………………… 25

第二节　植物区系总体特征 ·· 26

第二篇　森林变迁

第六章　地质史时期 ·· 30
　　第一节　古生代森林 ·· 30
　　第二节　中生代森林 ·· 31
　　第三节　新生代森林 ·· 32

第七章　原始社会时期 ·· 34
　　第一节　旧石器时代 ·· 34
　　第二节　新石器时代 ·· 35

第八章　奴隶社会时期 ·· 36
　　第一节　夏朝时期 ··· 36
　　第二节　商朝时期 ··· 37
　　第三节　周朝时期 ··· 37

第九章　封建社会及半殖民地半封建社会时期 ·· 39
　　第一节　春秋战国时期 ·· 39
　　第二节　秦汉时期 ··· 40
　　第三节　魏晋南北朝时期 ·· 42
　　第四节　隋唐辽金时期 ·· 44
　　第五节　元明清时期 ·· 49
　　第六节　中华民国时期 ·· 57

第三篇　森林恢复

第十章　常规造林 ··· 62
　　第一节　社会力量造林 ·· 62
　　第二节　农村绿化造林 ·· 64
　　第三节　国有林场造林 ·· 70
　　第四节　国际合作造林 ·· 80

第十一章　全民义务植树 ·· 82
　　第一节　历任党和国家主要领导人在京植树 ·· 82
　　第二节　全国人大常委会机关领导在京植树 ·· 84
　　第三节　全国政协机关领导在京植树 ·· 86
　　第四节　中央军委、驻京部队领导在京植树 ·· 87

第五节　中央机关部级领导在京植树 ……………………………………… 90
第六节　中央、市属单位郊区义务植树 …………………………………… 91
第七节　纪念树、纪念林 …………………………………………………… 97

第十二章　工程造林 …………………………………………………………… 102
第一节　国家重点造林工程 ………………………………………………… 102
第二节　山区造林绿化工程 ………………………………………………… 112
第三节　平原绿化造林工程 ………………………………………………… 120
第四节　绿化隔离地区绿化工程 …………………………………………… 128
第五节　百万亩造林工程 …………………………………………………… 132

第十三章　苗木培育 …………………………………………………………… 143
第一节　苗木培育发展状况 ………………………………………………… 143
第二节　良种繁育基地 ……………………………………………………… 145
第三节　主要乡土树种与抗旱植物筛选 …………………………………… 148
第四节　新品种引进与育苗新技术研究 …………………………………… 149

第十四章　森林经营 …………………………………………………………… 153
第一节　森林经营发展历程 ………………………………………………… 153
第二节　现代森林经营理念与技术体系 …………………………………… 170
第三节　北京森林经营技术体系 …………………………………………… 175
第四节　森林经营实例 ……………………………………………………… 182
第五节　森林经营方案编制 ………………………………………………… 188

第十五章　造林技术研究与应用 ……………………………………………… 200
第一节　造林技术研究 ……………………………………………………… 200
第二节　森林经营技术研究 ………………………………………………… 207
第三节　造林技术标准编制 ………………………………………………… 209

第十六章　林业碳汇 …………………………………………………………… 212
第一节　林业碳汇管理体系 ………………………………………………… 212
第二节　林业碳汇增汇减排技术 …………………………………………… 214
第三节　林业碳汇公众参与 ………………………………………………… 215
第四节　林业碳汇实例 ……………………………………………………… 217

第四篇　森林资源

第十七章　森林资源现状 ……………………………………………………… 222
第一节　森林资源调查与监测 ……………………………………………… 222

第二节	森林面积与蓄积量	233
第三节	森林结构	239
第四节	森林分布	258
第五节	森林资源变化情况	262
第六节	森林资源资产价值和生态服务价值	270

第十八章　植物群落 … 282

第一节	针叶林类型	282
第二节	阔叶林类型	292
第三节	灌丛和灌草丛类型	332
第四节	山地草甸植被类型	336
第五节	泛滥地草甸植被类型	337
第六节	湿地植被类型	338
第七节	水生植被类型	342
第八节	典型植被的空间分布规律	345

第十九章　野生动物资源 … 349

第一节	鸟类资源	349
第二节	兽类资源	367
第三节	两栖类动物资源	372
第四节	爬行类动物资源	373

第二十章　森林植物资源 … 375

第一节	植物物种组成与分布	375
第二节	重点保护野生植物资源	381
第三节	重要经济植物资源	392
第四节	观赏植物资源	403
第五节	优良林分和优良单株种质资源	409

第二十一章　森林昆虫资源 … 421

第一节	传粉昆虫	421
第二节	药用昆虫	422
第三节	观赏娱乐昆虫	423
第四节	食用及饲料昆虫	432
第五节	天敌昆虫	439
第六节	工业原料昆虫	454

第二十二章　大型真菌资源 … 455

| 第一节 | 资源现状 | 455 |

第二节　主要大型真菌 460

第二十三章　经济林资源 469
第一节　经济林面积 469
第二节　果树种质资源 471
第三节　果树品种 474
第四节　北京名果 491

第二十四章　北京古树名木资源 495
第一节　古树名木分布 496
第二节　古树名木主要树种及权属 499
第三节　部分古树名木简介 502

第五篇　森林保护

第二十五章　生物多样性保护 512
第一节　北京生物多样性 512
第二节　生物多样性保护措施 514
第三节　自然保护地 516
第四节　保护实例 522

第二十六章　野生动植物保护 526
第一节　野生动物资源调查 526
第二节　栖息地保护 528
第三节　野生动物驯养繁殖与救护 529
第四节　野生动物疫源疫病监测 532
第五节　野生动物保护与管理 534
第六节　野生动物保护实例 542
第七节　野生植物保护 544

第二十七章　林业有害生物防控 547
第一节　防控现状 547
第二节　有害生物普查 561
第三节　有害生物监测预报 564
第四节　林业植物检疫 567
第五节　有害生物防治 574
第六节　有害生物防控实例 578

第二十八章　森林防火 … 583
第一节　森林防火指挥体系与队伍建设 … 583
第二节　防火基础设施建设 … 585
第三节　森林火灾管控 … 588

第二十九章　古树名木保护 … 593
第一节　古树名木保护管理 … 593
第二节　古树名木保护与养护 … 597
第三节　古树名木抢救复壮技术 … 599
第四节　古树名木保护实例 … 603

第三十章　林业信息化 … 606
第一节　林业信息化建设 … 606
第二节　林业信息化管理 … 607
第三节　林业信息化应用 … 608

第六篇　森林利用

第三十一章　果品产业 … 614
第一节　果树生产 … 614
第二节　主要栽培技术 … 637
第三节　管理与服务 … 642

第三十二章　森林旅游 … 652
第一节　北京森林旅游资源特点 … 652
第二节　森林公园 … 654
第三节　湿地公园 … 661
第四节　郊野公园 … 664
第五节　观光果园 … 669

第三十三章　蜂产业 … 674
第一节　养蜂生产 … 674
第二节　蜜粉源植物与蜜蜂授粉 … 680
第三节　蜂产品加工与市场 … 684
第四节　蜂农专业合作社 … 686
第五节　蜜蜂科技创新与文化 … 689

第三十四章　自然教育 … 695
第一节　发展背景 … 695

  第二节 自然教育活动 ··· 697
  第三节 自然教育基地 ··· 700
  第四节 自然教育解说员培养 ··· 704

第三十五章 森林疗养 706
  第一节 森林疗养的发展背景 ··· 706
  第二节 北京森林疗养现状 ·· 707
  第三节 森林疗养的应用探索 ··· 710
  第四节 森林疗养师培训 ·· 713

第三十六章 林下经济 716
  第一节 发展现状 ·· 716
  第二节 林下经济主要模式栽培技术 ··· 718
  第三节 野生菌的驯化利用 ·· 727
  第四节 林下经济实例 ··· 731
  第五节 桑蚕生产 ·· 734

参考文献 738

附 录 741

CONTENTS

Foreword I
Foreword II
Preface
Explanatory Notes

PART I   Nature and Geography

Chapter 1 Topography ··· 2
    1.1 Mountains ·· 2
    1.2 Hills ·· 3
    1.3 Plains ·· 3

Chapter 2 Climate ··· 5
    2.1 Temperature ··· 5
    2.2 Humidity and Evaporation ·· 7
    2.3 Precipitation, Wind, Days of Clouds and Sunshine ······································· 7

Chapter 3 Water Resources ··· 9
    3.1 Precipitation ··· 9
    3.2 Surface Water ·· 9
    3.3 Groundwater ··· 11
    3.4 Total Water Quantity ·· 12

Chapter 4 Soil ·· 13
    4.1 Soil Composition ·· 13
    4.2 Soil Types ··· 15
    4.3 Soil Distribution ··· 23

Chapter 5 Vegetation ·· 25
    5.1 Vegetation Types and Distribution ··· 25
    5.2 Floristic Features ··· 26

PART II   Forest Changes

Chapter 6 Geologic Time ··· 30
    6.1 Paleozoic Era ··· 30
    6.2 Mesozoic Era ··· 31

  6.3 Cenozoic Era ··· 32

Chapter 7 Stone Age ··· 34
  7.1 Paleolithic Period ·· 34
  7.2 Neolithic Period ·· 35

Chapter 8 Period of Slavery ·· 36
  8.1 Xia Dynasty ·· 36
  8.2 Shang Dynasty ·· 37
  8.3 Zhou Dynasty ··· 37

Chapter 9 Feudal Period and Semi-feudal & Semi-colonial Period ······················· 39
  9.1 Spring & Autumn Period and Warring States Period ·· 39
  9.2 Qin and Han Dynasties ··· 40
  9.3 Wei, Jin, Northern and Southern Dynasties ·· 42
  9.4 Sui, Tang, Liao and Jin Dynasties ··· 44
  9.5 Yuan, Ming and Qing Dynasties ··· 49
  9.6 Period of Republic of China ··· 57

PART III   Forest Restoration

Chapter 10 Ordinary Afforestation ··· 62
  10.1 Afforestation by the Public ··· 62
  10.2 Rural Greening and Afforestation ··· 64
  10.3 Afforestation by State-owned Forest Farms ··· 70
  10.4 Afforestation Supported by International Cooperation ··· 80

Chapter 11 National Voluntary Tree Planting ·· 82
  11.1 Tree Planting in Beijing by Main CPC and State Leaders ······································ 82
  11.2 Tree Planting in Beijing by Senior Officials from Standing Committee of National People's Congress ······· 84
  11.3 Tree Planting in Beijing by Senior Officials from National Committee of Chinese People's Political
     Consultative Conference ··· 86
  11.4 Tree Planting in Beijing by Senior Officials from Central Military Commission and Troops
     based in Beijing ·· 87
  11.5 Tree Planting in Beijing by Ministerial Officials from Central Government Agencies ·················· 90
  11.6 Tree Planting in Suburbs by Central and Municipal Agencies ······························· 91
  11.7 Memorial Trees and Forests ·· 97

Chapter 12 Engineering Afforestation ·· 102
  12.1 National Key Afforestation Projects ··· 102
  12.2 Afforestation in Mountain Areas ·· 112
  12.3 Afforestation in Plain Areas ··· 120
  12.4 Greening in Green Belts ··· 128

12.5 Million-Mu Afforestation ·· 132

Chapter 13 Cultivation of Seedlings ··· 143
  13.1 Development Status ·· 143
  13.2 Breeding Sites for Quality Seeds ·· 145
  13.3 Main Indigenous Species and Selection of Drought-resistant Plants ···················· 148
  13.4 Introduction of New Varieties and Research on New Cultivation Techniques ········· 149

Chapter 14 Forest Management ··· 153
  14.1 Development History ·· 153
  14.2 Modern Forest Management Concepts and Technical Systems ···························· 170
  14.3 Technical Systems of Forest Management in Beijing ··· 175
  14.4 Case Study ·· 182
  14.5 Development of Forest Management Plans ··· 188

Chapter 15 Research on Silvicultural Techniques and Their Application ··········· 200
  15.1 Research on Silvicultural Techniques ··· 200
  15.2 Research on Forest Management Techniques ·· 207
  15.3 Development of Standards of Silvicultural Techniques ·· 209

Chapter 16 Forestry Carbon ··· 212
  16.1 Management Systems ··· 212
  16.2 Techniques for Carbon Sink Increase and Emission Reduction ····························· 214
  16.3 Public Participation ·· 215
  16.4 Case Study ·· 217

PART IV Forest Resources

Chapter 17 Current Situation ·· 222
  17.1 Surveys and Monitoring ··· 222
  17.2 Forest Area and Standing Volume ··· 233
  17.3 Forest Structure ··· 239
  17.4 Forest Distribution ··· 258
  17.5 Changes of Forest Resources ··· 262
  17.6 Forest Resource Asset Value and Ecosystem Services Value ································ 270

Chapter 18 Plant Communities ··· 282
  18.1 Coniferous Forests ·· 282
  18.2 Broad-leaved Forests ·· 292
  18.3 Undergrowth and Shrubs ·· 332
  18.4 Mountain Meadows ··· 336
  18.5 Flood Meadows ··· 337
  18.6 Wetland Vegetation ··· 338

  18.7 Aquatic Vegetation ⋯⋯⋯⋯⋯⋯⋯⋯⋯⋯⋯⋯⋯⋯⋯⋯⋯⋯⋯⋯⋯⋯⋯⋯⋯⋯⋯⋯⋯⋯⋯⋯⋯⋯ 342
  18.8 Spatial Distribution Patterns of Typical Vegetation ⋯⋯⋯⋯⋯⋯⋯⋯⋯⋯⋯⋯⋯⋯⋯⋯ 345

Chapter 19 Wildlife ⋯⋯⋯⋯⋯⋯⋯⋯⋯⋯⋯⋯⋯⋯⋯⋯⋯⋯⋯⋯⋯⋯⋯⋯⋯⋯⋯⋯⋯⋯⋯⋯⋯⋯⋯ 349
  19.1 Birds ⋯⋯⋯⋯⋯⋯⋯⋯⋯⋯⋯⋯⋯⋯⋯⋯⋯⋯⋯⋯⋯⋯⋯⋯⋯⋯⋯⋯⋯⋯⋯⋯⋯⋯⋯⋯⋯⋯⋯ 349
  19.2 Mammals ⋯⋯⋯⋯⋯⋯⋯⋯⋯⋯⋯⋯⋯⋯⋯⋯⋯⋯⋯⋯⋯⋯⋯⋯⋯⋯⋯⋯⋯⋯⋯⋯⋯⋯⋯⋯⋯ 367
  19.3 Amphibians ⋯⋯⋯⋯⋯⋯⋯⋯⋯⋯⋯⋯⋯⋯⋯⋯⋯⋯⋯⋯⋯⋯⋯⋯⋯⋯⋯⋯⋯⋯⋯⋯⋯⋯⋯⋯ 372
  19.4 Reptiles ⋯⋯⋯⋯⋯⋯⋯⋯⋯⋯⋯⋯⋯⋯⋯⋯⋯⋯⋯⋯⋯⋯⋯⋯⋯⋯⋯⋯⋯⋯⋯⋯⋯⋯⋯⋯⋯⋯ 373

Chapter 20 Forest Plant Resources ⋯⋯⋯⋯⋯⋯⋯⋯⋯⋯⋯⋯⋯⋯⋯⋯⋯⋯⋯⋯⋯⋯⋯⋯⋯⋯ 375
  20.1 Plant Species Composition and Distribution ⋯⋯⋯⋯⋯⋯⋯⋯⋯⋯⋯⋯⋯⋯⋯⋯⋯⋯⋯⋯⋯ 375
  20.2 Key Protected Wild Plants ⋯⋯⋯⋯⋯⋯⋯⋯⋯⋯⋯⋯⋯⋯⋯⋯⋯⋯⋯⋯⋯⋯⋯⋯⋯⋯⋯⋯⋯ 381
  20.3 Important Economic Plants ⋯⋯⋯⋯⋯⋯⋯⋯⋯⋯⋯⋯⋯⋯⋯⋯⋯⋯⋯⋯⋯⋯⋯⋯⋯⋯⋯⋯⋯ 392
  20.4 Ornamental Plants ⋯⋯⋯⋯⋯⋯⋯⋯⋯⋯⋯⋯⋯⋯⋯⋯⋯⋯⋯⋯⋯⋯⋯⋯⋯⋯⋯⋯⋯⋯⋯⋯⋯ 403
  20.5 Superior Stands and Superior Individual Germplasm Resources ⋯⋯⋯⋯⋯⋯⋯⋯⋯⋯⋯ 409

Chapter 21 Forest Insects ⋯⋯⋯⋯⋯⋯⋯⋯⋯⋯⋯⋯⋯⋯⋯⋯⋯⋯⋯⋯⋯⋯⋯⋯⋯⋯⋯⋯⋯⋯⋯ 421
  21.1 Pollinating Insects ⋯⋯⋯⋯⋯⋯⋯⋯⋯⋯⋯⋯⋯⋯⋯⋯⋯⋯⋯⋯⋯⋯⋯⋯⋯⋯⋯⋯⋯⋯⋯⋯⋯ 421
  21.2 Insects for Medicinal Purposes ⋯⋯⋯⋯⋯⋯⋯⋯⋯⋯⋯⋯⋯⋯⋯⋯⋯⋯⋯⋯⋯⋯⋯⋯⋯⋯⋯ 422
  21.3 Insects for Viewing and Recreation ⋯⋯⋯⋯⋯⋯⋯⋯⋯⋯⋯⋯⋯⋯⋯⋯⋯⋯⋯⋯⋯⋯⋯⋯⋯ 423
  21.4 Insects as Food and Feed ⋯⋯⋯⋯⋯⋯⋯⋯⋯⋯⋯⋯⋯⋯⋯⋯⋯⋯⋯⋯⋯⋯⋯⋯⋯⋯⋯⋯⋯ 432
  21.5 Insects as Predators ⋯⋯⋯⋯⋯⋯⋯⋯⋯⋯⋯⋯⋯⋯⋯⋯⋯⋯⋯⋯⋯⋯⋯⋯⋯⋯⋯⋯⋯⋯⋯⋯ 439
  21.6 Insects as Raw Materials ⋯⋯⋯⋯⋯⋯⋯⋯⋯⋯⋯⋯⋯⋯⋯⋯⋯⋯⋯⋯⋯⋯⋯⋯⋯⋯⋯⋯⋯⋯ 454

Chapter 22 Macro-fungi ⋯⋯⋯⋯⋯⋯⋯⋯⋯⋯⋯⋯⋯⋯⋯⋯⋯⋯⋯⋯⋯⋯⋯⋯⋯⋯⋯⋯⋯⋯⋯⋯⋯ 455
  22.1 Current Situation ⋯⋯⋯⋯⋯⋯⋯⋯⋯⋯⋯⋯⋯⋯⋯⋯⋯⋯⋯⋯⋯⋯⋯⋯⋯⋯⋯⋯⋯⋯⋯⋯⋯ 455
  22.2 Main Types of Macro-fungi ⋯⋯⋯⋯⋯⋯⋯⋯⋯⋯⋯⋯⋯⋯⋯⋯⋯⋯⋯⋯⋯⋯⋯⋯⋯⋯⋯⋯⋯ 460

Chapter 23 Economic Forests ⋯⋯⋯⋯⋯⋯⋯⋯⋯⋯⋯⋯⋯⋯⋯⋯⋯⋯⋯⋯⋯⋯⋯⋯⋯⋯⋯⋯⋯⋯ 469
  23.1 Area of Economic Forests ⋯⋯⋯⋯⋯⋯⋯⋯⋯⋯⋯⋯⋯⋯⋯⋯⋯⋯⋯⋯⋯⋯⋯⋯⋯⋯⋯⋯⋯ 469
  23.2 Germplasm Resources of Fruit Trees ⋯⋯⋯⋯⋯⋯⋯⋯⋯⋯⋯⋯⋯⋯⋯⋯⋯⋯⋯⋯⋯⋯⋯⋯ 471
  23.3 Varieties of Fruit Trees ⋯⋯⋯⋯⋯⋯⋯⋯⋯⋯⋯⋯⋯⋯⋯⋯⋯⋯⋯⋯⋯⋯⋯⋯⋯⋯⋯⋯⋯⋯⋯ 474
  23.4 Famous Fruits of Beijing ⋯⋯⋯⋯⋯⋯⋯⋯⋯⋯⋯⋯⋯⋯⋯⋯⋯⋯⋯⋯⋯⋯⋯⋯⋯⋯⋯⋯⋯⋯ 491

Chapter 24 Ancient and Famous Trees of Beijing ⋯⋯⋯⋯⋯⋯⋯⋯⋯⋯⋯⋯⋯⋯⋯⋯⋯⋯⋯⋯ 495
  24.1 Distribution ⋯⋯⋯⋯⋯⋯⋯⋯⋯⋯⋯⋯⋯⋯⋯⋯⋯⋯⋯⋯⋯⋯⋯⋯⋯⋯⋯⋯⋯⋯⋯⋯⋯⋯⋯⋯ 496
  24.2 Species and Ownership ⋯⋯⋯⋯⋯⋯⋯⋯⋯⋯⋯⋯⋯⋯⋯⋯⋯⋯⋯⋯⋯⋯⋯⋯⋯⋯⋯⋯⋯⋯ 499
  24.3 Overview of Several Ancient and Famous Trees ⋯⋯⋯⋯⋯⋯⋯⋯⋯⋯⋯⋯⋯⋯⋯⋯⋯⋯ 502

PART V Forest Conservation

Chapter 25 Biodiversity Conservation ⋯⋯⋯⋯⋯⋯⋯⋯⋯⋯⋯⋯⋯⋯⋯⋯⋯⋯⋯⋯⋯⋯⋯⋯⋯⋯ 512
  25.1 Biodiversity in Beijing ⋯⋯⋯⋯⋯⋯⋯⋯⋯⋯⋯⋯⋯⋯⋯⋯⋯⋯⋯⋯⋯⋯⋯⋯⋯⋯⋯⋯⋯⋯⋯ 512

25.2 Biodiversity Conservation Measures ·· 514
25.3 Protected Natural Areas ·· 516
25.4 Case Study ·· 522

Chapter 26 Conservation of Wild Fauna and Flora ······························ 526
26.1 Wildlife Surveys ·· 526
26.2 Habitat Protection ·· 528
26.3 Wildlife Domestication, Breeding and Rescue ······································ 529
26.4 Monitoring of Wildlife-borne Infectious Diseases ·································· 532
26.5 Wildlife Conservation and Management ·· 534
26.6 Case Study of Wildlife Conservation ·· 542
26.7 Conservation of Wild Plants ·· 544

Chapter 27 Control of Forest Pests and Diseases ······························ 547
27.1 Current Situation ·· 547
27.2 General Surveys of Pests and Diseases ·· 561
27.3 Monitoring and Forecasting ·· 564
27.4 Forest Plant Quarantine ·· 567
27.5 Control of Pests and Diseases ·· 574
27.6 Case Study ·· 578

Chapter 28 Forest Fire Prevention ·· 583
28.1 Management Systems and Personnel ·· 583
28.2 Infrastructure ·· 585
28.3 Forest Fire Control ·· 588

Chapter 29 Protection of Ancient and Famous Trees ························ 593
29.1 Management of Ancient and Famous Trees ·· 593
29.2 Protection and Maintenance of Ancient and Famous Trees ················ 597
29.3 Rescue and Rejuvenation of Ancient and Famous Trees ···················· 599
29.4 Case Study ·· 603

Chapter 30 Informatization in Forestry ·· 606
30.1 Development ·· 606
30.2 Management ·· 607
30.3 Application ·· 608

PART VI   Forest Utilization

Chapter 31 Fruit Industry ·· 614
31.1 Fruit Production ·· 614
31.2 Main Cultivation Techniques ·· 637
31.3 Management and Services ·· 642

Chapter 32 Forest Tourism ········· 652
32.1 Features of Forest Tourism Resources in Beijing ········· 652
32.2 Forest Parks ········· 654
32.3 Wetland Parks ········· 661
32.4 Suburban Parks ········· 664
32.5 Sightseeing Orchards ········· 669

Chapter 33 Apiculture ········· 674
33.1 Beekeeping ········· 674
33.2 Nectariferous & Polleniferous Plants and Honeybee Pollination ········· 680
33.3 Processing and Market for Honey Products ········· 684
33.4 Specialized Cooperatives for Beekeepers ········· 686
33.5 Technological Innovation and Culture for Honeybees ········· 689

Chapter 34 Nature Education ········· 695
34.1 Development Background ········· 695
34.2 Activities ········· 697
34.3 Sites ········· 700
34.4 Training of Nature Education Interpreters ········· 704

Chapter 35 Forest Therapy ········· 706
35.1 Development Background ········· 706
35.2 Current Situation ········· 707
35.3 Practice of Forest Therapy ········· 710
35.4 Training of Forest Therapists ········· 713

Chapter 36 Agroforestry ········· 716
36.1 Current Situation ········· 716
36.2 Main Models and Cultivation Techniques ········· 718
36.3 Domestication and Use of Wild Fungi ········· 727
36.4 Case Study ········· 731
36.5 Sericulture ········· 734

References ········· 738

Appendix ········· 741

花海列车（昌平关沟）

自然概况
NATURE AND GEOGRAPHY

第一章　地形地貌

北京处于内蒙古高原和华北平原的交会地带，位于华北平原西北边缘，东南距渤海150千米，四周除东南面与天津市毗连，其余均与河北省相邻，地理坐标为东经115°24′~117°30′、北纬39°28′~41°05′。北以燕山山地与内蒙古高原接壤，西以太行山与山西高原毗连，东北与松辽大平原相通，南与黄淮海平原连片。

据《北京志·国土资源志》记载，北京的地形整体上呈西北高、东南低的态势，由西部山地、北部山地和东南平原3个地貌单元构成。地貌类型复杂多样，山地与平原之间大都受断层控制，差异性升降显著，过渡急剧；最大高差2293米，山边线平直清晰。

北京的地貌可分为山地、丘陵、平原三大类。从山地到平原大体上按中山－低山－丘陵－台地－山前洪积扇－平原依次有序排列，并有许多山间盆地，如延庆断陷盆地、燕落密怀断陷盆地、平谷盆地等，表现出由盆地中心向四周呈环状结构更替的明显特征。

北京西部、北部为峰峦起伏的山地，面积10072平方千米，占全市国土总面积的61.4%。西部山地属太行山余脉，由一系列北东－南西向岭、谷相间的褶皱组成，山体连绵，脉络清晰，延伸200余千米；北部山地属燕山山脉，由镶嵌着若干山间盆地的断块山地组成，山脉走向不清晰。北京的浅山区多为低山，海拔一般不超过800米，深山区多为中山，海拔多在1000~1500米，境内最高峰东灵山海拔2303米。

东南部为地势平缓的平原，总面积6338.54平方千米，占全市国土总面积的38.6%。平原由境内河流的冲洪积扇堆积而成，其中以永定河、潮白河堆积为主，扇体上部坡度为0.1%~0.8%，下部坡度在0.5%以下。平原区海拔8~50米，最低点通州区柴厂屯8米。

第一节　山　地

一、中山带

北京地区海拔大于800米的山地为中山带，山高坡陡，坡度多大于25°。中山山顶平直，山脊呈平面状或缓坡型。中山带是境内多条一级河流的发源地。

西部太行山岩石坚硬，节理发育，坡度多大于35°，山体呈南北方向，由北向南一组4列有序排列，依次为东灵山－黄草梁、百花山－妙峰山、九龙山、猫耳山。前两列为主列，后两列为支列。西山状似层层台阶，层状地貌明显。灵山山顶海拔1500~1700米，山顶同样平缓的黄草梁则像是下一层平台。老龙窝－清水尖有梁状顶面，经陡急山坡向下又是高度突变带。

北部燕山山体块状分散，花岗岩多发脊峰柱形球状风化景观。山体以接近东西向延伸，西部受北东向干扰明显。可划归为一组两列，由南向北排列。前列是燕羽山－云雾山，后列是海坨山－佛爷顶。

二、低山带

北京地区海拔低于800米的山地为低山带。低山山场广阔，坡度较陡，土层薄，水分状况差，属水土流失严重的区域。离沟谷较近处土层厚度和水源条件相对较好，果树资源丰富。

西部太行山的低山带呈条状，主要由石灰岩组成并广泛出露，坡度为25°~35°，多岩溶地貌。

北部燕山的低山带呈环状分布于中山之间的谷地中，其剖面具有阶梯特征，出露片麻岩和花岗岩。片麻岩处于地史长期隆起带，遭长期风化剥蚀；花岗岩球状风化剥蚀明显，地势低缓，风化层较厚，坡度15°。西北部主要是火山岩、石灰岩和石英砂岩，山势较陡。东南部主要由石英砂岩和石灰岩组成。

第二节 丘 陵

北京的丘陵相对高度低于海拔200米，主要分布于房山山前、昌平南口－小汤山前、怀柔庙城－密云西智山前、延庆刘斌堡一带，平原区则有昌平小汤山，顺义牛栏山、二十里长山，石景山八宝山和海淀玉泉山等岛状残丘。

北京的丘陵主要由花岗岩、石灰岩组成。山地与平原交界地带一般呈不连续明显转折，表现为馒头状或垄状山丘，丘体无明显脉络，海拔150~300米，坡度7°~15°，个别的大于25°。由石灰岩组成的丘陵多分布于西部太行山山前，坡度较大，多在10°~20°，植被稀疏，土壤瘠薄。北部燕山山前丘陵主要由黄岗岩、片麻岩和火山碎屑组成，丘坡较缓，坡度多为5°~15°，土层厚度好于西山，沙性重，排水、透气性好。

北京的山前台地为隆升起伏平缓、岗顶齐平的基岩地块，主要由石灰岩、砂砾岩、泥岩组成，多分布在丰台大灰厂、长辛店，昌平南口南部，房山南尚乐和平谷韩庄附近。台地地表切割微弱，其间有宽窄坳沟，坡降0.5%~3%，坡度3°~7°，相对高度20~50米，海拔100米以下。台地上低丘缓岗交错，耕层浅且严重缺水。

第三节 平 原

一、洪积扇

北京的洪积扇主要分布在西部太行山、北部燕山山前以及延庆、平谷盆地周围。这些洪积扇主要为第四纪洪积物，呈大小不一的窄带状展布于山麓。另有少量残坡积物，扇顶坡度大，组分颗粒较粗，以砂砾质为主；中下部坡度较缓，为过渡砂质和黏土质，前缘与洪积、冲积平原呈渐变式而参差不齐，扇中分布间歇性河床及冲沟。

二、洪积、冲积平原

北京洪积、冲积平原，总体地势西北高东南低，组成物质主要为黏砂、砂黏和粉细砂。根据平原成因的地质年代先后及海拔，可将其分为高位冲积平原和低位冲积平原。

高位冲积平原地貌部位较高，地面宽阔平坦，其形成时代属于晚更新世末马兰期和全新世早期，表面发育全新切割的河沟，土壤以褐土、褐潮土、潮褐土为主。

低位冲积平原形成时代较晚，主要分布在东南部及河流两岸。该地段古河道遗迹明显，有沼泽、湿地和盐碱地分布其间，潜水埋藏较浅，土壤以潮土为主，全新世以来，是河流泛滥、河道摆动频繁的地区。

三、洼地

北京平原上分布着一些大小不均，呈条状、带状、碟状，封闭或半封闭的洼地，主要分布在东南地区。

四、决口扇和沙丘

北京的平原上有一些决口扇和起伏沙丘，主要分布在大兴西南部、通州和顺义。决口扇主要由永定河决口泛滥而成，集中于大兴，在永定河河堤外多处形成砂质堆积体，5条沙带由北向南有序排列，向南延伸，坡度0.06%。永定河风廊还造成了吹扬堆积而成的沙丘群，延伸方向同该区域的风向一致，高4~5米，其中以赤鲁沙丘群最为典型。潮白河沿岸的沙丘则呈零散分布，形态多为丘陵状，高度较小，经过治理残留不多。

五、平原河道

北京平原区的河道堤岸明显，滩地发育，满滩宽度100~1500米，易受洪水侵袭。

第二章 气 候

北京地处温暖带半湿润、半干旱季风性大陆性气候，具有春季风大、夏季炎热降雨集中、秋季凉爽光照足、冬季寒冷雨雪少的显著特点，而且有明显的地域差异。

北京地区春季短促，气温升温快，日较差大，冷暖空气交替活动频繁，气温多变。夏季较长，炎热多雨。秋季冷暖适宜，晴朗少雨，为一年中空气透明度最好的季节，一般仅持续50余天，也是一年中最短的季节。冬季漫长，寒冷多风且少雪。

据《北京志·气象志》记载，北京大部分地区全年日照时数在2450~2600小时。东北部上甸子、汤河口一带及延庆盆地的日照时数最多，约2700小时；西部山区日照时数最少，基本上在2300小时以下。

年降水量空间分布不均匀，东北部和西南部山前迎风坡地区为相对降水中心，在600~700毫米，西北部和北部深山区少于500毫米，平原及部分山区在500~600毫米。夏季降水量约占年降水量的3/4。

第一节 气 温

北京地区气温年、日变化大，冬季寒冷，夏季炎热，春（秋）季升降温快，而且南北气温差别较大。

一、气温分布

北京地区的气温时空分布变化较大。年平均气温与各季气温随海拔的升高而递减，即平原高、山区低。气温等值线的走向与地形等高线走向基本一致，坡度大的高山区等温线较为密集。

年平均气温，平原地区在11~12℃，城区略高于12.5℃；海拔在300~500米的丘陵、缓坡、低山区的年平均气温为9~11℃，500米以上的山区年平均气温在8℃以下，海拔最高的佛爷顶气象站年平均气温仅为5.6℃。年平均最高气温17℃，年平均最低气温7℃；历史最高气温42℃（出现在1999年），历史最低气温-27℃（出现在1966年）。年极端最高气温一般为35~40℃；年极端最低气温一般为-20~-14℃，1966年曾低到-27.4℃（大兴东黑垡），山区低于-30℃。气温年较差为30~32℃。

一年中，7月最热，平原地区7月平均气

温 26℃ 左右，海拔 800 米以下的山区大部分在 22~25℃。1 月最冷，平原地区 1 月平均气温为 -5~-4℃，海拔 800 米以下山区为 -10~-6℃。

春、秋季是冬夏的过渡季节，春季升温和秋季降温都很快，3 月气温刚升至 6℃ 左右，4 月即跃升至近 15℃，但有时仍有较强冷空气侵袭。

秋季短暂，9 月平均气温降至 20℃ 左右，10 月气温下降更为明显，月平均气温仅 13℃ 左右。11 月，西北风渐盛，冬季来临。

一年中，年极端最高气温一般出现在雨季来临之前的 6 月中旬至 7 月上旬。年极端最低气温一般出现在 1 月或 2 月上、中旬，个别年份也可能出现在 2 月下旬。

二、季节划分

根据气候学季节划分标准，气温连续 5 天滑动平均值小于 10℃ 为冬季，大于 22℃ 为夏季，在 10~22℃ 为春、秋季。

北京在海拔 500 米以下的地区四季分明，冬季最长为 149~169 天；夏季次之为 98~112 天；春季较短为 51~57 天；秋季最短为 47~54 天。海拔 500 米以上的山区，冬季最长；秋季、春季次之；夏季最短。海拔 800 米以上的山区，冬季长达 6~7 个月之久。入春时间，大部分平原地区为 4 月 3~5 日；一般情况下，海拔每增加 100 米要晚两天，海拔 2303 米的东灵山，比平原区晚 45 天。入夏时间，大部分平原地区为 5 月 27~29 日；一般情况下，海拔每增加 100 米要晚 5 天。入秋时间大部分平原地区为 9 月 4~5 日。

北京平原地区四季平均气温：冬季为 -4~-3℃；春季为 12~13℃；夏季为 24~25℃；秋季为 12~13℃。四季平均气温等值线分布与年平均气温相似。山区冬冷期长而冷，夏季热期短而凉。

6 月下旬至 7 月上旬多干热天气，7 月下旬至 8 月中旬多闷热天气（相对湿度大于 60%、日最高气温大于 32.0℃）。

北京平原地区 11 月中旬进入日最低气温低于 0℃ 的寒冷期，至翌年 3 月中旬结束，历时 4 个多月，比山区少一个多月；低于 -10℃ 的日数，平原地区也比山区少一个多月；低于 -20℃ 的日数，平原地区比山区少 5~9 天。

三、地温与冻土

地温的高低直接影响植物的生长发育以及土壤有机物质的腐化和分解。因此，地温是土壤"气候"的重要因素。

（一）地面温度

北京地区平均地面温度比平均气温高 1~2℃；平原地区为 13~14℃；海拔 500 米以下的山区气温为 11~13℃，随着海拔的升高而降低。大部分地区年极端最高地面温度可达 66~72℃，多出现于 6 月，少数出现在 7 月上旬，个别也可出现于 5 月末或 7 月下旬。年极端最低地面温度低于 -25℃，常见于 2 月，也可出现在 12 月下旬或 1 月。

（二）土壤冻结期

山区地表土壤开始冻结的平均日期最早出现在 11 月中旬，一般出现在 11 月下旬。西部、西北部海拔 1000 米以上的山区最早在 11 月上旬，一般在 11 月中旬。平原地区最早在 11 月中、下旬，一般在 12 月上旬。山前平原在 12 月中旬。地表土壤开始解冻的平均日期，山区在 3 月中旬，最晚在 3 月中、下旬，海拔 1000 米以上山区在 3 月中旬，最晚在 3 月底至 4 月初。平原地区在 2 月下旬，最晚在 3 月上旬。

平原地区最大冻土深度一般在 60~70 厘米，半山区可达 100 厘米。最大冻土层随着海拔的增加，冻土深度也增加。北京地区冻土层最深的月份出现在 2 月。

第二节　湿度与蒸发

一、空气湿度

北京大部分地区的年平均相对湿度在52%~60%。东部和南部平原地区相对湿度稍大。相对湿度各季节有明显变化，以北京地区代表站观象台为例，夏季较大，8月达到73%；秋季次之，为60%左右；春季为42%~50%；冬季空气湿度最低，为42%~47%。

二、蒸发

北京地区年平均蒸发量的分布趋势从东南向西北递减。年平均蒸发量最小值为1457.4毫米，出现在霞云岭地区，因为该地区日照少温度低，风速小；年平均蒸发量最大为日照多、气温较高、风速最大的上甸子、汤河口及平原区，年平均蒸发量都在1700毫米以上。

蒸发量的大小是气温、风速等气象因子综合作用的结果，而气温是主要的影响因子，所以蒸发量的年变化与气温的年变化趋势大体一致。北京地区冬季气温最低，蒸发量最小；春季气温升高，风速大，蒸发量也最大；夏季气温虽比春季高，但风速和饱和差均比春季小，故夏季蒸发小于春季；入秋后，气温较低，蒸发量逐渐减少。

第三节　降水、风、晴与阴日数

一、降水

北京地区位于中纬度季风气候区，又处在背山面海的"北京湾"这样一个特殊地形条件下，因而决定了北京地区降水具有年际变化大、季节分配不均、地区差异显著、夏季降水强度大等特点。

北京地区降水量的空间分布与地形关系密切。每当夏季偏南风到来时，"北京湾"的开口正对盛行风的来向，受地形抬升作用的影响，使得多雨区分布在山前迎风坡地带，山后背风区则为少雨区。年降水量的高值区位于山前迎风坡一带，大致呈带状自西南伸向东北，高值区的西北、东南两侧降水量逐渐减少。山前有两个明显的多雨中心，该中心降水量超过600毫米。平原地区降水量分布较均匀，西北部山后的延庆降水量最少，不到450毫米。

北京地区多年平均年降水量为585毫米。年际间降水量变化比较大，北京地区观象台最大年降水量（1959年为1404.6毫米），最小年降水量（1965年为261.4毫米）。降水主要集中在夏季，尤其是7月和8月，这个时期通常被称为"雨季"。春季和秋季的降水较少，而冬季由于气温较低，降水主要以雪的形式出现，总量相对较小。北京的雨季和旱季非常明显，夏季的降水量可以占到全年降水量的70%以上，而冬季则非常干燥。

北京地区初雪日期，平原地区通常在11月下旬至12月上旬，西部和北部山区在11月中旬。平原地区最早初雪日出现于10月下旬，海拔500米以上山区在10月上旬即可出现初雪，初雪日期随着海拔的递增而提前。

北京地区终雪日期，平原地区通常在3月中、下旬，西部和北部山区在4月上旬，最晚终雪日期在5月中旬，终雪日期随着海拔递增而推迟。

北京地区平均降雪日数，平原地区每年有14~15天，山区17~19天。全年积雪日数，平原地区10~15天，多年平均积雪日为14.3天/年，最多年（1956年）为36天，最少年（1982年）仅1天。山区年积雪17~23天，海拔1224.7米的佛爷顶全年积雪日数多达41天。

北京地区最大积雪深度在16~35厘米。房山气象站1979年2月23日，观测积雪深度达27厘米，为平原最大值。1968年12月30日，房山西部山区的霞云岭气象站观测到积雪深度达35厘米，为气象站观测到的山区最大值。在气象站之外，还曾有更大的积雪出现，如1990年3月20~21日，房山区西部的蒲洼乡降雪33毫米，积雪深度达60~70厘米。

二、风

北京地区风的季节变化明显，冬季多偏北风，夏季多偏南风；冬、春季风速大，夏季风速小；受地形影响，风的日变化显著。

一年中，风速季节变化明显，平原地区春季风速最大（其中又以4月为最大），冬季次之，夏季风速最小。北京市观象台春、夏、秋、冬四季的代表月4月、7月、10月、1月平均风速分别为2.9米/秒、2.0米/秒、2.0米/秒、2.3米/秒。

三、晴与阴日数

按日平均总云量小于二成为晴、大于八成为阴、二成至八成为多云的标准，北京地区常年以多云日最多。以观象台为例，多云日占全年的50%；阴天占全年日数的23%，不足3个月；晴天占27%，100天左右。北京地区在冬季受极地干冷气团控制，秋季大气层结稳定，成云机会均少，夏季则成云机会多。故晴天日数以冬季为最多，占冬季总日数的45%。秋季次之，占总日数的35%。夏季最少，只占夏季总日数的10%。阴天的日数则相反，冬季最少，秋季次之，夏季最多。

第三章　水资源

北京全境地处海河流域，西部为大清河（拒马河）水系、永定河水系，中部是北运河水系，东部是潮白河及蓟运河（泃河）水系。北运河水系发源于北京境内，其他4个水系均来自北京以外，为过境河流。

水资源包括地表水资源和地下水资源，水资源量主要受入境水量和降水的影响。据《北京志·水务志》记载，20世纪90年代以后的20年里，入境水量由每年的十几亿立方米降至几亿立方米，多年的平均降水量由595毫米降至585毫米。2008年南水北调中线工程京石段开始向北京市供水。

第一节　降水量

降水量是指一定时间内，降落到地面上的液态或固态（经融化后）水，未经蒸发、渗透、流失而在水平面上积聚的水层厚度，是衡量一个地区降水多少的数据。据《北京志·水务志》记载，北京地区自清雍正二年（1724年）至2020年，最大年（1959年）降水量为1406毫米，最小年是清同治八年（1869年），降水量为242毫米。20世纪50年代北京地区平均降水量为732.4毫米，60年代为588.4毫米，70年代为573.6毫米，80年代为549.7毫米，90年代为553.1毫米，2001—2010年为489.2毫米，2011—2020年为577毫米。1999年，全年降水量373毫米，仅为多年平均降水量的62.7%；1999—2007年，北京市遭遇连续9年的严重干旱，平均降水量只有常年的70%。

第二节　地表水资源

一、地表水资源状况

地表水资源是指地面上流动着的水，包括江河、湖海、山泉、人工水库和人工河渠等水体。地表水资源量是指地表水体的动态水量，用天然河川径流量表示。

北京地区地表水径流量集中在每年汛期6~9月，最大径流量除1991年产生于6月外，其他年份均发生在7~8月主汛期。1956—2000年多年平均径流量为17.72亿立方米，1991—2010年多年平均径流量为11.25亿立方米。

（一）入境水量

北京境内五大水系中北运河水系上游全部在北京境内；大清河水系拒马河境内干流无控制性工程，出入境水量相当。蓟运河、潮白河、永定河水系，1956—1995年多年平均入境水量为17.06亿立方米；1991—2010年多年平均入境水量6.4亿立方米，比1956—1995年多年平均入境水量减少了10.66亿立方米。1991—2010年，蓟运河、潮白河、永定河、大清河四大水系入境水量共165.27亿立方米，年均入境水量8.26亿立方米。

（二）出境水量

1956—1995年，北京市年平均出境水量为12.32亿立方米，大清河水系的拒马河作为过境水量未计算在内。1991—2010年，包括大清河水系的拒马河在内，平均年出境水量为13.22亿立方米。出境水量中以北运河水系为主，占全市出境水量的62.7%，主要是城区和近郊区的污水和再生水；大清河、蓟运河水系出境水量分别占17.8%、12.8%；永定河、潮白河水系是北京市的主要水源，由于有官厅水库、密云水库控制，出境水量很少，分别占5.8%、0.9%。

2020年，全市地表水资源量为8.25亿立方米，全市入境水量为6.61亿立方米（不含外调入境水量），出境水量为15.66亿立方米。南水北调中线工程全年入境水量8.82亿立方米，引黄河水全年入境水量0.52亿立方米。全市18座大、中型水库年末蓄水总量为31.40亿立方米。其中，官厅、密云两大水库年末蓄水量为29.02亿立方米。

二、水系、水库及引水工程

（一）水系

北京全境地处海河流域，境内分布着大小河流425条，总长6400余千米，分属大清河（拒马河为其支流）、永定河、北运河、潮白河、蓟运河（泃河为其支流）五大水系。

大清河水系 集中在房山境内，由大清河的支流拒马河及大石河、小清河等构成。大清河水系在北京境内流域面积2168平方千米，其中山区流域面积1583平方千米，平原流域面积585平方千米。

永定河水系 由洋河、桑干河和妫水河在官厅附近汇合而成，官厅水库以下称永定河。官厅至三家店为永定河山峡地段，河流蜿蜒于高山峡谷之中，山峡地段全长108.5千米。三家店以下进入平原，经丰台、房山、大兴等区，在大兴石佛寺附近出境。永定河水系在北京境内的干流长度约169.5千米，流域面积3105平方千米，其中山区流域面积2453平方千米，平原流域面积652平方千米。

北运河水系 包含温榆河和北运河。温榆河是北京五大水系中唯一发源于境内的河流，源于昌平，由东沙河、北沙河、南沙河于沙河镇汇合而成，至通州北关闸；通州北关闸以下河段称北运河，是京杭大运河的北段，自通州北关闸以下，沿途纳入凉水河，于通州区西集镇牛牧屯村出境。该水系在北京境内的流域面积4320平方千米，其中山区流域面积994平方千米，平原流域面积3326平方千米。

潮白河水系 潮白河上游分潮河、白河两大支流，分别发源于燕山北麓河北省丰宁、沽源境内，两河在密云河槽村汇合始称潮白河，从汇合口以下流经密云、怀柔、顺义、通州四区。潮白河水系在北京境内主河河道长118千米，其中潮白河干流（河槽村至赵庄）长度83.5千米。该水系在北京境内流域面积5487平方千米，其中山区流域面积4499平方千米，平原流域面积988平方千米。

蓟运河水系 蓟运河有州河、沟河两条河流。分别发源于河北遵化北部燕山南侧和河北兴隆黄崖关北。在天津蓟县（现蓟州区）泥河村附近进入北京平谷，在马坊镇东南出平谷区，进入河北省三河市，在天津宝坻九王庄附近与另一支州河汇合，汇合后称蓟运河。蓟运河水系在北京流域面积为 1347 平方千米，其中山区流域面积 674 平方千米，平原流域面积 673 平方千米。

（二）水库

截至 2010 年，全市共有大、中、小型水库 82 座，总库容量 93.9 亿立方米，其中库容 1 亿立方米以上的大型水库 4 座，库容 1000 万立方米至 1 亿立方米的中型水库 17 座，库容 100 万立方米至 1000 万立方米的小（Ⅰ）型水库 15 座，库容 10 万立方米至 100 万立方米的小（Ⅱ）型水库 46 座。

官厅水库 位于河北怀来和北京延庆区交界处，1951 年 10 月开工兴建，1954 年 5 月竣工。该水库截桑干河、洋河、妫水河的水流，库容 22.7 亿立方米，控制流域面积 47000 平方千米。水库建成后，多次拦截 2000 立方米/秒以上的洪峰，调蓄后洪峰消减 70%~96%，保证了北京、天津、河北三地免遭永定河水患。2000 年年底，水库蓄水量 4.17 亿立方米。官厅水库 1954—2010 年，平均入库水量 7.47 亿立方米，2010 年后，年入库水量均低于多年平均值。

密云水库 于 1958 年 9 月动工修建，1960 年 9 月竣工。该水库拦截潮河、白河的来水，库容 43.75 亿立方米。建有潮河、白河两座主坝和北白岩、走马庄、西石骆驼、南石骆驼、九松山 5 座副坝；控制流域面积 15788 平方千米；水位达到 157.50 米设计高程时，水面面积为 179.33 平方千米。1994 年水位达建库以来最高的 153.98 米，蓄水量 35 亿立方米。

（三）南水北调中线工程及京密引水渠

南水北调中线工程 南水北调中线工程从丹江口水库引水至北京团城湖，全长 1267 千米，其中北京段长 80 千米。2008 年 6 月，南水北调中线京石段主干线工程全面建成，开始从河北省调水接济北京。2014 年 12 月，南水北调中线工程全线通水，水质始终稳定在地表水环境质量标准Ⅱ类以上。2020 年，南水北调中线工程全年入境水量 8.82 亿立方米。

京密引水渠 自密云水库至颐和园昆明湖，跨密云、怀柔、顺义、昌平、海淀五区，主干渠全长 110 千米。1960 年开工，1966 年 5 月全线竣工通水。1966 年 10 月对怀柔水库以上渠道扩建，1967 年 4 月完工，该段通水流量由原来设计的 40 立方米/秒增至 70 立方米/秒。

第三节　地下水资源

地下水资源是指存在于地下可以为人类所利用的水资源，地下水资源主要分为浅层地下水和深层地下水资源。北京地区地下水水质较好，适于饮用与灌溉。平原区地下水为松散地层中的潜水和承压水，储量丰富，埋藏较浅，易于开发；深层还蕴藏着热水资源。山区地下水为基岩裂隙水和岩溶裂隙水，储量较少，埋藏较深，较难开发。局部地区水中含氟量较高。

北京的地下水资源主要分布在五大河系的冲积扇、洪积扇，以永定河、潮白河的冲洪积扇最为丰富。玉泉山泉、万泉庄泉、莲花池泉、珍珠泉等均是地下水的天然露头。

20 世纪 50 年代，北京地区地下水开采很少，许多地区地下水资源很浅，通州一带地下水深埋仅 1 米左右。60 年代地下水位开采明显增加，水位开始逐年下降，中心城区地下水位降落漏斗逐步形成和发展。1962年漏斗面积为70平方千米。70年代，城区形成了1000平方千米范围的降落漏斗。1990年漏斗面积达2000平方千米。

从20世纪60年代初开始，由于地下水不断超采，地下水位埋深逐年增加，2010年，平原地区地下水平均埋深已达24.92米，与1960年相比，地下水位下降21.7米。2015年，地下水位年末平均埋深达到25.75米，此后地下水位逐年回升。2020年地下水位年末平均埋深为22.03米，与1960年年末比较，地下水位下降18.84米。

1956—2000年，北京地区年均地下水资源25.59亿立方米。2010年地下水资源量15.86亿立方米，2020年全市地下水资源量17.51亿立方米，比多年平均25.59亿立方米减少8.08亿立方米。

第四节　水资源总量

水资源总量是指降水所形成的地表和地下的产水量，即地表径流量和降水入渗补给量之和。

2002年，通过对全市地表水资源（1956—2000年系列）和地下水资源（1980—2000年系列）调查与评价，得出北京市天然水资源总量为54.45亿立方米。其中，多年平均当地自产水资源量为37.39亿立方米，入境水量16.06亿立方米。通过对1991—2010年20年间的实测资源调查评价，全市平均年自产水资源量为25.95亿立方米，入境水量平均每年为8.26亿立方米，天然水资源总量为34.21亿立方米。2020年，北京地区水资源总量为25.76亿立方米，比多年平均37.39亿立方米减少31.1%。

第四章 土壤

北京地处暖温带半湿润气候区，土壤受东亚大陆季风气候影响强烈，属褐土地带。据《北京志·自然环境卷·自然环境志》和《北京土壤》记载，北京境内土壤面积约137.8万公顷，郊区土壤覆盖率为82%，其中山区占53%，平原占47%。山区土壤以砾质轻壤土为主，厚度小于30厘米的薄土层和粗骨土占山地土壤面积的47.3%，含蓄水分能力低，水土易流失；平原地区土壤主要是洪积冲积物，以轻壤土为主，约占一半以上，其余为砂壤土和中壤土。东南部是盐碱地集中地区。北京地区土壤形成因素复杂，类型多种多样，其地带性土壤为褐土。低山以下至高位平原的广阔地带内分布着大面积褐土，中山以上分布有山地棕壤－山地草甸土。低位平原主要分布着潮土，局部洼地分布有湿潮土。

第一节 土壤构成

北京市土壤母质类型复杂，虽属同一土壤类型，由于母质的变异，其理化特性和肥力状况常有较大差别。母质可概括为两大类型，即各类岩石风化物和第四纪疏松沉积物。

北京的岩石风化物多分布在山区，第四纪沉积物则分布在平原地区。平原区土壤母质类型复杂，沉积物在层次排列上也很不均一，有夹层型、地层型、埋藏层型等，且有不少重叠剖面，其理化性质和肥力水平可存在较大差异，夹砂层、夹黏层和埋藏层三者在肥力上就具有很大差别。埋藏层若为黑土层，则称为蒙金土，常成为稳产田。

一、岩石风化物

（一）酸性岩类风化物

在北山分布面积较大，包括花岗岩、花岗片麻岩、片麻岩、流纹岩、石英正长岩及正长岩等，其中以花岗岩类所占面积最大。这类岩石矿物组成复杂，抗风化力弱，其风化物质粗，风化壳较厚，透水性及水分状况良好，有利于土壤发育。植被覆盖度较大，土壤多为发育良好的山地棕壤与山地淋溶褐土。但断裂地带山势较陡，水土流失严重地区多为粗骨性土壤。

（二）硅质岩类风化物

主要分布在北部山区及门头沟区清水河流域。包括砂岩、砾岩、石英砂岩、石英岩、片岩、页岩、板岩等沉积岩和变质岩。以砂砾岩为主。这类岩石岩性差别较大。其中，除石英岩外，均较易风化，形成风化物较粗，地面多砾石、岩屑，植被稀疏，土层薄，易发生泥石流。其土壤多为山地粗骨褐土和山地淋溶褐土。

（三）中性和基性岩类风化物

主要分布在怀柔区汤河口－宝山寺一带，古北口以及东灵山、百花山和妙峰山等山地。包括安山岩、闪长岩、玄武岩和辉长岩等中性和基性火成岩，以安山岩具代表性。这类岩石含铁、镁矿物质多，物理风化较强，化学风化弱，风化后多呈碎屑状，水分状况差，常有裸岩出露，利用困难。土壤类型复杂，但多粗骨性土壤。

（四）碳酸盐类风化物

主要分布在西山，构成门头沟和房山山地土壤的主体。在密云南部和延庆东部等山地也有分布，包括石灰岩、白云岩、硅质灰岩、白云质灰岩等沉积岩，以白云岩具代表性。此类岩石抗物理风化强，易于化学风化，多形成陡峭山地和岩溶地貌。地面干旱，植被稀疏，多粗骨性土壤，兼有砾石堆及裸岩。河流穿过地区常形成峡谷曲流。如永定河官厅至门头沟段，拒马河张坊以西河段。所形成的土壤有山地粗骨性褐土、淋溶褐土和碳酸盐褐土等。

二、第四纪沉积物

（一）红黏土

主要分布在昌平红泥沟、平谷大华山－乐政务一带以及房山周口店，为较古老的第四纪沉积物，相当于中更新世周口店期。质地黏，土色黄红或棕红，不含碳酸钙。形成土壤为红黏土质普通褐土。

（二）黄土状母质

受风向的影响，北京的黄土广泛分布于山麓北坡，山前地带和低山沟谷、缓坡上，以延庆区最为集中。其分布的上界在半干旱区可达海拔1000米，在半湿润区上界多在海拔600~700米。

黄土包括新黄土和红黄土两大类，属晚更新世马兰期沉积物。新黄土位于上部，色黄，富碳酸钙，垂直节理发育，俗称立黄土。红黄土位于下部，年代较久，色红黄至棕黄，碳酸钙含量少，垂直节理不发育。土质以粉砂为主。结构松散，易受切割腐蚀，水土流失严重。由于钙质淋溶程度不同，在山地形成山地淋溶褐土、普通褐土，新黄土上多形成碳酸盐褐土。

（三）平原壤质沉积物

全新世冲积物和洪积物。以轻壤为主，分布于广大的冲洪积平原上，是北京平原主要母质类型。在高位平原上有沟状侵蚀。土壤类型主要为普通褐土、碳酸盐褐土、潮褐土等。

（四）平原黏质沉积物

全新世冲积物和洪积物。主要分布在平原洼地和扇缘地区。土质黏，地下水位接近地面。主要土壤类型有黏性潮土、砂姜潮土、湿潮土以及水稻土等。

（五）平原砂质沉积物

全新世近代冲积物。主要分布于平原河道两侧及决口扇形地。质地为粗砂或细砂。细砂经风力搬运，可形成风砂土。碳酸钙含量随河流冲积物而异。在地下水作用下，形成砂潮土，如大兴区南部低位平原砂潮土分布面积较大。在高位平原无地下水作用的条件下，形成褐土性土。

（六）砂砾质沉积物

全新世和晚更新世冲洪积物，以卵石粗砂为主。主要分布于洪积扇上部。典型地区如昌平区－南口－阳坊一带、延庆区张山营以西以及平谷区南独乐河一带，土层浅薄，卵石层或砂砾层薄。有的为卵石滩，很难利用。

（七）人工堆垫物

人工堆垫物是指山区河谷内人造梯田和卵石滩造田时堆垫物质。一般上层浅薄，表层多黄土状母质，地层或心土以下即为砂砾石层，干旱缺水，农作物产量较低。

第二节　土壤类型

北京地区成土因素复杂，形成了多种多样的土壤类型。全市土壤划分为山地草甸土、棕壤土、褐土、潮土、沼泽土、水稻土、风砂土7个土类19个亚类。

一、山地草甸土类

山地草甸土面积为527公顷，约占全市土壤总面积的0.038%。母质以硅质岩类、碳酸盐岩类、酸性岩类风化物为主。土壤一般无侵蚀，土层多为中厚层，以30~60厘米较多。

北京地区的山地草甸土分布在海拔1900米以上的中山山地顶部的平台缓坡，气候寒冷，人为影响少，草甸植被茂密。土壤pH值为6.0~6.5，养分丰富，氮、磷、钾含量较其他土类高，土壤代换盐基总量在0.30厘摩尔/千克以上，其中交换性钙、镁占90%以上，交换性钾、钠合计不足5%，盐基饱和度为85%~94%。全剖面层次过渡不明显，表层为黑褐色至暗灰色，草毡层呈半腐状，轻壤质，根系盘结明显，松软有弹性，团粒状结构。有机质含量高达9%~16%，腐殖质组成以胡敏酸为主。全氮含量为0.38%~0.62%，碳氮比高达13~15，都随深度增加而缓降，心土土色虽略淡，底土为半风化层，多岩石碎片，一般没有锈纹锈斑等新生体。

山地草甸土区域气候寒冷、风力强劲，不适宜林木生长，草本植物长势茂盛。

二、棕壤土类

棕壤面积13.03万公顷，占全市土壤总面积的9.46%。主要分布在700~800米以上中山山地，而石灰岩山地分布的下限则在海拔1000米以上。棕壤的母质为各类岩石风化物的残坡积物（石灰岩除外）。碳酸钙淋洗已尽，全剖面无碳酸盐反应，呈微酸性至中性，pH值为6.0~7.0，以心土黏化层酸度较大，水解酸在6.7~7.8厘摩尔/千克，交换性酸一般小于0.1厘摩尔/千克，故盐基不饱和，盐基饱和度为45%~85%，这是与褐土类相区别的主要特征。交换性盐基组成仍以钙、镁为主。胶体硅铁铝率较低，为2.5~2.9，硅铝率3.4~3.7，表明有一定风化，淋溶强度略强于褐土。根据植被及水文状况的差异，划分为山地棕壤、山地生草棕壤、山地粗骨棕壤3个亚类。

（一）山地棕壤

山地棕壤面积92727公顷，占全市土壤总面积的6.73%，分布在落叶林下，是棕壤土类的典型代表。山地棕壤的母质主要是酸性岩类、硅质岩类、硅质石灰岩及白云岩等，泥质岩类、基性岩类较少，石灰岩及黄土母质无山地棕壤发育。花岗岩在北部山地海拔600米即可见到山地棕壤，而硅质石灰岩及白云岩于北部山地需在800米以上方可见到，于西部山地则需在1000米以上可见。在落叶阔叶林及较湿润的气候条件下，山地棕壤的淋溶过程、黏化及腐殖化作用明显。易溶盐及碳酸盐都被淋洗，通体无石灰性反应，黏粒也沿剖面向下移动并发生淀积。自然林下的山地棕壤，侵蚀较轻，土层较厚，多为30~60厘米，厚的可超过1米。具有枯枝落叶层（A0层）多称为落叶土。腐殖质层（A1层）、黏化层（B层）及母质层（C层）的分化，一般过渡不明显。表层一般有2~3厘米的枯枝落叶层，松软有弹性，呈微酸性。其下腐殖质层呈灰棕色、暗棕灰色，厚10~30厘米，多有真菌菌丝体分布，多为壤质土。心土为黏化层，厚20~30厘米，有黏粒聚积，比表土较黏，多为中壤质，少数重壤质，呈鲜棕色，有时为黄棕色，核状或块状结构。结构面有红棕色或暗褐色铁胶膜致结构内外土色深浅不一，有的夹少量岩屑，底土多棕色、壤质土，夹碎石块，逐渐过渡到岩石半风化体。

山地棕壤土体构型与母质、植被盖度、土壤侵蚀状况关系极为密切。在花岗岩、硅质岩母质上多为砾质砂壤质土，部分为轻壤土，其他母质上多为轻壤质土，部分中壤土。植被较好的地区，土层较厚，多为壤质土。植被条件差，土壤侵蚀严重地区，土层薄，多砂质和砾质，山地棕壤退化到原始发育阶段。所以不同地区的山地棕壤在成土年龄、发育程度和肥力水平上有很大差别。一般薄层山地棕壤土层厚度多薄于30厘米，以下即为母质；中厚层山地棕壤，表土腐殖质层厚度在15~25厘米，心土黏化层20~35厘米，底土半风化层20~30厘米。土体质地构型用表土－心土－底土表示，主要有以下4种构型：

（1）砂土。砂土－砂土（夹砾石）、砂土－砂壤－中壤。

（2）砂壤。中壤－重壤、砂壤－轻壤－中壤、砂壤－中壤－轻壤、砂壤－重壤－中壤。

（3）轻壤。砂壤－砂土、轻壤－轻壤－轻壤、轻壤－中壤－中壤、轻壤－轻壤－轻壤－中壤－重壤。

（4）中壤。砂土、中壤－中壤－中壤、中壤－轻壤－中壤、中壤－中壤－黏土、中壤－中壤－重壤。

（二）山地生草棕壤

山地生草棕壤面积较小，共13013公顷，占全市土壤总面积的0.94%。由于山地棕壤森林的破坏及水土流失的加重，一些地区原有落叶阔叶林被草灌植被和农田所取代，从而发育了山地生草棕壤。灌草丛植被中，中生及半旱生种增多。原林下的枯枝落叶层被灌草丛生草层或耕层所代替。生草层由于半旱生草本植被残体的分解，盐基得到不断补给，淋溶作用表现得较弱。故pH值较高，通体在6.4~7.2，水解酸也较少，仅2~5厘摩尔/千克。一般无石灰性反应。

在茂密的草本植被下，可形成紧密的草根层，甚至有机质层加厚，但在京郊山地多数地区特别是耕垦地区由于水土流失加重，有机质层被冲刷，故土层较薄，多为20~40厘米，直至60厘米。腐殖质积累减少，土色较浅，有机质含量既低于山地棕壤，更低于草甸棕壤，多为2.5%~6.0%，全氮为0.15%~0.30%，全磷为0.10%~0.25%，有效磷为10~25毫克/千克，明显比林下棕壤高，这也表明了熟化作用的结果。表、心土质地以轻壤为主，夹砾石，底土多砾石。

（三）山地粗骨棕壤

山地粗骨棕壤面积24560公顷，占全市土壤总面积的1.78%。母岩多为碳酸盐岩类、酸性岩类及硅质岩类，坡度多在25°~40°。由于林木遭到破坏，成为灌草丛，覆盖度50%~80%，有水土流失，但仍比山地粗骨褐土轻。受侵蚀影响，剖面层次不完整，一般无明显的枯枝落叶层，土层薄于30厘米，砾石含量高，多在30%以上。地面多裸岩出露，由于发育不良，淋溶较弱，呈中性反应的显著多于山地棕壤，无明显呈微酸性反应的淀积层。有机质含量多为2%~6%。呈浅灰棕色粒状－团块状结构，轻壤－中壤质。心土为棕色中壤土，少数为重壤土，质地较上层略黏重，但砾石增多，常含30%~50%，以下即为半风化体或母岩，土层较干旱。

三、褐土类

褐土面积为890540公顷，占全市土壤总面积的64.64%，为全市面积最大、分布最广泛的土壤。母质为各类岩石风化物的残坡积物、黄土性母质、洪积物及洪积冲积物等。褐土分布区为暖温带半湿润地区，主要受东南季风气候控制，夏热多雨，冬季寒冷干燥，春季干旱多风。地下水多深于4~5米，土壤形成不受地下水作用，为北京地区地带性土壤。

多呈中性、弱碱性反应。北京褐土的特点是残坡积母质黏化程度较轻，黏化层位较浅，黏化层较薄，其黏化率多为10%~30%，黏化层位往往在25~35厘米，为小于0.001毫米黏粒的聚积层。黄土性沉积母质黏化层位较深，多在35~65厘米。有机质积累强度不大，弱于山地棕壤，表层多为2.5%~6.0%。腐殖质组成以胡敏酸为主。褐土呈中性微碱性反应，pH值为7.0~8.2，山荒地有机质可达3.0%~6.0%，而平原耕地只有1.0%左右。阳离子交换量不高，山荒地可达15~22厘摩尔/千克，而平原耕地一般只有10~12厘摩尔/千克。交换性盐基以钙、镁为主，占80%~90%，钾、钠占极少数，不含交换性氢离子，无游离酸。

土体化学组成表明，钙、镁有明显淋洗。氧化铁、氧化铝在表层有轻度淋溶，但在黏化层相对增高。黏化层中小于0.001毫米胶粒的硅铁铝率为2.6%~3.0%，硅铝率为3.3%~3.9%。

北京褐土土类根据主要成土过程，即碳酸盐淋溶淀积及相应的黏化过程及其他附加过程，划分为淋溶褐土、普通褐土、粗骨褐土、碳酸盐褐土、褐土性土及潮褐土6个亚类。

（一）淋溶褐土

淋溶褐土面积为486173公顷，占全市土壤总面积的35.29%，为山地土壤中面积最大、土层较薄的一个亚类。分布于海拔800米以下、300米以上的低山丘陵。200~300米高丘的阴坡也有分布，延庆盆地边缘及西山石灰岩山地可升高到900~1200米。

土壤母质为各类岩石风化物残坡积物，黄土性母质及洪冲积物占极少数。淋溶褐土分布区的气候条件比普通褐土热量低，但较湿润。阳坡多为旱中生灌丛，阴坡多为中生灌丛，局部有天然次生林，盖度较大，多为50%~80%，长势较好，属落叶疏林灌丛。海拔高于500米者接近森林生态系统。灌丛植物主要有蚂蚱腿子、达乌里胡枝子、三裂绣线菊、溲疏等。草本层有薹草、野青茅、大油芒等。

淋溶褐土层次分化明显。表层为较薄的不太明显的枯枝落叶层，但有明显的腐殖质层，向下逐渐过渡到心土黏化层。黏化层呈棕褐色，块状至核状结构，结构面有轻微铁胶膜。向下逐渐过渡到半风化母岩层，砂砾石块逐渐增多，土色接近岩石风化物。

淋溶褐土的发育程度、土层厚度及土体构型，受母岩、植被、坡度、坡向及侵蚀状况和人为影响差别较大。一般村落附近的梯田土层较厚，近村荒山土层薄，多为粗骨性土。距村较远的低山区，一般植被条件较好，土层也较厚，30~60厘米，发育较好。但总的趋势是薄层土及粗骨性土面积很大，表土多轻壤，心土轻壤、中壤，土体砾石含量高，裸岩出露较多。淋溶褐土的养分状况与枯枝落叶层及腐殖质层厚度有关。人为活动少，水土流失轻处仍有枯枝落叶层及腐殖质层，有机质含量高。

不同母质所发育的土壤土体质地构型有一定的差异性。一般硅质岩、花岗岩、砂岩等母质上发育的淋溶褐土多砂质土、砂壤土，钙质岩母质上发育的淋溶褐土多壤质土。土壤侵蚀较严重的地区多砂砾质土，发育时间较长，土壤侵蚀较弱的地方和黄土母质上发育的淋溶褐土多壤质土。

（二）普通褐土

普通褐土面积为194581公顷，占全市土壤总面积的14.12%，占褐土土类的21.85%。分布于海拔40~500米的低山丘陵及山麓阶地和冲积扇形地中上部。在延庆盆地边缘及门头沟山区西北部，由于气候干寒，普通褐土分布可高达800~900米。

普通褐土是暖温带半湿润季风气候疏林灌丛草原下的典型土壤，是北京平原的地带性土壤。

成土过程包括碳酸盐的淋溶淀积过程、黏化过程、腐殖质化以及耕种熟化过程。受半湿润气候影响，土壤的有机质积累较弱。土壤碳酸钙的各种形式，如$Ca(HCO_3)_2$、$Ca(OH)_2$等，在剖面中可因蒸发而向表层移动，也可因降水而向下移动，土壤碳酸钙经常上下移动而不被淋溶。

碳酸钙在土壤剖面中的分布多种多样，其突出特点是心土的褐色黏化层碳酸钙淋洗较强，常以假菌丝体分布于结构表面，含量较低，多为0.2%~0.8%，个别可达1%上下。表土及底土则情况复杂多变。

普通褐土剖面的不同碳酸钙含量及其不同分布状况对嫌钙植物和磷的固定转化均有影响。非石灰性褐土无影响，而复碳酸盐褐土则影响较重，但显著轻于碳酸盐褐土。在造林树种及作物种类和品种的选择及磷肥的施用上均应注意。

（三）粗骨褐土

粗骨褐土面积为49200公顷，占全市土壤总面积的3.57%。广泛分布在海拔400~600米及以下的低山丘陵的陡坡、山脊，门头沟半干旱区可分布在海拔800米左右。坡度多为30°~40°，以向阳坡面居多。西山比重较大，以清水河流域房山西南及汤河口丘陵较为集中。

粗骨褐土是山地普通褐土或碳酸盐褐土植被被破坏，表土被冲刷侵蚀而成的山地土壤。气候近似一般山地普通褐土或碳酸盐褐土，一般偏干旱。植被主要为半旱生灌草丛，矮小稀疏，覆盖度多在30%，很少到50%。加上人为乱垦、乱牧、乱伐，土壤侵蚀严重，以面蚀为主，也见沟蚀，多为中弱度片蚀，故土层浅薄，多薄于30厘米。

母质为各类岩石风化物的残坡积物，以石灰岩类、硅质岩类及酸性岩类居多。物理风化较强，化学风化较弱，故粗砂砾石及石块较多。岩石倾角与土壤发育和土层厚度有关，当倾角与坡度一致时，则岩石表面不易附着土壤、储留雨水，也难定居植物，故多裸岩露头，土层极薄，发育较差。群众称之为死山。粗骨褐土中此类死山相对较多。

粗骨褐土的剖面特征是土层浅薄，发育微弱，层次分化不明显。土层多薄于30厘米，以15~25厘米居多。土体砾石较多，多在30%以上，甚至达50%左右，细土粒较少，俗称"石渣土"或"石骨子土"。无枯枝落叶层，腐殖质层也不明显，土体构型多为发育处在幼年阶段的A-C型土壤类型。表层质地多为砂砾质、砂壤质或轻壤质土，其下逐渐过渡到风化较弱的母质层，为半风化体或岩体。有的基岩裸露，裸岩常占30%左右。

土壤性态受母岩性质影响强烈，但颜色多较浅。土体的碳酸盐状况近似山地普通褐土，碳酸钙含量多在0.2%~0.8%，以碳酸盐岩类较多。多呈中性反应，pH值多为7.5。即使非碳酸盐岩类，由于上游石灰下淋、生物累积及残余碳酸盐的影响，也常有不同程度的石灰反应，显示着普通褐土的地带性特征。

土壤表层颜色变化较大。植被较好处为棕灰色或暗棕灰色，土层也较厚，植被稀疏处则为浅灰棕色或棕带灰色，接近母岩处呈黄棕色或棕褐色。表层结构以粒状、小核状为主，根际周围则可见结持较紧的粒状结构。质地为砂砾质、轻壤或砂壤，常夹有很多棱角明显的碎石片，越下层越多。

由于植被稀疏，生物累积弱，土壤有机质常较一般山地土壤含量低，有自然植被处，20厘米土层平均为2.0%~4.0%，撂荒地、耕地一般小于1.5%。土壤干旱、紧实，结构性及结持力均差，保水保肥力低。生物活性弱，很少见到蚯蚓及其活动产物。土壤有效磷含量低，多小于10毫克/千克，说明熟化程度低，但速效钾含量较高。阳离子交换量与有机质关系密切，原始荒地可达10~20厘摩尔/千克。

粗骨褐土主要问题是旱、薄、蚀、砂、砾、瘠，土壤侵蚀未被控制。多属荒地或撂荒地，夹杂裸岩。由于土层多薄于25厘米，土体极干旱，保水力低。

（四）碳酸盐褐土

碳酸盐褐土面积45552公顷，占全市土壤总面积的3.30%。多分布在石灰岩类及黄土性母质的低山、丘陵及河谷台地上，少数分布在山麓冲积扇的中上部。以降水量较少、石灰岩较多的西部、西北部山地较多，而北部、东北部山地及冲积扇形地则较少，或无分布。海拔多在600米以下，局部黄土母质可分布到800~1000米。山前平原常分布在广大普通褐土的局部缓岗之上或带状封闭沟谷阶地。

碳酸盐褐土分布地区气候较干旱，年降水量多小于500毫米，干燥度较大，一般无地下水。母质以硅质石灰岩、白云岩、石灰岩、黄土及黄土性洪积冲积物为主，但也有极少量非碳酸盐母质。

碳酸盐褐土通体碳酸钙含量较高，多为4%~7%，有自上向下逐渐增多的趋势，底层碳酸盐可达8%~10%。碳酸盐褐土黏化程度较弱，黏化层发育不明显，氧化铁的染色程度轻，而碳酸盐染色程度重，故土色浅淡灰暗，结构面没有明显的铁胶膜，故褐色层发育不明显。

由于生物累积量较少，腐殖质的累积不强烈，没有明显的腐殖质层，有机质含量在褐土各亚土类中是最低的。黄土母质耕地表层有机质含量多为0.6%~1.1%，石质山地荒坡也多为1.4%~3.0%，心底土则陡降至0.3%~0.4%。碳酸盐褐土剖面上下性态接近一致，层次发育不明显。按碳酸盐的淀积状况，可大体划分为表层、心土弱黏化钙积层及底土钙积层三层。

（五）褐土性土

褐土性土面积55595公顷，占全市土壤总面积的4.03%。主要分布于洪积扇顶部和洪积冲积扇的中下部，河流冲积平原刚出山口的地区，或山丘间谷地的干石河两岸。母质是近代河流冲积物、洪积冲积物及卵石滩上的人工堆垫物质。

褐土性土土壤质地以中砂及细砂质的砂土及砂壤土为主，部分为轻壤质，石英颗粒及云母片较多。地下水很深，多深于4~10米，土壤形成不受地下水影响，而地质过程较强，风化及成土时间均较短，层次发育不明显。

褐土性土多呈中性至微碱性反应，pH值7.8~8.2。发育较好者常在心底土有假菌丝体。通体为黄棕色或灰褐色砂土、砂壤、轻壤土，呈单粒或碎块状结构。有效土层厚薄不一，尤其是堆垫物母质，多为20~30厘米的薄层土，山前平原较厚，也只有40~50厘米。心底土常为粗砂、卵石层，漏水漏肥、耕性极差。养分状况及肥力水平与母质来源密切，变化较大。

（六）潮褐土

潮褐土面积58274公顷，占全市土壤总面积的4.23%。多分布在冲积扇下部，少数位于冲积平原上的残余二级阶地。

潮褐土母质为洪积冲积物，以黄土性物质居多，质地多为轻壤、中壤质。地势平坦，微有倾斜，排水较好，地下水位较高，为耕作施肥水平较高的土壤。

潮褐土属褐土向潮土的过渡类型，以褐土化过程为主，附加潮化过程。剖面上部不受地下水影响，进行褐土化过程，有碳酸盐的淋洗和黏化作用。土色鲜褐，近似普通褐土的褐色黏化层，但黏化程度较轻。剖面下部微受地下水作用，有轻微的潮化过程，在80厘米以下才有少量锈纹锈斑及铁锰结核，有的形成小型砂姜。潮褐土剖面可分为3个发育层段：表土层厚15~20厘米，为灰棕色轻壤质耕层，较疏松，熟化度高。20~40厘米常有明显紧实的犁底层，心土分布在40~80厘米，为鲜棕褐土黏化层，多为中壤质，核块状结构，较干旱，结构面有大量假菌丝体。80~100厘米以下为不大明显的潮化层，稍潮润，灰棕色至黄棕色，砂壤质及轻壤质较多，块状结构，有轻微的锈纹锈斑，有的有小型瘤状砂姜。由于地下水位下降，部分土壤发育明显脱潮，其生产特性有的已接近褐土，俗称黄土。潮褐土潜在肥力中等，土质疏松，保水保肥力强。

土壤碳酸钙有明显淋洗，以心土褐色黏化层最明显，碳酸钙多为0.2%~0.8%，其值接近普通褐土的黏化层，但略偏高。表层亚表层受新沉积物及施肥影响，碳酸钙含量较高，多为1%~3%。底土碳酸钙含量有越往下越高的趋势。

四、潮土类

潮土面积345053公顷，占全市土壤总面积的25.04%，是平原土壤面积最大的一个土类。

潮土分布区地势低平开阔，微有起伏，坡降很小，一般不超过1/1000，低平处1/5000左右，排水不畅，历史上多有洪涝灾害。土壤发生特征是潮化过程明显，土壤形成直接受到地下水作用，底土潮润，可缓冲土壤干旱。地下水随季节升降，土壤中的铁锰物质经常还原淋溶和氧化淀积，形成锈纹锈斑或铁锰结核。全新世冲积母质的各类潮土多不形成砂姜，即使个别有也只成镶嵌状。而晚更新时洪积冲积母质形成的砂姜潮土及褐潮土则常形成砂姜，多呈瘤状，并可成层，是一种明显的障碍层。除少数非碳酸盐母质外，一般通体都含有一定的碳酸钙，为2%~7%，因河系而异，但土壤都呈微碱性反应，pH值8.0~8.5。

潮土土类受黄土母质影响，矿物养分较丰富，但有机质、氮素及有效磷较低，培肥任务大。因地势低平，径流缓滞，雨季易涝，多属季节性积水，地下水矿化度较高处（1.5~3克/升）易发生盐化，渠灌后次生盐渍化威胁亦较大。应注意旱涝盐瘠的综合治理，土壤改良与培肥利用相结合。随着地下水位下降，土壤潮化、盐化减轻，有的潮化已成残余特征。

潮土土类根据地形、水文条件及附加过程对土壤发育的影响，划分为褐潮土（脱潮土）、潮土、砂姜潮土、湿潮土、盐潮土5个亚类。

（一）褐潮土

褐潮土面积74960公顷，占全市土壤总面积的5.44%。主要分布在冲积扇末端的微倾斜平地及冲积平原古自然堤缓岗。过去为中生杂草草甸，混有半旱生草类，较潮土亚类偏干旱，特别是近年部分地区地下水下降显著，褐潮土有进一步脱潮化的趋势，故褐潮土又称为脱潮土。

褐潮土的成土过程是以潮化为主，兼有褐土过程的半水成土壤。潮化及水渍作用较潮褐土略强，大体在40厘米以上有轻微的褐土过程。呈浅棕色，碳酸钙有轻微淋洗，其含量多为1.5%~3.5%。呈微碱性反应，pH值7.5~8.4，黏化过程微弱，无黏化层形成。50厘米以下受地下水作用，有明显的潮化特征，较潮湿，锈斑及铁子较多，有的有砂姜，有的形成砂姜层。质地以轻壤、中壤为主，质地剖面构型比潮褐土复杂多变。

（二）潮土

潮土面积1904.91公顷，占全市土壤总面积的13.83%。广泛分布在海拔在10~40米的河流冲积平原及山区河谷的一级阶地及高河漫滩，以永定河、潮白河、温榆河流域面积较大，是全新世河流冲积物经多年耕种并受地下水浸渍而有机质累积较少的半水成土壤，曾称为冲积土。

潮土所在的低冲积平原水热条件不同于褐土所在的山麓平原，地势低平，坡降平缓，一般都小于1/100，排水不畅，径流滞缓，历史上常有洪涝灾害，时有泛淤。潮土大部分属于永定河、潮白河及温榆河水系。

（三）砂姜潮土

砂姜潮土面积50510公顷，占全市土壤总面积的3.66%，分布于海拔50米以下的山麓平原洼地及冲积扇扇缘洼地，而少分布在冲积平原。分布规律是上接洪积冲积物褐潮土，下接湿潮土或潮土。分布范围是从海淀后山经昌平南半部到朝阳西半部直至南苑，大体以弧形分布在永定河冲积扇扇缘。

砂姜潮土区地下水埋藏较浅，雨季接近心土或亚表土，易生暗渍，大雨之年则有沥涝。比潮土埋藏较浅，土壤的水渍作用比潮土强。砂姜潮土母质是晚更新世洪积冲积物，无冲积层理，无明显分选，质地变化不大，多为中壤、轻壤质，个别为砂壤土。相比冲积物潮土成土年龄较大，较紧实，通透不良。

砂姜潮土是昔日沼泽草甸土等沼泽化土壤，在自然及人为因素影响下，排水变好，脱沼泽化而成。昔日沼泽草甸时期在地表水、地下水及沼泽草甸植被影响下，形成沼泽化生草层，后期在其上又覆盖了新的沉积层。其心土、底土则因地下水的升降影响，在氧化还原交替作用下，导致铁锰等物质的溶解、移动和淀积，出现大量锈纹锈斑和铁锰结核。其潜育化过程明显较冲积物潮土强，锈斑多，使心土、底土可染上锈黄色。接近地下水处碳酸钙升降淀积形成砂姜，有的零星分布，有的成层，但不形成硬盘。这不仅是上层碳酸盐的淋淀结果，也是含钙地下水升降作用的结果。

（四）湿潮土

湿潮土面积4501公顷，占全市土壤总面积的0.33%，主要分布在各种洼地，如山前洼地、扇缘洼地、槽状洼地、碟形洼地等封闭洼地，排水不良，地下水埋藏浅，湿生杂草较多。

湿潮土是潮土向沼泽土过渡的亚类，地下水作用与地表水作用兼有。成土过程除地下水作用的潮化过程以外，附加潜育化或沼泽化过程。比潮土及砂姜潮土的潜育化过程强，全剖面几乎都有锈纹锈斑，越往下越多，下部接近地下水处常有潜育层或埋藏的腐泥层，或古老沼泽的生草层（鸡粪土层），有的也有砂姜层，故有明显的发育层段。表层为腐殖质层，腐殖化作用较强，有机质含量高于潮土。亚表土及心土即为氧化还原交替的潮化层，有大量锈纹锈斑及铁锰结核。底层接近地下水处为不同程度的蓝灰条纹及斑块的潜育层，或为埋藏黑土层，或为砂姜层，也有较大的锈色斑块分布。这说明京郊的湿潮土潜育化过程不太强，潜育层不普遍，下层常埋藏有沼泽化时期的表土层，土体构型复杂。但土体总的特征是土色灰暗，含水量高，质地偏黏，越往下越湿越黏越紧实，通透不良。

湿潮土发育层次明显，3个层段的特征是表层耕作层，多为暗棕灰色，中壤质土，20~30厘米即可见锈纹锈斑，往下逐渐增多。心土多有大量锈斑及铁子的黏质土层，底土为锈黄色壤质土层，有砂姜分布，有时可出现蓝灰色斑纹或潜育层。心土或底土常埋藏有沼泽时期的暗灰色核粒状的鸡粪土层或腐泥层，为沼泽植物腐解所染色。洼地边缘土质不过黏者，春季可返盐，形成盐化湿潮土，多属硫酸盐类，旱季出现盐霜，雨季消失，一般不影响植物生长。

湿潮土通体碳酸钙含量较高，多为5%~8%，但鸡粪土层及黑土层往往较低，甚至无碳盐酸反应。全剖面呈微碱性反应，pH值8.0~8.5。母质多为黄土性洪积冲积物或冲积物，部分为潮积物，质地剖面较均质，上下基本一致，夹层较少。以中壤质为多，其次为重壤质及轻壤质，少数为砂壤质。

（五）盐潮土

盐潮土面积17898公顷，占全市土壤面积的1.30%，主要分布于低平原的二坡地及洼地边缘。多与壤质潮土及湿潮土插花分布，而地势比壤质潮土略低，比湿潮土略高。

盐潮土是受地下水作用的潮土附加盐化过程的土壤。其形成与地下水关系密切，是含盐地下水沿毛细管上升，经蒸发浓缩于地表而成。盐潮土的盐化过程有明显的季节性，以在春旱季返盐较强烈，雨季盐分随水下移，形成临时脱盐现象。但因地下水埋藏较浅，排水不畅，流动缓滞，盐分随季节变化在土体中上下移动。旱季积盐程度与微地形变化密切，在低平地微有倾斜的部位，多为轻度盐化潮土，以盐霜为主，盐斑较少。在低平洼地的封闭地形内，积盐较重。盐斑比重较大，尤其在洼地中部突起的部位，旱季蒸发量大，相对积盐更重，但面积较小。

积盐与母质、质地的关系密切。通州、大兴的盐潮土多发生在砂壤土及粉砂壤土上，并以砂壤质土盐渍化面积比重较大。这是由砂壤质毛管上升运行速度较快所致。而砂土、重壤质土和黏土因毛管力不强，一般无或少有盐化发生。如果砂壤、轻壤质土体中夹有黏层或砂，则在一定程度上可以减轻盐化过程，这是潮土盐化过程的特点。

盐潮土富于冲积层理，碳酸钙含量高，多为6%~8%，矿质养分高，心底土因潮化过程而有锈纹锈斑。一般比潮土的潮化要重，土色灰暗，铁锈多而靠上。盐分在地表形成盐霜和部分盐斑。多为轻盐化，盐分多集中于0~10厘米，在剖面中呈"丁"字形分布。

盐潮土生物累积极弱，施肥少，熟化程度低，有机质含量比潮土略低，多为0.6%~1%。有效磷更低，多为10毫克/千克以下，盐潮土土体构型表土多为轻壤或砂壤，心土为砂壤、轻壤或中壤，底土质地较为复杂，细砂、重壤或砂壤不等。

盐潮土的水分物理性质与潮土接近，砂壤质盐潮土的容重为1.4克/立方厘米左右，总孔隙度为46%，通气孔隙度10%，属稍紧范畴，田间持水量达25%左右。

五、沼泽土类

沼泽土面积1430公顷，占全市土壤面积的0.1%，面积最小，只划分出草甸沼泽土一个亚类。

草甸沼泽土零星分布于各类积水洼地，如扇缘洼地、堤外洼地、人工洼地（多为芦苇塘）及河流汇合处的积水区。雨季地表积水，旱季短期退干，但地下水仍接近地表或浅于30~50厘米。水分常处于饱和状态，植被为湿生草类，多为芦苇地莎草科杂草，覆盖度大。母质多为洪积冲积物、冲积物，少部分为湖积物，封闭洼地土质多偏黏，堤外洼地多偏砂，但以壤质为主。

草甸沼泽土是地表水、地下水与水生植物共同作用下，进行腐殖化、沼泽化及季节性草甸化形成的土壤。土壤形成以还原过程占优势，铁锰等矿物经脱氧还原、迁移、聚积，并在亚表土以下形成蓝灰色潜育层。旱季则脱水氧化，形成锈斑和铁子，淀积于上层土体结构表面和孔隙中。上层多有中强石灰反应，碳酸钙含量多为4%~6%，呈微碱性，pH值7.5~8.5。底土有碳酸钙的聚积，可形成砂姜，但数量不多且不成层。由于积水还原，有机质积累较多，多为1.2%~2.3%，随植被及水分状况不同差异较大，表层以下缓降，具有一定程度的深层累积的特点。但一般无泥炭形成，个别地块有少量埋藏，多系开挖后残留，埋藏较深，不便开挖。

草甸沼泽土的层次分化明显，表层为暗灰色，根系密集，有腐根存在。亚表土即为有锈斑的灰色土层，逐渐过渡到心土、底土，为地下水滞留的灰蓝色潜育层。有腐泥味，密实无结构，洪积冲积母质及湖积母质者发育较好，而冲积母质者发育较差，可有冲积层次。结构受质地影响较大，以壤质土及黏性土发育较好，砂质土发育较差。

六、水稻土类

水稻土面积5247公顷，占全市土壤面积的0.38%，零星分布在各类洼地。水稻土所在地区多为扇缘洼地、交接洼地及河间洼地，排水较差，地下水埋藏较浅，水质大多良好，矿化度很少超过1克/升，无盐化现象，原土壤多系湿潮土、草甸沼泽土及潮土等，往往有一定沥涝。水稻土是非地带性土壤类型，是长期种植水稻，经过反复淹灌及停水落干，土壤处于氧化、还原交替状态而形成有渗渍层的水耕熟化土壤。水稻土类按水分状况划分为潴育水稻土及潜育水稻土2个亚类。

（一）潴育水稻土

潴育水稻土面积4026公顷，占全市土壤面积的0.29%。分布在水源较好的扇间洼地、交接洼地、河间洼地或河漫滩洼地。母质多为冲积物及洪积冲积物。

潴育水稻土的基础土壤多为湿潮土及潮土。地下水埋藏深度由于自然影响及人为调控升降频繁，土壤形成受地下水及地表水影响强烈，有明显的干湿交替和氧化还原交替过程，形成大量锈色较深的锈斑，并可有较软的小铁子，结构面的有机胶膜与铁锰胶膜较为明显。土壤肥力较高，属排水尚好、肥力较高的良水型水稻土。剖面特征是水渍作用强，土色灰暗，多为棕灰色至暗灰色。耕层松软，有根锈。犁底层明显，呈紧实的片状结构。心土渗渍层（或称潴育层）质地比上层黏，有的能形成明显的棱块状结构，有的则不大明显，但都有明显的锈斑，多呈网络状，或成片的红褐色锈纹。底土暗灰色，有轻微蓝灰色斑纹，但未形成明显的潜育层。碳酸钙含量高，多为4%~9%，微碱性反应，pH值8.0~8.4。由于长期培肥积水，有机质矿化消耗少，潜在养分含量较高，显著高于旱田。各种养分有全剖面累积的特点，养分在剖面中的分布呈缓降型，其心土往往养分储量比旱地的表层还高，特别是有机质、全氮、有效磷、碱解氮累积明显，但全钾略有降低。

（二）潜育水稻土

潜育水稻土面积1221公顷，约占全市土壤面积的0.09%，分布在扇缘洼地和河漫滩洼地，多系草甸沼泽土及湿潮土等经多年种稻而成，很少有因次生潜育化形成者。地势比潴育水稻土更低洼。受潜水还原作用较强，亚表土以下几乎常年水分饱和。土色以暗灰色为主。耕层松软，有根锈，轻壤、中壤质，部分重壤质。心土层即为蓝灰色潜育层，有亚铁反应及硫化氢臭味。碳酸钙有淋洗，含量较低。心土层多为中壤、重壤质土，结构不良。潜育水稻土有机质及全氮含量较潴育水稻土稍高。

七、风沙土类

风沙土面积4640公顷，占全市土壤面积的0.34%。分布在永定河及潮白河等大河及古河道两侧、决口的主流带旁以及一些河漫滩沙地。系河流砂质沉积物被风力搬运堆积而成。

风沙土质地均为细砂质，部分粗砂质及粉砂质，很均质，沙丘间局部尚有砂壤土。由于成土时间短，有的还在移动，故发育较弱。有机质含量极低，多在0.2%~0.6%，有机质颜色浅，多呈黄棕色。松散，无结构，单粒状。无植被者仍易受风蚀危害。旱、砂、薄、风蚀是该土主要问题。仅能生长耐旱、耐沙植被。永定河水系较潮白河水系风沙土质地略细。

风沙土质地全剖面均为砂土，各项营养元素的含量极为贫乏。风沙土漏水漏肥，温差变化大，易干旱。水、肥、气、热因素极不协调，土壤肥力极低。

第三节 土壤分布

全市土壤随海拔由高到低表现出明显的分布规律，特别是山地土壤表现出了明显的垂直地带性。各土壤亚类也表现出明显的过渡性，由高到低，其分布的总趋势是山地草甸土、山地棕壤（山地粗骨棕壤）、山地淋溶褐土、山地褐土、山地粗骨褐土、山地碳酸盐褐土、褐土、潮褐土、褐潮土、砂姜潮土（水稻土）、潮土（风砂土）、盐潮土、湿潮土（水稻土）、草甸沼泽土。

一、中山地区土壤分布

中山山地分布的土壤类型主要有山地草甸土、山地棕壤、山地生草棕壤及粗骨棕壤。

山地草甸土主要分布在海坨山、百花山、白草畔、东灵山等地海拔1900米以上的阳坡及海拔1800米以上的阴坡的山地平台、缓坡。

在海拔800~1900米的中山山地，主要分布山地棕壤，其中在阳坡、陡坡，植被差、水土流失严重的地区，也分布有山地生草棕壤及粗骨棕壤。由于受雨量及岩性影响，北部、东部山地雨量较丰富，酸性岩类较多，在阴坡600~700米处即可出现山地棕壤，西部山地气候偏旱，且钙质岩类较多，在900~1000米开始出现山地棕壤。

二、低山地区土壤分布

在海拔400~800米的广大低山地区，主要分布有山地淋溶褐土，上接山地棕壤，下接山地褐土。在阳坡可直接与粗骨褐土相接。但西部山区碳酸岩类及黄土性母质上发育的碳酸盐褐土及褐土，可随母岩分布至海拔800米以上，与山地淋溶褐土呈交错分布。低山地区河谷地带分布有洪冲积的褐土性土及少量人工堆垫的褐土性土，低河漫滩则有冲积物潮土分布，沟谷梯田主要为中厚层褐土。

三、丘陵、山前岗台地区土壤分布

在海拔400米以下的丘陵及山麓平原中的残丘，直至山前岗台地区，主要分布有山地褐土、粗骨性褐土及碳酸盐褐土，少部分为淋溶褐土。东部丘陵降水量较高，山地褐土与山地淋溶褐土的分界线在海拔300~350米。西部山地丘陵降水量偏低，且多硅质石灰岩类，山地褐土与山地淋溶褐土的分界线在400~500米。此外，在海拔600米以下的低山丘陵区，尤以陡坡、山脊和阳坡分布有山地粗骨褐土。

四、平原地区土壤分布

在山麓狭长地带，山间谷地、缓坡、盆地的边缘，平原二级阶地以上及冲积、洪积扇的中上部位，分布有普通褐土，其下紧接潮褐土。在平原的残余二级阶地上也零星分布有潮褐土，其陡坎下为潮土。褐潮土分布在冲积扇末端，上接潮褐土，其末端与扇缘洼地、交接洼地或山麓平原洼地的砂姜潮土、湿潮土相接，最洼处为草甸沼泽土。

太行山山前平原冲积扇发育较宽，褐土面积较大，黄土性母质较多，主要分布有富石灰性普通褐土，局部为洪积冲积物碳酸盐褐土，其东部以狭长的潮褐土过渡带与潮土相连。燕山山麓平原冲积扇延伸较窄，褐土分布面积小，潮褐土及褐潮土面积则相对较多，常交错分布于冲积扇中下部。潮褐土比褐潮土分布地势稍高，排水较好。如地形平坦开阔，则潮褐土分布在排水较好的阶地外缘，与陡坎与冲积物潮土相接，而洪积冲积物褐潮土则分布在内部低洼处，排水条件差，其低洼处常有大面积砂姜潮土分布。

东南部及东部冲积平原，为发育自永定河及潮白河冲积物上的潮土。地质年代晚，都属全新世，地势低平。广大冲积平原潮土随微地形变化土壤分布变化复杂，主要是在大河道及决口附近常有风沙土，以沙丘状态存在，沙丘边缘常为沙质潮土；在广大河间地带为壤土，富于沙黏夹层；在河间洼地则为重壤质及黏质潮土；在潮土向洼地及交接洼地过渡的微斜平地常分布有盐潮土，常与潮土、湿潮土呈复区存在；在沿河洼地常分布有草甸沼泽土、湿潮土；在冲积扇边缘及冲积平原的边缘地区多分布有砂姜潮土；在积水洼地，如扇缘洼地、堤外洼地、人工洼地和河流汇合处的积水区零星分布有草甸沼泽土。

第五章 植　被

　　北京地区地形复杂，包含山地、丘陵、平原、湿地滩涂等多种地貌类型，其气候、土壤也各具特征，为植被发育提供了多样的环境条件，形成了丰富的植被类型和复杂的物种构成。北京地区在地球史上未受第四纪冰川期的影响，植物区系基本上直接继承了当地第三纪植物的成分与性状，以华北成分为主，平原地区还有欧亚大陆草原成分，如落草属、针茅属、棘豆属、蒿属、苜蓿属等，深山区有欧洲西伯利亚成分，如落叶松属、云杉属、杨属、柳属等，有热带亲缘关系的植物在低山和平原也普遍存在，如构树、臭椿、盐肤木、酸枣等，充分地体现了其成分的复杂与多样性。

　　北京地区的原始植被类型是暖温带落叶阔叶林和温带针叶林。由于早期人为破坏，现已不多见，少数保存较好的天然林主要位于远山区高海拔地带，是原始天然林被破坏后形成的次生天然林（一部分是萌生丛形成的）。平原区的原生植被已不存在。新中国成立以后，为改善北京地区的森林植被质量，连续不断大力植树造林，营造了大面积的人工林，出现大量人工种植形成的植物群落，优势树种主要有油松、侧柏、落叶松、杨树、柳树、刺槐、槐、元宝枫、栾树、银杏、白蜡等。北京地区现有植被以各类次生和人工种植形成的植物群落占优势，广大山区以处于不同演替阶段的各种各样的次生植物群落占优势，平原地区则以人工种植形成的植物群落占优势。

第一节　植被群落类型与分布

一、植被群落类型

　　对植物群落的划分及命名采用《中国植被》中的分类系统及分类方法，分类单位依次为植被型组、植被型、群系组、群系、群丛组、群丛，其中植被型、群系、群丛为主要的植被分类单位。

　　北京地区植被分为6个植被型组11个植被型。6个植被型组分别是针叶林、阔叶林、灌丛和灌草丛、草甸、湿地植被、水生植被。11个植被型分别是寒温性针叶林、温性针叶林、落叶阔叶林、落叶阔叶灌丛、灌草丛、草甸、泛滥地草甸、湿地植被、漂浮植物、浮叶植物、沉水植物。

　　针叶林、阔叶林以划分到群系为主要目标，对群系的命名采用优势种命名法，直接用群落中各层的优势种来命名，如油松林群系、山杨林群系、白桦林群系、蒙古栎林群系、胡桃楸林群系等。

二、植被群落分布

北京地区的植被种类组成复杂，群落类型多样，天然植被呈现有规律的垂直分布和过渡交错现象，因而既表现一定的垂直分布规律，又显得零乱破碎。

山区植被情况较为复杂，其分布从海拔几百米的低山、丘陵地带至海拔800~1500米的中山带，最高达2303米，相对高差很大。与海拔相对应，气候、土壤呈明显的垂直分布，植被也表现出明显的垂直分布规律。

海拔800米以上的中山区，中山上部原生植被为落叶松林和云杉林，已演替为山顶杂草草甸和桦、山杨、栎类及混生次生林。海拔1000~2000米，桦树增多，常见有白桦、黑桦、红桦等组成的森林。林内常混生有山杨、黄花柳、蒙古栎、五角枫等，在森林群落破坏严重的地段，二色胡枝子、榛属、绣线菊属灌丛占优势。海拔1800米以上的山顶覆盖着山地杂草草甸。中山中部、下部，阴坡分布着大面积的蒙古栎萌生丛和灌丛，局部地区生长有蒙古栎、山杨和油松次生林；阳坡主要有侧柏、大果榆、山杏等。

海拔800米以下的低山区，代表性的植被类型是栓皮栎林、槲栎林、油松林和侧柏林，历史上长期的人为破坏使其数量大幅度减少，新中国成立初期仅在寺庙、名胜古迹附近尚有残存的次生林或经人工抚育的半自然林群落。广大低山丘陵地区，土层较深厚处多数已开辟为果园或果粮间作地，土壤侵蚀严重的阳坡以荆条、酸枣、白草灌丛占优势，植被稀疏，生长矮小。海拔400米以上的阳坡以荆条灌丛占优势，森林群落主要分布在阴坡。在森林遭到破坏的地段，以蚂蚱腿子、大花溲疏、三裂绣线菊等中生落叶灌木组成的杂灌丛占优势。山间盆地及沟谷地带生长有杨树、柳树、榆树、桑、胡桃楸、柿等。

平原地区原生植被已无保存，新中国成立以来持续大力开展平原绿化，实施了农田林网建设、五大风沙危害区治理、五大干线公路绿化、五河十路绿化工程、两轮百万亩造林绿化等一系列重大林业建设工程，形成了很多大面积人工片林、生态廊道，植物群落以杨树、柳树、榆树、槐、白蜡、元宝枫、栾树、银杏、刺槐、臭椿、油松等乔木树种为主，生物多样性相对不如山区丰富。

残存的原生群落、多种多样的次生群落与大量人工种植形成的植物群落并存，森林群落与灌丛、草甸、湿地植被镶嵌分布，这是北京植被分布的一个重要特征。

第二节 植物区系总体特征

北京植物区系位于泛北极植物区、中国—日本森林植物亚区、华北地区的华北平原、山地亚地区，第三纪植物区系的后裔是北京植物区系的主要部分，少数来自中亚—西亚植物亚区和古热带植物区的东南亚植物亚区。但由于长期的地史变化及人类活动的干扰，种属成分已经发生了很大的变化，既有残遗的成分，如臭椿、文冠果、蚂蚱腿子等，也有由热带迁移来的成分，如香椿、荆条等。由于自然条件的多样性，形成森林（针叶林、阔叶林、针阔混交林和灌木林）、草地（河滩草地、低洼草地）、亚高山草甸、湿地（河流、湖泊、水塘、水库、沼泽、水田等）、农田、城市园林和城镇居民区等多种多样生态类型，为北京植物多样性发展提供了有利条件。

北京植物区系的基本特点如下：

区系组成丰富多样。据2007—2010年北京市林木种质资源普查成果，北京地区野生维管束植物1794种（包括野生分布和栽培历史悠久大面积种植的归化物种），隶属于142科659属。其中，蕨类植物19科31属83种，裸子植物3

科 7 属 11 种，被子植物 120 科 621 属 1700 种。尽管种数占中国区系的比例低，只有 7.3%，但科数占中国区系的比例高达 47.2%，属数占中国区系的 22.1%，植物区系组成相对丰富多样。

地理成分复杂。北京地区种子植物属的分布区类型占有全国全部的 15 个类型，蕨类植物属的分布区类型有 8 个。北京地区植物区系成分还包括东西伯利亚森林植物区系成分，如铃兰、舞鹤草、红花鹿蹄草等；东北地区植物区系成分，如臭冷杉、黄檗、胡桃楸、刺五加等；欧亚大陆草原成分，如针茅属、苜蓿属、黄芪属等；热带亲缘的成分，如荆条、黄栌等。

温带性质明显。北京地区种子植物总属数为 658 属，温带成分有 334 属，占总属数的 50.76%；蕨类植物总属数为 31 属，温带成分 11 属，占 35.48%。

特有程度低。有中国特有属 14 属，仅占中国特有属总数的 2.13%；有华北特有属 6 属，为文冠果属、知母属、蝟菊属、蚂蚱腿子属、独根草属、翼蓼属，占华北特有属的 42.86%。中国植物特有种为 199 种，其中华北特有植物 65 种。北京特有种 4 种，为百花山葡萄、北京水毛茛、羽叶铁线莲、槭叶铁线莲。

源于本地古老植物区系。根据古植物学的研究成果，北京植物区系主要是早第三纪起源和演化发展的。北京早第三纪的植物群中占主要地位的植物有栎、桦、桤木、鹅耳枥、榛、榆，它们多是北京山区植物群落中的建群种或优势种。早第三纪草本植物柳叶菜、槐叶蘋、唇形科和藻类也有分布。作为北京主要树种之一的油松，在早第三纪的华北地区已经繁盛。臭椿、栾树、文冠果是第三纪残遗的亚热带植物。更多的草原类型的植物，如藜、菊、车前、莎草以及禾本科植物等，还有一些水生植物如香蒲出现在新第三纪（距今约 2500 万年）。耐寒植物如云冷杉、卷柏主要发生于第四纪冰期。

翠绿太行（房山上方山）

第二篇

森林变迁
FOREST CHANGES

本篇记述自远古到新中国成立前北京地区森林变迁，描述的地域范围大体上以当前北京市行政区划为准，并参酌历代的城区、政区沿革和历史地理环境变迁情况适当伸缩。

第六章　地质史时期

地球形成 46 亿年前。大约 38 亿年前生命出现。4.3 亿年前，陆地上形成大片沼泽森林。3.6 亿年前，演化出两栖动物，进而出现爬行动物、鸟类和哺乳动物。在史前生物演化史上，曾多次出现生物物种大灭绝。通过对生物化石、煤炭等的考证，确定在漫长的地质历史时期，北京所在的华北地区曾繁衍着茂密的森林。

北京地区从 70 多万年前的"北京猿人"开始，到新石器时期的东胡林人，以及上宅遗址和雪山文化遗址，一系列的考古成果，都反映了古人类生存与北京森林的起源、演进有极高的依存度。

第一节　古生代森林

古生代，显生宙的第一个代，距今 5.39 亿年至 2.5 亿年。分为寒武纪、奥陶纪、志留纪、泥盆纪、石炭纪和二叠纪。在这个时期里生物界开始繁盛。动物以海生的无脊椎动物为主，脊椎动物有鱼和两栖动物出现。在古生代早期，距今 5.7 亿年至 5 亿年，当时华北地区是一片汪洋大海。

寒武纪，古生代的第一个纪，距今 5.39 亿年至 4.85 亿年。这个时期陆地下沉，北半球大部被海水淹没。生物群以无脊椎动物尤其是三叶虫、低等腕足类为主，植物中红藻、绿藻等开始繁盛。

奥陶纪，古生代的第二个纪，距今 4.85 亿年至 4.44 亿年。岩石由石灰岩和页岩构成，生物群以三叶虫、笔石、腕足类为主，出现板足鲎类、珊瑚，藻类繁盛。奥陶纪中末期，距今 4.7 亿年至 4.44 亿年，华北地区整体上升为陆地，原本海生的植物向陆地发展，陆地上也逐渐开始出现植物。到奥陶纪中末期，生物史上出现了陆生植物的第一次大繁荣，主要植物是高大的树蕨、种子蕨等蕨类，但还构不成森林。

志留纪，古生代的第三个纪，距今 4.44 亿年至 4.19 亿年。在这个时期里，地壳相对稳定，但末期有强烈的造山运动。生物群中腕足类和珊瑚繁荣，三叶虫和笔石仍繁盛，出现原始鱼类，末期出现原始陆生植物裸蕨。到晚志留纪约距今 4.19 亿年，北京的陆地上才出现维管束发达的植物，如原始鳞木、薄皮木和有节类中的芦木和楔叶等。

泥盆纪，古生代的第四个纪，距今 4.19 亿年至 3.59 亿年。这个时期的初期各处海水退去，后期海水又淹没陆地并形成含大量有机物质的沉积物，因此岩石多为砂岩、页岩等。生物群中腕足类和珊瑚发育，除原始菊石外，昆虫和原始两栖类也有出现，鱼类发展，蕨类和原始裸子植物出现。植物有蕨类和石松等。

石炭纪，古生代的第五个纪，距今3.59亿年至2.99亿年。在这个时期里，气候温暖而湿润，高大茂密的植物被埋藏在地下经炭化和变质而形成煤层，故名石炭纪。岩石多为石灰岩、页岩、砂岩等。动物中出现了两栖类，植物中出现了羊齿植物和松柏。石炭纪时期，是古森林全盛时期，北京现在太行山一带的陆地被森林所覆盖；二叠纪至三叠纪初期，距今2.85亿年至2.3亿年，北京地区出现石松类的鳞木，松柏类的伏脂杉、苏铁类侧羽叶，这些植物叶片发达，茎干粗壮高大，取代了"裸蕨"，此时开始出现高大的森林景观。在这期间，北京地区曾多次发生沉降运动，促使大地上生长的大量茂密森林植物和长期积存深厚的森林枯落层，被埋藏在地层里，在缺氧条件下，形成北京地质历史上第一次重要的造煤期，北京房山、门头沟地区早期的煤田，多是无烟煤，就是这一时期的森林生物和深厚枯落层，在地质沉降变动过程中形成的。这些煤层多是由高大的鳞木、科达树、树蕨、种子蕨及芦木等植物组成。

二叠纪，古生代的第六个纪，即最后一个纪。距今2.99亿年至2.52亿年。在这个时期，地壳发生了强烈的构造运动。动物中的菊石类、原始爬虫动物，植物中的松柏、苏铁等在这个时期发展起来。

华夏植物群的演变主要分为早、中、晚3个时期，晚石炭纪逐渐繁荣，晚二叠纪早期达到鼎盛，晚二叠纪晚期开始衰减。由于受气候分异、构造运动、洋流作用、古地理环境及植物演化一系列综合因素的影响，华夏植物群在二叠纪末期大规模集群灭绝事件中未能幸免。华北各地的早二叠纪的成煤植物作为该森林的植物类群。

第二节　中生代森林

中生代，显生宙的第二个代，距今2.52亿年至6600万年。分为三叠纪、侏罗纪和白垩纪。这时期的主要动物是爬行动物，恐龙繁盛，哺乳类和鸟类开始出现。无脊椎动物主要是菊石类和箭石类。植物主要是银杏、苏铁和松柏。北京地区以裸子植物为主要树种组成森林。

三叠纪，中生代的第一个纪，距今2.52亿年至2.01亿年。在这个时期里，地质构造变化比较小，岩石多为砂岩、石灰岩等。动物多为头足类、甲壳类、鱼类、两栖类、爬行类动物。植物主要是苏铁、松柏、银杏、木贼和蕨类。在三叠纪时期，受全球气温转暖的影响，这一时期北京地区的气温变得温暖而湿润。

侏罗纪，中生代的第二个纪，距今2.01亿年至1.45亿年。在这个时期里，有造山运动和剧烈的火山活动。爬行动物非常发达，出现了巨大的恐龙、空中飞龙和始祖鸟，植物中苏铁、银杏最为繁盛。

在距今2.3亿年前至1.5亿年前的三叠纪和侏罗纪，发生一次大的燕山造山运动，燕山山脉和太行山以西的高地，就是此次造山运动的结果，形成了北京三面环山，西北高、东南低的地形。西部岩层褶皱成山，而东部则下沉被中生代松散沉积物覆盖形成平原。半干旱气候生长的裸子植物与蕨类植物开始衰退，双子叶植物开始出现，生长在陆地上的森林也只能适应各地质史阶段的环境，开始发生、发展、消亡、灭绝或变异等周而复始的复杂演替过程，历经数十万次重复。

在侏罗纪，北京地区气候温暖，雨量充沛，植物生长繁茂，森林密布，曾造就陆生植物第二次大繁荣，成为一个多林的地区。在延庆县千家店镇下德龙湾村北山有大量的硅化木化石出露，在几平方千米范围内，零星分布的植株竟达几十株之多，更多的植株埋没在半风化的页岩层内。这些硅化木，形状与岩石无异，质地十分坚硬，或直立生长，或倒伏地面；直径各不相同，粗的可达2.5米，细的10多厘米，颜色多为灰白色，有些呈现褐色；树皮斑驳，横断面有疏密相间的美丽清晰的年轮，纹理隐约可见。根据专家鉴定，中生代时期，大多数属裸子植物松柏类。由于燕山造山运动、火山活动、地质的沉降，促使陆地上生长茂密成片的森林，被泥沙深埋地下，在缺氧漫长的地质变化中，含有二氧化硅的地下水慢慢渗透到树体内部，二氧化硅的分子置换树木的有机质成分，可溶物质逐渐被矿物质所代替，经过硅化、矿化过程，树木的结构保存下来，逐渐变成硅化木化石，经切片鉴定，初步认定是属于异木属的松柏、银杏等高大乔木形成的化石。

恐龙出现在中生代，统治地球1.65亿年，在北京延庆县境内曾发现恐龙化石。恐龙化石的发现，说明在这段地质史时期，北京延庆地区气候温暖湿润，森林动植物繁茂，有恐龙觅食、嬉戏的生存繁殖条件。

白垩纪，中生代的第三个纪，距今1.45亿年至6600万年，这个时期造山运动非常剧烈。动物中以恐龙为最盛，但在末期逐渐灭绝。鱼类和鸟类很发达，哺乳动物和被子植物开始出现。植物中显花植物繁盛。华北北部气候湿润，森林茂密。白垩纪早期森林的组成与侏罗纪晚期类似，唯松柏类的优势更为突出，苏铁和银杏类进一步减少。

在中生代时期，燕山造山运动造成地质的沉降，使陆地上生长的茂密森林植物，被深埋地下，在一定温度和压力下，经过生物化学、地球化学和物理化学变化，逐渐形成煤炭。地处太行山地区的房山、门头沟形成了多处煤田，根据煤化程度（成熟程度）的不同，形成泥炭、褐煤、烟煤、无烟煤等几个种类。这也说明这里曾生长着茂密的森林，燕山造山运动成为北京的第二次造煤期。

在中生代晚期和新生代早期之间，距今6700万年至5700万年，受喜马拉雅造山运动影响，太行山又一次被抬升，平原断裂。此时期是北京地区被子植物大发展时期，主要树种分布情况：山上生长有松树、水杉和雪松，还混生有铁杉；丘陵平原分布着桦、榆、桤木、鹅耳枥、柳等组成的阔叶林，其中混有常绿的黄杨、黄杞、杨梅，以及山核桃、枫香等；林下有榛、山茱萸等灌木。北京地区陆生植物第三次大繁荣。此时期，北京地区地形也发生多次升降运动，深厚的森林植物枯落物和大量森林植物，被埋藏在地层里，在缺氧的条件下，逐渐形成煤层。这是北京地区的第三次造煤期，也是北京房山、门头沟地区的褐煤形成期。

第三节　新生代森林

新生代，显生宙的第三个代，开始于距今6600万年前。分为古近纪（老第三纪）、新近纪（新第三纪）和第四纪。在这个时期地壳有强烈的造山运动，中生代的爬行动物绝迹，哺乳动物繁盛，生物达到高度发展阶段。新生代地球植物以被子植物为主，北京地区植物群落大致可分为三个发展阶段，即木本植物大发展阶段、草本植物大发展阶段及杂种与多倍体植物大发展的阶段，与此相对应的时代分别是老第三纪、新第三纪和第四纪。此时期动物界中鸟类繁多，哺乳类昌盛，森林环境日趋复杂且呈多样化。其间发生3次喜马拉雅造山运动，受喜马拉雅造山运动和冰川期的影响，北京地区的地质地貌在新生代发生较为明显的变化。新生代后期是被子植物大发展的时代，北京森林以被子植物为主。

古近纪，新生代的第一个纪（旧称老第三

纪、早第三纪），距今6600万年至2300万年。可分为古新世、始新世和渐新世。在始新世，北京地区雨量充沛，气候温暖。这个时期，北京地区生长着海洋性亚热带森林，属于华北暖温带—北亚热带常绿落叶阔叶林区。此时期北京地区的森林组成，针叶树以松科为主，有雪松、陆均松、油杉、铁杉、罗汉松、水杉、柳杉等。阔叶树以核桃、枫杨、栎、榆和椴为主，并有亚热带的栲、杨梅、木兰、山核桃、樟等树种。林中还混生有苏铁和银杏，地被为蕨类植物。渐新世时期，出现适应寒冷气候的云杉、冷杉、落叶松、桦及日本金钱松，低山仍有铁杉、银杏、鹅耳枥、山核桃、枫香、栎、榆、栗等树木。常绿乔灌木很少，森林群落明显向落叶阔叶林方向发展。

新近纪，新生代的第二个纪（旧称新第三纪、晚第三纪），距今2300万年至258万年，新近纪可分为中新世和上新世。受喜马拉雅造山运动的影响，北京地区的气候变凉、变冷和干燥，大陆性气候加强，古老植物已大为减少，松柏类森林逐渐增加，落叶阔叶林大量繁衍。新近纪晚期，北京地区植被是暖温带落叶阔叶林，并具有一定草原植物成分。

第四纪，新生代的第三个纪，即新生代的最后一个纪，也是地质年代分期的最后一个纪。开始于258万年前至今。第四纪可分为更新世（早更新世、中更新世、晚更新世）和全新世。据地层孢子粉证明，北京地区存在着松属、椴属、栎属、桦属、鹅耳枥属、榆属、云杉属等乔木树种。同时还有藜科、禾本科、菊科、莎草科植物。

对海淀的肖家河和辛力屯、延庆的大王庄和西五里营、通州的尹各庄以及安定门、西直门等处地层剖面发现的孢子粉进行分析，全新世中期为阔叶树种花粉大量出现带，以栎类为主的阔叶树种花粉含量高达60%以上，有的地方松属花粉含量也较高。

距今1.2万年至1万年前，北京平原植物为椴、栎、桦等组成的落叶阔叶林。距今1万年至0.8万年前，落叶阔叶林退缩，被蒿属和藜科植物构成的草原占据，在山区仍为松、云杉、冷杉等针叶林，随后以松、栎等组成的落叶阔叶林及针阔混交林面积增加。由于气候变冷，冷杉、落叶松、云杉为主的针叶林一度昌盛。距今1万年至3500年前，随着气候的变暖，植物又以落叶阔叶林占据主要地位。气候基本属于大陆性暖温带气候。

第七章　原始社会时期

在人类社会发展史上，旧石器时代（距今 300 万年至 1 万年）和新石器时代（距今 1 万年至 5000 年），都属于原始社会阶段。中国的原始社会，起自约 170 万年前的元谋人，止于公元前 21 世纪夏王朝的建立。

第一节　旧石器时代

旧石器时代是以打制石器为标志物的人类物质文明发展阶段，分为旧石器时代早期、中期和晚期，大体上分别相当于人类体质进化的能人和直立人阶段、早期智人阶段、晚期智人阶段。

旧石器时代，在地质时代属于新近纪上新世晚期至第四纪更新世。此时期华北平原为暗针叶林－草甸植被。距今 300 万年至 200 万年前，地球上出现古人类。距今 210 万年至 150 万年前的狮子山冰缘期，华北平原为暗叶林景观，北京地区延庆以草本植物为主。在距今 110 万年至 80 万年的鄱阳湖冰期，北京西山潭柘寺等地有冰川遗迹，华北平原生长以川云杉、冷杉为主的暗针叶林。在距今 30 万年至 20 万年的庐山冰期，华北地区的孢子粉组合中，针叶树花粉占木本植物花粉的 95%，属针叶林－苔原气候。在距今 12 万年至 1 万年的大理冰期，北京西山清水河谷的沉积物中有大量的云杉花粉，积水潭孔深 16 米处的孢粉组合中针叶林占 80%~90%。北京森林成为"北京猿人"的遮蔽所和食物源。旧石器时代是人类原始文明社会发展的初级阶段，时间极其漫长。

北京西南部房山周口店遗址是举世闻名的"北京人""新洞人""山顶洞人"旧石器早期文化遗址。据测定，"北京人"年代在距今 70 万年至 20 万年之间，属旧石器早期文化。

原始人类大约 70 万年前出现在北京周口店，这时的古猿人属于直立人阶段，定名为"北京猿人"，简称"北京人"。这个时期在地质学年代中相当于更新世中期，在考古学年代中相当于旧石器时代初期。原始人群落"北京人"在北京西南的周口店繁衍生息，生活了近 50 万年，考古发现残存烧过的木柴和果实灰烬，是紫荆和朴树的果实。当时北京原始人处于"穴居野处""茹毛饮血""构木而巢"的阶段，在森林和山洞里取暖躲避风寒。"北京人"是华北地区旧石器时代早期的人类化石。

在房山周口店龙骨山的南坡上，距"北京人"居住洞穴 70 米的地方，发现属旧石器中期，距今 5 万至 4 万年"新洞人"生活的遗迹。根据采集到的孢粉样品分析，当时的龙骨山上生长了一些乔木和灌木，其间长满了杂草。同时还发现不少被火烧过的兽骨，可以推测森林中有大量的动物生存。

在北京周口店龙骨山的山顶洞穴里，发现属于旧石器时代晚期，距今1.8万年至1万年的"山顶洞人"。"山顶洞人"能把石头砸打成石斧、石锤，而且还把野兽的骨头磨制成骨针，用骨针把兽皮缝成衣服。"山顶洞人"是群居生活，以狩猎为主，洞中发现的四五十种动物遗骸，说明当时龙骨山附近，动物种类很多，数量很大。同时山顶洞遗址发现有青鱼、鲤鱼等化石，说明捕鱼已成为"山顶洞人"的重要生产活动。

北京地区旧石器早、中、晚期遗址中均只发现动物化石，其中食草类动物和鸟类是古人类狩猎的主要对象。生产工具则只有一些简单的打击石器，分为砍砸器和刮削器两大类，这说明北京地区旧石器时代的古人类处于依靠狩猎、采集为主的生活状态。

根据对房山坟庄村钻孔获取的孢子花粉进行分析，距今1.1万年至1万年的新、旧石器时代转变之际，北京地区森林减少，草原扩大，植被进入草原和森林兼而有之的类型。

考古研究表明，旧石器时代北京地区的森林茂密、浩瀚，由各种乔、灌木树种构成，林内有各种野生动物，如剑齿虎、犀牛、肿骨鹿、野猪、斑马、羚羊和其他珍禽异兽栖息出没。仅周口店一地发现的哺乳类动物化石就有9目97种，鸟类化石9目19科62种。丰富的森林资源为"北京人"采摘野果、捕捉野兽、居住栖身创造了良好条件。

第二节　新石器时代

距今约1万年至4000年间，属于新石器时代，人类进入以使用磨制石器为标志的物质文化发展阶段，这个阶段在地质年代已进入全新世。经过长期的环境演变，北京小平原上的湖泊沼泽日渐退缩。这时的人类已从山上的洞穴中迁移到山间河谷或山麓台地定居，原始农业开始出现，原始聚落渐次形成。从东胡林遗址、上宅遗址、北埝头遗址、雪山文化遗址、新石器晚期遗址的出土文物看，原始群落属于新石器时代的遗迹居多。这个时期，由于部族间争夺地盘和生存资源，森林受到一定程度的毁坏，同时随着农业、畜牧饲养业的出现与发展，人们吃、穿、用的生活需求，也对森林产生一定影响。

全新世早期，北京地区气候温暖，雨量充足，植物茂盛，出现以栎类为代表的阔叶树种，前期逐渐增加，中期达到顶峰，后期略有减少。据上宅文化陈列馆的孢粉分析资料介绍，这一时期该地有松属、栎属、栗属、榆属、桦木属、赤杨属、榛属、鹅耳枥属、椴树属、麻黄属等乔灌木树种，以及野生和栽培的禾本科、茄科、十字花科、水龙骨科及香蒲属、藋草属、莎草属、蒿属、车前草属、卷柏属、石松属、环纹藻等草本和低等植物广泛分布。说明当时这里的古植物种类繁多，森林面积很大。

近年古地质学研究还表明，海淀区清河镇东花虎沟古河道砾石层里，有被埋没的古树树干出土。经测定，古树为距今7200年前的遗物。这说明当时在平原地区及其相邻地区有大片茂密森林分布。

北京山地在原始社会后期森林十分繁茂，构成森林的主要树种和分布符合温带的一般规律，由于寒暖周期性变化，树种有时是耐寒性强的树种居多，有时是较喜温的树种占优势。平原地区未遭受人为破坏之前，森林与草原相互交错，是河流纵横、池沼广布的水泽之乡，麋鹿、狍子、梅花鹿等食草动物悠游其间。从树种分布与山地森林基本相似的情况看，平原沼泽地带的自然环境也十分接近山区。因而，可以认为在原始社会末期北京地区以松树、栎树为主的混交林分布较广，由平原一直延伸到山区。

第八章 奴隶社会时期

奴隶社会是从公元前21世纪夏朝建立开始，至公元前春秋战国时期结束。夏（公元前2070年至公元前1600年），是中国最早的奴隶制社会。

商（公元前1600年至公元前1046年），是奴隶社会的发展时期。商朝的农业、手工业较发达，青铜冶炼和铸造技术有很高水平。

周（公元前1046年至公元前256年），周推翻殷商，建立西周王朝。公元前11世纪至公元前771年的西周，是奴隶社会的强盛时期。西周统治者实行了分封制和井田制。由于铁器的使用和牛耕的出现，促使井田制逐步瓦解，奴隶制走向崩溃，被封建制取代。春秋战国时期，文化上出现了繁荣局面。

北京地区夏、商、周时期分别为冀州、幽州、燕所管辖。夏商周时期北京地区人口不多，从昌平雪山遗址至战国时燕国建都，时间跨度近千年，华北平原的森林遭到一定的毁坏，但丘陵和山区的森林仍然完好。

第一节 夏朝时期

夏（公元前2070年至公元前1600年），约公元前21世纪建立。夏是原始文明社会解体及奴隶社会形成时期，农业文明时代开始萌芽。据明朝《五经汇解》记载："书言刊木，而孟子云益烈山泽而焚之，盖刊乃常法，间有深林穷谷，荟蔚蒙茏，斧斤不可胜除者，则以一炬空之，殊省人力。"陈嵘著《中国森林史料》："夏后之世，伐木火林之举益甚。乃知人类愈繁殖，而摧残之愈甚，森林行将日渐减少矣。"

从北京地区昌平雪山村、平谷刘家河、房山镇江营及琉璃河等地的遗址和墓葬发掘资料可以看出，夏商时期居住在这里的人们，过的是以农业为主的定居生活。在平谷区发现的一处商朝居住遗址，出土了大量陶片、少量石器和一些兽骨，表明当时人们的定居生活与农业生产有密切关系，除农业生产外，当时人们还进行狩猎和饲养牲畜。

夏朝时期，北京地区的先民们以围猎采集为生，随即猎耕并行，进而转向垦殖为主。这一时期，平川的森林已开始被改为农田，但丘陵和山川的森林仍然完好。人工造林起源于周朝，提倡种植栗、枣、桑、榆等树种。随着人类活动范围的扩大，森林资源也出现局部的、区域性的变化。

据《逸周书·大聚解》记载，"禹之禁，春三月，山林不登斧，以成草木之长；夏三月，川泽不入网罟，以成鱼鳖之长。"夏朝大禹统治时期，为保护山林中的草木生长，不准春季进山伐木；为了保护水中的鱼类等动物资源，不准在夏季下网捕鱼；为了保护山林中的动物资源，不准随意狩猎。

据《韩非子·十过》记载："尧禅天下，虞舜受之，作为食器，斩山木而财之，削锯修之迹，流漆墨其上，输之于宫以为食器，诸侯以为益侈，国之不服者十三。舜禅天下而传之于禹，禹作为祭器，墨染其外而朱画其内。"这说明夏朝时期，人们逐渐掌握了漆木器的制作。

夏朝设立啬夫掌管农事徭役，据《尚书·虞夏书》记载："辰不集于房，瞽奏鼓，啬夫驰，庶人走。"记载了啬夫巡视田野山林、田间禾稼的情景。

第二节　商朝时期

商（公元前1600年至公元前1046年），约公元前17世纪，商继夏之后，在北京地区有两个方国，即蓟和燕，甲骨文中"燕"字写作"匽"。商朝时期北京地区主要生活着以玄鸟为图腾的燕人。房山琉璃河镇董家林、黄土坡、丁家圭一带发现商朝晚期墓葬，便是"匽"的遗存；平谷刘家河发现一座商朝墓葬，出土的青铜礼器具有典型的商朝中期文化特征，而耳环、臂钏等则属于典型夏家店下层文化；平谷上宅遗址和昌平雪山遗址的最上层发现重要的夏家店下层文化遗存的陶器、石器、石刀、石镰、青铜器、铁器，甚至金器，以及大量出土的兽骨。住房遗址的发现，说明当时人们过的是定居生活，主要从事农业生产劳动，食物以植物性为主；兽骨的发现，说明动物性食品在人们的食物来源中占有一定比重，饲养家畜、狩猎依然是获得生活资料的重要手段之一；大量陶器和青铜器以及少量铁器、金器的发现，说明夏商时期制陶业、冶炼业发展迅速，技术比较熟练，工艺达到相当的水准。所有这些都清楚地表明，在这一人类历史阶段，农业和手工业都有缓慢但很明显的进步。从生产的角度看，铜制农具开始取代石器、木器，耕作水平有所提高；从生活的角度看，陶制品、青铜制品的普遍使用，生活资料相对比较丰富，人们的生活已不再像原始社会那样艰难。

商朝进入农业文明时代初期，由于社会的发展，城镇、村落的出现，人们为了生存和生活，需要砍伐利用森林，战争对森林也有破坏。

商朝方国（部落）森林管理，有中央和地方之分，中央为内服，各方国为外服。内服商王之下为"尹"。尹下有各种事官，为"臣"，如管理山林的职官称为"小丘臣"，管理农耕的职官称为"小籍臣"等。外服称"侯""伯"，中央派往地方管理农林事务的称为"牧"或"甸"。另外，还设置多犬、多尹、小众人臣等一系列管理林业的官员，负责监督田猎、收割及赋税等事务。据《通典·曲礼》记载："殷制……天子之六府曰司土，司木，司水，司草，司器，司货六职。"另外，还设置六工，包括土工、金工、石工、木工、兽工、草工，其中木工负责车辆、房屋、武器及农具等木器部分的制作。可以看到，商朝农、林、水、矿等职官已设置，社会管理走向规范。

第三节　周朝时期

周（公元前1046年至公元前256年），周武王为加强统治采取"分封建国，以藩屏周"的政策。据《史记·燕召公世家》记载："周武王之灭纣，封召公于北燕。"西周初年，周武王封黄帝（一说帝尧）之后于蓟，封召公奭于燕，蓟与燕即当时的北京地区，蓟的都城在今广安门一带，燕的都城原在今房山区琉璃河镇北。后来"燕"兴"蓟"衰，"燕"灭"蓟"，并迁都于"蓟"。燕国新的都城在今广安门以南一带。

周朝随着人口的增加和经济的发展，统治者开始大规模的城邑建设，木材需求大幅度增加，森林破坏日益严重。统治者为推行各种政策和法规，开始派驻官员并赋予其相应职能从事管理，逐步建立相应的林业管理体系。根据《周礼》的论述，周朝已设置负责山林政令、林木贡赋、边境造林、山林防火、森林采伐运输等事务的管理机构和官员，其主要官职和官员有大司徒、山虞、林衡和柞氏。大司徒是负责国土资源的最高行政长官，掌管土地与社稷、人民及其教化，负责税赋等经济事务，实际是掌握、管理与保护全国自然资源和建立神坛，具体职责是根据土地及资源的状况，划定都鄙的边界；规定全国的贡赋；负责建立"社稷之壝"，即各地祭祀天地的社坛，并种植适宜的社木。小司徒是大司徒的助手，乡师、乡大夫、州长、党正、闾师、县师、遂人等则是其完成上述任务的下属地方官员。

山虞和林衡是专业化色彩较为突出的林业职官。"虞"指测量的意思，"衡"指权衡的意思。据《左传昭公二十年》记载："薮之薪蒸，虞衡守之。"其中虞是指山虞，衡指林衡。据《周礼·地官》记载，此时管理山林川泽的官员已经分属山虞、林衡、川衡、泽虞4个同级的部门。

《周礼·山虞》记载："山虞掌山林之政令。物为之厉而为之守禁。仲冬，斩阳木；仲夏，斩阴木。凡服耜，斩季材，以时入之，令万民时斩材，有期日。凡邦工入山林而抡材，不禁，春秋之斩木不入禁。凡窃木者有刑罚。若祭山林，则为主而修除，且跸。若大田猎，则莱山田之野。及弊田，植虞旗于中，致禽而珥焉。"意思是指山虞掌管山林采伐的数量和日期，有物产的地方设藩篱为界，制定山林管理禁令。仲冬采伐山南边生长的树木，仲夏砍伐山北边生长的树木，制作车绞和耒耜要砍伐较小的林木，按时送交工官

车人。规定百姓在十月的时候才可以砍伐树木，不能越过山林的藩界。如果有盗伐树木的，加以处罚。祭祀山林时，要清扫道路和坛场，并负责警戒和保卫，禁止闲杂人员通过。王者打猎时，芟除山地田猎场所的杂草，田猎结束时，在田猎地竖起虞旗，将猎获的兽耳割下，放在虞旗边。林衡掌管巡视林麓，是护林官员。

据《周礼·林衡》记载："林衡掌巡林麓之禁令而平其守，以时计林麓而赏罚之。若斩木材，则受法于山虞，而掌其政令。"意思是林衡执掌山林的禁令，进行巡守保护，并定时巡查林木数量而据此进行赏罚。当采木时节到来时，听令于山虞，进行木材的采伐利用。因开辟耕地或建筑等原因需要砍伐林木的，由柞氏负责实施这种刀耕火种原始林业砍伐工作。据《左传·昭公二十年》记载的"山林之木，衡麓守之"也印证了林衡的职责。

据《周礼·川衡》记载："川衡掌巡川泽之禁令而平其守。以时舍其守，犯禁者，执而诛罚之。祭祀、宾客，共川奠。"

据《周礼·泽虞》记载："泽虞掌国泽之政令，为之厉禁。使其地之人守其财物，以时入之于玉府，颁其余于万民。凡祭祀、宾客，共泽物之奠。丧纪，共其苇蒲之事。若大田猎，则莱泽野。及弊田，植虞旌以属禽。"

据《周礼·秋官司寇·林衡》记载："掌攻草木及林麓，夏日至，令刊阳木而火之，冬日至，令剥阴木而水之，若欲其化也，则春秋变其水火，凡攻木者，掌其政令。"

山虞、林衡、川衡和泽虞的出现具有划时代的意义，在中国古代行政部门首次出现职能清晰、分工明确的林业管理机构。山虞属于行政机构，山林中出现的林木、动物、矿石等物产，以及祭祀、狩猎等均需要由山虞来制定规则和制度，负责山林政令。林衡为具体的林业执行机构，在山林间执行实地管理任务和法令，负责执行政令。前者偏重于"立法"职能；后者偏重于"执法"职能，两者分工配合，各司其职，是统治者科学规范管理山林的初始。

第九章　封建社会及半殖民地半封建社会时期

封建社会开始于公元前221年秦朝建立，结束于1911年清朝灭亡。半殖民地半封建社会始于1840年鸦片战争爆发，至1949年中华人民共和国成立。

公元前221年，秦始皇统一中国，结束了诸侯割据称雄的分裂局面，建立起中央集权的封建统一国家。秦朝将原燕国领土改设五郡，在蓟城（今北京城区西南）及其附近置广阳郡，治所为蓟城。秦汉时期，北京地区有面积相当广阔的森林分布，整体上森林覆盖率较为可观。但是，随着农业耕作技术的进步，农耕区的不断拓展，对森林产生了挤压；加上厚葬的奢靡之风、大规模的移民屯垦、大型土木工程的兴建、频繁战乱等因素，对森林造成大量破坏，森林面积逐步减少，生态环境有所恶化。魏晋南北朝时期的森林资源受自然条件与人为活动的影响，与先秦两汉时期相比有些下降。

隋唐时期佛教盛行，北京西部、北部山区兴修的寺院很多。西山有龙泉寺、慧聚寺、兜率寺、卢师寺、感应寺、云居寺等，寺院大多建于环境幽静、林木繁茂的地方。

辽金元时期，北京地区是重要的农业区，农业的发展，加上城市的兴起，对森林的摧毁也日益加重。就总体趋势而言，天然林日益减少，人工林有了较为明显的增长。

明朝初年，明成祖朱棣在北京建都，森林尚多。至明朝后期，由于社会经济的发展，对木材的需要日益增多。长时期的只取不予，致使森林资源逐渐减少。明永乐以后，人口增多造成燃料、器用之材需求量增加，造成周边地区森林采伐量增大，大量森林被毁。

进入清朝以后，北京地区的森林呈现继续减少的趋势，尤其是乾隆后期以来，随着人口的增加，大兴土木活动频繁，城市建设规模持续扩大，林木急剧减少。到清末，山地森林所剩无几，只在人迹罕至的高山深涧才保留有一些集中连片、林相整齐的森林，寺院、坛庙及风景名胜周围也有小片森林及散生树木保存下来，而平原地区森林则消失殆尽。

第一节　春秋战国时期

春秋战国时期，北京地区是燕国的一部分，都城称蓟。此时期，北京地区的森林仍然很多。据《战国策·燕策一》记载，燕国"南有碣石、雁门之饶，北有枣栗之利，民虽不由田作，枣栗之实，足食于民矣。此所谓天府也"。据《史记·货殖列传》《汉书·地理志下》记载，燕有"枣栗之饶"，进入战国时期后，北京地区的农业获得较快的发展，不仅南部号称"膏腴"之地的督亢，广泛种植各种农作物，而且北部"不生五谷"的寒地，也开始栽培黍谷。汉朝刘向在《别录》中记载的"燕有谷，地美生寒，不生五谷，邹子居之，吹律而温气至，黍生，今名黍谷"，表明生活来源主要依赖于山林。

据考古研究，北京及其周围地区的顺义兰家营、易县燕下都、兴隆等地都曾发现生产铁制农具的遗址，出土犁、钁、锄、镰、铲、锸、斧、五齿耙、三齿镐、二齿镐等大量农具，还有不少其他用途的工具、车具。铁制农具的使用和牛耕方法的推广，加快了大面积土地开垦的速度，兴修了许多大型水利工程，促进农作物产量的提高。燕国的手工业相当发达，主要有青铜冶铸业、冶铁业、制陶业、制盐业等。生产过程中大量的木材随着熊熊烈火化为灰烬，森林遭到一定程度的破坏。

燕国的外患内忧无止无休，特别是与相邻的齐国经常兵戎相向。据记载，齐国曾不止一次地进攻燕国，最突出的是乘燕国内乱，破燕都城，杀燕王。而燕国也曾多次反击或进攻齐国，最引起震动的是乐毅统率五国大军攻齐，连克70余城，掠夺大量珍贵财宝，把"蓟丘之植，植于汶篁"，将生长在燕国京城的树木栽植到齐国的大地上，用来炫耀战争取得的辉煌胜利。

从文字记载中可以看出，春秋战国时期也重视林木管理。据《管子·立政》记载："为人君而不能谨守其山林菹泽草莱，不可以立为天下王""山林虽近，草木虽美，宫室必有度，禁发必有时"。据《荀子·王制篇第九》记载："养长时，则六畜育，杀生时，则草木殖""草木荣华滋硕之时，则斧斤不入山林，不夭其生，不绝其长也"。据《秦律·田律》记载："春二月，毋敢伐林木山林及雍堤水。不夏月，毋敢夜草为灰。"据《管子·八观》记载，管仲提出"草木荣华滋硕之时则斧斤不入山林……斩伐养长不失其时，故山林不童而百姓有余材也"，说明采伐要适时。

第二节 秦汉时期

秦统一六国后，北京地区广称广阳郡。两汉时期，北京地区曾交替作为封国和州郡，先后称燕国、广阳国、幽州、广阳郡等。

一、秦朝

秦（公元前221年至公元前206年），秦灭燕后，统一全国，并在全国推行郡县制，北京地区隶属于广阳、上谷、渔阳、右北平四郡。秦始皇三十三年（公元前214年），秦朝大将蒙恬率军抗击匈奴，将原来秦、赵、燕三国分别修筑的长城连接起来，并且沿长城一线种植大量榆树，扼制匈奴骑兵突袭。广阔的林带防御外敌骑兵效果极好，这一举措在中国古代军事史上被称为"树榆为塞"。据《汉书·韩安国传》记载："蒙恬为秦侵胡，辟数千里，以河为竟，累石为城，树榆为塞，匈奴不敢饮马于河。"这就是历史上著名的"榆溪塞"，用泥土、石块垒砌长城，种植榆树作为屏障，此后历代都采取边塞植树的方式阻止外敌入侵，影响深远。

秦始皇统一六国后，修筑了以咸阳为中心通向全国的驰道，其中包括从咸阳通蓟城的驰道。并颁诏在驰道两侧"树以青松"，这是史料记载的最早以皇帝诏令形式出现的植树法规。据《国语·周语》记载："列树以表道。"据《汉书·贾山传》记载："秦为驰道于天下，东穷燕齐，南极吴楚，江湖之上，濒海之观毕至，道广五十步，三丈而树，厚筑其外，隐以金锥，树以青松。"这是首次在全国大规模地修筑道路、栽植行道树的记载。

秦朝制定的《秦律·田律》是中国最早的林木保护法令。分别规定在不同的季节不能从事哪些林业事务，比如春季不能砍伐林木，夏季不能焚林、采摘、捕幼兽等。唯有因死亡需要伐木制作棺材，才不受时禁的限制。还明确对城邑附近的封禁苑围进行保护，禁止在幼兽繁殖时带着狗去狩猎，违反者按规定处罚。

秦朝采取中央集权，地方设置郡县分地巡守的政治模式，周朝设置的掌管林务的山虞、林衡、川衡和泽虞等职官均被取消，成立了以少府为主的新的林业管理机构。据陈嵘著《中国森林史料》记载："秦时主管山林之政令者由少府兼之，并监管木材之采伐及征收山泽之税，以供皇室营造之需，故具有丰富林木之深山。则常加封禁焉。"

二、汉朝

汉（公元前206年至220年），分为西汉、东汉两个时期。

西汉时期，地方行政制度为郡国并行制，即设郡，封诸侯王国，郡与王国管县。今北京市境内分属广阳国、上谷郡、渔阳郡、涿郡、右北平郡。西汉王朝建立后，经过休养生息，发展生产，人口不断增加，但燕蓟地区人口仍然稀少，如广阳国的4县，有人口7万余人，人口密度只及国内人口稠密的平原、济阴、颍川等郡的"十分之一二"，甚至还要低些。据司马迁《史记·货殖列传》记载："上谷至辽东，地踔远，人民希。"燕蓟地区大面积的农田荒芜尚无人耕种，更不会对森林加以利用，森林资源得以保存。

据《汉书·文帝本纪》记载，汉文帝刘恒致力于劝导民众开垦荒地，多种树木，以此来解决粮食不足的问题。

据《史记·货殖列传》记载："水居千石鱼陂，山居千章之材。安邑千树枣；燕、秦千树栗；蜀、汉、江陵千树橘；淮北、常山以南，河济之间千树萩；陈、夏千亩漆；齐、鲁千亩桑麻；渭川千亩竹……"这是汉朝人们根据地区特点，因地制宜发展各项农业生产，扬长避短，

发挥地区优势的生动写照，表明燕秦时期北京地区多栗树。"枣栗千担者三之，……亦比千乘之家"，说明从事果品生产经营的人很多。

从西汉初、中期农业的发展情况可知，由于汉高祖、文帝"弛山泽之禁"，景帝以后更有许多皇帝采取"劝农桑"的措施，强调"田中不得有树，用妨五谷"，以及提倡"伐木而树谷，燔莱而播粟"。这样毁林开荒就有了法律依据，于是滥伐林木辟为农田之风日盛，加以人口越来越多，频繁的天灾经常造成农业减产绝收，对森林的摧残也日益加重。

同时汉朝大兴土木营造墓穴也对森林资源造成很大影响，大葆台汉墓共两座，皆为大型木椁墓，不用一砖一石筑成。现保存下来的1号墓，南北长23.2米，东西宽18米，深4.7米。墓室外围系用枋木筑成的高达3米的木墙。木墙一般由长约90厘米、宽厚各10厘米的柏木木枋平放堆摆而成，且所有木方的一端均朝向墓室中心，这就是汉朝皇帝和诸侯王葬具体组成部分的"黄肠题凑"。三国时期魏国学者苏林在《汉书·霍光传》中注解说，所谓"黄肠题凑"系"以柏木黄心致累棺外，故曰黄肠；木头皆向内，故云题凑"。1号墓的木墙总长约42米，用柏木木枋15880根，约合木材600立方米。出土时大部分柏木木质犹新，呈棕褐色，并散发出清香气味。墓室后室是由扁平立木围成的椁室，正中放置棺木。1号墓的梓宫包括三棺两椁，其中内棺、中棺用的是楠木，内椁为楠木和檫木，外棺和外椁为楸木。除此之外，在墓室顶部、底部和四壁还用大量木炭密封防潮。从这项工程可以看出，营造陵墓所消耗的木材数量惊人，且采用不少珍贵树种的木材。

东汉时期，农业生产已广泛使用铁制农具和耕牛进行作业，水利建设也获得空前的发展。张堪任渔阳太守期间，组织群众在顺义牛栏山附近开辟稻田8000余顷*，引潮白河水灌溉，遍植水稻、桑麻，使人民群众的生活得到明显的改

---

* 1顷≈66666.67平方米。

善。农业、手工业的蓬勃发展，不可避免地会对森林造成破坏。但是，用作人们日常食品和口粮的枣、板栗以及桑等经济林木的栽培依然广泛。西部的太行山、北部的燕山山地，由于山高坡陡，交通不便，人烟稀少，森林植被像过去一样保持着原始状态，破坏不大。

药学专著《神农本草经》约成书于汉朝，总计三卷，记载植物药239种、动物药65种、矿物药43种。植物药历来占大多数，或系"本草"命名之由来。据《神农本草经》记载，杜仲、枸杞子、大枣均可入药，许多林下产品如人参、远志、当归、黄连、麻黄、丹参、葛根、大黄、恒山等都是重要药品。

汉承秦制，所以秦汉时期的官制一脉相传。汉朝制定有《上计律》，实行上计管理制度，上计管理制度将劝课农桑作为对官员的考核指标之一，这在历史上是首次。大司农在秦汉时期经历了三次改变，在秦朝的时候称为治粟内史，至汉景帝时期改称为大农令，武帝太初时再次改称为大司农。汉景帝时设大司农管理农林，汉平帝元始元年（1年）置大司农桑丞十三人，以劝农桑并教民植树。据《后汉书·百官志》记载，"大司农，掌诸钱谷金帛诸货币。郡国四时上月旦见钱谷簿，其逋未毕，各具别之"，说明大司农掌管着农田、土地、林业等多种资源和相关的各种事务。大司农与少府的职权范围有类似之处，都从事农林管理等工作，但是两个机构是有区别的，大司农职掌国家或政策林业事务，少府职掌皇家川泽苑囿事务。

少府总理皇室所有事务，兼管山林政令、木材采伐、植树和山泽税收，位列九卿之一。据《汉书·百官公卿表》记载，"少府，秦官，掌山海池泽之税，以给共养，有六丞。王莽改少府曰共工"，说明汉承秦制，秦时管理林业的少府一职，在汉朝仍存在，王莽篡位时将少府改为共工。少府掌管皇家苑囿的林木、山林川泽的物产和人工蔬果园的赋税收入等。少府到东汉时发生了一定变化，当时政治体制进行了相关改革，实行由太尉、司徒、司空组成的三公制，下辖九卿，大司农和少府被列入九卿，由司空总辖。

汉景帝中元六年（公元前144年）把将作少府改称为将作大匠，下辖有东园主章（武帝太初元年改称木工）和主章长丞。据《后汉书·百官志》《后汉书·汉官篇》和陆玑的《草木疏》等史料记载，将作大匠机构设置较细致，分工也较明确，职责是主管基础木土工程修建，同时负责管理修建事务所涉林木使用等事务，还负责掌管树木栽培和皇宫、宗庙、寝宫、陵园的林木种植养护事务。

秦汉时期，不仅在中央的职官设置上有管理林业的官吏，在地方上也因地制宜地设置了一些职官。林事已成为地方官重要的职能之一。一些地方官府的官吏重视林业管理与保护，因业绩突出，受到了很高的奖励。

《氾胜之书》是汉时记述农林的专著。氾胜是汉成帝时议郎。据《氾胜之书》记载："种树以正月为上时，二月为中时，三月为下时，节气有早晚，地气有南北，物理有迟速，若不以时拘之，是不达情也。考农之种树无时，雨过便栽，多留宿土，记取南枝，是乃种树要法。凡栽一切树木，徐记阴阳，勿令转易，大树秃枝，小树不秃枝。"其书中记述种树的方法，十分详细，这说明汉朝时人们已开始懂得科学种树。

第三节　魏晋南北朝时期

魏晋南北朝（220—589年），又称三国两晋南北朝，是中国历史上政权更迭最频繁的时期，主要分为三国（魏、蜀汉、吴）、晋（西晋、东晋）和南北朝。

一、魏

东汉末年，魏政权建立，北京地区仍属幽州，幽州郡国12个，北京地区有4个郡国9个县。魏初期，由于常年军阀混战，经济凋敝，百业待兴，田园荒芜，全国人口大减。

魏齐王嘉平二年（250年），为了解决蓟城北部的灌溉，镇北将军刘靖带领军士千余人，开垦荒地，栽种水稻，并在梁山（今石景山）修戾陵堰，开车箱渠，使永定河水分流蓟城南北，每年可灌溉田地2000余顷。魏元帝景元三年（262年），樊晨重修戾陵堰，开辟新河道，把河水自车箱渠引入高梁河，使河水流经的范围大大增加，灌溉面积达万余顷。之后又多次对戾陵堰进行重修、整修，灌溉面积进一步扩大。但伴随着开挖河道、建筑闸坝而来的也是对森林的破坏。

三国曹植之诗《艳歌》中有"出自蓟北门，遥望湖池桑，枝枝自相植，叶叶自相当"之句，说明魏时期，幽州蓟城郊外，今莲花池、玉渊潭、紫竹院一带以及万泉庄、什刹海等地段河湖纵横，桑麻葱茏，是士大夫们举行休憩活动与宴聚的优美景区。透过历史可以看出，如今的丰台、海淀地处山前的平原区，当时是河湖纵横，到处都有风景优美的森林、桑麻地块，零散的村落就分布在这些湿地森林之间。

据《魏书·官氏志》记载："太和十五年，置司空虞曹官。"魏时期设置虞部，官员称为虞曹水部郎。据《宋书·百官志》记载："魏世有虞曹水部郎。"魏时期水衡都尉职能改变，职责由管理林业事务调整为管理水军舟船器械，所以，新设置了虞曹水部接管林业事务。

二、晋

晋（265—420年）分为西晋、东晋。西晋取代魏后，行政建制未作重大调整。当时幽州统郡国7个，其中属北京地区的仅两郡国。建兴四年（316年）今北京市境分属幽州所辖之燕国、范阳国、上谷郡。

西晋灭亡，进入东晋时期（317—420年），北京先后建立后赵（石勒）、前燕（慕容儁）、前秦（苻坚）、后燕（慕容垂）等政权，或作为国都，或作为州郡治所，前后历时70余年。后赵时，幽州驻所迁回蓟县，燕国改设为燕郡，历经前燕、前秦、后燕和北魏的统治而不变。

后赵石勒比较重视农业生产，曾经派遣官员巡视各郡，劝课农桑。据《晋书·石勒载记》记载，"大兴二年，大雨霖，中山、常山尤甚，滹沱汛溢，冲陷山谷，巨松僵拔，浮于滹沱，东至渤海，原隰间皆如山积"，说明当时太行山上森林密布，巨松众多。

据《晋书·陶侃传》记载，前秦时期，"王猛整齐风俗，自长安至诸州，皆夹路树槐柳，关陇歌之曰，长安大街，夹树杨槐"。

后燕慕容垂重占蓟城后，兴修水利，蓟城南清泉地区成为风景优美、古迹较多的自然风景区。在群山环列，幽雅自然的潭柘山腰始建嘉福寺（今潭柘寺），开始出现寺庙园林。

燕王冯跋也曾经下令，"今疆宇无虞，百姓宁业，而田亩荒秽，有司不随时督察，欲令家给人足，不亦难乎？桑柘之益，有生之本。此土少桑，人未见其利。可令百姓：人殖桑一百根，柘二十根"，说明冯跋留心农事，关心种植，尤其是看到林业经济价值，在东晋时期确实不多见。

三、南北朝

东晋结束，进入南北朝时期（420—589年）。4世纪，鲜卑族拓跋部在山西建立政权，史称北魏。至5世纪中叶，北魏统一了黄河流域长期陷于分裂的各民族，形成了与南方刘宋对峙的南北朝局面。北魏的行政设置，依旧为州、郡、县三级。幽州治所蓟城，领郡3个。

北魏建国时虽然也重视游牧传统，但自孝文帝后统治者开始重视农桑，规定"民有不从长教，惰于农桑者，加以罪刑"；并制定永业田制度。北齐承继于北魏，每人分给永业二十亩*为桑田，要求田中种桑树五十株，榆树三株，枣树五株，不在还受之限，不是桑田的，都纳入还受的行列。北周也遵循北齐的制度，分给永业田，命令种植桑、榆、枣等经济林木。均田令中明确要求种植桑、枣、榆三类树木，一定程度促进了北方地区农林业的发展。

为扩大耕地面积，发展农业生产，北魏孝文帝太和六年（482年）"罢山泽之禁"，七年（483年）"开林虑山禁与民共之"，同时实行均田制，调动百姓务农的积极性。这些措施促进了农业生产发展，对森林有一定破坏作用，但北魏时期北京地区的森林仍有不少。如军都山南麓的居庸关，地势险要，峰高谷深，古来为兵家必争之地，是中原各民族对外交流的主要通道。北魏郦道元在《水经注》中写道，居庸关附近"山岫层深，林障邃险，路才容轨，晓禽暮兽，寒鸣相和"，把这里峰峦叠嶂、小路崎岖、林木葱茏、鸟语花香、风光秀丽的景色描绘成一幅引人入胜的图卷。

北魏后期，分裂为东魏和西魏。以后东魏被北齐取代；西魏被北周取代。东魏政区除沿袭北魏外，稍有调整。

《魏书孝文帝本纪》记载："太和九年诏，均给天下民田……诸初受田者，男夫一人给田二十亩，课莳余，种桑五十树，枣五株，榆三根。非桑之土，夫给一亩，依法课莳榆、枣。奴各依良。限三年种毕，不毕，夺其不毕之地。于桑榆地分杂莳余果及多种桑榆者不禁。"

北齐动工修筑了一条长城，其东起幽州夏口（今居庸关），西至恒州（今大同），绵延长达900里*。长城的修筑，给周边地区的森林造成一定破坏。《北齐书·显祖本纪》记载，"天保九年春诏，限仲冬一月燎野，不得他时行火，损昆虫草木"，对保护森林起到积极作用。

《北周书·韦孝宽传》记载："废帝二年，为雍州刺史。先是，路侧一里置一土堠，经雨颓毁，每须修之。自孝宽临州，乃勒部内当堠处植槐树代之。既免修复，行旅又得庇荫。周文后见，怪问，知之，曰：'岂得一州独尔，当令天下同之。'于是令诸州夹道一里种一树，十里种三树，百里种五树焉。"北周武帝时期，禁伐树木，推广植树。在发布的《伐齐诏书》中，严令禁伐树木、毁坏庄稼和残害当地百姓，否则军法问斩。

第四节　隋唐辽金时期

581年，隋朝建立。隋设幽、檀、妫州。幽州下辖燕、范阳、渔阳三郡。隋炀帝时期，大业三年（607年）罢州改郡，幽州改称涿郡（治蓟城，今北京）。唐朝，幽州的政区范围或分或并，多有变化，在今北京境内的政区除幽州外，还有檀州（治今北京密云）和妫州妫川县（治今北京延庆）。907年，唐朝灭亡，在北京地区建立的是后梁、后唐政权。

907年，辽代建立。947年，改国号大辽，得北方幽云十六州，幽、蓟、涿、檀等州属南京道，幽州为陪都南京（今北京）。

1115年，金朝建立。1125年，幽燕地区归属金国，1153年，迁都南京，改为中都。

一、隋唐时期

隋朝新创三省六部制管理体制，唐朝承袭发展。三省指中书省、门下省、尚书省，六部指尚书省下属的吏部、户部、礼部、兵部、刑部、工部。每部各辖四司，共为二十四司。林业管理职

---

* 1亩≈666.67平方米，1里=0.5千米。

能归属三省六部诸司、诸监管辖。其中，尚书省户部（本司、度支司）、工部（本司、虞部司）分别执掌林业管理和利用之政令，属于林业政务机构；司农寺、将作监、少府监及其所辖有关的署、监分掌劝课农桑、竹木种植、材木采伐、薪炭供应、园林管护及木工技巧等具体事务，属于林业事务（职能）机构。

（一）隋朝

隋（581—618年），581年2月，北周静帝禅让于丞相杨坚，北周覆亡。隋文帝杨坚定国号为"隋"。北京设幽、檀、妫州。幽州下辖燕、范阳、渔阳三郡。隋炀帝时期，幽州改称涿郡（治蓟城，今北京）。隋朝开凿通济渠、永济渠，贯通大运河，修御道，建宫殿，三伐高丽，人力、物力耗费巨大。

据《隋书开河记》记载，"大业中都汴渠两堤，上栽垂柳，诏民间有柳一株赏一缣，百姓竞植之"，说明隋朝为调动群众植树，出台了相应的奖励政策。据《大业杂记》记载："水面阔四十步，通龙舟，两岸为大道，种柳榆。自东都至江都，两千余里，树荫相交"，表明当时运河两岸绿树成荫。

（二）唐朝

唐（618—907年），隋末，唐国公李渊在晋阳起兵，于618年称帝，建立唐朝，定都长安。

开元二十九年（741年），今北京市境分属河北道幽州、檀州、妫州及饶乐都府地。古北口及居庸关在当时均为军事要塞，永济渠仍为重要水路交通，"蓟城"为军事重镇和贸易中心，为安史之乱的策源地。

唐开元初年，幽州都督张说命"杼人斩木于燕岳，使通林麓之财"，派人到燕山山地进行森林采伐，生产木材，以便广开生财门路，增加经济收入，这说明当时北京北部蕴藏着丰富的森林资源。据《使青夷军入居庸关三首》记载，"溪冷泉声苦，山空木叶干""东山足松桂，归去结茅茨"，说明关沟一带有泉、有溪，特别是还看到东山有成片的森林。据《蓟丘览古赠卢居士藏用七首》记载："南登碣石馆，遥想黄金台。丘陵尽乔木，昭王安在哉"之句，也说明蓟丘尽是乔木，树木很多。据《藏书·儒臣传》记载，唐朝裴旻打猎时"一日得虎三十"，说明北京地区的森林在当时是相当茂密的，森林是野生动物栖息的场所，山越高，林越密，动物多，林中才会有老虎出没。

一些史料和诗歌也从另一侧面反映了北京地区当时森林茂密的情况，如李白在52岁时曾到北京来，并记述了他外出打猎的闲情逸致，他写道："闲骑骏马猎，一射两虎穿"，而且技艺娴熟，能"转背落双鸢"。高适的诗句"幽州多骑射，结发重横行。一朝事将军，出入有声名。纷纷猎秋草，相向角弓鸣"，也表明当时狩猎很普遍。

据《新唐书·百官志》记载："虞部郎中、员外郎各一人，掌京都衢街、苑囿、山泽草木及百官蕃客时蔬薪炭供顿、畋猎之事，每岁春，以户小儿、户婢仗内莳种溉灌，冬则谨其覆，凡郊祀、神坛、五岳名山，樵采刍牧皆有禁，距遣三十步外，得耕种，春夏不伐木。京兆河南府三百里内，正月、五月、九月禁弋猎，山泽有宝，可供用者以闻。"

《唐六典·虞部》中也对虞部的职能进行了详细记载："虞部郎中，员外郎负责管理天下虞衡山泽事务，而辨其时禁。"凡是采捕畋猎必须遵守时禁。冬春季节是水中鱼类等动物的繁育时期，不准到山泽捕鱼。春夏季节，是陆上动物繁育时期，不准到原野捕捉。夏季粮食生长旺盛，不准毁坏。秋季果实成熟，不准焚烧。若遇到虎、狼等动物为害，则可随时捕获。在京兆、河南二都三百里内不准打猎。凡是名山大川、神灵之地，都不能樵采。

隋唐时期佛教盛行，北京西部、北部山区兴修的寺院很多，大多位于环境幽静、林木繁茂之地。僧俗民众都很注意保护山林，有寺院的地方，也是林木丛生的处所。如房山区建于唐贞观初年的云居寺，由静琬和尚开创，并由其历代弟子延续千年，以开凿岩洞为室和篆刻石经而著称，被称作北京地区的"敦煌"。据《神僧传》记载，"苑乃使匠择取其木，余皆分与邑里，邑里喜愧，而助造堂宇"，即指欲兴修寺庙而不提前准备木料，显然有就地取材的条件，而且说明附近生长着适用于建筑的松木、柏木。历代一些文人墨客、仕宦乡绅写过许多颂咏云居寺的诗篇，其中不少都提到寺院附近的环境，如"万木千峰空鸟喧，潺潺溪水下前川""信马陟坡陀，回首林烟漠"等都表明云居寺附近山地不仅森林遍布，而且林木生长旺盛，径级粗大。

据记载，唐朝幽州城内的行业达30余种，其中以炭行与森林的关系最为密切。木炭是生活必需品，烧饭、取暖都离不开它。北京地区具备烧制木炭的森林资源和适宜树种。除了燃料之外，农田的扩展、兴修水利等生产活动，也要消耗一部分森林。

唐朝，幽州地区的林业发展仍以经济林中的枣、栗等果木为主。《新唐书》中记载幽州地区进贡的贡品就是栗，而这一时期，北京地区的桑蚕业也开始发展。唐朝，幽州仍生长有大量枣树、栗树。特别是幽州产的栗，闻名天下，每年作为土贡送往京师。据《大唐六典》记载，当时的土贡还有檀州产的人参，因此，推测今北京密云深山区在唐朝应是著名人参产区之一。

抵御外族，统治阶级内部藩镇间的穷兵黩武和宦官与朋党之争，带来的连年战争，对森林也造成很多破坏。安史之乱中，幽州"城池百战后，耆归几家残。处处蓬蒿遍，归人泪眼看"，人民流离失所，到处败瓦颓垣，遍地荆棘丛生，森林自然也逃脱不了战祸的涤荡。

二、辽代

辽代（907—1125年），是中国历史上由契丹族建立的朝代。907年，辽太祖耶律阿保机成为契丹可汗，916年建国号契丹，定都上京临潢府（今内蒙古赤峰市巴林左旗）。947年，辽太宗耶律德光登基称帝，改国号大辽，得北方幽云十六州，幽、蓟、涿、檀等州属南京道，幽州为陪都南京。辽代，燕京地区西山、军都山布满森林，葱郁苍翠，松林连绵不断；白檀北山"衮延峰岭，林木森秀"。

据《辽史》记载，王公贵族常猎于檀州、潞县、蓟州，渔于潞河，说明山高林密，野兽栖息。辽代中后期，各州县"树城郭，分市里""修南京宫阙府署"，广建寺院，仅南京城内就有中大型寺院36处。解除"山林之禁"，垦荒辟壤"劝农桑"，开荒始向山前地带森林挺进，尚未进入深山老林。辽代对北京地区的森林已开始较大规模的利用和破坏，其程度有逐渐加重的趋势。统治者用"令诸道种树"以及禁止军队、官府"非时放牧"等措施，虽未必产生实效，但在森林破坏不太严重的情况下颁布这样的法令，有利于森林的保护和更新。或许正因为如此，在辽代统辖南京的百余年中，较少发生自然灾害。

辽代北京地区的森林状况，还可以从举国盛行狩猎的风气看出。据《使辽录》记载："北人打围，一岁各有处所。……四、五月打麋鹿……，八、九月打虎豹之类，自此至于岁终"，描述的是辽代时北京契丹人的四季生活情形。据《辽史》记载，会同二年（939年），太宗"猎于盘山"。乾亨二年（980年），景宗"猎于檀州之南"。统和五年（987年），圣宗"幸潞县西，放鹘擒鹅"；七年（989年），"猎于蓟州之南甸，钓鱼于曲水泺"；八年（990年），"幸盘山寺，猎西括折山"；十年（992年），"五月，射猎于汤山。十月，射熊于紫荆口"；十二年（994年），"渔于潞县西泺"；十四年（996年），"渔于潞河"；二十三年（1005年），"十一月，观渔桑干河"。太平五年（1025年），圣宗"猎于檀州之北，射兔于平川"。重熙五年（1036年），兴宗在黄花山一日内"获熊三十六"。辽代统治者到南京之初狩猎活动次数越来越多，狩猎深入范围不限于城近郊区，已经到了今平谷东部和密云等地。这些地方山高林密有野兽栖息生存的良好条件。辽代政府还设立了"南京栗园司"，专门负责板栗的栽培、销售和收税。

由于雨量充沛、河网密布，辽代南京地区当

时植被情况很好。古代的太行山、军都山、燕山都是森林覆盖率很高的山脉，这种情况一直保持到辽末。

辽太宗耶律德光改"燕京"为陪都，起新城建皇宫。完成这一浩大工程，征调的劳动力有百万人之多，历时长达3年。大兴土木建筑，大肆砍伐森林树木。

为了发展农业生产，辽代统治者采取了一系列措施，如禁止耕牛出境，赐给百姓耕牛，劝农桑，并多次颁布旨意，宣布解除"山林之禁"，允许一般群众入山砍伐林木，垦荒辟壤，扩大耕地面积。统和七年（989年），圣宗"徙鸡壁寨"三万户于檀、顺、蓟州经营农桑；统和十三年（995年），准许昌平、怀柔等地百姓开垦荒地作为恒产，还把一些普通百姓动员到密云、燕乐（今密云东）两地，令他们"占地置业"，并给予减免赋税7年的优惠。从这些资料可以看出，开荒已经向森林分布最集中的山区挺进，但尚处于初始阶段，时间较短，被蚕食的地方主要还限于接近平原的浅山地带。

据《辽史·韩延徽传》记载，早在阿保机和辽太宗时期，就已利用植州、密云的俘户兴建密云县城了。崇尚佛教的契丹民族在各处广建寺院，仅南京城内就有中大型寺院36处，郊区更是不可胜数。庙宇的修建，特别是大型庙宇的修建，使用大量木材，不可避免地要使附近的森林受到一定破坏。

据《重修范阳白带山云居寺碑》记载，当时北京的燕山森林资源丰富、林木茂盛，"岩穴鳞次，嘉木荫翳于万壑"。特别是西部的太行山、北部的燕山山地，由于山高坡陡，交通不便，人烟稀少，森林植被仍保持着原始状态。生态环境的主体，仍然是较完整的森林生态系统。

辽代官制，结合契丹部族传统习俗特点，藩汉并行，实行北、南两套官制。北面官制，是用契丹的传统习俗和法律治理契丹和其他少数民族。北院是由北枢密院和行都总管司构成。此枢密院，掌兵机武铨群牧之政。其下属设有坊、围场、器物局、监鸟兽详稳等部门，与林业的采伐、加工利用以及野生动物资源的利用与保护有较为密切的关系。南面官制，又称南枢密院，掌文铨部族丁赋之政，主要由汉族官员任职，采用唐朝官制治理民事。其中央机构有政事省（后改为中书省）、翰林院、大理寺、采作监、都水监等。辽史对这些机构职能没有明确的记载，但这些官制是继承唐朝和后晋官制而来的，由此可以推知它们与林业的关系。

三、金朝

金朝（1115—1234年），1115年，完颜阿骨打（完颜旻）在上京会宁府（今黑龙江省哈尔滨市阿城区）立国，国号金。1125年女真建金灭辽，幽燕地区尽落金国，1153年海陵王完颜亮迁都南京，改为中都（今北京），改燕京析津府为永安府，1154年改永安府为大兴府。

金朝，北京地区的森林虽经以前各代程度不同的摧残，但由于人口不多，毁林开荒有限。据《金史·金章宗本纪》记载，统治者还不时下令"禁纵火""严火禁""禁势力家不得固山泽之利""毁树木者有禁"，故金初森林保存大多完好。据《秦史·金国行程录》记载，"榆关、居庸，可通饷馈。松亭、金陵、古北口，只通人马，不可行车。山之南，五谷百果，良材美木，无所不有"，说明自山海关以西直至古北口的广大地区交通不便利，而燕山森林遍布，物产丰富。据《香山记》记载，"西山苍苍""重岗叠翠"，《金国经》记载，良乡西"峰峦秀拔，林木森密"，说明中都森林浓密葱郁。据昌平的《铁壁银山》断碑记载，"翠壑丹枫望不穷，烟霞深处见琳宫"，说明早年这里林海一望无际，山岭、山坡、沟壑生长着松、柏、枫、槭、栎等树木。

据《金史》记载，海陵王刚迁都到北京就于贞元元年（1153年）"猎于良乡"。《金史》记世宗在大定四年（1164年），"十月癸丑朔，猎于密云"；二十六年（1186年）"八月甲午，秋猎"，九月又先后到蓟州、盘山等4个寺庙拈香拜佛；二十九年（1189年）十月，"猎次罗山

（红罗山）"，可以说足迹几乎遍及北京北部、西部和相邻地区各县。又据《金史·章宗记》《畿辅山川志》《蓟丘集》和《名胜志》记载，金章宗外出的次数更多，活动范围更广，如他于承安四年（1199年）"八月……壬申，猎于香山。九月……乙亥，如蓟州秋山"；泰和四年（1204年）"九月，丙寅，如蓟州秋山"，等等。泰和八年（1208年）八月，中都阳春门外有一只猛虎出没，章宗"驾出射获之"，说明当时中都及其西部山地，森林面积依然很大，森林浓密葱郁。

据《金史·地理志》记载，大兴府计有人口22.5万余户，人口较辽代增加1倍以上。由于人口增加，贵族官僚大量占有耕地，民众不得不毁林开垦，伐取薪柴。统治者扩建城池，兴修宫殿，营造陵寝，督造战船，甚至"野燎而猎"，无不使森林遭受较大破坏。破坏比较严重的地方，主要集中在人口稠密、交通便利的平坦地方和近山地带。

金中都的改建和扩建工程耗费惊人，中都大城三重，外城、皇城、宫城，宫城之内100多座宫殿楼阁，皇城内外兴建了大量皇家园林，城外皇家离宫别院遍布郊区，这些土木工程，耗费大量木料，都来源于砍伐西山地区的森林。为兴建中都城，金朝役使的士兵达40万人，民夫、工匠就有80万人，还有一支30万人的砍伐大军，常年在永定河中下游北京地区大肆砍伐森林树木。之后海陵王也曾征调10万民夫进入军都山区砍伐森林，使这一地区的原始森林遭受严重破坏。

金太宗在天会十三年（1135年）诏令调集"燕云"两州民夫40万到今河北蔚县永定河上游桑干河流域砍伐森林树木，捆绑成木排，放入河中，运往河北雄县打造战船，准备取海道攻打南宋。《金史·海陵记》也记载，当时朝廷特意把潞县升为通州，通州地处运河之尾，便于将造好的战船下水。北面又靠军都山，易于取得木料，这也给森林造成一定的破坏。周麟之在《造海船行》一诗中有"坐令新木于山童，民空十室八九空"之句，描写了葱郁的青山被破坏成光山秃岭的惨状。

金朝对内对外的战乱无数，森林也很难幸免，引起的生态灾害也很明显。从永定河的名字变化就可看出，永定河北京段，在辽、金初叫桑干河。至金中都建成以后，改称为卢河，也称为黑水河。

金朝北京地区的森林处于由保存比较完好向逐渐加速毁灭过渡的过程中。破坏比较严重的地方，主要集中在人口稠密、交通便利的平坦地方和近山地带。

金朝设置工部，执掌山林川泽之政。据《金史·职官》记载："工部尚书一人，掌修造营建法式、诸作工匠、屯田、山林、川泽之禁令，江河堤岸桥梁之事。"但在工部下属的职官中没有专职林官，将林业事务交由地方官员管理。例如，在诸京留守使司下设置林业官员，"有推官一员，从六品，掌同府判，分判刑案之事，上京兼管林木事"。虽然没有设置专职林业机构，但基层的小官逐渐承担了植树职责，据《金史·百官志》记载，"都巡河官，从七品，掌巡视河道，修完堤堰，栽植榆柳"；还有地方官承担劝课农桑的任务，据《金史》记载，"猛安，从四品，掌修理军务，训练武艺，劝课农桑"；还有"金赤县令一员，从六品，掌养百姓，按察所部宣导风化，劝课农桑"。猛安是金朝的一种军事人员的称呼，打仗时是士兵，和平年代就是普通农民，开展农林生产事务。

金朝没有设置将作监，但设置了都城所提举，职能与将作监基本一致。据《金史》记载，"都城所提举，从六品，同提举，从七品，掌修宗庙社及城隍门钥，百司公廨，系官舍屋并栽植树木公役等事"，属于综合管理机构。还有两个专门的林木管理机构，一个是中都左右厢别贮院，"使一员，从八品，副史一员，正九品，判官，从九品，掌拘收退补等物及出纳之事"；另一个是中都木场，"使一员，从八品，副史一员，判官一员，皆正九品，掌拘收材木诸物及出给之事"。可以看出以上两个职官，主要负责都城营建所需林材供应。

第五节　元明清时期

1215年，成吉思汗率军攻占金中都，并改称中都为燕京，元世祖至元九年（1272年），再改中都为大都，并确定为元朝的京城。1264年，忽必烈复将燕京更名中都，府名仍用大兴。1368年，明军攻入大都。大都又改称北平府，设北平布政司地方行政机构。1403年，北平改名北京。永乐四年（1406年）开始营建北京城，永乐十九年（1521年），始迁都北京，称北京为京师顺天府。顺天府辖昌平、通、蓟、涿、霸等5州20县。顺天府的管辖范围几乎包括今北京市行政区的各县，只是延庆另属宣府镇。1644年清兵入关占领北京，清王朝定都北京。

一、元朝（1271—1368年）

（一）森林状况

元初，北京地区的森林状况与金朝后期没有多大差别，燕山、太行山均有森林覆盖。据《东田集》记载，居庸关"山川错杂，路径迂回""林密地险，敌不得骋"。西部山区"西山苍翠，上干云霄""郁郁青松，罗苍玉林，清风过之，振海潮音"。

据《热河志》记载，"辽、元以来古树略尽"，就是砍伐了许多大的天然林木，但树木总量并未明显减少，因而"山中尚多松林"。据《昌平山水记》记载："山之左右峰峦拱列，深松茂柏，内地之民多取材焉"。据《秋涧集》记载，忽必烈曾在中统二年（1261年）十月，大驾北巡，驻鱼儿泊，同时调兵遣将，取道居庸，合围于汤山之东，遂飞豹取兽获焉。汤山就是现在昌平的小汤山，说明当时北部平原还有森林存在。袁桷的《居庸关》诗记："周遭青松根，下有古木寨"，意思是说漫山遍野长着青松，而在青松下面有用木料构筑的房屋，说明这里的森林密布，修筑房屋可以就近砍伐林木。

据《析津志辑佚》记载，当时栽培的果树种类和品种很多，桃有络丝桃、麦熟桃、大拳桃、山红桃、鹦嘴桃、御桃、九月桃、冬桃；杏有桃杏、小杏、山杏、御黄杏；梨有香水梨、大梨；还有李子、樱桃、苹果、葡萄、板栗、柿、胡桃、枣、榛子、山桃等。栽培板栗的地方很多，有西山栗园、斋堂栗园、寺院栗园、道家栗园、庆丰寺栗园等。这些栗园主要是供应皇家。此外，群众自己经营的数量更多。当时人工经营果园不少，也注意培植一些野生果树。

据《宸垣识略》记载，"元时杏花，齐化门外最繁""东岳庙董宇定的杏园多达千株，定植后不数年，而树皆蕃衍密茂"，来此赏花的城里人络绎不绝。

（二）森林变化

元大都的兴建，是导致北京地区森林遭到严重破坏的重要原因。元世祖至元四年（1267年），"发中都、真定、顺天、河间、平滦民二万八千余人筑宫城"。至元九年（1272年），将大都确定为元朝京城后，进一步大兴土木，广建宫殿、城垣、坛庙以及陵寝等大型建筑群。此后，元世祖、成宗、英宗、顺帝等在位时都曾大修宫城，城内宫殿不仅数量多，而且富丽堂皇，雄伟壮观，木材消耗巨大。

元朝为了在金中都残破的废墟上重建以琼华岛离宫为中心的新城，对森林木材进行管理，在原来大木局的基础上增设小木局，并于至元三年（1266年）"凿金口，导卢沟水以漕西山木石"，即把金朝开凿，后来被沙石堵塞的河道（今石景山到麻峪村）疏通来运输木材。据《析津志辑佚》记载，当时浑河（今永定河）卢沟桥段"波涛汹涌，狂澜叠出"，水量很大，可以用来运输从西山采伐的木材和石块。

元朝人口骤增，北京地区人口曾达近百万之

众，为满足人们生活的需求，朝廷多次解除山林之禁，允许毁林开垦，实行京畿屯田，又"弛山场樵采之禁""弛西山薪炭禁"，造成森林的过度利用。特别是交通要道、人口较多的地方更为严重，开始出现岩石裸露的无林荒山。此外，连年战争也对森林造成极大破坏。

（三）林业管理

元朝设置大司农负责农林、水利事务，颁布有关林业政策。据《元史·百官志》记载："凡农桑、水利、学校、饥荒之事悉掌之。"司农司初期为专官，但到了至元十二年（1275年），罢随路巡行劝家官，以其事入提刑按察司，增副使佥事各一员，兼职劝农林事务。至元二十九年（1292年），以劝农司并入各道肃政廉访司，增佥事二人，兼察农事甲，将原来的农林事务移交给地方管理了。元朝没有设置将作监，设置有大都留守司负责林木营造建设，"至元十九年，罢宫殿府行工部置大都留守司，掌守卫宫阙，都城调度，本路供亿诸务，兼管营缮内府诸邸都宫原庙，尚方车服，殿庑供帐，内苑花木及行幸汤沐宴游之所，门禁关钥启闭之事"，隶属工部。下属职官类似于将作监的体系，主要有大木局、小木局、修内司、窑场、木场和琉璃厂等。职责是"修内司秩从五品，掌修建宫殿及大都造作等事……大木局提领一员，管勾三员，掌殿阁营缮之事。小木局提领二员，同提领一员，副提领三员，管勾二员，提控四员……木场提领一员，大使一员，副使一员，掌受给营造宫殿材木……"。据《元史·五行志》记载，至元十三年（1276年），雾灵山设有"伐木官"，掌管森林采伐、运输等事宜。

元世祖中统二年（1261年），"弛诸路山泽之禁"。元世祖至元十三年（1276年）二月下诏规定："临安新附人等，山林河泊，除巨大木花果外，余物权免征税。"十二月下诏规定："浙东西，江东西，淮东西，湖南北竹货等皆从实办课。"至元十五年（1278年）冬十月丁卯下诏规定："弛山场樵采之禁。"至元二十四年（1287年）下诏规定："罢江南竹木柴薪诸课。"元朝初期已采取减免林业赋税的方法，以提高民众种植桑的积极性。从诏令的另一方面也可以看出，元初林业赋税已规定较详细，赋税减免是暂时的政策。

元朝政治管理已比较发达，至元七年（1270年）立司农司，颁农桑之制十四条："县邑所属村园，凡五十家立一社，择高年晓农事者一人为之长。增至百家者，别设长一员。不及五十家者，与近村合为一社。地远人稀不能相合，各自为社者听。其合为社者，仍择数村之中，立社长官司长以教督农民之种植之制，每丁岁种桑枣二十株。土性不宜者，听种榆柳等，其数亦如之。种杂果者，每丁十株，皆以生成为数，愿多种者听。其无地及有疾者不与，所任官司申报不实者罪之。"

元世祖至元二十三年（1286年）给屯田军农具牛种，颁农桑辑要书，黜陟劝衣桑之勤怠者，语令："以大司农司所定农桑辑要书颁诸路。"至元二十八年（1291年）颁农桑杂令，又谕止江南长吏亲行劝课。元成宗大德元年（1297年），"罢妨农之役。十一年申扰农之禁，力田者有赏，游惰者有罚。纵畜牧损稼禾桑枣者，责其偿而后罢之"。元武宗至大元年（1308年）规定："近年以来，水旱相仍，缺食者众，诸禁捕野物地面，除上都，大同，隆兴三路外，在都周围各禁五百里，其余禁断处所及就有山场，河泊，芦场诏书到日，并行开禁一年，听从民便采捕。诸投下及僧道权势之家占据抽分去处，亦仰革罢……汉儿人等，不得因而执把弓箭，聚众围猎，管民官用心今束，康访司常加体察。"同年，九月以薪价贵再次下诏："禁权豪蓄鹰犬之家，不得占据山场，听民樵采。"至大二年（1309年）下诏规定："淮西廉访佥事苗好谦，献时桑法，行之……以时收采桑椹，依法种植"，当时总结了多种种植技术的《齐民要术》等农书被统治者所重视，但是以皇帝诏令形式推广种植新技术，历史上不多见，足以体现武宗对农林的重视。

元仁宗皇庆元年（1312年）秋七月癸巳保

定、真定、河间民饥不止，诏令："命被灾地并驰山泽之禁。"皇庆二年（1313年）二月诏："劝课农桑。"秋七月己酉诏："劝农桑，勤者升迁，惰者黜降，著为令。"延元年（1314年）诏："大都随路州县城郭周围，并河渠、两渠岸旁……各地随宜，官民栽植榆柳槐树。"延祐五年（1318年）又命刊印桑图说，散之民间。对大臣说，农桑衣食之本，此图甚善，命刊印千帙，散之民间。

元英宗至治元年（1321年）英帝即位沈阳，当年国内发生了严重的旱、涝灾害，多地庄稼无收，诏令："弛其山场河泊之禁。"至治三年（1323年）下令颁布《大元通制》。《大元通制》中关于林业的内容主要有以下7个方面：①所有劝农官每年年底都要将一年来农桑水利开展情况上报上司，上司汇总后再上报给大司农等部，考核其勤惰情况上交给省，最后是皇帝考核。没有完成相应职责任务的，依法惩处定罪。②盗伐别人材木者，依据盗伐的数量来进行处罚。③对打猎时纵火而烧毁民房、粮食等物品的，要求折价赔偿。④皇亲国戚、诸王驸马侵占山林，禁止百姓樵采的，依律定罪。⑤国有围猎山场没有要求封禁的，不得禁民樵采，违者处罚。⑥若遇到灾荒年份，粮食歉收人民愁困时，诸王达官不得开展狩猎活动。⑦不得在庄稼没有收获的田地里围猎，在没有耕种的地方打猎，违反者处罚。《大元通制》是元朝的正式法典，其中规定林业事务的条款非常具体，还有相应的处罚规定，属于一项具体的林业法规。

二、明朝（1368—1644年）

1368年朱元璋称帝，国号为大明，定都于应天府（今南京）。1420年朱棣迁都至顺天府（今北京），以应天府为陪都。

（一）森林状况

明初，北京地区森林尚多。据《明会典》记载，居庸关、黄花镇一带"林树戟列，森翠苍郁，四时无改"。自雁门关，历居庸关，至山海关，"延袤数千里，山势高险，林木茂密，人马不通"。据《天府广记》记载，昌平沟崖"深山叠嶂""奇树扬纷"；苍苍西山，依旧"林麓苍黝，溪涧镂错"；妙峰山、马栏山、百花山、上方山仍是森林浓密。据《明经世文编》记载，嘉靖二十年（1541年），"查蓟、昌二镇，重冈复岭，蹊径狭小，林木茂密"。

明朝北京太行山、燕山部分山区的森林茂密。顾炎武在《昌平山水记》记载，燕山这一时期森林不少。怀柔黄花城"其地多……初终掇榛实贮穴中，为歧洞贮之，多至二三斗；美好倍于人所收者，土人每掘取之，鼠失榛，乃槁死树上，累累相望。因并取而食之，京师人以为美味"，意思是说，怀柔等地野鼠很多，每年初冬它们把大量品质优良的榛子贮藏在洞里。当地群众发现后，掘出取走，野鼠因无食可吃被饿死在树上，人们将死鼠放下来，与榛子一块烹调食用，城里人觉得味道非常鲜美。野鼠多，榛实产量高，说明当地的森林丛密繁茂，树种主要是油松、平榛等，森林环境保持良好，有野鼠获取食物长期生存的条件。宣德年间（1426—1435年），曾提出"以边柯扼敌骑""诏免其采伐"，尤其是要求"自凤凰山起，西至居庸关，东至苏家口，北至黄花镇，皆禁樵采"，使这一带"林树戟列，森翠苍郁，四时无改"，宛如无边无际的绿色海洋。

明朝初年，昌平西部沟崖，"深山叠嶂，秀石悬三十余里，悉履石攀葛始达山巅。清流缭绕，奇树扬纷"。王嘉谟曾从高梁河出发，经贯市、白虎涧、高崖口、越马刨泉、镇边城，最后到达德胜口，行程180余里，对沿途风物进行了详细考察。他在记载此次考察的《北山游记》中写道，高崖口山地，"皆奇峭，崖间百合、忍冬、相思、郁奠、黄精、唐求之属，渗味扶芳，烁红陨翠，飞沫击枝，坠而复起，新实含孺，落而不变"，森林植被组成如此复杂，数量如此之多，说明这一带森林密布，保持着适于林木生长的环境，特别是适于森林植被生长的阴湿环境。鳌鱼岭"其上独多松，合抱而数丈者有三，朴樕者万计"，爷爷辈儿的参天大树和孙子辈儿的幼林布满山坡，说明森林遭受了破坏，因而林相参差不齐，但保留下来的母树还很多，种源相当充足，下种更新良好。了思台"檀柏柘之木宛宛相构"，树种种类繁杂，不过，远闻伐木声，斧头铿锵，声震山谷，说明一场毁林之战正在进行。

马文升在《为禁伐山林以资保障事疏》中提到，成化（1465—1487年）以前，"复自偏头、雁门、紫荆、居庸、潮河川、喜峰口，直到山海关一带，延袤数千里，山势高险，林木茂密，人马不通"，说明军都山森林浓密，连绵不断，甚至影响通行。庞尚鹏在《明经世文编》中也说，嘉靖二十年（1541年）前，燕山"重冈复岭，溪径狭小，林木茂密"。

明朝燕山周围各县的森林不少。昌平的惟石口"连山树如绣，穿林复渡河，云中日将夕。不闻樵采音，但见虎行迹"，而通往银山的路旁"多木栅如圈……其为致虎也"。怀柔的柏碴山，侧柏灌丛漫山遍野，直至今日未减，几乎到处可见。徐渭在《八达岭》诗中写道，"奥幢尽日山油碧"，说他坐在小轿上终日盘桓在八达岭山道上，眼前只见一片碧绿，无休无尽地从面前闪过。密云"榆树沟东西平安地方枣园砦二处系禁山，多林木，外通白龙潭"；白檀山，以"山之阳有白檀"著称。平谷的柏山"以山多柏树"而驰名，特别是盘山"虬松百万株，粘石无根蒂""泉争乱壑时縈马，谷响虚岩半是松""红叶乱流如谷转，碧峰交叠与林稠"，森林可谓相当繁盛。延庆的螺山"树木森茂，多资民用"，柏铃山"山木多柏"，核桃冲"产山核桃"，州城西北的杨木林"多杨木"，而榛子坡盛产榛实，但"守边内臣禁民采取岁收"。尤其是海陀山南麓的森林，分布成片，被称作松山，至今保存较好。松山地区油松林林木树冠浓密，枝叶繁茂，松针铺地，疏松绵软。松山还生长着榆树、栎树、椴树、椿树、胡桃楸、白桦等阔叶树种，与常绿树种交相辉映。远望森林群山如绣，绚丽多姿，风采使人心醉。

到了万历年（1573—1620年）间，镇守塞北的大将戚继光在巡行中，还留下了"石壁凌虚万木齐，依稀疑是武陵溪"的诗句，把长城内外的森林茂密、水萦山绕的风光，比作景色宜人的江南，可见当时森林尚好。驻守在居庸关的士兵，"间道林归猎骑哗"，不是在操场上练兵习武，而是在林间打猎，不时传来阵阵喧闹。

曾号称"重冈叠翠"的苍苍西山，到了明朝依旧"林麓苍勔，溪涧镂错，内中物产其体"。蒋一葵在《长安客话》中说，西山"春夏之交，晴云碧树，花香鸟声，秋则乱叶飘丹，冬则积雪凝素"，四时都是一派诱人的风光。因而，许衡在《别西山作》中有这样的诗句，"烟炭郁苍翠，远近互吞吐"，道出了西山风景青翠欲滴、错落有致的绝妙。

进入妙峰山后，仰山蜿蜒起伏，峰峦拱秀，"连山苍翠，蟠亘霄汉"，森林增多，尤其是"山多梨树，秋深红叶如烧"，景色壮丽，层林尽染，分外引人入胜，早在金朝章宗就经常光顾这里。王平村一带，"饶药草花木""山坳多核桃树"；到千军台，"四山空翠，欲湿衣裙"，及至大汉岭，"十五折见高松如盖天际"，不仅森林面积大，而且树体高耸，从分布的海拔和树形看，树种应当是华北落叶松无疑。清水一带，"山四旁多产柏"。

斋堂周边森林很多，破坏也不严重，当地有煤矿，有利于森林的保护。马栏山"翠峰壁立"。百花山"山甚秀，花多目所未睹，红黄紫翠，不可名状"。更远的上方山则是"层峦沓嶂拥林丘，老桧长楸夹道稠"，森林浓密，林木繁茂。

以上可以看到北京燕山、太行山森林浓密，林木繁茂，是森林覆盖率较高的地方。但是有些地方因遭受连年破坏，砍伐过度，加上天然更新不良已经造成危害，因而早在成化年间马文升就已经向上申奏，要求禁伐，"以资保障"。

（二）森林变化

自洪武三年（1370年）至永乐元年（1403年），随着移民进京，燕山周边各县的人口明显增加。洪武初年，昌平3万人，密云1.6万人，怀柔0.7万人，平谷0.8万人。延庆在永乐二十年（1422年）仅8418人，人均占有耕地10余亩，而到嘉靖二十一年（1542年），增加至16538人。洪武四年（1371年），移民32860户屯田北平府，在大兴、宛平、顺义等建立了264个屯。永乐初年两次"徙山西两万户实北京"，一次"徙直隶、苏州等十群，浙江等九省，移民实落北京"，又安排无业游民十几万户，甚至"将罪犯若干迁到北京"。移民使北京人口数量猛增，洪武八年（1375年）统计，京城有8万余人。永乐以后人口增加，至明朝中后期北京人口达80余万人。到永乐年间，大量开垦农田，毁林开荒乱砍滥伐森林屡见不鲜。

明朝迁都北京，在元大都的基础上重建北京城，在元朝皇宫的旧墟上兴建紫禁城、皇城、城池、太庙、社稷坛、天坛、鼓楼、钟楼等规模宏大的宫殿楼阁建筑，朝廷派官员到四川、云南、湖广等地采伐大规格的建筑用材，其余木料都在北京地区的河流流域范围内砍伐。史料记载："昔成祖重修三大殿，有巨木出于卢沟"，后来三大殿毁于大火，重建时又采伐巨木38万根。

嘉靖三十二年（1553年）增筑北京城南面外垣。修筑长城的主要目的是防御蒙古、女真等民族的驱扰，但修筑城墙、关城、堡垒等用的土、石、砖、灰、木料一应建筑材料，就地取材、就地烧制、就地砍伐。士兵、民夫的住房、取暖烧饭用的薪柴，以及施工工具也多取自当地。明长城工程艰巨，修建时间漫长，投入人、财、物巨大，对附近森林及植被也造成了严重的破坏。

明朝森林火灾严重。据《延庆县志》记载，弘治十三年（1500年）七月，永宁卫燕尾山至居庸关之石缝山曾发生一次森林火灾，火场面积"东西四十余里，南北七十余里""延烧七昼夜"之后才熄灭。这场大火使近250平方千米的森林化为灰烬，居庸关的森林几乎荡然无存。万历四十三年（1615年）四月，怀柔黄花镇柳沟大火，延烧数十里，大片森林被烧毁。此外，一般性的森林火灾更是不计其数。

八大处翠微山，"曲回旁峙，烟云飞动，如护如翼，山之阳土脉丰腴，草木丛茂"，不过这里的林木此时也已开始受到破坏，如李东阳在《承恩寺记略》谈到，为了修建此庙曾"爰伐材王林，凿石于山，佣夫于农隙"，终于使工程克日完成。但森林仍然较多，使得有些干形弯曲、材质坚硬不适宜作建筑材的栎类树种被保留了下来，直至今日还可以在沟内见到散生的植株。嘉靖到香山寺就曾说："西来诸山，独此山有翠色。"可见经过多年无休止的伐木、砍柴、烧炭，西山地区极目四望，几乎到处是荒山野岭，看不到一点绿色。

临近平原的马鞍山，森林很多，戒台寺"丹林黄叶，与青峦碧间错出如绣"，但这里的森林也不断被砍伐外运，如袁志学《重修元福宫碑略》记载的"国家庖爨柴薪产自马鞍山"，说明官府用薪柴长期取之原马鞍山，且采伐的木材数量大。

（三）林业管理

明朝的林业管理，基本沿袭汉唐的制度并有增减。明初，设丞相掌中书省，治理天下事。洪武十三年（1380年），析中书省之政，改设吏、户、礼、兵、刑、工六部。六部中的户部和工部，分司治理林业。

户部属于综合管理机构，主管林业赋税。户部尚书，掌天下户口、田赋之政令，侍郎佐之。所司"以树艺课农官""以山泽、坡池、关市、坑冶之政佐邦国"。永乐五年（1407年）设置上林苑监，属户部管理，负责保护和管理苑内林木。据《明史·职官志》记载："上林苑监，左右监正各一人，左右监丞各一人，其属典薄厅典薄一人。良牧、番育、林衡、嘉蔬四署。各设典署一人，署丞一人，录事一人。监正掌苑囿、园池、林衡、嘉蔬之事。"明朝上林苑属于组织生产的机构。其中良牧署负责生产饲养牲畜，番育署负责饲养家禽，林衡署负责树木种植和管理，嘉蔬署负责蔬菜种植事务。

工部属于综合管理机构，设尚书，左右侍郎等职。据《清史稿·职官志》记载："工部，掌天下造作之政令，与其经费。以赞上奠万民。凡土木兴建之制，器物利用方式，渠堰疏障之法，陵寝供仪之典，百司以达于部、尚书侍郎率其属以定议。大事上之，小事则行，以饬邦事。"工部其下属有营缮、虞衡、都水、屯田四清吏司，还有大小衙门10个。

营缮所，沿袭前朝的将作监，明初期称为将作司，后来改为营缮所。主管土木建筑之事。据清《明史·职官志》记载："凡宫殿、陵寝、城郭、坛场、祠庙、仓库、廨宇、营房、王府邸第之役，鸠工会材，以时程督之。"明朝工部营缮司所属五大厂，神木厂（在崇文门外）和大木厂（朝阳门外）都是储存木材的场所，黑窑厂（陶然亭附近）是烧制砖瓦的场所，琉璃厂（和平门外）是生产建筑琉璃的场所，台基厂（内城），按照《大明会典》记载，用以"堆放柴薪及芦苇"。

虞衡司，主管山泽采捕、保护森林及野生动物之事。据清《明史·职官志》记载："虞衡，典山泽采捕、陶冶之事。凡鸟兽之肉、皮革、骨角、羽毛，可以供祭祀、宾客、膳羞之需，礼器、军实之用，岁下诸司采捕。水课禽十八、兽十二，陆课兽十八、禽十二，皆以其时。冬春之交，置罝不施川泽；春夏之交，毒药不施原野。苗盛禁蹂躏，谷登禁焚燎。若害兽，听为陷阱获之，赏有差。凡诸陵山麓，不得入斧斤、开窑冶、置墓坟。凡帝王、圣贤、忠义、名山、岳镇、陵墓、祠庙有功德于民者，禁樵牧。凡山场、园林之利，听民取而薄征之。"

屯田司，明朝工部属部。洪武六年（1373年）置。利用戍卒或农民、商人垦殖荒地。掌屯种、抽分征商、薪炭、夫役、坟茔之事。据清《明史·职官志》记载："屯田，典屯种、抽分、薪炭、夫役、坟茔之事。凡军马守镇之处，其有转运不给，则设屯以益军储。其规办营造、木植、城砖、军营、官屋及战衣、器械、耕牛、农具之属。凡抽分征诸商，视其财物各有差。凡薪炭，南取洲汀，北取山麓，或征诸民，有本、折色，酌其多寡而撙节之。夫役伐薪、转薪，皆雇役。"

明朝为保护树木，制定《明户律》，规定对毁伐树木的人按罪行轻重予以处罚，同时采取征税的措施。洪武二十二年（1389年）六月颁布命令："凡农民田五亩至十亩者，栽桑、麻、木棉各半亩；十亩以上者倍之。其田多者率以是差。"洪武二十五年（1392年）正月，诏谕五军都督府臣："在屯军士，人种桑枣百株，柿、栗、胡桃之类，随地所宜植之。"洪武二十七年（1394年），据《大明会典》记载："令天下百姓，务要多种桑枣，每一里，种两亩秧，每一百户内，共出人力运柴草烧地，耕过再烧，耕烧三遍，下种，待秧高三尺，然后分栽，每五尺一阔，一陇。每一户，初年二百株，次年四百株，三年六百株，载重过数日。造册回奏，违者，发云南金齿充军（今云南保山）。"

明永乐十八年（1420年）朱棣迁都北京，随后便提出在坛庙、道路、长城等处广植树木，他还到太庙亲手栽植第一株柏树，且令人"周改为护，时为灌之"。由于看管周到，该树枝繁叶茂，独领太庙群柏之首，被尊为"神树"。京城内已经广植行道树，紫禁城四周夹道皆植槐树，十步一株。从东华门至景山，夹道也都栽植槐树，今景山西街仍有当时栽植的古槐树数株，至今已300多年。

明朝是北京森林变迁史中一个重要的转折时期。明朝迁都北京，由此形成以皇家为中心的消费群体，随着皇城大规模的建造，随着社会发展和田地开垦扩大，以及频繁战乱，森林不断减少，特别是随着人口的增加和初期工业及商业的发展，对燃料和木材的需要剧增，引起森林的过度采伐利用，明朝中期以后，华北地区的森林资源急剧恶化，燕山山脉、太行山区及周边高原山林锐减。

三、清朝（1616—1911年）

1616年，建州女真首领努尔哈赤建立后金。1636年，皇太极称帝，改国号为清。1644年，都城从盛京（今沈阳）迁至北京。1911年10月10日，辛亥革命的爆发结束了清朝的统治，1912年2月12日，清帝溥仪退位。

（一）森林变化

清朝，北京地区的森林呈现继续减少的趋势，只在人迹罕至的高山峻岭才有一些集中连片、林相整齐的森林，寺院、坛庙周围也有小块片林及散生树木保存下来。燕山仍是森林较多的地方，司马台"峰峦拱列，深松茂柏"，慕田峪"千树桃花万树柳"，盘山"地僻而山秀，树密而谷深"，森林保存尚且完好，但据《昌平山水记》记述，明皇陵"苍松翠柏无虑数十万株，今剪伐尽矣"。太行山森林破坏相对严重，卧佛寺"四面皆童山"，但大觉寺、潭柘寺、戒台寺、云居寺周围森林依旧保存完好。平原地区早已阡陌纵横。北京地区森林日趋减少，人口增多是最主要的原因，大量开垦农田，林地逐渐被吞食。

清朝前中期华北地区的燕山地带森林资源丰富，林木茂盛，但从乾隆后期开始林木急剧减少。密云北部的司马台曾经林木葱郁，当地百姓多取材于此，但至嘉庆时期，此地森林由于长期砍伐，大幅减少。虽然出现了一定程度的森林破坏，但在密云其他地区和怀柔，总体上的森林状况依然良好。与之相比，昌平的森林保存状况要稍差，这主要是因当地百姓砍伐薪柴所致，就连十三陵内的树木也受到了影响。房山地区到清中期依然有大片森林，云峰山甚至还有老虎出没。

同时，伴随明清两代大规模的城市建设，北京地区兴建了大量宫殿园林，诸如紫禁城、圆明园、颐和园这些宏伟建筑的诞生，既彰显了当时木构建筑和园林艺术的发达，也在一定程度造成了区域森林资源的消耗。清朝自定都北京至王朝灭亡的268年间用于修补紫禁城、兴建京郊园林等工程，大规模兴建粮仓、民居等耗材巨大，除京外采办，大批木料仍取之北京。粗略统计，造粮仓需砍大树14.3万棵，四合院需砍2400多万株。再加上采矿、石材、石灰等，使残存大小树木一扫而光，曾经浩瀚无边的森林荡然无存。

康熙十年（1672年），记载描述妫川八景之一的"榆林"的诗歌："榆林青茫茫，赛云三十里。忽闻鸡犬声，见此千家市。""古城烟树"也是延州八景之一。

康熙、雍正年间，每年秋季都到河北围场去行围打猎，举行木兰秋狝仪礼，和金朝、元朝比较，打猎的地方更往北了，这也恰恰说明森林的分布南界，因人为活动的影响而向北大大偏移了。

燕山仍是森林较多的地方。密云北部的司马台"山之左右峰峦拱列，深松茂柏，内地之民多取材焉"，森林相当茂密，有松树、柏树生长，仍然是可以出产木材的地方，经常有外来人到这里采购木材。但这片森林到了嘉庆初年，却因"徵解木税不敷定额"，征收的税款大幅度下降，由原来的每年"一千一百零二两"，减少到"不过三四十至五六十两"，原因是"山场砍伐久"，前来办理"输课"的商贩寥寥。这清楚地表明，随着山场采伐时间的推移，林木越砍越少，伐区越来越远，木材生产成本增加，运输不便，商人觉得无利可图，自然不肯光顾，税收减少当在意料之中。不过，就整个密云来说，一些地方"绿树犹繁纷""盘盘古柏阴犹翠""树密峰峦静""松柏森劲挺"，尤其是寺庙附近"林木森秀"，还是一片好风光。这些都表明，有些地方的森林保存尚且完好，而有些地方被破坏的森林在经过一段时间恢复后，又重新更新成林了。

怀柔的森林也未被彻底破坏，因此"已近怀柔风候殊，山城如斗势盘纡"，一进怀柔县境顿时感到山势险峻，气候变得冷凉起来。黄花城盛产榛子的情况同样没有多大变化，表明到清朝这里的森林尚未最后消失，被破坏的地方或许已经更新。慕田峪如清朝诗人所说，"慕田有峪异寻常，……千树桃花万树柳"，加上板栗、核桃、枣树，简直就像一个大花园，至今海拔较高的山地犹有次生林分布，低山和河谷地带也树木葱茏，成为令人心旷神怡的游览胜地。

据明末清初学者顾炎武记述，顺治十六年至康熙十五年（1659—1677年），"频年足迹所至，无三月之淹，一年之中，半宿旅店"，六次拜谒明皇陵，在《昌平山水记》中写道，"自大红门（按指十三陵）以内苍松翠柏无虑数十万株，今剪伐尽矣"，东山口"嘉靖中，俺答之犯，我兵伏林中，竟不得逞而去，今尽矣"。皇帝陵寝一般是不可侵犯的，要求守陵官吏、陵户严加管护，任何人不得砍伐、樵采陵区林木，也不准开垦陵区土地。由于改朝换代，三令五申并无多大效果，乱垦滥伐依然如故，陵寝周边林木也被砍伐殆尽，其他山地的森林更难以保存。

（二）林业管理

林业管理机构清初承明朝，清朝仍在工部下置虞衡司，工部所属四个清吏司之一。据《清史稿·职官志》记载："营缮掌营建工作，凡坛庙、宫府、城郭、仓库、廨宇、营房、鸠工会材，并典领工籍，勾检木税、苇税。虞衡掌山泽采捕，陶冶器用。……其皇木厂，琉璃窑，木仓，军需局，官车处，惜薪厂，冰窖，采绅库，满、汉监督俱各一人。"

据《清史稿·职官志》记载："顺治元年置山林苑监，正七品，衙门设监丞一人，其有四署：曰番育、曰良牧、曰林衡、曰嘉蔬，各设署丞一人。"其中，良牧署负责生产饲养牲畜，番育署负责饲养家禽，林衡署负责树木种植和管理，嘉蔬署负责蔬菜种植事务。顺治二年撤销嘉蔬署，顺治十五年林衡署归并良牧署。

清朝前中期，历代帝王同前朝一样，以农桑为立国之本，对经济林的发展尤为重视。清朝，统治者发出的保护林木、植树造林的诏令越来越多。顺治十三年（1656年），据《大清十朝圣训》记载："滨河州县新旧堤岸，皆种榆柳，严禁放牧，各官栽柳，自万株至三万株以上者、分别叙录，不及南各州县，于官地内，责令堡夫，广柳树。"顺治十七年（1660年）五月二十日，曾在今西山法海寺立"严禁搅扰以肃善地事"碑，碑文的大意是说，"满汉闲杂人等不许放牛羊、砍树、割草，凡有放牛羊、砍树、割草、践踏蹂躏者……从严处治"。虽然目的是保护寺庙不受骚扰，但客观上起到了保护森林的作用，也在某种程度上反映了对林木的爱护。康熙皇帝对于农业生产非常重视，他经常出城查看，劝重农耕。

雍正二年（1720年），雍正帝给直隶省督抚的上谕中指出："朕自监御以来，无刻不厪念民，依重农务本……今课农虽无专官，然自督抚以下，孰不兼此任。其各督率有司悉心相劝，并不时咨访疾苦，有丝毫妨于农业者、必为除去。仍于每乡中、择一二老农之勤劳作苦者，优其奖赏，以示鼓励。如此则农民知劝，而惰者可化为勤矣。再舍旁田畔，以及荒山旷野，度量土宜，种植树木，桑柘可以饲蚕，枣栗可以佐食，柏桐可以资用，即榛楛杂木、亦足以供炊爨。其令有司督率指画，课令种植。"直隶即北京附近地区。封建统治者号召植树造林，足见森林已很缺乏。雍正三年（1725年），据《钦定大清会典事例》记载："后管河之分司、道员、同知、通判、州县等官、于该管沿河栽柳。成活五千株者，记录一次，万株者，记录二次。五万株者，记录三次。二万株者，加一级，种苇一顷，记录一次，二顷，记录二次、三顷记录三次，四顷加一级。其有殷实之民，栽柳二万株或种苇四顷者，给予九品顶戴荣身，至效力各官，有情愿捐栽柳苇者，亦照此倒计叙。倘有不肖河官，希图议叙，占种民地者，题参从重治罪。再各处河营，每兵一名，每年种柳百株，若不能如数栽植者，专讯之千把总罚俸一年，守备罚俸半年，倘栽植不及一半者，专讯之千把总降一级，暂留原任，戴罪补栽，守备罚俸一年。"

清朝对滥砍滥伐处罚严厉，据《大清律例》记载："近边分府武职，并府、州、县官员，禁约该管军民人等，不许擅自入山，将应禁林砍伐贩卖，若砍伐以得者，问发云南贵州两广，烟瘴稍轻地方充军；未得者，杖一百，徒三年。若前项官员有犯，俱革职，计赃重者，俱照监守自盗律治罪。其经过关隘河道守把军官，容情纵放者，依知罪人不捕治罪，分守武职，并府、州、县。官交部分别参处。"清朝对森林防火也有规定，据《大清律例》记载："若于山陵兆域内失火者，虽不延烧，杖八十，徒二年，延烧山陵兆城内失火者，杖一百，流二千里。"

清朝经济林木种植广泛，果树种类和品种繁多，干鲜果品产量较高。据宛平、大兴、怀柔、密云、延庆、平谷、昌平、房山、良乡、通州等的州志、县志记载，各州县都有果树栽培，种类和品种大同小异，但数量多少差异明显。清朝龚自珍在《论居庸关》中："自入南口，木多为杏、柿、苹、棠、梨，皆怒华"的描述，说明关沟及居庸关一带虽然饱经沧桑，但自然面貌并未发生重大变化，森林植被破坏的还不太严重，天然森林减少了，但经济林果树发展起来，种类繁多，每逢春季鲜花盛开。北京地区栽培的果树一般以梨树、桃树、柿子、枣树和板栗、核桃树为多。梨有香水梨、秋白梨、红肖梨、鹤顶红、雪梨、锦糖梨等品种；桃有秋桃、扁桃、玉桃、金桃、银桃等品种。此外，还有樱桃、葡萄、桑葚、杏、黑枣、沙果、虎刺槟、海棠、苹婆、山楂、石榴、无花果、文冠果、白果、榛子等。

清朝对陵寝保护也有明确的规定。据《钦定大清会典事例》记载："凡盗园陵内树木者，不分首从，杖一百，徒三年。若盗他人坟茔内树木者，杖八十，从减一等。若计赃重于本罪者，各加盗罪一等。"康熙十三年（1675年），封禁雾灵山原始林，为东陵皇寝重地。设立衙门看守，不准入山樵采，恐伤龙脉。

清朝中晚期是社会急剧变动的时期，也是生态环境不断遭受破坏、森林资源急剧减少的时期，随着清政府日益腐朽和西方列强入侵，森林资源破坏和损耗达到顶峰，破坏范围不断从低山地带向中高山地带扩展。

第六节　中华民国时期

中华民国时期（1912—1949年），分为北洋政府时期（1912—1928年）和国民政府时期（1928—1949年）。

一、森林变化

近代，随着人口的快速增长、城市建设规模的扩大、工业制造业的发展以及生产生活的需要，造成大规模毁林开垦、乱砍滥伐，燃料消耗急剧增加，森林火灾发生频繁，导致森林资源大规模损耗。此外，帝国主义掠夺和战争破坏也是造成这一时期森林骤减的重要原因。近代战争武器的杀伤力和破坏力更大，对森林资源的破坏不容低估，木材也被用于制造和供应战争所需的器械和能源。

抗日战争期间，日本帝国主义实施野蛮的"三光"政策，烧毁了大面积的森林。抗战期间，日本侵略者将四海乡西沟里村农民培育多年的山林砍烧殆尽；把大庄科乡南山坡的百亩松林也砍个精光；房山南尚乐乡山地的林木被日寇大量砍伐运走；云居寺遭受日寇飞机的狂轰滥炸，使这座驰名海内外的寺院惨遭破坏，周边林木葱茏的山地变成了荒山秃岭。解放战争时期，国民党军队修工程，也大肆砍伐平原和山区林木。1947年，国民党军队把四海乡西沟里村已被日寇严重破坏的森林和整个村庄彻底烧光；1948年，国民党军队把孔化营村西面的90亩榆林全部砍光；在原白河堡乡柏木井村，国民党军队曾两次制造无人区，几乎把全村树木全部砍光。

民国末期，北京森林的树种组成，在平原地区常见树种为杨、柳、榆、槐、椿等。低山地区主要有油松、侧柏、栎树、枫树、栾树、榆树、臭椿、山杏、鹅耳枥等树种。中高山地区主要有山杨、桦树、椴树、栎树等树种，并偶有落叶松、云杉出现，林冠下群丛状出现平榛、胡枝子、六道木等灌木。

新中国成立前夕，平原除村、镇"四旁"，较大坟墓和寺庙存有一些零星树木和小片林外，其他地方几乎无树，潮白河两岸，树木稀少，白沙无垠，季风到来，刮成无数沙丘。半山区除少数残存小片天然灌木丛外，其他地方多为荒山秃岭。边远山区还残存着少量的天然次生林，面积约32万亩。全市森林覆盖率1.3%。

二、林业管理

机构设置　民国元年（1912年），中华民国在南京成立。南京政府设实业部，下分农务、矿务、工务、商务四司，林业行政归农务司主管；同年5月，从原实业部中分出农林部，下设农务、山林、垦牧、水产四司；民国二年（1913年），农林部与工商部合并为农商部，下设农林、工商、渔牧三司和矿务局。民国十七年（1928年）3月，设农矿部，下分农务、农民、矿业三司；10月增设林政司，林政司下辖三科。民国十九年（1930年）12月，农矿部与工商部合并为实业部，实业部内设林垦署和中央农业实验所。

法规制定　民国三年（1914年），颁布《森林法》《狩猎法》；民国四年（1915年），发布《森林法实施细则》《造林奖励条例》，并设立植树节。

三、植树造林

为了开展造林试验，农林部、农商部于民国元年（1912年）在北京天坛外和西郊大招山设立国立林业试验场，开展育苗及造林工作。民国二十二年（1933年）更名为实业部直属北平模范林场，到1949年，林场累计造林4000亩。

民国十四年（1925年），北京市政公所创办先农坛行道树专用苗木培育苗圃，苗圃面积50余亩，后隶属关系多次变动，主要培育槐、刺槐、垂柳、元宝枫、刺楸、栾树等行道树种。

民国十八年（1929年），在位于德胜门外黑寺前的前清教场之荒地，建北京苗圃，开展养苗及造林工作。自民国十九年（1930年）至二十五年（1936年），在安外小关及德外土城一带，造林15000余株。民国二十五年（1936年）划归北京农事试验场，改名北京林场。民国二十六年（1937年），又将林场改为苗圃。育苗面积90余亩，苗木以榆、桃、杨、槐为主，栾、杨、山桃、龙须柳等次之，树种达30余种。

民国十八年（1929年），工务局创办地坛苗圃。民国二十四年（1935年）划归北京市农事试验场，面积60余亩，树种以松、柏、柳、槐、白杨、元宝枫等为主。

民国二十三年（1934年），旧农事试验场更名为北京市农事试验场，"于农作、园艺而外，特设林务股，凡试验种植，提倡造林，并管理本市各街行道树悉隶之"。民国二十四年（1935年）在西单至新街口、景山后街及府右街等处栽植行道树1420株，在先农坛成片植树300株。民国二十五年（1936年），在东单北大街、朝阳门大街、西长安街、东直门大街等多处栽植行道树6336株。民国二十六年（1937年），在西直门大街、西安门大街、鼓楼前街、王府井大街等处栽植行道树共计3375株，在地坛成片植树200余株。民国二十七年（1938年），在西单北大街、景山前街、前门等处栽植行道树300余株，在和平门、棋盘街、正阳门等处道路、绿地栽植花木1376株。在天坛成片植树300株。

四、果树栽培

1840年鸦片战争爆发后，果树栽培仍处于零星栽植状态，没有关于大面积果园的记载。清光绪三十二年（1906年），清政府在西直门外兴办京师农事试验场（今北京动物园）。在园艺方面分果树、蔬菜、花卉3个部门，试验的品种除国内良种外，还从国外引进了一些优良品种，加以改良和推广。民国元年，成立农林部，该农事试验场即隶属农林部，民国四年（1915年），改名为中央农事试验场。场内果园面积约100亩，分为14个区，分别栽植山楂、枣、桃、葡萄、杏、李、苹果等果树。

据民国十年（1921年）调查，中央农事试验场共引进苹果、桃、梨、葡萄、李子、杏、柿等果树树种及品种。其中，苹果有柳玉、红绞、国光、翠玉、红玉、黄魁、倭锦、俾斯麦、怀麦等20余个品种；桃有从美国引进的美国水蜜桃、金桃、圆金桃、美国蟠桃、阿利巴斯桃、阿母斯丁桃，从日本引进的水蜜桃，此外还有国内良种如深州蜜桃、五月鲜桃、大叶白桃等；梨有日本中生太平梨、晚生赤龙梨、太白早生、今树夏等品种以及国内各种鸭梨、鸭广梨等；葡萄有美国红葡萄、白玫瑰香、黑汉、欧洲系玫瑰香葡萄、井方蝶露葡萄及北京白牛奶等；李子有美国引进的香红李、香扁李两个品种；杏有本地品种水晶杏和金魁杏；柿有本地产的磨盘柿及高桩柿两个品种。

据民国十七年（1928年）编纂的《房山县志》记载，"西山地势偏陂，无数亩平坦地，耕作非时所宜"，而"间或栽林木亦生长迟而难成大材，唯果木年年获利，经久不渝"。意思是说，山地土壤瘠薄，不宜种植农作物，培植用材树也生长缓慢，不易成材，但栽培果树或经济林木却能够获得较大收益。当时，房山县种植柿树较多的村庄是黄土坡、磁家务、半壁店、东庄子等10余个村庄；栽培红果最多的村庄有镇江营、蔡家庄、下滩、王家磨等10余个村；栽植枣树最多的村庄有瓦井、周各庄、天开、罗家峪、石窝、北尚乐等10余个村；栽培杂木最多的村庄有北车营、长操、石堡、霞云岭等10余个村。

据民国二十三年（1934年）编纂的《平谷县志》记载："该县每年可产红枣1.5万斤，板栗0.5万斤，杏5万~6万斤，秋桃7万~8万斤，柿子600万~700万斤，核桃70万~80万斤，虎刺槟2.2万~2.3万斤，红肖梨1.3万~1.4万斤，其他如葡萄、羊枣、沙果、苹果、香水梨、红雪梨、花鹅梨、秋白梨等产量数千斤至数万斤不等。"这些干鲜果品除在本县出售外，大宗的远销北京、天津等城市。其他各县的情况也大体如此，只不过出产的果品种类不大相同，数量多少而已，其中密云的外销大宗果品是杏，而良乡以桃为最盛。

在20世纪20年代至40年代末，除中央农业试验场约300亩的果园外，通过发展传统名果如板栗、绵瓤核桃、大扁杏仁、京白梨、香白杏、金丝小枣等特色果品，民间创建果园30余处，果园面积约2025亩。近山地带和平原地区散生果树较多，主要有板栗、核桃、枣、柿、山楂、梨、桃、苹果等干鲜果树。这一时期，在天然森林继续遭受破坏的同时，果树有所发展，栽培面积有所扩大，品种有所增加。据不完全统计，到新中国成立前夕，北京地区果园面积2325亩，各种散生果树约670万株。

京西林海（门头沟斋堂）

FOREST RESTORATION

第十章 常规造林

常规造林主要是依靠社会力量，采用一般的造林方法，以绿化为目的植树造林，具有群众性、广泛性和普遍性的特点。新中国成立至20世纪80年代末，广大农民群众是郊区植树造林的主体。20世纪50~60年代，在京郊生态脆弱、生态区位重要的地区，建立了国营林场，国营林场职工成为植树造林的重要力量。解放军广大指战员、中央、市属单位广大干部职工是郊区植树造林的突击力量。1982年开展全民义务植树运动以来，中央、市属各单位的百万干部职工，奔赴郊区荒山荒滩，划定义务植树责任区，安营扎寨，长期坚持开展义务植树，为郊区绿化造林做出了突出贡献。2000年以来，随着林业国际合作交流的开展，引进实施了一批国际合作造林项目。

第一节 社会力量造林

一、小西山地区绿化

小西山地跨海淀、石景山、门头沟3区，20世纪50年代初，小西山地区绝大部分为生态环境脆弱的荒山秃岭。

1953年2月16日，中央领导同志在林业部部长的陪同下，视察小西山地区绿化情况时指出："西山绿化政治意义重大，要赶快绿化小西山。""这样任务应由华北、北京主管部门作为重要任务之一，颁发决定，制定计划，提早完成。"为此，中共北京市委做出了以三年为期绿化小西山的决定，提出了"普遍绿化、重点美化，建设小西山风景林"的发展目标，并成立西山造林事务所，主要负责小西山绿化的技术指导、种苗供应，以及林地调查造林设计的专业性工作。小西山绿化造林工作全面启动。

在林业部的指导协调下，市林业勘测队对小西山10多万亩荒山进行了详细调查测量，1955年完成了《北京市西山绿化造林调查设计》。同年3月9日，中共北京市委将《关于加强北京市造林绿化工作的决定》和《北京市人民政府关于绿化北京西山的计划》上报党中央、国务院。自此，小西山造林绿化大会战全面展开（图3-10-1）。

截至1958年，在三年造林大会战中，驻京部队指战员、中央和市属机关干部、企事业单位职工、高校师生等社会力量到小西山安营扎寨，参加植树造林，造林用工量达60万余个。此次大规模造林以部队力量为主，占西山造林总投入用工量的58%，完成造林面积占规划总面积的76%。当时造林条件异常艰苦，参与植树造林的人员大多住在临时搭建的简陋工棚，没有交通运输工具，树苗靠人背肩扛上山，每天都要走5~10千米的山路才能到达造林工地。特别在雨季，为抢雨抢墒造林，每天凌晨4时上山，晚上8时才能下山，确保了造林任务的完成。

小西山地区属干旱石质山地，土层瘠薄，绿化造林难度大。在小西山绿化工作启动之前，曾邀请苏联专家到现场考察，得出这一地区种树难以成活的结论。为解决小西山地区植树造林困难问题，经过林业技术人员反复研究探索，总结提出了植苗造林、播种造林等一系列实用造林技术，制定了雨季造林、秋季造林等技术操作规程，提出了"阳坡柏，阴坡松，不阴不阳元宝枫"的树种选择原则。特别是在造林调查设计、石质山区立地类型划分、树种选择与适地适树、雨季造林技术等方面，为北京山区大规模开展绿化造林提供了宝贵的经验。

1958年下半年，中共北京市委决定将已造幼林划分给在京20多个参加小西山植树造林的单位，负责林木抚育管理。西山造林事务所具体负责制定生产计划、技术指导等工作。1962年12月，西山造林事务所更名为北京市西山试验林场（图3-10-2）。

图3-10-2　2020年，西山试验林场秋景

二、分片包干造林

1958年4月，中共中央、国务院发出《关于在全国大规模造林的指示》，要求大力开展群众性的造林运动，迅速绿化一切可能绿化的荒山荒地。1958年7月，在中共中央、国务院领导的关怀支持下，中共北京市委组织发动在京的中央和市属党政机关、企事业单位以及高等院校等11个系统248个单位，在昌平十三陵上下口、南口关沟到八达岭，门头沟潭柘寺、大村、斋堂和清水河两山，房山娄子水、周口店、上方山及怀柔水库等地，在4个县（区）境内担负2万公顷造林任务。1958—1960年，组织300万人次参加造林劳动，共造林1.13万公顷，栽植果树1000余万株。

中央国家机关在昌平区南口、长陵地区包干荒山造林3800公顷。为完成这一荒山造林任务，成立中央国家机关昌平绿化造林指挥部，建立"指挥部－管理处－站"的三级组织管理架构。三年间，中央国家机关共组织10余万人次参加植树造林，累计投入用工210万个、植树近千万

图3-10-1　1955年，解放军在西山刘娘府造林

株，留下了一笔可观的生态财富，同时还义务为当地百姓修公路、建水库、种果林、送医药，留下了一笔宝贵的民生财富。市财贸系统、市地方工业系统的荒山造林任务在门头沟清水、斋堂一带的高山远山，造林树种以落叶松、油松为主，当年营造的30万株落叶松，如今已成林成材，成为北京市重要的落叶松基地之一。

第二节　农村绿化造林

一、农村造林发展历程

新中国成立初期，林业工作着重在"建立护林组织，贯彻护林、护山政策，停止开荒烧山毁林"等方面。在山区一些具备封山育林条件、人为干扰破坏不严重的地区，通过封山育林，恢复一些天然次生林；在不具有封山育林条件的浅山丘陵、平原区、村镇四旁等地区，实行人工植树造林。明确提出随着农业互助合作组织的发展，农民造林所需种苗，主要靠发动农业生产合作社、互助组自己解决，山区造林以播种造林为主，平原区绿化造林则以杨柳插条为主。北京市农村绿化造林发展，主要围绕着房前屋后，路、道、渠、塘边植树造林，为农村生活所需提供小径材、薪柴。

1950年5月，中央人民政府政务院发布《关于全国林业工作指示》，明确规定林业建设的方针是："普遍护林、选择重点有计划地造林，并大量采种育苗，合理采伐，节约木材。"同年，北京市建立了林业机构，山区建立护林组织，停止烧山毁林开荒，大力提倡封山育林，同时，发动群众在风沙危害严重的潮白河、永定河两岸营造防护林。1950—1952年，山区以播种为主，平原以插条为主开展造林，采取国家出种条并进行技术指导，群众出力造林，共造林13020公顷。1952年，海淀、石景山、门头沟3个区的山区各村，以公私合营方式播种造林山桃、山杏2666.67公顷。1952年10月，大兴县组织永定河沿线几十个村的劳动力，沿永定河左岸开展营造大规模的沙荒防护林1226.5千米。

1950—1953年，平谷全县造林1226.67公顷，其中，公私合营造林发展到16个村，累计荒山造林1173.33公顷。密云县采取县里出树种、种条，村子出工的办法进行合作造林，共计224公顷，主要树种为油松、橡栎、杨、柳。房山县以水土保持为中心，在峪、河、沟修建石坝，采取多种整地方式植树造林，筑坝淤地营造133.33公顷防护林。昌平县以公私合营造林形式，组织城关附近村庄群众完成荒山造林42.87公顷。

1953年10月，北京市对郊区造林进行了总结，由政府供给种苗，组织群众造林的占90%。但是所造树种与群众利益结合不紧密，抚育管理跟不上，存活率不高，成效不大。1954年，密切结合群众利益，除了完成植树造林177万株以外，还发动群众栽植了优良果树54400株，利用野生资源嫁接果树26万株。1954年11月，北京市人民委员会印发《关于开展郊区秋冬造林、护林、育林工作的指示》。

1955年2月，北京市委出台《关于加强北京市造林绿化工作的决定》，明确了造林绿化的基本方针：大力动员和组织各方面的力量，用最快的速度大量植树造林，首先是着重大量地种植容易成活、生长快、容易成荫、能够以较快速度供给首都一部分木材的阔叶林；其次是在阔叶林不易栽活、不易生长的山顶山坡上和其他地方，大量增植四季常青的松柏树。并且确定三年绿化小西山。根据这个决定及在农业合作化运动高潮的推动下，郊区群众植树造林运动向前跨进了一大步。1956年，党中央印发《1956—1967年全国农业发展纲要（草案）》（以下简称《纲要》）。

《纲要》明确提出："从1956年起，在十二年内，在自然条件许可和人力可能经营的范围内，绿化荒山、荒地，在一切宅旁、村旁、路旁、水旁，只要有可能都要有计划地种起树来。"这个发展目标极大鼓舞了干部和群众植树造林的积极性，当年完成造林752公顷、植树334万株，四旁植树347万株，栽植果树34.98万株。1953—1957年，全市共造林6.18万公顷。据1961年北京市农林局林业调查队调查，1949—1957年，郊区（含通县专署划归北京的各县同期的造林保存面积）人工造林保存面积1.04万公顷。

1958年4月，中共中央、国务院印发《关于在全国大规模造林的指示》，强调实现《纲要》所提出十二年绿化一切可能绿化的荒山、荒地和四旁植树的要求。市委、市人委积极响应号召，郊区广大群众在从1958年春季开始，纷纷组织发动社员群众向荒山进军，展开了空前的大规模群众性植树造林运动。在这一时期，农村植树造林高潮迭起，农民群众造林声势浩大，跨越村、社行政界线，开展集中成片的大面积造林活动，营造了大量的"千亩林""万亩林"，但造林质量低下，出现了造林数字浮夸现象。根据北京市农林局林业调查队对郊区历年人工林保存面积调查结果，1949—1960年，统计造林面积为39.07万公顷，实际保存面积为3.56万公顷，仅为上报统计数的9.11%。其中1958年统计造林面积为16.26万公顷，实际保存面积为0.46万公顷，是统计数的2.83%。

1961年，中央提出"调整、巩固、充实、提高"的方针。按照中央的指示，北京市总结多年来的造林经验教训，郊区积极营造乡土树油松，大力发展速生用材树和木本粮油树种。1962年，北京市召开了山区生产会议。会议上赠给每个山区公社油松种子2.5千克，做播种造林实验。同年8月，北京市人民委员会发布《修订北京市郊区林木保护暂行办法》。1963年12月，北京市委、北京市人民委员会颁发《关于开展大规模的植树造林加快绿化首都的决定》。1964年，为贯彻华北林业会议精神，北京市委、北京市人民委员会做了《关于开展大规模植树造林、加速首都绿化的决定（草案）》，确定"以造林和水土保持为中心"的山区建设方针，促进了山区林业建设。1964年降雨充沛，山地墒情好，市、县及时组织发动山区人民，开展了大规模的油松小苗上山造林运动。这次油松造林面积比较广，自平谷县的韩庄、峪口，密云县白河大桥至古北口，延庆县从五里营到四海，房山县的崇各庄、周口店到张坊，沿着前山脸一片片油松幼林断断续续长达几百里，共计4000公顷、1亿多株。在植苗的同时，还在雨季直播油松8000公顷。据调查，直播成活率42%，植树成活达到58%。1965年，继续大规模开展油松造林，完成了6000公顷。1964—1965年，组织群众共计营造油松18000公顷。

"文化大革命"初期，林业生产曾经一度处于停滞状态，同时由于强调"以粮为纲"，一些地方出现了毁林开荒的现象，大量树木被伐，林地被毁被占。这期间也开展了一些造林绿化，如1966年4月，京密引水渠第二期工程从昌平县西崔村经昆明湖至玉渊潭，全长57千米，当年发动干部群众完成造林绿化任务。

进入20世纪70年代后，植树造林又逐步受到重视，平原四旁植树、农田林网建设和山区群众造林得到逐步恢复和发展。1969年全国平原绿化会议和1971年全国林业会议以后，北京市认真贯彻落实，特别是1970年国务院召开北方地区农业会议，北京郊区在"农业学大寨"运动中，掀起了农田基本建设高潮，统一规划沟、路、林、渠，平原绿化和农田林网建设有了较快的发展。出现了大兴的南各庄、礼贤，顺义的沿河、马坡，通县的傍店、西集，密云的河南寨，昌平的马池口，平谷的大辛庄等一大批农田林网建设的先进典型。

1973年，全国造林会议以后，市县对山区建设方针进行了深入调查研究，自1973年12月市山区建设会议以后，扭转了只重视闸沟垫地的做法，确定了山水林田路综合治理山区的方针。山区林业建设逐步开展起来。如密云县委通过调查研究，总结了多年山区生产经验教训，根据全县人均一亩田、七亩山的特点，提出"科学种好一亩田，千方百计夺高产，认真治好七亩山，果木药杂大发展"的号召。全县造林规模逐渐扩大，造林质量不断提高。连续几年，造林面积都占全市每年造林面积的40%左右，怀柔县也根据本县山区占90%以上和地形、气候的不同，确定了分类指导的方针。全县林果都得到了发展。崎峰茶公社自两次遭受山洪袭击之后，从1972年秋到1978年秋，全公社人均刨出栽植板栗的大坑90个。1975年10月，北京市革命委员会计委、农林组转发《北京市交通局〈关于加强远郊县（区）公路绿化和路树管理、收益分配的报告〉》，规定为提高绿化效果，所有公路两旁树木，要在公路、农林部门统一规划下，分别由市、县（区）、社分工负责栽植、抚育、更新和管理。根据"国造国有，社造社有，队造队有"的政策和国家与社队协商合作造林，按比例收益的原则，对郊区公路路树收益分配。1966—1976年，全市共造林9.6万公顷。

1981年，党中央、国务院发布了《关于保护森林发展林业若干问题的决定》，提出林业要实行"三定"，即稳定山权林权，划定自留山、责任山，确定林业生产责任制。北京市于1983—1984年，在7个山区县共划分"两山"330万亩，占全市尚有宜林荒山的60%，其中责任山189万亩，占"两山"的57.3%；自留山141万亩，占42.7%。其中，承包500~1000亩的造林大户285户，千亩以上的43户。到1994年，承包500亩以上的大户只剩下13户。

随着全民义务植树运动的开展，特别是随着一批国家级、市级重点绿化造林工程的实施，郊区社队造林逐步融入了农村义务植树和重点绿化造林工程建设。19世纪90年代以后，农村绿化逐渐被三北防护林建设、太行山绿化、京津风沙源治理、退耕还林、五河十路建设、水源保护林建设、平原百万亩造林和新一轮百万亩造林绿化等工程所覆盖。

二、平原绿化造林

（一）风沙危害区治理

由于受自然条件和地理因素的影响，加之植被稀少，北京平原地区形成永定河、潮白河、大沙河和南口、康庄"五大风沙危害区"。风沙给群众的生产生活带来了严重的影响，民谣"无风一片沙，有风地搬家，每当风沙起，处处毁庄稼"就是当时的真实写照。

为治理"五大风沙危害区"的风沙危害，从20世纪50年代初开始，全市各级政府组织当地农民在风沙危害严重地段进行压条（埋干）造林，设风障防风固沙，1952年春，丰台区在永定河两岸的风沙危害区营造防风护堤林20公顷，共植树7.9万株，营造林带总长4600米，全部采用杨柳插条造林，拉开了在风沙危害区营造防风固沙林的帷幕。1978年开始，北京市政府把永定河沿岸、潮白河沿岸、大沙河沿岸、南口地区、康庄地区"五大风沙危害区"的治理，正式列为防沙治沙、造林绿化重点工程。

永定河风沙危害区治理 永定河流经北京市门头沟、石景山、丰台、房山和大兴5个区。历史上永定河多次泛滥，在平原地区形成大面积荒滩和沙地。20世纪50年代初，国家发动、指导沿岸农民，对风沙危害严重地段进行压条（埋干）造林，设风障防风固沙。60年代初建国营林场，在沙荒地营造片林。70年代结合农田基本建设，群众治沙有了进一步发展，治沙造林多是以村（生产大队）为单位来组织施行。大兴县南各庄乡张华村从1970年开始，利用5年时间，平掉沙岗146个，植树15.4万株，将87公顷沙地建成12块方格田。

潮白河风沙危害区治理 潮白河历史上多次泛滥改道，使两岸淤积大面积沙地，冬春季节强风顺潮白河而下，扬起沿岸细沙，形成了风沙危害区。20世纪50年代初，顺义县沿河乡北河村开始营造农田防护林带。60年代在潮白河沿岸营造大面积片林，有效控制沿岸风沙。70年代通县的侉店乡、永乐店农场、西集乡辛集村等，成为农村造林绿化的先进典型。

大沙河风沙区治理 大沙河是一条流经密云、怀柔的季节河，该地区沙粒较粗，山前为砂砾石，冬春季大风卷起漫天黄沙，地表逐年风蚀，碎石块裸露地表。自20世纪70年代以来，重点对沙化土地进行综合治理，大兴农田水利，平整土地的同时，在大沙河沿岸营造防风固沙片林和农田林网，并兴建果园。

南口荒滩风沙危害区治理 该区域位于昌平，主要由沙卵石组成，该地区最大风速达20米/秒，自然条件极差。1958年组织南口荒滩造林绿化大会战，建设了533公顷果园，营造了高标准林网，在此基础上成立了北京市南口农场，成为首都重要果品基地。1980年农场范围内林木覆盖率达30%以上。

康庄荒滩风沙危害区治理 该区域位于延庆，受西北季风影响，年平均风速4米/秒，瞬时最大风速达24米/秒。年平均降水量仅300毫米左右，而蒸发量达1800毫米。土壤干旱、瘠薄、植物稀疏，自然条件恶劣。20世纪50年代开始组织开展造林绿化会战，先后营造防护林带36千米，建核桃园266.7公顷。20世纪80年代初又在八达岭至康庄公路南侧营造小方格防护林带30多千米，并在格内种植桑、紫穗槐和牧草，面积约333.3公顷。

（二）农田防护林建设

20世纪50年代初，根据因害设防的原则有计划、有组织地营造农田防护林。特别是随着农业生产合作社的发展，土地逐步集中连片，为大规模建设农田防护林建设创造了有利条件。1952年，顺义县沿河乡北河村造了全市第一条长1500米的防风林，1955年随着农业生产合作社的扩大，该村将393公顷耕地规划为18块长500米，宽250米的方格田，营造17条防风林，总长25千米，农田林网防风固沙的作用显著，当地群众说，"只听风声响，不见沙土扬"。进入20世纪70年代以后，随着农田基本建设的蓬勃发展，郊区农村平原农田林网建设全面推开，涌现出了一大批平原绿化和农田林网建设的先进典型。如大兴县礼贤公社制定出渠、路、沟、田全面营造防护林的规划，5年完成72条渠路沟两侧绿化和农田林网，共植树202万株，0.4万公顷耕地基本上实现了林网化。为进一步加快平原绿化步伐，提高农田林网建设水平，在全面推广农田林网建设先进经验的基础上，1982年北京市人民政府农林办公室批转了《北京市郊区平原绿化1985年应达标准的意见》，明确提出林带网格建设标准，要求菜田和水稻田区按400~600米，大田区按300~400米，风沙危害区按200~300米设置。通过开展平原绿化达标活动，大大推进了平原农田林网建设。到1985年，北京郊区的35万公顷农田，基本实行林网化的农田面积达到28万公顷，占农田总面积的86%。

（三）道路河渠绿化

20世纪50年代初，当地政府发动沿线村庄农民出义务工，就地取材，用杨柳插（埋）干造林，后来，县级国有路由公路部门出苗木，农民出建勤工植树。大兴县随着大车道、乡村田间路拓宽延伸，广泛发动群众，参加修路和绿化道路，仅1958年一年，全县道路绿化共完成植树35.8万株。1953年和1956年，昌平县政府两次组织京张公路沿线农民，在昌平至回龙观23千米路段，栽种了柳树、白蜡和栾树，在昌平至南口路段，栽种了杨树和刺槐。密云县在1959—1960年，发动沿线农民在密云至塘子15千米路段，栽植枫杨1万株，在密云至十里堡5千米路段，栽植杨树3000株。延庆县政府在1956年提出绿化全县范围公路、铁路及其他主要道路300千米，全县人民积极响应，在延庆至永宁、四海、西二道河等6条公路栽植杨树、柳树24.4万株。

20世纪60年代，北京郊区逐步明确县级以上公路绿化由公路部门负责，由公路部门出苗，由养路队（道班）组织农民进行栽植。县级以下道路由当地乡村负责。如密云县从1964年开始，由公路管理所供苗，在全县300千米县级公路两侧，栽植阔叶树19.5万株，针叶树1.2万株，灌木30.4万墩。1964年，北京郊区组织沿线农村开展了京津铁路绿化，其中，大兴段完成33千米护路林带，共植树60万株，成活率达80%以上。1966年，跨越密云、怀柔、顺义、昌平、海淀5个区（县），全长102千米的京密引水渠建成，市农林局协同水利部门和沿途区、县，经过统一规划，在引水渠两岸进行了绿化，栽植杨、柳、槐、松、柏和果树近百万株，形成了北京城西北的一条"绿色长廊"。

20世纪70年代，大搞农田水利基本建设。顺义县新修大、小田间道路1000条，大排灌渠10条，中小渠791条，累计在道路、河渠两旁植树200多万株。大兴县1974年绿化路、河、渠888条，总长1100千米，植树408万株。昌平县70年代初结合农田基本建设，对温榆河进行疏挖，发动沿河社、队分段包干，沿岸栽植8~10行柳树，共7.4万多株。

进入20世纪80年代以后，郊区的道路、河渠的绿化向规模化、工程化方向迈进，特别是主要河道、道路被列为全市重点绿化工程，进入了蓬勃发展的新时期。

三、山区造林

（一）油松侧柏造林

油松、侧柏是北京的乡土树种，耐干旱，耐瘠薄，适应性强，是北京荒山造林的主要树种。多年来，荒山造林主要采用直播造林、原生苗植苗造林、山地育苗就近分栽、营养钵育苗造林等方式方法。

直播造林 1951年，宛平县清水林业工作站首次在沿河城乡新庄户村进行油松直播造林试验，面积3.33公顷，获得成功，为油松直播造林提供了经验。1957年，实现农业合作化以后，以油松为主的群众性直播造林，在荒山造林中广泛应用，至今在房山霞云岭、延庆南湾、密云西湾子等地，都还保存着该时期直播成功的油松林。

原生小苗造林 为解决高山远山绿化造林交通不便、运送苗木困难、苗木易失水导致造林成活率低的问题，20世纪50年代后期，怀柔山区的群众从实践中摸索出油松山地育苗、就地分栽的办法。该办法能显著降低育苗成本，提高造林成活率。20世纪60~70年代以后，山地育苗就近分栽在全市得到普遍推广。

20世纪60年代初期，由于雨水条件较好，在阴坡和半阴坡继续采用油松直播造林的同时，在阳坡、半阳坡立地条件比较差的地方进行山地育苗就地分栽造林，或者用苗圃培育的当年生油松苗上山造林。1964年秋季，7个山区县集中连片栽植油松、侧柏小苗4000公顷。从1964年秋至1965年秋，由市、县国营苗圃无偿支援社队1年生油松苗1.5亿株。对社队所需的油松种子，实行减价25%供给，穷队还可分期付款。如今密云水库东岸，延庆四海、黑汉岭地区的阳坡上茂密的松林，都是这一时期原生苗造林的成果。

营养钵育苗造林 自20世纪70年代山区全面推广松、柏营养钵育苗造林。1974年，平谷县学习外地经验，用生黄土为主要原料制作油松营养钵5万个，当年在后北宫、黑斗玉、大旺务三个大队的干旱阳坡进行造林试验取得成功。试验证明，油松营养钵育苗造林优点多，好推广。即使在石多土薄、干旱缺水的地方也可成功。其特点是育苗方法简单，人人都能操作；不占耕地，山间、坑边、场院及其他闲散土地均可用于开展营养钵育苗；出苗快，有60~70天即可出圃，一块地1年可以完成2次育苗；节省种子，每千克种子可以播2000个钵，比植苗造林节省种子40%左右；可造林时间延长，因带钵栽植，从春至秋都可造林；造林成活率高，带钵栽植，不伤根，不缓苗，成活率高。1975年，全市山区广泛推广平谷营养钵造林的经验，密云县18个公社100个大队栽营养钵育苗250万个，雨季造林三四百公顷。怀柔县有12个大队育油松营养钵6万多个。房山、延庆、门头沟等区（县）

也搞了试点。在20世纪70~80年代期间，全市共培育松柏营养钵苗3.13亿个，造林4万多公顷，造林成活率为60%左右。

（二）封山育林

封山育林是培育森林、扩大森林资源的重要技术措施。1952年1月，根据政务院关于"提倡封山育林，禁止烧山烧荒、滥伐林木及挖掘树根"的指示，北京市政府发布了封山育林护林规定，山区广大群众积极响应，制定乡规民约，建立护林组织，封山育林工作取得较好的效果。延庆县截至1957年封山育林面积达1.24万公顷，门头沟区1951—1957年累计封山育林2.31万公顷。1958年，大炼钢铁、大办食堂造成对山林的破坏，已初见成效的封山育林工作受到挫折。如延庆县四海乡石窑村在此期间就把93公顷封山育林区的树木砍掉了60%。1961年6月，北京市认真贯彻落实中共中央《关于确定林权、保护山林和发展林业的若干政策规定》，根据北京实际细化政策措施，调动了山区群众植树造林、封山育林的积极性。"文化大革命"的10年，由于片面强调"以粮为纲"，封山育林又一次遭到破坏，据密云县1974年统计，封山育林面积仅存1.2万公顷，比1963年的2.2万公顷减少了1万公顷。"文化大革命"结束后，封山育林工作再度受到重视，1980年12月，北京市政府批转了《关于加强郊区林业建设的报告》，对搞好封山育林工作提出了明确要求。在1983年11月召开的山区建设工作会议上，又决定将封山育林列入林业生产计划，并从政策、资金上给予扶持。1984年，北京市林业局制定了《北京市封山育林管理暂行办法》《北京市封山育林育灌技术规程》，封山育林工作进一步扎实、规范。到1987年，封山育林面积共达到11.18万公顷，到1995年，全市封山育林面积进一步增加到24万公顷，郊区封山育林又进入了一个新的阶段。

（三）薪炭林基地建设

长期以来，北京郊区农村的生产生活的燃料以薪柴为主，特别是山区耗柴量大，但相当一部分村庄"有山无树缺柴"。20世纪60~70年代，北京山区半山区的农户约有一半严重缺柴。1970年，密云县兵马营大队首先营造了266公顷刺槐薪炭林，1976年开始轮伐，每年得柴100多万千克，基本解决了本队社员的烧柴问题。随后，密云县大力组织营造薪炭林，到1980年已经发展到600多公顷。1980年，北京市根据发展农村能源和保护林木资源的需要，把薪炭林建设正式纳入林业生产计划，鼓励农民营造薪炭林。1985年，在密云、怀柔、平谷和延庆4个县的11个乡43个村进行薪炭林基地建设试点，完成薪炭林基地造林1327公顷。1986年9月，全国薪炭林工作座谈会在密云县召开，推广密云县薪炭林建设经验。同年，市计划委员会把营造薪炭林列为农村开发新能源的重要内容，在资金上予以扶持。随后，扩大试点，增加顺义、通县和门头沟3个区县的36个乡124个村，完成薪炭林基地造林3644公顷。并于1987年制定了《北京市郊区薪炭林基地建设试行规程》，进一步推动了北京薪炭林建设，完成薪炭林基地造林6455公顷。1985—1990年，全市营造薪炭林2万公顷。截至1995年，全市累计发展薪炭林4.87万公顷。

（四）营造落叶松用材林

20世纪50~60年代初，部分机关分片造林单位及国营林场人工栽植了一批落叶松，到1975年，平均树高已达11米多，平均胸径10厘米，长势良好。百花山林场17年生落叶松平均每公顷蓄积量达120立方米。为充分利用中山、高山地区土地资源，加快落叶松造林步伐，1975年，北京市革命委员会农林组批转市农林局《关于建立落叶松用材林基地的报告》，规划在房山、门头沟、延庆、昌平、密云、怀柔6个区（县）56个乡镇和6个国营林场，发展落叶松用材林6.67万公顷。随后在北京中山、高山地区开始了大规模的落叶松基地建设。到1980年告一段落，历时5年共营造落叶松用材林1.28万公顷，保存面积0.53万公顷。

1991年，北京市委、市政府制定《北京市边远山区乡村十年（1991—2000年）致富工程纲要》，明确规定市财政安排专项建设资金，用于落叶松用材林建设，计划每年营造1333公顷，大规模落叶松基地建设进入第二个阶段。1992—1995年，全市共营造落叶松用材林6966公顷。

第三节　国有林场造林

一、国有林场发展历程

在1953—1957年林场建设初期，以普安店苗圃为基础，建立了园林管理所，统管小西山造林绿化，成为北京市第一个造林绿化单位。随着小西山地区绿化造林的开展，于1953年成立了西山造林事务所，是北京市首个国有造林绿化单位，也是西山试验林场的前身。1954年，密云县建立了雾灵山林场、锥峰山林场，平谷县建立了丫髻山林场。1956年，顺义县建立了北大沟林场。在此期间，小西山地区完成植树造林3200公顷，顺义北大沟林场完成植树造林302.6公顷。

1958—1965年，是国营林场快速发展时期。小西山地区绿化造林的成功，标志着实行国有造林是加快生态脆弱、敏感地区以及生态区位重要地区造林绿化的重要手段。从1958年春开始，市、区县主管部门组织大批林业科技人员，奔赴南口、十三陵、周口店、密云水库、潮白河、永定河等广大地区进行造林规划，筹建国营林场。到1965年，全市共建立国营林场35个，林场建设初具规模。在此期间，国营林场共完成植树造林6.44万公顷（图3-10-3）。

"文化大革命"期间，国营林场的生产和管理受到冲击，有的林场被解散，有的林场被分割，市属国营林场人员被层层下放，人员遭到遣散。由于片面强调"以粮为纲"，有些林场只能种粮食，甚至毁林开荒，林业生产停滞不前。

改革开放以来，随着大规模植树造林、国土绿化深入推进，国营林场进入稳定健康的发展时期，林场造林绿化步伐加快。1993年，随着经济体制改革，国营林场陆续更名为国有林场。2000年以来，国有林场持续实施了京津风沙源治理工程、爆破造林工程等一批国家级、市级重点工程，至2010年，林场经营范围的荒山荒滩基本实现绿化，林场的植树造林任务已基本完成。

图3-10-3　20世纪60年代初，市农林局技术人员调研荒山造林工作

从2004年开始，实施国家重点公益林生态效益补偿制度，到2009年，全市国有林场5.20万公顷林地纳入补偿范围，约占林场林地面积的82.5%，其中，市级国有林场3.13万公顷，区级国有林场2.07万公顷。在实施国家重点公益林管护工程中，重点以提升森林结构和功能为目标，采取封山育林、中幼林抚育、近自然经营、森林健康经营等经营技术措施，提升了森林质量。同时加强了森林防火、林业有害生物防治和林政资源管理等森林资源安全保障体系建设。

截至2020年，全市共有国有林场34个。其中，中央单位所属林场2个，包括北京林业大学所属实验林场和中国林业科学研究院所属九龙山林场；市属林场7个，包括北京市园林绿化局直属林场6个、市水务局直属林场1个；区属林场25个，包括密云区6个，门头沟区5个，平谷区、房山区各3个，怀柔区、大兴区、顺义区各2个，延庆区、通州区各1个。全市国有林场经营总面积66792公顷，具体见表3-10-1。

表3-10-1　2020年国有林场基本情况

序号		单位名称	位置或地址	建场时间（年）	行政隶属	总面积（公顷）
		合计				66792
1	中央单位所属	北京林业大学实验林场	海淀区北安河乡	1958	北京林业大学	832
2		中国林业科学研究院华北林业实验中心（九龙山林场）	门头沟区龙泉镇	1963	中国林业科学研究院	2384
3	市属	西山试验林场	海淀区香山旱河路6号	1953	市园林绿化局	5949
4		八达岭林场	延庆区八达岭镇青龙桥	1958	市园林绿化局	2940
5		共青林场	顺义区仁和镇	1959	市园林绿化局	982
6		十三陵林场	昌平区邓庄村南	1962	市园林绿化局	8571
7		密云水库林场	密云区密云水库	1962	市水务局	1460
8		松山国家级自然保护区（松山林场）	延庆区张山营镇	1963	市园林绿化局	7293
9		京西林场	门头沟区永定镇	2016	市园林绿化局	11640
10	区属	雾灵山林场	密云区新城子镇	1954	区园林绿化局	2347
11		锥峰山林场	密云区大城子镇	1954	区园林绿化局	418
12		白龙潭林场	密云区太师屯镇	1961	区园林绿化局	1460
13		五座楼林场	密云区石城镇	1961	区园林绿化局	1367
14		潮白河林场	密云区密云镇	1962	区园林绿化局	106
15		云蒙山林场	密云区琉璃庙乡	1972	区园林绿化局	2587
16		百花山林场	门头沟区清水镇	1962	区园林绿化局	1700
17		小龙门林场	门头沟区清水镇	1963	区园林绿化局	2178
18		西峰山寺林场	门头沟区永定镇	1963	区园林绿化局	2687
19		马栏林场	门头沟区斋堂镇	1976	区园林绿化局	460
20		清水林场	门头沟区清水镇	1979	区园林绿化局	960
21		丫髻山林场	平谷区刘家店镇	1954	区园林绿化局	1233
22		四座楼林场	平谷区熊儿寨乡	1958	区园林绿化局	1140
23		金海湖水库林场	平谷区金海湖镇	1962	区园林绿化局	1627
24		上方山林场	房山区韩村河镇	1958	区园林绿化局	327
25		周口店林场	房山区周口店镇	1963	区园林绿化局	140

(续)

序号		单位名称	位置或地址	建场时间（年）	行政隶属	总面积（公顷）
26	区属	南梨园林场	房山区阎村镇	1963	区园林绿化局	47
27		喇叭沟门林场	怀柔区喇叭沟门乡	1960	区园林绿化局	227
28		北台上林场	怀柔区雁栖镇	1963	区园林绿化局	113
29		六合庄林场	大兴区北藏村镇	1959	区园林绿化局	488
30		大兴区林场	大兴区榆垡镇	1962	区园林绿化局	233
31		北大沟林场	顺义区龙湾屯镇	1956	区园林绿化局	253
32		长青林场	顺义区仁和镇	1986	区政府	593
33		康庄林场	延庆区八达岭镇	1982	区园林绿化局	1950
34		通州区林场	通州区新华西街3号	1962	区园林绿化局	100

二、森林资源

2020年，全市34个国有林场的林地总面积为62346.8公顷，其中乔木林地面积45085.16公顷，占72.31%；灌木林地面积13137.03公顷，占21.07%；宜林地面积3189.54公顷，占5.12%；疏林地面积526.59公顷，占0.84%。森林总蓄积量162.59万立方米，森林覆盖率70.62%，具体情况见表3-10-2。主要树种有油松、侧柏、落叶松、杨树、柳树、栓皮栎、蒙古栎、白桦等。

表3-10-2　国有林场森林资源

序号	林场名称	林地（公顷）								森林覆盖率（%）
		合计	乔木林地	灌木林地	疏林地	苗圃地	迹地	未成林造林地	宜林地	
	合计	62346.80	45085.16	13137.03	526.59	101.92	3.53	303.03	3189.54	70.62
1	中国林业科学研究院华北林业实验中心（九龙山林场）	1545.88	1158.39	180.20	8.050	2.88	2.53	148.41	45.42	74.93
2	北京林业大学实验林场	751.49	529.99	221.50	0.00	0.00	0.00	0.00	0.00	69.25
3	西山试验林场	5743.16	5381.32	331.63	0.00	0.00	0.00	12.79	17.42	91.49
4	十三陵林场	8486.96	6932.49	1100.84	409.91	14.69	0.00	20.35	8.68	80.96
5	八达岭林场	2912.38	1722.21	1104.36	0.00	0.00	0.00	77.65	8.16	58.55
6	共青林场	945.18	754.00	14.83	108.37	0.00	0.00	0.00	67.98	75.16
7	松山国家级自然保护区（松山林场）	7081.63	4019.85	2913.54	0.00	0.00	0.00	0.00	148.24	55.21
8	京西林场	11150.80	3635.87	4715.87	0.00	0.00	0.00	0.00	2799.06	31.30
9	密云水库林场	1433.86	1367.30	0.01	0.00	15.97	0.00	0.31	50.27	93.46
10	百花山林场	1513.83	1513.83	0.00	0.00	0.00	0.00	0.00	0.00	99.72

(续)

序号	林场名称	林地（公顷）								森林覆盖率（%）
		合计	乔木林地	灌木林地	疏林地	苗圃地	迹地	未成林造林地	宜林地	
11	小龙门林场	2159.05	2095.95	63.10	0.00	00.00	0.00	0.00	0.00	96.71
12	清水林场	966.29	860.54	66.65	0.00	8.23	0.00	30.87	0.00	87.96
13	马栏林场	454.09	445.23	3.84	0.00	1.66	0.00	3.36	0.00	97.53
14	西峰山寺林场	2634.38	1813.11	821.26	0.01	0.00	0.00	0.00	0.00	68.28
15	白龙潭林场	1460.71	1179.86	280.85	0.00	0.00	0.00	0.00	0.00	80.11
16	雾灵山林场	2420.73	2317.61	103.12	0.00	0.00	0.00	0.00	0.00	95.74
17	云蒙山林场	2575.47	2479.46	96.01	0.00	0.00	0.00	0.00	0.00	96.02
18	五座楼林场	1391.40	1072.77	318.63	0.00	0.00	0.00	0.00	0.00	76.66
19	锥峰山林场	398.15	398.15	0.00	0.00	0.00	0.00	0.00	0.00	99.82
20	潮白河林场	58.83	58.83	0.00	0.00	0.00	0.00	0.00	0.00	100.00
21	喇叭沟门林场	230.06	209.90	8.17	0.00	10.99	1.00	0.00	0.00	89.68
22	北台上林场	59.37	58.68	0.06	0.00	0.00	0.00	0.00	0.63	61.56
23	北大沟林场	253.49	237.07	16.26	0.00	0.00	0.00	0.16	0.00	93.11
24	长青林场	449.01	334.33	57.43	0.00	46.62	0.00	1.56	9.07	68.69
25	通州区林场	96.32	91.75	0.33	0.00	0.18	0.00	0.00	4.06	87.77
26	大兴区林场	213.04	205.10	2.75	0.18	0.07	0.00	4.14	0.80	88.97
27	六合庄林场	283.39	273.05	0.00	0.00	0.00	0.00	0.00	10.34	77.41
28	康庄林场	704.34	598.32	99.40	0.00	0.61	0.00	3.43	2.58	80.78
29	丫髻山林场	1109.88	945.15	162.43	0.07	0.00	0.00	0.00	2.23	85.16
30	四座楼林场	1383.96	1081.02	292.14	0.00	0.00	0.00	0.00	10.8	77.96
31	金海湖水库林场	971.65	810.00	157.85	0.00	0.00	0.00	0.00	3.80	82.91
32	上方山林场	321.70	321.63	0.07	0.00	0.00	0.00	0.00	0.00	99.74
33	周口店林场	146.78	142.88	3.90	0.00	0.00	0.00	0.00	0.00	97.34
34	南梨园林场	39.54	39.52	0.00	0.00	0.02	0.00	0.00	0.00	83.46

三、国有林场功能特色

国有林场在北京市生态环境建设中发挥着不可替代的重要作用。国有林场建立初期，林场先行先试，大规模植树造林取得成功，在全市造林绿化的热潮中，发挥着啃硬骨头、打硬仗的突击示范作用；在国有林场发展阶段，林场发挥人才、技术优势，在森林培育和管护上不断探索新理念、试验新方法，成为引领全市林业创新发展的排头兵和示范窗口。当前，国有林场已成为全市生态区位最重要、森林资源最丰富、森林景观最优美、生物多样性最富集、生态功能最完善的核心生态区域。

国有林场构成了北京生态安全的基本骨架。

国有林场主要集中在永定河、潮白河及密云、怀柔水库等水源保护区，风沙危害严重地区，前山脸干旱石质山区，名胜古迹周边等生态区位重要但生态状况十分脆弱的区域，八达岭长城、明十三陵、周口店猿人遗址等著名的世界历史文化遗产，以及许多市、区级重点保护文物、风景名胜都分布在国有林场范围内。国有林场的建设，对治理风沙危害、防止水土流失和涵养水源、改善环境、保护历史文化遗产等发挥着重要作用。

国有林场建成了北京生态资源重要储备库。在国有林场的基础上建立的松山、百花山2个国家级自然保护区和喇叭沟门、云蒙山、雾灵山、四座楼4个市级自然保护区，分别保护了全市40%和50%以上的珍稀野生动、植物物种，成为北京生物多样性保护的重要场所；在十三陵、八达岭、西山、四座楼等国有林场建设了白皮松、华山松、黄栌等北京乡土树种的种质资源库，全市60%以上的林木良种繁育基地和采种基地建在国有林场。

国有林场成为生态文明教育的重要场所。在国有林场中已建立14个森林公园，包括西山、八达岭等8个国家级森林公园和妙峰山、西峰寺等6个市级森林公园。这些森林公园成为广大市民观光旅游、休闲娱乐、健身养生的重要场所，成为普及生态文明知识、传播生态文化理念的重要载体，成为展示生态文明的重要基地。八达岭林场已被有关部门命名为"全国科普教育基地""全国林业科普教育基地"和"首都生态文明教育基地"；西山试验林场已成为全市首个森林文化示范区；北京林业大学实验林场已成为市教育科普示范基地；大多数林场已成为北京市中小学社会大课堂。

国有林场成为林业科技创新的示范基地。长期以来，国有林场承担着林业科学研究、生产试验示范、教学实习基地和林业新技术推广的重要任务，许多林业先进技术，特别是森林培育和森林经营技术的研究和推广应用，大都从国有林场开始。国有林场不仅是北京园林绿化成果对外展示的窗口，也是北京地区林业科技开发的实验基地，更是林业科技创新的重要平台。近年来，市直属国有林场引进"森林健康经营""森林近自然经营"等先进理念，先后与美国、日本、韩国、德国等开展了相关试验示范项目，取得了较好的成效，对国有林场的森林培育和经营是一个积极的推动和促进。北京市西山试验林场已成为国家15个"全国森林经营样板基地"之一。同时，在长期造林、经营和保护森林资源的过程中，国有林场培养了大批技术人员，造就了一支经验丰富的职工队伍，成为全市园林绿化建设的骨干力量。

四、国有林场造林实例

（一）八达岭林场

八达岭林场地处北京市延庆区八达岭镇，成立于1958年，林场范围内自然、人文景观资源丰富，举世闻名的八达岭长城位于林场范围内。建场之初林场植被稀少、岩石裸露、人迹罕至、满目荒凉，森林覆盖率仅为4%（图3-10-4）。建场以来，林场始终坚持以植树造林为中心，大力推进荒山绿化。20世纪50~70年代，由于交通不便、生产、生活条件异常艰苦，造林方式以"小苗常规造林"为主，主要采用1~2年生松柏小苗栽植和人工播种造林；在20世纪80年代，采用大规格苗木营造风景林，使其更快成林成景；20世纪90年代，荒山造林绿化进入啃硬骨头阶段，对山高坡陡、岩石裸露、造林条件恶劣且影响长城景观的地段，实施爆破造林工程，采

图3-10-4　20世纪40年代末，八达岭长城周边景观

用大苗造林，提升长城周边景观效果。

进入21世纪，植树造林主体任务基本完成，林场坚持造林与管护并重，以增加森林资源、提高森林质量、增强森林生态功能、构建健康稳定的森林生态系统为目标，依靠科技进步，在提高森林资源培育管理水平、提高森林资源可持续经营能力和森林抵御灾害能力，把林场建设为高质量的景观生态公益型林场，高水平的科学经营型林场，高品质的森林康养休闲型林场上下功夫。先后启动实施了中美合作森林健康试验与示范项目、近自然经营试点项目、FSC森林经营认证项目、中韩合作森林综合经营示范项目等。随着新理念、新技术的引进，林场的森林经营水平、森林质量和森林景观都得到显著提升。长城脚下的森林，经过改造提升，建成了优美的国家级森林公园，公园内优美的森林环境、春夏观花海、秋季看红叶、冬天赏雪景的无限风光，成为市民观光休闲旅游健身的极佳场所。2004年，林场经营的森林全部被划为国家重点公益林。截至2020年，林场总面积为2940公顷，其中森林面积1722.21公顷，森林覆盖率达到58.55%（图3-10-5）。

（二）十三陵林场

十三陵林场位于昌平区燕山与太行山交界处的前山脸地区，辖区范围内有明十三陵、居庸关长城等名胜古迹，十三陵水库、关沟、蟒山等景区，生态区位十分重要。

林场始建于1962年3月。建场初期，划定面积为3700余公顷，其中，森林仅有200余公顷的人工幼林。1962—1966年，林场连续4年组织开展了荒山绿化造林大会战，以直播油松、栎类为主，完成造林1200余公顷。与此同时，林场接管16个机关单位分片造林的山场1330余公顷，其中包括新造幼林200公顷；接管周边四个村的山场约3086公顷。林场总面积达8600余公顷。并采取"自采、自育、自造"的办法育苗，苗圃面积达20余公顷，年出圃苗木600余万株。1967—1976年林业生产受到严重挫折，10年仅造林288公顷。20世纪80年代，随着全民义务植树运动的开展和各项造林重点工程的实施，荒山绿化进程加快。1983—1985年3年完成荒山造林约1130公顷。1982年全民义务植树运动以来，中央、市属34个系统和单位，在林场划分责任区开展义务植树，到20世纪90年代

图3-10-5　2020年秋，八达岭地区层林尽染

末,共栽植各种树木834万株。进入20世纪90年代后期,植树造林主要依托重点生态工程来完成。特别是在2001年开始以来持续20年的京津风沙源建设工程中,累计完成爆破整地造林约167公顷、封山育林约7567公顷、人工造林约667公顷、低效林改造1600公顷、建设种苗基地40公顷。在造林苗木选择上,注重选择"乡土、长寿、抗逆、食源"等苗木,增加白皮松、油松、栎类、栾树、丁香、山楂等保持水土、涵养水源能力强的树种。

截至2020年,林场总面积8571公顷,其中森林面积6932.49公顷,森林覆盖率为80.96%。80%以上的森林资源处于中幼龄林阶段。通过多年来持续不断地开展植树造林和森林经营,林场范围内的荒山全部实现绿化,森林质量显著提升。1993年,获得林业部颁发的"全国国营林场100佳单位"荣誉称号。

(三)西山试验林场

北京市西山试验林场地处北京西郊小西山,地跨海淀、石景山、门头沟三个行政区,与香山、八大处、国家植物园等公园相邻。西山试验林场源于1950年成立的京郊园林管理所,1953年成立了专门的造林机构——西山造林事务所,1955年改称西山造林所,1962年更名为西山试验林场。

20世纪50年代初期,仅有森林280公顷,森林覆盖率仅有4.3%。1950—1954年造林成活513.33公顷,1955年,根据中共北京市委关于三年绿化西山的决定,解放军驻京部队和机关干部在小西山地区开展造林绿化大会战,至1958年3年造林3456.8公顷。1959—1966年,重点对立地条件较差地块开展补植、补造工作,完成造林1508.13公顷(图3-10-6)。1967—1979年造林营林活动较少。1980—1986年,完成造林891.04公顷,自此小西山绿化造林主体任务基本完成,转入森林抚育阶段。

在大规模造林前,开展详细勘测调查,制定造林设计方案,根据造林地块土壤、植被状况划分了8个立地条件类型,在综合考虑树种生物学特性和林学特性以及立地类型的基础上,选择了27个造林树种(其中乔木22种、灌木5种;针叶树3种、阔叶树24种),确定了16种造林类型,并明确了各种类型的造林技术要求。在造林工程中,严格坚持适地适树原则,根据不同造林树种,选择最适宜的栽植区域,注重混交,明确造林时间,提前整地,并注重育苗与造林相结合。

图3-10-6 1963年,西山试验林场工人在魏家村造林整地

造林伊始幼林抚育工作就得到重视。20世纪后期进入以森林抚育为主的阶段,培育目标是形成健康稳定、景观优美的风景游憩林。进入21世纪,对森林的认识更加深入,将森林作为完整的生态系统进行可持续经营,对人工林进行近自然化改造,在提高林木质量的同时,重视天然更新抚育,注重森林中的灌木、草本、微生物、动物、土壤等全要素经营,对森林资源进行持续监测,力求构建健康稳定的森林生态系统。

截至2020年,西山试验林场总面积5949公顷,森林面积5381.32公顷,森林覆盖率91.49%。经过多年科学造林和经营,初步建成树种组成合理、乔灌草层次完整、天然更新充分、生物多样性丰富、景观色彩斑斓的森林生态系统。森林质量不断提高,生态系统日益完善,森林的生态功能、文化功能得到充分发挥,为人们提供了休闲游憩、森林康养、自然教育的极佳场所。

（四）共青林场

共青林场始建于1959年，位于顺义区境内潮白河两岸，是一个纯平原林场。20世纪50年代初，为治理潮白河流域风沙危害，顺义县开始在沙荒地上大力植树造林。1959年11月1日，全国青少年秋季造林日当天，出动工人、农民、解放军战士和青少年学生12万余人，在潮白河畔31千米长的沙荒、河滩地上摆开了治沙造林的战场。1962年，为统一治理潮白河风沙危害区，以"共青林场"为基础，把潮白河沿岸的密云、怀柔、顺义、通县、朝阳5个区县的国有林地及沙、河滩地，全部移交，组建新的林场统一管理，林场经营面积为2882.8公顷。至1966年，累计植树造林1843公顷。1966年后，林场的名称几经变化，经营管理面积不断地被分割、调整，行政隶属关系也反复调整、变更，植树造林和林木抚育工作基本处于停滞状态。至20世纪80年代初，林场的经营范围仅为顺义县的800余公顷，隶属关系确定为北京市林业局。

1984年3月，市委、市政府将林场重新命名为"共青林场"。进入20世纪80年代以来，林场的生产建设任务主要是对残次林进行更新改造，对未成林地、疏林地进行补植补造和开展中幼林抚育工作。2000年后，林场范围内的沙荒地得到彻底治理，林场进一步加大了对森林健康经营、土壤改良、节水灌溉等新技术的推广应用，开始实施了平原景观游憩型森林健康经营示范项目，开展高效节水灌溉技术应用、土壤健康经营培肥实验示范、堆肥和生物改良土壤实验、防风固沙型平原沙地人工游憩林定向改造实验示范等，生态环境得到极大改善。

2010年以来，随着城市空间扩展和社会经济发展，森林经营的目标，开始从以生态防护为主的目标向发挥森林多功能效益的经营目标转变。结合顺义新城建设，2013年在原有林地的基础上，通过林分改造提升，增设各类公共游憩服务设施，建设以森林文化、森林游憩、森林运动、森林度假为特色的滨河森林公园，标志着林场造林营林工作走上了场园一体、林园融合的转型发展之路。如今，林场已成为林水相依、蓝绿交融、杨树为基、槐花烂漫、景观优美、设施完善的潮白河滨河森林公园景观带，在潮白河流域的风沙治理和生态环境建设中发挥了重要的作用，为顺义地区增添了一处重要的森林休闲游憩场所。

截至2020年，共青林场总面积为982公顷，森林面积为754公顷，约占林地面积的80%，森林覆盖率为75.16%。

（五）松山国家级自然保护区（松山林场）

松山国家级自然保护区（松山林场）位于北京西北部延庆区境内，前身为1963年成立的松山林场，1985年经北京市政府批准建立市级自然保护区，1986年经国务院批准为森林和野生动物类型的国家级自然保护区，保护区总面积4660公顷。2014年松山保护区进行了范围和功能区调整，调整后保护区总面积为6212.96公顷。2018年11月，经北京市机构编制委员会办公室批准同意，北京松山国家级自然保护区管理处加挂北京市松山林场牌子。

林场成立后，森林恢复主要采取封山育林和人工造林等措施。封山育林实施严格的封禁，使残存的森林植被逐渐得到保护和恢复，至1973年，经过封育成林的次生林达到1506.67公顷。人工造林以小苗常规造林为主，主要采取直播造林和植苗造林的方式，造林树种主要有油松、五角枫、蒙古栎、胡桃楸等。20世纪80~90年代，持续在雨季开展直播、植苗补植和飞播等方式造林，森林质量和资源数量进一步提升。

2000年以来，持续开展封山育林，在实验区开展低产低效林改造、森林抚育等工程，先后完成封山育林2933.33公顷、低效林改造600公顷、森林抚育2420公顷，区域内植被得到良好保护并迅速恢复，林分结构进一步优化，生物多样性显著增加，物种资源数量增长明显，森林生态服务功能显著增强。

截至2020年，保护区（林场）总面积达到7293公顷。其中，林地面积7081.63公顷，森林面积4019.85公顷，森林覆盖率55.21%。保护区独特的地理区位，不仅在水源涵养、抵御风沙、空气净化等方面具有重要作用，区域内还保存有华北地区大片的天然油松林，以及胡桃楸、山杨、白桦、榆树、暴马丁香、栎类等树种构成的华北地区典型的天然落叶阔叶林。作为北京生物多样性最为丰富的地区之一，共记录维管束植物833种，隶属于113科445属，其中国家级、市级保护植物58种。记录到脊椎动物260种，其中兽类31种，隶属于6目15科；鸟类201种，隶属于17目50科；两栖爬行类8科16种；鱼类3科12种；包括国家级、市级保护动物116种。同时，在极小种群保育方面持续开展攻坚，成功扩繁百花山葡萄40株、丁香叶忍冬16株，繁育手参500株，并顺利回归野外；北京水毛茛迁地扩繁实现种群数量面积从18平方米增至40平方米；通过人工授粉提高了大花杓兰、山西杓兰等物种结实率，有效增加了极小种群的数量和遗传多样性，成为北京市极小物种的重要分布区。

（六）京西林场

京西林场的前身为京煤集团林场（北京矿务局林场），于1972年12月成立，横跨门头沟和房山两地，分布于大台街道、王平镇、斋堂镇、雁翅镇、龙泉镇、周口店镇、大安山乡等多个区域内。2016年，变更为北京市京西林场。2020年，林场总面积为11640公顷，其中林地面积为11150.8公顷，森林面积为3635.87公顷，森林覆盖率为31.3%，人工林较大，主要树种有油松、落叶松、侧柏、刺槐、杨树、山桃、山杏、山榆等，天然林多集中在海拔800米以上中山区，主要树种有棘皮桦、山杨、栓皮栎、辽东栎、鹅耳枥、槭树等。

20世纪50年代，北京矿务局即在所属矿区范围的荒山开展植树造林工作。1964年1月，矿务局成立京津铁路林场，开始平原造林阶段。"文化大革命"期间，根据"五·七"指示精神，解决矿务局干部下放劳动，成立"五·七"农林场，范围包括千军台林区及长沟峪林区。1972年12月，京津铁路林场与"五·七"农林场合并，成立北京矿务局林场，统一负责管理矿区范围内的荒山造林和林木管护，林场总面积11333公顷。从林场成立至1994年，国家煤炭主管部门每年下达至林场的造林任务为113.3公顷，1994年后，随着矿区宜林荒山减少，调整造林任务为46.7公顷。1998年5月，煤炭部不再下达北京造林绿化任务，转入林业资源管理。1999年森林资源二类调查结果显示，北京矿务局林场经营总面积为11539.74公顷。其中，林业用地10608.87公顷，非林业用地930.87公顷。

2000年，北京矿务局与北京市煤炭总公司合并，成立北京京煤集团有限责任公司（以下简称京煤集团）。林场名称相应变更为京煤集团林场。2001年，按照国家林业局《关于开展全国森林分类经营区划界定工作的通知》和市林业局《北京市公益林区划暨国家公益林区划界定工作方案和技术规定》，京煤集团开展公益林界定工作，共有10086.8公顷林地被界定为公益林。此后，京煤集团林场的林业生产任务主要是护林防火、开展中幼林抚育和林业有害生物防治。

2016年1月，市委、市政府印发《北京市国有林场改革实施方案》，明确要求"京煤集团管理的国有森林资源，按照市属国有林场管理体制进行管理"。并批准同意将京煤集团林场移交市园林绿化局。2016年12月，市委编办同意将京煤集团林场变更为京西林场，为北京市园林绿化局所属正处级公益一类全额拨款事业单位。2017年5月，北京市园林绿化局与京煤集团完成移交手续，北京市京西林场正式成立。京西林场成立以来，按照"宜造则造、宜封则封""宜林则林、宜灌则灌"和"分区施策、分类经营"的原则，利用近自然经营、森林健康经营、结构化森林经营等理论与技术，对各林分开展有针对性的改造与提升，主要内容包括人工造林、中幼林抚育和封山育林等，依托新一轮百万亩造林开展浅山台地和浅山荒山造林工程，截至2020年，累计实施森林抚育 3213.33 公顷，累计完成造林绿化 1900 公顷，封山育林 2000 公顷。

（七）中国林业科学研究院华北林业实验中心（九龙山林场）

中国林业科学研究院华北林业实验中心（以下简称华林中心），位于门头沟区九龙山东部。前身是 1963 年 2 月成立、隶属于门头沟区的九龙山林场。1963 年 10 月移交给中国林业科学研究院，挂牌成立"中国林业科学研究院九龙山试验林场"。1993 年更名为中国林业科学研究院华北林业实验中心。是中国林业科学研究院在华北地区设立的一个集林业科学研究、试验示范、科技推广为一体的永久性、多功能林业试验基地。

华林中心范围内的荒山，通过持续不断地进行科学实验造林，已全部实现绿化并郁闭成林，现已全部划为国家重点公益林，成为京西生态屏障的重要组成部分，也是维护区域生态安全的中坚力量和展示森林经营、森林文化的重要窗口。同时，先后完成了华北石质山区造林技术研究、太行山石质山区水源涵养林营造技术研究、天然降水在不同立地条件的分配规律、油松种源实验研究、核桃品种实验研究等科学研究。在保护了区域内的天然落叶阔叶森林的同时，成功引种和保存了数十种暖温带树木种质资源，已成为中国重要的暖温带林木基因资源库。

截至 2020 年，华林中心总面积 2384 公顷，其中森林面积 1158.39 公顷，森林覆盖率 74.93%。林分优势树种依次为油松、侧柏、栓皮栎、暴马丁香、榆树、刺槐、白蜡、落叶松等。

（八）北京林业大学实验林场

北京林业大学实验林场位于海淀区北安河乡境内，于 1953 年建场，建场目的是为学生提供造林教学实习基地。建场之初，林场范围内到处呈现荒山秃岭、植被稀疏、岩石裸露光景，建场后结合学生造林实习，开展石质山区营造林科学试验，到 1965 年，营造试验林 240 余公顷。1982 年以后，通过组织全校师生参加义务植树，以及接待社会力量到林场参加义务植树造林活动，加大了荒山造林和抚育管理工作力度，至 1992 年累计植树造林 330 余公顷，林场范围内的荒山荒地基本全部实现绿化。

在造林绿化过程中，为确保造林质量，林场始终坚持遵循造林学基础理论，结合林场造林地属于太行山余脉的干旱石质山地的实际，按照适地适树的原则，根据造林小班的立地条件制订造林计划，确定合理的造林树种和造林密度；在整地环节，针对造林地大多分布在干旱阳坡、土层薄石头多的特点，选择水平阶和鱼鳞坑等方式开展整地，并加强对整地质量的检查验收；在造林苗木培育环节，坚持自育自用原则，在低山丘陵地带有水源条件地区自建苗圃育苗，在高山远山则就近开辟山地临时苗床，开展山地育苗和容器育苗，就近就地分栽造林，以降低成本，提高造林成活率；在栽植环节，狠抓苗木转运过程中的包装保护、造林时的保根措施、栽植技术以及越冬防寒等环节，保证了造林质量。

截至 2020 年，实验林场已成为具备教学实习、科研科普、观光休闲等功能的综合型实验林场。林场总面积 832 公顷，其中森林面积 529.99 公顷，森林覆盖率达 69.25%。林场范围内生物多样性丰富，有高等植物 121 科 447 属 955 种（含变种），昆虫 14 目 122 科 539 种。

（九）门头沟区属国有林场

门头沟区现有 5 个国有林场，均为 20 世纪 60~70 年代成立。西峰山寺林场地处浅山区，马栏林场、清水林场、小龙门林场、百花山林场分布在深山区。截至 2020 年，共完成人工造林 1600 余公顷，封山育林 3600 公顷，中幼林抚育工程 1600 公顷，实施国家重点公益林管护 7960 公顷。

2020 年，全区国有林场林地面积 7727.64 公顷，森林面积 6728.66 公顷，森林覆盖率达 86.53%。林场范围内分布有植物物种 133 科 518 属 1075 种，陆栖野生脊椎动物 20 目 47 科 169 种，生物多样性丰富。以大面积的森林资源为依托，先后建立了百花山国家级自然保护区，小龙门国家级森林公园，西峰寺、马栏市级森林公园，门头沟区的国有林场已成为北京西部地区生态功能完善、森林资源丰富、森林景观优美、生物多样性富集的区域，成为人们进行健身养生、观光游览、科普考察的重要场所，成为普及生态文明知识、传播生态文化的重要载体，是北京西部的重要生态屏障。

第四节　国际合作造林

20世纪90年代，北京市积极开展林业国际项目合作与交流，引进先进理念、技术和资金，累计争取林业国际合作项目23个，其中国际合作造林项目7个，累计造林1479公顷，森林综合经营示范面积25703公顷。

一、中日合作造林

"中日北京八达岭长城植树"项目　1995年第二届"中日环境问题国际研讨会"期间，日本永旺集团环境财团发起"中日八达岭长城植树活动"。1997年，日本永旺集团与市政府外事办公室正式签订"中日北京八达岭长城植树活动"项目备忘录，旨在绿化长城、改善生态环境及促进中日两国人民友好交流。项目分3期进行。截至2010年，该项目累计植树100万株，绿化荒山460公顷，日方出资2358万日元，中日双方在项目区共举办大型植树活动8次，参加植树的志愿者15600余人次，其中4000多名日本植树志愿者专程从日本到项目区植树。

中日合作小渊基金北京造林项目　1999年，日本首相小渊惠三访问中国，中日两国领导人决定加强植树造林和森林保护领域的合作，1999年11月，中日两国政府签署换文，决定设立中日民间绿化合作委员会，由日本政府出资设立小渊基金，资助中日民间组织合作在中国开展植树造林。2000年10月8日，在昌平区南口镇启动第一个小渊基金造林示范项目，造林100公顷。2001年开始，在北京先后实施了一批小渊基金造林项目。其中，密云县石城、太师屯的"密云水库水源保护林示范项目"，门头沟区九龙山地区的"水源涵养示范项目"和昌平区北京市十三陵林场的"北京环保志愿者生态林（2000—2006）项目"，实施造林面积315公顷，至2007年项目结束，共栽植树木10余种38.72万株。为保证林木成活率，在造林过程中购置水泵14台、塑料水管5万米，修建蓄水池15座、谷坊坝200米、引水渠300米、步道3000延米，铺设铁管2.6万米。

二、中德合作造林

中德林业技术合作"密云水库流域保护和经营"项目　1998年9月，与德国技术合作公司合作的"密云水库流域保护和经营"项目正式启动，这是中国实施的第一个明确以保护饮用水源地为目的的国际林业合作项目。项目主要内容是在密云水库流域初步建立6种符合饮用水源地保

图3-10-7　2006年，德国农业部林业局局长考察八达岭林场森林近自然经营

护要求的综合技术模式，分别为植被恢复、近自然森林经营、中幼林抚育、封山育林、小流域综合治理和生态果园，示范推广面积共15189.9公顷。项目实施过程中，德方出资500万欧元，中方提供相应的配套资金。项目的实施，引进了近自然的森林经营理念，建立了"目标树"的森林经营模式和择优选择的森林经营方法，为北京实现由造林向森林经营转变提供了技术模式（图3-10-7）。

中德财政合作"京北风沙危害区植被恢复与水源保护林可持续经营"项目 项目2009年4月实施，2016年10月结束。项目总预算包括德方赠款250万欧元，贷款250万欧元，市发展改革委配套2500万元人民币，市水务局工程配套1109万元人民币。项目主要内容是在北京密云县、怀柔区、昌平区和延庆县以及河北省丰宁县，应用近自然森林经营等技术措施，开展森林经营1万余公顷，完成流域面积150余平方千米的7个小流域的沟道治理103千米。基于项目的实施成果，建立了以近自然森林经营技术为核心的技术管理模式，以林务员队伍建设为核心的生产管理模式和以"报账制"为核心的财务管理模式，制定了水源保护区近自然生态景观恢复综合规划和相关措施，对小型水体进行近自然生态恢复，改善和维护了密云水库流域森林和小型水体以水源保护为主的生态功能。

三、中韩合作造林

中韩林业合作"密云水库水源保护林示范"项目 2001年4月，与韩国国际协力团（KOICA）合作的"密云水库水源保护林示范"项目实施，2003年12月结束，韩方出资100万美元。项目区位于北京市密云水库一级保护区内，项目完成了营造水源保护林500公顷，栽植以菌根油松、栎类、五角枫、黄栌等为主的12个树种67.9万株；修建林道3.15千米，步道94.9千米；修建蓄水池23座，谷坊坝7座，量水堰2座。2004年2月，项目通过了韩方组织的终期评估验收（图3-10-8）。

图3-10-8 2002年，市林业局领导在韩国考察森林经营

中韩合作"北京地区森林综合经营示范"项目 项目区分别位于北京市八达岭林场和门头沟九龙山地区，2005—2008年实施，示范面积660公顷，韩方出资100万美元。项目通过实施林分近自然化恢复与改造、低效林改造、火险管理、森林土壤经营、林区辅助设施建设等措施，完成森林综合经营513.8公顷，营造景观型水源涵养林和经济林146.2公顷。2008年通过韩方组织的终期评估验收。

四、中马合作造林

中马友谊林项目 在纪念中国和马来西亚建交30周年之际，马来西亚驻华大使馆决定与北京合作实施中马友谊林项目。中马友谊林位于延庆县玉渡山风景区，2004—2006年实施，马方出资140万元人民币，造林33公顷，幼林抚育22公顷，铺设"生态垫"12公顷。

第十一章　全民义务植树

植树造林是中华民族的传统美德。新中国成立后，党和国家把植树造林、绿化国土作为一项重要战略任务来抓。改革开放以来，造林绿化进一步受到党和政府的高度重视。1981年12月13日，第五届全国人民代表大会第四次会议做出《关于开展全民义务植树运动的决议》，规定"凡是条件具备的地方，年满11岁的中华人民共和国公民，除老弱病残者外，因地制宜，每人每年义务植树3~5棵，或者完成相应劳动量的育苗、管护和其他绿化任务"。党和国家领导人率先垂范，身体力行，年复一年带头参加首都义务植树绿化劳动，为首都广大干部群众树立了榜样，开创了一条具有中国特色的国土绿化之路。

1981年12月16日，国务院决定成立由中共北京市委、北京市人民政府、中央各有关部门、驻京部队领导组成、北京市市长任主任的首都绿化委员会，统一领导首都城乡绿化工作，推进首都全民义务植树运动稳步开展。1982年2月27日，国务院常务会议通过了《关于开展全民义务植树运动的实施办法》。1982年3月11日，北京市政府、首都绿化委员会，在人民大会堂隆重召开"全民义务植树绿化首都动员大会"，拉开了全国开展全民义务植树运动的序幕。在党中央、国务院的关怀下，中共北京市委、北京市人民政府和首都绿化委员会，把深入扎实开展全民义务植树运动，加快首都绿化步伐，作为一项长期战略任务来抓，坚持高位推动，城乡统筹，稳步推进全民义务植树工作，为北京的植树造林、绿化国土增添了浓墨重彩的一笔，谱写了独具特色、绝无仅有的壮丽华章。

第一节　历任党和国家主要领导人在京植树

1979年，第五届全国人大常委会第六次会议将每年的3月12日确定为中国植树节。1985年3月18日，北京市第八届人大第四次会议将每年4月的第一个星期日确定为"首都全民义务植树日"。1979—2020年，党和国家主要领导人在植树节当天或"首都全民义务植树日"前后，共参加北京义务植树活动42次，具体情况见表3-11-1。

表 3-11-1　1979—2020 年党和国家主要领导人参加首都全民义务植树活动

序号	时间	植树地点	植树树种与数量
1	1979 年 3 月 12 日	大兴薛营村	毛白杨 87 株
2	1980 年 3 月 12 日	中南海西花园	油松、白皮松、玉兰等
3	1981 年 3 月 12 日	中南海西花园	油松、玉兰、白皮松、法国梧桐、毛白杨等 30 多株
4	1982 年 3 月 12 日	海淀西山（玉泉山）	油松、雪松、圆柏等 15 株
5	1983 年 3 月 12 日	昌平十三陵水库东坝头蟒山中直机关造林基地	油松、白皮松和圆柏 22 株
6	1984 年 3 月 12 日	十三陵林场蟒山	雪松、白皮松等 135 株
7	1985 年 3 月 12 日	天坛公园祈年殿东侧	北京圆柏 100 余株
8	1986 年 4 月 6 日	天坛公园祈年殿北侧	白皮松、油松、圆柏等 116 株
9	1987 年 4 月 5 日	天坛公园万寿双环亭东侧	圆柏 170 株
10	1988 年 4 月 3 日	景山公园南门	油松、白皮松、圆柏、侧柏等 150 多株
11	1989 年 4 月 2 日	亚运村中心花园	白皮松、圆柏、银杏等 140 多株
12	1990 年 4 月 1 日	亚运村国家奥林匹克中心游泳馆东南侧绿地	20 年生的大油松 16 株和 10 年生望春玉兰 100 株
13	1991 年 4 月 7 日	丰台花乡公园	圆柏、油松、白皮松 150 多株
14	1992 年 4 月 5 日	朝阳公园	油松 14 株及望春玉兰等 115 株
15	1993 年 4 月 4 日	朝阳洼里乡碧玉公园	油松、白蜡和红花刺槐 84 株
16	1994 年 4 月 2 日	圆明园遗址公园长春园景区	华山松、白皮松、垂柳等 80 多株
17	1995 年 4 月 1 日	顺义河南村潮白河畔	银杏、圆柏、白蜡等 107 株
18	1996 年 4 月 6 日	朝阳公园	白皮松 15 株及油松、圆柏、银杏、栾树、金银木等 170 株
19	1997 年 4 月 5 日	天坛公园	圆柏和杏树 100 株
20	1998 年 4 月 4 日	玉渊潭公园	油松、银杏 105 株
21	1999 年 4 月 3 日	天坛公园	圆柏 200 株
22	2000 年 4 月 1 日	中华世纪坛	白皮松、西府海棠等 150 余株
23	2001 年 4 月 1 日	奥林匹克公园	华山松、银杏等 300 余株
24	2002 年 4 月 6 日	朝来森林公园	白皮松、银杏、云杉、元宝枫、紫叶李、海棠、龙爪槐、刺槐、圆柏等 352 株
25	2003 年 4 月 5 日	奥林匹克森林公园	白皮松、华山松、白蜡、金丝柳、银杏、碧桃、连翘、海棠等 276 株
26	2004 年 4 月 3 日	朝阳公园	白皮松、圆柏、油松、西安圆柏、华山松、云杉、银杏、白毛杨、加杨、金丝垂柳、小叶白蜡、刺槐、槐、金枝槐、垂柳、枣树、碧桃、连翘、海棠等 170 余株

(续)

序号	时间	植树地点	植树树种与数量
27	2005年4月2日	奥林匹克森林公园	
28	2006年4月1日	奥林匹克森林公园	白皮松、银杏、元宝枫等1000余株
29	2007年4月1日	奥林匹克森林公园	白皮松、油松、银杏等1000余株
30	2008年4月5日	奥林匹克森林公园	白皮松、白蜡、水杉等328株
31	2009年4月5日	永定河森林公园	白皮松、华山松、银杏、雪松、紫叶李、碧桃328株
32	2010年4月3日	海淀北坞公园	
33	2011年4月2日	丰台永定河畔园博园	
34	2012年4月3日	丰台永定河畔园博园	
35	2013年4月2日	丰台永定河畔园博园	白皮松、西府海棠、榆叶梅、碧桃等
36	2014年4月4日	海淀南水北调团城湖调节池植树点	白皮松、碧桃、元宝枫、榆叶梅、丁香、西府海棠等树苗
37	2015年4月3日	朝阳孙河乡	白皮松、银杏、西府海棠、碧桃等树苗
38	2016年4月5日	大兴西红门镇	白皮松、油松、银杏、榆叶梅、元宝枫等树苗
39	2017年3月29日	朝阳将台乡	白皮松、西府海棠、银杏、碧桃、榆叶梅等苗木
40	2018年4月2日	通州张家湾镇	白皮松、西府海棠、红瑞木、玉兰、紫叶李等苗木
41	2019年4月8日	通州永顺镇	油松、槐、侧柏、玉兰、红瑞木、碧桃等苗木
42	2020年4月3日	大兴旧宫镇	油松、槐、杏梅、元宝枫、西府海棠、金银木、红瑞木等苗木

第二节　全国人大常委会机关领导在京植树

2004年4月7日，全国人大常委会领导第一次集体参加首都全民义务植树活动，10位副委员长和人大常委会各专门委员会的主任、副主任，以及机关400余名工作人员，到丰台老庄子乡永定河畔沙荒地，种植油松、栾树、千头椿等1050株。2005年起，全国人大常委会机关将丰台区北宫国家森林公园固定为机关植树基地。此后，在每年4月的首都全民义务植树日前后，在京的部分人大常委会副委员长及机关工作人员年年参加北京春季义务植树活动，至2020年已连续17年参加北京植树造林活动（图3-11-1），具体见表3-11-2。

图3-11-1　2010年，全国人大常委会机关干部在丰台北宫国家森林公园植树

表 3-11-2　2004—2020 年全国人大常委会机关参加首都全民义务植树活动

序号	时间	植树地点	参加人员	植树树种与数量
1	2004 年 4 月 7 日	永定河畔	10 位全国人大常委会副委员长及全国人大常委会各专门委员会主任、副主任和部分机关干部	油松、栾树、千头椿等 3000 余株
2	2005 年 4 月 7 日	丰台北宫森林公园	4 位全国人大常委会副委员长及全国人大常委会各专门委员会主任、副主任和部分机关干部 400 余人	油松、元宝枫、银杏等 1538 株
3	2006 年 4 月 7 日	丰台北宫森林公园	2 位全国人大常委会副委员长及全国人大常委会各专门委员会主任、副主任和机关干部 400 余人	油松、元宝枫、栾树 720 株
4	2007 年 4 月 12 日	丰台北宫森林公园	5 位全国人大常委会副委员长及全国人大常委会各专门委员会主任、副主任和机关干部	元宝枫、油松、栾树等 820 株
5	2008 年 4 月 11 日	丰台北宫森林公园	6 位全国人大常委会副委员长及全国人大常委会各专门委员会主任、副主任和机关干部	油松、元宝枫、花灌木等 1083 余株
6	2009 年 4 月 9 日	青龙湖公园	4 位全国人大常委会副委员长及全国人大常委会各专门委员会主任、副主任和机关干部	油松、华山松、白皮松等 2876 株
7	2010 年 4 月 8 日	丰台北宫森林公园	3 位全国人大常委会副委员长及全国人大常委会各专门委员会主任、副主任和机关 70 多名干部	油松、元宝枫等树木 100 余株
8	2011 年 4 月 2 日	全国人大机关办公楼南侧绿地	2 位全国人大常委会副委员长及全国人大常委会各专门委员会主任、副主任和机关干部	乔木 200 多株、灌木 600 多株（丛）
9	2012 年 4 月 11 日	丰台北宫森林公园	4 位全国人大常委会副委员长及全国人大常委会各专门委员会主任、副主任和机关干部	油松、白皮松、元宝枫、花灌木等 150 余株，养护树木 200 余株
10	2013 年 4 月 10 日	丰台北宫森林公园	6 位全国人大常委会副委员长及全国人大常委会各专门委员会主任、副主任和机关干部	油松、白皮松及果树等 300 余株
11	2014 年 4 月 10 日	丰台北宫森林公园	7 位全国人大常委会副委员长及全国人大常委会各专门委员会主任、副主任和机关干部	350 株华山松、白皮松、银杏等
12	2015 年 4 月 9 日	丰台北宫森林公园	4 位全国人大常委会副委员长及全国人大常委会各专门委员会主任、副主任和机关干部	北美红枫、加拿大红枫等树木 350 余株
13	2016 年 4 月 8 日	丰台北宫森林公园	6 位全国人大常委会副委员长及全国人大常委会各专门委员会主任、副主任和机关干部	红叶复叶槭、金叶复叶槭、海棠、元宝枫、油松等 200 余株
14	2017 年 4 月 10 日	丰台北宫森林公园	5 位全国人大常委会副委员长及全国人大常委会各专门委员会主任、副主任和机关干部	红枫、元宝枫、油松、白皮松等 120 株
15	2018 年 4 月 11 日	丰台北宫森林公园	6 位全国人大常委会副委员长及全国人大常委会各专门委员会主任、副主任和机关干部	银杏、红枫、流苏树 150 余株

(续)

序号	时间	植树地点	参加人员	植树树种与数量
16	2019年4月10日	丰台青龙湖公园	全国人大常委会副委员长及全国人大常委会各专门委员会主任、副主任和机关干部	油松、银红槭、彩叶豆梨350株
17	2020年4月15日	丰台青龙湖公园	全国人大常委会副委员长及全国人大常委会各专门委员会主任、副主任和机关干部	油松、银杏、元宝枫等100余株

第三节 全国政协机关领导在京植树

2003年4月5日,全国政协委员、11位副主席以及部分机关干部,到新建成的政协广场参加植树活动,栽植常绿树、花灌木3000多株。这是全国政协领导首次集体参加首都义务植树活动。此后,在每年4月的首都全民义务植树日前后,在京的部分全国政协副主席同政协机关工作人员一起到北京参加春季义务植树活动,至2020年已坚持17年(图3-11-2),具体见表3-11-3。

图3-11-2 2009年,全国政协机关干部在延庆八达岭林场植树

表3-11-3 2003—2020年全国政协领导参加首都全民义务植树活动

序号	时间	植树地点	参加人员	植树树种与数量
1	2003年4月5日	全国政协礼堂广场	全国政协主席、11位副主席及部分机关干部	
2	2005年4月15日	奥林匹克森林公园	5位全国政协副主席,部分专委会主任、副主任及部分机关干部共200名	槐、侧柏1500余株
3	2006年4月14日	奥林匹克公园	13位全国政协副主席及全国政协机关300名干部	油松、白蜡等900余株
4	2007年4月6日	昌平北七家镇	5位全国政协副主席及全国政协机关400名干部	白皮松、毛白杨、元宝枫、垂柳、白蜡等1800株
5	2008年4月2日	昌平十三陵水库东河滩	8位全国政协副主席及全国政协机关400名干部	白皮松、槐、白蜡、油松等1655余株
6	2009年4月10日	延庆八达岭林场碳汇种植基地	11位全国政协副主席及全国政协机关460名干部	油松、白皮松、槐、白蜡、油松等1200余株
7	2010年4月9日	通州新城滨河森林公园	6位全国政协副主席及全国政协机关400名干部	油松、白皮松、银杏、立柳、白蜡、元宝枫、西府海棠、丁香、碧桃、金枝槐等树种600余株
8	2011年4月7日	昌平新城滨河森林公园	6位全国政协副主席及全国政协机关400名干部	华山松、海棠、丝棉木1000余株

(续)

序号	时间	植树地点	参加人员	植树树种与数量
9	2012年4月13日	翠湖国家城市湿地公园	9位全国政协副主席及全国政协机关400名干部	银杏、白皮松、山桃等树苗1500株
10	2013年4月12日	昌平马池口镇丈头村西砂石坑	5位全国政协副主席及全国政协机关400名干部	银杏、白皮松、西府海棠等乔灌木2000余株
11	2014年4月11日	顺义南彩镇顺平路北侧平原造林地块	8位全国政协副主席及全国政协机关400名干部	油松、白蜡、山桃等1500余株
12	2015年4月8日	西城全国政协礼堂南广场	7位全国政协副主席及全国政协机关近百名干部	银杏、雪松、七叶树、紫叶李等树种90株
13	2016年4月6日	朝阳将台将府郊野公园四期	6位全国政协副主席及全国政协机关400名干部	白皮松、华山松、元宝枫、银杏等30种2000余株
14	2017年3月31日	海淀东升镇双泉堡地块	5位全国政协副主席及全国政协机关400名干部	银杏、元宝枫、白皮松、油松等树苗近20种1600余株
15	2018年4月13日	朝阳十八里店乡小武基公园	12位全国政协副主席及全国政协机关400名干部	白皮松、油松、银杏、柿子等1200余株
16	2019年4月16日	海淀西山国家森林公园	9位全国政协副主席及全国政协机关近300名干部	白皮松、元宝枫、栾树、流苏树、丁香和黄栌等乔灌木1050余株
17	2020年4月9日	海淀西山国家森林公园	15位全国政协副主席及全国政协机关100余名干部	白皮松、栾树、稠李、山桃、连翘等乔灌木400余株

第四节 中央军委、驻京部队领导在京植树

1985年3月12日，中央军委领导以及解放军三总部、驻京各大单位、武警部队百余名将军，到宣武西滨河公园建设工地参加重点绿化工程建设，拉开了驻京部队百名将军集体参加首都义务植树劳动的帷幕。此后，在每年3月12日中国植树节前后，开展"百位将军"义务植树活动，组织中央军委领导及驻京部队的将军集体参加首都全民义务植树活动，至2020年已连续坚持了36年，为驻京部队广大指战员参加首都重点绿化工程建设和全民义务植树作出了表率（图3-11-3），具体见表3-11-4。

图3-11-3 昌平百善镇将军林

表3-11-4 1985—2020年中央军委、驻京部队领导参加首都全民义务植树活动

序号	时间	植树地点	参加人员	植树树种与数量
1	1985年3月12日	宣武西滨河公园	中央军委领导及解放军三总部、驻京各大单位、武警部队将军	

(续)

序号	时间	植树地点	参加人员	植树树种与数量
2	1986年3月12日	东城青年湖公园	中央军委领导及解放军三总部、驻京各大单位、武警部队将军	雪松、槐等100余株
3	1987年3月12日	东城青年湖公园	中央军委领导及解放军三总部、驻京各大单位、武警部队将军	
4	1988年3月12日	宣武大观园	中央军委领导及解放军三总部、驻京各大单位、武警部队将军	
5	1989年3月12日	工人体育场西门	中央军委领导及解放军三总部、驻京各大单位、武警部队30位将军	
6	1990年3月12日	亚运村中心公园	中央军委领导及解放军三总部、驻京各大单位、武警部队54位将军	
7	1991年3月12日	玉渊潭公园樱花园	中央军委领导及解放军三总部、驻京各大单位、武警部队41位将军	
8	1992年3月12日	天坛公园	中央军委领导及解放军三总部、驻京各大单位、武警部队40多位将军	
9	1993年3月12日	首都机场高速公路	中央军委领导及解放军三总部、驻京各大单位、武警部队63位将军	
10	1994年3月12日	中华民族园	中央军委领导及解放军三总部、驻京各大单位、武警部队78位将军	银杏、槐和圆柏240余株
11	1995年3月12日	朝阳高碑店兴隆片林	中央军委领导及解放军三总部、驻京各军兵种、武警部队58位将军	白皮松、华山松、槐、毛白杨等1200余株
12	1996年3月10日	大兴榆垡北京野生动物森林公园	中央军委领导及解放军三总部、驻京各大单位、武警部队110多位将军	植树230株
13	1997年3月16日	圆明园遗址公园	中央军委领导及解放军三总部、驻京各大单位、武警部队78位将军	
14	1998年3月23日	大兴黄村火车站	中央军委领导及解放军三总部、驻京各大单位、武警部队74位将军	圆柏、油松、毛白杨、白蜡等2000多株
15	1999年3月18日	永定河畔"驻京部队世纪林"	中央军委领导及解放军四总部、驻京各大单位、武警部队近百位将军	
16	2000年3月24日	海淀万柳	中央军委领导及解放军四总部、驻京各大单位、武警部队71位将军	
17	2001年3月18日	朝阳洼里	中央军委领导及解放军四总部、驻京各大单位、武警部队85位将军	
18	2002年3月20日	海淀四季青乡通达公园	中央军委领导及解放军四总部、驻京各大单位、武警部队百位将军	
19	2003年3月26日	丰台华凯绿地	中央军委领导及解放军四总部、驻京各大单位、武警部队近百位将军	白皮松等20多个树种400余株
20	2004年3月25日	朝阳公园	中央军委领导及解放军四总部、驻京各大单位、武警部队近百位将军	常绿、落叶乔木580株

(续)

序号	时间	植树地点	参加人员	植树树种与数量
21	2005年3月24日	奥林匹克森林公园	中央军委领导及解放军四总部、驻京各大单位、武警部队近百位将军	常绿、落叶乔木1000余株
22	2006年3月21日	奥林匹克森林公园	中央军委领导及解放军四总部、驻京各大单位、武警部队近百位将军	常绿、落叶乔木600余株
23	2007年3月22日	朝阳公园	中央军委领导及解放军四总部、驻京各大单位、武警部队近百位将军	常绿、落叶乔木1100余株
24	2008年3月25日	奥林匹克森林公园	中央军委领导及解放军四总部、驻京各大单位、武警部队近百位将军	常绿、落叶乔木300余株
25	2009年3月23日	昌平万亩滨河公园水库南岸绿化带	中央军委领导及解放军四总部、驻京各大单位、武警部队近百位将军	白皮松、油松、银杏、垂柳等500余株
26	2010年3月29日	昌平中关村国家工程技术创新基地	中央军委领导及解放军四总部、驻京各大单位、武警部队近百位将军	白皮松、雪松、油松、银杏树、白蜡等350余株
27	2011年3月29日	海淀北坞公园	中央军委领导及解放军四总部、驻北京各大单位、武警部队近百位将军	各类苗木800余株
28	2012年3月26日	昌平百善镇	中央军委领导及解放军四总部、驻京各大单位、武警部队101位将军	
29	2013年3月25日	大兴南海子公园	中央军委领导及解放军四总部、驻京各大单位、武警部队百位将军	白蜡、垂柳、立柳、桑树等1200余株
30	2014年3月21日	通州宋庄镇东郊森林公园华北树木园南门区	中央军委领导及解放军四总部、驻京各大单位、武警部队96位将军	白皮松、银杏、山桃、千头椿、元宝枫等2300余株
31	2015年3月22日	大兴魏善庄镇植树点	中央军委领导及解放军四总部、驻京各大单位、武警部队百余位将军	
32	2016年3月26日	朝阳孙河乡	中央军委领导、驻京各大单位、武警部队百位将军	
33	2017年4月5日	通州永顺镇刘庄村	中央军委领导、驻京各大单位、武警部队百余位将军	白皮松、银杏、榆叶梅、油松、海棠等1500余株
34	2018年4月1日	大兴礼贤镇李各庄村	中央军委领导、驻京各大单位、武警部队百余位将军	白皮松、玉兰、榆叶梅等1500余株
35	2019年3月29日	丰台丽泽金融商务区绿化地块	中央军委领导、驻京各大单位、武警部队百余位将军	华山松、银杏、海棠等1500余株
36	2020年4月10日	丰台丽泽金融商务区绿化地块	中央军委领导、驻京各大单位、武警部队百余位将军	白皮松、玉兰、油松等800余株

第五节　中央机关部级领导在京植树

自1982年开展全民义务植树运动以来，中直机关和中央国家机关的部级领导，年年都分别同本部门的干部群众一起，在京参加义务植树责任区的植树活动。1995年3月25日，中央国家机关绿化委员会组织在密云义务植树的20个部级单位的部长们，统一集中到密云白河重点绿化工程参加植树劳动，拉开了部长集体参加植树活动的帷幕。1996年3月12日，中共中央直属机关绿化委员会首次统一组织中直系统的30多个部委的部长们，到丰台王佐乡的青龙湖公园参加植树劳动。1999年3月17日，中直机关绿化委员会组织43名部级领导和100多名机关工作人员在永定河畔植树，营造"中共中央直属机关世纪林"。同年3月18日，中央国家机关绿化委员会组织145名中央国家机关部级领导和500多名机关工作人员在永定河畔植树，营造"中央国家机关世纪林"。同年，中央国家机关341名部级领导签名发出《积极行动起来，用我们的双手再造秀美山川》的倡议，号召中央国家机关全体干部职工积极履行植树义务，为绿化祖国做出更大贡献。2002年3月23日，全国绿化委员会、中直机关绿化委员会、中央国家机关绿化委员会、首都绿化委员会联合组织，共同发起"百名共和国部长义务植树活动"。中直机关及中央国家机关各部委约200余名部长，集体在北京中关村生命科学园参加"迎绿色奥运——百名部长义务植树活动"，共栽常绿树木800株。自此以后，由中直机关和中央国家机关分别组织的部长植树活动统一在一起集中进行。至2020年，每年春季以不同主题组织的"百名共和国部长义务植树活动"，已连续开展了19次（图3-11-4），具体见表3-11-5。

图3-11-4　中央机关部级领导在通州张家湾镇南火垡村植树

表3-11-5　2002—2020年中央机关部级领导参加首都全民义务植树活动

序号	时间	植树地点	参加人员	植树树种与数量
1	2002年3月23日	昌平中关村生命科技园区	中直机关、中央国家机关各部委200名部级领导	白皮松、油松等800余株
2	2003年3月29日	海淀四季青乡	中直机关、中央国家机关各部委156名部级领导	1500余株
3	2004年3月27日	丰台老庄乡	中直机关、中央国家机关各部委145名部级领导	油松、樟子松、刺槐、黄栌等4000余株
4	2005年3月26日	丰台老庄子乡	中直机关、中央国家机关各部委182名部级领导	油松、千头椿、元宝枫、栾树、沙地柏、金银木、珍珠梅等1500余株
5	2006年3月25日	丰台老庄子乡	中直机关、中央国家机关各部委181名部级领导	油松、千头椿、元宝枫、栾树、沙地柏、金银木、珍珠梅等1500余株

(续)

序号	时间	植树地点	参加人员	植树树种与数量
6	2007年3月24日	门头沟永定河畔	中直机关、中央国家机关各部委155名部级领导	华山松、白皮松、元宝枫、金枝槐等1140余株
7	2008年3月22日	门头沟永定镇卧龙岗村	中直机关、中央国家机关各部委172名部级领导	白皮松、油松等300余株
8	2009年3月28日	朝阳仰山公园	中直机关、中央国家机关各部委185名部级领导	油松、水杉、白蜡、银杏等2000余株
9	2010年3月27日	房山长阳镇南水北调中线	中直机关、中央国家机关各部委168名部级领导	侧柏、油松、白皮松、雪松、玉兰、毛白杨等3000多株
10	2011年3月26日	通州大运河畔	中直机关、中央国家机关各部委197名部级领导	油松、银杏、白蜡、千头春等2800余株
11	2012年3月24日	丰台老庄子乡	中直机关、中央国家机关各部委202名部级领导	油松、白皮松、银杏、白蜡、槐等3470余株
12	2013年3月31日	海淀苏家坨镇锦绣大地景观生态林	中央机关、中央国家机关各部委186名部级领导	油松、刺槐、楸树、元宝枫、山桃等2000余株
13	2014年3月29日	昌平北七家镇未来科学城	中直机关、中央国家机关各部委172名部级领导	白皮松、油松、银杏、元宝枫、碧桃等1500余株
14	2015年3月29日	通州宋庄镇寨里村的东郊森林公园	中直机关、中央国家机关各部委155名部级领导	油松、千头椿、元宝枫、栾树、沙地柏、金银木等
15	2016年3月26日	通州台湖镇文化旅游区绿化地块	中直机关、中央国家机关各部委150名部级领导	油松、千头椿、元宝枫、栾树、沙地柏、金银木、珍珠梅等1500余株
16	2017年3月25日	大兴机场周边礼贤镇西郏河地块	中直机关、中央国家机关各部委162名部级领导	银杏、白蜡、槐、栾树1450余株
17	2018年3月31日	朝阳十八里店丹枫公园地块	中直机关、中央国家机关各部委151名部级领导	油松、银杏、槐、玉兰等1200余株
18	2019年3月30日	朝阳孙河乡沙子营村地块	中直机关、中央国家机关各部委181名部级领导	油松、银杏、槐、玉兰、海棠等2000余株
19	2020年4月11日	城市副中心"城市绿心"地块	中直机关、中央国家机关各部委128名部级领导	油松、法桐、银杏、槐、八棱海棠等2050株

第六节 中央、市属单位郊区义务植树

一、发展历程

从1982年开展全民义务植树以来，随着首都城乡绿化造林建设的蓬勃发展，中央、市属单位赴郊区义务植树的形式不断发生变化，从义务植树之初以完成相应的植树数量或劳动量为主，逐步发展到造管并重、开展林木绿地的抚育管理、认建、认养、互联网+等多种义务植树尽责形式。

（一）起步阶段

1982—1990年，是义务植树的起步阶段，

在这一阶段以植树造林为主。为使义务植树开好头、起好步，扎扎实实取得成效，建立健全组织管理体系，确定义务植树责任重点，划分义务植树责任区，严格施工管理，坚持造林质量。

条块结合，建立健全组织管理体系。根据在京的机关单位、行业部门多、隶属关系复杂等特点，为避免义务植树走过场、打乱仗，中共北京市委、北京市人民政府和首都绿化委员会坚持从首都实际出发，建立健全义务植树组织管理体系，要求各区（县）成立绿化委员会，并设立办公室。负责本区（县）义务植树的宣传动员，组织协调，掌握动态，反映情况，规划设计，任务划分，技术指导，人员培训，苗木供应以及检查验收等工作。同时，将首都地区的机关、企事业单位按照隶属关系、行业性质，分别划分为中直机关、中央国家机关以及由北京市各部门、各行业组成的17个系统，各系统分别成立绿化委员会或绿化领导小组，负责本系统义务植树的组织协调、督促检查、评比表彰等工作。在首都地区形成了一个从市到区（县）、从中央机关到地方各单位构成的条块结合、以块为主的绿化领导体制，为首都城乡义务植树的顺利开展提供了坚实的组织保障。

全面规划，确定义务植树重点。根据北京市生态环境建设的总体目标要求和荒山荒滩面积大、绿化造林任务重的特点，把郊区作为开展全民义务植树的重点地区，在西起房山云居寺，东至平谷海子水库，绵延约230余千米的半月形前山脸地区，确定为义务植树的主攻目标。把八达岭、关沟、十三陵、潭柘寺、小西山、金海湖等自然风景区，密云、怀柔水库等水源保护区，南口、康庄、永定河、潮白河、大沙河等风沙危害区，以及通往外埠的干线公路沿线等20多个重点地区，作为中央和市级单位义务植树的重点，安营扎寨，分片包干，长期开展义务植树。与此同时，各郊区（县）也根据当地具体情况，确定了义务植树重点，并组织区（县）直属单位就近参加义务植树和重点绿化工程建设。

分片包干，划分义务植树责任区。根据北京市市区人口多、但可供绿化的空间小，郊区人口少，但荒山荒滩面积大、绿化任务重的特点，在任务划分和人员安排上，规定凡是驻城区、近郊区的中央、市属单位，除留下20%的人员参加本单位的庭院绿化和城区义务植树外，其余80%由首都绿化委员会办公室会同各系统、区县统一安排到郊区义务植树。驻远郊区（县）和县直单位，由区（县）绿化办安排；城近郊区所属单位，由城区绿化办安排。驻京部队在驻地参加义务植树或参加重大绿化造林工程建设。据此，各系统、各部门、各单位按照每个适龄公民每年植树3~5株的任务要求，核实单位、核实人数、核实任务。根据义务植树任务量大小，本着就地就近、自愿协商的原则，采取条块结合，分级安排的办法，在郊区20多个义务植树重点地区的荒山荒滩划分责任区，面积达3.07余万公顷。

严格管理，注重植树实效。为确保义务植树不走过场，不打乱战，确保义务植树实效，各系统、各单位结合本部门本单位的实际情况，采取多种形式，严密组织、科学安排单位干部职工参加郊区义务植树。中直机关、中央国家机关各部门和市属各单位，大都经历了从集中人力上山突击植树，过渡到分期、分批轮流上山，定期轮换。随着植树数量的增多，管护任务的加重，许多部门在实际工作中又逐步转变为由少数人承包挖坑，植树时再组织大批力量上山突击造林的办法，还有的单位成立义务植树专业队，长期扎根义务植树责任区，常年坚持整地造林和管护。

科学造林，坚持质量第一。为保证树苗成活，真正做到栽一棵活一棵，造一片成一片，改变"造林不见林"现象，在造林过程中重点抓了以下"四个环节"：坚持开展技术培训，大力推广行之有效的抗旱造林实用技术，并编写绿化造林技术手册广泛印发，做到参加植树人员人手一册，对各单位抽调出来参加植树人员，举办造林技术培训班，聘请专业技术人员采取理论与实践相结合的办法，进行集中授课和现场培训；抓好苗木供应，由市和区县绿化办组织协调，委托专业苗圃定向育苗，满足各义务植树单位的需要，不少义务植树单位还在责任区内就近整地育苗，就地移栽，不但苗木成活率高，长势好，而且还节省了大量人力、物力、财力；严把施工质量，造林施工每一道工序都制定了严格的质量标准，要求必须在雨季到来之前提前挖坑整地，并按深、牢、平、松、密标准验收，验收合格后方能栽植，把好栽植关，严密组织，精心栽植，要求做到不经过培训不能栽，无墒情不能栽，苗木质量不合格不能栽，密切关注雨情墒情，精心起苗、运苗、栽植，坚持造林后适时采取扶苗、清淤、浇水、松土、压石、盖土、割灌、扩坑等蓄水保墒措施（图3-11-5）；坚持检查验收和评比，从1982年起，各系统、各单位、各区（县）一直坚持每年秋季进行一次联合检查验收，以核实任务和完成数量，检查植树成活率，评议质量，整个检查验收工作在各单位、各系统自检自查的基础上，实行条块结合，以块为主的办法进行，检查结果作为评选首都绿化美化先进单位的依据。

在郊区义务植树工作起步阶段，组织发动工作深入细致，义务植树力量布局合理，义务植树重点突出，措施到位保障有力，取得显著成效。据统计，1982—1985年，共组织动员中央、市属和区（县）属1071个单位的119.5万人，参加郊区义务植树，完成造林0.96万公顷，植树3043.6万株，保存2491.8万株，抚育天然野生树60.8万株，保存率81.8%，每人年均植树5.2株。1986—1990年，参加郊区义务植树的中央、市属和区（县）属单位为1158个，参加人数为125.7万人，共完成造林0.91万公顷，植树3752.4万株，抚育天然野生树95.5万株，保存3417.7万株，保存率91%，抚育管理幼树5100万株，每人年均植树5.4株。使昔日缺绿少树、岩石裸露的荒山秃岭披上绿装。

（二）造管并重阶段

1991—2000年，除少数单位因责任区面积较大，还可以继续进行义务植树造林外，大多数单位的义务植树责任区，已完成规划的植树造林任务，陆续转入补植补造、抚育管理阶段。根据义务植树新形势，首都绿化委员会印发《关于加强义务植树责任区幼树管护抵顶绿化任务的通知》，对管护责任、幼树抚育和保护提出要求。明确了幼树抚育管护按投入的工作量相应抵顶义务植树任务，原则上抚育管理20~30株幼树抵顶1株植树任务，抚育野生树1株抵顶1株植树任务。并进一步明确了松土除草、树坑修整、修枝间苗、补植等管理标准。根据通知精神，各单位加强对义务植树责任区新栽植幼树和天然野生树的抚育管理。为确保造林后树木成活，稳定健康生长，快速郁闭成林，广泛推广了以保水保墒为中心的"一树一库"抚育措施。有的单位还购买浇灌设备，架设管道上山为新栽幼树浇水保墒，不少单位在幼苗栽植初期，即采用套塑料袋或用塑料薄膜覆盖穴面的保墒措施。海淀区提出对栽植后幼树，实行在坑面上盖草、埋土、镇石的办法，蓄水保墒，提高土壤的肥力。中直机关等单位，在植树造林过程中，注意抚育林地上的臭椿、榆树、酸枣等天然野生幼树。此外，市科委、市建材工业总公司、铁道部、外交部等单位在义务植树责任区内注重营造针阔混交林，将火炬、黄栌、元宝枫等树种与侧柏、油松混交栽植，提高了造林绿化景观效果。1993年6月，首都绿化委员会办公室印发《关于巩固和保护义务植树成果的通知》，进一步明确规定了义务植树责任区内林木的抚育和保护措施。据统计，1991—2000年，参加郊区义务植树的中央、市属和区（县）属单位达到1600余个，参加人

图3-11-5　1984年春，中直机关干部、职工背水上山抗旱浇水

数达到150.3万人，完成植树5438万余株，抚育天然野生树200余万株，抚育管理幼树13137万株次。驻京的解放军、武警部队根据国务院、中央军委《关于军队参加营区以外植树造林的指示》精神，积极组织部队官兵参加首都义务植树劳动。1982—2000年，为首都绿化美化建设投工350多万个，参加首都的绿化隔离地区、河道、道路、公园、片林、苗圃等重点绿化工程建设，发挥了突击队、战斗队作用。

2000年以后，经过多年坚持不懈地义务植树，各义务植树单位的义务植树责任区已陆续全部实现绿化。同时，随着郊区各项重点绿化造林工程的推进，可供义务植树的地块也越来越少。加之义务植树责任区所栽树木已逐步郁闭成林，改善森林结构，提高林分质量，开展森林多功能经营，成为郊区林业建设的主体，郊区义务植树的尽责形式也不断发生变化，逐步进入到认建、认养、互联网＋等多种义务植树尽责形式并存的新常态。

二、义务植树责任区

1982—1995年，有1600多个中央、市属和区（县）属单位到郊区参加义务植树，其中有381个中央部级、市属局级单位在义务植树重点地区，划分329个义务植树责任区，面积21487公顷，具体见表3-11-6。

1982—1995年，中央、市属和区（县）属单位在郊区的前山脸地区、水库水源保护区、风沙危害区以及干线公路等重点地区，共植树9951.7万株，保存8815.2万株，保存率为88.6%，抚育野生幼树284万株，绿化面积为2.88万公顷，抚育幼树12514.5万株次。

（一）前山脸重点地区

有243个赴区县和驻县单位，植树6144.6万株，保存5492.3万株，保存率为89.4%，绿化面积为15783.1公顷。在十三陵地区，中共

表3-11-6 1982—1995年郊区义务植树责任区

统计单位	划分责任区单位（个）			责任区数量（个）	面积（公顷）
	小计	中央	市属		
总计	381	129	252	329	21487.0
海淀区	51	24	27	64	1375.4
丰台区	8	5	3	13	424.8
门头沟区	25	2	23	25	1991.5
房山区	36	7	29	22	1409.5
通县	3	3	0	3	26.5
顺义县	6	6	0	5	128.8
大兴县	26	9	17	17	1156.6
昌平县	39	9	30	48	6382.9
平谷县	10	2	8	8	1232.5
怀柔县	81	11	70	30	2298.9
密云县	31	18	13	31	851.1
延庆县	18	7	11	18	833.9
十三陵林场	47	26	21	45	3374.6

中央直属机关、北京建材工业总公司等38个中央、市属单位，组织11万干部职工开展义务植树，共植树1000多万株，保存率达95%，绿化荒山3330余公顷，使十三陵前山脸一线形成一条"绿满关沟，居庸叠翠，蟒山、虎峪披绿，翠染燕子口"的绿色风景线。在房山云居寺地区，市政法委、市国防工办等系统27个单位，3万多人，坚持在岩石裸露的白带山挖坑换土，造林300多万株，绿化1130余公顷。登高俯视，云居寺地区再现当年"回首林烟漠"的森林景观。在门头沟的潭柘寺地区的义务植树责任区，北京市有色金属总公司完成植树48.2万株，绿化荒山166.7公顷。

（二）水库水源保护区

在密云水库水源保护区，农业部、北京师范大学等31个单位，植树464.6万株，保存399.3万株，保存率86.0%，绿化面积1198.2公顷；在怀柔水库水源保护区，外交部、中国科学院、北京市饮食服务总公司等29个单位，植树821.4万株，保存770.1万株，保存率为93.8%，绿化面积为2352.6公顷。在平谷海子水库，广播电影电视部、市经委等10个中央、市属单位10万多人安营扎寨义务植树，绿化水库周边8个山头，4片荒滩，一条环湖公路，绿化面积达1330余公顷，如今海子水库已成为绿树浓荫、湖光山色交相辉映的金海湖风景区

（三）风沙危害区

在永定河、潮白河、大沙河、康庄、南口风沙危害区，有51个赴县、驻县和县直单位，植树1436.8万株，保存1290.3万株，保存率89.8%，绿化面积8410余公顷。市经委系统的汽车、煤炭、医药、机械4大公司，在107国道昌平至延庆的两侧荒山上，连续7年刨大坑植树134万株，使330余公顷荒山披绿，后又转战康庄荒滩，在卵石滩上挖一米见方大坑，从几里之外拉黄土回填，栽植各种树木103万株，使沉睡千年的干旱卵石河滩展现绿色生机。1988—1990年，在永定河畔的大兴榆垡万亩片林建设中，市经委系统19个总公司组织13.7万职工参加会战，3年植树150万株，打机井56眼，架电线2.7万米，兴修水渠9万米。在永定河房山葫芦垡风沙区，市经委系统的一轻、纺织总公司等5个单位3万人，从1986年起连续5年栽植经济林、防护林109万株，使万亩"沙葫芦"变成"宝葫芦"。

（四）干线公路绿化

主要涉及京密、京张、京津、京周、京开、京良、顺平七条干线公路，1986—1989年的4年间，共组织发动中央、市、区（县）各单位300余万人次，在全长400千米公路两侧，植树450万株，形成了乔灌结合、多树种、多层次、多组团的绿色走廊。

三、义务植树实例

（一）中共中央直属机关

中直机关在昌平等3个区（县）承担了800多公顷的荒山造林绿化任务。1982—1990年，义务植树工作始终在"坚持""扎实""保证实效"上下功夫，先后组织8万人次参加了郊区义务植树，投工近35万个，共栽植各种树木160多万株，植树成活率、保存率均保持在90%以上。加强了对新栽幼树的管护工作，采用松土保墒、除草等措施，抚育幼树350万株次。同时，在全市率先提出对造林地上生长的臭椿、酸枣、榆树等各种野生树进行抚育，结合整地造林，采用开埯保水、除蘖修枝、防病除虫等措施，抚育野生树22.9多万株，促进了天然野生树的生长，多年后形成了多树种混交林。

（二）中央国家机关

中央国家机关66个部委及其在京直属单位，在郊区建立义务植树责任区91个，开展荒山、荒滩绿化造林。1982—1990年，累计植树1200多万株，保存率平均在92%以上，抚育野生树

45 多万株，人均植树达 64.4 株。中央国家机关各部门的许多党政领导同志，十分重视义务植树工作，亲自动员部署，以身作则带头参加植树活动，先后参加义务植树绿化劳动的干部职工达 230 多万人次，其中部级以上领导干部 1600 多人次，司局级 21000 人次。国家民航局在 1983 年主动提出在延庆山区进行义务飞播造林试验，连续 3 年共飞播造林 2000 公顷。此后，中央国家机关绿化委员会委托民航局牵头组织人数较少的 14 个部门，采取集资的方式开展义务飞播造林 4000 公顷；国家经委单独完成义务飞播造林 2200 公顷；民航局完成义务飞播种草 667 公顷。中央国家机关累计义务飞播造林种草 8867 公顷。

（三）北京市公用局

1982—1990 年，市公用局先后在昌平流村地区和下庄地区的义务植树责任区开展义务植树，共完成植树 57.2 万株，超额完成义务植树任务，绿化荒山面积 133 公顷。其中，1982—1985 年，在流村地区共完成植树 17.1 万株。1986 年开始，该单位义务植树责任区调整到昌平十三陵地区的下庄乡，这里山高坡陡，水源缺乏、干旱土薄石头多，立地条件极差，是植树造林难啃的硬骨头。为保证树木成活，他们投入很大力量引水上山浇树。先后在山坡不同高度，修建储水量分别为 120 立方米、70 立方米、30 立方米的蓄水池 3 个，安装水泵 8 台，铺设固定的输水管道近 3000 米，配备可机动使用的粗塑管 2000 米，通过 5 级扬程引水上山，使相对高差达 500 米以上的山坡上栽植的林木，均能浇上水。至 1990 年，在下庄义务植树责任区义务植树 40.1 万株。

（四）北京高等院校系统

1982—1990 年，先后有 60 余所高等院校分别到郊区义务植树重点地区建立责任区，开展义务植树。各个学校共组织大学生 10 余万人次，植树 492 万株，经检查验收，保存 434 万株，保存率为 88.2%，人均累计植树 49.9 株。其中，有 43 所高校人均年植树 5 株以上。在义务植树过程中，各个学校根据自身特点，坚持"植树"与"育人"相结合，把参加义务植树劳动当成向广大学生进行爱国主义、集体主义教育，造就社会主义新人的必修课，列入教学计划，常抓不懈。大学生们通过参加艰苦植树劳动，在思想、品德等诸多方面，都产生了潜移默化的积极变化，促进了当代大学生精神文明建设。

（五）北京市一商局

开展全民义务植树运动以来，该局组织 22 个直属单位的 3.5 万余名干部职工，在怀柔县城至慕田峪长城长达 15 千米道路两侧的荒山，划分义务植树责任区，开展义务植树，局和公司各级领导层层抓绿化，做到春季有布置，夏季有检查，秋季有验收，年底有讲评。绿化指挥部从选点规划、分山划片、苗木组织、技术培训、检查验收等方面做了大量组织协调工作。同时，还不断总结经验，探索出一套行之有效的义务植树管理办法，注重搞好上岗前的技术培训，严把各个植树环节的质量关，努力推广应用植树造林新技术、新方法，加快了植树速度，提高了造林质量。1982—1990 年，共植树 160.5 万株，植树成活率达 98%，人均植树 56 株，绿化荒山 500 公顷。

（六）北京市建材工业总公司

该公司义务植树责任区位于昌平十三陵地区，面积约 533 公顷，主要采取组建专业队伍的形式完成义务植树任务。为稳定义务植树专业队伍，对参加植树人员采取按劳付酬、多劳多得、有奖有罚的办法，调动植树专业队伍的积极性。为确保造林质量，狠抓整地质量关，起苗、运苗、栽苗质量关，抗旱保苗、抚育管理关，护林防火关。1982—1990 年，累计完成义务植树 130.7 万株，抚育管护野生树 10 万株，栽植各种果树 4000 多株，折合人均完成义务植树 50.6 株，保存率达 99.37%。

(七) 市农口系统

市农口系统11个局级单位义务植树责任区位于昌平十三陵西侧的燕子口，总面积220公顷，"荒山秃岭碎石坡，杂草丛生贫瘠窝"，是当时责任区的真实写照。1982年以来，在责任区打230米深的机井1眼，修建引水渠2千米，开挖蓄水池12个，购置水泵5台，为抗旱浇水保苗奠定了基础。市农林科学院、市农机局、市水利局主要采取专群结合的办法，组建专业队，由专业队常年进行挖坑整地、植树造林，单位定期组织机关职工上山突击植树；市农业局、市林业局等8个局联合组织专业队伍，统一进行整地、造林、幼林管护等经营管理，机关职工也定期轮流参加。连续9年的义务植树，完成荒山造林240公顷，共保存63.7万多株，人均49.8株，超额完成义务植树责任区的绿化（图3-11-6）。

图3-11-6　1993年春，市农口机关干部在昌平燕子口义务植树基地植树

第七节　纪念树、纪念林

纪念林是为铭记重大事件、历史传说、特定人物或纪念特殊事件而营造的森林类型。在承载着生态公益属性的同时，也承载着历史、文化、精神等方面的时代特征，是一种社会与自然结合的载体。中华民族历来具有植纪念树、造纪念林的良好风尚和传统美德，新中国成立以来，随着经济社会的快速发展，生态环境建设速度不断加快，国际交流合作的不断扩大，生态文明和精神文明建设水平的不断提高，植纪念树、造纪念林已形成了一种良好的社会风尚。

特别是开展全民义务植树运动以来，首都的各级党政部门、社会团体、国际友人和广大市民群众，以栽植纪念树，营造纪念林的方式表达自己意愿，如为移风易俗、弘扬精神文明，组织新婚夫妇栽植"结婚纪念林"、家庭邻里栽植"家庭和睦林"；为鼓励广大青少年励志，栽植"共青林""三八林""成才林"；为体现团结友好，组织各民族栽植"民族团结林"、部队和地方共植"军政同心林""拥军爱民林"；在国际交往中为表达友谊，栽植"国际友谊林"；为纪念重大事件的发生，栽植"世纪林""奥运纪念林"等等。同时，也把党和国家领导人以及一些重要的政治、文化名人参加义务植树活动所种植的树木确定为纪念树、纪念林。植纪念树、造纪念林活动热潮的掀起，不仅在推进义务植树和国土绿化进程，促进生态文明和精神文明建设中发挥了重要作用，同时也留下了许多具有时代特征的纪念树、纪念林。据不完全统计，至2020年全市城乡共营造各种类型的纪念林128处，面积达322.36公顷。纪念林的主栽树种以油松、白皮松、雪松、华山松、圆柏、毛白杨、柳树等为主，尤其是重要人物参加的植树，多以常绿树种为主。但随着时代发展变化和生态环境建设要求提高，近年来纪念林树种也呈现多样化趋势，有些纪念林的树种达20余种（图3-11-7）。

这些纪念树、纪念林不仅是广大市民移风易俗、弘扬精神文明的宝贵历史见证，也是北京生态文明建设中的一笔宝贵财富。为加强纪念树、

图 3-11-7 2018 年 3 月，全国绿化委员会、国家林业局、首都绿化委员会在北京市房山张坊镇举办 2018 年"国际森林日"植树纪念活动

纪念林的管理，2000 年 12 月，首都绿化办（市林业局）印发《关于加强纪念树、纪念林养护管理工作的通知》，组织开展纪念树、纪念林的普查，要求搞好各种纪念树、纪念林的养护管理工作。2009 年 10 月，首都绿化办印发《北京市纪念林管理暂行办法》，使纪念林管理工作进入了常态化、规范化、制度化管理的轨道。

一、党和国家主要领导人植树纪念林

自 1979 年全国植树节确定以来，特别是开展全民义务植树运动以来，党和国家领导人身体力行，每年参加首都全民义务植树活动，至 2020 年，已连续参加植树 42 年，足迹遍布北京城乡的城市公园、郊野公园、绿化隔离地区以及潮白河、永定河等重点绿化地区。植树完成后当地将党和国家领导人所栽植树木，确定为纪念林精心管护。至 2020 年，党和国家主要领导人植树纪念林已达 42 处。

二、重大历史事件纪念林（树）

中柬友好纪念树 1971 年 11 月，国务院颁布政令，将北京房山县长阳人民公社命名为"房山县长阳中柬友好人民公社"。11 月 7 日，命名仪式在长阳隆重举行，我国与柬埔寨领导人共同出席，并共同栽下 5 株常青树圆柏。如今，5 株圆柏已从青青幼苗长成了参天大树，成为中柬人民世代友好的历史见证。

中日友好纪念林 1972 年，中国和日本正式建立大使级外交关系。1973 年 3 月，日本首相访华，赠送给中国象征中日两国人民友谊的礼物——日本落叶松苗木 150 株，栽植在八达岭林场内的长城脚下，以纪念中日邦交实现正常化，也是纪念日本首相首次访华而建的第一个"中日友谊林"。

中朝友谊纪念树 1975 年 4 月 20 日，朝鲜民主主义人民共和国主席在中国共产党中央委员会副主席的陪同下到大兴县参加"中朝友好人民公社"命名典礼仪式，共同栽种了一株白皮松，并立大理石纪念碑，上书"中朝友谊树"，以作纪念。

缅怀毛泽东主席纪念树 1976 年，毛泽东主席逝世，中山公园的职工怀着沉痛的心情为毛主席追悼大会会场进行花卉布置，之后将摆放在会场两侧的 6 株云杉，移植到中山公园以作纪念。如今，这 6 株树龄长达半个多世纪的云杉，依然长势旺盛，挺拔高耸，树姿壮美，翠绿欲滴，生机蓬勃。

"植树节"纪念林 1979 年 2 月 23 日全国人民代表大会常务委员会第六次会议决定将每年的 3 月 12 日确定为中国的植树节。1979 年 3 月 12 日，在中国的第 1 个植树节到来之际，党和国家领导人来到位于大兴永定河风沙危害区，同首都广大干部群众 1000 多人参加植树造林。大兴县政府将党和国家领导人种植的毛白杨等树木确定为纪念林，并精心管护，立碑纪念。

自卫反击战老山前线烈士纪念林 为了缅怀对越自卫反击战老山前线牺牲的烈士，弘扬烈士保家卫国、英勇奉献精神，1986 年共青团北京市委组织青少年代表 100 余人，在共青林场李遂度假村建设缅怀英烈纪念林，共栽种油松、侧柏等 116 株。

世界妇女友谊林 为纪念联合国第四次世界妇女大会非政府组织论坛在北京召开，由中华全国妇女联合会和中国绿化基金会共同发起，在怀柔水上公园营造"世界妇女友谊林"。1995年9月6日，来自世界各国参加会议的500多名妇女代表，在"世界妇女友谊林"栽植侧柏500余株。

红军长征纪念林 1996年4月7日，为纪念中国工农红军长征胜利60周年，由王平、李德生、杨成武、张爱萍、陈锡联、肖克等33位年逾古稀的老红军，在大兴县榆垡镇的沙荒地栽下60株松树、柏树，营造红军长征纪念林。

香港回归纪念林 为纪念香港1997年回归祖国，1997年3月28日，北京市主要领导和市级机关2000名干部到圆明园遗址公园植树1997株，并树立"香港回归纪念林"石碑以作纪念。

京港青年纪念林 1997年3月31日，北京、香港各界青年代表1000余人，在京九铁路北京段的大兴县魏善庄乡共同栽植侧柏、杨树、龙爪槐等1997株，纪念香港回归，并立"京港青年纪念林"碑纪念。

将军纪念林 1997年10月18日，为庆祝中国人民解放军建军70周年，在京老将军及已故元帅、将军家属500余人，在朝阳公园东侧营造"将军纪念林"，共植松柏树400株。

迎接"新世纪"纪念林 为迎接21世纪的到来和纪念"植树节"20周年，1999年3月17日至4月3日，中直机关、驻京部队、中央和国家机关以及北京市劳动模范代表先后到永定河畔，营造"中直机关世纪林""驻京部队世纪林""中央国家机关世纪林"和"北京市劳动模范世纪林"。

京澳青年纪念林 为纪念1999年澳门回归祖国，1999年4月5日，北京、澳门青年代表1000余人，在大兴县魏善庄乡京九铁路沿线栽植杨、柳、槐、柏等1999株，并立"京澳青年纪念林"碑纪念。

万国邮政联盟纪念林 为纪念第22届万国邮政联盟大会在北京召开，1999年9月2日，来自170个成员国的300多名参会代表，来到北京八达岭长城脚下榆林古驿站，栽种了万国邮政联盟历史上第一片国际纪念林。

中马友谊林 2004年5月22日，为纪念中国和马来西亚建交30周年暨中马友好年，外交部、马来西亚驻华大使馆等中马两国相关部门代表来到延庆玉渡山的中马林业国际合作项目区，共同植树，并为"中马友谊林"纪念碑揭碑。

焦庄户地道战抗日纪念林 为纪念抗日战争胜利60周年，2005年7月30日，北京绿化基金会和顺义区委、区政府、龙湾屯镇政府联合在顺义焦庄户地道战遗址营造抗日纪念林。

申办奥运纪念林 为声援和支持北京申办2008年的夏季奥运会，2001年4月15日，全国关注森林组委会、首都绿化委员会在京联合开展支持北京申奥大型植树活动，组织首都各界代表500多人在昌平区东小口森林公园内，营造"申办奥运纪念林"种植象征2008年奥运会的大规格银杏树2008株。

绿色奥运纪念林 为了纪念以"绿色奥运，科技奥运，人文奥运"为理念的第29届夏季奥林匹克运动会在北京举行，2006年4月8日，来自32个国家的450名旅游者及在京留学生，在长城脚下为北京"绿色奥运"种下400株纪念树，并立"绿色奥运纪念碑"纪念。

奥林匹克友谊林 2007年8月8日，北京奥运会组委会举办奥运会倒计时一周年活动，组织出席第29届奥运会各国代表团团长会议的代表，在奥林匹克公园共植"奥林匹克友谊林"。

世界青年友谊林 2008年8月15日，在奥运会举办期间，来自204个国家的北京奥林匹克青年营480名营员，来到长城脚下植树500株，营造象征五大洲青年欢聚、团结、和谐、创造的"世界青年友谊林"。国际奥委会国际合作与发展委员会主任托马斯·西索尔出席植树活动并为"青年创造未来"石碑揭幕。

首届亚太经合组织林业部长级会议纪念林 2011年9月8日，参加首届亚太经合组织林业部长级会议的13个代表团、100多名代表来到八达岭林场，为此次会议栽植纪念林，国家林业局局长、北京市政府副市长、秘鲁农业部部长等共同为纪念碑揭幕（图3-11-8）。

图 3-11-8　2011 年 9 月，首届亚太经合组织（APEC）林业部长级会议纪念林种植仪式

"**亚太经合组织亚太伙伴林**"　为纪念 2014 年亚太经合组织领导人非正式会议在北京召开，2014 年 11 月 11 日，中国国家主席与出席会议的 21 个国家、地区的国家元首、政府首脑和经济体领导人，在怀柔雁栖湖畔营造"亚太经合组织亚太伙伴林"，栽植白皮松 21 株。

三、社会团体、各界群众植树纪念林

英烈纪念林　1986 年 4 月，共青团北京市委为了缅怀先烈，教育广大青少年，开辟了英烈纪念林，以纪念在老山前线牺牲的烈士、为保护国家财产与歹徒搏斗而英勇献身的勇士。纪念林占地 0.8 公顷，栽植油松 66 株、侧柏 50 株。

"双拥同心林"和"军政同心林"　1991 年 4 月 7 日，全国政协领导同 10 位将军，在西城区灵镜胡同栽植"双拥同心林"；14 位将军和西直门 170 号院居民一起栽植"军政同心林"。

中华民族园将军林　1994 年 3 月 12 日植树节，中央军委领导和驻京部队 78 名将军，在中华民族园栽植银杏、槐、云杉和圆柏等 240 株，建成"将军林"。

伊甸园幸福林　在全国人大常委会副委员长的倡导下，在怀柔雁栖湖畔，开辟了一处占地 240 公顷的"伊甸园幸福林"，主要为新婚夫妇、银婚、金婚老人等开展植树纪念服务。1996 年 10 月 12 日，首次植树活动隆重举行，新婚、银婚、金婚夫妇代表，以及社会各界群众代表数百人参加。

中华世纪妇女林　2000 年 3 月 8 日，全国妇联组织首都各届妇女代表在大兴县芦城乡永定河畔举行"中华世纪妇女林"揭碑仪式并植树造林。全国人大常委会、全国妇联、中国绿化基金会、北京市委等有关领导，同来自驻京部队、国家有关部门、各民主党派妇女代表，以及全国各省份先进妇女代表，共同栽植油松、圆柏、金丝垂柳、千头椿、火炬树 2000 株。6 名先进妇女代表为"中华世纪妇女林"揭碑。

共建绿色家园纪念林　2000 年 3 月 24 日，中央国家机关绿化委员会在密云县绿岛世纪公园举行"携手共建绿色家园——中央国家机关老同志义务植树行动"。100 余名副部级以上的离退休老干部共同栽下了 300 多株油松、圆柏、金丝垂柳等。离退休干部代表为"携手共创绿色家园"纪念碑揭碑。

绿色志愿者纪念林　2000 年 3 月 26 日，由首都文明办、共青团北京市委等单位组织的 1200 余名"首都绿色志愿者"，到大兴县芦城乡永定河畔营造首都绿色志愿者林，种下了 3000 多株象征家庭美满、生活幸福、盼望子女成才，共创社会文明的"合家欢树""幸福树""成才树""文明树"。

和平友谊林　2003 年 4 月 2 日，全国人大常委会副委员长在丰台区北宫国家森林公园参加首都义务植树活动，与首都各界代表共同营造和平友谊林，并为"和平友谊林"纪念碑揭碑。

海峡两岸青年林　2004 年 7 月 16 日，全国台联组织来京参加台胞青年夏令营的千余名台湾青年学子，到北京奥林匹克森林公园参加植树活动，与北京青少年代表共同营造"海峡两岸青年林"。

四、国际友谊林

北京国际友谊林　为了满足国际友人参加中国植树活动的意愿，昌平县在十三陵水库上游的卵石河滩上，开辟了一块面积千亩以上土地供国际友人植树。1984年4月5日，国际友谊林落成植树典礼隆重举行，驻京外国使领馆的外交官、驻华商社代表上千人，参加国际友谊林的植树活动。截至2020年，国际友谊林共接待来自美国、日本、德国、英国、法国、加拿大、韩国、俄罗斯等108个国家和地区的外宾和国际友好人士11000人次参加植树活动，千亩卵石河滩全部实现绿化，栽植的树种以白皮松、华山松、侧柏、圆柏为主。

中日友谊纪念林 1993年7月，由林业部、中国绿化基金会与日本森林文化协会和绿色财团等友好人士，在八达岭长城脚下营造"中日友谊纪念林"，栽植侧柏2000株。1994年3月30日，日本友好人士代表到八达岭长城脚下和延庆县干部群众一起植树，栽植油松、侧柏等1800株，并立碑纪念。

"三八"国际友谊林 1994年4月3日，由全国人大常委会副委员长倡导，组织孟加拉国、约旦、肯尼亚、古巴、以色列等20多个国家的女大使、大使夫人、女外交官及中外妇女共200余人，在通州八里桥北侧植树，营造"三八"国际友谊林，并立碑纪念。1995年4月1日，来自世界五大洲的40多个国家和国际组织、地区组织的驻京女大使、大使夫人、女外交官等150余人，在"三八"国际友谊林栽植纪念树500余株。

中德友谊林 1999年4月17日，德国驻华使馆、德国技术合作公司（GTZ）驻京机构等40余名德国驻华工作人员，来到中德林业技术合作项目区密云县冯家峪镇帽石沟村小流域示范点，与当地群众共建"中德友谊林"，共栽植白皮松、侧柏、元宝枫、黄栌等200余株。

第十二章 工程造林

工程造林区别于常规造林，是将造林纳入国家基本建设计划，运用现代管理方法，采用先进造林技术，按基本建设程序组织实施的植树造林，具有计划性、规模性、专业性和资金来源稳定的特点。20世纪80年代以来，随着经济、社会发展水平的逐渐提高，从中央到地方不断加大对林业建设的资金投入，把植树造林列入重点工程，集中资金，集中力量，全面推进，重点突破。北京实施了三北防护林建设工程、太行山绿化工程、京津风沙源治理工程、退耕还林工程等国家造林重点工程。在国家造林重点工程的引领带动下，北京市先后启动实施了一批市级重点绿化造林工程。在山区，实施了水源保护林建设、爆破造林、关停废弃矿山修复和彩色树种造林等重点绿化工程。在平原地区，实施了第一和第二道隔离地区绿化、"五河十路"绿色通道建设、两轮百万亩造林以及城市副中心绿化等一批市级重点绿化造林工程，大大推动了北京国土绿化进程。

第一节 国家重点造林工程

一、三北防护林建设工程

1978年11月，国家启动实施三北防护林体系建设工程，范围包括中国北方13个省（自治区、直辖市）551个县（旗、市、区），规划总面积406.90万平方千米，占国土面积的42.4%。从1978年开始到2050年结束，建设期限73年，分3个阶段8期工程进行建设。1978—2000年为第一阶段，2001—2020年为第二阶段，2021—2050年为第三阶段。

北京市从1982年起列入国家三北防护林体系建设工程范围，至2020年共完成五期，各期工程范围有所变化。其中，1982—1985年为一期工程，1986—1995年为二期工程，1996—2000年为三期工程，2001—2010年为四期工程，2011—2020年为五期工程。

在三北防护林建设工程中，北京市采取人工造林、飞播造林、封山封沙育林相结合，生物措施与工程措施相结合，造林、封育、管护相结合，带、片、网相结合，乔、灌、草相结合的措施，紧密结合生产生活需要，因地制宜，因害设防，由近及远，先易后难，有序推进。

1982—1985年，北京实施三北防护林建设一期工程，范围涉及密云、怀柔、延庆、昌平、房山、丰台、大兴、门头沟、平谷、顺义、通县等11个区（县），前7个区（县）为建设重点区（县）。一期共完成植树造林9.38万公顷，其中人工造林6.37万公顷、封山育林2.88万公顷、飞播造林0.13万公顷。

1986—1995年，北京实施三北防护林建设二期工程，范围涉及大兴、通州、顺义、朝阳、海淀、丰台、石景山、门头沟、房山、密云、怀柔、昌平、延庆、平谷14个区（县）。二期共完成植树造林33.04万公顷，其中人工造林13.4万公顷、封山育林13.53万公顷、飞播造林6.11万公顷。

1996—2000年，北京实施三北防护林建设三期工程，范围涉及平谷、密云、怀柔、延庆、昌平、门头沟、房山、顺义8个区（县）。三期共完成植树造林13.15万公顷，其中人工造林3.94万公顷、封山育林6.97万公顷、飞播造林2.24万公顷。

2001—2010年，北京实施三北防护林建设四期工程，范围涉及大兴、通州、顺义、朝阳4个区。四期共完成植树造林6.38万公顷，其中人工造林5.49万公顷、封山育林0.89万公顷。

2011—2020年，北京实施三北防护林建设五期工程，范围涉及大兴、通州、顺义、朝阳4个区。五期共完成植树造林6.18万公顷，其中人工造林6.15万公顷、封山育林333.3公顷。

在工程建设中，始终坚持高标准规划设计，认真制定规划及年度作业设计，统一规范规划设计图、表格、说明书模式；坚持以乡土树种为主，按照"五多"（即多林种、多树种、多植物、多色彩、多层次）、"四好"（即好种、好活、好管、好看）的要求，乔灌花草合理搭配，大力营造混交林；坚持高质量建设，努力推广应用工程整地、抗旱造林、蓄水保墒等造林技术，提高林业科技贡献率和科技成果转化率；严格按照设计施工，实行专业队造林，严把整地、苗木、栽植、管护等技术质量关；坚持高效能管理，实行项目法人负责制、规划设计审批制、苗木政府采购制和检查验收制等一系列制度。保证了三北防护林建设工程的顺利实施，提高了工程质量（图3-12-1）。

二、太行山绿化工程

太行山绿化工程涉及北京、河北、山西、河南4个省（直辖市）。北京市太行山范围南起房山区拒马河，北至昌平区关沟，西与河北省的怀来、涞水、涿鹿县交界，东部与北京市平原

图3-12-1　三北防护林建设工程平谷丫髻山地区绿化

相连。1986—1993年，根据林业部的统一部署，在门头沟区上苇甸、田庄及房山区十渡、蒲洼等地开展太行山绿化工程试点，实行山、水、田、林、路综合治理，试点期间共完成绿化任务7.91万公顷。

1993年，在太行山绿化工程试点取得经验的基础上，编制了《北京市太行山绿化总体规划（1994—2000年）》。规划范围包括房山、门头沟、海淀、丰台、石景山和昌平的部分地区，涉及6个区（县）49个乡镇和10个国有林场，规划区面积39.0万公顷。至此，太行山绿化工程建设全面启动，进入了"治山治水、致绿致美、治穷致富、绿富结合"的综合治理新阶段。

1994年，北京市政府成立了以主管副市长为组长的太行山绿化工程领导小组，在市林业局设立领导小组办公室，具体负责工程的规划设计、技术指导、检查验收等方面工作。同年，北京市政府先后印发了《关于加强太行山绿化工程建设管理的通知》《关于我市太行山绿化工程建设的意见的通知》，规定凡列入重点工程的项目，严格实行工程管理，按规划立项，按立项设计，按设计组织施工和检查验收，以保证工程质量。

1994年，房山区、门头沟区被林业部列入首批太行山绿化工程重点示范项目建设区。按照林业部的部署和北京市太行山绿化总体规划的要求，在两个区分别确定了1个试验示范区。其中，房山区拒马河流域生态经济型防护林试验示范区，涉及蒲洼乡、十渡镇、张坊镇以及长沟镇黄元井村和霞云岭乡四马台村，总面积4.05万公顷；门头沟区京兰路水土保持林试验示范区，涉及雁翅镇、军响乡、清水镇、斋堂镇及上苇甸乡5个乡镇，总面积6.14万公顷。以试验示范区为主，共建立了水土保持林、前山脸绿化、经济林建设、成林抚育间伐、封山育林、飞播造林、义务植树等示范点和基地39个，面积4030公顷。

1994—2000年为一期工程，共完成造林营林任务8.6万公顷。其中，植苗造林29200公顷，飞播造林10800公顷，封山育林29333公顷，幼林抚育16667公顷。全面超额完成一期规划造林任务。

2000年，北京市编制《北京市太行山绿化二期工程总体建设规划（2001—2010年）》，工程建设范围包括海淀、丰台、石景山、房山4个区的40个乡镇。2001—2010年太行山绿化二期工程实际完成造林营林面积257471公顷。其中，人工造林完成32520公顷，封山育林完成14844公顷，飞播造林完成8333公顷，林分抚育201774公顷。各区完成情况见表3-12-1，各年度完成情况见表3-12-2。

2010年，按照国家林业局的部署，编制《北京市太行山绿化三期工程建设总体规划（2011—2020年）》，工程建设范围涉及房山、海淀、丰台和石景山等4个区。

2011—2020年，太行山绿化三期工程实际

表3-12-1　2001—2010年北京市太行山绿化二期工程各区完成情况

单位：公顷

统计单位	完成总任务						
	合计	营造林				林分抚育	
		小计	人工造林	飞播造林	封山育林	小计	其中中幼林抚育
全市	257471	55697	32520	8333	14844	201774	167883
房山区	128456	47208	24031	8333	14844	81248	52878
丰台区	53335	3024	3024	0	0	50311	49999
海淀区	75557	5342	5342	0	0	70215	65006
石景山区	123	123	123	0	0	0	0

表 3-12-2　北京市太行山绿化二期工程各年度完成情况

单位：公顷

年份	完成总任务					
	合计	人工造林	封山育林	飞播造林	林分抚育	
					小计	其中中幼林抚育
总计	257471	32520	14844	8333	201774	167883
2001	25277	5154	2945	1000	16178	13626
2002	29206	6023	3393	2333	17457	16327
2003	29094	6200	1333	2333	19228	18158
2004	25595	4006	1333	1333	18923	18069
2005	17327	2490	1000	667	13170	12818
2006	15970	1340	933	667	13030	13000
2007	27680	1122	1907	0	24651	24111
2008	23284	1047	0	0	22237	15876
2009	31117	2477	0	0	28640	15999
2010	32921	2661	2000	0	28260	19899

完成造林营林面积231985公顷。其中，人工造林完成27797公顷，封山育林完成9465公顷，林分抚育194723公顷。各区完成情况见表3-12-3，各年度完成情况见表3-12-4。

为加快太行山绿化工程建设步伐，根据立地条件和经营目标分类实施，有序推进。在高山、深山、远山，对交通不便、人工造林有困难的地方，以封山育林和飞播造林为主，对条件较好的地方，营造落叶松用材林；在中低山地区，实行山、水、林、田、路综合治理，大力开展经济沟建设，突出发展经济林，种植名、特、优、新果品，并坚持果树发展区域化、规模化和标准化，提高经济效益；在浅山、前山脸地区，名胜古迹较多，旅游资源丰富，采用飞、封、造并举的措施，对立地条件极差而生态区位又十分重要的地块，则采取爆破整地造林的方法，迅速改善景观。

表 3-12-3　2011—2020年北京市太行山绿化三期工程各区完成情况

单位：公顷

统计单位	完成总任务					
	合计	营造林			林分抚育	
		小计	人工造林	封山育林	小计	其中中幼林抚育
全市	231985	37262	27797	9465	194723	194630
房山区	102171	33935	25003	8932	68236	68236
丰台区	57691	1228	1228	0	56463	56370
海淀区	72123	2099	1566	533	70024	70024
石景山区	0	0	0	0	0	0

表 3-12-4　北京市太行山绿化三期工程各年度完成情况

单位：公顷

年份	完成总任务				
	合计	人工造林	封山育林	林分抚育	
				小计	其中中幼林抚育
总计	231985	27797	9465	194723	194630
2011	20135	834	0	19301	19270
2012	24866	3532	2000	19334	19303
2013	25835	5001	1466	19368	19337
2014	23764	4226	0	19538	19538
2015	23516	1604	1999	19913	19913
2016	30140	3359	4000	22781	22781
2017	21222	2401	0	18821	18821
2018	21128	2610	0	18518	18518
2019	21092	2579	0	18513	18513
2020	20287	1651	0	18636	18636

在工程建设中，先后推广了容器苗造林、混交林营造、地膜覆盖、ABT生根粉及根宝处理苗木、生物防治病虫害、果苗无毒化栽培、高接换优、果树综合配套管理技术。开展了耐污染树种筛选、核桃室外嫁接、落叶松雨季造林试验、樱桃引种及开发、侧柏良种选育等研究和试验，为太行山绿化工程建设提供了科学依据。

在树种选择上，根据森林的主导功能、立地条件和树种的生态学特性，优先选择生态功能和经济功能俱佳的树种，优先选用表现良好的栎类等乡土树种，推广经过试验性状优良的引进树种。

在苗木使用上，要求工程所用苗木应达到二级以上苗木质量标准，针叶树冠丰满、长势旺盛、顶芽饱满、根系发达、无机械损伤，土球苗不散坨；阔叶裸根苗的苗根不劈裂，切口平滑，截干整齐。具有"三证一签"，即生产许可证、经营许可证、苗木出圃合格证和苗木标签。从外埠进苗或使用优良品种还须有检疫合格证或良种证。

对整地施工也有明确规定。在立地条件相对较好的地块，整地规格为0.8米×0.8米×0.6米；立地条件差的地块整地规格不得低于0.6米×0.6米×0.5米。整地质量及单位面积内整地坑数合格率要求达95%以上。石质树坑要以客土为主。树坑在回填土过程中，要预施一定数量的有机肥以及其他生物肥料，每公顷有机底肥用量4500~7500千克。

通过实施太行山绿化工程，太行山地区森林资源不断增长，林分质量显著提高，生态环境明显改善。特别是过去植被稀疏、岩石裸露、土层瘠薄、干旱缺水，立地条件极差的前山脸地区，经过多年绿化，昔日荒山秃岭如今披上绿装，呈现出春季山花烂漫、夏季绿树成荫、秋季层林尽染、冬季松柏青翠的优美景观（图3-12-2）。同时，在坚持生态优先的前提下，把改善山区经济条件，增加农民收入作为一项重要措施来抓，注重发展、改良核桃、香椿、花椒、柿子等传统经济树种，并引进发展红富士、新红星、红灯樱桃等名特优新果品，增加了林果收入，富裕了山区农民。

图 3-12-2 京西林场太行山绿化工程建设

三、京津风沙源治理工程

京津风沙源治理工程是党中央、国务院为改善和优化京津及周边地区生态环境状况，减轻风沙危害，紧急启动实施的一项具有重大战略意义的生态建设工程。2000年6月，国务院批准实施京津风沙源治理工程，其目的是通过植被保护、植树种草、退耕还林、小流域及草地治理、生态移民等措施，优化首都生态环境，实现绿色奥运，保障首都地区经济社会协调发展。按照国家发展改革委、国家林业局、农业部、水利部等有关部门的统一部署，该工程2000年试点，2002年正式启动实施，涉及北京、天津、河北、山西及内蒙古等5个省（自治区、直辖市）的75个县（旗），工程区范围总面积45.8万平方千米，其中沙化土地面积10.12万平方千米。北京的昌平、门头沟、怀柔、平谷、密云和延庆6个区（县）列入工程建设范围。

2002年3月，国务院正式批准实施《北京市京津风沙源治理工程规划（2002—2012年）》。工程建设内容包括：荒山荒地（荒沙）造林营林、农田林网、草地治理、小型水利设施、水源工程、小流域综合治理和生态移民。

截至2012年年底，京津风沙源治理工程规划任务全面完成，累计营林造林471998公顷。其中，人工造林72278公顷，爆破造林15999公顷，飞播造林21054公顷，退耕还林69999公顷，封山育林292668公顷，见表3-12-5。

2013年根据国家批准的《北京市京津风沙源治理二期规划（2013—2022年）》，北京市启动了二期工程建设。京津风沙源治理二期工程涉及房山、门头沟、平谷、怀柔、密云、延庆、昌平、大兴8个区和市属林场，林业建设内容主要包括封山育林、人工造林（含平原造林、山区造林）、低效林改造等。

截至2021年年底，京津风沙源治理二期工程完成造林142613公顷。其中，宜林地造林2000公顷、困难立地造林9773公顷、平原造林16173公顷、低效林改造27413公顷、封山育林87254公顷，见表3-12-6。

2000—2021年，通过实施京津风沙源治理工程，共完成造林营林614611公顷。工程区范围内宜林荒山基本实现绿化（图3-12-3），五大风沙危害区得到有效治理，土地沙化程度显著降低。依托京津风沙源治理工程建设，山区特色产业蓬勃发展，以生态观光、农事体验、民俗旅游为特色的新型产业成为郊区重要产业，实现了生态建设与农民增收的协调发展。工程启动以来，

表 3-12-5 京津风沙源治理工程一期造林任务完成情况

单位：公顷

工程类别			合计	2000年	2001年	2002年	2003年	2004年	2005年	2006年	2007年	2008年	2009年	2010年	2011年	2012年	2012年续建
总计			471998	14667	27133	64000	64666	52666	11334	17932	17400	40133	40199	31667	30967	26233	33001
人工造林		合计	142277	7800	3880	32667	26666	18666	2667	16599	10000	2133	5533	4333	3633	3033	4667
	退耕还林	小计	69999	3333	0	24000	24000	18666	0	0	0	0	0	0	0	0	0
		退耕地造林	36666	3333	0	12000	12000	9333	0	0	0	0	0	0	0	0	0
		配套荒山造林	33333	0	0	12000	12000	9333	0	0	0	0	0	0	0	0	0
	人工造林	小计	72278	4467	3880	8667	2666	0	2667	16599	10000	2133	5533	4333	3633	3033	4667
		人工造林	47012	4467	3880	0	1333	0	2667	5333	6000	2133	5533	4333	3633	3033	4667
		农田林网	10000	0	0	8667	1333	0	0	0	0	0	0	0	0	0	0
		低效林改造	8033	0	0	0	0	0	0	4033	4000	0	0	0	0	0	0
		灌木林地改造	4033	0	0	0	0	0	0	4033	0	0	0	0	0	0	0
		补植补造	3200	0	0	0	0	0	0	3200	0	0	0	0	0	0	0
飞播造林			21054	667	1720	5333	6667	6667	0	0	0	0	0	0	0	0	0
封山育林			292668	4867	20200	24667	30000	26000	6667	0	6733	36667	33333	26667	26667	22533	27667
爆破造林			15999	1333	1333	1333	1333	1333	2000	1333	667	1333	1333	667	667	667	667

表 3-12-6　京津风沙源治理工程二期造林任务完成情况

单位：公顷

工程类别		合计	2013年	2014年	2015年	2016年	2017年	2018年	2019年	2020年	2021年
总计		142613	11613	10307	13133	16000	18666	11600	16560	27400	17334
人工造林	小计	27946	9833	6340	3333	2000	2333	1600	1173	667	667
	宜林地造林	2000	0	0	2000	0	0	0	0	0	0
	困难立地造林	9773	0	0	1333	2000	2333	1600	1173	667	667
	平原造林	16173	9833	6340	0	0	0	0	0	0	0
低效林改造		27413	1780	3967	4000	9333	8333	0	0	0	0
封山育林		87254	0	0	5800	4667	8000	10000	15387	26733	16667

图 3-12-3　昌平南口镇潭峪沟京津风沙源治理工程人工造林初步效果

工程区发展的果树、花卉、蜂业和森林旅游等绿色产业直接和间接经济效益实现年产值近40亿元，助力绿岗就业人数达5万余人，人均收入由2002年的2000余元增加到2022年的2万余元。在20年京津风沙源治理工程建设中，不断探索、实践、创新，积累了许多成功的经验和做法，突出体现在以下方面。

坚持高位推动，创新管理机制。建立由市发改委、市农委、市财政、市园林绿化局、市水务局等市政府相关部门参加的北京市生态环境建设协调联席会议制度，由主管副市长任会议召集人，负责全市京津风沙源治理工程的统筹协调。联席会议办公室设在市发展改革委，为日常办事机构。各相关单位分工负责、各司其职，相互协调、部门联动，共同推进京津风沙源建设工程。连续多年把京津风沙源治理等生态工程列入重大督查考核项目，把各工程区的区长和有关部门主要领导列入项目第一责任人。

坚持规划引领，实施系统治理。先后制定了《北京市京津风沙源治理工程规划（2001—2010年）》和《北京市京津风沙源治理二期工程规划（2013—2022年）》，统筹山水林田湖草沙系统治理，确定近期、远期规划目标，坚持因地制宜、分类施策、突出特色，宜林则林、宜果则果、宜草则草。按照先重点后一般，先易后难的原则，安排规划任务。

强化科技支撑，提升造林质量。注重植物合理配置，针阔混交，近自然栽植，构建复层、异龄、混交结构。注重丰富生物多样性，造林树种多达168个，乡土树种占85%以上。注重新技术、新材料的应用，在废弃砂石坑、沙荒地、坑塘藕地等困难立地造林中，推广应用生根粉、保水剂、抗蒸腾剂、地膜覆盖、植树袋、生态袋等新技术、新材料100余项，节水保活新材料使用面积达60%以上。注重工程监测，采用小卫星实时动态监测技术，及时掌握工程进展和成效，为工程实施提供强有力的支撑。注重科技成果转化与示范，建立一批"生态+"科技示范区、示范点，通过示范来促进先进治理理念、模式和技术的推广应用。

建立配套制度，规范工程管理。为了加强京津风沙源工程的管理，制定出台了《北京市京津风沙源治理工程建设管理办法》《京津风沙源治理工程年度检查验收办法》《北京市京津风沙源治理工程科技支撑项目管理办法》及《京津风沙源治理工程林业建设技术规定》等管理文件。有序推进工程建设，实施全链条管理。严格按照基本建设项目管理程序，建立了区级自查、行业部门核查、市级部门联合验收的三级检查验收制度，确保工程建设质量。各区结合实际情况出台相关管理办法和技术规程，普遍实行了项目法人责任制、监理制、合同管理制、招投标制等制度，规范设计和施工管理，形成健全有效的工程管理体系。

四、退耕还林工程

退耕还林工程是从保护生态环境出发，将水土流失严重的耕地，沙化、盐碱化、石漠化严重的耕地以及粮食产量低而不稳的耕地，有计划、有步骤地停止耕种，因地制宜地造林种草，恢复植被的措施。根据《国务院关于进一步做好退耕还林还草试点工作的若干意见》，2000年，北京市启动退耕还林试点工作，门头沟区、昌平区、怀柔县、平谷县、密云县、延庆县列入国家退耕还林工程范围。当年，完成退耕还林试点面积3333公顷。

2002年，在总结退耕还林试点经验的基础上，平谷、密云、怀柔、昌平、延庆、门头沟6个区（县），全面实施国家退耕还林工程，房山区实施市级退耕还林工程，享受市级补助政策。同年4月，国务院印发《关于进一步完善退耕还林政策措施的若干意见》（以下简称《意见》），规定："黄河流域及北方地区，每亩退耕地每年补助粮食（原粮）100公斤。每亩退耕地每年补助现金20元。粮食和现金补助年限，还草补助按2年计算；还经济林补助按5年计算；还生态林补助暂按8年计算。补助粮食（原粮）的价款按每公斤1.4元折价计算。补助粮食（原粮）的价款和现金由中央财政承担。""种苗和造林费补助标准按退耕地和宜林荒山荒地造林每亩50元计算。"《意见》明确指出，有条件的省份，可增加配套资金。据此市政府制定印发《北京市退耕还林还草试点粮食补助资金财政、财务管理暂行办法》和《北京市退耕还林补助粮食供应暂行办法》，规定："在国家退耕地造林费用补助的基础上，市和区（县）分别增加苗木补助费每亩25元，达到每亩100元；对配套荒山荒地造林，市和区县分别增加造林补助费每亩125元，达到每亩300元。对于验收合格的退耕造林地，认定为生态林的，补助期限为8年，每亩每年补助原粮100公斤、现金20元；认定为经济林的，补助期为5年，每亩每年补助原粮100公斤、现金20元。"

2002年，全市完成国家级退耕地造林10000公顷，配套荒山荒地造林10000公顷；房山区完成市级退耕地造林2000公顷，配套荒山荒地造林2000公顷。

2003年，平谷、密云、怀柔、昌平、延庆、门头沟6个区（县）完成国家级退耕地造林10000公顷，配套荒山荒地造林10000公顷；房山区完成市级退耕地造林2000公顷，配套荒山荒地造林2000公顷。

2004年4月，国务院办公厅印发《关于完善退耕还林粮食补助办法的通知》，对退耕农户的粮食补助改为现金补助。当年，平谷、密云、怀柔、昌平、延庆、门头沟6个区（县），完成退耕地造林7333公顷，配套荒山荒地造林7333公顷；房山区完成市级退耕地造林2000公顷，配套荒山荒地造林2000公顷。

截至2004年年底，北京市共完成退耕还林任务69999公顷。其中，退耕地造林36666公顷，配套荒山荒地造林33333公顷；国家级退耕地造林任务57999公顷，市级退耕还林12000公顷。全市各相关区县分年度退耕还林完成情况见表3-12-7。

根据《国务院关于完善退耕还林政策的通知》精神，2007年12月，市政府印发《关于进一步完善退耕还林政策的通知》，明确"确保退

表 3-12-7　北京市退耕还林任务完成情况

单位：公顷

年份	平谷		密云		怀柔		延庆		昌平		门头沟		小计		房山		合计	
	退耕	配套	退耕	配套	退耕	配套	退耕	配套	退耕	配套	退耕	配套	退耕	配套	退耕	配套	退耕	配套
总计	9133		15232		8854		12497		6333		5950		57999		12000		69999	
2000	333	0	1000	0	667	0	667	0	333	0	333	0	3333	0	0	0	3333	0
2002	1533	1533	2333	2333	1600	1600	2200	2200	1333	1333	1000	1000	10000	10000	2000	2000	12000	12000
2003	1667	1667	3000	3000	1000	1000	2667	2667	667	667	1000	1000	10000	10000	2000	2000	12000	12000
2004	1067	1333	2233	1333	1987	1000	96	2000	1000	1000	950	667	7333	7333	2000	2000	9333	9333
小计	4600	4533	8566	6666	5254	3600	5630	6867	3333	3000	3283	2667	30666	27333	6000	6000	36666	33333

耕还林成果切实得到巩固；确保退耕还林农户长远生计得到有效解决。继续对退耕农户实行直接补助，补助标准为验收合格的退耕造林地每亩每年补助原粮 50 公斤。生态林补助 8 年，经济林补助 5 年。凡 2006 年年底前退耕还林粮食和生活费补助政策已经期满的，从 2007 年起发放补助；2007 年以后到期的，从次年起发放补助"。并提出配套措施，加强农村能源建设，继续推进生态移民，加强退耕地及配套荒山的后期管护。至 2010 年，北京市退耕还林工程的实施，工程区共转移劳动力 8.8 万人。怀柔区、密云县借助退耕还林政策，发展板栗 1.07 万公顷，受益农户 6.3 万户（图 3-12-4）。延庆县借助退耕还林政策，发展仁用杏 0.67 万公顷。房山区借助退耕还林政策，发展良种核桃新品种 70 多个，栽培核桃 0.37 万公顷、柿子 0.84 万公顷。

图 3-12-4　退耕还林工程怀柔板栗密植园

北京市退耕还林工程的技术模式主要有速生丰产林模式、林药间作模式、生态走廊模式、生态旅游和林下经济模式、林牧治理模式等。

速生丰产林模式是通过营造速生丰产林，使该区域土地沙化的现象得到有效的控制，主栽的树种为欧美杨；林药间作模式是充分提高退耕还林土地使用率和土地生产效益，在管理药材（施肥、浇水、中耕锄草、除虫）的同时，使林木得到管理，主栽的树种为核桃、柿树，间作柴胡、防风等中草药；生态走廊模式是在公路两侧营造生态林或生态经济林，优化树种配置，增加树种多样性，美化公路景观，主栽的树种为板栗、落叶松、侧柏、黄栌、油松等；生态旅游和林下经济模式是通过发展生态旅游，结合自身优势培育高标准樱桃园，形成"一村一品"，增加农民收入，主栽的树种为樱桃；林牧治理模式是通过合理利用光、热、水、土等自然资源，提高土地生产力，形成种植、养殖相结合的特殊生态产业链，提高区域经济发展水平，促进农民增收致富，主栽的树种为四倍体刺槐，林间种植苜蓿。

密云区穆家峪镇庄头峪村紧邻 101 国道，是通往承德、古北口、司马台长城、云岫谷、雾灵山、白龙潭等风景区的必经之路。2003 年，庄头峪村对 101 国道沿线两侧的丘陵坡耕地进行退耕还林，依靠退耕还林政策，大力发展林果经济，采取统一标准，分户经营的方式，统一砌坝护堤，建设了 66.67 公顷的红香酥梨观光采摘园，并注册了"潮河果业"商标，申请了有机果品认证。果园全部采用生物防治和物理防治，不使用化学农药，全部施用有机肥，果实进行套袋管理。结合流域综合治理，解决水源配套问题，修建集雨池，配套小管出流，实行节水灌溉。完善旅游设施，修建围栏、凉亭、果园环路、停车场等，将退耕还林工程建设成为精品工程、亮点工程、富民工程。

2019年12月，北京市人民政府办公厅印发《北京市关于完善退耕还林后续政策的意见》的通知，进一步明确提出将部分退耕林地调整改造为生态公益林、对自主经营退耕还生态经济兼用林的农户给予补助、扶持退耕农户发展林果产业、组织指导退耕农户提高经营管理水平等政策措施。

第二节　山区造林绿化工程

一、爆破造林工程

（一）基本情况

北京的前山脸地区，西起房山区张坊镇，东至平谷县海子水库，绵延230千米，地跨10个区（县），总面积10多万公顷。由于该区域植被稀疏，土层贫瘠，水土流失严重，生态环境恶劣，一些地段岩石裸露，造林绿化十分困难。但这一地区又是北京的重要生态屏障，生态区位十分重要，是反映北京生态环境建设状况的重要窗口。为尽快改变这一地区的生态环境面貌，北京市组织动员社会力量发动当地农民、群众坚持不懈地进行绿化造林工作，营造了以油松、侧柏、刺槐、黄栌为主的风景林。但在岩石裸露的地段，常规造林难以奏效，特别是在靠近公路边、风景名胜区周围，仍有大片的光山秃岭。为尽快改变前山脸地区绿化面貌，1990年，北京市启动了爆破造林工程，在岩石裸露、土层瘠薄、立地条件较差的区域，采用爆破崩坑、客土回填的整地方式造林（图3-12-5）。至2008年累计在前山脸地区完成爆破整地造林14618.67公顷。北京市历年爆破整地造林完成情况见表3-12-8。

为确保爆破整地造林质量，在工程实施过程中，制定了《北京市山区爆破整地造林施工设计技术规定》《北京市山区绿化爆破整地技术规定》和《北京市山区爆破整地造林苗木及栽植技术规定》等，先后推广应用了保水剂、衬膜、覆膜、生根粉、抗蒸腾剂、固化水浸根等18项科研成果，为爆破整地造林提供了重要科技支撑（图3-12-6）。

在树种配置上，爆破整地造林工程以营造混交林为主，根据景观需求、立地条件及种间关系，确定主栽树种及针、阔叶乔木（包括彩

图3-12-5　爆破造林工程起爆现场

图3-12-6　爆破造林工程引水浇树

表3-12-8 1990—2008年北京市历年爆破整地造林面积

单位：公顷

年份	总计	房山	丰台	门头沟	海淀	昌平	延庆	怀柔	密云	顺义	平谷	十三陵林场	西山试验林场	八达岭林场
合计	14618.67	2360.02	466.31	1436.73	174.44	2102.33	1606.81	1947.81	1519.92	633.19	1552.02	355.77	203.33	259.99
1990	22.73	9.40	0.00	0.00	0.00	0.00	0.00	0.00	00.00	0.00	0.00	13.33	0.00	00.00
1991	290.97	52.00	13.00	27.67	0.00	40.77	29.93	26.67	40.33	13.33	20.00	20.60	0.00	6.67
1992	298.87	57.67	13.33	27.20	6.67	33.33	30.67	21.73	35.07	13.33	20.20	26.33	6.67	6.67
1993	281.34	49.20	13.33	32.00	7.33	30.00	18.20	30.47	35.73	17.00	16.07	18.67	6.67	6.67
1994	345.48	69.40	13.33	29.73	8.47	34.67	60.00	22.67	33.47	14.00	13.07	20.00	6.67	20.00
1995	332.34	62.33	13.33	22.00	12.00	26.67	36.00	22.67	67.33	14.00	14.67	14.67	6.67	20.00
1996	318.39	50.00	13.33	13.33	13.33	27.20	34.87	22.33	76.67	20.00	13.33	14.00	0.00	20.00
1997	294.44	50.00	13.33	19.00	13.33	30.53	41.33	20.00	36.67	22.87	13.33	14.05	00.00	20.00
1998	278.41	46.67	13.33	20.00	13.33	33.33	31.22	21.20	28.00	20.00	18.00	13.33	00.00	20.00
1999	249.19	46.67	13.33	22.47	13.33	41.53	21.73	20.13	33.33	20.00	16.67	00.00	00.00	0.00
2000	1251.79	213.33	26.67	103.33	33.33	190.61	128.60	193.93	133.33	12.00	140.00	40.00	23.33	13.33
2001	1307.96	206.67	40.00	100.00	13.33	233.70	147.60	186.67	133.33	20.00	186.67	13.33	13.33	13.33
2002	1333.33	206.67	40.00	100.00	13.33	233.33	146.67	186.67	133.33	40.00	186.67	20.00	13.33	13.33
2003	1333.33	200.00	40.00	106.67	13.33	200.00	180.00	173.33	146.67	40.00	186.67	20.00	13.33	13.33
2004	1346.79	206.67	40.00	93.33	13.33	253.33	113.33	232.67	120.00	40.00	186.67	20.80	13.33	13.33
2005	2000.00	320.00	40.00	266.67	0.00	253.33	253.33	220.00	200.00	133.33	173.33	46.67	46.67	46.67
2006	1333.33	206.67	40.00	120.00	0.00	226.67	200.00	186.67	133.33	40.00	133.33	13.33	20.00	13.33
2007	666.66	66.67	40.00	93.33	0.00	0.00	0.00	200.00	0.00	113.33	106.67	13.33	20.00	13.33
2008	1333.32	240.00	40.00	240.00	0.00	213.33	133.33	160.00	133.33	40.00	106.67	13.33	13.33	0.00

叶树种）的比例，通常针阔混交比例为 6∶4 或 5∶5，乔灌混交比例为 7∶3。

在整地规格上，在坡度 15° 以下的山脚、缓坡等区域，整地规格为 1.0 米 ×1.0 米 ×0.8 米，株行距 3 米 ×4 米，每亩 56 株（每公顷 840 株）；在坡度 15° 以上的区域，整地规格约为 0.8 米 ×0.8 米 ×0.6 米，株行距约 3 米 ×3 米，每亩约 74 株（每公顷 1110 株）。

在种苗选择上，优先选择适应性强、耐干旱瘠薄的乡土树种，要求树冠丰满、长势旺盛、顶芽饱满、根系发达、无机械损伤、检疫合格的苗木。苗木规格，要求针叶乔木的苗高在 1.5 米以上、树冠丰满度 90% 以上，带土坨起苗，土坨直径为苗高 1/3，运输栽植不散坨；阔叶乔木胸径 2 厘米以上，根系大小为胸径的 8~10 倍；灌木类 2~3 年生，地径 1.5 厘米以上，分枝不少于 3 个，根系长为苗高的 1/3。

在养护管理方面，栽后当年苗木成活率及第二年保存率要求达 90% 以上，栽后 3 年内，根据实际情况实施浇水、封堆、立支架、垒树盘、补植、涂白、看护、病虫害防治等养护管理措施，实行 5 年封育（图 3-12-7）。

图 3-12-7　爆破造林工程密云司马台地区初步效果

（二）工程实例

平谷区爆破造林工程　该工程涉及平谷区 11 个乡镇，西起峪口镇西凡各庄村，东至金海湖镇上堡子村，北到大华山镇和镇罗营镇，南到东高村镇大旺务村的干线公路两侧、风景区周边等前山脸地区。工程实施以来，共完成爆破造林 1342.53 公顷，栽植侧柏、油松、黄栌、元宝枫、黄金槐、红叶椿等各类大规格苗木 180 多万株，连翘、迎春、丁香等花灌木 74.8 多万株，保存率 95% 以上。在工程建设中，根据适地适树、因地制宜的原则，选用长势健壮、冠形饱满的良种壮苗，实行针阔混交、乔灌混交错落有致的自然配置；注重科技成果的推广应用，采用了坑底衬膜保墒、改土施肥、土壤中掺拌保水剂、树叶喷洒抗蒸腾剂、苗根蘸生根粉、栽植后覆土压灌及节水保墒等技术；在后期管护工作中，配备管护员，采取垒树盘、适时浇水、清除杂草、树干涂白、病虫害防治等管护措施，在重要地区建立封禁设施，严禁人、畜进入。通过实施爆破造林工程，平谷区前山脸地区基本实现了绿化，昔日的荒山披上了绿装，形成了"多林种、多树种、多层次、多植物、多色彩"的优美自然景观。

延庆区北山爆破造林工程　该工程西起古崖居，东至龙庆峡，绵延 20 余千米，大多为岩石裸露、植被稀少的干旱阳坡。在爆破造林工程中，推广了生态垫治理流沙、沙石坑铺地膜、盖膜、镇石、掺保水剂、苗木浸根等实用造林技术，提高了造林质量；采用了索道运苗、陡坡 PVC 管道回土、铁丝网兜抬苗、水泵接力浇水等措施，提高了工作效率。经过不懈努力，北山的荒山秃岭披上了绿装，黄栌、火炬、五角枫、紫叶碧桃等彩叶树种和沙地柏、油松、侧柏等多树种混交，多层次、多色彩组合，层次分明，错落有致，使延绵 20 余千米的北山成为一道亮丽的风景，成为拱卫妫川的绿色生态屏障。

二、飞播造林工程

（一）基本情况

飞机播种造林主要是采用飞机模拟天然落种，对深山、远山人工造林难度大的地方进行造林的一种方法，具有成本低、投资少、规模大、见效快等特点。1981 年，在延庆、密云和门头沟首次开展飞机播种造林试验。作业面积共 3333 公顷，有效飞行 28 架次，使用油松种子

2.2万千克。至1985年，累计完成飞播作业面积20667公顷（图3-12-8）。

1986—1990年，先后制定了《北京市飞播造林播区规划设计审查提纲》《北京市飞播造林播区规划设计审查登记表》《飞播造林播区规划设计合格证》等技术规范，对符合条件的播区，签发合格证，列入当年飞播作业计划，使播区选择和规划设计审批制度化。这个阶段飞播作业面积逐年扩大，实施飞播的区（县）由3个增加到8个，分别是延庆、怀柔、密云、平谷、昌平、门头沟、房山、顺义。1986—1990年累计完成飞播作业面积14.39万公顷。

1991—1999年，以重播为主，重点是以提高飞播造林成效为核心，采取撒播、穴播、点播、营养钵苗等相结合的造林方式，对已飞播过的播区进行人工撒播和容器育苗补植补造。

2000年，随着京津风沙源治理工程的启动，飞播造林的补助标准由原来每公顷75元提高到每公顷1800元，对提高飞播造林成效起到了重要作用。2006年后，北京不再实施飞播造林工程。

2007—2008年，北京市开展为期两年的飞播造林成效调查。调查范围是1981年实施飞播造林以来的所有播区。调查内容主要包括播区面积、宜播面积、播种年限、重播次数及重播面积、成效面积、原有林面积、封育后形成的次生林面积、播区内其他林业工程建设面积、无林地需补植补造、补播面积、飞播林需抚育间伐株数和面积、死亡更新株数和面积等。同时调查各林种的树种、树龄、平均苗高、平均地径（胸径）、平均每亩株数等。

调查结果显示，全市实施飞播造林作业的播区共280个，分布在8个区（县）、79个乡（镇），播区总面积为19.35万公顷，宜播面积14.96万公顷。总成效面积为5.28万公顷，其中，飞播林地的成效面积为2.57万公顷，飞播后经过封山形成的天然次生林地的成效面积为2.71万公顷。按照国家林业局颁发的《飞机播种造林技术规程》中有关成效等级评定的规定，全市飞播造林成效等级为良。在280个播区中，飞播造林成效等级合格的播区为180个。其中，飞播造林成效等级为优的107个，为良的36个，合格的37个。

（二）飞播作业

播区选择。选择相对集中连片的宜播地，其面积一般不少于飞机一架次的作业面积；同时宜播占播区总面积70%以上。北方山区尽量选择阴坡、半阴坡。

树种选择。选用天然飞籽更新能力强、种源丰富的油松等乡土树种。飞播用种优先选用本地区优

图3-12-8　1986年，门头沟区妙峰山镇上苇甸村飞播造林

良种源和良种基地生产的种子，外调种子应符合规定的调拨范围和国家林业主管部门的有关规定。

调查设计。开展播区小班区划调查，通过现地调绘确定播区边界，划定宜播范围，统计宜播面积，对非宜播地类只调查地类，对宜播地类，详细调查地形地势、土壤、植被、土地利用情况等。落实飞播造林技术措施，准确计算播种量，同时在播区按每50米或60米宽设计一条播种带，并选择相对垂直的山梁设计导航点用于飞机播种导航。

导航作业。在飞播前，每年春季在播区内沿2~3条主山梁测绘导航点，保证每条播带有2~3个导航点，确保飞机能直线播种。6~8月开始通过电台联系，选择适宜天气，能见度5千米以上时飞机按现场导航标识开始飞播作业。

播后管理。飞播造林后，对造林地进行封山，并对飞播幼苗稀疏地块进行补植。以封为主，封育结合。封的过程中，清除抑制幼树生长发育的杂草、灌木，形成大面积的针阔混交林，增强林分稳定性和抗性。但在部分土层较厚、植被稀少的播区，由于出苗率高、保存率高，导致林分密度大，林分内部种间竞争激烈，高生长突出，径生长相对滞后，应适当疏密。另外，通过制定播区封山育林管护制度，落实管护机构和人员，按设计要求建设封护设施，签订管护合同，全封3年，半封2年。对达到合格标准的播区，且成苗稀疏区域，适时择地开展人工补植补播工作。

播后调查。每年飞播造林后开展出苗观察和成苗调查。出苗观察是播后当年在播区按不同树种、不同立地类型和不同地类，设置固定样方、样带或标准地，观察种子发芽及出苗数量、自然损失数量和越冬损失数量以及幼苗生长情况。一般播后种子发芽即进行观察，每季度观察不少于1次，连续观察两年。成苗调查主要是为掌握宜播范围内幼苗的密度、分布及生长情况，为补播或复播提供依据。调查时间一般宜于播后翌年秋季进行。

（三）配套措施

飞机播种造林工程自1981年成功启动至2006年结束，历经了飞机雨季播种、雪季播种和人工撒播、点播穴播等4种播种方式，走过了试验、生产、重播、提高4个阶段。在实施机械播种与人工操作相结合的同时，还融入了多种科技措施，单边带电台通信，解决了20世纪80年代机场与深山范围内播区的作业通信问题；"R8忌食剂"拌种，解决了油松种子被鸟、鼠为害问题；烟雾剂导航，为飞行人员提供了良好的作业标线飞行航向；播区植被处理，促进种子与土壤充分接触，提高了种子成苗率；背负式撒播器，提高了小面积人工撒播的均匀度；人工点播与穴播，提高了零星荒山低成本造林的效率。

（四）典型实例

延庆县于1981—1998年，先后在刘斌堡、永宁、旧县、靳家堡、井庄、大庄科等13个乡（镇）开辟播区54个，面积42000公顷，其中宜播面积34000公顷。通过调查，成效面积达15266.67公顷，成效率为45%。其中集中连片成效面积在5000亩（约333.33公顷）以上的有7片，1000亩（约66.67公顷）以上的有34片，100亩（约6.67公顷）以上的有162片。在飞播造林工程中，县林业技术人员将农民打药用的背负式机动喷雾器经过改装试验，研制出适用于飞播造林的"撒籽器"。可在15~20米内任意播种，且下种均匀、出苗整齐，弥补了飞机播种与人工撒播作业的不足，降低了造林成本，在全国得到普遍推广应用。1996年，延庆县被评为全国飞播造林先进单位。

三、密云怀柔水库水源保护林工程

密云水库、怀柔水库是北京的重要水源地。1959—1960年，北京市组织参加密云水库建设的20万民工上山造林，在水库周围13个重点地区造林7300公顷，栽苗2200万株，播种2万千克。

水库流域范围内各区（县），持之以恒开展水源保护林工程建设。1982年，密云、怀柔水库水源保护区被列入国家三北防护林重点工程。

水库流域水源保护林建设进入较快发展阶段，陆续开展松柏营养钵造林，因地制宜发展薪炭林、经济林和落叶松用材林。到1987年，密云、怀柔水库水源保护区域林木覆盖面积达到15.73万公顷，林木覆盖率达到35%。

1987年11月，北京市人大常委会八届四十次会议审议通过了关于营造密云水库水源涵养林的议案，决定加快密云水库水源涵养林建设。密云、怀柔、延庆、昌平4县以专项工程项目开展水源保护林建设。到1991年，水源保护区域有林地面积达到16.56万公顷，灌木林地面积3.23万公顷，林木覆盖率上升至44%。

1991年，中共北京市委、北京市人民政府制订了《北京市边远山区乡村十年（1991—2000年）致富工程纲要》，指出：林业是边远山区的重要基础产业，今后十年，京郊宜林荒山要基本绿化，重点是加快密云、怀柔两大水库上游水源保护林工程建设。市财政每年安排500万元边远山区林业发展专项资金，重点用于水源保护林、落叶松的营造和中、幼林的抚育管理。其中300万元为水源保护林建设专项资金，计划每年营造6666.67公顷，每公顷补助450元。

1992年，北京市林业局编制了《北京市密云水库、怀柔水库上游水源保护林建设总体规划》，工程规划范围为密云、怀柔、延庆和昌平4个县，涉及39个乡镇8个林场。按水库流域统计，密云水库流域为37.54万公顷，怀柔水库流域为7.44万公顷。其中，密云县境内面积15.95万公顷，10个乡镇6个林场；怀柔县境内面积18.46万公顷，16个乡镇；延庆县境内面积9.50万公顷，11个乡镇；昌平县境内面积1.07万公顷，2个乡镇。1992—1995年，共计完成人工造林1.12万公顷，封山育林8400公顷，飞播造林成效面积1700公顷。

1992年，密云县把水源保护林工程作为致富工程，以太师屯、古北口、新城子、石城、冯家峪、穆家峪为水源保护林建设重点乡镇，根据"全面规划，统筹安排，先易后难，分层推进"的原则，每年安排10余处千亩以上集中连片的造林地块，按工程造林施工，造林质量明显提高。1992—1998年，完成人工造林1.73万公顷，封山育林1.31万公顷，飞播造林成效面积0.27万公顷。

1992—1998年，怀柔县坚持"宜林则林，宜果则果，宜飞则飞，宜封则封"的原则，飞、封、造并举，开展多种形式造林，共完成人工造林2.01万公顷，封山育林2.2万公顷，飞播造林成效面积0.37万公顷。

20世纪90年代末，密云、怀柔水库水源保护林工程陆续纳入国家及北京市相关绿化造林工程建设项目。

四、京冀生态水源保护林建设工程

根据北京市人民政府、河北省人民政府《关于加强经济与社会发展合作备忘录》精神，2009年，北京市园林绿化局与河北省林业厅共同编制了《京冀生态水源保护林建设合作项目规划（2009—2020年）》。规划在张家口、承德两市范围内，官厅水库、密云水库上游主河道第一重山脊范围的重点集水区，营造100万亩生态水源保护林（图3-12-9）。规划分两期实施，其中，一期为2009—2011年，涉及张家口市怀来、赤城和承德市滦平、丰宁4个县，规划造林20万亩，市财政按照每亩500元的投资标准支持水源林建设；二期为2012—2020年，每年造林10万亩，范围在一期4个县的基础上，增加崇礼、涿鹿、沽源、承德、兴隆5县（区），市财政按照每年每亩1000元的投资标准支持水源林建设。

为保障该工程项目的顺利实施，北京市园林绿化局与河北省林业厅共同制定了《京冀林业合作项目管理办法》《京冀生态水源保护林建设合作项目检查验收办法》等相关文件，工程建设项目实行法人制、监理制、合同制和报账制。在设计方案上坚持分级审查制度，确保实操性，坚持按照规划设计、按照设计施工、按照标准验收。同时，京冀两地间还建立了高效畅通的项目协作机制，探索总结了开展合作造林、科技抗旱、养

图 3-12-9　京冀生态水源保护林建设工程河北丰宁县绿化

护管理、区域联防等经验措施和模式。截至 2019 年年底，京冀生态水源林 100 万亩的规划建设任务全面完成，其中，为提升冬奥会崇礼赛区景观，在赛场周边造林 10.4 万亩。

通过实施京冀生态水源保护林工程，项目区域净增森林面积 100 万亩，森林覆盖率由 37.7% 提高到 44.3%，建成万亩以上的工程地块 19 处、五千亩以上 28 处、千亩以上 107 处，连同原有植被，初步形成护卫京冀水源的绿色生态带。官厅水库周边、密云水库上游集水区、潮白河流域涵养水源保持水土的能力得到了有效改善，水土流失和风沙危害得到了有效遏制，入库水质持续改善，成为首都生态环境保护的重要屏障。

五、关停废弃矿山生态修复工程

北京市矿产资源开发利用历史悠久，有 22 种固体矿产被不同程度的开发利用。进入 21 世纪以来，随着经济社会的发展和矿产资源的逐渐枯竭，一批矿山逐渐关停废弃。

2006 年，北京市政府办公厅转发市农委《关于推进山区小流域综合治理和关停废弃矿山生态修复意见》（以下简称《意见》），明确提出："山区矿山开发为首都城市建设做出了贡献，同时也极大地破坏了山区的生态环境和自然景观，造成了水土流失、植被和地下水系统破坏等负面影响。关停废弃矿山生态修复已成为落实科学发展观、实现首都可持续发展的需要，成为首都山区实现生态涵养发展带功能的必然要求，市政府决定启动关停废弃矿山生态修复工程。"

《意见》提出，全市山区关停废弃矿山面积达 5053 公顷。在"十一五"期间，要完成亟须治理的 3667 公顷关停废弃矿山的生态修复规划编制工作，对浅山、前脸山、干道两侧、景点周边范围的关停废弃矿山地区实施生态修复工程，通过清理尾矿废渣、恢复植被等工程，消除关停废弃矿山的地质灾害隐患，改善该区域生态环境。

2006 年，启动了关停废弃矿山生态修复工程试点，涉及门头沟、房山和丰台 3 个区（县），总面积 628.67 公顷，其中矿区生态修复 95.33 公顷，周边绿化 533.34 公顷，当年造林成活率达到 85% 以上，植被恢复率达到 90%，为全市开展关停废弃矿山生态修复工作提供了实践经验和参考模式。

2007 年 3 月，北京市园林绿化局、北京市发展改革委、北京市国土局、北京市财政局联合印发了《北京市山区关停废弃矿山植被恢复规划（2007—2010 年）》。规划要求坚持"生态优先、综合治理，安全稳定、防灾避险，生态修复与新农村建设相结合，统筹规划、分步实施"的原则，采用创面修复措施、绿化措施、配套措施3大类共10项技术和6项典型治理模式，在2008年前，对奥运场馆可视范围、城镇与重点景区周边、干道两侧范围内的关停废弃矿山和裸露边坡，优先安排植被恢复任务，重点治理。

2007年，关停废弃矿山生态修复工程全面展开，涉及门头沟、房山、昌平、顺义、延庆、怀柔、密云、平谷、丰台、海淀等区（县），修复面积1466.67公顷，包括中心修复区800公顷，周边爆破造林666.67公顷。中心修复区涉及矿点105处，其中煤矿32处，采石场50处，金属矿1处，石灰厂10处，道路边坡12处。到2008年年底工程全部完工，并通过竣工验收。共栽植各类乔灌苗木254万株，修建挡渣墙20.6万立方米，建截排水沟5.4万米，铺设生态袋5万立方米、植生袋3.9万立方米，铺设水管线19.3万米，建蓄水池101座。2008年后，关停废弃矿山生态修复工程转入全市的"清空计划"实施。

关停废弃矿山生态修复工程有别于一般造林工程，在地块处理方面，要通过削坡、清理浮石、修建挡渣墙、使用生态袋（植生袋、植被毯、六棱砖等）护坡、修筑截排水沟等技术措施，消除地质灾害隐患。通过弃渣平整、全面客土或生态袋码放、种植槽客土以及土壤基质改良，为植物生长创造良好的条件，为植被恢复提供一个有利的环境。

植物措施是关停废弃矿山生态修复的主体，在工程建设中，坚持适地适树、因地制宜的原则，根据立地条件选择乡土树种和抗逆性强的野生灌草，并与项目区周边植被群落和谐统一，做到"修自然，如自然"。通过客土造林、爆破造林、抗旱造林、容器苗栽植、播撒灌草种子、种植攀缘植物等技术措施，对平台、渣坡进行植被恢复，对开采创面进行遮挡。推广使用保水剂、生根粉、防渗膜、地膜覆盖等抗旱造林技术和滴灌、喷灌、小管出流等节水灌溉技术，既提高了造林成活率，又降低后期管护成本。

六、彩色树种造林工程

2001年，首都绿化委员会第20次全会决定在浅山风景区、高速路和国道、市级公路两侧实施彩叶工程，实现"万山红遍、层林尽染、山山看红叶"的生态景观。工程要求坚持统一规划、分步实施、集中连片、稳步推进的原则，以乡土彩叶树种为主，注重不同彩叶树种的空间立体配置和色彩的季相变化，春色彩叶以栾树、臭椿为主，秋色彩叶以黄栌、元宝枫、栓皮栎、槲栎、蒙古栎、柿树、爬山虎、五叶地锦、白蜡为主，常年异色彩叶树以红叶李、紫叶小檗为主。造林设计体现植物多样性，适地适树、乔灌结合，根据造林地块的不同区位和地段，合理配置彩叶植物，力求形成"一片一景、一块一色"的景观效果，连片面积至少在500亩（33.33公顷）以上。

到2003年，全市种植黄栌、火炬、元宝枫、栎类彩色树种1000多万株。在海淀区百望山、丰台区北宫森林公园、平谷区金海湖、昌平区蟒山森林公园、房山区上方山森林公园、怀柔区红螺寺、门头沟区妙峰山、延庆县龙庆峡等10余处初步形成以红叶为主的风景观赏区。

2004年，全市营造彩叶林1133.33公顷，植树160多万株，涉及12个区（县）和2个国有林场。其中，平谷区完成278.67公顷，怀柔、密云、昌平、延庆和房山5个区（县）各完成100公顷，丰台、顺义和门头沟3个区各完成66.67公顷，海淀、通州、大兴3个区与十三陵林场和八达岭林场各完成33.33公顷。

2005年，全市营造彩叶林1000公顷，植树112万株。主要集中在大兴永定河和通州北运河、潮白河沿线，平谷丫髻山、怀柔红螺山、密云司马台、延庆八达岭及古崖居、门头沟九龙山、房山云居寺、海淀凤凰岭和西山及昌平十三陵等风景区，顺义区龙湾屯镇唐洞村东山，昌平区八达岭高速路回线，丰台区王佐镇西庄店极乐峰等处。

2006年，市园林绿化局编制《北京市彩色树种造林工程建设规划（2008—2010年）》，提出彩叶树种造林工程要"突出重点、集中连片、

图 3-12-10　门头沟妙峰山风景区彩叶景观

形成规模景观"，坚持立地成景、突出景观，因地制宜、保护生物多样性，生态优先，与社会效益、经济效益相结合，使造林地块成片面积达到20公顷以上，规划区域面积不低于333.33公顷，成林后彩色树种比例不低于50%，新造林地块彩色树种比例不低于80%。从2009年起，彩色树种造林工程资金列入财政转移支付范围，由各区（县）具体组织实施。

截至2010年，全市累计完成彩色树种造林2.33万公顷，形成十大彩色景观区、6条彩色景观带和30余个彩色景观点。其中，十大彩色景观区分别为房山的云居寺、十渡、石花洞彩色景观生态区，丰台的青龙湖、北宫彩色景观生态区，门头沟的九龙山、妙峰山浅山彩色景观生态区，海淀的香山、百旺山、凤凰岭彩色景观生态区，昌平的十三陵、居庸关彩色景观生态区，延庆的八达岭、龙庆峡、松山、玉渡山彩色景观生态区，怀柔的慕田峪长城、红螺寺、青龙峡彩色景观生态区，密云的密云水库环湖、司马台、古北口彩色景观生态区，顺义的浅山彩色景观生态区，平谷的北山、金海湖彩色景观生态区（图3-12-10）。

第三节　平原绿化造林工程

一、防沙治沙造林工程

北京的沙化土地主要分布在平原地区的永定河、潮白河、大沙河沿岸和康庄、南口地区，由于立地条件差、植被稀少，风沙危害严重，从20世纪50~70年代，在上述地区发动群众营造防风固沙林，并建立了一批国营林场，治沙成果初现。1978年，北京市提出实施延庆康庄、昌平南口、永定河、潮白河、大沙河流域"五大风沙危害区"治理工程。1981年，五大风沙危害区治理列入国家三北防护林体系建设工程，大力营造防风固沙片林，加大平原农田林网建设力度，治沙步伐进一步加快，至1990年，五大风沙危害区新增林地面积1.73万公顷，林木覆盖率由12.6%提高到23.3%，平原地区农田基本实现林网化。

1991年，全国治沙工作会议后，北京市按照全国的统一规划和部署，把治沙治害和治穷致富、治乱致美相结合，坚持综合治沙和科学治沙，先后在大兴县的桑马房村、南各庄乡和房山区的韩营村设立3个综合治沙、科学治沙的试验示范点，采取渠水田林路统一规划、综合治理，农林牧渔为一体的治沙方式，并在全市大力推广。当年，全市实施风沙危害区治沙绿化工程16处，风沙危害区治沙造林1933.33公顷。大兴、房山试验区内营造防风固沙林1.13万公顷，治理沙荒1666.67公顷，新建果园203.33公顷，发展苗圃630公顷。

1993年10月，《北京市人民政府办公厅关于转发白河绿化工程实施意见和康庄地区绿化工程实施意见报告的通知》，明确了白河和康庄地区造林治沙的目标任务和政策措施。延庆、密云两县分别成立了工程指挥部，负责组织实施。到1995年年底，五大风沙危害区共造林2.5万公顷；农田林网进行了补植完善，林网完好率85%以上；平原林木覆盖率由"七五"期末的15.3%提高到20.85%。

2000年12月，市政府办公厅转发首都绿化办（市林业局）《关于加快本市防沙治沙生态体系建设的实施意见》中提出，以建设高标准的防沙治沙生态体系为目标，以重点生态环境建设工程为突破口，加快绿化造林步伐，全面推进山区、平原地区和绿化隔离地区3道绿色生态屏障建设，提高防沙治沙水平，创造良好的首都生态环境（图3-12-11）。

2003年，市政府将防沙治沙工程纳入《北京绿色奥运行动计划》和《北京市"十五"时期环境保护规划》。结合京津风沙源治理工程，继续加大永定河、潮白河、大沙河和南口、康庄五大风沙危害区的治理（图3-12-12）。

2002—2006年，实施播草盖沙工程，三年累计完成播草盖沙面积1.4万公顷，栽植柠条、荆条、沙枣、沙棘、胡枝子、花棒、羊柴、沙地柏等灌木植物及宿根花卉20余个品种，播种二月兰、紫花苜蓿、沙打旺、早熟禾等草本植物20余个品种。

2006年9月，市政府印发《关于进一步加强防沙治沙工作的意见》，强调防沙治沙工作要"遵循自然规律和经济规律，按照预防为主、科学治理、合理利用的方针，加大保护和建设力度，提高防沙治沙水平，改善生态环境""到2020年，全面完成治理任务，建立较为完备的首都防沙治沙生态体系、沙产业体系和沙化土地监测体系，实现风沙区生态与产业发展的良性循环"。

2007年8月，北京市在延庆县召开全市防沙治沙大会暨京津风沙源治理工程工作会议，对防沙治沙标兵、先进个人和先进单位进行表彰。当年，全市完成平原治沙工程建设面积2520公顷。其中灌草覆盖843.3公顷，沙坑治理260公顷，残次林改造896.70公顷，治沙示范区建设520公顷。

2009年起，平原治沙工程不再列为北京市

图3-12-11　昌平南口地区煤场、沙坑绿化治理

图 3-12-12 大兴榆垡镇西麻各庄村永定河废弃砂石坑绿化治理

重点工程项目,由各区(县)根据实际情况,申请立项,组织实施。

通过群众性的绿化治沙造林和实施防沙治沙工程,沙化土地面积持续下降。根据国家林业主管部门的统一安排和部署,1994—2019年,共开展六次荒漠化和沙化土地普查与监测。1994年首次沙漠化土地普查与监测结果显示,全市沙化土地面积为58014公顷。2019年第六次沙漠化土地普查与监测结果显示,全市沙化土地面积为22299公顷,与1994年相比,沙化土地面积减少35715公顷。2004年北京市荒漠化土地面积为7247公顷,2019年北京市荒漠化土地面积为3725公顷,与2004年相比,全市荒漠化土地面积减少3522公顷。历次北京市荒漠化和沙化土地面积变化情况见表3-12-9。

二、"五河十路"绿色通道工程

(一)基本情况

1986年,北京市启动实施了京密、京津、京开、京周、京张5条干线公路绿化工程,到1988年,三年累计绿化公路总长400千米,植树385万株,绿化面积3200公顷。

2000年,市政府转发《首都绿化办关于加

表3-12-9 历次北京市荒漠化和沙化土地面积变化情况

单位:公顷

调查年份	沙化土地面积	与上次相比	荒漠化土地面积	与上次相比	沙化与荒漠化土地面积合计	与上次相比
1994	58014	—	—	—	—	—
1999	56234	-1780	—	—	—	—
2004	54621	-1613	7247	—	61868	—
2009	52448	-2173	7075	-172	59523	-2345
2014	27608	-24840	5169	-1906	32777	-26746
2019	22299	-5309	3725	-1444	26024	-6753

快首都重点绿色通道工程建设的意见》。意见明确"五河十路"绿色通道工程的"五河"，是永定河、潮白河、大沙河、温榆河、北运河；"十路"是京石路、京开路、京津塘路、京沈路、顺平路、京承路、京张路、六环路8条主要公路和京九、大秦2条铁路（图3-12-13）。"五河十路"沿线规划植树造林2.33万公顷，总长1000千米，其中，"五河"384千米，"十路"616千米。工程涉及朝阳、海淀、丰台、房山、大兴、通州、顺义、平谷、密云、怀柔、昌平、延庆等12个区（县）。

图3-12-13 京承高速怀柔科学城地区道路绿化

"五河十路"工程建设要求以"适地适树、有气势、绿量大、色彩浓、看不透"为原则，在河道、公路两侧各建200米宽绿化带，其中内侧50米范围内为永久性绿化带，采用乔、灌、花、草相结合的方式，注重树种的空间立体配置和植物色彩多样化，突出生态景观效果；在外侧150米范围内发展速生丰产林、经济林、苗圃等绿色产业项目，与促进地区经济增长和农民致富相结合。市政府对绿色通道工程建设给予每公顷1.5万元的资金补助，主要用于苗木补助和部分拆迁、基础设施投入等。其余资金由区（县）自筹解决。

2000年9月，北京市召开会议，部署"五河十路"绿色通道工程建设，启动实施了京石、京开、京津塘、京沈、京张5条高速公路绿化。当年5条公路绿色通道建设范围内，共拆迁各类建筑设施68.76万平方米，占规划总拆迁量的82.7%，完成绿化150千米，栽植苗木18万余株。

2001年，市政府印发《关于进一步推进本市绿色通道建设的通知》，明确提出绿色通道建设的指导思想是，以提高公路、铁路、河渠、堤坝沿线的绿化覆盖率和绿化水平为重点，充分调动全社会的积极性和创造性，建设宽厚绿化带，形成绿色网络，实现北京市绿色通道生态效益、经济效益和社会效益的统一。建设原则是，坚持生态优先，实现生态、社会、经济效益优化统一；坚持合理规划、统一布局；坚持全民参与、全社会共建；坚持机制创新、面向市场；坚持植物多样性与景观优美相结合。建设目标是，到2005年，力争全市范围内所有铁路，区（县）、乡（镇）级以上公路，区（县）级以上河渠沿线全部按照要求实现绿化，并全面提高绿色通道建设的绿化水平。对于已绿化通道，要按照新的标准，提高绿化和管护水平；对于新建通道，要坚持带、网、片、点相结合的原则，形成层次多样、结构合理、功能完备、生态良好、景观优美的绿色通道体系。建设标准是，五环路每侧各建100米的永久性绿化带，其他国道、铁路、市级公路每侧各建20~50米的永久性绿化带；区（县）级公路每侧各建20~30米的永久性绿化带；乡（镇）级公路每侧各建10~20米的永久性绿化带。并对绿化中占地拆迁补偿、林权管理、农业税收等方面的情况也做出明确要求。该工程自2000年开始规划筹备，2001年春季开始施工，至2004年9月基本结束，形成了长虹大道、京南明珠大道、锦绣大道、长青大道、彩虹大道、绿色生态走廊等一批高水平的生态建设工程，截至2004年年底，共完成绿化总长1035.54千米，造林面积2.57万公顷，其中永久性绿化带面积0.81万公顷，栽植各类苗木3337.96万株。

2004年，市政府印发《关于调整城市绿化隔离地区和"五河十路"绿色通道生态林建设管理有关政策的通知》，为绿色通道后续管理和农民致富、增加收入提供了保证。

2006年，市政府印发《关于对"五河十路"绿色通道产业带给予无收益期补偿及养护补助的通知》，明确提出"五河十路"绿色通道产业带凡占用农村集体和农民土地的，从2006年起，连续5年，给予每年每公顷4500元无收益期补偿和1500元的养护补助，用于护林防火、病虫害防治、林木补植、垃圾清理、监督检查、技术培训等主要养护管理工作。同年，北京市园林绿化局与北京市财政局联合印发《"五河十路"绿色通道产业带管理暂行办法》，规范绿色通道产业带无收益期补偿和养护补助的发放及管理。

2008年，市园林绿化部门将绿色通道工程作为迎奥运造林营林的重点工程，印发《关于做好2008年度公路、河道绿色通道工程的通知》，明确工程建设原则、范围、标准等要求。有关区（县）制定工程项目建设责任制度，签订责任书，责任落实到人。全市使用32个专业队，投入人工近10万个。

在绿色通道工程建设中，注重乔木、灌木、地被植物栽植的层次变化，突出色彩效果，做到景观优美、特色突出。在树种选择上，选择生长健壮、树形美观、抗逆性强、寿命长、易管护的乡土树种，针叶树主要有白皮松、油松、侧柏、圆柏、沙地柏等，阔叶树主要有槐、垂柳、毛白杨、栾树、白蜡、法桐、五角枫、椴树、黄栌、紫薇、木槿、紫叶李等。每条通道栽植乔木树种15种以上、灌木10种以上、地被植物5种以上；在苗木规格上，选用大规格苗木栽植，阔叶乔木胸径达到8厘米以上，针叶乔木树高达到2.5米以上，花灌木达到3年生以上；在植物配置上，突出景观功能，外侧背景以高大乔木为主，内侧以亚乔木和灌木自然组团式栽植为主，注重空间立体配置和植物色彩的季相变化，疏密适中、乔灌结合、错落有致、多层次、多色彩；在栽植密度上，原则上每公顷乔木栽植株数不低于750株、花灌木不低于600株，并在林下种植二月兰、地被菊等地被植物。工程建设采用机械化造林措施，普遍使用耐旱、耐瘠薄的优良乡土树种，采取地膜覆盖、固态水、保水剂、生根粉、小管出流等抗旱技术，有条件的建设一定数量的集雨节水设施，提高了造林质量。

截至2010年年底，全市建成机场北线、京津高速等11条绿色生态廊道，完成绿化总长度489.78千米，绿化总面积5333.33公顷，植树3646万株，实现一次成林、立地成景，形成覆盖平原地区的绿色生态网络。工程的实施改善了公路、铁路、河渠沿线的生态环境，呈现出绿量浑厚、繁花似锦、绿海田园的优美景观，实现了"绿量大、色彩浓、看不透、气势大"的建设标准，达到了"绿不断线、景不断链、四季常绿、景观自然"的效果，为兑现"绿色奥运"承诺奠定了坚实基础，也促进了沿线地区农业结构调整和农民增收。

（二）工程实例

潮白河绿色通道建设工程 潮白河北起密云穆家峪、南至通州西集，总长度131千米，涉及密云、怀柔、顺义、通州4区（县），17个乡镇，在河堤两侧各200米范围内，规划造林1942.53公顷，包括永久性绿化带332.53公顷，速生丰产林1496.67公顷，经济林66.67公顷，苗圃46.66公顷。其中密云县全长12千米，涉及3个乡镇，规划造林433.33公顷；怀柔区全长12.8千米，涉及2个乡镇，规划造林222.46公顷；顺义区全长41.7千米，涉及8个乡镇，规划造林620.07公顷；通州区全长64.5千米，涉及4个乡镇，规划造林666.67公顷。为做到绿不断线、景不断链，规划拆迁各类建筑4.48万平方米，其中顺义区3.48万平方米、通州区1万平方米（图3-12-14）。

该项工程于2002年春季开始施工，2004年全部完工，绿化总长度110.3千米，绿化面积3100公顷，共栽植各类苗木316.28万株，其中，永久性绿化带1293.34公顷，速生丰产林640公顷，经济林753.33公顷，发展苗圃413.33公顷。

永定河绿色通道建设工程 永定河平原部分位于北京市南部，总长度55.9千米，涉及丰台、房山、大兴3个区，10个乡镇。在河堤两侧各200米范围内，规划造林1368.87公顷，包括永久性绿化带247.14公顷，速生丰产林414.87公

图 3-12-14 潮白河绿色通道

顷，经济林 639.33 公顷，苗圃 67.53 公顷。其中丰台区全长 6 千米，涉及 3 个乡镇，规划造林 80 公顷；房山区全长 13.9 千米，涉及 3 个乡镇，规划造林 555.54 公顷；大兴区全长 36 千米，涉及 4 个乡镇，规划造林 733.33 公顷。

该项工程于 2002 年开始施工，2003 年年底结束。完成绿化总长度 60.9 千米，绿化面积 1953.33 公顷，栽植各类苗木 173.73 万株，超额完成了规划的绿化任务。其中，永久性绿化带 433.33 公顷，速生丰产林带 440 公顷，经济林 986.67 公顷，苗圃 93.33 公顷。为实现永久绿化带不断带，规划拆迁各类建筑 20.62 万平方米。其中丰台区 0.12 万平方米，房山区 0.2 万平方米，大兴区 20.3 万平方米。

京石路绿色通道建设工程 京石高速公路北京段北起丰台区六里桥，南至房山区琉璃河，全长 45.5 千米，规划造林 1152 公顷，工程涉及丰台、房山 2 个区，9 个乡镇。其中，丰台段全长 18.5 千米，涉及 3 个乡镇；房山段全长 27 千米，涉及 6 个乡镇。

该工程 2000 年启动，2001 年完成，共完成拆迁 14.35 万平方米，平整土地 354 公顷，动土石方 78 万立方米，铺设输水管道 1.2 万延长米，新打机井 39 眼。当年完成规划造林任务 1152.01 公顷，共栽植针阔乔木、花灌木 83.8 万株，包括永久性绿化带造林 222.25 公顷，速生丰产林 543.07 公顷，经济林 52.33 公顷，发展苗圃 334.36 公顷。其中，丰台段 192.95 公顷，房山段 959.06 公顷。

在京石高速公路北京段绿色通道建设工程中，对 30 米宽永久绿化带的绿化，设计了多种典型绿化模式，充分利用现有绿化成果，增加绿化树种，突出生物多样性，突出生态景观，坚持适地适树，合理搭配栽植大规格苗木，做到一次成型，立地成景，形成优美的景观效果。主要选用毛白杨、槐、金枝垂柳、元宝枫、白蜡、臭椿、侧柏、油松、连翘、金银木、紫叶李、碧桃、紫薇、火炬、月季、女贞、小檗、沙地柏、黄刺玫等观赏性强的树种和花灌木。

在产业带建设中，结合农业种植结构的调整，因地制宜，宜林则林，宜圃则圃，发展速生丰产林、经济林、苗圃等绿色产业。房山区坚持"树随地走，土地所有权和使用权不变，谁植树谁经营谁受益"的原则，调动了工程沿线建设范围内的农民发展速生丰产林的积极性。在路两侧栽植了宽厚的速生丰产林带，70% 的路段速生丰产林宽度超过 200 米，部分地段达 500 米，使京石路成为一条绿色产业之路。

京开路绿色通道建设工程 京开高速公路北京段北起丰台区花乡，南至与河北省接壤的固安大桥，涉及丰台、大兴 2 个区（县），7 个乡镇和两个国营单位，总长度 40.9 千米，其中丰台段长度 2.8 千米，大兴段长度 38.1 千米，规划造林任务 1100 公顷。该工程 2000 年启动，2001

年完成，共造林绿化1100.46公顷，其中永久性绿化带390.93公顷（丰台段15.13公顷、大兴段375.8公顷）；产业带709.53公顷全部集中在大兴段（速生丰产林261.93公顷、经济林174.73公顷、苗圃272.87公顷）。栽植毛白杨、槐、垂柳、刺槐、侧柏、油松、红瑞木、木槿等30余种乔灌木259.59万株；共拆迁各类建筑物26.79万平方米，新打机井87眼，铺设输水管道18.3万延长米，平整土地733.33公顷，动土石40万立方米。

京开路北京段绿色通道建设，以树体高大的杨、柳树为背景，在突出绿色浑厚特点的同时，点缀常绿组团、花灌组团，形成一条宽厚多姿的绿色彩带。在城镇、高速路出入口等重点地段，沿高速公路边沟外30米范围内起微地形，配植各种观赏乔灌花草植物材料，形成花团锦簇、人景交融的优美景观，宛若镶嵌在京开高速公路绿色彩带上的颗颗明珠。使京开路显现出"绿量大、色彩浓、看不透"的整体效果，成为靓丽的"京南明珠大道"。

大兴区在工程建设中，建立各种造林管护和营林机制，调整农业种植结构，认真落实各项政策。庞各庄、榆垡等镇，对绿化用地实行"反租倒包"或"树随地走，土地使用权不变，谁造谁有"等营林造林机制，推广农户加公司发展苗圃建设，吸引社会力量认建认养；西红门镇以地养人，成立专业养护公司，安排当地村民绿岗就业，巩固了绿化成果。

五环路百米绿化带建设 五环路是北京市的重要环线公路，按照市委、市政府加快五环路绿化的总体部署，规划在五环路两侧各建成100米宽的永久性绿化带，涉及朝阳、海淀、丰台、石景山、大兴5个区。该工程2002年启动，2004年主体绿化工程基本完成。沿线共拆迁各类建筑80.57万平方米，动土方437.2万立方米，铺设管线3.7万延长米。绿化道路98.3千米，造林865.26公顷，植树198.45万株，其中，永久性绿化带847.92公顷，发展经济林17.34公顷。

大秦铁路绿色通道建设工程 该工程西起延庆县张山营镇下营村，东至平谷区东高村镇高庄村，总长度87.6千米，涉及延庆、怀柔、顺义、平谷等4个区（县）。规划绿化造林2488.66公顷，包括永久性绿化带604.73公顷，产业带1883.93公顷。该工程于2003年春季开始绿化，截至2004年年底，平整土地413.33公顷，打机井12眼，铺设输水管道7.7千米，动土石方37万立方米。在两侧200米范围内共完成绿化长度90.88千米，实现绿化面积2426.66公顷，栽植各类苗木194.33万株。其中，永久性绿化带面积633.33公顷，速生丰产林面积940公顷，经济林带面积593.33公顷，发展苗圃260公顷。

大秦铁路绿色通道建设工程为实现生态效益、经济效益、社会效益相统一，在永久性绿化带建设中，按照"五多"（多林种、多树种、多植物、多色彩、多层次）、"四好"（好种、好活、好管、好看）的要求，突出生态效益，规划并栽植毛白杨、白蜡、元宝枫、刺槐、槐、连翘、紫叶李、火炬树等20余种针阔乔木、花灌木。沿线各区（县）在绿色通道产业带建设中，根据实际情况，结合农业种植结构调整，以富裕农民为目标，尊重农民的意愿，发展速生丰产林、经济林、苗圃等绿色产业。速生丰产林以中林系列、欧美杨系列、毛白杨系列速生品种为主，经济林以梨、苹果、葡萄等为主。

三、增彩延绿科技创新工程

（一）基本情况

为破解长期以来北京市园林绿化树种绿期短、色彩少、景观单一等问题，改善冬季景观，2015年启动了"北京园林绿化增彩延绿科技创新工程"。该工程规划期限为2015—2022年，规划任务包括：植物种质资源的收集、繁育与产业化；精准栽培与调控技术；繁育基地建设和科技创新工程示范区建设等。

该工程坚持"科技支撑、产业主导、乡土为主、重视引进、示范引领、立足应用、整体推进、分步实施"的原则，完成了菌根白皮松、丽红元宝枫、蓝粉云杉、流苏树、长青石竹、崂峪薹草等85种新优和乡土植物快速繁殖和科学栽培技术，筛选优良单株3000余株，为自有品种的选育积累了丰富的种质资源，为首都杨柳飞絮治理、林下裸露地治理等园林绿化重点工程做好了资源和技术储备，并为银杏、黄栌等景观退化或生长不良问题提供了复壮方案和养护技术保障；完成了100余种园林植物和150个优秀植物群落的物候观测，彩绘出优良植物配置案例150例；严格按照"乡土、长寿、抗逆、食源、美观"的原则，建设落叶乔木、彩叶树种、常绿树种、引种驯化与隔离试种、增彩树种中试、延绿树种中试等6处繁育基地，完成相应的资源圃、采穗圃和繁育圃，累计98余公顷；收集保存了流苏树、车梁木、雄性毛白杨、菌根白皮松、蓝粉云杉等优良种质资源200余份，优良单株3000余株；吸收荷兰、日本等国际先进育苗及苗木管理经验，打造国际标准化苗木经营管理示范基地，在黄垡苗圃引进和培育24个国内外新优彩叶品种，培育行道树、造型树和景观树等不同目的的苗木约2.5万株，引领传统种苗生产向精品化、标准化、目标化、品牌化发展；在冬季缺绿区域，增加常绿树种比例，使绿期平均延长30天；利用园林绿化废弃物制成彩色有机覆盖物，在花草凋零后覆盖地面，既保证了多彩的冬季景观，又有效抑制了扬尘。

（二）示范区实例

明城墙遗址公园示范区 示范区位于明城墙遗址公园东侧，设计面积14125平方米，原为拆迁腾退地。该示范区以春夏观花、秋季观叶、冬季观果的设计理念，在原有油松、圆柏等基调树种的基础上，栽植白皮松等常绿乔木6种60余株，丽红元宝枫、北美海棠等彩色树种9种180余株，涝峪薹草等耐旱节水宿根地被15种4000余平方米。实现了增彩延绿的效果，延长绿期约20天、彩色期约30天。同时通过土壤改良，增加土壤通透性、提高土壤肥力；采用喷灌自动控制系统，对乔木、灌木和草本植物制定个性化灌溉方案；铺装透水砖1600平方米，建设集雨节水设备，收集雨水灌溉绿地，每年节水1550吨。

莲花池拆迁腾退地示范区 该示范区位于莲花池公园南部，为拆迁待绿化空地，面积3万平方米。示范区建设以"森林""群落"为特色，以绿期长、色彩艳的乡土植物品种为主体，栽植白皮松、华山松、丛生蒙古栎、丛生元宝枫、流苏树、毛棶、丽红元宝枫、火焰卫矛、崂峪薹草等新优植物品种60余种2000余株，栽植宿根地被、水生植物等27种2.5万余平方米。同时，对种植区进行土壤改良，为植物提供良好的土壤生长环境。并且增加食源植物，改善野生动物和鸟类的栖息环境。项目的实施，为拆迁腾退地建设"城市森林"提供了示范样板。

海淀区阜成路银杏大道示范区 该示范区位于阜成路西城区与海淀区交会处，全长1500米，绿地面积约50478平方米，是一条三环到二环的重要联络线。原有绿地种植多为银杏、槐、白蜡等规格高大的乔木，整体景观不错，尤以秋季景观最佳，但存在绿色期短、缺少亮点、缺少观花常绿植物、层次单一等问题。

示范区通过去掉现有半围合式的圆柏篱，将绿地空间打开，在银杏前方增加矮紫杉和月季的搭配组合，在增加观花植物的同时解决道路上整体绿色期短的问题。彩色植物的应用增加了示范区春、夏、秋三季的花色，常绿植物又给寒冷的冬季增添了色彩、活力，保证了阜成路机非隔离带色彩更加丰富多样，三季有花，四季常青的银杏景观大道。

示范区在原有300余株银杏的基础上，增加了常绿植物3种（白皮松、龙柏球、矮紫杉）204株；增加了彩叶树种3种（银红槭、火焰卫矛、花叶锦带）14273株，增加了宿根花卉2种（矾根、假龙头）301.8平方米；此外还增加了丰花月季1560.5平方米、丹麦草4880.6平方米、冷季型草坪9604.4平方米。

对原有的银杏采用土壤改良、修剪、埋设透气管、施用营养剂等复壮措施，减少营养流失，改善树木根部透气性，增加土壤含氧量，提升树木生长势，避免银杏出现黄化、脱叶早等现象。通过埋设的透气管对树木进行浇灌、施肥，保证银杏深层根系的水肥需求。

针对土壤偏碱性、板结严重、透气性差的问题，对绿地表土进行土壤改良，去除表土25厘米，取种植土与经过粉碎、腐化、杀虫杀菌等特殊处理后的园林废弃物，以6：4的比例搅拌均匀后回施于绿地中，改善土壤的理化性质，增加肥力，提高透气性，促进根系生长，提升苗木生长势。

通州行政副中心六环路示范区 该示范区位于通州区紫云南里东侧，南起运河东大街，北至玉带河东街，全长约800米，占地4.8万平方米。示范区建设注重与六环路沿线园林绿化景观风格的统一，以适地适树、节能低耗和生态环保为原则，以"七彩链珠"为设计理念，通过绿地建设，带动区域环境品质的提升。共栽植新优增彩延绿植物30种，结合地形，选择特色植物品种（叶色、花期、花色、树体）以组团形式布置流苏树、银白槭、海棠、七叶树、车梁木、丝棉木、椴树等7类大树景观园区，形成较大尺度植物造景，使示范区观赏绿期和彩期显著延长。示范区还将园林绿化废弃物经粉碎、腐化等特殊处理后施于土壤，改善土壤理化性质，使土壤达到中性或弱酸性，更适宜优良增彩延绿植物的生长。

怀丰立交桥绿地示范区 该示范区位于怀柔区怀丰立交桥西北侧，总面积1.3万平方米。示范区建设以增彩延绿为目标，使用新优乡土植物和引进植物达30余种，其中新优乡土植物有白皮松、华山松、银杏、车梁木、栾树、小叶白蜡、西府海棠、楸树、蒙椴、丽红元宝枫、京绿白蜡、金叶复叶槭等，引进植物有银白槭、银红槭、秋紫白蜡、北美海棠、彩叶豆梨等，通过合理配置，增彩延绿效果显著，极大地改善了立交桥区的生态景观。

第四节 绿化隔离地区绿化工程

根据北京城市总体规划，按照"分散集团式"布局原则，北京市实施了城市绿化隔离地区绿化建设工程，在中心城区和边缘集团之间以及各边缘集团之间的区域，建设成片绿化带，增加城市绿化面积，避免城市"摊大饼式"发展，改善城市周边"脏、乱、差"的面貌，提升生态环境质量。1986年，启动实施第一道绿化隔离地区绿化建设；2003年，启动实施第二道绿化隔离地区绿化建设。

一、第一道绿化隔离地区建设

为贯彻落实国务院1983年7月批复的《北京城市建设总体规划方案》，1986年，北京市启动实施第一道绿化隔离地区绿化建设。工程涉及朝阳、海淀、丰台、石景山、昌平、大兴6区的26个乡镇177个行政村和3个国有农场，规划范围240平方千米。截至1993年，一道绿化隔离地区共完成绿化面积约2000公顷。

随着北京城乡建设速度的加快，市区规划建设用地日趋紧张，占用绿化隔离地区规划绿地问题突出，"分散集团式"城市布局建设受到影响。1994年，市政府批转《首都规划委员会办公室关于实施市区规划绿化隔离地区绿化请示的通知》，进一步明确绿化隔离地区的规划建设范围。提出成片绿化面积达30%以上的乡镇、村，可实行"以绿引资、引资开发、开发建绿、以绿养绿"、农民"转居不转工"（即农村劳动力就地在乡镇企业安排工作不转为国有企业职工）等政策；将房地产开发与拆除旧村、农民安置、实现绿化相结合，同步实施规划绿化隔离地区建设；对与绿地无矛盾的经营性建设项目、建筑面积及占总绿化面积比例等提出具体要求。随后，绿化隔离地区绿化建设步伐加快。当年完成隔离片林建设653.33公顷。

2000年，市委、市政府进一步做出加快北京市城市绿化隔离地区建设的决定，明确提出10年任务3年完成，即"用3~4年时间完成绿化60平方千米面积的任务"目标。市政府制定出台《关于加快本市绿化隔离地区建设的意见》《关于加快本市绿化隔离地区建设的暂行办法》等政策性文件，采取绿化不征地、土地置换合作建房、农民搬迁上楼、集中发展产业等政策，提出绿化隔离地区建设要达到"绿化达标、环境优美、秩序良好、经济繁荣、农民致富"的要求。印发《关于成立北京市绿化隔离地区建设领导小组及总指挥部的通知》，建设领导小组由市长任组长，市政府及有关委、办、局领导任领导小组成员。指挥部由主管副市长任总指挥，市政府副秘书长任常务副总指挥，总指挥部下设规划拆迁建设组、绿化组、经济发展组、政策研究组。3月8日，市委、市政府召开全市绿化隔离地区建设动员大会，市委、市政府主要领导参加会议并作动员部署，强调要充分认识加快绿化隔离地区建设的重要性和紧迫性，增强工作的责任心和主动性，解放思想，转变观念，锐意创新，大胆探索，全面推进绿化隔离地区建设。

2000年3月，市政府批准同意市绿化隔离地区建设领导小组提出的《关于加快本市绿化隔离地区建设的暂行办法》，明确对在绿化隔离地区内进行绿化的单位，市财政按每年每公顷7.5万元标准给予补助，绿化启动时即拨付补助费的50%，绿化完成并验收合格后再拨付50%；从绿化后第二年开始，连续3年每年每公顷按1800元标准拨付养护费。当年，实现绿化面积2667公顷，相当于6年完成任务的总量，形成五千亩以上绿色板块10处，同时，创建了森林公园、文化体育公园等8种类型的绿色产业。

2001年8月，市政府办公厅转发市规划委制定的《北京市区绿化隔离地区规划绿地界桩保护和管理办法》。12月，市规划委印发《北京市区绿化隔离地区控制性详细规划》。其中，规划绿地面积125平方千米，占规划总面积的52%。各区申请，并经市政府批准，新增加规划绿地面积31平方千米，总计规划绿地面积达到156平方千米。首都绿化办（市林业局）依据《北京市区绿化隔离地区控制性详细规划》组织编制《北京市（第一道）绿化隔离地区绿地系统总体规划》，指导实施绿化隔离地区绿化建设。

2001年，一道绿化隔离地区完成绿化面积2867公顷，栽植树木413.5万株。全市一道绿化隔离地区绿化面积达到93.5平方千米，占绿化总任务125平方千米的75%。建成10块面积各近万亩的大型绿色板块，其中4块基本形成万亩绿地的连接。

2002年，拆迁建筑200多万平方米，实现绿化面积1665公顷，植树656.4万株，形成10块面积在五千亩以上的大型绿色板块，其中有7块达到万亩以上。3年新增城市绿化隔离地区绿地64.3平方千米，提前实现市委、市政府提出的"用3~4年时间完成绿化60平方千米面积的任务"的目标，一道绿化隔离地区绿化总面积累计达到102.3平方千米，主体工程基本完成。

2007年启动实施绿化隔离地区郊野公园建设，2008年5月，北京市人民政府批转《市发改委关于进一步推进本市第一道绿化隔离地区建设意见的通知》。根据通知要求编制了《北京市绿化隔离地区公园环总体规划》，规划目标是将70%的绿地建成郊野公园，形成"一环、六区、百园"的空间布局，构建"整体成环、分段成片"的"链状集群式"结构，在原有29个公园的基础上，新建73个郊野公园，累计达到102个公园（图3-12-15）。

图3-12-15　一道绿化隔离地区朝阳将台地区绿化

至2010年，一道绿化隔离地区累计完成绿化128.08平方千米，占规划绿地总面积156平方千米的82%，其中规划241平方千米范围内，实现绿地面积103.9平方千米，完成规划绿地面积125平方千米的83%；新纳入地区实现绿地面积24.18平方千米，完成规划绿地面积31平方千米的78%。种植各类乔、灌木3000多万株，建成了7个万亩以上的大绿色板块，发展了一批以旅游观光、休闲娱乐、文化体育为主体的绿色产业项目。绿化隔离地区呈现出森林环绕的优美生态景观，城乡结合部的环境面貌显著改变，推进了城乡一体化进程。

2017年，新版城市总体规划提出构建"一屏、三环、五河、九楔"的市域绿色空间结构，明确将一道绿化隔离地区"郊野公园环"提升为"城市公园环"，要求推进第一道绿化隔离地区城市公园环建设，力争实现全部公园化。

2012—2022年，依托两轮百万亩造林绿化工程，统筹公园环建设和大尺度绿化，结合"疏解整治促提升"专项行动，"减量增绿""留白增绿""腾退还绿"，一道绿化隔离地区新增林地绿地2113公顷，公园数量达到109个，公园面积约67.8平方千米，"一环百园"的城市公园环基本闭合。

二、第二道绿化隔离地区建设

2003年7月，市委、市政府印发《关于加快本市第二道绿化隔离地区绿化建设的意见》，明确第二道绿化隔离地区建设范围为第一道绿化隔离地区及边缘集团外界至六环路外侧1000米，涉及朝阳、海淀、丰台、石景山、门头沟、房山、通州、顺义、大兴、昌平10个区的49个乡镇和10个农场，包括通州、亦庄、黄村、良乡、长辛店、沙河6个卫星城及空港城，规划范围1650平方千米，规划绿色空间总面积为1061平方千米。

第二道绿化隔离地区绿化建设规划布局，由两个绿环、九片楔形绿色限建区及五片组团间绿色限建区构成，与第一道绿化隔离地区相连，

在原有林木覆盖率25%的基础上，新增绿化面积412平方千米，使绿化隔离地区林木覆盖率达到50%以上。按规划建设的景观生态林和一般生态林，市发展改革委给予一次性建设补助，景观生态林每公顷4.5万元，一般生态林每公顷3万元；市财政部门从2003年起，按每年每公顷7500元标准给予占地补偿，补偿标准每3年递增10%，从第二年开始，生态林每年每公顷养护补助3000元。经济林建设，对按规划种植的经济林，市发展改革委给予一次性建设补助每公顷1.5万元，市财政部门从经济林建设当年开始连续5年，按照每年每公顷4500元标准，给予经济林无收益期补偿，从第二年开始，给予养护补助每年每公顷1500元，补助期限5年。

2004年，国土资源部印发《关于严禁非农业建设违法占用基本农田的通知》，明确提出"不准占用基本农田进行植树造林，发展林果业；不准占用基本农田进行绿色通道和绿化隔离带建设"等"五不准"要求。市委、市政府印发《北京市人民政府关于调整第二道绿化隔离地区绿化建设用地规模有关问题的批复》，确定"第二道绿化隔离地区绿化在非基本农田范围内实施，新增绿化面积由原规划的412平方千米调整为163平方千米"。

2005年，北京第二道绿化隔离地区完成绿化面积936.42公顷，建成白家疃景观休闲园、温泉生态林、翠湖国家城市湿地公园、北清郊野休闲园、周家巷三角地等公园绿地。

至2009年，累计新增绿化面积139平方千米，完成规划任务163平方千米的85.1%。其中，生态林109.27平方千米，经济林29.73平方千米，栽植各类苗木2513万株。构建了环绕城市的绿色生态景观带格局，形成了以河路为主体的绿色走廊和生态景观带65条，千亩以上生态林26处，乡村休闲公园绿地23处。在温榆河、潮白河与中心城市之间新建绿地面积达5400公顷，形成了宽厚的绿色廊道生态景观。以永定河沿岸、浅山丘陵地区为重点，新建绿地6867余公顷，治理沙荒地333余公顷，形成了永定河森林公园、北宫森林公园、千灵山自然风景区、青

龙湖公园等一批休闲游憩、旅游观光的公园绿地（图3-12-16）。建设观光采摘园15个，苗木基地10处，形成了一批以旅游休闲、观光采摘为主的绿色产业项目。

2010年，第二道绿化隔离地区163平方千米的规划绿化任务全面完成。

2012—2022年，依托平原百万亩造林工程，统筹林业发展和耕地保护，优先使用建设用地腾退、废弃砂石坑、河滩地沙荒地、坑塘藕地等，大力开展景观生态林、绿色通道林建设，新增造林绿化面积17273公顷，郊野公园总数达到44个，公园面积135.4平方千米，第二道绿化隔离地区郊野公园环生态格局基本形成（图3-12-17）。在郊野公园环建设中，坚持生态优先、大林小园、精野结合的建设理念，建设城市绿道和森林步道，推进郊野公园的连接连通，统筹提升公园生态、景观、游憩服务功能，在大尺度郊野公园和生态林中因地制宜建设生态保育小区、自然带，加大乡土、食源、蜜源植物培育，营造本杰士堆、小微湿地，为鸟类和小动物创造栖息环境和充足食物链，助力生物多样性之都建设。

图3-12-16　二道绿化隔离地区青龙湖公园

图3-12-17　二道绿化隔离地区通州西集绿化

第五节 百万亩造林工程

市委、市政府从改善生态环境、促进绿色发展、推动首都生态文明建设的战略高度，做出加快推进平原地区造林绿化的重大决策。2012—2022年，先后启动实施了"平原百万亩造林工程"和"新一轮百万亩造林绿化工程"建设。

一、平原百万亩造林工程

（一）基本情况

平原百万亩造林工程规划范围为北京市域内的平原地区，涉及朝阳、海淀、丰台、石景山、大兴、通州、顺义全区和房山、昌平、怀柔、平谷、门头沟、延庆、密云7个区（县）的平原地区。规划2012—2015年新增造林面积100万亩，平原地区森林覆盖率达到25%以上。

2012年，市政府印发《关于2012年实施平原地区20万亩造林工程的意见》的通知，决定成立北京市平原地区造林工程建设领导小组及平原地区造林工程建设总指挥部，平原百万亩造林工程正式启动（图3-12-18、图3-12-19）。工程实施以来，市政府有关部门密切配合、全力推进，各区精心组织、攻坚克难，经过4年努力建设，到2015年年底圆满完成平原百万亩造林建设任务，全市共完成造林105万亩、植树5400多万株，平原地区森林覆盖率由工程实施前的14.85%提高到25.6%，增加了10.75个百分点。2016—2017年，

图3-12-19 2012年，武警官兵在大兴区参加平原百万亩造林工程植树

持续推进城市副中心、新机场、冬奥会、世园会等重点区域平原绿化建设，新造林12万亩，使平原地区森林覆盖率提升到了26.8%。

（二）主要做法

坚持高位推动。市委、市政府把平原百万亩造林工程作为落实习近平总书记视察北京重要讲话、推动非首都功能疏解和促进京津冀协同发展的战略举措来抓，与各区签订绿化目标责任书，列入年度折子工程、为民办实事项目、督查考核事项。工程实施以来，市委、市政府每年召开专题会议研究部署，主要领导多次深入现场实地调研，听取工作汇报，提出明确要求；市委、市政府、市人大常委会、市政协四套班子领导成员每年集体参加平原百万亩造林植树劳动；市人大常委会组织市人大代表对平原百万亩造林工程开展专项视察调研，市政协将百万亩平原造林工程建设作为参政议政的重要内容连续多年开展专项课题研究，市人大代表、政协委员积极建言献策；市平原百万亩造林总指挥部成员单位按照职责分工密切配合、通力协作、主动作为、高效服务；各区党委政府履行主体责任，党政一把手亲自挂帅、部署、督办，全力保障工程建设。

坚持规划引领。依据北京城市总体规划、土地利用总体规划和绿地系统规划，科学编制了平原地区百万亩造林工程建设总体规划，确定了

图3-12-18 2012年北京市平原地区造林工程建设动员大会

"两环、三带、九楔、多廊"的空间布局，加宽加厚生态廊道，在重要的生态节点和区域建设大规模森林，通过环状和带状绿色生态廊道的有机串联，建设多处大规模城市森林板块，优化生态空间格局，形成完善的生态网络体系。

坚持创新驱动。创新政策机制，在落实造林用地方面，统筹林业发展与耕地保护，优先使用腾退建设用地、废弃砂石坑、河滩地、沙荒地等开展造林，制定出台了农村土地承包经营权流转及管理工作的指导意见，按照依法、自愿、有偿的原则开展集体土地流转，保障了农民利益；在绿化建设投入方面，坚持"政府主导、市区共担、社会参与"的投入机制，执行差异化区域投资政策，综合立地条件、建设内容、地块规模、景观效果等因素，分类确定工程建设投资标准；在保障农民利益方面，通过政府给予土地流转补助稳定农民收益，补助资金由村集体直接兑现到农户。同时，要求林木养护单位要吸纳60%以上农民就业。创新科技支撑，充分发挥首都优势，组建了专家团队，开展了大量科技支撑体系研究，制定出台了造林技术标准、设计规范、实施细则和工程质量管理制度，确保工程建设做到科学规划、科学设计、科学施工。创新项目管理，市平原百万亩造林总指挥部每年研究确定年度建设任务、实施项目、投资计划和工作安排，统筹指挥工程建设和项目管理；市区有关部门转变职能，建立便捷的项目申报和审批机制，优化审批程序，将项目管理下移到区，做到能下不上、能简不繁。

坚持严格监管。实施全过程规范化管理，做到工程项目法人制、设计施工招投标制、工程监理制、检查验收制、竣工决算制、项目审计制。在工程建设中，建立了倒排工期、工程进度日报、周报、例会、巡查通报和拉练检查等一系列制度，总体把握工程进度和质量。市平原地区造林工程建设总指挥部办公室、市园林绿化局围绕工程设计、工程质量、工程进度、工程监理、林木养护等方面，制定印发了一批配套文件。市发展改革委、市财政局等部门联合制定印发了平原百万亩造林资金管理办法，规范土地流转补助资金、工程建设资金和林木养护资金使用。市监察局等部门联合建立了平原百万亩造林工程监督检查领导小组，加大对项目资金和招投标程序的严格监督。市审计局全面开展工程建设资金管理及使用情况绩效审计。各区严格按照批复的建设方案组织施工，强化施工全过程监理，实行专业技术人员联系项目责任制度，严把规划设计、土地整理、苗木调运、整地栽植、栽后管护和基础设施建设等关键环节，确保造林质量。

（三）主要技术措施

在地块选择和处理方面，优先选择拆迁腾退地、撂荒地、废弃藕地鱼塘、砂石坑、煤场、河滩地、低效农用地等能实施造林绿化的地块，注重规模连片，对于独立的、与现状林难以连接的单个地块面积原则上不得少于30亩。重点区域、道路两侧要充分结合原有地形，适当设计自然起伏的微地形，提升林地生态景观效果。大型砂石坑、废弃坑塘等地块需进行拉坡处理，原则上拉坡后坡度不大于1:5。根据坡度和坡面长度，设计水平导流渠和纵向排水沟，防止滑坡和雨水冲刷，并在沟底设计集水区，并适当种植地被植物，避免地表裸露。为避免雨水冲毁坡面，坑顶周边建设拦水围堰导流渠，坡上危险部位设置围栏，并在明显位置设立警示牌。藕地通过放水、深翻、晒土、打通防渗层，降低盐碱含量，进行土壤改良，以满足植物生长需求，并适当设计自然起伏微地形，营造森林湿地景观。拆迁腾退地、撂荒地等地块复垦时，清除地块内建筑和生活垃圾等杂物。其他立地条件较差的地块先旋耕整地，以使地表干净整洁，符合种植条件。根据树种生长特性和土壤状况，适当进行土壤处理，并施用有机底肥。其中砂石坑、拆迁腾退地、河滩地、沙荒地等瘠薄、困难立地造林地块，必须实施种植穴客土，土壤黏重的，还须添加沙土或腐殖土，以提高土壤的肥力和通透性。

在树种选择方面，坚持"乡土、长寿、抗逆、食源、美观"方针，选用乡土树种和引种试验成功的树种，突出乔木树种。选择生态效益高、固碳能力强、节水耐旱、滞尘效果好的乔木树种，兼顾食源和蜜源植物的使用，丰富生物多样性。兼顾景观需求，乔木选择色彩丰富、季相变化明显、观赏性强、绿期长、寿命长的树种；灌木选择花期长、色彩鲜艳、耐修剪的树种。共使用162种乡土乔灌木树种。

在苗木规格质量方面，选择生长健壮、根系发达、色泽正常、无病虫害、无机械损伤、无冻害的良种壮苗，苗木根系不劈裂、截口平齐、土球不散坨、包装材料完整。落叶乔木主干明显、挺直；全冠苗具备二级以上分枝，半冠苗具备一级以上分枝。常绿乔木树冠丰满、树形美观、长势旺盛、顶芽饱满、枝叶茂盛。按照落叶乔木胸径要求6厘米以上，其中8厘米以上苗木应用比例一般地区不低于30%，重点地区和重点建设工程不低于60%。带冠苗最低分枝点不低于2.8米，栽植比例一般地区不低于30%，重点地区和重点建设工程全部带冠栽植；截干苗截干高度不得低于2.8米。常绿乔木苗高2.5米以上，其中白皮松、华山松圃苗苗高1.5米以上。松类冠幅直径不小于1.5米，分枝点间距不得高于40厘米；柏类冠幅直径不小于1米。亚乔木地径一般地区4厘米以上，重点地区和重点建设工程5厘米以上。灌木地上部分3年生以上，属单一主干灌木的地径3厘米以上，高度2米以上；属丛生灌木的，修剪后分枝5个以上、高度1.5米以上。裸根苗根冠直径须达到地径的8倍，长于10厘米的Ⅰ级侧根和须根数不少于20条，有明显主根的其长度不低于40厘米，保留护心土；土球苗土球直径为地径的6~10倍，土球不散坨。

在整地规格质量方面，根据苗木规格、根系大小设计种植穴规格。原则上乔木裸根苗胸径大于8厘米的种植穴直径100厘米、深80厘米；胸径8厘米以下的种植穴直径80厘米、深60厘米。土球苗种植穴直径比土球直径大40厘米，深比土球高10~20厘米。亚乔木种植穴直径和深度均为60厘米。

在树种配置方面，林木栽植以混交为主，包括团块状混交、带状混交等。混交应注重色彩搭配和季相变化，每个组团应有详细的种植设计。面积大于100亩的造林地块，团块状混交应注意相邻两块之间镶嵌，带状混交单一树种宽度不低于3行，一般每个树种面积不超过30亩，而重点地区或特色树种可按实际需求确定。针叶树种比例原则上不低于20%，每100亩林地面积内原则上不少于5种主要乔木树种，每种比例原则上不小于10%。有拮抗或转主寄生关系的不宜混栽，如仁果类与柏科要保持一定距离，桑科不能与毛白杨混栽，慢生树种与速生树种应保持合理间距。

在栽植密度和质量要求方面，根据不同树种的生长速度、冠幅特征和混交比例，确定合理栽植密度。高大乔木一般每亩为33~56株，窄冠幅树种应提高到每亩56~74株。栽植时先回填地表熟土，再将苗木放于种植穴中心，保持苗干直立，栽植深度适宜。栽植时可应用一定量菌根肥、生根粉、抗蒸腾剂、保水剂、地膜等材料，提高苗木成活率。推广应用土壤改良、雨洪利用、树种配置、节水保活等新技术、新材料100余项。

在地被植物种植方面，重点地段新造林地栽种多年生、花期长或绿期长、抗逆性强、景观效果好、色彩丰富、养护成本低的宿根地被植物品种，确保裸露地表全覆盖。

（四）建设成果

明显优化了城市生态空间布局。通过实施平原百万亩造林工程，使中心城区与新城之间、新城与新城之间形成了大范围的绿化隔离空间，城市生态格局更加合理，环境容量和生态空间明显扩大。按照集中连片、成带连网的理念，营造了大尺度、大面积的城市森林，在永定河、北运河、潮白河等重点河道两侧，六环路、京平高速等主要干线道路两侧和城市副中心、延庆妫河、首都机场航空走廊等重点区域，新增万亩以上大片森林23处、千亩以上210处，初步构建起大面积森林为基底、大型生态廊道为骨架、九大楔形绿地为支撑、健康绿道为网络的点线面、带网片、林园水相结合的城市森林生态系统。其中，在永定河流域（图3-12-20）新增森林面积6万

图 3-12-20　平原百万亩造林工程大兴榆垡镇永定河景观生态林

亩，形成70多千米长、面积达16万余亩的森林绿地；在北运河流域造林2.7万亩，形成贯穿平原区西北到东南面积达9万多亩的滨水绿带；在潮白河流域新造林4.4万亩，形成全长100千米、面积达9万多亩的东部生态保障带。

显著改善了城乡结合部环境。紧紧围绕疏解非首都功能，加大拆迁腾退力度，推进规划建绿、拆违还绿。在城乡结合部50个重点村、绿化隔离地区、规划范围内重点乡镇、村庄，拆除违法违规建筑1735万平方米，清退流动人口聚集点500多个，新增森林绿地22.3万亩，在调整低端产业、疏解人口、抑制私搭乱建、改善景观环境等方面发挥了积极作用。海淀唐家岭、丰台槐房、朝阳金盏等昔日环境脏乱差的地区，通过整体搬迁、腾退造林，形成了绿树成荫的森林景观。朝阳区西直河石材市场搬迁企业550家、商户3000余家，拆除各类建筑面积180万平方米，疏解流动人口3万人，实施绿化2000余亩；昌平区拆除煤场、坑塘、垃圾场以及路边、村边的私搭乱建和废弃场房等建筑231.8万平方米，全部实现造林绿化，形成了万亩以上的大片森林组团，改变了局部区域环境脏乱差的面貌。

明显提升了生态脆弱地区环境质量。对废弃砂石坑、河滩地、沙荒地、坑塘藕地、污染地等生态脆弱地区，实施大规模生态修复，提升生态承载能力。在永定河、潮白河、大沙河、康庄、南口等"五大风沙危害区"营造防风固沙林25.3万亩。对昌平西部2万多亩沙坑煤场、怀柔潮白河畔深达60米的6400亩大沙坑、房山燕山石化周边2万多亩污染地，通过绿化造林，生态治理，改造成为生态景观游憩区。结合中小河道治理和农业结构调整，在河道、沟渠、坑塘藕地等区域，恢复、建设森林湿地5.3万亩，建成大兴长子营、房山长沟、小清河、通州东南郊湿地、平谷城北等多处湿地公园（图3-12-21、图3-12-22）。

图 3-12-21　怀柔区北房镇小罗山沙坑原貌

图 3-12-22　怀柔区北房镇小罗山沙坑治理后效果

显著增强了服务城市功能。围绕落实"四个中心"的城市战略定位和建设国际一流和谐宜居之都的目标，注重把平原百万亩造林工程与服务保障中央重大活动、服务全市重大工程、服务城乡人民绿色福祉紧密结合起来。在APEC峰会期间，对京承高速、首都机场南线、怀柔雁栖湖联络线两侧的绿化带进行了加宽加厚和景观提升，实施绿化1.4万亩，显著提升了绿色廊道建设水平。在抗战胜利60周年纪念活动的服务保障中，昌平区全力做好阅兵环境保障工作，在阅兵基地周边实施绿化建设5600多亩，栽植各类苗木14万株。围绕2014年第11届世界葡萄大会、2019年第59届世界园艺博览会和2022年第24届冬季奥林匹克运动会，打造场馆周边优美生态景观。在新城、城市重点功能区、重点村镇周边区域，建成了东郊森林公园、千亩槐树园、青龙湖森林公园、蔡家河"九曲花溪、多彩森林"等18个大尺度特色公园和500多处休闲林地绿地。在温榆河、京密引水渠建设健康绿道200千米，在重点地区集中连片的林地内，建成可供市民休闲的简易步道1000多千米，为市民提供了更多的生态休闲空间。在生态惠民方面，组织当地农民参与平原百万亩造林，大力发展林下经济，从事林木养护等工作，使7万多名农民实现绿岗就业。

京津冀协同发展生态建设率先实现突破。根据《京津冀协同发展规划纲要》和市委、市政府的贯彻意见，主动与河北省有关部门和廊坊、保定等环京的县（市）进行工作对接，建立生态建设联席会议制度和相关组织协调机制。围绕共建京津保中心区森林湿地群，以通州、大兴、房山、顺义、平谷等接壤交界的区域为重点，集中连片建设大尺度森林湿地约30万亩，其中万亩以上地块10处。围绕构建互联互通、林水相依的生态廊道网络体系，加大了重点生态廊道和重点区域绿化建设，对贯穿全境并通向津冀的30余条道路、河流绿化带进行加宽加厚、增绿添彩、改造提高，全面提升了绿色廊道生态防护质量和景观效果，有力促进了环京周边森林板块融合对接。京昆高速沿线形成了面积约3万亩的绿色生态走廊；京平高速两侧形成了22千米长、面积1万多亩的绿色通道；北京大兴机场周边实现绿化面积5万亩。

二、新一轮百万亩造林绿化工程

（一）基本情况

为进一步扩大绿色生态空间，优化绿色空间结构，提升生态环境质量，市委、市政府决定开展新一轮百万亩造林绿化行动。新一轮百万亩造林绿化工程规划范围为全市16个区，建设任务主要安排在核心区、中心城区、平原地区和浅山区，以建设大尺度森林、构建完整的生态系统为理念，以满足市民绿色福祉需求为宗旨，通过恢复自然景观、完善生态廊道、丰富生物多样性、营建近自然地带性植物群落，重建结构合理、功能完善的生态系统，实现城市发展、绿化美化和民生福祉的和谐统一目标。规划到2022年，全市新增绿化面积100万亩，其中，新增森林、湿地面积97.4万亩，新增绿地面积2.6万亩；全市森林覆盖率达到45%，其中平原地区达到32%；全市城市绿化覆盖率达到48.6%，人均公园绿地面积达到16.6平方米。

2018年3月，市政府印发《北京市新一轮百万亩造林绿化行动计划》的通知。同年，北京市平原地区造林工程建设总指挥部印发《北京市新一轮百万亩造林绿化行动计划2018年度建设总体方案》，明确提出：要按照高质量发展的要求，以问题为导向，坚持科学发展、规划统筹、生态优先、首善标准、以人为本的原则，全面聚焦"一核一主一副、两轴多点一区"的城市空间结构，突出绿水青山就是金山银山、人与自然和谐共生和山水林田湖草是一个生命共同体等新的发展理念，以专业方法、系统思维推进生态建设；突出成片连网、互联互通，营造规模连片森林湿地，有机连接新造林与原有林，形成林成片、水相连的完整绿色空间，提升生态系统质量和稳定性；突出城市森林理念，优先选择乡土、长寿、抗逆、食源、美观等各类树种合理配置，注重生态系统的完整性、科学性、生物多样性，有力支撑"一屏、三环、五河、九楔"市域绿色空间结构，大幅提升首都生态建设的规模和质量，努力建设"天蓝水清、森林环绕的生态城市"。

2018年，工程启动实施，通过留白增绿、见缝插绿，开展休闲绿地和城市森林建设，优化核心区环境，提升首都功能核心区绿色生态保障能力；开展城市修补、生态修复，不断扩大公共绿地，拓展绿色休闲空间，提升中心城区人居环境质量；在城市副中心，开展交通廊道、河流生态绿廊和林荫大道建设，高水平实施北京城市副中心绿化；围绕传统城市中轴线和长安街，精心打造两条城市生态景观轴；推进新城和建制镇绿化建设，实施疏解建绿、拆违还绿，加快公园绿地和林荫大道建设，扩大绿色空间；在浅山区，通过台地、坡耕地、拆迁腾退土地绿化造林，宜林荒山造林，废弃矿山生态修复等方式，推进生态涵养区绿化建设；围绕北京大兴机场、2022年北京冬奥会冬残奥会设施、2019北京世园会园区周边，重要交通干线、河流水系等绿色廊道周边地区，推进大尺度森林湿地建设；在绿化隔离地区，以沙河、温榆河、东郊、台湖等大尺度郊野公园建设为重点，推进绿化隔离地区城市公园环建设；结合农村环境综合治理，建设林荫街坊路、村头公园、园林庭院、环村林带等，推进美丽乡村绿化建设。至2022年，5年来，全市累计完成新一轮百万亩造林102万亩，超额完成规划任务指标。

（二）建设类型

工程建设分为景观游憩主导型、森林湿地复合型、生态廊道型和生态涵养主导型四个功能类型。

景观游憩主导型。建设区域位于城市核心区、中心城区、一道绿隔地区、二道绿隔地区、新城、建制镇、特色村庄及重点区域周边。建设城市公园、郊野公园、城市森林，在确保生态功能充分发挥的基础上，增加景观游憩服务，满足市民生态休闲游憩需求。在地形整理上，营造凸地形、凹地形和自然起伏的微地形，充分利用其对视野的聚焦和引导作用，提升景观、调节小气候、丰富物种多样性。树种选择从树形、色彩、季相变化、减缓热岛效应等方面考虑，以景观、长寿、抗逆为原则。

森林湿地复合型。建设区域涉及城市副中心森林湿地群、中轴线北部奥林匹克森林湿地组团、南中轴南海子公园和团河行宫森林湿地组团、温榆河和永定河流域以及其他有湿地的区域。在原有湿地基础上进行浅滩营建、生境岛营建、水域恢复。选择能为鸟类等野生动物提供栖息环境和食源、耐水湿、主根发达、枝条繁茂的植物。采用孤植、丛植、群植等配置方法，营建由沉水、浮水、挺水、湿生、旱生等不同类型植物组成的湿地植被带。

生态廊道型。分为道路廊道、河流廊道和生物廊道三种建设类型。其中，道路廊道主要位于大兴机场、冬奥会交通沿线等重要交通干线两侧区域；河流廊道主要位于大运河、北运河、温榆河、永定河等河流两侧区域；生物廊道主要位于连接生境孤岛的生物迁徙通道区域。重点区域的道路廊道对基础地形进行自然起伏的微地形营建，地块边缘注重形态优化，模拟自然的凹凸边缘，营建生物隐蔽环境。选择树形高大优美、树荫浓密、耐修剪、抗逆性强的树种和食源树种，以提高护路、护堤、降尘抗污染效果，同时为小动物提供食源、隐蔽场所和迁徙通道。用于连接生境孤岛的生物廊道建设，以地带性乡土植物为主。

生态涵养主导型。建设区域位于浅山区和交通不便或远离村庄的远郊平原区，包括浅山区台地、坡耕地、山前平缓地等区域的退耕还林，以及宜林荒山造林和废弃矿山生态修复等区域。树种选择上以乡土、长寿、抗逆、食源为原则同时兼顾景观性。配置采用株间、行间、带状或块状混交模式。

三、两轮百万亩造林建设成效

2012—2022年，通过实施两轮百万亩造林工程，"两环、三带、九楔、多廊"的园林绿化空间布局全面形成，城市核心区实现生态景观重塑，中心城区和新城区通过多元增绿，形成以公园、绿地为主体的城市绿化体系；一道、二道绿化隔离地区基本形成两道绿色项链；平原地区建成大尺度森林斑块，实现中心城区与新城、新城与村镇之间的绿色连接；浅山区形成色彩斑斓、山水互动的自然风貌；山区森林质量明显提升、森林群落结构显著改善，生物多样性更新丰富，森林生态系统更加健康、稳定。

森林覆盖率大幅提升。两轮百万亩造林绿化，累计完成造林 219 万亩，栽植乔灌木树种达 338 种、1.03 亿株。市域森林覆盖率由 2011 年的 37.6% 提高到 2022 年的 44.8%，其中，平原地区森林覆盖率由 14.85% 提高到 31.03%，为北京市全域创建国家森林城市奠定了坚实基础。

绿色生态空间结构显著优化。两轮百万亩造林绿化，优化充实了《北京城市总体规划（2016—2035 年）》确定的"一屏、三环、五河、九楔"绿色空间布局，与 2011 年相比，一屏、绿隔地区、五河、九楔区域绿色空间分别增加 3.68%、13.36%、11.51%、16.01%。持续提升了城市空间结构"一核一主一副、两轴多点一区"生态基底质量，中心城区、副中心、山区的绿色空间面积分别增长了 3.57%、25.03% 和 4.21%。顺义、大兴、昌平、房山等平原区的绿色空间面积比例增长了 15.06%。工程的实施，极大地改善了森林资源山区、平原、城区分布不均的状况。

森林生态网络更加完善。两轮百万亩造林绿化，建成了大尺度近自然森林和生态廊道连通的森林生态网络，造林绿化注重连块成片、连带成网，从小斑块向大斑块扩展。建设了一批近自然城市森林，平原地区万亩以上的绿色空间斑块达 40 处，千亩以上绿色空间斑块达 498 处；增宽加厚了骨干道路、水系两侧绿带，33 条通往外埠的道路、河流两侧 500 米范围内绿色空间面积比例，由 2011 年的 31.87% 增加到 2022 年的 44.27%。城市副中心 10 年新造林 34.18 万亩，2022 年森林覆盖率比 2011 年提高了 13.69 个百分点，达到 33.43%，成功建成国家森林城市。在京津保过渡地区营造森林 46.42 万亩，绿色空间面积比例从 2011 年的 25.38% 上升到 2022 年的 43.13%，基本形成了森林缓冲带。大尺度互联互通的森林生态系统基本形成，市域和京津冀地区的森林连通度、聚合度明显提高，生态系统的整体性和功能性显著增强。

生物多样性日益丰富。两轮百万亩造林绿化，使平原地区拥有了森林与湿地交织的大斑块生态空间和互联互通的生态廊道，为鸟类、昆虫、小动物的栖息和活动提供了更多的空间，平原地区、中心城区适合野生动物栖息的地方越来越多，生物多样性也更加丰富。仅在新一轮百万亩造林绿化建设中，就营建了生物多样性保育小区 295 处、小微湿地 491 处、本杰士堆 2200 处、昆虫旅馆 1338 处。建成了温榆河公园、旧宫城市森林公园等一批生境类型丰富的生物家园。2012—2017 年，全市观察到鸟类 308 种，2018—2022 年，观察到的鸟类增加到 498 种。对水陆环境质量敏感的黑斑侧褶蛙、对人类干扰敏感的萤火虫，以及对食物可获取性敏感的猛禽长耳鸮、震旦鸦雀等都经常出现在城区，北京雨燕的数量也逐年上升，黑鹳、天鹅、鸿雁等常在北京过冬。北京的森林绿地处处鸟语花香，生物多样性之都基础更加坚实。

疏解整治促提升成果丰硕。依托两轮百万亩造林绿化，在疏解整治促提升专项行动中，精准实施规划建绿，对拆迁腾退的裸露地实施生态治理。实施留白增绿 62164 亩，增加了城市绿色空间，规划战略留白保地增绿 52350 亩，为城市未来发展预留了更多的弹性空间，增强了城市后续发展的韧性。在城市核心区、中心城区营造了广阳谷、新中街、常乐坊等一批城市森林公园。

市民绿色福祉显著提升。建成城市休闲公园 174 个、城市森林 44 处、绿化隔离地区公园 39 个、村头片林 463 处，新增高品质生态休闲空间 20 余万亩。城市绿心公园、温榆河湿地公园、南苑森林湿地公园等成规模、大体量、功能完善的成长型公园成为北京生态景观的新亮点、首都生态文明的新地标。助力建设森林自然教育基地、园林绿化科普基地、各类园艺驿站，让市民体验生态，让生态走进生活。

绿岗就业成效显著。两轮百万亩造林绿化工程的实施，为当地农民提供了就业岗位23万余个，促进了当地农民绿岗就业增收，依托百万亩造林工程建设的集体生态林，成立新型集体林场108个，加强百万亩造林绿化成果管护，为后续发展林下经济、森林旅游、森林康养、自然教育、林木抚育剩余物开发利用等绿色产业提供了更大潜力，为乡村振兴注入了新的活力（图3-12-23）。

图3-12-23 顺义区张镇集体林场平原生态林管护

四、工程建设实例

（一）延庆蔡家河平原造林工程

该工程位于延庆张山营镇蔡家河区域，该地区有种植水稻的历史，近年来，随着地下水位下降，稻田面积不断缩小，逐渐荒弃。在百万亩平原造林工程建设中，流转土地，聚零为整，整体规划，分期实施，利用荒滩荒地、闲散农地、废弃坑塘、鱼塘藕地，开展大规模森林、湿地建设。选用油松、侧柏、槐、栎类等乡土树种，营造大尺度的平原森林；优化水系，改善水质，种植水生植物，恢复、建设湿地；保留部分稻田，修建慢行绿道，架设赏景栈桥，形成水岸稻香的优美景观。经过3年建设，蔡家河平原造林工程共完成46000亩。在全长7.5千米的蔡家河沿岸，保留原有湿地景观，巧借当地自然和人文资源，沿着自然弯曲的水溪，补栽千屈菜、芦苇、香蒲、野慈姑、水葱等水生植物，沿溪岸种植紫叶李、珍珠梅、红瑞木等花灌木；利用弯曲的河道及历史遗留的烽火台，修建"一弯溪流九曲花径"湿地景观节点，使北依海坨山，南依蔡家河的蔡家河流域，形成以葡萄园、马庄、稻田、烽火台为主体的——"九曲花溪、多彩森林"景观，成为妫川大地一颗璀璨的明珠。

（二）东郊森林公园

东郊森林公园是平原造林工程的重要组成部分，涉及通州、朝阳、顺义三个区，东郊森林公园核心区总面积59.36平方千米，其中，通州范围内的公园面积为40.81平方千米，朝阳区范围内公园面积为10.81平方千米，顺义区范围内公园面积为7.74平方千米。

在规划设计上，统筹考虑公园的生态、景观、游憩、安全防护、产业带动等多种功能，建设森林为体、两河为脉、绿道纵横、林水相依，集生态保护、休闲健身、科普教育、文化创意为一体，特色突出的近自然森林公园。园内设计116千米健康绿道及完备的驿站、标识系统，形成贯穿全园重点区域的骑行线路。全园分为湿地森林、华北树木园、印象森林、创意森林、动感森林5个景观差异明显的特色区域，总面积为48405亩。

湿地森林位于公园东北部，占地7290亩。该区域利用小中河及周边现有的鱼塘等低洼地进行改造，强调湿地与森林的融合，突出参与性、科普性及湿地体验感受，营造林中有水、水中有林、林水相依的湿地森林景观。

华北树木园位于公园的中心位置，占地7725亩。该区域集中种植华北地区的代表性乡土适生树种、珍稀树种、特色观赏树种等，具有科普、科研、体验、游憩等多重功能，建设以森林景观为基础、以树木文化为特色，品种丰富、分类科学、寓教于游的树木园。

印象森林位于公园西北部温榆河两侧，占地10905亩。该区域属于首都机场航空走廊的重要区域，以近自然森林为设计理念，采用大地艺术造园手法，注重空中俯视景观，通过连片森林形态和季相变化特征，形成"航空迎宾毯"的视觉效果，为乘机旅客出入北京留下深刻印象。

创意森林位于公园南部，占地8700亩。该区域结合通州宋庄的艺术创意氛围和资源条件，为艺术家在森林中创作、展示作品提供空间，通过森林中的艺术点缀形成该区浓厚的艺术氛围特色。

动感森林位于温榆河西岸，占地约13785亩。该区域利用朝阳金盏乡现有的生态休闲资源，建设以休闲运动为特色的森林景观区，在林中穿插有氧运动、极限运动、儿童乐园、森林探险、传统北京运动项目等活动空间，为市民提供健康绿色的休闲空间。

东郊森林公园于2012年开始规划建设，2020年基本建成，"美丽东郊、森林氧吧、休闲乐园、自然课堂"的功能逐渐呈现。东郊森林公园的建设，使北运河与潮白河生态景观带、六环路与京平高速路生态保护带、一道与二道隔离地区绿化带紧密衔接、相互贯通、融为一体，形成北京最大的城市森林，成为北京城市副中心的"后花园"。

（三）大兴区永定河绿色港湾

"永定河绿色港湾"是永定河大兴北臧村段治理后的名称，占地面积近4000亩。治理前，这里漫天黄沙飞舞、土地干涸，加之偷盗砂石、非法占地、私自钻井等违法现象屡禁不止，生态环境逐渐恶化。

2012—2014年，大兴区在永定河绿色港湾区域实施平原造林工程，共栽植雄株毛白杨、银杏、油松等落叶和常绿乔木15.3万株，栽植金银木、榆叶梅、黄栌等落叶灌木6万株，累计造林3857.55亩。为提高当地村民的积极性，北臧村镇出台了对流转土地的地上物，一次性每亩补贴4000元的鼓励政策，推动了土地流转，加快了造林任务的完成。为确保造林质量，对造林地进行换土改良，将种植穴内的流沙换为耕作土，并采取腐熟肥、生根粉、保水剂等措施，造林成活率达95%以上。同时，加强平原造林的管理，开展涂白、打药、施肥、浇水、修枝等专业养护管理，确保了树木的健康成长。同时，在林下种植麦冬、黄芩、柴胡、丹参、连翘、板蓝根等中草药190亩，种植油菜花50亩，栽植郁金香20余亩，修建了3千米长的塑胶健身步道，在步道两侧栽植多品种海棠树，形成了海棠大道，建设了10千米的闭环骑行道及中心广场灯光秀体验区，为城南地区居民提供一处健身锻炼、健康骑行、休闲娱乐的场所。如今，在昔日的流沙地、沙荒滩地上已呈现出"春有花、夏有荫、秋有彩、冬有绿"的优美景观，成为"网红"打卡地，被誉为"永定河畔的绿色港湾"。

（四）新中街城市森林公园

该园位于东城区工人体育馆西北侧，总面积1.15万余平方米，2018年建设，当年建成开放，是东城区的第一处城市森林公园。公园建设突出城市森林建设、绿色低碳环保理念，树种选择坚持"乡土、长寿、抗逆、食源、美观"的原则，合理配置植物，丰富生物多样性，营造"近自然"生态景观和多类型的小动物栖息环境。充分保护与利用原有大树，保留加杨、槐、圆柏等原有大乔木9种32株；以乡土植物与新优彩叶植物作为主基调，新植银杏、元宝枫、楸树、梓树、银红槭等乔灌木21种470株，其中乡土树种占85%以上；大力推广乡土野生地被植物，种植崂峪薹草、委陵菜、绣球、毛茛、玉簪等地被植物和宿根花卉36种22万株；搭建3处"昆虫旅馆"，并在附近种植柿树、山楂、海棠等食源植物和紫丁香、松果菊、紫菀等蜜源植物，招引鸟类和蝴蝶、蜜蜂等昆虫，打造人与自然和谐共生的优美环境。同时，采用园林废弃物新型环保材料铺装地面560平方米，利用卵石沟、生物滞留池等形成集雨绿地，发挥"海绵效应"，有效消纳地表径流，充分体现节约型园林、海绵城市理念，从而在以场地运动为主的环境中，提供了一处生态景观优美、静谧舒适的城市森林。

（五）城市绿心森林公园

城市绿心森林公园位于通州区大运河南岸，是北京城市副中心"一带、一轴、两环、一心"绿色空间布局的重要组成部分，公园总规划面积约16800亩。始建于2016年，2020年建成开放，成为"城市副中心最具生命力的绿色地标"。在公园建设中，突出营建生物品种多样、生态群落多元、活动体验舒适、文化内涵丰富的近自然森林群落（图3-12-24）。

公园建设按照"天人合一，人与自然和谐共处"的理念，围绕"一核、两环、三带、五片区"的总体布局，突出植物配置，打造不同区域的绿色空间。发挥生态修复功能，构建近自然的生态保育核心区；突出绿荫游赏体验，建立主要道路广场林荫体系；传承传统节气文化，展现四季变换的植物景观节点；演绎五大片区主题，塑造各具特色的植物景观风貌。

一核为生态保育核，首要功能是生态修复。保留场地原生植被，科学布局密林、疏林、灌草地等不同类型植物群落，构建以先锋植物、乡土植物、长寿树木为主体的近自然森林植物群落，预留动物迁徙廊道，构筑居住巢穴和小型水源地，并种植一定比例的食源蜜源植物，为各种鸟类、小型动物营造栖息地。生态保育核外围设置宽60~80米的生态缓冲带，结合铁艺围栏及黄刺玫等带刺灌木阻隔人为活动对小动物的干扰。

两环包括星型园路环与二十四节气环。星型园路环是全园的主要交通游览环，全长5.5千米。沿双幅路序列栽植小叶白蜡和银杏，形成秋季金色景观大道，实现100%绿荫覆盖下的森林游赏体验。二十四节气环是串联星型园路两侧建设的24个节气林窗的特色文化环，以植物为载体，每个节气林窗选择一种节气树作为基调树种，如立春节气基调树种选择香椿、春分为玉兰、夏至为合欢、冬至为油松，采用片植、丛植方式传达24个节气特色化、差异化的植物文化景观。营造出"木笔春分""半夏颐和""春旋数九"等二十四节气景观林窗。

三带为六环路景观带、大运河文化带、运河故道景观带。其中，运河故道景观带位于该园西部，是一条呈南北走向贯穿全园的文化景观带，长2.5千米。植物空间布局以运河故道为轴线，在两岸营造绿林夹水、视线通透、柳岸垂堤、芦荻飞花的滨水绿廊景观。

五片区包括文化区、市民区、体育区、雨洪区、科普区。五片区承载着日常休闲、主题游乐、生态观光等功能，体现了城市绿心作为市民活力中心的功能特点。文化区重点强调秋冬季相色彩，呈现雁沐霞林、绿岛林语、花堤雨溪、林源撷趣等特色植物景点；科普区重点展示特色乡土植物，突出森林的科普教育价值；雨洪区栽植大尺度、多品种的水生湿生植物，形成自然野趣

图3-12-24　城市绿心森林公园

的湿地景观；市民区种植观赏性强、林荫覆盖率高的植物品种，形成林荫浓密、花团锦簇的专类植物景点；体育区重点营造运动活力氛围，以高大乔木为主，突出绿荫环抱的季相特色。

公园建设充分保留现状植被资源，保留原厂区、村庄拆迁腾退后的杨树、柳树、榆树、槐、椿树等高大乔木共6000余株，不仅成为公园建设的骨架，还保留了弥足珍贵的乡愁记忆。

因地制宜，适地适树，营建近自然森林，构建稳定的植物群落。园内共栽植各类乔灌木植物238种近百万株、地被花卉及水生植物近6000亩，构建以高大乡土树种为主，异龄复层、结构自然、地带性群落特点突出的生态林景观，全园乡土植物数量占比高达80%以上，乡土树种包括乔木64种，亚乔木及灌木约76种，地被主要有薹草、结缕草、紫花地丁、二月兰、白三叶、匍枝委陵菜等节水耐旱型乡土草本植物。同时，还栽植了银红槭、银白槭、金叶复叶槭、金叶白蜡、金叶榆、金叶槐、北美海棠类等新优植物品种30余种。通过体量、密度、品种、规格的科学搭配，形成连片成带、多层次、大尺度的近自然植被结构。

以天然林典型生境为蓝本，构建多样自然且稳定安全的森林生境系统，营造林－灌－草－湿地多种群落。其中，密林生态群落占比65%，疏林生态群落占比15%，灌草生态群落占比10%，森林湿地生态群落占比10%，推进人工林向近自然林的森林演替。

改造工业遗址展现工业文化，将原来东方化工厂、东亚铝业、造纸七厂等老工业遗址改造成全民健身中心，保留老厂区大门、灰色外墙等原有建筑，在新的功能空间融入曾经的工业文化记忆。复原历史遗迹展示运河文化，根据明嘉靖年间历史记载，修复一条2.5千米长的运河故道，在沿岸设计"故道溯源""汲汲轻帆"等8处景观节点，通过石拱桥、四角亭等元素，再现当年"波分凤沼"历史景观。

第十三章　苗木培育

苗木是绿化造林的物质基础，是提高绿化造林质量、恢复森林植被的重要保障。新中国成立以来，伴随着北京造林绿化的蓬勃开展，苗木生产、培育工作也经历了从数量增长、规格提升到满足多种需求的过程，实现了从以自繁、自育、自用为主向以市场调节为主、以数量增长向质量提升的转变，基本形成了生产基地规模化、经营主体多元化、生产技术标准化、管理体系规范化的发展模式，培育的苗木品种也从最初的十几种发展到上千种。固定专业苗圃从 20 世纪 50 年代初期的 4 处 60 余公顷，发展到 2020 年的 1367 处 17733.33 公顷。

第一节　苗木培育发展状况

20 世纪 50 年代初期，北京苗木培育基础非常薄弱，仅有 4 处面积 60 余公顷的国有苗圃。此后，随着造林绿化对苗木的需求不断增加，国有苗圃建设不断壮大，集体苗圃快速发展，社办苗圃和社队联办苗圃应运而生。到 1989 年，固定苗圃发展到 100 多个，育苗面积达到 4000 公顷。20 世纪 90 年代后期，由于受到农业种植结构调整的影响和大规模植树造林的拉动，育苗迅速发展，个人及股份制苗圃迅速发展壮大，2002 年前后，苗圃面积与育苗数量均达到了历史最高值，但也出现了以杨柳为主的阔叶树苗木过度培育，造成大面积积压、滞销等问题。2003 年以后，全市种苗生产进入了品种结构调整、优化的发展时期。至 2020 年，苗圃数量为 1367 个，面积为 17733.33 公顷。其中，国有苗圃 9 个，面积为 614.53 公顷，集体及个人股份制苗圃 1358 个，面积为 17118.8 公顷，民营苗圃数量和面积分别占到全市苗圃总数的 99% 和 97%，逐步形成了以国有苗圃为引领、个人及股份制为主体的苗木生产体系。至 2020 年，累计为北京各项造林绿化工程提供多树种、多规格、多色彩、抗性强的良种苗 15 亿株以上，将重点工程造林的大规格苗木自给率提高到 80%，保证了工程质量。

一、规模化苗圃建设取得成效

自 1989 年以来，全市推进育苗工作与造林工程挂钩，推行"方向化、基地化、良种化"育苗，加强种苗生产基地的基本建设，改善苗圃基础设施，种苗产量、质量大幅提高。特别是 2001 年大东流苗圃"北方国家级林木种苗示范基地"建成投入使用，推进了全市种苗生产基地化建设进程，使大东流苗圃成为当时北方最大优质林木种苗示范基地，对全市及周边省市种苗业的有序、规范发展起到了积极引领和示范作用。2014年，按照规模化、集约化、标准化的要求，本着政府引导、企业主导、市场运作、产苗增绿、优质高效的原则，启动规模化苗圃建设。到2020年，全市累计建成133个规模化苗圃，总面积7673.33公顷，利用5%的财政补助资金撬动了95%的社会资本，为种苗业的发展储备了强劲动力。

二、种苗行业管理体系不断健全

种苗管理机构与队伍逐步健全。1989年成立北京市林业种子苗木站，独立承担全市林木种苗的行业管理和技术服务工作。区（县）林木种苗管理机构也经历了从无到有的过程，至2019年，全市除东城、西城和石景山区以外的各区都成立了种苗管理机构，市、区两级林木种苗管理机构，强化了对全市林木种苗行业的管理。

种苗管理法治化、规范化不断推进。在认真贯彻落实国家有关种苗管理的法规、规章的基础上，结合北京种苗生产、管理实际，先后制定了地方性法规2个、政府规章1个、规范性文件15个，形成了以国家规定为基础，以地方规定为补充的林业种苗执法体系；依法开展了种苗生产、经营的行政审批、主要林木品种审定、种质资源保护、行政执法检查等工作，推动北京的种苗业逐步走向法治化、规范化发展轨道。2006—2020年，累计审（认）定林木良种402个。其中，通过审定品种399个，通过认定品种3个（图3-13-1）。累计颁发林木种子经营许可证2528个、林木种子生产许可证2460个，两证合一后，颁发林木种子生产经营许可证1281个。

各级林木种苗行业协会相继成立。2004年以来，各区（县）和林木种苗企业陆续自发成立种苗协会。2016年，北京市林业种子苗木管理总站牵头组织成立北京林木种苗产业协会，并在北京市民政局正式登记注册为非营利性社团组织，向从事种苗生产经营以及相关从业人员提供政策、技术、供求等方面的信息和服务，充分发挥政府与企业之间的桥梁纽带作用。截至2020年，全市共有市级林木种苗协会1家、区级协会11家、区级分会4家。

图3-13-1　2008年北京市林木品种审定委员会会议

三、种苗生产技术规范体系日益完善

2004年以来，不断完善林木种苗标准化体系建设，共制定了苗木质量、种苗生产、品种审定、苗圃建设等方面的地方标准31个、行业标准5个，为林木种苗质量管理工作提供了技术支撑，对规范种苗生产发挥了重要作用。

《主要造林树种苗木质量分级》规定了主要造林树种苗木的等级划分、分级要求、检验方法、检验规则，适用于北京市范围内露地培育裸根苗木的培育。明确合格苗木以无检疫对象病虫害，无机械损伤，苗干通直，色泽正常，针叶树种顶芽发育饱满、健壮，充分木质化等综合控制条件以及根系、地径、苗高三项指标确定。综合控制条件达不到要求的为不合格苗木；综合控制条件达到要求的，以根系、地径和苗高三项指标分级。

《林木育苗技术规程》规定了园林绿化所用苗木生产过程中涉及的苗圃建立、制定年度计划、圃地准备、作业方式、苗木繁育、苗木移植、苗期管理、灾害防除、苗木调查、苗木出圃、良种选育、苗圃档案等技术内容。

《林木采种基地建设技术规程》规定了林木采种基地的基地选择、规划设计、建设内容、经营管理、结实量预测预报及档案管理等方面的技术要求。

《林木及观赏植物品种审定技术规范》规定了林木及观赏植物品种审定指标和评判标准。适用于防护林树种、用材林树种、经济林树种、观赏植物、砧木等品种审定。

此外，对节水型苗圃建设、规模化苗圃建设与管理、大规格苗木移植技术等也制定了相应的技术规范。对槐、栾树、白皮松、杨树等主栽乔木树种和榆叶梅、紫薇、海棠等花灌木，也制定了相应的育苗技术规程。

四、林木良种培育体系基本形成

1992年，北京第一个市级良种基地在密云县建成；2011年，北京第一个国家级良种基地——国家彩叶树种良种基地落地黄垈苗圃；2012年，北京第一个种质资源保存库——八达岭暴马丁香库启动建设；2016年，北京第一个以民营企业为主体的种质资源——海棠国家林木种质资源库保存库获批列入国家林木种质资源库。截至2020年年底，北京相继建立起采种基地11处，总面积741.85公顷；建设良种基地11处，总面积297.7公顷，其中国家级林木良种基地2处；种质资源保存库2处，总面积83.3公顷；国家级林木种苗示范基地1处，面积163公顷，为提升良种产量和质量、增强林木良种基地良种供应能力、降低良种生产使用成本、提高林木良种使用率、促进农民增收和园林绿化高质量发展做出了积极贡献。

第二节　良种繁育基地

一、采种基地

2000—2020年，全市建立了11个采种基地，总面积11127.75公顷。主要分布在平谷、门头沟、密云、延庆、昌平以及八达岭林场、西山试验林场，树种主要包括侧柏、黄栌、元宝枫、华山松、山杏、油松、梓树、栎类等。

京津风沙源工程采种基地　在京津风沙源治理工程中，全市先后建设了8处采种基地，总面积521.13公顷。包括密云锥峰山侧柏采种基地133.33公顷；门头沟区油松、华北落叶松采种基地40公顷；昌平油松采种基地、延庆山杏采种基地、密云油松和梓树采种基地、平谷栓皮栎采种基地、八达岭林场华山松采种基地及西山试验林场侧柏采种基地6个采种基地，总面积347.8公顷。这些基地将全市油松、侧柏、栎类等树种的供种率提高到80%以上，有效地解决了油松、侧柏、栎类等种子的种源分散问题，保证了种苗质量。

平谷丫髻山橡栎采种基地　2002年，对丫髻山20世纪60年代初营造的橡栎人工林，采取林分疏伐、压肥、浇水和病虫害防治等一系列标准化管理手段，提高林分质量以及种子的品质和产量，建成采种基地150公顷。同时，建设种子冷藏库等相关基础设施，提升种子采收、加工、贮藏能力，实现了栎类种子随落随采并及时入库。基地每年为林业生产提供优质种子9万千克，成为北京栎类造林树种的主要种源地。

八达岭林场黄栌采种基地　2003—2005年，八达岭林场对正处于结实期的中龄黄栌林，按照每公顷300株的密度确定母树，并对母树进行修枝、松土、清杂割灌、施肥、定株等管护措施，建成黄栌采种基地55.5公顷。基地每年可提供优质黄栌种子3000千克，基本满足北京市绿化造林对黄栌种子的需要。同时，黄栌采种基地秋季色彩斑斓的优美景观，也成为北京秋季红叶观赏的著名景点之一。

西山试验林场元宝枫采种基地　该基地位于

北京市西山试验林场卧佛寺分场，面积45公顷。2004—2006年，通过对原有元宝枫林进行透光疏伐、定株、松土扩堰、清杂割灌、修枝、施肥等抚育管护措施，增强采种母树的树势，逐步形成具有较大规模的元宝枫采种母树林。并配套建设采种林隔离带，修建相应的林间道路，建立采种林的灌溉系统，建设晾晒场地，同时配套种子加工处理和贮藏设施设备。采种基地每年可提供4500千克元宝枫种子，成为北京市元宝枫重要种源地。

二、良种培育基地

从2003年开始，北京市不断加大良种基地建设力度。截至2020年，先后在平谷、大兴、房山、丰台、海淀、通州建立白皮松、槐、白蜡等良种基地11个，规模297.7公顷。其中，2009年黄垡苗圃被确定为国家彩叶树种良种基地，2011年十三陵林场被确定为国家白皮松良种基地。

黄垡苗圃国家彩叶树种良种基地 2004年，黄垡苗圃启动建设了金叶刺槐等彩叶树种林木良种基地建设，2007年项目通过竣工验收并投入使用。基地总规模72.5公顷，其中收集区10公顷、试验区17.5公顷、采穗圃6公顷、示范区10公顷、良种繁殖圃19公顷、育种区10公顷。基地收集保存了216个彩叶树种资源（品种），驯化筛选出50余个适应性与观赏性俱佳的彩叶品种，审定通过北京市林木良种5个，年产优良穗条30万条、繁育优良彩叶苗木30余万株。收集、引种、示范并繁育了金叶刺槐、金叶槐等彩叶树种9个品种9万余株，并持续开展彩叶树种资源的收集与观测试验。2009年，国家林业局确定黄垡苗圃为首批131个国家重点良种基地之一，命名为北京黄垡国家彩叶树种良种基地。至今，北京黄垡国家彩叶树种良种基地培育的彩叶树种苗木，广泛推广、应用到北京的平原造林工程、增彩延绿科技创新示范工程、西山国家森林公园景观提升工程等重点园林绿化工程中。

十三陵林场国家白皮松良种基地 2007—2009年，十三陵林场实施并完成了57.3公顷的白皮松林木良种基地建设，其中母树林15.3公顷、种质资源收集区22公顷、良种示范区20公顷。2012年，被国家林业局确定为第二批国家重点林木良种基地。基地以白皮松的遗传改良、种质资源收集和苗木培育为中心，研究白皮松遗传改良和良种繁育关键技术，建立符合白皮松资源特点的遗传改良和良种繁育体系，逐步提高白皮松的遗传品质和良种苗木生产能力。累计收集保存白皮松种质资源200余份，繁育白皮松良种苗木400余万株。成为北京市提供白皮松优质种子和苗木的核心繁育基地。

三、种质资源收集保存

自1991年开展毛白杨优良无性系收集保存以来，围绕不同时期造林绿化工程需要，开展了优良品种引进、种质资源收集保存，至2020年，累计收集保存品种、品系、无性系、家系等1790余份。在收集保存的同时，对一些种质资源的适应性、生长量、抗性及观赏性等指标进行观测，筛选适宜的种源和无性系，为优新品种选育、丰富绿化美化树种奠定了坚实基础。

杨树种质资源收集保存 1991年，从河北邢台引进毛白杨优良无性系24个，在房山区复兴苗圃建立资源保存及繁育圃；1996年，从中国林业科学研究院引进欧美杨107、欧美杨108、美洲黑杨36号等无性系，共计26个，在昌平、大兴、延庆、密云等7个区（县）建立示范林95.33公顷；1999—2002年，收集转基因杨无性系40个；2001年，收集保存来自南欧、中欧、西亚和中亚等地区16个国家的欧洲黑杨种质资源143个无性系；2004年，引进毛白杨1012、1011等13个优良雄株。

白皮松种质资源收集保存 1997—2005年，共收集保存来自甘肃、陕西、山西、河南等7个省份的白皮松种源10个、家系180份，在十三陵林场建保存、繁育、试验林4.67公顷。

耐旱（沙生）植物种质资源收集保存 2006年，从内蒙古、河北等地区引进沙柳、沙棘、沙枣、花棒、柽柳等沙生植物35个，在共青林场建立6.67公顷收集区、采穗圃、繁殖圃和示范区；2011—2013年，收集蒙古莸、红花多枝柽柳、蒙古扁桃等耐旱植物资源115个无性系，保存于昌平森苗圃。

欧李种质资源收集保存 2001—2007年，从山西、内蒙古、河北等欧李天然分布区收集16个种源207个家系，在房山、昌平、怀柔和西山试验林场等地建立种质资源圃5.33公顷（图3-13-2）。

图3-13-2 科技人员在西山试验林场欧李种质资源圃调研

四、种质资源库

暴马丁香种质资源库 八达岭林场分布有华北地区面积最大的天然暴马丁香林分，为保护好暴马丁香种质资源，2012年开始建设北京暴马丁香种质资源库，完成了暴马丁香资源调查，开展了暴马丁香天然次生林经营管理技术研究，对暴马丁香林分进行科学管理，在林间空隙较大处补植暴马丁香幼树，在地被覆盖度较厚地区进行除草、割灌、粗放整地，促进天然更新，使暴马丁香林分质量符合种质资源保存库要求。2014年，40公顷资源库建设任务完成并投入使用。

海棠国家林木种质资源库 2016年10月，国家林业局批准北京胖龙丽景科技有限公司顺义基地为北京市海棠国家林木种质资源库（图3-13-3）。该基地以收集保存观赏海棠种质资源为主，总面积43.33公顷，其中主库占地面积16.67公顷，副库占地面积26.66公顷。2018年，被教育部确定为"全国中小学生研学教育实践基地"，面向中小学生开展种质资源和自然生态的科普研学活动，宣传林木种质资源收集保存的重要性。截至2020年，累计收集保存资源111份（种及品种），并录入国家林木种质资源信息管理系统。

图3-13-3 海棠国家林木种质资源库

古树名木国家林木种质资源库 2022年，经国家林业和草原局批复同意，北京市绿地养护管理事务中心获批北京市古树名木国家林木种质资源库，为全国唯一古树名木专项库，总面积18.5公顷，其中核心区12.2公顷，附属区6.3公顷。通过扦插、嫁接、播种等方式，已收集保存27种、130株古树名木种质资源，成功繁育古树名木子代4539株。收集繁育的古树名木涵盖了"九搂十八杈"古柏、宋庆龄故居海棠、花市酸枣王等"中国最美古树""北京最美十大树王"，形成了较为完备的古树名木种质资源收集流程。同时，也在古树名木资源调查、保护复壮、健康评估、性状评价等方面积累探索，旨在延续古树后代，传承古树优良基因。

五、北方国家级林木种苗示范基地

20世纪90年代末，国家林业局决定在中国北方和南方各建一个具有先导示范性的国家级种苗示范基地，并把北方国家级林木种苗示范基地建设项目选址在北京市大东流苗圃。1999年

10月国家计委正式批准立项，2000年6月大型现代化自控温室破土动工，拉开了项目开工建设的序幕，2002年9月基地竣工验收并投入使用。基地占地153.33公顷，包括组培生产车间626平方米、现代温室30000平方米、日光温室10000平方米等设施，形成了集种质资源收集保存、新品种技术试验示范、优质种苗选育、繁育推广、科普教育体验展示于一体的林木种苗培育示范窗口。基地通过原冠苗、容器苗等栽培方式和机械化、精细化的管理，为"五河十路"、百万亩造林、"增彩延绿科技创新"、副中心"绿心"建设等绿化重点工程，提供了大量大规格的品种杨、元宝枫、栎树等北方乡土落叶乔木；开展文冠果、彩叶豆梨等新优良种的开发试验研究，培育了3个文冠果新品种；培育出彩叶豆梨新品种"秋火焰"并通过北京市良种审定；收集保存玉兰、楸树等种质资源150个；建成开放占地1750平方米的北方乡土植物标本库。良好的环境资源条件，成为北京地区高等院校师生开展林木种苗木研究、实验的平台和教学、实习基地。基地建成至今共接待国内外专家、学者及同行2万余人次。

第三节 主要乡土树种与抗旱植物筛选

一、主要乡土树种筛选

乡土树种具有较强的适应性和抗逆性，是科学绿化造林的重要物质基础。为适应北京城乡科学绿化造林对林木种苗的需求，坚持尊重自然、顺应自然、保护自然方针，鼓励和引导使用多样化的乡土树种，2012年，结合百万亩平原造林工程启动，组织有关专家学者开展了北京市主要乡土树种筛选工作。根据北京林木种质资源情况，在适合北京地区绿化造林的乡土树种选择中，充分考虑了北京地区地理气候特征，立地条件类型，乡土树种的抗逆性、节水性、适应性、观赏性等特性和表现，以及在北京园林绿化建设中实际应用情况等因素，共筛选推荐140个北京市主要乡土树种，其中乔木73种，灌木61种，藤本6种。

乔木73种：油松、华北落叶松、白杆、青杆、侧柏、毛白杨、河北杨、山杨、青杨、小叶杨、旱柳、馒头柳、绦柳、垂柳、胡桃（核桃）、胡桃楸、白桦、鹅耳枥、板栗、麻栎、栓皮栎、槲树、槲栎、辽东栎、蒙古栎、榆、大果榆、脱皮榆、裂叶榆、青檀、小叶朴、大叶朴、蒙桑、柘树、山楂、山里红、北京花楸、花楸树（百花花楸）、水榆花楸、杜梨、山荆子、山桃、山杏、山樱花、稠李、毛叶稠李、山合欢（山槐）、槐、皂荚、山皂荚（日本皂荚）、臭檀、黄檗、臭椿、盐肤木、黄连木、丝棉木、元宝枫、葛萝槭、青榨槭、栾树、拐枣、紫椴、蒙椴、糠椴、刺楸、毛梾（车梁木）、君迁子（黑枣）、柿树、大叶白蜡、白蜡、暴马丁香、北京丁香、流苏树。

灌木61种：大叶小檗、太平花、东北茶藨子、大花溲疏、小花溲疏、东陵绣球、三裂绣线菊、毛花绣线菊、土庄绣线菊、华北绣线菊、风箱果、齿叶白鹃梅、水栒子、灰栒子、西北栒子、玫瑰、刺玫蔷薇、金露梅、银露梅、榆叶梅、欧李、毛樱桃、野皂荚、花木蓝、红花锦鸡儿、树锦鸡儿、胡枝子、多花胡枝子、杭子梢、野花椒、青花椒、苦木、毛黄栌、卫矛、省沽油、酸枣、鼠李、孩儿拳头、怪柳、沙棘、刺五加、无梗五加、沙棘、红瑞木、迎红杜鹃、小叶白蜡、红丁香、罗布麻、荆条、木本香薷、枸杞、薄皮木、接骨木、鸡树条（萨氏荚蒾）、六道木、金银木、锦带花、唐古特忍（五台忍冬）、北京忍冬、金花忍冬、蚂蚱腿子。

藤本6种：南蛇藤、地锦、葎叶蛇葡萄、山葡萄、软枣猕猴桃、杠柳。

二、抗旱节水植物筛选

2000年以来，配合京津风沙源工程的实施，组织开展了耐旱、耐寒植物研究，根据研究成果及植物在气候干旱条件下的表现，筛选抗旱节水植物，筛选对象以乡土树种为主，同时也包括已在北京地区引种栽培多年、生长表现良好的引进植物。共筛选出抗旱节水植物151种，其中，乔木56种，灌木61种，草本34种。

乔木56种：油松、赤松、樟子松、白皮松、华北落叶松、侧柏（图3-13-4）、圆柏、龙柏、银杏、刺槐、槐、皂荚、山皂荚、蒙椴、翅果油树、榆树、榆栎、蒙古栎、栓皮栎、麻栎、臭椿、大叶白蜡、白蜡树、暴马丁香、北京丁香、流苏树、雪柳、黄连木、元宝枫、五角枫、杜梨、山桃、山杏、绢毛稠李、山荆子（山丁子）、八棱海棠（怀来海棠）、山楂、山里红、蒙桑、毛梾（车梁木）、君迁子（黑枣）、柿树、枣树、丝棉木、栾树、旱柳、新疆杨、河北杨、黑弹树（小叶朴）、榆树（春榆）、大果榆、榔榆、脱皮榆、吴茱萸、梓树、楸树。

灌木61种：杜松、叉子圆柏、铺地柏、大叶黄杨、小叶黄杨、柽柳、木本香薷、雀儿舌头、胡枝子、多花胡枝子、白刺花、柠条、红花锦鸡儿、野皂荚、紫穗槐、孩儿拳头、伞花胡颓子（牛奶子）、中国沙棘、太平花、大花溲疏、小花溲疏、木槿、蚂蚱腿子、荆条、金叶莸、蒙古莸、紫珠、小叶白蜡、紫丁香、连翘、迎春、毛黄栌、茶条槭、齿叶白鹃梅、美人梅、黄刺玫、多花蔷薇、玫瑰、榆叶梅、绣线菊（柳叶绣线菊）、三裂绣线菊、土庄绣线菊、华北绣线菊、平枝栒子、欧李、毛樱桃、珍珠梅、香荚蒾（探春）、锦带花、六道木、糯米条、金银木、蝟实、柘树、石榴、钩齿鼠李、酸枣、文冠果、紫叶小檗、杞柳、枸杞。

图3-13-4　蝶叶侧柏

草本34种：萱草、麦冬、荆芥、婆婆纳、蓝花鼠尾草、大油芒、拂子茅、狼尾草、须芒草、野古草、芒、荻、紫花地丁、蜀葵、八宝景天、景天三七、垂盆草、桔梗、地被菊、蓝刺头、甘菊、紫菀、阿拉泰紫菀（阿尔泰狗娃花）、凤尾兰、蛇莓、绢毛委陵菜、匍枝委陵菜、崂峪薹草、青绿薹草、披针叶薹草、诸葛菜、石竹、毛地黄、马蔺。

第四节　新品种引进与育苗新技术研究

一、优新品种引进

为了满足不断发展的绿化造林对种苗的需求，全市种苗行业在积极培育乡土树种的同时，大力开展优新植物品种的引进、繁殖及选育。据不完全统计，至2020年，全市累计引进国内外观赏、抗逆、速生等各类树种及品种1200余个。其中观赏树种960余个，约占引进总量的80%。在观赏树种中，彩叶类近100个，主要有欧美杨、毛白杨（图3-13-5）、香柏、蓝星沙地柏、金柏、扁柏、紫叶稠李、北美海棠、槭树类、七叶树、金叶梓树、红叶臭椿及各色丁香等。

1991—1995年，为减少、消除杨柳飞絮，实施"百万雄杨绿京城"计划，引进以毛白杨

图 3-13-5 京雄 1 号毛白杨

雄株为主的品种、品系、无性系、家系等共 210 多个。其中，毛白杨优良无性系 24 个品系，包括雄株无性系 7 个；刺槐优良无性系 21 个，包括山东鲁刺无性系 15 个、河南豫刺无性系 6 个；银杏优良品系 4 个；漳河柳、苏柳、皂角、美桐等优良品种；马褂木、黄金柳、金丝垂柳、银芽柳、乔松等树种 60 多个系号；月季切花品种 50 个，玉簪、六出花、铁线莲、霞草等观花观叶植物品种 26 个；油松、白皮松等优良家系 20 多个；从美国引进鹅掌楸种源 4 个，从日本引进乔木型大叶黄杨 1 个。

1996—2000 年，配合"十万银杏进京城"和速生丰产林建设计划，大力引进以银杏为主的彩叶树种和以欧美杨 107 为主的速生用材林树种、品种、品系、无性系、家系等 660 多个。其中，引进美洲黑杨、美国铅笔柏、新疆小叶白蜡、山东红叶臭椿、抱头槐 5 个树种 235 个家系和无性系；引进优质草坪草种 80 多个、玉簪 16 个品种及金叶女贞、彩叶锦带等观叶植物；从山西、甘肃、陕西收集 7 个白皮松种源的 180 个家系和 3 个云杉种源；从江苏引进 2 个柳树系号；从美国引进 6 个栎树种源；引进中林 46、元宝枫、黄金槐、红叶臭椿、水曲柳、金丝垂柳、七叶树、葛萝槭、花楸等树种、无性系 20 多个。市直属苗圃购进白皮松、华山松、油松、云杉、河南桧、金枝垂柳新系号、银杏、栾树、青桐等树种优质壮苗 40 余万株。

2001—2005 年，引进以抗旱、抗寒、耐盐碱等抗性强的树种和以观叶、观花为主的观赏树种、品种、品系、无性系、家系等 170 多个。包括金枝槐、红叶臭椿、金枝垂柳新系号、青皮椴、葛萝槭、七叶树、金丝楸、沙地云杉、沙柳、欧李、抗盐碱杨树等 11 个树种；槭树、七叶树种子、美国皂角、北方红栎、法国冬青、蓝杉、花楸等树种的 44 个新品种；皂荚、马褂木、美洲黑杨等树种的 20 余个品种及无性系；挪威槭类、垂枝桦、法桐、龙须桑、王族海棠、美国黄松等树种的优新品种 38 个。

2005—2010 年，继续引进抗逆树种、观赏树种品种、家系 240 多个。包括北京、山西、内蒙古等地欧李野生种质资源 15 份、优良品种 4 个；槐种源 4 个、家系 130 个；蝴蝶槐、金枝槐、香花槐、龙爪槐等优新品种 32 个。

2011—2020 年，以增彩延绿树种资源的收集保存为主，收集保存了金叶白蜡、金叶复叶槭等优良彩叶树种 24 科 36 属 128 种，收集金叶莸等彩色抗逆植物种（品种）110 个，林下耐阴植物品种 55 个。其中，筛选出以芍药属、蔷薇属为主的 32 个适应北京环境、观赏价值较高、滞纳 $PM_{2.5}$ 能力强的乡土树种；以板栗、杏为主的经济林树种、品种 15 种。

二、苗木培育新技术应用推广

20 世纪 90 年代以来，在北京种苗培育、生产过程中，先后推广应用了"一条鞭"芽接技术、"接炮捻"繁殖技术、容器育苗技术、组培育苗技术、微喷技术、全光雾扦插育苗技术、生根粉应用等新技术 20 多项，加快了林木种苗科技进步，林木种苗业已经发展为拥有现代化温室和现代化育苗设备的高科技含量产业（图 3-13-6）。

1991 年，开始推广应用"一条鞭"技术（即在易生根树种的枝条上通过芽接技术多点嫁接目的树种芽，秋末采条或插穗贮藏，第二年春天扦插的快速繁殖技术）、"接炮捻"技术（即指秋天在易生根树种的插穗上直接使用劈接技术嫁接难生根树种接穗，经过越冬贮藏春季扦插的快速繁殖目的树种的技术）和"多圃系列"快速繁

图 3-13-6 丝棉木作砧木高位嫁接胶东卫矛

殖技术（即利用目的树种繁殖材料，综合使用"一条鞭"芽接、"接炮捻"嫁接、嫩枝扦插、硬枝扦插等技术集成快速繁殖苗木）等育苗技术。通过运用这些快速育苗技术繁育毛白杨雄株，至1995年，累计培育出圃毛白杨雄株264万株。

1994年，推广组培育苗技术（即在无菌状态下，利用植物的嫩枝、芽、叶等器官在特制的培养基上繁殖植物个体的技术）、容器育苗技术（即在相同规格的容器内，使用调配好的基质快速繁殖植株个体的方法）。

1996年，推广喷灌技术、大棚育苗技术。房山区复兴苗圃在46.67公顷苗圃地铺设地下管道，接上地面喷头，利用电子计算机控制灌溉。截至2000年，全市累计安装喷灌设施的育苗面积达142.67公顷。

1998年，推广全光雾扦插育苗技术，主要特点是在苗床上装喷雾设备，通过设定间隔喷雾、保持相对湿度、调节苗床温度等措施，保证插枝正常吸收水分，防止插枝和叶芽枯萎。1999年推广根宝、ABT生根粉育苗法，提高育苗成活率。

2000年推广科学配方营养土育苗，其主要特点是结合容器育苗，根据不同树苗生理特点，调配基质含量，使之适应植物小苗健康成长。2001年利用嫁接技术扩繁选优圆柏、侧柏、黄金槐；推广小拱棚嫩枝扦插技术繁殖北海道黄杨、沙地柏等苗木；推广晚期打权、水肥调控技术培育柳树苗木。

三、苗木培育新技术研究

围绕不同时期林木种苗生产管理需求，针对林木种苗培育工作中的薄弱环节，持续开展科研攻关。至2020年，累计实施种苗培育科技攻关、科技推广、研究示范45项。其中，科技部、国家林业局的项目16项，北京市29项。在45项科技项目中，研究类项目19项，品种选育及技术研发类项目7项，推广示范类项目14项，综合类项目5项。累计获奖19项，其中国家科技进步二等奖3项。

"毛白杨多功能型优良品种选育研究"项目 该项目为北京科技攻关项目，1980—1997年，通过18年的选择和13年的测定，为北京、河北、河南分别选育出8个、7个、6个雄性毛白杨优良无性系，并推广毛白杨37、351、9832、1012等4个无性系，研究了毛白杨无性系生长性状与材质性状之间、生长性状与抗病虫害指数之间的遗传关系，定量描述了毛白杨无性系交互作用、不同生长模型、纤维生长模型、木材密度生长模型、树体形态系数、抗病虫指数以及不同育种目标选择指数，为推广使用这些毛白杨优良无性系奠定了坚实基础。

"林木种质资源收集、保存与利用研究"项目 该项目为国家科技攻关项目，1996—2003年实施。重点开展了种质资源的收集、保存圃的营建及苗木生长情况调查观测与分析。共收集保存了15个树种种群、家系、优树无性系等遗传资源525件，推荐北美鹅掌楸、白皮松、侧柏等优良种质资源10余件，繁殖推广毛白杨9807和1319等雄性优良无性系、金丝垂柳J841、J842无性系等10余个优良品种达数亿株。在北京城乡绿化造林及培育工业用材林等方面发挥了重要作用。该项目2007年获国家科技进步二等奖。

"杨树工业用材林高产新品种定向选育和推广"项目 该项目为国家科技攻关项目，1997—2007年，主要完成了速生、优质、杨树工业用材林新品种——欧美杨108和派间杂种110的选育及区域试验工作，繁育、推广欧美杨107、

108达5亿株以上。通过试验、示范和推广，总结出这些优良品种的选育和繁殖技术，提出北京地区短周期工业用材林和大径材综合培育配套技术，并进行林分内农作物的间作实验和效益预测，为北京地区速生丰产林建设提供了栽培模式和技术基础。

"欧李优良新品种选育及综合利用配套技术开发"项目　该项目为国家林业局重点科学技术计划项目，2006—2010年，收集保存了欧李种源16个，引进品种4个，建立欧李种质资源圃2公顷。研究了欧李种源的遗传多样性和抗旱、耐盐特性，初步选出欧李优良种源2个，鲜食优良品种2个；建立嫩枝扦插繁殖圃0.67公顷，繁育欧李苗木22万株。

"'紫霞'黄栌优新品种繁育推广示范"项目　该项目于2008—2009年实施。在探索"紫霞"黄栌扦插繁殖、埋条繁殖操作规程及配套栽培管理技术的基础上，繁育优质苗木7.5万株，营造示范林2.13公顷。

"首都增彩延绿科技示范工程"项目　该项目为北京市科委重大科技项目，2011—2013年实施。项目围绕解决首都园林绿化"色彩不突出、绿期不够长"的问题，开展科技攻关，共计收集彩色抗逆植物种（品种）374个，其中彩色树种（品种）264个，抗逆树种（品种）110个，保存率达100%。通过建立彩色树种、抗逆树种的筛选应用评价体系，筛选出重点推广的彩色树种6个、抗逆树种5个；累计繁育彩色、抗逆植物种苗720万株。建设6处彩叶林示范区，栽植苗木23.12万株；制定了《北京市主要彩色树种筛选及应用评价体系》；审定优良品种2个。

"北京林木种苗产业提升及圃林一体化科技示范"项目　为北京市科委科技示范推广项目，于2014—2016年实施。项目收集和保存林下耐阴植物品种55种，建立林下耐阴植物种质资源圃1.47公顷；通过对植物观赏性和抗逆性等指标评价，筛选出23种滞纳$PM_{2.5}$能力强、观赏效果好的树种，筛选出15种适宜在林下种植的耐阴植物品种；开展12种耐阴植物林下栽培推广示范，建立示范区348.67公顷；制定4个企业标准，形成栽培技术体系3套；制定标准化苗木培育技术规程3套，并建立标准化育苗技术示范区14.67公顷。研究构建生态景观型、休闲游憩型和科普教育型等3种"圃林一体化"发展模式，建立3种类型示范区共357.33公顷；示范区建立了标识标牌、树种识别二维码等服务设施。

"紫叶稠李繁育及在北京园林绿化中的示范推广"项目　该项目为中央财政林业科技推广示范补助项目，于2018—2019年实施。建立紫叶稠李优质种苗培育示范基地2公顷，繁育优质种苗10350株，培育大规格苗木500株，推广种植10余公顷。

"北京浅山区造林绿化树种筛选及应用示范"项目　该项目为北京市科委专项课题，于2018—2019年实施。项目建立了浅山区造林绿化树种筛选的20个指标综合考评体系，筛选适合北京浅山区绿化的20种树种；划定针对浅山区绿化的26个立地类型，并针对太行山和燕山的浅山区，推出了对应于立地类型的26类绿化植物配置模式。重点开展了海棠、丁香、锦带花等已经在北京地区造林绿化建设中应用并表现良好的植物苗木繁育技术集成与优化；研究构建紫椴、黄檗、省沽油、短梗五加等处于野生或半野生状态的优良树种繁育技术；攻克丁香叶忍冬、紫薇、脱皮榆等树种现有繁殖技术难题；推广新型繁殖技术，通过研发种子优化处理及试验无性繁殖技术手段，提高繁殖成活率及苗木整齐度，繁育22个乔灌木树种的容器苗2.61万株；建立示范区1处，示范面积10公顷，栽植蒙古栎、黄波罗、山楂、青榨槭、短梗五加、省沽油等32种乔灌木共3966株，极大地丰富了物种多样性。

第十四章　森林经营

森林经营是通过人为干预措施，改善、调整、维持森林生态系统结构与功能，以实现森林生态系统多功能效益达到最佳状态的实践活动。北京的森林资源特点主要是以人工林为主，中幼林比重大；针叶纯林面积大，林分结构单一；造林初植密度大，后期林木分化严重。森林经营的任务，是以实现森林生态系统可持续健康经营为目标，改善林木生长发育环境条件，优化各林种、树种和林分结构，提升森林生态系统的稳定性，达到森林生态系统多功能多效益充分发挥的最佳状态。北京地区的森林经营，传统上侧重中幼林抚育管理，包括人工林幼林管护、中幼林抚育间伐、天然次生林的封育等。随着现代森林经营理论的发展和国际先进经营理念的引进和消化吸收，推动、形成了具有北京森林资源鲜明特色的森林经营技术体系。

第一节　森林经营发展历程

至20世纪90年代，森林经营以封山育林为主，只在国营林场及部分有条件的乡村开展林木抚育工作。进入21世纪，随着林业建设资金投入的不断加大，对森林经营的资金投入也不断增加。2002—2004年，将中幼林抚育列为市重点工程实施；从2004年开始，依靠山区生态林补偿机制，全面推进山区森林经营；2013年，建立平原生态林常态化管护机制，为平原生态林经营提供了政策保障。从2016年起，全市山区生态林、平原生态林全部落实管护措施，幼林地管护、中幼林抚育、次生林抚育、封山育林等工作，按照森林经营方案或施工设计方案科学开展，全部实施工程化管理。

一、封山育林

在初始阶段，北京山区的森林经营以采取封山育林措施为主，林分抚育工作只是零星开展（图3-14-1）。20世纪50~60年代，有记载的只有市属西山试验林场1958—1961年累计完成幼林抚育6337公顷。到20世纪70年代以后，部分郊区县开始零星的幼林抚育和次生林抚育间伐，如延庆县对落叶松人工幼林进行松土、割灌、整修外沿等抚育措施，1979年完成1134公顷，1980年完成2000公顷。怀柔县1984—1985年对喇叭沟门乡孙栅子村1058.6公顷的天然次生林进行人工抚育间伐作业。市十三陵林场

图 3-14-1 延庆松山地区封山育林

1981—1982 年，在龙山间伐试点，伐后林内卫生及透光情况得到改善，1983—1985 年在长陵、景陵、虎山等分区，完成抚育间伐 96 公顷，抚育后林分生长良好。门头沟区百花山林场自 20 世纪 60 年代建场至 1990 年，共完成人工幼林抚育 2099 公顷、次生林抚育 197 公顷、次生林改造 106 公顷；门头沟区小龙门林场同期完成抚育次生林 533 公顷。密云县雾灵山林场 1978 年对 216 公顷油松人工林进行抚育间伐，林分密度由每公顷 4500 株降至每公顷 1500 株左右，郁闭度保持在 0.6。

1992 年实施《北京市边远山区乡村十年（1991—2000 年）致富工程纲要》，正式把抚育工作和封山育林工作纳入林业生产计划，由市财政安排一定资金给予补助。1992—2001 年，全市累计完成中幼林抚育 20 万公顷、封山育林 13.33 万公顷。但由于投资标准较低，封山育林往往只是简单封起来，采取育林措施不足；中幼林抚育多是对幼林管护，大部分过密的中幼林没有及时抚育间伐。延庆县珍珠泉乡从 1993 年开始对 273.3 公顷的油松、落叶松人工林进行抚育间伐，使林木分布均匀，林相整齐，林内光照条件和卫生状况得到了改善。1992 年，房山区霞云岭乡海子台林场对 57 公顷落叶松林开展不同强度抚育间伐试验，设置了两块间伐标准地和对照标准地。

二、中幼林抚育

2001 年，在市第十一届人大四次会议上，平谷、密云等 6 个区（县）代表团提出《关于加强中幼林抚育工作》的议案。2002 年 5 月，市政府转发《市林业局关于加快本市中幼林抚育工作实施意见》的通知，将中幼林抚育列为全市林业重点工程。根据通知精神，市财政局明确了中幼林抚育工程补助政策和资金投入渠道。市林业局组织编制了《北京市中幼林抚育规划》《北京市中幼林抚育技术规程（试行）》《北京市中幼林抚育实绩核查办法（试行）》。

2002—2004 年，中幼林抚育在全市山区主要公路、铁路、河流两侧和前山脸风景区、重点林区全面展开，共完成中幼林抚育 20 万公顷。在此期间，建立中幼林抚育示范区 331 个，面积 2.24 万公顷，这些试验示范区坚持高标准设计，高质量施工，抚育后的林分质量、生态景观效果都有明显的提升，成为全市中幼林抚育的精品工程，引领了中幼林抚育整体水平的提高。中幼林抚育工程注重生物多样性保护和景观效果的提升。

在生物多样性保护方面，保留林分中不影响主要树种生长的乔灌草，促进林分发育为复层林，保持森林的近自然状态，给林中益鸟、益兽提供生息繁衍的场所；保留桑树、构树、欧李、悬钩子、山楂、杜梨、栎类等乔灌木和一定数量的草本植物，以维护鸟类、小兽类的食物链；保护森林中珍贵的动物和植物资源，维护生态平衡；保护天然更新的实生幼树；对林中空地和林窗等重要生态交错区，尽可能保留其自然植被。

在景观提升方面，保留林分中有观赏价值的"春花秋叶"的乔灌木，如山桃、山杏、黄栌、杜鹃等；在保证林分健康的条件下，保留树冠庞大、观赏价值高的霸王树，以及生长奇特的多头树、畸形树、寄生树等，使其成为林中景观。由于抚育工程质量优良，各种抚育措施到位，林分密度得到调整，林分结构得到优化，显著改善了林木生长空间，达到了促进林木生长，加速森林资源培育的目的。

三、山区生态林补偿机制

（一）补助标准及范围

1. 集体生态林

2004年8月，北京市人民政府印发《关于建立山区生态林补偿机制的通知》，提出坚持以人为本，实行"养山就业、规范补偿、以工代补、建管结合"的指导思想，让农民通过上岗就业务林，参与生态林建设和管护。通知规定了管护人员工资标准和开展森林经营活动补助标准，其中，中幼林类型森林经营，每公顷年补助资金375元，成林类型每公顷年补助资金300元，灌木林类型每公顷年补助资金225元。生态林补偿资金由市、区两级财政按8∶2比例投入，列入财政预算。并明确今后生态林补偿资金投入标准每5年调整一次。按照国家生态林划定的办法和标准，区划界定山区集体生态林面积为60.8万公顷，安排生态林管护员42990人。至2008年，山区集体生态公益林面积增加到67.4万公顷，生态林管护员增加到4.6万多人。

2010年6月，市政府印发《关于建立山区生态公益林生态效益促进发展机制的通知》，在坚持山区生态林补偿机制的基础上，市政府决定建立山区生态公益林生态效益促进发展机制，进一步提高农民参与山区生态建设的积极性，切实推进集体林权制度改革和首都生态文明建设，促进山区经济社会全面、协调、可持续发展。明确提出给予山区集体公益林每年每公顷600元的生态效益促进资金补助，其中60%按照生态林股份分配给每一名集体经济组织成员，40%统一用于实施森林健康经营工程。并确定山区生态公益林生态效益促进发展资金增加额度每5年核定一次。界定山区集体生态公益林面积为67.4万公顷。安排生态管护员46638人。

2016年11月，北京市园林绿化局、北京市农村工作委员会和北京市财政局联合印发《关于调整山区生态公益林生态效益促进发展机制有关政策的通知》，将山区生态公益林生态效益促进发展资金补助标准提高到每年每公顷1050元。其中60%按照集体林权制度改革的要求，以行政村为单位，依据山区生态公益林面积核定资金额度，按照股份分配给农村集体经济组织成员；40%为森林健康经营资金，用于山区集体生态林的林木抚育、资源保护和作业道路修建等服务设施建设，由各区政府按照森林经营规划方案立项组织实施。

2. 国家重点公益林

2004年10月，财政部、国家林业局印发《中央森林生态效益补偿基金管理办法》的通知，要求在中央财政森林生态效益补偿基金中，安排一部分资金用于国家重点公益林的经营。根据财政部、国家林业局印发的《重点公益林区划界定办法》，北京市完成了国家重点公益林区划界定工作。经国家林业局核准，北京市的国家重点公益林面积为23.51万公顷。按类型分，包括江河两岸（永定河流域）公益林面积3.77万公顷，保护区与自然遗产（松山国家级自然保护区）公益林面积0.39万公顷，湿地水库（密云水库、官厅水库周围）公益林面积19.35万公顷。按权属分，涉及丰台、门头沟、大兴、昌平、怀柔、密云、延庆7个区（县）的44个乡镇集体所有国家重点公益林面积18.84万公顷，15个区（县）国有林场国家重点公益林面积1.98万公顷，松山国家级自然保护区国家重点公益林面积0.39万公顷，八达岭、十三陵、西山、密云水库、怀柔水库、妙峰山、九龙山、京煤集团林场等市属以上国有林场国家重点公益林面积2.34万公顷。2009年，北京市国家重点公益林面积由原来的23.51万公顷，调整到33.09万公顷。

2004年开始，按照财政部、国家林业局《关于印发〈中央森林生态效益补偿基金管理办法〉的通知》，中央补偿基金平均补助标准为每年每公顷75元，其中71.25元用于补偿性支出，3.75元用于公共管护支出。2010年10月，根据财政部、国家林业局关于中央森林生态效益补偿基金管理办法的通知精神，北京市财政局、北京市园林绿化局联合印发《北京市中央森林生态效益补偿基金管理办法的实施细则》，确定国有的国家重点公益林管护补助标准为每年每公顷71.25元，主要用于劳务补助等支出，集体所有的国家公益林管护补助标准按照北京市山区生态林补偿机制的管护标准执行。集体所有的国家重点公益林管护补助每年每公顷146.25元，由区（县）统筹安排，实行项目管理，专项用于国家公益林的林木抚育、作业道路修建、营造生物防火林带和建设重点地区生态林管护站、管护碑牌等补助。

（二）经营技术措施

以多功能森林经营理论为指导，以培育异龄、复层、混交、近自然的多功能永久性森林为目标，树立全周期森林经营理念，建立包括造林、抚育、改造、利用、更新的完整森林经营作业链。通过科学合理的抚育措施，留优去劣、留强去弱、优化林分结构，促进同龄人工纯林转化为针阔混交的异龄复层林；调整林分密度，增加阔叶树种比例，增加枯落物量，促进土壤养分循环，增强林分稳定性，提升水源涵养、水土保持、防风固沙、固碳释氧、净化大气等生态防护功能。通过补植补造、景观疏伐、优化树种组成，优化林分结构和景观结构，形成季相变化明显的彩叶风景林，提升风景林的美景度。严格按照国家标准《森林抚育规程》，北京市地方标准《山区生态公益林抚育技术规程》《近自然森林经营技术规程》以及《北京市山区森林健康经营林木抚育工程建设标准》《北京市山区森林抚育技术规定》等技术标准、规定开展森林经营。

（三）管护任务落实情况

2004年9月24日，市政府在房山区召开山区生态林补偿机制落实工作动员大会，正式启动全市山区生态林补偿机制工作。全市4万多名农民成为生态林管护员，参加山区集体生态林管护。生态林管护员的具体职责：开展林木抚育，在划定的管护责任区范围内，按照实施方案对林木进行抚育；监测病虫害，做到及时发现、及时报告；搞好森林防火，按照区（县）森林防火的相关要求，开展森林防火工作，按时上岗巡查，不脱岗、漏岗，制止野外用火，密切监测林地火情；制止乱砍滥伐、乱捕滥猎、乱采滥挖、偷盗树木、放牧毁林等破坏森林资源的行为。生态员的具体管护任务：以幼林为主的生态林，每人管护面积为100~300亩；以成林为主的生态林，每人管护面积为200~400亩；以灌木为主的生态林，每人管护面积300~500亩。

2005—2010年，山区国有和集体生态林实现了全覆盖管护，6年累计完成林木抚育27.81万公顷，割打防火隔离带2360.84万延米，清除林间可燃物面积18.53万公顷，印发宣传材料235.34万份，培训生态管护员和管理人员68.22万人次。林木抚育以开展补植补造、修枝割灌、松土扩堰、平茬复壮、抚育间伐为主要内容

图3-14-2　油松人工林修枝抚育

（图3-14-2）。2006—2010年，全市共实施国家重点公益林抚育示范工程10886.67公顷，建立珍贵树种示范基地3个共311.13公顷。2005—2010年山区生态林管护完成情况见表3-14-1。

从2011年起，在对山区生态林全面进行日常巡察看护的基础上，启动实施森林健康经营，开展林木抚育（包括补植补造、割灌除草、松土扩堰、定株、抚育间伐等措施）、林道建设、生态用水保障、森林防火工程建设等以及组织开展人员培训。2013年启动了森林健康经营示范区建设工作，当年建设示范区12处，面积12700多公顷。到2021年，山区生态林森林健康经营累计完成林木抚育面积475951.77公顷，完成面积较多的区（县）有怀柔、延庆、密云，分别完成99475.46公顷、90179.29公顷、87418.67公顷，分别占20.9%、18.95%、18.36%。各区县各年度完成林木抚育面积具体见表3-14-2，各年度完成各项抚育措施面积具体见表3-14-3。

为更好发挥森林多功能效益，便于市民进入森林休闲游憩，森林健康经营结合示范区建设，开展了健康步道、停车点、观光亭、标志牌、指示牌、休息点等简易基础设施建设。2014年建设健康步道79307延米，标志牌、指示牌183块，休息点148处，停车点17处车位229个，观光亭31座；2015年建设永久道路3.4千米，标志牌28块，指示牌122块，座椅98套，凉亭4座；2021年建设标志牌32块，指示牌158块，座椅174个。

表3-14-1　2005—2010年山区生态林管护完成情况

类别		合计	2005年	2006年	2007年	2008年	2009年	2010年
日常巡察管护面积（万公顷）		—	64.71	64.71	65.92	71.31	71.79	71.79
林木抚育面积（万公顷）		27.81	8.07	6.16	3.94	2.33	5.22	2.09
林木抚育措施（公顷）	修枝割灌	—	—	34300.00	34700.00	—	28500.00	11205.07
	松土扩堰	—	—	14300.00	4601.00	—	44200.00	3904.27
	间株定株	—	—	3633.33	1921.00	—	2245.47	1557.47
	平茬复壮	—	—	2993.33	938.93	—	1750.60	390.00
	抚育间伐	—	—	1200.00	1368.93	—	2421.00	2427.33
	补植补造	—	—	5186.67	862.67	—	1094.67	1384.13
割打防火道（万延米）		2360.84	731.00	369.90	347.88	315.56	329.20	267.30
清除林间可燃物面积（万公顷）		18.53	3.13	1.85	4.09	4.00	4.00	1.46
发放宣传材料（万份）		235.34	8.00	54.00	50.68	51.66	52.84	18.16
人员培训（万人次）		68.22	13.74	13.70	14.58	12.35	10.85	3.00
基础设施建设		—	—	管护站137个，林间作业道24.46千米，简易管护23.2千米		管护站47个	管护站35个	—	—

表 3-14-2　2011—2021 年山区生态林森林健康经营林木抚育完成面积

单位：公顷

统计单位	合计	2011年	2012年	2013年	2014年	2015年	2016年	2017年	2018年	2019年	2020年	2021年
合计	475951.77	40000.00	40000.00	40000.00	40000.00	40000.00	40000.00	46666.67	46666.67	49004.51	46798.67	46815.25
平谷区	22799.98	2133.33	2133.33	2133.33	2133.33	2133.33	2133.33	2000.00	2000.00	2000.00	2000.00	2000.00
密云区	87418.67	7200.00	7200.00	7200.00	7200.00	7200.00	7200.00	8840.00	8840.00	8840.00	8858.67	8840.00
怀柔区	99475.46	7600.00	7600.00	7600.00	7600.00	7600.00	7600.00	10733.33	10733.33	10939.13	10736.67	10733
延庆区	90179.29	7600.00	7600.00	7600.00	7600.00	7600.00	7600.00	8933.33	8933.33	8706.00	8933.33	9073.3
区昌平	31933.36	2933.33	2933.33	2933.33	2933.33	2933.33	2933.33	2866.67	2866.67	2866.67	2866.67	2866.7
门头沟区	70333.38	6000.00	6000.00	6000.00	6000.00	6000.00	6000.00	6866.67	6866.67	6866.67	6866.67	6866.7
房山区	65666.62	6000.00	6000.00	6000.00	6000.00	6000.00	6000.00	5933.33	5933.33	5933.33	5933.33	5933.3
顺义区	2206.92	200.00	200.00	200.00	200.00	200.00	200.00	200.00	200.00	200.67	204.4	201.85
海淀区	2200.00	200.00	200.00	200.00	200.00	200.00	200.00	200.00	200.00	200.00	200.00	200.00
丰台区	1421.76	133.34	133.34	133.34	133.34	133.34	133.34	73.34	73.34	175.71	198.93	100.40
国有林场	2316.33	0.00	0.00	0.00	0.00	0.00	0.00	20.00	20.00	2276.33	0.00	0.00

表 3-14-3　2011—2021 年山区生态林管护完成情况

类别		2011年	2012年	2013年	2014年	2015年	2016年	2017年	2018年	2019年	2020年	2021年
日常巡察管护面积（万公顷）		71.79	71.79	71.79	71.79	71.79	71.79	71.79	71.79	71.79	71.79	71.79
森林健康经营林木抚育面积（公顷）		40000.00	40000.00	40000.00	40000.00	40000.00	40000.00	46666.67	46666.67	49004.51	46798.67	46815.25
林木抚育措施（公顷）	割灌除草	—	—	—	6621.50	10000.00	3200.00	6666.67	4000.00	13465.50	—	3373.00
	修枝	—	—	—	6621.60	14700.00	9733.33	19300.00	8666.67	13882.00	—	2574.00
	松土扩堰	—	—	—	9674.87	11300.00	9133.33	10666.67	7333.33	7019.33	—	4823.86
	定株	—	—	—	11904.00	10000.00	—	16666.67	12666.67	8658.71	—	8541.13
	抚育间伐	—	—	—	—	7300.00	6266.67	8666.67	8000.00	12455.40	—	1568.67
	补植补造	—	—	—	4768.27	2666.67	—	7333.33	8000.00	4449.50	—	6791.93
	其他	—	—	—	除蘖2656.53公顷，涂白255.2公顷，平茬复壮4.33公顷	—	—	—	—	—	—	人工促进天然更新19142.66公顷
作业区道路（千米）		—	—	—	479.54	21	14.8	13	26	303.38	—	521.31

四、平原生态林经营机制

（一）制定政策规范

2013年1月，北京市平原地区造林工程建设总指挥部印发《关于加强平原地区造林工程新增森林资源管护工作的意见》的通知，明确平原地区造林工程林木养护管理补助标准。

2014年4月，北京市园林绿化局印发《北京市平原地区造林工程林木资源养护管理办法》，同年10月，印发《北京市平原地区造林工程新增林木资源养护管理技术规范（试行）》，明确了平原地区造林工程林木养护管理技术要求和措施。

2015年6月，北京市人民政府印发《关于完善本市绿化隔离地区和"五河十路"绿色通道生态林用地及管护政策的通知》，将一道绿化隔离地区、二道绿化隔离地区、"五河十路"绿化工程栽植的林木及原有生态林纳入管护范围，实行同地同树同政策，参照平原造林工程养护标准，实行统一养护管理。

并先后制定了《北京市平原生态林管护技术导则》《北京市平原生态林分类分级养护管理技术规范》《平原生态林修剪技术规范》等技术标准，形成了一套系统规范的养护管理技术体系，对指导养护单位科学、规范开展平原生态林养护工作起到了关键性的作用。

（二）管护基本要求

平原生态林日常养护工作内容包括常规巡查看护、林地保洁、有害生物防治、草荒治理、设施维护、废弃物循环利用。栽植5年内的平原生态林以养护为主，重点是提高苗木成活率和保存率，主要养护措施有目标树确定、补植补造、整形修剪、抹芽除蘖、松盘浇水、施肥追肥、裸露地生态治理等；栽植5~10年的平原生态林从养护向抚育经营过渡，合理调整林分密度，促进林木健康生长；栽植10年以上的平原生态林以抚育经营为主，促进群落自然演替，培育稳定健康的森林生态系统，主要经营措施有疏密移伐、结构调整、人工促进更新、生物多样性恢复与保护、科普游憩设施建设及因地制宜、适度规范发展林下经济。

（三）分级分类管理

2018年12月，北京市园林绿化局印发《北京市平原生态林分类分级养护管理技术规范（试行）》，对平原生态林实行分类施策、分级养护。将平原生态林按建设类型、功能定位、经营目标，分为生态涵养主导型、景观游憩主导型、森林湿地复合型、通道防护主导型四大类。根据养护主要技术措施和要求，将平原生态林养护管理分为4个等级，分别为：特级养护、一级养护、二级养护、三级养护。

2020年12月，北京市园林绿化局对《北京市平原生态林分类分级养护管理技术规范（试行）》进行重新修订后，出台了《北京市平原生态林养护经营技术规范（2020修订）》。根据平原生态林的区域位置和主导功能，分为生态涵养型、生态廊道型、景观游憩型和综合利用型四类。根据平原生态林的林相配置效果、养护经营水平和区位功能，将养护经营等级分为一级、二级、三级。平原生态林分级分类方法与养护经营标准见表3-14-4，平原生态林分级分类养护经营主要技术措施见表3-14-5。

（四）林分结构调整

平原地区立地条件较好，林木生长速度快，随着生态林林龄的增加，部分地块已进入林木快速生长阶段，逐渐形成郁闭状态，林木生长竞争加剧，个别树种出现烧膛、干梢、病虫危害等问题，林木健康状况受到一定影响。为了提高平原生态林林分质量效益，需要科学合理开展林分结构调整工作。2020年8月，北京市园林绿化局和北京市财政局联合出台了《关于开展平原生态林林分结构调整工作的意见》，开始林分结构调整工作。

林分结构调整的总体要求是，以培养健康、稳定、高效的平原森林生态系统为目标，以培育长寿命的高大乔木为主要经营方向，以培育冠型

表 3-14-4　平原生态林分级分类方法与养护经营标准

经营类型	培育方向	主要区域	分级原则	级别	主要指标
生态涵养型	通过培育以高大乔木为主体，乔灌草、针阔、异龄混交的健康、长寿、稳定复层森林，增设人工鸟类、小动物栖居场所和配置食源、蜜源植物，保持水土、涵养水源，提升生物多样性，充分发挥森林生态效益和社会效益，促进人与自然和谐相处	以远离村镇周边、人为活动少的一般林地、拆迁地、河滩地、沙地、砂坑地、浅山台地为主	按立地条件难易、功能需求强弱、生物多样性设施配备情况划分	一级	异龄、乔灌、针阔整体混交充分，已形成稳定复层森林群落，整体林分健康，郁闭度普遍在0.6~0.8之间
				二级	有部分异龄、乔灌、针阔混交，林分较稳定，有郁闭度小于0.6或超过的0.8林分
				三级	多为块状混交或片林、纯林，未形成复层群落。多数林木生长健康，多数郁闭度在0.6以下或0.8以上
生态廊道型	通过培育冠型丰满、色彩丰富、绿不断线、景不断链的景观防护林或林带，并配置食源、蜜源植物，保护道路、河流，确保道路交通安全，提升滞尘、降噪、净化汽车尾气、遮阴效果，并为小动物提供移动迁徙通道	以道路、铁路河流两侧200米范围内或连接块状片林的林带为主	按区域位重要性、道路节点和生物多样性设施配备情况等划分	一级	林相优美、季相分明，树种混交与通道防护效果明显，位于重要节点、村镇周边，保育措施完善
				二级	林相整齐、防护效果明显，有少量保育措施
				三级	林相一般、树种与色彩单调，位置偏远，无保育措施
景观游憩型	通过培育三季有花、四季常青、季相丰富的景观森林，增设相关游憩设施，为市民旅游休闲、科普康养、体育拓展等提供适宜的活动场所	以郊野公园、湿地公园、滨河公园、乡村公园、城镇村头周边片林为主	按区域位置重要性、植物、景观、设施配置情况等划分	一级	异龄、乔灌、针阔整体混交充分，林分整体健康、已形成稳定复层森林群落，设施齐备
				二级	多为团状混交片林或纯林，林分比较稳定，有简易基础设施
综合利用型	在不影响林木正常生长的情况下，通过适度、规范地种植林下草、药、油、粮、菌等植物或养殖家禽等，发展林下经济、促进本地居民就业增收	以立地条件和土壤肥力较好、林木生长健康、林分郁闭度与林下经济植物需求适配为主	按立地条件难易、林分结构优化程度和林下经济发展规范程度划分	二级	林分结构优化、树木健康，林下种植养殖适度规范
				三级	林分整齐、树木健康，林下种植养殖规范性一般

表 3-14-5　平原生态林分级分类养护经营主要技术措施

项目	技术措施	生态涵养型			生态廊道型			景观游憩型		综合利用型	
		一级	二级	三级	一级	二级	三级	一级	二级	二级	三级
常规项目	巡查看护	●	●	●	●	●	●	●	●	●	●
	林地保洁	●	◎	◎	●	●	◎	●	●	◎	◎
	病虫防治	◎	◎	◎	◎	◎	◎	◎	◎	◎	◎
	草荒治理	◎	◎	◎	◎	◎	◎	◎	◎	◎	◎
	设施维护	◎	◎	◎	◎	◎	◎	◎	◎	◎	◎
	废弃物利用	◎	◎	◎	◎	◎	◎	◎	◎	◎	◎
	生物多样性保护	●	●	●	●	●	●	◎	◎	◎	◎

(续)

项目	技术措施	生态涵养型			生态廊道型			景观游憩型		综合利用型	
		一级	二级	三级	一级	二级	三级	一级	二级	二级	三级
养护项目	补植补造	●	●	●	●	●	●	●	●	●	●
	整形修剪	●	●	●	●	●	●	●	●	●	●
	抹芽除蘖	●	◎	◎	●	◎	◎	●	●	●	◎
	松盘浇水	●	●	●	●	●	●	●	●	●	◎
	施肥追肥	●	◎	○	●	◎	◎	●	●	◎	○
	树干涂白	◎	◎	◎	◎	◎	◎	◎	◎	◎	○
	裸露地治理	●	◎	◎	●	●	●	●	●	◎	○
经营项目	疏密移伐	●	●	●	●	●	●	●	●	●	●
	结构调整	●	●	●	●	●	●	●	●	●	●
	人工促进更新	●	●	◎	●	●	◎	●	●	◎	○
	保育措施	●	◎	○	●	◎	○	○	○	○	○
	科普游憩设施	◎	○	○	○	○	○	●	●	◎	◎
	林下经济	○	○	○	○	○	○	○	○	●	●
应急处置	风灾火灾	◎	◎	◎	◎	◎	◎	◎	◎	◎	◎
	病虫灾害	◎	◎	◎	◎	◎	◎	◎	◎	◎	◎
	干旱洪涝	◎	◎	◎	◎	◎	◎	◎	◎	◎	◎
	冰雹冻雪	◎	◎	◎	◎	◎	◎	◎	◎	◎	◎
	施工安全	◎	◎	◎	◎	◎	◎	◎	◎	◎	◎

注：●应实施；◎选择性实施；○不实施。

优美、长势健康的目标树为核心，以保护和提高生物多样性为重要内容，通过采取科学修剪、疏密移伐、去弱留强、保补并重、促进更新等措施，优化林分结构，调整林分密度，构建混交、复层、异龄、多功能森林群落，逐步提高森林质量和生态承载力。

实施林分结构调整的范围是，两轮百万亩造林、第一和第二道绿化隔离地区、"五河十路"绿色通道等绿化建设工程形成的生态林。调整对象是栽植5年以上且郁闭度大于0.7，林木间生长竞争严重，结构不合理的林分。

林分结构调整时应首先标定目标树，目标树以乔木为主，选择生活力旺盛、树干通直、树冠丰满且顶端优势明显、树冠位于林分最上层、胸径和冠幅明显大于林分平均值，且健康无病虫害的树木作为目标树。根据树木冠幅大小和生长特性，一般每亩标定目标树为15~40株，大冠幅树种最终保留8~15株。目标树均匀分布为最佳，无法达到均匀分布时也可选择目标树群团，群团内目标树最多不能超过3株。目标树作为经营的重点对象，优先采取大树穴、施肥、浇水和修剪等培育措施，以培养成高大健壮树木。

林分结构调整应重点确定林分密度，平原地区生态林树种不同、年龄不同，适宜密度也不同。按初植阔叶乔木树种胸径6~8厘米、常绿针叶树种株高2.5~3.5米及大规格花灌木测算，栽植5年后林分结构调整的适宜密度见表3-14-6。

密度调控遵循保优去劣、能移不伐、强度适

表 3-14-6　平原地区生态林主要树种林分适宜密度

单位：株/亩

栽植后年限主要树种	5~10年	10~15年	15年以上
油松、白皮松、华山松、樟子松	35~40	25~35	20~25
侧柏、圆柏	45~55	35~45	25~35
毛白杨	35~40	25~35	15~25
新疆杨、银中杨、毛新杨	50~60	40~50	30~40
旱柳、垂柳、馒头柳	30~40	20~30	15~20
槐、栾树、白蜡、榆树、悬铃木、五角枫、元宝枫	25~30	20~25	15~20
杜仲、臭椿、千头椿、楸树、梓树	30~40	25~30	20~25
碧桃、山杏、山桃、紫叶李、榆叶梅、樱花	40~45	35~40	30~35

宜、逐步实施、动态调整的原则，优先保留实生苗、全冠苗和长寿树种、天然萌生苗，做好保留木、移植木标记，清除干扰木、枯立木、风折木、病腐木、无培育前途木（包括偏冠、残冠、干腐皮裂、林下生长瘦弱等）。密度调控每年去除株数强度不超过总株数的20%，且调整后郁闭度不低于0.5。对需要移伐但有培育价值的树木，按照就近移植原则，优先用于本地块或本区域补植。

在抚育间伐、起苗补植的过程中，尤其在大型机械的使用过程中，要保护自然更新树种和地被，对有利用价值的实生苗进行定株抚育，在较大林窗或稀疏林下，可补植乡土实生幼苗、播种栓皮栎，或种植其他耐阴灌草植物、食源植物，为小型野生动物、鸟类提供食源和栖息地，道路边缘可栽喜光灌木，丰富生物多样性，促进生态林系统的自然更新。

疏密移伐中产生的树干、枝条等可用于围栏、栈道、步道、园林小品、本杰士堆、小型野生动物和鸟类的巢穴等设施的建设，为人和小型动物提供游憩场所和栖息地，实现人与自然的和谐共生。其余抚育剩余物应就地削片或粉碎，铺于树盘或林地，有条件的考虑粉碎后加入菌剂、腐熟堆肥，实现以肥料、基质等形式归还林地，提高土壤改良效果。

（五）管护任务完成情况

2014年7月，全市启动平原造林工程养护移交工作，当年移交养护面积为41139.37公顷，随后，随着平原造林工程竣工验收面积的增加，养护面积也逐年增加，2015年养护面积为65711.02公顷，2016年养护面积为73080.1公顷。从2017年开始，第一、第二道绿化隔离地区和"五河十路"绿色通道建设工程范围的生态林全部纳入养护范围，养护面积有一个较大增幅，2017年养护面积达到103589.02公顷，之后养护面积基本稳定在10万公顷以上。至2020年，平原生态林养护面积为100973.91公顷。其中大兴区、顺义区、通州区和房山区养护面积占全市养护面积的59.9%。各区各单位历年养护面积详细见表3-14-7。

表 3-14-7　2014—2020年度北京市平原生态林养护面积

单位：公顷

统计单位	2014年	2015年	2016年	2017年	2018年	2019年	2020年
合计	41139.37	65711.02	73080.1	103589.02	103117.42	100881.98	100973.91
昌平区	5521.33	7707.60	8240.93	10453.62	10612.91	10067.74	9791.59

(续)

统计单位	2014年	2015年	2016年	2017年	2018年	2019年	2020年
朝阳区	1220.77	1717.88	1913.55	5152.06	5128.29	3671.47	3585.25
大兴区	6422.46	10783.59	13476.03	16382.83	16306.71	15872.57	18062.04
房山区	5023.29	8783.39	9647.52	11291.79	11298.60	11780.18	11939.88
丰台区	1030.07	1264.40	1334.40	4515.64	4277.65	4161.32	4290.41
海淀区	490.00	1022.52	1022.52	3739.09	3731.49	3709.46	3298.90
怀柔区	369.86	1086.23	1241.56	1644.89	1644.89	1805.47	1805.53
门头沟区	121.53	236.14	236.14	1688.03	1319.19	1213.02	1123.53
密云区	2341.47	3188.80	3393.13	3760.32	3955.79	3938.38	4013.68
平谷区	1787.53	2322.47	2403.87	2773.78	2715.35	2715.85	2644.49
石景山区	18.90	18.90	18.90	163.02	57.30	58.70	58.70
顺义区	5710.35	10694.99	12043.93	15413.97	15387.02	15328.71	15745.08
通州区	7769.72	11877.19	12817.09	16342.29	16118.93	15941.74	13523.09
延庆区	3312.09	5006.92	5290.53	9736.50	9748.11	9745.24	9752.37
首农集团	—	—	—	531.19	815.19	872.13	872.13
首发集团	—	—	—	—	—	—	467.24

2016—2020年，累计完成清理枯死树94.68万余株，清理垃圾135.5万吨，修剪树木7936.7万株次，枝条粉碎还田18.2万吨，补植补造190.2万株，浇水34651.3万株次，有害生物防治累计14677.2万株次。在平原生态林养护中重视生物多样性保护工作，仅2019年建保育小区367个、本杰士堆539个、人工鸟巢1540个、小微集雨湿地141处、栽种食源性植物125处。

（六）养护管理示范

坚持示范带动出经验，积极推进高质量发展，通过市、区两级示范区建设，强力推动分级分类管理，示范疏密移伐、林分结构调整、林下裸地治理、有害生物绿色防控、林下补种栎类、更新幼苗等养护经营措施；通过建设本杰士堆、人工鸟巢、小微集雨湿地、栽种食源性植物，打造生物多样性保育小区，为鸟类和小动物营建栖息环境，保护并提升生物多样性。

截至2020年，建设完成市级养护管理示范区15处，面积1673.33公顷，其中自然生态林型示范区3处、郊野森林公园型示范区6处、困难立地生态林型示范区3处、绿色通道景观林示范区1处、湿地森林型示范区2处，主要建设内容有疏密移伐、种植乡土地被植物、补植景观性乔灌木。通过引进先进经营理念、增强生态及景观功能，带动平原生态林整体森林质量提升，建设人与自然和谐相处的良好人居环境。

建设区级养护管理示范区34处，面积2626.67公顷。其中，近自然生态林型示范区12处、郊野森林公园型示范区13处、困难立地生态林型示范区3处、绿色通道景观林示范区4处、湿地森林型示范区2处，主要措施为高标准完成修剪、浇水、涂白、有害生物防治、护林防火、林地保护等基础养护工作，并在日常检查中随时监督管护作业完成情况，在全市平原造林养护工作中起到了示范作用。

（七）推进智慧化养护管理

开发建设了北京市平原生态林养护管理平台，2020年平台正式启动运行，4万多个地块平原生态林智慧巡护管理工作实现了全覆盖。在平台上建立了养护地块地理信息数据库，为数字化养护网络管理奠定基础；实现了养护方案网络填报、审核、批复，确保每年养护经营按计划实施；推行了养护日志网上填报，实时更新养护进度，督促养护单位按计划落实各项养护措施；实行农民就业台账、养护作业与日常巡护卫星定位与网络化管理，实现了农民就业、养护与巡护工作的"网上管"。使平原生态林的精细化、智慧化养护管理水平得到有效提升。

五、新型集体林场

（一）新型集体林场建设现状

新型集体林场是在集体林地所有权、承包权、经营权"三权分置"的基础上，由属地政府主导，当地集体企业或农村集体经济组织出资成立，开展集体生态林建设、经营、管理、保护和可持续利用的集体所有制新型林业经营主体。主要任务是加强集体生态林经营、提高森林质量效益、严格保护森林资源、科学经营森林资源、适度利用绿色资源和组织农民绿色就业。建立新型集体林场是市委、市政府结合新时代首都林业发展实际推出的林权制度改革的重大举措，是对林业经营主体类型的改革和创新。

按照市委、市政府关于推进集体林权制度改革的总体部署，2012年全市集体林权制度主体改革任务基本完成。之后，完善配套政策、培育农民市场主体地位成为集体林权制度改革重点，市园林绿化局先后探索开展了森林保险、林权抵押贷款、集体林场建设等试点工作。2016年11月，国务院办公厅印发《关于完善集体林权制度的意见》，要求"积极稳妥流转集体林权、培育壮大规模经营主体、推进集体林业多种经营"。2018年5月，北京市人民政府办公厅印发《关于完善集体林权制度促进首都林业发展的实施意见》，要求"重点探索在平原地区、浅山区发展集体林场，创新集体林经营管理模式"。

与此同时，平原百万亩造林绿化工程已陆续进入养护期，各区通过向社会招标方式确定养护单位，但实践发现，招标养护的短期行为与生态林经营的长期性不一致，养护公司追求经济利益最大化的经营行为与平原生态林养护的公益性相矛盾，且当地农民的参与度低，背离了"绿岗就业"的初衷。为探索解决平原集体生态林养护中存在的问题，2018年6月，市园林绿化局以百万亩平原造林工程形成的平原集体生态林为基础，启动了15个新型集体林场试点建设工作。2019年8月，市政府召开电视电话会调度新型集体林场试点建设工作，要求将试点范围由平原区、浅山区延伸到山区，同时丰富试点林场组建类型。到2021年9月，完成了42个新型集体林场建设的试点工作，同时市政府出台了《关于本市发展新型集体林场的指导意见》，全市新型集体林场建设工作进入了快车道。

截至2022年年底，全市已建成新型集体林场108个，经营管护15.35万余公顷集体生态林，其中，平原生态林6.69万余公顷，山区生态林8.66万余公顷，为当地创造1.8万余个就业岗位，1.5万余名当地农民实现在家门口就业。所建集体林场全部为集体所有制林场，其中，乡镇级集体林场103个，管护面积约15.09万余公顷；村级集体林场5个，分布在房山、昌平、怀柔和密云4个区，管护面积2630.47公顷，见表3-14-8。

表 3-14-8　2022 年北京市 108 个新型集体林场名录

统计单位	集体林场名称	林场管护面积（公顷）	所在乡镇	涉及村数（个）	组建方式
合计	108 个	153490.65	105 个	1775	
朝阳区（2）	北京朝阳区崔各庄乡集体林场	226.51	崔各庄乡	10	乡镇级
	北京朝阳区黑庄户乡集体林场	463.35	黑庄户乡	15	乡镇级
丰台区（2）	北京丰台北宫集体林场	200	北宫镇	6	乡镇级
	北京丰台南苑集体林场	200	南苑街道	6	乡镇级
门头沟区（9）	北京门头沟军庄集体林场	317.4	军庄镇	8	乡镇级
	北京市门头沟龙泉集体林场	303.18	龙泉镇	11	乡镇级
	北京市门头沟永定集体林场	84	永定镇	7	乡镇级
	北京市门头沟潭柘寺集体林场	136.67	潭柘寺镇	2	乡镇级
	北京门头沟斋堂集体林场	678.15	斋堂镇	16	乡镇级
	北京门头沟王平集体林场	430.64	王平镇	13	乡镇级
	北京门头沟妙峰山集体林场	497.9	妙峰山镇	15	乡镇级
	北京门头沟雁翅集体林场	557.9	雁翅镇	9	乡镇级
	北京门头沟清水集体林场	129.55	清水镇	8	乡镇级
房山区（9）	北京市房山大石窝集体林场	1186	大石窝镇	21	乡镇级
	北京房山水峪集体林场	853.33	大安山乡	1	村级
	北京蒲洼乡惠农集体林场	7133.33	蒲洼乡	8	乡镇级
	北京霞云岭集体林场	1383.33	霞云岭乡	10	乡镇级
	北京房山十渡琳力集体林场	560	十渡镇	12	乡镇级
	北京房山史家营绿海集体林场	1411.4	史家营乡	11	乡镇级
	北京市房山区张坊镇集体林场	306.73	张坊镇	10	乡镇级
	北京市房山区南窖集体林场	1606.47	南窖乡	16	乡镇级
	北京市房山区长阳镇集体林场	535.73	长阳镇	16	乡镇级
通州区（9）	北京通州马驹桥集体林场	2230.58	马驹桥镇	45	乡镇级
	北京市通州潞城集体林场	1070.93	潞城镇	29	乡镇级
	北京通州西集集体林场	1770.06	西集镇	42	乡镇级
	北京通州张家湾集体林场	902.39	张家湾镇	29	乡镇级
	北京通州宋庄集体林场	1437.46	宋庄镇	18	乡镇级
	北京通州于家务集体林场	801.31	于家务乡	23	乡镇级
	北京通州永乐店集体林场	2845.49	永乐店镇	38	乡镇级
	北京通州台湖集体林场	1650.45	台湖镇	46	乡镇级

(续)

统计单位	集体林场名称	林场管护面积（公顷）	所在乡镇	涉及村数（个）	组建方式
通州区（9）	北京通州潞县集体林场	1681.86	潞县镇	53	乡镇级
顺义区（19）	北京顺义张镇集体林场	872.63	张镇	29	乡镇级
	北京顺义李遂集体林场	516.8	李遂镇	16	乡镇级
	北京顺义龙湾屯集体林场	504.59	龙湾屯镇	10	乡镇级
	北京顺义赵全营集体林场	377.89	赵全营镇	25	乡镇级
	北京顺义李桥集体林场	612.63	李桥镇	31	乡镇级
	北京顺义马坡集体林场	297.67	马坡镇	11	乡镇级
	北京顺义南法信集体林场	157.33	南法信	9	乡镇级
	北京顺义南彩镇集体林场	776.47	南彩镇	26	乡镇级
	北京后沙峪新型集体林场	190.88	后沙峪镇	15	乡镇级
	北京顺义木林集体林场	1517.41	木林镇	26	乡镇级
	北京顺义天竺集体林场	250.77	天竺镇	8	乡镇级
	北京顺义北石槽镇集体林场	347.87	北石槽镇	16	乡镇级
	北京顺义仁和集体林场	354.77	仁和镇	14	乡镇级
	北京顺义北小营镇集体林场	411.49	北小营镇	17	乡镇级
	北京顺义高丽营集体林场	832.5	高丽营镇	11	乡镇级
	北京顺义北务集体林场	141.95	北务镇	20	乡镇级
	北京杨镇集体林场	952.26	杨镇镇	18	乡镇级
	北京市顺义区牛栏山镇集体林场	348.37	牛栏山镇	19	乡镇级
	北京顺义大孙各庄集体林场	1011.91	大孙各庄镇	28	乡镇级
大兴区（6）	北京大兴靓丽风景集体林场	1542.93	庞各庄镇	23	乡镇级
	北京大兴安定京安集体林场	986.55	安定镇	17	乡镇级
	北京大兴魏善庄百润集体林场	2304.06	魏善庄镇	26	乡镇级
	北京礼贤展翼森源集体林场	1907.47	礼贤镇	20	乡镇级
	北京大兴瀛海汇瀛绿源集体林场	306.4	瀛海镇	20	乡镇级
	北京大兴青云店绿洲集体林场	1403.15	青云店镇	19	乡镇级
昌平区（10）	北京昌平漆园集体林场	70	流村镇	1	村级
	北京昌平十三陵镇绿都集体林场	358.27	十三陵镇	21	乡镇级
	北京昌平区小汤山镇龙脉集体林场	268.8	小汤山镇	11	乡镇级
	北京昌平兴寿镇兴林绿源集体林场	355.87	兴寿镇	12	乡镇级
	北京昌平区阳坊镇集体林场	376.33	阳坊镇	10	乡镇级
	北京昌平马池口镇集体林场	200	马池口镇	15	乡镇级

(续)

统计单位	集体林场名称	林场管护面积（公顷）	所在乡镇	涉及村数（个）	组建方式
昌平区（10）	北京昌平区南邵镇集体林场	222.49	南邵镇	12	乡镇级
	北京昌平区南口镇集体林场	232.16	南口镇	15	乡镇级
	北京昌平区流村镇兴林集体林场	1679.05	流村镇	16	乡镇级
	北京昌平区北七家镇北未绿源集体林场	227.59	北七家镇	6	乡镇级
平谷区（2）	北京市平谷区王辛庄镇集体林场	290.77	王辛庄镇	6	乡镇级
	北京市平谷区峪口镇集体林场	209.81	峪口镇	5	乡镇级
怀柔区（11）	北京怀柔前辛庄集体林场	93.33	桥梓镇	1	村级
	北京怀柔上台子集体林场	1600	喇叭沟门乡	1	村级
	北京怀柔汤河口镇集体林场	1355.8	汤河口镇	2	乡镇级
	北京怀柔渤海集体林场	624.2	渤海镇	16	乡镇级
	北京怀柔北房集体林场	1689.06	北房镇	14	乡镇级
	北京怀柔宝山集体林场	1619.72	宝山镇	20	乡镇级
	北京怀柔琉璃庙集体林场	1635.51	琉璃庙镇	20	乡镇级
	北京怀柔区喇叭沟门集体林场	1331.01	喇叭沟门乡	12	乡镇级
	北京怀柔长哨营集体林场	974.29	长哨营乡	19	乡镇级
	北京怀柔九渡河集体林场	12122.57	九渡河镇	20	乡镇级
	北京怀柔雁栖河集体林场	11132.47	雁翅镇	18	乡镇级
密云区（14）	北京坤林集体林场	156.93	不老屯镇	16	乡镇级
	北京龙泉湖畔集体林场	614.24	太师屯镇	27	乡镇级
	北京十里常青集体林场	242.79	十里堡镇	13	乡镇级
	北京冯家峪兴河古道集体林场	147.67	冯家峪镇	17	乡镇级
	北京密云京密山水雾灵集体林场	151.11	新城子镇	4	乡镇级
	北京密云鸿源集体林场	706.85	北庄镇	10	乡镇级
	北京大城子兴业集体林场	222.05	大城子镇	22	乡镇级
	北京密溪集体林场	298.99	溪翁庄镇	5	乡镇级
	北京南山集体林场	603.06	河南寨镇	25	乡镇级
	北京石城绿水云蒙集体林场	95.76	石城镇	6	乡镇级
	北京密云西田各庄镇云蒙林海集体林场	2439.98	西田各庄镇	5	乡镇级
	北京穆林益农集体林场	217.15	穆家峪镇	21	乡镇级
	北京崇岭清源集体林场	309.05	高岭镇	17	乡镇级
	密云蔡家洼博大林场	13.81	巨各庄镇	1	村级
延庆区（15）	北京市刘斌堡乡集体林场	349.14	刘斌堡乡	9	乡镇级

(续)

统计单位	集体林场名称	林场管护面积（公顷）	所在乡镇	涉及村数（个）	组建方式
延庆区（15）	北京延庆康庄集体林场	1564.59	康庄镇	27	乡镇级
	北京延庆张山营集体林场	2233.98	张山营镇	30	乡镇级
	北京红色山乡集体林场	12000	大庄科乡	25	乡镇级
	北京延庆八达岭集体林场	348.75	八达岭镇	9	乡镇级
	北京延庆区千家店集体林场	33295.41	千家店镇	19	乡镇级
	北京延庆区四海兴盛集体林场	34.23	四海镇	11	乡镇级
	北京旧县集体林场	1125.77	旧县镇	19	乡镇级
	北京珍珠泉集体林场	118.71	珍珠泉乡	14	乡镇级
	北京延庆城关集体林场	1524.4	延庆镇	24	乡镇级
	北京延庆沈家营集体林场	463.7	沈家营镇	20	乡镇级
	北京市延庆区香营集体林场	229.23	香营乡	14	乡镇级
	北京市延庆区井庄集体林场	639.7	井庄镇	20	乡镇级
	北京市延庆区永宁镇集体林场	1497.9	永宁镇	23	乡镇级
	北京延庆大榆树镇集体林场	657.75	大榆树镇	21	乡镇级

（二）新型集体林场建设成效

新型集体林场成立后，林场范围内的森林经营管护质量明显提升、稳定专业的护林队伍初步形成、乡村基层治理能力得到加强、农村集体经济得到发展壮大，建设新型集体林场的优越性逐步显现。

新型集体林场采用现代企业制度进行管理，工人岗前有培训，作业有检查，定岗定责定任务，严格按照管护标准和工作月历护林养林，田间地头常年有工人巡护、防火、防病虫害，通过实施林木分级分类管理、林分结构调整、补植乡土树种、绿化废弃物资源化利用、精准化有害生物绿色防控和生物多样性保育等措施，极大提高了森林生态系统的完整性、稳定性和健康水平，增强了森林生态系统的服务功能和承载力。在每年全市生态林管护成效检查评比中，集体林场管护的生态林，管护质量较高，排名靠前。

与社会化养护公司不愿招收本地农民、招收当地农民比例达不到60%的规定相比，新型集体林场招收当地农民的比例达到80%以上，为本地农民创造了更多就业机会和就业岗位，不仅打造了一支由当地农民组成的相对固定的养护队伍，也为当地农民实现了家门口上班的愿望。林场与职工签订劳动合同，培训合格后持证上岗，工资与绩效考核挂钩，月工资不低于北京市最低工资标准的1.2倍，并缴纳"五险"，享受社会保障，归属感大为加强。

新型集体林场除承担当地集体生态林的管护任务外，还可以独立法人身份承接小型社会民生工程、小型涉农、涉林项目，适度规模发展林下经济，并按照既定的利益分配机制将部分利润派发给农民，增加了农民的收入来源。同时，新型集体林场把分散的林地资源整合起来，充分利用和盘活农村集体林地资源，发挥农村集体生态林的环境优势，将林地资源转化为绿色资产和农民增收致富的绿色资本，为农村集体经济的发展壮大注入了新的活力和发展动力。如密云水库周边乡镇通过流转，把分散的低产果园、生态林整合起来，由集体林场经营，实现了一二三产融合发展。

新型集体林场建成后，不增加机构编制，不增加财政投入，集体林经营管护的涉林项目可通过以工代赈方式，由组织机构健全、专业技术达标、当地农民就业充分的新型集体林场直接承担，节约了工程招投标的时间成本和费用，提高了资金使用效率。集体林场统筹区域涉林工程项目，把森林管护、防火防虫、防盗伐、防（垃圾）倾倒等职责落实到了山头地块、具体人员。同时，市财政和市园林绿化部门加强财政资金的使用管理，督促、指导，新型集体林场按照全市统一的经营管护技术措施，将财政资金全部投入到林木经营管护工作中去，避免了管护资金节余、挤占和作为利润分配等问题发生，进一步提高了财政资金的使用效果。

新型集体林场在当地政府的指导下由农村集体经济组织出资建立，林场与当地政府签署集体生态林管护协议，80%以上的工人为当地村民，打造了一支相对稳定的资源管护队伍，工人熟悉当地情况，集体林场除承担生态林养护外，还可以高效协助当地政府参与环境整治、防灾防洪、应急抢险、疫情防控等任务，成为协助当地政府高效服务民生，稳定当地社会和谐发展的重要力量，为提升首都农村基层治理能力发挥了越来越重要的作用。

六、引进现代林业经营理念和技术

进入21世纪以来，随着林业国际交往的不断深入，北京市加强了林业国际交往与合作，在从德国、韩国、日本、美国等国引进、联合实施了一批林业国际合作项目的同时，也引进了国际林业先进理念、经验和技术。还组织实施了全市森林经营重大科技攻关课题，森林可持续经营、森林健康经营、近自然森林经营、森林认证、森林景观恢复等现代森林经营理念和技术不断引进、试验、示范、推广。

北京近自然森林经营理念的引入，源于1998—2007年实施的中德林业技术合作"密云水库流域保护与经营"项目，该项目在密云水库流域初步建立了6种符合饮用水源地保护要求的近自然森林经营综合技术模式，即植被恢复、近自然森林经营、中幼林抚育、封山育林、小流域综合治理和生态果园建设。在密云水库上游雾灵山建设480公顷近自然森林经营示范区，探索以水源保护为主的多功能近自然森林经营技术体系和管理体系，主要是从德国引进近自然林业基本理念，结合密云水库流域特点，逐步形成具有北京特色的近自然林业。

2002年6月启动实施的中美合作森林健康项目被认为是中国森林健康研究方面的一次比较全面的探索和实践，其目的在于探索出适合中国森林健康经营模式和经营措施。该项目在全国首批建立了5个试验示范区，其中就包括北京市八达岭林场天然次生林、人工林旅游区森林健康经营类型。

2003年，国家自然科学基金项目《北京地区水源涵养林健康评价指标体系研究》，提出了林分级水源涵养林评价指标和方法。至此，森林健康研究和实践在北京地区日益活跃。

2006年，北京市园林绿化局启动市级重大科技项目《北京山区森林健康经营关键技术研究与示范》，针对北京山区森林现状和森林健康经营方面的问题开展了大量的研究，在人工林健康经营、天然次生林健康经营、森林土壤健康经营方面取得了一系列技术成果。

2009年，北京市园林绿化局启动实施中德财政合作"京北风沙危害区植被恢复与水源保护林可持续经营"项目，进一步引进德国近自然森林经营的理念和技术、小型水体生态恢复技术，以改善和维护密云水库流域森林和小型水体的水源保护功能为目标，对植被恢复和水源保护林的最佳可持续经营模式进行了有效探索与示范。经过6年的实践和总结，形成了一套适合北京北部山区以及河北张家口、承德山区的近自然森林经营技术体系，开展了近自然森林经营技术培训，编制了近自然森林经营规划指南、监测指南和技术准则等技术规范。在昌平区、怀柔区、延庆县、密云县以及河北丰宁满族自治县的32个乡镇、104个村开展参与式森林经营规划，完成近自然森林经营示范工程1万余公顷。

第二节 现代森林经营理念与技术体系

一、近自然森林经营

（一）近自然经营理念

近自然森林经营起源于18世纪初的德国，是一种利用自然规律管理森林的模式，注重对原始森林的基础研究，力求利用森林生态系统的自然演替过程，促进森林向合乎天然林的结构发展，从而实现接近自然的森林经营模式。目前，欧盟各国分别制定了近自然林业的相关法律、经营方针和技术措施，其中德国是近自然林业发展最成熟的典型。从当前世界林业发展趋势看，在相当长的一个时期内，近自然林业将是推动森林可持续经营的主导理论。

近自然森林是指以原生森林植被为参照而培育、经营的森林，这样的森林主要由乡土树种组成，多树种混交，具有多层次空间结构和异龄林时间结构。近自然森林经营的基本目标，是以森林生态系统的稳定性、生物多样性和系统多功能以及缓冲能力分析为基础，以森林自然更新到稳定的顶极群落这样一个完整的森林生命周期为时间跨度，以目标树的标记和择伐及天然更新为主要技术特征，充分利用森林生态系统内部的自然生长发育规律，优化森林的结构和功能，永续充分利用与森林相关的各种自然力，使结构不合理的森林变为接近自然状态的森林。

近自然森林经营的出发点就是"模仿自然，加速发育"，按照自然规律进行人工经营，促进森林生态系统的全面发育，生产出木材、生态防护以及景观游憩等多重功能的森林产品。模仿自然的内涵主要是利用自然力、运用天然更新机制，改善林分健康状况，促进林木生长，维护生物多样性，加强抗干扰能力，推进森林演替，培育出以乡土树种组成的异龄、混交、复层结构的多功能森林。因此，在近自然经营中，其主要评价指标包括天然乡土树种构成、林分结构、演替动态与自然过程类似程度、天然更新情况、异龄、复层、混交、多样性。

（二）近自然森林经营技术体系

近自然森林经营技术体系由群落生境调查分析和成图技术、经营目标分析和森林发展类型设计技术、目标树作业体系、垂直结构导向的生命周期经营计划4类技术要素构成。

1. 群落生境调查分析和成图技术

群落生境是指森林赖以生长的具体地形地貌、土壤母岩、气候水文、自然植被和其他干扰因素，群落生境的这些要素决定了该地域可能形成和培育的林分类型、产品种类和生产能力。群落生境调查和制图是近自然森林经营中调查森林经营区域内自然生态条件的基本技术工具，是制定近自然森林经营计划的必备技术文件之一。

群落生境图是从传统的森林经营要素的立地条件类型图演化而来的，它与传统的森林立地概念基本一致，但侧重点不同。群落生境图注重原生植物群落与综合立地因子的关系。群落生境类型就是基于生境要素分类，以建立近自然林分为目标而划分出的基本分类单元，所以，同一个群落生境类型，在空间上不一定相连但其自然性质和经营目标基本一致。

群落生境制图所需的野外调查基本内容包括：在GIS技术支持下准备基本的野外工作手图；在现地完成林况踏查和对坡勾绘；各群落生境类型立地因子调查、植被构成调查和土壤调查等基本信息采集。在调查工作中涉及的与立地条件相关的因子，主要包括海拔、地形地势、土层深度、土壤质地、养分及水分含量等。

2. 森林发展类型设计

森林发展类型作为近自然森林经营的主要工具，是基于群落生境类型、潜在天然森林植被及其演替进程、森林培育经济需求和技术等诸多因子而综合制定的一种目标森林培育导向模式,是一种介于人工林和天然林之间的森林模式,核心思想是希望把自然的可能和人类的需要最优地结合在一起。森林发展类型作为长期理想的森林经营目标,具体设计时包括森林概况、森林发展目标、树种比例、混交类型、近期经营措施等5个方面的内容。设计的信息需求包括所有群落生境调查和分析的数据和成果、树种特性及生长收获的参数、森林生态保护、景观游憩和产品生产的目标等方面的要求和限定。

3. 目标树林分作业体系设计

目标树林分作业体系是规定在一个经理期内对林分的作业技术设计方案,主要包括目标树导向的林木分类、抚育采伐设计和促进更新设计等3个方面。设计的原则是在发展类型的框架内,在理解和尊重自然、充分利用林地自身更新的潜力、生态和经济目标兼顾的要求下,做出保留木、采伐木和林下更新幼树的标记和描述,实现在保持生态系统稳定的基础上最大限度地降低森林经营投入并生产尽可能多的森林产品。目标树抚育作业体系首先把所有林木分为目标树、生态目标树(或特殊目标树)、干扰树和一般林木4种类型。目标树是指近自然森林中生态、经济和文化价值较大、具有生长优势的单株树木。森林经营过程中主要以目标树为核心进行,以单株木为林分作业对象的目标树经营体系,是近自然森林经营区别于其他森林经营的最显著的特点。传统的森林抚育的重点是确定"不要的林木",而目标树经营体系中自始至终经营的重点都是确定"需要的林木",即目标树。在整个森林培育过程中所有的林分抚育管理措施都以目标树为中心进行,包括他们的生长、更新、保护和利用等各个方面。林木分类工作在现场进行,单株目标树要做出永久性标记;通过不断对干扰木的伐除来保持林分的最佳混交状态,实现目标树的最大生长量,保持或促进天然更新,使林分质量不断提高。这种目标树抚育作业的过程使得林分内的每株林木都有自己的功能和成熟利用特点。

4. 生命周期经营计划

从自然和生态的角度看,森林发生和演替的进程特征表现了其自身整体发展动态的周期性规律,因此它成为近自然经营制定整体生命周期经营计划的参考体系。从方法学上看需要首先理解森林演替的概念、特征和可能的类型划分,并分析提出可观测和控制的林学技术指标,然后才能以接近自然的方式设计和实施森林经营的周期性控制和操作计划。

各个阶段的树种构成和以优势木平均高表达的林分垂直结构是整体生命周期经营计划中可描述、可观测和可控制的变量,通过模仿自然干扰机制的干扰树采伐和林下补植更新是实现从林分现状到森林发展类型目标的可操作的技术指标,根据演替参考体系和林分的物种组成特征、主林层高度范围和主要抚育经营措施等3个方面的技术指标来制定以林分垂直结构为标志的整体经营计划表。

由于生态系统发展的长期性,近自然经营体系制定了以林分垂直结构为导向指标的森林生命周期整体经营计划表,这种抚育计划模式没有对未来林分作业设定简单机械的时间周期指标,以避免定期作业对生态系统的过度干扰和浪费人力物力,而又能对系统的变化保持整体的把握,并根据生态系统的变化进行适时的调整。这就是林分垂直结构导向的森林生命周期整体经营计划的优势所在。

(三) 近自然森林经营应用

从1998年开始,北京通过引进实施中德等多个林业国际技术合作项目,引进近自然森林经营理念,开展近自然森林经营试验示范,旨在通过实施近自然森林经营,重点解决示范区范围内森林存在着的人工林比例过大,树种结构单一,纯林多;林龄结构不合理,中幼龄比例大;林分密度大,林相残破,林木长势衰弱,自然枯死现象严重,病虫害滋生;以水源涵养为主的多种功能效益未能充分发挥等问题。其中,中德财政合作"京北风沙危害区植被恢复与水源保护林可持续经营"项目在北京密云县、怀柔区、昌平区和延庆县以及河北丰宁县实施，应用近自然森林经营等技术措施，开展森林经营1万余公顷。结果表明，近自然森林经营具有投入成本低见效快，经营后林分抗灾害能力强的特点，初步调查，近自然经营后林分的树种和空间结构得到优化，生长速度加快，森林以水源涵养为主的多种功能效益显著增强。至2020年，近自然森林经营技术在全市得到推广应用，森林培育的目标已转向为充分发挥森林的生态、防护、景观功能，服务于人们多样化的社会、文化、生活需求。通过近自然森林经营，培育结构合理、功能健康的多功能森林，把大量人工林改造为结构稳定的混交异龄林，按自然演替规律向稳定、恒续的近自然森林生态系统演替（图3-14-3）。

图3-14-3　2012年，中国林业科学研究院专家现场指导近自然森林经营

北京近自然森林经营主要包括以下内容：保持林地持续发挥自然景观、环境生态、林业经济和社会文化方面的功能效益；森林经营技术既要注重已有的实用知识，又要兼顾现代新型科学理念技术；禁止所有形式的皆伐作业，采用单株或团状择伐抚育和收获林木，以保持森林健康、稳定和混交的状态；针对不同的自然群落生境来选择和培育林分更新、森林经营的树种，做到适地适树；在生物多样性保护方面，注意保护所有原生物种和已经适应的引进物种，除小面积特殊地区外不做清林，而要让林木和其他生物自然繁衍生息；通过林分结构调整、有机体积累分解和养分物质循环等措施来保持和提高森林土壤的肥力。

二、森林健康经营

（一）森林健康经营研究进展

森林健康是西方国家针对人工造林林分结构单一、森林病虫害防治能力和水土保持能力薄弱等问题提出来的一个理念，倡导通过合理配置林分结构，实现森林病虫害自控，水土保持能力增强和森林资源资产价值提高，该理念最早由美国提出。目前，森林健康经营理论和技术已成为当今世界林业研究的热点。森林健康研究旨在通过合理的森林经营，使森林在保持稳定性和多样性的同时，持续满足人类对森林的生态、社会和经济需求。

2001年，国家林业局造林司与美国农业部林务局签订协议，联合开展中美森林健康经营与示范研究项目，引入森林健康理念，进行森林健康的研究与推广，探索适合中国森林健康经营的模式和措施。先后在全国启动了5个森林健康经营示范区建设，基本涵盖了全国防护林工程大部分地区的森林培育和经营主要类型，其中就包括北京市八达岭林场的人工林、天然次生林森林旅游区森林健康经营类型。2004年9月，中美合作"八达岭森林健康实验示范"项目正式启动。

2003年，国家自然科学基金项目《北京地区水源涵养林健康评价指标体系研究》提出了林分级水源涵养林评价指标和方法。2006年，北京市园林绿化局启动实施了北京市重大科技项目"北京山区森林健康经营关键技术研究与示范"，通过对北京山区森林现状和健康经营方面存在问题展开了大量的研究，评价了山区森林健康状况，在人工林健康经营、天然次生林健康经营、森林土壤健康经营方面提出了一系列关键技术。包括北京山区森林健康经营监测、诊断与评价、预警技术；人工林、天然次生林、灌木林和高保护价值森林四类森林健康经营技术；森林风险管理关键技术；生态游憩型、水源涵养型、生物多样性保护型、水土资源保护型4种山区森林健康经营的技术。从2010年开始，这些技术成果在全市7个山区县和北京市西山试验林场、北京市八达岭林场、北京市十三陵林场及北京市松山国家级自然保护区推广。

（二）主要技术措施

1. 人工林健康经营

林木分类：以提高森林近自然度为经营目标的森林，林分经营以单株林木为作业对象，林内树木分为目标树、更新目标树、特殊目标树、干扰树4类。

密度调控：当林分郁闭度0.9以上，林内林木单株分化严重时进行疏伐，疏伐时以干扰树、林内枯死木、濒死木、衰弱木为伐除对象。疏伐后应使林地保留木分布合理，注意保留特殊目标树以及林缘木、林界木、孤立木和层间植物。一次疏伐强度不超过总株数的15%~20%，伐后郁闭度不得低于0.5。对于林内枯死木比例较大，以及拟建设林下氧吧、游憩桌椅等场所和设施的林分，可适当加大疏伐强度。疏伐应使林分近自然度得到提高，森林生态系统稳定性增强。

补植补造：补植应根据林分内林隙大小与林木的分布特点进行；补植后促使形成针阔混交林或不同树种镶嵌分布的阔叶混交群落；宜保留补植穴周围的灌木、草本植物。适用对象为郁闭度低于0.4的林分，以及未达到造林验收标准的未成林造林地。针叶纯林宜补植补造阔叶树，阔叶纯林宜补植补造针叶树或其他阔叶树种（图3-14-4）。

图3-14-4 黄栌林补植侧柏形成针阔混交林

目标树单株抚育：对目标树有直接影响且生长势差的林木进行标记、伐除；对栎类、刺槐、黄栌等萌蘖能力强的目标树，因自然灾害、机械损伤等造成生长不良的及时进行平茬复壮；对采伐更新残留伐桩萌生条，保留1~2株健壮单株，其余全部伐去，宜保留迎风面萌条；根据树种和林分功能目标的不同，在林分郁闭时修除林木下部的枯枝、弱枝、粗大枝、徒长枝和竞争枝，每次修枝宜保留冠高比2：3，修枝切口应平滑，不得撕裂树皮。

2. 天然次生林健康经营

经营原则：保留原有自然状态，宜减少和避免人为干扰措施。

间伐定株：根据林分发育、自然稀疏规律及森林培育目标，适时伐除部分林木，对已形成群状结构的林分，在林木出现明显营养空间竞争前实施，伐除全部有害木，对于优良木和辅助木，阔叶树种胸径达6厘米，保留850~2250株/公顷，且应分布均匀；胸径小于6厘米的阔叶树萌生丛，保留2250株/公顷，且应分布均匀。

3. 森林土壤健康经营

松土扩穴：对郁闭度在0.2~0.5的幼林地或灌木盖度60%以上的林分，在目标树周围半径0.3~1.0米范围内进行松土。在干旱阳坡宜进行培埂扩穴。

土壤改良：生物质堆积物返还林地，林分抚育后枝叶粉碎处理后直接返还林地，也可沤制堆肥后返还林地。

三、《联合国森林文书》

（一）履行《联合国森林文书》示范单位建设背景

2007年，第62届联合国大会通过了《国际森林文书》，这是联合国关于森林问题政府间谈判的成果性文件，旨在通过全球森林可持续经营，消除贫困、改善生态、促进可持续发展。2015年7月，联合国大会通过决议将《国际森林文书》更名为《联合国森林文书》，敦促各国据此开展森林可持续经营实践。2017年4月，联合国大会审议通过了《联合国森林战略规划（2017—2030年）》，制定了全球森林目标和行动领域，形成了履行《联合国森林文书》的行动计划。

为履行《联合国森林文书》的国际责任，中国及时开展了履约示范单位建设。国家林业局在全国范围内，区别不同森林资源状况、经营方向、发展路径和经营模式等，选择一批具有自身特色、取得了一定成绩的林业经营单位作为履约示范单位，旨在通过合理规划、科学经营，探索建立森林可持续经营的政策、技术和保障体系，总结不同类型森林的可持续经营模式，搭建森林可持续经营经验分享平台和最佳实践的展示窗口，集中体现中国森林可持续经营成果，起到辐射带动效应。2012年5月，北京市西山试验林场成为全国首批12个履约示范单位之一，也是目前北京市唯一的履行《联合国森林文书》示范单位。

（二）示范单位建设要求

（1）编制和完善示范单位建设方案。对照《联合国森林文书》和《联合国森林战略规划（2017—2030年）》设定的全球森林目标及行动领域，评估现有森林可持续经营工作及管理体系，科学设计示范单位建设目标、任务及措施等。

（2）全面落实森林经营方案制度。科学编制和修订贯彻可持续经营理念的森林经营方案，严格按照方案内容开展森林经营活动。

（3）积极开展政策和技术模式创新。积极探索适合中国国情、林情的森林可持续经营政策和管理制度，研究反映森林生态和产品价值的市场化途径，提炼推广适应不同权属、不同森林类型、不同经济发展水平的森林可持续经营技术模式。

（4）建立相关利益群体参与机制。充分利用利益相关者的积极性，提高森林经营决策和实施过程的透明度和参与度，鼓励建立林农合作组织。

（5）加强宣传教育和培训工作。开展履行《联合国森林文书》的培训和教育工作，增强公众森林可持续经营意识；开展技术培训，提高森林可持续经营能力；建立完善的视频、影像和文字档案管理制度；通过多媒介手段宣传示范单位建设成就，扩大社会影响力。

（6）积极参与国际合作。通过国际交流培训、实施国际合作项目等多种途径，积极学习和引进国际先进森林可持续经营理念、模式和技术；支持国外林业工作者在示范单位开展学习、考察和交流活动，展示、传播和分享中国森林可持续经营最佳实践。

（7）建立监测和评估制度。依据森林可持续经营标准与指标，监测和评估森林可持续经营进展及成效，建立数据库和信息管理系统，进一步优化森林可持续经营水平。

（三）西山试验林场开展履约示范单位建设情况

作为履行《联合国森林文书》示范单位，西山试验林场以培育稳定、健康、景观优美的森林生态系统为目标，系统总结、提炼以都市型多功能森林经营最佳实践经验和成果，进一步优化景观游憩林生态系统经营技术体系，打造多功能森林经营试验示范林，建设和完善森林文化基地，提高森林多功能经营管理水平，讲好西山森林可持续经营与实践的中国故事。同时，与境外机构建立森林可持续经营国际交流平台和机制，构筑高质量、高效率的能力建设体系，对履约经验和成果进行宣传和展示，提升示范基地的知名度和影响力。几年来接待了履行《联合国森林文书》的10个发展中国家代表团，以及40余个中国其他履约示范单位、兄弟省市的林业部门等前来考察交流，起到了良好的示范作用。

（1）对标全球森林目标，立足自身实际，编制完成了《履行〈联合国森林文书〉示范单位建设方案》，并按照建设方案开展各项履约建设。

（2）编制完成了《西山林场森林经营方案（2021—2030）》（简称《方案》），《方案》以森林生态系统培育为目标，按照不同森林主导功能对全场进行了区划，明确了森林经营类型，细化落实了每个森林经营类型的技术模式，形成了完整的多功能森林经营体系。按照《方案》，分年度实施森林经营计划，科学有序开展森林经营活动。

（3）总结完善了"北京西山退化山地生态系统植被恢复模式"和"北京西山森林多功能一体化经营模式"等森林经营模式。

（4）在多项森林经营技术措施的基础上，集成了3种典型森林经营技术模式：侧柏高密度纯林经营技术模式、景观游憩油松林经营技术模式、退化刺槐林改造经营技术模式。建立了相对应的以景观功能为主导、以游憩功能为主导和以生态功能为主导的3处示范林，以展示不同的森林可持续经营技术。

（5）完善了森林文化基地建设。在原有自然观察径、森林大舞台基础上，修建"石山上的奇迹森林"生态科普步道1000米，建设了以现代科技为载体的森林文化体验馆，同时配置了中英文自然解说牌，以活泼的形式丰富了森林文化基地的导览功能，使各个设施融为一体，形成较为完备的森林文化基地，为各种森林活动的开展和森林文化的传播创造了基础。

（6）开展科普宣传。制作了一系列科普宣传材料，包括设计以栓皮栎和松鼠为元素，象征森林生态系统的西山森林LOGO、以栓皮栎种子为元素的西山森林代言人"西西"，印刷中英文版《西山森林资源导览手册》《西山林场植物资源图谱》，制作西山植物主题书签、森林大课堂宣传折页等宣传品，开发了六门森林大课堂系列自然教育课程，举办了多种森林文化活动，呼吁社会了解森林、关爱森林，传播了自然知识和生态文明理念，并通过多种媒体宣传，形成了较强的社会影响。

（7）开展培训，加强能力建设。依托履约示范单位建设专家平台、国际组织及多家科研院所资源，开展可持续经营技术培训。培训内容从理论到实践，涵盖了森林经营的各个方面，提高了职工开展森林可持续经营的综合能力。

（8）交流合作。引进了先进的森林经营管理理念和方法，在森林恢复、生物多样性保护、自然教育等领域，与有关单位深入开展了交流合作。

（9）生态监测。科学设计了森林经营成效监测体系，按照典型－分层－不等概的抽样体系，设置了覆盖全部森林经营类型的183块监测样地，对森林资源进行动态监测和评估。

第三节　北京森林经营技术体系

北京地区人工林多为20世纪50年代以来营造的油松林、侧柏林及刺槐林，由于受自然、人为等因素影响，部分林分林相简单、树种单一、林木生长缓慢、生物多样性低，森林的生态服务功能不强。针对森林经营中存在的主要问题，借鉴国内外森林经营最新研究成果和技术，消化吸收现代森林经营理念，探索总结出了符合北京森林经营特点的森林经营技术体系。

一、经营目标

遵循近自然森林经营、森林健康经营、多功能森林经营等现代森林经营理念，通过对乔木层的抚育经营，优化森林结构，提升林地生态环境质量，促进林木生长，提高生长量，改善林分的树种组成、密度、年龄和空间结构，提高林分的稳定性和林分质量；通过实施促进森林生态系统发育的各类辅助措施，提高植物丰富度，保护和促进野生动物和土壤微生物发育，提高森林的生物多样性水平，维护和提高森林生态系统的健康水平和生长活力；构建稳定、优质、高效和多功能的森林生态系统。

二、经营原则

保护现有森林植被为主。以保护现有森林植

被、维护林分的稳定性、提高森林质量为前提，因林制宜、分类施措，稳步培育健康稳定的多功能森林。抚育采伐作业要与林木分类或分级要求相结合，充分运用好近自然森林经营和森林健康经营的理念和技术，避免对森林造成过度干扰。

突出生态系统稳定性。遵循森林生长发育等自然规律，保留林分中不影响目标树生长的乔、灌、草，保留天然更新的乡土树种和林下灌木，维护林分组成结构的多样性，促使林分向异龄、复层、混交的结构发展，逐渐形成健康稳定的森林群落。

注重森林景观效果。提高森林的美景度，保留和补植具有观叶、观花、观果等观赏价值的彩色乔灌木，形成错落有致、自然和谐的森林景致，提高森林的景观效果。

发挥森林多功能。突出森林的生态防护功能，尤其是水源涵养功能，兼顾社会服务、经济发展功能。结合森林抚育措施，适当建设林道、步道，以及森林游憩、森林体验、森林疗养、森林文化、科普教育等相关设施，充分发挥森林的多种功能。

实行全周期森林经营。树立全周期森林经营理念，建立包括造林、抚育、改造、利用、更新的全周期的完整森林经营作业链，充分利用自然力，培育异龄、复层、混交、近自然的多功能恒续林，促进同龄人工纯林转化为异龄复层混交林，从"植物—动物—微生物—限制性环境因子"的全方位提升森林生态系统的稳定性，确保森林恒续发展，永续利用。

三、经营技术要点

通过补植补造，优化树种组成，形成针阔混交、季相变化明显的彩叶风景林。通过景观疏伐、修枝、割灌除草等措施，优化林分结构和景观结构，提升风景林的美景度。

通过抚育、改造等措施，增加阔叶树种比例，调整林分密度，增加枯落物量，促进土壤养分循环，培育乔灌草相结合、针阔混交的复层林，增强林分稳定性，提升水源涵养、水土保持、防风固沙、固碳释氧、净化大气等生态防护功能。

通过采取疏伐、卫生伐、修枝、割灌除草等抚育措施，提高森林游憩功能区森林的可亲近度和景观效果，并建设与生态旅游、森林游憩、森林体验和疗养、科普教育相适应的基础设施和配套服务设施，发挥森林的多种功能效益。

通过实施土壤改良、湿地建设、林缘建设等系统性辅助措施，促进森林生态系统关键要素和内部关系的整体发育，提高森林生态系统的稳定性和生长活力。

四、经营模式

根据北京森林经营现状，以及中德、中美和中韩等国际合作项目研究成果，将北京的森林经营模式归纳为8个森林经营类别14个森林经营模式，见表3-14-9。鉴于侧柏人工林所占比例

表3-14-9 北京山区森林经营主要模式

森林经营类别	森林经营模式
一、针叶纯林近自然化改造	油松人工林经营模式
	落叶松人工林经营模式
二、侧柏纯林近自然化改造	侧柏人工林近自然化改造模式
三、松栎混交林近自然经营	针阔混交林近自然经营模式
四、早期次生阔叶林目标树经营	蒙古栎类林经营模式
	阔叶混交林经营模式
	栓皮栎林经营模式

(续)

森林经营类别	森林经营模式
四、早期次生阔叶林目标树经营	元宝枫林经营模式
五、阔叶先锋树种近自然化改造	山杨天然次生林经营模式
	白桦天然次生林经营模式
六、灌木林定向促进经营	灌木林定向促进经营模式
七、山地果树向多功能森林改造	山地果树向多功能森林改造模式
八、过滤带林地经营	水岸过滤带林地经营模式
	水源过滤带林地经营模式

较大，是北京森林资源中比较典型的一类森林类型，其近自然森林经营模式与其他针叶纯林的近自然经营模式有所不同，故单独作为一类列出；灌木林不仅面积大，且所在地生态功能重要，也单独作为一类列出。

提出这些实用经营模式，建立多树种、多层次、多效益的、符合原生植被自然发展规律的稳定森林生态系统，可提高本地区的森林质量，实现北京林业由量到质的转型。采取合适的森林经营模式可以促进林分天然更新，特别是在人工针叶纯林中引入一些高价值乡土阔叶树种来提高林分的生物多样性和森林生态系统稳定性，是这些经营模式的显著特点。这是因为一个小流域中由于不同的立地条件、小气候环境、土壤发育程度、植被状况等因素可能出现几种模式同时执行的现象。

五、经营模式案例

（一）油松人工林经营模式

油松是北京山区分布最为广泛的林分类型之一，据第九次森林资源规划设计调查，全市油松总面积约106610.92公顷，其中人工林面积103283.59公顷，约占总面积的96.88%，主要分布于北京山区海拔100~1000米范围的中低山地。早期的人工林，由于栎类和其他乡土树种的侵入，已呈半天然状态，处于进展演替之中。

低山油松人工林多为纯林，混交林很少，下木常见孩儿拳头、小叶鼠李、溲疏、胡枝子、绣线菊、毛榛、荆条等；中山油松人工林多为大尺度混交林，混交树种以蒙古栎、山杨、糠椴、鹅耳枥、大叶白蜡、胡桃楸为主，下木常见忍冬、暴马丁香、杜鹃、六道木、毛榛等。

北京山地油松人工林根据不同的主导功能，大致可分为防护林（水源涵养林、水土保持林、防风固沙林等）、特种用途林（风景游憩林、城市生态环境保护林）。由于生长状况不同、林分特征不同，经营目标、经营措施也不尽相同，可划分为防护型油松林、景观型油松林以及低山阳坡油松纯林3种经营类型。

1. 防护型油松林经营模式

本类型油松人工林涵盖不同海拔、不同坡向、不同林龄阶段林分，一般分布在海拔400米以上的中山远山，或海拔400米以下的低山阴坡，大多远离村庄和风景区；林分已郁闭，但有林窗或林隙；林冠下已有耐阴树种幼树生长，林窗内有比较高大的入侵阔叶树种；林分密度疏密不等，郁闭度大致在0.7~0.9。

经营目标 通过近自然森林经营，实施目标树单株作业技术体系，维护并促进林分的稳定性、多样性和抗逆性，实现森林以水源保护为主的多种功能。

经营措施 依据《近自然森林经营技术规程》，确定目标树数量和林分合理密度。选择并标记目标树，确定干扰树、特殊目标树，对目标树实施必要的扩堰抚育，当目标树出现枯死枝和濒死枝时进行修枝。根据林分密度和林分平均高，确定间伐抚育的间隔期和间伐强度（图 3-14-5、图 3-14-6）。

图 3-14-5　油松抚育前

图 3-14-6　油松抚育后

技术要求　保护、抚育林冠下天然更新的乡土树种，尤其是确认为预留目标树的顶极群落树种幼树，采取必要的扩堰、割灌、围栏等抚育措施；注重保护地表枯落物层、腐殖质层和土壤，抚育剩余物尽量粉碎还林。间伐作业时注意不破坏地被物层和损伤幼树幼苗；对于林分中郁闭度偏低的稀疏斑块和较大的林窗，如天然更新不足的，可补植适生的乡土乔木阔叶树种，促进林分尽快郁闭和混交林的形成；逐步增加阔叶树的比例，变纯林为混交林，保护、培育天然落种阔叶树幼树；逐步改变林分单层结构为乔灌草复层林，变同龄林为异龄林，保护亚乔木、灌木和草本植物，保护各类幼树。

2. 景观型油松林经营模式

主要分布于前山脸地区的自然风景区、森林公园以及道路、村庄的周边地区，林冠已郁闭，但有林窗或林隙；林冠下已有天然落种的耐阴树种幼苗幼树生长，林窗处有天然落种的乡土阔叶树种。

经营目标　通过近自然森林经营，实施目标树单株作业技术体系，改善林分结构，促进林木生长，增加植物种类及色彩，提升森林景观度，优化林分的景观游憩功能，同时兼顾其他功能的发挥。

经营措施　标记目标树、干扰树、特殊目标树，对目标树扩堰，当目标树出现枯死枝和濒死枝时进行修枝。仅对郁闭度 0.7 以上的林分中的干扰树进行间伐，伐后郁闭度不低于 0.6。依据林分密度和林分平均高，确定间伐抚育的间隔期和间伐强度。

技术要求　保护、抚育林冠下天然更新的乡土树种，尤其是确认为预留目标树顶极群落树种幼树，要采取扩堰、割灌、围栏等具体措施；间伐作业时不破坏地被物层和损伤幼树幼苗，抚育剩余物尽量粉碎还林；逐步增加阔叶树的比例，变纯林为混交林，保护、培育天然落种阔叶树幼树，包括顶极群落树种、彩叶树种、春夏开花树以及其他观赏树种等；对林分中郁闭度偏低的稀疏斑块和较大的林窗，特别是靠近游人活动的路边和休息处，如天然更新不足的，可以进行人工补植，促进林分尽快郁闭，补植适生的乡土阔叶乔木，尤其是春花秋叶类观赏价值高的阔叶树种；开展林下游憩的林分，进行修枝、割灌、培育地表草本植物，提高林分通透性和可及度；在游人常去的林分，可适当加大疏伐强度，形成游客休闲空间。

3. 低山阳坡油松纯林经营模式

本类型的林分主要是分布在海拔 400 米以下的阳坡、半阳坡薄土条件下的油松纯林；林木低矮、高生长停滞，呈平顶状，林分结构单一，为单层同龄林，缺少阔叶树种；森林生态服务功能、生物多样性指标、景观观赏游憩功能较低。

经营目标　通过对低山阳坡油松纯林实施近自然化改造，保留生长较好的林木，伐除劣质林木，补植补造阔叶乡土树种，变油松纯林为针阔混交异龄林。

经营措施 标记目标树、干扰树、特殊目标树，对目标树扩堰，当目标树出现枯死枝和濒死枝时进行修枝。伐除干扰树以及劣质林木。对林冠下天然落种更新的乡土阔乔类目的树种幼树予以保护，并对其进行扩堰、割灌抚育。在林窗、林隙补植栓皮栎、槲栎、槲树、元宝枫、大叶白蜡、臭椿等乡土阔叶树种，可采取植苗、播种等补植方式，并加强补植后抚育管理，促其生长。

（二）侧柏人工林经营模式

侧柏在北京山区和平原地区分布广泛，是北京重要造林树种。由于侧柏抗逆性强、耐干旱、耐贫瘠，育苗简便，裸根栽植成活率高，在荒山造林中得到广泛应用。据第九次森林资源规划设计调查，全市侧柏林面积148502.40公顷，其中人工林面积121378.27公顷，约占81.73%。主要分布在干旱缺水、土层贫瘠的低山阳坡，纯林比例大，林分结构单一、密度大、分化严重、高径比失调；密度过大的林分，林冠已郁闭，自然整枝严重，多出现烧堂现象；林地土层瘠薄，土壤有机质含量低，林木生长发育状况不良；病虫害和火灾隐患风险高。

北京山地侧柏人工林按主导功能定位分为以绿化荒山、保持水土、涵养水源、防风固沙、净化空气为主的防护林和以美化环境、景色观赏、游憩休闲为主的风景林。具体分为防护型侧柏人工林经营模式和景观型侧柏人工林经营模式。

1. 防护型侧柏人工林经营模式

经营目标 通过对侧柏人工林的近自然经营，实施目标树单株作业法，变纯林为混交林，调整密度，改善林分结构，增加枯落物层，提高土壤肥力，培育复层异龄混交林。

经营措施 依据《近自然森林经营技术规程》确定目标树数量和林分合理密度。选择并标记目标树，确定干扰树、特殊目标树，对目标树进行扩堰，当目标树出现枯枝和濒死枝时进行修枝。

技术要求 根据林分密度和林分平均高，确定间伐抚育的间隔期和间伐强度；采取扩堰、割灌等措施，保护、抚育林冠下天然落种更新的乡土阔叶目的树种幼树；当天然落种不足时，在林窗补植补造栓皮栎、蒙古栎、元宝枫、黄栌等乡土阔叶目的树种；注意保护枯落物层、灌木层和草本层。

2. 景观型侧柏人工林经营模式

经营目标 通过对侧柏人工林的近自然经营，实施目标树单株作业法，变纯林为混交林，调整密度，培育复层结构，增强林分的景观异质性，充分发挥森林的景观观赏和休闲游憩功能。

经营措施 依据《近自然森林经营技术规程》确定目标树数量、林分合理密度和间伐强度。选择并标记目标树，确定干扰树、特殊目标树，对目标树进行扩堰，当目标树出现枯枝和濒死枝时进行修枝；对郁闭度0.7以上林分中的干扰树进行间伐，对密度偏大的林分还应伐除被压木和劣质林木，可分1~2次间伐。

技术要求 采取扩堰、割灌等措施，保护、抚育林窗及林冠下天然更新的乡土阔叶树种；在林窗、林隙和林分稀疏斑块处补植补造山桃、山杏、黄栌、元宝枫、白蜡等具有春花、秋叶的阔叶乔、灌木树种，可采取植苗、播种等补植方式，并加强补植后的幼林抚育管理；保护林分周边及林内的杜鹃、绣线菊、薄皮木、溲疏、忍冬、胡枝子、风毛菊等开花灌木和草本植物。

（三）落叶松人工林经营模式

落叶松主要分布在门头沟的百花山、京西林场，怀柔的喇叭沟门，延庆的四海和密云的云蒙山、雾灵山等中高海拔（800米以上）山地的阴坡、半阴坡，在北京主要以华北落叶松为主，此外还有少量长白落叶松和兴安落叶松。据第九次森林资源规划设计调查，全市落叶松林面积为8314.36公顷，均为人工林，仅在百花山高海拔山地残存天然原生植株。人工林林龄多为40~50年，郁闭度在0.7~1.0。林分状况较好，已呈现近自然的林分结构，常混生有白桦、黑桦、蒙古栎、山杨、大叶白蜡、胡桃楸、糠椴、花楸等乡土阔叶树种。林下灌木较为稀疏，主要有太平花、六道木、毛榛、绣线菊、杜鹃、小花溲疏、锦带花、山楂叶悬钩子、胡枝子等。现有林分密度不均匀，生长状况也有所差异。

经营目标 通过近自然森林经营，实施目标树单株作业法，维护并促进林分的稳定性、多样性和抗逆性，使林分的生态防护功能得以进一步发挥。

经营措施 依据《近自然森林经营技术规程》，确定目标树数量和林分合理密度。选择并标记目标树，确定干扰树、特殊目标树，当目标树出现枯枝和濒死枝时进行修枝。根据林分密度和林分平均高，确定间伐抚育的间隔期和间伐强度。

技术要求 对林分中天然更新的乡土阔叶树种，尤其顶极群落树种，采取扩堰、割灌等抚育保护措施；保护林分中的乡土阔叶乔木、灌木和草本，保护枯落物层，维护林分的复层结构。

（四）栓皮栎林经营模式

栓皮栎属深根性树种，寿命长，抗逆性强，主干通直，树体高大，生物量高，病虫害少，是北京低海拔山区顶极群落林分类型，主要分布于海拔200~1000米的低山到中山，在阴坡、半阴坡、半阳坡地带，且多以人工林为主，天然林较少。据第九次森林资源规划设计调查，全市栓皮栎面积19359.82公顷。栓皮栎纯林常零星混生槲树、槲栎、蒙桑、大叶白蜡、栾树、山杏等树种。栓皮栎油松混交林为低海拔山区较为稳定的针阔混交组合，林下灌木主要有孩儿拳头、荆条、雀儿舌头、小叶鼠李、胡枝子、溲疏等。

经营目标 对栓皮栎林开展近自然森林经营，改善林分结构，促进林木发育，逐步变同龄人工林为异龄栓皮栎森林群落，培育高品质的防护与景观兼顾的近自然森林。

经营措施 依据《近自然森林经营技术规程》，确定目标树数量和林分合理密度。选择并标记目标树，确定干扰树、特殊目标树，当目标树出现枯枝和濒死枝时进行修枝。根据林分密度和林分平均高，确定间伐抚育的间隔期和间伐强度。

技术要求 保护林分中散生的油松、栾树、大叶白蜡、蒙桑等乡土树种，增加林分多样性，促进形成复层结构；保护、抚育林冠下天然落种更新的栓皮栎实生幼树，促进林分形成异龄林；保护林分中灌木层、草本层和枯落物层，保护生物多样性。

（五）其他栎类林经营模式

其他栎类主要是指蒙古栎、辽东栎、槲栎等栎类，此类栎林以天然林为主，大多为砍伐后萌生的次生林，主要分布在北京中高海拔地区的阴坡、半阴坡，分布广、面积大。据第九次森林资源规划设计调查，总面积为124752.18公顷。由于海拔、坡向等生境的差异，不同地段的山地栎林混交与伴生的乔木树种、地被植物也有一些差异。在海拔1000米以下的区域，山地栎林中常混生山杨、大叶白蜡、春榆、糠椴等天然落叶阔叶乔木，灌木层以绣线菊、溲疏、毛榛、鼠李等为主。在海拔1000~1400米的区域，山地栎林中常混杂有黑桦、白桦、五角枫、紫椴等天然阔叶树种，灌木层以杜鹃、忍冬、六道木、毛榛等为主。经过多年的封山育林和抚育经营，大部分栎林的林相已有很大改观，林木生长状况良好，有的已与油松、落叶松形成板块镶嵌的针阔混交林。仍有部分早年樵采遗存的萌生林，密度大、干形差、枝丫丛生，为低效林分。

经营目标 通过开展山地栎林近自然森林经营，改善林分结构，调整林分密度，促进目标树健康生长，搞好天然落种幼树的保护和抚育，补植补种油松等针叶树种，形成结构合理的针阔混交林。使林分的蓄水保水、固土贮碳、保护生物多样性等多重功能进一步增强。

经营措施 依据《近自然森林经营技术规程》，确定目标树数量和林分合理密度。选择并标记目标树，确定干扰树、特殊目标树，当目标树出现枯枝和濒死枝时进行修枝。根据林分密度和林分平均高，确定间伐抚育的间隔期和间伐强度。

技术要求 保护林下天然落种更新的栎类幼树，保护林窗处的栎类实生苗以及紫椴、胡桃楸、白桦、大叶白蜡等乡土阔叶树种；针对不同立地条件下松栎混交林的演替变化，抚育间伐应保持合理的混交比例；保护林分中灌木层、草本层和枯落物层，保护林分中开花及坚果类灌木，维护生物多样性。

（六）山杨天然次生林经营模式

北京地区的山杨次生林是在油松林或蒙古栎林破坏以后恢复形成的天然次生森林群落，在北京地区分布广泛，主要分布于海拔800~1400米的阴坡、半阴坡、半阳坡中下部及立地条件较好的沟谷地带。据第九次森林资源规划设计调查，全市面积为9247.57公顷，大都为多代萌生林。林中组团式混交或零星伴生乔木树种有糠椴、白桦、春榆、蒙古栎等。

经营目标 通过对山杨林开展近自然森林经营，伐除山杨干扰树，实现山杨次生林群落向更高生长潜力的栎类顶极群落演替，改善山杨林分的树种结构、单层同龄林结构，增强林分的功能效益。

经营措施 依据《近自然森林经营技术规程》，确定目标树数量和林分合理密度。根据林分密度和林分平均高，确定间伐抚育的间隔期和间伐强度。选择并标记目标树，确定干扰树、特殊目标树，将林冠天然落种蒙古栎幼苗幼树作为特殊目标树。

技术要求 保护山杨林分内天然落种更新的蒙古栎实生幼树，保留林分中小组团混交或零星散生的有价值的糠椴、白桦、花楸、胡桃楸等乡土树种；天然落种更新不足的，尤其是缺少栎类等顶极群落树种的，在林隙、林窗处补植补造栎类树种；保护灌木层、草本层和枯落物层，保护有花、坚果类灌木，维护林分多层结构，保护生物多样性。

（七）白桦天然次生林经营模式

白桦天然更新良好，深根性，寿命较短，材质坚硬致密，与山杨同为森林演替进展中初始阶段的先锋树种。在北京白桦林主要分布在海拔1200~1600米的阴坡、半阴坡和半阳坡，属于天然次生林群落。据第九次森林资源规划设计调查，全市面积5649.10公顷。以纯林为主，零星伴生有黑桦、硕桦、花楸等乔木树种，林下有忍冬、绣线菊、杜鹃、毛榛、蒙古荚蒾等灌木；也有少量与山杨、蒙古栎、落叶松组成阔叶及针阔混交林。白桦林作为高海拔的森林群落，具有植被覆盖、蓄水保土、生物多样性保护等多重防护功能和良好的景观功能，美丽的白桦林是京郊山区森林旅游的一道独特风景。

经营目标 通过开展近自然森林经营，伐除部分干扰树和不良木，调整林分密度，改善林分结构，促进白桦林整体质量提升，实现林分的防护效益及景观效益最大化。通过保护、抚育天然落种更新的栎类幼树，促进林分正向演替。

经营措施 依据《近自然森林经营技术规程》，确定目标树数量和林分合理密度。选择并标记目标树，确定干扰树、特殊目标树，根据林分密度和林分平均高，确定间伐抚育的间隔期和间伐强度。

技术要求 保护抚育天然落种更新的栎类实生幼树，保护、抚育与白桦林伴生及混生的其他有价值的乡土树种；对天然落种更新不足的林分，在林隙、林窗处补植蒙古栎、落叶松、油松等树种；保护灌木层、草本层和枯落物层，保护有花、坚果类灌木，维护林分多层结构，保护生物多样性。

（八）元宝枫林经营模式

元宝枫耐旱、耐瘠薄，喜湿润土壤，在阴坡、半阴坡生长良好，为低海拔山区乡土阔叶树种，适宜做混交林中的伴生树种。据第九次森林资源规划设计调查，全市面积3623.37公顷，以人工林为主，以中幼龄林居多。元宝枫林下灌木主要有荆条、孩儿拳头、雀儿舌头、胡枝子、绣线菊等。元宝枫秋叶明黄绯红，观赏价值极高，是著名的秋季彩叶树种。

经营目标 通过开展近自然森林经营，改善林分密度，调整林分结构，逐步培育异龄元宝枫林，保护林分中散生的黄栌、山桃、栓皮栎等有较高观赏价值的树种，提升元宝枫林的稳定性和整体景观游憩功能。

经营措施 依据《近自然森林经营技术规

程》，确定目标树数量和林分合理密度。选择并标记目标树，确定干扰树、特殊目标树，当目标树出现枯枝和濒死枝时进行修枝。根据林分密度和林分平均高，确定间伐抚育的间隔期和间伐强度。

技术要求 采用扩堰、割灌等抚育措施，保护天然落种元宝枫实生幼树，以及林分中天然落种的黄栌、山桃、栓皮栎、栾树等有观赏价值的乡土阔叶树种，进而形成星状混交，提高生物多样性和景观异质性；根据元宝枫风景游憩林的区位重要程度，调整林分结构，补植油松、白皮松、栓皮栎及栾树等针阔叶树种，适当修枝、割灌，最大限度提升林分景观游憩功能；坡度在25°以上的林分以及高山、远山的元宝枫林，保护林下灌木层、草本层和枯落物层。

第四节 森林经营实例

一、西山试验林场森林健康经营示范

西山试验林场森林健康经营示范区位于卧佛寺分场，距城区较近，游人较多，林区树种资源丰富，森林生态防护功能和景观游憩功能尤为重要。综合考虑示范区所处地理位置、森林资源分布和生长特点，将示范区功能定位为城郊生态游憩林健康经营示范区。根据示范区功能定位、区内森林资源分布特点和林分生长状况，分别采取不同经营措施。

（一）风景游憩林抚育改造

林分密度调整 示范区内侧柏、元宝枫等林分密度较大，达1650~1950株/公顷，郁闭度为0.9~1.0，严重影响着树木的正常生长和更新演替。为此，以近自然经营理念为指导进行生态疏伐，调整林分密度。疏伐对象为弯曲木、被压木、过密木、病虫木、濒死木、枯死木等，逐年伐除影响目标树和特殊目标树生长的干扰树，保留部分枯死树、倒木和畸形木。侧柏纯林疏伐强度控制在10%~20%，疏伐后郁闭度降至0.6~0.8，伐后1230株/公顷；元宝枫纯林疏伐强度控制在5%~10%，疏伐后郁闭度降至0.6~0.8，伐后1350株/公顷。

林木定向抚育 以提高示范区森林景观水平为目标，适当间伐路边林缘阻挡游人视线的过密林分，以开阔游人视野，增加透视度和景深；对路边林木进行适当整形修剪，提高其观赏性；间伐林分内有碍森林风景的乔灌木；修除示范区内林分枯死枝，提高林分美景度；清理树盘并用碎木屑围铺树盘，适量割灌，保留冠形良好的灌木；间伐影响目标树和特殊目标树生长的干扰树。

侧柏纯林景观改造 对侧柏纯林，按近自然单株木经营方法，确认目标树，伐除干扰木，对侧柏纯林进行斑块状疏伐，并补植栓皮栎、元宝枫、栾树等乡土树种，改善针叶纯林的景观格局，提高示范区景观效果。

（二）退化林分健康改造

刺槐退化林改造 示范区内刺槐林为第二代萌生林，林龄22年，林分密度约975株/公顷。林分树木少量枯死和濒死，普遍干梢，阳坡尤重，树木干梢程度不等，生长严重衰退。伐除全部枯死株、濒死株和枯梢1/3以上的枯梢株。导入乡土树种，调整树种组成，补植补造栓皮栎、栾树、元宝枫及少量侧柏、油松，组团式栽植，逐步将萌生林改为实生林。

黄栌退化林改造 示范区内黄栌林林龄近50年，由于干旱及黄萎病导致整株枯死或干梢，叶量减少，内膛干空，红叶景观效果极差，常发生黄栌胫跳甲虫害。伐除全部枯死株（丛）及枯枝，抚育伐根萌蘖苗，每伐桩保留3~5枝，培育第二代萌生林，萌生不足及稀疏林地补植补造黄栌实生苗以及元宝枫单株，抚育保护天然落种

的黄栌幼苗。

（三）健康林分经营

示范区内白皮松、油松和栓皮栎等林分，长势良好，结构合理，基本符合健康森林要求，通过采取多种措施加强对其进行保护，促其生长，并加强展示力度。

白皮松林分密度适中，平均1275株/公顷，郁闭度0.8，林龄51年。零星混交有元宝枫、油松，下木为孩儿拳头等乡土灌木，生长旺盛，树干挺拔，林内天然落种更新良好，包括元宝枫、白蜡、盐肤木等乡土阔叶树种。经营措施主要包括适量疏伐、修除枯枝、抚育保护天然落种幼苗。示范区内的白皮松林生长状况表明，白皮松树干彩色、冠形优美、景观突出，极具观赏游憩价值，适合在北京中低海拔地区推广应用。

油松林分位于阴坡、半阴坡，平均930株/公顷，郁闭度0.9，林龄50年。零星混交有黑枣、构树，下木为孩儿拳头等灌木，生长旺盛，林下更新良好。经营措施主要是适量疏伐，修去林冠下枯枝及单株木经营。示范区内的油松林生长状况表明，油松适宜在北京低海拔地区的阴坡、半阴坡造林，具有良好生态效益、景观效果。

栓皮栎属北京地区顶极群落树种，示范区栓皮栎林分平均1275株/公顷，郁闭度0.9，林龄50年，生物量大，枯落物层厚，树木生长旺盛、健壮，林下更新良好。经营措施主要有适量疏伐、修枝。

二、八达岭林场森林健康经营试验示范

八达岭林场森林健康经营试验示范区位于林场西沟的八达岭长城脚下，地理位置特殊，生态景观功能突出。根据示范区所处地理位置、森林资源分布特点，将示范区功能定位为景观型水源涵养林健康经营试验示范区。根据示范区功能定位，将其划分为水源保护区、生态景观游憩区和生态缓冲区三个功能区。

（一）水源保护区

此区域的森林植被主要是椴树、黑桦，胡桃楸等天然次生林，次生林自身的生态系统比较稳定，自然演替良好，森林质量较高，水源涵养能力强。水源保护区主要采取保护措施，防止放牧、采药、挖野菜、盗伐林木等人为破坏，常年开展防火、防病虫害等巡逻；在主要的路口设立监测摄像点，实时获取监测信息；保护天然更新幼苗，对天然更新的胡桃楸、臭椿、榆树、元宝枫等进行保护及抚育，通过人工干预，促进天然更新。

（二）生态景观游憩区

就地取材，物尽其用。采用林木抚育下来的木料铺设林间步道；林木抚育废弃物就地加工粉碎，用于堆肥或木屑回撒林地，促进林木抚育废弃物的分解，提高土壤腐殖质的含量，增强土壤的水源涵养能力；对沟谷地带采用枯死枝堆砌谷坊坝，抵挡洪水、泥沙，防止水土流失。

采用近自然化森林健康经营。把项目区内树木分为目标树、干扰树、特殊目标树和其他树种，把符合经营目标的优良单株作为目标树标记，以培育大径级林木对其持续地抚育管理。调整林分结构，适时择伐干扰树及其他林木。充分利用自然力，保护特殊目标树，以保证目标树的健康生长和稳定群落的形成，主要措施是修枝、割灌、补植及景观疏伐。

对困难立地进行原生森林植被恢复，营造生态和游憩效果俱佳的块状针阔混交林，主要栽植油松、侧柏、黄栌、暴马丁香、白蜡、栾树、山杏、山桃等乡土树种，确保荒山荒地、灌木林地转化为复层异龄的景观型水源涵养林。对元宝枫纯林和适宜改造的灌木林地进行树种结构调整，补植栎类、油松、侧柏、黄栌、山桃、山杏、白蜡等树种。同时保护林地内天然更新的臭椿、小叶朴、黑榆等树种。

森林游憩和宣传设施建设，坚持环保、美观、自然、生态理念，就地取材，制作并设置林下木质长凳、环保垃圾桶、秋千、桌椅等。修建景观游憩林间道路约10千米，路宽1.5米。同

时设置可降解生态厕所、建设观景平台等游憩辅助设施。

（三）生态缓冲区

生态缓冲区人为活动频繁，主要措施是保护和改善森林植被，为生态旅游做准备。规范游人的旅游路线，建造观景台，减少对植被的人为破坏，并补植黄栌、元宝枫、白蜡、侧柏等景观树种，对幼龄林进行割灌、修堰等抚育措施。

三、十三陵林场森林健康经营试验示范

十三陵林场森林健康经营试验示范区位于十三陵林场蟒山分区，地处十三陵水库周边，树种主要为侧柏和黄栌等，其水土保持和水源涵养功能十分重要。根据示范区地理位置、森林资源分布和生长特点，将示范区功能定位为水土资源保护型退化森林健康经营示范区（图3-14-7）。

图3-14-7 十三陵林场森林经营培训

（一）侧柏纯林健康改造

改造目标是因地制宜、适地适树，培育多树种、多功能、多效益的复层异龄混交林，保持和维护示范区的生态平衡，促进森林生态系统综合效益的发挥。具体改造措施包括林分密度调整和树种组成调整。林分密度调整是在本底调查的基础上进行疏伐，对目标树、特殊目标树、原生幼树进行重点抚育，对影响目标树生长空间的干扰树及时伐除。伐除弯曲木、被压木、过密木、病虫木、濒死木、枯死木等，疏伐后侧柏林分郁闭度保持在0.7~0.8，密度保持在1200株/公顷左右。树种组成调整是选择栎类、白皮松等为侧柏的伴生树种，营造针阔混交林。

（二）目标树经营

按每公顷75株选择、标记目标树，并确定特殊目标树及干扰树，开展目标树经营。抚育措施主要包括清除干扰树、定株、林木修枝、修树盘、碎木屑围铺、浇水、施肥、清杂、割灌等。

（三）土壤健康经营

示范区林地土壤肥力低，干旱瘠薄，树木生长缓慢。土壤经营措施主要包括堆制有机肥和抚育剩余物还林。收集秸秆和林中枯落物，加入生物酶、添加剂和牛粪等有机肥料，混合均匀后放在堆肥坑内，并加盖可降解塑料布，保持高温高湿，定期翻动，腐熟后施入林地；将林分抚育经营的剩余物（枝条、干扰树等）粉碎后，撒还林地（图3-14-8、图3-14-9）。

图3-14-8 粉碎抚育剩余物

图3-14-9 抚育剩余物粉碎撒还林地

（四）森林病虫害防治

示范区内双条杉天牛和黄栌胫跳甲等病虫害较重。采取生物防治和物理防治为主，化学防治为辅的防治措施。生物防治主要是释放管氏肿腿蜂，悬挂鸟巢招引天敌鸟类等；物理防治主要是设立耳木诱杀双条杉天牛成虫；化学防治主要是以高效低毒的菊酯类药剂对黄栌胫跳甲进行防治。

（五）森林火险管理

修建防火步道和防火隔离带。在示范区修建防火步道，在重点防火区周边修建10米宽的防火隔离带，全面清除地面可燃物。

建设绿色防火带。结合侧柏纯林健康改造，在易发火灾的地段，引植刺槐、火炬树等抗火耐火植物，营造宽度为2米的生物防火林带。结合林分抚育和土壤改良等措施，在防火期，对主要游览线路两侧林地和人为活动频繁的林地进行林下可燃物清理，降低森林火险等级。

（六）水土冲刷保护措施

为保护陡峭地段的裸露土壤，防止水土流失，利用抚育下的荆条灌木枝条编织篱笆，利用铁丝和钎子固定在坡侧形成护坡，或沿等高线利用石块将篱笆覆压固牢，减少雨水冲刷，保护裸露坡面。同时采取一树一库措施，围蓄雨水，并将抚育剩余物集中铺撒于树盘内，防止水土流失。

四、密云区穆家峪侧柏人工纯林近自然经营示范

北京市侧柏人工林面积大、占比高。从经营现状看，普遍存在林分密度偏大、林下更新不足、景观质量不高等问题。为提高侧柏人工林经营水平，以近自然多功能森林经营理念为指导，选择密云区穆家峪镇水漳村开展侧柏人工纯林近自然经营示范改造。

（一）示范区林分现状及标准地调查

侧柏人工纯林示范区位于密云区穆家峪镇水漳村，立地条件为土层瘠薄的低山干旱阳坡，为1970—1990年营造，面积40.33公顷。现阶段林分密度大，一穴多株现象明显，林木枯梢现象普遍存在，树种组成单一，林分结构简单；林下天然更新能力弱，林内舒适度及景观质量不高。

以《北京市山区森林抚育技术规定》（试行）为依据，以密云区2019年"十三五"森林资源二类调查数据为基础，进行小班区划。对示范区林分进行全面踏查，确定抚育作业区。依据林分起源、树种组成、林龄、郁闭度以及抚育方式、立地条件等确定作业小班边界，逐小班进行实地调查。

标准地调查，根据小班树种、林分起源、林木分布与生长发育状况，特别是根据小班内调查因子的差异情况，选择代表性的林分设标准地进行调查。每个小班至少设置一块标准地，对标准地内每株树木进行编号，逐株量测其胸径、树高等因子，填写标准地每木调查表及标准地每木调查汇总表。

（二）内业整理

外业调查完成后，根据现场确定的间伐木，以生态效益和景观舒适度最优发挥为目标，进一步审核确定伐除木，计算标准地的伐前、伐后郁闭度以及伐除木株数和蓄积量，利用伐前和伐后的数据，计算间伐强度（包括株数间伐强度、蓄积间伐强度）。按照标准地的间伐强度和伐后郁闭度，计算整个作业区的间伐量，填写森林抚育小班调查设计表。制定以间伐为主、人工促进天然更新等其他措施为辅的综合近自然改造措施，并按类型统计工程量。

（三）作业设计

1. 现状分析

调查结果显示，示范区林分为侧柏纯林，有零星油松、榆树、栎树、黄栌、酸枣出现。树种组成为10侧柏或8侧柏2其他，每公顷株树1755~3015株，平均胸径在7.7~10.6厘米，平均高4.2~9.2米，目标树平均胸径在10.5~14.3厘米，每公顷平均蓄积量在27.54~55.83立方米。

主要问题是密度过高，林木间对光照、养分的竞争较为激烈，限制了林木个体生长，林分处于生长发育竞争阶段。

2. 确定目标林相

该林分的功能定位为"水源涵养功能的侧柏林森林类型"。目标林相是以侧柏为优势树种的针阔混交异龄林，阔叶树种包括栎树、五角枫、栎类等，侧柏目标直径为45厘米以上，栎树、五角枫、栎类目标直径为50厘米以上。确保主林层目的树种优势前提下，通过疏伐措施降低乔木层侧柏密度，增加森林的通透性，再配合与目的树种混交补植乡土树种，形成最终林相以侧柏为主、乡土阔叶树种为辅的异龄混交林。

3. 制定全周期经营方案

示范区作业设计采用近自然改造全周期经营。林分全周期经营分竞争生长阶段、质量选择阶段、森林近自然阶段、恒续林阶段。各阶段主要经营措施参见表3-14-10。

4. 现阶段年度作业措施

目标树单株抚育经营。由于当前密度偏高、林分质量不高，目标树标记密度选为每公顷75~270株，每公顷伐除干扰树330~1290株，同时针对目标树修枝。并对疏伐下来的剩余物运出林区，防止发生病虫害。在林缘及林中空地补植花灌木并保护林缘灌草，在道路至林间设置隔离带，给野生动物提供隐蔽空间及提供食物源。保留林中部分高大的枯立木，留给鸟类筑巢，以减少病虫害的发生。利用林分中地势低洼，相对平缓，利于集水、保水的地段，建设2处林中小微湿地，为动物提供水源，改善动物栖息条件。

以目标树作业体系为基础，结合动物栖息地加强保护，采伐干扰树和林内质量较差的Ⅳ和Ⅴ级林木，定株、定枝，降低林分密度，针对不同立地条件差异，选择性地补植乡土树种，逐步将当前高密度的侧柏人工林导向为侧柏与阔叶树混交的异龄复层林，加速演替的进程，提升林分的水源涵养和水土保持功能。通过持续的森林抚育措施，促进更新及补植树种尽快进入主林层，提升森林的景观效果；对林下出现的天然更新，通过标记、除蘖间苗、幼苗侧方割灌等措施进行人工促进；通过人工促进土壤菌类发育措施，促进抚育剩余物腐生菌分解，改善土壤质量；强化野生动物食物源、隐蔽地

表3-14-10　北京市侧柏人工纯林近自然经营全周期经营培育过程

全周期经营	林分特征	主要经营措施
竞争生长阶段	个体竞争、高快速生长，幼龄林至杆材林的林分郁闭	①疏伐作业，降低林分密度； ②间隔3~4年做目标树抚育：标记高品质目标树，密度300株/公顷以上，采伐干扰树； ③保护天然栎类、五角枫、臭椿、胡桃楸等生态目标树
质量选择阶段	目标树直径生长加快	①对目标树进一步选优和标记，密度250株/公顷左右； ②每株目标树伐除1~2株干扰树； ③目标树修枝； ④间伐劣质木、病虫木； ⑤保护和促进阔叶混交树种生长； ⑥补植槲栎、麻栎和胡桃楸等阔叶树
森林近自然阶段	目标树材积、林分蓄积量增长加快	①对目标树进一步选优和标记，密度在200株/公顷左右； ②对目标树伐除干扰树，形成自由树冠； ③透光抚育，保护和促进天然及补植阔叶混交树种生长
恒续林阶段	达到目标直径，阔叶树进入主林层，培育二代目标树	①达到目标直径的侧柏可进行团状择伐，为天然更新创造条件； ②伐除劣质木和病腐木； ③培育第二代阔叶目标树，密度在100株/公顷左右；维护和保持生态服务功能； ④人工促进天然更新的阔叶树； ⑤保护古树和优良个体

的保护和改善，构建植物－动物－微生物全要素生态系统协力经营的环境。

5. 施工作业要求

抚育间伐必须按照由山下向山上的顺序进行；伐桩高度不得超过5厘米；不得损伤保留木；及时清林，保持间伐迹地清洁整齐；对伐根进行覆土处理，以免诱发害虫，危害保留木的生长。

割灌除草抚育原则上应将幼树周边1平方米范围的灌木、杂草全部割除，不得任意扩大面积，以免严重破坏植被，促进水土流失，甚至造成滑坡等危害。

修枝抚育原则上剪去树冠下部已枯死或濒临枯死的枝条，枝叶稀疏的活枝条等。修枝切口要求平滑，不撕裂树皮。

五、门头沟妙峰山灌木林近自然经营示范

在北京山区森林资源中灌木林占有较大比例，主要分布在太行山余脉的门头沟、房山地区。通过人工干预，山区阳坡的荆条灌木群落可以演替为以栓皮栎、侧柏林为主的森林植被群落，阴坡以荆条、蚂蚱腿子、三裂绣线菊为主的灌木林可以演替为以油松、落叶松、栎类树种为主的森林群落。为加快山区灌木林地经营改造，选择门头沟妙峰山镇下苇甸村建立灌木林近自然经营示范。

（一）示范区林分现状及标准地调查

示范区位于妙峰山镇下苇甸村，海拔300~600米，平均坡度30°，立地类型属于低阴薄坚。总面积98.66公顷，起源为天然灌木林，主要灌木为荆条、蚂蚱腿子、三裂绣线菊等灌丛以及山桃、山杏等低矮乔木树种，灌木覆盖度大多数在70%以上。

以《北京市山区森林抚育技术规定》（试行）为依据，以门头沟区2019年"十三五"森林资源二类调查数据为基础，进行小班区划。在全面踏查的基础上，确定抚育作业区。并根据立地条件确定作业小班边界，采用标准地调查法，逐小班进行实地调查。调查因子包括：权属、林种、起源、立地条件、灌木种类、高度及盖度、天然更新幼苗幼树情况等。根据小班内调查因子的差异情况，选择代表性的林分设标准地。单一类型林地布设1块标准地，复杂类型布设2块标准地，确保调查数据能代表小班实际情况。标准地设置完成后，记录标准地GPS坐标，填写标准地调查表。

（二）作业设计

1. 确定目标林相

该林分的功能定位为"水土保持功能为主的乔灌木混交林类型"。目标林相为乔灌木混交、针阔混交异龄林。针叶树种为侧柏，阔叶树种包括栓皮栎和臭椿、山桃、山杏等天然更新树种。通过补植补造增加目的树种，最终形成以侧柏、栓皮栎为主乔灌结合的混交林。侧柏目标直径为15厘米，栓皮栎目标直径为20厘米。

在中下坡位立地条件较好，灌木覆盖度大于30%的区域，设计补植侧柏，密度375株/公顷；在中上坡位立地条件较差的地段以播种方式补种栓皮栎、臭椿，设计密度1650穴/公顷，通过持续经营促成两大乔木优势种形成，同时采取轻度割灌、扩堰等措施人工促进山桃、山杏等天然实生幼苗，稳定水土保持功能。

2. 确定全周期经营方案

示范区作业设计采用近自然改造全周期经营。灌木林全周期经营分调整改造阶段、竞争生长阶段、质量选择阶段、森林近自然阶段、恒续林阶段。各阶段主要经营措施参见表3-14-11。

3. 现阶段经营措施

植苗造林：根据造林设计确定的造林树种、苗木规格、混交比例、造林密度和种植点配置，以及整地、栽植等技术要求进行造林。栽植穴应施用有机肥，以改善土壤质量，提高土壤肥力。

播种造林：在立地条件较好、灌木杂草不太茂盛、鸟兽等灾害性因素影响不严重，以及人为活动因素较少的地方，可采取播种造林。

表 3-14-11　北京市灌木林近自然经营全周期经营培育过程

林分全周期各阶段	林分特征	主要经营措施
调整改造阶段	林分以灌木林为主	补植或补播侧柏、栓皮栎等针叶、阔叶乔木树种
竞争生长阶段	高生长加快，林分开始郁闭，个体竞争现象出现	①疏伐作业，降低林分密度； ②间隔 3~4 年做目标树抚育：标记高品质目标树，密度 300 株/公顷以上，采伐干扰树； ③保护天然更新乔木树种
质量选择阶段	目标树直径生长加快	①对目标树进一步选优和标记，密度 250 株/公顷左右； ②伐除干扰树、劣质木、病虫木； ③保护和促进阔叶混交树种生长
森林近自然阶段	目标树木材积、林分蓄积量快速增长	①进一步选优和标记目标树，密度在 200 株/公顷左右； ②对目标树伐除干扰树，形成自由树冠； ③保护和促进天然及补植阔叶混交树种生长
恒续林阶段	达到目标直径，阔叶树进入主林层，培育二代目标树	①达到目标直径的落叶松可进行团状择伐，为天然更新创造条件； ②伐除劣质木和病腐木； ③培育第二代阔叶目标树，密度在 100 株/公顷左右；维护和保持生态服务功能； ④人工促进天然更新的阔叶树

第五节　森林经营方案编制

编制森林经营方案是一项重要的林业基础性工作，是指导经营单位生产经营活动，编制各种生产计划和作业设计的主要依据。对规范经营单位的森林资源培育和经营行为，确定合理年伐量，落实采伐限额，优化森林资源结构，维护野生动植物栖息环境，保护生物多样性，加强森林经营单位的监督管理和目标绩效考核等方面具有重要意义。

一、森林经营方案编制综述

森林经营方案或称为森林施业案、森林经营规划，是科学经营森林、提高森林质量、可持续获得森林产品及生态系统服务的一项重要管理措施。中国自 20 世纪 20 年代从日本引进森林经营的理论和技术方法，20 世纪 50 年代后学习借鉴苏联经验，系统地应用森林经营理论开展森林经理，其森林经营方案的发展与森林经营理论发展基本同步，先后经过了森林施业案、森林经理施业案、森林经营利用方案、森林经营实施方案、森林规划方案、森林经营方案、森林永续利用经营方案、森林多资源经营利用方案等多个阶段。

1979 年颁布的《中华人民共和国森林法（试行）》及《森林法》的历次修订，都赋予了森林经营方案法定地位，明确要求县级以上人民政府林业部门负责组织森林经营方案编制与实施工作。中国已基本形成了全国森林可持续经营管理的总体框架，森林经营方案是这个管理框架的基础和重要一环（图 3-14-10）。

（一）早期森林经营方案编制

1991 年，北京市林业局根据林业部《国营林业局、国营林场编制森林经营方案原则规定》和《编制集体林经营方案原则规定》的通知精神，成立了北京市森林经营方案编制领导小组，组织开展了全市国营林场森林经营方案、国营林场简明经营方案和区（县）集体林森林经营

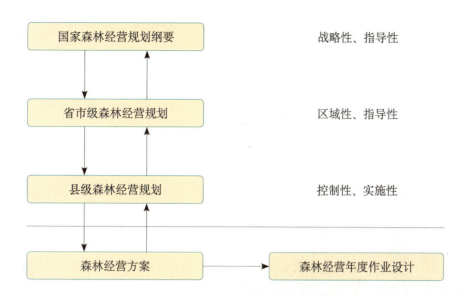

图 3-14-10 森林可持续经营规划体系框架

方案的编制工作。为统一森林经营方案编制的技术标准和工作要求，北京市林业勘察设计院（以下简称市林勘院）制定了《北京市国营林场森林经营方案编制规程》，同时负责全市森林经营方案编制的技术指导和成果验收。此次森林经营方案的内容主要有：编制单位的自然经济条件、森林资源概况、林业发展方向和目标、林地区划及森林经营类型组织、种苗、绿化造林、森林抚育、森林采伐、经济林的营造和抚育管理、森林保护体系建设、多种经营、森林旅游、林业科技、组织机构和人员编制、投资估算与效益分析等。

1. 国营林场森林经营方案编制

1991年10月至1992年11月，市林勘院会同北京市西山试验林场、北京市十三陵林场、北京市八达岭林场、北京市共青林场、门头沟百花山林场、门头沟清水林场、门头沟马栏林场、延庆松山国家级自然保护区（松山林场）、大兴林场等9个国营林场编制了森林经营方案。经营方案编制基础数据以"七五"森林资源二类调查成果为基础，对有变化的小班地块作了补充调查和完善。各个林场的经营方案成果包括森林经营方案说明书、相关统计表和经营规划图等。将9个林场森林经营方案汇总，形成《北京市国营林场森林经营方案（1991—2000年）》。

2. 国营林场简明森林经营方案编制

在编制北京市国营林场森林经营方案的同时，组织密云县云蒙山林场、密云县五座楼林场、密云县雾灵山林场、怀柔县喇叭沟门林场、平谷县四座楼林场、房山区上方山林场、门头沟区小龙门林场、顺义县大北沟林场、通县林场、延庆县康庄林场等21个区（县）属国营林场，分别编制了各国营林场简明森林经营方案。主要成果为国营林场简明森林经营方案说明书、相关统计表和森林资源现状图和规划图等。并将21个区（县）属国营林场森林经营方案汇总，形成《北京市国营林场简明森林经营方案（1991—2000年）》。

3. 集体林经营方案编制

1992—1993年，方案编制领导小组组织平谷、密云、怀柔、昌平、房山、大兴、通县等区（县）林业局，按照《北京市集体林经营方案编制规程》的技术要求，分别编制了1991—2000年集体林经营方案。经营方案成果主要有经营方案说明书、相关统计表和图等。

（二）"十一五"时期国有林场森林经营方案编制

2006年，国家林业局出台关于印发《森林经营方案编制与实施纲要》（试行）的通知，并组织制订《森林经营方案编制与实施规范》行业标准，2007年印发《国家林业局关于科学编制森林经营方案全面推进森林可持续经营工作的通知》，指导和推进全国森林经营方案编制工作（图3-14-11）。

图3-14-11　全国11个省份林业技术人员到八达岭林场考察森林健康项目

2008年3月，北京市园林绿化局成立了森林经营方案编制工作领导小组，组织、指导全市开展森林经营方案的编制工作。北京市西山试验林场、北京市八达岭林场、北京市十三陵林场、北京市松山国家级自然保护区（松山林场）及北京市共青林场的森林经营方案编制工作由市林勘院承担。

编制工作在"十五"森林资源规划设计调查成果的基础上，对森林资源数据进行了补充调查，保证了数据的时效性。森林经营采用传统经营方式和现代经营方式相协调相统一的方式，保留了传统的中幼林抚育、森林防火、病虫害防治等内容，引进推广了近自然经营、森林健康经营等现代森林经营理念和措施。本轮森林经营方案的年限为2008—2020年，其中2008—2015年的生产经营活动细化到年度。

（三）"十二五"时期森林可持续经营规划编制

2011年11月，国家林业局印发了《关于开展森林资源可持续经营管理工作试点的通知》，要求在"十二五"期间，通过试点和总结推广，基本完成县级森林可持续经营规划，国有森林经营单位森林经营方案的编制率达到100%，集体和其他所有制森林经营单位森林经营方案编制率达到80%以上。确定在全国200个单位开展以森林采伐管理改革为核心的森林资源可持续经营管理试点。通州区、延庆县及北京市共青林场被确定为国家级森林资源可持续经营管理工作试点单位。2012年4月，市园林绿化局按照《县级森林可持续经营规划编制指南（试行）》规定和要求，组织试点单位制定了森林可持续经营管理试点实施方案。

2014年6月，市园林绿化局印发《关于全面开展森林资源可持续经营管理工作的通知》，决定在试点基础上，全面推进森林资源可持续经营管理工作，分期分批组织各区（县）编制可持续经营规划，以本区（县）"十二五"时期园林绿化发展规划、林地保护利用规划、《县级森林可持续经营规划编制指南（试行）》为依据，开展森林可持续经营规划编制。至2016年年底，全市各区均完成了森林可持续经营规划（2016—2025年）的编制。市林勘院以各区（县）可持续经营规划为基础，编制了《北京市森林可持续经营规划（2016—2025年）》。

（四）"十三五"时期北京市森林经营规划编制

2016年，国家林业局印发了《关于印发〈全国森林经营规划（2016—2050年）〉的通知》，要求深刻学习领会，准确把握规划内涵；编制省级、县级规划，推动森林经营全面持续开展；细化目标任务，确保规划任务落实到位；加强人才培养，为规划实施提供智力支持；完善评估考核机制，跟踪规划实施效果。

2017年，按照国家林业局的通知要求和全国森林质量提升工作会议精神，市园林绿化局组织编制了《北京市森林经营规划（2016—2050年）》。在吸收借鉴国内外最新林业研究成果和实践经验，系统总结北京森林经营成功经验的基础上，依据相关政策规定和技术标准，广泛征求各方面专家意见、建议，以全周期多功能森林经营理念为引领，结合北京森林经营的现状和需求，提出了未来35年森林经营的指导思想、基本原则、目标任务、经营区划、经营策略、经营作业法和建设规模，明确了近期建设重点等。

（五）"十三五"时期森林经营方案编制

根据《国家林业和草原局关于加快推进森林经营方案编制工作的通知》精神，2018年8月，市园林绿化局制定《北京市森林经营方案（2021—2030年）编制工作方案》，组织开展了新一轮森林经理期的森林经营方案编制工作。

指导思想是以森林可持续经营理论为依据，以科学编制森林采伐限额为主旨，以规范林业生产经营活动为主体，以实现森林可持续发展为主要目标，牢固树立近自然经营、高质量发展理念，遵循森林健康发展的基本规律，努力提高编制工作的科学性、有效性和可操作性。通过严格保护、积极发展、科学经营、持续利用森林资源，不断提升森林资源的数量和质量，增强森林生态系统的整体功能，充分发挥森林资源的多种效益，实现林业可持续发展。

具体要求是坚持生态优先、可持续经营，维护区域森林生态系统健康稳定，实现资源、环境和经济社会协调发展，促进生态文明建设；坚持保护优先、自然修复为主，实行近自然森林经营，提升森林质量，提高森林经营综合效益；坚持因地制宜、突出重点，科学配置森林资源，优化林业生产工艺，规范经营管理措施，提高林业生产效率，实现科学培育、积极保护与合理利用森林资源相结合；坚持前瞻性、科学性、先进性，实行与区域社会经济发展规划、林业中长期发展规划等宏观规划及重点林业工程相衔接，实现生态、经济、社会协调发展；坚持编案技术单位搞调查、做分析、提对策及编案单位定方向、出思路、明举措的共同参与式编案方式，实现所有者、经营者和管理者的责、权、利统一。

国有林场以林场为单位独立编案。其他国有林经营单位参照国有林场相关编案规定执行，森林经营方案可根据经营需要适当简化。其中市林业、水务、公路、铁路等部门由其主管部门组织独立编制；区属的国有林场、国有林单位纳入属地管理组织编案工作。

集体林以区为单位组织编案。按照属地管理原则，各区对本辖区内集体所有、个人所有的森林，统筹组织编案工作。集体林场、林业合作组织、企事业单位及个人所有或者经营的森林、林木达到千亩（含）以上规模的，鼓励独立编案，并实行采伐限额单编单列。

截至2021年年底，全市除东城、西城外各区以及市、区直属国有林场，均完成了2021—2030年森林经理期的森林经营方案编制。

2022年，市园林绿化规划和资源监测中心制订了北京市地方标准《森林经营方案编制技术导则》。规范了森林经营方案的编制要求、内容和深度等，使北京市的森林经营方案编制有标可依，对指导森林经营主体科学、合理、有序规范经营森林，提升森林经营水平，促进森林质量精准提升都具有重要作用。

二、森林经营方案主要内容

根据北京市地方标准《森林经营方案编制技术导则》，森林经营方案主要包括以下内容。

（一）森林资源与经营评价

包括基本情况、森林资源现状分析、森林资源动态变化分析、森林资源功能评价、经营环境分析、上一经理期森林经营状况评价等。

基本情况主要包括：所处区域、位置、气候、范围等基本情况；森林资源概况和林地利用状况、森林分布和结构状况；森林资源权属、可利用资源状况。

森林资源现状分析主要是分析和评价林地资源，森林资源数量、质量、结构、天然更新能力等。

森林资源动态变化分析主要分析森林资源数量、质量、结构等指标以及森林资源动态变化情况，提出变化特征、趋势及影响因素。

森林资源功能评价主要包括：森林提供木材与非木质林产品的能力；森林保持水土、涵养水源、防风固沙、固碳增汇等生态服务功能；森林游憩、森林康养等社会服务功能。

经营环境分析主要分析经营单位所处的自然、社会和经济环境现状，以及经营环境对森林经营的影响程度。

上一经理期森林经营状况评价主要分析评价上一个经理期森林经营方案执行情况，包括经营目标和主要经营任务完成情况，森林经营的成功做法、主要成效、存在的主要问题等。

（二）森林经营方针与目标

经营方针是森林经营单位实施森林可持续经营的长期行动指南，经营方针的确定应考虑：功能需求定位，立地条件、森林发育阶段、工作基础条件等实际情况；统筹好本经理期与长远发展、局部与整体、三大效益的关系；国家和北京市有关法律法规和政策、现有森林资源及其保护利用现状、森林经营特点。森林经营方针应简明扼要。

森林经营目标应落实经营方针，与相关规划相衔接，分为经理期目标和长远目标。经理期目标选用可以综合反映森林经营效益，代表性强、灵敏度高、可测度好的指标，如森林面积、森林蓄积量、乔木林单位面积蓄积量、碳储量、碳汇量、混交林比例、森林火灾受害率、林业有害生物成灾率以及生物多样性等指标。长远目标可在经理期目标的基础上，以森林资源结构性指标作为长远目标，主要包括林种结构、树种结构、林龄结构，以及景观层次的斑块分布状况、连通度等。

（三）森林功能区划

森林功能区应与上位规划衔接，综合考虑国家及北京市主体功能区划和林业发展区划、北京市新版城市总规、分区规划等相关规划或区划成果，结合区域自然立地条件、森林资源状况、生态区位状况与自然、社会、经济特点，以小流域、山系或林班等为基本单元，合理进行区划。高保护价值森林集中分布区域应优先区划。

（四）森林经营类型

1. 森林分类区划

森林分类区划主要从以下3个方面进行划分。

（1）森林类别划分：划分为公益林和商品林。经理期内确需调整森林类别时，依据国家、地方公益林管理办法等进行调整，调整结果落实到小班。

（2）林种划分：根据经营目标不同，将森林分为5个林种、23个亚林种，见表3-14-12。

（3）森林类型划分：按照森林起源、树种组成、近自然程度和经营特征，将全市森林划分为天然林和人工林两类。其中，天然林进一步划分为天然次生林、退化次生林和灌木林，人工林进一步划分为近天然人工林、人工混交林、人工阔叶纯林和人工针叶纯林，见表3-14-13。

2. 森林经营类型设计

设计原则是根据森林分类区划和森林功能区划，以小班为单位组织森林经营类型。结合生态区位以及重要性、林权、经营目标一致性，将经营目的、经营周期、经营管理水平、立地质量和技术特征相同或相似的小班组成一类经营类型，作为基本规划设计单元。

类型设计是根据森林经营区划，按照不同的林种、树种、起源、立地条件、林木生长状况、培育目标、森林管理类型要求等，设计森林经营类型。完整的森林经营类型命名由"优势树种+起源+林种+经营目标+管理类型"组成。一般情况下"功能+树种"组成的命名基本能满足需要，各经营单位可根据具体资源情况进行调整。

类型规划与调整，是根据各类型适用对象情况，对每个小班确定森林经营类型。经营范围内的林地，明确小班为单元的森林经营类型；经营类型按照经营区、森林类别、优势树种、林种、二级林种、管理类型的优先顺序逐步界定；经理期内符合主伐、更新采伐的小班，明确下一经理期的森林经营类型，没有改变森林类别、林种、树种、起源、经营目的、经营水平等要素的更新小班可保持原森林经营类型不变；确定森林经营类型，按经营目的、经营周期、主要经营措施等汇总，编制森林经营类型组织表。

表 3-14-12　北京市林种类型划分

森林类别	林种	亚林种	主导功能
公益林	防护林	水源涵养林	涵养水源、改善水文状况、调节区域水分循环，防止河流、湖泊、水库淤塞，保护饮用水水源
		水土保持林	减缓地表径流、减少冲刷、防止水土流失、保持和恢复土地肥力
		防风固沙林	降低风速、防止或减缓风蚀、固定沙地，保护耕地、果园、经济作物免受风沙侵袭
		农田牧场防护林	保护农田、牧场减免自然灾害，改善自然环境，保障农、牧业生产条件
		护岸林	防止河岸、湖（水库）岸冲刷或崩塌、固定河床
		护路林	保护铁路、公路免受风、沙、水、雪侵害
		其他防护林	防火、防雪、防雾、防烟、护鱼等其他防护作用
	特种用途林	国防林	掩护军事设施和用作军事屏障
		实验林	提供教学或科学实验场所，包括科研试验林、教学实习林、科普教育林、定位观测林等
		母树林	培育优良种子，包括母树林、种子园、子代测定林、采穗圃、采根圃、树木园、种质资源和基因保存林等
		环境保护林	净化空气、防止污染、降低噪声、改善环境，包括城市及城郊结合部、工矿企业内、居民区与村镇绿化区
		风景林	满足人类生态需求，美化环境，包括风景名胜区、森林公园、度假区、滑雪场、狩猎场、城市公园、乡村公园及游览场所等
		名胜古迹和革命纪念林	位于名胜古迹和革命纪念地（包括自然与文化遗产地、历史与革命遗址地）内的，以及纪念林、文化林、古树名木等
		自然保护林	自然保护区（小区）内以典型生态系统保护和珍稀动植物资源及栖息地或原生地，保存和重建自然遗产与自然景观
商品林	用材林	短轮伐期用材林	生产纸浆材及特殊工业用木质原料，采取集约经营措施进行定向培育
		速生丰产用材林	使用良种壮苗和实施集约经营，森林生长指标达到相应树种速生丰产林国家或（行业）标准
		一般用材林	其他生产木材为主要目的的森林、林木
	能源林	能源林	生产热能燃料或其他生物质能源的森林、林木
	经济林	果树林	生产各种干、鲜果品
		食用原料林	生产食用油料、饮料、调料、香料等
		林化工业原料林	生产树脂、木栓、单宁等非木质林产化工原料
		药用林	生产药材、药用原料
		其他经济林	生产其他林副、特产品

表 3-14-13　北京市主要森林类型划分

森林类型		主要树种	经营特点
天然林	天然次生林	蒙古栎、槲栎、油松、桦树、山杨、椴树、胡桃楸等	更新造林和人工促进天然更新等经营措施，加速森林正向演替进程，改善目标树生长条件，提高林分质量和稳定性
	退化次生林	桦树退化次生林、山杨退化次生林、蒙古栎退化次生林、油松退化次生林等	补植、间伐、人工促进天然更新等经营措施，以扭转逆向演替，逐步恢复森林功能
	灌木林	酸枣、荆条、绣线菊、毛榛等	适应性强，生长较旺盛，萌生能力强，分布面积和覆盖度较大
人工林	近天然人工林	栓皮栎、山杨、椴树、黄栌、五角枫等	加强抚育经营以提高其质量和稳定性
	人工混交林	油松-栎树、油松-五角枫、油松-黄栌、油松-山杏、油松-栾树、侧柏-黄栌、杨树-刺槐等	加强抚育经营，逐步向近自然的人工异龄复层林发展
	人工阔叶纯林	杨树、刺槐、柳树等	加强中幼林抚育、更新改造等措施，调整树种结构，增加生物多样性，增强森林生态系统稳定性
	人工针叶纯林	油松、华北落叶松、侧柏、白皮松、华山松等	积极采取措施，调整密度过高林分，改善其生长发育环境，促进林下天然更新，向多树种针阔混交复层异龄林转变

（五）森林作业法

1. 作业法类型

一级作业法主要采用低强度的群团状择伐作业法、单株择伐作业法、镶嵌式小面积皆伐作业法、带状渐伐作业法和保护经营作业法，各作业法的适用条件及技术要点见表 3-14-14，不同起源不同优势树种（组）适用的一级作业法类型对应见表 3-14-15。

2. 森林类型作业法

依据森林起源和优势树种（组）分类情况，按照近自然森林全周期作业设计原则，在一级森林作业法框架下，基于优势树种（组）进行设计，经优化组合，建立了 17 种二级森林作业法，构成北京市森林类型作业法体系，见表 3-14-16。

表 3-14-14　乔木林一级作业法适用条件及技术要点

作业法	适用条件	技术要点
群团状择伐作业法	适用于多功能经营的兼用林和集约经营的人工混交林，特别是平原造林多树种混交林	以数株林木为一群地进行采伐，采伐更新达到过熟年龄且生长势衰败的林木，以收获林木的树种类型或胸径为主要采伐作业参数，形成林窗，促进保留木生长和林下天然更新，结合群团状补植等措施，促进混交林的合理树种结构和复层林结构的形成，建成异龄复层混交林，实现以较低的经营强度培育珍贵硬阔叶树种和大径级高价值目标树的目标
单株择伐作业法	适用于严格保护林和多功能经营兼用林，同时也可以用于集约经营人工林	对经营小班所有林木进行分类，划分为目标树、干扰树、辅助树（生态目标树）和其他树（一般林木）；选择目标树，标记采伐干扰树，保护辅助树，修枝整形，促进目标树生长；保护林下天然更新，结合人工辅助措施，促进更新层目标树的生长发育，确保目标树始终保持高水平的生长和更新能力，培育出大径级功能性乡土树种，提高森林质量和林分稳定性，最终以单株木择伐方式利用达到目标直径的成熟目标树。每公顷目标数量一般在 150~300 株，林木密度以每公顷 600~1200 株为宜
镶嵌式小面积皆伐	适用于地势平坦、立地条件相对较好的区域，林产品生产为主导功能的兼用林，也适用于人工商品林	针对的是一个经营单元内以块状镶嵌方式同时培育 2 个以上树种的同龄林，更新造林和主伐利用时，每次作业面积不超过 2 公顷，皆伐后采用不同的树种人工造林更新或人工促进天然更新恢复森林

（续）

作业法	适用条件	技术要点
带状渐伐	主要适用于人工商品林或平原生态杨树林、刺槐林	在带状伐区上采伐成熟林木，渐进式更新利用，同时实现更新的主伐方式
保护经营作业法	主要适用于严格保育的公益林经营	以自然修复、严格保护为主，原则上不开展木材生产性经营活动，严格控制和规范采伐行为活动。可适当采取措施保护天然更新的幼苗幼树，天然更新不足的情况下可采取必要的补植等人工辅助措施。在部分需要区域可采取低强度森林抚育措施，促进建群树种和优势木生长，促进和加快森林正向演替

表 3-14-15　森林起源、优势树种（组）与森林一级作业法对应关系

起源	优势树种组	群团状择伐作业法	单株择伐作业法	镶嵌式小面积皆伐作业法	带状渐伐	保护经营作业法
天然林	油松		√			√
	侧柏		√			√
	柞树		√			√
	桦木		√			√
	山杨	√	√			√
	阔叶树		√			√
人工林	油松		√			√
	落叶松		√			√
	侧柏	√	√			√
	柞树		√			√
	桦木		√			√
	刺槐	√	√	√	√	√
	杨树	√	√	√	√	√
	阔叶树		√			√

表 3-14-16　北京市森林类型作业法体系

分类	数量	森林类型作业法（二级作业法）
山区生态林	13	保护经营作业法
		油松阔叶混交林单株择伐作业法
		落叶松单株择伐作业法
		侧柏阔叶混交林单株择伐作业法
		侧柏阔叶混交人工林群团状择伐作业法
		栎木阔叶混交林单株择伐作业法
		桦木阔叶混交林单株择伐作业法

(续)

分类	数量	森林类型作业法（二级作业法）
山区生态林	13	刺槐人工林群团状择伐作业法
		天然山杨阔叶混交林择伐作业法
		天然阔叶林单株择伐作业法
		杨树人工林镶嵌式小面积皆伐作业法
		人工阔叶混交林单株择伐作业法
平原生态林	2	平原阔叶混交景观林择伐作业法
		平原多树种混交生态林择伐作业法
灌木林	2	灌木林单株木择伐作业法
		灌木林保护经营作业法

3. 森林经营类型作业法

针对同一种森林经营类型应采取相同的森林经营技术措施，在二级作业法的基础上进一步细化，森林经营类型作业法与森林经营方案中设计的森林经营类型相对应。森林经营类型作业法的名称一般采用"森林经营类型＋一级作业法名称"命名；编写内容一般包括适用范围、林分现状及作业法核心要点、目标林相（层次、树种组成、目标直径、单位面积蓄积量、密度等）、森林全周期经营和本经理期经营内容 5 个部分。

4. 近自然森林全周期作业法示例

以生态服务为主导功能的侧柏与珍贵阔叶树混交林，采用群团状择伐作业法为例。

作业法名称 生态服务主导的侧柏－珍贵阔叶树混交林群团状择伐作业法。

适用对象 适用于近自然保育区和精准提质抚育经营区，土壤养分贫瘠且石砾含量较多的侧柏人工林。以培育水源涵养、水土保持等生态服务功能为主，兼顾森林景观提升侧柏－珍贵阔叶树种混交林经营类型。

目标林相 侧柏为优势树种，其他珍贵阔叶树种混交的异龄林，阔叶树种包括栎类、椴树、元宝枫等，混交比为侧柏与阔叶组成比例为 6∶4 或 5∶5；密度目标 60~80 株/公顷，侧柏目标胸径 35 厘米，栎类目标胸径 45 厘米，元宝枫目标胸径 55 厘米。异龄复层结构，上述珍贵树种的幼苗、幼树、成树在不同垂直高度均有分布。侧柏第二次抚育后林下补植混交树种，生长周期 60 年以上，目标蓄积量 180 立方米/公顷以上，采用动态目标树（群团或单株）择伐的作业方式，最终采伐达到目标胸径的高品质林木。

全周期培育过程表 按森林生态系统完整生命周期的 5 个发育阶段导向经营的培育过程，见表 3-14-17。

表 3-14-17 生态服务主导的侧柏－珍贵阔叶树混交林全周期培育过程

发展阶段	林分特征	优势高范围	主要经营措施
森林建群阶段	造林、幼林形成、林分建群阶段	<5 米	①对影响幼苗生长的灌木、大草本割除；②对死亡个体应进行补植；③造林后 3 年后，应定株抚育，每穴保留 1 株旺盛的个体；④坡度>25°时，应修保水肥鱼鳞坑；⑤避免人畜干扰和破坏

(续)

发展阶段	林分特征	优势高范围	主要经营措施
竞争生长阶段	个体竞争、高快速生长阶段。幼龄林至杆材林的郁闭林分	5~10米	①第一次疏伐抚育，间隔5~7年后第二次疏伐抚育； ②本阶段末期执行第二次抚育，是选择标记高品质目标树的预备作业，预选目标树密度300株/公顷以上； ③针对目标树修枝作业； ④保护天然栎类、元宝枫、椴树、胡桃楸等珍贵乡土树种，作为生态目标树（辅助树）
质量选择阶段	目标树直径生长阶段	10~15米	①第一次生长伐，选择确定目标树并使目标树有自由树冠，降低林分密度； ②对目标树进一步选优和标记，密度150~225株/公顷； ③每株目标树伐除1~3株干扰树； ④目标树修枝； ⑤间伐劣质木、病虫木； ⑥保护和促进阔叶混交树种生长； ⑦补植槲栎、麻栎和元宝枫等阔叶树，设置围栏
近自然结构阶段	目标树直径速生、林分蓄积量速生阶段	15~20米	①对目标树进一步选优和标记，密度在90~120株/公顷； ②对目标树伐除干扰树，进行生长伐，形成自由树冠； ③透光抚育，保护和促进天然及补植阔叶混交树种生长
恒续林阶段	达到目标直径，阔叶树进入主林层，培育二代目标树	>20米	①达到目标直径的侧柏可视林分树种结构进行择伐，为其他珍贵阔叶树种和天然更新创造条件； ②伐除劣质木和病腐木； ③培育第二代阔叶目标树，密度90~120株/公顷；维护和保持生态服务功能； ④人工促进天然更新的阔叶树

（六）森林培育

1. 造林

造林对象 主要包括宜林地、林业和生态建设的退耕地、四旁地等。

造林方式和措施 执行国标《造林技术规程》。

造林组织与年度安排 根据造林要求，以及造林地准备情况，合理安排造林进度。

2. 抚育

抚育类型和实施对象 森林抚育措施可分为定株、透光、间伐、修枝、水肥管理、卫生清理等主要措施类型，每类抚育措施的实施对象按照国标《森林抚育规程》确定。在山区生态公益林经营中常采用近自然森林经营，经营技术按照地标《近自然森林经营技术规程》执行。抚育过程中根据实际情况开展人工促进天然更新。

抚育任务规划 评价和确定抚育作业小班，明确适宜每小班抚育措施及技术指标。

抚育组织与年度安排 山区按沟系、丘陵和平原区按道路系统组织作业区，同一个作业区一般安排在一个年度或季度作业。

3. 改造

改造措施及实施对象 包括低效林改造、退化林修复、景观游憩林提升等，具体按照行标《低效林改造技术规程》执行。

改造任务规划 评价和确定低产、低效林小班，明确改造作业小班适宜的技术措施。

改造组织与年度安排 山区按沟系、丘陵和平原区按道路系统组织作业区，同一个作业区安排在一个年度或季度作业。

4. 封山育林

封育对象 一般用于防护林、特用林等生态公益林。

封育类型和措施 按照地标《封山育林技术规程》执行。

封育组织与年度安排 根据封育地块现状和封育目标要求，合理安排封育进度。

5. 平原森林经营

主要针对平原生态林，除了常规的土壤、水肥、防火防虫等方面的管理之外，主要措施是整形修剪、林分结构调整、补植和促进天然更新。

林分结构调整一般用于郁闭度大的林分和纯林斑块过大的生态林,根据林分密度和培育目标确定疏伐密度及补植任务等,根据地块现状和培育目标要求,合理安排结构调整进度。

6. 森林采伐

主要包括主伐、抚育采伐、低产低效林改造采伐、更新采伐、其他采伐,具体技术要求按照行标《森林采伐作业规程》执行。伐区生产工艺按照行标《森林采伐作业规程》执行。

7. 森林更新

针对主伐、更新采伐和低产低效林改造作业小班,进行森林更新规划,规划内容与方法同造林规划,按照国标《造林技术规程》执行。

(七)森林多功能利用

非木质资源经营 非木质资源主要包括果品、花卉、林下经济等。非木质资源的开发利用,基于现有成熟技术,规划其利用方式、强度、产品种类和规模。

森林景观利用 对经营区森林景观独特、景观资源相对集中的区域或景观带,应区划为景观重点保育区、景观廊道,实施禁止采伐、限制采伐等保护措施;森林景观相对丰富区域,结合森林经营规划采取保育措施;按景观区统计、汇总森林景观保育任务,并落实到年度。

森林游憩 应明确森林游憩区的范围、面积与功能分区;确定适宜的游憩项目和环境容量。

森林文化 在森林公园、自然保护区、湿地公园等区域,建设森林文化示范区,挖掘森林文化内涵,开展森林文化宣传教育。

森林康养 开展森林康养规划,充分发挥森林在康养方面的作用,如森林疗养、森林氧吧、森林瑜伽等,具体规划应符合行标《森林康养基地总体规划导则》。

科研教育示范 开展林场、自然保护区等经营区科研、教育示范区建设。

(八)森林健康与生物多样性保护

森林管护 主要包括国有林、山区集体生态林、平原生态林的管护队伍建设和管护情况等。

森林防火 主要包括森林火险等级区划、森林防火防控区划,重点防火区域(地段)、范围、面积及区域社会经济情况;根据气候、物候和其他相关因子,确定防火期;开展防火体系规划,制定森林防火布控和应急预案;构建林火阻隔系统和林火监测系统。

林业有害生物防控 确定经营范围内的监测对象和防治对策,进行有害生物防治区划和防治;建设林业有害生物监测预报、检疫预警、防灾减灾体系,编制防治基础设施建设规划。

林地地力维护 采取培育混交林和阔叶林、土壤水肥保持、培肥和防污等措施。

森林集水区经营管理 进行集水区区划,根据河流、溪流、沼泽等级,将经营区按流域分为不同层次或类型的集水区,每类集水区应按照相关经营规程要求规划;缓冲区(带)管理,按照行标《森林采伐作业规程》的要求划出缓冲带,采取保护水质为主的管理措施。

生物多样性保护 生物多样性富集区域应划为自然保护区、自然保护小区,单独进行规划设计,其他区域生物多样性保护主要结合森林经营措施进行。将生态价值高的森林区域作为生物多样性保护的重点区域,明确范围、类型与保护重点。重点保留地带性典型森林群落、天然阔叶混交林及其他重要野生动物栖息地。确定适宜的树种比重、林龄组成和森林类型,保护提升区域物种多样性、群落多样性和生态系统多样性。明确区域指示型重点保护物种,对于某些特定物种或生态系统可以规划控制火烧、栖息地改造等措施,满足濒危野生动植物生存繁育需求。在林地中建设本杰士堆、小微湿地、动物饮水区等生物多样性保育措施,提升野生动物栖息环境。

(九)森林经营基础设施

种苗生产设施 测算不同树种、品种林木种子每年的生产量、供应量。苗木生产,依据经理期造林更新苗木需求量,进行苗圃、采穗圃建设与苗木生产规划。

林道 新建林道结合防火道、巡护路网等布设，避开生态价值高的森林区域、缓冲带和敏感地区；确定林区适宜的林道密度；提出现有林道的改造、维护规划。

营林设施 根据林区森林资源分布，规划新建管理站、防火瞭望塔等营林设施。

（十）投资与效益分析

森林经营投资与效益分析包括投资估算、资金筹措、效益分析。

（十一）经理期森林变化趋势分析

根据经理期的森林经营，从数量变化、质量变化、健康状况、生态功能、保障能力等与经营区森林的问题、目标、预期指标对应进行分析。

（十二）生态与社会影响评价

生态环境影响评价包括水土保持、水源涵养、防风固沙、生物多样性保护、地力维持、森林健康维护等方面评价。

社会环境影响评价包括社区服务、社区就业、森林文化、森林游憩、森林康养、宗教价值维护等方面评价。

第十五章 造林技术研究与应用

20世纪50年代伴随着小西山绿化造林的开展，北京造林技术的研究与应用开始受到重视。特别是进入20世纪80年代后，科技支撑在大规模植树造林工程中的作用更加突出。全市各级林业主管部门，立足首都科技优势，注意加强与在京大专院校、科研院所的科技合作，积极拓展研究资金渠道，加强造林技术研究与应用，努力解决制约造林绿化中的重大技术难题，为全市造林绿化工作实现提质增效、创新发展提供了有力的科技支撑（图3-15-1）。

图3-15-1 2005年，北京林业大学八达岭教学科研实习基地揭牌仪式

第一节 造林技术研究

一、北京市西山地区造林地立地条件类型划分

北京市西山试验林场在20世纪50年代末就基本完成了绿化造林任务，在造林过程中采用了较多的造林树种（20余种）和多种造林方式。20多年来，各树种在不同的立地条件下生长差异明显。1978—1979年，北京林学院与西山试验林场合作，对各树种的林分生长状况进行了调查研究，共设立标准地252块，解析树干200株，调查土壤剖面20个、分析土样66个，用多元回归分析等多种数理统计方法，对造林地的立地条件和适地适树进行了研究。在各项立地因子中，筛选出海拔、坡向、坡度、坡位、土层厚度、腐殖质层发育状况、成土母质7项影响造林地立地条件的主要因子，并以此确定了西山地区立地条件类型表。这一划分立地条件的方法和确定立地条件的主要因子，在北京林业科研及生产建设中得到了广泛推广应用。

二、杨树良种及丰产技术研究

杨树是北京平原绿化主要树种之一。1964—1984年，北京市林业局与中国林业科学研究院联合开展杨树良种及丰产技术综合研究和示范推广。选择、引进了14个杨树品种，进行多点对比和区域栽培试验。筛选出了沙兰杨、I-214杨、P15A杨3个在北京地区表现优良的杨树品种。在大东流苗圃的栽植试验结果表明，11年生的沙兰杨平均树高26.55米，胸径36.94厘米、每公顷蓄积量633.6立方米；I-214杨平均树高25.65米，胸径37.08厘米，每公顷蓄积量618.8立方米；P15A杨平均树高23.7米、胸径31.9厘米，每公顷蓄积量430.2立方米。在公路旁栽植11年生的沙兰杨，平均单株材积为0.47立方米。同时，总结出了杨树速生丰产的八项技术措施，分别是：精选良种壮苗、适地适品系；采用3年生大苗造林；细致整地，大穴深栽；合理密度；施肥、浇水、精心管理；林粮或林草间作；杨树与刺槐混交；及时防治病虫害。

1997年，北京市从河北农业大学引入杨树伐根嫁接更新技术，在杂交杨的伐根上嫁接毛白杨进行更新造林，试验研究表明，杨树伐根嫁接更新技术具有技术简单、成活率高、生长速度快、成林快、成本低、效益好的特点，是提高造林成效、降低造林成本的有效途径。应用推广伐根嫁接技术，改造杨树劣质片林和林带100.67公顷，嫁接优质接穗12.7万个，嫁接品种有欧美杨107、108、中林46、转基因杨，毛白杨南毛新、三倍体、84K等25个速生杨树品种，成活率和保存率均达到95%以上，当年平均胸径3.5厘米，平均树高4.3米，最高的可达5米多高，伐根嫁接更新比植苗造林降低成本61.1%。

三、华山松、白皮松、樟子松引种造林试验研究

北京的山地造林的针叶树以油松、侧柏为主。为增加针叶造林树种，20世纪50年代，在北京小西山绿化造林中，先后从外地引进杜松、红松、赤松、欧洲赤松、长白赤松、乔松、雪松、云杉、华山松、樟子松、白皮松、黑松等20多个针叶树种。其中以华山松、樟子松、白皮松引种面积较大，栽植面积达20多公顷。此后，西山试验林场与北京林学院对引进树种开展长期观测研究，详细记载引种时间、原产地、苗龄、造林技术措施等，连续多年观测生长状况、抗逆性等方面的表现，从生理生态方面分析、探索产生差异的机制，并与乡土树种油松进行比较。经过30多年的观测研究，结果表明，白皮松、华山松、樟子松在北京地区生长良好，引种取得成功。

华山松 在各个试验地生长正常，在适宜的立地条件下生长量超过乡土树种油松，基本上达到在原产地中等条件下的生长量；可以完成完整的发育周期，果实硕大，种子饱满，发芽率高，试验区用自产种子培育苗木，子代苗生长良好，华山松林下出现了天然更新苗；华山松在引种区内的多种立地条件下均生长正常，但不同立地条件下的生长表现不同，高海拔比低海拔好，阴坡比阳坡好，厚土层比薄土层好；和乡土树种油松比较，华山松在幼年时期的高生长比油松慢，到达一定的年龄阶段后赶上或超过油松，这个年龄阶段与立地条件有关；华山松的净光合速率、叶量以及光合速率×叶量等多项生理指标均超过油松，华山松的生产能力、耐旱能力大于油松；华山松树皮光滑，树形优美，叶色各异，具有独特的环境美化功效，适宜作为北京低山地区造林绿化树种。

白皮松 在北京西山各种试验地条件下，包括在干旱瘠薄的立地条件下能正常生长发育，与油松相比，白皮松的显著优点是：抗旱性强，生长稳定，病虫害少，干形通直。在20年生左右，油松在低山阳坡高生长量很小，而白皮松每年高生长达30厘米左右，林相整齐，平均高、平均胸径等项主要生长指标均超过油松，耐干旱瘠薄的能力比油松更强。白皮松在北京山地生长良好的生理基础是：具有庞大的根系，高的叶绿素含量，丰富的叶量，枝叶较强的吸水能力和保水能力，抗二氧化硫和抗烟尘的能力强。白皮松形态优美，绿化美化效果好，是北京山地造林的较理想的树种，尤其是低山阳坡造林的优良树种。

樟子松 在各个试验地生长正常，较耐干旱瘠薄，树体和根系发育良好，在适宜的立地条件下生长量超过油松，基本上达到樟子松原产地中等立地条件下的生长量。樟子松在海拔较高和土层深厚的条件下生长良好，阳坡比阴坡生长好；幼年期高生长比油松慢，到达一定的年龄阶段后赶上或超过油松。樟子松树皮光滑，树形优美，具有独特景观效果，适应在北京较高海拔地区造林使用。

四、西山地区人工混交林林分生长状况研究

北京西山地区于20世纪50年代营造了上万亩油松与多种乔木、灌木树种的混交林。1980年以后，这些混交林树种间关系趋于稳定，北京林业大学对油松与侧柏、刺槐、元宝枫等乔木树种的混交林，以及油松与黄栌、紫穗槐等灌木树种混交林进行了多方面的研究。

（一）油松侧柏人工混交林生物量及营养元素循环研究

研究了油松侧柏人工混交林的生物量及8种营养元素的生物循环，并与类似立地条件下的同龄油松和侧柏纯林进行了对比分析。结果表明：

混交林的生物量和生长量均大于纯林；不同林分不同树种的营养元素吸收、归还、积累和生物循环不同，混交林有利于营养元素的利用。

油松、侧柏人工混交林的林分生物量为64.63吨/公顷，比油松纯林的56.88吨/公顷高13.63%；比侧柏纯林的49.22吨/公顷高31.31%。年生长量10.70吨/公顷，比油松纯林的9.18吨/公顷高16.56%；比侧柏纯林的9.7吨/公顷高10.31%。

混交林枯落物的年凋落量为3204.02千克/公顷，比油松纯林的2684.80千克/公顷大19.34%；比侧柏纯林的3977.42千克/公顷小19.45%。不同林分枯落物中的不同元素含量年变化规律不同，相同元素在不同林分凋落物中的含量年变化规律不完全一致。明显的特点是锌、锰元素的含量，油松凋落物大于侧柏；钙、铁元素的含量，侧柏凋落物大于油松。

油松侧柏混交林的落叶分解速率比其纯林中略有提高，混交林落叶的营养元素损失率较油松纯林大，但不及侧柏纯林。

侧柏纯林对铁的需求量大，年吸收量约是油松纯林的2倍；油松纯林对锰的需求量大，年吸收量约是侧柏纯林的4倍。因而油松侧柏混交有利于铁、锰元素的利用。混交林比油松纯林可较好满足各种营养元素的需求，比侧柏纯林可较好满足钙、铁元素的需求。

（二）油松元宝枫混交林生物量和营养元素循环研究

测定了25年生人工油松元宝枫混交林和油松纯林的现存生物量、生长量、枯落物层凋落量及一年中逐月凋落量，分析了它们各组分的氮、磷、钾和灰分含量，土壤中速效性氮、磷、钾的含量。结果表明，元宝枫是油松良好的伴生树种，油松元宝枫混交林与油松纯林相比，生长量高44.46%，枯落物层元素累积量高12.82%~26.83%，元素的归还量和存留量分别高13%~142.47%，林下土壤速效性养分含量比对照高22.5%~222.7%。元宝枫凋落物分解速度快，营养元素归还量比油松高1.8~4.2倍，富含营养元素的凋落物能有效改良土壤，促进养分循环。

（三）油松灌木混交林研究

研究结果表明，在北京低山地区相同立地条件下，油松和紫穗槐、黄栌等灌木树种混交林的生长优于油松纯林，30年生油松黄栌混交林单位面积蓄积量比油松纯林高41.2%~58.9%，油松紫穗槐混交林比油松纯林高36.1%~67.3%；影响油松灌木混交林生长的主要立地因子是海拔、土层厚度和坡度；油松灌木混交林与油松纯林相比，炎热的夏季能降低林内温度，而且空气和土壤湿度大，光能利用率高；油松灌木混交林中油松枝叶的氮、磷元素含量比油松纯林高12.5%~33.3%，

根的氮、磷含量高 34.1%~133.3%，不同林分油松的钾元素含量无明显差异；油松灌木混交林枯落物层中的有机质和氮、磷、钾元素含量比油松纯林高 7%~31%，其林下土壤有机质和氮、磷含量比纯林高 3%~39%。油松灌木混交林具有良好的土壤改良性能。

（四）侧柏刺槐混交林研究

对西山地区侧柏刺槐混交林进行生长状况以及根形、根量、土壤水分及林木蒸腾等方面的分析研究。结果表明：单位面积侧柏刺槐混交林蓄积量大于侧柏纯林；在土层较厚的阳坡、半阳坡营造带状或行带状混交林，既有利于改善土壤和林木的营养状况，又使侧柏不受刺槐的压抑，形成结构较好的混交林；混交林中刺槐的细根量和全根量分别比侧柏高 46.6% 和 1.79 倍，混交林侧柏与纯林侧柏相比，细根量基本持平，粗根量和全根量分别提高 49.71% 和 28.4%；单位胸高断面积的纯林侧柏蒸腾量大于混交林侧柏 14.12%；侧柏有使土壤变酸的趋势，与刺槐混交有助于维持土壤 pH 值呈中性状态。

从林木枝、叶、根等营养器官，林地枯落物层及各层土壤等组分的氮、磷、钾元素含量，叶片的叶绿素含量等方面，对刺槐侧柏混交林的营养状况进行了研究，结果表明，刺槐营养器官的氮、磷、钾元素含量极为丰富，刺槐叶、枝、细根、粗根的氮元素含量比侧柏相应器官分别高 4.9 倍、3.2 倍、9.6 倍和 9.8 倍，磷比侧柏相应器官分别高 27.5%、57.3%、9.7% 和 56.0%，钾比侧柏相应器官高 11.1%~177.3%。由于刺槐各器官营养元素含量丰富，因而具有重要的土壤改良性能，侧柏刺槐混交林枯落物层及各层土壤的氮含量比侧柏纯林高 3.0%~106.8%，磷含量比侧柏纯林高 10.4%~91.4%，不同林分土壤的钾含量变化不大，刺槐侧柏混交林中侧柏营养器官的氮元素含量高于侧柏纯林，不同林分侧柏营养器官磷、钾元素的含量差异较小。刺槐作为侧柏的伴生树种效果良好，在北京干旱石质山区适宜营造侧柏刺槐混交林。

五、北京风沙活动强度及其整治研究

为了摸清北京风沙活动规律，为防沙治沙提供科学依据，1985—1986 年，中国科学院兰州沙漠研究所开展了北京风沙活动强度及其整治研究，调查了北京风沙土地的区域分布、机械组成、地球化学特征、抗风蚀能力及环境变迁，开展了北京风沙活动强度、对不同下垫面的风蚀能力和输沙量的野外观测和风洞实验，对不同林龄的防护林、用材林、经济林及林间小气候进行了防风效益观测，对降尘进行采样分析。研究结果表明，风沙问题是一个复杂的、综合性很强的环境问题，风沙活动强度变化，与人口、资源和环境之间关系失调有关，风沙活动加强是一个地区产生沙漠化的根本原因。同时，提出了北京风沙防治的方向和重点，防治策略和措施，撰写了《北京的风沙及其整治》成果报告。

六、京郊沙荒地综合治理技术与示范推广

1989 年，北京市林业局组织市林业工作总站和大兴、房山林业科技人员，实施了《京郊沙荒地综合治理技术与示范推广》项目，该项目被列入北京市依靠科学技术促进农村经济发展的星火计划，1993 年林业部将该项目列入沙荒地综合治理的中试项目。该项目建立了永定河沿岸沙地综合治理开发试验示范区，涉及大兴、房山的 19 个乡镇，总面积 7 万公顷。该项目运用系统工程的方法，实行多专业、多学科综合开发治理沙荒，做到生态效益、经济效益和社会效益兼顾，把植树造林、防沙治害、发展生产、美化环境结合起来，取得了较好效果。1992 年 12 月，该项目荣获北京市星火科技一等奖。

七、水源涵养林效益研究

1991 年，由北京市林业局和北京林业大学共同主持，开展了密云水库集水区水源保护林涵

养水源与防止土壤侵蚀效益研究。研究内容主要包括人工供水条件下水源涵养林对水文泥沙过程的影响、天然降雨条件下水源涵养林在不同尺度上对径流泥沙的影响、林地土壤水分动态变化特征、林地坡面蓄水减沙作用机理的数学模拟、水源涵养林对水质的影响、水源涵养林涵养水源与防止土壤侵蚀效益信息系统的开发与建立等方面。

经过5年努力，获得了大量的野外实地调查、野外实验和定位观测数据，为水源保护林涵养水源和防止土壤侵蚀效益的评价及预测奠定了坚实的基础。研究成果揭示了密云水库集水区水源保护林的保水、保土与改善水质的作用，为水源保护林的营造与经营管理提供了科学依据。

研究表明，在密云水库集水区，平均每年每平方千米的林地，可多蓄有效水5.56万立方米；森林有显著防止水土流失的功能，森林可削减泥沙流失率达96%以上，林相良好、林层完整的林分基本没有水土流失现象；森林有削减洪峰防灾减灾的作用，密云水库集水区的森林，对50年、20年、10年一遇的丰水年份，可以分别削减洪峰12.9%、49.9%、12.7%；森林有净化水质、提高水质等级的功能，在8个观测点取水样对24项指标进行化验分析，结果表明森林里流出来的水比对照地区的水明显可以提高一个水质等级，密云水库集水区的森林里流出来的水，可以达到国家规定的地表饮用水一类水的标准。

八、华北土石山区水源保护林研究与示范

1997—2000年，依托国家科技委"九五"科技攻关专题"华北土石山区水源保护林综合配套技术研究与示范"，结合中德林业技术合作项目"密云水库流域保护和经营"，北京林业大学与北京市林业局合作，以华北土石山区水源保护林为对象，紧密围绕水源保护林培育、经营、管理与效益监测、评价等方面的问题展开深入研究和示范推广，提出了华北土石山区水源保护林建设的调控技术、水源涵养林低耗水林分结构调整技术、水源保护区低污染经济林基地建设配套技术、水源保护林保水减沙与改善水质监测评价技术等，编著出版了《水源保护林技术手册》和《水源保护林培育经营管理评价》专著。

九、北京主要栎类良种育苗及造林技术示范与推广

以栓皮栎、蒙古栎等为代表的栎类树种是北京地区落叶阔叶林的优势建群种，对优良栎树进行优质种苗生产和造林营林技术示范及推广，是北京森林经营中迫切需要开展的重要课题。2008—2009年，实施了"北京主要栎类良种育苗及造林技术示范与推广"项目，旨在为栎类树种在北京地区的推广应用提供科学依据、技术保障和材料储备，为扩大栎类树种的栽培范围、提高绿化造林质量、营造健康森林奠定物质基础。项目成果包括北京地区栎类母树林营建技术，栎类种子贮藏和育苗技术，几种典型立地条件下栎类造林、育苗方式及技术，建立6.67公顷栎类良种繁殖与生产示范基地，完成10公顷栎类良种造林示范区建设。撰写《北京栎类》专著。

十、北京密云水库水源保护林营建关键技术研究与示范

密云水库是北京市主要饮用水源，合理构建与经营水源保护林，对保障北京市水资源安全和促进社会经济发展具有重要意义。2007—2009年，实施了"北京密云水库水源保护林营建关键技术研究与示范"项目。

项目以节水、净水为主要目标，集成国内外林业先进技术，开展了水源保护林节水型乔灌树种选择技术研究，主要是测定分析油松纯林和侧柏栎类混交林的蒸腾耗水规律，以及15个树种的蒸腾速率、光合速率和气孔导度、叶温、光照

强度、土壤含水量、大气水势等环境因子的日变化规律，为北京山区选择节水抗旱树种、合理选择和优化树种配置提供科学依据。

开展了水源保护林空间配置与结构优化技术研究，重点对密云水库集水区森林植被类型的分布格局、林分结构及空间配置的水文调节作用以及水源保护林体系的合理空间布局进行研究。

开展了水源保护林培育与经营技术研究，对水源保护林立地类型划分、造林模式、造林整地栽植技术、低功能防护林的更新改造技术进行集成配套。

开展了水源保护参与式机制研究，提出了构建合理的水源林管理体制、完善水源林管理的制度建设、建立区域间的合作机制、建立部门间的协作机制、建立利益相关者参与水源林管理的制度机制等建议。

十一、山区风景游憩林建设关键技术研究

进入 21 世纪以来，伴随着森林旅游的蓬勃开展，北京山区的绿化造林向营造多树种、多色彩的风景游憩林转变。2010 年，北京林业大学与北京市园林绿化局联合开展了"山区风景游憩林建设关键技术研究"。

根据实地调查，确定了森林的视觉景观是评价游憩地质量的重要因素，基于生态学、林学、美学、景观设计学等理论，借鉴中国古园林、山水画、古村落及国外森林景观视觉设计原理，系统分析研究，提出了山区游憩林景观视觉分析关键技术。

整合了土壤健康经营、森林健康经营、森林资源保育、水土流失治理、生态公益林休闲游憩设计等技术，提出了风景游憩林营造关键技术。

基于风景游憩林美景度评价方法，建立 4 种山区主要风景游憩林配置模式及不同季节的景观评价模型，提出了山区不同立地条件下侧柏、油松、山杏、黄栌等 5 套针阔叶树种的风景游憩林抚育改造关键技术。

十二、百万亩平原造林工程科技支撑项目研究

2011—2014 年，北京市园林绿化局和北京林业大学联合实施了"百万亩平原造林科技支撑工程项目"，重点对平原造林工程建设中亟待解决的科技问题开展研究。

基于"3S"技术，开展平原森林空间布局和功能分区研究，完成了平原区立地类型表的编制、造林前后土地覆盖变化分析、生态空间视角下的林地建设重点区分析、平原森林热岛调节及空气净化功能定位和区划、平原森林雨洪调控功能区划、平原区新造林地游憩功能定位。

开展造林植物新品种筛选，完成了抗旱性、抗寒性、耐涝性、抗污染、抗病虫和高固碳、观赏性植物树种、品种筛选，在此基础上，进行平原造林适宜树种综合评价，构建了平原造林树种评价指标体系，并对 60 种平原造林常见树种进行综合评价排序。

开展平原造林新技术、新材料集成应用，推广应用了厚环乳牛杆菌剂树木营养液和生态液肥等新材料应用技术、生物有机肥与园林废弃腐熟物土壤改良技术、生态垫与保水剂土壤改良和保墒应用技术。

对平原造林技术模式进行集成研究，筛选出 18 套平原地区规模化造林的技术模式。每套技术模式包括立地类型、栽植树种、栽植密度、树种组成、苗木规格、造林季节、整地方式、栽植要点、主要病虫害防治等内容。

十三、应对 $PM_{2.5}$ 空气污染的造林工程关键技术研究

在面对如何减轻 $PM_{2.5}$ 空气污染的大背景下，2012—2013 年，北京市园林绿化局与北京林业大学联合开展了"应对 $PM_{2.5}$ 空气污染的北京造林工程关键技术研究"。该研究分为"植物个体滞留 $PM_{2.5}$ 的机理"和"控制 $PM_{2.5}$ 浓度的平原景观生态林优化配置模式及造林关键技术"两个

方面（图 3-15-2）。

在"植物个体滞留 $PM_{2.5}$ 的机理研究"中，从植物细胞、器官到植物个体的角度研究植物吸滞、吸收 $PM_{2.5}$ 的生理生化过程、细胞学基础及生理生态机制，从光合作用、蒸腾作用和细胞活性几方面探索 $PM_{2.5}$ 对植物的影响，提出了植物阻滞吸收 $PM_{2.5}$ 的生理生态调控理论和方法。

在"控制 $PM_{2.5}$ 浓度的平原景观生态林优化配置模式及造林关键技术研究"中，开展了景观生态林主要配置模式的调查与解析，探讨了树木个体滞留 $PM_{2.5}$ 的作用机理，评价了平原景观生态林的主要配置模式对 $PM_{2.5}$ 的作用机制。推荐了 $PM_{2.5}$ 阻滞吸附能力和环境适应能力强的景观生态林造林树种；对平原地区建筑腾退地、裸露地、干线公路、河渠林带等四类景观生态林的造林关键技术进行集成，主要内容包括栽植树种、种植密度、混交方式及混交比例、整地方式、苗木质量、栽植技术、养护管理、检查验收等 8 个方面；对控制 $PM_{2.5}$ 污染的平原景观生态林，包括建筑腾退地、裸露地、干线公路、河渠防护林进行了典型模式设计。

十四、"增彩延绿"科技创新技术集成研究示范

2015—2020 年，北京市园林绿化局实施"北京园林绿化增彩延绿科技创新工程"。该项目以增加彩叶树种、延长植物绿色期为目标，开展"增彩延绿植物种质资源的收集、繁育与产业化""精准栽培与调控技术""繁育基地建设"和"科技创新工程示范区建设"等技术研究与示范，突破彩叶植物、绿期长的植物在生产、应用中的技术瓶颈，解决彩叶植物少、主栽植物绿期短的问题。

完成了华山松、彰武松、华北落叶松、栓皮栎、黄连木、雄性毛白杨、胡桃楸、青榨槭、梧桐、蒙椴、糠椴、楸树、杜梨、丽红元宝枫、涝峪薹草、长青石竹等 85 种增彩延绿新优乡土植

图 3-15-2　北京林业大学专家采集数据

物的优株筛选、培育和快繁技术的研究，集成其快速繁育技术和栽培应用技术，保存优良单株 1000 余株，繁育幼苗 40 万株；收集毛白杨优良无性系 200 个，建设毛白杨无性系种质资源展示林 1 处，数量 2 万余株。

开展了雄性毛白杨、栎属、椴属、流苏树等大规格乔木的培育技术研究和园林绿化植物高效繁殖与栽培养护技术研究，解决了城市树木高效繁殖技术难题，编著出版了《城市树木栽植技术》《城市树木管护技术》《城市树木整形修剪技术》等书籍。

开展冬奥会场馆周边及京津冀地区优良野生观赏植物种质资源收集工作，编写了乡土植物种质资源调查报告和《北京市重要乡土园林绿化植物图谱》，收集保存优良种质（果实和种子）资源 240 份，采集植物标本 300 份，建设种质资源库 1 处 10 公顷。

对北京城区植物配置状况进行调查和评价，筛选出适合北京城市园林应用的优良品种和植物配置案例 150 例；对全市范围内从欧美引进的植物种类进行应用情况调研，完成了《北京地区植物引种调查报告》。

对城区约 5.5 万株乔木的健康情况开展调查和数据采集，参考国内外先进诊断管理技术和经验，建立了符合北京城市树木健康诊断管理技术体系；结合国际合作交流，邀请国际国内顶级的景观设计、建设和苗圃经营管理方面的专家，开展了国际化园林景观设计、育苗技术、苗木经营管理和园林植物管护技术等培训。

十五、北京通州区生态绿化城市建设关键技术集成研究

实施北京城市副中心建设规划，对通州区园林绿化建设提出了更高要求。2017—2019年，北京市园林科学研究院与中国农业大学联合实施了"北京通州区生态绿化城市建设关键技术集成研究"。

该研究运用生态学相关原理与方法，融合风景园林及相关交叉学科研究成果，紧密结合城市副中心生态问题，在广泛调研、引进国内外先进技术，遴选适于通州成熟的专项技术的基础上，加以深化整合、研发创新，集成了基于退化生境恢复的城市绿地土壤改良、苗木移植活力快速恢复、生态改善型植物应用与群落构建、基于生物多样性的城市绿地保育式生物防治、园林绿化废弃物资源化利用、多维度空间绿化、绿地高效节水等技术于一体的"城市生态绿化技术体系"。编撰完成了《城市副中心绿地建设土壤改良技术指南》《城市副中心苗木移植活力快速恢复技术指南》《城市副中心立体绿化构建技术指南》《城市副中心生态改善型绿地植物应用技术指南》《基于保育式生物防治的城市副中心绿地营建技术指南》《城市副中心绿地节水技术指南》6项生态绿化技术指南。

十六、"林下补栎"技术集成研究示范

为了精准提升森林质量，配合实施"北京市林下补栎专项行动计划"，2019年，北京市园林科学研究院开展了"林下补栎"技术集成与示范研究。

在母树林营建及资源圃建设方面，对北京地区栎类林分进行全面踏查，开展立地因子调查，综合评估林分质量及优树状况，确定了14个栎类优良林分，筛选276棵优良单株，采集103个家系累计11万余粒种子，获得平原区域叶色变异性状稳定的269株槲栎无性系；编制母树林营建标准和技术手册，开展母树林营建示范。

在栎树苗木培育方面，探索出最佳采种时间和种子活力保持技术；攻克了栎类主根发达容器育苗易窝根难题，筛选出栎树树种培育容器类型；建立了栎类苗木容器苗高效培育技术体系，培育示范栓皮栎容器育苗20万株。

在造林技术应用方面，开展了林下补栎立地类型划分，明确栎类适生区，根据林下补栎主要应用于针叶纯林改造、退化林修复的特点，编制了不同立地条件下的栎类造林技术规程，为实现林下补栎行动计划提供技术支撑。

第二节　森林经营技术研究

一、北京地区天然次生林综合经营效益研究

北京天然次生林多为栎类、山杨、桦木等树种组成，一般分布在深山区，由于遭受过火灾、乱砍滥伐、滥垦、放牧等方面的原因，林相残破，林分质量不高。20世纪60年代，市、区林业部门对门头沟百花山的天然山杨林分，进行山杨林经营管理试验。80年代初，北京市林业局与北京林学院合作，对怀柔喇叭沟门孙栅子村的山杨、桦树天然次生林进行经营试验研究。1984—1988年，北京市林业局主持开展"天然次生林综合经营效益"研究，北京林业大学、北京农学院、怀柔县林业局、密云县林业局共同参加，研究内容包括抚育间伐、低产林分改造、封山育林、永续利用等方面，分别在怀柔、密云县建立试验基地653.33公顷。研究编制了抚育间伐保留株数和株距查定表；确定了山杨、桦木、栎类3个树种的开始间伐期和初期间伐强度；在低质低效的栎类残次林分改造中，引进油松、落

叶松、樟子松获得成功；在封山育林中，对山杨采取断根处理措施，4年后林分密度由每公顷2500株增加到4700株。

二、北京西山地区油松人工林抚育间伐技术研究

油松是西山地区最主要的造林树种之一，占全部造林面积的1/3以上。造林时间大多在20世纪50年代，由于初植密度过大，郁闭成林后，林分密度过大，林木分化严重，出现自然稀疏现象。1975—1981年，北京市西山试验林场和北京林学院共同开展了西山地区油松人工林的抚育间伐技术研究。重点开展了不同强度间伐试验、不同强度间伐对林木生长的效果分析，包括对胸径生长、树高生长、单株材积、林分蓄积量、林木分化的影响分析。在此基础上，编制了油松人工林在不同生长发育阶段的合理经营密度表。油松合理经营密度表可广泛应用于确定合理间伐强度，预报间伐开始期、间伐重复期及胸径生长量，并可为确定合理的造林密度提供理论依据，对指导北京低山地区油松人工林抚育间伐和开展可持续经营，具有重要的参考价值。

三、北京山区森林健康评价研究

2006—2007年，北京市园林绿化局与北京林业大学联合组织实施了"北京山区森林健康评价研究"项目。该研究以系统科学、景观生态学等理论为依据，以样地调查和北京市"十五"森林资源二类调查成果等数据为基础，从探讨森林健康的内涵与实质入手，在对森林景观进行区划的基础上，确立评价指标，采用正态分析及等级分组法确定评价指标标准，采用层次分析法确定评价指标权重，采用多级模糊综合评价法，确定健康等级隶属度，将北京山区森林健康评价等级划分为优质、健康、亚健康、不健康和疾病五级。并从森林经营小班、景观和区域3个尺度，对北京山区森林健康状况进行评价，不同的评价尺度对应不同的核心理论，对应不同的评价指标体系。评价结果为北京山区开展森林可持续经营、提高森林健康等级提供了重要的理论依据。

四、北京山区森林健康经营关键技术研究与示范

2006—2009年，北京市园林绿化局与北京林业大学联合组织实施"北京山区森林健康经营关键技术研究与示范"项目。该项目的实施为首都森林健康经营提供了理论基础和技术支撑。

将森林健康和近自然经营理念有机结合，构建了北京山区森林健康经营的理论框架。首次将森林健康经营的理念引入北京山区生态公益林的经营中，开展了北京山区主要森林生态系统健康结构与功能的特征及相互关系研究，阐明了森林生态系统（森林经营小班尺度）健康评价与现代系统科学理论（耗散结构论、协同论、渐进突变论）的关系；提出了基于层次分析的森林健康多尺度模糊综合评价法；对北京山区森林进行了森林经营小班、景观和区域3个尺度的健康评价，提出了小班健康分级指数的概念；耦合了生态系统尺度与景观尺度的评价过程，在单株树木、林分、景观3个水平实现了森林的可视化；建立了北京山区森林健康经营条件下碳汇计量监测方法，为北京的森林健康经营奠定了理论基础。

建立了北京山区森林健康状况诊断、评价与监测、预警技术体系。首次从森林生态系统和景观两个尺度对北京山区的森林进行健康预警研究，应用BP神经网络的方法进行森林健康预警，建立了森林健康状况诊断、评价与监测、预警技术体系，对全市山区66.67余万公顷森林开展了森林健康评价，同时将高保护价值森林的概念引入到森林健康经营中，提出了高保护价值森林健康经营策略和监测标准，对北京市各类森林类型的高保护价值进行分类，确定了各类高保护价值森林面积。

首次将森林土壤经营和生物多样性保护纳入北京山区森林健康经营技术体系。对北京常见的4种林分类型的土壤退化机制进行了研究，明确了4种林分土壤铵态氮和硝态氮及土壤酶活性的季节变化规律，提出了调整林分结构、改变枯落物组成、促进林下枯落物分解的土壤健康经营技术；研究提出以数量丰富、容易观测、对生境高度敏感的物种为森林健康指示物种，建立了生物多样性监测方法和监测体系；从物种保护角度出发提出了森林健康经营措施，包括增加森林中的鸟嗜植物、适营巢植物以及植物多样性，开辟人工林窗，增加森林中的边缘地带，保留和建立必要的水源地等。

集成了近自然经营、天然更新促进、生物质堆肥、火险管理、森林有害生物防控等20多项技术，提出了适合北京山区森林健康经营技术模式。建立了城郊生态游憩林、景观型水源涵养林、水土保持型退化森林、生物多样性保护森林等4种类型的森林健康经营试验示范区，示范面积1800公顷，示范区森林均由亚健康转为健康。项目成果为北京市建立山区生态公益林生态效益促进发展机制提供了坚实的理论和技术支撑。

五、十三陵地区针叶人工林森林质量精准提升技术研究

侧柏和油松是北京山区针叶人工林的主要建群树种。十三陵地区的人工林大多为20世纪80~90年代期间栽植的侧柏和油松，面积大、密度大，林木分化严重。2021年，十三陵林场实施了"北京市十三陵林场针叶人工林多功能经营技术推广与示范"项目，该项目为国家林业科技推广项目，旨在调整林种组成、优化林分结构、提高森林质量和功能效益，为北京地区侧柏、油松人工林经营提质增效发挥示范作用（图3-15-3）。

该项目设立侧柏、油松林两个示范区，运用全周期经营作业法设计，选择目标树和采伐干扰树，逐步调整林分密度，促进单株个体生长，培育径级和冠型优良林分；在林窗、林缘引进栎类、栾树、元宝枫等树种，混交栽植；开展了抚育剩余物就地利用；编制了《侧柏、油松人工林多功能抚育经营技术指南》，建立了侧柏、油松人工林多功能经营技术标准化体系；设立侧柏、油松人工林监测样地，开展长期动态监测。项目成果丰富了北京地区针叶人工林多功能经营理论与实践，在侧柏、油松人工林林分结构调整作业技术、全周期经营培育技术、林下补栎技术、抚育剩余物就地利用和样地长期固定监测等方面取得进展，提出了针叶人工林多功能经营模式并编制了《针叶人工林多功能经营技术规程》北京市地方标准，建立了针叶人工林多功能经营技术标准化体系，提升了北京市十三陵林场及全市森林多功能经营技术水平。

图3-15-3 十三陵林场侧柏人工林固定监测样地

第三节 造林技术标准编制

一、种苗培育技术标准

《主要造林树种苗木质量分级》主要规范了主要造林树种苗木的定义、分级要求、检验方法、检验规则。

《林木育苗技术规程》主要规范了园林绿化

及造林所用苗木生产过程中涉及的建立苗圃、生产规划、圃地管理、作业方式、苗木繁育、苗木移植、苗期管理、灾害防除、苗木调查、苗木出圃、科学实验、苗圃档案等内容。

《大规格苗木移植技术规程》主要规范了大规格苗木移植施工中移植前准备、苗木挖掘、吊装和运输、苗木栽植、栽植后管理等各个环节的技术要求。

《节水耐旱型树种选择技术规程》主要规范了北京市节水耐旱型树种选择的测定条件、测定方法、测定结果判定等技术内容和要求。

《白皮松育苗技术规程》主要规范了白皮松的种子准备、播种育苗、容器育苗、移植、苗木出圃、苗木档案等技术要求。

《国槐育苗技术规程》主要规范了槐的播种育苗、移植育苗、嫁接育苗以及出圃、包装和运输、检疫、育苗档案等方面的技术要求。

《林木采种基地建设技术规程》主要规范了林木采种基地的基地选择、规划设计、建设内容、经营管理、结实量预测预报及档案管理等方面的技术要求。

《毛白杨繁育技术规程》主要规范了毛白杨采穗圃营建与管理、组织培养、扦插、嫁接等繁育技术措施及要求。

《规模化苗圃生产与管理规范》主要规范了规模化苗圃生产与管理的一般要求、生产计划、生产过程、苗木出圃、管理要求的技术要求。

《栾树育苗技术规程》主要规范了栾树的播种、苗木移植养护、苗木出圃、有害生物防治、检疫、苗木档案管理等方面的技术要求。

二、植树造林技术标准

《封山育林技术规程》主要规范封山育林的封育对象、类型、方式、年限,以及封山育林规划、设计、作业、检查与成效调查和档案管理的原则性、技术性要求。

《水土保持林建设技术规程》主要规范水土保持林的总体要求、建设地点、营造、经营、验收与档案管理等技术内容和要求。

《防风固沙林建设技术规程》主要规范防风固沙林的总体要求、建设地点、营造、经营、验收与档案管理等方面的技术内容和要求。

《行道树栽植与养护管理技术规范》主要规范行道树的栽植、养护管理、安全作业与文明施工等技术内容。

《平原地区森林生态体系建设技术规程公路、铁路、河流绿化带》主要规范平原地区公路、铁路、河流绿化带的建设范围与绿化带宽度、设计、施工、养护管理和验收要求等内容。

《平原地区森林生态体系建设技术规程景观生态林》主要规范平原地区森林生态体系中景观生态林的分类、规划设计、营造、配套基础设施建设、后期管护、验收等内容。

《沙地桑树栽培技术规程》主要规范沙地桑树育苗、栽植、管理、采收等技术内容和要求。

《城市森林营建技术导则》主要规范城市森林营建要求、造林地调查与土壤改良、苗木要求、造林技术和幼林抚育管理等内容。

《矿山植被生态修复技术规范》主要规范矿山植被生态修复的基本原则、植物配置要求、修复准备、裸露地植被修复、挖损地植被修复、废渣堆放地植被修复、工程技术措施、给排水系统、作业道等方面的内容和要求。

《美丽乡村绿化美化技术规程》主要规范美丽乡村园林绿化过程中的基本要求、绿化美化设计、施工与验收、养护等技术内容。

《浅山区造林技术规程》主要规范浅山区造林的总体要求、造林设计、立地类型划分、苗木选择、整地与土壤改良、地块功能分类、造林技术、后期管护以及造林成效评价等技术要求。

《低效生态公益林改造技术规程》主要规范低效生态公益林的类型、判断标准改造技术、作业设计、施工与监理、检查验收和档案管理等内容。

《水源保护林改造技术规程》主要规范水源保护林改造对象、改造目标、改造技术、作业设计、施工、检查验收与档案管理等技术内容。

《节水型林地、绿地建设规程》主要规范节水型林地、绿地建设的一般要求、场地整理、雨水设施建设、节水植物配置、节水灌溉和蓄水保墒等技术要求。

三、森林经营技术标准

《山区生态公益林抚育技术规程》主要规范北京市山区生态公益林抚育对象、抚育方法、调查设计与施工、核查等技术要求。

《森林健康经营与生态系统健康评价规程》主要规范森林健康经营原则、技术以及森林生态系统健康评价的指标体系和评价方法。

《近自然森林经营技术规程》主要规范森林演替阶段、主要经营措施、近自然森林经营操作程序等技术要求。

《林业生态工程生态效益评价技术规程》主要规范林业生态工程生态效益评价的各类指标、各指标价值量的计算方法及林业生态工程生态效益价值量的分级方法。

《山区森林质量提升技术规程》主要规范山区森林质量提升的原则、对象、目标及关键技术等内容。

《黄栌景观林养护技术规程》主要规范黄栌景观林的林地整理、养护管理、苗木补植、病虫害防治、叶色调控等技术要求。

《平原生态公益林养护技术导则》主要规范平原生态公益林的功能类型、养护分期、养护措施、作业安全、养护方案编制与档案管理等内容。

《平原森林节水保育技术规程》主要规范平原森林的林分结构调整、间伐与补植、修剪、节水灌溉、蓄水保墒、有害生物防控、安全作业等技术内容。

第十六章　林业碳汇

林业碳汇是指利用森林光合作用的储碳功能，通过植树造林、加强森林经营管理、减少毁林、保护和恢复森林等措施，吸收和固定大气中的二氧化碳，并按照相关规则与碳汇交易相结合的过程、活动或机制。当前，通过增加森林面积和提高森林质量，提升森林生态系统碳汇能力，已成为全球减缓气候变暖、应对气候变化的共识，林业碳汇在应对气候变化中的特殊作用日益受到重视。

2004年以来，北京市陆续开展山区森林碳汇计量监测的研究工作。2008年在"绿色奥运"理念的推动下，林业碳汇工作进一步受到政府和社会的广泛关注。通过多年努力，构建了林业碳汇管理体系，开展了营造林增汇工程建设、碳汇计量监测、减缓和适应气候变化技术推广示范、林业碳汇交易试点、大型碳中和活动、社会公众宣传等工作，园林绿化在应对气候变化中的重要性不断提升。截至2022年，全市森林植被总碳储量达到2584万吨，林地绿地生态系统年碳汇能力达到880万吨。

第一节　林业碳汇管理体系

一、管理机构

根据国内外形势发展和北京市林业碳汇工作实际，2009年6月，经北京市编办批复，在北京市园林绿化局设立"北京市林业碳汇工作办公室"，为正处级事业单位，为顺利推进全市林业碳汇工作提供了机构和人员保障。其主要职能是参与研究制定北京市林业碳汇的政策和相关标准，承担林业碳汇项目的组织实施工作，协助承担林业碳汇专项基金的相关管理工作，承担林业碳汇宣传、培训以及相关技术、人才引进和对外交流合作工作。2021年，北京市林业碳汇工作办公室与北京市林业勘查设计院合并成立"北京市园林绿化规划和资源监测中心（北京市林业碳汇与国际合作事务中心）"。

二、林业碳汇政策体系

2010年以来，北京市园林绿化局先后制定《北京市园林绿化应对气候变化"十二五"行动计划》《北京市园林绿化应对气候变化"十三五"行动计划》《关于"十四五"时期北京市园林绿化行业落实"双碳"目标的工作指导意见》《北京市园林绿化工程碳汇效益评估管理办法》等应对气候变化规划与政策文件，与北京市发展和改革委员会联合制定发布《北京市碳排放权抵消管理办法（试行）》，与中国绿色碳汇基金会联合制定了《北京碳汇基金项目管理暂行办法》。这一系列政策制度的建立，为全面提升林业碳汇功能，推进林业碳汇纳入碳排放抵消交易机制，助力碳中和目标实现，奠定了坚实基础，为北京市林业碳汇工作健康发展提供了重要保障。

三、技术标准体系

2013年以来，先后编制发布林业碳汇计量监测技术、审定核证技术以及增汇营造林技术等4项地方标准。

《林业碳汇计量监测技术规程》主要规定了林业碳汇计量监测的碳库确定与选择、计量监测的技术方法和监测要求。用于指导开展林地与城市绿地的碳汇计量监测工作。主要计量监测林地与城市绿地的碳储量、碳储量的变化量、林业活动及森林火灾造成的温室气体排放等内容。

《林业碳汇项目审定与核证技术规范》主要规定北京市林业碳汇项目审定与核证工作的原则、程序和要求。用于指导审定与核证机构对北京地区的碳汇造林、森林经营、森林保护和绿地建设等类型的林业碳汇项目开展审定与核证工作。

《平原造林项目碳汇核算技术规程》主要规定了平原地区造林项目的碳汇量计量、监测的技术方法和要求。用于指导2005年2月16日以来的无林地区造林项目和城市景观造林绿化活动的碳汇计量与监测（图3-16-1）。

《森林固碳增汇经营技术规程》主要规定了森林固碳增汇经营的基本原则、经营方案编制、经营技术、检查验收与档案管理等技术内容。用于指导北京地区主要森林类型林分的增汇经营。

四、林业碳汇市场交易体系

为构建北京市林业碳汇交易市场，推进其有序发展，根据《北京市碳排放权交易试点实施方案》的要求，2014年5月，北京市发展和改革委员会制定发布了《北京市碳排放权交易管理办法（试行）》，2014年9月，北京市发展和改革委员会与北京市园林绿化局联合制定发布了《北京市碳排放权抵消管理办法（试行）》，将林业碳汇纳入全市碳排放权交易抵消机制中。从2014年以来，大力推进林业碳汇交易项目开发工作，先后完成"顺义区碳汇造林一期项目""房山区石楼镇碳汇造林项目""房山区平原造林碳汇项目""房山区废弃矿山生态修复项目""河北省承德市丰宁千松坝林场碳汇造林一期项目"和"塞罕坝机械林场造林碳汇项目"6个林业碳汇项目开发工作，均获得国家发展改革委员会项目备案和碳汇量签发，共计签发碳汇量28.4万吨。截至2020年，全市林业碳汇累计交易额突破1000万元，为林业碳汇交易做出了示范，提供了生态价值转化为经济价值的实例。

五、林业碳汇计量监测体系

2008年以来，逐步构建涵盖全市林地、绿地、湿地，基于遥感、碳通量和森林资源清查于一体的北京市林业碳汇计量监测体系（图3-16-2）。

图3-16-1　2013年，延庆平原造林地块碳计量外业调查

图3-16-2　密云水库水源涵养林生态效益监测

利用遥感技术，对全市山区森林和城市绿地碳汇功能进行了研究；先后在松山人工油松林、八达岭人工混交林、密云水库人工针叶林、野鸭湖湿地和奥林匹克森林公园等地点建设碳通量监测站16个，使用碳通量监测技术对各类型林地、绿地和湿地的碳汇能力进行实时监测；利用森林资源清查数据对全市森林资源碳储量及年度变化量进行测算。为进一步开展林业碳汇交易和生态补偿等工作提供了数据支撑。

第二节　林业碳汇增汇减排技术

2004年以来，北京市组织实施国家级、省部级林业碳汇项目30余个。建立了北京地区林业碳汇计量监测技术体系，提出了增汇营林碳汇计量标准与方法，对京津风沙源治理工程、两轮百万亩造林工程、京冀生态水源保护林建设工程等重点园林绿化工程进行了碳汇计量监测。集成了山区森林、平原人工林、城市绿地和果园生态系统碳汇功能提升技术模式，截至2020年，应用碳汇造林技术完成造林2.3万亩，应用增汇营林技术完成森林经营81万亩。

一、生态涵养主导型碳汇造林技术

生态涵养主导型碳汇造林，应选择碳汇功能较强的树种，如油松、华山松、侧柏、栓皮栎、槲树、栾树、杨树雄株、柳树雄株、榆树、槐树、臭椿、皂角、椴树、构树、胡桃楸、黄栌、山杏、山桃、君迁子、山楂、紫穗槐等。荒山造林地块树种总体密度为每亩56~74株；台地、坡耕地造林地块树种总体密度为每亩40~50株。浅山区林地植被适用株间、行间、带状或块状混交模式，远郊平原区应采用"乔木 + 灌木 + 地被"的混交方式，提升林地碳汇功能。

二、景观游憩主导型碳汇造林技术

景观游憩主导型碳汇造林，应选择碳汇功能较强，树形、色彩具备观赏价值的树种，如白皮松、华山松、栓皮栎、槐树、流苏树、白蜡、栾树、元宝枫、楸树、杜仲、马褂木、七叶树、白榆、椴树、车梁木、海棠等。对草坪、宿根花卉及绿篱等成片种植植被，应采用增加土壤碳含量措施：种植前将肥料均匀撒施于地表，然后翻入30厘米深度的土层内，肥料施用量为园林绿化剩余物腐熟肥5~8千克/平方米、有机肥2~3千克/平方米。

三、山区增汇经营技术

对郁闭度小于0.5的针叶纯林或火烧迹地、自然灾害受损林分、采伐迹地、病虫危害迹地等进行补植。补植应选取碳汇功能较强的乡土树种，如油松、白皮松、侧柏、栓皮栎、蒙古栎、元宝枫、栾树、白蜡、胡桃楸、臭椿、山桃、山杏、杨树、槐树、银杏、柳树等。补植应考虑合理混交，对纯林为主的林分，应考虑针阔混交与乔灌草结合。整地在陡坡地段以鱼鳞坑为主，平缓地段以穴状整地为主。苗木补植春季为宜，夏季补植尽可能在较大降雨发生之后，秋季补植应在生长季结束后而土壤未结冰前，并保证充足的水分供应。

在幼林出现明显营养竞争前，分1~2次去除过密的幼树、受害木和多头木，在稀疏地段补植目的树种，保留木分布均匀，不开天窗。定株后，林分郁闭度不低于0.7，林分平均胸径不应低于伐前林分平均胸径。针对密度过大的林分或林分中密度过大的斑块，伐除生长较弱、被害木、影响其他目标树种或林木生长的被压木、劣质木以及病腐木等。当受害木数量较多时，应适当保留受害较轻的林木，使林分郁闭度保持在0.6~0.8。

四、固碳增汇技术示范推广

2008—2022年，结合山区造林、平原防护林网改造、百万亩平原造林工程，先后在房山、延庆、大兴、昌平、通州、海淀等区，推广碳汇造林、营林技术，面积83.3万余亩，其中，碳汇造林2.3万亩，营林81万亩。在八达岭林场建设碳汇示范林1400亩，在通州东郊森林公园和河北丰宁京冀生态水源保护林，建设碳汇计量监测标准化示范区600亩。同期，在延庆区香营乡开展了防风固沙为主导功能的景观型生态公益林增汇改造；在平谷区四座楼林场开展了山区森林增汇经营示范；在大兴区大兴林场开展了防风固沙为主导功能的杨树生态公益林增汇改造；在东城区南馆公园改造建设中，应用了高碳汇园林植物层次结构配置技术、立体绿化固碳增汇技术、屋顶绿化固碳增汇技术和水体绿化固碳增汇技术。

第三节 林业碳汇公众参与

一、林业碳汇科普宣传

为提高公众对林业应对气候变化的认识，开展内容丰富、形式多样的宣传活动，林业碳汇受到社会广泛关注，激发了公众"参与碳补偿、消除碳足迹"的社会责任感，为深入开展林业碳汇工作创造良好的社会氛围。2008年3~6月，开展"生态科普暨森林碳汇"公交宣传活动，围绕"绿色奥运、森林与气候"的主题，提出"造林增汇、你我同行"的口号，宣传生态文化、绿色奥运、森林功能及在全球气候变化中的作用、普及植树造林与森林碳汇知识，在穿行于长安街、王府井、中关村、和平里、三环路等公交主干线的150辆公交车车身，印制林业碳汇公益平面广告。7~12月，陆续在社区、大中小学校开展"消除碳足迹，人人来参与"系列宣传活动。同年，建立林业碳汇工作官方网站"北京碳汇网"，并与中国天气网、腾讯网、百度网等10余家网站建立合作关系，网站中设置"碳足迹计算器"，分"个人版"和"企业版"，个人的居家、出行和企业的会议、生产、贸易、服务，都能计算出碳排放量。2009年3~5月，在园林绿化行业新技术新材料推介会暨专题报告会、保护生物多样性科普宣传月活动和北京科技周期间，开展林业碳汇系列宣传活动；4月，由京、津、冀20所高校联合发起的"京、津、冀三地高校大型环保活动暨林业碳汇推广活动"在北京语言大学启动，各高校通过废弃物回收、环保贴士进宿舍、环保签名、现场咨询互动等形式，开展了环保和林业碳汇知识宣传活动，累计受众和参与500万人次；与北京中山音乐堂合作，在10万张音乐会门票上印刷林业碳汇背景知识。2010年1月，由市政府主办、市委宣传部和市园林绿化局等5家单位承办、北京农村商业银行出资合作举办的"零碳音乐季"林业碳汇宣传活动，在中山公园音乐堂启动。"零碳音乐季"结合中山公园音乐堂"新春音乐季"和"暑期打开音乐之门"两个演出季，通过循环播放宣传片、发放宣传册和志愿者现场答疑等形式，面向观众宣传气候变化、林业碳汇、低碳城市等相关知识，当年受众5万多人次。截至2020年，零碳森林音乐会已连续举办了11届，演出30场次，配合演出，累计组织开展230场次宣传活动（图3-16-3）。

图 3-16-3　2013 年 6 月，联合国秘书长潘基文在钓鱼台国宾馆出席碳足迹计算器捐赠仪式

二、公众参与碳中和

2010 年以来，开发了微信碳中和小程序、触摸查询机，制作了手持版、网络版和纸质版计算器等各类碳足迹、碳中和计算查询工具，开发并持续维护北京碳汇网，成为公众了解气候变化、林业碳汇知识、相关政策动态，知晓日常生活碳排放、参与碳补偿、消除碳足迹的网络平台。在全市生态文明教育基地、园林绿化科普基地、学校、园艺驿站、社区等布设碳中和触摸查询机 30 台，构建了覆盖全市主要场所的碳中和查询网点，公众通过简单操作，就能够计算出日常工作生活所排放的二氧化碳量，据此换算出中和这些碳排放所需要栽植树木的数量。

三、大型活动碳中和

通过收集整理大型活动的碳排放测算因子，结合北京地区营造林碳汇测算方法，建立了一套适用于大型活动碳中和的测算方法和抵消流程，并得到成功实践。2007 年 12 月，在北京林学会第七届理事会上，通过拍卖林业碳汇的形式，获得资金 1.3 万余元用于植树造林，将会议产生的 3 吨二氧化碳全部抵消，实现"碳中和"，使此次会议成为北京市第一个"零碳排放"会议。2014 年，亚洲太平洋经济合作组织（APEC）会议在北京举行，为抵消会议期间 1.5 万名参会人员产生的 6371 吨二氧化碳排放，由中信集团和春秋航空公司捐资营造 84.93 公顷碳中和林，用于实现会议碳中和。2010—2020 年，连续组织举办了 11 场"森林音乐会"，为抵消音乐会产生的 3832.82 吨二氧化碳排放，通过企业及个人捐资，累计开展造林营林 35.93 公顷，实现了森林音乐会的碳中和。

四、碳基金平台

2008 年以来，推动成立了中国绿色碳汇基金会"北京碳汇专项基金"和北京绿化基金会"碳中和专项基金"，为公众参与林业碳汇实现碳中和提供参与平台（图 3-16-4）。

图 3-16-4　2008 年 4 月，中国绿色碳汇基金会副理事长向北京市个人购买碳汇第一人颁发证书

2008 年 5 月，北京四中初中部师生 600 余人将平时积攒的 0.77 万元零花钱捐给八达岭碳汇示范林，用来消除自己的碳足迹；6 月，北京市园林绿化局率先在全局处级以上 170 多名干部中开展了购买零碳车贴活动，共捐资 17 万余元用以抵消当年因开车产生的碳排放；7 月，国家林业局机关干部捐资 11 万余元，用以抵消当年因开车产生的碳排放。

2009 年 9 月，中国建筑材料科学研究院附属中学 800 多名师生，捐款 1.4 万元用于长营公园植树绿化，消除日常生活"碳足迹"；10 月，北京睿翼车友会多名车友分别购买零碳车贴，以消除自己开车所产生的碳排放。

2010 年 3 月，市直机关工委和市园林绿化局共同主办"市直机关党员干部参与林业碳汇行动"

活动,启动仪式在市委机关办公大楼举行,联合向全市机关干部发出"应对气候变化,推进林业碳汇"倡议书,倡议全市机关干部职工带头树立低碳生活理念,自觉做一名"参与碳补偿,消除碳足迹"的传播者和实践者。参加仪式的100多个市直机关单位300多名党员干部现场为林业碳汇捐款(图3-16-5)。4月,由首都文明办、市交通委、西城区政府、市公安交通管理局等单位主办,市园林绿化局、市环保局、市城管执法局等15家单位协办的以"提倡绿色出行,建设绿色北京"为主题的宣传活动在西单文化广场举行,在"推动林业碳汇,应对气候变化"的展牌前,参加活动的市领导和来自各条战线的政协委员及与会代表现场购买了碳补偿车贴,活动当日发放宣传册和碳计算罗盘8000余份,受众达数万人。

图3-16-5 2010年,北京市园林绿化局退休干部职工捐资认养碳汇林

截至2020年,共收到中国石油、中信集团、联想集团、索尼集团等40多个企业、机构以及7000余名社会公众,捐资1900余万元,用于开展林业碳汇造林、森林经营活动。

第四节 林业碳汇实例

一、奥林匹克森林公园碳通量监测

2011年,在奥林匹克森林公园建设碳通量监测站,利用涡度相关碳通量监测技术监测公园绿地碳汇功能。涡度相关碳通量监测技术是国际上普遍采用的获取陆地生态系统碳汇信息的手段,具有精度高,能长期连续原位自动监测的特点。该碳通量监测站可以获取不同季节、不同月份,甚至同一天不同时间段内植被吸收二氧化碳释放氧气的数据。应用这些数据,可为精准提升公园绿地增汇减排管护水平,提供理论依据和数据支撑。监测结果显示,2012年至2020年,公园绿地的年均净二氧化碳吸收量(碳汇量)为12.06吨/(公顷·年)(图3-16-6)。

二、联合国开发计划署——澳门政府森林经营碳汇项目

本项目由联合国开发计划署与澳门政府联合

图3-16-6 2015年9月,澳大利亚国立大学访问学者理查德·格林在奥林匹克森林公园与碳通量监测站研究人员交流

发起,于2013年启动实施,是北京市首个林业碳汇多边合作项目,总资金100万美元,全部来源于澳门政府捐赠。项目主要开展的活动包括:研究开发适合北京地区的森林经营增汇减排技术指南、森林经营碳汇项目计量监测技术指南和碳汇项目交易管理办法;建设示范区160公顷;利用森林经营项目增汇减排技术,对示范区进行碳

汇能力计量监测；开展相关能力建设和宣传活动，推动碳汇交易市场发展。

项目示范区所在的密云县东邵渠镇史长峪村的林地资源主要为密度过大的侧柏、油松林和固碳能力较低的灌木林，这3种林分类型对北京市整个山区森林资源具有良好的代表性。针对侧柏林密度偏大问题，开展增汇抚育间伐作业，针对油松林林中有部分天窗且林下有一些更新幼苗的现状，进行抚育保护及补植，促进其健康、稳定生长和固碳能力提高。灌木林部分则采取更新改造的方式逐步建立起了阔叶混交林。经过项目实施，单位面积森林碳汇能力提高至4.5吨/（公顷·年）（图3-16-7）。

图3-16-7　2014年4月，联合国开发计划署组织员工开展碳汇营造林活动

三、平原碳汇造林方法学综合试点示范

该项目于2014年实施，主要通过借鉴国际上在碳汇造林工程项目方法学方面的先进经验，进行平原碳汇造林工程项目的基线论证方法（包括土地合格性调查、基线调查）、碳汇生产技术、计量监测技术等方面的研究，同时开展平原造林方法学示范区建设工作，以推进平原碳汇造林项目的市场化进程。示范区面积36.67公顷、施用园林绿化废弃物再生有机肥90吨，施用菌根肥3250升，栽植油用牡丹10公顷、石竹6.67公顷、紫花苜蓿9.07公顷、桔梗3.33公顷，铺设生态垫7500平方米。工程突出了固碳增汇、节能减排和林下经济多功能特点，突出了生态主导，兼顾社会、经济和文化功能的协调统一，为《平原造林项目碳汇核算技术规程》的制定提供了理论依据，为碳汇交易市场的科学化、规范化发展提供了方法学支持和模式借鉴。

四、林业碳汇项目交易试点

根据市政府印发《北京市碳排放权交易管理办法（试行）》的要求，积极推进林业碳汇纳入全市碳交易市场体系。2014年，组织编制了林业碳汇交易流程，包括项目设计文件（PDD）编制、项目审定、项目实施、计量监测核证、审核备案及挂牌交易等环节（图3-16-8）。

结合平原造林工程的实施，2014—2015年，先后组织开发了"顺义区碳汇造林一期项目""房山区石楼镇碳汇造林项目""房山区平原造林碳汇项目""房山区废弃矿山生态修复项目"等4个本地林业碳汇项目，进入全市碳交易市场进行交易。其中"顺义区碳汇造林一期项目"造林630公顷，在第一监测期（2012年3月至2014年2月）内所产生并获签发的1197吨二氧化碳当量，由联华林德气体（北京）有限公司以36元/吨的价格购买，实现了北京市林业碳汇交易试点零的突破，是对园林绿化生态效益价值化的成功探索。

五、林业碳汇计量监测标准化示范区建设

该项目是国家林草局中央财政技术推广项目，于2017年启动实施。在收集整理"京冀生态水源保护林建设项目""东郊森林公园风景游憩林建设项目"的地块信息、竣工苗木清单等工程资料基础上，按造林区域和造林年度进行碳层划分。根据树种生长方程和胸径、树高计算出每个碳层年碳储量和碳汇量，并绘制以时间为自变量的碳曲线。各碳层累加汇总获得整个项目植被碳储量——年份曲线。对2009—2017年在承

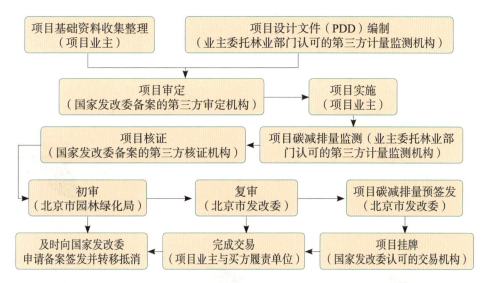

图 3-16-8 北京市碳排放权交易试点阶段林业碳汇交易项目开发步骤示意图

德、张家口2个市9个区（县）实施的"京冀生态水源保护林建设项目"开展碳汇计量监测，监测面积5.33万余公顷。结果显示，在60年计入期内，预计可吸收固定二氧化碳1586万吨，释放氧气1153万吨。对"东郊森林公园风景游憩林建设项目"在朝阳区金盏乡、顺义区李桥镇、通州区宋庄镇于2012—2015年完成的1290.73公顷造林工程进行碳汇计量监测。结果显示，在60年计入期内，预计可净吸收固定二氧化碳约77万吨，释放氧气56万吨。

六、低碳园林社区营建技术集成与示范

该项目位于朝阳区大屯街道安逸社区阳光新干线小区，于2017年启动实施，当年完成。项目通过采取增加绿地面积、乔灌草复合种植、立体绿化、循环利用绿化剩余物、减少绿地管护碳排放、太阳能草坪灯、雨水收集、节水灌溉等增汇减排技术，建设低碳园林社区5900平方米。经测算，通过项目实施，社区内植被年吸收／固定二氧化碳7.47吨，释放氧气6.61吨，每年可节水1076.8吨，节电936度。同时，以项目为依托，编制了"低碳园林社区增汇减排技术指南"，为建设低碳园林社区提供了示范样板。

七、北京冬奥会"碳中和林"碳汇计量监测项目

2018年，按照《北京2022年冬奥会和冬残奥会可持续性承诺工作任务分解清单（北京部分）》《北京2022年冬奥会和冬残奥会低碳管理工作方案》和《北京2022年冬奥会和冬残奥会碳中和实施方案》的相关部署要求，北京市林业碳汇工作提出了"高质量造林、高标准计量、高水平核证、高数量捐赠"的路径，构建了"目标导向、多方参与、市区联动、专家支撑"的工作机制，研究制定了《2022年冬奥会和冬残奥会碳中和任务落实方案》，稳步推进新一轮百万亩造林绿化建设工程的碳汇计量、监测工作。2018—2020年，完成了71万亩"冬奥碳中和林"的碳汇计量、监测。经具有国际资质的第三方机构核证，北京市政府向北京冬奥组委捐赠53万吨林业碳汇量，用于抵消冬奥会举办过程中的碳排放，为实现冬奥"碳中和"目标做出了积极贡献。

翠湖湿地候鸟

第四篇

森林资源
FOREST RESOURCES

第十七章 森林资源现状

森林是陆地生态系统的主体，是陆地上最大的可再生资源库、生物质能源库、生物基因库和支持地球生命系统的能量库，也是陆地上最大的"储碳库"和最经济的"吸碳器"，具有调节气候、涵养水源、保持水土、防风固沙、改良土壤、减少污染、固碳释氧等多种功能，对改善生态环境、维持生态平衡、保护人类生存发展起着决定性的和不可替代的作用。森林资源包括森林、林木、林地，以及依托森林、林木、林地生存的野生动物、植物和微生物。本章主要记述森林、林地、林木资源。

第一节 森林资源调查与监测

森林资源调查体系包括森林资源清查（以下简称一类调查）、森林资源规划设计调查（以下简称二类调查）、森林作业设计调查（以下简称三类调查）和林业专项调查。一类调查由国家林业主管部门统一组织，二类调查由各省市林业主管部门组织，三类调查和林业专项调查根据需要组织开展。北京市在森林资源规划设计调查的基础上开展森林资源年度动态监测。

一、森林资源清查（一类调查）

北京市森林资源连续清查是全国森林资源监测体系的重要组成部分，是准确查清北京市森林资源的数量、质量及其消长动态，全面掌握森林生态系统的现状和变化趋势，客观评价森林资源与生态状况，为国家和北京市制定和调整林业方针政策、规划、计划，监督检查森林资源消长任期目标责任制提供科学依据。森林资源连续清查以省份为调查总体，采用固定样地实测的调查方法。

第一次全国森林资源清查于1953—1961年开展，此次清查实际是基层单位的一次普遍森林经理调查，采用以角规为辅助工具的目测调查。第二次全国森林资源清查于1973—1979年开展，简称"四五清查"，此次调查基本上是以省份为单位组织的，大部分地区采用按各类样地数量比例测算各类地类面积，按测树样地蓄积量测算林分平均蓄积量的两相抽样。从1975年起，以省份为单位建立了森林资源连续清查体系。规定每隔5年复查一次，每年全国1/5的省份开展复查。

全国森林资源连续清查北京市清查体系始建

于1979年，1987年进行了第一次复查，此后每5年复查一次。1991年第二次复查时，在1979年清查体系的基础上，完善了北京市的森林资源连续清查体系，在全市域范围内系统布设了4101块固定样地。至2016年，北京市森林资源清查共开展了7次复查。

2020年7月，国家林业和草原局决定在北京、浙江、广西、重庆开展森林资源年度监测评价试点工作，致力于解决4个方面的问题，实现全国森林资源年度出数，着力提高监测信息的时效性和空间上的现势性；持续监测森林结构、质量及其生态状况，丰富监测成果；充分利用国家森林资源连续清查40多年的固定样地调查体系，优化抽样设计，有效克服原来清查体系可能出现的偏估和特殊对待对监测成果产生的影响；进一步推动国家和地方监测的"一体化"，确保监测成果数据衔接一致。

2021年6月，全国各省份开展林草生态综合监测评价，按照《自然资源调查监测体系构建总体方案》框架，依据《国土空间调查、规划、用途管制用地用海分类指南（试行）》，以第三次全国国土调查成果为统一底版，整合各类监测资源，构建林草生态综合监测评价体系，统筹开展森林、草原、湿地、荒漠化、沙化、石漠化土地监测（简称林草湿荒监测）。任务是查清全国和各省林草资源的种类、数量、质量、结构、分布，掌握年度消长动态变化情况，分析评价林草生态系统状况、功能效益、演替阶段和发展趋势，为制定和调整林草资源监督管理和生态系统保护修复的方针政策，支撑林长制督查考核、碳达峰碳中和战略，编制林草发展规划、国民经济与社会发展规划等提供科学依据。

（一）第二次全国森林资源清查——北京市初查

1979年，根据林业部的统一部署，在北京的平谷、密云、怀柔、延庆、昌平、门头沟和房山等7个山区县范围，按2千米×2千米的间距，系统布设面积为1亩（0.0667公顷）的正方形固定样地2237块，初步建立了北京市森林资源连续清查体系。8月，北京市完成《北京市森林资源连续清查技术规定》的编制，同时举办了7个山区县调查技术人员参加的技术培训班，到12月完成了全市2237块固定样地的布设和调查工作。1980年1月，进行内业统计汇总和报告的编写。

调查结果显示，全市有林地（森林）面积14.38万公顷（精度90%），全市森林覆盖率8.10%。全市活立木蓄积量392.07万立方米（精度80.7%），森林蓄积量146.59万立方米。

（二）第三次全国森林资源清查——北京市第一次复查

1986年，北京市开展了森林资源连续清查的第一次复查。复查依据1979年建立的北京市森林资源连续清查体系布设的固定样地，按区（县）逐块进行调查。9月，在延庆县举办技术培训班，培训工作得到了林业部资源司的大力支持，调查处领导亲自授课，取得了良好的效果。1987年5月外业调查工作全面展开，到9月底结束，随后进行全市统计汇总工作。

调查结果显示，全市林地面积105.65万公顷，有林地（森林）面积21.5万公顷（精度91.9%），全市森林覆盖率12.08%，活立木蓄积量524.6万立方米（精度83.9%），森林蓄积量377.67万立方米。

与初查相比，1979—1986年有林地（森林）面积增加7.12万公顷，森林覆盖率增加3.98个百分点，森林蓄积量增加231.08万立方米。

（三）第四次全国森林资源清查——北京市第二次复查

1991年，根据林业部的工作部署，北京市进行森林资源连续清查第二次复查。同时，对1979年初步建立的清查体系进行完善，实现市域的全覆盖。仍然按照2千米×2千米的间距，系统布设了全市域范围的固定样地，较初建体系增加样地1864块，共计4101块，完善了北京市的森林资源连续清查体系。3月，北京市编制的《北京市森林资源连续清查第二次复查技术操作细则》通过资源司审批，随后在昌平县举办了全市技术培训班。4月，外业调查陆续展开，到9月底外业结束。

调查结果表明，全市林地面积91.95万公顷，有林地（森林）面积26.7万公顷（精度92.9%），以经济林和防护林为主，全市森林覆盖率16.02%，活立木蓄积量911万立方米（精度89.8%），森林蓄积量446.26万立方米。

与第一次复查相比，1986—1991年有林地（森林）面积增加5.2万公顷，森林覆盖率增加3.94个百分点，森林蓄积量增加68.59万立方米。

（四）第五次全国森林资源清查——北京市第三次复查

1996年，北京市开展了第五次全国森林资源连续清查北京市第三次复查。北京市林业局成立了连续清查工作领导小组并组织实施，国家林业局规划院东北森林资源监测中心协助完成技术方案和操作细则的编制。各区（县）组建外业调查队伍开展外业调查。外业调查成果经市、县两级抽样检查后，再由东北森林资源监测中心抽检，合格率为97.65%，质量评定为优。

调查结果显示，全市林地面积93.06万公顷，其中有林地（森林）面积33.74万公顷，森林覆盖率20.24%。全市活立木总蓄积量1115.25万立方米，森林蓄积量685.83万立方米。

在有林地中，防护林13.95万公顷，蓄积量439.76万立方米；特种用途林2.34万公顷，蓄积量97.70万立方米；用材林3.34万公顷，蓄积量163.42万立方米；薪炭林1.02万公顷，蓄积量2.94万立方米；经济林13.09万公顷。

与第二次复查相比，1991—1996年有林地（森林）面积增加7.03万公顷，森林覆盖率增加4.22个百分点，森林蓄积量增加239.56万立方米。

（五）第六次全国森林资源清查——北京市第四次复查

2001年，根据国家林业局《关于做好2001年度森林资源连续清查前期准备工作的通知》和《关于切实做好2001年全国森林资源连续清查工作的通知》的要求，北京市开展了第六次全国森林资源连续清查北京市第四次复查。

2000年年底，国家林业局东北森林资源监测中心会同北京市林业局制定《北京市森林资源连续清查第四次复查技术方案》，2001年2月完成《北京市森林资源连续清查第四次复查技术操作细则》编写，并通过国家林业局审核。3月完成了各级技术培训，5月全面开展外业调查，8月下旬外业结束。

调查结果显示，全市土地总面积166.67万公顷，全市林地面积97.29万公顷，其中有林地（森林）面积37.80万公顷。森林覆盖率22.68%。活立木总蓄积量1176.36万立方米，森林蓄积量840.7万立方米。

在有林地中，防护林17.38万公顷，蓄积量626.05万立方米；特种用途林2.61万公顷，蓄积量109.23万立方米；用材林1.97万公顷，蓄积量100.84万立方米；薪炭林1.03万公顷，蓄积量4.58万立方米；经济林14.36万公顷。

与第三次复查相比，1996—2001年有林地（森林）面积增加4.06万公顷，森林覆盖率增加2.44个百分点，森林蓄积量增加154.88万立方米。

（六）第七次全国森林资源清查——北京市第五次复查

2006年，根据国家林业局《关于切实做好2006年全国森林资源连续清查工作的通知》的要求，北京市开展了全国森林资源连续清查北京市清查工作。为准确反映北京市绿化造林成就，2006年年初，经北京市园林绿化局申请，国家林业局批准同意从本次清查起，北京市总面积由前期的16667平方千米，确认为由国务院批复的

《北京城市总体规划（2004—2020年）》确定的16410平方千米。

森林资源连续清查工作在国家林业局森林资源管理司的统一领导下，由北京市清查领导小组及其办公室组织实施。市林勘院承担外业调查和遥感判读任务，国家林业局东北森林资源监测中心负责技术培训、跟踪指导、检查验收，以及数据的录入、统计分析和成果编制。参加清查工作人员共220人，完成4101块固定样地的调查和16391遥感样地判读工作（图4-17-1）。经检查验收，内外业调查综合合格率为99.03%，质量达到"优"级；遥感判读地类综合正判率87.62%。清查主要结果精度达到规定要求。

图4-17-1　2006年9月，八达岭林场开展森林资源固定样地调查

本次清查将原来"林业用地""非林业用地"的提法改为"林地"和"非林地"；提高了样地和样木复位率的标准，固定样地复位率由95%以上提高到98%以上，固定样木复位率的要求由90%以上提高到95%以上；将灌木林地划分为国家特别规定的灌木林地和其他灌木林地，国家特别规定的灌木林地计入森林面积，参加森林覆盖率计算。

本次清查增加了腐殖质厚度、枯枝落叶厚度、植被类型、森林类别、森林群落结构、树种结构、自然度、森林生态功能等级、森林生态功能指数等生态调查因子，并积极推广应用"3S"技术，对于实现森林生态状况监测，推动森林资源调查技术进步，提高清查工作效率和成果质量产生了积极的作用。

调查结果显示，全市林地面积101.46万公顷，全市森林面积52.05万公顷（有林地51.72万公顷，国家特别规定的灌木林面积0.33万公顷），森林覆盖率31.72%。活立木总蓄积量1291.29万立方米，森林蓄积量1038.58万立方米。

在有林地中，防护林29.59万公顷，蓄积量804.04万立方米；特种用途林3.35万公顷，蓄积量153.70万立方米；用材林2.51万公顷，蓄积量80.84万立方米；薪炭林0.12万公顷；经济林16.15万公顷。

与第四次复查相比，2001—2006年森林面积增加14.25万公顷，森林覆盖率增加9.04个百分点，森林蓄积量增加197.88万立方米。

（七）第八次全国森林资源清查——北京市第六次复查

2011年，根据《国家林业局关于部署开展第八次全国森林资源清查和做好2009年清查工作的通知》的要求，北京市开展了第八次全国森林资源连续清查北京市复查工作。本次复查工作由国家林业局森林资源管理司、国家林业局调查规划设计院、市园林绿化局共同领导，由市林勘院承担外业调查、遥感判读、技术培训、数据录入等工作，由国家林业局调查规划设计院负责跟踪指导、检查验收、统计分析和成果编制。

按照森林资源连续清查技术规定的要求，本次复查范围与全国第七次清查北京市复查保持一致，全市设置一个调查总体，以全市行政管辖范围为调查对象，总面积采用国家控制数据，固定样地4101个，遥感判读的成数样地16414个（其中复查的4101个固定样地中，实测样地3988个、目测样地78个、放弃样地35个）。本次复查工作由15个单位承担。据统计，全市直接从事外业调查的工组有49个，220人。整个"连清"工作从2010年8月开始准备，2011年5月开始外业调查，同年10月中旬完成全部调查任务，历时1年零2个月。

本次调查与前几次相比，更加注重新技术的应用，完善了PDA外业数据采集程序，增加了

GPS坐标和前期调查因子自动传入、前期样本数据导入、前后期数据对照、逻辑判断提示、辅助计算和自动保存等功能。数据的现地输入和实时的逻辑检查判断，减少了数据输入的误差，大大地提高了工作效率。为保证样地调查的质量，并为下一次复查时样地、样木复位提供依据，本次调查增加了对样地标志及现状用数码相机拍照保存样地影像资料的调查内容。本次调查还针对调查人员对植物识别能力的欠缺，收集整理植物照片，组织专家编制了《北京常见森林植物识别手册》，共收录北京地区常见植物200余种，并按植物分布区域、分布环境、形态特征等进行了详细说明，使调查人员能够快速、准确地识别植物，保证了调查的准确性。

调查结果显示，北京市林地面积101.35万公顷，森林面积58.81万公顷（其中有林地面积58.73万公顷，国家特别规定的灌木林面积0.08万公顷），森林覆盖率35.84%。活立木总蓄积量1828.04万立方米，森林蓄积量1425.33万立方米；乔木林每公顷蓄积量33.22立方米。

在森林资源中，防护林36.71万公顷，蓄积量1091.38万立方米；特种用途林3.94万公顷，蓄积量185.72万立方米；用材林2.33万公顷，蓄积量148.23万立方米；经济林15.83万公顷。

与第五次复查相比，北京市森林面积净增6.76万公顷，森林覆盖率提高4.12个百分点，活立木总蓄积量净增536.75万立方米，森林蓄积量净增386.75万立方米。

（八）第九次全国森林资源清查——北京市第七次复查

2016年，根据国家林业局《关于做好第九次全国森林资源清查2016年清查准备工作的通知》的要求，北京市开展了第九次全国森林资源连续清查北京市复查工作。清查工作在国家林业局森林资源管理司的统一领导下，由北京市清查工作领导小组及其办公室具体组织实施。市林勘院承担外业调查，国家林业局东北森林资源监测中心负责技术指导、质量检查、统计分析和成果编制。清查工作得到了北京市各区（县）的大力协助与支持，共同组成北京市专业调查队伍，完成4101块固定样地的调查。经过全体参加人员的共同努力，圆满完成了本次清查工作，外业调查质量达到"优"级，清查主要结果精度达到技术规定要求。

调查结果显示，北京市林地面积107.10万公顷，森林面积71.82万公顷，森林覆盖率43.77%。活立木总蓄积量3000.81万立方米，其中森林蓄积量2437.36万立方米。森林面积中，乔木林面积62.16万公顷，国家特别规定的灌木林面积9.66万公顷。

森林资源中，防护林46.69万公顷，特用林11.20万公顷，用材林1.52万公顷，经济林12.41万公顷，分别占森林面积的65.01%、15.59%、2.12%和17.28%。防护林蓄积量1800.28万立方米，特用林蓄积量402.52万立方米，用材林蓄积量152.38万立方米，经济林蓄积量82.18万立方米，分别占森林蓄积量的73.87%、16.51%、6.25%和3.37%。

与第六次复查相比，全市森林面积净增13.01万公顷，森林覆盖率提高7.93个百分点，活立木总蓄积量净增1172.77万立方米，森林蓄积量净增1012.03万立方米。

二、森林资源规划设计调查（二类调查）

森林资源规划设计调查是以满足森林经营、编制森林经营方案、总体设计、林业区划与规划设计需要而进行的森林资源调查。以区（县）级行政区域为调查单位组织开展，采用划分森林资源经营、管理小班进行调查的方法。主要任务是查清森林、林木和林地资源的种类、数量、质量与分布，客观反映调查区域自然、社会、经济条件和经营管理状况，综合分析与评价森林资源和经营现状，提出对森林资源培育、保护、利用意见。调查成果是建立或更新森林资源档案，编制森林经营方案，制定森林采伐限额，进行森林资源和林业工程规划、设计与森林资源管理的基础，也是制定区域国民经济发展规划和林业发展规划，实行森林生态效益补偿和森林资源资产化管理，指导和规范森林科学经营的重要依据。

北京市自1976年以来共开展了9次二类调查，1989年以后调查的间隔期为5年。调查基本内容包括核对各区（县）行政区域范围的境界线，并在经营管理范围内进行或调整（复查）经营区划，调查各类林地的面积，各类森林、林木蓄积量，调查与森林资源有关的自然地理环境和生态环境因素，调查森林经营条件、前期主要经营措施与经营成效。同时，依据北京市现有森林资源特点、经营目标和调查目的，以及以往资源调查成果的可利用程度，由调查会议确定具体调查内容和调查的详细程度。主要包括森林资源生长量和消耗量、森林土壤、森林更新、森林病虫害、森林火灾、野生动植物资源、生物量等10余项。

1976—1994年共开展4次森林资源二类调查。从第五次森林资源二类调查工作开始，市政府更加重视森林资源调查工作，1999年市政府农林办公室转发北京市林业局《关于森林资源二类调查的工作方案》，2004年市政府办公厅转发北京市林业局《关于森林资源二类调查的工作方案》，2009年、2014年市政府办公厅转发北京市园林绿化局《关于园林绿化资源普查的工作方案》，有力推动了调查工作的顺利开展和圆满完成。2020年1月，自然资源部发文《关于印发〈自然资源调查监测体系构建总体方案〉的通知》，明确森林资源调查属于专项调查，由林业和草原主管部门负责。

（一）第一次森林资源规划设计调查

1976年，北京市开展了第一次森林资源二类调查。因当时调查队还处于解散时期，由北京市林业工作站负责组织各区（县，不包括丰台、顺义）林业部门技术人员开展林业资源二类调查，调查范围内有林业用地61.3万公顷。其中有林地20.4万公顷，疏林地1.3万公顷，灌木林地0.8万公顷，未成林造林地0.8万公顷，苗圃地0.2万公顷，无林地37.7万公顷。活立木蓄积量438万立方米。

（二）第二次森林资源规划设计调查

1980年，为了搞好全市林业区划，北京市农林局组织开展了全市14个区（县）的森林资源二类调查。为开展二类调查，1979年下半年，市农林局责成局林业调查队制定林业调查技术规范，负责各区（县）的技术指导工作。1980年5月外业调查陆续展开，到1981年上半年结束。

调查结果显示，全市林业用地64.67万公顷。其中，有林地20.39万公顷，疏林地0.71万公顷，灌木林地4.99万公顷，未成林造林地2.12万公顷，苗圃地0.25万公顷，无林地36.21万公顷。全市森林覆盖率12.94%、林木绿化率16.6%。

有林地按林种划分：防护林4.7万公顷，占23.0%；特用林0.8万公顷，占4.1%；用材林7.0万公顷，占34.3%；薪炭林0.4万公顷，占2.2%；经济林7.4万公顷，占36.4%。

全市活立木蓄积量450.82万立方米。其中，林分蓄积量304.65万立方米，疏林地蓄积量7.28万立方米，散生木蓄积量13.51万立方米，村镇四旁树蓄积量125.38万立方米。

（三）第三次森林资源规划设计调查

1989年，北京市开展第三次全市森林资源二类调查，并制定了《北京市郊区"七五"森林资源调查技术规定》《北京市郊区"七五"森林资源调查内业统计的有关规定》《"七五"二类森林资源调查质量检查规定》。4月，举办全市二类调查技术骨干培训班，共有125人参加，然后区（县）又进行调查员培训，全市共组成110多个工组，500多人的队伍，进行现场调查。5月外业调查陆续展开，到11月基本结束。市质量联合检查组现场检查3329个小班，占总数的6.7%，合格率86.2%，质量符合要求。12月，组织开展内业统计工作技术培训，全市内业统计工作全面展开，到1990年7月全市统计汇总工作完成。

1990年年初，市林业局提出了建立二类调查数据库的构想，基于当时技术力量和资金的局限，未能实现，但仍实现了内业统计的突破。外业调查结束后，组织技术人员，成功开发了"KC85"计算机"二类调查统计表"录入程序，和IBM-PC/XT微型计算机"二类调查统计表"统计程序，将录入"KC85"内的数据传入IBM-PC/XT内进行统计汇总，实现了市级内业统计的计算机化。尽管将统计表人工录入"KC85"内的速度较慢，IBM-PC/XT计算机的运算速度也不快，但较人工用计算器统计仍前进了一大步，统计效率大大提高。

调查结果显示，全市林业用地82.91万公顷。其中，有林地33.09万公顷，疏林地2.31万公顷，灌木林地15.93万公顷，未成林造林地3.83万公顷，苗圃地0.21万公顷，无林地27.54万公顷。全市森林覆盖率19.85%、林木绿化率28.23%。山区林木绿化率35.91%，平原林木绿化率15.29%。

有林地按林种划分：防护林12.32万公顷，占37.2%；特用林2.11万公顷，占6.4%；用材林6.22万公顷，占18.8%；薪炭林1.03万公顷，占3.1%；经济林11.41万公顷，占34.51%。

全市活立木蓄积量883.94万立方米。其中，林分蓄积量377.26万立方米，疏林地蓄积量13.34万立方米，散生木蓄积量39.25万立方米，村镇四旁树蓄积量454.09万立方米。

1980—1989年，全市林业用地增加18.24万公顷，森林增加12.7万公顷，活立木蓄积量增加433.12万立方米，林分蓄积量增加72.61万立方米，全市森林覆盖率增加6.91个百分点、林木绿化率增加11.63个百分点。

（四）第四次森林资源规划设计调查

1993年12月，市林业局编制《北京市"八五"森林资源二类调查工作方案》，并根据林业部新颁布的《全国森林资源规划设计调查技术规定》制订《北京市"八五"森林资源二类调查技术规定》。1994年3月，市林业局举办100多名技术骨干参加的培训班；4月，外业调查陆续开始。全市组成120个调查小组，400余名技术人员参加调查。12月外业调查工作完成。1995年5月，全市计算机内业统计工作完成。根据当时的条件和经济实力，建立了以乡镇为单位的"北京市森林资源二类调查统计表数据库"，为调查数据的使用、查询提供了极大的便利。

与第三次森林资源二类调查技术标准相比，有林地与疏林地的分类标准有所调整，有林地最低郁闭度由0.3降为0.2，即郁闭度≥0.2为有林地，0.1≤郁闭度＜0.2为疏林地；未成林造林地成活率由41%~80%改为80%，即造林成活株数大于合理造林株数的80%，尚未郁闭但有成林希望的新造林地为未成林造林地；灌木林地的覆盖度标准由40%改为30%，灌木的覆盖度≥30%即为灌木林地。

经市、区（县）两级检查组对75个乡镇259个小班检查验收，调查合格率为87.6%，质量符合要求。

调查结果显示，全市规划林业用地82.92万公顷，占全市面积的49.4%。其中，有林地46.46万公顷，疏林地1.68万公顷，灌木林地17.38万公顷，未成林造林地2.83万公顷，苗圃地0.34万公顷，无林地14.23万公顷。

有林地按林种划分：防护林22.96万公顷，占49.4%；特用林4.55万公顷，占9.8%；用材林4.90万公顷，占10.5%；薪炭林1.19万公顷，占2.6%；经济林12.86万公顷，占27.7%。全市森林覆盖率27.88%、林木绿化率36.26%。山区林木绿化率48.82%，平原林木绿化率20.85%。

全市活立木蓄积量1167.12万立方米。其中，林分蓄积量826.94万立方米，疏林地蓄积量4.00万立方米，散生木蓄积量5.30万立方米，村镇四旁树蓄积量283.19万立方米。

1989—1994年，全市林业用地无变化，森林面积增加13.37万公顷，活立木蓄积量增加283.18万立方米，林分蓄积量增加449.68万立方米，全市森林覆盖率增加8.03个百分点，林木绿化率增加8.03个百分点。

（五）第五次森林资源规划设计调查

市林业局根据林业部1996年颁发的《森林资源规划设计调查主要技术规定》，并结合北京市实际，于1998年制订了《北京市森林资源规划设计调查技术操作细则》。与上期调查相比，在技术标准、调查方法和调查内容上都有了一定的变化，将"林业用地"和"有林地"两个地类，相应改为"林地"和"森林"，并增加"无立木林地"地类技术标准，增加森林旅游资源、重点工程等调查内容；将森林划分为公益林、商品林两大类，为实施森林分类经营奠定了基础。

1999年4月初，有100余名技术骨干参加了市级培训。各区（县）和有林单位按照要求，分别在外业调查前对全部参加调查的技术人员进行岗前培训。5月，外业调查陆续展开。全市共组建110个外业调查组，由600多名技术人员组成，近3500人参加了调查工作，10月底外业调查结束后，即转入市级检查验收和内业统计汇总。

市级检查组对14个区（县）所有调查组的内、外业进行抽查，共抽查153个乡（镇、办事处）2896个小班，合格小班2841个，合格率98.1%。

为使调查数据统计汇总更准确、便捷，市林业局委托北京林业大学开发了"北京市森林资源动态管理系统"软件，将全部小班资料录入计算机，建立森林资源规划设计调查小班数据库，实现了计算机管理统计汇总二类调查成果。2000年9月，全市小班录入及统计工作全部完成。

统计结果显示，全市林地面积80.4万公顷，占全市土地总面积的47.8%。其中，森林面积51.5万公顷，占林地面积的64.1%；国有林地面积8.4万公顷，占全市林地面积的10.4%；集体林地面积72.0万公顷，占全市林地面积的89.6%。全市森林面积中公益林面积34.3万公顷，占全市森林面积的66.5%；商品林面积17.2万公顷，占全市森林面积的33.5%。国有森林面积6.2万公顷，占全市森林面积的12.0%；集体森林面积45.3万公顷，占全市森林面积的88.0%。活立木蓄积量1428.0万立方米，较上次增加260.9万立方米，增长率22.35%。全市林木绿化率41.9%，森林覆盖率30.65%。

1994—1999年，全市林业用地增加10.14万公顷，有林地增加5.05万公顷，活立木蓄积量增加260.87万立方米，林分蓄积量增加243.65万立方米，全市森林覆盖率增加2.77个百分点、全市林木绿化率增加5.64个百分点。

（六）第六次森林资源规划设计调查

2004年，市林业局组织开展了北京市第六次森林资源二类调查工作，根据国家林业局2003年颁布的《森林资源规划设计调查主要技术规定》，制订了《北京市森林资源规划设计调查技术操作细则》。全市23个单位〔区（县）、国有林场和有林单位〕共110名技术人员参加培训。紧接着集中各单位技术骨干，利用航空影像进行小班区划工作，为期45天。依据市民政局最新行政勘界成果修正了市、区（县）、乡镇原有的行政界线，解决了过去行政界限不清的问题，真正实现了调查的无缝衔接，避免了重复调查和遗漏问题。5月，各单位外业调查陆续展开，10月底结束。全市共组织林业技术人员700余人参与了此项工作。

市林勘院联合中国林业科学研究院资源信息研究所开发了森林资源二类调查动态管理系统，全面采用基于"3S"技术的先进手段进行省级二类调查，在全国尚属首次。利用航空影像进行小班区划，现场调查采用GPS定位，利用数据采集器（PDA+GPS）记录现场调查数据，利用计算机对数据进行逻辑检查，利用地理信息系统软件进行数据管理，大大提高森林资源调查的工作效率和管理水平。根据此次调查成果建立并完善森林资源管理系统，为实现森林资源动态监测打下了基础。

调查结果显示，全市林地总面积为105.4万公顷。其中，主要包括乔木林地面积61.9万公顷，灌木林地32.1万公顷，未成林地3.3万公顷，苗圃地2.0万公顷，宜林荒山荒地5.2万公顷，四旁树占地折合面积为3.6万公顷。全市的林木绿化率为49.99%，森林覆盖率为35.47%。活立木蓄积量1521.3万立方米。

山区林地面积为88.1万公顷。其中，森林面积46.9万公顷，灌木林地32.1万公顷，未成林地3.3万公顷，宜林荒山4.9万公顷，四旁树占地折合面积0.6万公顷。山区林木绿化率为67.85%，森林覆盖率为46.55%。

平原地区林地面积为17.3万公顷。其中，森林面积15.0万公顷，未参加森林覆盖率和林木绿化率计算的非规划林地面积为2.1万公顷；宜林沙荒地0.3万公顷；四旁树占地折合面积3.0万公顷。平原林木绿化率为23.57%，森林覆盖率为19.10%。

1999—2004年，全市林业用地增加12.38万公顷，有林地增加10.41万公顷，活立木蓄积量增加93.35万立方米，林分蓄积量增加224.7万立方米，全市森林覆盖率增加4.82个百分点、全市林木绿化率增加8.09个百分点。

（七）第七次森林资源规划设计调查

2009年，市园林绿化局组织开展了北京市"十一五"期间园林绿化资源普查，包括森林资源二类调查和城市园林绿化普查两项工作，并编写了《北京市园林绿化普查工作方案》和《北京市森林资源规划设计调查操作细则》。经市和区（县）两级技术培训后（图4-17-2），各单位于2009年4月陆续开展外业调查，至10月全面结束，经内外业的检查验收和调查数据分析整理，2010年年初完成统计汇总。

图4-17-2　2009年北京市园林绿化资源普查培训班

全市共组织42个调查队（单位），直接参与调查的专业技术人员超过了800人，参与调查的人员近2万人。全市域共区划调查林地小班15万多个。

与第六次森林资源二类调查一样，全面应用了"3S"技术。在小班区划时，将"十五"资源调查的小班图，叠加在2007年拍摄、比例尺为1∶10000的航空遥感正射影像图上，运用计算机，根据航空遥感正射影像进行小班区划，主要是对地类有变化的小班进行细化，同时调整不合理的小班边界，形成新的小班区划图。外业调查时，对区划不合理的小班，按照现地实际调整小班边界。

调查利用GPS自动采集样地坐标，建立了以地理信息系统（GIS）和遥感系统（RS）为支撑的园林绿化资源调查信息系统和北京市园林绿化资源管理系统，实现对各类园林绿化专题信息、市区两级资源的综合管理。

调查结果显示，全市林地面积104.5万公顷，占市域总面积的63.74%。森林面积65.9万公顷，林木绿化率为52.60%，森林覆盖率为36.70%。活立木总蓄积量1810.3万立方米，其中森林蓄积量1406.1万立方米。森林中，公益林48.1万公顷，占森林面积的72.95%，其中防护林面积42.0万公顷，特用林面积6.1万公顷；商品林面积17.8万公顷，占全市森林面积的27.05%，其中经济林面积15.4万公顷，用材林面积2.4万公顷。山区林地面积88.1万公顷，占全市林地面积的84.20%，其中森林面积51.5万公顷，灌木林地面积30.4万公顷，四旁树占地折合面积0.2万公顷。山区森林覆盖率50.97%，林木绿化率71.35%。平原林地面积16.5万公顷，占全市林地面积的15.80%，其中森林面积14.4万公顷，四旁树占地折合面积2.5万公顷，林木绿化率26.36%。

2004—2009年，全市林业用地减少0.82万公顷，有林地增加3.97万公顷，活立木蓄积量增加288.96万立方米，林分蓄积量增加110.85万立方米，全市森林覆盖率增加1.23个百分点，全市林木绿化率增加2.61个百分点。

（八）第八次森林资源规划设计调查

2013年8月，市政府办公厅转发《市园林绿化局关于开展第八次园林绿化资源普查工作意见的通知》。2014年，根据《北京市森林资源保护管理条例》和《北京市绿化条例》的有关规定，市园林绿化局组织开展了第八次园林绿化资源普查工作，普查工作包括森林资源规划设计调查和城市园林绿化资源调查两项内容。

2014年1~2月，分两期组织开展了各区（县）、市属国有林场小班区划工作，110多人参加区划，在利用最新航空影像和大比例尺地形图等现代技术手段的基础上，区划小班21.15万个。2014年5月开始正式外业调查，全市共组织了381个调查工组，直接参与调查的技术人员2403人。本次调查大部分区（县）都由自己的调查队或林业工作站等专业调查队伍承担调查任务，也有少部分区县采取聘用专业调查公司或抽调少量技术骨干再聘请大中专院校林业、园林专业学生组成联合调查队伍等方式开展调查工作。2014年11月，全面完成外业工作。

调查结果显示，全市林地面积1081443.57公顷，其中有林地734530.56公顷、疏林地2068.25公顷、灌木林地292916.57公顷、苗圃地21755.20公顷、宜林地16338.92公顷。全市森林覆盖率41.00%，林木绿化率58.40%。活立木总蓄积量2109.13万立方米，其中林分蓄积量1669.87万立方米。山区森林覆盖率56.65%，林木绿化率77.22%；平原地区森林覆盖率24.50%，林木绿化率31.28%。

全市森林面积734530.56公顷，其中公益林面积578711.88公顷，占78.79%，森林蓄积量14468721.04立方米，占86.65%；商品林面积155818.68公顷，占21.21%，森林蓄积量2230037.23立方米，占13.35%。在公益林中，防护林面积489528.86公顷，森林蓄积量11604996.24立方米；特种用途林面积89183.02公顷，森林蓄积量2863724.80立方米。在商品林中，用材林19342.53公顷，森林蓄积量2230037.23立方米；经济林136476.15公顷。

在全市森林中，除经济林外，林分面积为598054.41公顷，蓄积量16698758.27立方米。其中，幼龄林面积345276.61公顷，蓄积量4231897.01立方米；中龄林面积148432.29公顷，蓄积量5842304.38立方米；近熟林面积49307.05公顷，蓄积量2642585.39立方米；成熟林面积46788.88公顷，蓄积量2885817.81立方米；过熟林面积8249.58公顷，蓄积量1096153.68立方米。中幼林面积占林分的82.55%，蓄积量仅占林分的51.62%。

2009—2014年，全市林业用地增加3.53万公顷，有林地增加7.56万公顷，活立木蓄积量增加298.84万立方米，林分蓄积量增加263.74万立方米，全市森林覆盖率增加4.30个百分点，全市林木绿化率增加5.80个百分点。

（九）第九次森林资源规划设计调查

2018年8月，市园林绿化局制订印发《北京市园林绿化局关于做好第九次全市园林绿化资源调查准备工作的通知》，2019年4月，经市园林绿化局（首都绿化办）局长办公会第1次会议研究决定，于2019年组织开展第九次全市园林绿化资源专业调查工作，并印发了《北京市第九次园林绿化资源专业调查工作方案》。第九次全市园林绿化资源专业调查包括森林资源规划设计调查和城市绿地资源调查两项内容。本次调查全市各区主要由第三方承担调查任务，为保证调查进度及质量，全市采用了"两级"培训方式即"市级集中培训+区级专场培训"的方式，建立了"三级"质量检查体系即"工组自查+区级检查+市级核查"的检查体系，从而统一了技术标准及调查方法，强化了区级主体责任，突出了技术培训、日常检查、质量控制、检查责任制度，为调查的顺利进行及质量保证打下了坚实的基础。

外业调查前，全市组织200余名调查骨干，集中统一开展小班区划工作,历时42天,共区划小班88万多个,其中森林资源规划设计调查区划小班43万多个。全市调查工组600余个,直接参与调查的技术人员1600多人,5月开始外业调查,当年年底外业调查结束。

本次调查林地统计口径较过去有所变化,调查成果中的林地面积,不包括第三次全国国土调查确定的建设用地中的森林面积以及耕地中的农田防护林(农田林网)面积。调查结果显示,全市林地面积1078500.85公顷,森林面积846769.21公顷,森林覆盖率44.35%。活立木蓄积量30641646.36立方米,森林蓄积量25206686.71立方米。全市天然林面积290366.22公顷,蓄积量6834044.52立方米;人工林面积556402.99公顷,蓄积量18372642.19立方米。具体数据详见本章第二节至第五节内容。

三、森林作业设计调查

森林作业设计调查要求精度较高,是以某一特定范围或作业地段为单位进行的作业性调查,一般采用实测或抽样调查方法,对每个作业地段的森林资源、立地条件及更新状况等进行详细调查,目的是满足林业基层生产单位安排具体生产作业(如造林更新、森林采伐、森林抚育等)的需要,其调查设计成果是分期逐步实施森林经营方案,合理组织生产、科学培育和经营利用森林资源的作业依据。

四、林业专项调查

北京地区林业专项调查主要包括立地类型调查、森林土壤调查、森林更新调查、森林生长量调查、林业种质资源调查、野生动物资源调查、野生经济植物资源调查、林业有害生物调查等,部分内容是二类调查的重要组成部分。林业专项调查的内容取决于具体调查目的和任务,其调查成果直接为林业调查、区划、规划、设计和林业生产建设及经营管理等提供基础依据。

五、年度动态监测

2006年4月,市园林绿化局制订印发《北京市园林绿化局关于实施北京市绿化资源动态监测管理办法的通知》《北京市绿化资源动态监测管理办法》,明确绿化资源动态监测目的与任务、主要依据、监测对象、主要内容、技术标准、调查方法、数据处理、质量管理、组织和人员管理、成果要求等,统计报表涵盖地类、林种、树种、蓄积量、立地类型、龄级等25种。10月,全市绿化资源动态监测工作会议召开。实施绿化资源动态监测,是森林资源管理"一体两翼"中重要一翼,一体是林地、绿地保护和管理,林木采伐、移植管理,林权管理;两翼是开展执法检查工作和实施动态监测体系建设。绿化资源动态监测利用2004年森林资源二类调查成果,结合全市实际情况,建立6项森林资源动态监测系统,即森林资源与基础地理数据库、森林资源调查信息管理系统、造林作业设计系统、造林检查验收系统、森林资源更新维护管理系统、森林资源信息共享平台。当年开展森林资源动态监测体系建设课题,深入房山、通州、密云等多个区(县)进行调研,召开专题座谈会,完成《立足实际开拓创新加快北京市森林资源动态监测体系建设》情况报告。

2007年,市园林绿化局以2004年森林资源二类调查结果和绿地普查成果为本底数据,对2005年和2006年两个年度绿化资源变化情况进行调查监测,采集数据12404条,并对全市绿化资源变化情况进行汇总分析,形成2006年和2007年绿化资源年度监测成果报告。报告重点是对林地面积、森林面积、森林覆盖率和林木绿化率、活立木蓄积量、城市绿地变化等主要方面进行分析。

2008年起,市园林绿化局组织各区(县)园林绿化部门,利用全市绿化资源动态监测系统,每年对上一年的园林绿化资源进行动态监测,监测包括造林营林、城市绿地、林木采伐、林地征占等资源变化,共30多个因子,重点对林地面积、森林面积、森林覆盖率和林木绿化率、活立木蓄积量、城市绿地等方面进行监测分析，收集有关基础资料，现地核实，汇总统计分析，编制每年度动态监测报告。

2009年和2014年，开展了森林资源二类调查，故森林资源动态监测数据和森林资源二类调查一致。

2019年开展森林资源二类调查，此次森林资源调查林地和第三次全国国土调查林地对接，林地分类标准和对比口径有所变化，因而2019年没有使用森林资源二类调查报告数据，2019年和2020年森林资源动态监测数据仍然按照原有动态监测方式得到。

2020年年底，根据森林资源动态监测成果，全市林地面积1129980.65公顷，森林面积848313.92公顷，森林覆盖率44.4%，林木绿化率62.5%。各年度森林资源动态监测成果见表4-17-1、表4-17-2、表4-17-3和表4-17-4。

第二节　森林面积与蓄积量

一、林地

据2019年开展的全市第九次园林绿化资源专业调查成果，全市林地面积1078500.85公顷，其中乔木林地704938.45公顷，占65.36%；疏林地1503.28公顷，占0.14%；灌木林地317747.18公顷，占29.46%；未成林造林地10816.98公顷，占1.00%；苗圃地30356.95公顷，占2.82%；迹地353.77公顷，占0.03%；宜林地12784.24公顷，占1.19%。

各区各类林地面积情况详见表4-17-5。林地面积最大的区是怀柔区，186017.13公顷；其次是密云区，170273.22公顷；再次是延庆区，160913.86公顷；东城区、西城区没有林地；石景山区林地面积最少，仅为2553.58公顷。

二、森林

全市森林面积846769.21公顷，森林蓄积量25206686.71立方米。其中，乔木林面积736293.58公顷（包括林地范围外在建设用地等地类上的乔木林31355.13公顷），占86.95%，乔木林蓄积量25206686.71方米，占100%；特灌林面积110475.63公顷，占13.05%，特灌林无蓄积量。

全市森林面积、蓄积量中，公益林面积703973.17公顷、占83.14%，蓄积量23375451.51立方米、占92.74%；商品林面积142796.04公顷、占16.86%，蓄积量1831235.20立方米、占7.26%（图4-17-3）。

森林面积最大的区是怀柔区，164052.64公顷；其次是密云区，156164.87公顷；再次是延庆区，122316.9公顷。各区森林面积见表4-17-6。

图4-17-3　百望山侧柏林

表 4-17-1 2007—2020 年森林资源年度动态监测林地面积变化情况

单位：公顷

统计单位	2007 年	2008 年	2009 年	2010 年	2011 年	2012 年	2013 年	2014 年	2015 年	2016 年	2017 年	2018 年	2019 年	2020 年
全市	1057923.10	1060333.50	1046096.40	1047012.10	1047847.05	1062302.85	1082264.85	1081443.57	1089534.30	1091600.41	1094460.48	1099282.59	1106167.16	1129980.65
东城区	750.90	750.90	552.44	552.44	552.44	552.44	552.44	552.44	552.44	552.44	431.70	431.70	431.70	291.66
西城区	616.20	616.20	431.70	431.70	431.70	431.70	431.70	431.70	431.70	431.70	552.44	552.44	552.44	160.67
朝阳区	11279.60	11504.40	10247.68	10411.18	10466.76	10571.02	10710.46	10517.17	10933.34	11050.15	11307.95	11310.25	11467.88	12376.38
丰台区	8125.90	8067.50	9026.74	9084.4	9076.20	9266.65	9540.37	9476.58	9513.30	9543.78	9573.23	9702.03	9726.11	9206.71
石景山区	2803.20	2782.20	3036.37	3036.37	3030.32	3053.86	3049.64	3013.18	3011.36	3011.12	3010.90	3009.78	3071.78	3030.18
海淀区	18668.90	18655.80	18188.89	18192.67	18195.64	18363.42	18571.10	16641.11	18010.26	18061.40	17988.63	17982.06	17279.21	17204.78
门头沟区	135696.40	135714.90	136095.92	136101.7	136073.25	135890.85	135825.26	134762.89	134757.79	134757.79	33200.38	33777.46	34383.29	39246.27
房山区	136095.80	136282.10	134027.49	134062.31	134035.91	137283.85	140592.14	137021.59	139011.82	139112.97	134757.79	134645.43	134739.02	137055.94
通州区	22999.80	23493.40	18624.70	18662.48	19147.71	22443.06	25898.02	28917.47	29842.43	29798.16	139146.44	139573.08	140069.23	140181.57
顺义区	28589.30	28674.20	28120.08	28130.54	28219.63	29705.70	32931.40	39570.18	39776.08	40286.81	30198.94	31479.10	33926.06	40560.57
昌平区	87436.50	87240.90	84841.41	84841.41	84780.57	86127.48	88146.09	89222.60	89635.94	89781.06	40585.26	40707.83	41894.15	46567.62
大兴区	30589.50	30809.90	27779.91	28109.64	28211.70	27306.37	29980.68	28700.50	30885.09	31276.22	89834.39	89878.72	89879.33	91742.16
怀柔区	184094.80	184091.10	183372.52	183301.86	183236.26	183351.08	183534.68	182772.88	182868.40	183051.45	183131.32	184238.85	185006.74	187686.15
平谷区	70301.20	70399.20	70416.41	70417.85	70415.25	71157.75	72346.05	70303.52	70307.62	70431.19	70430.34	70574.96	70644.35	70002.83
密云区	168027.30	167753.10	166514.36	166475.41	166476.88	170733.75	172398.05	168876.82	169058.30	169080.86	169085.47	169203.07	169178.01	171850.92
延庆区	151847.80	153497.70	154819.75	155200.13	155496.83	156063.46	157756.77	160662.94	160938.43	161373.31	161225.30	162215.83	163917.86	162816.24

注：2009 年、2014 年为森林资源规划设计调查（二类调查）数据。

表4-17-2 2007—2020年森林资源年度动态监测森林面积变化情况

单位：公顷

统计单位	2007年	2008年	2009年	2010年	2011年	2012年	2013年	2014年	2015年	2016年	2017年	2018年	2019年	2020年
全市	636565.70	641368.30	658914.08	666050.67	673411.77	691341.11	716456.08	734530.56	744956.06	756000.69	767665.10	777603.50	791972.01	848313.92
东城区	750.90	750.90	552.44	552.44	552.44	552.44	552.44	552.44	552.44	552.44	431.70	431.70	431.70	291.66
西城区	616.20	616.20	431.70	431.70	431.70	431.70	431.70	431.70	431.70	431.70	552.44	552.44	552.44	160.67
朝阳区	9631.30	9887.70	8264.59	8564.81	8684.57	8818.57	8980.83	9022.06	9542.37	9724.40	9982.20	10170.37	10761.57	10886.48
丰台区	7011.20	7126.60	7738.52	7956.58	7964.10	8109.43	8414.58	8197.85	8251.19	8275.19	8304.55	8441.16	8466.48	8554.68
石景山区	2440.10	2419.90	2333.72	2333.72	2341.08	2359.29	2355.07	2380.85	2382.29	2382.05	2381.83	2386.75	2448.75	2641.70
海淀区	15590.30	15593.00	15223.51	15241.46	15262.49	15408.65	15616.33	14505.04	15365.32	15407.14	15334.37	15350.36	15403.05	15412.22
门头沟区	47732.70	47814.10	51494.01	51783.44	53309.39	55188.39	56503.87	59746.66	60632.52	62775.14	29946.93	30571.44	31296.86	34078.83
房山区	48280.30	49146.60	51209.50	53130.90	53896.64	57320.97	60943.91	60947.24	63124.82	66062.97	66346.14	67627.97	69353.44	69746.12
通州区	20103.10	20453.80	17369.35	17396.47	17888.62	21227.97	24710.12	24760.33	25734.45	25804.59	67794.17	69703.14	71573.04	73430.22
顺义区	23203.20	23296.30	21458.68	21493.56	21599.07	23201.04	25785.74	29159.75	29412.87	30779.52	26205.37	27485.53	29932.49	31222.56
昌平区	41998.90	42943.10	52192.33	52982.03	54110.75	57189.07	59253.92	61657.16	62070.50	62607.92	31208.29	31343.54	32529.86	33431.99
大兴区	27528.40	27549.00	24054.21	24387.72	24515.64	25314.07	28427.00	25541.04	27845.90	27998.67	63079.20	63566.98	64025.59	64830.29
怀柔区	112797.40	112863.10	112654.43	112807.26	112839.60	113360.44	114787.61	118993.87	119500.89	120168.28	121089.24	122918.29	124805.76	164242.20
平谷区	58093.60	58174.30	59582.41	59817.90	60151.59	60812.57	62220.87	62997.34	63072.69	63196.26	63606.59	63849.01	63944.58	63944.38
密云区	123746.40	123814.80	127476.36	128799.25	130378.81	132061.54	134751.14	141941.75	142482.27	143380.43	144374.82	145012.52	146131.63	152628.14
延庆区	97041.70	98918.90	106878.32	108371.43	109485.28	109984.97	112720.94	113695.48	114553.84	116454.08	117027.26	118192.30	120314.77	122811.78

注：2009年、2014年为森林资源规划设计调查（二类调查）数据。

表4-17-3　2007—2020年森林资源年度动态监测森林覆盖率变化情况

单位：%

统计单位	2007年	2008年	2009年	2010年	2011年	2012年	2013年	2014年	2015年	2016年	2017年	2018年	2019年	2020年
全市	36.49	36.78	36.70	37.00	37.60	38.60	40.13	41.00	41.60	42.30	43.00	43.50	44.00	44.40
东城区	0.00	0.00	13.20	13.20	13.20	13.20	13.20	13.20	13.20	13.20	8.54	8.54	8.54	6.97
西城区	0.00	0.00	8.54	8.54	8.54	8.54	8.54	8.54	8.54	8.54	13.20	13.20	13.20	3.18
朝阳区	15.78	16.34	18.16	18.82	19.08	19.38	19.74	19.83	20.97	21.37	21.94	22.35	23.65	23.92
丰台区	22.93	23.31	25.31	26.02	26.04	26.52	27.52	26.81	26.98	27.06	27.16	27.61	27.69	27.97
石景山区	28.28	28.04	27.68	27.68	27.76	27.98	27.93	28.24	28.26	28.26	28.26	28.32	29.06	31.33
海淀区	27.77	27.78	35.34	35.39	35.43	35.77	36.25	33.68	35.68	35.78	35.61	35.65	35.76	35.78
门头沟区	32.56	32.62	35.50	35.70	36.75	38.04	38.95	41.18	41.79	43.27	28.90	29.50	30.20	32.88
房山区	21.89	22.33	25.74	26.71	27.09	28.81	30.63	30.63	31.72	33.20	45.73	46.61	47.80	48.08
通州区	15.61	16.00	19.17	19.20	19.74	23.42	27.26	27.32	28.39	28.47	34.07	35.03	35.97	36.91
顺义区	21.06	21.15	21.04	21.07	21.18	22.75	25.28	28.59	28.84	30.18	28.91	30.32	33.02	34.45
昌平区	30.59	31.29	38.85	39.43	40.27	42.57	44.11	45.89	46.20	46.60	30.60	30.73	31.89	32.78
大兴区	24.89	24.91	23.21	23.53	23.66	24.43	27.43	24.65	26.87	27.02	46.95	47.31	47.65	48.25
怀柔区	52.57	52.60	53.07	53.15	53.16	53.41	54.08	56.06	56.30	56.61	57.04	57.90	58.79	77.38
平谷区	60.59	60.67	62.71	62.96	63.31	64.00	65.48	66.30	66.38	66.51	66.94	67.20	67.30	67.30
密云区	55.11	55.14	57.18	57.77	58.48	59.24	60.45	63.67	63.91	64.31	64.76	65.05	65.55	68.46
延庆区	48.61	49.55	53.61	54.36	54.91	55.16	56.53	57.03	57.46	58.41	58.70	59.28	60.34	61.60

注：2009年、2014年为森林资源规划设计调查（二类调查）数据。

表 4-17-4　2007—2020 年森林资源年度动态监测林木绿化率变化情况

单位：%

统计单位	2007年	2008年	2009年	2010年	2011年	2012年	2013年	2014年	2015年	2016年	2017年	2018年	2019年	2020年
全市	51.69	52.01	52.60	53.00	54.78	55.50	57.40	58.40	59.00	59.30	61.01	61.50	62.00	62.50
东城区	0.00	0.00	19.13	19.13	19.13	19.13	19.13	19.13	19.13	19.13	14.62	14.62	14.62	10.73
西城区	0.00	0.00	14.62	14.62	14.62	14.62	14.62	14.62	14.62	14.62	19.13	19.13	19.13	13.15
朝阳区	23.00	23.56	22.35	23.01	23.28	23.33	23.69	24.04	24.94	25.16	25.73	26.14	27.80	31.94
丰台区	37.45	38.08	38.79	38.97	39.00	39.73	40.73	39.50	39.67	39.75	39.85	40.29	40.37	34.40
石景山区	42.79	42.55	40.12	40.12	40.21	40.43	40.38	40.58	40.60	40.60	40.60	40.66	41.40	35.64
海淀区	38.33	38.34	42.23	42.25	42.30	42.64	43.12	38.58	40.58	40.68	40.51	40.53	40.79	41.13
门头沟区	54.52	54.58	56.63	57.54	58.22	60.09	62.50	64.27	65.90	67.22	31.53	32.13	32.83	33.46
房山区	51.65	52.09	53.33	54.47	54.73	56.46	58.43	58.54	59.86	60.93	69.22	70.02	71.20	72.75
通州区	21.79	22.18	23.35	23.38	23.92	27.17	31.01	31.29	32.36	32.44	61.80	62.56	63.30	64.11
顺义区	28.40	28.49	26.55	26.58	26.68	28.32	30.85	34.51	35.60	36.60	32.88	34.29	36.99	35.29
昌平区	59.07	60.09	60.60	61.22	61.77	64.07	65.89	66.41	66.72	66.87	37.02	37.15	38.31	35.75
大兴区	28.76	28.78	25.50	25.82	25.95	26.72	29.72	27.28	29.50	29.65	66.93	66.99	67.00	67.18
怀柔区	75.30	75.33	75.35	75.57	75.57	76.42	77.70	78.44	78.85	79.10	79.36	80.03	80.54	85.02
平谷区	63.82	63.90	66.10	66.4	66.75	68.10	69.71	70.48	71.26	71.39	71.58	71.84	71.94	72.74
密云区	62.84	62.87	64.03	64.84	65.51	66.73	68.60	72.17	72.50	72.84	73.13	73.25	73.63	75.30
延庆区	60.81	61.75	62.83	65.28	65.84	66.09	68.05	69.23	70.04	70.95	71.15	71.67	72.53	72.98

注：2009 年、2014 年为森林资源规划设计调查（二类调查）数据。

表 4-17-5 2019 年全市各区各类林地面积

单位：公顷

统计单位	林地										
	合计	乔木林地				疏林地	灌木林地	未成林造林地	苗圃地	迹地	宜林地
		小计	针叶林地	阔叶林地	混交林地						
全市	1078500.85	704938.45	187273.17	329395.68	188269.60	1503.28	317747.18	10816.98	30356.94	353.77	12784.24
东城区	0.00	0.00	0.00	0.00	0.00	0.00	0.00	0.00	0.00	0.00	0.00
西城区	0.00	0.00	0.00	0.00	0.00	0.00	0.00	0.00	0.00	0.00	0.00
朝阳区	7224.39	6688.25	395.37	5092.11	1200.76	0.00	68.10	0.00	180.16	0.00	287.89
丰台区	7115.64	6287.21	322.18	1050.25	4914.78	11.52	334.53	0.00	219.77	20.25	242.36
石景山区	2553.58	2143.56	761.93	596.77	784.85	1.39	315.84	16.81	5.69	0.19	70.10
海淀区	13086.78	9721.12	1963.98	3646.26	4110.88	65.03	2501.29	173.32	529.73	0.00	96.29
门头沟区	133780.72	64656.87	15347.92	36696.15	12612.80	424.21	62176.15	5340.07	167.27	2.53	1013.63
房山区	134297.13	63605.86	20654.03	21045.26	21906.57	254.15	62036.16	3053.55	2222.55	22.71	3102.15
通州区	34529.58	23027.72	2865.41	16925.51	3236.80	0.00	3265.97	91.21	5424.40	12.18	2708.11
顺义区	42023.30	26244.50	3884.47	19310.73	3049.30	11.12	4156.23	135.35	10290.43	180.87	1004.79
昌平区	83378.73	53411.63	14050.49	17011.19	22349.94	410.03	26406.67	445.86	1347.14	20.19	1337.22
大兴区	34122.57	22912.73	2934.37	13001.95	6976.41	57.59	6258.73	114.10	4392.90	27.26	359.27
怀柔区	186017.13	141908.17	33541.35	76270.36	32096.47	0.43	41449.18	90.89	1368.84	17.03	1182.59
平谷区	69184.22	49304.57	13588.73	25615.04	10100.80	0.00	19140.18	0.00	641.66	39.93	57.88
密云区	170273.22	124222.04	48521.25	34685.49	41015.29	264.28	44879.95	21.24	419.79	0.00	465.91
延庆区	160913.86	110804.25	28441.68	58448.62	23913.95	3.54	44758.19	1334.58	3146.61	10.63	856.07

表 4-17-6 2019 年全市各区森林面积

单位：公顷、%

统计单位	森林面积			
	合计	占比	乔木林	特灌林
全市	846769.21	100.00	736293.58	110475.63
东城区	291.66	0.03	291.66	0.00
西城区	160.67	0.02	160.67	0.00
朝阳区	10429.39	1.23	10429.39	0.00
丰台区	8537.48	1.01	8193.59	343.89
石景山区	2643.21	0.31	2592.69	50.51
海淀区	15405.24	1.82	13480.32	1924.91

(续)

统计单位	森林面积			
	合计	占比	乔木林	特灌林
门头沟区	69896.16	8.25	65353.02	4543.14
房山区	71933.70	8.50	65877.18	6056.52
通州区	30165.76	3.56	26959.43	3206.33
顺义区	32705.93	3.86	29175.42	3530.51
昌平区	64478.04	7.61	56769.51	7708.53
大兴区	33613.38	3.97	27281.25	6332.13
怀柔区	164052.64	19.37	142913.16	21139.48
平谷区	63974.19	7.56	49806.45	14167.74
密云区	156164.87	18.44	125083.90	31080.97
延庆区	122316.90	14.45	111925.93	10390.97

第三节 森林结构

一、林种结构

据2019年开展的全市第九次园林绿化资源专业调查成果，全市乔木林面积、蓄积量按林种划分，防护林面积519929.89公顷、占70.61%，蓄积量15078285.42立方米、占59.82%；特用林面积183991.33公顷、占24.99%，蓄积量8297166.09立方米、占32.92%；用材林面积14219.56公顷、占1.93%，蓄积量1695739.21立方米、占6.73%；经济林18152.80公顷（不包括特灌经济林）、占2.47%，蓄积量135495.99立方米、占0.54%。各区乔木林按林种面积蓄积量情况见表4-17-7。

（一）防护林

防护林最多的区是怀柔区，面积123599.95公顷，占防护林的23.77%；其次是密云区，面积113789.42公顷，占防护林的21.89%；再次是延庆区，97391.24公顷，占防护林的18.73%。

防护林按二级林种划分，最多的是水土保持林，面积271922.15公顷，占防护林的52.30%；其次是水源涵养林，面积210975.23公顷，占防护林的40.58%；防风固沙林、农田防护林、护路林和护岸林合计仅占7.12%。各区防护林二级林种面积见表4-17-8。

（二）特用林

特用林最多的区是房山区，面积23837.97公顷，占特用林的12.96%；其次是通州区，面积20899.45公顷，占特用林的11.36%；再次是怀柔区，19107.98公顷，占特用林的10.39%。特用林按二级林种划分，最多的是环境保护林，面积105448.1公顷，占特用林的57.31%；其次是风景林，面积48166.87公顷，占特用林的26.18%；再次是自然保护林，面积28116.25公顷，占特用林的15.28%。各区特用林二级林种面积见表4-17-9。

表 4-17-7　2019 年全市各区乔木林按林种面积、蓄积量

单位：公顷、立方米

统计单位	合计		防护林		特用林		用材林		经济林	
	面积	蓄积量	面积	蓄积量	面积	蓄积量	面积	蓄积量	面积	蓄积量
全市	736293.59	25206686.71	519929.89	15078285.42	183991.33	8297166.09	14219.57	1695739.21	18152.80	135495.99
东城区	291.66	16512.08	0.00	0.00	291.66	16512.08	0.00	0.00	0.00	0.00
西城区	160.67	21496.96	0.00	0.00	160.67	21496.96	0.00	0.00	0.00	0.00
朝阳区	10429.39	998595.93	458.71	88140.74	9970.68	910455.19	0.00	0.00	0.00	0.00
丰台区	8193.60	347703.70	481.48	27887.77	7612.48	304553.25	99.64	15262.68	0.00	0.00
石景山区	2592.70	118849.58	502.49	26394.25	2089.46	92444.76	0.00	0.00	0.75	10.57
海淀区	13480.32	811265.48	2268.85	129710.37	11156.05	678089.26	6.52	1025.38	48.90	2440.47
门头沟区	65353.02	1616522.15	58815.41	1359350.49	5326.93	256803.17	0.00	0.00	1210.68	368.49
房山区	65877.17	1545056.79	37796.86	750266.46	23837.97	641071.18	1394.42	145682.08	2847.92	8037.07
通州区	26959.44	1623444.90	3810.87	478229.26	20899.45	926068.98	2196.26	218412.69	52.86	733.97
顺义区	29175.42	2065232.00	10031.07	842642.69	15818.74	730627.69	3242.32	488886.62	83.29	3075.00
昌平区	56769.51	1483673.22	34060.25	550724.45	19075.33	816736.70	94.39	16358.56	3539.54	99853.51
大兴区	27281.25	1771218.27	5869.36	842902.37	18913.12	803933.26	1044.15	122305.21	1454.62	2077.43
怀柔区	142913.16	3616382.16	123599.95	2851460.07	19107.98	759459.17	7.74	1571.25	197.49	3891.67
平谷区	49806.45	1492391.07	31053.93	988384.92	8247.16	252948.00	1961.03	249895.64	8544.33	1162.51
密云区	125083.90	3890666.29	113789.42	3117862.67	7471.67	402633.14	3656.76	356604.26	166.05	13566.22
延庆区	111925.93	3787676.13	97391.24	3024328.91	14011.98	683333.30	516.34	79734.84	6.37	279.08

表 4-17-8　防护林二级林种面积

单位：公顷

统计单位	小计	水源涵养林	水土保持林	防风固沙林	农田防护林	护岸林	护路林
全市	519929.89	210975.23	271922.15	12357.65	2902.06	5476.08	16296.72
东城区	0.00	0.00	0.00	0.00	0.00	0.00	0.00
西城区	0.00	0.00	0.00	0.00	0.00	0.00	0.00
朝阳区	458.71	0.00	0.00	0.00	69.80	84.21	304.70
丰台区	481.48	0.00	121.25	3.11	7.84	99.91	249.37
石景山区	502.49	0.00	435.67	19.62	0.00	18.1	29.09
海淀区	2268.85	0.00	1898.67	14.85	0.00	114.63	240.71
门头沟区	58815.41	128.70	58626.36	2.33	0.00	28.25	29.78
房山区	37796.86	0.00	34793.46	954.78	308.46	1037.17	703.00

(续)

统计单位	小计	水源涵养林	水土保持林	防风固沙林	农田防护林	护岸林	护路林
通州区	3810.87	49.39	0.00	0.00	1.74	662.24	3097.50
顺义区	10031.07	3.50	3265.83	28.78	7.16	1367.9	5357.89
昌平区	34060.25	9576.53	18910.91	3200.69	218.99	627.88	1525.25
大兴区	5869.36	0.00	0.00	1837.69	1090.76	899.39	2041.52
怀柔区	123599.95	109137.20	12933.52	874.60	105.86	206.59	342.18
平谷区	31053.93	1082.60	29363.96	0.00	27.98	145.75	433.64
密云区	113789.42	88874.81	23381.04	758.32	375.82	100.07	299.35
延庆区	97391.24	2122.51	88191.47	4662.87	687.65	83.99	1642.74

表 4-17-9 特用林二级林种面积

单位：公顷

统计单位	小计	环境保护林	风景林	自然保护林	实验林	国防林	名胜古迹和革命纪念林
全市	183991.33	105448.10	48166.87	28116.25	1733.80	152.62	373.67
东城区	291.66	0.00	291.66	0.00	0.00	0.00	0.00
西城区	160.67	0.00	160.67	0.00	0.00	0.00	0.00
朝阳区	9970.68	7107.39	2863.29	0.00	0.00	0.00	0.00
丰台区	7612.48	6344.71	1157.98	0.00	0.00	100.82	8.97
石景山区	2089.46	408.72	1618.88	0.00	0.00	0.00	61.85
海淀区	11156.05	5874.11	5052.57	0.00	0.00	5.52	223.85
门头沟区	5326.93	88.76	4009.66	0.00	1182.22	46.28	0.00
房山区	23837.97	9661.01	11224.55	2951.98	0.00	0.00	0.43
通州区	20899.45	18555.21	2344.24	0.00	0.00	0.00	0.00
顺义区	15818.74	14425.54	1065.09	328.11	0.00	0.00	0.00
昌平区	19075.33	10574.15	8423.13	0.00	0.00	0.00	78.06
大兴区	18913.12	17246.68	1666.44	0.00	0.00	0.00	0.00
怀柔区	19107.98	2558.46	53.55	16495.97	0.00	0.00	0.00
平谷区	8247.16	5544.20	171.48	2531.48	0.00	0.00	0.00
密云区	7471.67	402.85	4192.53	2876.30	0.00	0.00	0.00
延庆区	14011.98	6656.32	3871.13	2932.42	551.58	0.00	0.51

（三）用材林

用材林最多的区是密云区，面积3656.76公顷，占用材林的25.72%；其次是顺义区，面积3242.32公顷，占用材林的22.80%；再次是通州区，2196.26公顷，占用材林的15.45%。用材林按树种划分，最多的是品种杨，面积5931.75公顷，占41.72%；其次是毛白杨，面积3221.86公顷，占22.66%；再次是加杨，面积1750.87公顷，占12.31%。各树种面积和蓄积量见表4-17-10。

表4-17-10　用材林树种面积和蓄积量

优势树种	面积（公顷）	面积占比（%）	蓄积量（立方米）	蓄积量占比（%）
合计	14219.56	100.00	1695739.20	100.00
品种杨	5931.75	41.72	708996.48	41.81
毛白杨	3221.86	22.66	382475.30	22.56
加杨	1750.87	12.31	234237.10	13.81
小叶杨	71.97	0.51	8394.86	0.50
其他杨树	3243.11	22.81	361635.46	21.33

（四）经济林

全市经济林面积128576.48公顷，其中乔木型经济林18152.81公顷、占14.12%，特灌经济林110423.67公顷、占85.88%。

经济林最多的区是密云区，面积31247.02公顷，占经济林的24.30%；其次是平谷区，面积22712.07公顷，占经济林的17.66%；再次是怀柔区，面积21336.97公顷，占经济林的16.59%。经济林按树种划分，最多的是矮化板栗，面积536971.88公顷，占28.75%；其次是桃，面积16622.98公顷，占12.93%；再次是矮化核桃，面积13290.85公顷，占10.34%。面积在5000公顷以上的经济林树种还有仁用杏8346.12公顷，占6.49%；苹果8301.95公顷，占6.46%；柿子6044.53公顷，占4.70%；鲜杏5938.59公顷，占4.62%；梨5839.55公顷，占4.54%；乔木型核桃5488.65公顷，占4.27%。

全市幼树期经济林面积18855.61公顷，占14.66%；盛果期经济林面积103023.58公顷，占80.13%；衰老期经济林面积6697.29公顷，占5.21%。各区经济林面积和株数情况见表4-17-11。

表4-17-11　全市经济林及散生果树

单位：公顷、万株

统计单位	合计		幼树期		盛果期		衰老期		散生果树株数
	面积	株数	面积	株数	面积	株数	面积	株数	
全市	128576.48	144124924	18855.61	24995677	103023.58	113748907	6697.29	5380341	298
朝阳区	0.00	0	0.00	0	0.00	0	0.00	0	10
丰台区	343.89	456942	7.09	7980	336.80	448962	0.00	0	6
石景山区	51.26	67778	36.83	52856	14.43	14922	0.00	0	1
海淀区	1973.82	2281761	919.59	1125044	1054.23	1156717	0.00	0	3
门头沟区	5701.86	8513603	1196.30	3404068	4413.91	4991192	91.64	118343	8

(续)

统计单位	合计		幼树期		盛果期		衰老期		散生果树株数
	面积	株数	面积	株数	面积	株数	面积	株数	
房山区	8904.44	10244829	750.88	802244	5813.62	7750493	2339.95	1692092	142
通州区	3259.19	5959369	540.53	1070369	2681.78	4861043	36.88	27957	8
顺义区	3613.80	6745278	487.86	1138426	3031.41	5433000	94.54	173852	14
昌平区	11248.07	14564039	487.13	744270	10343.71	13497628	417.23	322141	46
大兴区	7786.75	16735862	1843.33	4095041	5446.16	12226225	497.26	414596	13
怀柔区	21336.97	24120490	1373.56	2061850	19383.20	21332558	580.21	726082	8
平谷区	22712.07	15293180	2712.78	1345984	18974.50	13284571	1024.80	662625	17
密云区	31247.02	27688237	6626.02	6984729	23231.03	19623042	1389.97	1080467	14
延庆区	10397.34	11453556	1873.72	2162816	8298.82	9128554	224.81	162186	10

二、林龄结构

全市乔木林面积按林龄划分，幼龄林433976.38公顷、占58.94%，中龄林153922.34公顷、占20.90%，近熟林68961.35公顷、占9.37%，成熟林68407.55公顷、占9.29%，过熟林11025.96公顷、占1.50%。全市乔木林蓄积量中，幼龄林6989449.26立方米、占27.73%，中龄林6661051.99立方米、占26.42%，近熟林4551799.69立方米、占18.06%，成熟林5401802.36立方米、占21.43%，过熟林1602583.41立方米、占6.36%。

（一）幼龄林

幼龄林分布较多的区分别是怀柔区94023.75公顷、密云区68289.34公顷、延庆区55843.29公顷、房山区44205.83公顷、门头沟区42235.54公顷。幼龄林单位面积蓄积量为16.11立方米/公顷，平原地区幼龄林单位面积蓄积量较高，如朝阳区幼龄林单位面积蓄积量为53.06立方米/公顷、通州区31.89立方米/公顷、大兴区28.12立方米/公顷（图4-17-4）。各区幼龄林面积蓄积量情况见表4-17-12。

幼龄林面积最大的树种（组）是侧柏，124026.89公顷，占幼龄林面积的28.58%；其次是山杏，60296.19公顷，占幼龄林面积的

图4-17-4 毛白杨幼龄林

13.89%；再次是油松，32309.42公顷，占幼龄林面积的7.44%。各树种（组）幼龄林面积、蓄积量情况见表4-17-13。

（二）中龄林

中龄林分布较多的区分别是怀柔区30679.64公顷、延庆区27004.36公顷、密云区22379.89公顷、平谷区19396.2公顷、门头沟区14062.57公顷。中龄林单位面积蓄积量为43.28立方米/公顷，中龄林单位面积蓄积量较高的区依次是西城区188.61立方米/公顷、大兴区118.68立方米/公顷、通州区101.20立方米/公顷、顺义区97.10立方米/公顷、朝阳

区 75.90 立方米/公顷（图 4-17-5）。各区中龄林面积、蓄积量情况见表 4-17-12。

中龄林面积最大的树种（组）是侧柏，20531.58 公顷，占中龄林面积的 13.34%；其次是杨树，13899.78 公顷，占中龄林面积的 9.03%；再次是油松，9196.33 公顷，占中龄林面积的 5.97%。各树种（组）中龄林面积、蓄积量情况见表 4-17-13。

图 4-17-5　落叶松中龄林

（三）近熟林

近熟林分布较多的区分别是延庆区 17004.55 公顷，占近熟林面积的 24.66%；其次是怀柔区 11600.25 公顷，占近熟林面积的 16.82%；再次是密云区 11317.63 公顷，占近熟林面积的 16.41%。近熟林单位面积蓄积量为 66.01 立方米/公顷，近熟林单位面积蓄积量较高的区依次是大兴区 178.78 立方米/公顷、西城区 171.81 立方米/公顷、顺义区 167.99 立方米/公顷、通州区 154.87 立方米/公顷、朝阳区 106.01 立方米/公顷。各区近熟林面积蓄积情况见表 4-17-12。

近熟林面积最大的树种（组）是油松，24947.10 公顷，占近熟林面积的 36.18%；其次是栎树，12860.93 公顷，占近熟林面积的 18.65%；再次是杨树，12793.09 公顷，占近熟林面积的 18.55%。各树种（组）近熟林面积、蓄积量情况见表 4-17-13。

（四）成熟林

成熟林分布较多的区分别是密云区 21772.08 公顷，占成熟林面积的 31.83%；其次是延庆区 9382.35 公顷，占成熟林面积的 13.72%；再次是平谷区 8573.44 公顷，占成熟林面积的 12.53%。成熟林单位面积蓄积量为 78.97 立方米/公顷，成熟林单位面积蓄积量较高的区依次是顺义区 215 立方米/公顷、大兴区 205.04 立方米/公顷、通州区 195.13 立方米/公顷、西城区 188.22 立方米/公顷、朝阳区 183.66 立方米/公顷。各区成熟林面积、蓄积量情况见表 4-17-12。

成熟林面积最大的树种（组）是油松，38519.12 公顷，占成熟林面积的 56.31%；其次是杨树，10876.39 公顷，占成熟林面积的 15.90%；再次是栎树，4823.38 公顷，占成熟林面积的 7.05%。各树种（组）成熟林面积、蓄积量情况见表 4-17-13。

（五）过熟林

过熟林分布较多的区分别是延庆区 2691.37 公顷，占过熟林面积的 24.41%；其次是密云区 1324.96 公顷，占过熟林面积的 12.02%；再次是怀柔区 1240.29 公顷，占过熟林面积的 11.25%。过熟林单位面积蓄积量为 145.35 立方米/公顷，过熟林单位面积蓄积量较高的区依次是丰台区 299.16 立方米/公顷、顺义区 247.22 立方米/公顷、通州区 239.79 立方米/公顷、怀柔区 212.03 立方米/公顷、昌平区 202.54 立方米/公顷。各区过熟林面积蓄积量情况见表 4-17-12。

过熟林面积最大的树种（组）是杨树，6664.9 公顷，占过熟林面积的 60.45%；其次是油松，3065.68 公顷，占过熟林面积的 27.80%；再次是柳树，455.06 公顷，占过熟林面积的 4.13%。各树种（组）过熟林面积、蓄积量情况见表 4-17-13。

表 4-17-12　全市各区乔木林各龄组面积、蓄积量

单位：公顷、立方米

统计单位	合计		幼龄林		中龄林		近熟林		成熟林		过熟林	
	面积	蓄积量	面积	蓄积量	面积	蓄积量	面积	蓄积量	面积	蓄积量	面积	蓄积量
全市	736293.58	25206686.71	433976.38	6989449.26	153922.34	6661051.99	68961.35	4551799.69	68407.55	5401802.36	11025.96	1602583.41
东城区	291.66	16512.08	153.11	7576.86	28.46	1671.02	12.34	600.44	25.65	1937.30	72.09	4726.46
西城区	160.67	21496.96	3.69	298.69	24.26	4575.78	35.95	6176.54	25.95	4884.24	70.83	5561.72
朝阳区	10429.39	998595.93	4375.55	232182.72	2221.54	168604.81	1357.83	143948.91	2122.98	389898.49	351.49	63961.01
丰台区	8193.59	347703.70	5311.92	145387.93	1847.16	99058.09	501.76	38879.39	485.07	50114.57	47.68	14263.72
石景山区	2592.69	118849.58	903.30	27229.38	815.08	34504.90	405.96	27324.37	398.64	25035.92	69.72	4755.01
海淀区	13480.32	811265.48	6026.02	255914.72	2789.49	149300.62	1851.77	138983.16	2358.38	225542.09	454.67	41524.88
门头沟区	65353.02	1616522.15	42235.54	628323.48	14062.57	470443.65	4697.50	260790.71	3698.84	216595.92	658.57	40368.40
房山区	65877.18	1545056.78	44205.83	615439.27	10212.86	282404.47	4703.22	257052.79	5702.60	308032.02	1052.68	82128.23
通州区	26959.43	1623444.90	19456.74	620404.79	4351.62	440371.76	1704.20	263933.91	1079.51	210644.81	367.36	88089.63
顺义区	29175.42	2065232.00	18904.03	494503.15	4573.67	444090.49	2514.48	422401.03	2567.71	552068.38	615.53	152168.94
昌平区	56769.51	1483673.22	42009.26	572383.67	9090.07	347522.96	1731.39	157299.58	3324.06	281958.57	614.73	124508.45
大兴区	27281.25	1771218.27	19073.69	536337.59	4445.46	527589.10	1776.26	317563.84	1521.06	311877.96	464.78	77849.78
怀柔区	142913.16	3616382.15	94023.75	1104771.79	30679.64	1195104.75	11600.25	598844.45	5369.23	454681.33	1240.29	262979.84
平谷区	49806.45	1492391.06	13161.32	198635.28	19396.20	417338.63	7746.27	395039.06	8573.44	425691.03	929.22	55687.06
密云区	125083.90	3890666.30	68289.34	679034.44	22379.89	994839.14	11317.63	679307.70	21772.08	1399595.25	1324.96	137889.77
延庆区	111925.93	3787676.13	55843.29	871025.51	27004.36	1083631.83	17004.55	843653.80	9382.35	543244.48	2691.37	446120.51

表4-17-13 全市乔木林树种（组）各龄组面积、蓄积量

单位：公顷、立方米

树种（组）	合计		幼龄林		中龄林		近熟林		成熟林		过熟林	
	面积	蓄积量	面积	蓄积量	面积	蓄积量	面积	蓄积量	面积	蓄积量	面积	蓄积量
全市	736293.58	25206686.71	433976.38	6989449.26	153922.34	6661051.99	68961.35	4551799.69	68407.55	5401802.36	11025.96	1602583.41
侧柏	148502.40	1757615.98	124026.89	1151633.50	20531.58	495108.95	3091.38	81051.77	808.82	27693.84	43.75	2127.93
落叶松	8314.36	434584.67	595.94	12065.41	655.07	25112.20	2803.51	126861.50	4186.51	264827.12	73.33	5718.43
油松	108037.70	4229836.83	32309.42	365725.99	9196.33	317676.13	24947.10	1155949.07	38519.12	2198771.04	3065.68	191714.60
柞树	144112.00	4374201.13	74712.62	1575142.70	51639.10	2018893.08	12860.93	545602.54	4823.38	229805.75	75.99	4757.02
桦木	18846.37	577591.06	8755.47	101558.43	4823.92	202380.51	2709.88	163142.45	2557.06	110508.23	0.04	1.45
山杨	9247.57	578467.67	2512.05	114692.57	6045.13	404014.05	618.08	53126.36	72.30	6634.70	0.00	0.00
刺槐	27897.77	1009554.82	18943.03	546488.53	4041.06	192441.69	3356.82	173422.93	1408.33	82653.66	148.53	14548
杨树	54923.59	7292074.24	10689.43	674130.23	13899.78	1485162.93	12793.09	1829205.55	10876.39	2031525.05	6664.9	1272050.49
槐	21061.37	770000.30	18662.76	603953.42	1870.13	124812.58	437.92	33194.13	55.01	3860.17	35.55	4179.99
榆树	19405.93	473164.81	14948.45	265292.39	2551.44	101374.52	774.02	44373.39	1097.61	60409.55	34.42	1714.97
柳树	16248.40	1199230.09	6622.74	282657.90	5259.25	373279.20	1869.77	191930.55	2041.58	274481.06	455.06	76881.38
白蜡	10799.02	331683.56	9536.36	268363.12	866.40	45061.55	230.30	9945.69	154.6	7629.35	11.36	683.85
银杏	9637.17	246342.95	9011.38	205548.40	560.91	35876.67	44.50	3187.40	9.54	1009.26	10.85	721.22
栎树	6821.96	180931.44	5709.79	124986.48	731.28	34665.54	203.16	11441.65	90.53	4029.30	87.21	5808.48
山杏	65916.35	152882.25	60296.19	53252.89	5223.98	91291.01	180.59	3763.02	155.60	2756.94	59.99	1818.39
其他阔叶树	66521.64	1598524.91	36643.87	643957.29	26026.99	713901.38	2040.30	125601.71	1551.18	95207.32	259.30	19857.21

三、森林起源

（一）天然林

北京市天然林为原始森林破坏后出现的次生林或萌生丛，受自然因素影响较大，主要分布在海拔800米以上的深山区。全市天然林面积290366.22公顷，占全市森林面积的34.29%，蓄积量6834044.52立方米，占全市森林蓄积量的27.11%。其中，乔木林面积290314.27公顷、特灌林面积51.96公顷。门头沟、房山、昌平、怀柔、平谷、密云和延庆7个区有天然林分布，其中怀柔、延庆、密云3个区天然林面积、蓄积量均占比较高，3区面积合计216193.81公顷、占74.46%，蓄积量合计5141343.73立方米、占75.23%。

1. 天然乔木林权属结构

天然乔木林按权属划分，国有林面积17732.78公顷、占6.11%，蓄积量1087651.73立方米、占15.92%；集体林面积272633.44公顷、占93.89%，蓄积量5746392.79立方米、占84.08%。

2. 天然乔木林林种结构

天然乔木林按林种划分，防护林面积258689.11公顷、占89.09%，蓄积量5452270.40立方米、占79.78%；特用林面积31677.11公顷、占10.91%，蓄积量1381774.12立方米、占20.22%。

3. 天然乔木林龄组结构

全市天然乔木林面积、蓄积量中，幼龄林面积184508.44公顷、占63.55%，蓄积量2423781.48立方米、占35.47%；中龄林面积80249.64公顷、占27.64%，蓄积量3144576.18立方米、占46.01%；近熟林面积16360.18公顷、占5.64%，蓄积量805200.42立方米、占11.78%；成熟林面积8818.42公顷、占3.04%，蓄积量429953.88立方米、占6.29%；过熟林面积377.59公顷、占0.13%，蓄积量30532.55立方米、占0.45%。各区天然乔木林各龄组面积、蓄积量情况详见表4-17-14。

4. 天然乔木林树种（组）结构

全市天然乔木林面积、蓄积量中，针叶林面积24345.15公顷、占8.38%，蓄积量480602.42立方米、占7.03%；阔叶林面积190845.85公顷、占65.74%，蓄积量4972093.55立方米、占72.76%；混交林面积75123.26公顷、占25.88%，蓄积量1381348.55立方米、占20.21%（图4-17-6）。

图4-17-6　怀柔喇叭沟门天然混交林

表4-17-14　天然乔木林各龄组面积、蓄积量

单位：公顷、立方米

统计单位	合计		幼龄林		中龄林		近熟林		成熟林		过熟林	
	面积	蓄积量	面积	蓄积量	面积	蓄积量	面积	蓄积量	面积	蓄积量	面积	蓄积量
全市	290314.27	6834044.52	184508.44	2423781.48	80249.64	3144576.18	16360.18	805200.42	8818.42	429953.88	377.59	30532.55
门头沟区	36184.39	993850.13	22861.40	458746.86	10654.62	382610.32	2023.67	120647.71	623.67	30752.79	21.03	1092.46
房山区	18186.94	302422.48	10753.14	103503.44	4401.84	142519.45	1068.89	28937.02	1883.84	23751.83	79.22	3710.73
昌平区	14271.35	165355.84	11767.75	60579.87	1337.51	30384.59	235.81	14150.77	855.53	54731.27	74.75	5509.34
怀柔区	109709.66	2079067.53	80506.04	925013.08	27071.77	1042334.77	2125.5	109896.33	6.35	1823.35	0.00	0.00

(续)

统计单位	合计		幼龄林		中龄林		近熟林		成熟林		过熟林	
	面积	蓄积量	面积	蓄积量	面积	蓄积量	面积	蓄积量	面积	蓄积量	面积	蓄积量
平谷区	5477.78	231072.34	910.27	36951.80	2463.59	107078.55	1507.34	57976.98	581.06	28442.64	15.52	622.37
密云区	45371.63	1236283.17	28218.75	333025.33	13507.26	668734.52	1903.68	112599.26	1554.87	102326.40	187.07	19597.66
延庆区	61112.52	1825993.03	29491.09	505961.10	20813.05	770913.98	7495.29	360992.35	3313.10	188125.59	0.00	0.00

全市天然林按树种（组）分，以柞树（蒙古栎等）为主，其次为山杏、侧柏、桦木、榆树、山杨、油松等。排名居前3位的面积合计220171.40公顷、占75.84%，蓄积量合计4492735.66立方米、占65.73%。各树种（组）面积、蓄积量情况见表4-17-15。

表4-17-15　全市天然乔木林各树种（组）面积、蓄积量

树种（组）	面积（公顷）	面积占比（%）	蓄积量（立方米）	蓄积量占比（%）	单位面积蓄积量（立方米/公顷）
全市	290314.27	100.00	6834044.52	100.00	23.54
侧柏	27124.14	9.34	380887.06	5.57	14.04
油松	3327.33	1.15	224458.46	3.29	67.46
柞树	133851.19	46.11	3983839.21	58.29	29.76
桦木	18770.10	6.46	576895.49	8.44	30.73
山杨	9247.57	3.19	578467.67	8.47	62.55
榆树	9829.32	3.39	142218.83	2.08	14.47
白蜡	1448.75	0.50	35016.22	0.51	24.17
栾树	555.55	0.19	22510.70	0.33	40.52
山杏	59196.07	20.39	128009.39	1.87	2.16
其他阔叶树	26964.25	9.29	761741.49	11.15	28.25

（二）人工林

全市人工林面积556402.99公顷、占全市森林面积的65.71%，蓄积量18372642.19立方米、占全市森林蓄积量的72.89%。其中，乔木林面积445979.32公顷、占人工林的80.15%；特灌林（为经济灌木林）面积110423.67公顷、占人工林的19.85%（图4-17-7）。

1. 人工乔木林权属结构

人工乔木林按权属划分，国有林面积46136.63公顷、占8.29%，蓄积量2977016.15

图4-17-7　侧柏人工林

立方米、占 16.20%；集体林面积 401376.03 公顷、占 72.14%，蓄积量 14453508.48 立方米、占 78.67%；个体林面积 108890.33 公顷、占 19.57%，蓄积量 942117.57 立方米、占 5.13%。

2. 人工乔木林林种结构

人工乔木林按林种划分，防护林面积 261292.73 公顷、占 46.96%，蓄积量 9626015.03 立方米、占 52.39%；特用林面积 152314.21 公顷、占 27.37%，蓄积量 6915391.96 立方米、占 37.64%；用材林面积 14219.56 公顷、占 2.56%，蓄积量 1695739.20 立方米、占 9.23%；经济林面积 128576.48 公顷、占 23.11%，蓄积量 135496.00 立方米、占 0.74%。

3. 人工乔木林龄组结构

全市人工乔木林龄组构成为幼龄林面积 249467.94 公顷、占 55.94%，蓄积量 4565667.79 立方米、占 24.85%；中龄林面积 73672.70 公顷、占 16.52%，蓄积量 3516475.81 立方米、占 19.14%；近熟林面积 52601.18 公顷、占 11.79%，蓄积量 3746599.27 立方米、占 20.39%；成熟林面积 59589.13 公顷、占 13.36%，蓄积量 4971848.47 立方米、占 27.06%；过熟林面积 10648.37 公顷、占 2.39%，蓄积量 1572050.85 立方米、占 8.56%。各区人工乔木林各龄组面积、蓄积量情况见表 4-17-16。

4. 人工乔木林树种（组）结构

全市人工乔木林面积、蓄积量中，针叶林面积 165873.71 公顷、占 37.19%，蓄积量 4411018.73 立方米、占 24.01%；阔叶林面积 155898.28 公顷、占 34.96%，蓄积量 10160245.78 立方米、占 55.30%；混交林面积 124207.33 公顷、占 27.85%，蓄积量 3801377.68 立方米、占 20.69%（图 4-17-8）。

全市人工乔木林面积按树种（组）分，排名居前 3 位的为侧柏、油松和杨树，面积合计 281012.18 公顷、占 63.02%，蓄积量合计 12674181.53 立方米、占 68.98%。各树种（组）面积、蓄积量情况见表 4-17-17。

图 4-17-8　燕山山脉多树种混交林

四、权属结构

全市森林面积、蓄积量中，国有林面积 63869.41 公顷、占 7.54%，蓄积量 4064667.88 立方米、占 16.12%；集体林面积 674009.47 公顷、占 79.60%，蓄积量 20199901.26 立方米、占 80.14%；个体林面积 108890.33 公顷、占 12.86%，蓄积量 942117.57 立方米、占 3.74%。

（一）国有林

全市国有林面积、蓄积量中，天然林面积 18076.02 公顷、占 28.30%，蓄积量 1087651.73 立方米、占 26.76%；人工林面积 45793.39 公顷、占 71.70%，蓄积量 2977016.15 立方米、占 73.24%（图 4-17-9）。

图 4-17-9　西山试验林场国有林（油松侧柏混交林）

表 4-17-16 全市人工乔木林各龄组面积、蓄积量

单位：公顷、立方米

统计单位	合计 面积	合计 蓄积量	幼龄林 面积	幼龄林 蓄积量	中龄林 面积	中龄林 蓄积量	近熟林 面积	近熟林 蓄积量	成熟林 面积	成熟林 蓄积量	过熟林 面积	过熟林 蓄积量
全市	445979.32	18372642.19	249467.94	4565667.79	73672.70	3516475.81	52601.18	3746599.27	59589.13	4971848.47	10648.37	1572050.85
东城区	291.66	16512.08	153.11	7576.86	28.46	1671.02	12.34	600.44	25.65	1937.30	72.09	4726.46
西城区	160.67	21496.96	3.69	298.69	24.26	4575.78	35.95	6176.54	25.95	4884.24	70.83	5561.72
朝阳区	10429.39	998595.93	4375.55	232182.72	2221.54	168604.81	1357.83	143948.91	2122.98	389898.49	351.49	63961.01
丰台区	8193.59	347703.70	5311.92	145387.93	1847.16	99058.09	501.76	38879.39	485.07	50114.57	47.68	14263.72
石景山区	2592.69	118849.58	903.30	27229.38	815.08	34504.90	405.96	27324.37	398.64	25035.92	69.72	4755.01
海淀区	13480.32	811265.48	6026.02	255914.72	2789.49	149300.62	1851.77	138983.16	2358.38	225542.09	454.67	41524.88
门头沟区	29168.63	622672.02	19374.14	169576.62	3407.94	87833.33	2673.84	140143.00	3075.17	185843.12	637.54	39275.95
房山区	47690.24	1242634.31	33452.68	511935.83	5811.02	139885.01	3634.33	228115.77	3818.76	284280.19	973.45	78417.51
通州区	26959.43	1623444.90	19456.74	620404.79	4351.62	440371.76	1704.20	263933.91	1079.51	210644.81	367.36	88089.63
顺义区	29175.42	2065232.00	18904.03	494503.15	4573.67	444090.49	2514.48	422401.03	2567.71	552068.38	615.53	152168.94
昌平区	42498.16	1318317.38	30241.51	511803.79	7752.56	317138.37	1495.58	143148.80	2468.54	227227.29	539.98	118999.12
大兴区	27281.25	1771218.27	19073.69	536337.59	4445.46	527589.10	1776.26	317563.84	1521.06	311877.96	464.78	77849.78
怀柔区	33203.50	1537314.62	13517.72	179758.72	3607.87	152769.97	9474.75	488948.12	5362.88	452857.98	1240.29	262979.84
平谷区	44328.68	1261318.72	12251.05	161683.48	16932.62	310260.08	6238.93	337062.09	7992.39	397248.39	913.69	55064.69
密云区	79712.27	2654383.13	40070.60	346009.11	8872.63	326104.62	9413.95	566708.44	20217.21	1297268.85	1137.89	118292.11
延庆区	50813.40	1961683.10	26352.20	365064.41	6191.32	312717.85	9509.27	482661.45	6069.25	355118.89	2691.37	446120.51

表 4-17-17　全市人工乔木林各树种（组）面积、蓄积量

树种（组）	面积（公顷）	面积占比（%）	蓄积量（立方米）	蓄积量占比（%）	单位面积蓄积量（立方米/公顷）
全市	445979.32	100.00	18372642.19	100.00	41.20
侧柏	121378.27	27.22	1376728.92	7.49	11.34
落叶松	8314.36	1.86	434584.66	2.37	52.27
油松	104710.32	23.48	4005378.37	21.80	38.25
柞树	10260.84	2.30	390361.92	2.12	38.04
桦木	76.27	0.02	695.57	0.00	9.12
刺槐	27897.77	6.26	1009554.82	5.49	36.19
杨树	54923.59	12.32	7292074.24	39.69	132.77
槐	21061.37	4.72	770000.30	4.19	36.56
榆树	9576.61	2.15	330945.98	1.80	34.56
柳树	16248.40	3.64	1199230.09	6.53	73.81
白蜡	9350.27	2.10	296667.34	1.61	31.73
银杏	9637.17	2.16	246342.95	1.34	25.56
栾树	6266.41	1.41	158420.74	0.86	25.28
山杏	6720.28	1.51	24872.86	0.14	3.70
其他阔叶树	39557.39	8.87	836783.43	4.55	21.15

全市国有林中，乔木林面积为 63474.22 公顷、占 99.38%，特灌林面积为 395.19 公顷、占 0.62%。密云、门头沟、昌平、延庆和海淀 5 个区国有林面积占比较高，5 区面积合计 42649.82 公顷、占 66.78%；密云、门头沟、大兴和昌平 4 个区的国有林蓄积量占比较高，4 个区蓄积量合计 2202092.86 立方米、占 54.18%。

1. 国有乔木林林种结构

全市国有乔木林面积、蓄积量中，防护林面积 28221.97 公顷、占 44.46%，蓄积量 1585796.24 立方米、占 39.01%；特用林面积 35114.27 公顷、占 55.32%，蓄积量 2477206.94 立方米、占 60.94%；经济林面积 137.98 公顷、占 0.22%，蓄积量 1664.70 立方米、占 0.04%。

2. 国有乔木林龄组结构

全市国有乔木林面积、蓄积量中，幼龄林面积 19017.67 公顷、占 29.96%，蓄积量 631053.15 立方米、占 15.53%；中龄林面积 18087.23 公顷、占 28.50%，蓄积量 1380310.45 立方米、占 33.96%；近熟林面积 11435.08 公顷、占 18.02%，蓄积量 798300.49 立方米、占 19.64%；成熟林面积 13167.46 公顷、占 20.74%，蓄积量 1041678.81 立方米、占 25.63%；过熟林面积 1766.78 公顷、占 2.78%，蓄积量 213324.98 立方米、占 5.25%。各区国有乔木林龄组结构情况详见表 4-17-18。

3. 国有乔木林树种（组）结构

全市国有乔木林面积、蓄积量中，针叶林面积 15719.25 公顷、占 24.76%，蓄积量 805754.22 立方米、占 19.82%；阔叶林面积 24491.80 公顷、占 38.59%，蓄积量 1913367.70 立方米、占 47.07%；混交林面积 23263.18 公顷、占 36.65%，

北京森林 第四篇 森林资源

表4-17-18 全市各区国有乔木林各龄组面积、蓄积量

单位：公顷、立方米

统计单位	合计		幼龄林		中龄林		近熟林		成熟林		过熟林	
	面积	蓄积量	面积	蓄积量	面积	蓄积量	面积	蓄积量	面积	蓄积量	面积	蓄积量
全市	63474.22	4064667.88	19017.67	631053.15	18087.23	1380310.45	11435.08	798300.49	13167.46	1041678.81	1766.78	213324.98
东城区	291.65	16512.08	153.11	7576.86	28.46	1671.02	12.34	600.44	25.65	1937.30	72.09	4726.46
西城区	160.68	21496.97	3.69	298.69	24.26	4575.78	35.95	6176.54	25.95	4884.24	70.83	5561.72
朝阳区	3111.59	299525.14	784.75	36124.44	804.26	67007.22	650.02	57841.73	785.70	123798.07	86.86	14753.68
丰台区	1827.06	105472.51	861.08	28030.31	666.03	36948.87	137.78	14154.10	146.42	17126.16	15.75	9213.07
石景山区	2046.91	92464.91	583.85	15756.43	683.02	26693.81	371.15	25077.32	374.49	22342.85	34.40	2594.50
海淀区	5565.18	383706.38	1238.91	64949.00	1447.45	78488.43	968.06	74803.43	1493.52	128630.67	417.24	36834.85
门头沟区	12372.12	644901.17	2801.02	68632.15	3521.52	184616.06	3225.76	206136.94	2647.04	171875.26	176.78	13640.76
房山区	3474.45	140715.97	1898.74	51096.31	606.16	33383.81	371.31	18913.61	460.39	27238.20	137.85	10084.04
通州区	1311.08	104547.51	627.88	19683.29	390.27	34081.53	112.51	15038.19	127.28	22562.26	53.14	13182.24
顺义区	1867.90	169237.79	851.79	30072.22	421.75	37532.39	350.43	49112.52	225.68	48316.56	18.25	4204.10
昌平区	9035.95	428567.38	5029.29	179523.83	2376.03	122814.91	464.43	31194.44	928.58	54669.78	237.62	40364.42
大兴区	2889.84	428877.97	1286.30	50519.26	906.24	289011.79	276.62	31872.21	345.73	45248.07	74.95	12226.64
怀柔区	335.61	19554.76	103.72	1941.81	74.44	1931.40	47.69	3955.00	94.41	6901.18	15.35	4825.37
平谷区	3749.70	142192.71	513.56	10519.38	909.79	30196.44	962.27	34703.72	1244.48	61597.60	119.60	5175.57
密云区	9336.84	699746.35	1665.44	51000.49	4020.78	353027.73	1464.64	103010.15	2079.39	178388.25	106.59	14319.73
延庆区	6097.66	367148.28	614.53	15328.68	1206.77	78329.27	1984.12	125710.15	2162.75	126162.34	129.49	21617.84

蓄积量1345545.96立方米、占33.10%。

全市国有乔木林面积按树种（组）分，排名居前4位的为侧柏、油松、柞树和杨树，面积合计37242.75公顷、占58.67%，蓄积量合计2379373.27立方米、占58.53%。国有乔木林各树种（组）面积、蓄积量情况详见表4-17-19。

表4-17-19 全市国有乔木林各树种（组）面积、蓄积量

树种（组）	面积（公顷）	面积占比（%）	蓄积量（立方米）	蓄积量占比（%）	每公顷蓄积量（立方米/公顷）
全市	63474.22	100.00	4064667.88	100.00	64.04
侧柏	12758.96	20.10	495881.01	12.20	38.87
落叶松	1288.70	2.03	111702.54	2.75	86.68
油松	11234.35	17.70	675172.50	16.61	60.10
柞树	8444.01	13.30	541174.62	13.31	64.09
桦木	3518.53	5.54	233505.44	5.74	66.36
山杨	911.97	1.44	32989.71	0.81	36.17
刺槐	3306.11	5.21	207471.03	5.10	62.75
杨树	4805.43	7.57	667145.14	16.41	138.83
槐	2277.46	3.59	112857.76	2.78	49.55
榆树	2269.20	3.57	102320.52	2.52	45.09
柳树	2321.69	3.66	215347.63	5.30	92.75
白蜡	1075.54	1.69	47657.11	1.17	44.31
银杏	724.37	1.14	30997.14	0.76	42.79
栾树	1041.08	1.64	52021.24	1.28	49.97
山杏	774.85	1.22	11774.72	0.29	15.20
其他阔叶树	6721.96	10.59	526649.76	12.96	78.35

（二）集体林

全市集体林面积674009.48公顷，蓄积量20199901.27立方米。其中，乔木林面积653915.75公顷、占97.02%，特灌林面积20093.73公顷、占2.98%。怀柔、密云和延庆3个区集体林面积、蓄积量均占比较高，3区面积合计369954.90公顷、占54.89%，蓄积量合计10185327.90立方米、占50.42%。全市集体林面积蓄积量中，天然林面积272633.44公顷、占40.45%，蓄积量5746392.79立方米、占28.45%；人工林面积401376.04公顷、占59.55%，蓄积量14453508.48立方米、占71.55%。

1. 集体乔木林林种结构

全市集体林面积、蓄积量中，防护林面积491450.73公顷、占75.16%，蓄积量13469539.62立方米、占66.68%；特用林面积148788.84公顷、占22.75%，蓄积量5818912.65立方米、占28.81%；用材林面积6783.99公顷、占1.04%，蓄积量788484.31立方米、占3.90%；经济林面积6892.19公顷、占1.05%，蓄积量122964.69立方米、占0.61%。

2. 集体乔木林龄组结构

全市集体乔木林面积、蓄积量中，幼龄林面积412852.52公顷、占63.14%，蓄积量6239243.23

表 4-17-20 全市各区集体乔木林各龄组面积、蓄积量

单位：公顷、立方米

统计单位	合计		幼龄林		中龄林		近熟林		成熟林		过熟林	
	面积	蓄积量	面积	蓄积量	面积	蓄积量	面积	蓄积量	面积	蓄积量	面积	蓄积量
全市	653915.75	20199901.27	412852.52	6239243.23	122468.48	5014194.52	55503.92	3456240.69	54014.88	4141624.46	9075.95	1348598.37
朝阳区	7313.23	698717.77	3590.80	196058.28	1417.29	101597.59	707.80	86107.18	1332.71	265747.39	264.63	49207.33
丰台区	6266.91	226968.49	4449.48	117258.00	1147.88	56624.11	329.29	20260.09	308.32	27775.65	31.94	5050.64
石景山区	545.79	26384.67	319.46	11472.95	132.05	7811.09	34.81	2247.05	24.15	2693.07	35.32	2160.51
海淀区	7877.69	426270.85	4786.31	190943.41	1322.99	70571.64	872.62	64179.73	858.34	95886.04	37.43	4690.03
门头沟区	52932.64	971620.99	39434.53	559691.33	10492.78	285827.59	1471.74	54653.76	1051.80	44720.66	481.79	26727.65
房山区	60169.80	1296375.65	41909.26	547027.71	8455.56	233325.53	3911.59	191149.98	5005.82	254741.44	887.57	70130.99
通州区	24271.18	1398740.50	18115.82	558178.01	3452.03	352579.22	1490.99	232888.47	903.52	181624.27	308.82	73470.53
顺义区	24804.44	1535250.14	17594.01	441890.32	3406.37	319782.72	1541.28	267395.03	1767.53	383802.28	495.25	122379.79
昌平区	47360.56	1050816.95	36976.52	392638.62	6353.71	223580.88	1264.61	125134.43	2391.11	226116.56	374.61	83346.46
大兴区	22429.24	1261744.11	17585.36	469056.52	2061.38	213255.97	1266.27	256306.23	1132.06	258596.30	384.17	64529.09
怀柔区	142458.93	3583234.02	93917.71	1102775.45	30539.97	1190736.06	11540.42	593214.02	5241.53	440595.17	1219.30	255913.32
平谷区	36043.33	1121683.24	12322.89	168762.13	9652.76	319575.22	6206.71	269308.77	7085.70	321036.49	775.27	43000.63
密云区	115630.16	3182904.95	66623.90	628033.95	18242.21	633796.40	9852.99	576297.56	19692.69	1221206.99	1218.37	123570.05
延庆区	105811.85	3419188.94	55226.46	855456.55	25791.50	1005130.5	15012.79	717098.40	7219.60	417082.14	2561.50	424421.35

立方米、占 30.89%；中龄林面积 122468.48 公顷、占 18.73%，蓄积量 5014194.52 立方米、占 24.82%；近熟林面积 55503.92 公顷、占 8.49%，蓄积量 3456240.69 立方米、占 17.11%；成熟林面积 54014.88 公顷、占 8.26%，蓄积量 4141624.46 立方米、占 20.50%；过熟林面积 9075.95 公顷、占 1.39%，蓄积量 1348598.37 立方米、占 6.68%。由表 4-17-20 可见，怀柔、密云、延庆、房山和门头沟 5 个区集体中幼林面积占比较高，5 区面积合计 390633.88 公顷，占全市集体中幼林面积 72.97%；密云、延庆、怀柔、平谷和房山 5 个区集体近成过熟林面积占比较高，5 区面积合计 97431.84 公顷，占全市集体近成过熟林面积 82.16%。

3. 集体乔木林树种（组）结构

全市集体乔木林面积、蓄积量中，针叶林面积 174499.62 公顷、占 26.69%，蓄积量 4085866.94 立方米、占 20.23%；阔叶林面积 303544.47 公顷、占 46.42%，蓄积量 12292317.62 立方米、占 60.85%；混交林面积 175871.66 公顷、占 26.90%，蓄积量 3821716.71 立方米、占 18.92%。全市集体乔木林面积按树种（组）分，排名居前 5 位的为侧柏、栎树、油松、山杏（含山桃）和杨树，面积合计 475843.30 公顷、占 72.76%，蓄积量合计 14486410.69 立方米、占 71.72%。集体乔木林各树种（组）情况见表 4-17-21。

（三）个体林

全市个体林皆为人工林，面积 108890.33 公顷，蓄积量 942117.57 立方米。其中，乔木林面积 18903.62 公顷、占 17.36%，特灌林面积

表 4-17-21 全市集体乔木林各树种（组）面积、蓄积量

树种（组）	面积（公顷）	面积占比（%）	蓄积量（立方米）	蓄积量占比（%）	每公顷蓄积量（立方米/公顷）
全市	653915.74	100.00	20199901.26	100.00	30.89
侧柏	135696.70	20.75	1261452.10	6.24	9.30
落叶松	7025.66	1.07	322882.12	1.60	45.96
油松	96803.30	14.80	3554664.32	17.60	36.72
栎树	135668.01	20.75	3833026.52	18.98	28.25
桦木	15327.84	2.34	344085.62	1.70	22.45
山杨	8335.60	1.27	545477.96	2.70	65.44
刺槐	24585.97	3.76	802004.96	3.97	32.62
杨树	42534.82	6.50	5696160.22	28.20	133.92
槐	18758.72	2.87	656822.09	3.25	35.01
榆树	17087.30	2.61	369645.16	1.83	21.63
柳树	13922.08	2.13	983432.73	4.87	70.64
白蜡	9723.48	1.49	284026.45	1.41	29.21
银杏	8908.37	1.36	215226.25	1.07	24.16
栾树	5780.89	0.88	128910.21	0.64	22.30
山杏	65140.47	9.96	141107.53	0.70	2.17
其他阔叶树	48616.54	7.43	1060977.03	5.25	21.82

表4-17-22 全市各区个体乔木林各龄组面积、蓄积量

单位：公顷、立方米

统计单位	合计		幼龄林		中龄林		近熟林		成熟林		过熟林	
	面积	蓄积量	面积	蓄积量	面积	蓄积量	面积	蓄积量	面积	蓄积量	面积	蓄积量
全市	18903.62	942117.57	2106.19	119152.88	13366.64	266547.03	2022.36	297258.51	1225.21	218499.09	183.22	40660.06
东城区	0.00	0.00	0.00	0.00	0.00	0.00	0.00	0.00	0.00	0.00	0.00	0.00
西城区	0.00	0.00	0.00	0.00	0.00	0.00	0.00	0.00	0.00	0.00	0.00	0.00
朝阳区	4.57	353.03	0.00	0.00	0.00	0.00	0.00	0.00	4.57	353.03	0.00	0.00
丰台区	99.64	15262.69	1.36	99.62	33.26	5485.11	34.69	4465.2	30.33	5212.76	0.00	0.00
石景山区	0.00	0.00	0.00	0.00	0.00	0.00	0.00	0.00	0.00	0.00	0.00	0.00
海淀区	37.45	1288.25	0.79	22.31	19.05	240.56	11.09	0.00	6.52	1025.38	0.00	0.00
门头沟区	48.27	0.00	0.00	0.00	48.27	0.00	0.00	0.00	0.00	0.00	0.00	0.00
房山区	2232.94	107965.15	397.82	17315.25	1151.14	15695.12	420.33	46989.21	236.39	26052.38	27.26	1913.19
通州区	1377.16	120156.90	713.03	42543.48	509.31	53711.02	100.71	16007.26	48.71	6458.28	5.40	1436.86
顺义区	2503.09	360744.08	458.23	22540.61	745.55	86775.38	622.78	105893.49	574.50	119949.54	102.03	25585.06
昌平区	373.00	4288.89	3.45	221.21	360.34	1127.18	2.34	970.71	4.37	1172.22	2.50	797.57
大兴区	1962.16	80596.18	202.02	16761.81	1477.85	25321.33	233.36	29385.39	43.26	8033.59	5.67	1094.06
怀柔区	118.61	13593.37	2.33	54.54	65.22	2437.28	12.13	1675.43	33.29	7184.97	5.64	2241.15
平谷区	10013.43	228515.10	324.86	19353.77	8833.67	67566.97	577.29	91026.57	243.27	43056.94	34.34	7510.85
密云区	116.89	8015.02	0.00	0.00	116.89	8015.02	0.00	0.00	0.00	0.00	0.00	0.00
延庆区	16.41	1338.91	2.30	240.28	6.09	172.06	7.64	845.25	0.00	0.00	0.38	81.32

89986.71公顷、占82.64%。密云、平谷和怀柔3个区的个体林面积占比较高，3区面积合计75156.73公顷、占全市个体林面积69.02%；顺义、平谷、通州和房山4个区的个体林蓄积量占比较高，4区蓄积量合计817381.22立方米、占全市个体林蓄积量87.76%。

1. 个体乔木林林种结构

全市个体乔木林面积、蓄积量中，防护林面积257.19公顷、占1.36%，蓄积量22949.58立方米、占2.44%；特用林面积88.22公顷、占0.47%，蓄积量1046.50立方米、占0.11%；用材林面积7435.57公顷、占39.33%，蓄积量907254.88立方米、占96.30%；经济林面积11122.64公顷、占58.84%，蓄积量10866.61立方米、占1.15%。

2. 个体乔木林龄组结构

全市个体乔木林面积、蓄积量中，幼龄林面积2106.19公顷、占11.14%，蓄积量119152.88立方米、占12.65%；中龄林面积13366.64公顷、占70.71%，蓄积量266547.03立方米、占28.29%；近熟林面积2022.36公顷、占10.70%，蓄积量297258.51立方米、占31.55%；成熟林面积1225.21公顷、占6.48%，蓄积量218499.09立方米、占23.19%；过熟林面积183.22公顷、占0.97%，蓄积量40660.06立方米、占4.32%。各区个体乔木林龄组结构情况见表4-17-22。由表可见，平谷、大兴、房山3个区个体中幼林面积占比较高，3区面积合计12387.36公顷、占全市个体中幼林面积80.06%；顺义、平谷和房山3个区个体近成过熟林面积占比较高，3区面积合计2838.19公顷、占全市个体近成过熟林面积82.73%。

3. 个体乔木林树种（组）结构

全市个体乔木林按树种（组）分，主要为杨树，面积7583.34公顷、占40.12%，蓄积量928768.88立方米、占98.58%。个体乔木林各树种（组）面积、蓄积量情况见表4-17-23。

表4-17-23　全市个体乔木林各树种（组）面积、蓄积量

树种（组）	面积（公顷）	面积占比（%）	蓄积量（立方米）	蓄积量占比（%）	每公顷蓄积量（立方米/公顷）
全市	18903.62	100.00	942117.57	100.00	49.84
侧柏	46.75	0.25	282.87	0.03	6.05
刺槐	5.69	0.03	78.82	0.01	13.85
杨树	7583.34	40.12	928768.88	98.58	122.47
槐	25.20	0.13	320.45	0.03	12.72
榆树	49.43	0.26	1199.13	0.13	24.26
柳树	4.62	0.02	449.73	0.05	97.34
银杏	4.44	0.02	119.56	0.01	26.93
山杏	1.02	0.01	0.00	0.00	0.00
其他阔叶树	11183.13	59.16	10898.13	1.16	0.97

第四节 森林分布

北京市森林分布,按地形地貌可划分为山区森林、平原森林;按城市功能分区可划分为首都功能核心区森林、城市功能拓展区森林、城市发展新区森林和生态涵养区森林。

一、按地形地貌划分

(一)山区森林

据2019年开展的全市第九次园林绿化资源专业调查区划成果,山区面积961704.87公顷,占全市土地面积1641054.00公顷的58.60%。山区森林面积644790.58公顷,占全市森林面积的76.15%;蓄积量14630773.23立方米、占全市森林蓄积量的58.04%。山区森林覆盖率67.05%。其中,怀柔、密云和延庆3个区森林面积合计为411150.76公顷,占山区森林面积的63.77%;森林蓄积量合计9770003.57立方米,占山区森林蓄积量的66.78%(图4-17-10)。全市山区森林面积、蓄积量情况见表4-17-24。

图4-17-10 山区绿屏(昌平蟒山)

表4-17-24 全市山区森林面积、蓄积量

统计单位	森林面积(公顷)		其中		森林蓄积量(立方米)	
	合计	占比(%)	乔木林	特灌林	数量	占比(%)
全市	644790.58	100.00	572785.48	72005.10	14630773.23	100.00
丰台区	2057.94	0.32	2004.71	53.23	47460.30	0.32
石景山区	1977.19	0.31	1929.92	47.26	87239.82	0.60
海淀区	6971.94	1.08	6419.42	552.52	376911.18	2.58
门头沟区	69347.79	10.76	64812.92	4534.88	1604494.14	10.97
房山区	55370.77	8.59	51268.02	4102.74	940103.18	6.43
顺义区	3472.89	0.54	3329.11	143.77	38594.04	0.26
昌平区	46478.16	7.21	42867.76	3610.40	736007.22	5.03
怀柔区	159598.63	24.75	140372.49	19226.14	3425763.85	23.41
平谷区	47963.15	7.44	42360.94	5602.21	1029959.79	7.04
密云区	147411.97	22.86	118643.53	28768.44	3547250.86	24.25
延庆区	104140.16	16.15	98776.65	5363.52	2796988.86	19.12

1. 山区森林面积、蓄积量

按地类分，乔木林面积572785.48公顷、占88.83%，蓄积量14630773.23立方米、占100%；特灌林面积72005.10公顷、占11.17%。

按起源分，天然林面积290366.22公顷、占45.03%，蓄积量6834044.52立方米、占46.71%；人工林面积354424.36公顷、占54.97%，蓄积量7796728.71立方米、占53.29%。

按林地所有权分，国有林面积47274.61公顷、占7.33%，蓄积量2602216.74立方米、占17.79%；集体林面积597515.97公顷、占92.67%，蓄积量12028556.50立方米、占82.21%。

按林种分，防护林面积486267.44公顷、占75.41%，蓄积量11419371.55立方米、占78.05%；特用林面积69165.03公顷、占10.73%，蓄积量2813066.36立方米、占19.23%；用材林面积2796.27公顷、占0.43%，蓄积量272866.33立方米、占1.87%；经济林面积86561.84公顷、占13.42%，蓄积量125469.00立方米、占0.86%。

2. 山区乔木林面积、蓄积量

按地类分，针叶林面积174885.59公顷、占30.53%，蓄积量4660063.34立方米、占31.85%；阔叶林面积243025.28公顷、占42.43%，蓄积量6901209.98立方米、占47.17%；混交林面积154874.62公顷、占27.04%，蓄积量3069499.92立方米、占20.98%。

按起源分，天然林面积290314.27公顷、占50.68%，蓄积量6834044.52立方米、占46.71%；人工林面积282471.22公顷、占49.32%，蓄积量7796728.71立方米、占53.29%。

按森林类别分，公益林面积557380.51公顷、占96.96%，蓄积量14232437.91立方米、占97.28%；商品林面积17404.97公顷、占3.04%，蓄积量398335.32立方米、占2.72%。

按龄组分，幼龄林面积329590.20公顷、占57.54%，蓄积量3776227.29立方米、占25.81%；中龄林面积125415.57公顷、占21.90%，蓄积量4255386.03立方米、占29.09%；近熟林面积54844.51公顷、占9.58%，蓄积量2624436.40立方米、占17.94%；成熟林面积56525.47公顷、占9.87%，蓄积量3288499.72立方米、占22.48%；过熟林面积6409.73公顷、占1.12%，蓄积量686223.80立方米、占4.69%。

按树种（组）分，面积排在前3位的为柞树144097.17公顷、占25.16%，侧柏144003.28公顷、占25.14%，油松91567.57公顷、占15.99%；蓄积量排在前3位的为柞树4373886.84立方米、占29.90%，油松3979769.97立方米、占27.20%，侧柏1636099.95立方米、占11.18%。

（二）平原森林

全市平原森林面积201978.63公顷，占全市森林面积的23.85%，蓄积量10575913.48立方米，占全市森林蓄积量的41.96%。平原地区森林覆盖率为29.73%（图4-17-11）。

图4-17-11 平原林海（朝阳孙河郊野公园）

全市平原森林面积、蓄积量中，大兴、通州和顺义3个区占比较高，3区面积合计93012.19公顷，占平原森林面积的46.05%，蓄积量合计5421301.13立方米，占平原森林蓄积量的51.26%。全市平原森林面积、蓄积量情况见表4-17-25。

1. 平原森林面积、蓄积量

按地类分，乔木林面积163508.10公顷、占80.95%，蓄积量10575913.48立方米、占100%；特灌林面积38470.53公顷、占19.05%。按起源分，均为人工林。

按林地所有权分，国有林面积19612.53公顷、占9.71%，蓄积量1646390.01立方米、占

15.57%；集体林面积182366.10公顷、占90.29%，蓄积量8929523.47立方米、占84.43%。

按林种分，防护林面积33714.41公顷、占16.69%，蓄积量3658913.87立方米、占34.60%；特用林面积114826.29公顷、占56.85%，蓄积量5484099.73立方米、占51.85%；用材林面积11423.29公顷、占5.66%，蓄积量1422872.87立方米、占13.45%；经济林面积42014.64公顷、占20.80%，蓄积量10027.00立方米、占0.10%。

2. 平原乔木林面积、蓄积量

按地类分，针叶林面积15333.28公顷、占9.38%，蓄积量231557.82立方米、占2.19%；阔叶林面积103718.85公顷、占63.43%，蓄积量8231129.35立方米、占77.83%；混交林面积44455.97公顷、占27.19%，蓄积量2113226.31立方米、占19.98%。

按起源分，均为人工林，面积163508.10公顷，蓄积量10575913.48立方米。按森林类别分，公益林面积148540.70公顷、占90.85%，蓄积量9143013.60立方米、占86.45%；商品林面积14967.40公顷、占9.15%，蓄积量1432899.88立方米、占13.55%。

按龄组分，幼龄林面积104386.18公顷、占63.84%，蓄积量3213221.97立方米、占30.38%；中龄林面积28506.77公顷、占17.43%，蓄积量2405665.96立方米、占22.75%；近熟林面积14116.85公顷、占8.63%，蓄积量1927363.29立方米、占18.22%；成熟林面积11882.07公

表4-17-25 全市平原森林面积、蓄积量

统计单位	面积（公顷）				蓄积量（立方米）	
	小计	占比（%）	其中		数量	占比（%）
			乔木林	特灌林		
全市	201978.63	100.00	163508.10	38470.53	10575913.48	100.00
东城区	291.66	0.14	291.66	0.00	16512.08	0.16
西城区	160.67	0.08	160.67	0.00	21496.96	0.20
朝阳区	10429.39	5.16	10429.39	0.00	998595.93	9.44
丰台区	6479.54	3.21	6188.88	290.66	300243.40	2.84
石景山区	666.02	0.33	662.77	3.25	31609.76	0.30
海淀区	8433.30	4.18	7060.90	1372.40	434354.30	4.11
门头沟区	548.36	0.27	540.10	8.26	12028.02	0.11
房山区	16562.93	8.20	14609.15	1953.78	604953.60	5.72
通州区	30165.76	14.94	26959.43	3206.33	1623444.9	15.35
顺义区	29233.05	14.47	25846.31	3386.74	2026637.96	19.16
昌平区	17999.88	8.91	13901.75	4098.13	747666.00	7.07
大兴区	33613.38	16.64	27281.25	6332.13	1771218.27	16.75
怀柔区	4454.01	2.21	2540.67	1913.34	190618.30	1.80
平谷区	16011.04	7.93	7445.51	8565.53	462431.27	4.37
密云区	8752.90	4.33	6440.37	2312.53	343415.44	3.25
延庆区	18176.73	9.00	13149.28	5027.45	990687.27	9.37

顷、占 7.27%，蓄积量 2113302.64 立方米、占 19.98%；过熟林面积 4616.23 公顷、占 2.82%，蓄积量 916359.61 立方米、占 8.66%。

按树种（组）分，面积排在前 3 位的为杨树 45849.54 公顷、占 28.04%，槐 19058.09 公顷、占 11.66%，油松 16470.08 公顷、占 10.07%；蓄积量排在前 3 位的为杨树 6272620.27 立方米、占 59.31%，柳树 1114492.23 立方米、占 10.54%，槐 734176.59 立方米、占 6.94%。

二、按城市功能分区划分

依据《北京城市总体规划（2016—2035 年）》，全市划分为四大功能区：首都功能核心区、城市功能拓展区、城市发展新区及生态涵养区。

（一）首都功能核心区森林

首都功能核心区为传统的城区，包括东城和西城 2 个区。首都功能核心区土地面积 9239.00 公顷，森林面积 452.33 公顷，全部为乔木林，森林蓄积量 38009.04 立方米，森林覆盖率 4.90%。其中，东城区森林面积 291.66 公顷、蓄积量 16512.08 立方米；西城区森林面积 160.67 公顷、蓄积量 21496.96 立方米。

（二）城市功能拓展区森林

城市功能拓展区包括朝阳、丰台、石景山和海淀 4 个区。城市功能拓展区土地面积 127593.00 公顷，森林面积为 37015.31 公顷，其中乔木林面积 34696.00 公顷，森林蓄积量 2276414.69 立方米，森林覆盖率为 29.01%。其中，朝阳区森林面积 10429.39 公顷、占 28.18%，蓄积量 998595.93 立方米、占 43.87%；丰台区森林面积 8537.48 公顷、占 23.06%，蓄积量 347703.70 立方米、占 15.27%；石景山区森林面积 2643.21 公顷、占 7.14%，蓄积量 118849.58 立方米、占 5.22%；海淀区森林面积 15405.24 公顷、占 41.62%，蓄积量 811265.48 立方米、占 35.64%（图 4-17-12）。

图 4-17-12　玉渊潭公园

（三）城市发展新区森林

城市发展新区包括顺义、大兴和通州 3 个区，以及房山和昌平 2 个区的平原乡镇。城市发展新区土地面积 425242.90 公顷，森林面积为 131047.88 公顷，其中乔木林面积 111927.00 公顷，森林蓄积量 6812514.78 立方米，森林覆盖率为 30.82%。其中，顺义区森林面积 32705.93 公顷、占 24.96%，蓄积量 2065232.00 立方米、占 30.32%；大兴区森林面积 33613.38 公顷、占 25.65%，蓄积量 1771218.27 立方米、占 26.00%；通州区森林面积 30165.76 公顷、占 23.02%，蓄积量 1623444.90 立方米、占 23.83%；房山区（平原）森林面积 16562.93 公顷、占 12.64%，蓄积量 604953.60 立方米、占 8.88%；昌平区（平原）森林面积 17999.88 公顷、占 13.74%，蓄积量 747666.00 立方米、占 10.97%。

（四）生态涵养区森林

生态涵养区包括门头沟、怀柔、平谷、密云和延庆 5 个区，以及房山和昌平 2 个区的山区乡镇。生态涵养区土地面积 1078979.10 公顷，森林面积为 678253.69 公顷，其中乔木林面积 589218.25 公顷，森林蓄积量 16079748.20 立方米，森林覆盖率为 62.86%。其中，门头沟区森林面积 69896.16 公顷、占 10.31%，蓄积量 1616522.15 立方米、占 10.05%；怀柔区森林面积 164052.64 公顷、占 24.19%，蓄积量 3616382.15 立方米、占 22.49%；平谷区森林面积 63974.19 公顷、占 9.43%，蓄积量

1492391.06立方米、占9.28%；密云区森林面积156164.87公顷、占23.02%，蓄积量3890666.30立方米、占24.20%；延庆区森林面积122316.90公顷、占18.03%，蓄积量3787676.13立方米、占23.56%；房山区（山区）森林面积55370.77公顷、占8.16%，蓄积量940103.18立方米、占5.85%；昌平区（山区）森林面积46478.16公顷、占6.85%，蓄积量736007.22立方米、占4.58%（图4-17-13）。

图4-17-13　林水相依（延庆妫河）

第五节　森林资源变化情况

一、面积变化情况

（一）林地面积变化

根据历次森林资源规划设计调查成果，从表4-17-26中可见，1976年第一次调查一直到"十三五"期末第九次调查，全市林地面积基本呈现不断增大趋势，从61.3万公顷增加到107.85万公顷，44年增加46.55万公顷，平均每年增加1.06万公顷。增加较快的时间段有2个：一个是从"五五"期末的64.67万公顷增加到"七五"期末的82.91万公顷，10年增加18.24万公顷，平均每年增加1.82万公顷；另一个是从"八五"期末的82.91万公顷增加到"十五"期末的105.43万公顷，10年增加22.52万公顷，平均每年增加2.25万公顷。从"十一五"开始，全市林地面积基本稳定，总体变化不大。

（二）森林面积变化

从表4-17-26中可见，从1976年第一次调查到"十三五"期末第九次调查，全市森林面积逐年增加，从20.42万公顷增长到84.68万公顷，44年增加64.26万公顷，平均每年增长1.46万公顷。增加较快的时间段有3个：第一个是从"七五"期末的33.09万公顷增加到"八五"期末的46.46万公顷，5年增加13.37万公顷，平均每年增长2.67万公顷；第二个是从"九五"期末的51.51万公顷增加到"十五"期末的61.92万公顷，5年增加10.41万公顷，平均每年增长2.08万公顷；第三个是从"十二五"期末的73.45万公顷增加到"十三五"期末的84.68万公顷，5年增加11.23万公顷，平均每年增长2.25万公顷，这一时期森林增加，得益于两轮百万亩造林绿化，特用林面积大幅增加。

表4-17-26　历次森林资源规划设计调查林地面积和森林面积变化情况

单位：万公顷

调查序次	时间	林地面积	林地较前期变化量	森林面积						
				防护林	特用林	用材林	薪炭林	经济林	小计	较前期变化量
第一次	1976年	61.30	—	0.47	0.59	10.50	0.00	8.86	20.42	—
第二次	"五五"期末	64.67	3.37	4.70	0.84	6.99	0.44	7.42	20.39	-0.03
第三次	"七五"期末	82.91	18.24	12.32	2.11	6.22	1.03	11.41	33.09	12.70

(续)

调查序次	时间	林地面积	林地较前期变化量	森林面积						
				防护林	特用林	用材林	薪炭林	经济林	小计	较前期变化量
第四次	"八五"期末	82.91	0.00	22.96	4.56	4.90	1.19	12.85	46.46	13.37
第五次	"九五"期末	93.05	10.14	29.20	4.77	2.73	1.04	13.76	51.51	5.05
第六次	"十五"期末	105.43	12.38	37.81	5.30	2.36	0.01	16.45	61.92	10.41
第七次	"十一五"期末	104.61	-0.82	41.95	6.12	2.36	0.00	15.46	65.89	3.97
第八次	"十二五"期末	108.14	3.53	48.95	8.92	1.93	0.00	13.65	73.45	7.56
第九次	"十三五"期末	107.85	-0.29	51.99	18.40	1.42	0.00	12.86	84.68	11.23

（三）树种（组）面积变化

1. 侧柏林面积变化

侧柏是北京市市树，是北京最主要的造林树种，从"七五"期末到"十二五"期末，侧柏林面积持续快速增加，从22683公顷增加到153877公顷，25年增加131194公顷，平均每年增加5247.76公顷，在"十二五"期间增幅最大，5年增加37504公顷，平均每年增加7500.8公顷。到"十三五"期末，侧柏林面积较"十二五"期末减少幅度很大，5年减少45840公顷，平均每年减少9168公顷，主要是近年来大力开展林分改造提升营建混交林，这部分林分的主要树种不再是侧柏的缘故。具体变化情况见表4-17-27。

2. 油松林面积变化

油松是北京市重要造林树种（图4-17-14），从"七五"期末到"十三五"期末，油松林面积持续增加，从43019公顷增加到108038公顷，30年增加65019公顷，平均每年增加2167公顷。在"八五"期间增幅最大，5年增加19945公顷，平均每年增加3989公顷。具体变化情况见表4-17-27。

3. 杨树林面积变化

杨树是平原地区重要造林树种，杨树（不包括山杨）面积从"七五"期末到"十一五"期末不断增加，从16927公顷增加到63887公顷，20年增加46960公顷，平均每年增加2348公顷，在"八五"期间增量最大，平均每年增加4854.6公顷，其次"十五"期间增加也较多，平均每年增加3948公顷。"十二五"期间和"十三五"期间分别减少4611和4352公顷，主要原因是近年来成过熟林更新改造更换树种，以减轻杨树飞絮的影响。具体变化情况见表4-17-27。

图4-17-14 十三陵林场油松林

4. 柞树林面积变化

柞树林指柞树、蒙古栎、栓皮栎等栎类林分，从"七五"期末到"十三五"期末，30年间其面积持续增加，从75541公顷增加到144112公顷，增加68571公顷，平均每年增加2285.7公顷，在"八五"期间增幅最大，5年增加18880公顷。柞树林面积增加主要得益于封山育林成效显著。具体变化情况见表4-17-27。

5. 其他树种（组）面积变化

落叶松在"八五"和"九五"期间增加相对较多，分别增加1762和1331公顷，近10年面积有所减少。山杨是唯一一个面积净减少的树种，在"八五"期间增加较多，增5583公顷，"九五"期间基本稳定，只增加334公顷，从"十五"开始逐年减少，从19358公顷减少到"十三五"期末的9248公顷，20年共减少10110公顷。刺槐林在"八五"期间和"十二五"期间增加相对较多，分别为5770公顷和5142公顷。桦树林在"十三五"期间增量很大，为9043公顷，是封山育林的显著成效。

其他阔叶树是指除杨树、山杨、刺槐、柞树和桦树外的各种阔叶树，其面积变化最大，从"七五"期末的11601公顷，增加到"十三五"期末的256877公顷，增加245276公顷，其中"十二五"期间增加43616公顷，"十三五"期间增加151729公顷，主要是从2012年以来的两轮百万亩造林，在平原地区栽植了大量的各种阔叶树。具体变化情况见表4-17-27。

表4-17-27 历次森林资源规划设计调查树种（组）面积变化情况

单位：公顷

调查序次	时间	指标	全市合计	油松	侧柏	落叶松	山杨	柞树	刺槐	杨树	桦树	其他阔叶树
第三次	"七五"期末	面积	216774	43019	22683	6177	13441	75541	17275	16927	10110	11601
第四次	"八五"期末	面积	336023	62964	49639	7939	19024	94421	23045	41200	11307	26484
		较前期变化量	119249	19945	26956	1762	5583	18880	5770	24273	1197	14883
第五次	"九五"期末	面积	377493	70572	62875	9270	19358	107825	21397	43788	11678	30730
		较前期变化量	41470	7608	13236	1331	334	13404	-1648	2588	371	4246
第六次	"十五"期末	面积	452611	78477	86449	9863	13530	118841	17699	63528	12697	51527
		较前期变化量	75119	7905	23574	593	-5828	11016	-3699	19740	1020	20798
第七次	"十一五"期末	面积	504343	84550	116373	10152	13068	124364	18406	63887	12011	61532
		较前期变化量	51732	6072	29924	290	-462	5523	707	359	-686	10004
第八次	"十二五"期末	面积	598054	96520	153877	9626	9485	130771	23548	59275	9803	105148
		较前期变化量	93711	11971	37504	-526	-3583	6407	5142	-4611	-2208	43616
第九次	"十三五"期末	面积	736294	108038	108038	8314	9248	144112	27898	54924	18846	256877
		较前期变化量	138239	11517	-45840	-1312	-238	13341	4350	-4352	9043	151729

二、林木绿化率和森林覆盖率变化情况

（一）林木绿化率变化情况

根据历次森林资源规划设计调查成果，第一次调查范围没有做到全覆盖，丰台、顺义未开展调查，因此未计算全市林木绿化率和森林覆盖率。从表4-17-28中可见，从"五五"期末第二次调查到"十二五"期末第八次调查，全市林木绿化率不断增大，增加较快的时间段有2个，一

个是从"七五"期末的28.23%增加到"八五"期末的36.26%，5年增加8.03个百分点，另一个是从"九五"期末的41.9%增加到"十五"期末的49.99%，5年增加8.09个百分点。由于考核各区指标调整，"十三五"期末进行的第九次调查不再进行全市林木绿化率指标计算。

（二）森林覆盖率变化情况

从表4-17-28中可见，从"五五"期末第二次调查到"十三五"期末第九次调查，全市森林覆盖率逐年增大，增加较快的时间段有2个，一个是从"七五"期末的19.85%增加到"八五"期末的27.88%，5年增加8.03个百分点，另一个是从"九五"期末的30.65%增加到"十五"期末的35.47%，5年增加4.82个百分点。全市森林覆盖率增加较快的时间段与全市林木绿化率增加较快的时间段完全一致（图4-17-15）。

图4-17-15　西山试验林场森林

表4-17-28　历次森林资源规划设计调查森林覆盖率、林木绿化率变化情况

单位：%

调查序次	时间	森林覆盖率	较前期变化量	林木绿化率	较前期变化量
第一次	1976年	—	—	—	—
第二次	"五五"期末	12.94	—	16.63	—
第三次	"七五"期末	19.85	6.91	28.23	11.60
第四次	"八五"期末	27.88	8.03	36.26	8.03
第五次	"九五"期末	30.65	2.77	41.90	5.64
第六次	"十五"期末	35.47	4.82	49.99	8.09
第七次	"十一五"期末	36.70	1.23	52.60	2.61
第八次	"十二五"期末	41.00	4.30	58.40	5.80
第九次	"十三五"期末	44.35	3.35	—	—

三、蓄积量变化情况

（一）活立木蓄积量变化情况

从表4-17-29中可见，从1976年第一次调查到"十三五"期末第九次调查，全市活立木蓄积量不断增大，从438万立方米增加到3064.16万立方米，增加较快的时间段是从"十二五"期末的2109.14万立方米增加到"十三五"期末的3064.16万立方米，5年增加955.02万立方米。

（二）林分蓄积量变化情况

从表4-17-29中可见，从"五五"期末第二次调查到"十三五"期末第九次调查，全市林分蓄积量不断增大，从304.65万立方米增加到2520.67万立方米，增加较快的时间段有2个，第一个是从"七五"期末的377.3万立方米增加到"八五"期末的826.94万立方米，5年增加449.64万立方米，第二个是从"十二五"期末的1669.88万立方米增加到"十三五"期末的2520.67万立方米，5年增加850.79万立方米。

表4-17-29　历次森林资源规划设计调查蓄积量变化情况

单位：万立方米

调查序次	时间	活立木蓄积量	较前期变化量	林分蓄积量	较前期变化量
第一次	1976年	438.00	—	—	—
第二次	"五五"期末	450.82	12.82	304.65	—
第三次	"七五"期末	883.90	433.08	377.30	72.65
第四次	"八五"期末	1167.12	283.22	826.94	449.64
第五次	"九五"期末	1427.99	260.87	1070.59	243.65
第六次	"十五"期末	1521.34	93.35	1295.29	224.70
第七次	"十一五"期末	1810.30	288.96	1406.14	110.85
第八次	"十二五"期末	2109.14	298.84	1669.88	263.74
第九次	"十三五"期末	3064.16	955.02	2520.67	850.79

（三）树种（组）蓄积量变化情况

从"七五"期末第三次调查到"十三五"期末第九次调查，各树种（组）蓄积量基本呈现不断增大趋势（表4-17-30），增长最多的是杨树，30年净增长6238972立方米，平均每年净增长207966立方米，"八五"期间增长最多，5年净增长2873399立方米。其次增长较多的是油松林，30年净增长3675473立方米，平均每年净增长122516立方米，"十三五"期间增长最多，5年净增长2002524立方米。再次增长较多的是柞树林，30年净增长3342940立方米，平均每年净增长111431立方米，"十三五"期间增长最多，5年净增长1785926立方米。

表4-17-30　历次森林资源规划设计调查树种（组）蓄积量变化情况

单位：立方米

调查序次	时间	指标	全市合计	油松	侧柏	落叶松	山杨	柞树	刺槐	杨树	桦树	其他阔叶树
第三次	"七五"期末	蓄积量	3772646	554364	133045	40749	229556	1031261	173469	1053102	279081	278019
第四次	"八五"期末	蓄积量	8269412	907557	225825	134702	356132	1255088	543965	3926501	319144	600498
		较前期变化量	4496766	353193	92780	93953	126576	223827	370496	2873399	40063	322479
第五次	"九五"期末	蓄积量	10705846	1271682	323808	262313	466666	1687142	627174	4635474	370200	1061387
		较前期变化量	2436434	364125	97983	127611	110534	432054	83209	708973	51056	460889
第六次	"十五"期末	蓄积量	12952862	1932767	683289	393267	370297	2170917	411166	5259742	492064	1239353
		较前期变化量	2247016	661085	359481	130954	-96369	483775	-216008	624268	121864	177966
第七次	"十一五"期末	蓄积量	14061398	2131938	899612	458321	419370	2200778	389313	5902276	415695	1244094
		较前期变化量	1108536	199171	216322	65054	49073	29861	-21853	642534	-76369	4741

(续)

调查序次	时间	指标	全市合计	油松	侧柏	落叶松	山杨	柞树	刺槐	杨树	桦树	其他阔叶树
第八次	"十二五"期末	蓄积量	16698758	2227313	1376570	391684	263069	2588275	476057	7046699	415745	1913346
		较前期变化量	2637360	95375	476958	-66637	-156301	387497	86744	1144422	50	669252
第九次	"十三五"期末	蓄积量	25206687	4229837	1757616	434585	578468	4374201	1009555	7292074	577591	4952760
		较前期变化量	8507928	2002524	381046	42901	315399	1785926	533498	245375	161846	3039414

四、森林资源质量变化

（一）林分单位面积、蓄积量变化情况

"七五"期末全市林分每公顷蓄积量为17.40立方米，在"八五"期间有较大增长，"八五"期末全市林分每公顷蓄积量为24.61立方米，每公顷增加7.21立方米，主要是在"八五"期间杨树每公顷蓄积量增量很大的结果。从"八五"期末到"九五"期末，全市林分每公顷蓄积量有小幅增长，达到28.36立方米/公顷，此后至"十二五"期末，15年间基本无变化，在"十三五"期间才有了较大的增长，达到34.23立方米/公顷，比"十二五"期末增加6.31立方米。

"十三五"期间单位面积蓄积量最大的树种（组）是杨树，为132.77立方米/公顷，其次是山杨，为62.55立方米/公顷，再次是落叶松，为52.27立方米/公顷。与第八次调查相比，增量较大的树种（组）为山杨，增加34.82立方米，增长率125.58%；刺槐增加15.97立方米，增长率78.97%；油松增加16.07立方米，增长率69.63%。经分析，这主要与全市近年来大力开展中幼林抚育、森林健康经营和低效林改造等项目，促使了乔木林林分蓄积量的较快增长有关，但目前的中幼林每公顷蓄积量仅为23.22立方米，这对今后进一步加强中幼林抚育的经营技术水平提出了更高要求。各调查时期主要树种（组）单位面积、蓄积量变化见表4-17-31。

表4-17-31　各调查时期主要树种（组）单位面积蓄积量变化对比

单位：立方米/公顷

调查序次	时间	全市平均蓄积量	主要树种（组）单位面积蓄积量								
			侧柏	落叶松	油松	柞树	桦木	山杨	刺槐	杨树	其他阔叶树
第三次	"七五"期末	17.40	5.87	6.60	12.89	13.65	27.60	17.08	10.04	62.21	23.97
第四次	"八五"期末	24.61	4.55	16.97	14.41	13.29	28.23	18.72	23.60	95.30	22.67
第五次	"九五"期末	28.36	5.15	28.30	18.02	15.65	31.70	24.11	29.31	105.86	34.54
第六次	"十五"期末	28.62	7.88	39.69	24.61	18.24	38.66	27.30	23.18	82.68	24.05
第七次	"十一五"期末	27.88	7.73	45.14	25.22	17.70	34.61	32.09	21.15	92.39	20.22
第八次	"十二五"期末	27.92	8.95	40.69	23.08	19.79	42.41	27.73	20.22	118.88	18.19
第九次	"十三五"期末	34.23	11.84	52.27	39.15	30.35	30.65	62.55	36.19	132.77	19.28

（二）林分平均郁闭度变化情况

第九次调查全市乔木林林分平均郁闭度0.53，比第八次调查降低了0.02。与第八次调查相比，郁闭度等级为中（0.40~0.69）的林分面积增量较大；郁闭度等级为高（≥0.70）的林分面积有一定程度降低。经分析，这主要与近年来全市通过大力开展中幼林抚育措施，调整了林分密度，改善了林内光照条件，为保留木创造良好的生长空间有关。各调查时期林分平均郁闭度变化见表4-17-32。

表4-17-32 各调查时期林分郁闭度等级面积变化对比

调查序次	时间	平均郁闭度	郁闭度等级		
			低（0.20~0.39）	中（0.40~0.69）	高（≥0.70）
第六次	"十五"期末	0.51	177454.60	221301.10	49892.40
第七次	"十一五"期末	0.51	120727.02	256675.22	126941.24
第八次	"十二五"期末	0.55	120103.94	254664.16	220442.96
第九次	"十三五"期末	0.53	122390.54	435901.76	178001.28

（三）平均胸径变化情况

第九次调查全市乔木林林分平均胸径最大的树种（组）是杨树，为22.5厘米；其次是桦木，为17.1厘米；再次是落叶松，为15.9厘米。与第八次调查相比，第九次调查全市各树种（组）林分平均胸径均呈现增长的趋势。其中，侧柏增量最大，刺槐和杨树增量也较大。经分析，这主要是由于近年来森林经营水平提高，以及全市大力实施森林健康经营、中幼林抚育和低效林改造等工程，通过间伐、修枝、扩塘、割灌等措施，为林木创造良好的生长环境，促使了林木健康生长，林分平均胸径得以较大提高。各调查时期乔木林林分平均胸径变化见表4-17-33。

表4-17-33 各调查时期主要林分平均胸径对比

单位：厘米

调查序次	时间	林分平均胸径							
		侧柏	落叶松	油松	柞树	桦木	山杨	刺槐	杨树
第六次	"十五"期末	4.8	10.3	8.5	8.6	13.0	9.7	5.4	10.5
第七次	"十一五"期末	4.8	13.7	11.0	10.2	15.0	12.6	10.2	19.4
第八次	"十二五"期末	5.4	14.8	12.4	9.8	15.1	13.8	9.5	18.1
第九次	"十三五"期末	10.1	15.9	14.6	13.2	17.1	14.8	13.9	22.5

（四）龄组结构变化情况

从表4-17-34可见，在"七五"期末和"八五"期末，全市林分的中幼林面积占比分别高达96.44%和90.86%，近成过熟林仅占3.56%和9.14%。以后中幼林面积占比有所降低，但仍然很高，幼龄林面积占60%左右，中龄林占20%以上，一直呈现中幼林占比很大，近成过熟林少，龄组结构很不均衡的特点。"十三五"期末全市的中幼林面积587898公顷，比第八次调查增加94189公顷。其中，幼龄林面积增加88699公顷，增长率25.69%；中龄林面积增加5490公顷，增长率3.70%；近熟林面积增加19654公顷，增长率38.86%；成熟林面积增加21619公顷，增长率46.20%；过熟林面积增加2776公顷，增长率33.65%。据分析，幼龄林面积呈持续增长态势，一方面是由于多年来一直持续开展造林绿化，新造林地持续成为幼龄林，另一方面由于对平原地区成过熟林不断进行更新改造。

表4-17-34　各调查时期林分龄组结构面积变化对比

单位：公顷、%

调查序次	时间	指标	合计	龄组				
				幼龄林	中龄林	近熟林	成熟林	过熟林
第三次	"七五"期末	面积	216738	157826	51190	4547	2067	1108
		比例	100	72.82	23.62	2.10	0.95	0.51
第四次	"八五"期末	面积	336023	232293	73011	19691	8443	2585
		比例	100	69.13	21.73	5.86	2.51	0.77
第五次	"九五"期末	面积	377493	233378	87321	34707	17721	4365
		比例	100	61.82	23.13	9.19	4.69	1.16
第六次	"十五"期末	面积	454786	265404	107060	40146	32303	9873
		比例	100	58.36	23.54	8.83	7.10	2.17
第七次	"十一五"期末	面积	504343	288657	123299	44508	37194	10686
		比例	100	57.23	24.45	8.82	7.37	2.12
第八次	"十二五"期末	面积	598054	345277	148432	49307	46789	8250
		比例	100	57.73	24.82	8.24	7.82	1.38
第九次	"十三五"期末	面积	736294	433976	153922	68961	68408	11026
		比例	100	58.94	20.91	9.37	9.29	1.50

（五）森林健康状况变化情况

从"十一五"期末调查开始，设置了森林健康状况指标。从表4-17-35中可见，全市林分健康状况的特点是处于"亚健康"的林分比例很高，占80%左右。第九次调查全市乔木林分中，"健康"林分面积167938.80公顷、占22.81%，比第八次调查增加74258.28公顷，增长率79.27%，占比增加7.15个百分点；"亚健康"面积567216.95公顷、占77.04%，比第八次调查增加71112.94公顷，增长率14.33%，占比减少5.91个百分点；"中健康"面积1023.96公顷、占0.14%，比第八次调查减少6953.54公顷，减少率87.16%，占比减少1.19个百分点；"不健康"面积113.87公顷、占0.01%，比第八次调查减少178.51公顷，减少率61.06%，占比减少0.04个百分点。

表4-17-35　各调查时期森林健康等级面积变化对比

单位：公顷、%

调查序次	时间	指标	合计	森林健康等级			
				健康	亚健康	中健康	不健康
第七次	"十一五"期末	面积	504343.48	95007.54	400086.18	8785.24	464.52
		比例	100.00	18.84	79.33	1.74	0.09

(续)

调查序次	时间	指标	合计	森林健康等级			
				健康	亚健康	中健康	不健康
第八次	"十二五"期末	面积	598054.41	93680.52	496104.01	7977.50	292.38
		比例	100.00	15.66	82.95	1.33	0.05
第九次	"十三五"期末	面积	736293.58	167938.80	567216.95	1023.96	113.87
		比例	100.00	22.81	77.04	0.14	0.01

第六节 森林资源资产价值和生态服务价值

科学计算北京市森林资源价值具有十分重要的意义。2006年7月至2007年7月，市林勘院和中国科学院地理科学与资源研究所合作，组织20名专家和学者，开展北京市森林资源资产功能量和价值量评估方法的研究，编制了《北京市森林资源资产价值评估方法体系项目报告书》《北京市森林资源资产价值评估技术指南》《北京市森林资源资产评估图集》。2008年5月，市园林绿化局、市统计局、国家统计局北京调查总队及课题组成员，就北京都市型现代农业生态服务价值中有关森林资源生态服务价值进行研究讨论，达成共识，每年根据森林资源年度动态变化情况，更新全市森林资源数据，核算森林资源生态服务价值，与市统计局联合发布北京都市型现代农业生态服务价值监测公报。

一、评估指标体系

2009年10月，北京市质量技术监督局发布了《森林资源资产价值评估技术规范》，该地方标准由市林勘院和中国科学院地理科学与资源研究所起草。2018年4月，再次发布了修订后的地方标准《森林资源资产价值评估技术规范》。森林资源资产评估指标体系共包含26个指标，具体见表4-17-36。

表4-17-36 森林资源资产评估指标体系

资产类型	资产评估分项	评估指标
林地资产	林地	林地
林木资产	林木	林木
生态资产（生态服务）	产品生产	木材*
		果品
		其他林产品
	固碳释氧	植被固碳
		植被释氧
	水源涵养	拦蓄降水
		净化水质
	环境净化	吸收SO_2

(续)

资产类型	资产评估分项	评估指标
生态资产（生态服务）	环境净化	吸收氟化物
		吸收氮氧化物
		滞尘
		释放负离子
		增湿
		降温
		削减 $PM_{2.5}$
	土壤养分形成	植被养分持留
		枯落物分解
	水土保持	土壤保持
		减少泥沙淤积
		减少养分流失
	农田防护	增加作物产量
	防风固沙	防风固沙
	维持生物多样性	物种保育
	风景游憩	风景游憩

注：* 木材是指林木蓄积量的年增长量。评估基准点前的评估项目不涉及此项；评估基准点以后的年份考虑此项。

二、功能量评估方法

森林资源资产功能量评估方法见表 4-17-37，森林资源资产功能量评估参数见表 4-17-38。

三、价值量评估方法

森林资源资产价值量评估方法见表 4-17-39，森林资源资产评估社会公共数据见表 4-17-40。

表 4-17-37　森林资源资产功能量评估方法

资产类型	资产评估分项	评估指标	计算公式与参数说明
林地资产	林地	林地	林地类型和面积
林木资产	林木	林木	林木种类和林龄
生态资产（生态服务）	产品生产	活立木	$Q_{ta}=V_t \times \alpha$ 式中：Q_{ta}——森林活立木蓄积量年增长量，单位：立方米/年； 　　　V_t——森林活立木蓄积量，单位：立方米； 　　　α——森林活立木连年增长率，单位：%/年
		果品	实际产量
		其他林产品	实际产量
	固碳释氧	植被固碳	$Q_{vc}=\text{NPP} \times 1.63 \times A$ 式中：Q_{vc}——森林植被固碳量，单位：吨/年； 　　　NPP——森林植被年净初级生产力，单位：吨/（公顷·年）； 　　　A——森林面积，单位：公顷

（续）

资产类型	资产评估分项	评估指标	计算公式与参数说明
生态资产（生态服务）	水源涵养	植被释氧	$Q_{vo} = NPP \times 1.19 \times A$ 式中：Q_{vo}——森林植被释氧量，单位：吨/年； NPP——森林植被年净初级生产力，单位：吨/（公顷·年）； A——森林面积，单位：公顷
		拦蓄降水	$Q_{cw} = 10(P-E-C) \times A$ 式中：Q_{cw}——森林拦蓄降水量，单位：吨/年； P——森林年降水量，单位：毫米/年； E——森林蒸散量，单位：毫米/年； C——森林地表径流量，单位：毫米/年； A——森林面积，单位：公顷
		净化水质	$Q_{pw} = 10(P-E-C) \times A$ 式中：Q_{pw}——森林净化水量，单位：吨/年； P——森林年降水量，单位：毫米/年； E——森林蒸散量，单位：毫米/年； C——森林地表径流量，单位：毫米/年； A——森林面积，单位：公顷
	环境改善	吸收 SO_2	$Q_s = \gamma_s \times A/1000$ 式中：Q_s——森林吸收 SO_2 量，单位：吨/年； γ_s——森林吸收 SO_2 能力，单位：千克/（公顷·年）； A——森林面积，单位：公顷
		吸收氟化物	$Q_{hf} = \gamma_{hf} \times A/1000$ 式中：Q_{hf}——森林吸收氟化物量，单位：吨/年； γ_{hf}——森林吸收氟化物能力，单位：千克/（公顷·年）； A——森林面积，单位：公顷
		吸收氮氧化物	$Q_{no} = \gamma_{no} \times A/1000$ 式中：Q_{no}——森林吸收氮氧化物量，单位：吨/年； γ_{no}——森林吸收氮氧化物能力，单位：千克/（公顷·年）； A——森林面积，单位：公顷
		滞尘	$Q_d = \gamma_d \times A/1000$ 式中：Q_d——森林滞尘量，单位：吨/年； γ_d——森林滞尘能力，单位：千克/（公顷·年）； A——森林面积，单位：公顷
		削减 $PM_{2.5}$	$Q_{PM_{2.5}} = \sum D \times 24 \times 3600 \times V_d \times C_p \times 10^{-9} \times LAI_i \times (1-R_{PM}) \times A \times 10^4$ 式中：$Q_{PM_{2.5}}$——森林年削减 $PM_{2.5}$ 量，单位：千克/年； D——年无降水量日数，单位：天； V_d——$PM_{2.5}$ 沉降速率，单位：米/秒； C_p——$PM_{2.5}$ 浓度，单位：微克/立方米； LAI_i——第 i 类森林的叶面积指数，单位：平方米/平方米； R_{PM}——重悬浮率； A——森林面积，单位：公顷
		释放负离子	$Q_{o-} = 10^{10} \times \omega \times A \times H \times L$ 式中：Q_{o-}——森林维持负离子量，单位：（个·天）/年； ω——森林负离子浓度，单位：个/立方米； A——森林面积，单位：公顷； H——森林平均树高，单位：米； L——森林植被年生长日数，单位：天/年
		增湿	$Q_{hi} = \Delta e \div e_s \times 100$ $\ln e_s = 21.382 - (5.3475 \times 10^3 \div T)$ $\Delta e = \Delta h \times T \div 218$ $\Delta h = Q_{ew} \times 1000 \div (H_{ml} \times A' \times 10^4)$ $Q_{ew} = \sum LAI_i \times q_e \times A \times 10^4$

(续)

资产类型	资产评估分项	评估指标	计算公式与参数说明
生态资产（生态服务）	环境改善	增湿	式中：Q_{hi}——区域植被生长季每日相对湿度变化量，单位：%； Δe——区域水汽压每日变化量，单位：百帕/天； e_s——区域饱和水汽压，单位：百帕/天； Δh——区域绝对湿度日增加量，单位：克/(立方米·天)； T——夏季平均温度，单位：开尔文； Q_{ew}——森林生长季每日蒸腾量，单位：千克/天； H_{ml}——大气混合层高度，取值 697 米； LAI——森林叶面积指数，单位：平方米/平方米； q_e——森林植被生长季单位叶面积日蒸腾能力，单位：千克/(平方米·天)； A'——研究区域面积，单位：公顷； A——森林面积，单位：公顷
		降温	$Q_{tr}=Q_{ew}\times v_{eh}\div(H_{ml}\times A'\times 10^4)\div\varrho_c$ $Q_{ew}=\sum\text{LAI}_i\times q_e\times A\times 10^4$ 式中：Q_{tr}——区域植被生长季每日温度变化量，单位：℃/天； Q_{ew}——森林生长季每日蒸腾量，单位：千克/天； v_{eh}——20℃时水的汽化热，取值 2453 千焦/千克； H_{ml}——大气混合层高度，取值 697 米； ϱ_c——空气的容积热容量，取值 1.256 千焦/(立方米·℃)； LAI_i——第 i 类森林的叶面积指数，单位：平方米/平方米； q_e——森林植被生长季单位叶面积日蒸腾能力，单位：千克/(平方米·天)； A'——研究区域面积，单位：公顷； A——森林面积，单位：公顷
	土壤养分形成	植被养分持留	$Q_{vn}=\text{NPP}\times c_{vn}\times A$ 式中：Q_{vn}——森林植被养分持留年增加量，单位：吨/年； NPP——森林净初级生产力，单位：吨/(公顷·年)； c_{vn}——森林植被养分含量，包括氮、磷和钾，单位：%； A——森林面积，单位：公顷
		枯落物分解	$Q_{om}=\eta\times B_w\times A$ 式中：Q_{om}——森林枯落物分解量，单位：吨/年； η——森林凋落物分解速率，单位：%/年； B_w——森林枯落物存量，单位：吨/公顷； A——森林面积，单位：公顷
	水土保持	土壤保持	$Q_{sr}=(q_{nr}-q_{fr})\times A$ 式中：Q_{sr}——森林土壤保持量，单位：吨/年； q_{nr}——无林地土壤侵蚀模数，单位：吨/(公顷·年)； q_{fr}——有林地土壤侵蚀模数，单位：吨/(公顷·年)； A——森林面积，单位：公顷
		减少泥沙淤积	$Q_{ds}=(Q_{sr}\times 24\%)/\varrho$ 式中：Q_{ds}——森林减少泥沙淤积量，单位：立方米/年； ϱ——森林土壤容重，单位：吨/立方米
		减少养分流失	$Q_{dn}=Q_{sr}\times c_{sn}$ 式中：Q_{dn}——森林减少养分流失量，单位：吨/年； c_{sn}——森林土壤养分含量，包括氮、磷和钾，单位：%
	农田防护	增加作物产量	$Q_{ap}=q_{ap}\times B$ 式中：Q_{ap}——农田防护林增加作物产量，单位：吨/年； q_{ap}——农田防护林增加作物产量的能力，单位：吨/(公顷·年)； B——农田防护林保护的作物种植面积，单位：公顷
	防风固沙	防风固沙	防风固沙林面积与分布
	维持生物多样性	物种保育	野生动植物资源数量和自然保护区

(续)

资产类型	资产评估分项	评估指标	计算公式与参数说明
生态资产（生态服务）	风景游憩	风景游憩	具有休闲旅游价值的森林资源（自然保护区、森林公园和采摘果园）

表4-17-38　森林资源资产评估功能量评估参数

编号	名称	单位	数值
1	活立木连年生长率	%/年	油松：6.47；落叶松：6.99；侧柏：6.45；柞树（栎类）：5.26；桦树：4.92 刺槐：5.68；杨树：4.74；山杨：4.74；柳树：4.74；阔叶树：5.68；其他树种：5.57
2	年降水量	毫米/年	取当年数值
3	年蒸散量	毫米/年	取当年数值
4	年径流量	毫米/年	取当年数值
5	SO_2吸收能力	千克/（公顷·年）	针叶林：215.6；阔叶林：88.65；混交林：152.13；灌木林：18.91；其他林地：15.213
6	氟化物吸收能力	千克/（公顷·年）	针叶林：0.5；阔叶林：4.65；混交林：2.58；灌木林：0.258；其他林地：0.258
7	氮氧化物吸收能力	千克/（公顷·年）	针叶林：6；阔叶林：6；混交林：6；灌木林：0.6；其他林地：0.6
8	滞尘能力	吨/（公顷·年）	针叶林：33.2；阔叶林：10.11；混交林：21.66；灌木林：31.44；其他林地：2.166
9	森林负离子浓度	10^{10}个/立方厘米	植被覆盖度0%~7%：500；植被覆盖度7%~35%：1000；植被覆盖度35%~60%：2000；植被覆盖度60%~100%：1000
10	植被蒸腾能力	千克/（平方米·天）	针叶林：1.48；针阔混交林：1.37；阔叶林：1.27；灌木林及其他：1.19
11	$PM_{2.5}$沉降速率	米/秒	0.09
12	$PM_{2.5}$重悬浮率	%	3
13	大气$PM_{2.5}$浓度	毫克/立方米	取当年数值
14	森林植被氮含量	%	油松：0.2616；落叶松：0.2076；侧柏：0.1536；柞树（栎类）：0.2361；桦树：0.6041；刺槐：0.3309；杨树：0.5824；山杨：0.5824；柳树：0.2100；阔叶树：0.5412；针叶林：0.2076；混交林：0.3744；疏林地和灌木林地：0.8348
15	森林植被磷含量	%	油松：0.0318；落叶松：0.0298；侧柏：0.0278；柞树（栎类）：0.0376；桦树：0.0712；刺槐：0.0678；杨树：0.0395；山杨：0.0395；柳树：0.0420；阔叶树：0.0542；针叶林：0.0298；混交林：0.0420；疏林地和灌木林地：0.0896
16	森林植被钾含量	%	油松：0.1417；落叶松：0.1501；侧柏：0.1585；柞树（栎类）：0.2003；桦树：0.1217；刺槐：0.0945；杨树：0.1608；山杨：0.1608；柳树：0.1410；阔叶树：0.1678；针叶林：0.1501；混交林：0.1590；疏林地和灌木林地：0.7557
17	北京市森林凋落物分解率	%/年	阔叶林：21~35；针叶林：15~18；针阔混交林：20；疏林地和灌丛：45~75
18	无林地侵蚀模数	吨/（公顷·年）	4.2116
19	有林地侵蚀模数	吨/（公顷·年）	刺槐 0.8559；油松 0.8645；栎树 0.7532；桦树 0.1113；侧柏 0.6334；落叶松 0.2482；椴树 0.2482

（续）

编号	名称	单位	数值
20	土壤容重	吨/立方米	山地草甸土：0.92；山地棕壤：0.97；褐土：1.38；潮土：1.40；沼泽土：0.90；水稻土：1.21；风砂土：1.45
21	土壤有机质含量	%	山地草甸土：13.5；山地棕壤：5.77；褐土：1.89；潮土：1.20；沼泽土：1.78；水稻土：1.87；风砂土：0.49
22	土壤全氮含量	%	山地草甸土：0.52；山地棕壤：0.28；褐土：0.11；潮土：0.07；沼泽土：0.09；水稻土：0.10；风砂土：0.03
23	土壤全磷含量	%	山地草甸土：0.20；山地棕壤：0.11；褐土：0.13；潮土：0.15；沼泽土：0.10；水稻土：0.15；风砂土：0.05
24	土壤全钾含量	%	山地草甸土：2.39；山地棕壤：2.70；褐土：2.51；潮土：2.49；沼泽土：2.41；水稻土：2.43；风砂土：2.50
25	农田防护林增加作物产量的能力	千克/（公顷·年）	小麦：339；玉米：265

表 4-17-39 森林资源资产价值量评估方法

资产类型	资产评估分项	评估指标	计算公式与参数说明
林地资产	林地	林地	$V_{ld}=p_{ld}\times A$ 式中：V_{ld}——森林林地年租金价值，单位：元/年； p_{ld}——森林林地单位面积年租金，单位：元/（公顷·年）； A——森林面积，单位：公顷
林木资产	林木	林木	见国家国有资产管理局林业部《森林资源资产评估技术规范（试行）》中第四章林木资产评估
生态资产（生态服务）	产品生产	活立木	$V_{vt}=Q_{ta}\times p_t$ 式中：V_{vt}——森林活立木生产价值，单位：元/年； Q_{ta}——森林活立木蓄积量年增加量，单位：立方米/年； p_t——森林活立木交易价格，单位：元/立方米
		果品	$V_f=Q_f\times p_f$ 式中：V_f——果品价值，单位：元/年； Q_f——果品产量，单位：千克/年； p_f——果品消费价格，单位：元/千克
		其他林产品	根据年产量与平均消费价格计算
	固碳释氧	植被固碳	$V_c=Q_{vc}\times p_c$ 式中：V_c——森林植被固碳价值，单位：元/年； Q_{vc}——森林植被固碳量，单位：吨/年； p_c——瑞典碳税替代价格，单位：元/吨
		植被释氧	$V_o=Q_{vo}\times p_o$ 式中：V_o——森林植被释氧价值，单位：元/年； Q_{vo}——森林植被释氧量，单位：吨/年； p_o——医用氧气替代价格，单位：元/吨
	水源涵养	拦蓄降水	$V_{cw}=Q_{cw}\times c_r$ 式中：V_{cw}——森林拦蓄降水价值，单位：元/年； Q_{cw}——森林拦蓄降水量，单位：吨/年； c_r——水库单位库容成本，单位：元/吨
		净化水质	$V_{pw}=Q_{pw}\times p_w$ 式中：V_{pw}——森林净化水质价值，单位：元/年； Q_{pw}——森林净化水量，单位：吨/年； p_w——北京市水价，单位：元/吨

（续）

资产类型	资产评估分项	评估指标	计算公式与参数说明
生态资产（生态服务）	环境改善	吸收 SO_2	$V_s = Q_s \times c_s$ 式中：V_s——森林吸收 SO_2 价值，单位：元/年； Q_s——森林吸收 SO_2 量，单位：吨/年； c_s——削减 SO_2 成本，单位：元/吨
		吸收氟化物	$V_{hf} = Q_{hf} \times c_{hf}$ 式中：V_{hf}——森林吸收氟化物价值，单位：元/年； Q_{hf}——森林吸收氟化物量，单位：吨/年； c_{hf}——削减氟化物成本，单位：元/吨
		吸收氮氧化物	$V_{no} = Q_{no} \times c_{no}$ 式中：V_{no}——森林吸收氮氧化物价值，单位：元/年； Q_{no}——森林吸收氮氧化物量，单位：吨/年； c_{no}——削减氮氧化物成本，单位：元/吨
		滞尘	$V_d = Q_d \times c_d$ 式中：V_d——森林滞尘价值，单位：元/年； Q_d——森林滞尘量，单位：吨/年； c_d——削减灰尘成本，单位：元/吨
		削减 $PM_{2.5}$	$V_{PM2.5} = Q_{PM2.5} \times c_{PM}$ 式中：$V_{PM2.5}$——森林削减 $PM_{2.5}$ 价值，单位：元/年； $Q_{PM2.5}$——森林削减 $PM_{2.5}$ 量，单位：吨/年； c_{PM}——削减 $PM_{2.5}$ 成本，单位：元/吨
		释放负离子	$V_{o-} = (Q_{o-} / Q_m) \times p_m$ 式中：V_{o-}——森林释放负离子价值，单位：元/年； Q_{o-}——森林维持负离子量，单位：(个·天)/年； Q_m——空气清新机的性能，单位：个/台； p_m——空气清新机日运行费用，单位：元/(台·天)
		增湿	$V_{hi} = (\Delta h \div 1000 \times A \times 10^4 \times h_p) \div v_{eh} \times d_s \times w_h \div 1000 \times p_e$ 式中：V_{hi}——森林增湿价值，单位：元/年； Δh——区域绝对湿度日增加量，单位：克/(立方米·天)； A——森林面积，单位：公顷； h_p——人类活动高度，单位：米； v_{eh}——加湿器工作效率，单位：千克/小时； d_s——夏季日数，单位：天/年； w_h——加湿器输入功率，单位：瓦； p_e——电费单价，单价：元/(千瓦·时)
		降温	$V_{tr} = Q_{tr} \times \varrho_c \times (A \times 10^4 \times h_p) \times d_s \div \eta_a \times w_a \div 1000 \times p_e$ 式中：V_{tr}——森林降温价值，单位：元/年； Q_{tr}——区域植被生长季每日温度变化量，单位：℃/天； ϱ_c——空气的容积热容量，取值 1.256 千焦/(立方米·℃)； A——森林面积，单位：公顷； h_p——人类活动高度，单位：米； d_s——夏季日数，单位：天/年； η_a——空调制冷效率，单位：千焦/小时； w_a——空调功率，单位：瓦； p_e——电费单价，单价：元/(千瓦·时)
	土壤养分形成	植被养分持留	$V_{vn} = Q_{vn} \times p_n$ 式中：V_{vn}——森林植被养分持留价值，单位：元/年； Q_{vn}——森林植被养分持留年增加量，单位：吨/年； p_n——化肥市场价格，单位：元/吨
		枯落物分解	$V_{om} = Q_{om} \times p_{om}$ 式中：V_{om}——森林枯落物分解价值，单位：元/年； Q_{om}——森林枯落物分解量，单位：吨/年； p_{om}——有机肥市场价格，单位：元/吨

(续)

资产类型	资产评估分项	评估指标	计算公式与参数说明
生态资产（生态服务）	水土保持	减少泥沙淤积	$V_{ds}=Q_{ds}\times c_{ds}$ 式中：V_{ds}——森林减少泥沙淤积价值，单位：元/年； Q_{ds}——森林减少泥沙淤积量，单位：立方米/年； c_{ds}——挖取单位面积土方费用，单位：元/立方米
		减少养分流失	$V_{dn}=Q_{dn}\times p_n$ 式中：V_{dn}——森林减少养分流失价值，单位：元/年； Q_{dn}——森林减少养分流失量，单位：吨/年； p_n——化肥市场价格，单位：元/吨
	农田防护	增加作物产量	$V_{ap}=Q_{ap}\times p_{cp}$ 式中：V_{ap}——森林增加作物产量价值，单位：元/年； Q_{ap}——农田防护林增加作物产量，单位：吨/年； p_{cp}——农作物市场价格，单位：元/吨
	防风固沙	防风固沙	$V_{dp}=(p_{dp}+m_{dp})\times A$ 式中：V_{dp}——森林防风固沙价值，单位：元/年； p_{dp}——防风固沙林地价格，单位：元/公顷； m_{dp}——防风固沙林地营林成本，单位：元/公顷； A——森林面积，单位：公顷
	维持生物多样性	物种保育	$V_b=S_t\times A$ 式中：V_b——森林物种保育价值，单位：元/年； S_t——单位面积森林物种保育年价值，单位：元/（公顷·年）； A——森林面积，单位：公顷
	风景游憩	风景游憩	$V_{tv}=\sum_i v_{tvi}$ 式中：V_{tv}——森林风景游憩价值，单位：元/年（若有实际统计数据，按实际数计）； v_{tvi}——森林自然保护区、森林公园和采摘果园的各项旅游收益，包括门票、交通、食宿、摄影、购物以及时间成本，单位：元/年

表4-17-40 推荐使用的森林资源资产评估社会公共数据

编号	名称	单位	数值
1	活立木交易价格	元/立方米	油松：1000；侧柏：1000；杨树：380；其他阔叶树：390
2	果品价格	元/千克	苹果：5；梨：3；桃：2；李子：3；鲜杏：3；仁用杏：8；葡萄：4；柿子：2；板栗：10；核桃：15；樱桃：30；枣：4；红果：1
3	瑞典碳税替代价格	元/吨	1200
4	医用O_2替代价格	元/吨	1000
5	水库单位库容成本	元/立方米	6.1107
6	削减SO_2成本	元/吨	1200
7	削减氟化物成本	元/吨	690
8	削减氮氧化物成本	元/吨	630
9	削减灰尘成本	元/吨	150
10	磷酸二铵化肥价格	元/吨	2400
11	氯化钾化肥价格	元/吨	2200
12	有机肥市场价格	元/吨	320

(续)

编号	名称	单位	数值
13	挖取单位面积土方费用	元/立方米	12.6
14	空气清新机性能	个/台	1.8×10^{14}
15	空气清新机日运行费用	元/(台·天)	0.43
16	加湿器工作效率	千克/小时	6
17	夏季日数	天/年	90
18	人类活动高度	米	100
19	加湿器输入功率	瓦	280
20	电费单价	元/(千瓦·时)	0.5
21	水汽化热	千焦/千克	2453
22	空调制冷效率	千焦/小时	50400
23	空调输入功率	瓦	4800
24	$PM_{2.5}$削减费用	元/吨	150
25	北京水价（不包括污水处理费）	元/立方米	3.7
26	林地价格	元/公顷	有林地：3949；防护林：2247；特用林：5618；用材林：1124；经济林：7800；疏林地：1124；灌木林地：393；未成造林地：1124；苗圃地：5618；无林地：1124
27	农作物市场价格	元/吨	小麦：1880；玉米：1600
28	单位面积森林维持生物多样性年价值	元/(公顷·年)	指数<1：3000；1≤指数<2：5000；2≤指数<3：10000；3≤指数<4：20000；4≤指数：30000

注：价格数据可以根据当年市价、汇率进行换算调整。

四、2020年全市森林资源资产价值和生态服务价值

根据北京市地方标准《森林资源资产价值评估技术规范》和2020年森林资源动态监测成果测算全市森林资源资产价值和生态服务价值。

（一）全市森林资源资产价值和生态服务价值

2020年，全市森林资源资产年价值为541.15亿元，贴现价值8214.77亿元，全市森林资源生态服务年价值为504.92亿元，贴现价值7453.80亿元。生态服务价值占90.74%，林地价值占5.56%，林木价值占3.70%，可见北京市森林资源主要是发挥生态服务作用（图4-17-16）。

在生态服务贴现价值7453.80亿元中，供给服务、调节服务、支持服务和社会服务分别为157.47亿元、4255.54亿元、2765.67亿元和275.12亿元，分别占森林资源贴现价值的1.92%、51.80%、33.67%和3.35%，可见森林资源生态服务功能主要是发挥调节服务和支持服务。从单项三级指标来看，贴现价值最大的是维持生物多样性，其次是拦截降水，再次是调节CO_2，其贴现价值分别为2442.80亿元、1430.13亿元和1017.61亿元，分别占森林资源贴现价值的29.74%、17.41%和12.39%。各指标价值详细见表4-17-41。

图 4-17-16　八达岭森林公园红叶岭

表 4-17-41　2020 年全市森林资源价值

资产形式	一级指标	二级指标	三级指标	年价值（亿元）	贴现价值（亿元）	占比（%）
林地	林地	林地	林地	21.75	456.71	5.56
林木	林木	林木	林木	14.49	304.26	3.70
生态服务价值	供给服务	产品生产	合计	157.47	157.47	1.92
			果品	152.01	152.01	1.85
			木材	5.47	5.47	0.07
	调节服务	合计		202.64	4255.54	51.80
		大气调节	小计	83.31	1749.46	21.30
			调节 CO_2	48.46	1017.61	12.39
			调节 O_2	34.85	731.85	8.91
		水源涵养	小计	77.78	1633.41	19.88
			拦截降水	68.10	1430.13	17.41
			涵蓄降水	6.01	126.26	1.54
			净化水质	3.67	77.02	0.94
		环境净化	小计	41.56	872.67	10.62
			减少 SO_2	0.59	12.34	0.15
			减少氟化物	0.00	0.08	0.00
			减少氮氧化物	0.03	0.56	0.01
			杀菌	6.55	137.48	1.67
			释放负氧离子	0.00	0.04	0.00
			降低噪声	0.00	0.00	0.00
			滞尘	34.39	722.17	8.79

(续)

资产形式	一级指标	二级指标	三级指标	年价值（亿元）	贴现价值（亿元）	占比（%）
生态服务价值	支持服务		合计	131.70	2765.67	33.67
		土壤形成	小计	14.32	300.71	3.66
			植物养分累积	4.15	87.19	1.06
			枯落物分解	10.17	213.52	2.60
		土壤保持	小计	0.34	7.05	0.09
			避免土地废弃	0.04	0.75	0.01
			减少泥沙淤积	0.05	1.06	0.01
			减少养分流失	0.25	5.23	0.06
		农田防护	农田防护	0.27	5.60	0.07
		防风固沙	防风固沙	0.45	9.51	0.12
		维持生物多样性	维持生物多样性	116.32	2442.80	29.74
	社会服务		合计	13.10	275.11	3.35
		社会服务	促进就业	5.37	112.80	1.37
			休闲旅游	5.70	119.80	1.46
			文化教育	2.02	42.52	0.52
	合计			504.92	7453.80	90.74
资产价值				541.15	8214.77	100.00

（二）各区森林资源资产价值和生态服务价值

森林资源贴现价值最高的是怀柔区，为1354.56亿元，占全市的16.49%；其次是密云区，为1322.41亿元，占全市的16.10%；再次是延庆区，为1235.98亿元，占全市的15.05%。各区价值详细见表4-17-42。

表4-17-42　2020年各区森林资源价值

单位：公顷、亿元、%

统计单位	林地面积	生态服务年价值	资产年价值	生态服务贴现价值	资产贴现价值	资产贴现价值占全市比例
全市	1129980.65	504.92	541.15	7453.80	8214.77	100.00
东城区	291.66	0.28	0.34	5.95	7.24	0.09
西城区	160.67	0.22	0.27	4.65	5.66	0.07
朝阳区	12376.38	5.00	5.97	103.00	123.35	1.50
丰台区	9206.71	4.86	5.40	92.72	104.05	1.27
石景山区	3030.18	1.15	1.29	22.91	26.04	0.32
海淀区	17204.78	13.61	14.84	146.42	172.23	2.10

（续）

统计单位	林地面积	生态服务年价值	资产年价值	生态服务贴现价值	资产贴现价值	资产贴现价值占全市比例
门头沟区	39246.27	44.47	47.16	833.68	890.19	10.84
房山区	137055.94	52.53	55.62	785.18	850.05	10.35
通州区	140181.57	21.53	23.95	256.27	307.13	3.74
顺义区	40560.57	56.94	59.13	339.54	385.48	4.69
昌平区	46567.62	33.52	37.14	552.44	628.59	7.65
大兴区	91742.16	22.77	25.05	243.95	291.95	3.55
怀柔区	187686.15	71.14	75.17	1270.05	1354.56	16.49
平谷区	70002.83	46.52	49.91	438.82	509.90	6.21
密云区	171850.92	71.16	76.70	1206.15	1322.41	16.10
延庆区	162816.24	59.22	63.21	1152.07	1235.98	15.05

第十八章　植物群落

北京地区的植被种类组成复杂，群落类型多样，按照中国植被分类系统，北京地区植被分为6个植被型组11个植被型。6个植被型组分别是针叶林、阔叶林、灌丛和灌草丛、草甸、湿地植被、水生植被。11个植被型分别是寒温性针叶林、温性针叶林、落叶阔叶林、落叶阔叶灌丛、灌草丛、草甸、泛滥地草甸、湿地植被、漂浮植物、浮叶植物、沉水植物。

第一节　针叶林类型

北京地区的针叶林主要有落叶松林、油松林、侧柏林、白皮松林、华山松林等5个类型（群系）。落叶松林属于寒温性针叶林植被型，在北京主要以华北落叶松为主，此外还有少量长白落叶松和兴安落叶松。油松林、侧柏林、白皮松林和华山松林属于温性针叶林植被型。

一、落叶松林

（一）落叶松林的分布

落叶松林分布在海拔较高的山区，门头沟、房山、延庆、密云、怀柔、昌平等6个区有分布，全部是人工林。在门头沟区的百花山、密云区的雾灵山和云蒙山、怀柔区的喇叭沟门有集中连片的大面积栽培。百花山的落叶松林主要分布于通向百花草甸的海拔1300~1700米的阴坡、半阴坡，以及雾灵山南横岭一带。

全市落叶松林面积为8314.36公顷，占全市乔木林面积的1.13%，蓄积量434584.67立方米，占全市乔木林蓄积量的1.72%，单位面积蓄积量为52.27立方米/公顷，在针叶林中为最高。延庆区落叶松林分布面积最大，有2353.11公顷，占全市落叶松林面积的28.30%，主要分布在香营（659.44公顷）、四海（622.67公顷）、刘斌堡（300.59公顷）、永宁（208.57公顷）和珍珠泉（117.74公顷）等乡镇。其次是门头沟区，面积2143.92公顷，占全市落叶松林面积的25.79%，主要分布在清水镇（769.91公顷）、斋堂镇（518.00公顷）、雁翅镇（178.56公顷）和京西林场（503.92公顷）。再次是房山区，面积2086.67公顷，占全市落叶松林面积的25.10%，集中分布在史家营乡（699.50公顷）、蒲洼乡（492.20公顷）、霞云岭乡（465.52公顷）和大安山乡（316.95公顷）。分布面积最小的是昌平区，面积为71.63公顷，均分布在流村镇。各区各乡镇落叶松林分布情况见表4-18-1。

表4-18-1 全市落叶松林面积、蓄积量

单位：公顷、立方米

统计单位	乡镇	合计		天然林		人工林	
		面积	蓄积量	面积	蓄积量	面积	蓄积量
	全市	8314.36	434584.67	0.00	0.00	8314.36	434584.67
门头沟区	小计	2143.92	125412.24	0.00	0.00	2143.92	125412.24
	清水镇	769.91	39892.73	0.00	0.00	769.91	39892.73
	斋堂镇	518.00	19376.36	0.00	0.00	518.00	19376.36
	雁翅镇	178.56	4007.66	0.00	0.00	178.56	4007.66
	妙峰山镇	50.13	1886.90	0.00	0.00	50.13	1886.90
	永定镇	62.42	1961.63	0.00	0.00	62.42	1961.63
	京西林场	503.92	51767.98	0.00	0.00	503.92	51767.98
	华北林业实验中心	18.83	1415.10	0.00	0.00	18.83	1415.10
	鹫峰林场	42.16	5103.87	0.00	0.00	42.16	5103.87
房山区	小计	2086.67	123898.80	0.00	0.00	2086.67	123898.80
	大安山乡	316.95	28975.77	0.00	0.00	316.95	28975.77
	史家营乡	699.50	56827.12	0.00	0.00	699.50	56827.12
	蒲洼乡	492.20	8476.94	0.00	0.00	492.20	8476.94
	霞云岭乡	465.52	22427.26	0.00	0.00	465.52	22427.26
	张坊镇	15.30	589.30	0.00	0.00	15.30	589.30
	周口店镇	5.41	145.72	0.00	0.00	5.41	145.72
	大安山林场	91.79	6456.70	0.00	0.00	91.79	6456.70
昌平区	流村镇	71.63	1879.78	0.00	0.00	71.63	1879.78
怀柔区	小计	485.44	27155.63	0.00	0.00	485.44	27155.63
	喇叭沟门乡	71.19	3641.40	0.00	0.00	71.19	3641.40
	宝山镇	73.46	2370.57	0.00	0.00	73.46	2370.57
	琉璃庙乡	86.00	3477.77	0.00	0.00	86.00	3477.77
	渤海镇	2.71	270.46	0.00	0.00	2.71	270.46
	雁栖镇	252.08	17395.44	0.00	0.00	252.08	17395.44
密云区	小计	1173.59	65693.92	0.00	0.00	1173.59	65693.92
	石城	8.03	711.09	0.00	0.00	8.03	711.09
	冯家峪	624.14	26324.37	0.00	0.00	624.14	26324.37
	不老屯	56.36	2731.14	0.00	0.00	56.36	2731.14
	高岭	81.36	667.80	0.00	0.00	81.36	667.80

(续)

统计单位	乡镇	合计		天然林		人工林	
		面积	蓄积量	面积	蓄积量	面积	蓄积量
密云区	太师屯	47.51	5628.81	0.00	0.00	47.51	5628.81
	新城子	226.30	15376.29	0.00	0.00	226.30	15376.29
	云蒙山林场	8.01	686.44	0.00	0.00	8.01	686.44
	雾灵山林场	121.88	13567.97	0.00	0.00	121.88	13567.97
延庆区	小计	2353.11	90544.30	0.00	0.00	2353.11	90544.30
	张山营镇	99.74	3143.34	0.00	0.00	99.74	3143.34
	旧县	39.26	854.28	0.00	0.00	39.26	854.28
	香营	659.44	26526.60	0.00	0.00	659.44	26526.60
	千家店	85.47	2265.62	0.00	0.00	85.47	2265.62
	延庆镇	59.95	1984.02	0.00	0.00	59.95	1984.02
	永宁	208.57	9789.44	0.00	0.00	208.57	9789.44
	刘斌堡	300.59	11542.41	0.00	0.00	300.59	11542.41
	四海	622.67	23870.62	0.00	0.00	622.67	23870.62
	珍珠泉	117.84	4479.65	0.00	0.00	117.84	4479.65
	大榆树	12.67	565.53	0.00	0.00	12.67	565.53
	井庄	51.57	1802.74	0.00	0.00	51.57	1802.74
	八达岭林场	95.35	3720.05	0.00	0.00	95.35	3720.05

在全市落叶松林中，房山区史家营乡秋林铺、门头沟区京西林场莲花坑、清水镇小龙门林场等地的落叶松林长势好，林分平均高14~19米，平均胸径18~27厘米，每公顷蓄积量160~230立方米，每公顷株数900~1500株（图4-18-1）。

图4-18-1　京西林场落叶松人工林

（二）落叶松的群落特征

落叶松林属于高海拔地带性植被类型，在落叶松群系的乔木层中，落叶松的重要值都较高，一般在0.8以上，在海拔1100~1900米的山地半阴坡、阴坡常有栽培，长势良好。落叶松林分密度通常较大，不同地区的生长状况不同，在百花山自然保护区树高可达20米，胸径超过24厘米，在京西林场也有胸径超过40厘米的单株，而蒲洼自然保护区的落叶松平均胸径8.8厘米。

落叶松林植物组成有维管植物44科91属120种，优势科为菊科、蔷薇科、木樨科、虎耳草科、桦木科、忍冬科、百合科、毛茛科、禾本科、豆科等。优势属有榆属、桦木属、风毛菊属、绣线菊属、丁香属、蒿属等，优势属含植物种数均较少，多为单种属。

落叶松林林下灌木较为稀疏，覆盖度20%

左右，主要种类有三裂绣线菊、柔毛绣线菊、山楂叶悬钩子、胡枝子、锐齿鼠李等；草本层覆盖度达70%，较多的是野青茅、大油芒、白莲蒿、白头翁等。具体见表4-18-2。

表4-18-2 落叶松群系林下植物物种数量

单位：株、株/公顷

灌木植物名称	数量	密度	草本植物名称	数量	密度
三裂绣线菊	168	2210.5	披针薹草	1012	26631.6
柔毛绣线菊	137	1802.6	野青茅	888	23368.4
毛榛	116	1526.3	蔓假繁缕	683	17973.7
			舞鹤草	576	15157.9
			蛇莓	429	11289.5
			水金凤	328	8631.6
			宽叶薹草	327	8605.3

注：38块样地（面积15200平方米）统计结果；表中列出物种数量为前3位的灌木植物和前7位的草本植物，以下各群系列表类同。

二、油松林

（一）油松林的分布

油松林在北京分布范围最为广泛，各区都有分布，是主要森林群落类型。全市油松林面积106610.92公顷，占全市乔木林面积的14.48%，蓄积量4211245.78立方米，占全市乔木林蓄积量的16.71%，单位面积蓄积量为39.50立方米/公顷。油松有天然和人工两种起源，绝大部分是人工林。全市油松天然林面积为3327.33公顷，占油松林面积的3.12%，天然林蓄积量为224458.46立方米，占油松林蓄积量的5.33%；人工林面积为103283.59公顷，占油松林面积的96.88%，蓄积量为3986787.32立方米，占油松林蓄积量的94.67%。各区油松林分布情况见表4-18-3。

油松林分布最多的是密云区，面积29248.64公顷，占全市油松林的27.43%，蓄积量1650662.84立方米，占全市油松林蓄积量的39.19%。密云区油松林主要分布在不老屯（3410.89公顷）、新城子（3283.58公顷）、冯家峪（3234.27公顷）、太师屯（2981.62公顷）和大城子（2520.99公顷）等乡镇，穆家峪、东邵渠、北庄、高岭、古北口等乡镇也有较大面积的油松林，但均在1000公顷以上。

表4-18-3 全市油松林面积、蓄积量

单位：公顷、立方米

统计单位	合计		天然林		人工林	
	面积	蓄积量	面积	蓄积量	面积	蓄积量
全市	106610.92	4211245.78	3327.33	224458.46	103283.59	3986787.32
东城区	30.51	1630.77	0.00	0.00	30.51	1630.77
西城区	1.04	42.28	0.00	0.00	1.04	42.28
朝阳区	561.08	18355.26	0.00	0.00	561.08	18355.26
丰台区	811.21	10766.01	0.00	0.00	811.21	10766.01
石景山区	194.71	10928.09	0.00	0.00	194.71	10928.09

(续)

统计单位	合计		天然林		人工林	
	面积	蓄积量	面积	蓄积量	面积	蓄积量
海淀区	1565.34	89275.93	0.00	0.00	1565.34	89275.93
门头沟区	4811.11	187881.14	61.32	1470.66	4749.79	186410.47
房山区	6369.44	257163.89	0.00	0.00	6369.44	257163.89
通州区	3214.81	45358.29	0.00	0.00	3214.81	45358.29
顺义区	2360.75	38332.77	0.00	0.00	2360.75	38332.77
昌平区	5469.36	176429.50	1086.02	67456.68	4383.34	108972.81
大兴区	2937.82	29650.70	0.00	0.00	2937.82	29650.70
怀柔区	16897.22	787687.89	197.24	5456.00	16699.98	782231.88
平谷区	8448.04	305478.53	0.00	0.00	8448.04	305478.53
密云区	29248.64	1650662.84	1711.70	120184.65	27536.95	1530478.19
延庆区	23689.83	601601.91	271.06	29890.46	23418.77	571711.46

其次是延庆区，其油松林面积23689.83公顷，占全市油松林的22.22%，蓄积量601601.91立方米，占全市油松林蓄积量的14.29%。延庆区的油松林主要分布在千家店（4058.76公顷）、永宁（3562.52公顷）、刘斌堡（2990.28公顷）、井庄（2176.29公顷）、旧县（2122.55公顷）等乡镇，香营、四海、珍珠泉等乡镇也有较大面积的油松林，均在1000公顷以上。

再次是怀柔区，其油松林面积16897.22公顷，占全市油松林的15.85%，蓄积量787687.89立方米，占全市油松林蓄积量的18.70%。怀柔区的油松林主要分布在长哨营乡（4009.26公顷）、汤河口镇（2741.76公顷）、喇叭沟门乡（2477.55公顷）、宝山镇（2087.28公顷），琉璃庙乡和渤海镇也有较大面积的油松林，均在1000公顷以上。

油松天然林分布区域较小，只在少数的几个地区有分布，主要分布在昌平区的延寿镇（1067.06公顷），密云区的新城子（598.51公顷）、不老屯（492.63公顷）、云蒙山林场（236.80公顷）。松山国家级自然保护区有油松天然林分布，面积271.06公顷，而且树龄较大，有上百年的油松存在（图4-18-2）。怀柔喇叭沟门的帽山附近有一部分天然油松林分布。有些油松林早期是人工林，现在呈现为半天然状态，如密云区云峰山的大面积天然油松林，主要集中在古石峪的头道沟和二道沟。

在全市油松林中，延庆松山国家级自然保护区、密云区云蒙山林场、雾灵山林场、怀柔区的九渡河镇、房山区的史家营乡等地油松林长势好，林分平均高12~17米，平均胸径21~32厘米，每公顷蓄积量150~170立方米，每公顷株数500~1200株。

图4-18-2 松山国家级自然保护区油松天然林

（二）油松林的群落特征

华北地区是油松林的主要分布区，在北京地区油松广泛分布，主要生长于海拔 600~970 米的阴坡、半阴坡。油松林植物组成有维管束植物 66 科 157 属 225 种，其中野生植物 65 科 155 属 223 种，野生植物主要集中于菊科、豆科、蔷薇科、禾本科等世界大科中，物种少的科占科的大多数。优势属有蒿属、胡枝子属、榆属、隐子草属、梨属、蛇葡萄属、丁香属、风毛菊属、溲疏属、黄精属等。油松林植物属主要以单种属和寡种属为主（图 4-18-3）。

油松林郁闭度 0.5~0.8，高度在 9~18 米，平均胸径 12~23 厘米，云峰山、喇叭沟门等地油松胸径可达 30~35 厘米。林中乔木层有少量蒙古栎出现。灌木层在较低海拔处以平榛为主，中山以上阴坡林下胡枝子较多，半阴坡三裂绣菊与柔毛绣线菊较多。除此以外，还有山杏、照山白、钩齿溲疏、圆叶鼠李等。草本层覆盖度较小，一般为 30% 左右，主要有披针薹草、野青茅、小红菊、白莲蒿、矮茎紫苞鸢尾、东亚唐松草，还可见二叶兜被兰等。具体见表 4-18-4。

图 4-18-3　慕田峪油松人工林

表 4-18-4　油松林群系林下植物物种数量

单位：株、株/公顷

灌木植物名称	数量	密度	草本植物名称	数量	密度
三裂绣线菊	1239	8978.3	野青茅	1968	28521.7
荆条	733	5311.6	披针薹草	1488	21565.2
柔毛绣线菊	411	2978.3	中华卷柏	741	10739.1
			紫花野菊	605	8768.1
			求米草	495	7173.9
			野古草	483	7000.0
			大油芒	465	6739.1

注：69 块样地（面积 27600 平方米）统计结果。

三、侧柏林

（一）侧柏林的分布

侧柏林在暖温带落叶阔叶林区分布很广，北京地区广为栽培，密云石城、怀柔长哨营、汤河口、琉璃庙等多地有天然林分布。全市侧柏林面积 148502.41 公顷，占全市乔木林面积的 20.17%，蓄积量为 1757615.98 立方米，占全市乔木林蓄积量的 6.97%，单位面积蓄积量较低，仅为 11.84 立方米/公顷。其中天然林 27124.14 公顷，占全市侧柏林面积的 18.27%，蓄积量为 380887.06 立方米，占全市侧柏林蓄积量的 21.67%；人工林 121378.27 公顷，占全市侧柏林面积的 81.73%，蓄积量为 1376728.92 立方米，占全市侧柏林蓄积量的 71.73%。各区侧柏林分布情况见表 4-18-5。

表 4-18-5 全市侧柏林面积、蓄积量

单位：公顷、立方米

统计单位	合计		天然林		人工林	
	面积	蓄积量	面积	蓄积量	面积	蓄积量
全市	148502.41	1757615.98	27124.14	380887.06	121378.27	1376728.92
东城区	90.22	4966.56	0.00	0.00	90.22	4966.56
西城区	7.55	489.42	0.00	0.00	7.55	489.42
朝阳区	273.43	31345.35	0.00	0.00	273.43	31345.35
丰台区	1407.77	52515.17	0.00	0.00	1407.77	52515.17
石景山区	981.00	35704.52	0.00	0.00	981.00	35704.52
海淀区	3350.05	133204.88	0.00	0.00	3350.05	133204.88
门头沟区	16758.63	166715.07	391.96	9499.91	16366.67	157215.16
房山区	21675.79	224923.32	970.82	33713.27	20704.98	191210.05
通州区	292.32	2904.61	0.00	0.00	292.32	2904.61
顺义区	2354.25	27842.74	0.00	0.00	2354.25	27842.74
昌平区	16288.81	264476.65	166.70	4418.28	16122.11	260058.37
大兴区	221.89	2931.05	0.00	0.00	221.89	2931.05
怀柔区	22645.36	271721.07	13648.63	202794.36	8996.74	68926.71
平谷区	10052.13	107392.22	34.60	287.54	10017.53	107104.69
密云区	39517.38	350801.08	8498.78	91485.95	31018.60	259315.14
延庆区	12585.82	79682.27	3412.66	38687.76	9173.16	40994.51

在全市各区中，密云区的侧柏林面积最大，为39517.38公顷，占全市侧柏林面积的26.61%，蓄积量为350801.08立方米，占全市侧柏林蓄积量的19.96%。主要分布在石城（6500.89公顷）、古北口（3988.74公顷）、太师屯（3529.42公顷）、不老屯（3188.93公顷）、大城子（3155.12公顷）等乡镇。

其次是怀柔区，侧柏林面积为22645.36公顷，占全市侧柏林面积的15.25%，蓄积量为271721.07立方米，占全市侧柏林蓄积量的15.46%。主要分布在长哨营（5976.64公顷）、汤河口（4521.33公顷）、琉璃庙（3666.65公顷）、宝山（3550.66公顷）等乡镇。怀柔区的侧柏天然林最多，面积13648.63公顷，占全市侧柏天然林面积的50.32%，主要分布在长哨营、汤河口、琉璃庙，其侧柏天然林面积均在3000公顷以上。

再次是房山区，侧柏林面积为21675.79公顷，占全市侧柏林面积的14.60%，蓄积量为224923.32立方米，占全市侧柏林蓄积量的12.80%。主要分布在十渡（3309.45公顷）、张坊（3301.42公顷）、周口店（2026.04公顷）等乡镇。房山区侧柏天然林主要分布在蒲洼乡（437.15公顷）和霞云岭乡（392.03公顷）。

延庆区的千家店镇和珍珠泉镇也有大面积的侧柏天然林，其面积分别为1772.04公顷和1616.37公顷。

在全市侧柏林中，昌平区十三陵镇裕陵和

德陵（图4-18-4）、海淀区鹫峰林场、房山区上方山管理处等地的侧柏林长势好，林分平均高12~17米，平均胸径30~50厘米，每公顷蓄积量150~290立方米，每公顷株数250~900株。

图4-18-4　十三陵林场侧柏人工林

（二）侧柏林的群落特征

北京市的侧柏林主要分布在山区海拔900米以下的阳坡和半阳坡，在酸性岩类及石灰岩母质发育的褐土上均能正常生长。

侧柏林植物组成有维管植物52科118属165种，其中野生植物51科115属162种。优势科为菊科、禾本科、蔷薇科、豆科、百合科、石竹科、茜草科、毛茛科、榆科、玄参科，大科较少，小科较多。优势属为蒿属、胡枝子属、栎属、隐子草属、堇菜属、榆属、委陵菜属、鸦葱属、苦荬菜属、绣线菊属，侧柏林植物属主要以单种属和寡种属为主。

野生侧柏种群大都分布在石灰岩母质山区坡度较大的区域，一般在35°以上。天然林郁闭度小，多为0.2~0.4。树高3~5米，树龄多在100~200年。侧柏人工林郁闭度大，灌木层盖度60%~70%，有小叶白蜡等优势种，其中混生物种有蚂蚱腿子、荆条、多花胡枝子、花木蓝等。草本植物层优势种有披针叶薹草和丛生隐子草。伴生物种有翻白草、卷柏和中华卷柏等。群落林下主要植物数量特征和物种生活型组成见表4-18-6。

表4-18-6　侧柏林群落林下主要植物种数量特征

群落层次	植物名称	密度（株/公顷）	频度（%）	平均盖度（%）	平均高度（米）
灌木层	荆条	2800	100.00	6.7	1.0
	小叶白蜡	4417	100.00	6.7	1.4
	锐齿鼠李	250	46.67	3.1	1.7
	三裂绣线菊	1117	46.67	3.1	0.5
	大果榆	258	40.00	2.7	1.3
	蚂蚱腿子	3942	40.00	2.7	0.6
	多花胡枝子	3825	33.33	2.2	0.2
	胡枝子	2842	33.33	2.2	0.3
	花木蓝	408	33.33	2.2	0.3
草本层	披针叶薹草	3658	90.00	3.0	0.5
	隐子草	5267	70.00	2.3	0.3
	翻白草	1892	53.33	1.8	0.1
	卷柏	1217	23.33	0.8	0.1
	中华卷柏	642	23.33	0.8	0.1
	大油芒	275	16.67	0.6	0.5

(续)

群落层次	植物名称	密度（株/公顷）	频度（%）	平均盖度（%）	平均高度（米）
草本层	兴安天门冬	58	13.33	0.4	0.1
	野青茅	308	13.33	0.4	0.2

四、华山松林

（一）华山松林的分布

华山松林在全市13个区有零星分布，均是近年来栽植的人工林，面积很小，全市仅有164.14公顷，蓄积量为1572.73立方米。其中以大兴区面积最大，为61.96公顷，其次是昌平区，面积为22.4公顷，再次是通州区，面积21.45公顷。全市华山松林分布情况见表4-18-7。

在所有华山松林中，昌平区东小口贺村，朝阳区金盏东村、来广营，房山区长阳镇葫芦垡，丰台区卢沟桥乡东管头村，顺义区北石槽镇、牛山镇范各庄、杨镇辛庄户，延庆区八达岭林场等地的华山松林长势好，林分平均高6~10米，平均胸径11~16厘米，每公顷蓄积量30~50立方米，每公顷株数300~1500株。

表4-18-7　全市华山松林面积、蓄积量

单位：公顷、立方米

统计单位	合计		天然林		人工林	
	面积	蓄积量	面积	蓄积量	面积	蓄积量
全市	164.14	1572.73	0.00	0.00	164.14	1572.73
朝阳区	2.88	64.69	0.00	0.00	2.88	64.69
丰台区	14.60	358.73	0.00	0.00	14.60	358.73
石景山区	0.13	0.81	0.00	0.00	0.13	0.81
海淀区	4.04	0.00	0.00	0.00	4.04	0.00
房山区	11.24	91.87	0.00	0.00	11.24	91.87
通州区	21.45	201.63	0.00	0.00	21.45	201.63
顺义区	18.26	372.03	0.00	0.00	18.26	372.03
昌平区	22.40	155.74	0.00	0.00	22.40	155.74
大兴区	61.96	141.80	0.00	0.00	61.96	141.80
怀柔区	1.68	8.75	0.00	0.00	1.68	8.75
平谷区	0.34	0.00	0.00	0.00	0.34	0.00
密云区	2.47	36.41	0.00	0.00	2.47	36.41
延庆区	2.68	140.28	0.00	0.00	2.68	140.28

（二）华山松林的群落特征

华山松林典型群落郁闭度0.65，乔木平均密度为1200株/公顷，其中华山松的密度为625株/公顷，侧柏575株/公顷，华山松最大胸径34厘米，平均20厘米左右，平均高度8~9米，伴生种有构树、黑枣、黄栌、栾树、蒙桑、栓皮栎等；林下灌木主要有构树、荆条、多花胡枝子、三裂绣线菊、山楂、圆叶鼠李、元宝枫、臭椿、黑枣、榆树等，密度为3~5株/平方米；草本植物有求米草、白首乌、抱茎苦荬菜、半夏、大油芒、鬼针草、萝藦、茜草和中华卷柏等，密度为30~100株/平方米。

五、白皮松林

（一）白皮松林的分布

除东城区和西城区外，白皮松林在全市其他14个区均有分布，全部为人工林，面积较小，全市共923.38公顷，蓄积量为8663.40立方米。其中以通州区面积最大，为222.69公顷；其次是昌平区，面积为167.29公顷（图4-18-5）；再次是大兴区，面积为164.33公顷。全市白皮松林分布情况见表4-18-8。

在所有白皮松林中，海淀区西山试验林场卧佛寺分场、昌平区南邵镇营坊、丰台区长辛店镇东河沿村、朝阳区孙河乡前苇沟村等地的白皮松林长势好，林分平均高9~11米，平均胸径16~21厘米，每公顷蓄积量47~106立方米，每公顷株数480~1000株。

图4-18-5 十三陵林场白皮松林

表4-18-8 全市白皮松林面积、蓄积量

单位：公顷、立方米

统计单位	合计		天然林		人工林	
	面积	蓄积量	面积	蓄积量	面积	蓄积量
全市	923.38	8663.40	0.00	0.00	923.38	8663.40
朝阳区	19.11	260.43	0.00	0.00	19.11	260.43
丰台区	64.98	837.51	0.00	0.00	64.98	837.51
石景山区	4.54	29.81	0.00	0.00	4.54	29.81
海淀区	23.39	809.32	0.00	0.00	23.39	809.32
门头沟区	38.58	807.71	0.00	0.00	38.58	807.71
房山区	62.79	1690.31	0.00	0.00	62.79	1690.31
通州区	222.69	1327.08	0.00	0.00	222.69	1327.08
顺义区	33.80	358.64	0.00	0.00	33.80	358.64
昌平区	167.29	770.33	0.00	0.00	167.29	770.33
大兴区	164.33	648.38	0.00	0.00	164.33	648.38
怀柔区	17.57	272.57	0.00	0.00	17.57	272.57
平谷区	10.87	87.81	0.00	0.00	10.87	87.81
密云区	19.99	28.35	0.00	0.00	19.99	28.35
延庆区	73.46	735.15	0.00	0.00	73.46	735.15

（二）白皮林的群落特征

白皮松林郁闭度0.35~0.7，乔木伴生种有油松、臭椿、山桃、蒙桑、元宝枫、构树等，这些物种的密度都很低，一般在100~150株/公顷；林下灌木主要有荆条、多花胡枝子、扶芳藤、藿叶蛇葡萄、酸枣、黑枣、孩儿拳头、小叶鼠李等，密度为2~15株/平方米；草本植物有求米草、萝摩、乱子草、披针叶薹草、细叶婆婆纳、

委陵菜、短尾铁线莲、白首乌、多歧沙参和早开堇菜等，求米草占有绝对优势，重要值达到了 0.66，其余植物的重要值都很小，草本植物的密度为 20~150 株/平方米。

第二节　阔叶林类型

一、蒙古栎林

（一）蒙古栎林的分布

蒙古栎林是北京山区分布较为广泛的地带性植被，是栎林中分布面积最大的一个类型，在全市 7 个山区均有分布，绝大部分都是天然次生林。全市面积 111061.77 公顷，占全市乔木林面积的 15.08%，蓄积量为 3328634.90 立方米，占全市乔木林蓄积量的 13.21%，单位面积蓄积量较低，为 29.97 立方米/公顷。其中天然林 110963.57 公顷，占全市蒙古栎林面积的 99.91%，蓄积量为 3327267.45 立方米，占全市蒙古栎林蓄积量的 99.96%；人工林面积仅为 98.20 公顷，蓄积量为 1367.45 立方米。全市蒙古栎林分布情况见表 4-18-9。

在全市各区中，怀柔区的蒙古栎林面积最大，为 53949.79 公顷，占全市蒙古栎林面积的 48.58%，蓄积量为 1455042.85 立方米，占全市蒙古栎林蓄积量的 43.71%。主要分布在喇叭沟门（18088.26 公顷）、琉璃庙（10589.59 公顷）、宝山（8188.99 公顷）、长哨营（7902.94 公顷）、汤河口（6364.72 公顷）等乡镇。

其次是延庆区，面积为 34856.33 公顷，占全市蒙古栎林面积的 31.38%，蓄积量为 1013514.91 立方米，占全市蒙古栎林蓄积量的 30.45%。主要分布在千家店（14334.90 公顷）、珍珠泉（5302.88 公顷）、四海（5293.13 公顷）、张山营（2613.52 公顷）、刘斌堡（2596.51 公顷）等乡镇。

再次是密云区，面积为 11473.27 公顷，占全市蒙古栎林面积的 10.33%，蓄积量为 439089.83 立方米，占全市蒙古栎林蓄积量的 13.19%。主要分布在冯家峪（4798.30 公顷）、云蒙山林场（2152.06 公顷）、雾灵山林场（1005.46 公顷）、不老屯（963.58 公顷）、太师屯（818.28 公顷）等乡

表 4-18-9　全市蒙古栎林面积、蓄积量

单位：公顷、立方米

统计单位	合计		天然林		人工林	
	面积	蓄积量	面积	蓄积量	面积	蓄积量
全市	111061.77	3328634.90	110963.57	3327267.45	98.20	1367.45
朝阳区	1.77	148.08	0.00	0.00	1.77	148.08
门头沟区	6789.56	259714.24	6789.56	259714.24	0.00	0.00
房山区	2966.41	119233.09	2966.41	119233.09	0.00	0.00
昌平区	0.17	2.35	0.00	0.00	0.17	2.35
怀柔区	53949.79	1455042.85	53908.14	1454241.98	41.65	800.87
平谷区	1024.48	41889.54	1024.48	41889.54	0.00	0.00
密云区	11473.27	439089.83	11447.54	439089.83	25.73	0.00
延庆区	34856.33	1013514.91	34827.45	1013098.76	28.88	416.15

镇（林场）。

在有蒙古栎林分布的区中，密云区的雾灵山林场和云蒙山林场、怀柔区的雁栖镇、延庆区的张山营镇等地的蒙古栎林长势好，林分平均高11~16米，平均胸径20~29厘米，每公顷蓄积量130~220立方米，每公顷株数400~1100株。

（二）蒙古栎林的群落特征

蒙古栎林是北京山区地带性的落叶阔叶林顶级群落之一。蒙古栎林是北京山区面积最大，分布最广的基本森林类型，从海拔500~1500米均有分布。以800~1200米的阴坡、半阴坡居多。现存的蒙古栎林几乎全是经砍伐后萌生的次生林，树龄30~50年，局部地段仍可见愈百年的大树（图4-18-6）。

栎类群落植物的基本组成有维管束植物61科125属172种，其中野生植物61科124属171种。优势科为菊科、蔷薇科、禾本科、壳斗科、豆科、百合科、虎耳草科、榆科、堇菜科、桔梗科、忍冬科、莎草科等，单种科30个；优势属有蒿属、栎属、堇菜属、溲疏属、榆属、隐子草属、铁线莲属、薹草属、绣线菊属、风毛菊属等，单种属占大多数，有101个。

蒙古栎林郁闭度多在0.6~0.8。由于坡向、海拔等生境的差异。不同地段的蒙古栎林中伴生的乔木树种及地被植物亦有一定差异，形成不同的群丛。在海拔800~1000米的半阴坡，林中较多的乔木树种为山杨、春榆、大叶白蜡、糠椴等，灌木层以三裂绣线菊、钩齿溲疏为主。草本层覆盖度70%左右，主要有披针薹草、大油芒、歧茎蒿、小红菊、中华卷柏等。而在海拔1000~1300米的阴坡，蒙古栎林中则出现有黑桦、五角枫、紫椴等，灌木层出现有无梗五加、金花忍冬、东北鼠李、迎红杜鹃等；藤本植物可见北五味子；草本层覆盖度可达100%，除披针薹草、野青茅外，尚可见宽叶薹草、粟草、华北风毛菊、心叶露珠草、舞鹤草等。至海拔1400米处，蒙古栎林中则出现有白桦、齿叶黄花柳等乔木树种；灌木层则出现毛榛、六道木、华北忍冬等；草本层覆盖度近100%，主要种类有披针薹草、野青茅、山萝花、展枝沙参、兴安白芷等。具体见表4-18-10。

图4-18-6 蒙古栎林

表4-18-10 蒙古栎林群系林下植物物种数量

单位：株、株/公顷

灌木植物名称	数量	密度	草本植物名称	数量	密度
三裂绣线菊	1283	8018.8	披针薹草	2825	35312.5
钩齿溲疏	448	2800.0	野青茅	1974	24675.0
柔毛绣线菊	398	2487.5	紫花野菊	1028	12850.0
			宽叶薹草	1009	12612.5
			银背风毛菊	889	11112.5
			野古草	539	6737.5
			大油芒	528	6600.0

注：80块样地（32000平方米）统计结果。

二、栓皮栎林

（一）栓皮栎林的分布

栓皮栎林在全市7个山区及顺义区、海淀区、石景山区都有分布，面积19359.82公顷，占全市乔木林面积的2.63%，蓄积量为665833.51立方米，占全市乔木林蓄积量的2.64%，单位面积蓄积量为34.39立方米/公顷。其中天然林9235.78公顷，占全市栓皮栎林面积的47.71%，蓄积量为279561.44立方米，占全市栓皮栎林蓄积量的41.99%；人工林10124.04公顷，占全市栓皮栎林面积的52.29%，蓄积量为386272.07立方米，占全市栓皮栎林蓄积量的58.01%。各区栓皮栎林分布情况见表4-18-11。

在全市10个有栓皮栎林分布的区中，平谷区栓皮栎林面积最大，为12177.08公顷，占全市栓皮栎林面积的62.90%，主要分布在黄松峪（1449.76公顷）、王辛庄（1419.61公顷）、山东庄（1323.74公顷）、南独乐河（1163.00公顷）、熊儿寨（1084.21公顷）等乡镇。其天然林主要分布在黄松峪乡（487.53公顷）、山东庄镇（470.96公顷）和平谷镇（273.00公顷）。

其次是密云区，面积4391.64公顷，占全市栓皮栎林面积的22.68%，几乎全部是天然林，主要分布在石城镇（2525.78公顷）和北庄镇（1248.38公顷）。

再次是门头沟区，面积为1468.48公顷，占全市栓皮栎林面积的7.59%，绝大部分是天然林，主要分布在潭柘寺镇（997.58公顷）和华北林业实验中心（253.99公顷）。

在有栓皮栎林分布的区中，海淀区的鹫峰林场，平谷区的熊儿寨、金海湖、山东庄，房山区的上方山林场，密云区的石城镇等地的栓皮栎林长势好，林分平均树高14~18米，平均胸径20~30厘米，每公顷蓄积量130~200立方米，每公顷株数900~1500株。

表4-18-11 全市栓皮栎林面积、蓄积量

单位：公顷、立方米

统计单位	合计		天然林		人工林	
	面积	蓄积量	面积	蓄积量	面积	蓄积量
全市	19359.82	665833.51	9235.78	279561.44	10124.04	386272.07
石景山区	65.91	5694.54	0.00	0.00	65.91	5694.54
海淀区	138.84	14822.87	0.00	0.00	138.84	14822.87
门头沟区	1468.48	48107.97	1434.48	45851.15	34.00	2256.81
房山区	830.18	20253.82	830.18	20253.82	0.00	0.00
顺义区	0.25	2.83	0.00	0.00	0.25	2.83
昌平区	190.66	9899.15	144.59	7910.92	46.07	1988.23
怀柔区	70.36	1781.27	70.36	1781.27	0.00	0.00
平谷区	12177.08	453858.73	2338.65	92352.53	9838.43	361506.20
密云区	4391.64	111412.34	4391.10	111411.75	0.54	0.58
延庆区	26.42	0.00	26.42	0.00	0.00	0.00

（二）栓皮栎林的群落特征

栓皮栎林是栎林中较为温暖性的类型，通常分布于海拔700米以下的低山丘陵阳坡，该群落保持水土效能良好。栓皮栎林在北京分布面积总体较少，在平谷四座楼、门头沟潭戒寺、密云云蒙山有成片的天然林分布。潭戒寺一带分布在海

拔260米的西南坡，平均胸径约10.0厘米，树高约8.0米，郁闭度0.8。林中伴生乔木树种有山杏、栾树、蒙桑、刺槐等；林下灌木有孩儿拳头、荆条、雀儿舌头、圆叶鼠李、酸枣、山杏等；草本较少，主要有大油芒、北京隐子草、委陵菜、茜草、北京堇菜等（图4-18-7）。

图4-18-7　栓皮栎林

三、槲树林

（一）槲树林的分布

槲树林在全市分布只有2042.17公顷，仅占全市乔木林面积的0.28%，蓄积量为89350.75立方米，仅占全市乔木林蓄积量的0.35%，单位面积蓄积量为43.75立方米/公顷。其中天然林2017.41公顷，占98.79%，其蓄积量为87173.06立方米；人工林24.76公顷，仅占0.21%，蓄积量为2177.69立方米。槲树林大部分分布在密云区，其面积为1587.65公顷，占全市槲树林的77.74%，主要分布在太师屯（784.01公顷）、古北口（294.15公顷）、冯家峪（186.16公顷）、大城子（169.47公顷）。此外，平谷区的镇罗营和延庆区的珍珠泉也有较大面积的槲树林，分别为220.70公顷和133.39公顷。全市槲树林分布情况见表4-18-12。

在有槲树林分布的区中，昌平区十三陵镇康陵，海淀区海淀鹫峰林场、西山试验林场黑龙潭分场，密云区大城子下栅子、古北口潮关、太师屯南沟、沙峪等地的槲树林长势好，林分平均树高10~16米，平均胸径20~28厘米，每公顷蓄积量100~200立方米，每公顷株数400~600株。

（二）槲树林的群落特征

槲树林在北京地区分布的海拔范围为300~900米，多集中在海拔400~600米的范围内；以东南、西南坡为主，坡度小于35°，多集中在25°以下的缓坡或斜坡。乔木层物种主要有槲树、油松、栓皮栎、麻栎、臭椿、苦木、大果榆等，典型样地调查平均胸径11.5厘米，平均树高7.3米，林下幼树幼苗种类多，生长良好，主要有槲树、栓皮栎、大叶白蜡、山杏等。灌木层优势物种主要有荆条、孩儿拳头、雀儿舌头等，平均树高1米，平均盖度82.9%。草本层优势物种主要有求米草、披针叶薹草、白莲蒿、大油芒等，平均高度0.3米，平均盖度40%。

表4-18-12　全市槲树林面积、蓄积量

单位：公顷、立方米

统计单位	乡镇	合计		天然林		人工林	
		面积	蓄积量	面积	蓄积量	面积	蓄积量
合计		2042.17	89350.75	2017.41	87173.06	24.76	2177.69
海淀区	小计	14.16	1629.99	0.00	0.00	14.16	1629.99
	海淀鹫峰林场	3.51	412.32	0.00	0.00	3.51	412.32
	海淀西山试验林场	10.65	1217.67	0.00	0.00	10.65	1217.67
门头沟区	门头沟西山试验林场	9.39	899.13	9.39	899.13	0.00	0.00

(续)

统计单位	乡镇	合计		天然林		人工林	
		面积	蓄积量	面积	蓄积量	面积	蓄积量
昌平区	小计	37.57	2515.54	26.96	1967.84	10.61	547.70
	十三陵镇	2.85	406.99	2.85	406.99	0.00	0.00
	流村镇	19.96	1279.19	19.96	1279.19	0.00	0.00
	十三陵林场	14.76	829.36	4.15	281.66	10.61	547.70
怀柔区	雁栖镇	16.90	774.70	16.90	774.70	0.00	0.00
平谷区	小计	233.99	5963.71	233.99	5963.71	0.00	0.00
	镇罗营	220.70	5125.13	220.70	5125.13	0.00	0.00
	四座楼林场	9.17	744.20	9.17	744.20	0.00	0.00
	丫髻山林场	4.12	94.38	4.12	94.38	0.00	0.00
密云区	小计	1587.65	71908.97	1587.65	71908.97	0.00	0.00
	石城	13.22	367.65	13.22	367.65	0.00	0.00
	冯家峪	186.16	3187.39	186.16	3187.39	0.00	0.00
	不老屯	36.33	643.46	36.33	643.46	0.00	0.00
	古北口	294.15	16101.51	294.15	16101.51	0.00	0.00
	太师屯	784.01	40243.82	784.01	40243.82	0.00	0.00
	新城子	71.78	618.76	71.78	618.76	0.00	0.00
	西田各庄	25.15	915.11	25.15	915.11	0.00	0.00
	溪翁庄	7.39	244.91	7.39	244.91	0.00	0.00
	大城子	169.47	9586.36	169.47	9586.36	0.00	0.00
延庆区	小计	142.52	5658.71	142.52	5658.71	0.00	0.00
	刘斌堡	5.88	189.17	5.88	189.17	0.00	0.00
	珍珠泉	133.39	5348.90	133.39	5348.90	0.00	0.00
	大庄科	3.25	120.64	3.25	120.64	0.00	0.00

四、白桦林

(一)白桦林的分布

白桦林分布在门头沟、密云、怀柔、延庆、房山的高海拔地区,全市面积5649.10公顷,占全市乔木林面积的0.77%,蓄积量为301572.29立方米,占全市乔木林蓄积量的1.20%,单位面积蓄积量为53.38立方米/公顷。其中天然林5572.83公顷,占98.65%,人工林76.27公顷,仅占1.35%。门头沟区是白桦林的主要分布区,面积有3704.29公顷,占全市白桦林的65.57%,清水镇、斋堂镇和雁翅镇是其主要分布地,面积分别为2203.53公顷、1005.69公顷和389.37公顷,东灵山、百花山的白桦林分布在海拔1650~1750米的西坡和西北坡。此外,延庆区张山营镇(534.49公顷)、松山国家级自然保护区(223.37公顷)、密云区雾灵山林场(368.58公顷)、怀柔区喇叭沟门乡(337.84公顷)也分布有较大面积的白桦林。雾灵山生长状况较好的白桦林主要分布于云岫谷上游，有些白桦的胸径超过40厘米，云蒙山的白桦林主要分布于通往主峰的900~1200米的阴坡，喇叭沟门的白桦林分布于海拔1200~1500米的十八盘、凤凰泉等地。全市白桦林分布情况见表4-18-13。

在所有白桦林中，延庆区松山国家级自然保护区，门头沟区京西林场、清水镇小龙门林场，房山区史家营等地的白桦林长势好。林分平均树高11~16米，平均胸径22~29厘米，每公顷蓄积量100~180立方米，每公顷株数400~1400株。

表4-18-13 全市白桦林面积、蓄积量

单位：公顷、立方米

统计单位	乡镇	合计		天然林		人工林	
		面积	蓄积量	面积	蓄积量	面积	蓄积量
	合计	5649.10	301572.29	5572.83	300876.72	76.27	695.58
西城区	陶然亭公园	0.04	1.45	0.00	0.00	0.04	1.45
门头沟区	小计	3704.29	177065.09	3704.29	177065.09	0.00	0.00
	清水镇	2203.53	106625.75	2203.53	106625.75	0.00	0.00
	斋堂镇	1005.69	50030.30	1005.69	50030.30	0.00	0.00
	雁翅镇	389.37	8203.15	389.37	8203.15	0.00	0.00
	门头沟京西林场	105.70	12205.88	105.70	12205.88	0.00	0.00
房山区	小计	69.72	7504.58	69.72	7504.58	0.00	0.00
	大安山乡	2.61	98.46	2.61	98.46	0.00	0.00
	史家营乡	67.11	7406.12	67.11	7406.12	0.00	0.00
怀柔区	小计	541.62	21190.18	534.25	21166.47	7.36	23.71
	喇叭沟门乡	337.84	17035.01	330.61	17011.30	7.23	23.71
	宝山镇	154.70	3155.12	154.70	3155.12	0.00	0.00
	长哨营乡	49.08	1000.05	48.95	1000.05	0.13	0.00
密云区	小计	420.97	36194.93	420.97	36194.93	0.00	0.00
	云蒙山林场	52.39	5476.58	52.39	5476.58	0.00	0.00
	雾灵山林场	368.58	30718.35	368.58	30718.35	0.00	0.00
延庆区	小计	912.46	59616.06	843.59	58945.65	68.86	670.42
	张山营镇	534.49	34965.78	532.82	34959.50	1.67	6.28
	旧县	22.40	234.80	0.00	0.00	22.40	234.80
	千家店	17.80	197.87	17.80	197.87	0.00	0.00
	延庆镇	16.65	75.53	0.00	0.00	16.65	75.53
	永宁	84.22	3363.59	60.53	3093.87	23.70	269.72
	刘斌堡	0.96	8.31	0.00	0.00	0.96	8.31
	四海	9.08	505.08	9.08	505.08	0.00	0.00

(续)

统计单位	乡镇	合计		天然林		人工林	
		面积	蓄积量	面积	蓄积量	面积	蓄积量
延庆区	井庄	3.49	75.78	0.00	0.00	3.49	75.78
	松山国家级自然保护区	223.37	20189.32	223.37	20189.32	0.00	0.00

（二）白桦林的群落特征

白桦林在北京山区主要分布于海拔1200~1600米的阴坡、半阴坡。白桦林群落植物的基本组成有维管植物52科126属184种，全部是野生植物。桦树林群落科的多样性丰富，含15~24种植物的大科2个，含2~14种植物的科30个，单种科20个，优势科为菊科、蔷薇科、毛茛科、百合科、虎耳草科、禾本科、木樨科、忍冬科、豆科、藜科。优势属有蒿属、委陵菜属、铁线莲属、唐松草属、丁香属、乌头属、风毛菊属、薹草属、溲疏属、沙参属，单种属占大多数，有97个。

典型样地调查白桦林郁闭度0.7，平均树高11.5米，平均胸径13厘米，树龄一般在30~50年（图4-18-8）。在海拔1400米以下的白桦林中伴生的乔木树种有黑桦、山杨等，1400米以上则出现花楸、硕桦。林下灌木有胡枝子、山刺

图4-18-8 白桦林

梅、金花忍冬、柔毛绣线菊、刺五加等。藤本植物有山葡萄、穿山龙。草本层有披针薹草、野青茅、银背风毛菊、东亚唐松草、歪头菜、蓝萼香茶菜等。在海拔1400米以上的林下出现有裸茎碎米荠、五福花、大花杓兰、类叶升麻等。在一些山坡下部的白桦林下有较多的黑鳞短肠蕨、羽节蕨、荚果蕨等。具体见表4-18-14。

表4-18-14 白桦林群系林下植物物种数量

单位：株、株/公顷

灌木植物名称	数量	密度	草本植物名称	数量	密度
山楂叶悬钩子	392	5297.3	披针薹草	1870	51944.4
柔毛绣线菊	319	4310.8	宽叶薹草	762	21166.7
毛榛	299	4040.5	野青茅	756	21000.0
			银背风毛菊	349	9694.4
			糙苏	334	9277.8
			歪头菜	311	8638.9
			华北风毛菊	263	7305.6

注：37块样地（14800平方米）统计结果。

五、黑桦林

（一）黑桦林的分布

黑桦林分布在延庆、怀柔、门头沟和房山区，全市有2269.19公顷，全部是天然林，仅占全市乔木林面积的0.31%，蓄积量为145283.30立方米，只占全市乔木林蓄积量的0.58%，单位面积蓄积量为64.02立方米/公顷。黑桦林主

要分布在延庆区,其面积为1910.83公顷,占全市黑桦林面积的84.21%,松山国家级自然保护区、张山营镇和千家店镇是主要分布区,其面积分别为1073.30公顷、593.53公顷和201.13公顷。此外,门头沟区京西林场和怀柔区宝山镇也分布有较大面积的黑桦林,其面积分别为145.08公顷和127.08公顷。全市黑桦林分布情况见表4-18-15。

黑桦林以松山国家级自然保护区、京西林场等地的长势好,林分平均树高13~19米,平均胸径22~30厘米,每公顷蓄积量100~190立方米,每公顷株数400~1200株(图4-18-9)。

图4-18-9 黑桦林

(二)黑桦林的群落特征

黑桦林是在蒙古栎林遭重复砍伐后发育成的次生林型,大都在海拔800米以上,与山杨林、白桦林镶嵌分布,郁闭度0.8左右,一般树高10米左右,胸径20厘米左右,最大可达50厘米。林中伴生乔木树种以糠椴为多,其次有蒙古栎、山楂等;林下灌木覆盖度达50%,主要种类有胡枝子、柔毛绣线菊、金花忍冬、小花溲疏等;藤本植物可见山葡萄、穿山龙、羊乳;草本层覆盖度80%,除可见的披针薹草、野青茅外,还可见紫菀、展枝沙参、二叶舌唇兰、鹿药等。

表4-18-15 全市黑桦林面积、蓄积量

单位:公顷、立方米

统计单位	乡镇	合计		天然林		人工林	
		面积	蓄积量	面积	蓄积量	面积	蓄积量
合计		2269.19	145283.30	2269.19	145283.30	0.00	0.00
门头沟区	小计	164.69	17838.49	164.69	17838.49	0.00	0.00
	斋堂镇	19.61	1148.98	19.61	1148.98	0.00	0.00
	门头沟京西林场	145.08	16689.51	145.08	16689.51	0.00	0.00
房山区	房山京西林场	66.59	3968.71	66.59	3968.71	0.00	0.00
怀柔区	宝山镇	127.08	3026.41	127.08	3026.41	0.00	0.00
延庆区	小计	1910.83	120449.69	1910.83	120449.69	0.00	0.00
	张山营镇	593.53	39599.55	593.53	39599.55	0.00	0.00
	千家店	201.13	5657.00	201.13	5657.00	0.00	0.00
	延庆镇	12.51	655.75	12.51	655.75	0.00	0.00
	永宁	16.43	959.30	16.43	959.30	0.00	0.00
	松山国家级自然保护区	1073.30	72552.01	1073.30	72552.01	0.00	0.00
	八达岭林场	13.93	1026.08	13.93	1026.08	0.00	0.00

六、硕桦林

硕桦林在北京地区分布很少，只存在于门头沟区的东灵山、百花山和京西林场，分布海拔较高，在1700~1900米的阴坡分布最多，硕桦在乔木层的重要值较高，一般在0.85以上，平均树高可达18米，平均胸径15~20厘米，树龄30~40年，郁闭度0.7~0.8。少数的伴生种有白桦、中国黄花柳、百花山花楸；红丁香、映山红、六道木是灌木层的优势种，平均高度在1.2~1.8米，盖度在30%~60%；草本层主要有华东蹄盖蕨、宽叶薹草、草地风毛菊、北重楼、高山露珠草、舞鹤草等一些低矮的植物，高度一般不超过0.3厘米。

七、鹅耳枥林

（一）鹅耳枥林的分布

鹅耳枥林在房山、怀柔、延庆、门头沟和昌平等5个区有分布，其面积为9407.81公顷，占全市乔木林面积的1.28%，全部为天然林，蓄积量为46222.97立方米，仅占全市乔木林蓄积量的0.18%，单位面积蓄积量很低，仅为4.91立方米/公顷。全市鹅耳枥林分布情况见表4-18-16。

房山区鹅耳枥林面积最大，为5732.71公顷，占全市鹅耳枥林面积的60.94%，主要分布在霞云岭乡（2544.17公顷）、十渡镇（1096.31公顷）、蒲洼乡（808.84公顷）、佛子庄乡（636.25公顷）和史家营乡（492.13公顷）。

其次是怀柔区，面积为3159.87公顷，占全市鹅耳枥林面积的33.59%，主要分布在怀北镇（1516.47公顷）、汤河口镇（593.55公顷）和宝山镇（590.96公顷）。

全市鹅耳枥林以怀柔区怀北镇椴树岭、汤河口镇林场，门头沟区清水镇上达摩等地的鹅耳枥长势好，林分平均树高6~9米，平均胸径10~14厘米，每公顷蓄积量在25~50立方米，每公顷株数75~150株。

表4-18-16　全市鹅耳枥林面积、蓄积量

单位：公顷、立方米

统计单位	乡镇	合计		天然林		人工林	
		面积	蓄积量	面积	蓄积量	面积	蓄积量
合计		9407.81	46222.97	9407.81	46222.97	0.00	0.00
门头沟区	清水镇	103.37	1749.07	103.37	1749.07	0.00	0.00
房山区	小计	5732.71	14460.98	5732.71	14460.98	0.00	0.00
	大安山乡	62.72	0.00	62.72	0.00	0.00	0.00
	史家营乡	492.13	0.00	492.13	0.00	0.00	0.00
	佛子庄乡	636.25	0.00	636.25	0.00	0.00	0.00
	蒲洼乡	808.84	1095.35	808.84	1095.35	0.00	0.00
	霞云岭乡	2544.17	12954.10	2544.17	12954.10	0.00	0.00
	十渡镇	1096.31	411.54	1096.31	411.54	0.00	0.00
	张坊镇	92.29	0.00	92.29	0.00	0.00	0.00
昌平区	十三陵镇	15.94	231.44	15.94	231.44	0.00	0.00
怀柔区	小计	3159.87	26836.22	3159.87	26836.22	0.00	0.00
	喇叭沟门乡	24.93	0.00	24.93	0.00	0.00	0.00

(续)

统计单位	乡镇	合计		天然林		人工林	
		面积	蓄积量	面积	蓄积量	面积	蓄积量
怀柔区	宝山镇	590.96	108.14	590.96	108.14	0.00	0.00
	汤河口镇	593.55	6936.72	593.55	6936.72	0.00	0.00
	长哨营乡	221.13	251.60	221.13	251.60	0.00	0.00
	琉璃庙乡	84.78	346.80	84.78	346.80	0.00	0.00
	雁栖镇	128.05	343.30	128.05	343.30	0.00	0.00
	怀北镇	1516.47	18849.67	1516.47	18849.67	0.00	0.00
延庆区	小计	395.90	2945.25	395.90	2945.25	0.00	0.00
	刘斌堡	112.57	1190.09	112.57	1190.09	0.00	0.00
	八达岭	73.06	0.00	73.06	0.00	0.00	0.00
	大庄科	210.27	1755.16	210.27	1755.16	0.00	0.00

（二）鹅耳枥林的群落特征

鹅耳枥为落叶乔木，但在北京地区由于人为破坏多呈灌木状，主要分布在海拔 800~1300 米阴坡或半阴坡的石灰岩发育的土壤上。

鹅耳枥林一般树高 2~4 米，郁闭度较高，在 0.85 以上，仅鹅耳枥的郁闭度就可达 0.6 以上。鹅耳枥平均胸径 5~10 厘米。灌木层物种稀少，总体高度 1~2 米，盖度 20%~40%，主要有荆条、蚂蚱腿子、土庄绣线菊等。草本层不甚发育，一般盖度为 30% 左右，高 20~50 厘米。主要种类有披针叶薹草、北京隐子草、野青茅、北柴胡、白莲蒿等，伴生有苍术、大丁草、远志、知母、斑叶堇菜、玉竹、山丹、石沙参、雏隐天冬等。具体见表 4-18-17。

表 4-18-17 鹅耳枥林群落主要种数量特征

单位：%、株/公顷

灌木植物名称	频度	密度	草本植物名称	频度	密度
鹅耳枥	100	7200	披针叶薹草	100	37500
蚂蚱腿子	100	7100	野青茅	100	30000
荆条	100	5500	北京隐子草	100	13000
土庄绣线菊	100	800	白莲蒿	100	12500
			南牡蒿	100	3500
			中华卷柏	100	2000
			异叶败酱	100	1500
			大丁草	100	1500
			西伯利亚远志	100	1500
			狭叶青蒿	100	1500
			委陵菜	100	1000

(续)

灌木植物名称	频度	密度	草本植物名称	频度	密度
			柴胡	100	1000
			甘野菊	100	1000
			曲枝天门冬	100	1000
			苍术	100	500
			皱叶鸭葱	100	500

八、山杨林

（一）山杨林的分布

山杨林是北京山区分布范围较为广泛的基本林型之一，在全市7个山区均有分布，全部是天然林。全市面积9247.57公顷，占全市乔木林面积的1.26%，蓄积量为578467.67立方米，占全市乔木林蓄积量的2.29%，单位面积蓄积量较高，为62.55立方米/公顷。全市山杨分布情况见表4-18-18。

表4-18-18 全市山杨林面积、蓄积量

单位：公顷、立方米

统计单位	合计		天然林		人工林	
	面积	蓄积量	面积	蓄积量	面积	蓄积量
全市	9247.57	578467.67	9247.57	578467.67	0.00	0.00
门头沟区	1746.1	60274.12	1746.1	60274.12	0.00	0.00
房山区	651.95	33193.35	651.95	33193.35	0.00	0.00
昌平区	8.00	382.24	8.00	382.24	0.00	0.00
怀柔区	1951.72	183384.47	1951.72	183384.47	0.00	0.00
平谷区	98.69	4860.83	98.69	4860.83	0.00	0.00
密云区	2312.02	123869.5	2312.02	123869.5	0.00	0.00
延庆区	2479.1	172503.16	2479.1	172503.16	0.00	0.00

在全市各区中，延庆区山杨林面积最大，为2479.10公顷，占全市山杨林面积的26.81%，蓄积量为172503.16立方米，占全市山杨林蓄积量的29.82%。主要分布在四海（590.01公顷）、张山营（494.85公顷）、香营（332.32公顷）、千家店（252.06公顷）、珍珠泉（191.64公顷）等乡镇。

其次是密云区，面积为2312.02公顷，占全市山杨林面积的25.00%，蓄积量为123869.50立方米，占全市山杨林蓄积量的21.41%。主要分布在冯家峪（971.12公顷）、石城（847.28公顷）、大城子（188.65公顷）等乡镇（林场），雾灵山的山杨林主要分布于南横岭、云岫谷一带。

再次是怀柔区，面积为1951.72公顷，占全市山杨林面积的21.11%，蓄积量为183384.47立方米，占全市山杨林蓄积量的31.70%。主要分布在雁栖镇（794.03公顷）、喇叭沟门乡（552.04公顷）和琉璃庙乡（348.53公顷）。

门头沟区也有较大面积山杨林，在百花山、东灵山海拔1100~1500米的阴坡和半阴坡有大面积分布。

在有山杨林分布的区中，怀柔区喇叭沟门乡孙栅子、怀柔区琉璃庙乡、延庆松山国家级

自然保护区、房山区大安山乡等地的山杨林长势好，林分平均树高14~18米，平均胸径24~33厘米，每公顷蓄积量160~370立方米，每公顷株数400~850株。

（二）山杨林的群落特征

山杨林为次生群落，分布于海拔800~1400米的阴坡、半阴坡中下部或者沟谷土壤较好的地段。山杨林群落植物的基本组成有维管束植物37科69属91种，全部是野生植物。优势科为蔷薇科、毛茛科、桦木科、百合科、榆科、忍冬科、木樨科、虎耳草科、菊科、卫矛科。主要优势属为乌头属、榆属、桦木属、堇菜属、薹草属、栎属、槭属、五加属等。单种属69个。

样地调查显示，山杨林郁闭度可达0.7，平均高度可达15米左右，平均胸径可达24.5厘米左右（图4-18-10）。林中伴生乔木树种有糠椴、白桦、春榆等；灌木层有毛榛、柔毛绣线菊、蒙古荚蒾、圆叶鼠李、山楂叶悬钩子等，草本层有披针薹草、野青茅、篦苞风毛菊、柴胡、委陵菜、龙牙草等；藤本植物可见大瓣铁线莲、山葡萄、葎叶蛇葡萄等。具体见表4-18-19。

图4-18-10　山杨林

表4-18-19　山杨林群系林下物种数量

单位：株、株/公顷

灌木植物名称	数量	密度	草本植物名称	数量	密度
毛榛	682	5879.3	披针薹草	1815	31293.1
平榛	504	4344.8	野青茅	1146	19758.6
柔毛绣线菊	336	2896.6	银背风毛菊	765	13189.7
			宽叶薹草	444	7655.2
			东亚唐松草	443	7637.9
			铃兰	401	6913.8
			玉竹	301	5189.7

注：58块样地（23200平方米）统计结果。

九、毛白杨林

（一）毛白杨林的分布

毛白杨林在全市各区都有分布，基本分布在平原地区，全部是人工林。全市面积21404.70公顷，占全市乔木林面积的2.91%，蓄积量为2748029.80立方米，占全市乔木林蓄积量的10.90%，单位面积蓄积量高，为128.38立方米/公顷。全市毛白杨分布情况见表4-18-20。

在全市各区中，顺义区毛白杨林面积最大，为3773.76公顷，占全市毛白杨林面积的17.63%，蓄积量为586232.47立方米，占全市毛白杨林蓄积量的21.33%。分布多的镇是南彩镇（505.44公顷）、张镇（401.22公顷）、杨镇（347.74公顷），仁和镇、高丽营镇、李桥镇、大孙各庄镇、龙湾屯镇和木林镇，各镇毛白杨林面积都在200公顷以上。

其次是大兴区，面积为3234.26公顷，占全市毛白杨林面积的15.11%，蓄积量为432124.22立方米，占全市毛白杨林蓄积量的15.72%。分布多的镇是魏善庄镇（505.21公顷）、礼贤镇（407.83公顷）和榆垡镇（370.62公顷），黄村镇、安定镇、采育镇、北臧村镇，各镇毛白杨林面积都在200公顷以上。

再次是朝阳区，面积为2578.11公顷，占全市毛白杨林面积的12.04%，蓄积量为438537.14立方米，占全市毛白杨林蓄积量的15.96%。分布较多的乡镇是孙河（349.53公顷）、金盏（262.59公顷）和崔各庄（220.74公顷）。

通州区、密云区、房山区分布的毛白杨林面积也较大，均在2000公顷以上。

在有毛白杨林分布的区中，朝阳区来广营、海淀区温泉镇辛庄、房山区长阳镇公议庄、昌平区兴寿镇辛庄等地的毛白杨林长势好，林分平均树高15~20米，平均胸径30~52厘米，每公顷蓄积量600~900立方米，每公顷株数160~800株。

表4-18-20　全市毛白杨林面积、蓄积量

单位：公顷、立方米

统计单位	合计		天然林		人工林	
	面积	蓄积量	面积	蓄积量	面积	蓄积量
全市	21404.70	2748029.80	0.00	0.00	21404.70	2748029.80
东城区	16.26	1115.14	0.00	0.00	16.26	1115.14
西城区	3.15	605.14	0.00	0.00	3.15	605.14
朝阳区	2578.11	438537.14	0.00	0.00	2578.11	438537.14
丰台区	631.34	48001.56	0.00	0.00	631.34	48001.56
石景山区	62.28	6292.43	0.00	0.00	62.28	6292.43
海淀区	1050.62	99134.12	0.00	0.00	1050.62	99134.12
门头沟区	29.81	1480.58	0.00	0.00	29.81	1480.58
房山区	2499.33	179449.49	0.00	0.00	2499.33	179449.49
通州区	2538.13	405330.19	0.00	0.00	2538.13	405330.19
顺义区	3773.76	586232.47	0.00	0.00	3773.76	586232.47
昌平区	916.26	137725.86	0.00	0.00	916.26	137725.86
大兴区	3234.26	432124.22	0.00	0.00	3234.26	432124.22
怀柔区	520.51	58557.46	0.00	0.00	520.51	58557.46
平谷区	247.26	38488.96	0.00	0.00	247.26	38488.96
密云区	2503.73	215970.32	0.00	0.00	2503.73	215970.32
延庆区	799.89	98984.72	0.00	0.00	799.89	98984.72

（二）毛白杨林的群落特征

北京地区毛白杨分布在平原区（图4-18-11），为人工栽培成林，多数是毛白杨纯林，林下基本无毛白杨更新幼苗，偶尔有大叶白蜡伴生。

灌木层优势物种：大花溲疏、柔毛绣线菊、三裂绣线菊等，平均高度0.97米，平均盖度44.8%；草本层优势物种：银背风毛菊、野青茅、细叶薹草等，平均高度0.3米，平均盖度42%。

图 4-18-11 毛白杨林

十、青杨林

青杨林主要分布于北京山区一些居民点周边的河道、沟谷内,均为人工林。青杨林林相整齐,树种单一,很少有其他乔木种混生。

林下灌木稀疏,总盖度一般在30%以下,主要有胡枝子、雀儿舌头、三裂绣线菊、土庄绣线菊等。

草本层植物丰富,盖度60%以上,主要有蓝萼香茶菜、远东芨芨草、东亚唐松草、三脉紫菀、曲枝天门冬、披针叶薹草、大油芒、短尾铁线莲、龙牙草、萝藦。具体见表4-18-21。

表 4-18-21 青杨林群落主要种数量特征

群落层次	植物名称	频度(%)	密度(株/公顷)	乔木平均胸径(厘米)	灌草盖度(%)	平均高度(米)
乔木层	青杨	100	725	17.70	—	12.15
灌木层	胡枝子	100	1893	—	3	1.11
	雀儿舌头	67	1733	—	6	0.65
	三裂绣线菊	67	1467	—	8	1.00
	土庄绣线菊	67	1413	—	4	0.96
	孩儿拳头	33	533	—	2	0.50
	蚂蚱腿子	33	107	—	1	1.00
	山葡萄	33	27	—	1	0.40
草本层	蓝萼香茶菜	100	22833	—	10	0.49
	远东芨芨草	100	8500	—	2	0.52
	东亚唐松草	100	8333	—	3	0.41
	三脉紫菀	100	4333	—	1	0.46

(续)

群落层次	植物名称	频度（%）	密度（株/公顷）	乔木平均胸径（厘米）	灌草盖度（%）	平均高度（米）
草本层	曲枝天门冬	100	833	—	1	0.47
	披针叶薹草	67	27167	—	22	0.16
	大油芒	67	7667	—	4	0.80
	短尾铁线莲	67	6500	—	3	0.56
	龙牙草	67	2833	—	2	0.36
	萝藦	67	1167	—	1	0.05

十一、榆树林

（一）榆树林的分布

全市榆树林面积19405.93公顷，主要种为白榆、黑榆、大果榆等，榆树林面积占全市乔木林面积的2.64%，蓄积量为473164.81立方米，占全市乔木林蓄积量的1.88%，单位面积蓄积量较低，为24.38立方米/公顷。其中天然林9829.32公顷，占全市榆树林面积的50.65%，蓄积量为142218.83立方米，占全市榆树林蓄积量的30.06%；人工林9576.61公顷，占全市榆树林面积的49.35%，蓄积量为330945.98立方米，占全市榆树林蓄积量的69.94%。全市榆树林分布情况见表4-18-22。

表4-18-22　全市榆树林面积、蓄积量

单位：公顷、立方米

统计单位	合计		天然林		人工林	
	面积	蓄积量	面积	蓄积量	面积	蓄积量
全市	19405.93	473164.81	9829.32	142218.83	9576.61	330945.98
东城区	2.60	138.49	0.00	0.00	2.60	138.49
西城区	0.73	53.81	0.00	0.00	0.73	53.81
朝阳区	236.99	13943.42	0.00	0.00	236.99	13943.42
丰台区	353.09	15766.28	0.00	0.00	353.09	15766.28
石景山区	147.56	6110.37	0.00	0.00	147.56	6110.37
海淀区	183.29	7972.04	0.00	0.00	183.29	7972.04
门头沟区	673.34	22110.06	567.05	18847.20	106.29	3262.86
房山区	652.58	14556.78	5.35	102.32	647.23	14454.47
通州区	305.97	13200.97	0.00	0.00	305.97	13200.97
顺义区	1211.99	43048.09	0.00	0.00	1211.99	43048.09
昌平区	1385.36	48968.59	139.11	6769.74	1246.25	42198.85
大兴区	2519.47	89646.19	0.00	0.00	2519.47	89646.19
怀柔区	4341.18	25132.03	3990.84	10258.33	350.34	14873.70
平谷区	612.13	8812.03	41.91	295.94	570.22	8516.09
密云区	3320.42	38819.46	2724.43	24852.09	595.99	13967.36
延庆区	3459.21	124886.21	2360.62	81093.21	1098.59	43793.00

在全市各区中，怀柔区的榆树林面积最大，为4341.18公顷，占全市榆树林面积的22.37%，蓄积量为25132.03立方米，占全市榆树林蓄积量的5.31%。主要分布在汤河口镇（1397.35公顷）、喇叭沟门乡（1297.63公顷）、长哨营乡（662.420公顷）、琉璃庙乡（484.44公顷）等乡镇。怀柔区的榆树林绝大部分是天然林，面积3990.84公顷，占91.93%；人工林面积350.34公顷，仅占8.07%。

其次是延庆区，榆树林面积3459.21公顷，占全市榆树林面积的17.83%，蓄积量为124886.21立方米，占全市榆树林蓄积量的26.39%。主要分布在松山国家级自然保护区（1293.23公顷）和井庄镇（613.57公顷）。延庆区的榆树林大部分是天然林，面积2360.62公顷，占68.24%；人工林面积1098.59公顷，占31.76%。

再次是密云区，为3320.42公顷，占全市榆树林面积的17.11%，蓄积量为38819.46立方米，占全市榆树林蓄积量的8.20%。主要分布在石城（1720.39公顷）、冯家峪（342.12公顷）、高岭（326.65公顷）等乡镇。密云区的榆树林大部分是天然林，面积2724.43公顷，占82.05%；人工林面积595.99公顷，占17.95%。

大兴区榆垡镇大练庄村、海淀区四季青乡西冉村、昌平区兴寿镇香屯村、怀柔区北房镇大周各庄村等地榆树林生长最好，林分平均树高13~18米，平均胸径28~39厘米，每公顷蓄积量250~460立方米，每公顷株数400~650株。

（二）大果榆林的群落特征

北京地区大果榆林一般分布在相对较为干旱的阳坡，很少形成高大的森林，大都成小乔木或高大灌木状，平均高度5米左右，林中常有一些残存的蒙古栎大树，平均胸径在10~12厘米，但并不高，一般在5~8米。

灌木层也都是一些相对耐旱的物种，盖度较大，多在70%以上，主要有土庄绣线菊、小花溲疏、蒙古荚蒾、六道木、大花溲疏、雀儿舌头、太平花等，灌木层中的乔木幼树幼苗有蒙古栎、五角枫、大果榆、暴马丁香等。

草本层物种较少，盖度也低，一般在30%左右。主要物种有披针叶薹草、东亚唐松草、半钟铁线莲、薹葱、穿山龙等。大果榆群落林下植物主要种数量特征情况见表4-18-23。

表4-18-23 大果榆群落林下植物主要种数量特征

单位：%、株/公顷

灌木植物名称	频度	密度	草本植物名称	频度	密度
土庄绣线菊	100	1760	披针叶薹草	100	40625
小花溲疏	100	1680	东亚唐松草	100	8125
蒙古荚蒾	100	1520	半钟铁线莲	100	5625
六道木	100	1440	薹葱	100	1875
大花溲疏	100	1360	穿山龙	100	1250
五角枫	100	800	藜芦	100	1250
大果榆	100	640	茜草	100	1250
暴马丁香	100	640	乌苏里风毛菊	100	1250
雀儿舌头	100	640	三脉紫菀	100	625
太平花	100	640			

十二、胡桃楸林

(一)胡桃楸林的分布

胡桃楸林在全市9个区有分布,面积7016.44公顷,占全市乔木林面积的0.95%,蓄积量为397394.12立方米,占全市乔木林蓄积量的1.58%,单位面积蓄积量为56.64立方米/公顷。胡桃楸林几乎全部是天然林,人工林仅有23.16公顷。全市胡桃楸林分布情况见表4-18-24。

全市胡桃楸林分布以延庆区面积最大,为2302.11公顷,占全市胡桃楸林面积的32.81%,蓄积量为134741.49立方米,占全市胡桃楸林蓄积量的33.91%,主要分布在大庄科(1203.48公顷)、松山国家级自然保护区(295.920公顷)、井庄(275.03公顷)、旧县(167.85公顷)等乡镇(保护区)。

表4-18-24 全市胡桃楸林面积、蓄积量

单位:公顷、立方米

统计单位	合计		天然林		人工林	
	面积	蓄积量	面积	蓄积量	面积	蓄积量
全市	7016.44	397394.12	6993.28	396986.59	23.16	407.53
丰台区	1.04	75.22	0.00	0.00	1.04	75.22
门头沟区	210.77	7366.16	210.77	7366.16	0.00	0.00
房山区	609.85	23502.58	609.85	23502.58	0.00	0.00
顺义区	2.02	21.67	0.00	0.00	2.02	21.67
昌平区	430.57	54225.89	422.87	54038.30	7.71	187.59
怀柔区	748.30	41770.39	737.64	41694.06	10.66	76.33
平谷区	1446.55	76817.36	1446.55	76817.36	0.00	0.00
密云区	1265.22	58873.35	1263.49	58826.64	1.73	46.71
延庆区	2302.11	134741.49	2302.11	134741.49	0.00	0.00

其次是平谷区,面积为1446.55公顷,占全市胡桃楸林面积的20.62%,蓄积量为76817.36立方米,占全市胡桃楸林蓄积量的19.33%,主要分布在镇罗营(496.05公顷)、黄松峪(410.36公顷)和王辛庄(377.51公顷)等乡镇。

再次是密云区,面积为1265.22公顷,占全市胡桃楸林面积的18.03%,蓄积量为58873.35立方米,占全市胡桃楸林蓄积量的14.81%,主要分布在冯家峪(441.81公顷)、石城(329.23公顷)和雾灵山林场(214.39公顷)等乡镇(林场)。

在有胡桃楸林分布的区中(图4-18-12),昌平区十三陵镇碓臼峪、怀柔区渤海镇水堂子、怀北镇椴树岭、喇叭沟门乡帽山、密云区雾灵山林场杨树甸子分区、平谷区黄松峪梨树沟等地的胡桃楸林长势好,林分平均高16~20米,平均胸径20~29厘米,每公顷蓄积量150~225立方米,每公顷株数450~600株。

图4-18-12 胡桃楸林

（二）胡桃楸林的群落特征

北京地区胡桃楸林分布在山区的沟谷地带，分布范围较广，但一般面积都不大，主要分布于海拔800~1200米的沟谷地区。集中连片分布较多的区域：雾灵山主要分布在云岫谷，喇叭沟门分布于900~1200米范围内的龙潭沟、孙栅子一带，东灵山分布在1200~1300米左右的南沟、崖口一带。郁闭度较高，可达0.9，平均树高8.8米，平均胸径16.4厘米。林中伴生乔木树种有青杨、元宝枫、大叶白蜡等，偶有国家重点保护野生植物黄檗混生其中；灌木层有刺五加、东北茶藨子、东北鼠李、太平花、东陵八仙花、鸡树条荚蒾等；盖度一般不大，在40%~60%。草本植物有落新妇、匍匐委陵菜、草地早熟禾、华北剪股颖、异鳞薹草、东北天南星等。

十三、元宝枫林

（一）元宝枫林的分布

元宝枫林在全市各区都有分布，绝大多数是人工林，全市面积3623.37公顷，仅占全市乔木林面积的0.49%，蓄积量为75736.83立方米，仅占全市乔木林蓄积量的0.30%，单位面积蓄积量较低，仅为20.90立方米/公顷。各区元宝枫林分布情况见表4-18-25。

全市元宝枫林分布较多的区是顺义、门头沟和密云，面积分别为481.62公顷、441.02公顷和431.33公顷，占全市元宝枫林面积的13.29%、12.17%和11.90%，蓄积量分别为8096.92立方米、10674.27立方米和8378.45立方米，占全市元宝枫林蓄积量的10.69%、14.09%和11.06%。

表4-18-25　全市元宝枫林面积、蓄积量

单位：公顷、立方米

统计单位	合计		天然林		人工林	
	面积	蓄积量	面积	蓄积量	面积	蓄积量
全市	3623.37	75736.83	352.56	10480.19	3270.82	65256.63
东城区	0.82	43.26	0.00	0.00	0.82	43.26
西城区	1.85	106.21	0.00	0.00	1.85	106.21
朝阳区	84.64	3037.63	0.00	0.00	84.64	3037.63
丰台区	370.51	7775.00	0.00	0.00	370.51	7775.00
石景山区	1.90	33.13	0.00	0.00	1.90	33.13
海淀区	150.79	5554.99	0.00	0.00	150.79	5554.99
门头沟区	441.02	10674.27	202.33	5943.29	238.69	4730.98
房山区	266.14	6277.39	0.00	0.00	266.14	6277.39
通州区	185.96	4093.20	0.00	0.00	185.96	4093.20
顺义区	481.62	8096.92	0.00	0.00	481.62	8096.92
昌平区	392.10	7478.40	0.00	0.00	392.10	7478.40
大兴区	99.55	1290.02	0.00	0.00	99.55	1290.02
怀柔区	246.92	4349.36	22.95	1353.70	223.97	2995.66
平谷区	192.74	886.16	0.00	0.00	192.74	886.16
密云区	431.33	8378.45	98.63	2938.50	332.70	5439.96
延庆区	275.49	7662.41	28.65	244.71	246.84	7417.71

元宝枫林中，门头沟区妙峰山镇上苇甸，顺义区李遂镇赵庄、八达岭林场7林班，房山区长沟镇太和庄等地的元宝枫林长势好，平均树高10~15米，平均胸径17~20厘米，每公顷蓄积量80~180立方米，每公顷株数600~900株。

（二）元宝枫林的群落特征

元宝枫林是北京山区分布区域较广的基本森林类型，多为人工林，海拔700~1800米均有分布，以900~1100米的阴坡、半阴坡居多。天然次生林在门头沟区雁翅镇、妙峰山镇，密云冯家峪、雾灵山林场，延庆千家店有分布，树龄30~50年，平均胸径15厘米左右，林分郁闭度0.6~0.7。由于坡向、海拔等生境的差异，不同地段的元宝枫林中伴生的乔木树种及地被植物亦有一定差异，形成不同的群丛。乔木层中混生树种的比例很大，元宝枫林的重要值在0.3~0.6，林中较多的混生树种为胡桃楸、黑桦、北京丁香、春榆、大叶白蜡、糠椴等，有些地区黑桦的重要值可达0.3，灌木层以平榛、金花忍冬、毛榛、柔毛绣线菊、小叶鼠李为主，平均树高0.7~1.2米。藤本植物可见北五味子；草本层覆盖度70%，主要有披针薹草、大油芒、宽叶薹草、小红菊、蔓假繁缕、玉竹等。

十四、椴树林

（一）椴树林的分布

椴树林在全市7个山区都有分布，几乎全都为天然林，主要种为紫椴、糠椴和蒙椴，紫椴分布面积较小，糠椴分布海拔较低，蒙椴分布范围较广（图4-18-13）。全市椴树林面积2914.99公顷，仅占全市乔木林面积的0.39%，蓄积量为180619.14立方米，仅占全市乔木林蓄积量的0.72%，林分单位面积蓄积量较高，为61.96立方米/公顷。全市椴树林分布情况见表4-18-26。

全市椴树林主要分布在延庆区和怀柔区，面积分别为1301.42公顷和1130.22公顷，占全市椴树林面积的44.65%和38.77%，蓄积量分别为76388.46立方米和65604.74立方米，占全市椴树林蓄积量的42.29%和36.32%。延庆区的椴树林主要分布在大庄科乡（526.44公顷）、八达岭林场（302.31公顷）和张山营镇（174.25公顷），怀柔区的椴树林主要分布在渤海镇（495.07公顷）、怀北镇（427.72公顷）和雁栖镇（154.86公顷）。

图4-18-13 椴树林

表4-18-26 全市椴树林面积、蓄积量

单位：公顷、立方米

统计单位	合计		天然林		人工林	
	面积	蓄积量	面积	蓄积量	面积	蓄积量
全市	2914.99	180619.14	2913.95	180594.64	1.04	24.50
门头沟区	172.88	6304.18	172.88	6304.18	0.00	0.00

(续)

统计单位	合计		天然林		人工林	
	面积	蓄积量	面积	蓄积量	面积	蓄积量
房山区	8.28	366.13	8.28	366.13	0.00	0.00
通州区	0.81	21.53	0.00	0.00	0.81	21.53
昌平区	12.46	1050.22	12.46	1050.22	0.00	0.00
怀柔区	1130.22	65604.74	1129.99	65601.77	0.23	2.97
平谷区	28.70	1827.55	28.70	1827.55	0.00	0.00
密云区	260.21	29056.32	260.21	29056.32	0.00	0.00
延庆区	1301.42	76388.46	1301.42	76388.46	0.00	0.00

（二）紫椴林的群落特征

紫椴林在北京山区的分布范围较广，妙峰山、松山、云蒙山、慕田峪、雾灵山等区域有分布，但面积不是很大，云蒙山的紫椴林的分布最为广泛，在通往云蒙山主峰的海拔 1000~1100 米的鬼谷子后山一带有集中分布。紫椴林主要生长在土壤和水分条件较好的地方，紫椴在该群落中的重要值从 0.3~0.6 不等，大部分地区紫椴的胸径在 9~15 厘米，紫椴林内伴生种较多，主要有暴马丁香、五角枫、胡桃楸、大叶白蜡、白桦、山杨、糠椴、黑桦、春榆等。不同地区形成了不同的群丛类型，灌木层主要有小花溲疏、蚂蚱腿子、太平花、映山红、卫矛、六道木、平榛、毛榛，盖度变化幅度较大，从 40%~90% 不等。草本层植物种类较多，平均超过 20 种，总盖度在 70% 左右，主要优势种有披针薹草、糙苏、宽叶薹草、升麻、野青茅、华北风毛菊、半钟铁线莲等。

（三）糠椴林的群落特征

糠椴，也叫大叶椴，以糠椴为优势种形成的糠椴林面积很小，多以伴生种存在于其他林分中。糠椴林乔木层优势种为糠椴、蒙椴、大叶白蜡，主要伴生种为五角枫、黑桦、胡桃楸、蒙古栎、鼠李、榆、山荆子等。典型样地调查乔木层糠椴、蒙椴、大叶白蜡的重要值较大，分别为 33.01%、14.91% 和 13.42%，其中糠椴数量最多，占总树种的 58.62%，蒙椴占 13.74%，大叶白蜡占 11.75%；黑桦和蒙古栎的最大胸径为 30 厘米；糠椴和蒙椴最大胸径分别为 20 厘米和 21 厘米；糠椴的密度达到 3672 株/公顷，蒙椴的密度达到 860 株/公顷，大叶白蜡的密度达到 736 株/公顷。

灌木层主要物种为六道木、小花溲疏、钩齿溲疏、毛叶丁香、迎红杜鹃、土庄绣线菊、三裂绣线菊、金花忍冬、雀儿舌头、东北鼠李、沙棘等。

草本层主要物种为藜芦、玉竹、华北楼斗菜、半钟铁线莲、苦荬菜、东亚唐松草、瓣蕊唐松草、大丁草、银背风毛菊、猪毛菜、歪头菜、龙须菜、蓝萼香茶菜、龙牙草、紫菀、大叶盘果菊、展枝沙参等；还有山葡萄、羊乳、穿龙薯蓣等层间植物。

十五、青檀林

（一）青檀林的分布

全市青檀林仅有 71.66 公顷，全部为天然林，蓄积量为 2750.75 立方米，单位面积蓄积量为 38.38 立方米/公顷。分布在房山区上方山森林公园（45.58 公顷）、十渡镇（18.75 公顷）和门头沟区妙峰山镇（7.33 公顷）。各区青檀林分布情况见表 4-18-27。

表 4-18-27　全市青檀林面积、蓄积量

单位：公顷、立方米

统计单位	乡镇	合计		天然林		人工林	
		面积	蓄积	面积	蓄积	面积	蓄积
	合计	71.66	2750.75	71.66	2750.75	0.00	0.00
门头沟区	妙峰山镇	7.33	347.25	7.33	347.25	0.00	0.00
房山区	小计	64.33	2403.49	64.33	2403.49	0.00	0.00
	十渡镇	18.75	456.98	18.75	456.98	0.00	0.00
	上方山森林公园	45.58	1946.51	45.58	1946.51	0.00	0.00

（二）青檀林的群落特征

青檀是中国特有纤维树种，是石灰岩山地的标志树种。青檀林在北京只分布在房山、门头沟局部区域，面积较小，耐干旱瘠薄，喜钙质土壤，通常自然生长在海拔 550 米左右的石灰岩山地阴坡区域，萌芽力强，平均胸径 8.0 厘米左右，树高 9.0 米左右，郁闭度较高，可达 0.9，林下灌草丛较少，只有少量的荆条和三裂绣线菊，草本只有一些披针薹草。

十六、白蜡林

（一）白蜡林的分布

白蜡林在全市各区均有分布，面积 10799.02 公顷，占全市乔木林面积的 1.47%，蓄积量为 331683.56 立方米，占全市乔木林蓄积量的 1.32%，单位面积蓄积量较低，为 30.71 立方米/公顷。白蜡林大部分为人工林，面积 9350.27 公顷，占 86.58%，主要种为大叶白蜡、洋白蜡、小叶白蜡等；天然林面积 1448.75 公顷，占 13.42%，主要分布在密云区冯家峪（434.29 公顷）、延庆区八达岭（189.54 公顷）、怀柔区汤河口（155.97 公顷）和怀北（129.00 公顷）等乡镇。全市白蜡林分布情况见表 4-18-28。

全市以通州区面积最大，为 1918.35 公顷，占全市白蜡林面积的 17.76%，蓄积量为 65481.53 立方米，占全市白蜡林蓄积量的 19.74%，全部是人工林。主要分布在宋庄镇（317.17 公顷），永乐店镇（277.82 公顷）、台湖镇（248.20 公顷）、张家湾镇（220.23 公顷）、马

表 4-18-28　全市白蜡林面积、蓄积量

单位：公顷、立方米

统计单位	合计		天然林		人工林	
	面积	蓄积量	面积	蓄积量	面积	蓄积量
全市	10799.02	331683.56	1448.75	35016.22	9350.27	296667.34
东城区	22.30	1299.03	0.00	0.00	22.30	1299.03
西城区	3.26	309.70	0.00	0.00	3.26	309.70
朝阳区	803.76	42071.47	0.00	0.00	803.76	42071.47
丰台区	792.91	23630.46	0.00	0.00	792.91	23630.46
石景山区	34.46	757.64	0.00	0.00	34.46	757.64
海淀区	386.16	17852.25	0.00	0.00	386.16	17852.25

(续)

统计单位	合计		天然林		人工林	
	面积	蓄积量	面积	蓄积量	面积	蓄积量
门头沟区	208.98	8338.54	43.79	1873.58	165.19	6464.96
房山区	1063.85	24986.86	48.79	1794.93	1015.06	23191.93
通州区	1918.35	65481.53	0.00	0.00	1918.35	65481.53
顺义区	848.67	33021.33	0.00	0.00	848.67	33021.33
昌平区	812.21	22498.21	74.35	2925.11	737.86	19573.10
大兴区	1641.36	41317.57	0.00	0.00	1641.36	41317.57
怀柔区	512.61	11458.32	345.86	7132.32	166.75	4326.00
平谷区	375.69	7823.40	0.16	5.30	375.54	7818.10
密云区	739.39	14333.48	510.00	9252.76	229.39	5080.72
延庆区	635.07	16503.76	425.81	12032.22	209.26	4471.54

驹桥镇（211.09公顷）和西集镇（209.56公顷）。

其次是大兴区，面积为1641.36公顷，占全市白蜡林面积的15.20%，蓄积量为41317.57立方米，占全市白蜡林蓄积量的12.46%，全部是人工林。主要分布在魏善庄（278.89公顷）、安定（206.98公顷）、礼贤（182.97公顷）和榆垡（170.72公顷）等乡镇。

再次是房山区，面积为1063.85公顷，占全市白蜡林面积的9.85%，蓄积量为24986.86立方米，占全市白蜡林蓄积量的7.53%，除房山区域内的京西林场23.79公顷是天然林外，其他均是人工林。主要分布在大石窝（169.22公顷）、青龙湖（163.28公顷）、琉璃河（120.14公顷）和长阳（112.53）等乡镇。

（二）大叶白蜡林的群落特征

大叶白蜡在北京山区分布十分普遍，但多生于各类天然林下，成为灌木层的一个重要组成部分，很少进入乔木层。大叶白蜡林只有小面积分布。

大叶白蜡林乔木层除大叶白蜡外，还混有少量的蒙古栎和大果榆。灌木层高约3米，盖度60%~85%，主要有山桃、山杏、胡枝子、雀儿舌头、榆叶梅、北京丁香、三裂绣线菊等。

林下草本层种类较丰富，高15~40厘米，盖度30%左右。主要有北柴胡、大油芒、委陵菜、石竹、甘野菊、远东芨芨草、白莲蒿、南牡蒿、野青茅、鹅绒委陵菜、紫沙参、异叶败酱、糖芥、石生繁缕、野韭、鸦葱、簇生卷耳、小花鬼针草。

十七、暴马丁香林

（一）暴马丁香林的分布

暴马丁香林在全市多个区有零星分布，面积很少，全市仅有173.00公顷，蓄积量为6099.39立方米，单位面积蓄积量较低，为35.26立方米/公顷。其中天然林116.27公顷，蓄积量为3472.50立方米，人工林56.73公顷，蓄积量为2626.88立方米。主要分布在延庆区域的松山国家级自然保护区（47.12公顷）、门头沟区域的华北林业实验中心（40.88公顷）和昌平区域的十三陵林场（38.80公顷）。全市暴马丁香林分布情况见表4-18-29。

（二）暴马丁香林的群落特征

北京地区暴马丁香林面积很小，自然生长在阴坡沟谷中，多与胡桃楸混生，形成暴马丁香－胡桃楸林，在干旱阳坡多与大果榆等混生，形成暴马丁香－大果榆林。

表 4-18-29　全市暴马丁香林面积、蓄积量

单位：公顷、立方米

统计单位	乡镇（街道）	合计		天然林		人工林	
		面积	蓄积量	面积	蓄积量	面积	蓄积量
	合计	173.00	6099.39	116.27	3472.50	56.73	2626.88
东城区	小计	1.23	21.51	0.00	0.00	1.23	21.51
	建国门街道	0.21	9.22	0.00	0.00	0.21	9.22
	天坛街道	1.02	12.30	0.00	0.00	1.02	12.30
西城区	小计	0.64	58.08	0.00	0.00	0.64	58.08
	月坛街道	0.04	2.84	0.00	0.00	0.04	2.84
	景山公园	0.53	51.36	0.00	0.00	0.53	51.36
	北海公园	0.07	3.88	0.00	0.00	0.07	3.88
门头沟区	小计	48.45	1569.78	48.45	1569.78	0.00	0.00
	清水镇	7.57	164.30	7.57	164.30	0.00	0.00
	华北林业实验中心	40.88	1405.49	40.88	1405.49	0.00	0.00
房山区	霞云岭乡	15.47	0.00	15.47	0.00	0.00	0.00
通州区	小计	4.77	9.49	0.00	0.00	4.77	9.49
	宋庄镇	1.68	1.79	0.00	0.00	1.68	1.79
	漷县镇	0.35	0.00	0.00	0.00	0.35	0.00
	潞城镇	0.76	7.69	0.00	0.00	0.76	7.69
	永乐店镇	1.98	0.00	0.00	0.00	1.98	0.00
顺义区	小计	2.51	0.00	0.00	0.00	2.51	0.00
	北石槽镇	0.35	0.00	0.00	0.00	0.35	0.00
	北小营镇	0.60	0.00	0.00	0.00	0.60	0.00
	木林镇	0.46	0.00	0.00	0.00	0.46	0.00
	龙湾屯镇	0.50	0.00	0.00	0.00	0.50	0.00
	南彩镇	0.06	0.00	0.00	0.00	0.06	0.00
	杨镇	0.01	0.00	0.00	0.00	0.01	0.00
	张镇	0.19	0.00	0.00	0.00	0.19	0.00
	仁和镇	0.27	0.00	0.00	0.00	0.27	0.00
	北务镇	0.06	0.00	0.00	0.00	0.06	0.00
昌平区	小计	39.64	2302.74	0.00	0.00	39.64	2302.74
	马池口镇	0.58	0.00	0.00	0.00	0.58	0.00
	东小口镇	0.26	0.00	0.00	0.00	0.26	0.00
	十三陵林场	38.80	2302.74	0.00	0.00	38.80	2302.74
大兴区	亦庄开发区	1.42	184.40	0.00	0.00	1.42	184.40
怀柔区	喇叭沟门乡	5.23	0.00	5.23	0.00	0.00	0.00

(续)

统计单位	乡镇（街道）	合计		天然林		人工林	
		面积	蓄积量	面积	蓄积量	面积	蓄积量
平谷区	小计	3.55	28.54	0.00	0.00	3.55	28.54
	峪口镇	0.26	0.00	0.00	0.00	0.26	0.00
	黄松峪乡	0.16	0.00	0.00	0.00	0.16	0.00
	山东庄镇	1.76	10.17	0.00	0.00	1.76	10.17
	马昌营镇	1.37	18.37	0.00	0.00	1.37	18.37
密云区	巨各庄镇	0.68	22.11	0.00	0.00	0.68	22.11
延庆区	小计	49.40	1902.72	47.12	1902.72	2.28	0.00
	张山营镇	2.28	0.00	0.00	0.00	2.28	0.00
	松山国家级自然保护区	47.12	1902.72	47.12	1902.72	0.00	0.00

暴马丁香－胡桃楸林乔木层高度在6~8米，暴马丁香的平均胸径为12厘米左右，胡桃楸平均胸径在14厘米左右，其树高也高于暴马丁香，虽个体数量相对较少，但也是主要的建群种之一，其他伴生种有大叶白蜡、黑桦、五角枫等。灌木层盖度30%~40%，平均高度1~1.5米。灌木物种较少，主要有小花溲疏、土庄绣线菊等，乔木层树种更新良好，乔木的幼苗幼树丰富，大叶白蜡、五角枫、暴马丁香、黑桦、胡桃楸等均有分布。草本层盖度较低，一般在30%左右，主要物种有远东芨芨草、披针叶薹草、龙牙草、蓝萼香茶菜、三籽两型豆、盘果菊、穿山龙、草乌头、东亚唐松草等。具体情况见表4-18-30。

暴马丁香－大果榆林因分布在干旱阳坡，不仅乔木层物种组成种类较少，只有大果榆、暴马丁香、大叶白蜡等几种，郁闭度只有0.4左右；而且乔木层高度也较低，一般在4~5米。灌木层盖度50%左右，种类丰富，耐旱的物种较多，主要有土庄绣线菊、胡枝子、荆条、小叶鼠李、大花溲疏、木本香薷、山桃等。草本层盖度较低，约为30%。主要物种有远东芨芨草、野青茅、龙牙草、半钟铁线莲、东亚唐松草、披针叶薹草、石生蝇子草、歧茎蒿、三脉紫菀、白莲蒿、甘野菊、蓝萼香茶菜、茜草等。具体情况见表4-18-31。

表4-18-30 暴马丁香－胡桃楸群落主要种数量特征

单位：%、株/公顷

灌木植物名称	频度	密度	草本植物名称	频度	密度
小花溲疏	100	3440	远东芨芨草	100	35500
土庄绣线菊	100	1480	披针叶薹草	100	31250
大叶白蜡	100	1120	龙牙草	100	18000
五角枫	100	840	蓝萼香茶菜	100	17000
暴马丁香	100	600	三籽两型豆	100	13000
黑桦	100	400	盘果菊	100	4750
胡桃楸	100	280	穿山龙	100	2500
			草乌头	100	1250
			东亚唐松草	100	500

表 4-18-31　暴马丁香－大果榆群落主要种数量特征

单位：%、株/公顷

灌木植物名称	频度	密度	草本植物名称	频度	密度
土庄绣线菊	100	1560	远东芨芨草	100	16250
暴马丁香	100	1280	野青茅	100	8750
太平花	100	760	龙牙草	100	8250
雀儿舌头	100	680	半钟铁线莲	100	7250
大叶白蜡	100	600	东亚唐松草	100	5250
胡枝子	100	520	披针叶薹草	100	5000
荆条	100	520	石生蝇子草	100	4750
小叶鼠李	100	500	歧茎蒿	100	4000
大花溲疏	100	480	三脉紫菀	100	3000
木本香薷	100	400	白莲蒿	100	2000
山桃	100	360	甘野菊	100	1750
大果榆	100	200	蓝萼香茶菜	100	1500
小花溲疏	100	200	茜草	100	1500
栾树	100	40	小红菊	100	1500
五角枫	100	40	盘果菊	100	1250
小叶朴	100	40	三籽两型豆	100	1000

十八、黄檗林

黄檗是芸香科黄檗属落叶乔木，系第三纪古热带植物区系的孑遗植物，国家二级保护野生植物，多生于山地杂木林中或山区河谷沿岸。

北京地区黄檗分布稀少，多为零星分布，仅在雾灵山、云蒙山、东灵山、小龙门森林公园附近有集中分布的黄檗林。乔木层以黄檗为主，胸径较大的有 25 厘米左右，共建种有青杨，平均胸径在 20 厘米左右，其次还有大叶白蜡、蒙椴、大果榆、五角枫、胡桃楸等。乔木层郁闭度 0.9，群落总体高度 12~15 米。

灌木层总盖度约 40%，层高 0.6~1.2 米。主要物种有胡枝子、土庄绣线菊、山楂叶悬钩子等。

草本层盖度约 30%，主要物种有披针叶薹草、糙苏、穿山龙等。

十九、山杏林

（一）山杏林的分布

北京地区山杏林广泛分布，全市 12 个区有分布，面积 52884.93 公顷，占全市乔木林面积的 7.18%，蓄积量为 138208.09 立方米，占全市乔木林蓄积量的 0.55%，单位面积蓄积量很低，仅为 2.61 立方米/公顷。其中天然林 49661.72 公顷，占全市山杏林面积的 93.90%，蓄积量为 123634.14 立方米，占全市山杏林蓄积量的 89.45%；人工林 3223.21 公顷，占全市山杏林面积的 6.10%，蓄积量为 14573.95 立方米，占全市山杏林蓄积量的 10.55%。全市山杏林分布情况见表 4-18-32。

在全市各区中，怀柔区的山杏林面积最大，为 23647.00 公顷，占全市山杏林面积的 44.71%，蓄积量为 18917.93 立方米，占全市山杏林蓄积量的 13.69%。在九渡河镇和雁栖镇分

表4-18-32　全市山杏林面积、蓄积量

单位：公顷、立方米

统计单位	合计		天然林		人工林	
	面积	蓄积量	面积	蓄积量	面积	蓄积量
全市	52884.93	138208.09	49661.72	123634.14	3223.21	14573.95
丰台区	4.10	125.36	0.00	0.00	4.10	125.36
石景山区	0.41	10.52	0.00	0.00	0.41	10.52
门头沟区	8460.48	22467.76	8137.14	21090.47	323.34	1377.28
房山区	175.25	5540.33	86.26	3389.99	88.99	2150.34
通州区	43.64	12.87	0.00	0.00	43.64	12.87
顺义区	222.22	125.34	0.00	0.00	222.22	125.34
昌平区	5630.26	1336.12	4227.88	5.66	1402.39	1330.45
大兴区	82.66	90.44	0.00	0.00	82.66	90.44
怀柔区	23647.00	18917.93	23393.20	14902.66	253.81	4015.28
平谷区	25.91	137.08	0.00	0.00	25.91	137.08
密云区	8397.26	79323.41	7724.48	74505.20	672.79	4818.21
延庆区	6195.74	10120.92	6092.78	9740.15	102.96	380.77

布最多，面积为6117.91公顷和5327.70公顷，渤海镇（2914.96公顷）、长哨营乡（2590.64公顷）、汤河口镇（2068.35公顷）、宝山镇（1266.28公顷）和喇叭沟门乡（1253.90公顷）也有大面积的山杏林。

其次是门头沟区，山杏林面积为8460.48公顷，占全市山杏林面积的16.00%，蓄积量为22467.76立方米，占全市山杏林蓄积量的16.26%。主要分布在斋堂镇（3085.91公顷）、清水镇（2651.09）和雁翅镇（1732.76公顷）。

再次是密云区，为8397.26公顷，占全市山杏林面积的15.88%，蓄积量为79323.41立方米，占全市山杏林蓄积量的57.39%。主要分布在石城镇（2238.21公顷）、冯家峪镇（2154.51公顷）和不老屯（1649.69公顷）镇。

在有山杏林分布的区中，以密云区西田各庄牛盆峪、怀柔区怀北镇大水峪、延庆区八达岭林场、房山区大安山乡水峪等地的山杏林长势好，每公顷株数500~600株。

（二）山杏林的群落特征

山杏林分布的海拔范围为410~1050米，以东坡、南坡为主，多分布于山坡的中、下部。乔木层物种组成包括山杏、油松、板栗、山杨、小叶朴等，平均树高5米左右，平均胸径10厘米左右，林下主要更新树种有大叶白蜡、臭椿、山杏、刺槐等，数量较多。灌木层优势物种：三裂绣线菊、山杏、达乌里胡枝子、胡枝子、孩儿拳头等，平均高度1.1米，盖度75%；草本层优势物种：白莲蒿、北京隐子草、披针叶薹草、委陵菜、野青茅等，平均高度0.34米，平均盖度35%。

根据山杏群系物种组成的不同、群环境的差异，山杏群系可划分为3个群丛，分别为山杏－三裂绣线菊－白莲蒿+北京隐子草+披针叶薹草群丛；山杏+小叶朴－雀儿舌头－三裂绣线菊+圆叶鼠李－三脉紫菀+裂叶堇菜+大叶铁线莲群丛；山杏+板栗－孩儿拳头－裂叶牵牛+秋苦荬+北京隐子草群丛。

二十、山桃林

（一）山桃林的分布

北京地区山桃林分布广泛，除东城区外的全市15个区都有分布，面积13031.41公顷，占全市乔木林面积的1.77%，蓄积量为14674.16立方米，占全市乔木林蓄积量的0.06%，单位面积蓄积量极低，仅为1.13立方米/公顷。具体情况见表4-18-33。

山桃林大部分为天然林，面积9534.35公顷，占73.16%，人工林3497.06公顷，占26.84%。山桃林主要分布在昌平区和怀柔区，其面积为5715.85公顷和4061.5公顷。昌平区主要分布在延寿镇（1601.05公顷）、南口镇（1554.23公顷）、崔村镇（698.20公顷）、流村镇（657.97公顷）、十三陵镇（590.15公顷）。怀柔区主要分布在桥梓镇（2122.54公顷）和雁栖镇（1283.35公顷）。

表4-18-33 全市山桃林面积、蓄积量

单位：公顷、立方米

统计单位	合计		天然林		人工林	
	面积	蓄积量	面积	蓄积量	面积	蓄积量
全市	13031.41	14674.16	9534.35	4375.25	3497.06	10298.91
西城区	1.39	746.17	0.00	0.00	1.39	746.17
朝阳区	6.76	24.98	0.00	0.00	6.76	24.98
丰台区	3.21	69.93	0.00	0.00	3.21	69.93
石景山区	0.75	0.00	0.00	0.00	0.75	0.00
海淀区	0.12	0.87	0.00	0.00	0.12	0.87
门头沟区	964.89	939.03	904.27	829.75	60.61	109.28
房山区	752.81	1554.07	656.78	942.40	96.02	611.68
通州区	364.09	243.95	0.00	0.00	364.09	243.95
顺义区	429.56	79.19	0.00	0.00	429.56	79.19
昌平区	5715.85	7178.98	3532.94	929.50	2182.91	6249.48
大兴区	98.24	181.84	0.00	0.00	98.24	181.84
怀柔区	4061.50	3033.77	3941.08	1401.34	120.42	1632.43
平谷区	22.41	39.80	0.00	0.00	22.41	39.80
密云区	141.05	495.59	60.08	272.26	80.97	223.34
延庆区	468.78	85.98	439.18	0.00	29.60	85.98

（二）山桃林的群落特征

典型样地调查显示，山桃林郁闭度0.65，乔木平均密度为2475株/公顷，伴生种有臭椿、黄栌、山杏、小叶朴、油松等，这些物种密度都很低，一般在25~225株/公顷；林下灌木主要有大花溲疏、三裂绣线菊、刺苞南蛇藤、红花锦鸡儿、蚂蚱腿子、雀儿舌头、山楂、小叶朴、小叶鼠李等，密度为3~5株/平方米；草本植物有求米草、半夏、斑叶堇菜、北京堇菜、大油芒、藿叶蛇葡萄、茜草、沙参、野海茄、野山药、玉竹、隐子草等，密度为10~30株/平方米。

二十一、栾树林

（一）栾树林的分布

栾树林在全市各区都有分布，全市共计6821.96公顷，仅占全市乔木林面积的0.93%，蓄积量为180931.44立方米，仅占全市乔木林蓄积量的0.72%，单位面积蓄积量较低，为26.52立方米/公顷。栾树林绝大部分为人工林，面积6266.41公顷，占91.85%，天然林仅有555.55公顷，占8.15%。全市栾树林分布具体情况见表4-18-34。

昌平区和顺义区的栾树林较多，面积分别为1315.47公顷和985.51公顷，占全市栾树林面积的19.28%和14.05%。昌平区几乎各乡镇都有分布，相对较多的是十三陵林场（494.35公顷）和流村镇（175.56公顷）。

在全市栾树林中，朝阳区来广营，大兴区榆垡镇西胡林，海淀区四季青乡、西北旺镇，平谷区丫髻山林场，西城区陶然亭公园等地的栾树林长势好（图4-18-14）。

图4-18-14　海淀百望山栾树花开

表4-18-34　全市栾树林面积、蓄积量

单位：公顷、立方米

统计单位	合计		天然林		人工林	
	面积	蓄积量	面积	蓄积量	面积	蓄积量
全市	6821.96	180931.44	555.55	22510.70	6266.41	158420.74
东城区	3.97	238.22	0.00	0.00	3.97	238.22
西城区	10.98	872.59	0.00	0.00	10.98	872.59
朝阳区	362.79	16432.42	0.00	0.00	362.79	16432.42
丰台区	376.53	11205.90	0.00	0.00	376.53	11205.90
石景山区	28.66	1012.61	0.00	0.00	28.66	1012.61
海淀区	243.98	10384.13	0.00	0.00	243.98	10384.13
门头沟区	521.86	9163.53	159.43	4059.62	362.43	5103.91
房山区	517.01	10687.79	21.46	1008.14	495.55	9679.65
通州区	744.24	20294.96	0.00	0.00	744.24	20294.96
顺义区	958.51	28322.34	0.00	0.00	958.51	28322.34
昌平区	1315.47	44058.26	290.82	14104.53	1024.65	29953.73
大兴区	651.75	13640.46	0.00	0.00	651.75	13640.46
怀柔区	155.37	2726.27	15.30	463.02	140.07	2263.25
平谷区	302.90	2414.39	1.24	306.66	301.66	2107.73
密云区	364.78	6169.68	65.82	2563.83	298.96	3605.85
延庆区	263.16	3307.90	1.48	4.89	261.68	3303.00

（二）栾树林的群落特征

据栾树天然林标准地调查，栾树林平均密度约700株/公顷，其中栾树密度为325株/公顷，元宝枫密度为300株/公顷，其他伴生种有黄栌、蒙桑，这些物种密度都很低，一般在25株/公顷；林下灌木主要有胡枝子、构树、孩儿拳头、藿叶蛇葡萄、明开夜合、三裂绣线菊、小叶朴等，密度为2~9株/平方米；草本植物有求米草、半夏、甘野菊、鬼针草、灰菜、龙葵、茜草、秋苦荬、鸭跖草、紫花地丁等，密度为10~70株/平方米。

二十二、黄栌林

（一）黄栌林的分布

黄栌林在全市13个区有分布，但面积不大，全市共4275.29公顷，仅占全市乔木林面积的0.58%，蓄积量为43654.08立方米，仅占全市乔木林蓄积量的0.17%，单位面积蓄积量极低，仅为10.21立方米/公顷。黄栌林中天然林面积2143.99公顷，占50.15%，人工林面积2131.30公顷，占49.85%。全市黄栌林分布具体情况见表4-18-35。

房山区黄栌林面积最大，为2204.92公顷，占全市黄栌林面积的51.57%，主要分布在张坊镇（1144.04公顷）、佛子庄乡（518.82公顷）和周口店镇（279.84公顷）。其次是顺义区，面积为571.94公顷，占全市黄栌林面积的13.38%，主要分布在龙湾屯镇（420.86公顷）。

在所有黄栌林中，昌平区十三陵林场、大兴区北臧村镇西大营村、房山区佛子庄乡西班各庄、海淀区域西山试验林场、门头沟区域西山试验林场、密云区五座楼林场等地的黄栌林长势好，每公顷蓄积量50~100立方米，每公顷株数100~2000株。

表4-18-35　全市黄栌林面积、蓄积量

单位：公顷、立方米

统计单位	合计		天然林		人工林	
	面积	蓄积量	面积	蓄积量	面积	蓄积量
全市	4275.29	43654.08	2143.99	16773.96	2131.30	26880.12
丰台区	26.67	640.96	0.00	0.00	26.67	640.96
石景山区	117.62	3588.98	0.00	0.00	117.62	3588.98
海淀区	142.97	5089.01	0.00	0.00	142.97	5089.01
门头沟区	322.25	6579.05	47.26	0.00	274.99	6579.05
房山区	2204.92	18163.55	2003.08	15295.66	201.83	2867.89
通州区	70.39	77.55	0.00	0.00	70.39	77.55
顺义区	571.94	233.10	0.00	0.00	571.94	233.10
昌平区	338.72	6112.72	45.38	0.00	293.34	6112.72
大兴区	86.24	571.17	0.00	0.00	86.24	571.17
怀柔区	198.67	549.92	0.14	3.17	198.53	546.75
平谷区	24.99	195.67	0.00	0.00	24.99	195.67
密云区	105.84	1359.30	29.33	1165.78	76.52	193.52
延庆区	64.07	493.09	18.80	309.35	45.27	183.74

（二）黄栌林的群落特征

据黄栌天然林标准地调查，黄栌林郁闭度0.75，乔木平均密度为900株/公顷，其中黄栌密度为475株/公顷，其他伴生种有栾树、小叶白蜡、元宝枫等，元宝枫密度为275株/公顷，其余物种密度都很低，一般在25~100株/公顷；林下灌木主要有多花胡枝子、构树、孩儿拳头、黄栌、荆条、小叶朴、圆叶鼠李等，密度为2~5株/平方米；草本植物有多歧沙参、萝摩、秋苦荬、展枝沙参、穿山龙、大丁草、大油芒等。

黄栌-构树+孩儿拳头-求米草群丛，主要分布在卧佛寺海拔250~420米的范围，坡度10°~20°，郁闭度0.45~0.6，乔木平均密度为1900~3650株/公顷，其中黄栌密度为1625~3100株/公顷，其他伴生种有构树、元宝枫、刺槐、黑枣、蒙桑等，这些物种密度都很低，一般在25~200株/公顷；林下灌木主要有构树、孩儿拳头、多花胡枝子、黄栌、荆条、蒙桑、山桃、小叶鼠李、刺苞南蛇藤、三裂绣线菊、黑枣、紫穗槐等，密度为2~5株/平方米；草本植物有求米草、多歧沙参、龙葵、萝摩、茜草、秋苦荬、早开堇菜、展枝沙参、白首乌、穿山龙、大丁草、大油芒、短尾铁线莲、甘野菊、狭叶珍珠菜、铁扫帚等18种，密度为20~150株/平方米。

二十三、槐林

（一）槐林的分布

槐林在全市各区均有分布，全部为人工林，面积21061.37公顷，占全市乔木林面积的2.86%，蓄积量为770000.30立方米，占全市乔木林蓄积量的3.05%，单位面积蓄积量为36.56立方米/公顷。通州区、昌平区、顺义区和大兴区槐林分布相对较多。全市槐林分布情况见表4-18-36。

通州区槐林面积3982.72公顷，占全市槐林面积的18.91%，蓄积量为154457.89立方米，占全市槐林蓄积量的20.06%。主要分布在宋庄镇（611.53公顷）、永乐店镇（529.19公顷）和潞县镇（401.42公顷）等。

表4-18-36　全市槐林面积、蓄积量

单位：公顷、立方米

统计单位	合计		天然林		人工林	
	面积	蓄积量	面积	蓄积量	面积	蓄积量
全市	21061.37	770000.30	0.00	0.00	21061.37	770000.30
东城区	36.92	1788.89	0.00	0.00	36.92	1788.89
西城区	7.31	698.48	0.00	0.00	7.31	698.48
朝阳区	1657.78	86802.40	0.00	0.00	1657.78	86802.40
丰台区	1017.27	40798.58	0.00	0.00	1017.27	40798.58
石景山区	119.09	5040.21	0.00	0.00	119.09	5040.21
海淀区	1913.95	81508.02	0.00	0.00	1913.95	81508.02
门头沟区	243.04	5850.62	0.00	0.00	243.04	5850.62
房山区	1429.21	31838.59	0.00	0.00	1429.21	31838.59
通州区	3982.72	154457.89	0.00	0.00	3982.72	154457.89
顺义区	2607.17	127084.39	0.00	0.00	2607.17	127084.39
昌平区	2740.89	87238.71	0.00	0.00	2740.89	87238.71

(续)

统计单位	合计		天然林		人工林	
	面积	蓄积量	面积	蓄积量	面积	蓄积量
大兴区	2564.01	75666.33	0.00	0.00	2564.01	75666.33
怀柔区	523.36	16003.95	0.00	0.00	523.36	16003.95
平谷区	975.13	13835.37	0.00	0.00	975.13	13835.37
密云区	368.95	15886.93	0.00	0.00	368.95	15886.93
延庆区	874.57	25500.95	0.00	0.00	874.57	25500.95

其次是昌平区，面积为2740.89公顷，占全市槐林面积的13.01%，蓄积量为87238.71立方米，占全市槐林蓄积量的11.33%。主要分布在流村镇（654.78公顷）、小汤山镇（259.97公顷）、沙河镇（215.69公顷）和阳坊镇（208.52公顷）等。

再次是顺义区，面积为2607.17公顷，占全市槐林面积的12.38%，蓄积量为127084.39立方米，占全市槐林蓄积量的16.50%。主要分布在大孙各庄镇（275.01公顷）、杨镇（229.02公顷）、李桥镇（222.79公顷）、张镇（216.54公顷）和木林镇（204.20公顷）等。

然后是大兴区，面积为2564.01公顷，占全市槐林面积的12.17%，蓄积量为75666.33立方米，占全市槐林蓄积量的9.83%。主要分布在魏善庄镇（309.72公顷）、榆垡镇（281.21公顷）、安定镇（266.00公顷）、礼贤镇（265.05公顷）、青云店镇（220.89公顷）和庞各庄镇（204.86公顷）等。

在有槐林分布的区中，昌平区回龙观定福皇庄、流村镇白羊城、小汤山后牛坊，朝阳区金盏东窑村、来广营，大兴区榆垡镇留士庄村、长子营镇留民营村等地的槐林长势好，林分平均树高12~19米，平均胸径23~41厘米，密度560~1500株/公顷，每公顷蓄积量290~430立方米。

（二）槐林的群落特征

根据在昌平等地区的实地调查，槐林乔木层的主要物种包括槐、刺槐等，平均树高10~12米，平均胸径9~12厘米，林下主要更新树种为槐、榆树、桑树等（图4-18-15）。

灌木层优势物种：多花胡枝子平均盖度10%，高度0.4米；荆条平均盖度13%，高度1.5米；酸枣平均盖度14%，高度0.8米。

草本层优势物种：灰绿藜平均盖度22%，高度0.26米；甘野菊平均盖度9%，高度0.54米；黄花蒿平均盖度6%，高度0.83米。

图4-18-15 槐林

二十四、刺槐林

（一）刺槐林的分布

刺槐林在全市各区均有分布，全部是人工林，全市共有27807.32公顷，占全市乔木林面积的3.78%，蓄积量为1004797.79立方米，占全市乔木林蓄积量的3.99%，单位面积蓄积量为36.13立方米/公顷。全市刺槐林分布情况见表4-18-37。

密云区刺槐林面积最大，为9687.17公顷，占全市刺槐林面积的34.84%，蓄积量为118702.66立方米，占全市刺槐林蓄积量的

11.81%。主要分布在太师屯（1498.80公顷）、冯家峪（1364.76公顷）、不老屯（1313.65公顷）和高岭（1113.26公顷）等乡镇。

延庆区、大兴区和房山区的刺槐林分布也相对较多，均在2000公顷以上。延庆区刺槐林面积为3607.78公顷，占全市刺槐林面积的12.97%，主要分布在张山营（635.98公顷）、永宁（454.69公顷）、珍珠泉（430.18公顷）、香营（314.65公顷）和康庄（290.00公顷）等乡镇。大兴区刺槐林面积为2955.84公顷，占全市刺槐林面积的10.63%，主要分布在榆垡（407.19公顷）、安定（396.12公顷）、采育（310.95公顷）等乡镇。房山区刺槐林面积为2681.69公顷，占全市刺槐林面积的9.64%，主要分布在长阳镇（500.74公顷）、琉璃河镇（302.57公顷）大石窝镇（290.78公顷）和青龙湖镇（253.67公顷）。

在所有刺槐林中，昌平区东小口马连店、朝阳区来广营清河营村、大兴区榆垡镇香营村、顺义区李桥镇、通州区宋庄镇大庞村等地的刺槐林长势优良，林分平均树高14~20米，平均胸径30~42厘米，每公顷蓄积量300~450立方米，每公顷株数260~875株。

表4-18-37 全市刺槐林面积、蓄积量

单位：公顷、立方米

统计单位	合计		天然林		人工林	
	面积	蓄积量	面积	蓄积量	面积	蓄积量
全市	27807.32	1004797.79	0.00	0.00	27807.32	1004797.79
东城区	11.08	722.12	0.00	0.00	11.08	722.12
西城区	2.44	171.36	0.00	0.00	2.44	171.36
朝阳区	481.47	44132.07	0.00	0.00	481.47	44132.07
丰台区	458.29	31662.21	0.00	0.00	458.29	31662.21
石景山区	544.16	30263.84	0.00	0.00	544.16	30263.84
海淀区	1231.88	82295.93	0.00	0.00	1231.88	82295.93
门头沟区	938.04	35870.39	0.00	0.00	938.04	35870.39
房山区	2681.69	86916.62	0.00	0.00	2681.69	86916.62
通州区	1315.86	75341.90	0.00	0.00	1315.86	75341.90
顺义区	1704.50	103646.42	0.00	0.00	1704.50	103646.42
昌平区	1492.41	79292.21	0.00	0.00	1492.41	79292.21
大兴区	2955.84	133283.87	0.00	0.00	2955.84	133283.87
怀柔区	383.12	19753.90	0.00	0.00	383.12	19753.90
平谷区	311.58	9874.32	0.00	0.00	311.58	9874.32
密云区	9687.17	118702.66	0.00	0.00	9687.17	118702.66
延庆区	3607.78	152867.97	0.00	0.00	3607.78	152867.97

（二）刺槐林的群落特征

刺槐林分布海拔范围较广，平原地区及山区均有分布，山区多分布在海拔150~750米，西南、东南坡向分布较多。刺槐林群落植物的基本组成有维管束植物46科91属120种，其中野生植物45科89属118种。优势科为菊科、豆科、

禾本科、蔷薇科、毛茛科、百合科、鼠李科、榆科、堇菜科、萝藦科，单种科23个；优势属有蒿属、胡枝子属、堇菜属、鹅绒藤属、铁线莲属、绣线菊属、隐子草属、唐松草属、薹草属、蛇葡萄属，单种属73个。

刺槐群系均为人工林群系，树种相对较为单一。山区刺槐林常有胡桃楸、栾树、油松、山杏等伴生，林下主要更新树种为刺槐、栾树、小叶朴、胡桃楸等。

灌木层优势物种：荆条平均盖度14%，高度1.3米；多花胡枝子平均盖度8%，高度0.88米；孩儿拳头平均盖度8%，高度0.62米。

草本层优势物种：北京隐子草平均盖度40%，高度0.60米；灰绿藜平均盖度30%，高度0.4米；草芦平均盖度15%，高度0.45米。

根据刺槐群系物种组成的不同、群系环境的差异，刺槐群系可划分为3个群丛。

1. 刺槐＋榆－多花胡枝子＋荆条－野青茅＋甘野菊群丛

该群丛乔木层的树种为刺槐、榆。伴生种有槐、侧柏、臭椿等。平均树高7.4米，平均胸径13.7厘米。林下更新种有刺槐、榆等。

灌木层优势物种：多花胡枝子、荆条。伴生种有孩儿拳头、酸枣、葎叶蛇葡萄等。灌木层平均高度1.0米，平均盖度43%。

草本层优势物种：野青茅、甘野菊。伴生种狗尾草、鬼针草、黄花蒿、茜草等。平均盖度60%。

该群丛在昌平白虎涧有分布，海拔180~220米，山坡中下部，坡向东南，坡度5°~20°。

2. 刺槐＋胡桃楸－荆条－野青茅群丛

该群丛乔木层的树种为刺槐、胡桃楸。平均树高8.1米，平均胸径11.4厘米。林下更新种有刺槐、榆等。

灌木层优势物种：荆条。伴生种有三裂绣线菊、孩儿拳头、酸枣、太平花等。灌木层平均高度1.6米，平均盖度37%。

草本层优势物种：野青茅。伴生种鸭跖草、秋苦荬、蒙古蒿、蓝萼香茶菜、龙牙草等。平均盖度65%。

该群丛平谷区熊儿寨有分布，海拔380~590米，山坡中下部，坡向西南，坡度5°~20°。

3. 刺槐－荆条＋多花胡枝子＋孩儿拳头－短尾铁线莲＋北京隐子草群丛

该群丛乔木层的树种为刺槐，另有少量胡桃楸、苦木、青檀等。平均树高7.8米，平均胸径13.0厘米。林下更新种有刺槐、山桃等。

灌木层优势物种：荆条、孩儿拳头、多花胡枝子。伴生种有圆叶鼠李、酸枣、雀儿舌头、山楂叶悬钩子等。灌木层平均高度1.1米，平均盖度46%。

草本层优势物种：短尾铁线莲、北京隐子草。伴生种野青茅、草芦、蝎子草、秋苦荬、灰绿藜等。平均盖度53%。

二十五、柳树林

（一）柳树林的分布

柳树林在全市各区均有分布，全部是人工林，全市共有16248.40公顷，占全市乔木林面积的2.21%，蓄积量为1199230.09立方米，占全市乔木林蓄积量的4.76%，单位面积蓄积量较高，为73.81立方米/公顷。全市柳树林分布情况见表4-18-38。

表4-18-38 全市柳树林面积、蓄积量

单位：公顷、立方米

统计单位	合计		天然林		人工林	
	面积	蓄积量	面积	蓄积量	面积	蓄积量
全市	16248.40	1199230.09	0.00	0.00	16248.40	1199230.09
东城区	9.97	1295.21	0.00	0.00	9.97	1295.21
西城区	21.13	1650.60	0.00	0.00	21.13	1650.60

(续)

统计单位	合计		天然林		人工林	
	面积	蓄积量	面积	蓄积量	面积	蓄积量
朝阳区	1692.99	174043.22	0.00	0.00	1692.99	174043.22
丰台区	557.86	33295.83	0.00	0.00	557.86	33295.83
石景山区	94.73	4536.74	0.00	0.00	94.73	4536.74
海淀区	1225.39	111596.96	0.00	0.00	1225.39	111596.96
门头沟区	178.81	7268.68	0.00	0.00	178.81	7268.68
房山区	1979.37	77737.47	0.00	0.00	1979.37	77737.47
通州区	2942.05	193596.63	0.00	0.00	2942.05	193596.63
顺义区	2311.13	187181.22	0.00	0.00	2311.13	187181.22
昌平区	1185.22	109898.35	0.00	0.00	1185.22	109898.35
大兴区	1198.41	91228.06	0.00	0.00	1198.41	91228.06
怀柔区	242.79	24286.01	0.00	0.00	242.79	24286.01
平谷区	458.56	32028.35	0.00	0.00	458.56	32028.35
密云区	475.31	32830.11	0.00	0.00	475.31	32830.11
延庆区	1674.67	116756.68	0.00	0.00	1674.67	116756.68

通州区、顺义区和房山区的柳树林分布相对较多。通州区柳树林面积为2942.05公顷，占全市柳树林面积的18.11%，主要分布在马驹桥（464.87公顷）、宋庄（362.59公顷）、张家湾（355.84公顷）、永乐店（345.87公顷）和西集（308.50公顷）等乡镇。顺义区柳树林面积为2311.13公顷，占全市柳树林面积的14.22%，主要分布在杨镇（269.25公顷）、李桥（265.85公顷）、南彩（214.91公顷）和张镇（190.68公顷）等镇。房山区柳树林面积为1979.37公顷，占全市柳树林面积的12.18%，主要分布在长阳镇（332.20公顷）、石楼镇（275.16公顷）、琉璃河镇（237.78公顷）和大石窝镇（186.99公顷）。

朝阳区孙河乡下辛堡村、来广营乡来广营村，顺义区仁和镇林河工业区、李遂镇前营村，大兴区榆垡镇崔指挥营村和太子务村等地柳树林长势优良，林分平均树高9~18米，平均胸径17~44厘米，每公顷密度530~1200株，每公顷蓄积量530~710立方米。

（二）柳树林的群落特征

柳树林全部分布于平原地区，海拔多低于100米，坡度平缓。柳树群系均为人工林群系，树种较为单一，主要为绦柳、旱柳（图4-18-16）和垂柳。柳树常与银杏、榆树、油松、槐等混交，林下主要更新树种为榆树、刺槐、构树、黑枣、槐等。

灌木层优势物种：榆树平均盖度7%，高度0.12米；构树平均盖度15%，高度0.3米；桑平

图4-18-16 旱柳林

均盖度10%，高度0.3米。

草本层优势物种：抱茎苦荬菜平均盖度10%，高度0.18米；披针叶薹草平均盖度10%，高度0.1米；狗尾草平均盖度5%，高度0.23米。

根据柳树群系物种组成的不同、群系环境的差异，柳树群系可划分为5个群丛。

1. 垂柳－桑－益母草＋狗尾草群丛

通州区漷县镇马堤村有分布，海拔10米。该群丛乔木层为垂柳纯林，郁闭度0.7，平均树高7.8米，平均胸径16.2厘米。林下更新种有桑。

灌木优势物种：桑。灌木平均盖度5%，平均高度0.3米。

草本层优势物种：狗尾草。伴生种抱茎苦荬菜、车前、茜草、铁苋菜等。平均盖度15%。

2. 旱柳－构树＋山杏＋榆树－紫花地丁＋披针叶薹草＋黄瓜菜群丛

通州区杜店村和通州运河、海淀区海淀公园、朝阳区安家楼有分布，海拔16~42米。该群丛乔木层的树种为旱柳和银杏。林分郁闭度0.6，平均高8.4米，平均胸径18.2厘米。林下更新种有榆树、刺槐、构树、山杏、桑等。

林下优势物种：构树、山杏和榆树。伴生种有刺槐、西府海棠、紫叶小檗和榆叶梅等。灌木层平均树高1.5米，平均盖度20%。

草本层优势物种：紫花地丁、披针叶薹草、黄瓜菜等。伴生种有活血丹、饭包草、紫花地丁、酢浆草等，平均盖度55%。

3. 旱柳－紫花地丁＋抱茎苦荬菜＋刺儿菜群丛

平谷区马坊和顺义区南彩镇坞里村有分布，该群丛乔木层的树种为旱柳纯林。林分郁闭度0.6，平均树高16.7米，平均胸径13.3厘米。林下没有更新种，无灌木层。

草本层优势物种：紫花地丁、抱茎苦荬菜、刺儿菜。伴生种是附地菜、马唐、反枝苋、狗尾草和铁苋菜等，平均盖度35%。

4. 绦柳－扶芳藤＋毛白杨＋桑－马唐＋麦冬＋牛筋草群丛

朝阳双龙南里小区和石油大院、海淀区两山公园有分布，海拔41~51米。该群丛乔木层的优势树种为绦柳，伴生树种为榆树、油松和槐。林分郁闭度0.6，平均树高13.3米，平均胸径16.7厘米。林下更新树种为桑、构、榆树和毛白杨。

灌木层优势物种：扶芳藤、毛白杨和桑。伴生种有构树、金银忍冬、月季、小叶黄杨和紫叶李等。灌木层平均高度1米，平均盖度50%。

草本层优势物种：马唐、麦冬和牛筋草。伴生种牛筋草、丁香蓼、早开堇菜、少花米口袋和藎草等，平均盖度10%。

5. 绦柳－五叶地锦＋迎春＋刺槐－狗尾草＋披针叶薹草群丛

平谷区夏各庄、海淀区空军指挥学院和古麦中桥遗址有分布，海拔16~36米。该群丛乔木层的优势树种为绦柳，伴生树种为榆树和黑枣。林分郁闭度0.6，平均树高12米，平均胸径28.8厘米。林下更新树种为桑、构树、榆树和毛白杨。

灌木层优势物种：迎春。伴生种有硬骨凌霄、月季、榆树和刺槐等。灌木层平均高度1.54米，平均盖度30%。

草本层优势物种：狗尾草、披针叶薹草。伴生种有麦冬、萝藦、苣荬菜、抱茎苦荬菜、早开堇菜和紫花地丁等，平均盖度50%。

二十六、银杏林

（一）银杏林的分布

银杏林在全市各区均有分布，全部是人工林，全市共有9637.17公顷，占全市乔木林面积的1.31%，蓄积量为246342.95立方米，占全市乔木林蓄积量的0.98%，银杏林多数是近年来两轮百万亩造林栽植的，处于幼林期，单位面积蓄积量不高，为25.56立方米/公顷。全市银杏林分布情况见表4-18-39。

大兴区、通州区、顺义区和昌平区银杏林分布相对较多，均在1000公顷以上。大兴区银杏林面积为1896.77公顷，占全市银杏林面积的19.68%，主要分布在礼贤镇（307.81公顷）、安定镇（298.25公顷）、榆垡镇（287.31公顷）和魏善庄镇（235.48公顷）。通州区银杏林面积为1747.08公顷，占全市银杏林面积的18.13%，主要分布在西集镇（310.98公顷）、宋庄镇（278.01公顷）、台湖镇（241.13公顷）和马驹桥镇（197.53公顷）。顺义区银杏林面积为1248.93公顷，占全市银杏林面积的12.96%，主要分布在大孙各庄镇（178.78公顷）、龙湾屯镇（157.59公顷）、张镇（156.92公顷）、木林镇（125.46公顷）和南彩镇（115.86公顷）。昌平区银杏林面积为1110.85公顷，占全市银杏林面积的11.53%，主要分布在北七家镇（128.71公顷）、兴寿镇（125.82公顷）、小汤山镇（122.25公顷）、百善镇（101.23公顷）和南邵镇（100.95公顷）。

朝阳区孙河乡下辛堡村、来广营乡来广营村，顺义区仁和镇林河工业区、李遂镇前营村，大兴区榆垡镇崔指挥营村和太子务村等地银杏林长势旺盛，林分平均树高10~14米，平均胸径14~29厘米，每公顷密度630~2400株，每公顷蓄积量180~420立方米。

表4-18-39　全市银杏林面积、蓄积量

单位：公顷、立方米

统计单位	合计		天然林		人工林	
	面积	蓄积量	面积	蓄积量	面积	蓄积量
全市	9637.17	246342.95	0.00	0.00	9637.17	246342.95
东城区	16.79	1012.38	0.00	0.00	16.79	1012.38
西城区	24.22	2650.36	0.00	0.00	24.22	2650.36
朝阳区	793.13	40682.49	0.00	0.00	793.13	40682.49
丰台区	375.43	11884.56	0.00	0.00	375.43	11884.56
石景山区	46.49	1831.84	0.00	0.00	46.49	1831.84
海淀区	439.22	19032.91	0.00	0.00	439.22	19032.91
门头沟区	19.22	632.90	0.00	0.00	19.22	632.90
房山区	957.13	20880.64	0.00	0.00	957.13	20880.64
通州区	1747.08	42416.42	0.00	0.00	1747.08	42416.42
顺义区	1248.93	25088.28	0.00	0.00	1248.93	25088.28
昌平区	1110.85	20582.64	0.00	0.00	1110.85	20582.64
大兴区	1896.77	39091.65	0.00	0.00	1896.77	39091.65
怀柔区	183.93	7871.15	0.00	0.00	183.93	7871.15
平谷区	437.85	8446.67	0.00	0.00	437.85	8446.67
密云区	295.66	3618.27	0.00	0.00	295.66	3618.27
延庆区	44.45	619.80	0.00	0.00	44.45	619.80

（二）银杏林的群落特征

银杏林仅分布于平原地区，海拔80米左右。银杏群系均为人工林群系，树种较为单一，常有绦柳、油松、雪松、白皮松等伴生，林下主要更新树种为刺槐、构树、臭椿、桑和榆树等。

灌木层优势物种：大叶黄杨平均盖度35%，高度0.8米；构树平均盖度20%，高度1.5米；桑平均盖度5%，高度0.5米；枣平均盖度5%，

高度 0.4 米；沙地柏平均盖度 5%，高度 0.4 米；忍冬平均盖度 20%，高度 2.2 米；连翘平均盖度 15%，高度 1.4 米。

草本层优势物种：狗尾草平均盖度 25%，高度 0.08 米；马唐平均盖度 15%，高度 0.22 米；麦冬平均盖度 25%，高度 0.22 米。

根据银杏群系物种组成的不同、群系环境的差异，银杏群系可划分为 4 个群丛。

1. 银杏−大叶黄杨+构树−狗尾草+麦冬+牛筋草群丛

石景山区永乐小区、丰台区莲花池南里小区、海淀区石油大院、西城区新街口、通州区凌庄村有分布。该群丛乔木层的树种为银杏，全部为纯林。平均树高 13.5 米，平均胸径 20.6 厘米。

灌木层优势物种：大叶黄杨、构树。伴生种有孩儿拳头、酸枣、葎叶蛇葡萄等。灌木层平均高度 0.25 米，平均盖度 15%。

草本层优势物种：狗尾草、麦冬和牛筋草。伴生种车前、秋苦荬、旋覆花、马齿苋等。平均盖度 60%。

2. 银杏−连翘+桑+银杏−附地菜+早开堇菜+抱茎苦荬菜群丛

该群丛乔木层的主要树种为银杏、绦柳、油松、雪松和桑等。平均树高 10.5 米，平均胸径 21.6 厘米。林下更新种有银杏、构树、桑、榆树等。

灌木层优势物种：连翘。伴生种有大叶黄杨、北京丁香、栾树、合欢等。灌木层平均高度 1.6 米，平均盖度 25%。

草本层优势物种：附地菜、麦冬、牛筋草。伴生种有玉簪、披针叶薹草、活血丹、香附子、早开堇菜、狗尾草等。平均盖度 50%。

大兴区旺兴湖公园、朝阳区镇海寺郊野公园和兴隆郊野公园、海淀区玉峰桥、平谷区金海湖镇有分布，均为平原区。

3. 银杏−狗尾草+灰菜+葎草群丛

该群丛乔木层的树种为银杏，另有少量榆树等。平均高度 14.6 米，平均胸径 19 厘米。该群系林下没有更新苗，无灌木层。

草本层优势物种：狗尾草、灰菜、葎草。伴生种有益母草、苦菜、马唐、活血丹、旋覆花、龙葵等。平均盖度 50%。

平谷区王庄子村和莲花潭生态公园、丰台区京荟广场、通州区海户西里有分布，均为平原区。

4. 银杏−西府海棠+月季+沙地柏−活血丹+美丽月见草+披针叶薹草群丛

该群丛乔木层的树种为银杏，伴生树种有君迁子、侧柏、圆柏和刺槐。平均树高 8.1 米，平均胸径 11.4 厘米。林下更新种有毛白杨、桑、刺槐、臭椿和槐。

灌木层优势物种：西府海棠、月季和沙地柏。伴生种有槐、大叶黄杨、紫薇、紫叶李和桑。灌木层平均高度 1.5 米，平均盖度 30%。

草本层优势物种：活血丹、美丽月见草、披针叶薹草等。平均盖度 25%。伴生种有麦冬、玉簪、早开堇菜、酢浆草和狗尾草等。

西城区北滨河公园、朝阳区古塔公园和四德公园有分布，海拔 38~56 米。

二十七、速生杨林

（一）速生杨林的分布

速生杨林在北京市平原地区分布较为广泛（图 4-18-17），在 10 个区有分布，主要品种为 108 杨、110 杨、中林 46 等，全部是人工林，全市共有 12566.26 公顷，占全市乔木林面积的 1.71%，蓄积量为 1728388.86 立方米，占全市乔木林蓄积量的 6.86%，单位面积蓄积量在各树种林分中最高，为 137.54 立方米/公顷。全市速生杨林分布情况见表 4-18-40。

速生杨林主要分布在通州区、大兴区、顺义区、平谷区和延庆区，均在 1000 公顷以上。通州区速生杨林面积为 3225.36 公顷，占全市速生杨林面积的 25.67%，主要分布在永乐店镇（1001.70 公顷）、西集镇（632.61 公顷）、漷县镇（615.83 公顷）和于家务乡（324.48 公顷）。大兴区速生杨林面积为 2320.69 公顷，占全市速生杨林面积的 18.47%，主要分布在榆垡镇

图 4-18-17　速生杨树林

（616.90公顷）、庞各庄镇（389.10公顷）、北臧村镇（275.67公顷）、长子营镇（266.72公顷）、青云店镇（258.32公顷）和采育镇（204.49公顷）。顺义区速生杨林面积为1633.16公顷，占全市速生杨林面积的13.00%，主要分布在共青林场（528.82公顷）和大孙各庄镇（471.42公顷）。平谷区速生杨林面积为1617.97公顷，占全市速生杨林面积的12.88%，主要分布在马昌营镇（451.79公顷）、峪口镇（367.60公顷）和马坊镇（363.84公顷）。延庆区速生杨林面积为1399.85公顷，占全市速生杨林面积的11.14%，主要分布在张山营镇（399.28公顷）、千家店镇（302.24公顷）和康庄镇（203.87公顷）。

顺义区共青林场、房山区窦店镇普安屯村、海淀区上庄镇北玉河村、通州区西集镇桥上村、大兴区安定镇前野厂村、怀柔区怀北镇龙各庄村、昌平区十三陵镇北新村、平谷区东高村镇克头村等地速生杨林生长优良，林分平均树高18~20米，平均胸径41~54厘米，每公顷密度360~750株，每公顷蓄积量570~780立方米。

表 4-18-40　全市速生杨林面积、蓄积量

单位：公顷、立方米

统计单位	合计		天然林		人工林	
	面积	蓄积量	面积	蓄积量	面积	蓄积量
全市	12566.26	1728388.86	0.00	0.00	12566.26	1728388.86
朝阳区	22.24	3176.33	0.00	0.00	22.24	3176.33
丰台区	104.11	16264.05	0.00	0.00	104.11	16264.05
海淀区	199.99	22877.20	0.00	0.00	199.99	22877.20
门头沟区	2.43	54.92	0.00	0.00	2.43	54.92
房山区	608.21	61154.07	0.00	0.00	608.21	61154.07
通州区	3225.36	377126.23	0.00	0.00	3225.36	377126.23
顺义区	1633.16	271149.53	0.00	0.00	1633.16	271149.53
昌平区	665.06	108019.06	0.00	0.00	665.06	108019.06
大兴区	2320.69	386340.09	0.00	0.00	2320.69	386340.09
怀柔区	767.17	103098.31	0.00	0.00	767.17	103098.31
平谷区	1617.97	191090.52	0.00	0.00	1617.97	191090.52
延庆区	1399.85	188038.54	0.00	0.00	1399.85	188038.54

（二）速生杨林的群落特征

速生杨林分布在平原地区，为人工林群系，树种较为单一，多为纯林，林下更新苗较少，基本没有灌木层。根据在昌平新城滨河森林公园的调查，乔木层的树种为欧美杨，为纯林，林分郁闭度0.7，平均树高13.6米，平均胸径22.3厘米。林下没有更新种，无灌木层。草本层优势物种：马唐平均盖度15%，高度0.21米；狗尾草平均盖度15%，高度0.29米；黄瓜菜平均盖度5%，高度0.08米。

二十八、杂木林

（一）杂木林的分布

杂木林（落叶阔叶混交林）过去主要分布在山区，为天然次生林。2012年以来开展的两轮百万亩造林，实施多树种混交，因此平原地区也形成了大面积的杂木林（落叶阔叶混交林）。全市杂木林面积18673.94公顷，占全市乔木林面积的2.54%，蓄积量为379304.97立方米，占全市乔木林蓄积量的1.50%，单位面积蓄积量较低，为20.31立方米/公顷。在全市杂木林中，天然林面积为10998.39公顷，占58.90%，蓄积量为141030.50立方米，占31.78%；人工林面积为7675.54公顷，占41.10%，蓄积量为238274.47立方米，占68.22%。全市杂木林分布情况见表4-18-41。

杂木林分布较多的区为门头沟区、昌平区、房山区、怀柔区和延庆区，均在2000公顷以上，大部分是天然次生林。门头沟区杂木林面积为3399.90公顷，占全市杂木林面积的18.21%，主要分布在雁翅镇（1060.61公顷）、斋堂镇（586.27公顷）、永定镇（548.89公顷）、潭柘寺镇（403.23公顷）和王平镇（312.44）。昌平区杂木林面积为2860.59公顷，占全市杂木林面积的15.32%，主要分布在流村镇（2047.78公顷）和十三陵林场（280.21公顷）。房山区杂木林面积为2644.01公顷，占全市杂木林面积的14.16%，主要分布在佛子庄乡（872.43公顷）、蒲洼乡（596.12公顷）、周口店镇（311.38公顷）和大安山乡（219.76公顷）。怀柔区杂木林面积为2374.27公顷，占全市杂木林面积的12.71%，主要分布在怀北镇（1123.77公顷）、琉璃庙乡（450.01公顷）和汤河口镇（322.06公顷）。延庆区杂木林面积为2216.49公顷，占全市杂木林面积的11.87%，主要分布在井庄镇（697.00公顷）、八达岭镇（400.26公顷）、旧县镇（295.48公顷）和大庄科乡（216.05）。

表4-18-41　全市杂木林面积、蓄积量

单位：公顷、立方米

统计单位	合计		天然林		人工林	
	面积	蓄积量	面积	蓄积量	面积	蓄积量
全市	18673.94	379304.97	10998.39	141030.50	7675.54	238274.47
东城区	12.86	639.14	0.00	0.00	12.86	639.14
西城区	18.81	2446.40	0.00	0.00	18.81	2446.40
朝阳区	117.12	3697.24	0.00	0.00	117.12	3697.24
丰台区	112.73	2044.47	0.00	0.00	112.73	2044.47
石景山区	32.64	412.80	0.00	0.00	32.64	412.80
海淀区	137.14	8602.39	0.00	0.00	137.14	8602.39
门头沟区	3399.90	77138.41	2794.72	62721.51	605.18	14416.90
房山区	2644.01	22263.39	2250.25	17478.37	393.76	4785.03

(续)

统计单位	合计		天然林		人工林	
	面积	蓄积量	面积	蓄积量	面积	蓄积量
通州区	1649.19	14463.10	0.00	0.00	1649.19	14463.10
顺义区	1868.76	11861.37	0.00	0.00	1868.76	11861.37
昌平区	2860.59	14129.09	2040.14	1878.43	820.46	12250.66
大兴区	919.84	147045.76	0.00	0.00	919.84	147045.76
怀柔区	2374.27	37403.03	2061.55	28861.60	312.72	8541.43
平谷区	178.27	2649.81	74.80	2055.03	103.47	594.78
密云区	131.31	490.79	0.00	0.00	131.31	490.79
延庆区	2216.49	34017.78	1776.94	28035.56	439.55	5982.22

（二）杂木林的群落特征

天然次生杂木林（落叶阔叶混交林）为北京地区的地带性植被类型之一，往往出现优势种不明显，种类组成较多的森林群落，这种群落多出现在海拔1100~1600米的沟谷地带。由于组成树种年龄、种类差异很大，林相一般不甚整齐。杂木林群落植物的基本组成有维管束植物73科190属293种，其中野生植物72科187属290种，生物多样性十分丰富。优势科为菊科、豆科、蔷薇科、禾本科、百合科、毛茛科、木樨科、忍冬科、虎耳草科、堇菜科。菊科含19属39种植物，含6~24种植物的科11个，含2~5种植物的科35个，单种科25个。优势属为蒿属、堇菜属、沙参属、隐子草属、胡枝子属、溲疏属、丁香属、委陵菜属、绣线菊属、薹草属。蒿属含12种植物，单种属较多，有135个。

天然次生杂木林乔木种类随小生境的不同有很大差异。群落乔木树种主要有北京丁香、暴马丁香、黑桦、五角枫、山杨、胡桃楸、花楸、大叶白蜡、椴树等。乔木层高5~13米，总盖度为60%~90%。灌木层总盖度为50%~70%，可分为两个亚层，第一亚层高1.3~3.3米，优势种有毛榛、六道木等，常见种有土庄绣线菊、北京丁香、沙梾、圆叶鼠李、卫矛、无梗接骨木、鸡树条荚蒾、东陵绣球、巧玲花等；第二亚层高40~100厘米，主要种类有大花溲疏、小花溲疏、金花忍冬、北京忍冬、胡枝子等。另外还可见藤本植物五味子和山葡萄。落叶阔叶混交林更新状态良好，组成乔木层的树种的幼树、幼苗很多。草本植物十分丰富，草本层高10~40厘米，总盖度40%左右。优势种有华北风毛菊、大花碎米荠、糙苏、升麻等。常见种有白莲蒿、三褶脉紫菀、土三七、舞鹤草、斑叶堇菜、东亚唐松草、二苞黄精、矮薹草、野青茅、苍葱、宽叶薹草、蛇莓、玉竹、美丽鳞毛蕨、透骨草、大叶盘果菊、羽节蕨、藁本、深山堇菜、假香野豌豆等。具体情况见表4-18-42。

表4-18-42 杂木林群落林下植物主要种数量特征

单位：%、株/公顷

灌木植物名称	频度	密度	草本植物名称	频度	密度
小花溲疏	100	14553	披针叶薹草	100	80400
毛榛	100	6913	三脉紫菀	75	8500
五角枫	100	3473	东亚唐松草	75	2575
胡枝子	100	720	铃兰	50	23150

(续)

灌木植物名称	频度	密度	草本植物名称	频度	密度
胡桃楸	67	400	野青茅	50	17750
山葡萄	67	1033	蓝萼香茶菜	50	2875
暴马丁香	67	480	华北风毛菊	50	2250
山楂叶悬钩子	50	1525	藜芦	50	1950
			糙苏	50	825
			一把伞南星	50	375

第三节　灌丛和灌草丛类型

在北京山区的灌丛主要有两种类型，一种是低山灌丛，如荆条灌丛（群系）、酸枣灌丛（群系）等；另一种是亚高山灌丛，如鬼见愁锦鸡儿灌丛（群系）、金露梅灌丛（群系）、银露梅灌丛（群系）等。低山灌丛是人为活动影响的结果，这种灌丛类型在北京山区有大面积的分布，亚高山灌丛是受环境影响的结果，在北京山区分布较少，面积也小。在北京分布面积较大的主要有荆条灌丛、三裂绣线菊灌丛、胡枝子灌丛、柔毛绣线菊灌丛、小叶鼠李灌丛等。

一、荆条灌丛

荆条灌丛是北京山区分布最为广泛、面积也最大的灌丛。主要分布在海拔800米以下的低山区，是人为活动干扰的结果。不同区域的荆条灌丛生长状况不同，大部分山区荆条灌丛的平均高度在1~2米，盖度在30%~70%，最大盖度可达90%，重要值在0.3~0.8，主要的伴生种有柔毛绣线菊、酸枣、蚂蚱腿子、胡枝子、三裂绣线菊、太平花等。草本层植物以披针薹草为主，有丛生隐子草、野青茅、中华卷柏、蒙古蒿、小红菊、茜草、北京隐子草、蝙蝠葛、白莲蒿等，盖度在50%~70%。

二、胡枝子灌丛

胡枝子灌丛是北京山区分布较为广泛的灌丛类型之一。面积不大，在海拔900~1500米的范围内都有分布，平均高度在1.4米左右，盖度40%~50%。胡枝子在该群落中的重要值都不大。伴生灌木植物种有三裂绣线菊、圆叶鼠李、木本香薷、薄皮木、山楂叶悬钩子等。草本层主要有披针薹草、牛尾蒿、龙牙草、牡蒿等，盖度在50%~70%。

三、三裂绣线菊灌丛

三裂绣线菊灌丛是北京山区分布广泛、面积较大的灌丛类型之一。主要分布在海拔700米以上的阴坡和阳坡。该灌丛大都与其他灌丛混生，大面积的纯三裂绣线菊灌丛较为少见。盖度可达80%以上，平均高度为1.3米左右。灌丛中可见荆条、蚂蚱腿子、太平花、圆叶鼠李、虎榛子、多花胡枝子、吉氏木兰等灌木。草本层有小红菊、异叶败酱、甘野菊、假香野豌豆、艾蒿、狗娃花、莓叶委陵菜等（图4-18-18）。

图 4-18-18　三裂绣线菊灌丛

四、柔毛绣线菊灌丛

柔毛绣线菊灌丛在北京地区多分在海拔 640~810 米阳面、半阳面的缓坡或斜坡。灌木层优势物种有柔毛绣线菊、荆条、大花溲疏、小花溲疏等，还伴生有蒙古栎等乔木的幼苗，平均高度 1.36 米，平均盖度 86%。草本层优势物种有披针叶薹草、野青茅、小红菊、白头翁、大叶铁线莲等，平均高度 0.27 米，平均盖度 91%。

五、杜鹃灌丛

杜鹃灌丛多分布在海拔 1000 米以上的林缘山脊部分，面积不大。灌木层中还有蒙古荚蒾、胡枝子、平榛等。草木层以披针薹草、野青茅为主，还可见兔儿伞、南牡蒿、大丁草、柴胡等。

六、平榛灌丛

平榛灌丛多分布在中山林缘采伐迹地、撂荒地上，面积不大。平榛往往是群落中唯一优势种。在撂荒地上平榛灌丛边缘可见柔毛绣线菊、荆条、钩齿溲疏等灌木。草本层稀疏，有委陵菜、隐子草、狗尾草、刺儿菜等。在林缘或采伐迹地上的平榛灌丛中可见美蔷薇、短序胡枝子、六道木等；草本层以披针薹草、北京隐子草、野青茅为主，还可见小红菊、山柳菊、大油芒、匍匐委陵菜、二月兰等。

七、毛榛灌丛

毛榛灌丛分布在海拔 1500 米以上的山坡林缘，没有大面积的分布。基本上是以毛榛为单一优势种的群落，密度大，高度 2~2.5 米。群落中还可见六道木、金花忍冬、华北忍冬。草本层有华北薹草、远东芨芨草、华北风毛菊、荫生鼠尾草、蒁果芹、柳叶芹等（图 4-18-19）。

图 4-18-19　毛榛灌丛

八、小花溲疏灌丛

小花溲疏灌丛分布在海拔 600~750 米的阳坡或半阳坡，坡度 15°~35°。灌木层优势物种为小花溲疏，伴生种有绒毛绣线菊、荆条、一叶萩等。更新树种主要有黄栌、蒙桑，另有少量蒙古栎、大果榆等。平均高度 2.1 米，平均盖度 28%。草本层优势物种有求米草、披针叶薹草，伴生种有大叶铁线莲、东亚唐松草、斑叶堇菜、穿山龙等，平均盖度 25%。

九、金露梅灌丛

金露梅灌丛在东灵山地区分布较多，通常分布在海拔 1800 米以上的山脊或山坡上部。其灌木层群落盖度在 70%~85%，高度 30~60 厘米。灌木层几乎全为金露梅占据，偶有鬼见愁、银露梅等混生其间。草本层多为耐寒耐旱草本组成，如紫苞风毛菊、小丛红景天、玲玲香青、火绒草、地榆、白莲蒿、野罂粟、小红菊、岩青兰、大叶龙胆、大花飞燕草、茜草、卷耳、老鹳草等。

十、银露梅灌丛

银露梅灌丛在东灵山地区分布较多，通常分布在海拔 1800 米以上的山脊或山坡上部。其生境与金露梅灌丛相近，并与其相间分布，亦为亚高山植被类型。群落的外貌和结构也与金露梅灌丛颇为相似，只是群落组成特别是灌木层组成与金露梅灌丛有明显的区别，灌木层除银露梅占绝对优势外，尚有金露梅、鬼见愁混生，后两者数量很小。草本层盖度为 20%~30%，高 15~25 厘米。

十一、鬼见愁锦鸡儿灌丛

鬼见愁锦鸡儿灌丛在东灵山地区分布较多，通常分布在海拔 1800 米以上的山脊或山坡上部。主要优势种为鬼见愁锦鸡儿，常形成单一优势种群落，平均高度 0.7 米左右，盖度 30%~60%。草本植物有早春薹草、地榆、白莲蒿、野罂粟等，草本层盖度 80%~100%，盖度较高，平均高度为 15~20 厘米。

十二、红花锦鸡儿群系

红花锦鸡儿群系分布在昌平白虎涧和松山国家级自然保护区。灌木层优势物种有红花锦鸡儿、三裂绣线菊、丁香、薄皮木、荆条等，平均高度 0.95 米，平均盖度 60%。草本层优势物种有求米草、三粒两型豆、秋苦荬、披针叶薹草、中华卷柏、大油芒等，平均高度 0.22 米，平均盖度 63.8%。

十三、杭子梢灌丛

杭子梢灌丛分布在海拔 400~650 米东南坡和北坡的上部或下部，坡度 20°~25°。房山十渡和门头沟潭柘寺有分布。灌木层优势物种有杭子梢、鹅耳枥、荆条、小花溲疏等，平均盖度 73%，平均高度 1.88 米。草本层优势物种有北京隐子草、白莲蒿、黄花龙牙、大油芒、披针叶薹草等，平均高度 0.27 米，平均盖度 30%。

十四、野皂荚灌丛

野皂荚灌丛分布在海拔 400 米的西坡中部。门头沟潭柘寺、马鞍山有分布。灌木层优势物种有野皂荚、荆条、薄皮木等，平均高度 1.05 米，平均盖度 90%。草本层优势物种有北京隐子草、茜草、披针叶薹草等，平均高度 0.26 米，平均盖度 7%。

十五、山楂叶悬钩子灌丛

山楂叶悬钩子灌丛分布海拔为 590~710 米，坡度小于 40°，多分布在西北、西南山坡的中下部及谷底。平谷熊儿寨及昌平兴寿等地有分布。灌木层优势物种有山楂叶悬钩子、小花溲疏、孩儿拳头、雀儿舌头等，同时伴生有油松、胡桃楸等乔木的幼树、幼苗，平均高度 1 米，平均盖度 63%。草本层优势种有蒙古蒿、蝙蝠葛、蓝萼香茶菜等，平均高度 0.44 米，平均盖度 95%。

十六、照山白灌丛

照山白灌丛分布在海拔 785 米的蒲洼自然保护区西北山坡下部。灌木层优势物种有照山白、木本香薷、多花胡枝子等，平均高度 0.76 米，平均盖度 90%。草本层优势物种有银背风毛菊、小红菊、披针叶薹草等，平均高度 0.25 米，平均盖度 65%。

十七、雀儿舌头灌丛

雀儿舌头灌丛分布海拔为 400~890 米，坡度 10°~45°。房山十渡、蒲洼，门头沟潭柘寺，昌平大杨山，延庆八达岭等地有分布。灌木层优势物种有雀儿舌头、多花胡枝子、蚂蚱腿子、杭子梢、绒毛绣线菊、三裂绣线菊等，平均高度 1.2 米，平均盖度 90%。草本层优势物种有披针叶薹草、野青茅、北京隐子草、短尾铁线莲、蓝萼香茶菜等，平均高度 0.46 米，平均盖度 52%。

十八、一叶萩灌丛

一叶萩灌丛多分布在海拔 240~470 米且坡度小于 30° 的西北坡。门头沟潭柘寺有分布。灌木层优势物种有一叶萩、荆条、孩儿拳头、杭子梢、酸枣等，还伴生有黄栌、大果榆、山桃、栾树等乔木的幼树，平均高度 1.1 米，平均盖度 57%。草本层优势物种有白莲蒿、草芦、披针叶薹草、求米草、大叶铁线莲等，平均高度 0.31 米，平均盖度 48%。

十九、小叶鼠李灌丛

小叶鼠李灌丛多分布在海拔 750~1100 米且坡度小于 50° 的西北坡和南坡的中上部。松山国家级自然保护区及八达岭林场分布较多，怀柔慕田峪也有少量分布。灌木层优势物种有小叶鼠李、三裂绣线菊、多花胡枝子、山杏、野瑞香、大花溲疏等，还伴生有油松、侧柏、胡桃楸、小叶朴等乔木的幼树，平均高度 1.1 米，平均盖度 22%。草本层优势物种有披针叶薹草、大油芒、白莲蒿、银背风毛菊、中华隐子草、猪毛菜等，平均高度 0.32 米，平均盖度 90%。

二十、小叶白蜡灌丛

小叶白蜡灌丛多分布在海拔 420~430 米的东北坡或北坡的中上部。门头沟潭柘寺、怀柔慕田峪等也有分布。灌木层优势物种有小叶白蜡、三裂绣线菊、荆条、蚂蚱腿子等，伴生有黄栌幼树，平均高度 1 米，平均盖度 80%。草本层优势物种有披针叶薹草、大油芒、北京隐子草、野青茅、小红菊等，平均高度 0.25 米，平均盖度 52%。

二十一、本木香薷灌丛

本木香薷灌丛多分布在海拔 640~1150 米的西北或北向的缓坡。延庆龙庆峡及房山蒲洼宝水有分布。常与绒毛绣线菊混生形成灌丛，其他主要伴生种有平榛、鹅耳枥、多花胡枝子、山楂叶悬钩子等，平均高度 0.9 米，平均盖度 94%。草本层优势物种有披针叶薹草、野青茅、北京隐子草、白莲蒿、银背风毛菊、小红菊等，平均高度 0.27 米，平均盖度 73%。

二十二、刚毛忍冬灌丛

刚毛忍冬灌丛分布海拔 600 米、坡度 25°，以北坡为主。松山国家级自然保护区有分布。平均高度为 1 米，林下主要更新树种为平榛、鹅耳枥等。灌木层优势物种有杭子梢，平均盖度 10%；红花锦鸡儿高度 0.45 米，平均盖度 8%。草本层优势物种有披针叶薹草高度 0.29 米，平均盖度 37%；匍枝委陵菜高度 7.8 厘米，平均盖度 8%；银背风毛菊高度 14.8 厘米，平均盖度 30.91%。

第四节　山地草甸植被类型

草甸群落类型主要存在于东灵山、百花山、大海陀山，群落类型较少，主要有地榆、矮紫苞鸢尾群系及野青茅群系等（图 4-18-20）。

一、地榆、矮紫苞鸢尾草甸

地榆、矮紫苞鸢尾草甸主要分布在百花山、东灵山海拔 1700 米以上的地区，以地榆为主，重要值为 0.4 左右，草甸群落内有植物种 20 种以上，除地榆外还伴生有瓣蕊唐松草、拳蓼、披针薹草、歪头菜、粗根老鹳草、紫苞风毛菊等，盖度高，可达 100%。

二、野青茅禾草草甸

野青茅禾草草甸分布于喇叭沟门阴坡、半阴坡采伐迹地上。群落盖度可达 100%。草甸中散生有美蔷薇、胡枝子、毛榛等灌木，也可见萌生的白桦、黑桦幼树。草本以野青茅为主，也有较多的大叶樟、京芒草、肥披碱草、紫花野菊、西伯利亚橐吾、大叶龙胆、草本威灵仙、辽藁本、藜芦、升麻、蓝刺头、牛扁等。

三、披针叶薹草草甸

披针叶薹草 + 地榆 + 小红菊群丛

该群丛分布在海拔 960~2110 米的中坡、上坡或山顶，坡向多为东北或东南。百花山、蒲洼、妙峰山、东灵山、喇叭沟门等地有分布。总盖度 80%，平均高度 0.32 米。草本层优势物种有披针叶薹草、地榆、小红菊，伴生种有矮紫苞鸢尾、龙牙草、瓣蕊唐松草、翠雀、大叶龙胆、花锚、华北蓝盆花、蒲公英等。

图 4-18-20　门头沟百花山国家级自然保护区亚高山草甸

四、沟谷中生草甸

沟谷中生草甸分布于较为开阔的山谷，群落覆盖度可达100%。草本种类繁多，优势种不易确定，随着海拔及季相的变化，优势种的表现亦有不同。主要种类有尖嘴薹草、细叶薹草、日本乱子草、华北剪股颖、披碱草、大齿山芹、梅花草、红梗蒲公英、烟管蓟、欧亚旋复花、黄香草木樨、野大豆、花锚、山马兰、草乌头、蚊子草、水杨梅、疗齿草等。水边湿地可见薄荷、黄莲花、长鬃蓼、沼繁缕。在低山沟谷中还可见较多的灯芯草、红鳞扁莎等。

五、远东芨芨草、红柴胡、拳参草甸

该群系覆盖率100%。优势种不十分明显，主要种类有远东芨芨草、红柴胡、拳参、紫菀、小黄花菜、叉分蓼、地榆、白莲蒿、石竹、钝萼附地菜等。

第五节 泛滥地草甸植被类型

一、蒿群系组

蒿群系组在多数湿地中均有出现，通常在湿地边缘地带或暂时干涸的区域分布。外貌比较整齐，夏季季相绿色，通常没有明显的分层，其总盖度在30%~90%。主要如下。

（一）蒌蒿群系

蒌蒿群系主要见于妫水湖周围、潮河和汤河两岸，蒌蒿盖度约30%。常见主要伴生种有酸模叶蓼、鬼针草、狼把草和旋覆花。此外，群落中还有薄荷、地笋、车前、求米草及其他蒿类等出现，但盖度比较小。

（二）猪毛蒿-茵陈蒿群系

猪毛蒿-茵陈蒿群系在北京地区大部分湿地中均有分布。这两个物种常同时出现形成群落，多生长在较干旱的区域。伴生种较少，仅零星分布有狗尾草、苍耳等。

（三）蒙古蒿群系

蒙古蒿群系分布在北京多数湿地中，常生长在水分条件较差的区域。伴生种多为狗尾草、苍耳、苘麻和一些其他的蒿属植物，蒙古蒿的盖度在50%~80%，其他物种的盖度在10%~30%。

（四）黄花蒿群系

黄花蒿群系在北京湿地中分布较为广泛，主要分布于永定河、清水河和拒马河距水面较远或干涸河床区域，在金海湖周围的石质山地上也有较大面积的分布。黄花蒿盖度在60%左右，其他伴生的植物有蒙古蒿、软毛虫实、狗尾草等耐旱植物，总盖度也在30%左右。

（五）大籽蒿群系

大籽蒿群系主要分布在玉渡山水库、拒马河、清水河、北沙河和汤河等地，常生长在水分较少的区域。主要伴生种有蒙古蒿、细叶益母草和一些藜科植物，还有一些常见的杂草如狗尾草、苘麻等，大籽蒿的盖度在35%~70%。

二、鬼针草群系组

（一）鬼针草群系

鬼针草群系主要分布在密云水库、怀柔水库、凉水河和金海湖等地。常见伴生种有小花鬼针草、黄花蒿、蒙古蒿、狗尾草、苍耳、益母草等，鬼针草盖度在50%左右，最高可达80%。

（二）小花鬼针草群系

小花鬼针草群系见于金海湖湿地，在怀柔水库也有小面积的分布。伴生种有狗尾草、苍耳，以及一些蒿属植物。

三、苍耳群系组

苍耳群系

由于苍耳既能在水分条件较差的区域生长，又能在水分充足甚至部分水淹条件下生长，因此在北京地区湿地中分布广泛，几乎所有湿地都有苍耳的记录。大面积的苍耳群落主要见于拒马河、北沙河、温榆河、金牛湖、北运河、凉水河等富营养化湿地。

伴生种主要有薄荷、苘麻、水棘针等耐湿植物，群落的总盖度在50%~80%。

四、苋群系组

反枝苋群系

反枝苋在湿地中分布十分广泛，也是北京地区常见杂草。反枝苋构成的群落外貌比较整齐，夏季季相绿色，结构为一层，总盖度在60%~90%，主要伴生种有蒿类植物、藜科植物、豆科植物及荓草等。反枝苋群落在污染严重、湿地天然状况破坏严重的地方十分常见。例如，北运河、凉水河沿岸，河岸人为影响较大，河岸大部分为反枝苋与荓草共生形成的群落。

五、马唐群系组

马唐群系

通常由止血马唐、马唐和毛马唐的一种或几种混生为上层优势种，其盖度通常为40%左右。常见伴生种有狗尾草、苍耳、苘麻、蒿类、反枝苋、鬼针草等。

第六节　湿地植被类型

一、薹草群系组

尖嘴薹草群系

尖嘴薹草群系群系主要分布在北沙河、潮白河等湿地。常分为2层，上层以尖嘴薹草为优势种，其盖度在40%左右，下层生长植物较多，但没有明显优势物种，通常伴生种有藜、蒙古蒿、荓草、酸模叶蓼、黄花蒿、大籽蒿、蟋蟀草等。群落总盖度一般约60%。

二、莎草群系组

（一）阿穆尔莎草群系

阿穆尔莎草群系主要见于金牛湖和凉水河等湿地。主要伴生种有藨草、野慈姑、薄荷、水棘针、求米草、长芒稗等，通常阿穆尔莎草盖度在50%以上。

（二）白鳞莎草群系

白鳞莎草群系主要见于野鸭湖湿地和密云水库，分布范围较小，群落面积也较小。此群系常与稗、薄荷、水棘针、酸模叶蓼和风花菜等湿生植物混生，白鳞莎草的盖度仅在40%左右。

（三）球穗莎草群系

球穗莎草群系主要分布在野鸭湖湿地、汉石桥湿地、金牛湖、密云水库等湿地的浅滩处。伴生种主要有白鳞莎草、旋鳞莎草、沼生蔊菜、薄荷、地笋等，总盖度在85%以上，其中球穗莎草的盖度约为50%。

（四）旋鳞莎草群系

旋鳞莎草群系常见于密云水库、金海湖和潮河湿地。通常不分层，群落中旋鳞莎草比例较低，盖度仅30%~40%，伴生种有多种草本植物，如薄荷、地笋、水棘针、水蓼、鸭跖草、异型莎草等。

三、藨草群系组

（一）扁秆藨草群系

扁秆藨草群系主要分布在拒马河、永定河部分区域和金牛湖、野鸭湖湿地。总盖度在80%以上，扁秆藨草盖度最高可达70%，同时伴生种有藨草、球穗莎草、酸模叶蓼、旋覆花、薄荷、水棘针等，有时群落中会有零星分布的香蒲、芦苇等。

（二）藨草群系

藨草群系主要分布在库塘类型湿地的浅水及边缘地带。藨草是湿地中一种较为常见的湿地植物，对水分需求比较高，在水分不充足的区域难以生长。可分为藨草+香蒲群丛、藨草+莎草群丛、藨草－水棘针群丛、藨草群丛。

藨草+香蒲群丛与藨草+莎草群丛中，上层主要是藨草与香蒲、小香蒲联合，或藨草与莎草联合，在群落中形成优势层，其盖度可高达75%以上；其下层常生有薄荷、地笋、水棘针、野慈姑和飘拂草等湿生植物。藨草可以单独在上层形成优势，作为优势种出现，下层物种多而杂，但数量都比较少，如风花菜、沼生蔊菜、野慈姑、泽泻等。如果上层植物盖度较低，下层就可能由其他植物形成优势，比较常见的为水棘针，形成藨草－水棘针群落。

（三）水葱群系

水葱群系主要见于温榆河部分地区和汉石桥湿地的荷塘周围，在翠湖湿地公园也有人工群落。伴生种有芦苇、香蒲、盒子草、野慈姑、风花菜等湿生植物，以及浮萍、槐叶蘋等浮水植物。

四、芦苇群系组

芦苇群系

芦苇群系在北京湿地分布广泛，常见于河流、库塘的边缘地带，是北京地区湿地植被的重要组成部分。外貌比较凌乱，夏季季相绿色，总盖度可达90%以上。上层的优势种常为芦苇，由于其既能生长于浅水中，又可以生活在无水的湿地周边，中下层优势种随生长环境的不同而不同，进而形成不同的群丛。

分布在浅水的芦苇群落，生长地的水深一般在15~30厘米，主要有芦苇－浮萍群落、芦苇－荸荠群落、芦苇－莎草群落、芦苇－野慈姑群落，上层常见的伴生种有香蒲、小香蒲和各种莎草，下层的优势物种有荸荠、针蔺、泽泻、野慈姑、鳢肠等，浮水层有时可见浮萍分布，盖度一般在20%左右；有时沉水层有金鱼藻、黑藻、大茨藻的分布。

湿地周围的潮湿区域常形成芦苇－蓼群落、芦苇－稗群落、芦苇－旋覆花群落、芦苇－葎草+野大豆群落和芦苇－薄荷群落。芦苇－蓼群落中，主要蓼属植物有酸模叶蓼、红蓼、水蓼、绵毛酸模叶蓼等；芦苇－薄荷群落中，下层主要生长着薄荷，同时还伴生有地笋等其他湿生植物；芦苇－稗群落中，稗往往与芦苇同层生长，下层通常植被稀少或凌乱。以上群落伴生种的盖度一般10%~30%。有些区域如汉石桥湿地中，葎草、野大豆等草质藤本植物与芦苇混生，此时下层由于缺少光照几乎没有植物生长，而这两种植物的总盖度最高可达90%以上。

在距湿地较远、水分相对少的区域，也有芦苇群落的分布，此时主要是芦苇－旋覆花群落。群落结构与浅水和潮湿区域相似，只是下层优势种变成旋覆花等较为耐旱的植物。

优势芦苇还可以单独形成群落，同层几乎没有共生种，下层也没有优势种，此时即为芦苇群丛。

五、香蒲群系组

香蒲群系

香蒲群系主要分布在河流沿岸、水库周围的浅水区域，可在水质较差的地方生长，生长地的水深为20~50厘米。外貌比较凌乱，夏季季相绿色，结构常常分为2层或3层，总盖度70%~90%。伴生种有菖蒲、慈姑、泽泻等，蓼科植物和水棘针也较常见，盖度20%~30%。浮水层植物以浮萍为主，有时与紫萍混生，总盖度近100%，几乎将水面全部覆盖；沉水层经常缺失，间或分布有金鱼藻、黑藻等，但由于浮水层的盖度过大，沉水层常无植物生长。在浅水池塘或流速较小的浅水区域常分布小香蒲群落，多与莎草属、灯芯草属植物混生。

香蒲群系可分为香蒲－莲－浮萍群落、香蒲－莎草群落、香蒲－蓼群落、香蒲－野慈姑群落、香蒲－葎草＋野大豆群落、香蒲＋芦苇群落、香蒲－浮萍群落、香蒲－稗群落、香蒲＋小香蒲群落、小香蒲群落、小香蒲－水棘针群落等群丛。

六、菖蒲群系组

菖蒲群系

在富营养化水域较为常见，多分布于野鸭湖湿地、金牛湖和北沙河部分地区。群落面积较小，结构比较单一，通常分为2层，上层以菖蒲为优势种，有时与水棘针等混生，下层生有浮萍。

七、蓼群系组

蓼群系

蓼属植物在大部分湿地都有分布，但大面积的纯群落较为少见，且群落组分比较复杂。外貌比较凌乱，夏季季相绿色，结构一般为1层，偶见2层，总盖度在85%以上。以酸模叶蓼、水蓼、长鬃蓼和小箭叶蓼为优势种，伴生种比较多，常见的有薄荷、水棘针、豆瓣菜、水苦荬、问荆、节节草、鸭跖草、求米草等植物，盖度在30%~35%。北京地区常见的蓼属群落有酸模叶蓼＋稗群系、酸模叶蓼＋莎草群系、水蓼群系、小箭叶蓼群系、长鬃蓼群系。

小箭叶蓼群系和长鬃蓼群系比较少见，伴生种有蒌蒿、水蓼、狼把草、求米草、鸭跖草等。酸模叶蓼－稗群系、酸模叶蓼－莎草群系在湿地中较为常见，联合盖度在75%以上，常见伴生种有狼把草、求米草、鸭跖草、灯芯草等，零星有芦苇、香蒲出现。

八、黑三棱群系组

黑三棱群系

黑三棱为多年生水生草本植物，主要见于金牛湖、妫河与怀沙河、怀九河的部分地区。外貌整齐，夏季季相深绿色，结构一般为3层。上层以黑三棱为优势物种，盖度40%~90%；中层往往由泽泻、野慈姑、藨草、水蓼、野大豆、莎草等多种植物混生，但并无明显优势种；下层有时为眼子菜和一些藻类。

九、水棘针群系组

水棘针群系

水棘针是北京湿地一种较为常见的湿地植物，主要分布在水边至相对干旱的区域。随着水分条件的改变，水棘针与不同的植物形成群落，主要有水棘针＋莎草群落、水棘针＋薄荷群落、水棘针＋蒙古蒿群落、水棘针＋苍耳群落。

通常不分层，在水分条件较好的区域，水棘针与莎草、薄荷形成群落，这些群落的盖度较大，一般在80%以上，同时还常伴生有地笋、荸荠等湿生植物。

在水分条件较差的地方，水棘针与蒙古蒿、苍耳等较为耐旱的植物形成群落，此时群落的盖度往往较小，通常在50%~60%，常伴生有狗尾草、黄花蒿、蟋蟀草等植物。

十、荸荠群系组

针蔺群系

针蔺群系主要分布于汉石桥湿地、野鸭湖湿地和金牛湖湿地。常不分层，针蔺盖度在60%~90%，常伴生有风花菜、沼生菜、薄荷、地笋、水莎草、异型莎草等典型湿地植物。

十一、芒群系组

荻群系

荻群系在北京地区的调查中较少发现，仅在翠湖湿地公园中有部分人工群落。由于人工引种，该群落结构较为单一，下层几乎没有其他植物生长。

十二、菰群系组

茭笋群系

茭笋群系主要见于三里河湿地、北沙河、温榆河和翠湖湿地公园。可分为草本层和沉水层，草本层的盖度在60%~90%，还伴生有长芒稗、鳢肠、盒子草、求米草等；沉水层中生长有金鱼藻、黑藻、眼子菜，有时水面上还生有浮萍。

十三、假稻群系组

假稻群系

假稻群系主要见拒马河、永定河、北沙河、温榆河等地。常生于浅水或周期性水淹的河岸，假稻在群落中的盖度常在40%~60%。在水体质量较差或水流较缓的区域可能有浮萍伴生，此时的总盖度常在95%以上；有时假稻群落的沉水层中有金鱼藻、狐尾藻等藻类，主要与水体质量有关。

十四、佛子茅群系组

大佛子茅群系

大佛子茅群系仅在玉渡山水库和野鸭湖湿地有小面积分布，盖度仅在30%左右。伴生种有湿生植物，如薄荷、藻菜、毒芹、水芹等；也有中生植物，如蒙古蒿、毛茛、橐吾等。

十五、千屈菜群系组

千屈菜群系

千屈菜群系主要见于拒马河流域，在一渡到十渡之间有大面积分布，其他湿地有零星群落分布。外貌整齐，夏季季相紫红色，结构一般为1层，偶见2层，总盖度在90%以上。以千屈菜为优势种，伴生种比较多，常见的有假稻、薄荷、水棘针、豆瓣菜、水苦荬、酸模叶蓼、绵毛酸模叶蓼、问棘、节节草等植物，盖度大约在25%。

十六、泽泻群系组

泽泻群系

泽泻群系主要分布于浅水湿地或水流缓慢或静止的水域中，基质通常为营养状况较好的泥质土壤，水深一般在15~50厘米。主要伴生种有水苦荬、水蓼、浮萍、眼子菜和一些莎草科植物，通常泽泻的盖度在75%左右。

十七、野慈姑群系组

野慈姑群系

野慈姑群系分布特征和伴生物种与泽泻群系相似。

十八、花蔺群系组

花蔺群系

花蔺群系主要分布于池塘与河边浅水中。常分为2层，上层以花蔺为优势物种，盖度在40%左右，有时还伴生有薄荷、地笋、水棘针等典型的湿地植物；下层通常为眼子菜等水生植物，有时还伴生有荇菜等漂浮植物。

十九、稗群系组

稗群系

稗群系广泛分布于北京各地，由于其对水分条件的要求不是十分严格，因而分布广泛。在湿地中也常可以形成植物群落。常见的群落有稗+䅟草、稗+浮萍、稗+莎草、稗+野慈姑、稗+旋覆花。

稗群系中优势种包括稗、长芒稗、光头稗等。在水分条件不同的地区，稗与不同的植物形成不同的群落。在地表积水或周期性积水的区域一般会形成稗+浮萍群落、稗+莎草群落和稗+野慈姑群落，主要伴生种有各类莎草、漂浮草、野慈姑等挺水植物，还有泽泻、雨久花、酸模叶蓼、薄荷等其他植物。稗+旋覆花可生长于水分条件不同的生境中，在水分条件较好的区域，由于上层盖度较大导致下层植物稀少，时有藜和苋类出现。

二十、薄荷群系组

薄荷群系

薄荷是北京湿地中常见的湿生植物，大多数湿地都有分布。薄荷主要作为其他群落的伴生种或一些群落的下层优势种存在，有时也可与不同植物形成群落，如薄荷+野大豆+䅟草群落、薄荷+旋覆花群落、薄荷群落。

薄荷+野大豆+䅟草群落主要见于汉石桥湿地；旋覆花在某些湿地与薄荷形成薄荷+旋覆花群落；在大部分地区薄荷与很多湿生植物混生形成群落，但是其他植物无明显优势，地笋、求米草、鸭跖草等湿生植物均可能出现在该群落中。

二十一、豆瓣菜群系组

豆瓣菜群系

豆瓣菜群系通常分布于水质较好、流速较慢的浅水中生长，仅在拒马河十渡上游、永定河、清水河和汉石桥湿地有极小面积分布。通常豆瓣菜形成纯群落，不与其他植物混生形成群落，但有时豆瓣菜可能零星出现在其他群落的下层。

二十二、野大豆群系组

野大豆群系

在汉石桥、野鸭湖湿地分布较多，其他地区多为零星分布。常分为2层，野大豆为草质藤本，常在上层形成优势；下层植物由于缺少阳光导致生长不良甚至死亡。

第七节 水生植被类型

一、漂浮植物植被型

漂浮植物群落的特点是植物体漂浮于水面，根悬浮于水中，随着水流和风浪漂移，因此群落的组成和结构常不稳定。

（一）满江红群系组

满江红群系

满江红群系常分布于水流缓慢、营养成分含量较高的水体中，群落相对稳定。较为少见，仅见于怀沙河部分地段。满江红为蕨类植物，植株横卧于水面上，长1毫米左右，叶的表面呈红紫色或蓝绿色，秋季叶变红，故称满江红。常伴生有槐叶蘋、浮萍等，群落总盖度可达80%~90%。

（二）槐叶蘋群系组

槐叶蘋群系

槐叶蘋群系主要分布在静水中。主要见于汉石桥湿地的荷塘中。槐叶蘋为蕨类植物，浮水叶呈椭圆形，淡绿色。其伴生种以浮萍为主，群落总盖度可达90%以上。

（三）蘋群系组

蘋群系

蘋群系生长于水流缓慢、水质相对较好的水域。主要见于永定河、清水河和怀柔水库等地。蘋为蕨类植物，系多年生水生草本，未发现该群落中有明显的伴生种，有时与一些挺水植物群落混生。

（四）水鳖群系组

水鳖群系

水鳖群系常见于静水或流速较小的水域，其分布区域水质一般较好，如永定河上游、汉石桥湿地的部分区域，面积小。水鳖为多年生水生漂浮植物。外貌整齐，夏季季相绿色，常分为浮水植物和沉水植物2层，总盖度70%~80%。浮水层以水鳖为优势种，盖度50%左右；沉水层常伴生有金鱼藻、黑藻等沉水植物，盖度在40%左右。

（五）芡群系组

芡群系

芡群系分布在翠湖湿地公园和汉石桥湿地，均为人工引种。外貌以暗绿色为主，可分为浮水层和沉水层，浮水层以芡为优势种，盖度可达90%以上；沉水层以金鱼藻为主，还常伴生有狐尾藻等其他沉水植物。

二、浮叶植物植被型

（一）荇菜群系组

荇菜群系

荇菜群系主要分布在水深0.5~2米的水域中，其基质常为富含腐殖质的厚层淤泥土。怀柔水库和怀九河的入库口处有大面积的荇菜群落分布，汉石桥湿地也有小面积的荇菜群落出现。外貌整齐，主要为绿色，夏季盛开黄色的花。北京地区的荇菜群落盖度较小，盖度较大时常形成单种群落，通常伴生有光叶眼子菜，盖度20%左右。

（二）菱群系组

丘角菱群系

丘角菱群系仅在潮白河与汉石桥湿地有小面积出现，大面积野生较为少见。此外，在翠湖湿地公园也有人工群落分布。外貌主要为暗绿色。在水质条件较差的水域，浮水层常伴生有浮萍，盖度在70%左右；沉水层有眼子菜、狐尾藻生长。在水质条件较好的水域中，浮水层通常只有菱出现，盖度在40%左右；沉水层中常分布有狐尾藻、眼子菜和茨藻等沉水藻类。

（三）红睡莲群系组

红睡莲群系

红睡莲群系在北京地区罕有天然分布，以人工栽培为主，均分布于湿地公园内，如翠湖湿地公园、妫水湖公园、三里河公园等地。外貌以暗绿色为主，夏季开红花。可分为浮水层与沉水层，浮水层常生有浮萍，有时候有莲生长；沉水层有金鱼藻等。

（四）莲群系组

莲群系

莲群系在北京湿地未发现有野生群落，以人工栽培为主，主要分布在翠湖湿地公园、妫水湖公园、三里河公园等人工湿地中。外貌以暗绿色为主，夏季盛开粉色或白色的花。可分为2层，浮水层以莲为优势种，在水质较差的水域通常伴生有浮萍；沉水层中常有狐尾藻、金鱼藻、眼子菜等沉水植物。

三、沉水植物植被型

（一）眼子菜群系组

1. 篦齿眼子菜群系

篦齿眼子菜群系主要见于龙庆峡水库、妫河和密云水库等水质较好的湿地。盖度在40%左右，伴生种有狐尾藻、金鱼藻、菹草、黑藻等，但均非明显的优势伴生种。

2. 光叶眼子菜群系

光叶眼子菜群系主要分布在静水池塘及河渠中，见于怀柔水库和野鸭湖的部分水域。通常无明显分层，光叶眼子菜为优势种，盖度在40%~60%，主要伴生种为狐尾藻与菹草，盖度在20%左右。

3. 马来眼子菜群系

马来眼子菜群系主要分布在水质较好的河流中，在拒马河中上游、永定河的上游等地均有大面积分布。外貌比较整齐，夏季季相绿色，结构为1层，由沉水植物组成，可单独形成群落，总盖度在80%~100%。

4. 线叶眼子菜群系

线叶眼子菜群系主要分布在密云水库、龙庆峡水库、金牛湖等地水质较好的静水水域中。平均盖度在40%左右。主要伴生种有黑藻，少有单独形成的群落。

5. 眼子菜群系

眼子菜群系主要分布在库塘、河流湿地的静水水域中，如金牛湖、金海湖、怀沙河、怀九河、妫河和温榆河等地。最大盖度可达90%以上，平均盖度50%左右。伴生种有黑藻、狐尾藻、菹草等，数量很少。

（二）金鱼藻群系组

金鱼藻群系

金鱼藻群系主要生长在水质较好、流速缓慢的水塘或溪流中，污染较重的水体中不易生存。主要分布在妫河、怀沙河、翠湖湿地公园部分区域，北沙河、妫水湖等地也有分布，但其群落面积和盖度明显小于污染较轻的水域。水质较好的水域中金鱼藻群落的盖度在80%以上，而水质差的区域仅有20%左右的盖度。常伴生有黑藻及某些眼子菜。

（三）黑藻群系组

黑藻群系

黑藻群系在浅水或透明度较高的水体中生长良好，在污染水体中难以生存。分布零散且面积较小，常见于密云水库、永定河、清水河和野鸭湖等地。常与金鱼藻、眼子菜属植物伴生，平均盖度在50%左右，最高可达85%。

（四）狐尾藻群系组

狐尾藻群系

狐尾藻群系广泛分布于库塘湿地和流速较小的河流中，如拒马河中游、永定河中游、密云水库、玉渡山水库、野鸭湖湿地、龙庆峡水库等地。外貌整齐，夏季季相深绿色，结构为1层，以狐尾藻为优势种，总盖度50%以上。主要有狐尾藻－金鱼藻群丛、狐尾藻－马来眼子菜群丛、狐尾藻－水毛茛群丛、狐尾藻－茨藻群丛。

（五）茨藻群系组

1. 大茨藻群系

大茨藻群系主要分布在密云水库，在北沙河也有零星分布。外貌整齐，夏季季相深绿色，结构为1层，以大茨藻为优势种，总盖度在60%。

2. 小茨藻群系

小茨藻群系主要分布在翠湖湿地公园、怀沙河、怀九河和密云水库。外貌整齐，夏季季相深绿色，结构为1层，以小茨藻为优势种，平均盖度约70%。主要有小茨藻群落和小茨藻－菹草群落。

第八节 典型植被的空间分布规律

环境条件的变化影响着植物物种的分布，群落是多个物种种群的结合，是物种生存的小环境，同时也是对自然环境的综合反映。选择油松林、侧柏林、栓皮栎林、荆条灌丛等20种主要的植物群落，从海拔、坡度、坡向3个方面分析说明北京市植物群落的分布规律。

一、海拔梯度对典型植被分布的影响

北京市最高峰为位于门头沟区的东灵山，海拔2303米。其他海拔较高的山峰：延庆区的松山国家级自然保护区的最高峰海陀山，海拔2241米；门头沟区的百花山，最高峰百草畔，海拔2049米；密云区雾灵山，海拔1732米；怀柔区喇叭沟门自然保护区的南猴顶，海拔1697米，也是怀柔区的最高峰。而北京市的最低海拔仅20米，最大相对高差2000多米。

东灵山是北京地区的最高峰，基本上包括了北京山区所有的植被类型。在海拔1000米以下，天然森林植被已受到严重破坏，喜热的荆条、酸枣构成了大面积灌丛和灌草丛植被。在海拔1000~1400米，基本林型是蒙古栎林，分布面积大，范围广。在海拔1400~1900米，分布有大面积的桦木林和山杨林，其中1800~1950米范围内有一些硕桦林，这在其他地点是较少的。在水分、土壤条件较好的一些地点如百花山、雾灵山，在这个海拔范围有大面积的落叶松林分布（图4-18-21）。1900米以上的山顶，白桦、黑桦呈矮屈团块状分布，林间有亚高山灌丛和草甸分布，如百花山的百草畔。海拔2100米以上主要是亚高山灌丛和草甸植被类型，灌丛主要有金露梅、银露梅、鬼见愁锦鸡儿等。油松林亦为北京山区的主要林型之一，在东灵山地区分布较少，在海拔1000~1300米的阴坡有一些分布。需要说明的是各种植被类型的垂直带分布并不是很严格的，存在着多个不同群系类型的交错带。

统计主要群落类型分布的海拔范围及其在各海拔段分布的频度，结果见表4-18-43。由表中可见，在海拔1000米以下分布的植物群落主要有荆条灌丛、鹅耳枥灌丛、山杏灌丛、鹅耳枥林、栓皮栎林、侧柏林。白桦林、黑桦林、落叶松林、胡枝子灌丛和紫椴林分布的海拔较高，大部分分布于海拔700米以上的地段，其中落叶松林分布的海拔最高，为1900米。荆条灌丛

图4-18-21 百花山国家自然保护区落叶松林

表4-18-43 不同群落类型随海拔的分布状况

植被类型（%）

海拔(米)	落叶松林	油松林	侧柏林	蒙古栎林	栓皮栎林	白桦林	黑桦林	鹅耳枥林	山杨林	胡桃楸林	紫椴林	杂木林	鹅耳枥灌丛	杂灌丛	荆条灌丛	胡枝子灌丛	三裂绣线菊灌丛	柔毛绣线菊灌丛	平榛灌丛	山杏灌丛
100	0.00	0.00	0.00	0.00	0.00	0.00	0.00	0.00	1.00	0.00	0.00	0.00	0.00	0.00	3.27	0.00	0.00	0.00	0.00	0.00
200	0.00	0.74	0.00	1.92	8.33	0.00	0.00	0.00	1.00	2.22	0.00	0.00	0.00	7.14	5.23	0.00	2.70	0.00	0.00	0.00
300	0.00	4.44	38.89	0.00	12.50	0.00	0.00	3.70	5.00	0.00	0.00	0.00	12.5	0.00	9.15	0.00	0.00	0.00	0.00	0.00
400	0.00	20.74	16.67	2.88	62.50	0.00	0.00	11.11	3.00	4.44	0.00	4.38	0.00	7.14	18.95	0.00	5.41	13.33	0.00	8.33
500	0.00	8.15	0.00	2.88	16.67	0.00	0.00	22.22	3.00	2.22	10.00	1.88	12.50	7.14	22.88	0.00	5.41	0.00	0.00	11.11
600	2.33	5.93	16.67	12.50	0.00	6.38	0.00	22.22	3.00	2.22	0.00	3.75	25.00	21.43	19.61	0.00	8.11	26.67	63.64	11.11
700	6.98	14.07	22.22	15.38	0.00	2.13	0.00	14.81	15.00	24.44	0.00	8.13	6.25	21.43	9.80	0.00	10.81	20.00	18.18	27.78
800	4.65	11.85	5.56	15.38	0.00	6.38	5.88	18.52	17.00	15.56	15.00	14.38	37.50	7.14	9.80	37.50	16.22	6.67	0.00	22.22
900	9.3	15.56	0.00	21.15	0.00	10.64	0.00	7.41	14.00	22.22	15.00	26.88	6.25	14.29	1.31	0.00	16.22	20.00	9.09	8.33
1000	23.26	2.22	0.00	4.81	0.00	10.64	17.65	0.00	9.00	8.89	30.00	13.75	37.50	00.00	0.00	0.00	13.51	6.67	0.00	11.11
1100	20.93	5.93	0.00	13.46	0.00	19.15	23.53	0.00	6.00	6.67	25.00	14.38	6.25	14.29	0.00	25.00	13.51	6.67	0.00	0.00
1200	4.65	4.44	0.00	5.77	0.00	31.91	5.88	0.00	15.00	6.67	0.00	6.25	0.00	0.00	0.00	37.50	5.41	0.00	0.00	0.00
1300	6.98	2.96	0.00	0.00	0.00	4.26	0.00	0.00	4.00	6.67	5.00	3.13	0.00	0.00	0.00	0.00	0.00	0.00	0.00	0.00
1400	9.30	0.74	0.00	0.96	0.00	6.38	17.65	0.00	7.00	0.00	0.00	2.50	0.00	0.00	0.00	0.00	2.70	0.00	0.00	0.00
1500	2.33	2.22	0.00	2.88	0.00	0.00	0.00	0.00	0.00	0.00	0.00	0.63	0.00	0.00	0.00	0.00	0.00	0.00	9.09	0.00
1600	4.65	0.00	0.00	0.00	0.00	4.26	0.00	0.00	0.00	0.00	0.00	0.00	0.00	0.00	0.00	0.00	0.00	0.00	0.00	0.00
1700	0.00	0.00	0.00	0.00	0.00	8.51	29.41	0.00	0.00	0.00	0.00	0.00	0.00	0.00	0.00	0.00	0.00	0.00	0.00	0.00
1800	4.65	0.00	0.00	0.00	0.00	0.00	0.00	0.00	0.00	0.00	0.00	0.00	0.00	0.00	0.00	0.00	0.00	0.00	0.00	0.00

分布的海拔最低，在海拔100多米的地段就有分布，鹅耳枥灌丛、山杏灌丛分布的海拔较高，但不超过1100米。此外还有一些群落类型分布的海拔范围比较广，从200~300米的低海拔到1500~1600米的高海拔均有分布，如胡桃楸林、蒙古栎林、三裂绣线菊灌丛、油松林和山杨林。

二、坡度对植被类型的影响

对18个主要植被类型按照其分布的坡度进行统计，统计不同植被类型在各个坡度段上的分布频率，结果见表4-18-44。

大部分植被类型分布在10°~20°和20°~30°这两个坡度段内，其中栓皮栎林、白桦林、油松林、落叶松林、杂灌丛、三裂绣线菊灌丛、荆条灌丛、柔毛绣线菊灌丛等植被类型的分布频率的最高值在10°~20°的坡度范围内，这个范围内这些植被类型的分布频度在40%以上，蒙古栎林、胡桃楸林、鹅耳枥林、杂木林、山杏灌丛等植被类型的分布频率的最高值在20°~30°的坡度范围内，这个范围内这些植被类型的分布频度接近40%或40%以上（图4-18-22）。坡度在10°以下，30°以上时，大部分植被类型分布的概率明显减少。北京市坡度小于10°的地域一般是人类生产生活的区域，大部分成为农田或者建设用地，自然植被很少存在，坡度30°以上的山地，坡度较大，土层较薄，不利于植物的生长，各植被类型出现在坡度大于30°的山地的频率不超过30%。

表4-18-44　植被类型在不同坡度出现频率

单位：%

编号	植被类型	0°~10°	10°~20°	20°~30°	30°~40°	40°~50°
1	白桦林	14.28	50.00	26.19	4.76	4.76
2	侧柏林	11.11	33.33	27.78	16.66	11.11
3	鹅耳枥林	6.67	6.67	46.67	33.33	6.67
4	栓皮栎林	26.08	56.52	17.39	0.00	0.00
5	油松林	10.29	40.44	33.82	12.50	2.94
6	紫椴林	10.52	5.26	31.57	52.63	0.00
7	胡桃楸林	17.94	28.20	38.46	15.38	0.00
8	黑桦林	31.25	31.25	25.00	12.50	0.00
9	落叶松林	21.42	50.00	21.42	4.76	2.38
10	蒙古栎林	7.43	29.75	38.84	19.00	4.95
11	山杨林	19.56	36.95	33.69	7.61	2.17
12	鹅耳枥灌丛	11.11	22.22	44.44	14.81	7.41
13	胡枝子灌丛	50.00	0.00	33.33	16.67	0.00
14	荆条灌丛	16.77	40.64	24.51	14.83	3.22
15	平榛灌丛	20.00	40.00	40.00	0.00	0.00
16	柔毛绣线菊灌丛	26.66	40.00	13.33	13.33	6.67
17	三裂绣线菊灌丛	16.12	45.16	38.71	0.00	0.00
18	山杏灌丛	2.85	31.43	42.85	20.00	2.85

图4-18-22 平谷玻璃台蒙古栎林

三、坡向对植被类型分布的影响

不同植被类型在不同坡向的分布频率不同，以调查样地为基本单位，统计18个主要植被类型在东、西、南、北、东南、东北、西南和西北这8个方向的出现频率，统计结果如表4-18-45。

不同植被类型对坡向的要求不同，但是大部分植被类型以分布于阴坡为主，尤其是森林植被类型，如落叶松林、杂木林、紫椴林、白桦林、山杨林、油松林、胡桃楸林、黑桦林、鹅耳枥林等植被类型，它们在西北、北、东北这3个坡向上的分布频度在50%以上。森林植被类型中侧柏林和栓皮栎林在阳坡的分布频率在50%以上，说明这两个植被类型更适于在阳坡生长。灌丛植被类型在阴坡的优势则不明显，在统计的8个灌丛植被类型中没有一个植被类型在以上3个坡向的分布频度为50%以上，而在阳坡则有荆条灌丛、三裂绣线菊灌丛、山杏灌丛、胡枝子灌丛的分布频率为50%以上。

表4-18-45 主要植被类型在不同坡向出现频率

单位：%

编号	植被类型	西南	西	西北	北	东北	东	东南	南	阴坡	阳坡	其他
1	白桦林	0.00	6.81	31.81	38.64	14.63	4.54	3.27	0.00	85.08	3.27	11.35
2	侧柏林	0.00	22.22	0.00	0.00	0.00	16.67	27.78	33.33	0.00	61.11	38.89
3	鹅耳枥林	13.33	6.66	26.66	0.00	26.66	6.67	6.66	13.33	53.32	33.32	13.33
4	栓皮栎林	37.50	8.33	4.17	0.00	0.00	0.00	20.83	29.16	4.17	87.49	8.33
5	油松林	6.38	19.15	19.15	22.69	8.51	11.34	7.09	5.67	50.35	19.14	30.49
6	紫椴林	0.00	5.26	36.84	26.31	0.00	21.05	5.26	5.26	63.15	10.52	26.31
7	胡桃楸	0.00	7.89	7.89	31.57	15.70	20.94	5.46	10.02	55.16	15.48	28.83
8	黑桦林	0.00	31.25	12.50	25.00	12.50	0.00	6.25	12.50	50.00	18.75	31.25
9	落叶松林	7.14	4.76	23.81	21.05	28.57	11.52	0.00	2.38	73.43	9.52	16.28
10	蒙古栎林	10.48	11.29	18.54	22.58	13.71	9.67	4.81	8.87	54.83	24.16	20.96
11	山杨林	3.15	6.31	22.10	46.31	7.36	5.26	5.26	4.21	75.77	12.62	11.57
12	鹅耳枥灌丛	7.40	25.90	11.11	22.22	14.81	3.70	14.81	0.00	48.14	22.21	29.60
13	胡枝子灌丛	0.00	0.00	11.11	22.22	0.00	11.11	11.11	44.44	33.33	55.55	11.11
14	荆条灌丛	9.98	8.97	6.41	12.82	5.13	16.02	16.02	25.64	24.36	51.64	24.99
15	平榛灌丛	9.09	9.09	0.00	18.18	27.27	18.18	0.00	18.18	45.45	27.27	27.27
16	柔毛绣线菊灌丛	14.28	0.00	14.28	21.43	7.14	21.42	0.00	21.42	42.85	35.7	21.42
17	三裂绣线菊灌丛	8.11	10.81	0.00	8.11	10.81	18.91	21.62	21.62	18.92	51.35	29.72
18	山杏灌丛	17.14	17.14	5.71	0.00	2.85	8.57	8.57	40.00	8.56	65.71	25.71

第十九章 野生动物资源

北京地区动物区系为南北方动物的过渡性地带，北京市山区复杂的自然地理条件和多样的植被类型，为各种野生动物生存提供了优越的栖息环境。随着生态建设和保护力度不断加大，北京的野生动物种类和数量持续增加。2022年，北京地区分布的陆生野生动物有33目106科596种，包括鸟类503种，兽类63种，两栖爬行类30种；其中被列入《国家重点保护野生动物名录》的有126种，包括黑鹳、褐马鸡等国家一级保护野生动物30种，豹猫、鸳鸯等国家二级保护野生动物96种。列入北京市重点保护野生动物222种，市一级保护野生动物48种，包括狼、大白鹭等；市二级保护野生动物174种，包括绿头鸭、白鹭、黑斑蛙等。

第一节 鸟类资源

一、鸟类区系组成

北京处于中国东北地区向华北地区的过渡地带，在候鸟迁徙的通道上，是许多候鸟结群南迁北返必经的路线，是许多鸟类的繁殖地和迁徙的停歇地，每年春、秋两季，都会有种类繁多的雁鸭、鸥、鸻鹬、猛禽，以及燕科、柳莺科、鸫科、鹟科、鹡鸰科、燕雀科、鸦科等雀形目鸟类出现，使得北京鸟类的种类非常丰富，是世界上鸟类多样性最丰富的首都之一。根据《中国动物地理》，按照动物地理区划分级，北京属古北界东北亚界华北区（内含黄土高原亚区和黄淮平原亚区）。北京鸟类区系组成非常复杂，虽然以古北界种类为主，但也有不少东洋界种类和广布种类，表现出中国古北界与东洋界物种的交错与混合，鸟类的分布型呈现多样，体现出两界及其亚界之间的渗透与过渡性。

北京地区分布的鸟种主要是北方种类：古北型的大鸨、灰鹤、北京雨燕、大杜鹃、普通翠鸟、普通鵟、黑头䴓、麻雀、灰喜鹊、喜鹊、秃鼻乌鸦等；东北型的白枕鹤、白头鹤、白眉姬鹟、金翅雀、三道眉草鹀等；华北型的褐马鸡、山噪鹛等；东北型中的广布种鸭、雁和鹭类，以及灰斑鸠、珠颈斑鸠、戴胜、北领角鸮、银喉长尾山雀等；东北－华北型的牛头伯劳、红尾伯劳、灰椋鸟等。

另外还有少量中亚亚界的蒙新区和青藏区的种类出现，如中亚型的石鸡、斑翅山鹑、毛腿沙鸡、大鸨、凤头百灵、山鹛等；喜马拉雅－横断山区型的棕腹啄木鸟、中华朱雀、蓝鹀等；高地型的斑头雁、棕头鸥、红腹红尾鸲、褐岩鹨、粉红胸鹨等。

北京地区分布的鸟种也有一些南方种类：东洋型的牛背鹭、红翅凤头鹃、噪鹃、大鹰鹃、四声杜鹃、黑翅鸢、赤腹鹰、红角鸮、黑枕黄鹂、发冠卷尾等；南中国型的勺鸡、黄腹山雀、白头鹎等。

二、鸟类资源种类

根据2021年北京市园林绿化局、北京动物学会、北京野生动物保护协会发布的《北京陆生野生动物名录——鸟类》，北京市共分布有鸟类22目75科503种，具体见表4-19-1、表4-19-2、表4-19-3，约占全国鸟类总种数的34.8%。其中列入《国家重点保护野生动物名录》的有116种，国家一级保护野生动物27种，包括金雕、白尾海雕（图4-19-1）、褐马鸡、黑鹳等；国家二级保护野生动物89种，包括红隼（图4-19-2）等隼形目鸟类、长耳鸮等鸮形目猛禽，以及鸳鸯、大天鹅、灰鹤、勺鸡等；列入《北京市一级重点保护野生动物名录》的有28种，如凤头䴙䴘（图4-19-3）、普通夜鹰、白喉针尾雨燕等；列入《北京市二级重点保护野生动物名录》的有122种，如水雉、四声杜鹃、大杜鹃等；还有其他野生鸟类总计237种，如斑头雁、黑雁、凤头麦鸡等。就分类群来看，北京的鸟类以雀形目种类最多，其次为鸻形目、雁形目、隼形目。以上

图4-19-2　红隼

图4-19-3　凤头䴙䴘

4目的鸟类为北京市的优势类群。含有10种以上鸟类的科有鸭科、鸫科、鹬科、鹰科、莺科、燕雀科、鸥科、鹭科、鸦科、鸥鹬科等。

依据鸟类的季节居留及迁徙活动情况，可分为留鸟、候鸟（夏候鸟和冬候鸟）及旅鸟等季节

图4-19-1　白尾海雕

性生态类型。在北京已记录的503种鸟类中，有雉鸡、大斑啄木鸟、喜鹊、大嘴乌鸦、大山雀等留鸟76种，占北京鸟类总数的16.8%；白鹭、四声杜鹃、北京雨燕、家燕等夏候鸟117种，占北京鸟类总数的26%；太平鸟、斑鸫、大䳇、长耳鸮、锡嘴雀等冬候鸟89种，占北京鸟类总数的19.8%；雁鸭类、鹰隼类、鸻鹬类、鸥类等旅鸟305种，占北京鸟类总数的67.8%。

北京城区的圆明园、颐和园、奥林匹克森林公园、香山公园、国家植物园（北园）、玉渊潭公园、紫竹院公园等区域，以及郊区的延庆野鸭湖湿地自然保护区，顺义汉石桥湿地自然保护区，门头沟百花山国家级自然保护区，密云雾灵山市级自然保护区，房山拒马河水生野生动物自然保护区，昌平沙河水库，怀柔怀沙河、怀九河，密云水库，昌平十三陵水库等区域，是鸟类分布较多的地方。

表4-19-1 北京地区国家级重点保护野生鸟类（116种）

序号	目	科	中文名	学名	居留类型	保护级别
1	鸡形目 GALLIFORMES	雉科 Phasianidae	勺鸡	*Pucrasia macrolopha*	R	二级
2			褐马鸡	*Crossoptilon mantchuricum*	R	一级
3	雁形目 ANSERIFORMES	鸭科 Anatidae	鸿雁	*Anser cygnoid*	P	二级
4			白额雁	*Anser albifrons*	P	二级
5			小白额雁	*Anser erythropus*	P	二级
6			小天鹅	*Cygnus columbianus*	P	二级
7			大天鹅	*Cygnus cygnus*	P	二级
8			疣鼻天鹅	*Cygnus olor*	P	二级
9			鸳鸯	*Aix galericulata*	P/R	二级
10			棉凫	*Nettapus coromandelianus*	V/S	二级
11			花脸鸭	*Sibirionetta formosa*	P	二级
12			青头潜鸭	*Aythya baeri*	P	一级
13			斑头秋沙鸭	*Mergellus albellus*	P/W	二级
14			中华秋沙鸭	*Mergus squamatus*	P	一级
15	䴙䴘目 PODICIPEDIFORMES	䴙䴘科 Podicipedidae	赤颈䴙䴘	*Podiceps grisegena*	P	二级
16			角䴙䴘	*Podiceps auritus*	P	二级
17			黑颈䴙䴘	*Podiceps nigricollis*	P	二级
18	鹃形目 CUCULIFORMES	杜鹃科 Cuculidae	小鸦鹃	*Centropus bengalensis*	S	二级
19	鸨形目 OTIDIFORMES	鸨科 Otididae	大鸨	*Otis tarda*	P	一级
20	鹤形目 GRUIFORMES	秧鸡科 Rallidae	花田鸡	*Coturnicops exquisitus*	P	二级
21			斑胁田鸡	*Zapornia paykullii*	P	二级
22		鹤科 Gruidae	白鹤	*Grus leucogeranus*	P	一级
23			白枕鹤	*Grus vipio*	P	一级
24			蓑羽鹤	*Grus virgo*	P	二级

(续)

序号	目	科	中文名	学名	居留类型	保护级别
25	鹤形目 GRUIFORMES	鹤科 Gruidae	丹顶鹤	*Grus japonensis*	V	一级
26			灰鹤	*Grus grus*	P/W	二级
27			白头鹤	*Grus monacha*	P	一级
28			沙丘鹤	*Grus canadensis*	V	二级
29	鸻形目 CHARADRIIFORMES	鹮嘴鹬科 Ibidorhynchidae	鹮嘴鹬	*Ibidorhyncha struthersii*	R/S	二级
30		水雉科 Jacanidae	水雉	*Hydrophasianus chirurgus*	V	二级
31		鹬科 Scolopacidae	半蹼鹬	*Limnodromus semipalmatus*	P	二级
32			小杓鹬	*Numenius minutus*	P	二级
33			大杓鹬	*Numenius madagascariensis*	P	二级
34			白腰杓鹬	*Numenius arquata*	P	二级
35			翻石鹬	*Arenaria interpres*	P	二级
36			阔嘴鹬	*Calidris falcinellus*	P	二级
37		鸥科 Laridae	黑嘴鸥	*Saundersilarus saundersi*	V	一级
38			遗鸥	*Ichthyaetus relictus*	P	一级
39			小鸥	*Hydrocoloeus minutus*	V	二级
40			黑浮鸥	*Chlidonias niger*	V	二级
41	鹳形目 CICONIIFORMES	鹳科 Ciconiidae	东方白鹳	*Ciconia boyciana*	P	一级
42			黑鹳	*Ciconia nigra*	R/S	一级
43	鲣鸟目 SULIFORMES	军舰鸟科 Fregatidae	白斑军舰鸟	*Fregata ariel*	V	二级
44	鹈形目 PELECANIFORMES	鹮科 Threskiornithidae	白琵鹭	*Platalea leucorodia*	P	二级
45			黑脸琵鹭	*Platalea minor*	V	一级
46		鹭科 Ardeidae	栗头鳽	*Gorsachius goisagi*	V	二级
47		鹈鹕科 Pelecanidae	白鹈鹕	*Pelecanus onocrotalus*	V	一级
48			卷羽鹈鹕	*Pelecanus crispus*	P	二级
49	鹰形目 ACCIPITRIFORMES	鹗科 Pandionidae	鹗	*Pandion haliaetus*	P	二级
50		鹰科 Accipitridae	凤头蜂鹰	*Pernis ptilorhynchus*	P	二级
51			黑翅鸢	*Elanus caeruleus*	V	二级
52			胡兀鹫	*Gypaetus barbatus*	V	一级
53			高山兀鹫	*Gyps himalayensis*	V	二级
54			秃鹫	*Aegypius monachus*	P/R/W	一级
55			蛇雕	*Spilornis cheela*	V	二级
56			短趾雕	*Circaetus gallicus*	P	二级
57			乌雕	*Clanga clanga*	P	一级

(续)

序号	目	科	中文名	学名	居留类型	保护级别
58	鹰形目 ACCIPITRIFORMES	鹰科 Accipitridae	靴隼雕	*Hieraaetus pennatus*	V	二级
59			草原雕	*Aquila nipalensis*	P	一级
60			白肩雕	*Aquila heliaca*	P	一级
61			金雕	*Aquila chrysaetos*	R	一级
62			白腹隼雕	*Aquila fasciata*	V	二级
63			凤头鹰	*Accipiter trivirgatus*	V	二级
64			赤腹鹰	*Accipiter soloensis*	P/S	二级
65			松雀鹰	*Accipiter virgatus*	V	二级
66			日本松雀鹰	*Accipiter gularis*	P/S	二级
67			雀鹰	*Accipiter nisus*	P/W	二级
68			苍鹰	*Accipiter gentilis*	P/W	二级
69			白头鹞	*Circus aeruginosus*	V	二级
70			白腹鹞	*Circus spilonotus*	P	二级
71			白尾鹞	*Circus cyaneus*	P/W	二级
72			草原鹞	*Circus macrourus*	V	二级
73			鹊鹞	*Circus melanoleucos*	P	二级
74			黑鸢	*Milvus migrans*	P/R	二级
75			白尾海雕	*Haliaeetus albicilla*	P/W	一级
76			虎头海雕	*Haliaeetus pelagicus*	P/W	一级
77			玉带海雕	*Haliaeetus leucoryphus*	V	一级
78			灰脸鵟鹰	*Butastur indicus*	P/S	二级
79			普通鵟	*Buteo japonicus*	P/W	二级
80			大鵟	*Buteo hemilasius*	P/W	二级
81			毛脚鵟	*Buteo lagopus*	W	二级
82	鸮形目 STRIGIFORMES	鸱鸮科 Strigidae	红角鸮	*Otus sunia*	S	二级
83			北领角鸮	*Otus semitorques*	S	二级
84			雕鸮	*Bubo bubo*	R	二级
85			灰林鸮	*Strix aluco*	R	二级
86			长尾林鸮	*Strix uralensis*	R	二级
87			纵纹腹小鸮	*Athene noctua*	R	二级
88			日本鹰鸮	*Ninox japonica*	S/P	二级
89			长耳鸮	*Asio otus*	W	二级
90			斑头鸺鹠	*Glaucidium cuculoides*	V	二级
91			短耳鸮	*Asio flammeus*	W/P	二级

(续)

序号	目	科	中文名	学名	居留类型	保护级别
92	佛法僧目 CORACIIFORMES	翠鸟科 Alcedinidae	白胸翡翠	*Halcyon smyrnensis*	S	二级
93	啄木鸟目 PICIFORMES	啄木鸟科 Picidae	黑啄木鸟	*Dryocopus martius*	V	二级
94	隼形目 FALCONIFORMES	隼科 Falconidae	黄爪隼	*Falco naumanni*	P	二级
95			红隼	*Falco tinnunculus*	R/S	二级
96			红脚隼	*Falco amurensis*	P/S	二级
97			灰背隼	*Falco columbarius*	P/W	二级
98			燕隼	*Falco subbuteo*	P	二级
99			游隼	*Falco peregrinus*	P/W	二级
100			猎隼	*Falco cherrug*	P/W	一级
101	雀形目 PASSERIFORMES	百灵科 Alaudidae	蒙古百灵	*Melanocorypha mongolica*	P/W	二级
102			云雀	*Alauda arvensis*	P/W	二级
103		苇莺科 Acrocephalidae	细纹苇莺	*Acrocephalus sorghophilus*	P	二级
104		莺鹛科 Sylviidae	震旦鸦雀	*Paradoxornis heudei*	R	二级
105		绣眼鸟科 Zosteropidae	红胁绣眼鸟	*Zosterops erythropleurus*	P	二级
106		鸫科 Turdidae	褐头鸫	*Turdus feae*	S	二级
107		鹟科 Muscicapidae	红喉歌鸲	*Calliope calliope*	P	二级
108			蓝喉歌鸲	*Luscinia svecica*	P	二级
109			贺兰山红尾鸲	*Phoenicurus alaschanicus*	W	二级
110		燕雀科 Fringillidae	北朱雀	*Carpodacus roseus*	W	二级
111			红交嘴雀	*Loxia curvirostra*	W	二级
112		鹀科 Emberizidae	栗斑腹鹀	*Emberiza jankowskii*	W	一级
113			黄胸鹀	*Emberiza aureola*	P	一级
114		噪鹛科 Leiothrichidae	黑喉噪鹛	*Garrulax chinensis*	O	二级
115			银耳相思鸟	*Leiothrix argentauris*	O	二级
116			红嘴相思鸟	*Leiothrix lutea*	O	二级

注：居留类型包括R表示留鸟，全年栖息在北京地区；P表示旅鸟，迁徙期路过北京地区，且有固定迁徙路线及规律；S表示夏候鸟，在北京地区繁殖；W表示冬候鸟，在北京地区越冬；V表示迷鸟，有迁徙行为，在北京地区无固定迁徙路线及规律，偶然出现在北京地区；O表示其他，非北京地区物种，由放生、逃逸等形成野外种群。下同。

表4-19-2 北京市重点保护野生鸟类（150种）

序号	目	科	中文名	学名	居留类型	保护级别
1	鸡形目 GALLIFORMES	雉科 Phasianidae	石鸡	*Alectoris chukar*	R	二级
2			斑翅山鹑	*Perdix dauurica*	R	二级

（续）

序号	目	科	中文名	学名	居留类型	保护级别
3	鸡形目 GALLIFORMES	雉科 Phasianidae	鹌鹑	*Coturnix japonica*	P	二级
4			环颈雉	*Phasianus colchicus*	R	二级
5	雁形目 ANSERIFORMES	鸭科 Anatidae	豆雁	*Anser fabalis*	P	二级
6			灰雁	*Anser anser*	P	二级
7			翘鼻麻鸭	*Tadorna tadorna*	P/W	二级
8			赤麻鸭	*Tadorna ferruginea*	P/W	二级
9			赤膀鸭	*Mareca strepera*	P	二级
10			罗纹鸭	*Mareca falcata*	P	二级
11			赤颈鸭	*Mareca penelope*	P	二级
12			绿头鸭	*Anas platyrhynchos*	S/P/W	二级
13			斑嘴鸭	*Anas zonorhyncha*	S/P/W	二级
14			针尾鸭	*Anas acuta*	P	二级
15			绿翅鸭	*Anas crecca*	P	二级
16			琵嘴鸭	*Spatula clypeata*	P	二级
17			白眉鸭	*Spatula querquedula*	P	二级
18			赤嘴潜鸭	*Netta rufina*	P	二级
19			红头潜鸭	*Aythya ferina*	P	二级
20			白眼潜鸭	*Aythya nyroca*	P	二级
21			凤头潜鸭	*Aythya fuligula*	P	二级
22			斑背潜鸭	*Aythya marila*	P	二级
23			斑脸海番鸭	*Melanitta fusca*	P	二级
24			长尾鸭	*Clangula hyemalis*	P/W	二级
25			鹊鸭	*Bucephala clangula*	P/W	二级
26			普通秋沙鸭	*Mergus merganser*	P/W	二级
27			红胸秋沙鸭	*Mergus serrator*	P	二级
28	䴙䴘目 Podicipediformes	䴙䴘科 Podicipedidae	小䴙䴘	*Tachybaptus ruficollis*	S/P/R	二级
29			凤头䴙䴘	*Podiceps cristatus*	S/P	一级
30	鸽形目 COLUMBIFORMES	鸠鸽科 Columbidae	岩鸽	*Columba rupestris*	R	二级
31	沙鸡目 PTEROCLIFORMES	沙鸡科 Pteroclididae	毛腿沙鸡	*Syrrhaptes paradoxus*	W/P	一级
32	夜鹰目 CAPRIMULGIFORMES	夜鹰科 Caprimulgidae	普通夜鹰	*Caprimulgus indicus*	S	一级
33		雨燕科 Apodidae	白喉针尾雨燕	*Hirundapus caudacutus*	P	一级
34			北京雨燕	*Apus apus pekinensis*	S	一级
35			白腰雨燕	*Apus pacificus*	P	一级

(续)

序号	目	科	中文名	学名	居留类型	保护级别
36	鹃形目 CUCULIFORMES	杜鹃科 Cuculidae	红翅凤头鹃	*Clamator coromandus*	S	一级
37			噪鹃	*Eudynamys scolopaceus*	S	二级
38			大鹰鹃	*Hierococcyx sparverioides*	S	二级
39			北棕腹鹰鹃	*Hierococcyx hyperythrus*	S	二级
40			四声杜鹃	*Cuculus micropterus*	S	二级
41			大杜鹃	*Cuculus canorus*	S	二级
42			小杜鹃	*Cuculus poliocephalus*	S	二级
43	鸻形目 CHARADRIIFORMES	反嘴鹬科 Recurvirostridae	黑翅长脚鹬	*Himantopus himantopus*	P/S	二级
44		燕鸻科 Glareolidae	普通燕鸻	*Glareola maldivarum*	P/S	一级
45	鲣鸟目 SULIFORMES	鸬鹚科 Phalacrocoracidae	普通鸬鹚	*Phalacrocorax carbo*	P	二级
46	鹳形目 CICONIIFORMES	鹭科 Ardeidae	大麻鳽	*Botaurus stellaris*	P	二级
47			黄斑苇鳽	*Ixobrychus sinensis*	S	二级
48			紫背苇鳽	*Ixobrychus eurhythmus*	S	二级
49			栗苇鳽	*Ixobrychus cinnamomeus*	S	二级
50			夜鹭	*Nycticorax nycticorax*	S/R	二级
51			绿鹭	*Butorides striata*	S	二级
52			池鹭	*Ardeola bacchus*	S	二级
53			牛背鹭	*Bubulcus ibis*	S	二级
54			苍鹭	*Ardea cinerea*	S/P	二级
55			草鹭	*Ardea purpurea*	P	二级
56			大白鹭	*Ardea alba*	P	一级
57			中白鹭	*Ardea intermedia*	S	一级
58			白鹭	*Egretta garzetta*	S	二级
59	犀鸟目 Bucerotiformes	戴胜科 Upupidae	戴胜	*Upupa epops*	S/R	二级
60	佛法僧目 CORACIIFORMES	佛法僧科 Coraciidae	三宝鸟	*Eurystomus orientalis*	S	一级
61		翠鸟科 Alcedinidae	蓝翡翠	*Halcyon pileata*	S	一级
62	啄木鸟目 PICIFORMES	啄木鸟科 Picidae	蚁䴕	*Jynx torquilla*	P	一级
63			灰头绿啄木鸟	*Picus canus*	R	一级
64			棕腹啄木鸟	*Dendrocopos hyperythrus*	P	一级
65			星头啄木鸟	*Dendrocopos canicapillus*	R	一级
66			白背啄木鸟	*Dendrocopos leucotos*	R	一级
67			大斑啄木鸟	*Dendrocopos major*	R	一级

(续)

序号	目	科	中文名	学名	居留类型	保护级别
68	雀形目 PASSERIFORMES	黄鹂科 Oriolidae	黑枕黄鹂	*Oriolus chinensis*	S	二级
69		山椒鸟科 Campephagidae	长尾山椒鸟	*Pericrocotus ethologus*	S	二级
70		卷尾科 Dicruridae	黑卷尾	*Dicrurus macrocercus*	S	一级
71			灰卷尾	*Dicrurus leucophaeus*	V	一级
72			发冠卷尾	*Dicrurus hottentottus*	S	一级
73		王鹟科 Monarchidae	寿带	*Terpsiphone incei*	S	一级
74		伯劳科 Laniidae	虎纹伯劳	*Lanius tigrinus*	P	二级
75			牛头伯劳	*Lanius bucephalus*	W/P	二级
76			红尾伯劳	*Lanius cristatus*	S/P	二级
77			楔尾伯劳	*Lanius sphenocercus*	W/P	二级
78			灰伯劳	*Lanius excubitor*	W	二级
79		鸦科 Corvidae	红嘴蓝鹊	*Urocissa erythroryncha*	R	一级
80			灰喜鹊	*Cyanopica cyanus*	R	一级
81		山雀科 Paridae	煤山雀	*Periparus ater*	R	二级
82			黄腹山雀	*Pardaliparus venustulus*	R/S	一级
83			沼泽山雀	*Poecile palustris*	R	二级
84			褐头山雀	*Poecile montanus*	R	二级
85			大山雀	*Parus cinereus*	R	二级
86		百灵科 Alaudidae	大短趾百灵	*Calandrella brachydactyla*	P/W	二级
87			短趾百灵	*Alaudala cheleensis*	P/W	二级
88			凤头百灵	*Galerida cristata*	P/W	二级
89			角百灵	*Eremophila alpestris*	P/W	二级
90		苇莺科 Acrocephalidae	东方大苇莺	*Acrocephalus orientalis*	S	二级
91			黑眉苇莺	*Acrocephalus bistrigiceps*	P/S	二级
92			远东苇莺	*Acrocephalus tangorum*	P/S	二级
93			钝翅苇莺	*Acrocephalus concinens*	P	二级
94			厚嘴苇莺	*Arundinax aedon*	S	二级
95		蝗莺科 Locustellidae	中华短翅蝗莺	*Locustella tacsanowskia*	P/S	二级
96			矛斑蝗莺	*Locustella lanceolata*	P	二级
97			小蝗莺	*Locustella certhiola*	P	二级
98		燕科 Hirundinidae	崖沙燕	*Riparia riparia*	P	二级
99			岩燕	*Ptyonoprogne rupestris*	P/R	二级
100			家燕	*Hirundo rustica*	S/P	二级

(续)

序号	目	科	中文名	学名	居留类型	保护级别
101	雀形目 PASSERIFORMES	燕科 Hirundinidae	金腰燕	*Cecropis daurica*	S/P	二级
102			毛脚燕	*Delichon urbicum*	P	二级
103			烟腹毛脚燕	*Delichon dasypus*	S/P	二级
104		鹎科 Pycnonotidae	白头鹎	*Pycnonotus sinensis*	R	二级
105		柳莺科 Phylloscopidae	褐柳莺	*Phylloscopus fuscatus*	P	二级
106			巨嘴柳莺	*Phylloscopus schwarzi*	P	二级
107			棕眉柳莺	*Phylloscopus armandii*	S	二级
108			云南柳莺	*Phylloscopus yunnanensis*	S	二级
109			黄腰柳莺	*Phylloscopus proregulus*	P	二级
110			黄眉柳莺	*Phylloscopus inornatus*	P	二级
111			极北柳莺	*Phylloscopus borealis*	P	二级
112			双斑绿柳莺	*Phylloscopus plumbeitarsus*	P	二级
113			暗绿柳莺	*Phylloscopus trochiloides*	S	二级
114			冕柳莺	*Phylloscopus coronatus*	S	二级
115			冠纹柳莺	*Phylloscopus claudiae*	S	二级
116			比氏鹟莺	*Seicercus valentini*	V	二级
117		树莺科 Cettiidae	鳞头树莺	*Urosphena squameiceps*	P/S	二级
118		长尾山雀科 Aegithalidae	银喉长尾山雀	*Aegithalos glaucogularis*	R	二级
119		莺鹛科 Sylviidae	山鹛	*Rhopophilus pekinensis*	R	二级
120			棕头鸦雀	*Sinosuthora webbiana*	R	二级
121		噪鹛科 Leiothrichidae	山噪鹛	*Garrulax davidi*	R	二级
122		鸸科 Sittidae	黑头䴓	*Sitta villosa*	R	二级
123			普通䴓	*Sitta europaea*	R	二级
124			红翅旋壁雀	*Tichodroma muraria*	R	一级
125		河乌科 Cinclidae	褐河乌	*Cinclus pallasii*	R	一级
126		椋鸟科 Sturnidae	八哥	*Acridotheres cristatellus*	R	二级
127			丝光椋鸟	*Spodiopsar sericeus*	R	二级
128		鸫科 Turdidae	斑鸫	*Turdus eunomus*	W/P	二级
129			宝兴歌鸫	*Turdus mupinensis*	S	二级
130		鹟科 Muscicapidae	北灰鹟	*Muscicapa dauurica*	P	二级
131			乌鹟	*Muscicapa sibirica*	P	二级

(续)

序号	目	科	中文名	学名	居留类型	保护级别
132	雀形目 PASSERIFORMES	鹟科 Muscicapidae	灰纹鹟	*Muscicapa griseisticta*	P	二级
133			白眉姬鹟	*Ficedula zanthopygia*	S	二级
134			黄眉姬鹟	*Ficedula narcissina*	V	一级
135			鸲姬鹟	*Ficedula mugimaki*	P	二级
136			红喉姬鹟	*Ficedula albicilla*	P	二级
137			白腹暗蓝鹟	*Cyanoptila cumatilis*	S	二级
138		戴菊科 Regulidae	戴菊	*Regulus regulus*	W	二级
139		太平鸟科 Bombycillidae	太平鸟	*Bombycilla garrulus*	W/P	二级
140			小太平鸟	*Bombycilla japonica*	W/P	二级
141		燕雀科 Fringillidae	燕雀	*Fringilla montifringilla*	W/P	二级
142			锡嘴雀	*Coccothraustes*	W	二级
143			黑头蜡嘴雀	*Eophona personata*	P	二级
144			黑尾蜡嘴雀	*Eophona migratoria*	W/P/S	二级
145			金翅雀	*Chloris sinica*	R	二级
146			白腰朱顶雀	*Acanthis flammea*	W/P	二级
147			极北朱顶雀	*Acanthis hornemanni*	W	二级
148			黄雀	*Spinus spinus*	P	二级
149		鹀科 Emberizidae	三道眉草鹀	*Emberiza cioides*	R	二级
150			黄喉鹀	*Emberiza elegans*	P/R	二级

表4-19-3 北京地区其他野生鸟类（237种）

目	科	种
鸡形目 GALLIFORMES	三趾鹑科 Turnicidae	黄脚三趾鹑 *Turnix tanki*
雁形目 ANSERIFORMES	鸭科 Anatidae	短嘴豆雁 *Anser serrirostris*、斑头雁 *Anser indicus*、黑雁 *Branta bernicla*、绿眉鸭 *Mareca americana*、丑鸭 *Histrionicus histrionicus*、黑天鹅 *Cygnus atratus*
鹳形目 CICONIIFORMES	红鹳科 Phoenicopteridae	大红鹳 *Phoenicopterus roseus*
鸽形目 COLUMBIFORMES	鸠鸽科 Columbidae	山斑鸠 *Streptopelia orientalis*、珠颈斑鸠 *Streptopelia chinensis*、灰斑鸠 *Streptopelia decaocto*、火斑鸠 *Streptopelia tranquebarica*
鹃形目 CUCULIFORMES	杜鹃科 Cuculidae	东方中杜鹃 *Cuculus optatus*
鹤形目 GRUIFORMES	秧鸡科 Rallidae	普通秧鸡 *Rallus indicus*、西秧鸡 *Rallus aquaticus*、灰胸秧鸡 *Lewinia striata*、小田鸡 *Zapornia pusilla*、红胸田鸡 *Zapornia fusca*、白胸苦恶鸟 *Amaurornis phoenicurus*、董鸡 *Gallicrex cinerea*、黑水鸡 *Gallinula chloropus*、白骨顶 *Fulica atra*
鸻形目 CHARADRIIFORMES	反嘴鹬科 Recurvirostridae	反嘴鹬 *Recurvirostra avosetta*

(续)

目	科	种
鸻形目 CHARADRIIFORMES	鸥科 Laridae	三趾鸥 *Rissa tridactyla*、细嘴鸥 *Chroicocephalus genei*、棕头鸥 *Chroicocephalus brunnicephalus*、灰背鸥 *Larus schistisagus*、红嘴鸥 *Chroicocephalus ridibundus*、渔鸥 *Ichthyaetus ichthyaetus*、黑尾鸥 *Larus crassirostris*、普通海鸥 *Larus canus*、北极鸥 *Larus hyperboreus*、小黑背银鸥 *Larus fuscus*、西伯利亚银鸥 *Larus smithsonianus*、鸥嘴噪鸥 *Gelochelidon nilotica*、红嘴巨燕鸥 *Hydroprogne caspia*、白额燕鸥 *Sternula albifrons*、普通燕鸥 *Sterna hirundo*、灰翅浮鸥 *Chlidonias hybrida*、白翅浮鸥 *Chlidonias leucopterus*
	贼鸥科 Stercorariidae	长尾贼鸥 *Stercorarius longicaudus*、短尾贼鸥 *Stercorarius parasiticus*、中贼鸥 *Stercorarius pomarinus*
	鸻科 Charadriidae	凤头麦鸡 *Vanellus vanellus*、灰头麦鸡 *Vanellus cinereus*、金鸻 *Pluvialis fulva*、灰鸻 *Pluvialis squatarola*、剑鸻 *Charadrius hiaticula*、长嘴剑鸻 *Charadrius placidus*、金眶鸻 *Charadrius dubius*、环颈鸻 *Charadrius alexandrinus*、蒙古沙鸻 *Charadrius mongolus*、铁嘴沙鸻 *Charadrius leschenaultii*、东方鸻 *Charadrius veredus*
	彩鹬科 Rostratulidae	彩鹬 *Rostratula benghalensis*
	鹬科 Scolopacidae	丘鹬 *Scolopax rusticola*、姬鹬 *Lymnocryptes minimus*、孤沙锥 *Gallinago solitaria*、扇尾沙锥 *Gallinago gallinago*、针尾沙锥 *Gallinago stenura*、大沙锥 *Gallinago megala*、长嘴半蹼鹬 *Limnodromus scolopaceus*、黑尾塍鹬 *Limosa limosa*、斑尾塍鹬 *Limosa lapponica*、中杓鹬 *Numenius phaeopus*、鹤鹬 *Tringa erythropus*、红脚鹬 *Tringa totanus*、泽鹬 *Tringa stagnatilis*、青脚鹬 *Tringa nebularia*、白腰草鹬 *Tringa ochropus*、林鹬 *Tringa glareola*、灰尾漂鹬 *Tringa brevipes*、矶鹬 *Actitis hypoleucos*、翘嘴鹬 *Xenus cinereus*、红腹滨鹬 *Calidris canutus*、三趾滨鹬 *Calidris alba*、红颈滨鹬 *Calidris ruficollis*、小滨鹬 *Calidris minuta*、青脚滨鹬 *Calidris temminckii*、长趾滨鹬 *Calidris subminuta*、斑胸滨鹬 *Calidris melanotos*、尖尾滨鹬 *Calidris acuminata*、黑腹滨鹬 *Calidris alpina*、弯嘴滨鹬 *Calidris ferruginea*、流苏鹬 *Calidris pugnax*、红颈瓣蹼鹬 *Phalaropus lobatus*、灰瓣蹼鹬 *Phalaropus fulicarius*
潜鸟目 GAVIIFORMES	潜鸟科 Gaviidae	红喉潜鸟 *Gavia stellata*、黑喉潜鸟 *Gavia arctica*、太平洋潜鸟 *Gavia pacifica*
鹈形目 PELECANIFORMES	鸬鹚科 Phalacrocoracidae	绿背鸬鹚 *Phalacrocorax capillatus*
	鹭科 Ardeidae	黑苇鳽 *Ixobrychus flavicollis*
佛法僧目 CORACIIFORMES	翠鸟科 Alcedinidae	普通翠鸟 *Alcedo atthis*、冠鱼狗 *Megaceryle lugubris*、斑鱼狗 *Ceryle rudis*
䴕形目 PICIFORMES	啄木鸟科 Picidae	小星头啄木鸟 *Dendrocopos kizuki*、小斑啄木鸟 *Dendrocopos minor*
	山椒鸟科 Campephagidae	暗灰鹃鵙 *Lalage melaschistos*、灰山椒鸟 *Pericrocotus divaricatus*、小灰山椒鸟 *Pericrocotus cantonensis*
雀形目 PASSERIFORMES	伯劳科 Laniidae	棕背伯劳 *Lanius schach*、灰背伯劳 *Lanius tephronotus*
	鸦科 Corvidae	松鸦 *Garrulus glandarius*、喜鹊 *Pica pica*、星鸦 *Nucifraga caryocatactes*、红嘴山鸦 *Pyrrhocorax pyrrhocorax*、寒鸦 *Corvus monedula*、达乌里寒鸦 *Corvus dauuricus*、秃鼻乌鸦 *Corvus frugilegus*、大嘴乌鸦 *Corvus macrorhynchos*、小嘴乌鸦 *Corvus corone*、白颈鸦 *Corvus pectoralis*
	玉鹟科 Stenostiridae	方尾鹟 *Culicicapa ceylonensis*
	山雀科 Paridae	杂色山雀 *Sittiparus varius*
	攀雀科 Remizidae	中华攀雀 *Remiz consobrinus*
	文须雀科 Panuridae	文须雀 *Panurus biarmicus*

(续)

目	科	种
雀形目 PASSERIFORMES	扇尾莺科 Cisticolidae	棕扇尾莺 Cisticola juncidis
	蝗莺科 Locustellidae	北短翅蝗莺 Locustella davidi、斑背大尾莺 Locustella pryeri、棕褐短翅蝗莺 Locustella luteoventris
	燕科 Hirundinidae	黄额燕 Petrochelidon fluvicola
	柳莺科 Phylloscopidae	叽喳柳莺 Phylloscopus collybita、林柳莺 Phylloscopus sibilatrix、淡眉柳莺 Phylloscopus humei、叽喳柳莺 Phylloscopus collybita、林柳莺 Phylloscopus sibilatrix、淡眉柳莺 Phylloscopus humei、淡脚柳莺 Phylloscopus tenellipes、乌嘴柳莺 Phylloscopus magnirostris、黑眉柳莺 Phylloscopus ricketti、淡尾鹟莺 Seicercus soror、栗头鹟莺 Seicercus castaniceps
	树莺科 Cettiidae	棕脸鹟莺 Abroscopus albogularis、强脚树莺 Horornis fortipes、远东树莺 Horornis canturians、短翅树莺 Horornis diphone
	长尾山雀科 Aegithalidae	北长尾山雀 Aegithalos caudatus
	莺鹛科 Sylviidae	白喉林莺 Sylvia curruca
	鹎科 Pycnonotidae	领雀嘴鹎 Spizixos semitorques、栗耳短脚鹎 Hypsipetes amaurotis、红耳鹎 Pycnonotus jocosus
	绣眼鸟科 Zosteropidae	暗绿绣眼鸟 Zosterops japonicus
	旋木雀科 Certhiidae	欧亚旋木雀 Certhia familiaris
	鹪鹩科 Troglodytidae	鹪鹩 Troglodytes troglodytes
	椋鸟科 Sturnidae	灰椋鸟 Spodiopsar cineraceus、北椋鸟 Agropsar sturninus、紫翅椋鸟 Sturnus vulgaris
	鸫科 Turdinae	白眉地鸫 Geokichla sibirica、橙头地鸫 Geokichla citrina、虎斑地鸫 Zoothera aurea、灰背鸫 Turdus hortulorum、乌灰鸫 Turdus cardis、乌鸫 Turdus mandarinus、灰翅鸫 Turdus boulboul、灰头鸫 Turdus rubrocanus、白眉鸫 Turdus obscurus、白腹鸫 Turdus pallidus、赤颈鸫 Turdus ruficollis、黑喉鸫 Turdus atrogularis、红尾斑鸫 Turdus naumanni、田鸫 Turdus pilaris、白眉歌鸫 Turdus iliacus
	鹟科 Muscicapidae	欧亚鸲 Erithacus rubecula、日本歌鸲 Larvivora akahige、红尾歌鸲 Larvivora sibilans、蓝歌鸲 Larvivora cyane、白腹短翅鸲 Luscinia phoenicuroides、红胁蓝尾鸲 Tarsiger cyanurus、北红尾鸲 Phoenicurus auroreus、赭红尾鸲 Phoenicurus ochruros、红腹红尾鸲 Phoenicurus erythrogastrus、白喉红尾鸲 Phoenicuropsis schisticeps、红尾水鸲 Rhyacornis fuliginosa、白顶溪鸲 Chaimarrornis leucocephalus、紫啸鸫 Myophonus caeruleus、黑喉石鵖 Saxicola maurus、灰林鵖 Saxicola ferreus、白顶鵖 Oenanthe pleschanka、穗鵖 Oenanthe oenanthe、漠鵖 Oenanthe deserti、沙鵖 Oenanthe isabellina、白背矶鸫 Monticola saxatilis、白喉矶鸫 Monticola gularis、蓝矶鸫 Monticola solitarius、褐胸鹟 Muscicapa muttui、绿背姬鹟 Ficedula elisae、红胸姬鹟 Ficedula parva、锈胸蓝姬鹟 Ficedula sordida、橙胸姬鹟 Ficedula strophiata、灰蓝姬鹟 Ficedula tricolor、铜蓝鹟 Eumyias thalassinus
	岩鹨科 Prunellidae	棕眉山岩鹨 Prunella montanella、褐岩鹨 Prunella fulvescens、领岩鹨 Prunella collaris
	雀科 Passeridae	山麻雀 Passer cinnamomeus、麻雀 Passer montanus、石雀 Petronia petronia
	鹡鸰科 Motacillidae	山鹡鸰 Dendronanthus indicus、黄鹡鸰 Motacilla tschutschensis、西黄鹡鸰 Motacilla flava、黄头鹡鸰 Motacilla citreola、灰鹡鸰 Motacilla cinerea、白鹡鸰 Motacilla alba、田鹨 Anthus richardi、布氏鹨 Anthus godlewskii、草地鹨 Anthus pratensis、北鹨 Anthus gustavi、树鹨 Anthus hodgsoni、林鹨 Anthus trivialis、红喉鹨 Anthus cervinus、粉红胸鹨 Anthus roseatus、水鹨 Anthus spinoletta、黄腹鹨 Anthus rubescens

(续)

目	科	种
雀形目 PASSERIFORMES	燕雀科 Fringillidae	苍头燕雀 *Fringilla coelebs*、红腹灰雀 *Pyrrhula pyrrhula*、粉红腹岭雀 *Leucosticte arctoa*、蒙古沙雀 *Bucanetes mongolicus*、普通朱雀 *Carpodacus erythrinus*、中华朱雀 *Carpodacus davidianus*、长尾雀 *Carpodacus sibiricus*、白翅交嘴雀 *Loxia leucoptera*
	铁爪鹀科 Calcariidae	铁爪鹀 *Calcarius lapponicus*、雪鹀 *Plectrophenax nivalis*
	鹀科 Emberizidae	黄鹀 *Emberiza citrinella*、白头鹀 *Emberiza leucocephalos*、灰眉岩鹀 *Emberiza godlewskii*、白眉鹀 *Emberiza tristrami*、栗耳鹀 *Emberiza fucata*、小鹀 *Emberiza pusilla*、黄眉鹀 *Emberiza chrysophrys*、田鹀 *Emberiza rustica*、栗鹀 *Emberiza rutila*、灰头鹀 *Emberiza spodocephala*、苇鹀 *Emberiza pallasi*、红颈苇鹀 *Emberiza yessoensis*、芦鹀 *Emberiza schoeniclus*
	文鸟科 Ploceidae	斑文鸟 *Lonchura punctulata*、白腰文鸟 *Lonchura striata*
	画眉科 Timaliinae	黑颏凤鹛 *Yuhina nigrimenta*
	噪鹛科 Leiothrichidae	白喉噪鹛 *Garrulax albogularis*

三、鸟类的生态类群及分布

北京的鸟类包括陆禽、游禽、涉禽、攀禽、猛禽、鸣禽六大生态类群。在山区和平原，以及城市中心的各种生境中，各生态类群都有相同或不同代表种类的分布。由于鸟类善于飞行，它们选择栖息地的能力很强，分布往往随季节、食物等因素的变化而变化。

（一）陆禽

陆禽的后肢强壮适于地面行走，翅短圆，喙强壮且多为"弓"形，适于啄食。代表种类有雉鸡、鹌鹑（图4-19-4）等。北京地区有14种陆禽，分布广泛，见于各区。其中，褐马鸡仅见于门头沟区和房山区（小龙门、东灵山、百花山、京西林场），勺鸡见于房山区、门头沟区、昌平区、延庆区、怀柔区、密云区、平谷区海拔600米以上的山地，环颈雉、珠颈斑鸠、山斑鸠见于城市公园、平原和山地，鹌鹑、毛腿沙鸡在迁徙季节见于平原草地。

（二）游禽

游禽的脚趾间具蹼（蹼有多种），擅游泳。尾脂腺发达，能分泌大量油脂涂抹于全身羽毛，以保护羽衣不被水浸湿。嘴形或扁或尖，适于在水中滤食或啄鱼。代表种类有绿头鸭、鸊鹈、潜鸟、鸬鹚（图4-19-5）等。北京地区有77种

图4-19-4 鹌鹑

图4-19-5 鸬鹚

游禽，主要分布于平原和山区的各类湿地。尤其延庆区（野鸭湖）、密云区（不老屯）、昌平区（沙河水库），在迁徙季节，会出现种类繁多的游禽，包括天鹅、雁、绿头鸭、潜鸭、秋沙鸭、麻鸭、䴙䴘、鸥等，鸊鷉、黑水鸡除了在上述水域分布外，还于城市各区有水域的公园繁殖。近年，鸳鸯在怀柔区（怀沙河、怀九河）、门头沟区（百花山）、城市公园（北海、圆明园、颐和园、北京动物园、紫竹院、翠湖）均有分布或繁殖记录。

（三）涉禽

涉禽的外形具有"三长"特征，即喙长、颈长、后肢（腿和脚）长，适于涉水生活，因为后肢长可以在较深水处捕食和活动。它们趾间的蹼膜往往退化，因此不擅游水。典型的代表种类是鹤和鹭。还有体形较小但种类繁多的鸻类和鹬类都属于典型的涉禽。北京地区有96种涉禽，主要分布于城郊各区的湿地及有水域的公园，黄斑苇鸦在挺水植物茂密处繁殖，苍鹭、夜鹭、池鹭（图4-19-6）、白鹭等中大型鹭鸟也在城区周边及远郊地区的湿地和养鱼塘觅食，并在其附近林地的林冠层筑巢繁殖。灰鹤常到延庆区（野鸭湖、官厅水库）、密云区（不老屯）等地区越冬，白枕鹤在春季迁徙时，曾集群出现于密云区（陈各庄）、延庆区（野鸭湖）、平谷区（金海湖）。

（四）攀禽

攀禽的足（脚）趾类型发生多种变化，适于在岩壁、石壁、土壁、树干等处进行攀缘生活。如两趾向前、两趾朝后的啄木鸟、杜鹃，四趾朝前的雨燕，三、四趾基部并连的戴胜、翠鸟等均属于攀禽。北京地区有32种攀禽，因种而异，分布在不同环境区域。常年留居的啄木鸟从城市平原至海拔1400米的山地都有分布，它们的栖息地均为林地。夏候鸟北京雨燕分布在城郊各区的古建筑及立交桥周围，利用建筑物的孔洞造巢繁殖。夏候鸟大杜鹃集中在有东方大苇莺繁殖的湿地苇丛地带，四声杜鹃则寻找城市公园及中低山有鸦科鸟类繁殖的地方，它们分别利用苇莺、灰喜鹊等鸟类完成巢寄生。戴胜一年四季都能见到，它们选择在城市公园、河流湖泊边、低山等有树洞或柴垛缝隙的地方造巢繁殖。翠鸟在北京有水面的地方都能见到，它们捕食水中的小鱼和大型昆虫，在土壁上掘洞营巢繁殖。

（五）猛禽

猛禽的喙、爪锐利带钩，视觉器官发达，飞翔能力强，多具有捕杀动物为食的习性。羽色较暗淡，常以灰色、褐色、黑色、棕色为主要体色。代表种类有日行性的金雕、雀鹰、红隼、猎隼（图4-19-7）和夜行性的雕鸮等。北京地区的猛禽，在迁徙季节有鹰形目、隼形目共49种飞越北京上空，最集中的迁徙通道当属小西山（太行山余脉至燕山山脉）上空，最多时，日通

图4-19-6 池鹭

图4-19-7 猎隼

过量超过千只。各区山地高海拔处有金雕、秃鹫、雕鸮等常年留居并繁殖，也有苍鹰、赤腹鹰、日本松雀鹰、红隼、燕隼、红脚隼、北领角鸮、红角鸮在海拔1000米以下中低山至平原繁殖。城市中尚有红隼、纵纹腹小鸮繁殖。冬候鸟大鵟、毛脚鵟在城外各区的旷野上空盘旋。长耳鸮分布于城市公园、平原、低山的林地，而短耳鸮栖息于城区以外各区的荒地草丛之中。

（六）鸣禽

鸣禽种类繁多，鸣叫器官（鸣肌和鸣管）发达。它们善于鸣叫，巧于营巢，繁殖时有复杂多变的行为，身体为中、小型，雏鸟均为晚成，在巢中得到亲鸟的哺育才能正常发育。代表种类有喜鹊、乌鸦、大山雀、蒙古百灵、家燕、椋鸟、麻雀等。

北京地区的鸣禽种类最为丰富，有240种，在北京市各区都有许多种类分布。在北京分布的中国特有种共8种，除去褐马鸡外，其他7种均为鸣禽。作为留鸟的山噪鹛、银喉长尾山雀主要分布于各区的中低海拔山地，中华朱雀主要分布于北京西部和北部山区海拔1100米以上的亚高山林地，乌鸫近20年来进入北京，主要分布于城市公园、城区周边的平原地带。夏候鸟宝兴歌鸫在海拔1200米以上亚高山林地繁殖。黄腹山雀繁殖在各区中低海拔山地阔叶林及针阔混交林，其他季节扩散到平原及城市公园，有些个体到长江以南越冬。冬候鸟贺兰山红尾鸲，在门头沟（东灵山）亚高山林缘灌丛地带越冬。还有喜鹊、灰喜鹊、秃鼻乌鸦、麻雀等伴人鸟种常年留居于各区的居民区或在民居附近造巢繁殖。

四、部分鸟类栖息分布案例

（一）黑鹳

黑鹳（图4-19-8），别名黑老鹳、黑巨鸡、乌鹳、锅鹳，属鹳形目鹳科鹳属的大型涉禽，为国家一级保护野生动物。体长100~120厘米，喙粗长呈红色，虹膜黑褐色，眼周红色。头、颈、上体和上胸黑色，颈背、肩、胸和翼具紫、绿色金属光泽。下胸、腹、两胁和尾下覆羽白色。跗跖红色。雌鸟体羽金属光泽较雄鸟稍暗。亚成鸟上体褐色，下体白色。

黑鹳常栖息于山区河流附近的树林、岩石峭壁上和沼泽地。主要以鱼类、虾类、蛤、螺为食，也吃蛇、软体动物和昆虫。

黑鹳在北京为夏候鸟，见于门头沟永定河畔、房山拒马河畔、密云石城、怀柔水库、延庆白河堡水库等地。房山区拒马河是北京地区重要的黑鹳越冬、繁殖和迁徙停歇地。黑鹳数量稀少，是世界濒危珍禽，在北京市有筑巢繁殖的先例，多在悬崖峭壁的凹处石台或浅洞或高大乔木上营巢，有沿用旧巢的习性。

图4-19-8 黑鹳

（二）东方白鹳

东方白鹳（图4-19-9），别名白鹳、老鹳，为鹳形目鹳科鹳属大型涉禽，国家一级保护野生动物。体长100~120厘米，体重3~4千克。喙直而粗健，侧扁，呈黑色；眼周围无羽毛，呈朱红色；虹膜为粉红色；颈长；体羽大多为白色，两翼为黑色。腿长，脚、趾为朱红色。雌雄相似。常单独或集群活动，筑巢于高大乔木顶端或高压电塔上；巢体甚大；窝卵数3~5枚。

喜栖息于僻静的河谷、沼泽地区。结群生活，常到河、湖的浅水域觅食或站立于水边待饵。主要以鱼、蛙、蚌、蜥蜴、昆虫为食，有时也吃些鼠类动物。

东方白鹳为世界珍稀鸟类之一，北京地区罕

见于开阔而偏僻的水域，迁徙时通常在平原地区河流沿岸的沼泽地和有水草的浅水处（如沙河、野鸭湖等）活动觅食，为旅鸟。

图4-19-9　东方白鹳

（三）金雕

金雕（图4-19-10），别名红头雕、洁白雕，为隼形目鹰科雕属大型猛禽，国家一级保护野生动物。体长79~102厘米。雌雄相似。喙灰色，蜡膜黄色。体羽深褐色，头后枕部和后颈披针形羽毛且呈金黄色。翼型较白肩雕而言翅基渐窄。下体黑褐色，翼下飞羽较浅。未成年个体飞行时可见初级飞羽基部和尾羽基部为白色。跗跖黄色。通常单独或成对活动，喜欢在高空盘旋。以雁鸭类、雉类等鸟类，以及狍子、獾、野兔等中、小型兽类为食。通常在针叶林或悬崖上筑巢，窝卵数1~3枚。

北京地区金雕多见于西部、北部山区岩石地带，为不常见留鸟、旅鸟。

图4-19-10　金雕

（四）褐马鸡

褐马鸡（图4-19-11），别名褐鸡、角鸡、耳鸡，为鸡形目雉科马鸡属大型鸟类，国家一级保护野生动物。体长80~100厘米，尾长40~60厘米，体重2~3千克。雌雄体色相似，通体以深褐色为主，头部耳后生有两簇白色耳毛伸向头后，酷似长了两只角，故名角鸡。头部两颊裸露无羽，呈赤红色。头、颈部羽毛为浅黑色。腰部、尾上覆羽、尾羽呈白色，尾羽端部黑色，带有金属光泽。由于尾羽的小羽枝披散下垂，2对中央尾羽特别强大，高高翘起，使褐马鸡显得十分美丽。跗跖红色。

褐马鸡是世界濒危鸟类之一，中国特有鸟类，分布于华北山地。生活于海拔1200~2000米的深山中，繁殖期成对生活，非繁殖季集小群活动。繁殖期间雄鸟甚好斗。繁殖期常于林间发出甚响亮的鸣叫。营巢于林间地面，窝卵数6~9枚。

北京地区1990年在门头沟区的东灵山附近发现了褐马鸡，仅见于西部山区东灵山、小龙门林场、京西林场、百花山等地，为不常见留鸟。

图4-19-11　褐马鸡

（五）灰鹤

灰鹤，别名欧亚鹤，鹤形目鹤科大型涉禽，国家二级保护野生动物，体长100~125厘米。雌雄同色。成鸟喙角质色；虹膜橙黄色；头顶红色，前额、眼先、颏、喉至前颈黑色，眼后方有一条白色的带向后延伸与后颈相连，其余上体、下体大致为灰色；初级飞羽黑色，三级飞羽黑灰色，明显延长，停歇时松散下垂覆盖于初级飞羽和尾羽之上；跗跖黑色。幼鸟头、颈为淡皮黄色。非繁殖期集大群活动。繁殖期营巢于草原、沼泽中的干燥地面上，窝卵数2枚。

灰鹤是目前世界上鹤类中数量最大、分布最广的物种，是典型的迁徙鸟类。在北京为区域性常见冬候鸟及旅鸟，活动于开阔的大型水库、湖泊周围的草地、浅滩、农田等地，其越冬地分布地包括密云水库、官厅水库、野鸭湖湿地自然保护区、怀柔水库、顺义牛栏山、白河峡谷、百望山、温榆河、妫水河沿岸、汉石桥自然保护区和颐和园等。其中，野鸭湖自然保护区每年都有数百只灰鹤越冬，其他地点则只是零星分布。

（六）大天鹅

大天鹅，别名黄嘴天鹅、天鹅，为雁形目鸭科天鹅属大型游禽，国家二级保护野生动物。体长120~165厘米。雌雄同色。成鸟喙黑色，喙基黄色。全身皆为白色。跗跖和爪黑色。亚成鸟喙淡黄色，端部黑色。与小天鹅相似，但本种体型较大，颈较细长，且喙基的黄色部分面积较大，向喙端延伸过鼻孔。

北京地区大天鹅多活动于有开阔水面的湿地，为区域性常见的旅鸟。见于密云水库、官厅水库、怀柔水库、斋堂水库、潮白河、良乡、琉璃河等地，亦见于圆明园、颐和园等城市公园水域。

（七）环颈雉

环颈雉（图4-19-12），别名山鸡、野鸡、雉鸡，为鸡形目雉科雉属陆禽，北京市二级保护野生动物。体长58~90厘米。雄鸟头顶灰色，具白色眉纹，头侧具鲜艳的红色裸皮，头、颈余部金属墨绿色，颈部下方有一条白色颈环，北京地区的亚种颈部皆具白环；上背棕色为主，具白色点斑，下背和腰蓝灰色；尾上覆羽棕黄色，尾羽甚长，为黄褐色，具深色横斑；两翼内侧、翼上覆羽与上背羽色大致相同，外侧覆羽蓝灰色，飞羽褐色，具白色横斑，下体大致为栗色。雌、雄鸟异色，雄性羽色艳丽，雌鸟全身皆为黄褐色，上体具深色斑，尾羽短于雄鸟。

环颈雉生活于海拔800~1200米的山地环境中，非繁殖期喜集群活动（冬季尤甚）。营巢于周围有植被或岩石遮蔽的地面凹坑处，窝卵数6~14枚。能做短距离、短时间的飞行活动。足强健，善于奔走。主要食物是杂草种子、野生浆果、蠕虫、昆虫等。

北京地区环颈雉为留鸟，山区均有其活动，常见于林地、灌丛、农田等各种生境。

图4-19-12　环颈雉

（八）鸳鸯

鸳鸯（图4-19-13），为雁形目鸭科小型游禽，国家二级保护野生动物。体长41~51厘米。雄鸟繁殖羽喙红色；前额绿色，眉纹白色，甚宽阔，头顶后部橙色，颈部羽毛橙棕色且呈须状，上体大致为褐色；飞羽黑色，次级飞羽具绿色金属光泽，端部白色，最内侧三级飞羽特化为帆状，直立于背上；胸部深紫色，下胸具两道白色带；两胁红褐色，下体余部白色；跗跖黄色。雌鸟喙褐色，全身大致为灰褐色，具白色眼圈和眼纹，跗跖灰色。雄鸟非繁殖羽似

图4-19-13　鸳鸯

雌鸟但喙仍为红色。在近水的树洞中筑巢，窝卵数7~12枚。

在北京地区鸳鸯为区域性常见的旅鸟和夏候鸟及留鸟。春、秋季多见于城区、郊区湿地的开阔水面，繁殖季则多在部分城区公园和山地溪流、池塘活动。

（九）长耳鸮

长耳鸮，为鸮形目鸱鸮科中型猛禽，国家二级保护野生动物。体长29~39厘米。雌雄相似。虹膜橙红色。头顶两侧具一对长形耳羽簇，飞行时耳羽簇不可见。棕黄色圆形面盘显著，胸腹部皮黄有黑褐色不连贯纵纹。翼下初级飞羽有多道横纹有别于短耳鸮。跗跖被羽。

长耳鸮集小群越冬。夜行性。多见其立于柏树或柳树之上。主要以鼠类为食，食物匮乏时也食麻雀或蝙蝠。通常利用乌鸦、喜鹊或其他猛禽的旧巢，有时也在树洞中营巢，窝卵数3~8枚。

见于针叶林、针阔混交林或岸边林地，为不常见冬候鸟和旅鸟；近年亦有繁殖鸟记录于通州。天坛公园在20世纪以来曾有持续稳定的长耳鸮越冬记录（10~100只），近些年数量锐减，甚至整个冬季未有记录。

（十）北京雨燕

北京雨燕，别名楼燕、麻燕、褐雨燕，北京市一级保护野生动物。是雀形目雨燕科一种常见鸟类，翅膀呈细长而尖的镰刀形，尾羽形成较浅的分叉，体重一般在31~41克，体长169~184毫米。成鸟的雌雄个体体色相似，体羽多为黑褐色，喉部呈灰白色，胸腹部有白色细纵纹。雨燕的腿、脚短而弱，四趾都向前，爪短而钩曲。喙呈短的三角形，口裂非常宽大，便于在空中兜捕昆虫。以各种飞行昆虫为食，包括大量的蚊、蝇、虻等。

北京雨燕是世界上唯一以北京命名的鸟类，主要营巢于建筑物的洞穴、缝隙之中，尤其喜欢在高大的古建筑上筑巢。它能够在飞行中完成捕食、收集巢材、求偶、交配等活动，甚至可以边飞行边休息。除了孵卵，雨燕很少着陆。

北京雨燕主要栖息在天安门地区、正阳门、颐和园、雍和宫、前门、天坛、历代帝王庙等古建筑中。

第二节 兽类资源

一、兽类资源概况

2021年，北京地区共有兽类63种，具体情况见表4-19-4，隶属于7目18科，占全国哺乳动物的12%，属于资源相对贫乏的地区。共有国家重点保护野生动物9种，其中国家一级保护野生动物3种，分别为豹、豺和麋鹿；国家二级保护野生动物6种，分别为猕猴、豹猫（图4-19-14）、中华斑羚、狼、貉、赤狐。北京市一级保护野生动物4种，分别为花面狸、复齿鼯鼠、沟牙鼯鼠、小飞鼠；北京市二级保护野生动物17种，分别为东北刺猬、北小麝鼩、喜马拉雅水鼩、麝鼹、东方蝙蝠、大棕蝠、褐山蝠、东亚伏翼、

图4-19-14 豹猫

大耳蝠、亚洲长翼蝠、黄鼬、艾鼬、亚洲狗獾（图4-19-15）、猪獾、野猪、狍、蒙古兔。

北京地区的哺乳动物以古北界为主，其他多为东洋界种类。在野生种类中，啮齿目动物所占比例最高，其次为翼手目和食肉目动物。北京地区的动物园、野生动物园等人工繁育场所，饲养种类中有很多都是国家一级、国家二级保护野生动物，而且很多都是濒危物种，这些种类为科学研究濒危物种的保护和物种的人工繁育等提供了很好的材料，具有很高的科研价值。

图 4-19-15　亚洲狗獾

表 4-19-4　北京地区野生动物名录——兽类

序号	中文名	学名	保护级别（国家级）	保护级别（北京市）
1	东北刺猬	*Erinaceus amurensis*		北京二级
2	北小麝鼩	*Crocidura suaveolens*		北京二级
3	喜马拉雅水鼩	*Chimarrogale himalayica*		北京二级
4	川西缺齿鼩	*Chodsigoa hypsibia*		
5	麝鼹	*Scaptochirus moschatus*		北京二级
6	马铁菊头蝠	*Rhinolophus ferrumequinum*		
7	小菊头蝠	*Rhinolophus pusillus*		
8	普通蝙蝠	*Vespertilio murinus*		
9	东方蝙蝠	*Vespertilio sinesis*		北京二级
10	狭耳鼠耳蝠	*Myotis blythii*		
11	毛腿鼠耳蝠	*Myotis fimbriatus*		
12	北京鼠耳蝠	*Myotis pequinius*		
13	大卫鼠耳蝠	*Myotis davidii*		
14	大足鼠耳蝠	*Myotis pilosus*		
15	大棕蝠	*Eptesicus serotinus*		北京二级
16	褐山蝠	*Nyctalus noctula*		北京二级
17	东亚伏翼	*Pipistrellus abramus*		北京二级
18	萨氏伏翼	*Pipistrellus savii*		
19	大耳蝠	*Plecotus auritus*		北京二级
20	亚洲长翼蝠	*Miniopterus fuliginosus*		北京二级
21	白腹管鼻蝠	*Murina leucogaster*		
22	北京宽耳蝠	*Barbastella beijingensis*		

(续)

序号	中文名	学名	保护级别（国家级）	保护级别（北京市）
23	华北犬吻蝠	*Tadarida latouchei*		
24	猕猴	*Macaca mulatta*	国家二级	
25	狼	*Canis lupus*	国家二级	
26	赤狐	*Vulpes vulpes*	国家二级	
27	豺	*Cuon alpinus*	国家一级	
28	貉	*Nyctereutes procyonoides*	国家二级	
29	黄鼬	*Mustela sibirica*		北京二级
30	艾鼬	*Mustela eversmannii*		北京二级
31	香鼬	*Mustela altaica*		
32	亚洲狗獾	*Meles leucurus*		北京二级
33	猪獾	*Arctonyx collaris*		北京二级
34	花面狸	*Paguma larvata*		北京一级
35	豹猫	*Prionailurus bengalensis*	国家二级	
36	豹	*Panthera pardus*	国家一级	
37	野猪	*Sus scrofa*		北京二级
38	狍	*Capreolus pygargus*		北京二级
39	麋鹿	*Elaphurus davidianus*	国家一级	
40	中华斑羚	*Naemorhedus griseus*	国家二级	
41	达乌尔黄鼠	*Spermophilus dauricus*		
42	北松鼠	*Sciurus vulgaris*		
43	岩松鼠	*Sciurotamias davidianus*		
44	花鼠	*Tamias sibiricus*		
45	隐纹花松鼠	*Tamiops swinhoei*		
46	小飞鼠	*Pteromys volans*		北京一级
47	复齿鼯鼠	*Trogopterus xanthipes*		北京一级
48	沟牙鼯鼠	*Aeretes melanopterus*		北京一级
49	黑线仓鼠	*Cricetulus barabensis*		
50	长尾仓鼠	*Cricetulus longicaudatus*		
51	大仓鼠	*Cricetulus triton*		
52	棕色田鼠	*Lasiopodomys mandarinus*		
53	棕背䶄	*Craseomys rufocanus*		
54	麝鼠	*Ondatra zibethicus*		

(续)

序号	中文名	学名	保护级别（国家级）	保护级别（北京市）
55	东北鼢鼠	*Myospalax psilurus*		
56	中华鼢鼠	*Eospalax fontanierii*		
57	褐家鼠	*Rattus norvegicus*		
58	北社鼠	*Niviventer confucianus*		
59	小家鼠	*Mus musculus*		
60	黑线姬鼠	*Apodemus agrarius*		
61	中华姬鼠	*Apodemus draco*		
62	大林姬鼠	*Apodemus peninsulae*		
63	蒙古兔	*Lepus tolai*		北京二级

二、部分兽类栖息分布案例

（一）豹

豹，别名金钱豹、银钱豹、老豹子，国家一级保护野生动物，为食肉目猫科豹属大型凶猛动物，形似虎，小于虎。体长 100~150 厘米，尾长 75~100 厘米，体重 45~55 千克，最大体重可达 130 千克。体被橙黄色毛，背部及体侧布以黑色斑点及圆形黑圈，似铜钱，故名金钱豹。

豹为中国广布种动物，栖息于茂密的山林、丘陵、荒漠草原等多种自然环境，肉食性，以其他动物为食。

北京门头沟、延庆、怀柔、密云、平谷、房山的部分山区曾发现其踪迹。由于生态环境的长期破坏及人类活动的影响，现数量大大减少。

（二）豺

豺，别名红狼、豺狗，国家一级保护野生动物，为食肉目犬科豺属肉食性动物，体型似狼，但比狼小，略大于狐。体长 85~100 厘米，尾长 40~48 厘米，肩高 40~45 厘米，体重 15~20 千克。通体毛色棕红，背部毛尖黑色，腹部棕色或淡棕色。头部吻比狼短，额部没狼高，耳短圆。四肢外侧颜色与背部相同，内侧颜色较淡。尾长且蓬松。

豺分布于中国大部分地区，生活于山区森林及丘陵地带。为夜行性动物，以狍、山羊、草兔等食草动物为食。

北京密云、延庆、门头沟等地山区有分布。

（三）中华斑羚

中华斑羚（图 4-19-16），别名青羊、山羊，国家二级保护野生动物，为偶蹄目牛科斑羚属食草动物。斑羚体形与山羊相似，不同的是下颌无胡须。体长 80~130 厘米，尾长 17~20 厘米，肩高 55~75 厘米，体重 28~35 千克。雌雄均有角，角形精巧，短而细，尖端锐利，向后略微弯曲，双角距离较近，基部有 8~9 个明显的环棱。耳短而直立，内侧呈白色。颈长，喉部有一大白色斑块。体毛灰褐色，背中央具黑色长鬃毛，四肢较短，前后肢均具灰黑色窄形偶蹄。尾短，被黑色长毛。

图 4-19-16　中华斑羚

中华斑羚多栖息于裸岩和山地林区，常单独活动，善于在裸岩上攀跃，食物主要是青草，也食灌木的嫩叶以及野果。

北京地区见于门头沟、密云、怀柔、昌平、平谷、延庆等地山区。现数量较少。

（四）麋鹿

麋鹿（图4-19-17），为国家一级保护野生动物，为偶蹄目鹿科麋鹿属食草动物，体长160~200厘米，尾长60~70厘米，是鹿科动物中尾巴最长的种类，体重150~170千克。头似马而非马，角似鹿而非鹿，蹄似牛而非牛，尾似驴而非驴，故名"四不像"。

麋鹿喜栖息于疏林的草原、灌丛、沼泽等地。结群生活，群内等级分明，占优势地位的个体优先吃食。食物主要为各种适口性好的青草和水生植物。

图4-19-17　麋鹿

麋鹿为中国特产动物，历史上曾在中国广泛分布，在清朝末年近乎绝种，改革开放后，实施"麋鹿重引进"项目，1985年和1987年，从欧洲分两批共38只麋鹿返回故乡，被放养在其曾经生活过的地方，即现在的北京麋鹿生态实验中心，使麋鹿又重新回到人们的视野中。目前，中国已建立81个麋鹿迁地保护种群，境内麋鹿种群已发展壮大到9000多只，其中大兴麋鹿苑有220多只。

（五）狍

狍（图4-19-18），别名狍子，北京市二级保护野生动物，为偶蹄目鹿科狍属中型食草动物。

狍生活在山地、灌丛、河谷和平原草地环境。成群活动，善于奔跑。清晨和黄昏出来觅食，食植物嫩叶、芽、青草，尤喜吃杨、柳、桦树的枝、叶。食物缺乏时也吃苔藓和地衣。

狍分布于中国的东北、华北、西北等地。北京的百花山、松山、东灵山、雾灵山等地有分布。

图4-19-18　狍

（六）赤狐

赤狐，别名草狐、红狐、狐狸，国家二级保护野生动物，为食肉目犬科狐属食肉动物，体型中等，体长50~90厘米，尾长30~48厘米，体高40~50厘米，体重4~7千克。赤狐的毛色因所居住的地理环境的不同而有所不同，如在中国北部干旱地区产的赤狐毛色较浅。一般赤狐的毛色为赤褐色或棕红色，故称赤狐。

赤狐生活在森林、丘陵、沙漠、荒原等多种生态环境。喜单独活动，为夜行性动物。四肢强健，动作敏捷，有一定的耐力，会游泳。主要以小型动物为食，如鱼、蛙、鸟、鼠、兔等，有时还袭击小山羊；秋季也吃野果；食物缺乏时也会闯入村庄偷食家禽、家畜。

北京市松山、东灵山、周口店、南口等地均有其活动踪迹。

（七）狼

狼，别名灰狼、青狼，国家二级保护野生动物，属于食肉目犬科犬属，是体型最大的犬科动物，形态与狗相似。

狼栖息地广阔，包括山地、疏林、草原、荒漠等环境。夏季成对或以小家庭方式活动，冬季结成20~30只或更大的群体生活。狼耐力极佳，群体可围攻大型的猎物。主要以小型动物为食，如鱼、蜥蜴、松鼠、草兔，也喜欢吃尸体和腐肉，偶尔也以植物为食。

狼分布于中国大部分地区。北京门头沟、密云、延庆、昌平等地均有狼的活动踪迹。

（八）野猪

野猪（图4-19-19），别名山猪、拱猪，北京市二级保护野生动物，属于偶蹄目猪科猪属。野猪外形似家猪，身体短而肥。野猪栖息于山林、灌丛或针阔混交林中。杂食性，植物、动物性食物均吃。

野猪广布于中国南北各地。北京的怀柔、门头沟等地深山区有分布，局部还出现野猪灾害。

（九）果子狸

果子狸，别名花面狸，北京市一级保护野生动物，属于食肉目灵猫科花面狸属。果子狸体形似猫，体长55~57厘米，尾长44~54厘米，体重4~9千克。头部自鼻端至头后有一条白色纵纹，眼及两颊也具白色斑纹，故名"花面狸"。

果子狸生活于山林中，营穴居生活。北京数量稀少，在密云、昌平、门头沟有野生种分布。

（十）蝙蝠

蝙蝠，别名东方蝙蝠，北京市二级保护野生动物，属于翼手目蝙蝠科蝙蝠属，白天隐居在屋檐、建筑物下或树洞、岩洞中，将身体倒挂而栖息。为夜行动物，夏季从黄昏开始活动，单独或结群生活。

分布于中国的大部分地区。北京地区多有分布。嗜食昆虫，一只成年蝠一夜可以捕食3000多只蚊子。

图4-19-19　野猪

第三节　两栖类动物资源

2021年，北京地区的两栖动物共7种，分别为中华蟾蜍、花背蟾蜍（图4-19-20）、中国林蛙（图4-19-21）、金线侧褶蛙（图4-19-22）、黑斑侧褶蛙（图4-19-23）、北方狭口蛙、东方铃蟾。

主要分布在怀柔区、密云区、延庆区、平谷区、顺义区、昌平区和城区的湿地和森林之中。其中，北京市一级保护野生动物1种，为金线侧褶蛙，北京市二级保护野生动物4种，为花背蟾蜍、中国林蛙、黑斑侧褶蛙、东方铃蟾。

北京地区的气候特点决定了两栖类的种类区系以北方类型为主。在垂直分布上表现为以中、低山地带常见的特点，在高山带仅有本地区常见的中国林蛙。在分布小生境上集中于水域等湿地，见于村落附近，也常见于季节性水塘和溪流附近。集中分布的重要湿地有房山十渡拒马河区域、永定河流域、北运河流域，延庆妫水河、龙庆峡地区、白河流域、汤河流域、怀柔水库及其上游支流，密云水库周边、潮白河流域，平谷金海湖周边，以及城市各大公园。

图 4-19-20　花背蟾蜍

图 4-19-21　中国林蛙

图 4-19-22　金线侧褶蛙

图 4-19-23　黑斑侧褶蛙

第四节　爬行类动物资源

2021 年，北京地区有爬行动物 23 种，具体见表 4-19-5，其中，国家二级保护野生动物 1 种，为团花锦蛇。北京市一级保护野生动物 4 种，分别为黄纹石龙子、宁波滑蜥、王锦蛇、玉斑丽蛇。北京市二级保护野生动物 9 种，分别为黄脊游蛇、赤链蛇、赤峰锦蛇、白条锦蛇、黑眉锦蛇（图 4-19-24）、红纹滞卵蛇、乌梢蛇、虎斑颈槽蛇、短尾蝮。

北京地区的爬行动物以北方型居多，分布于北京市的林地、农田和城区各种生境。

图 4-19-24　黑眉锦蛇

表 4-19-5　北京野生动物名录——爬行类

序号	中文名	学名	保护级别（国家级）	保护级别（北京市）
1	中华鳖	*Pelodiscus sinensis*		
2	无蹼壁虎	*Gekko swinhonis*		

(续)

序号	中文名	学名	保护级别（国家级）	保护级别（北京市）
3	黄纹石龙子	*Plestiodon capito*		一级
4	宁波滑蜥	*Scincella modesta*		一级
5	山地麻蜥	*Eremias brenchleyi*		
6	丽斑麻蜥	*Eremias argus*		
7	荒漠沙蜥	*Phrynocephalus przewalskii*		
8	黄脊游蛇	*Orientocoluber spinalis*		二级
9	赤链蛇	*Lycodon rufozonatus*		二级
10	赤峰锦蛇	*Elaphe anomala*		二级
11	白条锦蛇	*Elaphe dione*		二级
12	王锦蛇	*Elaphe carinata*		一级
13	团花锦蛇	*Elaphe davidi*	二级	
14	玉斑丽蛇	*Euprepiophis mandarinus*		一级
15	黑眉曙蛇	*Orthriophis taeniurus*		二级
16	红纹滞卵蛇	*Oocatochus rufodorsatus*		二级
17	乌梢蛇	*Ptyas dhumnades*		二级
18	虎斑颈槽蛇	*Rhabdophis tigrinus*		二级
19	黑头剑蛇	*Sibynophis chinensis*		
20	刘氏链蛇	*Lycodon liuchengchaoi*		
21	黑背链蛇	*Lycodon ruhstrati*		
22	短尾蝮	*Gloydius brevicaudus*		二级
23	西伯利亚蝮	*Gloydius halys*		

第二十章　森林植物资源

森林植物资源包括物种资源和种质资源。植物种质资源是指一切具有种质或基因并能够遗传的植物的总称，亦指林木遗传多样性资源。北京地区自然地理条件复杂，分布着多样的生态系统类型，生物多样性富集，森林植物资源丰富。

第一节　植物物种组成与分布

一、植物物种资源

（一）《北京植物志》记载

1992年修订版《北京植物志》共记录野生植物1597种，收录北京地区共有维管束植物169科898属2088种和171个变种、亚种及变型，其中栽培植物约占1/5。

（二）北京植物种质资源调查

2007—2010年，北京市园林绿化局和北京林业大学合作，组织开展了北京地区植物种质资源专项调查（图4-20-1）。调查涵盖了全市市域范围，调查对象不仅包括野生、栽培与引进植物，也包括林业、园林、药用与食用等经济植物，但不包括农业栽培植物。野外调查发现维管束植物1790种，后又陆续发现4种，全市共有维管束植物1794种，隶属于142科659属。其中，蕨类植物19科31属83种，裸子植物3科7属11种，被子植物120科621属1700种。具体见表4-20-1、表4-20-2、表4-20-3。

图4-20-1　2008年，植物种质资源调查外业现场

表 4-20-1　北京市裸子植物资源

科	属	种数
麻黄科	麻黄属	3
柏科	刺柏属、侧柏属	2
松科	冷杉属、落叶松属、云杉属、松属	6

表 4-20-2　北京市蕨类植物资源

科	属	种数
卷柏科	卷柏属	6
木贼科	木贼属	5
阴地蕨科	阴地蕨属	1
碗蕨科	碗蕨属	2
蕨科	蕨属	1
中国蕨科	粉背蕨属、薄鳞蕨属、中国蕨属	6
铁线蕨科	铁线蕨属	3
裸子蕨科	凤丫蕨属、金毛裸蕨属	5
蹄盖蕨科	短肠蕨属、蹄盖蕨属、冷蕨属、羽节蕨属、蛾眉蕨属	16
肿足蕨科	肿足蕨属	2
金星蕨科	沼泽蕨属	1
铁角蕨科	铁角蕨属、过山蕨属	6
球子蕨科	荚果蕨属、球子蕨属	2
岩蕨科	岩蕨属	9
鳞毛蕨科	鳞毛蕨属、耳蕨属	8
水龙骨科	瓦韦属、多足蕨属、石韦属	7
蘋科	蘋属	1
槐叶蘋科	槐叶蘋属	1
满江红科	满江红属	1

表 4-20-3　北京市被子植物资源

科	属	种数
八角枫科	八角枫属	1
白花菜科	白花菜属	1
百合科	葱属、知母属、天门冬属、七筋姑属、铃兰属、万寿竹属、贝母属、顶冰花属、萱草属、百合属、洼瓣花属、舞鹤草属、沿阶草属、重楼属、黄精属、绵枣儿属、鹿药属、菝葜属、油点草属、藜芦属、棋盘花属	63

(续)

科	属	种数
败酱科	败酱属、缬草属	6
报春花科	点地梅属、假报春属、海乳草属、珍珠菜属、报春花属、七瓣莲属	16
车前科	车前属	5
柽柳科	水柏枝属、红砂属、柽柳属	4
川续断科	川续断属、蓝盆花属	4
唇形科	藿香属、筋骨草属、水棘针属、风轮菜属、青兰属、香薷属、活血丹属、夏至草属、野芝麻属、益母草属、斜萼草属、地笋属、薄荷属、荆芥属、糙苏属、香茶菜属、鼠尾草属、裂叶荆芥属、黄芩属、水苏属、香科科属、百里香属	61
茨藻科	茨藻属	3
大戟科	铁苋菜属、大戟属、雀舌木属、叶下珠属、蓖麻属、白饭树属、地构叶属	20
灯芯草科	灯芯草属	4
豆科	合萌属、合欢属、紫穗槐属、两型豆属、黄芪属、杭子梢属、锦鸡儿属、决明属、小冠花属、猪屎豆属、镰扁豆属、皂荚属、大豆属、甘草属、米口袋属、木蓝属、鸡眼草属、山蠶豆属、胡枝子属、苜蓿属、草木樨属、扁蓿豆属、棘豆属、菜豆属、长柄山蚂蝗属、葛属、刺槐属、槐属、野决明属、车轴草属、野豌豆属	94
杜鹃花科	杜鹃属	2
椴树科	田麻属、扁担杆属、椴树属	6
番杏科	粟米草属	1
防己科	蝙蝠葛属	1
凤仙花科	凤仙花属	2
浮萍科	浮萍属、紫萍属	3
禾本科	芨芨草属、獐毛属、冰草属、剪股颖属、看麦娘属、三芒草属、芦草属、野古草属、燕麦属、菌草属、孔颖草属、雀麦属、野牛草属、野青茅属、拂子茅属、细柄草属、蒺藜草属、虎尾草属、隐子草属、隐花草属、龙爪茅属、龙常草属、马唐属、双稃草属、稗属、穇属、披碱草属、九顶草属、画眉草属、野黍属、羊茅属、甜茅属、异燕麦属、牛鞭草属、茅香属、白茅属、柳叶箬属、落草属、假稻属、千金子属、银穗草属、赖草属、黑麦草属、臭草属、莠竹属、粟草属、芒属、乱子草属、求米草属、直芒草属、黍属、狼尾草属、茅根属、繭草属、芦苇属、早熟禾属、棒头草属、碱茅属、鹅观草属、裂稃草属、黑麦属、狗尾草属、高粱属、大油芒属、针茅属、菅属、锋芒草属、草沙蚕属、三毛草属、菰属、结缕草属	165
黑三棱科	黑三棱属	2
胡椒科	草胡椒属	1
胡麻科	茶菱属	1
胡桃科	胡桃属、枫杨属	3
胡颓子科	沙棘属	1
葫芦科	盒子草属、假贝母属、裂瓜属、赤瓟属	4
虎耳草科	落新妇属、金腰属、溲疏属、绣球属、独根草属、梅花草属、扯根菜属、山梅花属、茶藨子属、虎耳草属	21
花蔺科	花蔺属	1

(续)

科	属	种数
花荵科	花荵属	2
桦木科	桦木属、鹅耳枥属、榛属、虎榛子属	11
蒺藜科	蒺藜属	1
夹竹桃科	罗布麻属	1
金粟兰科	金粟兰属	1
金鱼藻科	金鱼藻属	2
堇菜科	堇菜属	19
锦葵科	苘麻属、木槿属、锦葵属	3
景天科	瓦松属、红景天属、景天属	13
桔梗科	沙参属、风铃草属、党参属、半边莲属、桔梗属	15
菊科	蓍属、猫儿菊属、和尚菜属、豚草属、香青属、牛蒡属、莎菀属、蒿属、紫菀属、苍术属、鬼针草属、短星菊属、翠菊属、飞廉属、天名精属、石胡荽属、茼蒿属、蓟属、白酒草属、秋英属、还阳参属、菊属、鱼眼草属、东风菜属、蓝刺头属、鳢肠属、一点红属、飞蓬属、泽兰属、线叶菊属、牛膝菊属、鼠曲草属、向日葵属、泥胡菜属、狗娃花属、山柳菊属、旋覆花属、苦荬菜属、马兰属、莴苣属、大丁草属、火绒草属、橐吾属、蚂蚱腿子属、毛连菜属、福王草属、祁州漏芦属、金光菊属、风毛菊属、鸦葱属、千里光属、狗舌草属、麻花头属、豨莶属、华蟹甲属、一枝黄花属、苦苣菜属、兔儿伞属、山牛蒡属、万寿菊属、猬菊属、蒲公英属、碱菀属、女菀属、款冬属、斑鸠菊属、苍耳属、黄鹌菜属、百日菊属、白接骨属	203
爵床科	爵床属	2
壳斗科	栗属、栎属	11
苦苣苔科	旋蒴苣苔属、珊瑚苣苔属	2
苦木科	臭椿属、苦树属	2
兰科	凹舌兰属、珊瑚兰属、杓兰属、火烧兰属、虎舌兰属、手参属、玉凤花属、角盘兰属、无喙兰属、羊耳蒜属、对叶兰属、沼兰属、鸟巢兰属、兜被兰属、红门兰属、舌唇兰属、绶草属、蜻蜓兰属	23
蓝雪科	补血草属	1
狸藻科	狸藻属	1
藜科	沙蓬属、滨藜属、轴藜属、藜属、虫实属、地肤属、猪毛菜属、碱蓬属	24
楝科	楝属、香椿属	2
蓼科	荞麦属、蓼属、翼蓼属、大黄属、酸模属	41
列当科	列当属	2
菱科	菱属	3
柳叶菜科	露珠草属、柳叶菜属、山桃草属、丁香蓼属、月见草属	18
龙胆科	百金花属、喉花草属、龙胆属、扁蕾属、花锚属、肋柱花属、睡菜属、荇菜属、翼萼蔓属、獐牙菜属	18
鹿蹄草科	松下兰属、鹿蹄草属	4

(续)

科	属	种数
萝藦科	鹅绒藤属、萝藦属、杠柳属	16
马鞭草科	紫珠属、莸属、牡荆属	5
马齿苋科	马齿苋属	1
马兜铃科	马兜铃属	1
马钱科	尖帽草属	1
牻牛儿苗科	牻牛儿苗属、老鹳草属	8
毛茛科	乌头属、类叶升麻属、银莲花属、楼斗菜属、水毛茛属、升麻属、铁线莲属、翠雀属、碱毛茛属、芍药属、白头翁属、毛茛属、唐松草属、金莲花属	69
猕猴桃科	猕猴桃属	2
木兰科	五味子属	1
木樨科	流苏树属、连翘属、梣属、丁香属	11
葡萄科	蛇葡萄属、乌蔹莓属、葡萄属	12
漆树科	黄栌属、黄连木属、盐肤木属、漆属	6
槭树科	槭属	3
千屈菜科	水苋菜属、千屈菜属、节节菜属	5
茜草科	拉拉藤属、耳草属、野丁香属、盖裂果属、鸡矢藤属、墨苜蓿属、茜草属	17
蔷薇科	龙牙草属、地蔷薇属、樱子属、山楂属、蛇莓属、白鹃梅属、蚊子草属、路边青属、苹果属、李属、风箱果属、委陵菜属、李属、梨属、蔷薇属、悬钩子属、地榆属、花楸属、绣线菊属	89
茄科	曼陀罗属、天仙子属、枸杞属、散血丹属、酸浆属、泡囊草属、茄属	15
秋海棠科	秋海棠属	1
忍冬科	六道木属、忍冬属、接骨木属、荚蒾属、锦带花属	23
瑞香科	草瑞香属、狼毒属、荛花属	4
伞形科	羊角芹属、当归属、峨参属、柴胡属、葛缕子属、毒芹属、蛇床属、芫荽属、柳叶芹属、绒果芹属、阿魏属、茴香属、独活属、天胡荽属、岩风属、藁本属、水芹属、香根芹属、山芹属、前胡属、茴芹属、变豆菜属、防风属、泽芹属、迷果芹属、窃衣属	48
桑寄生科	桑寄生属、槲寄生属	2
桑科	构属、大麻属、柘属、水蛇麻属、葎草属、桑属	10
莎草科	球柱草属、薹草属、莎草属、荸荠属、飘拂草属、水莎草属、嵩草属、水蜈蚣属、湖瓜草属、扁莎草属、藨草属	82
山茱萸科	山茱萸属	3
杉叶藻科	杉叶藻属	1
商陆科	商陆属	2
省沽油科	省沽油属	1

(续)

科	属	种数
十字花科	南芥属、锥果芥属、荠属、碎米荠属、离子芥属、播娘蒿属、异蕊芥属、花旗杆属、葶苈属、芝麻菜属、糖芥属、香花芥属、独行菜属、涩荠属、豆瓣菜属、诸葛菜属、焊菜属、大蒜芥属、蔊菜属、念珠芥属	42
石竹科	无心菜属、卷耳属、狗筋蔓属、石竹属、石头花属、剪秋罗属、种阜草属、孩儿参属、漆姑草属、蝇子草属、拟漆姑属、繁缕属、麦蓝菜属	41
柿树科	柿树属	1
鼠李科	枳椇属、鼠李属、雀梅藤属、枣属	12
薯蓣科	薯蓣属	2
水鳖科	黑藻属、水鳖属、苦草属	3
水麦冬科	水麦冬属	1
睡莲科	芡属、莲属、萍蓬草属、睡莲属	4
檀香科	百蕊草属	2
藤黄科	金丝桃属	2
天南星科	菖蒲属、天南星属、半夏属、犁头尖属	8
透骨草科	透骨草属	1
卫矛科	南蛇藤属、卫矛属	5
无患子科	栾树属	1
五福花科	五福花属	1
五加科	五加属、楤木属、常春藤属、刺楸属	7
苋科	牛膝属、莲子草属、苋属	14
香蒲科	香蒲属	7
小檗科	小檗属、红毛七属	5
小二仙草科	狐尾藻属	2
玄参科	芯芭属、野胡麻属、小米草属、柳穿鱼属、母草属、通泉草属、山罗花属、沟酸浆属、疗齿草属、脐草属、马先蒿属、松蒿属、地黄属、玄参属、阴行草属、婆婆纳属、腹水草属	41
旋花科	打碗花属、旋花属、菟丝子属、鱼黄草属、牵牛属	16
荨麻科	苎麻属、蝎子草属、艾麻属、墙草属、冷水花属、荨麻属	12
鸭跖草科	鸭跖草属、竹叶子属	3
亚麻科	亚麻属	2
眼子菜科	眼子菜属、角果藻属	12
杨柳科	杨属、柳属	20
罂粟科	白屈菜属、紫堇属、角茴香属、博落回属、罂粟属	17
榆科	朴属、刺榆属、青檀属、榆属	11
雨久花科	雨久花属	2

(续)

科	属	种数
鸢尾科	鸢尾属	5
远志科	远志属	4
芸香科	白鲜属、吴茱萸属、黄檗属、花椒属	5
泽泻科	泻泽属、慈姑属	4
紫草科	斑种草属、琉璃草属、齿缘草属、鹤虱属、紫草属、滨紫草属、砂引草属、勿忘草属、紫筒草属、盾果草属、附地菜属	19
紫茉莉科	紫茉莉属	1
紫葳科	角蒿属	1
酢浆草科	酢浆草属	4

此次调查发现北京地区有中国植物特有种199种，其中华北特有植物65种，如脱皮榆、蚂蚱腿子等。北京市特有植物4种，即槭叶铁线莲、羽叶铁线莲、北京水毛茛、百花山葡萄（《中国植物志》将该种并入山葡萄的变种，深裂山葡萄）。

二、维管束植物分布

受到自然环境条件及人为干扰等因素的影响，北京市植物物种的分布差异很大，野生植物主要分布在远郊的山区，物种的丰富程度由远郊到近郊逐渐降低。北京的西部、北部及东北部的山区，植物种类较为丰富，野生植物分布地区以门头沟、延庆、密云、怀柔、房山、昌平和平谷等山区为主，形成以下7个植物多样性分布中心。百花山—东灵山—霞云岭—上方山多样性中心，有维管束植物107科454属918种，为北京地区维管束植物最丰富的地区；松山—玉渡山多样性中心，有维管束植物109科422属791种；喇叭沟门—帽山多样性中心，有维管束植物102科367属668种；雾灵山多样性中心，有维管束植物98科339属638种；八达岭—兴寿多样性中心，有维管束植物82科225种；琉璃庙—云蒙山多样性中心，有维管束植物98科702种；熊儿寨—黄松峪多样性中心，有维管束植物80科422种。

三、野生植物变异类型

有11个植物新变异类型。其中，重瓣变异5个，分别为当药、辐状肋柱花、中国扁蕾、假水生龙胆和雪白委陵菜；白花变异5个，分别为龙胆科的秦艽、桔梗科的展枝沙参、紫草科的钝萼附地菜、玄参科的穗花马先蒿和唇形科的密花香薷；绿花变异1个，为藜芦。

第二节 重点保护野生植物资源

一、国家重点保护野生植物

2021年，北京地区有国家一级保护野生植物1种，为百花山葡萄；有国家二级保护野生植物11种和1个属，包括槭叶铁线莲、轮叶贝母、手参、北京水毛茛、红景天、甘草、软枣猕猴桃、丁香叶忍冬、野大豆、黄檗、紫椴和杓兰属3种。具体见表4-20-4。

表 4-20-4　北京市国家重点保护野生植物

保护级别	中文名	学名	科名
一级	百花山葡萄	Vitis baihuashanensis	葡萄科
二级	槭叶铁线莲	Clematis acerifolia	毛茛科
二级	轮叶贝母	Fritillaria maximowiczii	百合科
二级	手参	Gymnadenia conopsea	兰科
二级	北京水毛茛	Batrachium pekinense	毛茛科
二级	红景天	Rhodiola rosea	景天科
二级	甘草	Glycyrrhiza uralensis	豆科
二级	软枣猕猴桃	Actinidia arguta	猕猴桃科
二级	丁香叶忍冬	Lonicera oblata	忍冬科
二级	野大豆	Glycine soja	豆科
二级	黄檗	Phellodendron amurense	芸香科
二级	紫椴	Tilia amurensis	椴树科
二级	杓兰属 3 种	Crpripedium	兰科

其形态特征和分布如下。

（一）百花山葡萄

葡萄科葡萄属，木质藤本。藤皮纵条状剥落。小枝髓心褐色，卷须与叶对生。叶阔卵圆形，较大，3~5 深裂，似掌状，每裂片自中部又裂。圆锥花序与叶对生，花小，黄绿色，雌雄异株。浆果熟时蓝黑色。花期 6 月，果期 8~9 月（图 4-20-2）。

生于水分充足、腐殖质较厚的山沟、林下。见于门头沟地区，数量极少。本种与葡萄近缘，为重要的果树种质资源。对北京地区植物地理和葡萄属的区系研究有一定科学价值。由于数量极少，种群自我扩增非常难。

（二）槭叶铁线莲

毛茛科铁线莲属，直立小灌木。根木质，粗壮。单叶对生，叶片五角形，基部浅心形，中裂片近卵形，侧裂片三角形，叶柄长 2~5 厘米。花 2~4 朵簇生，萼片 6，白色或带粉红色，狭倒卵形至椭圆形，光滑；雄蕊多数，无毛，子房有柔毛。花期 4 月，果期 5~6 月。

图 4-20-2　国家一级保护野生植物——百花山葡萄

分布在非常干旱的陡坡、石壁或者土坡上，喜石灰岩山地，集中分布于北京西部的房山蒲洼，门头沟京西林场、妙峰山、百花山、东灵山等地。居群面积小，数量很少。本种株形特殊，开花于早春，先叶开放，花形美丽，具有重要的观赏价值。由于分布区片段化，生境非常恶劣，对种群繁衍造成巨大困难。

（三）轮叶贝母

百合科贝母属，多年生草本。鳞茎肥厚，茎光滑。叶片轮生茎上部，稀2轮，叶片线形至线状披针形，先端不反卷。花单生枝顶，少有2朵者；花被片6，长圆状椭圆形，外面紫红色，内面红色具黄色方格形斑纹，基部具蜜腺；雄蕊6，花柱长，柱头3深裂。蒴果椭圆形。花期6~7月，果期7~8月。

生于湿度较大的林下、林缘等处。北京地区数量极少，仅见于密云地区。轮叶贝母具有重要的药用价值，亦可食用和观赏。由于个体数量极少，种群繁衍十分困难。

（四）手参

兰科手参属，陆生兰，高20~60厘米。块茎椭圆形，长1~2厘米，下部掌状分裂。叶3~5枚，常生于茎之下半部，条状舌形或狭舌状披针形，长8~15厘米，宽1~2厘米，基部呈鞘抱茎。总状花序具多数密生的小花，排成圆柱状；花苞片披针形；花粉红色（罕淡白色）；瓣较宽，斜卵状三角形；唇瓣阔倒卵形，长4~5毫米，前部3裂，中裂片稍大，顶端钝。花果期6~8月。

通常生长于海拔260米以上山坡林下、草地或砾石滩草丛中，分布于密云、怀柔、延庆、门头沟、平谷等地。

（五）北京水毛茛

毛茛科水毛茛属，多年生沉水草本。茎长约30厘米，无毛或节上有疏毛，具分枝。单叶互生，叶片2型。沉水叶扇形，深裂呈丝状，浮水叶中裂至深裂，裂片较宽。花萼5，近椭圆形；花瓣5，白色，雄蕊15。花、果期5~8月（图4-20-3）。

图4-20-3 国家二级保护野生植物——北京水毛茛

分布于水质清澈、干净的小溪、山沟等处，通常丛生，成片分布。北京特有水生植物，见于昌平南口、延庆松山和玉渡山、怀柔慕田峪等地，数量较多。北京水毛茛的起源和分布中心在北京，由于其水生特性，对水源、水质要求极高，对研究本地区植物区系的演变等具有重要意义。

（六）红景天

景天科红景天属，多年生草本。株高15~35厘米。根粗壮，直立或倾斜，幼根表面淡黄色，老根表面褐色至棕褐色，具脱落栓皮。叶无柄，长圆状匙形、长圆状菱形或长圆状披针形，边缘具粗锯齿，下部近全缘。聚伞花序顶生，密集，花黄色。蓇葖果披针形或线状披针形，具外弯短喙。花果期6~8月。

多丛生于山坡、草甸等处。北京多见于山区高海拔地带，百花山、东灵山、上方山、松山、雾灵山等地有分布，资源量较少。红景天属植物历来为我国中药名品，含有多种珍贵化合物，具有重要药用价值。分布区域海拔高，种群生长、繁殖困难。

（七）甘草

豆科甘草属，多年生草本。植株较高大。根粗壮，有甜味。茎直立，基部木质化，全株被白色短毛和鳞片状、点状及刺毛状腺体。奇数羽状复叶，小叶卵形或宽卵形，两面有毛和腺体。总状花序密集、腋生，花蓝紫色或紫红色。荚果条状长圆形，弯曲成镰刀状或环形，密生短毛和腺体。花期7~8月，果期8~9月。

生长于山坡、草地、路旁。北京地区分布量较少，见于百花山、松山等地，分布区破碎化程度严重，零星分布，数量稀少，这给种群更新带来巨大影响。甘草为中药领域著名药材。

（八）软枣猕猴桃

猕猴桃科猕猴桃属，落叶藤本。生于山坡、杂木林内、林缘或沟谷中。见于昌平、房山、延庆、密云、怀柔等地山区，资源量较大。

（九）丁香叶忍冬

忍冬科忍冬属，落叶灌木。幼枝浅褐色，被毛，老枝灰褐色，光滑。单叶对生，全缘，三角状卵形至菱状宽卵形，幼叶密被毛，后渐脱落。总花梗发自当年生小枝叶腋，花黄白色。浆果状核果红色，圆形。花期5~6月，果期7月（图4-20-4）。

生长于林下。在延庆松山发现1株，生长地点光照、水分、生态位竞争等条件都不利。忍冬属多数植物花、果形态美丽，为园林观赏常见植物，丁香叶忍冬也是忍冬属中数量极少的种。由于数量极少，星散分布，给物种繁衍造成极大困难。

图4-20-4　国家二级保护野生植物——丁香叶忍冬

（十）野大豆

豆科大豆属，一年生缠绕藤本。全株密被黄色长硬毛。茎匍匐或缠绕，长可达2~3米。三出羽状复叶，长卵形、椭圆形，托叶卵状披针形。总状花序腋生，苞片披针形；花萼钟形，5浅裂；花瓣蝶形，淡紫色，少有白色。荚果长圆形，密被黄褐色硬毛，种子之间缢缩。花期6~8月，果期7~9月。

多分布在水分条件优越的河岸、溪边、沼泽等地，也见于林下或少数盐碱地。北京各区常见，尤其以湿地地区为多，资源量较大。野大豆具有抗旱、耐旱、耐盐碱等众多突出优点，还是良好的固氮、蜜源和饲用植物。

（十一）黄檗

芸香科黄檗属，多年生落叶乔木。树皮外层为木栓层，浅灰褐色，深沟裂，内部鲜黄色。奇数羽状复叶对生，小叶卵圆形或宽披针形，幼叶疏被毛，老叶光滑。聚伞状圆锥花序顶生，雌雄异株；萼片5，卵状三角形；花瓣5，淡绿色，长圆形；雄蕊5，基部被毛，浆果状核果球形，黑色。花期5~6月，果期7~10月。

生于中山地带杂木林中，海拔多在1000米以下。北京市多个地区有分布，如百花山、上方山、海坨山、慕田峪等，但数量不大，多星散分布。黄檗是良好的蜜源植物，其树皮具有重要的工业价值和药用价值。

（十二）紫椴

椴树科椴树属，落叶乔木。树皮暗灰色，老时纵裂。叶互生，宽卵形或近圆形，先端尾尖，基部心形。聚伞花序，基部具匙形或长椭圆形苞片；花萼5，被疏毛；花瓣5，黄白色，光滑；雄蕊多数，无退化雄蕊。坚果球形或长圆形，被褐色星状毛。花期6~7月，果期8月。

多生长在阔叶杂木林中，土壤类型偏湿润疏松，在密云、延庆发现少量个体。紫椴的材质非常好，是重要的用材树种，其花蜜具有丰富的营养物质，是很好的蜜源植物，具有较大的药用价值和观赏价值。

（十三）紫点杓兰

兰科杓兰属，多年生草本。根状茎细长，横走，黄白色，茎直立，被短柔毛，基部具棕色叶鞘。叶片互生或近对生，椭圆形或卵状椭圆形，抱茎，全缘，疏具细缘毛。花单生茎顶；苞片叶状；萼片椭圆形、卵状披针形；唇瓣近球形，白色，具有大紫色斑点。蒴果下垂，长圆形，纵裂。花期6~7月，果期7~8月（图4-20-5）。

多分布在海拔1500米以上的高山林下、草丛或草甸地带，常丛生。北京地区见于门头沟、延庆、密云和怀柔等地区，数量较少。紫点杓兰植株虽小，但花形优美，颜色艳丽，极具观赏价值，其根茎具有药用价值。

图4-20-5　国家二级保护野生植物——紫点杓兰

（十四）大花杓兰

兰科杓兰属，陆生草本。根状茎横走，粗壮，茎直立，被短柔毛或几无毛，基部具2~3叶鞘。叶片3~6枚，互生，全缘，椭圆形、卵状椭圆形或椭圆状披针形，抱茎。花单生茎顶，稀2朵，苞片叶状；萼片卵形，淡紫色，唇瓣大，椭圆状球形，外面无毛，基部与囊内底部具长柔毛。蒴果长圆形或纺锤形，具棱。花期6~7月，果期7~8月（图4-20-6）。

多分布于海拔1500米以上的林下、林缘或草甸地带，常2~5株成丛分布。北京地区见于门头沟、延庆和密云等地区，数量较少。大花杓兰具有重要的观赏价值和药用价值。

图4-20-6　国家二级保护野生植物——大花杓兰

（十五）杓兰

兰科杓兰属，多年生草本。根状茎较粗，茎直立，被腺毛，基部具鞘数枚。叶片椭圆形或卵状椭圆形，背面疏被短柔毛，边缘具细缘毛。花序顶生，常具1~2朵小花；苞片叶状；花萼、花瓣紫红色，唇瓣黄色，深囊状，椭圆形。蒴果；种子具翅。花期6~7月，果期7~8月。

分布于土壤水分充足、富含腐殖质的林缘、灌丛或草甸地带。北京地区极少分布，见于延庆、密云等地区，资源量极其稀少。杓兰具有重要的观赏价值和药用价值，本种花色极具个性，与众不同，观赏价值更大。由于生境的破碎化，其数量极少。

二、北京市重点保护野生植物

2008年2月，市政府公布《北京市重点保护野生植物名录》，包括重点保护野生植物80种。其中，大花杓兰、扇羽阴地蕨、槭叶铁线莲、北京水毛茛等8种列为北京市一级保护野生植物，小叶中国蕨、球子蕨、白杆、青杆、华北落叶松、杜松等72种（类）列为北京市二级保护野生植物。具体见表4-20-5。

2021年，北京市二级保护野生植物深裂山葡萄（百花山葡萄）列为国家一级保护野生植物，北京市一级保护野生植物槭叶铁线莲、北京水毛茛、轮叶贝母、大花杓兰、紫点杓兰、杓兰和北京市二级保护野生植物红景天列为国家二级保护野生植物。

表4-20-5 北京市重点保护野生植物

保护级别	中文名	学名	科名
一级	扇羽阴地蕨	*Botrychium lunaria*	阴地蕨科
	槭叶铁线莲	*Clematis acerifolia*	毛茛科
	北京水毛茛	*Batrachium pekinense*	毛茛科
	刺楸	*Kalopanax septemlobus*	五加科
	轮叶贝母	*Fritillaria maximowiczii*	百合科
	紫点杓兰	*Cypripedium guttatum*	兰科
	大花杓兰	*Cypripedium macranthum*	兰科
	杓兰	*Cypripedium calceolus*	兰科
二级	小叶中国蕨	*Sinopteris albofusca*	中国蕨科
	球子蕨	*Onoclea sensibilis*	球子蕨科
	白杆	*Picea meyeri*	松科
	青杆	*Picea wilsonii*	松科
	华北落叶松	*Larix gmelinii* var. *principis-rupprechtii*	松科
	杜松	*Juniperus rigida*	柏科
	木贼麻黄	*Ephedra equisetina*	麻黄科
	草麻黄	*Ephedra sinica*	麻黄科
	单子麻黄	*Ephedra monosperma*	麻黄科
	梧桐杨	*Populus pseudomaximowiczii*	杨柳科
	胡桃楸	*Juglans mandshurica*	胡桃科
	脱皮榆	*Ulmus lamellosa*	榆科
	青檀	*Pteroceltis tatarinowii*	榆科
	柘树	*Cudrania tricuspidata*	桑科
	华忽布	*Humulus lupulus* var. *cordifolius*	桑科
	芡	*Euryale ferox*	睡莲科
	草芍药	*Paeonia obovata*	芍药科
	长毛银莲花	*Anemone narcissiflora* var. *crinita*	毛茛科

(续)

保护级别	中文名	学名	科名
二级	灌木铁线莲	*Clematis fruticosa*	毛茛科
	类叶牡丹	*Caulophyllum robustum*	小檗科
	五味子	*Schisandra chinensis*	五味子科
	房山紫堇	*Corydalis fangshanensis*	罂粟科
	小丛红景天	*Rhodiola dumulosa*	景天科
	狭叶红景天	*Rhodiola kirilowii*	景天科
	红景天	*Rhodiola rosea*	景天科
	齿叶白鹃梅	*Exochorda serratifolia*	蔷薇科
	水榆花楸	*Sorbus alnifolia*	蔷薇科
	膜荚黄耆	*Astragalus membranaceus*	豆科
	甘草	*Glycyrrhiza uralensis*	豆科
	青花椒	*Zanthoxylum schinifolium*	芸香科
	白鲜	*Dictamnus dasycarpus*	芸香科
	漆树	*Toxicodendron vernicifluum*	漆树科
	省沽油	*Staphylea bumalda*	省沽油科
	拐枣	*Hovenia dulcis*	鼠李科
	深裂山葡萄（百花山葡萄）	*Vitis amurensis* var. *dissecta*	葡萄科
	软枣猕猴桃	*Actinidia arguta*	猕猴桃科
	狗枣猕猴桃	*Actinidia kolomikta*	猕猴桃科
	宽苞水柏枝	*Myricaria bracteata*	柽柳科
	中华秋海棠	*Begonia grandis* subsp. *sinensis*	秋海棠科
	辽东楤木	*Aralia elata*	五加科
	刺五加	*Acanthopanax senticosus*	五加科
	无梗五加	*Acanthopanax sessiliflorus*	五加科
	红花鹿蹄草	*Pyrola incarnata*	鹿蹄草科
	鹿蹄草	*Pyrola calliantha*	鹿蹄草科
	松下兰	*Monotropa hypopitys*	鹿蹄草科
	岩生报春	*Primula saxatilis*	报春花科
	二色补血草	*Limonium bicolor*	蓝雪科
	流苏树	*Chionanthus retusus*	木樨科
	秦艽	*Gentiana macrophylla*	龙胆科

(续)

保护级别	中文名	学名	科名
二级	白首乌	Cynanchum bungei	萝藦科
	滨紫草	Mertensia davurica	紫草科
	丹参	Salvia miltiorrhiza	唇形科
	黄芩	Scutellaria baicalensis	唇形科
	珊瑚苣苔	Corallodiscus cordatulus	苦苣苔科
	丁香叶忍冬	Lonicera oblata	忍冬科
	土贝母	Bolbostemma paniculatum	葫芦科
	桔梗	Platycodon grandiflorus	桔梗科
	党参	Codonopsis pilosula	桔梗科
	羊乳	Codonopsis lanceolata	桔梗科
	黑三棱	Sparganium stoloniferum	黑三棱科
	花蔺	Butomus umbellatus	花蔺科
	茭笋	Zizania latifolia	禾本科
	独角莲	Typhonium giganteum	天南星科
	七筋姑	Clintonia udensis	百合科
	知母	Anemarrhena asphodeloides	百合科
	宝铎草	Disporum sessile	百合科
	茖葱	Allium victorialis	百合科
	黄精	Polygonatum sibiricum	百合科
	有斑百合	Lilium concolor var. pulchellum	百合科
	山丹	Lilium pumilum	百合科
	穿龙薯蓣	Dioscorea nipponica	薯蓣科
	兰科除杓兰属外的所有种		兰科

部分北京市重点保护野生植物形态特征和分布如下。

（一）扇羽阴地蕨

阴地蕨科阴地蕨属，多年生低矮小草本。根状茎极短。总叶柄基部被褐色鞘状鳞片；营养叶长圆形，一回羽状全裂，小裂片扇形，先端圆形，浅裂，叶无明显中脉；孢子叶比营养叶高，从营养叶鞘中抽出，孢子囊穗圆锥形，1~2次分枝。

多分布于高山地带林下、林缘及草甸中，对土壤湿度要求较高。北京地区分布于百花山、雾灵山和喇叭沟门等地，数量非常少。阴地蕨科是较为原始的真蕨类植物，具有一定的药用价值。数量非常稀少，野外极难见到。

（二）刺楸

五加科刺楸属，落叶乔木。树皮暗灰色。小枝淡黄色或棕灰色，散生粗刺。叶掌状浅裂，在长枝上互生，在短枝上簇生。圆锥花序大，花白色或淡绿色；花萼、花瓣皆5；雄蕊5；柱头离生。果实球形，蓝黑色。花期7~10月，果期

9~12月。

多分布在偏阳性杂木林或灌丛中，土壤湿度大，腐殖质较厚。见于密云和怀柔局部地区。通常零星分布，资源量极其稀少。刺楸材质纹理美观，根皮具有药用价值，嫩叶可食用，种子可榨油，具有重要的经济价值。生境破碎化严重，种群更新能力极低。

（三）小叶中国蕨

中国蕨科中国蕨属，植株低矮。根状茎短而直立。叶簇生，叶柄光滑细长，叶片五角星。

多分布于稍阴湿的石灰岩石缝、陡壁中。见于房山、门头沟、延庆和密云等地区，数量较少。

（四）球子蕨

球子蕨科球子蕨属，植株高大。根状茎横走，疏被棕色鳞片。叶2型，疏生。

常分布于水湿条件较好的乔木林下或潮湿灌丛中，见于昌平、延庆和怀柔等地区，资源量很少。

（五）华忽布

桑科葎草属，多年生缠绕草本。茎枝、叶柄密被柔毛，具钩刺。

生长于林缘、林下或者山坡灌丛。见于延庆、密云和怀柔等地区。

（六）芡实

睡莲科芡属，一年生水生植物。具白色须根和不明显的茎。叶2型，初生叶沉水，较小，箭头状，膜质。

生长于池塘、沼泽、湖泊等地。见于顺义汉石桥湿地，资源量极小。

（七）长毛银莲花

毛茛科银莲花属，多年生草本。集生叶多枚，叶柄长，叶片近圆形或圆五角形。花白色，具长花梗。

生长于高海拔地区草甸、林缘地带。见于延庆、门头沟等地区，零星分布，数量稀少。

（八）类叶牡丹

小檗科类叶牡丹属，多年生草本，较高。叶互生，小叶片卵形、长椭圆形或阔披针形。圆锥花序顶生，花黄绿色。种子球形，具蓝色肉质种皮。

生长于较为阴湿的山沟、溪流旁，少数分布于林下。见于延庆、密云和怀柔等地区，数量稀少，资源量很小。

（九）房山紫堇

罂粟科紫堇属，多年生草本。多分枝。叶片1~2回羽状全裂，两面光滑，花序总状，花瓣白色或淡蓝紫色，蒴果。

生长于崖壁、石缝或沟边。见于房山和门头沟等地区，零散分布，数量较少。

（十）小丛红景天

景天科红景天属，多年生草本，较低矮。叶互生，线形至宽线形。聚伞花序顶生，红色或者白色，花药黄色。

生于高海拔地区向阳山坡石缝中。见于百花山、东灵山、松山和雾灵山等高山地区，资源量较少。

（十一）狭叶红景天

景天科红景天属，多年生草本。根状茎粗壮，茎直立。叶互生，窄长披针形，叶缘上部有疏锯齿或近全缘。伞房花序顶生，花密集，黄绿色，花药黄色。种子长圆状披针形。

分布于干旱山坡、石缝或崖壁等处。见于百花山、东灵山、上方山、松山和雾灵山等地，资源量较少。

（十二）膜荚黄芪

豆科黄芪属，多年生草本，较高大。茎直立，有细棱。羽状复叶较长，小叶多。总状花序稍密，花黄色或淡黄色。荚果膜质，稍膨胀。

生于向阳山坡、林缘、草地或杂木林下。见

于百花山、东灵山、雾灵山等地，分布稀疏，资源量较小。

（十三）白鲜

芸香科白鲜属，多年生草本，全株有强烈臭味。茎直立。奇数羽状复叶，小叶卵状披针形或矩圆状披针形。总状花序顶生，淡红色或淡紫色，稀白色，花丝细长，伸出花瓣外。

生于山坡、林下、林缘及草甸地带。见于延庆和密云等地区，零星分布，数量较少。

（十四）宽苞水柏枝

柽柳科水柏枝属，小灌木。老枝灰褐色或紫红色，多年生枝红棕色或黄绿色。叶密生于当年生小枝上，卵形或披针形。总状花序顶生于当年生枝条上，密集成穗状，花粉红色。蒴果狭圆锥形。生于砂质沟边、高山砂质土壤地带。

见于门头沟东灵山和延庆玉渡山等地，数量较少。

（十五）辽东楤木

五加科楤木属，灌木或小乔木。疏生细刺。树皮灰色。小枝棕灰色。2~3回羽状复叶，较大，小叶片薄纸质，阔卵形、卵形至椭圆状卵形。圆锥花序顶生，花黄白色。果实球形，黑色。

生于杂木林内、灌丛或沟谷中。见于昌平、怀柔、延庆和密云等地，数量稀少，资源量较小。

（十六）红花鹿蹄草

鹿蹄草科鹿蹄草属，低矮小草本。横走根状茎细长。叶基生，3~7枚，近圆形、卵圆形或卵状椭圆形。总状花序，花紫红色。蒴果扁球形。

生于高海拔地区偏阴性、湿度较高的林下、溪旁。门头沟东灵山有分布，数量极少。

（十七）鹿蹄草

鹿蹄草科鹿蹄草属，多年生草本。具长而横走根状茎。叶基生，4~7枚，叶面深绿色，叶柄细长。总状花序，花白色或偶有紫色。蒴果扁球形。

生长于腐殖质较多、湿度较大的林下、林缘或沟谷等地。见于延庆、门头沟和密云等地，数量较少。

（十八）松下兰

鹿蹄草科松下兰属，腐生小草本。全株白色或淡黄色。叶片透明，鳞状，上部叶缘有不整齐锯齿。总状花序，花小，筒状钟形。蒴果椭圆状球形。

生于土壤腐殖质高、湿度较大的林下、沟边。见于门头沟、密云等地，数量极少。

（十九）珊瑚苣苔

苦苣苔科珊瑚苣苔属，多年生小草本。叶基生，莲座状，卵形或长圆形，边缘具细圆齿。聚伞花序有分枝，花冠筒状，蓝紫色，顶部唇裂。蒴果线形。

多生长于石缝、峭壁等阴湿处。见于门头沟地区，数量极少。

三、北京市重点保护天然林木种质资源

为加强北京市重点天然林木种质资源保护和管理，依据《中华人民共和国种子法》《北京市实施〈中华人民共和国种子法〉办法》的有关规定，2020年12月，北京市园林绿化局公布了《北京市重点保护天然林木种质资源目录》（以下简称《目录》）。《目录》明确了北京市重点保护的天然林木种质资源，共计47种，实施北京市全域范围重点保护。其中包括杜松、丁香叶忍冬和灌木铁线莲等已列入《北京市重点保护野生植物名录》的30种木本植物；其他主要为北京特有、珍稀、濒危保护的天然木本植物，北京市森林生态系统中重要的组成树种，具有重要生态功能或具有重要开发利用价值的物种或其近缘种；还包括在北京局域性分布、天然种群小或个体数量稀少的物种，以及新发现并记录的物种。具体见表4-20-6。

表 4-20-6　北京市重点保护天然林木种质资源目录

序号	中文名	学名	科名
1	华北落叶松	*Larix gmelinii* var. *principis-rupprechtii*	松科
2	青杄	*Picea wilsonii*	松科
3	白杄	*Picea meyeri*	松科
4	臭冷杉	*Abies nephrolepis*	松科
5	杜松	*Juniperus rigida*	柏科
6	木贼麻黄	*Ephedra equisetina*	麻黄科
7	草麻黄	*Ephedra sinica*	麻黄科
8	单子麻黄	*Ephedra monosperma*	麻黄科
9	梧桐杨	*Populus pseudomaximowiczii*	杨柳科
10	辽杨	*Populus maximowiczii*	杨柳科
11	麻栎	*Quercus acutissima*	壳斗科
12	铁木	*Ostrya japonica*	桦木科
13	脱皮榆	*Ulmus lamellosa*	榆科
14	青檀	*Pteroceltis tatarinowii*	榆科
15	柘树	*Cudrania tricuspidata*	桑科
16	五味子	*Schisandra chinensis*	五味子科
17	槭叶铁线莲	*Clematis acerifolia*	毛茛科
18	灌木铁线莲	*Clematis fruticosa*	毛茛科
19	风箱果	*Physocarpus amurensis*	蔷薇科
20	齿叶白鹃梅	*Exochorda serratifolia*	蔷薇科
21	甘肃山楂	*Crataegus kansuensis*	蔷薇科
22	水榆花楸	*Sorbus alnifolia*	蔷薇科
23	花楸树	*Sorbus pohuashanensis*	蔷薇科
24	北京花楸	*Sorbus discolor*	蔷薇科
25	山槐	*Albizia kalkora*	豆科
26	青花椒	*Zanthoxylum schinifolium*	芸香科
27	黄连木	*Pistacia chinensis*	漆树科
28	漆树	*Toxicodendron vernicifluum*	漆树科
29	盐麸木	*Rhus chinensis*	漆树科
30	省沽油	*Staphylea bumalda*	省沽油科
31	葛萝槭	*Acer davidii* subsp. *grosseri*	槭树科
32	青榨槭	*Acer davidii*	槭树科
33	软枣猕猴桃	*Actinidia arguta*	猕猴桃科

(续)

序号	中文名	学名	科名
34	狗枣猕猴桃	*Actinidia kolomikta*	猕猴桃科
35	北枳椇（拐枣）	*Hovenia dulcis*	鼠李科
36	少脉雀梅藤	*Sageretia paucicostata*	鼠李科
37	百花山葡萄（深裂山葡萄）	*Vitis baihuashanensis*	葡萄科
38	宽苞水柏枝	*Myricaria bracteata*	柽柳科
39	沙棘	*Hippophae rhamnoides*	胡颓子科
40	八角枫	*Alangium chinense*	八角枫科
41	刺楸	*Kalopanax septemlobus*	五加科
42	楤木	*Aralia elata*	五加科
43	刺五加	*Acanthopanax senticosus*	五加科
44	无梗五加	*Acanthopanax sessiliflorus*	五加科
45	流苏树	*Chionanthus retusus*	木樨科
46	丁香叶忍冬	*Lonicera oblata*	忍冬科
47	三花莸	*Caryopteris terniflora*	马鞭草科

第三节　重要经济植物资源

根据植物资源的用途，将全市经济植物分为11大类，重要经济植物见表4-20-7，具体情况如下。

一、食用植物资源

食用植物资源包括野菜、野生果树、野生饮料及食品植物资源，共92科199属294种。其中，野菜资源植物56科183属202种，主要有栾树、青花椒、辽东楤木、水芹、黄花菜、苤葱、野韭等16种；野生果树资源植物18科32属58种，主要有平榛、刺果茶藨子、山楂叶悬钩子、欧李、山葡萄、软枣猕猴桃等16种；野生饮料及食品资源植物18科29属33种，主要有黄芩、岩青兰、刺五加（图4-20-7）、酸枣等。

二、药用植物资源

药用植物资源有92科266属377种，主要有单子麻黄、北五味子、红景天、甘草、黄檗、北柴胡、丹参、白首乌、秦艽、桔梗、党参、知母、穿龙薯蓣等24种。

图4-20-7　刺五加

表 4-20-7　北京市主要经济植物

中文名	学名	科名	药用	食用	油脂	淀粉	纤维	芳香
卷柏	*Selaginella tamariscina*	卷柏科	*					
荚果蕨	*Matteuccia struthiopteris*	球子蕨科	*	*				
有柄石韦	*Pyrrosia petiolosa*	水龙骨科	*					
华北落叶松	*Larix gmelinii* var. *principis-rupprechtii*	松科			*			
油松	*Pinus tabulaeformis*	松科	*					
侧柏	*Platycladus orientalis*	柏科	*		*			*
山杨	*Populus davidiana*	杨柳科	*	*			*	
小叶杨	*Populus simonii*	杨柳科			*		*	
青杨	*Populus cathayana*	杨柳科					*	
皂柳	*Salix wallichiana*	杨柳科	*				*	
胡桃楸	*Juglans mandshurica*	胡桃科		*	*			
白桦	*Betula platyphylla*	桦木科		*				
平榛	*Corylus heterophylla*	桦木科		*	*	*		
毛榛	*Corylus mandshurica*	桦木科		*	*	*		
鹅耳枥	*Carpinus turczaninowii*	桦木科			*		*	
栓皮栎	*Quercus variabilis*	壳斗科				*		
槲树	*Quercus dentata*	壳斗科				*		
蒙古栎	*Quercus mongolica*	壳斗科				*		
槲栎	*Quercus aliena*	壳斗科				*		
大果榆	*Ulmus macrocarpa*	榆科		*			*	*
青檀	*Pteroceltis tatarinowii*	榆科					*	
小叶朴	*Celtis bungeana*	榆科	*		*			
蒙桑	*Morus mongolica*	桑科	*	*		*	*	
构树	*Broussonetia papyrifera*	桑科	*	*			*	
葎草	*Humulus scandens*	桑科	*		*		*	
宽叶荨麻	*Urtica laetevirens*	荨麻科	*	*			*	
狭叶荨麻	*Urtica angustifolia*	荨麻科	*	*	*		*	
百蕊草	*Thesium chinense*	檀香科	*					
槲寄生	*Viscum coloratum*	桑寄生科	*					
北马兜铃	*Aristolochia contorta*	马兜铃科	*					
萹蓄	*Polygonum aviculare*	蓼科	*	*				

(续)

中文名	学名	科名	药用	食用	油脂	淀粉	纤维	芳香
水蓼	*Persicaria hydropiper*	蓼科	*	*		*		
酸模叶蓼	*Persicaria lapathifolia*	蓼科	*	*				
拳参（拳蓼）	*Bistorta officinalis*	蓼科	*			*		
波叶大黄（河北大黄）	*Rheum rhabarbarum*	蓼科	*	*				
酸模	*Rumex acetosa*	蓼科	*	*				
巴天酸模	*Rumex patientia*	蓼科	*	*	*	*		
地肤	*Bassia scoparia*	藜科	*	*	*			
藜	*Chenopodium album*	藜科	*	*	*			
商陆	*Phytolacca acinosa*	商陆科	*	*	*			
马齿苋	*Portulaca oleracea*	马齿苋科	*	*				
凹头苋	*Amaranthus lividus*	苋科	*	*				
旱麦瓶草	*Silene jenisseensis*	石竹科	*					
霞草	*Gypsophila oldhamiana*	石竹科	*	*				
瞿麦	*Dianthus superbus*	石竹科	*					
石竹	*Dianthus chinensis*	石竹科	*					
草芍药	*Paeonia obovata*	毛茛科	*					
金莲花	*Trollius chinensis*	毛茛科	*	*				
兴安升麻（升麻）	*Actaea dahurica*	毛茛科	*	*				
牛扁	*Aconitum barbatum* var. *puberulum*	毛茛科	*					
草乌	*Aconitum kusnezoffii*	毛茛科	*					
翠雀	*Delphinium grandiflorum*	毛茛科	*					
华北耧斗菜	*Aquilegia yabeana*	毛茛科			*	*		
瓣蕊唐松草	*Thalictrum petaloideum*	毛茛科	*					
白头翁	*Pulsatilla chinensis*	毛茛科	*					
棉团铁线莲	*Clematis hexapetala*	毛茛科	*	*				
芹叶铁线莲	*Clematis aethusifolia*	毛茛科	*					
黄花铁线莲	*Clematis intricata*	毛茛科	*					
短尾铁线莲	*Clematis brevicaudata*	毛茛科		*				
茴茴蒜	*Ranunculus chinensis*	毛茛科	*					
毛茛	*Ranunculus japonicus*	毛茛科	*					
细叶小檗	*Berberis poiretii*	小檗科	*					

(续)

中文名	学名	科名	药用	食用	油脂	淀粉	纤维	芳香
黄芦木（大叶小檗）	*Berberis amurensis*	小檗科	*					
蝙蝠葛	*Menispermum dauricum*	防己科	*	*	*		*	
北五味子	*Schisandra chinensis*	五味子科	*	*	*			*
白屈菜	*Chelidonium majus*	罂粟科	*		*			
野罂粟	*Papaver nudicaule*	罂粟科	*					
地丁草	*Corydalis bungeana*	罂粟科	*					
诸葛菜	*Orychophragmus violaceus*	十字花科		*				
独行菜	*Lepidium apetalum*	十字花科	*	*	*			*
荠菜	*Capsella bursa-pastoris*	十字花科	*	*	*			
葶苈	*Draba nemorosa*	十字花科	*	*				
豆瓣菜	*Nasturtium officinale*	十字花科	*	*	*			
小花糖芥	*Erysimum cheiranthoides*	十字花科	*	*	*			
糖芥	*Erysimum bungei*	十字花科	*	*	*			
瓦松	*Orostachys fimbriatus*	景天科	*	*				
小丛红景天	*Rhodiola dumulosa*	景天科	*					
狭叶红景天	*Rhodiola kirilowii*	景天科	*					
红景天	*Rhodiola rosea*	景天科	*					
景天三七	*Sedum aizoon*	景天科	*	*				
垂盆草	*Sedum sarmentosum*	景天科	*					
扯根菜	*Penthorum chinense*	虎耳草科	*	*				
东北茶藨子	*Ribes mandshuricum*	虎耳草科		*				
刺梨（刺果茶藨子）	*Ribes burejense*	虎耳草科		*				
红升麻	*Astilbe chinensis*	虎耳草科	*					
风箱果	*Physocarpus amurensis*	蔷薇科			*			
山楂	*Crataegus pinnatifida*	蔷薇科	*	*		*		
花楸树	*Sorbus pauhuashanensis*	蔷薇科				*		
秋子梨	*Pyrus ussuriensis*	蔷薇科		*				
杜梨	*Pyrus betulifolia*	蔷薇科		*		*		
山荆子	*Malus baccata*	蔷薇科		*	*	*		
美蔷薇	*Rosa bella*	蔷薇科		*		*		*
龙牙草	*Agrimonia pilosa*	蔷薇科	*	*				

(续)

中文名	学名	科名	药用	食用	油脂	淀粉	纤维	芳香
地榆	*Sanguisorba officinalis*	蔷薇科	*	*	*	*		
山楂叶悬钩子	*Rubus crataegifolius*	蔷薇科	*	*				
朝天委陵菜	*Potentilla supina*	蔷薇科	*	*				
委陵菜	*Potentilla chinensis*	蔷薇科	*	*				
翻白草	*Potentilla discolor*	蔷薇科	*					
山杏	*Prunus sibirica*	蔷薇科	*	*	*			
山桃	*Prunus davidiana*	蔷薇科		*	*	*		
欧李	*Prunus humilis*	蔷薇科	*	*	*			
毛樱桃	*Prunus tomentosa*	蔷薇科	*	*	*			
稠李	*Prunus padus*	蔷薇科		*	*			
皂荚	*Gleditsia sinensis*	豆科	*		*			
苦参	*Sophora flavescens*	豆科	*		*		*	
花木蓝	*Indigofera kirilowii*	豆科	*	*	*	*		
红花锦鸡儿	*Caragana rosea*	豆科		*				
膜荚黄耆	*Astragalus membranaceus*	豆科	*					
甘草	*Glycyrrhiza uralensis*	豆科	*					*
胡枝子	*Lespedeza bicolor*	豆科	*	*				
多花胡枝子	*Lespedeza floribunda*	豆科	*					
歪头菜	*Vicia unijuga*	豆科		*		*		
山野豌豆	*Vicia amoena*	豆科	*	*				
野大豆	*Glycine soja*	豆科	*		*			
葛	*Pueraria lobata*	豆科	*	*	*			
毛蕊老鹳草	*Geranium eriostemon*	牻牛儿苗科	*					
野亚麻	*Linum stelleroides*	亚麻科	*		*		*	
青花椒	*Zanthoxylum schinifolium*	芸香科		*	*			*
臭檀	*Tetradium danielliiy*	芸香科	*		*			*
白鲜	*Dictamnus dasycarpus*	芸香科	*					*
黄檗	*Phellodendron amurense*	芸香科	*		*			*
臭椿	*Ailanthus altissima*	苦木科	*		*			
苦木	*Picrasma quassioides*	苦木科	*		*			
西伯利亚远志	*Polygala sibirica*	远志科	*					
铁苋菜	*Acalypha australis*	大戟科	*	*				

(续)

中文名	学名	科名	药用	食用	油脂	淀粉	纤维	芳香
京大戟	*Euphorbia pekinensis*	大戟科	*					
漆树	*Toxicodendron vernicifluum*	漆树科		*	*			
黄连木	*Pistacia chinensis*	漆树科			*			
黄栌	*Cotinus coggygria* var. *cinereus*	漆树科	*					*
南蛇藤	*Celastrus orbiculatus*	卫矛科	*	*	*		*	
卫矛	*Euonymus alatus*	卫矛科			*			
省沽油	*Staphylea bumalda*	省沽油科			*			
元宝枫	*Acer truncatum*	槭树科			*			
栾树	*Koelreuteria paniculata*	无患子科		*	*			
拐枣	*Hovenia dulcis*	鼠李科	*	*		*		
酸枣	*Ziziphus jujuba* var. *spinosa*	鼠李科	*	*	*	*		
冻绿	*Rhamnus utilis*	鼠李科			*			
圆叶鼠李	*Rhamnus globosa*	鼠李科	*		*			
小叶鼠李	*Rhamnus parvifolia*	鼠李科	*		*			
山葡萄	*Vitis amurensis*	葡萄科	*	*	*	*		
葎叶蛇葡萄	*Ampelopsis humulifolia*	葡萄科	*				*	
白蔹	*Ampelopsis japonica*	葡萄科	*			*	*	
蒙椴	*Tilia mongolica*	椴树科			*		*	*
糠椴	*Tilia mandshurica*	椴树科			*			*
苘麻	*Abutilon theophrasti*	锦葵科	*				*	
狗枣猕猴桃	*Actinidia kolomikta*	猕猴桃科		*		*		
红旱莲	*Hypericum ascyron*	藤黄科	*		*			
柽柳	*Tamarix chinensis*	柽柳科	*				*	
鸡腿堇菜	*Viola acuminata*	堇菜科	*	*				
紫花地丁	*Viola philippica*	堇菜科	*	*				
中华秋海棠	*Begonia grandis* subsp. *sinensis*	秋海棠科	*					
河朔荛花	*Wikstroemia chamaedaphne*	瑞香科					*	
沙棘	*Hippophae rhamnoides*	胡颓子科	*	*	*	*		
柳叶菜	*Epilobium hirsutum*	柳叶菜科	*	*				
柳兰	*Chamaenerion angustifolium*	柳叶菜科		*				
楤木	*Aralia elata*	五加科	*	*				
刺五加	*Acanthopanax senticosus*	五加科	*	*	*			*

(续)

中文名	学名	科名	药用	食用	油脂	淀粉	纤维	芳香
无梗五加	*Acanthopanax sessiliflorus*	五加科	*		*			
变豆菜	*Sanicula chinensis*	伞形科		*				
北柴胡	*Bupleurum chinense*	伞形科	*					
红柴胡	*Bupleurum scorzonerifolium*	伞形科	*					
葛缕子	*Carum carvi*	伞形科	*					*
防风	*Saposhnikovia divaricata*	伞形科	*					
水芹	*Oenanthe decumbens*	伞形科	*	*				
藁本	*Conioselinum anthriscoides*	伞形科	*					*
白芷	*Angelica dahurica*	伞形科	*		*			*
短毛独活	*Heracleum moellendorffii*	伞形科	*	*				
沙梾	*Cornus bretchneideri*	山茱萸科			*			
照山白	*Rhododendron micranthum*	杜鹃花科	*					*
迎红杜鹃	*Rhododendron mucronulatum*	杜鹃花科	*					
狭叶珍珠菜	*Lysimachia pentapetala*	报春花科		*				
狼尾花	*Lysimachia barystachys*	报春花科	*	*				
黑枣	*Diospyros lotus*	柿树科		*	*			
小叶白蜡树	*Fraxinus bungeana*	木樨科	*					
暴马丁香	*Syringa reticulata* subsp. *amurensis*	木樨科	*					
流苏树	*Chionanthus retusus*	木樨科		*				
秦艽	*Gentiana macrophylla*	龙胆科	*					
罗布麻	*Apocynum venetum*	夹竹桃科	*				*	
杠柳	*Periploca sepium*	萝藦科	*	*	*		*	
萝藦	*Metaplexis japonica*	萝藦科	*				*	
地梢瓜	*Cynanchum thesioides*	萝藦科	*	*				
白首乌	*Cynanchum bungei*	萝藦科	*					
变色白前	*Cynanchum versicolor*	萝藦科				*	*	
鹅绒藤	*Cynanchum chinense*	萝藦科	*	*				
打碗花	*Calystegia hederacea*	旋花科	*	*		*		
菟丝子	*Cuscuta chinensis*	旋花科	*					
金灯藤	*Cuscuta japonica*	旋花科	*					
附地菜	*Trigonotis peduncularis*	紫草科	*	*				
荆条	*Vitex negundo* var. *heterophylla*	马鞭草科	*				*	

(续)

中文名	学名	科名	药用	食用	油脂	淀粉	纤维	芳香
丹参	*Salvia miltiorrhiza*	唇形科	*					
荫生鼠尾草	*Salvia umbratica*	唇形科	*					
雪见草	*Salvia plebeia*	唇形科	*					
黄芩	*Scutellaria baicalensis*	唇形科	*	*				
蓝萼香茶菜	*Isodon japonicus* var. *glaucocalyx*	唇形科	*					
夏至草	*Lagopsis supina*	唇形科	*					
香薷	*Elsholtzia ciliata*	唇形科	*					*
藿香	*Agastache rugosa*	唇形科	*	*				*
裂叶荆芥	*Schizonepeta tenuifolia*	唇形科	*					*
活血丹	*Glechoma longituba*	唇形科	*					
香青兰	*Dracocephalum moldavica*	唇形科						*
岩青兰	*Dracocephalum rupestre*	唇形科		*				*
糙苏	*Phlomis umbrosa*	唇形科	*					
益母草	*Leonurus japonicus*	唇形科	*					
百里香	*Thymus mongolicus*	唇形科	*					*
薄荷	*Mentha canadensis*	唇形科	*	*				*
龙葵	*Solanum nigrum*	茄科	*	*				
酸浆	*Alkekengi officinarum*	茄科	*	*				
枸杞	*Lycium chinense*	茄科	*	*				
阴行草	*Siphonostegia chinensis*	玄参科	*					
北玄参	*Scrophularia buergeriana*	玄参科	*					
地黄	*Rehmannia glutinosa*	玄参科	*					
草本威灵仙	*Veronicastrum sibiricum*	玄参科	*					
角蒿	*Incarvillea sinensis*	紫葳科	*					
黄花列当	*Orobanche pycnostachya*	列当科	*					
列当	*Orobanche coerulescens*	列当科	*					
牛耳草	*Boea hygrometrica*	苦苣苔科	*					
透骨草	*Phryma leptostachya* subsp. *asiatica*	透骨草科	*					
平车前	*Plantago depressa*	车前科	*	*				
车前	*Plantago asiatica*	车前科	*	*				
茜草	*Rubia cordifolia*	茜草科	*					
猪殃殃	*Galium spurium*	茜草科	*					

(续)

中文名	学名	科名	药用	食用	油脂	淀粉	纤维	芳香
蓬子菜	*Galium verum*	茜草科	*					
接骨木	*Sambucus williamsii*	忍冬科	*	*				
蒙古荚蒾	*Viburnum mongolicum*	忍冬科					*	
鸡树条荚蒾	*Viburnum sargentii*	忍冬科	*	*			*	
金花忍冬	*Lonicera chrysantha*	忍冬科		*				
缬草	*Valeriana officinalis*	败酱科	*					*
黄花龙牙	*Patrinia scabiosaefolia*	败酱科	*					*
糙叶败酱	*Patrinia scabra*	败酱科	*					*
异叶败酱	*Patrinia heterophylla*	败酱科	*					*
桔梗	*Platycodon grandiflorus*	桔梗科	*	*				
党参	*Codonopsis pilosula*	桔梗科	*	*				
羊乳	*Codonopsis lanceolata*	桔梗科	*	*				
展枝沙参	*Adenophora divaricata*	桔梗科	*	*				
多歧沙参	*Adenophora wawreana*	桔梗科	*	*				
东风菜	*Aster scaber*	菊科	*	*				
紫菀	*Aster tataricus*	菊科	*	*				
三褶脉紫菀	*Aster ageratoides*	菊科	*					
火绒草	*Leontopodium leontopodioides*	菊科	*					
旋覆花	*Inula japonica*	菊科	*					
烟管头草	*Carpesium cernuum*	菊科	*		*			
和尚菜	*Adenocaulon himalaicum*	菊科		*				
苍耳	*Xanthium sibiricum*	菊科	*		*			
鬼针草	*Bidens bipinnata*	菊科	*					
狼耙草	*Bidens tripartita*	菊科	*					
甘菊	*Dendranthema lavandulifolium*	菊科	*					*
小红菊	*Chrysanthemum chanetii*	菊科	*					*
大籽蒿	*Artemisia sieversiana*	菊科	*		*			
茵陈蒿	*Artemisia capillaris*	菊科	*	*				*
黄花蒿	*Artemisia annua*	菊科	*					*
艾蒿	*Artemisia argyi*	菊科	*					*
兔儿伞	*Syneilesis aconitifolia*	菊科	*	*				
蓝刺头（驴欺口）	*Echinops davuricus*	菊科	*					

(续)

中文名	学名	科名	药用	食用	油脂	淀粉	纤维	芳香
苍术	*Atractylodes lancea*	菊科	*	*	*			*
牛蒡	*Arctium lappa*	菊科	*	*	*			
刺儿菜	*Cirsium arvense* var. *integrifolium*	菊科	*	*				
泥胡菜	*Hemisteptia lyrata*	菊科		*				
风毛菊	*Saussurea japonica*	菊科		*				
篦苞风毛菊	*Saussurea pectinata*	菊科		*				
祁州漏芦	*Rhaponticum uniflorum*	菊科	*					
大丁草	*Leibnitzia anandria*	菊科	*					
桃叶鸦葱	*Scorzonera sinensis*	菊科	*	*				
蒲公英	*Taraxacum mongolicum*	菊科	*	*				
苣荬菜	*Sonchus brachyotus*	菊科	*	*				
苦荬菜	*Ixeris polycephala*	菊科	*	*				
秋苦荬菜	*Ixeris denticulata*	菊科	*	*				
苦菜	*Ixeris chinensis*	菊科	*	*				
香蒲	*Typha orientalis*	香蒲科	*	*			*	
芦苇	*Phragmites australis*	禾本科	*	*		*	*	
荻	*Miscanthus sacchariflorus*	禾本科	*				*	
白茅	*Imperata cylindrica*	禾本科	*				*	
大油芒	*Spodiopogon sibiricus*	禾本科					*	
荩草	*Arthraxon hispidus*	禾本科	*					
扁秆藨草	*Scirpus planiculmis*	莎草科	*					
披针叶薹草	*Carex lanceolata*	莎草科					*	
东北南星	*Arisaema amurense*	天南星科	*					
一把伞南星	*Arisaema erubescens*	天南星科	*					
半夏	*Pinellia ternata*	天南星科	*					
掌叶半夏	*Pinellia pedatisecta*	天南星科	*					
龙须菜	*Asparagus schoberioides*	百合科		*				
曲枝天门冬	*Asparagus trichophyllus*	百合科	*					
北重楼	*Paris verticillata*	百合科						
铃兰	*Convallaria keiskei*	百合科	*					*
知母	*Anemarrhena asphodeloides*	百合科	*			*		
黄花菜	*Hemerocallis citrina*	百合科		*				

（续）

中文名	学名	科名	药用	食用	油脂	淀粉	纤维	芳香
北黄花菜	*Hemerocallis lilioasphodelus*	百合科		*				
黄精	*Polygonatum sibiricum*	百合科	*	*		*		
玉竹	*Polygonatum odoratum*	百合科	*	*		*		
鹿药	*Smilacina japonica*	百合科	*	*				
茖葱	*Allium ochotense*	百合科		*				
野韭	*Allium ramosum*	百合科		*				
山韭	*Allium senescens*	百合科		*				
藜芦	*Veratrum nigrum*	百合科	*					
有斑百合	*Lilium concolor* var. *pulchellum*	百合科	*	*				
山丹	*Lilium pumilum*	百合科	*			*		*
绵枣儿	*Barnardia japonica*	百合科				*		
穿龙薯蓣	*Dioscorea nipponica*	薯蓣科	*			*		
马蔺	*Iris lactea*	鸢尾科	*					*
野鸢尾	*Iris dichotoma*	鸢尾科						*

三、油脂植物资源

油脂植物资源有 59 科 130 属 163 种，主要有山杏、胡桃楸、野亚麻、酸枣。

四、淀粉（含糖类）植物资源

淀粉（含糖类）植物资源有 32 科 61 属 92 种，主要有芡实、榆树、栓皮栎、野葛。

五、蜜粉源植物资源

蜜粉源植物资源共计 60 科 156 属 201 种，主要有荆条、刺槐、六道木、蒙椴、糠椴等。

六、有毒植物资源

有毒植物资源有 51 科 110 属 145 种，主要有草乌、天南星、掌叶半夏、马兜铃、耧斗菜、曼陀罗等。

七、纤维植物资源

纤维植物资源有 31 科 73 属 114 种，主要有山杨、蒙桑、青檀、胡枝子、葛藤、罗布麻、芦苇、香蒲、马蔺等。

八、芳香植物资源

芳香植物资源有 30 科 69 属 98 种，其中种数超过 10 种的有 3 个科，菊科最多，有 10 属 22 种，其次是唇形科 9 属 15 种，伞形科 10 属 12 种。其余依次是豆科 4 属 5 种，芸香科 4 属 4 种，败酱科 2 属 4 种，百合科 3 属 3 种，五加科 2 属 3 种，木樨科、瑞香科、漆树科各 2 属 2 种，松科、蔷薇科、椴树科、忍冬科、杜鹃花科各 1 属 2 种，其余 14 个科均只有 1 属 1 种。主要有薄荷、藿香、艾蒿、铃兰等。

九、饲用植物资源

饲用植物资源有 34 科 108 属 185 种，主要野生饲用植物（经济性状好、用途大、种群大、分布广）优势科是禾本科、豆科、莎草科、菊科等。主要有天蓝苜蓿、草木樨、刺儿菜、苦菜、披碱草、鹅观草、臭草等。

十、鞣料植物资源

鞣料植物资源有32科53属80种，其中蔷薇科最多，有9属15种，其余依次为桦木科4属9种，蓼科3属7种，杨柳科2属6种，壳斗科1属5种，牻牛儿苗科2属4种，漆树科3属3种，松科、景天科、鼠李科、柳叶菜科各2属2种，荨麻科、槭树科1属2种，其余19科各1属1种。主要有华北落叶松、槲栎（图4-20-8）、拳蓼、盐肤木、鹅耳枥等。

十一、其他特殊用途植物资源

除以上10种用途外，还有一些野生资源植物具有一些特殊用途，如色素染料资源植物、化学工业原料（如松脂、松节油、木栓、生漆、草酸、酒石酸、甜味剂、磨光剂等）资源植物、砧木资源植物、草皮资源植物、手工艺品资源植物（如拐杖、烟斗等）、民间用途植物资源（如干花、蒸饭、包粽子等）等。北京地区有19科29属36种。

图4-20-8　槲栎林

第四节　观赏植物资源

北京山区野生观赏植物种类比较丰富，共有野生观赏植物97科328属533种（含10变种及1变型）。其中，以菊科、蔷薇科、百合科植物最多，豆科、唇形科等科植物次之。北京山区野生观赏植物的生活型比较丰富，各生活型中所含的植物种数分别为乔木63种，灌木71种，木质藤本14种；一、二年生草本63种，多年生草本322种。其中，草本花卉所占比重大，有385种。根据野生观赏植物的形态特征，同时考虑其绿化美化作用，将北京山区野生观赏植物划分为木本观赏植物和草本观赏植物两大类。北京市主要野生观赏植物见表4-20-8。

表4-20-8　北京市主要野生观赏植物

序号	中文名	学名	科名
1	荚果蕨	*Matteuccia struthiopteris*	球子蕨科
2	华北落叶松	*Larix gmelinii* var. *principis-rupprechtii*	松科
3	油松	*Pinus tabulaeformis*	松科
4	侧柏	*Platycladus orientalis*	柏科
5	青杨	*Populus cathayana*	杨柳科
6	胡桃楸	*Juglans mandshurica*	胡桃科
7	白桦	*Betula platyphylla*	桦木科
8	栓皮栎	*Quercus variabilis*	壳斗科
9	槲树	*Quercus dentata*	壳斗科
10	槲栎	*Quercus aliena*	壳斗科
11	青檀	*Pteroceltis tatarinowii*	榆科
12	小叶朴	*Celtis bungeana*	榆科
13	瞿麦	*Dianthus superbus*	石竹科
14	石竹	*Dianthus chinensis*	石竹科
15	大花剪秋萝	*Lychnis fulgens*	石竹科
16	草芍药	*Paeonia obovata*	毛茛科
17	金莲花	*Trollius chinensis*	毛茛科
18	翠雀	*Delphinium grandiflorum*	毛茛科
19	华北耧斗菜	*Aquilegia yabeana*	毛茛科
20	银莲花	*Anemone cathayensis*	毛茛科
21	白头翁	*Pulsatilla chinensis*	毛茛科
22	细叶小檗	*Berberis poiretii*	小檗科
23	黄芦木（大叶小檗）	*Berberis amurensis*	小檗科
24	野罂粟	*Papaver nudicaule*	罂粟科
25	诸葛菜	*Orychophragmus violaceus*	十字花科
26	香花芥	*Hesperis trichosepala*	十字花科
27	垂盆草	*Sedum sarmentosum*	景天科
28	太平花	*Philadelphus pekinensis*	虎耳草科
29	大花溲疏	*Deutzia grandiflora*	虎耳草科
30	小花溲疏	*Deutzia parviflora*	虎耳草科
31	东陵八仙花	*Hydrangea bretschneideri*	虎耳草科

(续)

序号	中文名	学名	科名
32	三裂绣线菊	*Spiraea trilobata*	蔷薇科
33	土庄绣线菊	*Spiraea pubescens*	蔷薇科
34	风箱果	*Physocarpus amurensis*	蔷薇科
35	齿叶白鹃梅	*Exochorda serratifolia*	蔷薇科
36	灰栒子	*Cotoneaster acutifolius*	蔷薇科
37	花楸树	*Sorbus pauhuashanensis*	蔷薇科
38	杜梨	*Pyrus betulifolia*	蔷薇科
39	山荆子	*Malus baccata*	蔷薇科
40	美蔷薇	*Rosa bella*	蔷薇科
41	银露梅	*Potentilla glabra*	蔷薇科
42	金露梅	*Potentilla fruticosa*	蔷薇科
43	山桃	*Prunus davidiana*	蔷薇科
44	欧李	*Prunus humilis*	蔷薇科
45	稠李	*Prunus padus*	蔷薇科
46	皂荚	*Gleditsia sinensis*	豆科
47	红花锦鸡儿	*Caragana rosea*	豆科
48	多花胡枝子	*Lespedeza floribunda*	豆科
49	毛蕊老鹳草	*Geranium eriostemon*	牻牛儿苗科
50	黄檗	*Phellodendron amurense*	芸香科
51	臭椿	*Ailanthus altissima*	苦木科
52	黄连木	*Pistacia chinensis*	漆树科
53	黄栌	*Cotinus coggygria* var. *cinerea*	漆树科
54	南蛇藤	*Celastrus orbiculatus*	卫矛科
55	卫矛	*Euonymus alatus*	卫矛科
56	省沽油	*Staphylea bumalda*	省沽油科
57	元宝枫	*Acer truncatum*	槭树科
58	青榨槭	*Acer davidii*	槭树科
59	栾树	*Koelreuteria paniculata*	无患子科
60	拐枣	*Hovenia dulcis*	鼠李科
61	蒙椴	*Tilia mongolica*	椴树科
62	糠椴	*Tilia mandshurica*	椴树科
63	狗枣猕猴桃	*Actinidia kolomikta*	猕猴桃科

(续)

序号	中文名	学名	科名
64	红旱莲	*Hypericum ascyron*	藤黄科
65	柽柳	*Tamarix chinensis*	柽柳科
66	中华秋海棠	*Begonia grandis* subsp. *sinensis*	秋海棠科
67	柳叶菜	*Epilobium hirsutum*	柳叶菜科
68	柳兰	*Chamaenerion angustifolium*	柳叶菜科
69	沙棘	*Cornus bretchneideri*	山茱萸科
70	迎红杜鹃	*Rhododendron mucronulatum*	杜鹃花科
71	胭脂花	*Primula maxhnoviczii*	报春花科
72	红丁香	*Syringa villosa*	木樨科
73	暴马丁香	*Syringa reticulata* subsp. *amurensis*	木樨科
74	流苏树	*Chionanthus retusus*	木樨科
75	花荵	*Polemonium liniflorun*	花荵科
76	荆条	*Vitex negundo* var. *heterophylla*	马鞭草科
77	丹参	*Salvia miltiorrhiza*	唇形科
78	活血丹	*Glechoma longituba*	唇形科
79	香青兰	*Dracocephalum moldavica*	唇形科
80	岩青兰	*Dracocephalum rupestre*	唇形科
81	牛耳草	*Boea hygrometrica*	苦苣苔科
82	蒙古荚蒾	*Viburnum mongolicum*	忍冬科
83	鸡树条荚蒾	*Viburnum sargentii*	忍冬科
84	六道木	*Abelia biflora*	忍冬科
85	锦带花	*Weigela florida*	忍冬科
86	金花忍冬	*Lonicera chrysantha*	忍冬科
87	华北蓝盆花	*Scabiosa tschiliensis*	川续断科
88	桔梗	*Platycodon grandiflorus*	桔梗科
89	翠菊	*Callistephus chinensis*	菊科
90	紫菀	*Aster tataricus*	菊科
91	三褶脉紫菀	*Aster ageratoides*	菊科
92	旋覆花	*Inula japonica*	菊科
93	北橐吾	*Ligularia sibirica*	菊科
94	篦苞风毛菊	*Saussurea pectinata*	菊科
95	祁州漏芦	*Rhaponticum uniflorum*	菊科

(续)

序号	中文名	学名	科名
96	草地早熟禾	Poa pratensis	禾本科
97	荻	Miscanthus sacchariflorus	禾本科
98	宽叶薹草	Carex siderosticta	莎草科
99	披针叶薹草	Carex lanceolata	莎草科
100	北重楼	Paris verticillata	百合科
101	黄花菜	Hemerocallis citrina	百合科
102	北黄花菜	Hemerocallis lilioasphodelus	百合科
103	有斑百合	Lilium concolor var. pulchellum	百合科
104	山丹	Lilium pumilum	百合科
105	野鸢尾	Iris dichotoma	鸢尾科

一、木本观赏植物

观赏树木依据树木观赏特性可分为5类，包括形木类、叶木类、花木类、果木类和干枝类。

（一）形木类

乔木类依据树形可分为圆锥形，如白杆、华北落叶松；卵圆形，如榔榆、白桦、白蜡；广卵形，如栓皮栎、胡桃楸、黄檗、糠椴；倒卵形，如构树；扁球形，如板栗小叶朴；球形，如元宝枫、榆树、丝棉木、黄连木；盘伞形，如老年期油松。灌木类依据树形可分为圆球形，如蒙古绣线菊；半球形，如金老梅；丛生形，如花木蓝、蚂蚱腿子。藤木类，如南蛇藤、山葡萄等。

（二）叶木类

依据叶形可分为针叶类，如油松、华北落叶松；披针形类，如蒿柳；椭圆形类，如君迁子、平榛；卵形类，如青杨、青檀；圆形类，如糠椴、圆叶鼠李；掌状类，如元宝枫、楸木；三角形类，如白桦、山杨；羽状复叶类，如胡桃楸、白蜡；掌状复叶类，如无梗五加、刺五加。

（三）花木类

依据花色可分为红色花系，如刺玫蔷薇、美蔷薇、刺果茶藨子、欧李、百里香、胡枝子；黄色花系，如蒙椴、黄檗、细叶小檗、金露梅、北京锦鸡儿、河朔荛花；蓝色花系，如荆条、半钟铁线莲、大瓣铁线莲、花木蓝、杭子梢、薄皮木；白色花系，如百花山花楸、石蚕叶绣线菊、照山白、鸡树条荚蒾、蚂蚱腿子、大花溲疏、东陵八仙花、暴马丁香（图4-20-9）。

图4-20-9　八达岭林场暴马丁香

（四）果木类

依据果色可分为红色果实，如鸡树条荚蒾、欧李、毛山荆子、山楂、百花山花楸、丝棉木；黄色果实，如南蛇藤、乌头叶蛇葡萄、刺苞南蛇藤；蓝紫色果实，如山葡萄、沙棘；黑色果实，如君迁子、小叶朴、刺五加、冻绿、稠李。

（五）干枝类

一些树木的枝条和干皮具有独特的形态或色彩，如山杏具有红色枝条，山桃、红桦具有古铜色的枝，白桦的干皮为白色。

野生观赏树木依据园林绿化用途可分为8类，包括庭荫类，如榔榆、秋子梨、元宝枫、板栗、栓皮栎等。行道树，如青杨、山杨、元宝枫、糠椴、白蜡等。园景树，如华北落叶松、白杄、油松、蒙古栎、百花山花楸等。花灌木，观花的如大花溲疏、刺玫蔷薇、金花忍冬、蒙古荚蒾、河朔荛花、东陵八仙花、金露梅等；观果的如大叶小檗、金花忍冬、欧李、沙棘、山荆子等。藤本，如狗枣猕猴桃、北五味子、南蛇藤、葎叶蛇葡萄、蝙蝠葛等。绿篱树种，如大叶小檗、细叶小檗、金露梅、北京锦鸡儿、孩儿拳头等。木本地被植物，如百里香、金露梅、银露梅等。抗污染树种，如小叶朴、构树、榆树、丝棉木、接骨木等。

二、草本观赏植物

观赏草本分为观花草本和观叶草本2大类。

观花草本按照花色可分为4类，包括白色系，如银莲花、紫斑风铃草、棉团铁线莲、狼尾花、铃铃香青、高山蓍、泽兰、瓣蕊唐松草、铃兰、玉竹、黄精等。红色系，如小红菊、穗花马先蒿、大花剪秋罗、中华秋海棠、山丹、柳兰、胭脂花、糙苏、手参、角蒿等。黄色系，如金莲花、芹叶铁线莲、茴茴蒜、旋覆花、狭苞橐吾、小黄花菜、野罂粟、龙牙草、鹅绒委陵菜、红旱莲等。蓝紫色系，如北京黄芩、香青兰、乌头（图4-20-10）、翠雀、大叶铁线莲、花荵、滨紫草、展枝沙参、紫沙参、桔梗等。

观花草本按照花期可分为春、夏、秋3季。春季，如马蔺、婆婆纳、灯芯草蚤缀、珠芽蓼、北马兜铃、拳蓼、叉歧繁缕、点地梅、麦瓶草、小花糖芥等。夏季，如小黄紫堇、花锚、香薷、翠菊、紫斑风铃草、全叶马兰、高山紫菀、铃铃香青、小红菊、狭苞橐吾等。秋季，如海州香薷、珠芽蓼、叉歧繁缕、香薷、雪白委陵菜等。

图4-20-10　乌头

观花草本按照用途可分为8类，包括花坛植物，如菊、鸭跖草、石竹、瞿麦、大花剪秋罗、粗壮女娄菜、返顾马先蒿、穗花马先蒿、红纹马先蒿等。花境植物，如紫斑风铃草、铃兰、野韭、细叶韭、展枝沙参、紫沙参、桔梗、三脉紫菀等。地被植物，如委陵菜、地榆、宽叶薹草、舞鹤草、蛇莓及堇菜属的许多植物。攀缘植物，如穿龙薯蓣、芹叶铁线莲、短尾铁线莲、大叶铁线莲等。水景园，如落新妇、香蒲等。岩石园，如灯芯草蚤缀、瓦松、钝叶瓦松、小丛红景天、狭叶红景天、景天三七、华北景天、有柄石韦等。切花，如桔梗、东北南星、翠雀、金莲花、柳兰、有斑百合、卷丹等。盆栽，如桔梗、蓝刺头、北重楼、低矮华北乌头、金莲花（图4-20-11）、细叉梅花草、梅花草、秦艽等。

图4-20-11　金莲花

观叶草本包括中华卷柏、银粉背蕨、普通铁线蕨、大岩囊蕨、耳叶金毛裸蕨、北京铁角蕨、荚果蕨等。

第五节 优良林分和优良单株种质资源

一、优良林分

2007—2010年开展的北京市植物种质资源调查，进行了优良林分选择，共选出14个树种优良林分80块，具体分布如下。

（1）油松林优良林分共8块。其中，天然林4块，分布在延庆区松山国家级自然保护区塘子沟，密云区云蒙山林场顶峰、云蒙山林场净身池东边、雾灵山林场南横岭大坡棺材坑；人工林4块，分布在门头沟区斋头乡白羊石虎黑子柳沟，密云区雾灵山林场大沟子、雾灵山林场遥桥峪村脑峪沟、雾灵山林场南横岭石喇子（图4-20-12）。

图4-20-12 雾灵山林场油松林优良林分

（2）华北落叶松优良林分共10块，均为人工林，分布在房山区蒲洼乡牯牾岭，门头沟区百花山、黄花岭、马栏林场，密云区云蒙山林场。

（3）侧柏优良林分共8块。其中，天然林2块，分布在密云区锥峰山林场安子峪、锥峰山林场西沟；人工林6块，分布在海淀区苏家坨镇大觉寺后沟、西山试验林场卧佛寺分场，平谷区刘家店乡洛娃森林公园、四座楼林场九里山分区。

（4）蒙古栎优良林分共4块，均为天然林，分布在密云区云蒙山林场东大梁、云蒙山林场豪宅东、云蒙山林场鹰嘴石及虎穴潭旁，平谷区镇罗营镇玻璃台。

（5）栓皮栎优良林分共6块。其中，天然林1块，位于房山区上方山国家森林公园；人工林5块，分布在平谷区四座楼林场东长峪分区和九里山分区。

（6）刺槐优良林分共9块，均为人工林，分布于昌平区阳坊镇白虎涧、平谷区熊儿寨乡南树林和黄松峪乡。

（7）胡桃楸优良林分共7块，均为天然林，分布于怀柔区喇叭沟门乡五龙潭，门头沟区清水镇西达么、百花山、小龙门林场大南沟，密云区雾灵山林场脑峪沟南、雾灵山林场梧桐树沟，平谷区镇罗营镇东四峪。

（8）白桦优良林分共7块，均为天然林，分布于房山区史家营乡，怀柔区喇叭沟门乡南岔口、磨石山和南岔山，密云区云蒙山林场冷风甸、新城子镇雾灵山坡头村，延庆区松山国家级自然保护区。

（9）硕桦优良林分1块，为天然林，分布于门头沟区百花山白草畔。

（10）元宝枫优良林分共4块。其中，天然林1块，分布在延庆区八达岭林场；人工林3块，分布在海淀区西山试验林场卧佛寺分场。

（11）糠椴优良林分共3块，均为天然林，分布于平谷区四座楼林场四座楼分区、怀柔区喇叭沟门乡三道口、延庆区九眼楼风景区。

（12）蒙椴优良林分共3块，均为天然林，分布于平谷区镇罗营镇玻璃台、密云区雾灵山林场大坪峪、延庆区九眼楼风景区。

（13）山杨优良林分共8块，均为天然林，分布于怀柔区喇叭沟门乡南岔沟、小东沟和于顺沟，密云区雾灵山林场南横岭，平谷区镇罗营镇史家台村。

（14）鹅耳枥优良林分共2块，均为天然林，分布于昌平区沟崖风景区、房山区蒲洼乡南家子。

优良林分具体情况见表4-20-9。

表4-20-9 北京市优良林分

序号	树种	地点	起源	林龄（年）	郁闭度	平均高（米）	平均胸径（厘米）	树种组成	活立木蓄积量（立方米/公顷）	枯立木蓄积量（立方米/公顷）
1	油松	延庆区松山国家级自然保护区塘子沟	天然	115	0.7	17.8	29.8	10油松	152.333	1.65
2	油松	密云区云蒙山林场顶峰	天然	60	0.5	14.9	27.7	7油松2白桦1山杨+棘皮桦+蒙古栎－元宝枫	178.7	0
3	油松	密云区云蒙山林场净身池东边	天然	75	1.0	13	23	7油松3蒙古栎－大叶白蜡	144	0
4	油松	密云区雾灵山林场南横岭大坡棺材坑	天然	48	0.8	13.1	26	6油松4落叶松－黑桦－山定子－山杨	136.289	4.267
5	油松	门头沟区斋头乡白羊石虎黑子柳沟	人工	52	0.5	13.5	21.7	10油松－丁香－白蜡－白桦	111.167	1.3
6	油松	密云区雾灵山林场大沟子	人工	50	0.7	12.8	21.5	10油松	100.517	0
7	油松	密云区雾灵山林场遥桥峪村脑峪沟	人工	52	0.7	13.1	21.1	10油松	101.7	0
8	油松	密云区雾灵山林场南横岭石喇子	人工	50	0.8	13.7	24.3	8油松2华山松	164.779	2.95
9	华北落叶松	房山区蒲洼乡枯牸岭	人工	32	0.7	10.2	15.6	10华北落叶松	75.7	0
10	华北落叶松	房山区蒲洼乡枯牸岭	人工	35	0.7	9.5	15	10华北落叶松	111.1	0
11	华北落叶松	门头沟区百花山	人工	38	0.7	15.6	18.4	9落叶松1白桦+棘皮桦+五角枫－榆树－蒙椴	171.7	1.983

（续）

序号	树种	地点	起源	林龄（年）	郁闭度	平均高（米）	平均胸径（厘米）	树种组成	活立木蓄积量（立方米/公顷）	枯立木蓄积量（立方米/公顷）
12	华北落叶松	门头沟区百花山	人工	38	0.7	16	18	10落叶松—榆—栎	128.1	0
13	华北落叶松	门头沟区黄花岭	人工	79	0.6	19.5	22.5	10落叶松—白桦	357.533	7.033
14	华北落叶松	门头沟区斋堂镇马栏林场	人工	60	0.7	19.7	25.8	9落叶松1油松	331.633	13.6
15	华北落叶松	密云区云蒙山林场冷风甸	人工	36	0.7	17.1	20	9落叶松1桦	165.367	0
16	华北落叶松	密云区云蒙山林场冷风甸	人工	35	0.6	15	19.8	10落叶松—白蜡—棘皮桦	129.867	0
17	华北落叶松	密云区云蒙山林场	人工	34	0.5	14.5	21.2	9落叶松1油松—白蜡	92.967	0.233
18	华北落叶松	密云区云蒙山林场	人工	36	0.6	13.8	17.1	10落叶松	139.75	1.55
19	侧柏	密云区锥峰山林场安子峪	天然	35	0.5	6.9	14	10侧柏	24.3	0
20	侧柏	密云区锥峰山林场西沟	天然	93	0.6	12.9	16.2	10侧柏—栾树	41.017	0
21	侧柏	海淀区苏家坨镇大觉寺后沟	人工	91	0.6	13.9	28.9	10侧柏	88.267	0
22	侧柏	海淀区西山试验林场卧佛寺分场	人工	45	0.7	13	16.7	8侧柏2油松—构树	52	0
23	侧柏	海淀区西山试验林场卧佛寺分场	人工	65	0.7	11.2	17.2	10侧柏	48.5	0
24	侧柏	平谷区刘家店乡洛娃森林公园	人工	57	0.4	9.1	13.9	8侧柏2栓皮栎	58.923	0
25	侧柏	平谷区四座楼林场九里山分区	人工	68	0.5	7.6	12.3	6侧柏2油松1栓皮栎	64.29	0
26	侧柏	平谷区四座楼林场九里山分区	人工	55	0.8	8.3	15.9	10侧柏	53.133	0

(续)

序号	树种	地点	起源	林龄（年）	郁闭度	平均高（米）	平均胸径（厘米）	树种组成	活立木蓄积量（立方米/公顷）	枯立木蓄积量（立方米/公顷）
27	蒙古栎	密云区云蒙山林场东大梁	天然	32	0.6	13.1	16.4	4蒙古栎3山杨3油松一椴	101.843	0
28	蒙古栎	密云区云蒙山林场豪宅东	天然	33	0.8	12.6	12.4	8蒙古栎2油松＋山杨	119.012	2.35
29	蒙古栎	密云区云蒙山林场鹰嘴石及虎穴谭旁	天然	32	0.7	11.1	14.5	9蒙古栎1椴一油松	84.083	1.833
30	蒙古栎	平谷区镇罗营镇玻璃台	天然	58	0.8	16.7	24.5	7蒙古栎1榆1枫1椴	129.3	2.4
31	栓皮栎	房山区上方山国家森林公园	天然	50	0.6	19.2	21	5栓皮栎2槲2侧柏1栾＋檀一苦一黑枣一枫	138.68	5.4
32	栓皮栎	平谷区四座楼林场东长峪分区	人工	33	0.8	10.1	15.2	10栓皮栎	80.08	0
33	栓皮栎	平谷区四座楼林场东长峪分区	人工	31	0.6	11.2	16.9	9栓皮栎1梨一黑枣一榆	65.33	0
34	栓皮栎	平谷区四座楼林场东长峪分区	人工	34	0.5	8.7	16.1	10栓皮栎	50.65	0
35	栓皮栎	平谷区四座楼林场东长峪分区	人工	40	0.7	9.9	19.3	10栓皮栎一桑	97.4	0
36	栓皮栎	平谷区四座楼林场九里山分区	人工	33	0.7	11.7	13.2	10栓皮栎一侧柏	65.28	0
37	刺槐	昌平区阳坊镇白虎涧	人工	18	0.6	10.5	15.3	6刺槐2栾1枣1构＋桃一椿一桑一榆	60.7	0
38	刺槐	昌平区阳坊镇白虎涧	人工	20	0.7	9.5	12.9	6刺槐4栾＋山荆子一桃一桑一朴	82.917	0
39	刺槐	昌平区阳坊镇白虎涧	人工	17	0.7	14.6	35.3	6刺槐2栾1枣1榆＋朴＋杨	279.941	0

(续)

序号	树种	地点	起源	林龄（年）	郁闭度	平均高（米）	平均胸径（厘米）	树种组成	活立木蓄积量（立方米/公顷）	枯立木蓄积量（立方米/公顷）
40	刺槐	昌平区阳坊镇白虎涧	人工	15	0.5	11	16.3	6刺槐2榆1樱1枣+椿—朴	53.73	0
41	刺槐	昌平区阳坊镇白虎涧	人工	18	0.7	8.4	14.7	8刺槐1桃1桑—梨—栾—榆	32.233	0
42	刺槐	平谷区熊儿寨乡南树林	人工	18	0.7	11.2	16	5刺槐3胡桃楸1梨1桑+山荆子	61.7	0
43	刺槐	平谷区黄松峪乡	人工	18	0.4	14.5	15.2	10刺槐—杏—桑	88.9	0
44	刺槐	平谷区黄松峪乡梨树沟	人工	13	0.7	10.5	13.2	10刺槐—椿—枣	77.967	0
45	刺槐	平谷区黄松峪乡	人工	15	0.7	9.4	11.4	8刺槐1栎1楂+梨—蜡	38.017	0
46	胡桃楸	怀柔区喇叭沟门乡五龙潭	天然	46	0.4	24	31.3	10胡桃楸	75.9	0
47	胡桃楸	门头沟区清水镇西达么	天然	25	0.6	12.5	19	7胡桃楸3暴马丁香	75.613	0
48	胡桃楸	门头沟区百花山	天然	27	0.7	21.4	21.4	9胡桃楸1白蜡	84.467	0
49	胡桃楸	门头沟区小龙门林场大南沟	天然	40	0.6	13.4	22.7	9胡桃楸1蒙古栎+五角枫—冻绿	113.267	0
50	胡桃楸	密云区雾灵山林场脑峪沟南	天然	30	0.7	9.8	15.3	10胡桃楸+千金榆	30.821	0
51	胡桃楸	密云区雾灵山林场梧桐树沟	天然	22	0.7	9.1	15.7	7胡桃楸2暴马丁香1辽东栎—白桦—春榆	107.188	0
52	胡桃楸	平谷区镇罗营镇东四峪	天然	32	0.8	10.5	19.1	10胡桃楸	86.85	0
53	白桦	房山区史家营乡	天然	—	0.7	14.2	17.6	7白桦1黑桦1山杨1油松	88.93	0
54	白桦	怀柔区喇叭沟门乡南岔口	天然	—	0.8	15.7	17.7	10白桦—黑桦—五角枫	146.02	0
55	白桦	怀柔区喇叭沟门乡磨石山	天然	—	0.7	16.2	16.9	8白桦1黑桦1山杨—硕桦—蒙古栎	84.32	0

(续)

序号	树种	地点	起源	林龄（年）	郁闭度	平均高（米）	平均胸径（厘米）	树种组成	活立木蓄积量（立方米/公顷）	枯立木蓄积量（立方米/公顷）
56	白桦	怀柔区喇叭沟门乡南岔山	天然	—	0.7	13.6	18.3	6白桦4山杨	103.81	0
57	白桦	密云区云蒙山林场冷风甸	天然	—	0.7	9.1	27.8	9白桦1落叶松+蒙古栎+五角枫+山杨	107.37	0
58	白桦	密云区新城子乡雾灵山坡头村	天然	—	0.9	16	23.3	9白桦1黑桦－落叶松	145.01	0
59	白桦	延庆区松山国家自然保护区	天然	—	0.7	14	20.7	10白桦	243.44	0
60	硕桦	门头沟区百花山白草畔	天然	—	0.7	10.6	13.8	10硕桦－白桦－花楸	73.03	0
61	元宝枫	延庆区八达岭林场	天然	—	0.6	10.1	13.9	5元宝枫3糠椴2大果榆－山荆子－黑桦	74.47	0
62	元宝枫	海淀区西山试验林场卧佛寺分场玉皇顶	人工	—	0.7	9.9	16.6	10元宝枫	74.42	0
63	元宝枫	海淀区西山试验林场卧佛寺分场玉皇顶	人工	—	0.7	10.2	12	10元宝枫－黄栌－臭椿	55.27	0
64	元宝枫	海淀区西山试验林场乡卧佛寺分场	人工	—	0.7	11.8	15.5	10元宝枫	70.65	0
65	糠椴	平谷区四座楼林场四座楼分区	天然	35	0.7	7.8	17.1	8糠椴1蒙古栎1落叶松+油松	138	0
66	糠椴	怀柔区喇叭沟门乡三道口	天然	32	0.8	13.5	8.8	4糠椴2黄桦1蒙古栎1白桦1黑桦+山杨+黑榆	83.6	0.367
67	糠椴	延庆区九眼楼风景区	天然	30	0.8	12	12.6	7糠椴1辽东栎1棘皮桦1槲栎+臭椿+五角枫	101	4.83
68	蒙椴	平谷区镇罗营镇玻璃台	天然	35	0.8	11.2	12.5	8蒙椴1蒙古栎1元宝枫+白桦	143	4.42

(续)

序号	树种	地点	起源	林龄（年）	郁闭度	平均高（米）	平均胸径（厘米）	树种组成	活立木蓄积量（立方米/公顷）	枯立木蓄积量（立方米/公顷）
69	蒙椴	密云区雾灵山林场大坪峪	天然	40	0.8	8.2	14.1	3蒙椴2黑桦2五角枫2蒙古栎+白桦	84	4.779
70	蒙椴	延庆区九眼楼风景区	天然	45	0.8	10.6	11.9	6蒙椴2山杨2辽东栎+棘皮栎	125	5.43
71	山杨	怀柔区喇叭沟门乡南岔沟	天然	33	0.6	17.6	14.9	9山杨1白桦	107.567	0
72	山杨	怀柔区喇叭沟门乡南岔沟	天然	35	0.5	18.6	15.5	9山杨1白桦－五角枫	135.653	1.814
73	山杨	怀柔区喇叭沟门乡小东沟	天然	28	0.6	13.1	17.8	9山杨1白桦－蒙古栎	114.917	6.45
74	山杨	怀柔区喇叭沟门乡小东沟	天然	28	0.7	15.6	12.9	10山杨	118.983	1.933
75	山杨	怀柔区喇叭沟门乡小东沟	天然	30	0.7	15.6	15.7	10山杨+蒙古栎	159.333	7.2
76	山杨	怀柔区喇叭沟门乡于顺沟	天然	40	0.5	16.8	18.1	9山杨1白桦+蒙古栎－黑桦－山楂	280.3	0
77	山杨	密云区雾灵山林场南横岭	天然	40	0.8	14.7	17.6	8山杨1辽东栎1黑桦－元宝枫	194.48	15.15
78	山杨	平谷区镇罗营镇史家台村	天然	35	0.8	11.1	13.3	8山杨1蒙椴1蒙古栎－胡桃楸	118.002	0.934
79	鹅耳枥	昌平区沟崖风景区	天然	18	0.7	6.1	9.5	5鹅耳枥2侧柏1臭椿1栾树1桑树	55.032	0
80	鹅耳枥	房山区蒲洼乡南家子	天然	25	0.8	6.5	9.5	6鹅耳枥1大果榆1丁香1蒙椴1蒙古栎－元宝枫－糠椴－大叶白蜡－桑	98.633	2.933

二、优良单株

2007—2010年开展的北京市植物种质资源调查，进行了优良单株选择，选出14个树种优良单株111棵，具体分布如下。

（1）油松优良单株共23棵，分布在房山区史家营乡牛岭瀑松树岭、海淀区西山试验林场魏家村分场、怀柔区喇叭沟门乡鹿角山、延庆区松山国家级自然保护区塘子沟等地。

（2）华北落叶松优良单株共3棵，分布在门头沟区百花山和密云区云蒙山林场冷风甸。

（3）侧柏优良单株共10棵，分布在昌平区南口镇佛岩寺、密云区锥峰山林场东沟、平谷区大华山镇后北宫哈巴岭等地。

（4）蒙古栎优良单株共8棵，分布怀柔区喇叭沟门乡亮庵山、密云区云蒙山林场冷风甸、门头沟区百花山等地。

（5）栓皮栎优良单株共8棵，分布在昌平区大杨山国家森林公园、崔村镇西峪村大盆峪，平谷区四座楼林场东长峪分区等地。

（6）刺槐优良单株共4棵，全部分布在昌平区。

（7）胡桃楸优良单株共11棵，分布在昌平区南口镇、房山区蒲洼乡森山湖（图4-20-13）、门头沟区斋堂镇沿河城村大虎头等地。

（8）白桦优良单株共11棵，分布在房山区史家营乡百花山、怀柔区喇叭沟门乡南岔沟、门头沟区清水镇洪水口村大地沟沙河西坡等地。

（9）硕桦优良单株共3棵，全部分布在门头沟区百花山。

（10）元宝枫优良单株共5棵，分布在海淀区西山试验林场卧佛寺分场玉皇顶、延庆区八达岭林场石峡沟。

（11）糠椴优良单株共6棵，分布在平谷区四座楼林场四座楼分区、密云区云蒙山林场大西沟、昌平区石峡沟山。

（12）蒙椴优良单株共8棵，分布在平谷区

图4-20-13 房山蒲洼胡桃楸优良单株

镇罗营镇玻璃台、密云区石城镇南沟。

（13）山杨优良单株共6棵，分布在密云区雾灵山林场南横岭石喇子、昌平区流村镇禾子涧村十三道梁子、怀柔区喇叭沟门乡东道小东子沟。

（14）鹅耳枥优良单株共5棵，分布在昌平区沟崖风景区、房山区蒲洼乡南家子、门头沟区百花山。

各优良单株具体指标见表4-20-10。

表4-20-10 北京市优良单株

序号	树种	地点	胸径（厘米）	树高（米）	中央直径（厘米）	形率	材积（立方米）
1	油松	房山区史家营乡牛岭瀑松树岭	28.4	14.7	21.6	0.761	0.273
2	油松	海淀区西山试验林场魏家村分场	30.8	13.9	28.2	0.916	0.320
3	油松	海淀区西山试验林场魏家村分场	24.5	12.9	21.0	0.857	0.207
4	油松	怀柔区喇叭沟门乡鹿角山	24.6	13.7	20.0	0.813	0.209
5	油松	密云区不老屯镇古石峪双叉沟南坡外	32.4	19.1	26.5	0.818	0.352
6	油松	密云区不老屯镇古石峪头道窑东坡	26.0	13.6	20.7	0.796	0.230
7	油松	密云区雾灵山林场大沟子	30.4	16.5	23.5	0.773	0.312

(续)

序号	树种	地点	胸径（厘米）	树高（米）	中央直径（厘米）	形率	材积（立方米）
8	油松	密云区雾灵山林场大沟子	28.5	17.8	24.5	0.860	0.276
9	油松	密云区雾灵山林场遥桥峪村脑峪沟	30.2	19.3	25.1	0.831	0.308
10	油松	密云区雾灵山林场遥桥峪村脑峪沟	42.9	15.2	38.5	0.897	0.600
11	油松	平谷区金海湖镇刘家峪	35.3	12.8	27.6	0.782	0.414
12	油松	平谷区刘家店镇洛娃森林公园	26.1	14.8	21.7	0.831	0.233
13	油松	平谷区刘家店镇洛娃森林公园	35.3	16.4	26.3	0.745	0.415
14	油松	平谷区熊儿寨乡井台山分区瞭望塔东	25.0	14.2	21.2	0.848	0.215
15	油松	平谷区熊儿寨乡井台山分区瞭望塔东	25.6	14.2	19.6	0.766	0.223
16	油松	平谷区四座楼林场四座楼分区	28.8	13.8	19.3	0.670	0.281
17	油松	平谷区熊儿寨乡尖山子村皮拉缝山	33.8	14.5	27.6	0.817	0.382
18	油松	平谷区丫髻山林场小峪子分区大石板沟	24.6	11.8	18.9	0.768	0.209
19	油松	平谷区丫髻山林场小峪子分区大石板沟	18.3	11.6	15.0	0.820	0.115
20	油松	平谷区丫髻山林场小峪子分区大石板沟	23.7	11.7	20.0	0.844	0.194
21	油松	平谷区丫髻山林场小峪子分区西沟老象峰	21.9	13.0	19.2	0.877	0.167
22	油松	延庆区松山国家级自然保护区塘子沟	41.5	18.9	35.6	0.858	0.563
23	油松	延庆区松山国家级自然保护区塘子沟	30.9	15.6	26.3	0.851	0.322
24	华北落叶松	门头沟区百花山	33.2	16.5	30.0	0.904	0.588
25	华北落叶松	门头沟区百花山	32.9	16.5	27.8	0.845	0.576
26	华北落叶松	密云区云蒙山林场冷风甸	34.2	17.6	27.6	0.807	0.627
27	侧柏	昌平区南口镇佛岩寺	20.2	13.4	15.4	0.762	0.084
28	侧柏	昌平区南口镇佛岩寺	24.3	12.7	17.3	0.712	0.118
29	侧柏	密云区锥峰山林场东沟	23.2	12.4	19.4	0.836	0.109
30	侧柏	密云区锥峰山林场西沟	33.1	14.8	17.1	0.517	0.208
31	侧柏	密云区锥峰山林场西沟	23.7	12.7	19.2	0.810	0.113
32	侧柏	平谷区大华山镇后北宫哈巴岭	16.7	11.7	14.3	0.856	0.059
33	侧柏	平谷区刘家店镇洛娃森林公园	26.4	13.5	20.1	0.761	0.138
34	侧柏	平谷区四座林场九里山分区	24.8	12.3	20.0	0.806	0.123
35	侧柏	平谷区夏各庄镇道卜峪	13.2	9.7	11.0	0.833	0.038
36	侧柏	平谷区夏各庄镇道卜峪	14.0	9.3	9.8	0.700	0.042
37	蒙古栎	怀柔区喇叭沟门乡亮庵山	28.4	10.6	15.9	0.560	0.289
38	蒙古栎	怀柔区喇叭沟门乡五龙潭	56.9	28.5	20.2	0.355	1.100
39	蒙古栎	门头沟区百花山	30.3	10.8	25.0	0.825	0.334

(续)

序号	树种	地点	胸径（厘米）	树高（米）	中央直径（厘米）	形率	材积（立方米）
40	蒙古栎	门头沟区百花山	25.0	10.3	20.3	0.812	0.231
41	蒙古栎	门头沟区清水镇大地后沟	26.1	14.2	10.7	0.410	0.246
42	蒙古栎	门头沟区斋堂镇沿城河村龙门涧小甸子	42.7	23.9	20.5	0.480	0.632
43	蒙古栎	密云区云蒙山林场冷风甸	37.3	15.4	28.0	0.751	0.487
44	蒙古栎	密云区云蒙山林场冷风甸	33.7	15.3	22.6	0.671	0.398
45	栓皮栎	昌平区大杨山国家森林公园	25.5	13.6	18.9	0.741	0.236
46	栓皮栎	昌平区大杨山国家森林公园	26.2	13.2	19.0	0.725	0.248
47	栓皮栎	昌平区大杨山国家森林公园	27.5	13.4	19.2	0.698	0.272
48	栓皮栎	昌平区崔村镇西峪村大盆峪	38.5	15.8	28.5	0.740	0.517
49	栓皮栎	房山区上方山国家森林公园	22.0	15.8	19.0	0.864	0.177
50	栓皮栎	房山区上方山国家森林公园	29.7	17.5	13.8	0.465	0.314
51	栓皮栎	平谷区熊儿寨乡东长峪	29.4	16.4	20.4	0.694	0.308
52	栓皮栎	平谷区四座楼林场东长峪分区	28.6	13.9	20.4	0.713	0.293
53	刺槐	昌平区	22.7	11.7	18.5	0.815	0.239
54	刺槐	昌平区	17.6	11.6	15.2	0.864	0.135
55	刺槐	昌平区	24.8	11.3	21.5	0.867	0.293
56	刺槐	昌平区	23.3	12.8	18.7	0.803	0.253
57	胡桃楸	昌平区南口镇	21.9	12.9	17.6	0.804	0.179
58	胡桃楸	昌平区南口镇	22.2	12.5	16.8	0.757	0.184
59	胡桃楸	昌平区南口镇	19.8	13.6	14.2	0.717	0.148
60	胡桃楸	房山区蒲洼乡森山湖	64.5	19.1	55.3	0.857	1.443
61	胡桃楸	房山区蒲洼乡森山湖	64.5	19.1	55.0	0.853	1.443
62	胡桃楸	门头沟区斋堂镇沿河城村大虎头	17.2	12.3	13.8	0.802	0.111
63	胡桃楸	门头沟区斋堂镇沿河城村大虎头	17.2	10.9	14.2	0.826	0.111
64	胡桃楸	门头沟区斋堂镇沿河城村大虎头	17.2	12.3	13.8	0.802	0.111
65	胡桃楸	门头沟区小龙门林场牛郎峪	33.5	13.4	20.6	0.615	0.405
66	胡桃楸	门头沟区小龙门林场牛郎峪	33.5	13.4	20.6	0.615	0.405
67	胡桃楸	平谷区镇罗营镇关上	35.4	10.2	25.1	0.709	0.454
68	白桦	房山区史家营乡百花山	13.2	12.0	10.3	0.780	0.057
69	白桦	房山区史家营乡百花山	11.3	12.4	10.2	0.903	0.038
70	白桦	房山区史家营乡牛岭曝松树林山	19.8	19.9	17.8	0.899	0.147
71	白桦	房山区史家营乡牛岭曝松树林山	18.8	19.7	16.5	0.878	0.132

(续)

序号	树种	地点	胸径（厘米）	树高（米）	中央直径（厘米）	形率	材积（立方米）
72	白桦	怀柔区喇叭沟门乡南岔沟	25.7	17.9	22.3	0.868	0.259
73	白桦	怀柔区喇叭沟门乡小西天	24.8	12.3	16.3	0.657	0.242
74	白桦	门头沟区清水镇洪水口村大地沟沙河西坡	30.0	14.1	16.4	0.547	0.349
75	白桦	密云区新城子镇五道村	37.0	19.3	30.2	0.816	0.531
76	白桦	密云区新城子镇五道村	29.3	19.3	25.5	0.870	0.334
77	白桦	密云区新城子镇五道村	31.5	19.8	22.8	0.724	0.381
78	白桦	密云区新城子镇五道村	26.9	13.6	22.8	0.848	0.286
79	硕桦	门头沟区百花山	13.8	8.3	12.3	0.891	0.064
80	硕桦	门头沟区百花山	22.2	13.6	19.1	0.860	0.188
81	硕桦	门头沟区百花山	12.9	7.2	10.1	0.783	0.053
82	元宝枫	海淀区西山试验林场卧佛寺分场玉皇顶	24.2	14.8	21.3	0.880	0.218
83	元宝枫	海淀区西山试验林场卧佛寺分场玉皇顶	21.1	11.5	12.5	0.592	0.167
84	元宝枫	海淀区西山试验林场卧佛寺分场玉皇顶	20.4	12.8	9.1	0.446	0.156
85	元宝枫	海淀区西山试验林场卧佛寺分场玉皇顶	20.5	12.8	14.3	0.698	0.158
86	元宝枫	延庆区八达岭林场石峡沟	20.2	13.7	18.1	0.896	0.153
87	糠椴	平谷区四座楼林场四座楼分区	19.8	14.2	15.3	0.773	0.147
88	糠椴	密云区云蒙山林场大西沟	21.3	17.8	18.4	0.864	0.170
89	糠椴	密云区云蒙山林场大西沟	16.0	13.2	12.4	0.775	0.096
90	糠椴	密云区云蒙山林场大西沟	16.2	13.2	11.8	0.728	0.098
91	糠椴	密云区云蒙山林场大西沟	18.8	12.4	15.2	0.809	0.133
92	糠椴	昌平区石峡沟山	35.8	12.4	25.0	0.698	0.464
93	蒙椴	平谷区镇罗营镇玻璃台	19.3	12.3	17.5	0.907	0.140
94	蒙椴	密云区石城镇南沟	20.7	12.4	17.2	0.831	0.153
95	蒙椴	密云区石城镇南沟	18.0	12.4	15.1	0.839	0.114
96	蒙椴	平谷区镇罗营镇玻璃台	26.8	17.8	22.0	0.821	0.266
97	蒙椴	平谷区镇罗营镇玻璃台	29.0	13.1	25.0	0.862	0.309
98	蒙椴	平谷区镇罗营镇玻璃台	29.0	13.1	24.6	0.848	0.309
99	蒙椴	平谷区镇罗营镇玻璃台	27.1	15.0	23.4	0.863	0.271
100	蒙椴	平谷区镇罗营镇玻璃台	19.3	12.3	17.5	0.907	0.140
101	山杨	密云区雾灵山林场南横岭石喇子	32.6	17.7	6.1	0.187	0.700
102	山杨	昌平区流村镇禾子涧村十三道梁子	15.7	12.0	12.5	0.796	0.121
103	山杨	昌平区流村镇禾子涧村十三道梁子	15.0	14.0	10.5	0.700	0.107

（续）

序号	树种	地点	胸径（厘米）	树高（米）	中央直径（厘米）	形率	材积（立方米）
104	山杨	昌平区流村镇禾子涧村十三道梁子	13.3	11.2	10.6	0.797	0.079
105	山杨	怀柔区喇叭沟门乡东道小东子沟	22.9	21.2	19.0	0.830	0.310
106	山杨	怀柔区喇叭沟门乡东道小东子沟	19.5	16.7	17.5	0.897	0.209
107	鹅耳枥	昌平区沟崖风景区	19.3	9.0	11.2	0.580	0.140
108	鹅耳枥	房山区蒲洼乡南家子	18.0	8.3	10.3	0.572	0.122
109	鹅耳枥	门头沟区百花山	16.9	8.9	7.8	0.462	0.107
110	鹅耳枥	房山区蒲洼乡南家子	24.5	8.1	13.5	0.551	0.223
111	鹅耳枥	房山区蒲洼乡南家子	15.6	8.5	8.1	0.519	0.091

第二十一章　森林昆虫资源

森林昆虫是森林生物群落的重要组成部分，是森林生态系统物质转化、能量流动和信息传递流通的重要承载者，对维护森林生态系统的结构和功能具有不可或缺的重要作用。昆虫资源是指可直接为人类生产生活提供物质原料、特殊生态服务的昆虫及其产品。昆虫是地球上已知物种数量最多的生物类群，蕴藏着十分丰富的生物基因，是重要的、有待开发的生物基因库和蛋白资源库。昆虫资源的开发应用历史悠久，不仅促进了资源昆虫的生物学、生态学及资源价值等基础研究，也催生了基于特定资源昆虫种类的纺织、食品、医药、娱乐、传粉等产业领域的蓬勃发展。

根据历次北京市林业有害生物普查及相关研究成果，2022年，从昆虫资源的角度，对相关资料和研究成果进行了整理，并将北京林区森林昆虫资源归纳为传粉昆虫、药用昆虫、观赏昆虫、食用及饲料昆虫、天敌昆虫和工业原料昆虫。

第一节　传粉昆虫

地球上约80%的植物是虫媒植物，需要昆虫传粉。许多昆虫在进化中与虫媒植物形成了密切关系，成为"专职"的传粉昆虫，如蜜蜂、熊蜂、壁蜂等，还有一部分昆虫需要取食花蜜或花粉形成访花行为，在花丛间往返穿梭，实际上也充当了植物授粉媒介。已知授粉及访花昆虫涉及膜翅目、鞘翅目、双翅目、鳞翅目、半翅目、脉翅目、长翅目、缨翅目、直翅目、螳螂目等。其中，以膜翅目、鞘翅目、鳞翅目昆虫被发现的种类较多。

膜翅目昆虫中国记述2300余种，绝大部分种类都有传粉作用。鞘翅目昆虫中国记述10000余种，其中花金龟科、天牛总科、花萤总科、隐翅甲总科、叶甲总科等种类常见访花。双翅目昆虫中国记述4000余种，其中传粉昆虫主要有食蚜蝇总科、丽蝇科、麻蝇科、蚤蝇科、小花蝇科、虻科和大蚊总科等种类。鳞翅目昆虫中国记述8000余种，蝶类和日出性蛾类，以及需要吸食花蜜补充营养的夜出性蛾类都是重要的传粉昆虫。

目前，对自然传粉昆虫的研究还处于起步观察阶段，主要集中在经济植物及温室等特定生产系统中，但人工繁殖蜜蜂、熊蜂并定向释放授粉技术研究及将其应用在园林、园艺生产中正得到迅速发展。

在林业有害生物调查过程中，发现北京地区传粉、访花昆虫主要有膜翅目蜜蜂总科2种

（名录同食用昆虫部分），鞘翅目天牛总科67种（名录同食用昆虫部分），花金龟科12种、丽金龟科19种、斑金龟科2种、叶甲科34种（名录同观赏娱乐昆虫）。双翅目食蚜蝇总科15种（名录同天敌昆虫部分）、鳞翅目蝶类121种（名录同观赏娱乐昆虫部分）。此外，还发现天蛾科、夜蛾科、尺蛾科、螟蛾科、细蛾科等蛾类240余种，具有夜行昆虫传粉特点。

第二节 药用昆虫

中药中有300余种昆虫被用作药品。《本草纲目》记载昆虫药品88种（类）；《中国药用动物志》（Ⅰ、Ⅱ）记载药用昆虫141种（12目，49科）；《中华人民共和国药典》中记载药用昆虫9种（类）。昆虫在中华医学宝库中作为药物不同地域有不同的应用，但多数未经现代科学物种鉴定。从市场及各地记述看，昆虫入药的种类远多于古今文献记录。中药讲究"道地"属性，因此昆虫入药及可利用的药用昆虫资源需要进一步挖掘。北京地区记述可入药的昆虫28种，见表4-21-1。

表4-21-1 北京地区主要药用昆虫

药用名	药用部位	主治功能	目名	科名	中文名	别名	学名	分布
将军虫	成虫全虫	利尿、破血	直翅目	蟋蟀科	斗蟋蟀等3种	蛐蛐、夜鸣虫	见观赏娱乐昆虫	见观赏娱乐昆虫
蝼蛄	成虫全虫	利水、通便	直翅目	蝼蛄科	东方蝼蛄	非洲蝼蛄、小蝼蛄	*Gryllotalpa orientalis*	全市均有分布
蝼蛄	成虫全虫	利水、通便	直翅目	蝼蛄科	华北蝼蛄	刺蝼蛄、大蝼蛄、拉拉蛄、地拉蛄、土狗子、地狗子	*Gryllotalpa unispina*	全市均有分布
螵蛸	卵块	固精缩尿、补肾助阳	螳螂目	螳螂科	广腹螳螂等6种	刀螂、刀螳	见天敌昆虫螳螂科	见天敌昆虫螳螂科
僵蚕	白僵菌寄生于家蚕或野蚕幼虫	息风止痉、祛风止痛、化痰散结	鳞翅目	蚕科	桑蚕	家蚕	*Bombyx mori*	各区均有分布
僵蚕	白僵菌寄生于家蚕或野蚕幼虫	息风止痉、祛风止痛、化痰散结	鳞翅目	蚕科	野蚕		见产丝昆虫	见产丝昆虫
斑蝥	成虫全虫	破血逐瘀、散结消癥、攻毒蚀疮	鞘翅目	芫菁科	大斑芫菁等5种		见天敌昆虫芫菁科	见天敌昆虫芫菁科
蝉蜕	蝉科昆虫的蜕	疏风解表、利咽止咳	半翅目	蝉科	山西姬蝉		*Cicadetta shanxiensis*	延庆
蝉蜕	蝉科昆虫的蜕	疏风解表、利咽止咳	半翅目	蝉科	蚱蝉	知了、黑蚱	*Cryptotympana atrata*	昌平区、朝阳区、石景山区、大兴区、怀柔区、密云区、西城区
蝉蜕	蝉科昆虫的蜕	疏风解表、利咽止咳	半翅目	蝉科	蒙古寒蝉		*Meimuna mongolica*	大兴区、丰台区、密云区

(续)

药用名	药用部位	主治功能	目名	科名	中文名	别名	学名	分布
蝉蜕	蝉科昆虫的蜕	疏风解表、利咽止咳	半翅目	蝉科	鸣鸣蝉	斑头蝉、雷鸣蝉、昼鸣蝉、蛁蟟	*Oncotympana maculaticollis*	昌平区、东城区、大兴区、房山区、丰台区、海淀区、怀柔区、密云区、顺义区、西城区、延庆区、门头沟区
					蟪蛄	斑蝉、褐斑蝉、山奈宽侧蝉、苹梢蟪蛄	*Platypleura kaempferi*	昌平区、朝阳区、东城区、大兴区、丰台区、海淀区、顺义区、西城区
樗鸡	成虫	主治子宫虚寒、月经不调、瘰疬结核、横痃便毒等	半翅目	蜡蝉科	斑衣蜡蝉	花姑娘、斑蜡蝉、椿皮蜡蝉、红娘子、灰花蛾、花蹦蹦	*Lycorma delicatula*	全市均有分布
蜣螂	成虫	主治小儿惊痫瘛疭、腹胀、寒热、大人癫疾、狂易	鞘翅目	蜣螂科	墨侧裸蜣螂		*Gymnopleurus mopsus*	房山区
					立叉嗡蜣螂		*Onthophagus olsoufieffi*	延庆区
					公羊嗡蜣螂		*Onthophagus tragus*	房山区
					赛西蜣螂		*Sisyphus schaefferi*	门头沟区、房山区、怀柔区、密云区、延庆区

第三节　观赏娱乐昆虫

观赏、娱乐昆虫文化是中国传统文化中异军突起的一支，具有观赏娱乐价值的一些昆虫成为这一独特文化的载体。观赏娱乐昆虫大致分为鸣虫、斗虫、观赏虫等，或作为宠物，或制作成工艺品，具有完整的产业链。一些种类已可人工饲养，这对保护自然昆虫资源有着重要意义。北京地区记述鸣虫、斗虫 11 种（表 4-21-2），具有观赏价值的昆虫 207 种（表 4-21-3）。

表 4-21-2　北京地区主要鸣虫、斗虫

类别	目名	科名	中文名	别名	学名	分布
鸣虫	直翅目	螽斯科	懒螽		*Deracantha onos*	昌平区、怀柔区、密云区、延庆区
			优雅蝈螽	蝈蝈、叫哥哥、秋蝈蝈、短翅蝈蝈、短翅鸣螽	*Gampsocleis ratiosa*	门头沟区、密云区、延庆区
斗虫	直翅目	蟋蟀科	斗蟋蟀	斗蟋	*Gryllodes emelytrus*	全市均有分布
			油葫芦		*Gryllus testaceus*	全市均有分布
			北京油葫芦		*Teleogryllus emma*	全市均有分布
	鞘翅目	锹甲科	荷陶锹甲	中华大刀锹甲	*Dorcus hopei*	怀柔区

(续)

类别	目名	科名	中文名	别名	学名	分布
斗虫	鞘翅目	锹甲科	扁锹甲	扁锹形虫、大黑锹形虫	*Eurytrachelus platymelus*	丰台区、门头沟区、延庆区
			斑股锹甲	斑腿锹甲、大齿锹甲	*Lucanus maculifemoratus*	怀柔区、密云区、延庆区
			角棱颚锹甲		*Prismognathus angularis*	密云区
			褐黄前锹甲	黄褐前锹甲	*Prosopocoilus blanchardi*	海淀区、门头沟区、昌平区、房山区、怀柔区
			曲颚前锹甲	锯锹形虫、斜剪锹甲、锯锹甲	*Psalidoremus inclinatus*	怀柔区

表 4-21-3 北京地区主要观赏昆虫

目名	科名	中文名	别名	学名	分布
半翅目	广翅蜡蝉科	透明疏广蜡蝉	透明广翅蜡蝉、透翅广翅蜡蝉	*Euricania clara*	海淀区、丰台区、昌平区、密云区
		缘纹广翅蜡蝉	绿纹广翅蜡蝉	*Ricania marginalis*	海淀区
	蛾蜡蝉科	碧蛾蜡蝉	青翅蛾蝉、青翅羽衣	*Geisha distinctissima*	昌平区
	菱蜡蝉科	云斑安菱蜡蝉		*Andes marmorata*	部分山区
鳞翅目	凤蝶科	碧凤蝶		*Papilio bianor*	海淀区、门头沟区、密云区、延庆区
		绿带翠凤蝶	琉璃翠凤蝶	*Papilio maackii*	大兴区、房山区
		金凤蝶	黄凤蝶、茴香凤蝶、胡萝卜凤蝶	*Papilio machaon*	朝阳区、丰台区、门头沟区、昌平区、通州区、大兴区、房山区、平谷区、怀柔区、密云区、延庆区
		柑橘凤蝶	花椒凤蝶、黄波罗凤蝶、春凤蝶、燕凤蝶	*Papilio xuthus*	丰台区、门头沟区、大兴区、房山区、密云区
		丝带凤蝶	马兜铃凤蝶、白凤蝶	*Sericinus montelus*	海淀区、门头沟区、房山区、怀柔区、密云区、延庆区
	粉蝶科	绢粉蝶	山楂绢粉蝶、山楂粉蝶、树粉蝶、苹果粉蝶、梅粉蝶	*Aporia crataegi*	门头沟区、密云区、延庆区
		绢粉蝶华北亚种		*Aporia crataegi diluta*	门头沟区
		酪色绢粉蝶	黄糵粉蝶、深山粉蝶	*Aporia potanini*	门头沟区、怀柔区、延庆区
		斑缘豆粉蝶	黄粉蝶、黄色豆粉蝶	*Colias erate*	海淀区、丰台区、门头沟区、顺义区、大兴区、房山区、密云区、延庆区
		橙黄豆粉蝶	橙色豆粉蝶、橙黄粉蝶	*Colias fieldii*	朝阳区、海淀区、延庆区
		曙色豆粉蝶		*Colias heos*	门头沟区、怀柔区、延庆区
		宽边黄粉蝶	合欢黄粉蝶	*Eurema hecabe*	石景山、朝阳区、海淀区、丰台区
		淡色钩粉蝶	锐角钩粉蝶、尖角鼠李蝶、锐角翅粉蝶	*Gonepteryx aspasia*	门头沟区、怀柔区、密云区、延庆区

(续)

目名	科名	中文名	别名	学名	分布
鳞翅目	粉蝶科	尖钩粉蝶	锐角翅粉蝶、尖角鼠李蝶、尖角山黄蝶	*Gonepteryx mahaguru*，异名：*Gonepteryx aspasia*	门头沟区、怀柔区、密云区、延庆区
		钩粉蝶	角翅粉蝶、角钩粉蝶	*Gonepteryx rhamni*	海淀区、门头沟区、怀柔区、延庆区
		东方菜粉蝶		*Pieris canidia*	顺义区、怀柔区、延庆区
		菜粉蝶		*Pieris rapae*	海淀区、丰台区、门头沟区、顺义区、通州区、大兴区、房山区、怀柔区、密云区、延庆区
	眼蝶科	阿芬眼蝶	草眼蝶	*Aphantopus hyperanthus*	门头沟区、延庆区
		牧女珍眼蝶	珍眼蝶	*Coenonympha amaryllis*	门头沟区、房山区、怀柔区、延庆区
		英雄珍眼蝶	欧亚莎草眼蝶	*Coenonympha hero*	延庆区
		爱珍眼蝶	莎草眼蝶	*Coenonympha oedippus*	门头沟区、怀柔区、延庆区
		绢眼蝶	丫纹绢眼蝶	*Davidina armandi*	门头沟区、怀柔区、密云区、延庆区
		红眼蝶	红眶眼蝶	*Erebia alcmena*	延庆区
		波翅红眼蝶		*Erebia ligea*	门头沟区
		多眼蝶		*Kirinia epaminondas*	门头沟区、密云区、延庆区
		黄环链眼蝶		*Lopinga achine*	门头沟区、延庆区
		白瞳舜眼蝶		*Loxerebia saxicola*	延庆区
		白眼蝶	稻眼蝶	*Melanargia halimede*	海淀区、门头沟区、房山区、怀柔区、密云区、延庆区
		蛇眼蝶	二环眼蝶、四眼黑眼蝶	*Minois dryas*	门头沟区、怀柔区、密云区、延庆区
		宁眼蝶	巨眼蝶	*Ninguta schrenkii*	房山区
		娜娜酒眼蝶		*Oeneis nanna*	海淀区、门头沟区、昌平区、怀柔区、密云区、延庆区
		藏眼蝶		*Tatinga thibetana*	门头沟区、房山区、延庆区
		矍眼蝶		*Ypthima balda*	房山区、怀柔区、延庆区
		乱云矍眼蝶	大矍眼蝶	*Ypthima megalomma*	密云区
		东亚矍眼蝶		*Ypthima motschulskyi*	海淀区
		小矍眼蝶		*Ypthima nareda*	石景山、海淀区
	蛱蝶科	柳紫闪蛱蝶	柳幻紫蛱蝶、柳紫闪蝶	*Apatura ilia*	丰台区、大兴区、密云区、延庆区
		紫闪蛱蝶	齿紫蛱蝶、深色紫蛱蝶	*Apatura iris*	门头沟区、怀柔区、密云区、延庆区
		曲带闪蛱蝶	捷闪蛱蝶	*Apatura laverna*	丰台区、延庆区
		布网蜘蛱蝶		*Araschnia burejana*	延庆区

(续)

目名	科名	中文名	别名	学名	分布
鳞翅目	蛱蝶科	绿豹蛱蝶		*Argynnis paphia*	门头沟区、延庆区
		斐豹蛱蝶		*Argyreus hyperbius*	怀柔区
		老豹蛱蝶		*Argyronome laodice*	门头沟区、房山区、怀柔区
		洛神宝蛱蝶		*Boloria napaea*	门头沟区
		龙女宝蛱蝶		*Boloria pales*	门头沟区
		小豹蛱蝶		*Brenthis daphne*	门头沟区、房山区、密云区、延庆区
		伊诺小豹蛱蝶	纤小豹蛱蝶	*Brenthis ino*	门头沟区、延庆区
		银豹蛱蝶		*Childrena childreni*	海淀区、门头沟区、昌平区、房山区、延庆区
		曲纹银豹蛱蝶		*Childrena zenobia*	门头沟区、延庆区
		明窗蛱蝶		*Dilipa fenestra*	门头沟区、昌平区、房山区、密云区、延庆区
		金堇蛱蝶		*Euphydryas aurinia*	门头沟区
		灿豹蛱蝶		*Fabriciana niobe*	延庆区
		黑脉蛱蝶		*Hestina assimilis*	门头沟区、怀柔区、延庆区
		拟斑脉蛱蝶		*Hestina persimilis*, 异名: *Hestina japonica*	延庆区
		孔雀蛱蝶		*Inachus io*	延庆区
		琉璃蛱蝶		*Kaniska canace*	门头沟区
		隐线蛱蝶	拟折线蛱蝶	*Limenitis camilla*	密云区
		巧克力线蛱蝶		*Limenitis ciocolatina*	延庆区
		愁眉线蛱蝶		*Limenitis disjucta*	延庆区
		扬眉线蛱蝶		*Limenitis helmanni*	房山区
		戟眉线蛱蝶		*Limenitis homeyeri*	门头沟区
		缘线蛱蝶		*Limenitis latefasciata*	延庆区
		横眉线蛱蝶		*Limenitis moltrechti*	门头沟区、延庆区
		红线蛱蝶		*Limenitis populi*	门头沟区、密云区
		折线蛱蝶		*Limenitis sydyi*	门头沟区、密云区、延庆区
		罗网蛱蝶		*Melitaea romanovi*	延庆区
		大网蛱蝶		*Melitaea scotosia*	延庆区
		夜迷蛱蝶		*Mimathyma nycteis*	门头沟区、延庆区
		白斑迷蛱蝶		*Mimathyma schrenckii*	门头沟区、延庆区
		重环蛱蝶		*Neptis alwina*	门头沟区、房山区、延庆区

(续)

目名	科名	中文名	别名	学名	分布
鳞翅目	蛱蝶科	中环蛱蝶		*Neptis hylas*	房山区、延庆区
		链环蛱蝶		*Neptis pryeri*	门头沟区、怀柔区、密云区、延庆区
		单环蛱蝶		*Neptis rivularis*	海淀区、门头沟区、昌平区、延庆区
		小环蛱蝶		*Neptis sappho*	门头沟区、房山区、平谷区、怀柔区、延庆区
		黄环蛱蝶		*Neptis themis*	门头沟区、密云区、延庆区
		黄缘蛱蝶		*Nymphalis antiopa*	门头沟区、密云区、延庆区
		白矩朱蛱蝶	桦蛱蝶	*Nymphalis vau-album*	丰台区、门头沟区、延庆区
		朱蛱蝶	暗边蛱蝶、榆蛱蝶	*Nymphalis xanthomelas*	门头沟区、延庆区
		中华黄葩蛱蝶		*Patsuia sinensis*	门头沟区、延庆区
		白钩蛱蝶	榆蛱蝶	*Polygonia c-album*	朝阳区、海淀区、丰台区、门头沟区、昌平区、顺义区、房山区、延庆区
		黄钩蛱蝶		*Polygonia caureum*	全市均有分布
		二尾蛱蝶	拟凤蛱蝶	*Polyura narcaea*	密云区、延庆区
		大紫蛱蝶		*Sasakia charonda*	门头沟区、怀柔区
		锦瑟蛱蝶	暗线蛱蝶	*Seokia pratti*，异名：*Limenitis pratti*	密云区
		黄帅蛱蝶		*Sephisa princeps*	延庆区
		银斑豹蛱蝶		*Speyeria aglaja*	延庆区
		猫蛱蝶		*Timelaea maculata*	门头沟区、房山区、延庆区
		小红蛱蝶	赤蛱蝶	*Vanessa cardui*	门头沟区、大兴区、延庆区
		大红蛱蝶		*Vanessa indica*	朝阳区、海淀区、丰台区、门头沟区、昌平区、顺义区、房山区、平谷区、密云区、延庆区
	喙蝶科	朴喙蝶		*Libythea celtis*	门头沟区、怀柔区、延庆区
	灰蝶科	东北梳灰蝶		*Ahlbergia frivaldszkyi*	延庆区
		青灰蝶		*Antigius attilia*	门头沟区、密云区、延庆区
		癞灰蝶		*Araragi enthea*	门头沟区、密云区、延庆区
		中华爱灰蝶		*Aricia mandschurica*，异名：*Lycaena chinensis*	海淀区、昌平区、怀柔区、密云区、延庆区
		精灰蝶	斑精灰蝶	*Artopoetes pryeri*	门头沟区、延庆区
		琉璃灰蝶	醋栗灰蝶	*Celastrina argiola*	昌平区、房山区、怀柔区、密云区、延庆区
		裂斑金灰蝶		*Chrysozephyrus disparatus*	延庆区
		蓝灰蝶		*Everes argiads*	丰台区、大兴区、延庆区

(续)

目名	科名	中文名	别名	学名	分布
鳞翅目	灰蝶科	宽边艳灰蝶		*Favonius latifasciatus*	门头沟区、密云区、延庆区
		艳灰蝶	东方灰蝶	*Favonius orientalis*	丰台区、门头沟区、密云区、延庆区
		乌灰蝶		*Fixsenia herzi*	怀柔区、延庆区
		黄灰蝶		*Japonica lutea*	门头沟区
		亮灰蝶	曲纹亮灰蝶	*Lampides boeticus*	东城、朝阳区、海淀区
		红珠灰蝶	珠灰蝶、大豆斑灰蝶	*Lycaeides argyrognomon*	房山区
		青海红珠灰蝶		*Lycaeides qinghaiensis*	延庆区
		褐红珠灰蝶	东方珠灰蝶	*Lycaeides subsolana*	门头沟区、延庆区
		大斑霾灰蝶		*Maculinea arionides*	门头沟区、延庆区
		胡麻霾灰蝶		*Maculinea teleius*	门头沟区、延庆区
		黑灰蝶		*Niphanda fusca*	延庆区
		斑眼灰蝶		*Polyommatus wiskotti*	房山区
		蓝燕灰蝶		*Rapala caerulea*	怀柔区、密云区、延庆区
		霓纱燕灰蝶		*Rapala nissa*	海淀区、昌平区、怀柔区、密云区、延庆区
		优秀洒灰蝶		*Satyrium eximium*	延庆区
		红斑洒灰蝶		*Satyrium ornate*	门头沟区
		高山洒灰蝶		*Satyrium prunoides*	门头沟区、延庆区
		刺痣洒灰蝶		*Satyrium spini*	延庆区
		无尾洒灰蝶		*Satyrium tengstoemi*	门头沟区、昌平区、延庆区
		乌洒灰蝶		*Satyrium w-album*	门头沟区、房山区、密云区、延庆区
		蓝紫灰蝶		*Shijimiaeoides divinus*	延庆区
		诗灰蝶		*Shirozua jonasi*	延庆区
		线灰蝶	橙斑线灰蝶	*Thecla betulae*	延庆区
	天蚕蛾科（幼虫可食，成虫产丝）	绿尾大蚕蛾	水青蛾、柳蚕、长尾月蛾、燕尾大蚕蛾、水青蚕、长尾目蚕、水绿天蚕蛾	*Actias selene ningpoana*	海淀区、丰台区、门头沟区、平谷区、怀柔区、密云区、延庆区
		樗蚕蛾	椿蚕、乌桕樗蚕蛾	*Samia cynthia cynthia*，异名：*Philosamia cynthia*	海淀区、门头沟区、昌平区、顺义区、通州区、大兴区、房山区、平谷区、怀柔区、密云区、延庆区
鞘翅目	丽金龟科	毛喙丽金龟		*Adoretus hirsutus*	房山区
		斑喙丽金龟	茶色金龟子、茶色金龟、葡萄丽金龟	*Adoretus tenuimaculatus*	大兴区、怀柔区
		多色异丽金龟	多色丽金龟	*Anomala chamaeleon*，异名：*Anomala smaragdina*	门头沟区、怀柔区、密云区、延庆区

(续)

目名	科名	中文名	别名	学名	分布
鞘翅目	丽金龟科	铜绿异丽金龟	铜绿金龟子、青金龟子、铜绿丽金龟	*Anomala corpulenta*	全市均有分布
		黄褐异丽金龟	黄褐丽金龟	*Anomala exoleta*	门头沟区、大兴区、怀柔区、密云区、延庆区
		侧斑异丽金龟	拟异丽金龟、异色丽金龟	*Anomala luculenta*	门头沟区
		蒙古异丽金龟	蒙异丽金龟、蒙古丽金龟、蒙古畸丽金龟、青铜金龟	*Anomala mongolica*	昌平区、怀柔区、密云区
		弱脊异丽金龟		*Anomala sulcipennis*	怀柔区
		蓝边矛丽金龟	蓝边毛丽金龟、斜卡丽金龟、斜矛丽金龟	*Callistethus plagiicollis*	门头沟区、密云区、延庆区
		小阔胫玛绢金龟	小阔胫绢金龟、小阔胫绒金龟	*Maladera ovatula*	延庆区
		粗绿彩丽金龟	粗绿丽金龟	*Mimela holosericea*	门头沟区
		京绿彩丽金龟	京绿黄丽金龟	*Mimela pekinensis*	门头沟区、怀柔区
		浅褐彩丽金龟	黄闪彩丽金龟	*Mimela testaceoviridis*	怀柔区
		庭园发丽金龟	小褐丽金龟、庭园丽金龟、园林发丽金龟	*Phyllopertha horticola*	门头沟区、密云区、延庆区
		琉璃弧丽金龟	拟日本金龟	*Popillia flavosellata*，异名：*Popillia atrocoerulea*	怀柔区
		棉花弧丽金龟	无斑弧丽金龟、棉蓝弧丽金龟、棉兰金龟、棉墨绿金龟、蓝紫金龟、黑绿金龟、墨绿丽金龟、豆兰金龟、豆蓝丽金龟	*Popillia mutans*，异名：*Popillia indigonacea*	丰台区、门头沟区、昌平区、房山区、平谷区、怀柔区、密云区、延庆区
		曲带弧丽金龟		*Popillia pustulata*	怀柔区、密云区
		中华弧丽金龟	葡萄金龟子、葡萄巴拉子、四纹金龟子、四纹丽金龟、四斑丽金龟	*Popillia quadriguttata*	丰台区、门头沟区、大兴区、房山区、平谷区、怀柔区、密云区、延庆区
		苹毛丽金龟	苹毛金龟子、长毛金龟子	*Proagopertha lucidula*	全市均有分布
	花金龟科	褐锈花金龟	乡绣花金龟、赤斑花金龟	*Anthracophora rusticola*，异名：*Poecilophilides rusticola*，*Anthracophora rusticola*	怀柔区
		暗绿花金龟		*Cetonia viridiopaca*	房山区、怀柔区
		日本花金龟	日铜罗花金龟、铜花金龟、大翠金龟、日本铜光金龟	*Rhomborrhina japonica*	密云区

(续)

目名	科名	中文名	别名	学名	分布
鞘翅目	花金龟科	奇弯腹花金龟	赭翅臀花金龟、黄边食蚜花金龟、奇臀花金龟、黄缘臀花金龟	*Campsiura mirabilis*	怀柔区
		长毛花金龟	华美花金龟、紫铜花金龟、青铜花金龟	*Cetonia magnifica*	门头沟区、怀柔区、延庆区
		白斑跗花金龟	距花金龟、宽板花金龟	*Clinterocera mandarina*	海淀区、门头沟区、房山区、怀柔区、密云区
		黄翅鹿角斑金龟		*Dicranocephalus bourgoini*	海淀区、平谷区、怀柔区
		金斑甜花金龟	黄斑短突花金龟、全斑短突花金龟、油桐黑色金龟	*Glycyphana fulvistemma*	怀柔区
		斑青花金龟		*Oxycetonia bealiae*	门头沟区、平谷区、怀柔区
		小青花金龟	银点花金龟、小青花潜	*Oxycetonia jucunda*	海淀区、丰台区、门头沟区、昌平区、大兴区、房山区、平谷区、怀柔区、密云区、延庆区
		饥星花金龟		*Potosia famelica*	门头沟区、延庆区
		白星花金龟	白星金龟子、白星花潜、白星滑花金龟、纹铜花金龟	*Protaetia brevitarsis*，异名：*Potosia brevitarsis*	全市均有分布
	斑金龟科	短毛斑金龟	虎斑金龟	*Lasiotrichius succinctus*，异名：*Trichius dahuricus*	门头沟区、怀柔区
		虎皮斑金龟	束带斑金龟	*Trichius fasciatus*，异名：*Scarabaeus fasciatus*	怀柔区、密云区、延庆区
	吉丁虫科	核桃小吉丁虫		*Agrilus lewisiellus*	海淀区、门头沟区、怀柔区
		苹果窄吉丁	苹果金蛀甲、苹果小吉丁	*Agrilus mali*	海淀区、丰台区、昌平区、顺义区、房山区、平谷区、密云区、延庆区
		柳窄吉丁		*Agrilus nipponigena*	大兴区
		白蜡窄吉丁	花曲柳窄吉丁	*Agrilus planipennis*，异名：*Agrilus marcopoli*	石景山、朝阳区、海淀区、昌平区
		日本松脊吉丁	日本脊吉丁	*Chalcophora japonica*	海淀区
		六星吉丁	柑橘星吉丁	*Chrysobothris succedanea*	朝阳区、海淀区、门头沟区、昌平区、大兴区、房山区、平谷区
		合欢吉丁		*Chrysochroa fulminans*	全市都有分布
		红缘绿吉丁		*Lampra bellula*	海淀区、平谷区、怀柔区、密云区、延庆区
		梨金缘吉丁	翡翠吉丁、金缘吉丁虫	*Lampra limbata*	海淀区、门头沟区、昌平区、房山区、平谷区、怀柔区、密云区
		松迹地吉丁	松黑木吉丁	*Melanophila acuminata*	海淀区
		柳缘吉丁		*Meliboeus cerskyl*	局部地区
		杨锦纹截尾吉丁	杨锦纹吉丁	*Poecilonota variolosa*	昌平区

(续)

目名	科名	中文名	别名	学名	分布
鞘翅目	吉丁虫科	栎树吉丁虫		未定名	怀柔区、密云区
	叶甲科	杨毛臀萤叶甲东方亚种	蓝毛臀萤叶甲、杨蓝叶甲	*Agelastica alni orientalis*	海淀区、密云区、延庆区
		榆紫叶甲	榆紫金花虫、榆树金花虫、密点缺缘叶甲	*Ambrostoma quadriimpressum*	海淀区、昌平区、怀柔区、延庆区
		棕色瓢跳甲	丁香潜叶跳甲	*Argopistes hoenei*	局部山区
		中华萝藦叶甲	中华甘薯叶甲	*Chrysochus chinensis*	丰台区、房山区、怀柔区、密云区、延庆区
		杨叶甲	缝斑叶甲、白杨金花虫	*Chrysomela populi*	门头沟区、大兴区、密云区、延庆区
		柳十八斑叶甲		*Chrysomela salicivorax*	丰台区、门头沟区、怀柔区、密云区、延庆区
		白杨叶甲	白杨金花虫、波缘叶甲	*Chrysomela tremulae*	门头沟区、昌平区、顺义区、大兴区、房山区、怀柔区、密云区、延庆区
		光背锯角叶甲	杨四星叶甲	*Clytra laeviuscula*	丰台区、门头沟区、房山区、密云区、延庆区
		肩斑隐头叶甲		*Cryptocephalus bipunctatus cautus*	门头沟区
		酸枣隐头叶甲	八星隐头叶甲	*Cryptocephalus japanus*	门头沟区、昌平区、怀柔区
		斑额隐头叶甲		*Cryptocephalus kulibini*	延庆区
		榆隐头叶甲		*Cryptocephalus lemniscatus*	延庆区、大兴区
		槭隐头叶甲		*Cryptocephalus mannerheimi*	门头沟区
		黄缘隐头叶甲		*Cryptocephalus ochroloma*	门头沟区
		毛隐头叶甲		*Cryptocephalus pilosellus*	丰台区
		绿蓝隐头叶甲		*Cryptocephalus regalis cyanescens*	延庆区
		愈纹萤叶甲	韭萤叶甲、蒜萤叶甲、韭叶甲、葱萤叶甲	*Galeruca reichardti*	延庆区
		二纹柱萤叶甲		*Gallerucida bifasciata*, 异名：*Melospila nigromaculata*、*Melospila consociapa*、*Gallerucida nigiofasicata*	延庆区
		核桃扁叶甲黑胸亚种	核桃叶甲、核桃金花虫	*Gastrolina depressa thoracica*	门头沟区、怀柔区、延庆区
		二点钳叶甲		*Labidostomis bipunctata*	门头沟区、怀柔区
		中华钳叶甲		*Labidostomis chinensis*	怀柔区、房山区

(续)

目名	科名	中文名	别名	学名	分布
鞘翅目	叶甲科	十星瓢萤叶甲	葡萄十星叶甲、葡萄金花虫、十星大圆叶虫、葡萄十星叶甲、十点狂卵萤叶甲	*Oides decempunctatus*	门头沟区
		黄点直缘跳甲	黄栌胫跳甲、黄斑直缘跳甲、漆树双钩跳甲	*Ophrida xanthospilota*	平谷区、延庆区、密云区、怀柔区、丰台区、门头沟区、海淀区、昌平区、顺义区
		黄臀短柱叶甲		*Pachybrachys ochropygus*	丰台区、延庆区
		花背短柱叶甲		*Pachybrachys scriptdorsum*	丰台区
		阔胫萤叶甲	薄翅萤叶甲	*Pallasiola absinthii*	门头沟区、房山区、怀柔区
		杨梢叶甲	杨梢金花虫、咬把虫	*Parnops glasunowi*	门头沟区、密云区、怀柔区、顺义区
		柳圆叶甲	柳蓝叶甲、柳蓝圆叶甲、柳蓝金花虫、橙胸斜缘叶甲	*Plagiodera versicolora*	全市均有分布
		榆蓝叶甲	榆绿毛萤叶甲、榆毛胸萤叶甲、榆蓝金花虫、榆绿金花虫	*Pyrrhalta aenescens*	全市均有分布
		榆黄叶甲	黑肩毛胸萤叶甲、榆黄金花虫、榆斑颈毛萤叶甲、榆黄毛萤叶甲	*Pyrrhalta maculicollis*，异名：*Galleruca maculicollis*	延庆区、密云区、大兴区、昌平区、丰台区、怀柔区、门头沟区、朝阳区、房山区、顺义区
		杨柳光叶甲	杨柳隐头叶甲	*Smaragdina aurita hammarstraemi*	房山区、怀柔区
		酸枣光叶甲		*Smaragdina mandzhura*	丰台区、怀柔区
		黑额光叶甲		*Smaragdina nigrifrons*	门头沟区
		梨光叶甲		*Smaragdina semiaurantiaca*	丰台区、大兴区、延庆区

第四节　食用及饲料昆虫

世界各地多个民族具有直接食用昆虫及其产品的习惯，许多地方将昆虫食品作为特色美食，打造观光旅游、康养休闲等新型林下经济招牌。因地域及民族习惯不同，各地食用昆虫种类有较大差异。据统计，全世界的食用昆虫有3000多种，所有33个目的昆虫都有人食用。

蜂蜜是人类生活中重要的昆虫食品，主要由蜜蜂总科昆虫生产。中国已陆续报道蜜蜂总科昆虫400余种，其代表昆虫是中华蜜蜂和意大利蜜蜂，北京地区均有人工饲养。

鉴于昆虫具有体型小、生产效能高、易饲养等特点，长期以来，黄粉虫等昆虫一直被人们饲养用作重要家禽、宠鸟的饲料。目前，腐生性的家蝇、黑水虻等双翅目昆虫已能够进行工业化生产，在处理城市生活垃圾的同时又可生产出大量的幼虫蛋白，直接用于畜禽养殖业的饲料或作为动物蛋白加工原料。

民间利用柞蚕蛹、大型蜂类昆虫的蛹制作名菜已广为人知,将蝗虫、蟋蟀、蝉类成虫进行烧烤也比较普遍。一些地区将豆天蛾幼虫称为"豆丹",将在木材中钻蛀危害的天牛等昆虫的幼虫称为"木蟥",将大型蝉的若虫称为"知了猴""爬蚱"等,均作为油炸、烧烤或其他烹饪的食材。目前,已有人工饲养或放养的天蛾、蝗虫、蚱蝉和胡蜂等产品上市。北京地区记述可用于食用的大型直翅类、蝉类昆虫及柞蚕21种,另外还发现北京地区有天蛾科昆虫50种、天牛科昆虫67种的幼虫、蛹均可食用,见表4-21-4。

表4-21-4 北京地区主要食用及饲料昆虫

目名	科名	中文名	别名	学名	分布
直翅目	蝗科	花胫绿纹蝗	花尖翅蝗	*Aiolopus tamulus*	大兴区、房山区
		鼓翅皱膝蝗		*Angaracris baradensis*	房山区
		红翅皱膝蝗		*Angaracris rhodopa*	延庆区
		长额负蝗	尖头负蝗	*Atractomorpha lata*	昌平区、顺义区
		短额负蝗	小尖头蚱蜢	*Atractomorpha sinensis*	丰台区、门头沟区
		黄胫痂蝗		*Bryodema holdereri holdereri*	门头沟区、大兴区
		棉蝗	大青蝗	*Chondracris rosea*	海淀区、顺义区、平谷区、延庆区
		云斑车蝗		*Gastrimargus marmoratus*	门头沟区、延庆区
		笨蝗	秃蚂蚱、驼蚂蚱	*Haplotropis brunneriana*	丰台区、门头沟区、延庆区
		东亚飞蝗		*Locusta migratoria manilensis*	丰台区、门头沟区
		亚洲飞蝗		*Locusta mignatoria mignatoria*	丰台区、门头沟区
		亚洲小车蝗		*Oedaleus decorus asiaticus*	门头沟区、大兴区
		黄胫小车蝗	小车蝗	*Oedaleus infernalis*	全市
	蟋蟀科	斗蟋蟀	斗蟋	*Gryllodes hemelytrus*	全市
		油葫芦		*Gryllus testaceus*	全市
		北京油葫芦		*Teleogryllus emma*	全市
半翅目	蝉科	山西姬蝉		*Cicadetta shanxiensis*	延庆区
		蚱蝉	黑蚱、知了	*Cryptotympana atrata*	全市
		昼鸣蝉	鸣鸣蝉、斑头蝉、雷鸣蝉	*Oncotympana maculaticollis*	全市
		蟪蛄	斑蝉、山奈宽侧蝉、苹梢蟪蛄、褐斑蝉	*Platypleura kaempferi*	全市
鳞翅目	天蚕蛾科	柞蚕		*Antheraea pernyi*	密云区、怀柔区、延庆区
	天蛾科	鬼脸天蛾	胡麻天蛾、胡麻叶天蛾	*Acherontia lachesis*	延庆区
		芝麻鬼脸天蛾	芝麻天蛾、芝麻灰腹天蛾	*Acherontia styx*	门头沟区、顺义区、怀柔区、密云区、延庆区

(续)

目名	科名	中文名	别名	学名	分布
鳞翅目	天蛾科	葡萄缺角天蛾	长葡萄天蛾	*Acosmeryx naga*	门头沟区、昌平区、怀柔区、密云区、延庆区
		黄脉天蛾		*Amorpha amurensis*	门头沟区、昌平区、平谷区、怀柔区、密云区、延庆区
		葡萄天蛾	长葡萄天蛾	*Ampelophaga rubiginosa rubiginosa*	朝阳区、丰台区、门头沟区、昌平区、顺义区、通州区、大兴区、怀柔区、密云区、延庆区
		黄线天蛾		*Apocalypsis velox*	局部山区
		榆绿天蛾	榆天蛾、云纹天蛾、云纹榆天蛾	*Callambulyx tatarinovi*	全市均有分布
		条背天蛾		*Cechenena lineosa*	延庆区
		平背天蛾	隙天蛾	*Cechenena minor*,异名:*Chaerocampa minor*	门头沟区、大兴区、平谷区、怀柔区、密云区
		深色白眉天蛾	茜草天蛾、猪秧赛天蛾	*Celerio gallii*	门头沟区
		沙枣白眉天蛾	沙枣天蛾	*Celerio hippophaes*	昌平区
		八字白眉天蛾	白眉天蛾	*Celerio lineata livornica*	丰台区、昌平区、顺义区、房山区、平谷区、怀柔区、密云区
		南方豆天蛾		*Clanis bilineata bilineata*,异名:*Basiana bilineata*、*Ambulyx bilineata*	朝阳区、昌平区、房山区、怀柔区
		豆天蛾	大豆天蛾、豆虫	*Clanis bilineata tsingtauica*	朝阳区、海淀区、门头沟区、昌平区、顺义区、通州区、大兴区、房山区、平谷区、怀柔区、密云区、延庆区
		洋槐天蛾	拟豆天蛾、刺槐天蛾	*Clanis deucalion*	丰台区、门头沟区、怀柔区
		小星天蛾		*Dolbina exacta*	延庆区
		绒星天蛾	星天蛾、女贞天蛾、星绒天蛾	*Dolbina tancrei*	门头沟区、昌平区、房山区、怀柔区、延庆区
		喜马锤天蛾	小燕尾天蛾、奇翅天蛾	*Gurelca himachala*	延庆区
		川海黑边天蛾		*Haemorrhagia fuciformis ganssuensis*	门头沟区
		后黄黑边天蛾		*Haemorrhagia radians*,异名:*Sesia radians*、*Haemorrhagia radians*、*Haemorrhagia radians*	门头沟区
		白薯天蛾	甘薯天蛾、红薯天蛾、旋花天蛾、虾壳天蛾	*Herse convolvuli*	朝阳区、门头沟区、顺义区、大兴区、房山区、平谷区、怀柔区、密云区、延庆区
		松黑天蛾	松天蛾、华松天蛾	*Hyloicus caligineus sinicus*	海淀区、门头沟区、昌平区、房山区、平谷区、怀柔区、密云区、延庆区

(续)

目名	科名	中文名	别名	学名	分布
鳞翅目	天蛾科	白须天蛾		*Kentrochrysalis sieversi*	门头沟区、大兴区、延庆区
		女贞天蛾		*Kentrochrysalis streckeri*	延庆区
		川锯翅天蛾	豹蠹天蛾	*Langia zenzeroides szechuana*	门头沟区、昌平区、房山区、延庆区
		小豆长喙天蛾	小豆日天蛾、茜草天蛾、燕尾天蛾、蓬雀天蛾、蜂雀天蛾、凤雀天蛾	*Macroglossum stellatarum*，异名：*Sphinx stellatarum*	门头沟区、顺义区、房山区、延庆区
		椴六点天蛾	后橙六点天蛾	*Marumba dyras*	门头沟区、怀柔区、延庆区
		梨六点天蛾		*Marumba gaschkewitschi complacens*，异名：*Semerinthus gaschkewitschi complacents*	密云区
		枣桃六点天蛾	桃天蛾、酸枣天蛾、桃六点天蛾	*Marumba gaschkewitschi gaschkewitschi*	丰台区、门头沟区、昌平区、顺义区、通州区、大兴区、房山区、平谷区、怀柔区、密云区、延庆区
		黄边六点天蛾		*Marumba maacki*，异名：*Smerinthus maacki*	门头沟区、房山区、怀柔区
		栗六点天蛾	栗叶天蛾	*Marumba sperchius*	房山区、怀柔区、密云区、延庆区
		钩翅天蛾		*Mimas tiliae christophi*	延庆区
		鹰翅天蛾	细翅天蛾	*Oxyambulyx ochracea*	海淀区、丰台区、门头沟区、昌平区、房山区、平谷区、怀柔区、密云区、延庆区
		核桃鹰翅天蛾		*Oxyambulyx schauffelbergeri*	怀柔区
		构月天蛾	构星天蛾、构天蛾、绿褐银星天蛾	*Parum colligata*	丰台区、昌平区、房山区、平谷区
		白环红天蛾	阿夕天蛾、小白眉天蛾、姬天蛾	*Pergesa askoldensis*	门头沟区
		红天蛾	暗红天蛾、红夕天蛾	*Pergesa elpenor lewisi*	门头沟区、昌平区、房山区、平谷区、怀柔区、密云区、延庆区
		盾天蛾	虾夷天蛾、盾斑天蛾、胡桃绿天蛾	*Phyllosphingia dissimilis dissimilis*	门头沟区、怀柔区、延庆区
		紫光盾天蛾		*Phyllosphingia dissimilis sinensis*	门头沟区、房山区、平谷区、怀柔区、密云区、延庆区
		霜天蛾	梧桐天蛾、泡桐灰天蛾、丁香天蛾、桐霜斑天蛾	*Psilogramma menephron*	朝阳区、门头沟区、昌平区、顺义区、通州区、大兴区、房山区、平谷区、怀柔区、密云区、延庆区
		小霜天蛾		*Psilogramma wannanensis*	海淀区、门头沟区
		白肩天蛾	蒙天蛾、绒天蛾	*Rhagastis mongoliana mongoliana*	房山区、怀柔区、密云区、延庆区
		杨目天蛾	柳灰天蛾、小柳天蛾	*Smerithus caecus*	延庆区

(续)

目名	科名	中文名	别名	学名	分布
鳞翅目	天蛾科	北方蓝目天蛾		*Smerithus planus alticola*	大兴区、怀柔区、延庆区
		蓝目天蛾	柳天蛾、蓝目灰天蛾、柳目天蛾、柳蓝目天蛾、内天蛾、眼纹天蛾	*Smerithus planus planus*	全市均有分布
		葡萄昼天蛾		*Sphecodina caudata*	门头沟区
		鼠天蛾		*Sphingulus mus*	门头沟区、怀柔区、延庆区
		红节天蛾	水蜡天蛾	*Sphinx ligustri constricta*	门头沟区、怀柔区、延庆区
		斜纹天蛾	萨摩天蛾、芋叶天蛾	*Theretra clotho clotho*	延庆区
		雀纹天蛾	爬山虎天蛾、葡萄叶绿褐天蛾、葡萄斜纹天蛾、雀斜纹天蛾	*Theretra japonica*，异名：*Chacrocampa japonica*	朝阳区、丰台区、门头沟区、顺义区、大兴区、房山区、平谷区、怀柔区、延庆区
		芋双线天蛾	双线斜天蛾、凤仙花天蛾、芋叶灰褐天蛾、凤仙花斜条天蛾、凤仙天蛾	*Theretra oldenlandiae*	丰台区、大兴区、房山区、怀柔区
鞘翅目	天牛科	斑锦天牛		*Acalolepta sublusca*	丰台区、大兴区
		灰长角天牛	长角灰天牛	*Acanthocinus aedilis*	平谷区
		小灰长角天牛	长角小灰天牛	*Acanthocinus griseus*	门头沟区、昌平区、怀柔区、延庆区
		黑带长角天牛		*Acanthocinus stillatus*	怀柔区
		苜蓿多节天牛		*Agapanthia amurensis*	怀柔区、密云区、延庆区
		赤杨褐天牛	赤杨缘花天牛、赤杨花天牛	*Anoplodera rubra dichroa*	怀柔区、密云区、延庆区
		星天牛		*Anoplophora chinensis*	昌平区、房山区、平谷区、怀柔区、密云区、延庆区
		光肩星天牛	黄斑星天牛	*Anoplophora glabripennis*，异名：*Anoplophora nobilis*	全市均有分布
		中华锯花天牛		*Apatophysis sinica*	门头沟区
		桑天牛	粒肩天牛、桑干黑天牛、刺肩天牛	*Apriona germari*	朝阳区、门头沟区、昌平区、顺义区、通州区、大兴区、房山区、平谷区、怀柔区、密云区、延庆区
		锈色粒肩天牛		*Apriona swainsoni*	海淀区、房山区
		褐幽天牛	褐梗天牛	*Arhopalus rusticus*	门头沟区、怀柔区、密云区、延庆区
		桃红颈天牛		*Aromia bungii*	全市均有分布

（续）

目名	科名	中文名	别名	学名	分布
鞘翅目	天牛科	松幽天牛		*Asemum amurense*	门头沟区、海淀区
		红缘天牛	红缘亚天牛	*Asias halodendri*	丰台区、门头沟区、昌平区、房山区、平谷区、怀柔区、密云区、延庆区
		云斑白条天牛	多斑白条天牛、云斑天牛	*Batocera horsfieldi*	朝阳区、密云区
		榆绿天牛		*Chelidonium provosti*	朝阳区、大兴区
		樱桃虎天牛	刺槐虎天牛、槐绿虎天牛、刺槐绿虎天牛	*Chlorophorus diadema*	石景山、门头沟区、房山区、怀柔区
		灭字绿虎天牛		*Chlorophorus figuratus*	门头沟区
		杨柳绿虎天牛	杨柳虎天牛、柳绿虎天牛	*Chlorophorus motschulskyi*	丰台区、门头沟区、顺义区、大兴区、延庆区
		六斑虎天牛	六斑绿虎天牛	*Chlorophorus sexmaculatus*	门头沟区、怀柔区、延庆区
		槐黑星虎天牛		*Clytobius davidis*	丰台区、顺义区、怀柔区
		曲牙锯天牛	土居天牛	*Dorysthenes hydropicus*	顺义区、怀柔区、密云区、延庆区
		大牙土天牛	大牙土锯天牛、大牙锯天牛	*Dorysthenes paradoxus*	怀柔区、密云区
		钩突土天牛		*Dorysthenes sternalis*	门头沟区、怀柔区
		密条草天牛		*Eodorcadion virgatum*	门头沟区、延庆区
		双带粒翅天牛	双带粒天牛	*Lamiomimus gottschei*	门头沟区、怀柔区、密云区
		橡黑天牛	橡黑花天牛	*Leptura aethiops*	门头沟区、延庆区
		曲纹花天牛		*Leptura arcuata*	门头沟区、延庆区
		黑角瘤筒天牛		*Linda atricornis*	房山区、延庆区
		芫天牛		*Mantitheus pekinensis*	海淀区、丰台区、门头沟区、昌平区、房山区、密云区、延庆区
		栗山天牛		*Massicus raddei*	门头沟区、怀柔区、延庆区
		薄翅锯天牛	中华薄翅天牛、薄翅天牛	*Megopis sinica*	海淀区、丰台区、门头沟区、昌平区、大兴区、房山区、怀柔区、密云区、延庆区
		四点象天牛		*Mesosa myops*	朝阳区、门头沟区、顺义区、怀柔区、延庆区
		双簇污天牛	双簇天牛	*Moechotypa diphysis*	门头沟区、怀柔区、密云区
		云杉大墨天牛		*Monochamus urussovi*	丰台区、怀柔区
		云杉小墨天牛		*Monochamus sutor*	丰台区

(续)

目名	科名	中文名	别名	学名	分布
鞘翅目	天牛科	血翅枞天牛	红翅裸花天牛	*Nivellia sanguinosa*	延庆区
		黑翅脊筒天牛		*Nupserha infantula*	局部山区
		黑缘筒天牛		*Oberea depressa*	门头沟区
		日本筒天牛		*Oberea japonica*	延庆区
		黑腹筒天牛		*Oberea nigriventris*	怀柔区
		黑点粉天牛		*Olenecamptus clarus*	海淀区、丰台区、门头沟区、顺义区、大兴区、房山区、平谷区、怀柔区、密云区、延庆区
		斜翅黑点粉天牛		*Olenecamptus clarus subobliteratus*	房山区、平谷区、延庆区
		榉白背粉天牛		*Olenecamptus cretaceus*	门头沟区、密云区、延庆区
		苎麻天牛	苎麻双脊天牛	*Paraglenea fortunei*	门头沟区、平谷区、怀柔区、延庆区
		桔狭胸天牛	狭胸桔天牛	*Philus antennatus*	门头沟区
		菊小筒天牛	菊天牛、菊虎、蛀食虫	*Phytoecia rufiventris*	门头沟区
		黄带蓝天牛	多带天牛、黄带多带天牛	*Polyzonus fasciatus*	丰台区、门头沟区、房山区、平谷区、怀柔区、密云区、延庆区
		伪昏天牛		*Pseudanaesthetis langana*	房山区
		坡翅桑天牛	桑坡天牛	*Pterolophia annulata*	密云区
		帽斑紫天牛	帽斑天牛、僧帽天牛	*Purpuricenus petasifer*	密云区
		白带艳虎天牛		*Rhaphuma gracilipes*	门头沟区
		缝角天牛	桑缝角天牛、二星缝角天牛	*Ropica subnotata*	海淀区、怀柔区
		双条楔天牛		*Saperda bilineatocollis*	怀柔区
		青杨天牛	山杨天牛、杨枝天牛、青杨楔天牛、青杨枝天牛	*Saperda populnea*	海淀区、丰台区、昌平区、大兴区、怀柔区、延庆区
		双条杉天牛		*Semanotus bifasciatus*	全市均有分布
		台湾狭天牛		*Stenhomalus taiwanus*	房山区
		麻竖毛天牛	麻天牛、大麻天牛	*Thyestilla gebleri*	丰台区、门头沟区、房山区、怀柔区、密云区、延庆区
		家茸天牛		*Trichoferus campestris*	海淀区、门头沟区、昌平区、顺义区、大兴区、房山区、平谷区、怀柔区、延庆区
		刺角天牛		*Trirachys orientalis*	海淀区

(续)

目名	科名	中文名	别名	学名	分布
鞘翅目	天牛科	樟泥色天牛		Uraecha angusta	怀柔区
		桑虎天牛	桑脊虎天牛	Xylotrechus chinensis	海淀区、房山区
		核桃虎天牛	核桃脊虎天牛	Xylotrechus contortus	海淀区、昌平区、门头沟区、怀柔区
		冷杉脊虎天牛		Xylotrechus cuneipennis	门头沟区
		巨胸虎天牛	巨胸脊虎天牛	Xylotrechus magnicollis	海淀区、丰台区、怀柔区
		葡萄脊虎天牛	葡萄虎天牛、葡萄枝天牛、虎天牛、虎斑天牛	Xylotrechus pyrrhoderus	朝阳区、丰台区、昌平区、大兴区、怀柔区、延庆区

第五节 天敌昆虫

天敌昆虫在林业有害生物防控中具有重要意义。据调查，北京地区林业害虫的天敌昆虫有10目44科413种，其中寄生性天敌昆虫244种（表4-21-5），捕食性天敌昆虫169种（表4-21-6）。

表4-21-5 北京地区主要寄生性天敌昆虫

目名	科名	中文名	学名	分布
双翅目	寄蝇科	黑角阿克寄蝇	Actia crassiconis	延庆区
		短颊阿克寄蝇	Actia pilipennis	延庆区
		波坦埃蜉寄蝇	Aphria potens	延庆区
		毛短尾寄蝇	Aplomyia confinis	延庆区
		伊姆短芒寄蝇	Athrycia impressa	局部山区
		赫氏狂寄蝇	Aulacephala hervei	局部山区
		毛瓣奥蜉寄蝇	Austrophorocera hirsuta	局部山区
		金色小寄蝇	Bactromyia aurulenta	延庆区
		选择盆地寄蝇	Bessa parallela	门头沟区
		暗黑饰腹寄蝇	Blepharipa fusiformis，异名：Tachina fusiformis	延庆区
		蚕饰腹寄蝇	Blepharipa zebina	延庆区、房山区
		松小卷蛾寄蝇	Blondelia inclusa	延庆区、房山区
		黑须卷蛾寄蝇	Blondelia nigripes，异名：Tachina nigripes	门头沟区
		宽额凹面寄蝇	Bothria frontosa	延庆区
		褐脉噪寄蝇	Campylochaeta fuscinervis	延庆区

（续）

目名	科名	中文名	学名	分布
双翅目	寄蝇科	黑鳞狭颊寄蝇	*Carcelia atricosta*	延庆区
		八达岭狭颊寄蝇	*Carcelia badalingensis*	延庆区
		尖音狭颊寄蝇	*Carcelia bombylans*	海淀区、延庆区
		灰粉狭颊寄蝇	*Carcelia canutipulvera*	延庆区
		黑尾狭颊寄蝇	*Carcelia caudata*	房山区、延庆区
		斯里兰卡狭颊寄蝇	*Carcelia ceylanica*	局部山区
		棒角狭颊寄蝇	*Carcelia clava*	海淀区
		紊狭颊寄蝇	*Carcelia confundens*	海淀区、延庆区
		齿肛狭颊寄蝇	*Carcelia dentate*	海淀区
		优势狭颊寄蝇	*Carcelia dominantalis*	海淀区、房山区、延庆区
		杜比狭颊寄蝇	*Carcelia dubia*	延庆区
		隔离狭颊寄蝇	*Carcelia exisa*	局部山区
		平额狭颊寄蝇	*Carcelia frontalis*	局部山区
		格纳狭颊寄蝇	*Carcelia gnava*	延庆区
		颏迷狭颊寄蝇	*Carcelia hemimasquartioides*	海淀区
		毛斑狭颊寄蝇	*Carcelia hirtspila*	八达岭区
		善飞狭颊寄蝇	*Carcelia kockiana*	局部山区
		宽额狭颊寄蝇	*Carcelia laxifrons*	延庆区
		芦寇狭颊寄蝇	*Carcelia lucorum*	海淀区、门头沟区
		舞毒蛾狭颊寄蝇	*Carcelia lymantriae*	海淀区
		双斑狭颊寄蝇	*Carcelia maculata*	延庆区
		松毛虫狭颊寄蝇	*Carcelia matsukarehae*	海淀区
		拟隔离狭颊寄蝇	*Carcelia mimoexcisa*	海淀区、延庆区
		奥克狭颊寄蝇	*Carcelia octava*	海淀区
		东方狭颊寄蝇	*Carcelia orientalis*	房山区
		苍白狭颊寄蝇	*Carcelia pallensa*	海淀区
		黄足狭颊寄蝇	*Carcelia pallidipes*	延庆区
		细腹狭颊寄蝇	*Carcelia pollinosa*	延庆区
		角野螟狭颊寄蝇	*Carcelia prima*	房山区
		普狭颊寄蝇	*Carcelia puberula*	海淀区、延庆区
		灰腹狭颊寄蝇	*Carcelia rasa*	海淀区、延庆区
		拉赛狭颊寄蝇	*Carcelia rasalla*	延庆区

(续)

目名	科名	中文名	学名	分布
双翅目	寄蝇科	上方山狭颊寄蝇	*Carcelia shangfangshanica*	房山区
		岛洪狭颊寄蝇	*Carcelia shimai*	延庆区
		苏门答腊狭颊寄蝇	*Carcelia sumatrana*	延庆区
		鬃胫狭颊寄蝇	*Carcelia tibialis*	海淀区、延庆区
		外贝加尔狭颊寄蝇	*Carcelia transbaicalica*	延庆区
		畸变卡他寄蝇	*Catagonia aberrans*，异名：*Exorista aberrans*、*Catagonia nemestrina*	延庆区
		额蜡黄寄蝇	*Ceromasia rubrifrons*	海淀区、延庆区
		黄毛脉寄蝇	*Ceromyia silacea*	延庆区
		爪哇刺蛾寄蝇	*Chaetexorist javana*，异名：*Zenillia sapiens*	海淀区
		簇毛刺蛾寄蝇	*Chaetexorist microchaeta*	海淀区、延庆区
		健壮刺蛾寄蝇	*Chaetexorista eutachinoides*	局部山区
		苹绿刺蛾寄蝇	*Chaetexorista klapperichi*	局部山区
		棒须刺蛾寄蝇	*Chaetexorista palpis*	延庆区
		中形鬃堤寄蝇	*Chaetogena media*	延庆区
		康刺腹寄蝇	*Compsilura concinnata*	局部山区
		粘虫缺须寄蝇	*Cuphocera varia*	局部山区
		蛇肛筒腹寄蝇	*Cylindromyia angustipennis*	海淀区、延庆区
		斑须筒腹寄蝇	*Cylindromyia brassicaria*	海淀区、门头沟区、延庆区
		花白拟迪寄蝇	*Demoticoides pallidus*	延庆区
		海长足寄蝇	*Dexia maritima*，异名：*Dexia (dexillina) maritima*	房山区
		苯长足寄蝇	*Dexia vacua*，异名：*Musca vacua*、*Dexia cincta*、*Dexia gracilis*、*Dexia aurinis*	门头沟区
		异腹长足寄蝇	*Dexia venterialis*	房山区
		弯须赘寄蝇	*Drino curvipalpis*，异名：*Crossocosmia curvipalpis*、*Sturmia unisetosa*	延庆区
		狭颜赘寄蝇	*Drino facialis*，异名：*Sturmiodorid facialis*、*Sturmia latistylata*、*Drino albifacies*	延庆区
		天蛾赘寄蝇	*Drino hersei*	海淀区
		平庸赘寄蝇	*Drino inconspicua*	延庆区
		钩突赘寄蝇	*Drino laetifica*	海淀区
		宽角赘寄蝇	*Drino laticornis*	海淀区
		长毛赘寄蝇	*Drino longihirta*	延庆区
		厚粉赘寄蝇	*Drino pollinosa*	延庆区

(续)

目名	科名	中文名	学名	分布
双翅目	寄蝇科	北海道赘诺寄蝇	*Drinomyia hokkaidensis*，异名：*Vibrissina hokkaidensis*、*Oswaldia bicoloripes*	延庆区
		黄须伊乐寄蝇	*Elodia flavipalpis*	昌平区、顺义区、延庆区
		亮里伊乐寄蝇	*Elodia morio*	局部山区
		黄粉蚬寄蝇	*Erycilla flavipruina*	海淀区、延庆区
		金色蚬寄蝇	*Erycilla rutila*，异名：*Tachina rutila*、*Erycilla amoena*	延庆区
		角逐拱瓣寄蝇	*Ethilla aemula*，异名：*Tachona aemula*、*Tachona arvicola*、*Exorista fractiseta*	延庆区
		伊姆优寄蝇	*Eugymnopeza imparilis*	海淀区
		双鬃追寄蝇	*Exorista bisetosa*	平谷区
		坎坦追寄蝇	*Exorista cantans*	延庆区
		伞裙追寄蝇	*Exorista civilis*	昌平区、平谷区、怀柔区、延庆区
		条纹追寄蝇	*Exorista fasciata*	延庆区
		突额追寄蝇	*Exorista frons*	延庆区
		褐翅追寄蝇	*Exorista fuscipennis*，异名：*Eutachina fuscipennis*	海淀区
		透翅追寄蝇	*Exorista hyalipennis*，异名：*Eutachina hyalipennis*	房山区、延庆区
		日本追寄蝇	*Exorista japonica*	海淀区、房山区、平谷区、密云区、延庆区
		古毒蛾追寄蝇	*Exorista larvarum*，异名：*Musca larvarum*	局部山区
		迷追寄蝇	*Exorista mimula*	海淀区、延庆区、门头沟区
		草地螟追寄蝇	*Exorista pratensis*	延庆区
		毛虫追寄蝇	*Exorista rossica*	丰台区、昌平区、延庆区
		家蚕追寄蝇	*Exorista sorbillans*	局部山区
		红尾追寄蝇	*Exorista xanthaspis*	延庆区、房山区、密云区
		黑股宽额寄蝇	*Frontina femorata*	海淀区
		彩艳宽额寄蝇	*Frontina laeta*	海淀区
		双斑膝芒寄蝇	*Gonia bimaculala*	海淀区
		宽额膝芒寄蝇	*Gonia capitata*	延庆区
		中华膝芒寄蝇	*Gonia chinensis*	海淀区
		迪维膝芒寄蝇	*Gonia divia*	延庆区
		华丽膝芒寄蝇	*Gonia ornate*	海淀区
		黑腹膝芒寄蝇	*Gonia pica*	海淀区、延庆区

(续)

目名	科名	中文名	学名	分布
双翅目	寄蝇科	白霜膝芒寄蝇	*Gonia vacua*	西城区、海淀区
		马格亮寄蝇	*Gymnochaeta magna*	延庆区
		狭颊膜腹寄蝇	*Gymnosoma inornata*	延庆区
		普通膜腹寄蝇	*Gymnosoma rotundata*	延庆区
		矮海寄蝇	*Hyleorus elatus*	海淀区
		灰等腿寄蝇	*Isomera cinerascens*	局部山区
		中介异丛毛寄蝇	*Isosturmia intermedia*，异名：*Ieiosiopsis aristålis*、*Sturmia trisetosa*	海淀区
		多径毛异丛毛寄蝇	*Isosturmia picta*，异名：*Sturmia picta*、*Drino chatterijeeana*	海淀区、延庆区
		叉叶江寄蝇	*Janthinomyia elegans*	延庆区
		阿尔泰短须寄蝇	*Linnaemya altaica*，异名：*Linnaemyia altaica*、*Linnaemyia nonappendix*	海淀区、房山区、延庆区
		毛胫短须寄蝇	*Linnaemya microchaetopsis*	延庆区
		长肛短须寄蝇	*Linnaemya perinealis*	局部山区
		钩肛短须寄蝇	*Linnaemya picta*	延庆区
		折肛短须寄蝇	*Linnaemya scutellaris*，异名：*Palpina scutellaris*、*Linnaememyia rohdendorfi*	延庆区
		饰额短须寄蝇	*Linnaemya comta*	局部山区
		查禾短须寄蝇	*Linnaemya zachvatkini*	局部山区
		单翎厉寄蝇	*Lydella acellaris*	海淀区、延庆区
		玉米螟厉寄蝇	*Lydella grisescens*	海淀区
		阴叶甲寄蝇	*Macquartia tenebricosa*	房山区、延庆区
		黄肛斑腹寄蝇	*Maculosalia flavicercia*	延庆区
		褐瓣麦寄蝇	*Medina fuscisquama*	延庆区
		黑瓣麦寄蝇	*Medina malayana*，异名：*Mollia malayana*	延庆区
		杂色美根寄蝇	*Meigenia grandigena*	局部山区
		大型美根寄蝇	*Meigenia majuscula*，异名：*Spylosia majuscula*	海淀区、延庆区
		三齿美根寄蝇	*Meigenia tridentata*	延庆区
		双色撵寄蝇	*Myxexoristops bicolor*，异名：*Exorista bicolor*	门头沟区、延庆区
		布朗撵寄蝇	*Myxexoristops blondeli*	延庆区
		透翅毛瓣寄蝇	*Nemoraea pellucida*	延庆区
		萨毛瓣寄蝇	*Nemoraea sapporensis*	海淀区、延庆区
		双斑截尾寄蝇	*Nemorilla maculosa*	延庆区

(续)

目名	科名	中文名	学名	分布
双翅目	寄蝇科	蒙古诺寄蝇	*Nowickia mongolica*	延庆区
		炭黑栉寄蝇	*Pales carbonata*	延庆区
		蓝黑栉寄蝇	*Pales pavida*	海淀区、延庆区
		髯侧盾寄蝇	*Paratryphera barbatula*	海淀区、房山区、延庆区
		凶野长须寄蝇	*Peleteria ferina*	密云区
		红黄佩雷寄蝇	*Peleteria honghuang*	延庆区
		鳃佩雷寄蝇	*Peleteria semiglabra*	延庆区
		短翅长须寄蝇	*Peleteria sphyrocera*	海淀区、延庆区
		粘虫长须寄蝇	*Peleteria varia*	海淀区、延庆区
		黄胫等鬃寄蝇	*Peribaea tibialis*	延庆区
		凯梳寄蝇	*Pexopsis capitata*	延庆区
		褐粉菲寄蝇	*Phebellia fulripellinis*	延庆区
		普通怯寄蝇	*Phryxe vulgaris*	局部山区
		林荫扁寄蝇	*Platymyia hortulana*	局部山区
		日本纤芒寄蝇	*Prodegeeria japonica*	局部山区
		金龟长喙寄蝇	*Prosena siberita*	房山区、门头沟区、延庆区
		染黑前寄蝇	*Prosopea nigricans*，异名：*Prontina nigricans*、*Frontina instabilis*	延庆区
		红额拟膝芒寄蝇	*Pseudogonia rufifrons*	海淀区、丰台区
		稻苞虫赛寄蝇	*Pseudoperichaeta nigrolineata*	延庆区
		德尔拉寄蝇	*Ramonda delphinensis*	局部山区
		双斑撒寄蝇	*Salmacia bimaculata*	局部山区
		黑腹撒寄蝇	*Salmacia sicula*	局部山区
		栗色舟寄蝇	*Scaphimyia castanee*	延庆区
		榆毒蛾嗜寄蝇	*Schineria tergesina*	局部山区
		冠毛长喙寄蝇	*Siphona cristata*	局部山区
		太平洋寄蝇	*Solieria pacififica*	局部山区
		梳飞跃寄蝇	*Spallanzania hebes*	局部山区
		多鬃飞跃寄蝇	*Spallanzania multisetasa*	延庆区
		矮饰苔寄蝇	*Steiniomyia elata*	局部山区
		短头寄蝇	*Tachina breviceps*	延庆区
		短翅寄蝇	*Tachina breviela*	延庆区

(续)

目名	科名	中文名	学名	分布
双翅目	寄蝇科	赵氏寄蝇	*Tachina chaoi*	延庆区
		陈氏寄蝇	*Tachina cheni*	延庆区
		毛肋寄蝇	*Tachina jakovlevi*	海淀区、门头沟区、延庆区
		侧条寄蝇	*Tachina laterolinea*	延庆区
		黑尾寄蝇	*Tachina magnicornis*	延庆区
		怒寄蝇	*Tachina nupta*	延庆区
		什塔寄蝇	*Tachina stackelbergi*	延庆区
		黄白寄蝇	*Tachina ursina*	海淀区、延庆区
		黑胫鞘寄蝇	*Thecocarcelia nigrotibialis*，异名：*Argyrophylax nigrotibialis*、*Thecocarcelia melanohalterata*	海淀区
		巨形柔寄蝇	*Thelaria macropus*	海淀区、房山区、延庆区
		暗黑柔寄蝇	*Thelaira nigripes*	延庆区
		长角髭寄蝇	*Vibrissina turrita*	延庆区
		茄蜗寄蝇	*Voria ruralis*	延庆区
		狭肛温寄蝇	*Winthemia angusta*	海淀区
		北京温寄蝇	*Winthemia beijinggensis*	海淀区、石景山区
		凶猛温寄蝇	*Winthemia cruentata*，异名：*Chaetolyga cruentata*、*Winthemia ligustri*	延庆区
		四点温寄蝇	*Winthemia quadripustulata*	局部山区
		灿烂温寄蝇	*Winthemia venusta*	局部山区
		掌舟蛾温寄蝇	*Winthemia venustoides*	海淀区、延庆区
		周氏温寄蝇	*Winthemia zhoui*	海淀区、延庆区
		步行虫灾寄蝇	*Zaira cinerea*	延庆区
		金黄彩寄蝇	*Zenillia dolosa*，异名：*Tachina dolosa*、*Phorocera grisella*	延庆区
鳞翅目	举肢蛾科	北京举肢蛾	*Beijinga utila*	房山区
膜翅目	小蜂科	广大腿小蜂	*Brachymeria lasus*	昌平区、房山区
	广肩小蜂科	普通小蠹广肩小蜂	*Eurytoma morio*	海淀区
		果树平背广肩小蜂	*Eurytoma pruni*	海淀区
		核桃小蠹广肩小蜂	*Eurytoma regiae*	海淀区
		小蠹红角广肩小蜂	*Eurytoma ruficornis*	海淀区
	金小蜂科	榆痣斑金小蜂	*Acrocormus ulmi*	海淀区

(续)

目名	科名	中文名	学名	分布
膜翅目	金小蜂科	北京小蠹刺角金小蜂	*Callocleonymus beijingensis*	海淀区
		紫色小蠹刺角金小蜂	*Callocleonymus ianthinus*	海淀区
		小蠹凹面四斑金小蜂	*Cheiropachus cavicapitis*	海淀区
		果树小蠹四斑金小蜂	*Cheiropachus quadrum*	海淀区、丰台区
		红铃虫金小蜂	*Dibrachys cavus*	局部山区
		稻苞虫金小蜂	*Eupteromalus parnarae*	局部山区
		基角长胸肿腿金小蜂	*Heydenia angularicoxa*	海淀区
		小蠹长胸肿腿金小蜂	*Heydenia scolyti*	海淀区
		榆小蠹长足金小蜂	*Macromesus breicornis*	海淀区
		松小蠹长足金小蜂	*Macromesus cryphali*	海淀区
		松毛虫迈金小蜂	*Mesopolobus superanisi*	局部山区
		华肿脉金小蜂	*Metacolus sinicus*	海淀区、丰台区
		蚜虫楔缘金小蜂	*Pachyneuron aphidis*	局部山区
		松毛虫卵宽缘金小蜂	*Pachyneuron solitarium*	局部山区
		蝶蛹金小蜂	*Pteromalus puparum*	丰台区
		桃蠹棍角金小蜂	*Rhaphitelus maculates*	局部山区
		梢小蠹长尾金小蜂	*Roptrocerus cryphalus*	海淀区、怀柔区
		小蠹蚁形金小蜂	*Theocolax phloeosini*	海淀区
	旋小蜂科	舞毒蛾卵平腹小蜂	*Anastatus japonicus*	丰台区、昌平区、延庆区
		小蠹脊额旋小蜂	*Eupelmus carinifrons*	海淀区
		小蠹尾带旋小蜂	*Eupelmus urozonus*	海淀区
		松毛虫短角平腹小蜂	*Mesocomys orientalis*	平谷区
		北京扁胫旋小蜂	*Metapelma beijingensis*	海淀区
		张氏扁胫旋小蜂	*Metapelma zhangi*	海淀区
	跳小蜂科	苹毒蛾跳小蜂	*Tyndarichus navae*	昌平区、平谷区、密云区、延庆区
	姬小蜂科	奇尖头姬小蜂	*Acrias tauricornis*	怀柔区
	赤眼蜂科	螟黄赤眼蜂	*Trichogramma chilonis*	局部山区
		舟蛾赤眼蜂	*Trichogramma closterae*	丰台区
		松毛虫赤眼蜂	*Trichogramma dendrolimi*	局部山区
		广赤眼蜂	*Trichogramma evanescens*	局部山区
		毒蛾赤眼蜂	*Trichogramma ivelae*	局部山区

(续)

目名	科名	中文名	学名	分布
膜翅目	赤眼蜂科	玉米螟赤眼蜂	*Trichogramma ostrininae*	全市分布
	缘腹细蜂科	杨扇舟蛾黑卵蜂	*Telenomus closterae*	局部山区
	姬蜂科	黑足凹眼姬蜂	*Casinaria nigripes*	房山区
		舞毒蛾黑瘤姬蜂	*Coccygomimus disparis*	门头沟区、延庆区
		甘蓝夜蛾拟瘦姬蜂	*Netelia ocellaris*	延庆区
		夜蛾瘦姬蜂	*Ophion luteus*	门头沟区、房山区、平谷区
	茧蜂科	螟蛉绒茧蜂	*Apanteles ruficrus*	丰台区
		菜蚜茧蜂	*Diaeretiella rapae*	局部山区
		桃瘤蚜茧蜂	*Ephedrus persicae*	丰台区
		麦蚜茧蜂	*Ephedrus plagiator*	局部山区
		黄色白茧蜂	*Phanerotoma flava*	门头沟区
		松毛虫脊茧蜂	*Rogas dendrolimi*，异名：*Rogas dendrolimi*	海淀区、密云区
		两色刺足茧蜂	*Zombrus bicolor*	局部山区
		酱色刺足茧蜂	*Zombrus sjostedti*	局部山区
	肿腿蜂科	管氏肿腿蜂	*Scleroderma guani*	全市均有分布
	青蜂科	上海青蜂	*Chrysis shanghaiensis*	丰台区、平谷区、怀柔区
	土蜂科	金毛长腹土蜂（蛴螬外寄生蜂）	*Campsomeris prismatica*	房山区、怀柔区

表 4-21-6　北京地区主要捕食性天敌昆虫

目名	科名	中文名	别名	学名	分布
蜻蜓目	蜓科	碧伟蜓	绿胸晏蜓、绿蜓	*Anax parthenope julius*	全市均有分布
	箭蜓科	纹异箭蜓	纹异春蜓	*Anisogomphus m-flavum*	全市均有分布
		黄脊缅箭蜓	黄脊缅春蜓	*Burmagomphus collaris*	房山区
		宽纹北箭蜓		*Ophiogomphus spinicorne*	平谷区、延庆区
	大蜓科	双斑圆臀大蜓		*Anotogaster kuchenbeiseri*	怀柔区、密云区、延庆区
		闪蓝丽大蜻		*Epophthalmia elegans*	房山区、怀柔区
	蜻科	赤卒	红蜻	*Crocothemis servillia*	延庆区
		异色多纹蜻	蓝粉蜻蜓、褐斑蜻	*Deielia phaon*	门头沟区
		白尾灰蜻		*Orthetrum albistylum*	全市均有分布
		线痣灰蜻		*Orthetrum lineostigma*	房山区、怀柔区

(续)

目名	科名	中文名	别名	学名	分布
蜻蜓目	蜻科	异色灰蜻		*Orthetrum melania*	怀柔区、密云区、延庆区
		黄蜻	黄衣蜻、黄衣	*Pantala flavescens*	全市均有分布
		半黄赤蜻	半黄赤卒	*Sympetrum croceolum*	门头沟区
		秋赤蜻	秋赤卒、秋红蜻	*Sympetrum frequens*	延庆区
		黄腿赤蜻		*Sympetrum imitens*	密云区、延庆区
		褐顶赤蜻		*Sympetrum infuscatum*	怀柔区、密云区、延庆区
		小黄赤蜻		*Sympetrum kunckeli*	门头沟区
	色蟌科	艳娘	黑色蟌	*Agrion atratum*	平谷区
		透顶单脉色蟌		*Matrona basilaris basilaris*	房山区、怀柔区、密云区、延庆区
		烟翅绿色蟌		*Mnais mneme*	延庆区
	蟌科	蓝纹蟌		*Coenagrion dyeri*	房山区、怀柔区
	扇蟌科	白扇蟌		*Platycnemis foliacea*	房山区、怀柔区
螳螂目	螳螂科	广腹螳螂	广斧螳螂、宽腹螳螂	*Hierodula patellifera*	昌平区、朝阳区、海淀区、密云区、平谷区
		薄翅螳螂		*Mantis religiosa*	密云区、怀柔区
		华北大刀螂	窄大刀螂、狭翅大刀螳	*Paratenodera angustipennis*	丰台区、昌平区、房山区、怀柔区、延庆区
		大刀螂		*Paratenodera aridifolia*	门头沟区、房山区、怀柔区
		中华大刀螳螂	中华大刀螂、中华大刀螳、大刀螂、中华刀螂、中华螳螂	*Paratenodera sinensis*	大兴区、怀柔区、平谷区、丰台区
		小刀螂	绿污斑螂、绿斑螂、棕污斑螂、斑小刀螂	*Statilia maculate*	大兴区、房山区
直翅目	螽斯科	斑翅螽蟖	斑草螽	*Conocephalus maculatus*	大兴区
		绿丛螽蟖		*Tettigonia viridissima*	门头沟区
半翅目	猎蝽科	淡带荆猎蝽	白带猎蝽	*Acanthaspis cincticrus*	海淀区、怀柔区
		冠绒猎蝽		*Apocaucus sinicus sinicus*	门头沟区
		黑光猎蝽	八节黑猎蝽	*Ectrychotes andreae*	丰台区、门头沟区
		暗素猎蝽		*Epidaus nebulo*	密云区
		异赤猎蝽		*Haematoloecha aberrens*	延庆区
		黑红猎蝽	二色赤猎蝽、黑红赤猎蝽	*Haematoloecha nigrorufa*	门头沟区、延庆区
		独环真猎蝽		*Harpactor altaicus*	门头沟区、房山区、平谷区
		红缘真猎蝽		*Harpactor rubromarginatus*	延庆区
		茶褐猎蝽	褐菱猎蝽	*Isyndus obscurus*	怀柔区、延庆区

(续)

目名	科名	中文名	别名	学名	分布
半翅目	猎蝽科	短斑普猎蝽		*Oncocephalus confusus*	怀柔区、密云区
		四纹普猎蝽		*Oncocephalus lineosus*	门头沟区、怀柔区、延庆区
		污黑盗猎蝽	乌猎蝽	*Pirates turpis*	海淀区、延庆区
		黄纹盗猎蝽		*Pirates atromaculatus*	延庆区
		茶褐盗猎蝽		*Pirates fulvescens*	海淀区、房山区
		双刺胸猎蝽		*Pygolampis bidentata*	大兴区、怀柔区
		黑腹猎蝽		*Reduvius fasciatus*，异名：*Reduvius ursinus*	海淀区、门头沟区、昌平区、房山区、延庆区
		环斑猛猎蝽	细颈猎蝽	*Sphedanolestes impressicollis*	平谷区、怀柔区
		舟猎蝽		*Staccia diluta*	怀柔区
	瘤蝽科	华螳瘤蝽	中国螳瘤蝽	*Cnizocoris sinensis*	门头沟区
	花蝽科	小花蝽	微小花蝽	*Orius minutus*	全市均有分布
	蝽科	蠋蝽	蠋敌	*Arma chinensis*，异名：*Arma custos*	全市均有分布
		多瘤蝽	疣蝽	*Cazira verrucosa*	局部山区
		喙蝽	青岛绿蝽	*Dinorhynchus dybowskyi*	昌平区、怀柔区、延庆区
广翅目	齿蛉科	东方巨齿蛉		*Acanthacorydalis orientalis*	房山区、怀柔区
		中华斑鱼蛉		*Neochauliodes sinensis*	房山区、怀柔区、密云区、延庆区
		星齿蛉	黄石蛉、黄纹石蛉	*Protohermes grandis*	怀柔区
脉翅目	褐蛉科	全北褐蛉		*Hemerobius humuli*	海淀区、密云区、延庆区
	草蛉科	丽草蛉		*Chrysopa formosa*	全市均有分布
		多斑草蛉		*Chrysopa intima*	房山区
		大草蛉		*Chrysopa pallens*，异名：*Chrysopa septempunctata*	全市均有分布
		叶色草蛉		*Chrysopa phyllochroma*	房山区
		松氏通草蛉	牯岭草蛉	*Chrysopa savioi*，异名：*Chrysopa kulingensis*	海淀区、密云区、延庆区
		中华草蛉		*Chrysopa sinica*	海淀区、大兴区、房山区、怀柔区、延庆区
	蚁蛉科	褐纹树蚁蛉		*Dendroleon pantherius*	朝阳区、丰台区、顺义区、大兴区、房山区、怀柔区、密云区、延庆区
		条斑次蚁蛉	多斑草岭	*Deutoleon lineatus*	丰台区、门头沟区、房山区、平谷区、怀柔区、密云区、延庆区
		中华东蚁蛉	蚁狮、虫狮	*Euroleon sinicus*	朝阳区、丰台区、门头沟区、大兴区、房山区、怀柔区、密云区、延庆区

(续)

目名	科名	中文名	别名	学名	分布
脉翅目	蚁蛉科	白云蚁蛉	白云星蚁蛉	*Glenuroides japonica*	怀柔区、密云区
		追击大蚁蛉		*Heoclisis japonica*	大兴区、延庆区
	蝶角蛉科	黄花蝶角蛉		*Ascalaphus chinensis*，异名：*Ascalaphus sibiricus*	门头沟区、平谷区、怀柔区、密云区、延庆区
鞘翅目	虎甲科	中华虎甲	中国虎甲	*Cicindela chinensis*	朝阳区、丰台区、大兴区、房山区、怀柔区
		云纹虎甲	曲纹虎甲	*Cicindela elisas*	海淀区、顺义、平谷区
		多型虎甲红翅亚种		*Cicindela hybrida nitida*	丰台区
		多型虎甲铜翅型亚种		*Cicindela hybrida transbaicalica*	丰台区、门头沟区、房山区、密云区、延庆区
	步甲科	麦穗斑步甲	斑步甲	*Anisodactylus signatus*	昌平区
		中华广肩步甲	中华金星步甲、中华星步甲、金星广肩步甲	*Calosoma chinense*	全市均有分布
		黑广肩步甲	黑腹胫步甲	*Calosoma maximowiczi*	昌平区、延庆区
		绿步甲		*Carabus smaragdinus*	延庆区
		麻步甲		*Carabus brandti*	房山区、怀柔区、延庆区
		艳大步甲		*Carabus lafossei*	丰台区、门头沟区、昌平区、平谷区、怀柔区、密云区、延庆区
		黄边青步甲		*Chlaenius circumdatus*	局部山区
		狭边青步甲		*Chlaenius inops*	昌平区
		黄斑青步甲	绒毛曲斑青地步甲、大豆斑青步甲	*Chlaenius micans*	朝阳区、丰台区、昌平区、顺义区、大兴区、房山区、怀柔区
		毛胸青步甲		*Chlaenius naeviger*	昌平区
		毛青步甲	淡足青步甲、淡青步甲	*Chlaenius pallipes*	丰台区
		黄缘青步甲		*Chlaenius spoliatus*	朝阳区、昌平区、大兴区、平谷区、怀柔区
		逗斑青步甲		*Chlaenius virgulifera*	怀柔区
		半猛步甲		*Cymindis daimio*	门头沟区、怀柔区
		赤胸步		*Dolichus halensis*	门头沟区、昌平区、通州区、大兴区、房山区、平谷区、怀柔区、密云区
		谷婪步甲	黍步甲	*Harpalus calceatus*	房山区、怀柔区、密云区、延庆区
		黄鞘婪步甲		*Harpalus pallidipennis*	房山区
		短鞘步甲		*Pheropsophus occipitalis*	门头沟区、昌平区、大兴区、房山区、怀柔区
		通缘步甲	直角通缘步甲、毛青小步甲	*Pterostichus geberi*	大兴区、房山区、怀柔区、密云区、延庆区

(续)

目名	科名	中文名	别名	学名	分布
鞘翅目	步甲科	单齿蝼步甲	地蝼步甲、锹步甲、棘锹步甲、金锹步甲	*Scarites terricola*	昌平区、顺义区、大兴区、房山区、平谷区、密云区
	郭公虫科	玉带郭公虫		*Tarsostenus univittatus*	房山区、密云区、延庆区
		拟蚁郭公虫	红胸郭公虫	*Thansimus sudstriatus*	怀柔区、密云区、延庆区
		异色郭公虫		*Tillus notatus*	怀柔区、密云区、延庆区
		中华郭公虫	中华食蜂郭公虫、红花毛郭公虫、黑带郭公甲、红斑郭公虫	*Trichodes sinae*	怀柔区、密云区
	瓢甲科	二星瓢虫		*Adalia bipunctata*	海淀区、门头沟、怀柔区、延庆区
		六斑异瓢虫	奇变异斑瓢虫、奇变瓢虫	*Aiolocaria hexaspilota*，异名：*Aiolocaria mirabilis*	丰台区、门头沟区、密云区、延庆区
		展缘异点瓢虫		*Anisosticta kobensis*	丰台区
		隆缘异点瓢虫		*Anisosticta terminassianae*	丰台区
		四斑隐胫瓢虫		*Aspidimerus esakii*	密云区
		环斑瓢虫		*Ballia dianae*	怀柔区
		隐斑瓢虫		*Ballia obscurosignata*	昌平区、延庆区
		蒙古光瓢虫		*Brumus mongol*，异名：*Exochomus mongol*、*Exochomus mongol*	海淀区、门头沟区、大兴区
		四斑裸瓢虫		*Calvia muiri*	门头沟区、怀柔区、延庆区
		十四星裸瓢虫		*Calvia quatuordecimguttata*	延庆区
		十五星裸瓢虫		*Calvia quinquedecimguttata*	门头沟区、昌平区、房山区、平谷区
		红点唇瓢虫	小赤星瓢虫	*Chilocorus kuwanae*	全市均有分布
		黑缘红瓢虫		*Chilocorus rubidus*，异名：*Chilocorus tristis*	全市均有分布
		七星瓢虫		*Coccinella septempunctata*	全市均有分布
		双七星瓢虫	双七瓢虫	*Coccinula quatuordecimpustulata*	海淀区、昌平区、怀柔区
		异色瓢虫		*Harmonia axyridis*，异名：*Leis axyridis*	全市均有分布
		多异瓢虫	多异长足瓢虫	*Hippodamia variegata*，异名：*Adonia variegata*	朝阳区、丰台区、大兴区、房山区、延庆区
		六斑显盾瓢虫		*Hyperaspis gyotokui*	延庆区
		四斑显盾瓢虫		*Hyperaspis leechi*	昌平区
		中华显盾瓢虫		*Hyperaspis sinensis*	海淀区、门头沟区
		菱斑巧瓢虫	菱斑和瓢虫	*Oenopia conglobata*，异名：*Synharmonia conglobata*	丰台区、门头沟区、大兴区、房山区、延庆区

(续)

目名	科名	中文名	别名	学名	分布
双翅目	瓢甲科	黄缘巧瓢虫		*Oenopia sauzeti*	房山区
		梯斑巧瓢虫		*Oenopia scalaris*	石景山区
		龟纹瓢虫		*Propylaea japonica*	全市均有分布
		暗红瓢虫		*Rodolia concolor*	海淀区、平谷区、怀柔区
		红环瓢虫		*Rodolia limbata*	丰台区、延庆区
		浅缘红瓢虫		*Rodolia rufocincta*	崇文区、门头沟区
		平叶毛瓢虫		*Scymnus paralleus*	石景山区
		陕西食螨瓢虫		*Stethorus shaanxiensis*，异名：*Stethorus shaanxiensis*	石景山区
		深点食螨瓢虫		*Stethorus punctillum*	海淀区、昌平区、房山区、平谷区
		松突食螨瓢虫		*Stethorus convexus*	石景山区
		十二斑褐菌瓢虫		*Vibidia duodecimguttata*	门头沟区、怀柔区、延庆区
	芫菁科	锯角豆芫菁	豆芫菁、白条芫菁	*Epicauta gorhami*	丰台区、门头沟区、昌平区、房山区、平谷区、怀柔区
		暗头豆芫菁	暗头黑芫菁	*Epicauta obscurocephala*	丰台区、怀柔区、密云区、延庆区
		苹斑芫菁		*Mylabris calida*	门头沟区、昌平区、怀柔区、延庆区
		眼斑芫菁	灰毛芫菁	*Mylabris cichorii*	昌平区、房山区、怀柔区、密云区、延庆区
		大斑芫菁	斑蝥	*Mylabris phalerata*	丰台区、房山区、怀柔区、密云区、延庆区
	食虫虻科	虎斑宽跗食虫虻	肿宽跗食虫虻	*Astochia virgatipes*	顺义区、大兴区、平谷区
		卡氏窄颌食虫虻		*Stenopogon kaltenbachi*	局部山区
		北京窄颌食虫虻		*Stenopogon milvus*	局部山区
		巴氏微食虫虻		*Stichopogon barbillinii*	局部山区
		北京微食虫虻		*Stichopogon muticus*	局部山区
		北京籽角食虫虻		*Xenomyza beijingensis*	局部山区
		狭带贝食蚜蝇	狭带食蚜蝇	*Betasyrphus serarius*，异名：*Syrphus serarius*	局部山区
		黑带食蚜蝇	中斑黑带食蚜蝇	*Episyrphus balteatus*，异名：*Epistrophe balteata*	海淀区、门头沟区、昌平区、房山区、怀柔区、密云区、延庆区
		棕边管食蚜蝇		*Eristǎlis arbustorum*	延庆区、房山区
		灰背管食蚜蝇	灰被羽毛食蚜蝇	*Eristǎlis cerealis*	延庆区、房山区、密云区

(续)

目名	科名	中文名	别名	学名	分布
双翅目	食蚜蝇科	长尾管蚜蝇		*Eristalis tenax*	局部山区
		短刺刺腿食蚜蝇		*Ischiodon scutellaris*	局部山区
		斜斑鼓额食蚜蝇	弯纹食蚜蝇、大绿食蚜蝇	*Lasiopticus pyrastri*	全市均有分布
		月斑鼓额蚜蝇		*Lasiopticus selenitica*	全市均有分布
		大灰后食蚜蝇	大灰优食蚜蝇、大灰食蚜蝇	*Metasyrphus corollae*，异名：*Eupeodes corollae*、*Syrphus corollae*	门头沟区
		刻点小蚜蝇	刻点小食蚜蝇	*Paragus tibialis*	延庆区、房山区、密云区
		黄跗缩颜蚜蝇		*Pipiza luteitarsis*	局部山区
		北京首角蚜蝇		*Primocerioides beijingiensis*	局部山区
		印度细腹食蚜蝇		*Sphaerophria indiana*	延庆区、房山区、密云区
		宽带细腹食蚜蝇		*Sphaerophria macrogaster*	延庆区、房山区、密云区
		凹带食蚜蝇		*Syrphus nitens*	昌平区、延庆区
膜翅目	蚁科	日本黑褐蚁		*Formica japonica*	延庆区、房山区、密云区
		日本弓背蚁		*Camponotus japonicus*	怀柔区、西城区、密云区、顺义区
		东京弓背蚁		*Camponotus vitiosus*	怀柔区
	蜾蠃科	冠蜾蠃		*Eumenes coronatus*	延庆区、房山区、密云区
		显蜾蠃		*Eumenes rubronotatus*	房山区
		镶黄蜾蠃		*Eumenes decoratus*	延庆区、房山区、密云区、怀柔区
		北方蜾蠃		*Eumenes coarctatus coarctatus*	延庆区
		孔蜾蠃		*Eumenes punctatus*	怀柔区、门头沟区、房山区
		断带黄斑蜾蠃		*Katamenes sesquicinctus sesquincinctus*	怀柔区、门头沟区
		日本佳盾蜾蠃		*Euodynerus nipanicus*	顺义区
	泥蜂科	红足沙泥蜂红足亚种		*Ammophila atripes atripes*	局部山区
		多沙泥蜂骚扰亚种		*Ammophila sabulosa infesta*	局部山区
		叉突节腹泥蜂	瘤节腹泥蜂双齿亚种	*Cerceris tuberculata evecta*	延庆区、房山区、密云区
		黑毛泥蜂		*Sphex haemorrhoidalis*	延庆区

第六节 工业原料昆虫

蚕丝、紫胶、虫蜡、五倍子、几丁质等物质是纺织、医学、机电、石油、化工、航天、食品工业的重要原料，这些原料许多直接由昆虫生产。

已知有450~500种鳞翅目昆虫具有较大量的产丝能力，分属于蚕蛾科、天蚕蛾科、舟蛾科、枯叶蛾科等。代表种为家蚕、柞蚕、天蚕、蓖麻蚕、樗蚕、樟蚕等。

北京普查结果显示，北京具有蚕蛾科昆虫2种、天蚕蛾科昆虫9种等常见产丝昆虫。此外，还有74种舟蛾科昆虫、12种枯叶蛾科昆虫具有产丝开发价值。北京地区主要产丝昆虫见表4-21-7。

表4-21-7 北京地区主要产丝昆虫

目名	科名	中文名	别名	学名	分布
鳞翅目	蚕蛾科	桑蟥	桑蟥蚕蛾	*Rondotia menciana*	海淀区、丰台区、门头沟区、房山区
		野蚕蛾	桑蚕	*Theophila mandarina*	海淀区、门头沟区、顺义区、房山区、平谷区、怀柔区、延庆区
	天蚕蛾科	绿尾大蚕蛾	水青蛾、柳蚕、长尾月蛾、燕尾大蚕蛾、水青蚕、长尾目蚕、水绿天蚕蛾	*Actias selene ningpoana*	海淀区、丰台区、门头沟区、平谷区、怀柔区、密云区、延庆区（同观赏娱乐昆虫部分）
		樗蚕蛾	椿蚕、乌桕樗蚕蛾	*Samia cynthia cynthia*，异名：*Philosamia cynthia*	海淀区、门头沟区、昌平区、顺义区、通州区、大兴区、房山区、平谷区、怀柔区、密云区、延庆区（同观赏娱乐昆虫部分）
		丁目大蚕蛾		*Aglia tau amurensis*	延庆区
		柞蚕	栎蚕、槲蚕、野蚕、山蚕	*Antheraea pernyi*	延庆区
		合目大蚕蛾		*Caligula boisduvalii fallax*	延庆区
		北方藏蚕蛾		*Caligula thibeta arctica*	门头沟区
		银杏大蚕蛾	核桃楸大蚕蛾	*Dictyoploca japonica*	延庆区
		樟蚕		*Eriogyna pyretorum pyretorum*	平谷区、怀柔区
		黄豹大蚕蛾		*Loepa katinka*	门头沟区、怀柔区、密云区、延庆区
		豹大蚕蛾		*Loepa oberthüri*	怀柔区

白蜡虫是中国特产资源昆虫之一，别名"蜡虫"，自古已开始人工放养，生产白蜡。白蜡为高级饱和一元酸及高级饱和一元醇所构成的脂类化合物，在精密仪器制造、医药、纺织工业等多领域中具有重要用途。白蜡虫的主要寄主植物是木樨科的20余种植物，最适宜放养白蜡虫的寄主植物是女贞和白蜡2种。据调查，白蜡虫及其寄主在北京也有分布。

第二十二章　大型真菌资源

大型真菌是菌物中形成肉质或者胶质的子实体或菌核的一类真菌，广义上泛指蘑菇或者蕈菌。大型真菌是菌物中的一个重要类群，很多种类具有较高的营养价值和药用价值，是菌物中最有开发应用前景的一类。大型真菌可分为菌根性真菌、腐生性真菌、土生性真菌等，是森林菌物系统的重要组成部分。其中与树木根系形成共生关系的外生菌根性真菌是大型真菌中具有重要生态意义的类群之一，在促进共生植物生长，提高土壤养分利用率，增强共生植物抗逆性，调节和稳定森林、草甸等生态系统平衡等方面具有重要功能。腐生大型真菌在自然界中广泛存在，是大型真菌中种类最多的类群，在有机物降解和碳氮等元素的循环中发挥重要功能。除有益的作用外，许多大型真菌含有致命毒素。

北京山区夏季植物繁盛，湿润多雨，为大型真菌生长和繁殖提供了良好的生长环境，大型真菌资源较为丰富。

第一节　资源现状

长期以来，首都相关大专院校、科研单位对北京地区大型真菌资源进行了持续调查研究，陆续取得了一些阶段性成果。2010年，北京市园林绿化局委托北京农学院对北京地区大型真菌资源开展了系统调查。相关研究成果和本次调查结果表明，北京地区主要大型真菌资源属担子菌门，包括层菌纲的伞菌目、非褶菌目，异担子菌纲的木耳目、马勃目、硬皮地星目、鬼笔目，核菌纲的肉座菌目和炭角菌目，大型野生真菌有275种，已定名的共35科73属160种。北京地区主要大型真菌见表4-22-1。

表4-22-1　北京地区主要大型真菌

门	纲	目	科	属	种
担子菌门 BASIDIO-MYCOTA	层菌纲 HGMENO-MYCETES	伞菌目 AGARI-CALES	蘑菇科 Agaricaceae	蘑菇属 Agaricus（14种）	球基蘑菇 Agaricus abruptibulbus 大肥蘑菇 Agaricus bitorquis 假根蘑菇 Agaricus bresadolianus

(续)

门	纲	目	科	属	种
担子菌门 BASIDIO-MYCOTA	层菌纲 HGMENO-MYCETES	伞菌目 AGARI-CALES	蘑菇科 Agaricaceae	蘑菇属 Agaricus（14种）	小白蘑菇 Agaricus comtulus 污白蘑菇 Agaricus excelleus 雀斑蘑菇 Agaricus micromegethus 双环林地蘑菇 Agaricus placomyces 瓦鳞蘑菇 Agaricus praerimosus 草地蘑菇 Agaricus pratensis 拟林地蘑菇 Agaricus rubri brunnescens 白林地蘑菇 Agaricus silvicola 紫红蘑菇 Agaricus subrutilescens 绵毛蘑菇 Agaricus vaporius 麻脸蘑菇 Agaricus villaticus
				白环菇属 Leucoagaricus（3种）	裂皮白环菇 Leucoagaricus excoriatus 粉褶白环伞 Leucoagaricus naucinus 红色白环菇 Leucoagaricus rubrotinctus
			鹅膏菌科 Amanitaceae	鹅膏菌属 Amanita（3种）	花柄橙红鹅膏菌 Amanita hemibapha 毒蝇鹅膏菌 Amanita muscaria 黄鹅膏菌 Amanita subjunguilea
			粪锈伞科 Bolbitiaceae	田头菇属 Agrocybe（1种）	菌核田头菇 Agrocybe tuberosa
			牛肝菌科 Boletaceae	疣柄牛肝菌属 Leccinum（4种）	黑鳞疣柄牛肝菌 Leccinum atrostipiatum 橙黄疣柄牛肝菌 Leccinum aurantiacum 灰疣柄牛肝菌 Leccinum griseum 褐疣柄牛肝菌 Leccinum scabrum
				粘盖牛肝菌属 Suillus（4种）	短柄粘盖牛肝菌 Suillus brevipes 点柄粘盖牛肝菌 Suillus granulatus 厚环粘盖牛肝菌 Suillus grevillei 灰环粘盖牛肝菌 Suillus laricinus
				粉孢牛肝菌属 Tylopilus（1种）	黄脚粉孢牛肝菌 Tylopilus chromapes
			鬼伞科 Coprinaceae	鬼伞属 Coprinus（4种）	晶粒鬼伞 Coprinus micaceus 墨汁鬼伞 Coprinus atramentarius 毛头鬼伞 Coprinus comatus 林生鬼伞 Coprinus silvaticus
				花褶伞属 Panaeolus（1种）	硬腿花褶伞 Panaeolus solidipes
				脆柄菇属 Psathyrella（3种）	白黄小脆柄菇 Psathyrella candolleana 花盖小脆柄菇 Psathyrella multipedata 毡毛小脆柄菇 Psathyrella velutina
			丝膜菌科 Cortinariaceae	滑锈伞属 Hebeloma（1种）	大孢滑锈伞 Hebeloma sacchariolens
			锈耳科 Crepidotaceae	锈耳属 Crepidotus（2种）	褐黄鳞锈耳 Crepidotus badiofoccosus 黏锈耳 Crepidotus mollis
			铆钉菇科 Gomphidiaceae	铆钉菇属 Chroogomphus（1种）	血红铆钉菇 Chroogomphus rutilus

(续)

门	纲	目	科	属	种
担子菌门 BASIDIO-MYCOTA	层菌纲 HGMENO-MYCETES	伞菌目 AGARI-CALES	蜡伞科 Hygrophoraceae	蜡伞属 Hygrophorus（1种）	乳白蜡伞 Hygrophorus hedrychii
			网褶菌科 Paxillaceae	网褶菌属 Paxillus（2种）	毛柄网褶菌 Paxillus atrotometosus 卷边网褶菌 Paxillus involutus
			侧耳科 Pleurotaceae	革耳属 Panus（1种）	革耳 Panus rudis
				侧耳属 Pleurotus（1种）	小白侧耳 Pleurotus limpidus
			光柄菇科 Pluteaceae	光柄菇属 Pluteus（1种）	暗灰纹光柄菇 Pluteus atricapillus
			粉褶菌科 Rhodophyllaceae	粉褶菌属 Rhodophyllus（1种）	盾状粉褶蕈 Rhodophyllus clypeatus
			红菇科 Russulaceae	乳菇属 Lactarius（3种）	松乳菇 Lactarius deliciosus 绒边乳菇 Lactarius pubescens 毛头乳菇 Lactarius torminosus
			红菇科 Russulaceae	红菇属 Russula（12种）	粉粒红菇 Russula alboareolata 葡紫红菇 Russula azurea 矮狮红菇 Russula chamaeleontina 褪色红菇 Russula decolorans 叶绿红菇 Russula heterophylla 红黄红菇 Russula luteolacta 绒紫红菇 Russula mariae 青黄红菇 Russula olivacea 紫绒红菇 Russula omiensis 茶褐红菇 Russula sororia 粉红菇 Russula subdepallens 绿菇 Russula virescens
			球盖菇科 Strophariaceae	鳞伞属 Pholiota（3种）	黄伞 Pholiota adipose 翘鳞环锈伞 Pholiota squarrosa 尖鳞环锈伞 Pholiota squarrosoides
				光盖伞属 Psilocybe（1种）	粪生光盖伞 Psilocybe coprophila
			白蘑科 Tricholomataceae	蜜环菌属 Armillari（3种）	橘黄蜜环菌 Armillaria aurantia 北方蜜环菌 Armillaria borealis 蜜环菌 Armillaria mellea
				星孢寄生菇属 Asterophora（1种）	星孢寄生菇 Asterophora lycoperdoides
				杯伞属 Clitocybe（5种）	小白杯伞 Clitocybe candicans 亚白杯伞 Clitocybe catinus 黄白杯伞 Clitocybe gilva 杯伞 Clitocybe infundibuliformis 卷边杯伞 Clitocybe inversa
				斜盖伞属 Clitopilus（2种）	白密褶杯伞 Clitocybe lignatilis 斜盖伞 Clitopilus prunulus
				金钱菌属 Collybia（1种）	乳酪金钱菌 Collybia butyracea

(续)

门	纲	目	科	属	种
担子菌门 BASIDIO-MYCOTA	层菌纲 HGMENO-MYCETES	伞菌目 AGARI-CALES	白蘑科 Tricholomata-ceae	香蘑属 *Lepista*（2种）	灰紫香蘑 *Lepista glaucocana* 紫丁香蘑 *Lepista nuda*
				桩菇属 *Leucopaxillus*（2种）	纯白桩菇 *Leucopaxillus albissinus* 大白桩菇 *Leucopaxillus giganteus*
				离褶伞属 *Lyophyllum*（1种）	荷叶离褶伞 *Lyophyllum decastes*
				小皮伞属 *Marasmius*（3种）	栎小皮伞 *Marasmius dryophilus* 盾状小皮伞 *Marasmius personatus* 琥珀小皮伞 *Marasmius siccus*
				铦囊蘑属 *Melanoleuca*（2种）	黑白铦囊蘑 *Melanoleuca melaleuca* 直柄铦囊蘑 *Melanoleuca strictipes*
				小菇属 *Mycena*（2种）	洁小菇 *Mycena pura* 粉色小菇 *Mycena rosea*
				假杯伞属 *Pseudoclitocybe*（1种）	假灰杯伞 *Pseudoclitocybe cyathiformis*
				伏褶菌属 *Resupinatus*（1种）	毛伏褶菌 *Resupinatus trichotis*
				口蘑属 *Tricholoma*（4种）	乳白口蘑 *Tricholoma album* 白毛口蘑 *Tricholoma columbetta* 杨树口蘑 *Tricholoma populinum* 棕灰口蘑 *Tricholoma terreum*
		非褶菌目 APHYLLO-PHORALES	珊瑚菌科 Clavariaceae	滑瑚菌属 *Aphelaria*（1种）	树状滑瑚菌 *Aphelaria dendroides*
				锁瑚菌属 *Clavulina*（1种）	冠锁瑚菌 *Clavulina cristata*
			灵芝科 Ganodermata-ceae	灵芝属 *Ganoderma*（3种）	树舌灵芝 *Ganoderma applanatum* 密环纹树舌灵芝 *Ganoderma densizonatum* 灵芝 *Ganoderma lucidum*
			多孔菌科 Polyporaceae	烟管菌属 *Bjerkandera*（1种）	烟色烟管菌 *Bjerkandera fumosa*
				迷孔菌属 *Daedalea*（1种）	粉迷孔菌 *Daedalea biennis*
				层孔菌属 *Fomes*（1种）	木蹄层孔菌 *Fomes fomentarius*
				树花属 *Grifola*（2种）	灰树花 *Grifola frondosa* 猪苓 *Grifola umbellata*
				纤孔菌属 *Inonotus*（1种）	褐黄纤孔菌 *Inonotus xeranticus*
				硫磺菌属 *Laetiporus*（1种）	硫磺菌 *Laetiporus sulphureus*

(续)

门	纲	目	科	属	种
担子菌门 BASIDIO-MYCOTA	层菌纲 HGMENO-MYCETES	非褶菌目 APHYLLO-PHORALES	多孔菌科 Polyporaceae	褶孔菌属 *Lenzites*（1种）	桦褶孔菌薄盖变种 *Lenzites betulina* var. *faccida*
				黑孔菌属 *Nigroporus*（1种）	菱色黑孔菌 *Nigroporus aratus*
				木层孔菌属 *Phellinus*（3种）	平伏木层孔菌 *Phellinus isabellinus* 黑盖木层孔菌 *Phellinus nigricans* 窄盖木层孔菌 *Phellinus tremulae*
				大孔菌属 *Polyporus*（3种）	漏斗大孔菌 *Polyporus arcularius* 光盖大孔菌 *Polyporus mori* 宽鳞大孔菌 *Polyporus squamosus*
				密孔菌属 *Pycnoporus*（1种）	朱红密孔菌 *Pycnoporus cinnabarinus*
				云芝属 *Trametes*（5种）	单色云芝 *Coriolus unicolor* 毛栓孔菌 *Trametes hirsuta* 毛栓菌 *Trametes trogii* 云芝 *Trametes versicolor* 二型云芝 *Trichaptum biforme*
				黄褐孔菌属 *Xanthochrous*（1种）	粗毛黄褐孔菌 *Xanthochrous hispidus*
			枝瑚菌科 Ramariaceae	枝瑚菌属 *Ramaria*（2种）	浅黄枝瑚菌 *Ramaria flavescens* 白枝瑚菌 *Ramaria suecica*
			韧革菌科 Stereaceae	韧革菌属 *Stereum*（1种）	扁韧革菌 *Stereum ostrea*
			裂褶菌科 Schizophyllaceae	裂褶菌属 *Schizophyllum*（1种）	裂褶菌 *Schizophyllum commune*
			革菌科 Thelephoraceae	革菌属 *Thelephora*（2种）	掌状革菌 *Thelephora palmaata* 莲座粗孢革菌 *Thelephora vialis*
	异担子菌纲 HET-EROBA-SIDIOMY-CETES	木耳目 AURICU-LARIALES	木耳科 Auriculariaceae	木耳属 *Auricularia*（2种）	木耳 *Auricularia auricula* 毛木耳 *Auricularia polytricha*
			胶耳科 Exidiaceae	胶耳属 *Exidia*（2种）	胶黑耳 *Exidia glandulosa* 短黑耳 *Exidia recisa*
		马勃目 LYCOPER-DALES	地星科 Geastraceae	地星属 *Geastrum*（2种）	毛嘴地星 *Geastrum fmbriatum* 木生地星 *Geastrum mirabile*
			马勃科 Lycoperdaceae	静灰球菌属 *Bovistella*（1种）	大口静灰球菌 *Bovistella sinensis*
				秃马勃属 *Calvatia*（4种）	头状马勃 *Calvatia craniiformis* 长柄秃马勃 *Calvatia excipuliformis* 大秃马勃 *Calvatia gigantean* 粗皮秃马勃 *Calvatia tatrensis*
				马勃属 *Lycoperdon*（6种）	粒皮马勃 *Lycoperdon asperum* 白鳞马勃 *Lycoperdon mammaeforme* 网纹马勃 *Lycoperdon perlatum* 梨形马勃 *Lycoperdon pyriforme* 红马勃 *Lycoperdon subincarnatrm* 褐粒马勃 *Lycoperdon umbrinuim*

(续)

门	纲	目	科	属	种
担子菌门 BASIDIOMYCOTA	异担子菌纲 HETEROBASIDIOMYCETES	马勃目 LYCOPERDALES	马勃科 Lycoperdaceae	横膜马勃属 *Vascellum*（1种）	草地横膜马勃 *Vascellum pratense*
		硬皮地星目 SCLERODERMATALES	硬皮马勃科 Sclerodermataceae	硬皮马勃属 *Scleroderma*（1种）	疣硬皮马勃 *Scleroderma verrucosum*
		鬼笔目 PHALLALES	笼头菌科 Clathraceae	散尾鬼笔属 *Lysurus*（1种）	中华散尾鬼笔 *Lysurus mokusin* f. *sinensis*
			鬼笔科 Phallaceae	鬼笔属 *Phallus*（1种）	红鬼笔 *Phallus rubicundus*
子囊菌门 ASCOMYCOTA	核菌纲 PYRENOMYCETES	肉座菌目 HYPOCREALES	肉座菌科 Hypocreaceae	丛壳菌属 *Nectria*（1种）	朱红凹壳菌 *Nectria cinnarbarina*
			马鞍菌科 Helvellaceae	马鞍菌属 *Helvella*（3种）	皱柄白马鞍菌 *Helvella crispa* 马鞍菌 *Helvella elastica* 棱柄马鞍菌 *Helvella lacanosa*
			羊肚菌科 Morchellaceae	羊肚菌属 *Morchella*（1种）	羊肚菌 *Morchella esculenta*
			盘菌科 Pezizaceae	盘菌属 *Peziza*（1种）	林地盘菌 *Peziza sylvestris*
				盾盘菌属 *Humaria*（1种）	半球盾盘菌 *Humaria hemisphaerica*
		炭角菌目 XYLARIALIES	炭角菌科 Xylariaceae	炭角菌属 *Xylaria*（1种）	总状炭角菌 *Xylaria pedunculata*

第二节　主要大型真菌

一、常见大型经济真菌

（一）点柄粘盖牛肝菌

牛肝菌科粘盖牛肝菌属，别名松蘑或黄蘑。

形态特征：子实体中等。菌盖直径5.2~10厘米，扁半球形或近扁平，淡黄色或黄褐色，很黏，干后有光泽。菌肉淡黄色。菌管直生或稍延生。菌管角形。菌柄长3~10厘米，粗0.8~1.6厘米，淡黄褐色，顶端偶有约1厘米长网纹，腺点通常不超过柄长的一半或全柄有腺点，孢子印黄色（图4-22-1）。

图4-22-1　点柄粘盖牛肝菌

生态习性：夏秋季在松林及混交林地上散生、群生或丛生。与多种树木形成外生菌根。

经济价值：可食用，味道鲜美，富含多种营养成分。

（二）血红铆钉菇

铆钉菇科铆钉菇属，别名红蘑、肉蘑、红肉蘑。

形态特征：子实体中等。菌盖直径3~8厘米，初期钟形或近圆锥形，后平展，中部凸起，表面光滑，有光泽。菌肉带红色，干后紫红色。菌褶紫褐色，稀，厚，不等长，延生。菌柄长6~8厘米，粗1.5~2.5厘米，与盖色相近，圆柱状，向下渐细，稍黏，基部根状，纤维质，内实。孢子印深褐色（图4-22-2）。

生态习性：单生或群生于针叶林地上，为北京山区油松林地优势菌根食用菌。分布于海拔400~1100米，于8~10月发生，多雨年份出菇达到4~5潮，持续时间可达2个月以上。其子实体发生后约5天散发孢子，天热时7天后腐烂。

经济价值：可食用，味道鲜美。

图4-22-2　血红铆钉菇

（三）棕灰口蘑

白蘑科口蘑属，别名灰蘑、小灰蘑。

形态特征：子实体中等。菌盖宽2~9厘米，半球形至平展，中部稍凸起，灰褐色至褐灰色，干燥，具暗灰褐色纤毛状小鳞片，老后边缘开裂。菌肉白色，稍厚，无明显气味。菌褶白色变灰色，稍密，弯生，不等长。菌柄柱形，长2.5~8厘米，粗1~2厘米，白色至污白色，具细软毛，内部松软至中空，基部稍膨大。孢子印白色。

生态习性：夏秋季在松林或混交林中地上群生或散生，与多种树木形成外生菌根。

经济价值：可食用，质脆味美。

（四）蜜环菌

白蘑科小蜜环菌属，别名榛蘑。

形态特征：子实体中等或较大。菌盖扁半球形，后平展，成熟时中央稍凹陷，直径4~15厘米，肉质，蜜黄色或淡黄褐色，表面覆有暗色小鳞片，中部稍多色深。菌褶白色或近白色，膜质，稍稀。菌肉白色或近白色。菌柄中生，圆柱形，长4~13厘米，粗0.4~1.8厘米，表面平滑或在菌环下有卷毛鳞片，淡黄色，纤维质，肉质松软。菌环生于菌柄上部，奶油色，易消失。孢子印白色。

生态习性：单生或群生于阔叶林地。以榛子、橡栎等为主的混交原始次生林内多有蜜环菌等大型真菌发生，一般集中在8月中下旬出菇，多雨年份出菇量较大。

经济价值：可食用，味道鲜美。

（五）小白蘑菇

蘑菇科蘑菇属。

形态特征：子实体小型。菌盖直径2.5~4厘米，初期半球形，后呈扁半球形至平展，表面白色或污白色，中部略带黄色，光滑，边缘乳白色，稍有纤毛状鳞片。菌肉白色，较薄。菌褶初期粉红色，后呈褐色至黑褐色，密，离生，不等长。菌柄圆柱形，长2.5~4厘米，粗0.7~0.8厘米，白色，光滑，中空。菌环膜质，白色，单层，生柄之中部，易消失，有时破裂后附着在菌盖边缘。孢子印深褐色。

生态习性：夏秋季于稀疏的林中草地上单生。

经济价值：可食用。

（六）小白杯伞

白蘑科杯伞属。

形态特征：子实体小。菌盖直径2~5厘米，扁半球形至扁平，中部下凹，白色，光滑有细毛，边缘稍向内弯。菌肉白色，薄。菌褶白色，延生，薄，窄。菌柄长3~5.5厘米，粗0.3~0.5厘米，弯曲，白色，光滑，空心，基部有白色茸毛。

生态习性：夏秋季于林地上群生或丛生。

经济价值：食性不明。

（七）墨汁鬼伞

鬼伞科鬼伞属，别名柳树蘑、柳树钻、地盖鬼菇、鬼盖、鬼伞、鬼屋、鬼菌、地盖、地苓、一夜茸，是继鸡腿菇后第二著名的墨汁伞。它的种名是由拉丁文的"墨汁"而来。

形态特征：子实体小或中等。菌盖直径3~8厘米，盖缘菌褶逐渐液化成墨汁状，未开伞前顶部钝圆，乌白色至灰褐色或有鳞片，边沿灰白色具沟棱或瓣状。菌肉初期白色，后变灰白色。菌褶很密，相互拥挤，离生，不等长，开始灰白色至灰粉色，最后成黑色汁液。菌柄污白色，长5~15厘米，粗1~2.2厘米，向下渐粗，菌环以下又渐变细，表面光滑，内部空心。孢子印黑色（图4-22-3）。

生态习性：春至秋季在林中、田野、路边、村庄、公园等处地下有腐木的地方丛生。常见于柳及杨树旁的地上。往往形成一大堆多达数十枚。分布广泛。

经济价值：幼嫩时可食用，但应避免与酒同食。

图4-22-3 墨汁鬼伞

（八）毛头鬼伞

鬼伞科鬼伞属，别名毛鬼伞、鸡腿蘑。

形态特征：子实体较大。菌盖呈圆柱形。菌盖直径3~5厘米，高9~11厘米，表面褐色至浅褐色，随着菌盖长大而断裂成较大型鳞片，边缘菌褶溶化成墨汁状液体。菌肉白色。菌柄白色，圆柱形，较细长，且向下渐粗，长7~25厘米，粗1~2厘米，光滑。

生态习性：春至秋季在田野、林缘、道旁、公园内单生或群生。分布广泛，尤其在雨后会迅速成长，多见于草地、树林地面，甚至在茅屋顶上生长。有时生长在栽培草菇的堆积物上，与草菇争养分，甚至抑制其菌丝的生长。成熟快，容易出现菌褶液化，要及时采摘。

经济价值：常见食用菌，含有石碳酸、腺嘌呤、胆碱、精胺、酪胺和色胺等多种生物碱，以及甾醇酯等，与酒类同食易中毒。可人工栽培。

（九）黄伞

球盖菇科鳞伞属，别名黄柳菇、多脂鳞伞、柳蘑、黄蘑、柳松菇、刺儿菌、黄环锈菌等。

形态特征：子实体一般中等。菌盖直径3~12厘米，初扁半球形，边缘常内卷，后渐平展，谷黄色、污白色至黄褐色，表面湿润时很黏滑，有褐色近平伏的鳞片，中央较密。菌肉白色或淡黄色。菌褶黄色至锈褐色，直生或近弯生，稍密，不等长。菌柄长5~15厘米，粗0.5~3厘米，圆柱形，与盖同色，有褐色反卷的鳞片，黏或稍黏，下部常弯曲，纤维质，内实。菌环淡黄色，膜质，生菌柄之上部，易脱落。

生态习性：中低温结实的木腐菌，秋季多生长于杨、柳、桦等的树干上，有时也在针叶树干上单生或丛生。

经济价值：可食用，味道较好。

（十）荷叶离褶伞

白蘑科离褶伞属，别名荷叶蘑、一窝鸡、一窝羊等。

形态特征：子实体中等至较大。簇生，菌盖

直径5~16厘米，扁半球形至平展，中部下凹，灰白色至灰黄色，光滑，不黏，边缘平滑且初期内卷，后伸展呈不规则波状瓣裂。菌肉白色，中部厚。菌褶白色，稍密至稠密，直生，不等长。菌柄近柱形或稍扁，长3~8厘米，粗0.7~1.8厘米，白色，光滑，内实。孢子印白色（图4-22-4）。

生态习性：秋季于林地山坡、菜园、公园、田园等处发生。

经济价值：可食用，味道鲜美，属优良食用菌。

图4-22-4　荷叶离褶伞（幼菇）

（十一）栎小皮伞

白蘑科小皮伞属，别名干褶金钱菌、栎金钱菌、嗜栎金钱菌。

形态特征：子实体较小。菌盖直径2.5~6厘米，黄褐色或带紫红褐色，一般呈乳黄色，表面光滑。菌褶窄而很密。菌柄细长，长4~8厘米，粗0.3~0.5厘米，上部白色或浅黄色，而靠基部黄褐色至带有红褐色。孢子印白色。

生态习性：在阔叶林或针叶林中地上丛生或群生。

经济价值：食性不明。

（十二）盾状粉褶蕈

粉褶菌科粉褶菌属，别名杏树菇、杏蘑。

形态特征：子实体一般中等。菌盖宽2~10厘米，近钟形至平展，中部稍凸起，表面灰白色或朽叶色，光滑，具深色条纹，湿时水浸状。菌肉白色、薄。菌褶初期粉白色，后变肉粉色，较稀，弯生，不等长，边缘齿状至波状。菌柄白色，圆柱形，长5~12厘米，粗0.5~1.5厘米，具纵条纹，质脆，内实变空心。孢子印粉色。

生态习性：能与杏子、李、山楂等蔷薇科树木形成外生菌根，常于5~6月发生。

经济价值：可食用。

（十三）灰树花

多孔菌科树花属。

形态特征：子实体大或特大，肉质，短柄，呈珊瑚状分枝，末端生扇形至匙形菌盖，重叠成丛，大的丛宽40~60厘米。菌盖直径2~8厘米，掌状，灰色至浅褐色。表面有细毛，干后硬，老后光滑，有反射状条纹，边缘薄，内卷。菌肉白色。

生态习性：夏秋季野生于蒙古栎、板栗等壳斗科树种及其他阔叶树的树桩或树根上，造成心材白色腐朽，生境都在阔叶树林内。在自然条件下，是中温型、喜光、好氧性的真菌。

经济价值：食、药两用菌，味道鲜美。子实体香味浓郁，肉质爽口，干品气味清香四溢。可人工栽培。

（十四）猪苓

多孔菌科树花属。

形态特征：子实体大或很大，肉质、有柄、多分枝、末端生圆形白色至浅褐色菌盖，一丛直径可达35厘米。菌盖圆形，中部下凹近漏斗形，边缘内卷，被深色细鳞片，宽1~4厘米。菌肉白色，孔面白色，干后草黄色。孔口圆形或破裂呈不规则齿状，延生，平均每毫米2~4个（图4-22-5）。

生态习性：生于阔叶林地。

经济价值：子实体幼嫩时可食用，味道鲜美，子实体易生虫。

图 4-22-5　猪苓

（十五）杨树口蘑

白蘑科口蘑属，别名土豆蘑。

形态特征：子实体中等至较大。菌盖直径 4~15 厘米，扁半球形至平展，边缘内卷变至平展和波状，浅红褐色，趋向边缘色浅，被棕褐色细小鳞片，气味香，菌肉较厚，污白色，伤处变暗。菌褶密，较窄，污白色带浅红褐色，不等长，伤处色变暗。菌柄比较粗壮，内实质松软，长 3~8 厘米，粗 1~3 厘米。孢子印白色。

生态习性：秋季在杨树林中沙质的土地上群生、散生。与杨树形成外生菌根。

经济价值：可食用，味道较好。

（十六）单色云芝

多孔菌科云芝属。

形态特征：子实体一般小至中等，扇形、贝壳形或平伏而反卷，覆瓦状排列，革质。往往侧面相连，表面白色、灰色至浅褐色，有时因有藻类附生而呈绿色，有细长的毛或粗毛和同心环带，边缘薄而锐，波浪状或瓣裂，下侧无子实层。菌肉白色或近白色，厚 0.1 厘米，在菌肉及毛层之间有一条黑线。无菌柄。菌管近白色、灰色，管孔面灰色到紫褐色，孔口迷宫状，平均每毫米 2 个，很快裂成齿状，但靠边缘的孔口很少开裂。

生态习性：覆瓦状生于桦、杨、柳、山楂等树的伐桩、枯立木、倒木上。分布广泛。

经济价值：可药用。

（十七）毛木耳

木耳科木耳属。

形态特征：子实体一般较大，呈胶质态，粗 2~15 厘米，浅圆盘形、耳形或不规则形。有明显基部，显著特点是无柄，基部稍皱，新鲜时较软，干后收缩。子实层生里面，平滑或稍有皱纹，紫灰色，后变黑色。背面有长茸毛，无色，常成束生长。与黑木耳相比，耳片大、厚、质地粗韧，硬脆耐嚼，且抗逆性强，易栽培。

生态习性：丛生，常见于多种阔叶树枯树干上或腐木上，分布广泛。

经济价值：可食用，也有药用价值。

（十八）大白桩菇

白蘑科桩菇属，别名青腿蘑、雷蘑。

形态特征：子实体大型。菌盖直径 7~36 厘米，扁半球形至近平展，中部下凹至漏斗状，污白色、青白色或稍带灰黄色，光滑，边缘内卷至渐伸展。菌肉白色，厚。菌褶白色至污白色，老后青褐色，延生，稠密，窄，不等长。菌柄较粗壮，长 5~13 厘米，粗 2~5 厘米，白色至青白色，光滑，肉质，基部膨大可达 6 厘米。孢子印白色。

生态习性：夏秋季在草原上或灌丛中单生或群生或形成蘑菇圈。

经济价值：肉质肥厚，味道鲜美。

（十九）松乳菇

红菇科乳菇属。

形态特征：子实体中等至大型。新鲜子实体遭受机械损伤时，渗出乳汁样的液体。菌盖直径 4~10 厘米，扁半球形，中央脐状，伸后下凹，虾仁色，胡萝卜黄色或深橙色，后色变淡，有或没有颜色较明显的环带，伤后变绿色，特别是菌盖边缘部分变绿显著，边缘最初内卷，后平展，湿时黏，无毛。菌肉初带白色，后变胡萝卜黄色。菌褶与菌盖同色，稍密，近柄处分叉，褶间具横脉，直生或稍延生，伤后或老后变绿色。菌柄长 2~5 厘米，粗 0.7~2 厘米，近圆柱形并向基部渐细，有时具暗橙色凹窝，色同菌褶或更浅，伤后变绿色，内部松软后变中空，菌柄切面先变橙红色，后变暗红色。

生态习性：夏秋季在阔叶林中地上单生或群生。与松柏类、杨柳目、壳斗目等多种针叶树和阔叶树形成外生菌根。

经济价值：可食用，且含有倍半萜、甾醇、色烯、牻牛儿酚、生物碱、氨基酸等多种营养功能成分。

（二十）楞柄马鞍菌

马鞍菌科马鞍菌属，别名多洼马鞍菌。

形态特征：子实体小，褐色或暗褐色。菌盖马鞍形，宽2~5厘米，表面平整或凸凹不平，边缘与柄分离。菌柄长3~9厘米，粗0.4~0.6厘米，灰白色至灰色，菌柄具纵向沟槽。孢子无色。

生态习性：夏秋季在林中地上单个或成群生长。

经济价值：食性不明。

（二十一）浅黄枝瑚菌

枝瑚菌科枝瑚菌属，别名扫帚菌。

形态特征：子实体较大，高10~15厘米，直径可达10~20厘米，大量的分枝常由一个粗大的茎上分出，并再次分。枝密集成丛，上部多呈"U"形分枝，小枝顶端较尖，亮黄色到草黄色，后期变暗。菌肉白色。

生态习性：夏秋季节于壳斗科等混交林地上单生、群生或丛生。

经济价值：可食用。

（二十二）树舌灵芝

灵芝科灵芝属。

形态特征：子实体大或巨大。无柄或几乎无柄。菌盖半圆形、扁半球形或扁平，基部常下延，直径5~50厘米，厚1~12厘米，表面灰色，渐变褐色至污白褐色，有同心环纹棱，有时有瘤，皮壳胶角质，边缘较薄。菌肉浅栗色，有时近皮壳处后变暗褐色，菌孔圆形，每毫米4~5个。

生态习性：生长在多种阔叶树、枯立树、倒木和伐桩上。分布广泛。多年生，寿命可达20余年或更长。属重要的木腐菌，导致木质部形成白色的腐朽。

经济价值：可药用。

（二十三）木生地星

地星科地星属。

形态特征：子实体小，粗0.5~1.5厘米，初期为近球形至倒卵形。外包被包裹，外表有浅土红或土黄褐色棉绒状鳞片，成熟时上部开裂呈5~7瓣，向外伸曲呈星状。内侧浅粉白灰色至浅灰褐色。内包被浅粉白褐色至浅灰褐色，膜质，薄，近平滑，球形，顶部孔口边缘近纤维状并有一明显环带。

生态习性：生于阔叶林地上或腐朽木上。

经济价值：孢子粉可药用。

（二十四）网纹马勃

马勃科马勃属，别名网纹灰包。

形态特征：子实体一般小，倒卵形至陀螺形，高3~8厘米，宽2~6厘米，初期近白色，后变灰黄色至黄色，基部发达。外包被由无数小疣组成，间有较大易脱的刺，刺脱落后显出淡色而光滑的斑点。

生态习性：夏秋季在林中地上群生，有时生于腐木上。据记载可与云杉、松、栎形成外生菌根。

经济价值：幼时可食。子实体有消肿、止血、解毒作用。

（二十五）羊肚菌

羊肚菌科羊肚菌属，别名草笠竹、美味羊肚菌、羊肚菜。

形态特征：子实体较小或中等，高6~14.5厘米。菌盖不规则圆形、长圆形，长4~6厘米，宽4~6厘米。表面形成许多凹坑，呈褶皱网状，似羊肚状，淡黄褐色。柄白色，长5~7厘米，粗2~2.5厘米，空心，有浅纵沟，基部稍膨大。

生态习性：春夏季生于阔叶林地上及路旁，单生或群生。

经济价值：可食用，味道鲜美，是一种优良的食、药两用真菌。

（二十六）总状炭角菌

炭角菌科炭角菌属，别名鸡爪菌。

形态特征：子实体多丛生或簇生，分枝柱状或稍扁，上部呈指状、鹿角状、爪状或近似鸡冠状，粉红色、黄色、淡土黄色，后期变暗褐色，顶钝或尖。菌柄基部色淡或污白色，似有一层细茸毛。

生态习性：多出现于毛头鬼伞覆土栽培菌床上，往往大量丛生、簇生或群生，其菌丝与毛头鬼伞争夺养分并抑制毛头鬼伞菌丝的生长，严重影响毛头鬼伞的产量。多在春末夏初或二潮菇时发生。

经济价值：幼时可食。

（二十七）林地盘菌

盘菌科盘菌属，别名林地碗。

形态特征：子囊盘较小，单生或群生，没有菌柄，浅盘形或小碗形。子实层生里面，淡褐色，外面白色，光滑，碗口不整齐、内卷，直径3~8厘米。

生态习性：于林中地上生长。

经济价值：可食用。

（二十八）裂褶菌

裂褶菌科裂褶菌属，别名白参、树花、鸡冠菌、鸡毛菌。

形态特征：子实体小。菌盖直径0.6~4.2厘米，白色至灰白色，质韧，被有茸毛或粗毛，扇形或肾形，具多数裂瓣。菌肉薄，白色。菌褶窄，从基部辐射而出，白色或灰白色，有时淡粉紫色，沿边缘纵裂而反卷。柄短或无。

生态习性：春至秋季生于阔叶树及针叶树的枯枝及腐木上。分布广泛。属木腐菌，使木质部产生白色腐朽。

经济价值：可食用。

（二十九）星孢寄生菇

白蘑科星孢寄生菇属。

形态特征：子实体小。菌盖直径0.5~3.8厘米，幼时近球形，后呈半球形，白色，有厚的一层粉末，形成土黄色、浅茶褐色的厚垣孢子。菌肉白色至灰白色，厚。盖下褶稀疏，白色，分叉，直生。菌柄白色，柱形，长1~4厘米，粗0.2~0.5厘米，内实，基部有白茸毛。厚垣孢子大量产生于菌盖表面，黄色，近球形。

生态习性：夏秋季生于林中，寄生于稀褶黑菇、黑菇及密褶黑菇菌盖中央或菌褶与菌柄部位。

经济价值：寄生于几种黑菇上，产生厚垣孢子，在分类研究系统及教学上有其价值。

（三十）漏斗大孔菌

多孔菌科大孔菌属。

形态特征：子实体一般较小。菌盖直径1.5~8.5厘米，扁平，中部脐状，后期边缘平展或翘起，似漏斗状，薄，褐色、黄褐色至深褐色，有深色鳞片，无环带，边缘有长毛，新鲜时韧肉质，柔软，干后变硬且边缘内卷。菌肉白色或污白色。菌管白色，延生，长1~4毫米，干时呈草黄色。柄长2~8厘米，粗1~5毫米，圆柱形，中生，颜色同菌盖色，往往有深色鳞片，基部有污白色粗茸毛。

生态习性：夏秋季生于多种倒木及枯树上，引起树木白色腐朽。

经济价值：幼嫩时柔软可食用。

二、常见有毒真菌种类

毒蘑菇与可食野生菌外观极其相似，在野外混生情况下非常容易混淆而造成采食者误食中毒。

（一）毒蝇鹅膏菌

鹅膏菌科鹅膏菌属，别名哈蟆菌、捕蝇菌、

毒蝇菌、毒蝇伞。

形态特征：子实体较大。菌盖直径6~20厘米，鲜红色或橘红色，有白色或稍带黄色的颗粒状鳞片，边缘有明显的短条纹。菌肉白色，靠近菌盖表皮处红色。菌褶纯白色，离生，密，不等长。菌柄长12~25厘米，粗1~2.5厘米，纯白色，表面有细小鳞片，基部膨大呈球形。菌环白色膜质。菌托由数圈白色絮状颗粒组成。

生态习性：群生于林中地上，属树木外生菌根菌。

经济价值：记载有剧毒，误食后约6小时内发病，产生剧烈恶心、呕吐、腹痛、腹泻、精神错乱、出汗、发冷、肌肉抽搐、脉搏减慢、呼吸困难等症状。能产生甜菜碱、胆碱和腐胺等生物碱。可药用，小剂量使用时有安眠作用。含毒蝇碱等毒素对苍蝇等昆虫杀伤力很强，可用于生物防治。

（二）黄鹅膏菌

鹅膏菌科鹅膏菌属。

形态特征：子实体较小或中等。菌盖直径2.5~9厘米，初期近圆锥形、半球形至钟形，渐开伞后扁平至平展，中部稍凸或平，污橙黄色至芥土黄色，边缘色较浅，表面平滑或有似放射状纤毛状条纹，盖边缘似有不明显条棱，湿时比较黏，有时附白色托残片。菌肉白色，近表皮处带黄色，较薄。菌褶离生，近白色，稍密。菌柄柱形，上部渐细，黄白色，有纤毛状鳞片，长12~18厘米，粗0.5~1.6厘米，内部松软至变空心。菌环膜质，黄白色，生柄之上部。菌托呈苞状，较大，灰白色。

生态习性：单生于混交林中地上。

经济价值：记载有剧毒，误食后，毒发反应时间较长，容易错过救治时间。

（三）毛柄网褶菌

网褶菌科网褶菌属，别名黑毛桩菇。

形态特征：子实体中等或稍大。菌盖直径5~13厘米，初期半球形，后平展至中部下凹，污黄褐色，锈褐色至烟灰色，具细茸毛，边缘内卷。菌肉白色，稍厚。菌褶浅黄褐色至青褐色，延生，不等长，褶间有横脉连成网状，菌褶与菌柄连接处往往部分白色。菌柄长3~5厘米，最长可达10厘米，粗1~3厘米，偏生，具栗褐色至黑紫色茸毛，粗壮，肉质。

生态习性：春至秋季于针叶林、竹林等地上或腐木上单生或丛生，能引起木材腐朽。

经济价值：记载有毒，不可食用。

（四）卷边网褶菌

网褶菌科网褶菌属，别名黄花蘑、卷边桩菇、卷伞菌、落褶菌。

形态特征：子实体中等至较大。菌盖边缘内卷，表面直径5~15厘米，最大达20厘米，浅土黄色至青褐色，开始扁半球形，后渐平展，中部下凹或漏斗状，湿润时稍黏，老后茸毛减少至近光滑。菌肉浅黄色，较厚。菌褶浅黄绿色，青褐色，受伤变暗褐色，较密，有横脉，延生，不等长，靠近菌柄部分的菌褶间连接成网状。菌柄长4~8厘米，粗1~2.7厘米，棕黑褐色，被粗茸毛，往往偏生，内部实心，基部稍膨大。

生态习性：春末至秋季多在杨树等阔叶林地上群生、丛生或散生。

经济价值：有毒，误食会出现胃肠系统病症。

（五）绒边乳菇

红菇科乳菇属。

形态特征：子实体中等大。菌盖直径5~13厘米，扁半球形，中部下凹，污白色至粉白色，边缘内卷并有长茸毛。菌肉白色或污白色，较厚。菌褶较密，带粉红色，直生至近延生，不等长。菌柄一般长2.5~5厘米，粗1.2~1.5厘米，与菌盖同色，表面平滑，内部松软。

生态习性：夏秋季生于杨树等阔叶林中地上，多群生，稀单生。分布广泛。属外生菌根菌。

经济价值：有毒，误食会产生呕吐、腹泻等胃肠系统反应。

（六）毛头乳菇

红菇科乳菇属。

形态特征：子实体中等。菌盖直径4~12厘米，扁半球形，中部下凹呈漏斗状，深蛋壳色至暗土黄色，具同心环纹，边缘内卷有白色长茸毛。菌肉白色，伤处不变色，乳汁白色不变色，味苦。菌褶白色，后期浅粉红色，较密，直生至延生。

生态习性：夏秋季在林中地上单生或散生。与栎、榛、桦等树木形成外生菌根。

经济价值：有毒，误食后引起胃肠炎或产生四肢末端剧烈疼痛等病症。记载含有毒蝇碱等毒素。

（七）红黄红菇

红菇科乳菇属。

形态特征：子实体一般中等。菌盖直径3~8厘米，扁半至近平展，中部稍下凹，红色或粉红色，部分区域褪色为白黄色，平滑，边缘条纹不明显。菌肉白色。菌褶浅乳黄色，延生，密。菌柄长3~8厘米，粗0.5~1.5厘米，白色或粉红色，柱形或向基部变细，内部松软。

生态习性：夏秋季于林中地上散生或群生。属外生菌根菌。

经济价值：有毒。

（八）粪生光盖伞

球盖菇科光盖伞属，别名粪生裸盖伞。

形态特征：子实体小，褐色。菌盖直径1~3厘米，半球至扁半球形，暗红褐色至灰褐色，初期边缘有白色小鳞片，后变光滑。菌褶直生，稍稀，宽，污白色、褐色到紫褐色。菌柄长2~4厘米，粗0.5~1.5厘米，柱形，稍弯曲，污白色至暗褐色，菌幕易消失。孢子印紫褐色。

生态习性：在马粪或牛粪上单生或群生。

经济价值：有毒，含致幻物质。

（九）红鬼笔

鬼笔科鬼笔属，别名蛇苗。

形态特征：子实体中等或较大，高10~20厘米。菌盖高1.5~3厘米，宽1~1.5厘米，近钟形，具网纹格，上面有灰黑色恶臭的黏液（孢体），后呈现浅红色至橘红色，顶端平，红色，并有孔口。菌柄海绵状，红色，长9~19厘米，粗1~1.5厘米，圆柱形，中空，下部渐粗，色淡至白色，而上部色深，靠近顶部橘红色至深红色。菌托有弹性，白色，长2.5~3厘米，粗1.5~2厘米。

生态习性：夏秋在菜园、屋旁、路边、竹林等地上成群生长，分布广泛。多生长在腐殖质多的地方。

经济价值：菌盖表面黏液腥臭，记载有毒，但可药用。

（十）胶黑耳

胶耳科胶耳属。

形态特征：菌盖直径1.5~3厘米，高1.5~4厘米，初期呈小瘤状，后扭曲相互连接呈脑状，黑色、黑褐色或灰褐色，平滑或表面有小疣点。孢子无色。

生态习性：夏秋季生于阔叶树枯枝上或腐木缝隙处或树皮上，分布广泛。

经济价值：记载有毒。

第二十三章　经济林资源

第一节　经济林面积

根据北京市第九次园林绿化资源普查成果，到"十三五"期末（2020年），全市经济林面积为128576.48公顷，共有14412万株，其中，干果面积为70227.56公顷，占54.62%，鲜果面积为53957.00公顷，占41.96%，其他经济林面积为4391.92公顷，占3.42%。全市有散生果树298万株。各种类经济林及散生经济林情况见表4-23-1。

表4-23-1　各种类经济林及散生经济林

树种	合计		幼树期		盛果期		衰老期		散生经济林（万株）
	面积(公顷)	株数(株)	面积(公顷)	株数(株)	面积(公顷)	株数(株)	面积(公顷)	株数(株)	
合计	128576.48	144124924	18855.61	24995677	103023.58	113748907	6697.29	5380341	297.77
苹果	8301.95	11682040	1906.99	2868606	6132.40	8587922	262.55	225512	4.43
梨	5839.55	6141179	763.98	886409	4127.96	4589913	947.61	664856	2.10
桃	16622.98	18217895	1543.72	1421613	14259.56	16075191	819.70	721091	10.40
李子	1157.16	1365467	38.53	42507	1041.65	1245564	76.98	77397	6.28
鲜杏	5938.59	6512823	526.05	719933	4828.36	5247073	584.19	545818	10.28
仁用杏	8346.12	9020270	1053.54	1239106	6809.80	7173831	482.78	607333	3.12
葡萄	1797.35	8735331	105.96	311822	1669.71	8317500	21.68	106009	0.36
柿子	6044.53	4437413	428.96	196880	4110.47	3138464	1505.10	1102069	37.00
板栗（矮化）	36971.88	34397830	4768.92	5026656	31147.75	28616055	1055.20	755119	2.80
核桃（矮化）	13290.85	12968382	2171.61	2846040	10722.75	9911345	396.49	210996	20.30
樱桃	3296.80	4426897	678.14	1179239	2539.80	3170303	78.86	77354	7.81

(续)

树种	合计		幼树期		盛果期		衰老期		散生经济林（万株）
	面积(公顷)	株数(株)	面积(公顷)	株数(株)	面积(公顷)	株数(株)	面积(公顷)	株数(株)	
枣	4082.63	6136089	440.82	742995	3611.37	5382311	30.44	10783	14.08
红果	1982.61	1732667	123.63	102578	1551.29	1418511	307.69	211579	3.37
榛子树	75.87	303648	58.64	190244	17.23	113404	0.00	0	0.02
桑树	1472.56	3538793	410.70	1081625	1061.87	2457168	0.00	0	64.16
海棠	400.58	948551	227.67	632493	172.80	315880	0.11	178	4.92
板栗（乔木型）	4546.48	4234508	208.65	67293	4309.46	4148227	28.37	18988	0.31
核桃（乔木型）	5488.65	4386865	479.76	501361	4909.35	3840245	99.54	45259	33.98
花椒	30.31	52887	30.31	52887	0.00	0	0.00	0	7.63
玫瑰	113.82	1770599	113.82	1770599	0.00	0	0.00	0	0.04
香椿	445.12	690733	445.12	690733	0.00	0	0.00	0	59.80
其他经济树	2330.11	2424057	2330.11	2424057	0.00	0	0.00	0	4.58

一、按树种划分

在各种类经济林中，种植面积最大的分别是板栗、核桃和桃。

全市板栗面积为41518.36公顷，株数为3863.23万株，分别占全市经济林总面积和株数的32.29%和26.80%，其中密植板栗面积36971.88公顷，占板栗面积的89.05%，株数3439.78万株，占板栗株数的89.04%；稀植板栗面积4546.48公顷，占板栗面积的10.95%，株数423.45万株，占板栗株数的10.96%（图4-23-1）。

图4-23-1 怀柔黄花城水长城明代板栗园

全市核桃面积为18779.50公顷，株数为1735.52万株，分别占全市经济林总面积和株数的14.61%和12.04%，其中密植核桃面积13290.85公顷，占核桃面积的70.77%，株数1296.84万株，占核桃株数的74.72%；稀植核桃面积5488.65公顷，占核桃面积的29.23%，株数438.69万株，占核桃株数的25.28%。

全市桃面积为16622.98公顷，株数为1821.79万株，分别占全市经济林总面积和株数的12.93%和12.64%。

散生经济林最多的种类是桑树、香椿和柿子，分别为64.16万株、59.80万株和37.00万株，占全市散生经济林297.77万株的21.55%、20.08%和12.42%。

二、按树龄划分

幼树期面积为18855.61公顷，占14.66%，株数为2499.57万株，占17.34%。幼树期面积最大的是板栗，有4977.57公顷（密植4768.92公顷、稀植208.65公顷）、509.39万株（密植

502.67万株、稀植6.73万株），分别占全市板栗面积的11.99%和株数的13.18%；第二是核桃，有2651.37公顷（密植2171.61公顷、稀植479.76公顷）、334.74万株（密植284.60万株、稀植50.14万株），分别占全市核桃面积的14.12%和株数的19.29%；第三是苹果，有1906.99公顷、286.86万株，分别占全市苹果面积的22.97%和株数的24.56%；第四是桃，有1543.72公顷、142.16万株，分别占全市桃面积的9.29%和株数的7.80%；第五是仁用杏，有1503.54公顷、123.91万株，分别占全市仁用杏面积的18.01%和13.74%。

盛果期面积为103023.58公顷，占80.13%，株数为11374.89万株，占78.92%。盛果期经济林面积最大的是板栗，有35457.21公顷（密植31147.75公顷、稀植4309.46公顷）、3276.43万株（密植2861.61万株、稀植414.82万株），分别占全市板栗面积的85.40%和株数的84.81%；第二是核桃，有15632.10公顷（密植10722.75公顷、稀植4909.35公顷）、1375.16万株（密植991.13万株、稀植384.02万株），分别占全市核桃面积的83.24%和株数的79.23%；第三是桃，有14259.56公顷、1607.52万株，分别占全市桃面积和株数的85.78%和88.24%；第四是仁用杏，有6809.8公顷、717.38万株，分别占全市仁用杏面积和株数的81.59%和79.53%，第五是苹果，有6132.4公顷、858.79万株，分别占全市苹果面积和株数的73.87%和73.51%（图4-23-2）。

衰老期面积为6697.29公顷，占5.21%，株数为538.03万株，占3.73%。衰老期经济林主要功能是发挥水土保持、防风固沙等作用。衰老期面积最大的是柿子，有1505.1公顷、110.21万株，分别占全市柿子面积和株数的24.90%和24.84%；第二是板栗，有1083.58公顷（密植1055.2公顷、稀植28.37公顷）、77.41万株（密植75.51万株、稀植1.90万株），分别占全市板栗面积和株数的2.61%和2.00%；第三是梨，面积947.61公顷、66.49万株，分别占全市梨面积和株数的16.23%和10.83%（图4-23-3）；第四是桃，有819.70公顷、72.11万株，分别占全市桃面积和株数的4.93%和3.96%；第五是鲜杏，有584.19公顷、54.58万株，分别占全市鲜杏面积和株数的9.84%和8.38%。

图4-23-2　延庆富士苹果园

图4-23-3　大兴梨园

第二节　果树种质资源

按照一般的果树学分类方法，北京的落叶果树种类很多，仁果类、核果类、浆果类、坚果类、柿枣类等果树均有分布，包括干果、鲜果和小果类。零星的也有依靠温室栽培的常绿果树，如柑橘类、香蕉类、枇杷类等。按照《中国植物志》划分，北京地区的果树种质资源包括 21 科 40 属 155 种，见表 4-23-2。

表 4-23-2　北京地区果树种质资源名录

裸子植物门 GYMNOSPERMAE，包括 3 个科		
科	属	种
银杏科 Ginkgoaceae	银杏属	银杏 Ginkgo biloba
松科 Pinaceae	松属	白皮松 Pinus bungeana
红豆杉科（紫杉科）Taxaceae	榧属	香榧 Torreya grandis
	红豆杉属	红豆杉 Taxus chinensis

被子植物门 ANGIOSPERMAE，包括 18 个科		
科	属	种
蔷薇科 Rosaceae	苹果属 Malus	花红 Malus asiatica、山荆子 Malus baccata、垂丝海棠 Malus halliana、河南海棠 Malus honanensis、湖北海棠 Malus hupehensis、陇东海棠 Malus kansuensis、毛山荆子 Malus mandshurica、西府海棠 Malus micromalus、楸子 Malus prunifolia、苹果 Malus pumila、丽江山荆子 Malus rockii、三叶海棠 Malus toringo、新疆野苹果 Malus sieversii、锡金海棠 Malus sikkimensis、海棠花 Malus spectabilis、大鲜果 Malus soulardii、变叶海棠 Malus bhutanica、花叶海棠 Malus transitoria
	梨属 Pyrus	杜梨 Pyrus betulaefolia、白梨 Pyrus bretschneideri、豆梨 Pyrus calleryana、西洋梨 Pyrus Communis、川梨 Pyrus pashia、褐梨 Pyrus phaeocarpa、砂梨 Pyrus pyrifolia、秋子梨 Pyrus ussuriensis、木梨 Pyrus xerophila
	桃属 Amygdalus	扁桃（巴旦杏）Amygdalus communis、山桃 Amygdalus davidiana、新疆桃 Amygdalus ferganensis、甘肃桃 Amygdalus kansuensis、光核桃 Amygdalus mira、蒙古扁桃 Amygdalus mongolica、矮扁桃 Amygdalus nana、普通桃 Amygdalus persica、蟠桃 Amygdalus persica 'Compressa'、寿星桃 Amygdalus persica 'Densa'、油桃 Amygdalus persica 'Nucipersica'、榆叶梅 Amygdaius triloba
	李属 Prunus	稠李 Prunus padus、李 Prunus salicina、杏李 Prunus simonii、黑刺李 Prunus spinosa、乌苏里李 Prunus ussuriensis
	杏属 Armeniaca	山杏 Armeniaca ansu、东北杏 Armeniaca mandshurica、梅 Armeniaca mume、西伯利亚杏 Armeniaca sibirica、普通杏 Armeniaca vulgaris
	樱属 Cerasus	欧洲甜樱桃 Cerasus avium、西沙樱桃 Cerasus besseyi、毛叶欧李 Cerasus dictyoneura、草原樱桃 Cerasus fruticosa、麦李 Cerasus glandulosa、欧李 Cerasus humilis、郁李 Cerasus japonica、马哈利樱桃 Cerasus mahaleb、樱桃 Cerasus pseudocerasus、沙樱桃 Cerasus pumila、山樱桃 Cerasus serrulata、日本早樱 Cerasus subhirtella、毛樱桃 Cerasus tomentosa、欧洲酸樱桃 Cerasus vulgaris、东京樱花 Cerasus yedoensis
	山楂属 Crataegus	甘肃山楂 Crataegus kansuensis、毛山楂 Crataegus maximowiczii、山楂 Crataegus pinnatifida、山里红 Crataegus pinnatifida var. major、阿尔泰山楂 Crataegus altaica
	草莓属 Fragaria	草莓 Fragaria × ananassa、裂萼草莓 Fragaria daltoniana、纤细草莓 Fragaria gracilis、西南草莓 Fragaria moupinensis、黄毛草莓 Fragaria nilgerrensis、东方草莓 Fragaria orientalis、五叶草莓 Fragaria pentaphylla
	木瓜属 Chaenomeles	日本木瓜 Chaenomeles japonica、木瓜 Chaenomeles sinensis、皱皮木瓜 Chaenomeles speciosa

(续)

被子植物门 ANGIOSPERMAE，包括 18 个科

科	属	种
蔷薇科 Rosaceae	栒子属 Cotoneaster	灰栒子 Cotoneaster acutlfolius、多花栒子 Cotoneaster multiflorus
	榅桲属 Cydonia	榅桲 Cydonia oblonga
	悬钩子属 Rubus	牛迭肚 Rubus crataegifolius、覆盆子 Rubus idaeus、茅莓 Rubus parvifolius、石生悬钩子 Rubus saxatilis
	花楸属 Sorbus	水榆花楸 Sorbus alnifolia、北京花楸 Sorbus discolor、花楸树 Sorbus pohuashanensis
	枇杷属 Eriobotrya	枇杷 Eriobotrya japonica
葡萄科 Vitaceae	葡萄属 Vitis	山葡萄 Vitis amurensis、华北葡萄 Vitis bryoniifolia、桑叶葡萄 Vitis heyneana subsp. ficifolia、毛葡萄 Vitis heyneana、野葡萄 Vitis flexuosa、葡萄 Vitis vinifera
鼠李科 Rhamnaceae	枳椇属 Hovenia	枳椇 Hovenia acerba
	枣属 Ziziphus	酸枣 Ziziphus jujuba var. spinosa、大枣 Ziziphus jujuba var. inermis
猕猴桃科 Actinidiaceae	猕猴桃属 Actinidia	软枣猕猴桃 Actinidia arguta、狗枣猕猴桃 Actinidia kolomikta、中华猕猴桃 Actinidia chinensis、美味猕猴桃 Actinidia chinensis var. deliciosa、革叶猕猴桃 Actinidia rubricaulis var. coriacea、毛花猕猴桃 Actinidia eriantha、黄毛猕猴桃 Actinidia fulvicoma、阔叶猕猴桃 Actinidia latifolia、黑蕊猕猴桃 Actinidia melanandra、美丽猕猴桃 Actinidia melliana
核桃科 Juglandaceae	山核桃属 Carya	薄壳山核桃（美国山核桃）Carya illinoinensis
	胡桃属 Juglans	麻核桃 Juglans hopeiensis、胡桃楸 Juglans mandshurica、黑胡桃 Juglans nigra、核桃 Juglans regia、心形核桃 Juglans cordiformis
桦木科 Betulaceae	榛属 Corylus	榛（平榛）Corylus heterophylla、毛榛 Corylus mandshurica
壳斗科 Fagaceae	栗属 Castanea	板栗 Castanea mollissima、锥栗（珍珠栗）Castanea henryi、茅栗 Castanea seguinii、日本栗 Castanea crenata、欧洲栗 Castanea sativa、美国栗 Castanea dentata
桑科 Moraceae	榕属（无花果属）Ficus	无花果 Ficus carica
	桑属 Morus	桑 Morus alba、鸡桑 Morus australis、华桑 Morus cathayana、蒙桑 Morus mongolica
木通科 Lardizabalaceae	木通属 Akebia	三叶木通 Akebia trifoliata
木兰科 Magnoliaceae	五味子属 Schisandra	北五味子 Schisandra chinensis
虎耳草科 Saxifragaceae	茶藨子属（醋栗属）Ribes	刺梨（刺果茶藨子、刺儿李）Ribes burejense、山麻子（东北茶藨子、狗葡萄）Ribes mandshuricum、美丽茶藨子（小叶茶藨子）Ribes pulchellum、英吉里茶藨子 Ribes palczewskii
芸香科 Rutaceae	柑橘属 Citrus	柚 Citrus maxima、柠檬 Citrus limon、香圆 Citrus grandis × junos、佛手 Citrus medica 'Fingered'、四季橘 Citrus × microcarpa、柑橘 Citrus reticulata、甜橙 Citrus sinensis
	金橘属 Fortunella	金橘 Fortunella margarita
胡颓子科 Elaeagnaceae	胡颓子属 Elaeagnus	沙枣 Elaeagnus angustifolia、牛奶子 Elaeagnus umbellata
	沙棘属 Hippophae	沙棘 Hippophae rhamnoides

(续)

被子植物门 ANGIOSPERMAE，包括 18 个科		
科	属	种
石榴科 Punicaceae	石榴属 *Punica*	石榴 *Punica granatum*
柿科 Ebenaceae	柿属 *Diospyros*	柿 *Diospyros kaki*、君迁子 *Diospyros lotus*
杜鹃花科 Ericaceae	越橘属 *Vaccinium*	野生莓种 *Vaccinium* spp.
茄科 Solanaceae	枸杞属 *Lycium*	中华枸杞 *Lycium chinense*
忍冬科 Caprifoliaceae	忍冬属 *Lonicera*	蓝靛果（蓝果忍冬）*Lonicera caerulea*

第三节 果树品种

新中国成立以来，特别是改革开放之后，果树品种资源的引进、驯化、选育工作力度不断加大。先后从国内外引进优良新品种上千个。从日本、意大利、荷兰、以色列、美国等引进水蜜桃系列品种、甜柿品种、苹果系列品种、梨系列品种、樱桃品种、无花果品种，从国内特色果品生产基地引进水蜜桃系列品种、抗寒优质苹果品种、香型葡萄品种、梨系列品种、油桃系列品种等。同时，广大科技工作者和果农长期坚持，选育、驯化了一批新优果树新品种的北京唯一性品种。至2020年，全市果树栽培品种已达到3000多个，繁多的品种很好地满足了北京消费市场对高档、精品、特色、唯一、多样、安全、有机等果品的需求，满足了消费者的个性化需求，提高了北京果品的市场竞争能力。

一、引进的主要品种

（一）苹果品种

1. 早熟品种

苹果早熟品种从落花期到果实成熟的天数小于90天，一般情况7月下旬之前成熟都属于早熟品种，早熟品种生长期短、糖分积累时间比较短、可溶性固形物相对较低。

早熟品种有秦阳、摩里士、松本锦、信浓红、GS48、华玉、早捷、贝拉、伏帅、伏翠、藤牧一号、百福高、绿帅、萌、蒙派斯、意大利早红、米尔顿、三岛富士、珊夏、早翠绿、金红、早红霞、早捷、松本锦、松田津轻、黄姑娘、丰艳、福早红、极早红、杰西麦克、早生乔那金、早生旭、弘前富士、夏光、夏梨蒙、夏香、夏艳、南方脆、库鲁斯、克鲁斯、红魁、秦阳、黄甜果、紫云、晨阳、翠玉、新2、新4、发现、红鲁比、老笃、六月红、龙冠、贝挠尼、初笑、望山红、红夏、阳光嘎啦、早生16、早生鹤之卵、早生红等。

2. 早中熟品种

苹果早中熟品种从落花期到果实成熟的天数大于90小于120天，一般是7月下旬至9月上旬成熟。

早中熟品种有世纪、红盖露、太平洋嘎啦、华硕、华星、蜜脆、R7、美玲津轻8号、平贺津轻、安娜、夏艳、嘎啦（图4-23-4）、津轻、美玲津轻8号、平贺津轻、巴斯美、阿波、唐山丰产元帅、阿斯、磅、藤木嘎啦、甜帅、信浓红、美尔巴、美国8号、美国红海棠、美香、摩里斯、莫力士、瑞丹、瑞光、陕嘎3号、德2、狮子山2号、金光、金世纪、津轻（红）、津轻（青）、卡蒂、早红、纳、宫美富士、黄绵、威赛克、嘎拉、富陶2号、阿佩克斯、阿丹姆斯、吉早红、红之舞、红月、红冠、考特兰德、克龙谢尔透明、舞佳、青森早生、茄南果、乔雅尔、舞乐、舞美、舞姿、红绵、德8、帝国、赫木特、捷9、捷18、服陶2号、高个嘎啦、西伯利亚白点、小町、花奎、拉方、拉里坦、丽嘎拉、丽红、鲁加1号、鲁加2号、宁秋、女游击队员、诺达、花稼、詹姆斯格里夫、北方西纳波、毕斯马克、布科卡、布兰里、桔苹、桔丽、烟嘎1号、烟嘎2号、早红嘎啦、伏花皮、红金嘎啦、红色之恋等。

图 4-23-4　苹果品种——嘎啦

3. 中晚熟品种

苹果中晚熟品种从落花期到果实成熟的天数大于150小于180天，成熟期在8月底至9月下旬。

中晚熟品种有新红星、华苹1号、玉华早富、华红、华冠、昌红、皮诺娃、凉香、新世界、新世纪乔纳金、新乔纳金、金冠（图4-23-5）、千秋、秋红嘎啦、太平洋玫瑰、卡米欧、GS58、欧依拉赛、霍诺卡、弘前富士、大果王林、北斗、早生富士、银红、陆奥、昂林、丹霞、阿兹维尔矮生、矮威尔、矮早辉、白卡维、大珊瑚、大猩猩、丹光、丹苹、陆奥、新红星、新红玉、马空、美尔塔什、延风、门斯、己女、孟诺尔、米丘林纪念、蜜金、秋香、秋映、日之丸、荣冠、森马兰、岳帅、上林、世界一、早富士、斯帕坦、锦红、静香、君柚、康贝尔、斯派金、斯塔克矮金冠、太平洋玫瑰、格鲁晓夫卡、国庆、华苹1号、华帅、鸡冠、秋梨蒙、凤凰卵海棠、福艳、哈迪勃莱特、苹光、格杰克库奎、阿伊瓦尼亚、阿堪阿林屯、金矮生、大海棠、红玉、大绿、红王将、霍诺卡、新红、新红将军、着色千秋、斑克罗夫特、坂田津轻、红短枝、倭锦、红加拿大、无锈金冠、可口香、克里斯克、克洛登、肯达尔、红绞、钱那克勒、奇弗顿、乔那红、普利阿姆、帕顿、白俄罗斯马林、黄王、北斗、北海道9号、超红、赤诚、初秋、红卡维、新1、新3、新嘎啦、绯之衣、秦星、黑龙、凤凰卵海棠、福艳、弗莱堡、冬甜、东香蕉、南浦1号、宁丰、宁酥、诺安、鲁加5号、鲁加3号、露香、列涅特加拿大、华金、库列洒、华农1号、华丽、海棠、华冠、紫香蕉、宝斯库普、波19、查登、纳春、清明、甜伊萨耶娃、艳红、俄矮2号、玉霞、约克、月光、荷兰惠等。

图 4-23-5　苹果品种——金冠

4. 晚熟品种

苹果晚熟品种从落花期到果实成熟的天数大于180天，一般成熟期在10月中旬以后。

晚熟品种有秦冠、秋富1号、长富2号、王林（图4-23-6）、陕富6号、岩富10号、礼泉短富、秦富1号、粉红女士、富士、华帅、宫崎富士、澳洲青苹、红富士（图4-23-7）、甜麦、王实、新乔纳金、新世界、秀水国光、烟富一号、烟富三号、美乐、印度、瑞连娜、岳红、胜利、白龙、硕红、金星、橘平、格劳斯特、工藤富士、宫崎短富、寒富、秋锦、大国光、新国光、香红、香艳、小国光、小黄、红峰、红澳、青香蕉、青龙、青森短枝、青苹、红乔玉、红肉苹果、斗南、红国光、绯红、最良短富、长富1、长富36、赤龙、粉红女郎、华富、昆麻斯、乐乐富士、鲁加6号、赤阳、金钟、金星、秋富39、秋红密等。

图 4-23-6　苹果品种——王林

图 4-23-7　苹果品种——红富士

5. 砧木品种

砧木用于嫁接苹果优良品种，砧木品种一般具有抗旱、抗寒、抗涝、抗盐碱的功能，矮化密植栽培的砧木还需要具有矮化的功能。引入的砧木品种有 SH6 等 SH 系、GM256、奥勒岗矮生、矮壮、矮丰、圆叶海棠、湖北海棠、花红、红八棱等。

（二）梨品种

从国内外收集梨新品种 87 个，砂梨系列品种 21 个、西洋梨系列品种 35 个、秋子梨系列品种 31 个。

1. 砂梨系列品种

砂梨系列品种主要分布在长江流域以南各地。适于温暖气候，抗热耐湿能力均强，抗寒力则较弱。树姿直立，枝条粗壮，叶片大、边缘具刺芒状锯齿。果实一般圆形或近球形，果梗中等长，萼片脱落。果实不经后熟，即可食用，为脆肉种，质细脆、致密、味甜、少香味。

引进品种有哈娜搂、金村秋、华山、Hanareum、满丰、园黄、新千、晚秀、甘川、鲜黄、天皇、秋黄、甘泉、晚三吉、西子绿、翠冠、雪青、雪英、雪方、新雅、雪峰等。

2. 西洋梨系列品种

西洋梨系列品种为引入品种，分布于胶东半岛、黄河故道、西北黄土高原，树姿直立性强，形成圆锥树冠。叶片小型，边缘有圆钝锯齿。果柄粗短，果实大多瓢形或卵圆形，萼片多数宿存，果实需经过后熟变软才可食用，其肉质呈奶油质地、滑润易溶于口、味甜、香气浓。喜冷凉干燥，但不抗寒。

引入品种有粉酪、艳红、红 7 号、斯塔克红、红巴梨、巨红、秋红、红茄、红 4 号、凯斯凯德、果引 1 号、红安久、红 3 号、醉梨、胎里红、意大利黑利、无籽梨、SOD 刺梨、英地红、菲利普、阿巴特、迪卡那、早红考密斯、五九香、红考密斯、玛丽亚、赛斯森、白巴梨、六月香、派克汉姆斯、巴斯科、尤日卡、盛马、自来发、康佛伦斯、克西亚、孟斯卡托、凯撒、帕萨克罗西亚、五月鲜、早熟特大巴梨、葫芦梨、茄梨、鲜美、加州啤梨、八月红、库介。

3. 秋子梨系列品种

秋子梨系列品种主要分布在东北、华北、西北等寒冷地区。树冠宽阔，枝条色浅，灰褐色，叶大型，边缘有带刺芒的尖锐钢齿。果实大多小型，呈圆形或扁圆，萼片宿存，需经后熟方可食用，为软肉质，质粗，石细胞多，甜度适口、味浓，有浓郁芳香，大多不耐贮藏。抗寒力强，可耐 −50℃ 的低温，是梨属植物中最抗寒的种，对黑星病、斑点病抗性强。

引进品种有库尔勒，大南果，新苹梨，94-08，红南果，白梨西系列：玉露香、红美人、美人酥、红香酥、金农1号、巾帼梨、莱阳慈梨、胜利7号、红宇红、红酥脆、硕丰、湘南、早美酥、香蕉梨、金水、八月酥、炎帝红、满天红、七月酥、秋白。

（三）桃品种

引进消化利用国内外桃优良品种，形成4大类桃品种群，包括普通桃系列、油桃系列、蟠桃系列和黄桃系列。

1. 普通桃系列

普通桃有北方与南方品种群之分。北方品种群主要分布在黄河流域的山东、河北、山西、河南、陕西、甘肃、新疆等地。共同特征是树势强旺，树姿直立或半直立，抗寒耐旱，发枝力较弱，以中短果枝结果为主，多单花芽；果顶尖而突起，缝合线较深，果皮较难剥离，果肉较硬。南方品种群主要分布在长江流域的江苏、浙江、湖北、四川、云南等地。共同特征是树势强健或较弱，树姿开张或半开张，发枝力较强，中、长果枝较多，多复花芽；适于温暖湿润气候，但树体抗寒耐旱性比北方品种群稍差；果实圆形或长圆形，缝合线较浅，果顶平圆或略有凹陷，果肉柔软多汁。

引进品种有春雪、春美、京春（165号）、北京8号、谷丰、久红、京红、加纳岩、白凤、北京2号、垛子、峨帽山久保、谷红1号（早9号）、红清水、领凤、美脆、清水白桃、庆丰、沙红、神州红、谷玉（早14号）、早凤王、香山水蜜、早美脆、早艳、早玉、知春、大东桃、二十一世纪、高丰、红不软、华玉、京玉、久保（图4-23-8）、离核脆、陆王仙、美晴、秦王、夏之梦、新川中岛、燕红（绿化9号）、粘核14（红满脆）、八月脆（图4-23-9）、橙子蜜、湖景蜜露、京艳（北京24号）、莱山密、谷红2号（晚9号）、谷艳（晚24）、晚蜜、艳丰1号、寿王仙、桃王99、艳丰6号（晚久保）、中华寿桃、中秋王4号。

图4-23-8　桃品种——久保

图4-23-9　桃品种——八月脆（北京33）

2. 油桃系列

油桃是普通桃的一个变种，适于夏季干旱少雨地区栽培，在我国西北各地栽培较多。主要特征是果皮光滑无毛，色泽艳丽，肉质致密，风味香甜或甜酸，耐贮运。

引进品种有夏至红、澳油（酸）、澳油（甜）、红珊瑚、金美夏、锦春、京和油1号、玫瑰红、瑞光5号、瑞光7号、瑞光19号、瑞光22号、瑞光28号、瑞光41号、瑞光美玉（瑞光29号）、望春、中油4号、中油13号、红芙蓉、金硕、瑞光18号、瑞光27号、瑞光39号、瑞光45号、意大利5号、油14号、中油8号、万寿红、胡店白油桃。

3. 蟠桃系列

蟠桃是普通桃的一个变种。主要分布在江苏的南通、无锡、常州太仓、徐州和浙江的杭州、嘉兴、宁波等地，华北、西北和华中地区也有少量栽培。树势中等或偏弱，树姿较开张，枝条短粗而密生，复花芽居多。果实扁圆形，两端凹入，果肉有白、红、黄3种类型，而肉质柔软多汁，风味香甜，离核黏核皆有。有烂果顶、裂核、产量较低、不耐贮运等缺点。

引进品种有红蟠、早露蟠桃、黄蟠、瑞蟠2号（图4-23-10）、瑞蟠3号、瑞蟠13号、瑞蟠14号、中油蟠5号、白蟠、金秋蟠、瑞蟠4号、瑞蟠5号、瑞蟠16号、瑞蟠19号、瑞蟠24号、瑞油蟠2号、碧霞蟠桃、瑞蟠20号、瑞蟠21号。

图4-23-10 蟠桃品种——瑞蟠2号

4. 黄桃系列

黄桃主要分布在我国西北、西南地区，华北、华东、东北地区也有少量栽培。主要特征是果皮、果肉均呈金黄色或橙黄色，肉质较致密，适于加工和制罐头。有离核、黏核两种类型，离核者果肉较绵软少汁，黏核者果肉致密而强韧。树势强健，树姿直立，单花芽多，且花芽着生节位较高。栽培在肥沃而较黏重土壤中，果实品质较好，而栽培在沙质土壤中果实品质较差。

引进品种有佛雷德里克、早黄桃、早黄蜜、钻石金蜜、燕黄（北京23号）、金童5号、金童6号、金童7号、森克林、金童8号。

（四）葡萄品种

1. 鲜食品种

葡萄鲜食品种果穗和果粒美观诱人，果穗不很紧密、中等大小，外形好看，果粒大小和色泽一致，果粒较大，与果柄附着较牢，穗轴柔软而坚韧，可长时间保持不干枯。果皮薄而韧，果皮上有果粉，果肉紧厚，不黏滑，脆而多汁。具备15%以上的可溶性固形物含量。适宜的糖酸比为30~40∶1，耐贮藏运输。果皮较厚韧，穗轴不易断裂，果粒附着牢固。

引进品种有沙巴珍珠、郑州早红、凤凰51号、乍娜、京玉、巨峰（图4-23-11）、藤稔、红瑞宝、龙宝、黑奥林、红蜜、伊豆和三泽系红伊豆、红富士、京秀、晚红、早玫瑰、山东早红、早玛瑙、力扎马特（玫瑰牛奶）、玫瑰香、龙眼（秋紫）、牛奶（妈妈葡萄、羊奶子、白马奶、宣化白葡萄）、白香蕉、康太、超康美、甲斐露和赤岭、奥山红宝石、超级蓓蕾、皇帝、凤凰、葡萄园皇后（葡萄园女王）、奥利文、早生红（粉红沙斯拉、格莱莎）、康拜乐早生、安吉文（早生白）、意大利玫瑰（沙巴尔）、特等汉堡、白圣彼得（灯笼白）、玫瑰露、匈牙利之光、紫桃、小红玫瑰、粉玫瑰、大玉露、白马拉加、

图4-23-11 葡萄品种——巨峰

白香蕉、胜利、芳香葡萄、红大粒（黑罕、黑汉、黑汉堡）、白连子（保尔加尔、伊丽莎白）、甲州三尺（三尺）、红鸡心（紫牛奶）、坂田胜宝、峰后、秋黑、藤川1号、金优、红地球（红提、大红球、晚红；图4-23-12）、皇冠、黄金香、黑玫瑰、美国黑提（瑞必乐）、水晶葡萄、晚红、高妻、北黑。

图4-23-12 葡萄品种——红地球

2. 无核葡萄

无核葡萄是通过无核技术培育而成，品质优良。与普通葡萄相比，无核葡萄口感更好。并且在品质上具备了耐储存、耐运输、色泽艳丽、糖酸比适当、货架时间长和不易落粒等特点，可以长时间储存和长距离运输以及周年长时间供应市场。

引进品种有无核白、京早晶、香槟（紫冠）、秋无核、蜜无核、范塔西无核、绯红无核、桑母林无核、无核早红、无核白鸡心等。

3. 加工品种（酿酒与制汁）

酿酒葡萄具有较高的糖含量和酸含量、颗粒较小、葡萄汁较少、葡萄籽较大、葡萄皮较厚，大部分种植在南北纬30°~50°，适合生长在温和、凉爽、干燥的气候，适合酿造葡萄汁和葡萄酒。

自主知识产权的酿酒品种有中国科学院植物研究所选育的北红、北玫、北醇。

引进品种有ES5-4-27、秋葡萄、刺葡萄、*Vitis acerifolia*、*Vitis labrusca*、*Vitis vulpina*、山葡萄-85013、山葡萄-89201、山葡萄-75021、山葡萄-8558816、白沙斯拉、米勒、灰比诺、阿里高特、小白玫瑰、西万尼、长相思、小味儿多、当帕尼罗、马瑟兰、白比诺、龙眼、威代尔、歌海娜、巴贝拉、琼瑶浆、法国蓝、桑娇维赛、黑比诺、甲州、阿如法、熊宝、贝丽红宝石、丘本尔、红汁佳美、弗列奥、泰姆比罗、桑娇维赛、晚红蜜、白佳美、黑佳美、紫北赛、蘡薁葡萄、浙江蘡薁葡萄等上百种。

（五）樱桃品种

北京地区栽培的樱桃主要是甜樱桃，又称大樱桃、西洋樱桃，乔木，树势强健，枝干直立，树皮暗灰褐色，有光泽。果大，直径1~3.5厘米，单果重6~12克，果皮黄色、红色或紫色，圆形或心脏形，果肉与果皮不易分离，肉质有软肉、硬肉两种，味甜，离核或黏核。近年来，引入的樱桃多数都属于此类。

引进品种有红樱桃、红灯（图4-23-13）、红蜜、红艳、佳红（3-41）、巨红（13-38）、红丰（状元红）、大紫、宾库、那翁、雷尼尔、先锋（凡）、斯坦勒、斯塔克艳红、萨姆、萨米脱（图4-23-14）、艳阳、拉宾斯、费朗西斯皇帝、海德芬根、骑士、黄金、高砂（依达锦）、最上锦、高阳锦、天香锦、东香锦、正光锦、选拔佐藤锦、南阳、砂蜜豆、大将锦、阿德瑞安娜、阿伏利奥、阿斯特、安格拉、白坦克斯奥尼、比奥之、伯兰特、保格阿斯卡、本奈登塔、北光（水门、北海）、早生北光、迪巴德、杜任内、杜洛内迪马尔卡、迪那、迪考、富士山、葛革、弗尔绕维亚、弗波鲁斯、戈波罗、戈伏尔涅纳、弗尔斯尔、嘎耐特、盖姆尔斯道弗尔、光丽、海波绕斯、克尔纳、克鲁普诺普洛德娜亚、早生紧凑型凡、库斯顿迪斯卡、莫利、莫雷阿乌、罗马娜、莫尔顿、梅拉维利亚、蜜、莫尔顿·格劳瑞、帕比达、司力姆、鲁比诺瓦亚、施密、内罗ⅡC、斯米尔内、斯由、犹他巨型、胜利、维斯塔、维纳斯、维斯考特、红南阳、奥布拉钦斯卡亚、潘季、日之出（早紫、小红袍）、瓦列里伊厅卡洛夫、甜安、夕红锦、香夏锦、小紫、樱顶锦、养老、佐藤锦、八兴、大果实品种、丰锦、弘寿、黄玉（水晶）、黑杜洛内Ⅰ、黑杜洛内Ⅱ、克罗尼奥、六月早熟、马顿库罗星、麦利托波尔黑樱桃等。

图 4-23-13　樱桃品种——红灯

图 4-23-14　樱桃品种——萨米脱

（六）草莓品种

草莓多数品种属于凤梨草莓，别名大果草莓。多数人认为凤梨草莓是智利草莓与深红莓（弗吉尼亚莓）的杂交种。目前，生产上栽培面积较大的品种主要来自日本品种、欧美品种，以及国内育成的品种。日本品种具有香味浓、风味好的特点，但果实较软、不耐贮运、抗病性差、果实大小和丰产性能一般。欧美品种具有果实大、颜色鲜艳、果形正、硬度高、丰产性能强、抗病性好等特点，但往往硬度大、酸味稍重、风味不及日本品种。

引进品种有红颜、女峰、日本1号、章姬、美香莎、矮丰、佐贺清香、栃乙女、港丰、日本99号、米赛尔、达思罗、森加森加拉、哈尼、安娜、森嘎拉、巨星1号、巨早、莓宝、金莓、粉红熊猫、达赛来克特、美13、艳香、星都号、星都2号、照香、明晶、红衣、硕丰、达娜、印度卡、长虹2号、鲁旺、香绯、土德拉、高斯克、美王1号、日本红丰、甜查理、卡麦罗莎、全明星、久能早生、红珍珠、赛娃、朔蜜、硕露、丽红、静宝、春香、明宝、宝交早生、丰香、春香、幸香、红珍珠、年末早生、丽红、杜克拉、图得拉、卡尔特1号、艾尔桑塔、明旭、春旭、石莓1号、世纪红、白雪天使、白雪公主、宁玉、俏佳人、丰盛红花、沐心、菠萝、桃熏、德国四季、蒙特瑞、凤冠、初恋馨香、白雪小町、点雪、隋珠、宁馨、太空2008、越心、伊兰、白泡、香玉、天仙醉、骄雪、山谷女王、美白姬、巨无霸、艳丽、香蕉、衣紫、御用、越丽、圣诞红、紫金久红、丰香、韩姬、梦香、小白、香格里拉、淡雪等。

（七）杏品种

近年来北京引进的杏品种，主要是鲜食品种和仁用杏品种，但引进不多，最近北京市林果研究院引进的新杏品种有青皮杏、赛买提、木牙格、金刚拳、李光杏、树上干、晚熟杏等。

（八）李品种

北京引进李子品种主要以鲜食为主，果皮紫红色、果肉淡黄色而厚、多汁、风味浓郁。近年来引进品种有黑刺李、晚金玉、吉胜、吉丰、一品丹枫、莫尔特尼、红天鹅绒、佛腾李、盖县李、早红李、秋姬李、女神、玫瑰皇后、琥珀李、黑宝石、黑巨王李、早美丽、红美丽、卡特利娜李、碧绿红心李、安哥里那、金秋红、澳李13（图4-23-15）、澳李14、秋姬、安格诺、红宝石（图4-23-16）、大石早生、长季李、紫琥珀、早生月光、大玫瑰、脆红李、贡李、黑美李、梅李女神、红良锦李、黑妹李、金铂李、秋红李、美国布朗李、皇家宝石、金帅、李王、佛来索等。

图4-23-15　李品种——澳李

图4-23-16　李品种——红宝石

（九）无花果品种

近年来，北京从国内外引进的无花果品种，多数属于大果型品种，主要包括金傲芬、波姬红、蓬莱柿、青皮、麦斯衣陶芬、美利亚、日本紫果、布兰瑞克、加州黑、谷川、新疆早黄、新疆晚黄、中国紫果、伊利莎白、中农寒优、中农红、新疆早黄、新疆晚黄、丰产黄、卡独太、棕色土耳其、蓬莱柿、绿抗1号、西莱斯特、华丽、白马赛、沙漠王、卡里亚娜、白圣比罗、果王、紫色波尔多、路易斯安－金、奥斯本多产、比尔、亚当等。

（十）蓝莓品种

1. 北高丛蓝莓品种

北高丛蓝莓品种树木生长势强，直立型。果实中大，稍硬，适宜运输。甜味大，酸味小，风味较好，采收后产生特殊香味。果粉多，浅蓝色，外形美观。果蒂痕小而干，开花较迟，成熟较早，果实的成熟期较一致。极为丰产稳产。

引进品种有公爵、蓝丰、瑞卡、喜来、莱格西、布里吉塔、斯巴坦、北卫、埃利奥特、都克、晚蓝、迪克西、红利、伊丽莎白、蓝金、达柔、莱格西、纳尔逊、康维尔、赫伯特、伯克利、爱国者、蓝光、艾克塔、蓝片、蓝港、塞拉、哈里森、陶柔、日出、米德、蓝鸟、考林、斯巴坦、早蓝、维口、蓝塔、奥扎克蓝、粉红香槟等。

2. 半高丛蓝莓品种

半高丛蓝莓品种树势强，直立型，树高为1.2米左右，为半高丛蓝莓种类中较高的品种。果大中粒，果粉多，果肉紧实，多汁，果味好。甜度BX12.0%，酸度中等。果蒂痕中等大小且干。不择土壤，极丰产，耐寒。引进品种有北陆、齐佩瓦、友谊、圣云、北空、北村、北蓝、帽盖、北极星等。

3. 南高丛蓝莓品种

南高丛蓝莓品种树势强，开张型。果实大粒，甜度BX13.5%，酸度pH值4.53。香味浓，是南部高丛蓝莓品种中香味最大的。果肉质硬。果蒂痕小、速干。耐热，丰产。引进品种有奥尼尔、薄雾、阳光蓝、乔治宝石、艾文蓝、瞳仁、酷派、木蓝、开普菲尔、夏普蓝、海滨、佛罗里达蓝、布莱登、军号、明星、珠宝、绿宝石、天后、温莎、新千年、甜脆、阳光蓝、萨米特等。

（十一）石榴品种

石榴在北京地区可露地栽培、设施栽培和观

赏栽培。石榴一般从花色或产地来分类，石榴花多为红花，也有白色和黄色、粉红色、玛瑙色等，分别名为红石榴、白石榴、黄石榴、玛瑙石榴、牡丹石榴等。

近年来引进的鲜食品种有青壳石榴、青皮石榴、青皮糙、大青皮甜、青皮冈榴、青皮谢花甜、大马牙甜、铜壳石榴、红壳石榴、红皮甜、胭脂红石榴、玉石子石榴、白石榴、天红蛋石榴、粉红石榴、甜绿子石榴、玛瑙子石榴、软籽石榴、麻皮糙、净皮甜石榴、大红甜石榴、晋南江石榴、乾县御石榴、大炮石榴、冰糖冻石榴、白皮石榴、鲁峪蛋、青皮软籽石榴、大钢麻籽石榴、大红酸石榴、大青皮酸石榴、封丘酸石榴、软核酸石榴、大红皮酸石榴。观赏品种有重瓣红石榴、重瓣粉花榴、百日雪、月季石榴、玛瑙石榴等。

（十二）板栗品种

根据板栗对气候生态的适应性，板栗品种分为华北品种群、长江中下游品种群、西北品种群区、西南品种群、东南品种群和东北品种群。因为板栗品种的区域性特别明显，不同生态群之间引进的数量比较少，北京地区只从河北、山东引进十几个品种，基本没有引进别的生态品种群。

北京地区原生板栗品种属于华北品种群品种，主要分布于河北、北京、天津、山东及苏北、豫北等地，该区域是中国板栗的集中产区，产量占全国产量的40%以上。此品种群的主要特点是实生树较多，树体间变异大。品种多为小果型，坚果重平均10克左右，小果品种占78%。栗果含糖量高，淀粉糯性，果皮富有光泽，品质优良，适宜糖炒。

北京地区主栽品种有燕山红栗、燕昌、燕丰、银丰、怀黄、怀九、东陵明珠、北峪2号、燕山短枝、燕山魁栗、遵化短刺、替码珍珠、燕山早丰、京暑红、大板红、遵达栗、塔丰、燕明、短花云丰、沂蒙短枝、怀丰、燕金、怀香、泰安薄壳、燕兴、良乡1号、烟泉、林冠、华丰、华光、东岳早丰、林宝、岱岳早丰、蓝田红明栗、燕龙、黑山寨7号、黄棚、燕金、燕晶、东王明栗、泰林2号、燕奎、燕光、山东红栗、上丰、玉丰、清丰、石丰、金丰、东丰、红光、北杂7号、北味、燕丰、辛庄2号、塔寺54、燕紫、燕秋、燕丽、燕宝、青龙23号、王钱大粒、紫晶、东密坞无花、西沟7号、燕光、桃园毛栗、晚薄壳、尖顶红油栗、莒南5号、蒙山早栗、蒙山二早、蒙山3号、独山秀、独山栗、沂南薄壳、郯城207、大栗青、化湾1号、化湾2号、红栗6号、短刺大青袍、老红光、西祥沟无花、东岳早丰、黄棚、蒙山早栗、黄前无花、徐家1号、红光、木口峪早生、乳山短枝、短枝薄壳、金平、包丰、浮来大红袍、烟泉、烟青、泰栗1号、尖顶油栗、青杂、莱西大油栗、徂徕短枝、美丰、丽抗、玉丰、泰安薄壳、莱早、圃141、金真晚栗、宋家早等。引进品种有：燕山早丰、东陵明珠、北峪2号、燕山短枝、燕山魁栗、遵化短刺、替码珍珠、大板红、遵达栗、山东红栗等明栗、燕山红栗、早丰（3113）、燕昌栗、银丰栗、后韩庄20号（大叶青）、红光栗（二麻子）、金丰（徐家1号）、红栗、明栋、镇安大板栗、燕魁栗、北峪二号等。

（十三）核桃品种

1. 早实品种

种后发育生长的核桃幼树，2~3年开始结果、嫁接后1~2年开始结果的品种，称为早实核桃品种，该类群一般节间较短、树体紧凑，常有二次生长和二次开花结果的现象；发枝力强；侧芽混合芽（下年开雌花结果）多；侧枝结果率高。早实核桃一般具备结果早、丰产快、产量高的特点。引进品种有中核1号、中核2号、中核3号、辽宁1号、辽宁2号、辽宁3号、辽宁4号、辽宁5号、辽宁6号、辽宁7号、辽宁8号、寒丰、中林1号、中林2号、中林3号、中林5号、中林6号、香玲、鲁光、丰辉、鲁香、元丰、上宋6号、岱香、岱辉、鲁丰、岱丰、元林和青林、冠核1号、冠核3号、绿波、豫新薄丰、西扶1号、西扶2号、西林2号、陕核1

号、陕核5号、金薄香1号、金薄香2号、晋香、晋丰、温185、新早丰、阿扎343、新巨丰、新丰、新露、新温81号、新温179号、新萃丰、新新2号、薄壳香、京861、绿岭、强特勒、维纳、捷克等。

2. 晚实品种

核桃晚实品种分枝能力较弱，树冠高大，树势旺，光秃枝较多，成花难，进入结果期晚或较晚。有较强的抗性，对生长环境的要求不高，即使在条件稍差的地方也能生长结果。引进品种有礼品1号、礼品2号、晋龙1号、晋龙2号、晋薄1号、晋薄2号、纸皮1号、西洛1号、西洛2号、西洛3号、西洛4号、秦核1号、豫786、北京746号、冀丰、里香、清香、彼得罗、特哈玛、希尔、艾米格、契可、卡特、圣冷特、赫瓦特、爱西丽、哈特利、培尼、福兰克蒂等。

（十四）枣品种

枣的品种分类很多，有按照大小分的，有按形状分的，也有按照地区分的。按照功能来区分，枣分为制干品种、鲜食品种、兼用品种、蜜枣品种和观赏品种。制干品种肉厚，汁少，含糖量和干制率均高。鲜食品种特点是皮薄，肉质嫩脆，汁多味甜。兼用品种可鲜食也可制干或加工蜜枣等产品。蜜枣品种特点是果大而整齐，肉厚质松，汁少，皮薄，含糖量较低，细胞空腔较大，易吸糖汁。

北京近年来引进的品种多数以鲜食品种、制干品种和兼用品种为主，引进品种有京39、冬枣、311、郎枣、胜利、金芒果、无核金丝、磨盘枣、梨枣（图4-23-17）、葫芦枣、胎里红、茶壶枣、白枣、宜良、马牙枣、蜂蜜罐、脆枣、龙眼、河北金丝、小马牙、河北大酸枣、孔府、壶平枣、赞皇、河北金丝小枣、莲梦子、安徽木头枣、屯屯枣、婆婆枣、大荔鸡蛋枣、婆枣枝变1号、婆枣、献县木枣、落地红、直社枣、沧县小枣、湖南园酸枣、乐陵小枣、陕西大白枣、蒲城墩墩枣、故城冬枣、宜铃枣、胎里红、榆次团枣、乐陵无核2号枣、圆红枣、大荔知枣、献县小枣、轱辘枣、灰枣、大荔马牙枣、绵枣、乐金1号、乐金3号、新郑小圆枣、姑苏小枣、称锤枣、相枣、彬县园枣、观音枣、槟榔枣、奉节鸡蛋枣、香枣、糠头枣、骨头小枣、大丹枣、大丹枣、湖南蜜枣、衡山长大枣、秤砣枣、湖北鸡心枣、陕西面枣、献县酸枣、齐头白枣、湖南糖枣、湖南甜酸枣、六月早、大荔园枣、串杆枣、湖南珍珠早、汝城枣、鸡心枣、湖南薄皮早、牛奶脆枣、清徐园枣、献县园枣、黎城小枣、平顺笨枣、彬县水枣、黎城大马枣、榆次牙枣、义县木枣、献县大小枣、平遥不落酥、串杆红枣、黑叶枣、洪赵葫芦、玉田小枣、定襄星星枣、洪赵十月红、墩墩枣、三变红枣、濮阳短枣、苦端枣、南京枣、平遥大枣、端子枣、保德小枣、襄汾崖枣、沧县普通小枣、大叶无核枣、马莲小枣、长鸡心、临猗小枣、保德油枣、临泽大枣、中阳团枣、真葫芦枣、沧县小枣、平顺骏枣、泡泡枣、骏枣、河北龙枣、壶瓶枣、枣强婆枣、相枣、园梨枣、西双小枣、襄汾园枣、洪赵脆枣、水峪脆枣、胜利枣、葫芦枣、磨盘枣、水蜜枣、B1、星光、月光、小尖枣、大尖枣、赞皇、尖枣（东河沿）、宜良、蜂蜜罐、白枣、孔府等。

图4-23-17 枣品种——梨枣

（十五）柿子品种

柿子品种分为甜柿类和涩柿类。甜柿类是不需要脱涩即可鲜食的品种类型，中国湖北罗田有大量甜柿品种，北方甜柿类产区很少。引进品种有阳丰、前川早生次郎、伊豆、新秋、尹萨哈一、禅寺丸、大核无、刀根早生、横野、西条、伊豆锦、西村早生、横野、西条早生。罗田甜柿、富有、松本早生富有、花富有、次郎、前川次郎、一木系次郎、光阳早生、御所、天神御所、花御所、裂御所、腾原御所、骏河、伊豆等。涩柿类含有大量的单宁，是需要脱涩才能食用的一类品种，中国北方柿子产区绝大多数都属于此类。北京地区主产的磨盘柿为世界涩柿品种中最优。其他品种还有金灯柿、杵头柿、杵桃柿、杵头扁等。

（十六）榛子品种

中国原产榛子主要有9个种和7个变种。9个种分别是川榛、维西榛、刺榛、滇榛、绒苞榛、华榛、毛榛、平榛、武陵榛等。7个变种为平榛变种长苞榛、毛榛变种短苞毛榛、腺毛毛榛、川榛变种短柄川榛、华榛变种钟苞榛、绒苞榛变种宽叶绒苞榛、刺榛变种藏刺榛。引进品种有欧洲榛（包括变种扭枝榛、紫红叶榛子）、大果榛、尖榛等。培育的新种间杂种有平欧杂种榛。欧美榛在世界范围内广泛种植，主要有大果榛、尖榛、欧洲榛、美洲榛、土耳其榛等。杂交榛果实大，种壳薄、仁厚、风味浓郁。引进杂交榛品种有平欧杂交榛、84-44、84-40、85-140、85-545、81-3、84-337、82-11、84-237、81-9、84-226、82-8、81-23、82-32等。

二、审定的优良品种

从2006年北京市启动林木优良品种审定（认定）工作以来，至2020年，全市共审定181个果树优良品种，其中苹果6个、梨2个、桃39个、葡萄17个、杏6个、海棠35个（内含观赏海棠12个）、豆梨2个、无花果2个、樱类12个（内含樱1个、樱李1个、樱桃3个、甜樱桃7个）、板栗9个、核桃17个、麻核桃8个、枣7个、草莓13个、欧李3个、枇杷1个、稠李1个、酸枣1个。具体审定年份和品种见表4-23-3。

表4-23-3　北京市审定（认定）果树新品种

年份	树种	选育品种名称（含引种驯化）
2006	油桃	望春、金春
	苹果	金蕾1号、金蕾2号、农大1号、农大2号、农大3号
2007	海棠	钻石、粉芽、绚丽、红丽、草莓果冻、雪球、凯尔斯、火焰、王族、道格、红玉
	稠李	紫叶稠李
	樱	紫叶矮樱
	核桃	辽宁7号、香玲、鲁光、辽宁1号、辽宁4号、辽宁5号
	枣	长辛店白枣、北京马牙枣优系
	蟠桃	早露蟠桃、瑞蟠22号
	桃	京春1号、艳丰6号
	葡萄	瑞都脆霞、瑞都香玉、京翠、京香玉、京蜜
	油桃	锦春、华春
	板栗	燕平
	酸枣	北京大老虎眼酸枣

(续)

年份	树种	选育品种名称（含引种驯化）
2008	草莓	天香、燕香
	桃	贺春、咏春
	枇杷	早钟 6 号
	杏	京早红、西农 25
	葡萄	北红、北玫
2009	葡萄	瑞都无核怡
	桃	夏至早红、知春、夏至红、瑞光 33 号、瑞光 39 号
	油桃	金美夏
	甜樱桃	彩虹
	观赏海棠	京海棠－宝相花、京海棠－紫美人、京海棠－粉红珠、京海棠－紫霞珠
	草莓	书香
	苹果	中砧 1 号
	核桃	京香 1 号、京香 2 号、京香 3 号
	麻核桃	京艺 1 号、华艺 1 号
	欧李	京欧 2 号、京欧 1 号
2010	草莓	冬香、红袖添香
	观赏海棠	红亚当、圣乙女
	桃	忆春、金秋蟠桃、中农红久保、中农醴保
	杏	京香红、京脆红
	甜樱桃	彩霞、早丹
	板栗	燕昌早生、燕山早生、怀丰
	葡萄	京艳
2011	观赏海棠	缱绻、缨络
	草莓	京御香
	油桃	京和油 1 号、京和油 2 号、瑞光 45 号
	杏	京佳 2 号
	板栗	京暑红
2012	草莓	京醇香、京泉香
	甜樱桃	香泉 1 号、香泉 2 号
	樱桃砧木	海樱 1 号、海樱 2 号
2013	观赏海棠	京海棠－黄玫瑰、京海棠－宿亚当
	草莓	京留香、京承香、京藏香
	欧李	夏日红

(续)

年份	树种	选育品种名称（含引种驯化）
2013	桃	中农 3 号、中农 4 号、瑞光 35 号、瑞油蟠 2 号、瑞蟠 24 号
	板栗	怀香、良乡 1 号
	葡萄	瑞都红玫、北玺、北馨、新北醇
	枣	红螺脆枣、鸡心脆枣
	梨	中农酥梨
2014	樱桃	兰丁 1 号、兰丁 2 号
	海棠	八棱脆、红八棱
	葡萄	瑞都红玉、瑞都早红
	草莓	京桃香、粉红公主
	麻核桃	京艺 2 号、京艺 6 号、京艺 7 号、京艺 8 号
2015	桃	白花山碧桃、品虹、品霞、谷艳、谷丰、谷玉、谷红 1 号、谷红 2 号
	核桃	丰香、美香
	麻核桃	华艺 2 号、华艺 7 号
	枣	京枣 311
	板栗	阳光
2016	豆梨	秋火焰
	海棠	当娜、丰盛、红珠宝、罗宾逊、印第安魔力
	樱李	密枝红叶李
	桃	美瑞
	葡萄	瑞都科美
	樱桃砧木	京春 1 号
	板栗	黑山寨 7 号
2017	杏	京骆红、京骆丰
	梨	早金香
2018	海棠	亚当、印第安夏天、高原之火、春雪
	葡萄	京焰晶、京莹
	无花果	玛斯义·陶芬、青皮
2019	海棠	紫月海棠
2020	桃	瑞光 55 号、瑞蟠 101 号
	观赏海棠	重瓣王子、春玫冬红
	豆梨	大都市

三、北京原产地特色果树品种

新中国成立以来，北京不断地对本地区的果树资源进行整理、选择、改良，从中选出原产地为北京、知名度较高、深受群众欢迎的名、特、优果品，如京白梨、香白杏、盖柿、玉皇李等近百种。主要果树品种及原产地见表4-23-4。

表4-23-4　北京原产地特色果树品种名录

序号	树种	品种名称	主产地	果实特点
1	杏	香白杏	门头沟区龙泉镇龙泉雾村	果色艳，外形美，味甜，汁多
2		北车营杏	房山区青龙湖镇北车营村、坨里村	包括拳杏、蜜陀罗杏、桃杏、大巴达、桃巴达、大白杏等
3		黄尖嘴杏	房山区河北镇	肉仁兼用
4		桃巴达	房山区青龙湖镇北车营村	成熟早，香味浓，酸甜可口，品质优良
5		二白杏	房山区青龙湖镇坨里村	品质好，成熟早（6月上旬）
6		苹果白杏	房山区闫村镇大紫草坞村、良乡镇官道村等	果大，外形美，色泽艳丽，品质优良，后熟后有香味，耐贮运。曾获北京生长食杏品评会第一名
7		鸭蛋白	延庆区张山营镇	外形美观，色艳，内细，酸甜适口，味香，为优良鲜食品种（不耐贮运）
8		火村红杏	门头沟区斋堂镇火村	抗性强，果实成熟期集中，大小整齐，肉细，品质优，6月下旬成熟，鲜食加工两用
9		玫瑰杏	海淀区香山	果色美，汁多，具玫瑰香味
10		玉巴达杏	海淀区北安河乡	果个大味酸甜，汁多，有香气
11		早香白	海淀区北安河乡	果黄白色，果汁多，肉质松软，纤维多，酸甜适口，有香气，黏核，品质上等，5月下成熟
12		串铃（白杏）	海淀区北安河乡	果汁多，肉质松软，纤维多，酸甜适口，有香气，黏核，品质上等
13		北寨红杏	平谷区南独乐河镇北寨村	
14		山黄杏	昌平区十三陵镇果庄村	肉黄色，为加工果酱出口的名产
15		白玉杏（大白杏）	昌平区崔村镇真顺村	品质优良，色泽艳丽，成熟早，不耐贮运，6月上旬成熟
16		灯笼红	昌平区兴寿镇上苑村、桃峪口村	果大，成熟较早，外形美观品质中上，6月上旬成熟
17		铁巴达	昌平区、怀柔区	丰产，果实品质上等，色泽美，耐贮藏运输，为生食、加工两用品种
18	李	燕过红李	延庆区沈家营镇曹官营村	果红色，10月成熟，每千克40余个
19		腰子红李	房山区青龙湖镇北车营村、坨里村	果实中腰红色，两头大，果大，味甜
20		玉皇李	密云区东邵渠镇、延庆区靳家堡乡玉皇庙村	果黄色，果质脆，多汁
21	梨	秋梨	延庆区张山营镇西五里营村	果黄色可熬制秋梨膏
22		青梨	房山区霞云岭乡	果实耐贮藏，植株适应性强
23		红梨	房山区霞云岭乡	果实耐贮藏，植株适应性强

(续)

序号	树种	品种名称	主产地	果实特点
24	梨	红肖梨	密云区大城子镇、怀柔区怀北镇	果形圆,底色黄、阳面有红晕,极耐贮
25		京糖梨	怀柔区慕田峪一带	果皮褐色,味甜,耐贮运
26		金把梨	怀柔区渤海镇沙峪村、水塘子村	果大,脆甜,汁多
27		麻梨（金花梨）	平谷区南独乐河镇、密云区	果甜多汁,又名金花梨
28		秋白梨	平谷区南独乐河镇	果甘甜,耐贮藏
29		蜜梨	平谷区镇罗营镇、密云区大城子镇	果甘甜,多汁,质脆,色金黄,极耐贮藏
30		鸭广梨	大兴区安定镇、庞各庄镇定福庄村	果形不正,成熟后柔软多汁
31		状元梨	房山区坨里村、延庆区	果实耐贮,丰产,果大,品质佳
32		谢花梨	房山区	质细而脆,汁多,味淡甜。为京白梨的良好授粉品种
33		小白梨	怀柔区长元一带	质细而脆,甜酸,有香味,石细胞少,品质上等
34		麻香椿梨	怀柔区桥梓、慕田峪一带	质脆,石细胞较少,汁多味甜,品质上等
35		马蹄黄梨	怀柔区桥梓、慕田峪一带	质脆,石细胞较少,汁多味甜,品质上等
36		奶子香梨（十里香）	海淀区苏家坨镇南安河村、昌平区上庄镇	肉质软,汁中等,有浓香,味酸甜,品质上等,果实不耐贮
37		酸梨（山梨、安梨）	密云区、平谷区、昌平区	果内白色,质粗而硬。后熟后变软,汁多味酸,有香气,极耐贮运
38		小雪花梨	密云区大城子镇、平谷区镇罗营镇	肉质细而软,汁多,酸甜,有芳香。稍经后熟后品质提高,不耐贮藏
39		糖梨	怀柔区、密云区	肉质细而脆,石细胞少,汁中等,味甚甜,品质上等,耐贮运,果皮厚而糙
40	枣	太子墓枣	门头沟区雁翅镇太子墓村	果小但整齐,味甜,宜晒干
41		泡泡红枣	房山区大石窝镇南尚乐村、张坊镇	果大,质松脆,是制脯、制干脆枣原料
42		秤砣枣	大兴区黄村镇小营村	
43		贡枣	大兴区黄村镇	又名大白枣,肉白,味甜
44		大糠枣	大兴区榆垡镇、庞各庄镇定福庄村	果大,为制蜜枣、果脯的优种
45		大枣	平谷区大华山镇苏子峪村	果甜脆,宜鲜食和晒干
46		洪村白枣	大兴区黄村镇洪村	果大而酥脆,为鲜食佳品
47		马牙白枣	北京各地均有栽培	肉脆,细嫩多汁,味极甜,是鲜食枣中之上品
48		海淀白枣	海淀区	肉质脆,汁液丰富,适宜做醉枣
49		坠子白	海淀区北安河一带	优良鲜食品种
50		香山小白枣	海淀区香山一带	果实大小均匀一致,果形美观,色泽鲜艳,贮藏后果肉质脆味香甜,品质上
51		笨枣	海淀区北安河一带	适合鲜食和制干。9月中下成熟,是优良晚熟鲜食品种

(续)

序号	树种	品种名称	主产地	果实特点
52	枣	缨络枣	北京地方品种	是北京最具代表性的地方品种之一。果个大皮厚，汁少味甜，肉质密，是优良制干品种
53		苏子峪大枣	平谷区大华山镇苏子峪村	果大，品质上等可干鲜两用
54		鸡蛋枣	居民庭院	果大，果实肉厚适于鲜食加工两用
55		无核枣	居民庭院	
56	其他	八棱海棠	延庆区、昌平区	果大，有棱，味甜，可制果脯、糖葫芦
57		槟子	怀柔区雁栖镇范各庄村	果色深红，味浓，具香味
58		沙果	延庆区、昌平区	
59		香果（虎拉车）	延庆区、昌平区	
60		狼洞红果	门头沟区妙峰山镇上苇甸村	果色红，整齐
61		绵瓤核桃	门头沟区斋堂镇灵水村	果大，皮薄，仁香甜
62		秋分栗子	怀柔区九渡河镇	甘甜，味香
63		白桑椹	大兴区安定镇	6月中旬成熟
64		紫桑椹	大兴区安定镇	6月中旬成熟

四、野生果树

（一）酸枣

酸枣，古称棘，别名野枣、角针、山枣。落叶灌木或乔木，株高2~3米，个别植株高达17米以上。树势强健，耐干旱，耐瘠薄，耐涝。酸枣在全市均有分布，较多的地区有怀柔、密云、平谷、延庆、顺义和门头沟，分布在山坡、荒丘等处，丛生或形成乔木。

北京多年开展酸枣嫁接利用，嫁接品种为杂杂枣、长辛店白枣、马牙白枣、红螺脆枣等。技术要点是要在没有病虫为害的优种枣树上采接穗；蜡封接穗要科学保管；接前要检查接穗鲜活程度；嫁接时要一个品种成片嫁接，不要大杂烩，否则会给以后管理、采收带来麻烦；授粉能力差的品种要注意授粉树的搭配。

（二）山杏

山杏，蔷薇科杏属植物，别名杏子、野杏。灌木或小乔木，落叶，高2~5米。果肉较薄而干燥，成熟时开裂，味酸涩不可食。北京延庆、密云、怀柔、昌平、门头沟、房山、平谷均有分布。北京多年开展山杏嫁接利用，嫁接品种为北山大扁、龙王帽（图4-23-18）、一窝蜂、优一、柏峪扁等。

图4-23-18 杏品种——龙王帽

（三）榛子

榛子，别名平榛。丛生灌木，稀为小乔木。榛果为坚果，野生状态的榛子，其种仁都不太饱满。北京地区的榛子野生种分布很广，资源丰富，主要分布在门头沟区百花山、密云区坡头及其他区的山区阔叶林、荒山坡地或次生林中。

（四）野生海棠

原产于延庆、昌平。主要品种包括绵苹果、冷海棠、沙果、碌碡滚（冷辊子）、槟子（酸槟子）、楸子、香果（虎拉车、拉车）、八棱海棠、臭辊子、牛妈妈海棠、平顶海棠（酸定子、热海棠、串铃子海棠）等。主要用途，一是苹果嫁接的砧木。通过枝接和芽接形成苹果嫁接苗，或通过矮化中间砧嫁接形成矮化或半矮化苹果苗。二是鲜食。这些海棠品种的果实营养丰富，药用价值高，多数都可以用于鲜食，是老百姓喜爱的果品类型。三是用作景观和防沙植物。由于海棠花鲜艳、花色多样、抗逆性强，在城市绿化和荒山造林中应用非常广泛。四是加工食品。一般选用果实较大的海棠品种，通过制干、蜜制、制汁、制酒和制醋技术，制作海棠果干、果脯、糖葫芦、果汁、果酒、果醋等加工品。

绵苹果 北京的古老品种之一，适应性较强，较抗旱，耐瘠薄，很少发生腐烂病。果实扁圆形或近圆形，果肉青白色，肉质松脆，风味甘甜，果实8月中、下旬成熟，不耐贮存，果实宜加工果脯。

冷海棠（扁海棠、磨盘海棠） 适应性和抗逆性均强，抗旱、抗寒、耐瘠薄、耐盐碱、抗病虫，极少有腐烂病发生，抗风力弱。果实外观艳丽，果肉淡黄色，肉质较细、紧实，风味酸甜，涩味浓，有微香，果汁较多。

沙果 变种较多，果实扁圆形，色泽艳丽，果肉淡黄色，肉质细而紧实，风味酸甜，有香气，果汁较多。

碌碡滚（冷辊子） 果实圆柱形，果顶平，似石碌，故称"碌碡滚海棠"，果肉淡黄色，肉质较粗、紧实，风味甜酸，果实较耐贮藏，可鲜食和制干。

槟子（酸槟子） 适应性及抗逆性较强，抗旱、耐瘠薄、抗腐烂病。幼树生长旺盛，结果较晚，一般7年生左右开始结果。萌芽力强，成枝力较弱，坐果率高，较丰产。果肉淡黄色，肉质较粗，口感酸涩，有浓郁的香气，果实较耐贮藏。

楸子 适应性、抗逆性均强，抗旱、耐瘠薄、抗病虫害。耐粗放管理，坐果率较高，较丰产，寿命长，可达百年以上。树冠高大，果实色泽鲜艳，果肉淡黄色，紧实，口感甜酸，稍有涩味，香气浓，果汁较多；果实不耐贮藏。

香果（虎拉车、拉车） 适应性及抗逆性均较强，耐干旱、耐瘠薄、耐粗放管理，对低洼盐碱地也有一定的适应能力。树冠高大，树姿较开张，结果后枝条呈水平状或下垂状。果实不耐贮藏。

八棱海棠 属西府海棠。树冠中等大，呈扁圆头形。树姿开张。果实扁圆形或近圆形，色泽鲜艳；果肉淡黄色，肉质细，口感酸甜，有涩味，果实较耐贮藏，是加工蜜饯、果脯等传统产品的主要原料，又是苹果的主要良种砧木。

臭辊子 树冠中等大，呈半圆形。树姿开张。果实圆形或扁圆锥形，果型小，肉质较细，口感酸甜，极不耐贮藏，采收后只可贮存7~10天，因而称"臭辊子"。抗旱力强，抗寒力、抗风力亦较强，但不抗涝。不丰产，隔年结果现象明显。

牛妈妈海棠 树冠高大，呈圆头形，生长发育快，抗逆性强，丰产，树姿开张。果实长卵圆形，形状似牛乳头，故称"牛妈妈海棠"，果型小，果皮光滑，果肉浅黄色肉质较细，酸甜味浓，果实不耐贮藏。

平顶海棠（酸定子、热海棠、串铃子海棠） 树冠高大，呈圆头形，树姿半开张或开张。果实扁圆形或卵圆形，果顶宽平，故称"平顶海棠"，对土壤、肥水条件要求不严格，在较粗放管理条件下仍可丰产，抗寒、抗病虫力强。果实外形美观，色泽艳丽，果型小，外形美观，色泽艳丽，果皮光滑而有光泽。果肉淡黄色，肉质细脆，口感酸甜，较耐贮藏。

第四节　北京名果

为了传承、发扬和追踪北京名果的优良品质，振兴首都果树产业发展和农民致富，同时为举办北京 2008 奥运会提供优质果品，2004—2007 年，北京市园林绿化局组织开展了"北京名果评选"活动，采取发动社会参与和组织专家评审的办法，评选出了北京名优果品 14 类 355 种（图 4-23-19）。其中，苹果类 22 种、梨类 34 种、桃类 63 种、葡萄类 38 种、樱桃类 16 种、杏类 38 种、李类 12 种、山楂类 11 种、板栗类 9 种、核桃类 18 种、柿类 7 种、枣类 32 种、桑椹类 25 种、酿酒葡萄类 30 种。

图 4-23-19　北京昌平第六届苹果文化节获奖品种

一、苹果类（22 种）

大苹果类：工藤富士（图 4-23-20）、长富 2 号、秋富 1 号、国光、乔纳金、金冠、红星、红星 112、皇家嘎拉、陆奥、王林、红王将、松本锦、首红、SH6 矮化中间砧、芭蕾苹果。

图 4-23-20　苹果品种——工藤富士

小苹果类：冷海棠、沙果、槟子、香果、八棱海棠、洋白海棠。

二、梨类（34 种）

秋子梨系统：京白梨（图 4-23-21）、鸭广梨、南果梨、酸梨、秋梨、小雪花梨。

白梨系统：鸭梨、雪花梨、秋白梨、蜜梨、红宵梨、早酥梨。

砂梨系统：佛见喜、糖梨、砀山酥梨。

西洋梨系统：巴梨、五九香。

国内育成品种：七月酥梨、绿宝石梨、黄冠梨、八月酥、八月红。

从国外引进品种：丰水梨、新世纪梨、新高梨、金二十世纪、水晶梨、黄金梨、圆黄梨、华山梨、爱宕梨、康佛伦斯、阿巴特、红考密斯。

图 4-23-21　梨品种——京白梨

三、桃类（63 种）

（一）原产地品种

五月鲜、五月鲜扁干、魁桃、秋宝珠、秋蜜、迎霜、早黄金、晚熟大蟠桃、萝卜桃、石窝水蜜、大叶白、沟子白、冷秋云、杠红、晚黄金、和尚帽等。

（二）引入品种

白凤、大久保、岗山白、传十郎、桔早生、

冈山500号、小林、阿目斯丁、都白凤、早凤、丰白、金童5号、金童6号、金童7号、金童8号、NJN72、NJN76。

（三）选育品种

普通桃：早美、庆丰、北农早艳、京红、早久保、京玉、华玉、京艳、八月脆、燕红（图4-23-22）、晚蜜。

蟠桃：早露蟠桃、瑞蟠2号、瑞蟠3号、瑞蟠4号、碧霞蟠桃。

油桃：早红珠、早红霞、瑞光5号、瑞光7号、瑞光18号、瑞光19号、瑞光22号、瑞光28号、瑞光27号、红珊瑚、香珊瑚。

黄桃：燕丰、燕黄、京川。

图4-23-22　桃品种——燕红（绿化9号）

四、葡萄类（38种）

传统品种：玫瑰香（图4-23-23）、牛奶、无核白、龙眼、保尔加尔、葡萄园皇后、瓶儿葡萄。

选育品种：香妃、早玛瑙、京秀、紫珍珠、翠玉、早玫瑰香、京玉、爱神玫瑰、京早晶、艳红、京亚、峰后。

引进品种：绯红、矢富萝莎、87-1、奥古斯特、维多利亚、夏黑、无核白鸡心、里扎马特、克林巴马克、美人指、红地球、意大利、奥山红宝石、秋黑、秋红、藤稔、巨峰、高妻、红瑞宝。

图4-23-23　葡萄品种——玫瑰香

五、樱桃类（16种）

玉泉大红、拉宾斯、萨米托、先锋、艳阳、雷尼、那翁、坎尼达克斯、芝罘红、美红、红灯、红艳、红蜜、巨红、佳红、8-102。

六、杏类（38种）

鲜食加工：骆驼黄、银白杏、葫芦杏、红金榛、北寨红杏（图4-23-24）、龙泉务香白杏、大偏头、串枝红、大玉巴达、串铃、青岛红杏、蜜坨罗、杨继元、红荷包、金玉杏、黄尖嘴、红玉、青蜜沙、西农25、崂山红杏、顺天早玉、桃杏、早香白、李光杏、火村红杏、北安河大黄杏、菜子黄、早桔、87-5、大接杏、二窝接、铁巴达。

仁用：龙王帽、一窝蜂、柏峪扁、优一、北山大扁、长城扁。

图 4-23-24　杏品种——北寨红杏

七、李类（12 种）

晚红、小核、玉皇李、离核、黑琥珀、大石早生、龙园秋李、澳李 14 号、安格诺、秋姬、李王、美丽李（图 4-23-25）。

图 4-23-25　李品种——美丽李

八、山楂类（11 种）

大山楂类：金星（图 4-23-26）、寒露红、燕瓤青、敞口、大绵球、京短 1 号、辽红、灯笼红。

小山楂类：秋红、西坟实生、辽宁 11 号。

图 4-23-26　山楂品种——金星

九、板栗类（9 种）

燕红、燕昌、燕丰、银丰、6985、怀九、怀黄、燕山早丰、燕山短枝。

十、核桃类（18 种）

晚实类核桃：灵水核桃、北京 746 号、北京 749、西寺峪 1 号、礼品 1 号、礼品 2 号、晋龙 1 号。

早实类核桃：薄壳香、北京 861、绿波、中林 1 号、中林 5 号、中林 6 号、香玲、鲁光、辽宁 4 号。

文玩类核桃：麻核桃、京西紫。

十一、柿类（7 种）

磨盘柿、八月黄、杵头柿、火柿、杵头扁、金灯柿、杵桃扁。

十二、枣类（32 种）

（一）本地特色品种

鲜食品种：郎家园枣、长辛店白枣、洪村白枣、马牙白枣、牙枣、尜尜枣（图 4-23-27）、怀柔脆枣、鸡蛋枣、瓶儿枣、猴头枣、鸡心枣、酥枣、黑腰子枣、京枣 39。

干鲜两用品种：苏子峪枣、密云小枣、西峰山小枣、太子墓枣、缨络枣、无核枣。

图 4-23-27　枣品种——尜尜枣

制干和加工品种：泡泡红枣、大红袍枣、大糠枣。

观赏品种：葫芦枣、磨盘枣、龙爪枣。

酸味品种：莲蓬籽枣、老虎眼枣。

（二）引入品种

蜂蜜罐枣、辣椒枣、茶壶枣、胎里红枣。

十三、桑椹类（25种）

古老品种：白桑、黑桑、大黑桑、大蚂螂红、大豆白、蜡皮白桑、小黑豆桑、桂花味白桑。

新品种：白蜡皮、格鲁诱2号、大十、国森优选2号、国森优选1号、红果2号、白玉王、和田2号、和田3号、伊朗黑、圣树1号、圣树2号、圣树3号、圣树4号、圣反1号、圣反2号、龙桑。

十四、酿酒葡萄类（30种）

中国科学院植物所自育的酿酒葡萄品种：北红、北玫、北醇。

引入品种：赤霞珠、北红、北玫、马瑟兰、美乐、品丽珠、威代尔、霞多丽、西拉、长相思、玛瑟兰、蛇龙珠、品丽珠、马尔贝克、丹娜、小芒森、梅鹿辄、胡桑、维奥尼、玫瑰香、西拉、品丽珠、莱恩堡王子、品丽珠、小维尔多、长相思、山葡萄。

第二十四章　北京古树名木资源

北京作为六朝古都，古树名木资源非常丰富。它们有的植于商周时期，有的植于唐代，有的植于辽、金时代，有的植于元代、明代、清代，而规模最大、现在保存最多的是明代以后种植的古树名木。在北京的古树名木中，有树龄超过 3500 年的古柏九搂十八杈；有华北地区稀有树种苦楝、流苏树、青檀、黄檗、七叶树等；有长势奇特的"树上树"，如槐柏合抱、柏抱榆、柏抱桑、人字柏、鹿形柏等；还有与南宋文天祥，明成祖朱棣，清康熙、乾隆、纪晓岚等各代名人有关的古树名木（图 4-24-1）。它们都是北京城历史变迁的见证者，记录了北京地区生态环境变化和气候变化的丰富信息，保存了弥足珍贵的物种资源。根据《北京市古树名木保护管理条例》，凡树龄在百年以上的树木为古树，其中 300 年以上的树木为一级古树，其余的为二级古树。名木是指珍贵、稀有的树木和具有历史价值、科学价值、纪念意义的树木。

图 4-24-1　东城劳动人民文化宫明成祖朱棣手植柏

第一节　古树名木分布

2017年3月，根据全国绿化委员会《关于开展古树名木资源普查的通知》的精神，北京市园林绿化局组织开展了全市古树名木资源调查工作。此次调查范围包括16区以及11个市属公园、林场，以区为单位，由专门的工作人员对每个村、每个街道、每个单位的每一株古树名木进行现场实地调查。

调查结果表明，全市16个区均有分布，共有古树名木41865株，其中古树40527株，占全市古树名木总株数的96.8%，包括一级古树6198株，占古树名木总株数的14.8%；二级古树34329株，占古树名木总株数的82%；名木1338株，占古树名木总株数的3.2%。全市一级古树与名木所占比例较小，二级古树数量占比最大。北京市古树名木资源分布情况见表4-24-1和表4-24-2。

表 4-24-1　北京市各区（单位）古树名木情况

单位：株、%

统计单位	古树						名木		总计
	一级	占比	二级	占比	小计	占比	株数	占比	
全市	6198	14.80	34329	82.00	40527	96.80	1338	3.20	41865
东城区	843	32.92	1718	67.08	2561	100.00	0	0	2561
西城区	249	15.35	1372	84.59	1621	99.94	1	0.06	1622
朝阳区	61	9.01	528	77.99	589	87.00	88	13.00	677
丰台区	32	13.45	198	83.19	230	96.64	8	3.36	238
石景山区	143	9.25	1403	90.75	1546	100.00	0	0	1546
海淀区	356	5.22	6419	94.12	6775	99.34	45	0.66	6820
门头沟区	303	18.00	1377	81.82	1680	99.82	3	0.18	1683
房山区	152	9.04	1524	90.66	1676	99.70	5	0.30	1681
通州区	28	20.00	112	80.00	140	100.00	0	0	140
顺义区	22	7.69	39	13.64	61	21.33	225	78.67	286
昌平区	1495	25.01	3527	59.00	5022	84.01	956	15.99	5978
大兴区	12	9.38	115	89.84	127	99.22	1	0.78	128
怀柔区	68	2.19	3035	97.81	3103	100.00	0	0	3103
平谷区	54	93.10	4	6.90	58	100.00	0	0	58
密云区	102	8.56	1090	91.44	1192	100.00	0	0	1192
延庆区	90	50.28	89	49.72	179	100.00	0	0	179
11个市属公园	2188	15.66	11779	84.30	13967	99.96	6	0.04	13973

表 4-24-2　北京市古树名木生长场所分布情况

单位：株、%

统计单位	城区	占比	乡村	占比	总计
全市	27540	65.78	14325	34.22	41865
东城区	2561	100.00	0	0	2561
西城区	1622	100.00	0	0	1622
朝阳区	515	76.07	162	23.93	677
丰台区	67	28.15	171	71.85	238
石景山区	1546	100.00	0	0	1546
海淀区	5627	82.51	1193	17.49	6820
门头沟区	85	5.05	1598	94.95	1683
房山区	73	4.34	1608	95.66	1681
通州区	100	71.43	40	28.57	140
顺义区	224	78.32	62	21.68	286
昌平区	1031	17.25	4947	82.75	5978
大兴区	96	75.00	32	25.00	128
怀柔区	8	0.26	3095	99.74	3103
平谷区	4	6.90	54	93.10	58
密云区	7	0.59	1185	99.41	1192
延庆区	1	0.56	178	99.44	179
11个市属公园	13973	100.00	0	0	13973

按各区（单位）划分，古树名木数量最多的是市公园管理中心下辖的香山公园、天坛公园、颐和园、景山公园（图4-24-2）、国家植物园（北园）、中山公园、北海公园、北京动物园、紫竹院公园、玉渊潭公园、陶然亭公园11个公园，共有13973株，占全市古树名木总数的33.38%；其次，古树名木数量最多的区是海淀区，共有6820株，占全市古树名木总数的16.29%；其后分别为昌平区5978株、怀柔区3103株、东城区2561株、门头沟区1683株等。古树名木分布最少的区是平谷区，仅有58株。

按生长场所划分，全市古树名木分布在乡村、城区两个场所，城区古树名木分布占全市古树名木的2/3。其中，位于坛庙寺观内的古树13482株，占古树总数的33.27%；皇家园林内的古树11733株，占古树总数的28.95%；历史陵园相关的古树6792株，占古树总数的16.76%。

根据《北京市古树名木保护规划（2021—2035年）》，全市古树名木呈现"一核、一区、四片、多点"的分布格局。"一核"指首都功能核心区，包含东城区和西城区，是北京古树名木分布最密集的区域，占全市0.6%的土地面积上生长着全市23.9%的古树名木，共10005株，其中一级古树2746株，占全市一级古树的44.3%。"一区"指三山五园及周边片区，位于西山永定河文化带上，古树名木共13738株。"四片"指位于昌平区的十三陵（图4-24-3）、房山区的上方山、怀柔区的红螺寺和密云区的白龙潭四片大型古树群落，位于长城文化带和西山永定河文化带上，古树名木共计9223株。

"多点"指除上述集中分布区域之外，散落于北京其他区域的古树名木，共计8899株。北京市古树名木分布格局见表4-24-3。

图4-24-2　景山公园古树群落

图4-24-3　十三陵康陵油松古树群落

表 4-24-3　北京市古树名木分布格局

单位：株、%

格局类型	分布区域	古树名木	小计	占比
合计			41865	100.00
一核（首都功能核心区）	东城区	6735	10005	23.90
	西城区	3270		
一区（三山五园及周边片区）	三山五园片区	12320	13738	32.82
	八大处古树群落	529		
	法海寺古树群落	562		
	辛亥滦州起义纪念园（北京老年医院）古树群落	327		
四片（大型古树群落）	十三陵古树群落	4753	9223	22.03
	红螺寺古树群落	3003		
	白龙潭古树群落	313		
	上方山古树群落	1154		
多点（其他散落古树名木）	其他区域古树名木	8899	8899	21.26

第二节　古树名木主要树种及权属

一、古树名木主要树种

北京古树名木种类较多、资源丰富，全市古树名木共有树种33科56属74种，其中侧柏、油松、圆柏、槐4个树种数量都在3000株以上，共计38844株，占全市古树名木总株数的92.78%。其次是白皮松、银杏、榆树、枣树、楸树，每个树种古树名木数量都在百株以上。

侧柏古树名木共有22570株，占古树名木总数的53.91%，其中一级古树3562株，占全市一级古树的57.47%；二级古树18788株，占全市二级古树的54.73%；名木220株，占全市名木的16.44%。主要分布在市属公园9548株、昌平区4387株、海淀区3719株、房山区1343株、石景山区1040株、东城区1036株。

油松古树名木（图4-24-4）共有6990株，占全市古树名木总数的16.7%，其中一级古树493株，占全市一级古树的7.95%；二级古树6204株，占全市二级古树的18.07%；名木293株，占全市名木的21.9%。主要分布在怀柔区2959株、海淀区856株、昌平区779株、市属公园757株、门头沟区709株、密云区551株。

圆柏古树名木共5753株，占全市古树名木总数的13.74%，其中一级古树1023株，占全市一级古树的16.51%；二级古树4512株，占全市二级古树的13.14%；名木218株，占全市名木的16.29%。主要分布在市属公园3042株、海淀区1076株、东城区418株、朝阳区327株、石景山区232株。

槐古树名木共3531株，占古树名木总数的8.43%，其中一级古树665株，占全市一级古树的10.73%；二级古树2697株，占全市二级古树的7.86%；名木169株，占全市名木的12.63%。主要分布在西城区914株、东城区

636株、海淀区497株、昌平区299株、门头沟区295株。

白皮松古树名木共906株，占古树名木总数的2.16%，其中一级古树162株，占全市一级古树的2.61%；二级古树667株，占全市二级古树的1.94%；名木77株，占全市名木的5.75%。主要分布在市属公园315株和海淀区295株。

银杏古树名木共427株，占古树名木总数的1.02%，其中一级古树134株，占全市一级古树的2.16%；二级古树243株，占全市二级古树的0.71%；名木50株，占全市名木的3.74%。主要分布在海淀区128株、东城区67株和西城区60株。

古树名木主要树种情况见表4-24-4，古树名木主要树种分布情况见表4-24-5。

图4-24-4 门头沟戒台寺卧龙松（油松一级古树）

表4-24-4 北京市古树名木主要树种情况

单位：株

主要树种	古树			名木	总计
	一级	二级	小计		
合计	6198	34329	40527	1338	41865
侧柏	3562	18788	22350	220	22570
油松	493	6204	6697	293	6990
圆柏（桧柏）	1023	4512	5535	218	5753
槐	665	2697	3362	169	3531
白皮松	162	667	829	77	906
银杏	134	243	377	50	427

(续)

主要树种	古树			名木	总计
	一级	二级	小计		
榆树	45	239	284	0	284
枣树	8	213	221	0	221
楸树	31	138	169	0	169
其他	75	628	703	311	1014

表 4-24-5　北京市各区古树名木主要树种分布情况

单位：株

统计单位	侧柏	油松	圆柏	槐	白皮松	银杏	榆树	枣树	楸树	其他	合计
全市	22570	6990	5753	3531	906	427	284	221	169	1014	41865
东城区	1036	30	418	636	47	67	116	129	38	44	2561
西城区	218	36	196	914	17	60	62	50	38	31	1622
朝阳区	118	40	327	85	72	1	1	14	3	16	677
丰台区	23	23	68	86	11	7	3	4	8	5	238
石景山区	1040	76	232	105	46	23	0	0	9	15	1546
海淀区	3719	856	1076	497	295	128	41	14	37	157	6820
门头沟区	435	709	15	295	23	39	4	0	4	159	1683
房山区	1343	44	39	114	10	12	0	2	6	111	1681
通州区	14	1	9	90	11	3	1	2	3	6	140
顺义区	76	66	45	28	0	25	0	2	0	44	286
昌平区	4387	779	187	299	58	11	0	0	5	252	5978
大兴区	2	0	96	18	1	2	0	3	1	5	128
怀柔区	81	2959	0	33	0	5	12	0	1	12	3103
平谷区	33	7	0	14	0	3	0	0	0	1	58
密云区	466	551	2	60	0	7	2	1	0	103	1192
延庆区	31	56	1	45	0	0	35	0	0	11	179
11个市属公园	9548	757	3042	212	315	34	7	0	16	42	13973

二、古树名木权属

北京市古树名木权属主要分为国有和集体两类。其中，权属为国有属性的古树名木共31662株，占古树名木总数的75.63%。权属为集体属性的古树名木共10203株，占古树名木总数的24.37%。各区古树名木权属情况见表4-24-6。

表 4-24-6 北京市古树名木权属分布情况

单位：株、%

统计单位	国有	占比	集体	占比	总计
全市	31662	75.63	10203	24.37	41865
东城区	2561	100.00	0	0.00	2561
西城区	1622	100.00	0	0.00	1622
朝阳区	493	72.82	184	27.18	677
丰台区	70	29.41	168	70.59	238
石景山区	918	59.38	628	40.62	1546
海淀区	4937	72.39	1883	27.61	6820
门头沟区	436	25.91	1247	74.09	1683
房山区	1162	69.13	519	30.87	1681
通州区	97	69.29	43	30.71	140
顺义区	224	78.32	62	21.68	286
昌平区	4195	70.17	1783	29.83	5978
大兴区	4	3.13	124	96.88	128
怀柔区	9	0.29	3094	99.71	3103
平谷区	5	8.62	53	91.38	58
密云区	950	79.70	242	20.30	1192
延庆区	6	3.35	173	96.65	179
11个市属公园	13973	100.00	0	0.00	13973

第三节 部分古树名木简介

一、北京十大树王

2018年，北京市园林绿化局在全市4万多株古树名木中，评选出"北京最美十大树王"，各树王树龄不一定最长，但一定是最美的。

（一）侧柏之王——九搂十八杈

一级古树，位于密云区新城子镇新城子村关帝庙遗址前，树高12米，胸径261厘米，是北京的"古柏之最"。古柏主干距地面约2米处分成十八个枝杈，最细的杈也有一搂多粗，故得名九搂十八杈，推断树龄3500多年，是北京树龄最长的古树。此柏树冠极大，遮阳面积在350平方米以上，故当地乡民也称之为"天棚柏"；因它是屹立在关帝庙前，人们出于对关帝的敬仰，又称此柏为"护寺柏"，当地人都视此柏为"神柏"（图4-24-5）。

（二）圆柏之王——天坛九龙柏

一级古树，位于天坛公园皇穹宇西北垣外，树龄约600年，树高12米，胸径114厘米，其树干挺拔粗壮，形象奇特，树主干表面遍布纵向沟壑，将树身分为若干股，并随主干的升高而扭曲向上，形如9条蟠龙盘旋腾飞，森然欲

图 4-24-5　密云九搂十八杈（侧柏）

动，故称"九龙柏"。传说有一年乾隆皇帝祭祀前来天坛视察皇穹宇，朦胧间听见皇穹宇西庑后有声音，寻声查找，发现有九蛇朝圣，乾隆帝眼见九蛇游至垣墙外消失，抬头间赫然发现"九龙柏"昂然伫立，顿悟这九龙柏乃神蛇变化，是上天派下凡尘守护祭天神版的护卫，故又名"九龙迎圣"。

（三）油松之王——车耳营关帝庙"迎客松"

一级古树，位于海淀区苏家坨镇车耳营村关帝庙前，树龄约1000年，应为辽代所植，树高7米，胸径119厘米，其南侧主干向大道上延伸，好似正在迎接远方来客，故名"迎客松"。多数枝干旋转向上生长，呈曲干虬枝之貌，因其树龄长久，且经冬不凋，被当地人视为福寿象征，是北京的古油松之最（图4-24-6）。

（四）白皮松之王——戒台寺"九龙松"

一级古树，位于门头沟区戒台寺外院南门口，树高18米，胸径218厘米，冠幅22米，树龄约1300年，其树体雄伟壮观，主干分9枝，树干上鳞甲斑驳，霜皮半脱，宛如9条银龙凌空飞舞，又似9条神龙在守护着戒台，故得此名"九龙松"。该树为唐武德年间所植，是北京地区同树种中最古老的一株，也是中国和世界上的古白皮松之最（图4-24-7）。

（五）槐树之王——北海唐槐

一级古树，位于西城区北海公园画舫斋古柯庭院西南角的假山石上，犹如一个巨大的盆景。其树高12米，胸径190厘米，冠幅13米，为唐代种植，迄今树龄已有约1200年，故称"北海唐槐"。清乾隆皇帝对这棵古槐喜爱有加，为观赏和保护这株古槐，在树侧修筑屋宇，点缀太湖石，并以古槐为由取名"古柯庭"。乾隆年间，唐槐树冠非常巨大，遮阳面积达数千平方米，但因年代久远，历尽沧桑，它上部的原树冠早已枯死，但南侧的一个大枝又形成了新的巨冠，仍是枝繁叶茂、绿冠如荫。

图 4-24-6　车耳营迎客松（油松）

图 4-24-7　戒台寺九龙松（白皮松）

（六）银杏之王——潭柘寺"帝王树"

一级古树，位于门头沟区潭柘寺毗卢阁石阶下东侧，这株古银杏枝繁叶茂，直干探天，气势恢宏，树高34米，胸径343厘米，冠幅18米，树龄1300多年。相传在清代，每有一个帝王去世，帝王树就会有一支树杈折断；每有一个帝王继位，又会从其根部长出一枝新干。清乾隆皇帝来潭柘寺游览，看到其枝叶繁茂、茁壮异常，叹为观止，遂封其为"帝王树"，这是迄今为止，皇帝对树木御封的最高封号。北方高僧皆以此树代表菩提树，视为佛门圣树（图4-24-8）。

图4-24-8　潭柘寺帝王树（银杏）

（七）榆树之王——延庆排字岭古榆

一级古树，位于延庆区千家店镇长寿岭村村口，其树高23米，胸径220厘米，冠幅24米，树龄约600年，相传此树为明成祖朱棣北巡时所植，是京郊最古老高大的榆树，有"榆树王"之称，被当地人奉为神树，也称"长寿树"。古树与白河相伴而舞，远与村庄相映生辉，构成了北京山区美丽的乡村美景。

（八）酸枣之王——花市枣苑古酸枣树

一级古树，俗称花市酸枣王，原生长于崇文区上堂胡同14号的四合院里，因花市街道改建为住宅小区，此树被原地保护。现位于东城区花市枣苑小区内，小区便是以此命名。酸枣系灌木，是北京地区常见的乡土树种，其质地坚硬，生长缓慢，很难长成大树。但这株酸枣树，树干异化为乔木并存活至今，实属罕见。该树树高12米，胸径102厘米，冠幅9米，树龄约800年，经过近千年的风风雨雨，遭遇雷击而不死，历明清两代几次冻灾而幸存，依然枝繁叶茂，春华秋实。

（九）玉兰之王——颐和园古玉兰

二级古树，位于海淀区颐和园邀月门东侧，树高7米，胸径59厘米，冠幅7米，树龄约200年。该树是颐和园唯一一株古玉兰，盛开时节，花色洁白，花繁而大，美观典雅，清香远溢，每至盛花期就恰似一片馨香的雪海，引来众多摄影爱好者前来拍摄，也是北京市民耳熟能详、每年必到的玉兰观赏景点。

（十）西府海棠之王——宋庆龄故居古西府海棠

二级古树，位于西城区后海北岸宋庆龄故居院内，树高6米，地径90厘米，冠幅9米，树龄约200年。西府海棠，素有"花中神仙""花贵妃"之称，皇家园林中常与玉兰、牡丹、桂花相伴，形成"玉棠富贵"的意境。这株西府海棠，为清朝康熙时期大学士明珠府邸的旧物。每年春天粉红繁花盛开，秋天红果缀满枝头。宋庆龄既爱其春花，也爱其秋实。成熟后，便亲手制成美味的甜酱。

二、昌平区古青檀

一级古树，位于昌平区南口镇檀峪村北檀峪沟口东侧，树高 10 米，地径 300 厘米，冠幅 27 米，树龄约 3000 年，是北京为数不多的千年古树之一。青檀树又名掉皮榆，为我国特有树种，在北方十分罕见。檀峪村的这棵古青檀长在山坡上，植根于花岗岩中，根系相当一部分都裸露于岩石之外，粗细大小不同的树根盘根错节，酷似龙的巨爪深深嵌入岩石之中，树石完全交融，显示出强大的生命力，远远看去似一巨型盆景，檀峪村也因此而得名（图 4-24-9）。

三、密云区古流苏树

一级古树，位于密云区新城子镇苏家峪村。流苏树是地球上现存最古老的树种之一，北京地区仅存 2 株流苏古树，另一株位于北京大学，历史最悠久的是密云这株，树龄约 600 年，是北京市内唯一的一级古流苏树。其树高约 13 米，胸径 85 厘米，冠幅 14 米，主干 1.3 米处分成两个主枝，向上延伸成蘑菇形树冠。每年 5 月进入盛花期，洁白的流苏花，远观如覆霜盖雪，芳香沁人，不少游客专程前来一睹古树风姿（图 4-24-10）。

四、故宫博物院古树

故宫博物院里现存古树 448 株，其中一级古树 105 株、二级古树 343 株，树种以侧柏、圆柏、白皮松、油松为主，主要分布于御花园、慈宁宫、宁寿宫、景福宫、英华殿等内廷花园及宫殿院落。另外，位于故宫断虹桥以北的区域，古槐成林，生长着著名的"故宫十八槐"。御花园中古树最多也最为著名，现存 111 株，多为明代栽植，这里有"藤萝古柏"、"凤凰柏"、"连理柏"（图 4-24-11）、"人字柏"，彰显了明清宫廷高超的园艺栽培和造型艺术。堆秀山上的古白皮松与御景亭交相辉映，更是园中造景之绝。清代乾隆、道光、咸丰三朝皇帝均曾登上延晖阁作诗吟咏阁前茂密的古柏林。宁寿宫花园也就是乾隆花园，共有古树 53 株，最著名的是古华轩的古楸树，此轩因楸树花开时雅致古朴的景致而得名"古华"，乾隆帝为其作诗多首，并做成匾联悬挂于轩内，描述古楸树茂盛的长势，也表达了自己爱护古树的思想。

图 4-24-9　昌平古青檀

慈宁宫花园共有古树34株，其中2株银杏是故宫博物院中树龄最大的古银杏；"槐柏合抱"古树景观也为这座太后花园增添了奇趣韵味。皇极门内的"十八罗汉松"宛如一株天然盆景，英华殿前的欧洲大叶椴，又称"菩提树"，虬劲挺拔。

图 4-24-10　密云古流苏

图 4-24-11　故宫连理柏

五、天坛公园古树

天坛公园的古树有少部分是元代栽植的，大部分是明代所植，清代乾隆年间又有较大规模的补植。作为全国重点文物保护和世界文化遗产单位，共有古树3562株，其中一级古树1147株，包括668株侧柏、478株圆柏和1株槐；二级古树2415株，包括1667株侧柏、724株圆柏、21株槐、2株银杏和1株油松。园中著名的古树有皇穹宇（回音壁）西北侧的"九龙柏"，其树干表面呈9股纵向褶皱隆起，扭曲缠绕，宛如9龙盘旋，故此得名；成贞门西100米处坛墙下的"迎客柏"，树上有枝干横出，犹如一老翁面向游客长臂轻舒迎接游客，故此得名，其树干极为粗壮，主干下部有凸起，浑圆如腹，故又称为"佛肚柏"；皇穹宇（回音壁）西侧的"问天柏"，近垣而生，兀立挺拔，因树顶两枯枝"一前一后、一垂一扬"的气势，恰似传说中的诗人屈原伸臂怒指苍天；祈谷坛神厨东墙外七十二连房（长廊）之北的"莲花柏"，树龄800多年，树势苍老，树干基部庞大，纵裂分杈，呈多干环状丛生，向四方展开，形似巨大的木莲花，故而得名。

六、中山公园古树

中山公园共有古树606株，其中一级古树371株、二级古树235株，包括568株侧柏、33株圆柏、4株槐和1株"槐柏合抱"。园内的古柏大多为明代初修建社稷坛时种植，围绕内坛坛墙四周规则排列，株行距统一，纵横栽植。最有名的是南坛门外的7株古柏，为辽代所植，历经千年，故称"辽柏七星"。在孙中山铜像东侧的"槐柏合抱"，由一株侧柏和一株槐合二为一形成，其中柏树已经生长了500多年，而槐树则扎根于古柏树干的裂缝中，也生长了200多年，槐树巍然挺立、柏树苍劲峭拔，两树和谐生长，槐和侧柏又同是北京市的市树，成为中山公园独具特色的园林景观（图4-24-12）。

图4-24-12　中山公园槐柏合抱

七、景山公园古树

景山公园共有古树1025株,其中一级古树93株、二级古树932株,包括816株圆柏、127株侧柏、7株油松、56株白皮松、18株槐和1株银杏。公园内的古树多与历史事件、民间传说等相关,与文物建筑相依存,如园中著名的"槐中槐""崇祯自缢树""二将军柏"等见证了历史、传承了文化。寿皇殿东侧的1株古槐,树龄1300多年,为唐代所植,是公园里树龄最长的古树,该古槐主干早已朽空,靠着很薄的木栓层和苍老的树皮支撑着其他的大枝并形成新的树冠,仍枝繁叶茂。在朽空的树干中又生长出一株槐树,其树龄也有百年,两株槐树的枝干慢慢地长在了一起,成为了极其罕见的"槐中槐",也叫"唐槐抱子"。观德殿前面的2株古柏,为辽、金时期所植,其树干苍劲挺拔,树杈宛若龙爪,像一对雄姿威武、气宇轩昂的哨兵比肩而立,康熙皇帝为这两株古柏命名为"二将军柏"。

八、香山公园院内及东门外古树

香山公园共有古树5247株,其中一级古树230株、二级古树5017株,主要有油松、圆柏、侧柏、银杏、槐等13个树种。古树以其个体或群体,独自或与峰峦岩石、湖泉瀑潭、寺宇山居等相结合,构成了众多的景点。香山寺的听法松,见心斋外的凤栖松,静翠湖、知松园的油松群,十八盘的古柏林,无不奇绝苍劲,把香山点缀得凝厚古朴,别具神韵。

九、怀柔区红螺寺雌雄银杏和紫藤寄松

怀柔区红螺寺大雄宝殿前,有两株千年雌雄银杏,与大雄宝殿后的"紫藤寄松"及"御竹林",是著名的"红螺寺三绝景"。这对雌雄银杏约1100年的历史,东边雌树清秀娇小,西边雄树高大挺拔,两株古树彼此映照,每年秋天,雌株白果累累,雄株金黄一片。"紫藤寄松"由一棵平顶古油松与两盘紫藤构成,这棵平顶松高约6米,枝分九杈,把它有力的臂膀平行地伸向了四面八方,而两棵碗口粗的紫藤又如龙盘玉柱一样爬满了整个枝头,为这棵松树增添了妩媚之感,松藤并茂形成了一把天然的巨伞,遮阳面积近300平方米。每年5月初,满架的紫藤花就像一串串的紫玛瑙缀满整个枝头,如一片紫色的祥云浮在殿宇之间,浓郁的花香飘满整个寺院(图4-24-13)。

图 4-24-13 红螺寺紫藤寄松

延庆松山秋景

第五篇

FOREST CONSERVATION

第二十五章　生物多样性保护

生物多样性是所有生物与其赖以生存的环境形成的生态复合体，以及各种生态过程的多样化和变异性的总和，主要包括遗传多样性、物种多样性和生态系统多样性3个层次。

北京多样的地形地貌和温暖的气候条件孕育了丰富独特的生物多样性。在国际国内高度重视生物多样性保护的大背景下，北京市不断优化就地保护体系，加强生物安全管理，加大生态保护修复力度，完善法律法规，实施生物多样性调查和监测，开展生物多样性保护宣传教育，使北京地区生物多样性不断丰富，保护水平不断提高。

第一节　北京生物多样性

北京多样的地形地貌和温暖的气候，孕育了丰富的自然生态系统和独特的生物多样性，特别是通过几十年持续不断地植树造林、绿化荒山荒滩、恢复湿地，人工生态系统也得以恢复发展和壮大。

一、遗传多样性

遗传资源多样性主要集中在园林绿化树种和草种、花卉、果树、天然林木及中华蜜蜂等方面。截至2021年，北京市已审（认）定林木良种及草品种415个，包括观赏植物品种286个和经济林品种129个；有月季、牡丹、玉簪、睡莲、海棠、桃等18个国家级林果花草种质资源库（圃），共收集保存1.2万余份种质资源；老北京果品45种，其中，延庆国光苹果、昌平草莓、平谷大桃、张家湾葡萄等35种果品被登记为国家地理标志产品；重点保护的天然林木种质资源共计47种，其中有杜松、丁香叶忍冬和槭叶铁线莲等30种北京市重点保护植物；北京市中华蜜蜂主要分布在房山蒲洼和密云冯家峪、石城，全市蜜蜂饲养总量达23.97万群。

二、物种多样性

2022年，北京已发现陆生野生脊椎动物596种，其中鸟类503种、兽类63种、两栖爬行动物30种。共有国家重点保护野生动物126种，其中国家一级保护野生动物30种、国家二级保护野生动物96种，包括豹、麋鹿、中华斑羚等重点保护野生兽类，褐马鸡、大鸨、中华秋沙鸭等重点保护野生鸟类。北京市鸟类种类数量在全

图 5-25-1 密云太师屯清水河白鹭

市野生动物中占主导地位,且分布广泛,在西部和北部山区、重要河流湖泊湿地、城区绿地及公园等区域均有其足迹;其中北京市重要鸟类常分布于野鸭湖—官厅水库、海坨山、密云水库、温榆河、灵山、十渡、北运河、颐和园、玉渊潭等地(图5-25-1)。以中华斑羚、豹猫、赤狐、猕猴等为代表的兽类主要活动在西部和北部的生物多样性保护热点区域。以团花锦蛇、金线侧褶蛙等为代表的两栖爬行类动物主要分布在松山、云蒙山、百花山等山区及河流湖泊和部分城区公园。

1992年《北京植物志》(修订版)记录野生植物1597种,收录北京地区共有维管束植物2088种。2020年,北京地区有国家重点保护野生植物15种,其中百花山葡萄为国家一级保护野生植物,轮叶贝母、大花杓兰、北京水毛茛、槭叶铁线莲、丁香叶忍冬等为国家二级保护野生植物。上述国家重点保护野生植物和脱皮榆、北京无喙兰等极小种群主要分布于百花山—东灵山—霞云岭—上方山、松山—玉渡山、喇叭沟门—帽山、雾灵山、八达岭—兴寿、琉璃庙—云蒙山、黄松峪—熊儿寨7个生物多样性热点区域。

三、生态系统多样性

北京的自然生态系统主要是森林生态系统、草甸草原生态系统和湿地生态系统。其中,以森林生态系统为主,主要分布在西部和北部山区,以落叶阔叶林和针阔混交林居多(图5-25-2),树种主要以栎、山杨、桦木、榆、胡桃楸为优势种群。灌丛生态系统主要分布于西部和北部低海拔山区的阳坡,主要由荆条、酸枣、锦鸡儿等植物种类构成。自然湿地以河流、湖泊、沼泽等天然湿地为主,占全市湿地面积的35.91%。

人工生态系统主要以山地人工林、平原人工林、果树林、公园绿地、人工湿地等为主。山地人工林主要分布于燕山及太行山两大山系的浅山区,平原人工林主要分布在大兴、顺义、通州等区;果树林在郊区均有分布,公园绿地主要分布在城镇地区;人工湿地包括水库、湖泊、公园湿地等,其中水库大多数分布在北部和西部山区,公园湿地主要分布在城区,人工湿地占全市湿地面积的64.09%。

图 5-25-2　延庆八达岭针阔混交林

第二节　生物多样性保护措施

北京市在生物多样性保护方面制定和完善了法规政策，在制定保护总体规划和专项规划，制定保护管理的技术标准、技术规范，建立完善保护管理工作的体制、机制等方面做了大量工作。

一、强化顶层设计

1999年颁布了《北京市森林资源保护管理条例》，2013年颁布了《北京市湿地保护条例》，2020年颁布了《北京市野生动物保护管理条例》，2021年颁布了《北京市生态涵养区生态保护和绿色发展条例》，为开展生物多样性保护工作提供法律依据。同时，加强规划引领统筹发展，2022年6月北京市发布了《北京市生物多样性保护规划（2021—2035年）》，对生物多样性保护进行整体统筹和系统谋划。同年12月北京市园林绿化局发布了《北京市生物多样性保护园林绿化专项规划（2022—2035年）》，确定了生物多样性保护的中长期目标和重点任务。推动营造林、野生动植物保护技术更新，形成标准和规范10余项，为生物多样性保护提供技术支撑。构建党政同责、属地负责、全域覆盖的保护长效机制，将生物多样性保护工作纳入林长制考核体系。加强通州与北三县协同发展、支持张家口首都水源涵养功能区和生态环境支撑区建设，京津冀协同发展成效显著。制定平原地区及生态涵养区营造林政策，提升园林绿化治理能力，不断强化生物多样性保护基础，造林绿化政策和园林绿化改革不断推行。

2020年12月，根据中共中央办公厅、国务院办公厅印发的《关于建立以国家公园为主体的自然保护地体系的指导意见》，市委办公厅、市政府办公厅印发《关于建立以国家公园为主体的自然保护地体系的实施意见》，明确了北京市自然保护地类型和主要任务。

2019年，北京市改革自然保护地管理体制，把生态环境、规划与自然资源、农业农村等部门管理的自然保护地，统一归口园林绿化部门管理。2020年，启动自然保护地整合优化工作，并编制《北京市自然保护地整合优化方案》，着力解决自然保护地空间交叉重叠、边界不清、保护与发展矛盾等历史遗留问题。

二、维护生态系统

多年来，北京市秉承科学管理、综合治理的生态治理理念，坚持宜林则林、宜草则草、宜荒则荒、宜湿则湿的生态治理原则，用生态的办法解决生态的问题，有序开展森林生态修复和恢复、森林资源管理和经营、河流湿地恢复，生态系统质量与功能得到提升，生物多样性得到有效保护。持续多年的三北防护林建设、京津风沙源治理、太行山绿化、两轮百万亩造林等重点生态工程建设，促进了森林生态系统的恢复。持续推进森林健康经营、近自然经营，使森林质量明显提高，水源涵养、水土保持等生态效益得到加强。

三、注重物种保护

通过建立自然保护地体系、保护小区、就地和迁地保护等保护载体，以及开展救护、专项行动、古树名木保护等保护行动，众多重点保护物种得到有效保护（图5-25-3）。1985年，建立北京松山、百花山两处自然保护区，截至2022年，北京共建立国家、市、区三级21处自然保护区，重点保护对象包括原始油松林及油松、落叶松等天然次生林，百花山葡萄、山西杓兰、大花杓兰、紫点杓兰等濒危植物，金雕、褐马鸡等珍稀野生动物及典型的森林、湿地生态系统等。2016—2020年，北京累计救助各类野生动物237种1.9万只，其中国家重点保护野生动物81种，放归各类野生动物1.4万只。对全市4万余株古树名木开展普查并统一换发新版标志牌，全面开展古树名木体检，完善古树名木保护数据库，对濒危衰弱古树名木进行抢救复壮，探索古树名木及其生境整体保护新模式，深入挖掘古树名木历史文化内涵，开展形式多样的"让古树活起来"系列宣传活动。

图5-25-3 台湖地区大鸨越冬栖息地

四、完善监测体系

园林绿化资源监测体系不断完善，从森林资源监测评价、自然保护地监测、生态系统监测、野生动物疫源疫病监测、林业有害生物监测等方面构成系统的园林绿化综合监测体系。生态综合监测与评价不断完善，开展林、草、湿数据与第三次全国国土调查数据对接融合，与国家、市、区三级生态综合监测评价衔接，并建立与国土年度变更调查成果对接融合的机制。针对自然保护地开展生物多样性监测和调查，初步建成生态监测信息化数据平台。截至2022年，建设北京市园林绿化生态系统监测站16处，逐步实现对森林、湿地、城市绿地全域，水、土、气、生全要素监测；建立野生陆生动物疫源疫病监测站88处；林业有害生物防控国家级中心测报点10处，市级监测测报点586处，区级监测测报点6041处。

五、严格监督执法

完善国家、市、区三级督查机制，形成上下联动、多部门协同配合的森林资源督查体系，加强自然保护地、森林资源、森林防火等方面的督察和执法工作，全面提升生物多样性综合监管能力。充分利用卫星遥感监测、无人机巡查等技术手段，对自然保护地、林地、湿地和野生动植物等资源开展全面监控和督查。通过开展"清风""绿剑"等行动，推动公安、海关等24个部门执法协作，严厉打击非法猎捕、运输、经营、食用、人工繁育等5类破坏野生动物资源违法行为，多部门协同联动不断加强。2016—2020年，累计现场巡查检查点位2459处，督促指导各区查处林业行政案件1589起，没收野生动物643只。

六、推动公众参与

广泛开展各种形式的自然体验活动，建立自然教育发展创新联盟和自然教育学校，培养自然解说员，开发自然教育课程，与教育部门合作开展中小学生社会大课堂，着力推动全社会走进自然、认知自然，保护生物多样性。利用"爱鸟周"、世界野生动物保护日、国际生物多样性日、国际湿地日等重要节日，通过电视、新媒体、平面传媒等形式，大力开展野生动物保护、疫源疫病、生物安全等科普宣传活动，促进人与自然和谐共生（图5-25-4）。支持学会、协会等社会组织参与生物多样性保护，开展志愿者培训，参与监测调查，监督危害野生动植物行为，鼓励更多志愿者和青少年加入北京生物多样性保护行动之中。

图5-25-4　生物多样性科普宣传

第三节　自然保护地

自然保护地是由各级政府依法划定或确认，对重要的自然生态系统、自然遗迹、自然景观及其所承载的自然资源、生态功能和文化价值实施长期保护的陆域或海域。建立自然保护地的目的是守护自然生态，保育自然资源，保护生物多样性与地质地貌景观多样性，维护自然生态系统健康稳定，提高生态系统服务功能，维持人与自然和谐共生并永续发展。

一、自然保护地类型

北京的自然保护地包括自然保护区、风景名胜区、森林公园、地质公园和湿地公园5个类型。最早设立的自然保护地是1982年国务院批准设立八达岭—十三陵和承德避暑山庄外八庙（古北口—司马台长城景区）国家级风景名胜区。1985年设立了松山和百花山两个北京市市级自然保护区，1986年松山、2008年百花山先后升级为国家级自然保护区。随后，自然保护地持续发展，1991年后森林公园建设蓬勃发展，2001年后开始划定、建立地质公园，2011年后湿地公园陆续建成。不同年代新建各类自然保护地数量见表5-25-1。

2020年年底，北京市共有自然保护地5类79处，包括自然保护区21处，其中国家级2处、市级12处、区级7处（图5-25-5）；风景名胜区11处，其中国家级3处、市级8处；森林公园31处，其中国家级15处、市级16处；地质公园6处，其中国家级5处、市级1处；湿地公园10处，其中国家级2处、市级8处。各类自然保护地基本情况见表5-25-2，自然保护地名录见表5-25-3。

表5-25-1　不同年代新建各类自然保护地数量

单位：个

保护地类型	1981—1990年	1991—2000年	2001—2010年	2011年以后
合计	4	32	25	18
自然保护区	2	14	4	1
风景名胜区	2	7	2	0
森林公园	0	11	14	6
湿地公园	0	0	1	9
地质公园	0	0	4	2

图5-25-5　汉石桥市级湿地自然保护区

表 5-25-2　北京市各类自然保护地基本情况

序号	类型	总量（处）	国家级（处）	市级（处）	区级（处）	汇总累计面积（公顷）	面积占比（％）
	总计	79	27	45	7	509457.14	100.0
1	自然保护区	21	2	12	7	138347.26	27.1
2	风景名胜区	11	3	8	—	195355.00	38.3
3	森林公园	31	15	16	—	96624.49	19.0
4	地质公园	5	5	1	—	76787.00	15.1
5	湿地公园	10	2	8	—	2343.39	0.5

表 5-25-3　北京市自然保护地名录

类型	级别	名称（地域）
自然保护区	国家级	松山国家级自然保护区（延庆区）、百花山国家级自然保护区（门头沟区）
自然保护区	市级	云蒙山市级自然保护区（密云区），云峰山市级自然保护区（密云区），雾灵山市级自然保护区（密云区），喇叭沟门市级自然保护区（怀柔区），怀沙、怀九河市级水生野生动物自然保护区（怀柔区），石花洞市级自然保护区（房山区），拒马河市级水生野生动物自然保护区（房山区），蒲洼市级自然保护区（房山区），汉石桥市级湿地自然保护区（顺义区），四座楼市级自然保护区（平谷区），野鸭湖市级湿地自然保护区（延庆区），朝阳寺市级木化石自然保护区（延庆区）
自然保护区	区级	玉渡山区级自然保护区（延庆区）、莲花山区级自然保护区（延庆区）、大滩区级自然保护区（延庆区）、金牛湖区级自然保护区（延庆区）、白河堡区级自然保护区（延庆区）、太安山区级自然保护区（延庆区）、水头区级自然保护区（延庆区）
风景名胜区	国家级	八达岭—十三陵风景名胜区（延庆区、昌平区）、石花洞风景名胜区（房山区）、承德避暑山庄外八庙风景名胜区（古北口长城景区）（密云区）
风景名胜区	市级	东灵山—百花山风景名胜区（门头沟区）、潭柘寺—戒台寺风景名胜区（门头沟区）、十渡风景名胜区（房山区）、云居寺风景名胜区（房山区）、金海湖—大溶洞—大峡谷风景名胜区（平谷区）、慕田峪长城风景名胜区（怀柔区）、云蒙山风景名胜区（密云区怀柔区）、龙庆峡—松山—古崖居风景名胜区（延庆区）
森林公园	国家级	上方山国家森林公园（房山区）、十三陵国家森林公园（昌平区）、西山国家森林公园（海淀区）、云蒙山国家森林公园（密云区）、小龙门国家森林公园（门头沟区）、鹫峰国家森林公园（海淀区）、大杨山国家森林公园（昌平区）、大兴古桑国家森林公园（大兴区）、八达岭国家森林公园（延庆区）、霞云岭国家森林公园（房山区）、黄松峪国家森林公园（平谷区）、北宫国家森林公园（丰台区）、天门山国家森林公园（门头沟区）、崎峰山国家森林公园（怀柔区）、喇叭沟门国家森林公园（怀柔区）
森林公园	市级	北京市共青滨河森林公园（顺义区）、五座楼森林公园（密云区）、龙山森林公园（房山区）、马栏森林公园（门头沟区）、丫髻山森林公园（平谷区）、白虎涧森林公园（昌平区）、西峰寺森林公园（门头沟区）、南石洋大峡谷森林公园（门头沟区）、妙峰山森林公园（门头沟区）、双龙峡东山森林公园（门头沟区）、莲花山森林公园（延庆区）、银河谷森林公园（怀柔区）、静之湖森林公园（昌平区）、二帝山森林公园（门头沟区）、古北口森林公园（密云区）、龙门店森林公园（怀柔区）
地质公园	国家级	北京石花洞国家地质公园（房山世界地质公园）（房山区）、北京延庆硅化木国家地质公园（延庆区）、北京十渡国家地质公园（房山世界地质公园）（房山区）、北京平谷黄松峪国家地质公园（平谷区）、北京密云云蒙山国家地质公园（密云区）
地质公园	市级	圣莲山市级地质公园（房山区）

(续)

类型	级别	名称（地域）
湿地公园	国家级	北京野鸭湖国家湿地公园（延庆区）、北京市长沟泉水国家湿地公园（房山区）
	市级	北京市琉璃庙湿地公园（怀柔区）、北京市雁翅九河湿地公园（门头沟区）、北京市穆家峪红门川湿地公园（密云区）、北京市马坊小龙河湿地公园（平谷区）、北京市汤河口湿地公园（怀柔区）、长子营湿地公园（大兴区）、北京玉渊潭东湖湿地公园（海淀区）、杨各庄湿地公园（大兴区）

北京市自然保护地面积累计 5094.57 平方千米（含交叉重叠面积），实际空间覆盖面积约 3680.40 平方千米，约占市域面积的 22.4%。按土地性质分，保护地国有土地占保护地总面积的 20%，集体土地占 80%，其中林地占 91%。在各类自然保护地中风景名胜区面积最大，累计面积 195355.00 公顷，占 38.3%；其次是自然保护区累计面积 138347.26 公顷，占 27.1%；森林公园累计面积 96624.49 公顷，占 19.0%；地质公园累计面积 76787.00 公顷，占 15.1%；湿地公园累计面积 2343.39 公顷，占 0.5%。自然保护地空间分布涉及延庆、房山、门头沟、密云、怀柔、平谷、昌平、海淀、大兴、顺义和丰台共 11 个区。其中，延庆 15 处、房山 13 处、门头沟 12 处、密云 10 处、怀柔 9 处、平谷 6 处、昌平 5 处、海淀 3 处、大兴 3 处、顺义 2 处、丰台 1 处。在空间分布方面，房山区累计面积最大，为 110519.6 公顷，占全市总面积的 21.7%；平谷区占区域面积的比例最大，占区域面积的 60.8%；延庆区自然保护地总数和自然保护区数最多，分别为 15 处和 10 处。各区自然保护地基本情况见表 5-25-4。

表 5-25-4 各区自然保护地基本情况

序号	统计单位	自然保护地总数（处）	自然保护区（处）	风景名胜区（处）	森林公园（处）	湿地公园（处）	地质公园（处）	汇总累计面积（公顷）	面积占比（%）
	总计	79	21	11	31	10	6	509457.14	—
1	平谷区	6	1	1	2	1	1	57625.7	60.8
2	房山区	13	3	3	3	1	3	110519.6	55.3
3	延庆区	15	10	1	2	1	1	104043.4	52.1
4	门头沟区	12	1	2	8	1	0	69626.0	48.1
5	怀柔区	9	2	1	4	2	0	62861.1	29.6
6	昌平区	5	0	1	4	0	0	37607.8	28.0
7	密云区	10	3	2	3	1	1	57452.9	25.8
8	海淀区	3	0	0	2	1	0	5022.5	11.7
9	丰台区	1	0	0	1	0	0	914.5	3.0
10	顺义区	2	1	0	0	1	0	2534.9	2.5
11	大兴区	3	0	0	1	2	0	1248.8	1.2

二、重点保护对象

北京的自然保护地，是华北地区保存较为完好的具有典型代表性暖温带自然森林生态系统，是东亚—澳大利西亚候鸟迁徙通道上重要的越冬和繁殖地，是珍稀野生动植物的重要栖息地，是展示古都历史文化的承载地，是首都市民休闲游憩和体验自然的重要场所，包括了森林和野生动植物类型、湿地类型、地质地貌类型、历史文化类型（图5-25-6）。

北京自然保护地生活着金雕、褐马鸡、黑鹳、丹顶鹤、中华斑羚、豹猫、团花锦蛇等重点保护动物，百花山葡萄、野大豆、紫椴、北京水毛茛以及兰科等重点保护植物。保护和孕育着珍贵的自然景观和历史文化遗迹，如岩溶峰丛和洞穴、长城、皇家陵寝、寺庙、古树等。保护着北京地区最大的成片天然油松林、华北地区比较完整的森林生态系统和天然水系。自然保护地重点保护对象或核心资源见表5-25-5。

图5-25-6　喇叭沟门市级自然保护区天然林

表5-25-5　北京市自然保护地重点保护对象

保护地名称	重点保护对象/核心资源
松山国家级自然保护区	金雕等野生动物及天然油松林
百花山国家级自然保护区	褐马鸡及兰科植物、落叶松等温带次生林
云蒙山市级自然保护区	次生林
云峰山市级自然保护区	天然次生油松林
雾灵山市级自然保护区	珍稀动植物、天然次生林及典型森林生态系统
喇叭沟门市级自然保护区	天然次生林
怀沙、怀九河市级水生野生动物自然保护区	野生动物资源、水源

(续)

保护地名称	重点保护对象/核心资源
石花洞市级自然保护区	典型的岩溶地貌形态、矿产资源
拒马河市级水生野生动物自然保护区	低山深谷地貌和河漫滩、古阶地地貌。有8种植被类型、多种野生动物、较好的原始次生林
蒲洼市级自然保护区	森林群落及其生境所形成的森林生态系统
汉石桥市级湿地自然保护区	湿地、候鸟
四座楼市级自然保护区	天然次生林以及野大豆、黄檗、紫椴、刺五加等国家重点保护野生植物
野鸭湖市级湿地自然保护区	湿地、候鸟
朝阳寺市级木化石自然保护区	分布着多处地层、构造、火山岩浆活动和矿产地的遗迹，以及丰富的人文和自然景观
玉渡山区级自然保护区	森林与野生动植物
莲花山区级自然保护区	野生动植物
大滩区级自然保护区	天然次生林及野生动植物
金牛湖区级自然保护区	湿地
白河堡区级自然保护区	水源涵养林
太安山区级自然保护区	森林及野生动植物
水头区级自然保护区	森林及野生动植物
八达岭—十三陵风景名胜区	长城与自然山体、城堡与山体沟谷融为一体而形成的古代军事防御体系；明十三陵的建筑物、水系、背景山体及敞开空间等形成人文与自然完美结合的文化自然景观
石花洞风景名胜区	石花洞、孔水洞、银狐洞和唐人洞四大岩溶洞穴体系，岩溶洞穴地貌景观
承德避暑山庄外八庙风景名胜区（古北口长城景区）	长城与自然山体、城堡与山体沟谷融为一体而形成的古代军事防御体系
东灵山—百花山风景名胜区	东灵山火山岩夷平面草甸、龙门涧喀斯特峡谷峰丛、小龙门石灰岩森林植被、百花山火山岩夷平面草甸
潭柘寺—戒台寺风景名胜区	京郊古寺与庄严的佛教圣坛、恢宏的皇家寺庙与丰厚的文化积淀、珍奇的古树名木与质朴的田园风光、雄浑的都城名峰与清新的山野环境
十渡风景名胜区	丰富多变的岩溶地质景观、山清水秀的峡谷自然景观和底蕴丰厚的文化景观
云居寺风景名胜区	独特清新的自然山野环境与丰厚的宗教文化景观
金海湖—大溶洞—大峡谷风景名胜区	京东大溶洞、湖洞水、千佛崖、京东大峡谷、石林峡等
慕田峪长城风景名胜区	长城与自然山体、城堡与山体沟谷融为一体而形成的古代军事防御体系
云蒙山风景名胜区	千姿百态的山石景观、雄浑壮美的潭瀑景观、造型各异的峰林景观、变幻无穷的云雾景观、繁茂馥郁的植被景观
龙庆峡—松山—古崖居风景名胜区	清新优雅的森林生态景观、秀美壮丽的石灰岩山水地貌景观及神秘莫测的崖居洞穴景观

(续)

保护地名称	重点保护对象/核心资源
北京石花洞国家地质公园（房山世界地质公园）	地下溶洞为主，地表夷平面残余地貌及岩溶峰为辅的岩溶地貌
北京延庆硅化木国家地质公园	地质剖面、地质构造、古生物、矿物与矿床、地貌景观、水体景观和环境地质遗迹景观
北京十渡国家地质公园（房山世界地质公园）	构造形迹、岩石地貌景观、流水地貌景观、构造地貌、泉水景观、河流景观、瀑布景观
北京平谷黄松峪国家地质公园	石英砂岩峰丛地貌，角度不整合接触面及构造形态遗迹，地下岩溶景观
北京密云云蒙山国家地质公园	花岗岩地貌景观、太古宙变质岩石地层、构造形迹类变质核杂岩、地质灾害遗迹景观
圣莲山市级地质公园	第四纪岩溶洞穴沉积遗迹景观、海相沉积构造遗迹景观、地质构造遗迹景观和岩溶地貌遗迹景观

第四节　保护实例

一、松山国家级自然保护区"冬奥会"期间生物多样性保护

松山国家级自然保护区内共记录维管束植物833种，大型真菌189种，其中，国家级、市级重点保护野生植物共计58种；记录到脊椎动物260种，昆虫856种，其中，兽类31种、鸟类201种、两爬类16种、鱼类12种，国家级、市级保护野生动物共计116种。该区作为2022年北京冬奥会延庆赛区核心区，2018年以来，依据北京冬奥组委总体策划部、北京冬奥组委规划建设部、北京市2022年冬奥会工程建设指挥部办公室联合印发《北京冬奥会延庆赛区核心区总体规划环境影响评价环境保护措施责任矩阵表》要求，进一步加强松山自然保护区生物多样性的保护工作。

至2022年，完善了松山国家级自然保护区重点保护动物栖息地保护与建设，在赛场周边，以提升冬奥会景观效果为导向，采取见缝插针、片状栽植的生态修复方式营造混交林，完成生态修复328公顷，栽植常绿乔木1.1万余株，成活率达95.5%，抚育林木4.92万株，提升了赛场周边的生态景观（图5-25-7）。在保护区范围内，通过物理、生物防治双管齐下，布设美国白蛾、油松毛虫、木蠹蛾漏斗型诱捕器、桶状诱捕器、船形诱捕器和三角诱捕器399个，悬挂人工巢箱400余个，释放周氏啮小蜂9000茧、赤眼蜂480万头、管氏肿腿蜂20万头、赤眼蜂1000万头，连续开展有害生物防控工作。对红脂大小蠹危害树木实施精准防治，完成3000株天然油松防治任务。5年来，辖区内检疫性有害生物成灾率为0，其他有害生物发生率控制在较低水平。

至2022年，建立了生态环境及生物多样性监测站1座，监测森林微气象、环境、水文、土壤、生物等52项指标，建设植物样地11块，收集生态监测数据273次。每年开展数据分析形成6份数据报告，量化分析了冬奥会筹办与生态环境之间的相关性。建成综合实验室1座，采集土样133次，水样516袋，为开展生态研究和科研合作搭建了良好平台。为开展冬奥会生态环境保护评估，实现可持续发展提供重要支撑。持续开展了保护区及林场范围的巡查监测工作。组建一支47人巡护队，常年开展巡护

图 5-25-7 松山国家级自然保护区混交林

监测工作，累计完成巡护 13 万余千米，采集资源数据 17.5 万余条，上报野生动物疫源疫病监测数据 1.1 万余条，处理死亡动物 12 次，救助野生动物 24 只。布设红外相机 986 台次，拍摄照片数量达 49 万余张，有效照片和视频数量 24.4 万余张，监测到的野生动物由 2017 年的 12 种增加至 2022 年的 29 种。

建成北京首个智慧保护区管理系统，坚持以物联网技术、大数据等新一代信息技术与野生动植物监测保护、人员管控深度融合，搭建了智慧化管理平台，形成了"一体系、一网络、一中心、一平台、一超脑"的总体构架。将区域内布设的红外相机、生态监测站、病虫害监测点等实时监测设备和卫星遥感监测、无人机防火巡护等技术有机融合，实现"天空地人"一体化感知网络数据的实时回传，并将所有前端采集信息分为 12 个模块管理，实现保护区数据高效管理，解决了保护区数据量巨大、分析统计困难等问题，使智慧保护区管理系统平台成为资源管理的重要辅助手段。

2018—2022 年，松山国家级自然保护区持续开展生物多样性保护研究，在极小种群保育、野生动物保护、生态系统监测等方面立项科研项目 20 余个，在各类学术期刊投稿刊发学术论文 33 篇。深入开展森林文化宣传，建成生物多样性科教宣传中心 1 座，向市民讲解生态保护和绿色冬奥故事，激发环境保护意识。创新科普形式，拓宽受众群体，组织开展了爱鸟周、生物多样性保护日、科技周等活动近 50 场次，受众人数达 5000 余人次。

二、北京大学燕园自然保护小区

从 2009 年开始，北京大学持续每周 2 次对校园的植物、动物进行巡护、物候观察和本底调查。数据表明，校园共有 900 多种动植物，其中高等植物 600 多种，鸟类 230 多种，包括国家二级保护野生动物雀鹰、东方角鸮、鸳鸯等。此外，还有兽类 11 种、鱼类 26 种、两栖爬行类 11 种、蝴蝶 27 种、蜻蜓 26 种。2018 年 9 月正式建立"燕园自然保护小区"，是国内首个校园自然保护小区，也是北京市第一个自然保护小区。2021年10月，在昆明召开的联合国《生物多样性公约》缔约方大会第十五次会议（CBD COP15）非政府组织平行论坛上，"北京大学燕园自然保护小区"案例成功入选"生物多样性100＋全球典型案例"。

北京大学燕园校区秉承师法自然的中国传统园林设计思想，保留了自然山水风貌，乔木—灌木—草本植被植物群落体系完整，水体类型丰富。燕园自然保护小区重点保护区域面积约为42.5公顷，涵盖未名湖区、勺海、西门鱼池、鸣鹤园、红湖、镜春园、朗润园、燕南园和西门外蔚秀园的水域和次生林区域。燕园自然保护小区的生物多样性保护包括生物多样性监测、游憩管理和物种保护等内容。生物多样性监测包含定点、样方监测与样线监测，游憩管理则通过设置展示牌、定期巡护等措施，宣传生物多样性保护，降低游憩对校园生物多样性造成的干扰，物种保护以分区管理的方式进行，将小区划分为生物多样性保育区、重要物种栖息空间、水体和园林景观区，并制定了具有自然保护小区特色的保护措施，使北大校园的生物多样性保护工作成为全球生物多样性保护成功的典型案例。

三、奥林匹克森林公园

奥林匹克森林公园位于北京中轴线北端，总面积为680公顷，其中绿地面积450公顷、水域面积122公顷，分为南北两个园区。北园以营造自然密林为主，主要功能为生态保护和恢复，保留了原有自然地貌和植被，并营造了富有自然野趣的生态景观；南园定位为生态森林公园，由仰山、奥海等大型自然山水景观构成，兼顾休闲游憩娱乐功能。

奥林匹克森林公园的设计和建造更加注重植被景观的自然化和植物群落结构的多样化，但由于长期进行灌丛和草本的割除、挺水植物的割除和河滩陆生植被种植以及林下枯落物的清除，致使园区植被层次单一、缺乏动物食源和遮蔽场所，湿地植被退化或向陆生植被演替，土壤腐殖质、有机质含量下降。

2020年，奥林匹克森林公园开展了生物多样性保护恢复示范工作，建设了"灌丛驿站""滩涂恢复区""生机岛"3个示范点，在公园内试验留野、近自然化管理方式，提升公园内林地、湿地、草地等多种生态环境的生物多样性。

"灌丛驿站"，通过对鸟类、兽类和昆虫活动轨迹的监测，在黄鼬、东北刺猬、蒙古兔等动物活动最为频繁且蝴蝶物种丰富度最高的区域建设"灌丛驿站"，为动物提供隐蔽场所。在原有垂丝海棠、丁香、山桃、连翘、迎春等观赏树种的基础上，补植了上万株荆条、沙棘、珍珠绣线菊、酸枣、胡枝子等食源蜜源植物，灌木树种从5种增加到14种，使灌木层植物数量与多样性得到了有效提升。

"滩涂恢复区"，适当去除灌木状的旱柳萌丛，并根据生物多样性的需要，适当调整近岸水生植物的高度和密度。挺水植物在春夏季水面宽阔处从深水区向岸边收割，保留岸边3~5米宽度，在水面狭窄处以保障河道通畅为主，重要排水河道宽度小于4米时可全部割除。挺水植物割除工作尽量在春季3月前及秋季8月后分片轮流进行，避免在4~7月鸟类和蜻蜓集中繁殖期进行。若4~7月需要割除，应以打薄为主，并注意避让东方大苇莺等鸟类的鸟巢。秋冬季应在水面宽阔、离岸2米以外的位置适当保留挺水植物过冬，为越冬鸟类、昆虫提供食源和隐蔽场所。

"生机岛"，是在一片小生境中设立4个堆肥箱、7处昆虫旅馆，并采取减少地被清理和落叶清扫的措施，不打农药、不清除杂草，在没有灌丛的地方营造2个本杰士堆。同时，在另一块同质栖息地中设立"对照岛"，采用传统的园林养护管理措施。观察对比动物、昆虫、植被和土壤养分变化情况。

通过示范点建设，对城市公园生物多样性恢复的难点和热点问题，进行了有效的尝试。

对于绿地层次单一、缺乏动物食源和隐蔽场所的现象，"灌丛驿站"补植食源、蜜源、丛生灌木，营造昆虫旅馆等栖息地，造成了灌木层植物数量与多样性的增加。对于湿地植被演替需要近自然化的控制管理的问题，"滩涂恢复区"对滩涂上的乔木生长进行控制，并科学地管理挺水植物的高度与岸带陆生植物的界限，使湿地鸟类越冬栖息地得到保留，冬季鸟类物种记录增加。对于土壤有机质含量下降的问题，"生机岛"在部分区域保留落叶和原生地被，设立堆肥箱解决绿地整洁管理与有机质清除之间存在的客观矛盾，使得实验区"生机岛"的草本植物、昆虫多样性远高于"对照岛"，土壤有机质含量也有明显提升。

第二十六章　野生动植物保护

野生动物是森林资源和生物多样性的重要组成部分，是森林的重要生态因子。森林的组成和特点决定着动物的组成，并为各种动物生存繁衍提供栖息条件，同时，动物本身也会对森林造成一定的影响，在林木发育的各个阶段起着不同的作用。保护野生动物资源对维持生态平衡、改善生态环境、保障区域经济增长和社会的可持续发展，具有十分重要的意义。

1985年3月，北京市人民政府办公厅印发了《关于进一步加强野生动物保护工作的通知》，并公布了《北京市野生动物保护名单》。1989年4月，北京市九届人大常委会第十次会议审议通过了《北京市实施〈中华人民共和国野生动物保护法〉办法》，并公布重点保护的32种和一般保护的136种野生动物名录。这标志着北京市野生动物保护工作步入依法保护轨道。

第一节　野生动物资源调查

一、鸟类资源调查

1990—1994年，北京市林业局组织开展候鸟资源调查，全市记录到鸟类239种。其中，国家一级保护野生鸟类8种，国家二级保护野生鸟类58种；市级重点保护野生鸟类22种，市级一般保护野生鸟类85种。

2022年，北京市园林绿化局组织开展北京地区春、秋季水鸟专项同步调查（图5-26-1），共记录水鸟7目12科66种。其中国家一级保护野生鸟类5种，国家二级保护野生鸟类8种。

图5-26-1　2022年8月，技术人员在怀柔雁栖湖安装红外相机

二、北京市第一次全国陆生野生动物资源调查

1997—1999年，根据国家林业局的统一安排部署，北京市林业局组织开展了北京市第一次全国陆生野生动物资源调查，具体调查任务由北京师范大学、首都师范大学、北京自然博物馆、北京市林业勘查设计院承担。1996年进

行准备，组织编制《北京市陆生野生动物资源调查工作方案》，制定《北京市陆生野生动物资源调查与监测技术细则》。1997年6月，北京市林业局印发《关于在我市开展陆生野生动物资源调查的通知》。1997年8月开始外业调查工作，1999年2月外业工作全部结束。北京市共布设351条样线。其中，森林灌丛生境布设311条，农田生境布设40条。1999年8月，外业调查成果通过国家林业局全国陆生野生动物普查办公室检查验收。2000—2001年，完成内业资料整理、成果汇总，编制了《北京市陆生野生动物资源调查报告》。

（一）调查任务

按照《北京市陆生野生动物资源调查与监测技术规程》的规定，北京市共需调查物种111种，包括两栖类5种、爬行类9种、鸟类83种、兽类14种，属国家重点保护31种，属中日、中澳《保护候鸟及其栖息环境协定》中规定的物种37种。其中，《全国陆生野生动物资源调查与监测技术规程》（以下简称《技术规程》）名录物种76种，《北京市陆生野生动物资源调查与监测技术规程》新增北京市地方保护物种35种。调查其种群数量、分布及生境状况。同步调查野生动物驯养繁殖情况、经营利用情况、贸易情况、野生动物管理以及影响野生动物资源变动的主要因素等。开展"北京城市公园绿地陆生野生动物资源调查""北京湿地环境鸟类资源调查""房山十渡地区陆生脊椎动物专项调查""褐马鸡专项调查"4个专项调查。

（二）调查成果

基本查清了北京市陆生野生动物资源的分布及野生种群现状；初步掌握了陆生野生动物资源的蕴藏量，为北京市野生动物资源的合理开发利用提供了科学依据；掌握了北京市陆生野生动物养殖业的现状，揭示了存在的问题，并提出了发展野生动物资源产业化的对策；对北京市陆生野生动物资源现状，野生动物生境、利用及保护管理状况进行了系统的评价；首次提出了北京市陆生野生动物资源监测体系；通过本次调查，为北京市培养了一批野生动物保护方面的人才。

此次调查，北京地区实际录得《技术规程》名录物种58种，此外有新增地方保护物种27种，合计85种。调查还录得赤嘴潜鸭，为北京地区新记录物种。调查表明，北京地区生存野猪50~70只，豹、狼分别在20只以内。调查中未看见金钱豹，但通过痕迹、粪便、毛及卧痕可判断北京地区有金钱豹，数量在10只以内。

三、北京市第二次全国陆生野生动物资源调查

根据原国家林业局的统一安排部署，北京市园林绿化局于2011—2016年组织开展了北京市第二次陆生野生动物资源调查工作，制定了《全国第二次陆生野生动物资源调查北京市工作方案》和《全国第二次陆生野生动物资源调查北京市技术细则》，北京师范大学、北京林业大学、首都师范大学、中国林业科学研究院和北京市野生动物救护中心等单位的专家和技术骨干参加了本次调查。

（一）调查任务

第二次北京市野生动物资源调查的主要任务是全面查清北京市重点陆生野生动物资源现状与动态变化，包括种群数量、分布、栖息地状况，建立和更新北京市野生动物资源数据库；掌握北京市范围内国家和地方重点保护的陆生野生动物的种群和栖息地保护管理现状、受威胁状况与变化趋势；掌握北京市主要养殖陆生野生动物物种的种群扩繁、饲养繁殖、贸易及其他利用状况，建立和完善养殖野生动物资源数据库；建立比较完善的北京市陆生野生动物资源调查与监测体系，形成一套科学、系统的陆生野生动物调查方法体系；培养和建立一支技术过硬、手段先进、专业齐全的野生动物调

查、保护和管理队伍。

调查体系包括专项调查、常规调查、同步调查和驯养繁殖调查4个组成部分。

调查对象是《全国第二次陆生野生动物资源调查技术规程》规定的物种，以及北京市根据资源保护与管理工作需要所增列的物种。按照北京市第二次陆生野生动物资源调查名录，常规调查物种400种（其中兽纲22种、鸟纲353种、爬行纲18种、两栖纲7种）。专项调查共23项（12项物种调查和11项专项地区调查），对褐马鸡、黑鹳、灰鹤、斑羚等珍稀物种以及乌鸦、喜鹊等北京市民特别关注的物种分布和数量开展专项物种调查，共涉及22种野生动物；对9个重点自然保护区、1个水库以及城市绿地和绿化隔离带开展专项地区调查。对具有明显的繁殖地、越冬地以及迁徙路线停歇地特征的迁徙候鸟开展同步调查，涉及物种93种。驯养繁殖调查对象是北京市主要野生动物养殖场所、繁育场所、救护场所、放归场所等饲养场所及其养殖的所有动物。

（二）调查成果

综合专项调查、常规调查和同步调查数据结果，北京市共调查到陆生野生动物387种，其中包括国家一级保护野生动物褐马鸡、黑鹳、白头鹤等7种，国家二级保护野生动物斑羚、大天鹅、灰鹤、鸳鸯等45种。人工繁育场所共273家，人工繁育的野生动物共349种，其中国家一级保护野生动物61种，包括大熊猫、朱鹮等；国家二级保护野生动物84种，包括猕猴、藏马鸡等。

与第一次调查结果对比显示，在本次调查中，记录到黑雁、强脚树莺和北松鼠3种北京分布新记录的物种，也观察到了北京市75年未曾记录的栗斑腹鹀。国家重点保护野生动物野外种群数量基本稳定，有些种类数量呈上升趋势，如国家一级保护野生动物黑鹳数量由50只增长到100余只。

第二节　栖息地保护

一、自然保护区建设

自1985年建立松山、百花山两处自然保护区以来，自然保护区建设步伐加快，截至2022年，全市共设立自然保护区21个，占北京地区国家和地方重点保护野生动植物及栖息地的90%以上。按功能类型分，有森林生态系统自然保护区13个、湿地生态系统自然保护区4个、地质遗迹类型自然保护区2个和水生野生动物类型自然保护区2个。按保护级别分，有松山国家级自然保护区和百花山国家级自然保护区2个，市级自然保护区12个，区级7个。在北京山区形成以西部百花山、蒲洼，北部松山、玉渡山、喇叭沟、云蒙山、雾灵山，东部四座楼等森林和野生动物类型的自然保护区，在平原形成以野鸭湖，汉石桥，拒马河、怀沙河、怀九河等库塘、河流湿地为主的湿地类型自然保护区。同时，建有石花洞溶洞群、朝阳寺木化石地质遗迹类自然保护区。

二、拓展栖息地空间

在公园绿地建设中，突出食源、蜜源树种选择及多样生境的营造，为野生动物提供了更多的栖息空间。颐和园、圆明园、香山公园、国家植物园（北园）等公园绿地逐渐成为众多鸟类等野生动物的栖息地。相关调查显示，城区野生动物种类已达近200种。2017年以来，在东城区新中街、西城区广阳谷、朝阳区北辰等城市中心区建设城市森林和小微湿地试点示范区40处560多公顷，为小型野生动物栖息创造良好环境。

在北京市重点绿化建设工程中，坚持生物多样性保护理念，统筹抓好生境保护、野生动物栖息地营建、小微湿地建设、生态廊道建设。人为干扰较少的区域，通过种植灌丛、食源和蜜源植物，营造小微湿地和动物饮水区，适度留野，营建本杰士堆和生态岛等措施，为野生动物提供栖息地、食物和水源，促进区域生物多样性恢复和维持。截至2019年年底，仅百万亩造林绿化工程就营建生物多样性保育小区174处、本杰士堆1021处、人工鸟巢1692个、小微湿地146处、昆虫旅馆3处（图5-26-2）、小动物隐蔽场所5处。

图5-26-2　昆虫旅馆

三、湿地修复保护

在中心城区，结合海绵城市建设完成了西城区西海湿地公园、亚运村小微湿地建设；在平原地区，以城市副中心等区域为重点，建设温榆河湿地公园等大尺度森林湿地，解决生态系统"绿而不活"的问题；在生态涵养区和京津冀交界地区，通过推进延庆野鸭湖等湿地公园建设，加强湿地生态保育，进一步提升湿地生态功能。2016—2020年，北京市累计恢复建设湿地1.1万余公顷，形成万亩以上大尺度森林湿地10余处，湿地面积稳中有升，湿地景观不断提升，湿地生态质量明显改善。

截至2022年年底，共建立湿地自然保护区4个、湿地公园12个、湿地自然保护小区10个，以湿地自然保护区为基础、湿地公园为主体、湿地自然保护小区为补充的北京湿地保护体系正在逐步完善。2018年，北京市湿地资源调查显示，全市400平方米以上湿地总面积5.87万公顷，占北京市总面积的3.6%。

第三节　野生动物驯养繁殖与救护

一、野生动物驯养繁殖

1991年8月，北京市林业局发布《北京市核发野生动物〈驯养繁殖许可证〉管理办法》，规定凡在北京市从事驯养繁殖野生动物的单位及个人，必须取得驯养繁殖许可证。1992年，北京市首次颁发野生动物驯养繁殖许可证21个。1993年，北京市生产经营野生动物驯养繁殖单位达30家。

1997年，北京市林业局发出《关于加强我市野生动物驯养繁殖管理工作的通知》，要求各区（县）对现有养殖场备案注册。对新建养殖场，必须严格按照驯养繁殖管理办法所规定的审批程序进行审批。各区（县）必须对本辖区驯养繁殖场进行年检。全年审批驯养繁殖野生动物单位17家。1997年，北京市共有合法野生动物养殖单位64家。

1998年3月建立"八达岭野生动物世界"，7月取得驯养繁殖许可证。同年，北京市资助鼓励开展养鹿业，申请驯养繁殖野生动物户增多，全年新审批驯养繁殖单位38家。2000年年底，北京市野生动物驯养繁殖场发展到100余家，驯养繁殖野生动物品种主要有梅花鹿、马鹿、非洲鸵鸟、猕猴、黑熊等。

2006年，北京市野生动物救护中心开始对珍贵和濒危野生动物进行繁育，首次实现野生动物人工繁育，共繁育出野生动物3种190只，其中，绿头鸭134只、环颈雉35只、白冠长尾雉 21 只。2007 年，繁殖出珍稀雉类红腹锦鸡、白腹锦鸡、环颈雉等 5 种 71 只，繁殖孔雀 2 只，绿头鸭 10 只，斑嘴鸭 11 只。2008 年，繁殖出珍稀鸟类 4 种 18 只。其中，白腹锦鸡 4 只、白鹇 6 只、白冠长尾雉 5 只、红腹角雉 3 只。与北京师范大学合作，开展褐马鸡、黄腹角雉等珍稀物种引进与繁育研究。2009 年，对珍稀、较难繁育种类攻关，繁育珍稀鸟类 2 种 13 只，鸳鸯 3 只，白冠长尾雉 10 只。2010 年，共繁育珍稀鸟类 6 种 64 只。其中，褐马鸡 2 只、白鹇 15 只、红腹锦鸡 20 只、红腹角雉 4 只、鸳鸯 4 只、斑嘴鸭 19 只。人工繁育褐马鸡和野外放归科研项目启动，繁殖褐马鸡生长发育饲养良好。2006—2010 年，北京市野生动物救护中心共繁育野生鸟类 11 种 356 只。

至 2010 年，驯养繁殖陆生野生动物单位达到 180 家，驯养繁殖野生动物达到 460 余种 40 余万只。其中，驯养繁殖国家重点保护野生动物单位 130 家，驯养繁殖北京市重点保护野生动物单位 50 家。北京规模较大、饲养野生动物种类较多的动物园主要有北京动物园、北京八达岭野生动物世界、北京绿野晴川野生动物园 3 家。另外，在一些旅游景点和休闲度假区也分布着部分小型野生动物观赏场所，主要饲养品种为梅花鹿、猕猴和雉鸡等野生动物，动物来源为人工繁殖。

2015 年，按照市政府《关于做好"先照后证"改革衔接工作加强事中事后监管的实施意见》，根据国家重点保护野生动物驯养繁殖许可证核发工作精神，制定了《贯彻落实"先照后证"制度改革加强事中事后监管的工作方案》，规定从事野生动物驯养繁殖活动，由原来先取得园林绿化部门的驯养繁殖许可证，再取得工商部门的营业执照的"先证后照"模式，变为先取得营业执照后办理驯养繁殖许可证的"先照后证"模式。截至 2015 年，北京市驯养繁殖陆生野生动物单位达到 337 家，存栏动物 470 余种 50 万余只。

2017 年，修订后的《中华人民共和国野生动物保护法》实施，将"驯养繁殖"野生动物变更为"人工繁育"野生动物，并对许可权限进行了调整，规定了大熊猫、朱鹮、虎、豹类、象类、金丝猴类、长臂猿类、犀牛类、猩猩类、鹤类共 10 种（类）国家重点保护陆生野生动物的人工繁育批准机关为国家林业局（现国家林业和草原局），其他物种的人工繁育由省市野生动物主管部门许可。同时，原国家林业局公布第一批《人工繁育国家重点保护陆生野生动物名录》，将梅花鹿、马鹿、鸵鸟、美洲鸵、大东方龟、尼罗鳄、湾鳄、暹罗鳄、虎纹蛙纳入名录管理。

2020 年，全国人民代表大会常务委员会发布《关于全面禁止非法野生动物交易、革除滥食野生动物陋习、切实保障人民群众生命健康安全的决定》，按照国家相关规定，清退了一批以食用为目的的野生动物人工繁育单位。截至 2020 年年底，北京市持有陆生野生动物人工繁育许可证的单位和个人共计 325 家，实际有动物存栏的单位及个人 117 家，共存栏野生动物 400 余种 26110 只，其中哺乳类 9846 只、鸟类 11119 只、两栖类 154 只、爬行类 4991 只。

二、野生动物救护

1990—2000 年，北京市野生动物保护自然保护区管理站组织北京动物园、北京濒危动物驯养繁殖中心、北京百鸟园、北京野保协会北京爱鸟协会救护中心等社会力量，先后救护野生动物 10000 余只。

2001 年 6 月，北京市政府批准成立北京市野生动物救护中心，负责北京市范围陆生野生动物救护、野生动物疫源疫病监测、濒危野生动物驯养繁殖等工作，至 2004 年，共救护野生动物 1 万只。2001 年 12 月，北京市野生动物保护自然保护区管理站、国际爱护动物基金会与北京师范大学，联合在北京师范大学生物园创建北京猛禽救助中心，引进国际先进救助技术、理念及标准，对猛禽实施救助。至 2010 年，北京猛禽救助中心共接收救护伤病猛禽33种3086只，其中55%猛禽经救治康复，被放归野外。接收猛禽中，意外受伤占21.5%，非法饲养、捕捉及贸易占25.9%，中毒占3.1%，疾病占2.0%，意外被困占3.2%，枪伤占0.2%，虚弱瘦弱占11.3%，油污占0.4%，未确诊或其他原因占1.9%，幼鸟占30.5%。

2002年，在顺义区潮白河畔建设北京市野生动物救护中心，作为市野生动物救护中心救护基地。2005年12月，中心救护基地落成，总建筑面积4359平方米，野生动物笼网面积2563平方米。建有检疫隔离笼舍、雉鸡笼舍、小型鸟类笼舍、小型兽类笼舍、猛禽笼舍、水禽笼舍、两栖爬行动物笼舍7类野生动物笼舍和综合办公用房、野生动物医院等。野生动物医院可以实施常规临床治疗、实验室常规诊断（包括细菌学、病毒学、寄生虫学实验室诊断）、分子生物学检测（如病原微生物核酸序列检测）、基因突变检测等。2005年10月，救护基地首次接收救护的野生动物是在市场罚没的38种2000只野生鸟，在救护基地康复后放归自然。

2006年，救护基地建设饲料加工室、贮藏室、鲜活饵料培养室，同时建立饲养流程和操作规范。全年共救护和接收野生动物4632只（条），有鸟类、鼠类、爬行类、兽类动物。其中，国家一级保护野生动物7种34只（条），国家二级保护野生动物苍鹰15只，《濒危野生动植物种国际贸易公约》附录Ⅱ中的物种25只（条），国家"三有"（有益的、有经济价值的、有科学研究价值的）野生动物300只，北京市二级保护野生动物百灵643只、太平鸟4只。成功放归红隼、蟒蛇、蒙古百灵、南方鸟类等野生动物上千只（条）。

2007年，救护基地改造，增加鸟类防撞网，实现笼舍内动物饮水自动化和喷淋自动化，增加消毒防疫设施，增加笼舍内部动物活动空间多样性和环境丰富度，使设施更适合动物生活和栖息，更适合饲养繁育和开展生态保护教育。建造面积3000平方米野生鸟类野化驯飞笼舍，加强放归野化训练。建立野生动物救护数据库，初步实现救护数据数字化管理。全年共接收、救护野生动物196种9044只（条），放归成功率达到78%。其中，鸟类155种8582只，哺乳类14种62只，两栖类3种41只，爬行类23种359只（条）；国家一级保护野生动物7种13只，国家二级保护野生动物37种236只。

2008年1月，北京市园林绿化局印发《北京市陆生野生动物救护工作管理办法》，明确市野生动物救护中心、区县野生动物行政主管部门、野生动物救护站点的主要职责，明确野生动物救护和处置原则，明确救护野生动物范围。

2008年，救护基地补充完善笼舍设施，增加鸟类防撞网90余片，笼舍内动物饮水自动化和喷淋自动化装置28套，新建消毒防疫设施10处。全年共接收、救护各类野生动物168种1500余只（条）。其中，鸟类1411只、两栖类1只、爬行类41只（条）、兽类47只（头）；国家一级保护野生动物7种10只，国家二级保护野生动物38种226只。北京市各区（县）均设置野生动物救护站点，统一配备救护设备，统一组织救护技术培训。同年，市园林绿化局制定《北京市陆生野生动物救护网络建设方案》，对全市的救护站点设置、救护体系布局进行了全面规划。

2009年，救护基地共接收市民救护动物752只（条），接收市场罚没动物486只（条）。其中，鸟类125种1145只、哺乳类18种50只、两栖类2种17只、爬行类15种26只（条）；国家一级保护野生动物8种10只，国家二级保护野生动物32种122只。共放归野生动物535只（条）。

2010年，救护基地共接收市民救护和市场罚没野生动物145种3646只（条）。其中，鸟类102种807只、哺乳类14种38只、两栖类2种2702只、爬行类27种99只（条）；国家一级保护野生动物14种43只，国家二级保护野生动物42种2891只。共放归野生动物1735只（条）。

2013年，为了加强野生动物繁育工作，新建了1500平方米的动物繁育笼舍，为下一步开展珍稀野生动物繁育工作奠定了基础。

2014年，扩建了10件隔离观察笼舍，新增笼网面积190平方米，提升了救护容纳能力。对两栖爬行动物笼舍进行扩建，增加了动物饲养空间1100平方米，改善了动物饲养条件，提高了救护动物的福利。新建了300平方米猛禽木质康复饲养笼舍，改善了猛禽康复饲养笼舍条件，提高了猛禽康复放归率。

2016—2020年，累计救护各类野生动物237种19451只（头），其中国家一级保护野生动物20种146只（头），国家二级保护野生动物61种1564只（头）；接收执法罚没野生动物98种，16830只（头）。共放归各类野生动物131种14482只（头），放归成功率70.1%，野生动物救护、饲养康复能力得到加强（图5-26-3）。同时，北京市野生动物救护中心不断完善野生动物救护设施设备，从饲养繁育野生动物的基本需求出发，科学设计规划各类野生动物笼舍，使野生动物饲养能力得到了加强；添置了血液生化仪、X光机、超低温冰箱等一大批设备，使北京市野生动物救护中心的野生动物治疗设备水平达到国内领先，具备了较为全面的野生动物疾病诊断治疗能力；猛禽、鹤类、雉鸡等一批濒危野生动物得到繁殖。

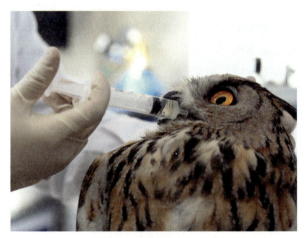

图5-26-3　2018年2月，救护中心工作人员给救助回来的雕鸮补给营养液

第四节　野生动物疫源疫病监测

2004年2月，根据北京市防治重大动物疫病指挥部《关于防止通过野生禽类传播高致病性禽流感有关工作的通知》的精神，市林业局成立严防候鸟传播禽流感领导小组，同时聘请9名鸟类专家组成专家组，对迁徙候鸟迁徙规律和生活习性进行分析研究，为防止候鸟迁徙传播禽流感提供科学依据。采取严防候鸟传播禽流感措施：暂停所有市场的鸟类交易活动和从外埠调运鸟类；严厉打击非法猎捕、经营野生鸟类的行为；暂停鸟类展示活动和有组织的、大规模的野外观鸟活动；利用现有野外鸟类观测点严密监视野生鸟类健康情况，发现异常时立即通报当地动物防疫监督机构；配合动物防疫部门做好有关采样监测工作；加大对野生动物园落实防疫措施的检查力度。在密云水库、官厅水库、颐和园公园、圆明园公园等地设立12个鸟类监测站，每天定时观测，并向上级主管部门报告当天观测情况。同年，全市各区（县）设立81个监测点，累计监测到野生鸟71.87余万只。

2005年10月，北京市林业局印发《关于防控高致病性禽流感进一步加强野生动物疫源疫病监测工作的紧急通知》，为每个监测点配备了望远镜、防护服等用品。同年，监测点增加到86个，累计监测到野生鸟类120余万只。

2006年，全市累计监测到野生鸟类近500万只，监测到野生鸟类异常情况32次，异常数量136只，死亡和伤病鸟类经检测未发现携带高致病性禽流感病毒，按时向原国家林业局野生动物疫源疫病监测总站、北京市防治重大动物疫病指挥部进行日报、周报。重要节假日及双休日期间，监测工作不中断。

2006年，中国鸟类环志中心在市野生动物救护中心设立北京市鸟类环志站，开展鸟类环志工作，监测鸟类迁徙活动、疫源疫病情况。2007年，北京市野生动物救护中心构建了百望山、百花山、野鸭湖等组成的鸟类环志网络，为环志站点添置了基础设备和环志工具。到2007年10月底，共环志鸟类105种近1400只。其中，猛禽71只、涉禽46只、雀形目鸟类1000多只。

2007年10月，北京市人民政府办公厅转发《国家林业局关于加强秋冬季禽流感等野生动物疫源疫病监测防控工作文件的通知》，强调要加强野生动物的保护和管理，有效防范疫病传播，启动监测信息日报制度，强化重点地区监测防控，及时排查重大动物疫情隐患，要根据本区域候鸟等野生动物活动规律，将野生动物集群活动区和候鸟迁飞停歇地、越冬地等确定为重点监控区域，预先开展一次全面排查。恢复实行野生动物监测信息日报制度。同时，市野生动物救护中心、北京动物园、北京麋鹿实验中心、延庆野鸭湖、密云水库、平谷金海湖等监测站，协助动物防疫部门和科研机构做好病原学监测。北京市监测点增加到108个。其中，9个国家级监测站、21个市级监测点和78个区级监测点。北京市累计监测到野生鸟类1258万只。其中，雁鸭类257万只、鸻鹬类21万只、鹭类22万只、小鸟类955万只、猛禽1.8万只。监测到野生鸟类异常情况3次，异常数量102只，死亡102只。死亡鸟经动物防疫部门检测，未发现携带高致病性禽流感病毒（图5-26-4）。

图5-26-4　北京市野生动物疫源疫病监测防控现场会

2008年，北京市野生动物救护中心调整4个鸟类环志点，新增加4个环志点，对各环志站点逐一进行技术培训，环志鸟类30多种536只，其中，猛禽113只、雀形目鸟类423只，包括国家二级保护野生动物113只。8月，市园林绿化局印发《北京市突发陆生野生动物疫情应急预案》，对应急组织体系及职责、野生动物疫情预警、应急响应、疫情报告与监测信息发布、后期处理、措施保障等方面做出规定。同年，组建北京市野生动物疫源疫病监测应急预备队，与各区县主管部门签订《北京市野生动物疫源疫病监测工作责任书》。北京市野生动物救护中心与首都师范大学合作开展了北京地区野生动物疫病信息采集及候鸟迁徙规律调查，建立了北京市野生动物疫源疫病监测管理系统。累计监测到野生鸟类1368.2万只。其中，雁鸭类214.0万只、鸻鹬类1.1万只、鸥鹬类0.9万只、鹭类14.9万只、小鸟类1134.9万只、猛禽2.4万只。监测到野生鸟类异常情况5次，异常数量18只，死亡15只。死亡鸟类经动物防疫部门检测，未发现携带高致病性禽流感病毒。

2009年1月至9月底，北京市累计监测到野生鸟类1678.74万只，其中，雁鸭类182.31万只、鸻鹬类0.72万只、鹭类13.3万只、鸥鹬类1.09万只、小鸟类1480.5万只、猛禽0.77万只。监测到野生鸟类异常情况6次，异常数量28只，死亡28只。死亡鸟类经动物防疫部门检测，未发现携带高致病性禽流感病毒。配合北京市高致病性禽流感防控工作，处理了通州死亡野鸭和清华园死亡喜鹊的异常情况。5月12日，市园林绿化局发出《关于进一步强化野生动物疫源疫病监测防控措施配合做好甲型H1N1流感防控工作的紧急通知》，制定《"两会"期间北京市野生动物疫情应急预案》。

2010年1月至11月底，北京市累计监测到野生鸟类1.06亿只，其中雁鸭类318.52万只、鸻鹬类21.80万只、鹭类31.74万只、鸥鹬类5.04万只、小鸟类1.02亿只、猛禽1.39万只。同年，先后发生麋鹿死亡、小天鹅死亡、麻雀死亡、灰喜鹊死亡4次异常情况，均采取措施处理，异常死亡动物个体经兽医部门检测排除高致病性禽流感疫情。

2010年，北京市环志鸟类72种343只，组织疫源疫病监测人员技术培训9次，培训陆生野生动物疫源疫病监测组织与管理、疫源疫病基础知识、疫源疫病监测技术、疫源疫病防控技术、监测数据库使用管理等基础知识。

2013年，加强野生动物迁徙规律研究，当年环志救护鸟类35种140只，2014年环志救护鸟类4种232只，2015年环志救护鸟类33种225只，初步构建了北京市的鸟类环志网络。

自2014年起，开展全市野生动物疫源疫病监测主动预警工作，定期在国家级野生动物监测站点采集咽肛拭子、血清和环境样，评估北京地区野生动物疫病的发生风险和流行形势，为监测禽流感等野生动物疫病的流行情况提供依据，指导疫病防控工作。

2016年，国家林业局野生动植物保护与自然保护区管理司与京津冀林业主管部门签订《京津冀野生动物疫源疫病率先实施协同防控合作框架协议》（以下简称《协议》），共同在野生动物疫源疫病监测、体系建设、主动预警、信息交流与共享、人员培训、能力提高等方面强化同步建设，旨在推进京津冀野生动物疫源疫病协同防控工作，提高野生动物重大疫病监测防控和应急处置能力，保障保护区域公共卫生安全和生态安全，促进生态文明建设，推动经济社会可持续发展。《协议》要求，未来北京、天津、河北三地将探索建立统一的疫源疫病监测防控体系、防控技术规范和培训标准。同时，建立重大野生动物疫情快速反应机制，三地联合开展主动预警。一旦发现野生动物异常情况，三地需相互通报信息，发生重大疫情时还需同时启动应急预案。组织研发京津冀野生动物资源监测平台，实现日常监测数据共通共享。该平台2019年正式投入使用，实现了陆生野生动物疫源疫病监测的数字化。

加强野生动物疫源疫病监测工作。2016—2020年，在重大节日、重要活动和重要时期，北京市各级陆生野生动物监测人员坚持24小时值班制度，确保首都的生态安全和公共卫生安全。5年内累计监测到野生鸟类1866.55万只次。

加强陆生野生动物疫源疫病监测工作。2012年，对全市市级陆生野生动物疫源疫病监测站进行调整。基本建成了国家级、市级、区（县）级三级监测网络，覆盖了全市重点水域、重要的候鸟迁徙通道、重要鸟类停歇地和人口密集区，野生动物疫源疫病监测体系构架逐步完善。截至2022年，北京市共有各级陆生野生动物疫源疫病监测站88个，其中国家级监测站10个、市级监测站33个、区级监测站45个。同时，制定《北京市陆生野生动物疫源疫病监测站监测人员防疫要求》，对北京市88个野生动物疫源疫病监测站的监测人员开展健康情况动态监测。

第五节　野生动物保护与管理

一、经营利用管理

1989年，根据《中华人民共和国陆生野生动物保护实施条例》关于"在适合狩猎的区域建立固定狩猎场所的，必须经省、自治区、直辖市人民政府林业行政主管部门批准"的规定，批准北京密云云岫谷游猎自然风景区狩猎场为人工封闭式狩猎场，狩猎对象为人工养殖梅花鹿、狍子、环颈雉、家兔、家养山羊等。狩猎场建有狩猎动物养殖场，养殖动物子二代放到猎区供狩猎。1993年批准房山建设北京大峡谷狩猎场。2002年批准房山建北京皇姑坨科技发展有限公司狩猎场。

1994年9月，北京市林业局、北京市财政局、北京市物价局《关于转发〈陆生野生动物资源保护管理费收费办法〉的通知》规定：经市林业局和区（县）林业行政主管部门分别批准捕捉、猎捕北京市重点、市一般保护野生动物，由捕捉、猎捕者按规定标准缴纳资源保护管理费；经批准出售收购、利用非国家重点保护野生动物或其产品由所在区（县）林业行政主管部门向供货方收取资源保护管理费。对违法经营利用非国家重点野生动物或其产品，除按野生动物保护法律法规给予处罚外，还要按收费标准的2~5倍补收野生动物资源保护管理费。

1995年，北京市野生动物经营利用单位42家，经营种类主要是梅花鹿、野猪、蛇、环颈雉等食用野生动物。野生动物及其产品国内贸易涉及猕猴、马鹿、梅花鹿、银耳相思鸟等16个物种，主要涉及中成药生产企业、餐饮、副食行业和活体动物购销等。

1999年，北京市从事野生动物及其产品国际贸易单位有27家，国际贸易涉及猕猴、马鹿、梅花鹿等16种。

2010年，北京市共有110家单位取得野生动物及其产品经营利用许可证，其中涉及野生动物进出口企业30余家。市野保部门联合市林业公安、林政稽查、工商等部门经常开展野生动物市场检查，对非法经营野生动物行为进行查处，每年对1/3行政许可事项进行事后监督检查。

2011—2017年，全市年均从事野生动物经营利用的单位和个人200余家，主要包括展演展示单位、人工繁育技术成熟物种的饲养及经营利用单位、科研实验单位、中医药利用单位、皮制品及动物标本生产销售单位。

2017年，按照国务院办公厅《关于有序停止商业性加工销售象牙及制品活动的通知》及国家林业局的相关要求，北京市22家企业共47个象牙定点加工销售场所全部停止相关生产经营活动。

2020年，受新冠肺炎疫情影响，除对开展科学研究、疫病防控、中药生产的申请事项继续审批外，暂停了出售、购买、利用国家和北京市重点保护野生动物及其制品的审批。全市全年共办理50家单位经营利用事项200余件。

二、审核审批

1992年，北京市正式开展野生动物驯养繁殖和经营利用活动审批工作。北京市林业局授权北京市野生动物保护自然保护区管理站负责北京市野生动物驯养繁殖、经营利用和猎捕、运输，野生动植物及其产品进出口，自然保护区内野生植物采集和设施修筑等申请事项审核、审批。依法核发野生动物狩猎证、特许猎捕证、驯养繁殖许可证、经营利用许可证、陆生野生动物或其产品出省运输证，依法征收陆生野生动物资源保护管理费。

2001年，北京市野生动物保护自然保护区管理站对野生动植物运输、驯养繁殖、经营利用和进出口程序所需材料进行规范，在政府网站向社会公开，接受社会监督。同时，对办事程序、流程也作出明确规定和公示。

2003年，北京市林业主管部门制定《独立承办的审批（核准）事项程序的规定》《审批驯养繁殖及经营利用本市重点保护野生动物管理规定》《北京市野生动植物管理专用章使用范围的规定》等管理规定。

2004年7月，《中华人民共和国行政许可法》实施。北京市林业局负责北京市野生动植物审批、审核和核准21项行政许可事项，非行政许可4项，包括审批类项目12项，分别为驯养繁殖北京市重点保护森林野生（陆生）动物，出售、收购和利用北京市重点保护野生（陆生）动物或者其产品，驯养繁殖国家二级保护野生（陆生）动物，出售、收购和利用国家二级保护野生（陆生）动物及产品，猎捕国家二级和北京市重点保护野生（陆生）动物，建立固定狩猎场所，采集国家二级保护森林野生植物，出售收购国家二级保护森林野生植物，进入林业系统自然保护区核心区从事科学研究活动，在自然保护区建立机构和修筑设施，外国人进入林业系统自然保护区，建设项目避让保护古树名木措施。审核类项目8项，分别为驯养繁殖国家一级保护野生（陆生）动物，捕捉国家一级保护森林野生（陆生）动物，出口国家重点保护野生动物或进出口我国参加国际公约所限制进出口野生动物及其产品，出口国家重点保护野生植物及其产品或进出口我国参加的国际公约所限制进出口的林业野生植物，采集国家一级保护野生植物，外国人对国家重点保护野生动物进行野外考察、标本采集或在野外拍摄电影、录像，外国人对国家重点保护林业野生植物进行野外考察，进出口我国参加的国际公约限制进出口的濒危野生植物及其产品的审核。核准类项目1项，即运输、携带国家重点保护野生动物及其产品出北京市。非行政许可4项分别为出售、收购和利用国家一级保护野生（陆生）动物及其产品审核，引进陆生野生动物外来物种种类及数量审核，外来陆生野生动物物种野外放生审核，进口种用野生动植物种源审核。

2006—2010年，国家和北京市取消和下放部分行政审批项目，北京市园林绿化局野生动植物保护行政许可不断调整。2010年，北京市园林绿化局野生动植物保护行政许可仍为21项。

2013年，国家林业局将4类6项行政许可委托给北京市园林绿化局审批，委托期5年。分别为出售、收购、利用国家一级保护陆生野生动物或其产品审批，出口国家重点保护陆生野生动物及其产品审批，进出口国际公约限制进出口的陆生野生动物或其产品审批，国家一级保护陆生野生动物驯养繁殖许可证核发，进出口我国参加的国际公约限制进出口野生植物审批，出口国家重点保护野生植物审批。

截至2020年，北京市园林绿化局涉及野生动植物保护政务服务事项为13项。其中，行政许可事项12项，行政给付事项1项。行政许可事项分为2类。第1类法定本级行政许可事项9项，分别为权限内国家重点保护陆生野生动物人工繁育许可证核发，权限内出售、购买、利用国家重点保护陆生野生动物及其制品审批，国家一级保护野生（陆生）动物特许猎捕证核发初审，国家二级保护野生（陆生）动物特许猎捕证核发，外国人对国家重点保护野生（陆生）动物进行野外考察或在野外拍摄电影、录像审批，人工繁育列入名录的非国家重点保护野生（陆生）动物审批，出售、利用列入名录的非国家重点保护野生（陆生）动物及其制品的批准，采集国家二级保护野生植物审批，出售、收购国家二级保护野生植物审批；第2类国家林业和草原局委托行政许可事项3项，分别为出口国家重点保护的或进出口国际公约限制进出口的陆生野生动物或其制品审批，出口国家重点保护野生植物或进出口我国参加的国际公约限制进出口野生植物或其产品审批，采集林草主管部门管理的国家一级保护野生植物审批。行政给付事项为对野生动物造成人身伤亡的补偿。在简政放权的同时，北京市不断加强事中事后监管工作，采取制定专项目录进行不定期抽查、开展联合检查、建立信用机制等方式，加强对相关活动的监督管理。

三、监督检查

1991年1月，北京市人民政府转发国务院《关于加强野生动物保护严厉打击违法犯罪活动的紧急通知》，要求林业和公安部门对在1989—1991年非法猎杀国家重点保护野生动物案件认真查处；对猎枪、弹具、套具进行一次全面清查；对鸟市、饭店、宾馆、商店、集贸市场、旅游区等经营野生动物及其产品单位加强管理，加强公路、铁路、民航野生动物及其产品运输管理；出口野生动物及其产品，必须报北京市林业局同意。10月20日，北京市林业局会同市公安、工商部门联合检查并取缔官园、龙潭湖等鸟市外的野生动物非法交易市场。

1996年，北京市野生动物保护自然保护区管理站与市森林公安、工商等执法部门联合查获野生动物违法案例15起。其中，非法倒卖大熊猫皮1起、犀牛角1起，非法养殖东北虎2只、熊11只，以及涉及鸵鸟、梅花鹿、黄羊等非法运输、非法经营活动。

1999年，北京市林业局印发《关于加强野生动物展览展示养殖管理的通知》，对动物公园、动物表演、展览等行业做出规定。市、区林业主管部门要加强对野生动物养殖、展示单位的监督、检查、指导。

2001年5月，北京市林业局印发《禁止活熊取胆的通知》，禁止开展活熊抽取胆汁的行为。北京市有7家养殖熊类单位，共有熊类存栏150只，均为展览展示用途。

2003年3月，北京市林业局印发《关于禁止受理出口非在京养殖单位人工驯养繁殖的子二代野生动物业务的通知》，各养殖单位可从动物产地直接申报。2003年"非典"时期，为保障人民身体健康，防止可能造成的危害，北京市于4月暂停受理野生动物活体运输申请；要求果子狸养殖单位实行密闭式养殖，将出售果子狸、蛇类等产品单位的13个经营利用许可证收回。

2003年7月，北京市林业局印发《北京市禁食野生动物名录》，列入陆生野生动物59目213科1828种。规定在北京市范围内未经批准禁止食用国家和北京市重点保护的陆生野生动物，违反规定制作、经营野生动物食品的，按非法出售、收购依法查处。

2004年年初，针对亚洲地区相继出现高致病性禽流感疫情，北京市于2月暂停受理鸟类运输申请，检查北京市20个非法鸟类经营场所并做宣传教育工作，督促检查北京市22个鸟类观赏养殖场所预防接种、消毒、管理，设立候鸟监测点并实地检查。

2007年12月开始，北京市园林绿化局面向社会招募"北京保护野生动物义务监督员"，参与野生动物保护的宣传、监督、救护等工作。

2008年4月，为落实"平安奥运行动"计划，加强野生动物保护，北京市园林绿化局成立领导小组，召开北京市野生动物保护工作会，发布保护方案，进一步规范野生动物驯养繁殖和经营利用。市、区（县）林业主管部门联动，对野生动物经营利用的重点地区、重点市场、重点户进行监督检查，重点抽查北京动物园、北京野生动物园、北京八达岭熊乐园、朝阳区弘燕市场、小营天然珠宝城、天雅古玩城等野生动物驯养繁殖企业、经营利用野生动物产品单位，并与21家野生动物驯养繁殖单位签订《野生动物驯养繁殖单位安全保证书》。

2010年4月，北京市园林绿化局印发《关于全面加强野生动植物保护管理工作的通知》，要求加强野生动植物资源及其栖息地保护，推进和严格规范野生动植物科学繁育利用，尤其加大珍稀濒危野生动植物繁育力度，对乱捕滥猎野生动物和乱采滥挖野生植物行为加强防范和执法监管。

2011年，按照北京市园林绿化局关于开展野生动物驯养繁殖场所疫源疫病监测工作检查的通知要求，对全市野生动物驯养繁殖场所进行检查。此次检查共涉及15个区197家野生动物驯养繁殖单位。同年，对市场外来物种及放生情况进行调查，调查了北京十里河天娇文化城等9个重点花鸟鱼虫市场的37个摊位，以及八大处公园等两处放生地。经调查，上述市场外来物种主要是龟类和鸟类，龟类有红耳龟、台湾花龟、猪鼻龟、鳄龟等15种2636只，其中红耳龟1600余只；鸟类有牡丹鹦鹉、虎皮鹦鹉等10余种。

2012年，为加强对野生动物驯养繁殖单位的安全管理和执法检查，在9~10月对全市驯养繁殖单位进行安全检查，对全市花鸟鱼虫市场等经营场所进行执法检查。

2013年，为确保元旦和春节期间野生动物驯养、展览展示场所及人员安全，市园林绿化局相关部门联合对北京动物园、北京凯赛环球有限公司等6家野生动物展览展示单位进行了安全检查。内容包括应急事件处理措施及预案、饲养员安全操作规程、猛兽（禽）笼舍安全性检查、安全警告提示、日常安全巡护及记录，以及被检查单位的安全组织及安全意识培训情况等。对于设施存在安全隐患的限期进行整改。开展了"天网行动"计划，打击非法贩卖野生动物及其制品的行为，有效遏制了破坏野生动物资源违法犯罪活动（图5-26-5）。

图5-26-5　2013年，北京森林公安"天网行动"战果展示

2014年，为配合亚太经济合作组织领导人非正式会议在北京举行，重点对10家以野生动物观赏、展览展示为目的的驯养单位进行检查，检查内容包括驯养繁殖单位是否按照驯养繁殖许可证的规定养殖动物，驯养繁殖设施是否存在安全隐患，应急预案及防疫制度是否完善，利用野生动物是否履行相关审批手续等。

2015年，根据国家林业局办公室发布的《关于开展野生动物驯养繁殖清理整顿活动的通知》要求，市园林绿化局相关部门对全市合法野生动物驯养繁殖单位和个人开展清理工作，依法严厉查处野生动物非法驯养繁殖和经营利用活动，加强规范管理和检查督导，对于不符合《国家重点保护野生动物驯养繁殖许可证管理办法》及《北京市核发野生动物〈驯养繁殖许可证〉管理办法》有关规定的单位（个人），依法注销其驯养繁殖许可证。

2017年，建立检查对象名录库和检查人员名录库，并逐年更新。对在集贸市场以外经营野生动物或其产品的单位进行"双随机"监督检查，检查对象和检查人员随机抽取确定，每月随机抽取2名检查人员，对1~2家企业进行检查。截至2020年，共检查58件。

四、危害补偿

随着北京市生态环境的持续改善，野猪、狼等大型兽类动物种群数量逐渐恢复并呈现快速增长的趋势，面对陆续出现的野生动物造成人身伤害和财产损失，各级政府制定了相应的补偿办法。

2002年5月，延庆县针对本县多次发生野猪损害农户庄稼的事件，在全市率先制定《延庆县野生动物造成损害的补偿办法》，开始对野猪等野生动物造成农作物危害进行补偿。

2009年1月，北京市政府发布《北京市重点保护陆生野生动物造成损失补偿办法》（以下简称《补偿办法》）。3月，北京市园林绿化局发出公告，根据国家和北京市重点保护陆生野生动物名录，综合北京市野生动物分布和可能造成损失种类等因素，依据《补偿办法》有关规定，对野猪、狼、猪獾、狗獾、豹猫、黄鼬及北京地区分布隼形目和鸮形目（所有种）所造成损失给予补偿。当年北京市补偿涉及6个山区35个乡镇211个行政村3789户，补偿金额146.83万元（图5-26-6）。

图5-26-6　2009年，延庆永宁镇四司村野生动物损害补偿发放仪式

2010年，开展了《补偿办法》实施情况的回访，并根据回访意见，对北京市重点保护陆生

野生动物造成财产损失补偿申请认定表和北京市重点保护陆生野生动物造成财产损失补偿公示表进行了优化调整。当年，北京市野生动物造成财产损失补偿涉及7个区39个乡镇216个行政村3197户，补偿金额170.72万元。

2011年，北京市园林绿化局、北京市财政局联合发布《北京市重点保护陆生野生动物造成人身伤亡补偿实施细则》。当年野生动物造成财产损失补偿涉及7个区42个乡镇268个行政村4070户，补偿金额243.82万元。

2012年，北京市园林绿化局发布《北京市野生动物危害预防指导手册》，主要对国家和北京市重点保护的主要陆生野生动物可能造成的危害的预防方法进行系统指导，分别就北京市主要野生动物资源，预防野生动物危害的主要原则和常用方法，兽类、鸟类、爬行类等野生动物的生活习性、危害方式和预防方法，各区有效预防控制方法总结等内容进行了详细的分析和介绍。当年野生动物造成财产损失补偿涉及7个区43个乡镇310个行政村5703户，补偿金额289.20万元；同年，首次发生野生动物造成人身伤害补偿，共补偿1人2.57万元。

2013年，北京市野生动物造成财产损失补偿涉及7个区44个乡镇322个行政村5260户，补偿金额239.06万元。

2014年，北京市野生动物造成财产损失补偿涉及7个区44个乡镇323个行政村4870户，补偿金额222.54万元；野生动物造成人身伤害补偿7人10.81万元。

2015年，北京市野生动物造成财产损失补偿涉及6个区47个乡镇350个行政村4806户，补偿金额183.65万元。

2016年，北京市野生动物造成财产损失补偿涉及7个区46个乡镇342个行政村4429户，补偿金额164.22万元；野生动物造成人身伤害补偿1人21.08万元。

2017年，整合自《补偿办法》实施以来各区野生动物造成损害的动物种类、受损地点、受损农作物及家禽家畜种类、数量等数据，利用信息手段和统计方法，构建野生动物造成损失补偿管理平台。当年，野生动物造成财产损失补偿涉及6个区47个乡镇372个行政村4725户，补偿金额222.65万元；野生动物造成人身伤害补偿1人0.29万元。

2018年，北京市野生动物造成财产损失补偿涉及6个区50个乡镇376个行政村5226户，补偿金额349.91万元；野生动物造成人身伤害补偿1人2.96万元。

2019年，北京市野生动物造成财产损失补偿涉及6个区51个乡镇392个行政村5346户，补偿金额225.86万元；首次发生野生动物造成人身伤亡，共补偿1人128.56万元。

2020年，北京市野生动物造成财产损失补偿涉及6个区52个乡镇415个行政村5734户，补偿金额378.07万元。

五、科普宣传

1983年，北京市政府将每年4月1~7日确定为北京市"爱鸟周"。4月，结合"爱鸟周"开展"保护野生动物宣传月"。每年"爱鸟周"宣传都有一个宣传主会场，各区（县）设立分会场。到2020年，连续38年开展"爱鸟周"宣传活动，见表5-26-1。

表5-26-1 1991—2020年"爱鸟周"宣传活动主题

年份	宣传活动主题
1991	让人类多一些朋友，保护鸟类，保护野生动物
1992	保护野生动物，争做文明市民
1993	争奥运，做贡献，维护首都生态环境

(续)

年份	宣传活动主题
1994	爱护您身边的鸟，让我们的生存环境更加美好
1995	请爱护您身边的鸟，让我们的环境更美好
1996	爱鸟，护鸟，保护野生动物，提高生态环境质量
1997	地球是人类、动物、鸟类共有的家园
1998	热爱我们的家园，保护野生动物
1999	让鸟儿与人类共享蓝天
2000	让我们拥有鸟语花香的新世纪
2001	新北京，新奥运，鸟语花香争奥运
2002	增强生态道德意识，珍爱野生动物资源
2003	关爱生灵，保护鸟类
2004	保护鸟类资源，珍爱人类健康
2005	建设生态北京，保护生态环境，关爱野生动植物
2006	宣传绿色奥运，关爱鸟类，构建和谐社会
2007	保生态、护生灵、构建和谐迎奥运
2008	弘扬生态文化，建设生态北京，迎办绿色奥运
2009	同在蓝天下——关注野生动物、建设生态文明
2010	走进自然关爱野生动物促进生态和谐
2011	科学爱鸟护鸟弘扬生态文明
2012	爱鸟护鸟，保护鸟类栖息地，建设绿色北京
2013	关爱鸟类，保护湿地，建设美丽北京
2014	保护野生动植物，建设鸟语花香的美丽北京
2015	弘扬生态文明、关爱野生动植物、走进绿色旅游
2016	依法保护鸟类，建设美丽中国
2017	依法保护候鸟，守护绿色家园
2018	保护鸟类资源，守护绿水青山
2019	关注候鸟迁徙，维护生命共同体
2020	爱鸟新时代共建好生态

1998年，是《中华人民共和国野生动物保护法》颁布10周年。同年，第十六届"爱鸟周"主题为"热爱我们的家园，保护野生动物"。北京市林业局分别在市区和郊区各设立一个宣传主会场，同时在全市城乡广泛开展丰富多彩的宣传活动。走访野生动物及其产品经营利用单位，赠送野生动物保护书籍，宣传法律法规；动员野生动物爱好者撰写宣传文章，通过报纸、杂志、广播电台进行宣传；开展野生动物执法检查，抓住典型案例，以案说法宣传；组织中小学校师生在

松山国家级自然保护区、半壁店森林公园、潮白河绿色度假村悬挂人工鸟巢1200个；联合北京电视台"东芝动物乐园"剧组和北京市科学技术协会等单位，在地坛公园举办法制与科普宣传游园活动，布展动物标本、图片、画板、模型，播放动物录像，举办木偶表演、百米少儿动物绘画展、专家现场咨询、动物书籍展卖、有奖知识竞答等。

2002年，是北京市开展"爱鸟周"活动20周年，"爱鸟周"主题为"增强生态道德意识，珍爱野生动物资源"。北京市林业局印发《关于开展爱鸟周活动的通知》，组织编写《纪念北京"爱鸟周"二十周年倡议书》《爱鸟周的由来》《野外观鸟知识》《北京的鸟类资源》《鸟类基本知识》等科普宣传资料。开展内容丰富形式多样的系列宣传活动，共发放宣传资料5万余份，6万余名群众现场接受宣传，组织3次野外观鸟活动。

2003年3月底，北京市野生动物救护中心分别在红领巾公园、育新花园小区（西三旗）、卧龙小区（亚运村）、百望山森林公园4处建立首批鸟食台共20多个，启动"城市鸟类保护工程"，旨在号召群众爱鸟、护鸟，加入"关爱野生动物，营造绿色家园"行列。4月，北京市野生动物救护中心开通网站，网址为www.bwrrc.gov.cn，是国内首家野生动物救护专业网站。网站旨在反映北京市及国内外野生动物保护救护信息，宣传野生动物保护法律法规，普及野生动物保护救护知识，指导市民科学保护救护野生动物。

2004—2007年，北京野生动物保护协会、北京爱鸟协会编辑"未成年人生态道德教育丛书"10种，印刷4万余册发放。确定13处公园、5处野生动物园、6处自然保护区等30家科普基地，为未成年人提供生态道德教育基地。2006年，北京市野生动物救护中心编印《自然北京——我们身边的野生动物》画册。

2007年，是迎接2008年北京夏季奥运会的关键之年，根据"绿色奥运、科技奥运、人文奥运"三大理念和"迎奥运、讲文明、树新风"要求，第二十五届"爱鸟周"举办"保生态、护生灵、构建和谐迎奥运"为主题的宣传活动，并开展"迎奥运，护动物，拒食野生动物"签名活动、野生动物知识咨询活动、野生动物保护宣传"进景区""进乡村"活动、悬挂人工鸟巢、放生野生动物等。

2012年，是北京市开展"爱鸟周"活动30周年。为进一步宣传野生动物保护知识，增强公众生态保护意识，全市以"爱鸟护鸟，保护鸟类栖息地，建设绿色北京"为主题，在大兴区南海子公园举办了"爱鸟周"启动仪式。同时，启动"爱鸟周"宣传进学校、进社区、进景区"三进"活动。"爱鸟周"宣传进学校，在首都师范大学、北京理工大学、北京市65中学等11所院校共发放宣传材料3000余份，2.2万余人接受宣传。"爱鸟周"宣传进社区，在社区展示宣传图板，悬挂宣传条幅，向3000余名群众发放爱鸟护鸟、保护野生动物宣传袋3000个，宣传单和宣传图册1万份。"爱鸟周"宣传进景区，在朝阳公园、汉石桥湿地自然保护区等处举办宣传活动。编印《"爱鸟周"三十周年纪念》图册。

2015年，北京市第三十三届"爱鸟周"活动启动仪式在北京植物园举行。活动以"弘扬生态文明、关爱野生动物植物、走进绿色旅游"为主题，全市开展了丰富多样的宣传活动，向全社会发出了弘扬生态文明，开展文明旅游的倡议书；发布了第一批北京公园观鸟地图——北京植物园和圆明园公园的观鸟地图；放归了北京市野生动物救护中心救助的2只红隼；组织了现场小学生参加观鸟体验活动；在北京动物园科普馆举办了"燕京飞羽——2015北京野生鸟类摄影展"；启动北京"十佳生态旅游观鸟地"评选。

2016—2020年，每年在"世界野生动植物日""爱鸟周""保护野生动物宣传月"等关键节点，组织开展北京"十佳生态旅游观鸟地"评选，开展面向花鸟鱼虫市场、野生动物经营利用单位保护执法专项宣传以及进学校、进社区、进景区的"三进"活动，不断加大宣传教育力度。累计发放宣传品24万余份，悬挂横幅650余条，宣传展板2600余块，受宣传教育群众达160余万人。

第六节　野生动物保护实例

一、麋鹿重引进

麋鹿是我国特有的大型草食动物，因角似鹿、脸似马、蹄似牛、尾似驴，俗称"四不像"，为国家一级保护野生动物，在古代分布较为广泛。我国麋鹿重引进项目被公认为世界138个物种重引进项目中15个最成功的案例之一，是国际社会野生动物重引进的典范。

1865年，法国传教士阿芒·大卫在北京南苑的皇家猎苑发现了麋鹿，1866年之后，英国、法国、德国、比利时等国家的驻清公使及教会人士从北京南苑皇家猎苑将几十只活体麋鹿送到巴黎、柏林、科隆等地的动物园内饲养并供游人参观。因自然和人为原因，至1900年，麋鹿在我国灭绝。

1867—1894年，被送到欧洲各地动物园的麋鹿，因种群规模小，生育率低，也面临着绝种的危险。从1894年起，英国人贝福特公爵出重金将原饲养在巴黎、柏林、科隆等地动物园中的18只麋鹿买下，放养在伦敦以北的乌邦寺庄园内。在这18只麋鹿里，仅有12只具有繁育功能，今天全世界所有的麋鹿，都是这12只麋鹿的后代。1944—1977年，贝福特公爵家族向各地动物园输出麋鹿268只，截至1983年，除我国外，全世界麋鹿达到1320只。

新中国成立后，麋鹿回归逐渐成为社会共识。1956年和1973年，北京动物园分别得到了3对麋鹿，但一直未能恢复种群。1982年，我国正式开展麋鹿的重引入工作。1984年3月，在林业部、国家环境保护局和北京市人民政府的领导下，成立了麋鹿重引进项目领导小组，并与英方专家共同组成了专家组。1985年8月，与英方签订协议，合作开展麋鹿重引进研究项目。8月24日，项目引进的22只麋鹿远渡重洋，在我国灭绝85年后，重新回到它们的故乡北京南海子。英方专家当天在南海子发表了演说，"把一个物种如此准确地引回到它最后栖息的地方，这在世界上重引进项目中是独一无二的"。为了确保麋鹿重引进项目的实施，北京市专门成立了北京麋鹿生态实验中心。1985年的麋鹿还家是物种保护科学史上的重要事件。

麋鹿的回归和保护，以恢复自然（野生）种群为目标，始终坚持"逆着它的灭绝过程，从圈养与半散放种群、保护区野化训练种群、逐步恢复自然（野生）种群"的理念，制定了"三步走"的战略。第一阶段是让麋鹿种群得以复壮，拥有足够的种群数量基础；第二阶段是开展迁地种群建设，有计划地将麋鹿分散到我国适宜麋鹿生活的地方，提高麋鹿的遗传多样性；第三阶段是恢复自我维系的野生种群，通过野化训练将麋鹿放归野外，使其适应野外生活，实现自我繁衍。

北京麋鹿生态实验中心与中国科学院动物研究所、植物研究所，北京师范大学等单位合作，进行了多方面的麋鹿基础科学研究，突破了遗传瓶颈，取得了一批科研成果，实现了种群数量大幅度增长，先后向江苏大丰自然保护区（现江苏大丰麋鹿国家级自然保护区）、石首自然保护区（现石首麋鹿国家级自然保护区）、江西鄱阳湖国家级湿地公园等单位输出麋鹿近600只。目前，北京市经批准人工繁育麋鹿的单位共4家，现有麋鹿存栏238只，其中北京麋鹿生态实验中心201只。北京麋鹿生态实验中心多年来每年都有50多万人参观学习，如今已被命名为"全国生态文明教育基地"和"全国科普教育基地"。

经过30多年的繁衍、种群复壮及野外放归，全国麋鹿迁地保护场所达84个，种群数量已逾万只，野生种群达6处，数量达4000余只，麋鹿种群已基本覆盖了原有栖息地。从繁盛到本土灭绝，从重引进到成功野放，我国的麋鹿保护工作取得了显著成绩，得到了世界认可。

二、北京雨燕保护

北京雨燕,是为数不多以"北京"命名的物种,也是世界上唯一以北京命名的鸟类。是世界上长距离飞行速度最快的鸟类之一,它能够在飞行中完成捕食、收集巢材、求偶、交配等活动,甚至可以边飞行边休息。除了孵卵,北京雨燕很少着陆。北京雨燕不仅是古都文化符号,还是当之无愧的"一带一路大使",它的迁飞路线几乎和"一带一路"重叠。北京雨燕喜欢在高大的古建筑上筑巢,在天安门、正阳门、前门、颐和园、雍和宫、天坛、历代帝王庙等古建筑居多,北京雨燕多与古建筑相伴,被人们视为吉祥鸟。随着古建筑减少,古建筑防鸟网的设置,以及生态环境的变化,导致北京雨燕数量减少。据调查,2001年北京雨燕已不足3000只;2014年约为2700只。

为加强北京雨燕保护,主要采取了以下措施:加强北京雨燕宣传,讲好北京雨燕故事,举办"关注北京雨燕""留住北京雨燕"系列展,拍摄"北京雨燕"系列专题片,以北京雨燕为载体开展馆校社会实践活动。清理雨燕栖息环境、建立雨燕栖息监控系统,对北京雨燕重要栖息建筑正阳门城楼顶层吊顶内进行除尘,改善其生存环境。在正阳门城楼顶层安装7台高清监控设备,获取了大量雨燕栖息视频资料,为开展北京雨燕的习性研究提供了珍贵的基础数据。开展了"北京雨燕栖息对正阳门古建筑影响"系列研究,科学论证了北京雨燕对古建筑木结构及油饰彩绘没有破坏力,为北京雨燕及古建筑保护提供了科学依据。

调查显示,2021年北京雨燕已经达4500余只。其中,正阳门约有1000只,东华门、西华门约有1000只,北海五龙亭约有620只。此外,在顺义站前东街、大兴念坛公园、通州潞湾橡胶坝、昌平十三陵等郊区也都发现了北京雨燕的身影,表明北京雨燕在北京的栖息范围在不断扩大。

三、黑鹳及其栖息地保护

黑鹳是世界濒危珍禽,是反映生态环境建设状况的指示物种之一,被列为国家一级保护野生动物。20世纪50年代以来,多次在怀柔、延庆、密云、房山、门头沟等区(县)发现黑鹳。2008年,世界自然基金会组织开展"北京黑鹳夏季与冬季分布调查"项目,北京地区夏季栖息的黑鹳数量仅为90只。2012年8~12月,北京市累计发现黑鹳近400只次,仅在房山区就发现300余只次,房山是北京地区重要的黑鹳越冬、繁殖和迁徙停歇地。2014年,中国野生动物保护协会授予房山区"中国黑鹳之乡"的称号。

2019年,北京野生动物救护中心对北京地区黑鹳种群的分布区和野外种群季节变化趋势进行了调查,共记录到16个野外分布地。夏季食物相对丰富,黑鹳分布范围较广,在房山、延庆、门头沟、怀柔、密云等区均有分布。冬季部分河道结冰,导致黑鹳食物相对缺乏,仅在房山十渡拒马河流域有越冬黑鹳分布,密云北庄水库偶有发现。

北京保护黑鹳及其栖息地主要采取了以下措施:在房山十渡等地区建立黑鹳保护小区,为黑鹳提供良好的繁殖、觅食、栖息空间;在黑鹳栖息的重要区域禁止无关人员进入,禁止河道采挖砂石、硬化河道,禁止在河道内烧烤、洗车,禁止乱丢生活和农业废弃物;建立以护林员、疫源疫病监测员、野生动物管护员"三位一体"的基层首都生态管护员体系;在食物匮乏的季节采取必要的投食措施,保障黑鹳的食物摄入量;加强黑鹳保护的科学研究,不断摸索黑鹳致危因素和伤病原因(图5-26-7)。

图 5-26-7 放飞救助的黑鹳

四、灰鹤及其栖息地保护

灰鹤是典型的迁徙鸟类，为国家二级保护野生动物，是世界上鹤类数量最大、分布最广的物种，主要分布在欧亚大陆。北京作为灰鹤迁飞的越冬地，其主要分布在密云水库、怀柔水库，野鸭湖湿地自然保护区、汉石桥自然保护区，温榆河、妫水河沿岸，顺义牛栏山、白河峡谷、百望山和颐和园等地。野鸭湖湿地自然保护区分布最多，每年都有数百只灰鹤越冬。

2019年，北京野生动物救护中心对野鸭湖湿地、官厅水库周边、密云水库周边灰鹤的分布和种群现状进行了调查。调查结果显示，1月在野鸭湖湿地周边观测到灰鹤1100只，在官厅水库附近观测到灰鹤1500只。2月在密云区古北口附近观测到灰鹤30只。

野外调查中发现密云水库北岸灰鹤种群越冬栖息地，在2016年以前是当地农民自发种植的庄稼地，遗落的粮食为灰鹤提供了食源，2016年建立围湖栅栏禁种庄稼后，由于食物源减少，导致灰鹤种群大量减少。野鸭湖附近灰鹤越冬栖息地同样面临越冬食物不足的问题。为加强灰鹤及其栖息地保护，在野鸭湖国家级自然保护区和密云水库周边较稳定的灰鹤越冬区域建立灰鹤越冬保护小区，维持原生态的栖息地环境。在这两个区域内适当种植玉米、大豆等农作物。冬季食物不足时，两地均采取投喂玉米的方式补充灰鹤的过冬食物。保护小区设立准入制度，降低人为活动干扰，同时派遣巡护人员在11月至翌年3月定期开展巡护。仅2021—2022年，每年投喂玉米约4500千克，其中野鸭湖国家级自然保护区投喂约1500千克、密云水库周边区域投喂约3000千克。

第七节　野生植物保护

野生植物是自然生态系统的重要组成部分，是保障经济社会可持续发展不可缺少的战略资源。保护野生植物资源对维护生物多样性、维持生态平衡、改善生态环境、促进经济社会可持续发展、实现人与自然和谐共生具有十分重要的意义。

一、野生植物资源调查

1998年4月至2001年6月，北京市开展重点保护野生植物资源调查，调查对象为4种国家二级保护野生植物，包括胡桃科的胡桃楸（核桃楸）、芸香科黄檗（黄波罗）、椴树科紫椴、五加科刺五加。调查结果，胡桃楸（核桃楸）在7个山区（县）均有分布，面积1831.5公顷509465株。黄檗（黄波罗）在7个山区（县）均有分布，生长在海拔500~1000米杂木林中。其中，密云云蒙山分布较为集中，面积73公顷1500株，在延庆松山，门头沟小龙门、百花山、灵山，密云五座楼有零星分布。紫椴主要分布在平谷四座楼、海淀妙峰山、密云云蒙山杂木林中，约为1.7公顷42株。刺五加在7个山区高海拔阴坡林缘沟谷中均有分布，面积23公顷26720株。北京的植物区系属于泛北极植物区中中国—日本森林植物亚区中华北地区，野生植物绝大部分分布在山区。由于自然条件的多样性，形成森林（针叶林、阔叶林、针阔混交和灌木林）、草地（河滩草地、低洼草地）、亚高山草甸、湿地（河流、湖泊、水塘、水库、沼泽、水田等）、农田、城市园林和城镇居民区等多种多样生态类型，为北京植物多样性发展提供了有利条件。

2002年2月，北京市开展兰科植物专项调查，共记录北京地区野生兰花22种，其中新记录4种。调查结果显示，野生兰花数量在

100~200株有裂唇虎舌兰、十字兰、裂瓣角盘兰、北方鸟巢兰、小花蜻蜓兰；500~1000株有凹舌兰、黄花杓兰、羊耳蒜、对叶兰、原沼兰、尖唇鸟巢兰、河北盔花兰；2000~5000株有紫点杓兰、二叶兜被兰、二叶舌唇兰、蜻蜓兰；10000株以上有大花杓兰、火烧兰、手参；20000株以上有角盘兰、绶草。未发现新记录中珊瑚兰种。北京兰科植物资源总量9.11万株以上。

根据原国家林业局的有关要求，结合北京市实际，北京市园林绿化局于2014年3月启动了北京市第二次全国重点保护野生植物资源调查工作，共对5种国家重点保护野生植物、12种栽培植物和15种北京市重点保护野生植物进行了资源调查。

调查发现，野生黄檗在房山、门头沟、延庆、怀柔、密云及平谷6个区均有分布，但分布范围小，并呈小片状集群分布。调查结果显示，全市仅有成年植株692株，其中保护区内468株、保护区外224株。

野生紫椴仅在延庆区和密云区的自然保护区内有分布，面积约为6.42公顷，成年植株7549株。

野生刺五加分布于房山、门头沟、延庆、怀柔、密云及平谷6个区，面积约317.5公顷，植株60656株。在百花山国家级自然保护区、雾灵山市级自然保护区、喇叭沟门市级自然保护区集中连片生长。

野生胡桃楸主要分布于延庆、怀柔、密云、平谷、昌平、门头沟、房山7个区的沟谷地区，海淀区也有零星分布。面积约10384.44公顷，其中保护区内约4261.38公顷、保护区外约6123.06公顷；成年植株约192.47万株，其中保护区内约84.83万株、保护区外约107.64万株。

调查还发现，蔷薇科山楂属橘红山楂在门头沟区百花山有野生分布，为北京市新分布记录。

2020年，调查发现在北京雾灵山自然保护区分布有京津冀地区最大的铁木种群，共有50株，最粗壮的个体胸径达50厘米，这一发现填补了北京市铁木分布记录的空白。

二、野生植物资源保护

（一）公布保护名录

2007年，北京市园林绿化局、北京市农业局成立《北京市重点保护野生植物名录》编制领导小组，委托北京林业大学生物学院负责野生植物名录编制，通过对项目范围内的野生维管束植物调查考证，2008年2月，经北京市政府批准，北京市园林绿化局、北京市农业局公布《北京市重点保护野生植物名录》，录入重点保护野生植物80种（类）。其中，列为一级保护野生植物8种、二级保护野生植物72种（类）。

2021年，新调整的《国家重点保护野生植物名录》于9月正式发布。北京地区国家重点保护野生植物由原来的3种增加到15种。其中，新增百花山葡萄为国家一级保护野生植物；新增国家二级保护野生植物11种，包括轮叶贝母、紫点杓兰、大花杓兰、山西杓兰、手参（图5-26-8）、北京水毛茛、槭叶铁线莲、红景天、甘草、软枣猕猴桃、丁香叶忍冬。

图5-26-8 松山海坨山调查野生植物手参

（二）制定保护政策

2010年，北京市园林绿化局印发《关于全面加强野生动植物保护管理工作的通知》，就进一步做好北京市野生动植物保护管理工作，遏制破坏野生动植物的违法犯罪行为，切实抓好野生动物救护和疫源疫病监测等方面的工作作出部署。要求加强生态文明建设，充分认识野生动植物保护管理的重要性；加强机构队伍建设，提升依法履职能力水平；突出保护管理重点，科学开展野生动植物资源及其栖息地保护；加强监测体系建设，切实做好陆生野生动物疫源疫病监测工作；建立健全救护体系，及时有效开展野生动物救护工作；推进科学繁育利用，严格规范野生动物驯养繁殖和野生植物培育利用活动；加大执法检查力度，防止和打击破坏野生动植物资源违法行为；广泛开展宣传教育，增强全社会野生动植物保护意识。

2021年，北京市园林绿化局印发《关于全面加强野生植物保护管理工作的通知》，为认真贯彻执行《中华人民共和国野生植物保护条例》等法律法规，切实强化野生植物及其生长环境保护，促进野生植物人工繁育和科学利用，推进野生植物保护高质量发展，维护生物多样性，保障首都生态平衡。要提高认识，高度重视野生植物保护工作；夯实基础，组织开展资源调查监测；科学施策，强化原地和近地保护；统筹谋划，依法有序开展迁地保护工作；突出重点，积极开展极小种群野生植物保育拯救；目标导向，推进人工培育和科学利用；加强监管，切实履行保护责任；强化执法，严厉打击各类违法行为；创新方式，强化宣传引导。

（三）开展专项研究

2014年，组织实施"北京市濒危物种拯救和动物肇事防控技术研究与示范"项目，研究提出了紫椴、黄檗、黑鹳、斑羚等10余种珍稀濒危野生动植物保护技术。

2018年，开展极度濒危野生植物保护。对北京无喙兰、丁香叶忍冬等极度濒危植物个体健康状况、种群生存力、生存威胁等情况详细调查，制定北京地区极度濒危野生植物野外生存状况调查及拯救方案，开展了百花山葡萄的拯救和野外回归工作。

2010年以来，陆续对部分稀有濒危野生植物开展了就地保护、迁地保护和扩繁研究，取得了初步进展。百花山葡萄在北京仅有2株野生个体，通过组培扩繁已获得近百株幼苗。受气象等环境因素影响，丁香叶忍冬在现分布地点结实困难，通过开展传粉生物学、种子萌发等研究工作，已获得种子实生苗500余株。对繁育困难的轮叶贝母，开展了传粉生物学研究。

2021年，组织开展了"北京上方山极小种群野生植物保护""北京雾灵山极小种群野生植物铁木等保护示范"等项目，对铁木、轮叶贝母、脱皮榆、槭叶铁线莲、房山紫堇等极小种群野生植物开展种群资源调查、生境监测、致濒机理、原地保育、人工扩繁及迁地保护等研究，为后续持续推动珍稀濒危野生植物保育回归工作奠定坚实基础。

第二十七章　林业有害生物防控

林业有害生物灾害主要包括病虫、鼠兔和有害杂草等危害。林业有害生物防治，主要包括普查、监测预报、检疫、防治等内容。受生物多样性、气候变化、人类活动等多种因素影响，林业有害生物灾害具有突发性、爆发性和周期性等特点。多年来，北京市林业有害生物防控工作坚持"预防为主，科学治理，依法监管，强化责任"的防治方针，变被动防治为主动预防，积极倡导森林健康的理念，积极推进机制创新，积极引导、鼓励和支持不同所有制形式的经济组织参与防控工作，大力推进营林及人工、物理、生物等无公害防治措施，努力将防治工作贯穿于绿化造林的全过程，监测预报网络系统不断完善，防控基础设施明显改善，防灾减灾能力不断提高，逐步实现了林业有害生物的可持续控制。

第一节　防控现状

一、林业有害生物发生情况

1980—1994年，北京郊区平均每年发生林业病虫害2.7万公顷，经常造成危害的害虫有22种，危害严重的有7种，即油松毛虫、舞毒蛾、春尺蠖、杨柳毒蛾、双条杉天牛、杨扇舟蛾、黄连木尺蠖（木橑尺蠖），病害3种，即杨树溃疡病、杨树黑叶病和苹（梨）桧锈病。主要防治方法为飞机喷药防治、人工地面喷药防治，也应用了微生物制剂、赤眼蜂、肿腿蜂、线虫、病毒等生物防治措施，还应用了围塑料薄膜环、毒纸环、喷药环等方法。1980—1981年，全市普遍发生油松毛虫危害，发生面积1.44万公顷。当时防治松毛虫的主要措施和方法是人工捕捉越冬幼虫、摘茧、树盘撒药、树上喷药、飞机撒药，并使用苏云金杆菌粉剂防治，取得了较好的防治效果。

1995—2010年，北京市林业有害生物主要有油松毛虫、舞毒蛾、春尺蠖、国槐尺蠖、黄连木尺蠖、柳毒蛾、双条杉天牛、杨扇舟蛾、延庆腮扁叶蜂、落叶松叶蜂和杨树溃疡病、杨树黑叶病、苹（梨）桧锈病等。期间，油松毛虫、舞毒蛾等常发性林业有害生物的发生逐渐趋于稳定，杨小舟蛾、国槐小潜蛾等林业有害生物危害偶有发生，原有的次要害虫叶蜂类、潜蛾类等逐渐成为新的主要防治对象，美国白蛾、红脂大小蠹等外来有害生物入侵形势严峻。个别年份梨卷叶象、杨潜叶跳象发生较重。2005年，延庆县梨卷叶象发生面积2273公顷；2008年，杨潜叶跳象发生面积3733公顷。

2011—2020年，主要防治对象有双条杉天牛、春尺蠖、杨扇舟蛾、松梢螟、草履蚧、黄褐天幕毛虫、纵坑切梢小蠹、桃蛀螟、油松毛虫、柏肤小蠹等30余种害虫，杨树溃疡病、杨树烂皮病、核桃细菌性黑斑病、核桃溃疡病、苹果腐烂病、梨桧锈病等10余种病害。食叶类害虫发生面积略有下降，蛀干类害虫和病害与常年基本持平，刺吸类害虫发生面积较常年有上升，草履蚧、榆蓝叶甲等扰民害虫时有发生，白蜡窄吉丁、松材线虫病、苹果蠹蛾等检疫性有害生物入侵形势严峻。其中，2012年，春尺蠖发生面积0.57万公顷；2019年，栎粉舟蛾发生面积0.50万公顷；2020年，白蜡窄吉丁发生面积0.098万公顷。

二、林业有害生物防治主要工作

自20世纪80年代以来，北京市林业有害生物防治工作认真执行国家《森林病虫害防治条例》《植物检疫条例》等法律法规，积极落实国家林业主管部门的相关工作要求，按照市委、市政府关于进一步加强林业有害生物防治工作部署，努力把林业有害生物防治工作贯穿于造林营林的全过程。

（一）建立健全防控组织体系

新中国成立至20世纪70年代末，北京的林业有害生物防控工作比较薄弱，主管部门不断调整变动，没有专门的管理机构和专职人员，没有固定的防治经费，防治工作重点主要以果树病虫害防治为主。进入20世纪80年代后，随着林木资源的不断增加，以及面对林业有害生物灾害不断发生的严峻形势，森林保护工作摆上了重要日程。1980年，北京市林业局成立伊始即设立了森林保护处，专门负责全市郊区林木病虫害防治、护林防火、乱砍滥伐案件查处和野生动物保护工作。1982年1月，成立北京市林业保护站，主要职责是掌握郊区林木、果树病虫的发生动态，组织指导重大病虫害防治，总结推广林木病虫害防治的新技术等工作。各区（县）也陆续建立健全了林木、果树病虫害防治机构。

1996年4月，面对北京周边地区美国白蛾发生的严峻形势，北京市人民政府成立了由主管市长任指挥，有关委办局为主要成员单位的"北京市严防网幕毛虫指挥部"。随后于2003年，调整为"严防危险性林木病虫指挥部"；2006年，调整为"北京市防控危险性林木有害生物指挥部"；2014年，调整为"北京市防控危险性林木有害生物部门联席会议制度"。各区林业有害生物防控指挥体系和防控工作职能部门也得到了全面加强（图5-27-1）。

图5-27-1　2007年3月，北京市防控危险性林木有害生物指挥部扩大会议

2006年，建立了政府、行业管理双线和市、区、乡三级防控责任体系。主管市长与各主管区（县）长代表市、区政府签订《重大林业有害生物防控目标责任书》，将林业有害生物成灾率和重大林业有害生物防治目标列入市政府对区政府考核评价指标体系；市园林绿化局与各区园林绿化局签订《北京市防控危险性林木有害生物责任书》，对美国白蛾、松材线虫病、红脂大小蠹、白蜡窄吉丁等检疫性、危险性林业有害生物的监测预报、检疫、疫情除治等防控工作提出了具体目标和责任要求。各区政府与所辖乡镇政府、街道签订了责任书，明确了各级政府对重大林业有害生物防治工作负总责，主要领导为第

一责任人，分管领导为主要负责人，做到了防控责任主体清晰，防控任务目标明确，防控措施落实到位。

（二）强化防控工作领导

面对林业有害生物危害、入侵、扩散、成灾的危险性不断增加的严峻形势，2004年，市委市政府主要领导多次对美国白蛾防控工作作出重要批示，要求加强美国白蛾防控工作，市政府主要领导亲自主持召开市、区（县）、乡镇（街道）三级主要领导干部电视电话会议，部署美国白蛾防控工作；国家林业局及相关部门、市政府督察室多次现场督查、检查、指导美国白蛾防控工作（图5-27-2）。

图5-27-2　2011年5月，北京市园林绿化局领导检查美国白蛾防治工作

2006年2月，北京市人民政府办公厅印发了《关于进一步加强林业有害生物防治工作的通知》（以下简称《通知》），为全市林业有害生物防控工作指明了方向。通知要求各级政府、各有关部门和单位要高度重视林业有害生物防治工作，列入重要议事日程，采取切实有效措施，严防重大林业有害生物灾情和疫情发生。各级林业主管部门要把预防林业有害生物灾害工作放在林业工作的重要位置，切实抓实、抓好、抓出成效，把无公害防治率、测报准确率和种苗产地检疫率纳入目标考核之中。各级农业、水务、园林、交通、工商等相关部门要各负其责，并积极配合林业主管部门开展防控检疫工作，形成政府主导、单位负责、部门协作、社会参与、区域联防的防控林业有害生物工作格局。

《通知》要求要认真落实各项预防措施，严防重大林业有害生物灾情和疫情发生。要大力推行森林健康理念，以培育和恢复健康森林为目标，促进形成稳定的森林生态系统，造林设计方案中必须有林业有害生物防治措施，并将林业有害生物发生与防治指标纳入营造林实绩综合核查之中；要重视推广应用乡土树种，保护森林生物多样性，增强森林生态系统自身的抗逆能力；要不断加强市和区（县）监测测报网络体系建设，加大调运检疫、产地检疫、检疫复检和日常检查、抽查、普查、巡查工作力度，做到早投入、早发现、早报告、早除治；要建立健全突发林业有害生物事件应急机制，不断完善各级林业有害生物防控预案，认真落实各项预防措施，及时、准确、科学地对突发危险性林业有害生物事件做出预警处置；要加大科技支撑力度，大力推进无公害防治进程，着力解决监测预报、快速检疫检查、天敌繁育、有害生物风险评估、综合防治等技术难题；要借鉴国内外在防治林业有害生物方面的先进理念和经验，有重点、有选择地引进先进技术；要按现行财政管理体制，将林业有害生物防治经费纳入市、区（县）部门预算管理；要加强各级林业有害生物防治检疫机构及其基础设施建设，建立与当前林业发展、科技发展和经济发展相适应的林业有害生物监测预警体系、检疫御灾体系、防治减灾体系、应急反应体系和防治法规体系；要切实加强专业技术队伍建设，建立一支精干、高效的林业有害生物防治检疫队伍。

2015年12月，北京市人民政府办公厅印发了《关于进一步加强林业有害生物防治工作的实施意见》，要求全市林业有害生物防治工作要在科学防治方面实现新突破，在社会化防治和应急防治方面得到新提高，在防治体制机制建设方面取得新进展。

2016年，市园林绿化局印发了《北京市林业有害生物防治检疫工作考核检查手册》，采取"各区自查、市级抽查"的方式，每年在6月、

10月林业有害生物发生危害的关键时期，组织有关部门和相关专家分组对区、镇责任落实情况、防治检疫工作开展情况、防治工作成效和以美国白蛾为主的重大林业有害生物防治目标完成情况进行检查考核，并将检查考核意见反馈给区政府和区园林绿化局，督促指导问题整改。

（三）创新防控机制

在林业有害生物防控工作中，结合北京实际，不断总结和探索，逐渐形成了"一个推进，两个转变，三个完善，四个结合，五个早"的防控机制。"一个推进"，即不断推进多省份、多形式、多部门的联防联治；"两个转变"，即从以行业防控为主向以政府主导为主转变，从以村镇查防为主向全面查防为主转变；"三个完善"，即不断完善检疫法规体系，不断完善市和区（县）两级森防检疫站建设，不断完善国家、市和区（县）三级林业有害生物监测测报网络建设；"四个结合"，即专业防治与群防群治相结合，以专业防治为主；人工地面防治与飞机防治相结合，以人工地面防治为主；无公害防治与药剂防治相结合，以无公害防治为主；行业管理与属地管理相结合，以属地管理为主；"五个早"，即早投入、早准备、早发现、早报告、早除治。

（四）制定防控预案和防治技术方案

为确保防控工作科学、精准和顺利开展，2006年，北京市防控危险性林木有害生物指挥部印发《北京市突发林木有害生物事件应急预案》，分总则、应急处置指挥体系及其工作职责、监测与预警、应急响应、应急结束与善后处理、保障措施等内容。在林业有害生物应急防控预案的基础上，市、区分别制定了美国白蛾、松材线虫病等危险性林业有害生物年度防治方案和应急预案，明确防治工作的目标、任务、重点和措施。

2009年以来，根据林业有害生物防控面临的新形势和新需求，为绿化造林工程建设保驾护航，市防控危险性林木有害生物指挥部办公室、市园林绿化局分别印发了《北京市苹果蠹蛾监测防控技术方案（试行）》《北京市平原地区造林工程林业有害生物防治工作实施方案》《北京市春尺蠖统防统治工作方案》《北京市百万亩造林防治工作技术方案》《北京市白蜡窄吉丁统防统治工作方案》和《北京市飞机防治林业有害生物工作方案》等防治方案，科学、精准、规范指导基层防治工作。

（五）大力开展科研与科技推广

充分利用首都人才、科技等资源优势，充分发挥中央及市属科研院所、大专院校、各级专业防治机构及其技术人员的作用，广泛开展了林业有害生物防治的研究与科技推广工作，为科学有效地开展林业有害生物防控工作奠定了坚实基础。1999—2020年，组织开展了"美国白蛾诱芯的研制与开发""美国白蛾病毒杀虫剂规模化生产工艺及应用技术研究""应用白僵菌防治美国白蛾技术研究与示范""桃树冠瘿病防治技术示范与推广""柳蜷叶蜂生物学特性及防治技术研究""枣疯病综合防治技术试验推广""北京地区黄栌胫跳甲生物学特性研究""杨潜叶跳象生物学特性及防治的研究""延庆腮扁叶蜂无公害防治技术示范与推广""梨小实心虫综合防治技术示范与推广""林业有害生物精准施药智能防控装备""柏、杨、梨安全生产综合配套技术研究与示范"等80余项科学研究与科技推广项目。

先后编制并印发了《春尺蠖监测与防治技术规程》《美国白蛾综合防控技术规程》《双条杉天牛监测与防治技术规程》《草履蚧监测与防治技术规程》《油松毛虫监测与防治技术规程》《苹果蠹蛾检疫防治技术规程》《黄连木尺蠖监测与防治技术规程》《舞毒蛾防治技术规程》《主要林木害虫监测调查技术规程》《主要果树害虫监测调查技术规程》《花木展览植物检疫规范》等20余项林业有害生物防治地方标准。

发表了《北京地区李属树木上一种新的心材腐朽病原菌》《杨扇舟蛾颗粒体病毒室内增殖的研究》《杨潜叶叶蜂的危险性分析和风险性管理》

《红脂大小蠹的危险性分析及预防工作的建议》《漆黑污灯蛾生物学特性研究初报》《北京地区舞毒蛾自然控制》《河曲丝叶蜂形态特征及习性观察》《不同月季品种对玫瑰三节叶蜂幼虫发育的研究》《北京地区柿树主要害虫无公害防治技术》《北京松山国家自然保护区鳞翅目昆虫区系分析》等科技论文78篇。

（六）开展联防联治和社会化防治

1. 联防联治

联防联治是多部门、多区域、多层次联合防控林业有害生物的综合防治制度，是在防控美国白蛾工作中创新并逐渐完善的一项制度。

1996年，北京市成立严防网幕毛虫指挥部，成员单位包括北京市政府农林办公室、首都绿化委员会办公室、北京市林业局、北京市园林局、北京市财政局等17个市政府相关部门和单位，形成了最早的市级联防联治机构。

1999年，根据北京周边地区美国白蛾发生范围广、蔓延速度快、危害严重、对北京构成直接威胁的严峻形势，国家林业局和财政部启动了"京、津、冀美国白蛾联防联治工程"国家级防治项目。同时，北京、天津、河北建立了省份间联防联治组织。

2015年2月，为进一步推进京津冀协同防控工作，北京市园林绿化局、天津市林业局和河北省林业厅联合签署《京津冀协同发展林业有害生物防治框架协议》，并制定了联防联控工作制度和实施方案（图5-27-3）。2016年5月，联合印发了《京津冀协同发展毗邻地区林业有害生物协同防控联动工作方案（试行）》，将北京、天津、河北毗邻地区的52个区、县（市），划分为京东、京南、京西、京北、津南和津北6个片区开展联防联治，以增强毗邻区县间防控工作的协同性、时效性，实现了三地毗邻地区管控防治全覆盖、无死角。

2008—2020年，与市气象局协作，参考气象月报、气象灾害影响预报、气象专刊等信息资料，结合林业有害生物监测情况及时发布短、中、长期监测防治信息；与外检部门联合开展"林安"行动，保障了林产品进出口安全；与市农业局签署《有害生物监测和应急防控框架协议》，共同防治苹果蠹蛾等农林有害生物。

图5-27-3　2015年2月，京津冀协同发展林业有害生物防治框架协议签订仪式

2. 社会化防治

为进一步做好林业有害生物防控工作，根据中共中央、国务院关于加强林业社会化服务体系建设的总体要求，结合以防控美国白蛾为主的林业有害生物工作实际，2005年，北京市开始探索建立林业有害生物社会化防控机制，引入社会力量参与林业有害生物防控工作。

2006年，在对全市林业有害生物社会化防治情况开展调查的基础上，提出了"利用现有资源、整合社会需求、转变部门职能、推动社会化进程"的社会化防治工作思路。同时，在大兴区开展试点工作，探索、创新林业有害生物社会化防治机制。

2007年3月，举办了"北京市林业有害生物承包防治培训班"，此后，社会化防治工作陆续在全市展开，并逐渐成为林业有害生物防治的新生力量，为北京市林业有害生物防治工作注入了新的活力。社会化防治主要以承包防治和委托防治为主，并多以防治公司和防治专业队的形式出现。

2010年，北京百瑞弘霖有害生物防治科技有限责任公司，利用自主研制生产的大型车载喷雾设备，承包了大兴区、丰台区部分乡（镇）和街道的林木有害生物防治工作，取得了良好的防治效果。

2011年9月，召开全市林业有害生物防治会议，市、区林业有害生物防治主管部门、社会化服务组织和有关大专院校、科研单位的专家学者参加会议。会议总结了林业有害生物社会化防治工作进展情况，安排部署进一步推进社会化防治工作的目标、任务和措施。截至2011年年底，北京社会化防治服务主要有4种形式，即专业化公司防治、专业队有偿防治、自主防治和委托承包防治。其中，专业化防治公司有北京合利兴林业服务中心、北京百瑞弘霖有害生物防治科技有限责任公司、北京全兴发园林绿化公司等8家。

2015年，在全市林业有害生物普查工作中，中捷四方科技有限公司、绿宜生植物养护有限公司和北京中农立华纯静园林科技有限公司等社会化服务组织参与了林业有害生物普查工作。同年，以"一站带多点"的方式，在朝阳、顺义、昌平和通州4区的250个测报点，开展草履蚧、春尺蠖的社会化监测试点工作，探索林业有害生物社会化监测新模式。

2016年，为进一步推进林业有害生物社会化防治工作，成立了由行业主管部门、大专院校、科研单位和社会化服务组织等参加的"北京林业有害生物防控协会"，首批单位会员70个、个人会员100名。

（七）稳步推进绿色防控防治

全市稳步推进生物防控、绿色防控。仅2015—2017年，累计释放周氏啮小蜂50亿头，释放肿腿蜂1290万头，粘贴塑料胶带围环5333.33公顷次，放置各色粘虫板25万个，喷洒美国白蛾核型多角体病毒53666.67公顷次。分别在丰台区万芳亭公园、通州区东郊森林公园等7个公园，怀柔APEC会址及其周边，通州城市副中心，延庆蔡家河平原造林地块建立了市级绿色防控示范点，示范面积达到3000公顷次。以示范点为引领，全面推广以营林措施、生态调控、人工和物理防治、生物防治和保护利用自然天敌等环境亲密型防控措施为主的绿色防控技术。

（八）把有害生物防控纳入绿化造林全过程

始终坚持把有害生物防控工作纳入绿化造林的全过程。在绿化造林方面，严把规划设计、苗木质量关，坚持适地适树，以乡土树种为主，注重抗病性、抗逆性苗木的选择，实行针阔混交，乔灌草结合，注重生物多样性。在森林经营方面，科学制定森林经营方案，把有害生物防控作为经营方案的重要内容，对侧柏、油松等针叶树抚育，明确要求不能在小蠹虫类、天牛类有害生物成虫扬飞期进行抚育作业，并按技术规范及时清理处置废弃物。在养护管理方面，山区森林健康经营工程规定，经费总额的10%用于有害生物防治，平原造林养护工程规定，经费总额的5%~10%用于有害生物防治，并将有害生物防治成效作为林木养护检查考核的重要指标。

（九）编制有害生物防治历

在总结历年林业有害生物发生规律和防治工作经验的基础上，2008年编制了《北京市主要林木有害生物（虫害）防治历（试行）》和《北京市主要林木有害生物（病害）防治历（试行）》，2013年又进行修订、补充、完善，列入主要虫害46种（表5-27-1），病害9种（表5-27-2）。

表5-27-1 北京市主要林木有害生物（虫害）防治历

月份	旬	有害生物名称	虫态	主要寄主植物	主要防治技术	越冬方式	发生代数（代/年）
1	中	草履蚧	若虫	核桃、柿子、杨柳、白蜡、榆、桃、杏等	树干围环、喷毒环阻隔上树若虫，每隔3~5天人工抹杀一次	卵或若虫在卵囊内于土壤、墙缝、树缝、枯枝落叶层及石块堆下越冬	1

(续)

月份	旬	有害生物名称	虫态	主要寄主植物	主要防治技术	越冬方式	发生代数（代/年）
2	下	春尺蠖	成虫	杨、柳、榆、槐、苹果、梨、沙枣等	围环阻止成虫上树产卵，每隔3~5天人工抹杀或喷药	以蛹在树下土中越冬	1
2	上	黄褐天幕毛虫	卵	蔷薇科植物、柞、柳、杨、桦、榛等	结合冬剪，剪除卵箍并销毁	以卵在枝上越冬	1
2	中	斑衣蜡蝉	卵	臭椿、香椿、榆、悬铃木、女贞、杨、杏、李、桃、海棠、葡萄	持续至3月，人工刮除卵块	以卵在树干阳面越冬	1
2	下	双条杉天牛	成虫	侧柏、圆柏、龙柏	2月底至5月上旬林间空地堆放新鲜柏木段或用诱液诱杀	以成虫、少量蛹在被害枝干内越冬	1
2	下	油松毛虫	低龄幼虫	油松	围环捕杀上树幼虫	以2~3龄幼虫在树干基部等隐蔽处越冬	1（有不完全的第2代）
2	下	柏肤小蠹	成虫	侧柏、圆柏	采集新鲜枝条（直径1~2厘米）铺于林内诱捕成虫	以成虫在寄主皮下越冬	1
2	下	黄栌胫跳甲	卵	黄栌	人工摘除卵块	以卵在小枝分叉处越冬	1
2	下	杨潜叶跳象	成虫	杨	清理树下枯枝落叶，翻耕土壤，消灭越冬成虫	以成虫在树干基部、落叶、石块及表浅土层中越冬	1
2	下	膜肩网蝽	成虫	杨、柳	清除并销毁树下枯枝落叶或深翻土壤	成虫群集在树洞、树缝隙或枯枝落叶层中越冬	3~4
2	下	桃潜叶蛾	成虫	山桃、碧桃、李、杏、樱桃	清除树下杂草落叶	以冬型成虫在树木附近杂草落叶、树洞、孔、树皮下越冬	6
3	上	杨小舟蛾	蛹	杨、柳	人工挖蛹并清除树干基部杂草，翻耕表土，杀灭越冬蛹	以蛹在枯枝落叶层、墙缝等处越冬	4
3	上	杨扇舟蛾	蛹	杨、柳	人工挖蛹并清除树干基部杂草，翻耕表土，杀灭越冬蛹	以蛹在地面落叶、树干裂缝或基部老皮下越冬	4
3	上	黄连木尺蠖（木橑尺蠖）	蛹	臭椿、核桃、刺槐、板栗、黄连木、杨、黄栌、石榴、山楂、合欢、泡桐、榆叶梅	人工挖蛹	以蛹在树下潮湿浅土层中或石块下越冬	1
3	上	国槐尺蠖	蛹	槐	4月上旬成虫开始羽化前，消灭树冠下浅土和石块下的越冬蛹	以蛹在树干附近表土层中越冬	4

(续)

月份	旬	有害生物名称	虫态	主要寄主植物	主要防治技术	越冬方式	发生代数（代/年）
3	中	美国白蛾	蛹	桑、臭椿、白蜡、泡桐、杨、柳、榆、柿、苹果、梨等多种树木及花卉、农作物	人工挖蛹，持续至4月上旬	以蛹在砖瓦乱石堆中、墙缝中、树洞里越冬	3
3	下	舞毒蛾	卵	栎、杨、李、苹果、山楂、柿、榆、柳、桦、槭、落叶松等	清除越冬卵块	以完成胚胎发育的幼虫在卵壳内越冬	1
3	下	草履蚧	若虫		药剂防治		
3	下	双条杉天牛	成虫、卵		寄主苗木移植前后各进行一次喷药防治		
3	下	柏肤小蠹	成虫、卵		树冠喷药杀卵		
3	下	纵坑切梢小蠹	成虫	油松、华山松、雪松等	设置直径5厘米左右的新鲜松木段或诱液诱杀，持续至4月下旬	成虫在树干基部枯枝落叶层或土层下6~10厘米处树皮内越冬	1
3	下	黄杨绢野螟	幼虫	小叶黄杨	3月下旬和6月上旬幼虫危害时药剂防治	以2龄幼虫黏合2叶结包越冬，结合冬剪剪除虫苞	2
4	上	美国白蛾	成虫		杀虫灯诱杀，持续至10月		
4	上	白杨透翅蛾	幼虫	杨、柳	发现虫瘿，及时剪除、销毁	幼虫在枝干内越冬	1~2
4	上	杨潜叶叶蜂	成虫	小美旱、小叶杨、北京杨、小青杨	药剂防治	老熟幼虫在浅土层结茧越冬	1
4	上	榆蓝叶甲	成虫	榆	药剂防治	以成虫在建筑物缝隙及枯枝落叶下越冬	2
4	上	松大蚜	无翅蚜为主	油松、华山松、白皮松、乔松	药剂防治，注意草蛉、食蚜蝇、瓢虫等天敌保护	以卵在松针上越冬	数代
4	上	杨扇舟蛾	成虫		杀虫灯诱杀		
4	上	国槐尺蠖	成虫		杀虫灯诱杀		
4	上	杨潜叶跳象	成虫		在成虫出蛰期（约10天），在地面及树干上喷药		1
4	上	国槐小潜蛾	成虫	国槐	杀虫灯诱杀，药剂防治，成虫高峰期出现在4月中下旬	做茧以蛹在树干和枝条的阴面及建筑物的缝隙内等处越冬	2~3
4	上	春尺蠖	幼虫		4月下旬左右进入暴食期，在此之前，可进行药剂防治或用病毒喷雾		

(续)

月份	旬	有害生物名称	虫态	主要寄主植物	主要防治技术	越冬方式	发生代数（代/年）
4	上	黄栌胫跳甲	幼虫		幼虫孵化盛期，药剂防治		
4	中	刺槐叶瘿蚊	成虫	刺槐	成虫期喷雾防治	以老龄幼虫在表土中做茧越冬	4~5
4	中	蔗扁蛾	幼虫	巴西木、发财树等温室植物	树干喷药或熏蒸	以幼虫在根部周围的土壤中越冬	3~4
4	中	杨小舟蛾	成虫		杀虫灯诱杀		
4	中	梨卷叶象	成虫	杨、桦、梨、山楂、苹果	成虫期持续至5月上旬，在此之前均可用药剂防治	成虫在土壤中越冬	1
4	中	纵坑切梢小蠹	成虫		引诱剂诱杀或药剂防治		
4	中	松梢螟	幼虫	油松、华山松、白皮松等	该虫幼虫有迁移危害习性，可剪除并销毁有虫枝	幼虫在被害枝梢和球果中越冬	2
4	中	膜肩网蝽	成虫		该虫世代重叠明显，药剂防治		
4	中	柳厚壁叶蜂	成虫	柳	树冠喷药防治	老熟幼虫在土壤表层结茧越冬	1
4	中	黄褐天幕毛虫	3~4龄幼虫		核型多角体病毒防治；药剂防治		
4	中	国槐小卷蛾	成虫	槐、龙爪槐、蝴蝶槐	诱芯诱杀，杀虫灯诱杀，越冬代成虫羽化盛期为6月上旬		3
4	下	柳毒蛾	幼虫	柳、杨等	树干围环诱杀或至5月中旬均有幼虫上下树，药剂防治，树干围环诱杀或人工捕杀下树幼虫	以幼虫在树干裂缝、树洞和枯枝落叶层中越冬	2
4	下	杨小舟蛾	幼虫		药剂防治		
4	下	榆蓝叶甲	幼虫		药剂防治		
4	下	油松毛虫	低龄幼虫		病毒或药剂防治		
4	下	沟眶象（臭椿沟眶象）	成虫	臭椿、千头椿	成虫多在树干上活动，有不喜飞且假死习性，人工捕杀，持续至10月	以幼虫在树干内或成虫在树干基部土壤中越冬	1
4	下	白蜡窄吉丁	成虫	白蜡、水曲柳	药剂防治，持续至6月下旬	老熟幼虫在树干蛀道末端的木质部浅层内越冬	1

（续）

月份	旬	有害生物名称	虫态	主要寄主植物	主要防治技术	越冬方式	发生代数（代/年）
4	下	红脂大小蠹	成虫	油松、华山松、白皮松等	引诱剂诱杀，持续至10月下旬		
5	上	美国白蛾	低龄幼虫		喷施药剂进行普防，其他两代幼虫危害时间为7月中旬和8月下旬		
5	上	舞毒蛾	幼虫		喷施病毒防治，至5月中旬		
5	上	柏大蚜	无翅蚜为主		释放天敌瓢虫；药剂防治，注意草蛉、食蚜蝇、瓢虫等天敌保护	卵或无翅胎生雌蚜越冬	10~14
5	上	国槐尺蠖	低龄幼虫		药剂防治		
5	上	国槐小潜蛾	幼虫		药剂防治，第1、2代幼虫孵化危害期为6月下旬至7月中旬、8月中旬至9月下旬		
5	上	油松梢小蠹	成虫	油松	引诱剂诱杀成虫，另两代成虫出现时间为8月中旬和9月中旬	以幼虫或成虫在枝干皮层内越冬	3
5	上	光肩星天牛	成虫	杨、柳、榆、桑、苦楝、糖槭等	成虫期人工捕捉，种植糖槭等喜食树种诱集，在树干上围白僵菌粉胶环，保护和利用花绒寄甲等天敌，时间为7~10月，7月中旬为羽化盛期	以幼虫在树干内越冬	1
5	下	杨潜叶跳象	预蛹/成虫		利用幼虫在树下群集化蛹习性，人工收集销毁或地面喷药，成虫持续到10月		
5	上	白杨透翅蛾	成虫	杨、柳	性诱剂诱杀，持续至10月初		
5	中	美国白蛾	幼虫（网幕期）		剪网幕、喷施美国白蛾病毒，另两代出现网幕时间为7月下旬和9月上旬		
5	中	双条杉天牛	低龄幼虫		释放肿腿蜂		
5	中	松梢螟	成虫		杀虫灯诱杀，性诱剂诱杀，持续至8月中旬		
5	中	双斑锦天牛	成虫	大叶黄杨、卫矛	药剂防治	以幼虫在树根部越冬	1

(续)

月份	旬	有害生物名称	虫态	主要寄主植物	主要防治技术	越冬方式	发生代数（代/年）
5	中	桃潜叶蛾	成虫		性诱剂诱杀成虫，持续至10月下旬		
5	下	延庆腮扁叶蜂	成虫	油松	药剂防治	老熟幼虫在土壤中做茧越冬	1
5	下	舞毒蛾	老熟幼虫		树干扎草把诱捕，及时销毁		
5	下	黄褐天幕毛虫	成虫		杀虫灯诱杀		
6	上	柏肤小蠹	成虫		采集新鲜枝条（直径1~2厘米）置于林内诱集，诱液诱杀，持续至7月中旬		
6	上	榆蓝叶甲	老熟幼虫、蛹		人工清除在树干上集中化蛹的老熟幼虫		
6	上	国槐小卷蛾	幼虫		药剂防治		
6	上	斑衣蜡蝉	成虫、若虫		药剂防治		
6	上	舞毒蛾	成虫		杀虫灯诱杀；性诱剂诱杀		
6	上	油松毛虫	成虫		杀虫灯诱杀，性诱剂诱杀，持续至8月中旬		
6	上	桑天牛	成虫	桑、构树、杨、柳、苹果、海棠、榆等	利用成虫有假死习性人工捕捉，6月中旬至7月中旬为成虫羽化盛期	以幼虫在树干内越冬	2年1代
6	上	黄杨绢野螟	成虫		6月上旬、8月上旬成虫期灯光诱杀		
6	中	美国白蛾	老熟幼虫、预蛹		释放周氏啮小蜂，释放期间隔7~10天；喷施美国白蛾病毒；时间持续至9月下旬		
6	中	国槐尺蠖	幼虫		药剂防治		
6	中	黄栌胫跳甲	成虫		熏烟防治		
6	中	纵坑切梢小蠹	成虫		引诱剂诱杀；取直径1厘米以上枝条设置诱木诱杀		
6	中	黄连木尺蠖（木橑尺蠖）	成虫		杀虫灯诱杀，至8月上旬		

(续)

月份	旬	有害生物名称	虫态	主要寄主植物	主要防治技术	越冬方式	发生代数（代/年）
6	中	梧桐木虱	成虫、若虫	青桐	药剂防治	以卵在树皮缝或枝条基部阴面越冬	2
6	中	小线角木蠹蛾	成虫	白蜡、柳、国槐、龙爪槐、银杏、悬铃木、丁香、元宝枫、海棠、苹果、山楂、榆叶梅	杀虫灯诱杀；性诱剂诱杀	以幼虫在干、枝木质部内越冬	2年1代
6	中	落叶松叶蜂	幼虫	落叶松	喷灭幼脲或施用烟雾剂	老熟幼虫结茧在枯枝落叶层下和疏松土壤中越冬	1
6	下	杨扇舟蛾	卵		释放赤眼蜂，释放时间每次间隔7~10天		
7	上	柳毒蛾	成虫		杀虫灯诱杀		
7	上	榆蓝叶甲	成虫		药剂防治		
7	中	侧柏毒蛾	幼虫	侧柏、圆柏	药剂防治	卵及低龄幼虫在树皮缝、侧柏鳞叶和小枝条靠叶基部越冬	2
7	中	柳毒蛾	低龄幼虫		药剂防治		
7	下	缀叶丛螟	幼虫	核桃、板栗、黄栌、臭椿、女贞、黄连木、火炬树、酸枣等	7月下旬为孵化盛期，在危害初期可打药防治，吐丝结网后人工剪除网幕或打药防治	以老熟幼虫在根茎部及根周围深约10厘米土中结茧越冬。可秋季挖除虫茧	1
7	下	黄连木尺蠖（木橑尺蠖）	幼虫		药剂防治		
8	上	柳毒蛾	幼虫		树干围环诱杀或人工捕杀下树幼虫		
8	上	杨扇舟蛾	幼虫		8~9月下旬，使用杨扇舟蛾病毒、药剂防治		
8	上	国槐尺蠖	幼虫		药剂防治		
8	上	国槐小卷蛾	幼虫		7、8月危害严重，药剂防治	幼虫在豆荚、枝条、树皮缝中越冬	
8	中	杨小舟蛾	幼虫		药剂防治		
8	中	油松毛虫	幼虫		病毒或药剂防治		
9	中	杨扇舟蛾	幼虫		杨扇舟蛾病毒或药剂防治		
9	中	柳厚壁叶蜂	幼虫		人工摘除虫瘿烧毁或深埋		

(续)

月份	旬	有害生物名称	虫态	主要寄主植物	主要防治技术	越冬方式	发生代数（代/年）
10	上	大青叶蝉	成虫、卵	杨、柳、刺槐、榆、臭椿、圆柏、苹果、梨、桃、杏	清除林下杂草；喷药或杀虫灯诱杀	以卵在干、枝皮层中越冬	3
11	下	白杨透翅蛾	幼虫		落叶后，剪除虫瘿		
12	上	国槐小卷蛾	幼虫		结合冬剪，剪除有虫豆荚和枝条集中处理		

注：①主要寄主植物、发生代数和越冬方式3项按时间顺序仅在首次出现时进行标注；
②注重养护管理，加强检疫和预测预报；
③各区（县）应根据本地区物候期、林地小环境对防治时期进行适当调整。

表 5-27-2　北京市主要林木有害生物（病害）防治历

月份	旬	有害生物名称	主要寄主植物	主要症状	主要传播途径	适生条件与发病高峰期	主要防治技术	其他说明
3	上	杨树腐烂病	杨、柳、槐、苹果	树干和枝条等部位着生不规则病斑，发病初期病斑黑褐色，水渍状，后期失水干瘪下陷，有时病斑开裂呈丝状	风雨传播，易于从伤口侵入	3月初开始发病，4、5月为发病高峰期	杨柳栽植前，浸泡24小时后修根，蘸生根粉后栽植，首次浇水要足量	大树加强管护，防止树体失水，严禁在林间焚烧落叶
3	上	冠瘿病	杨、樱桃、桃、月季、海棠等	主要发生在根颈处，发病部位长有大小不等、近圆形的瘤。初期瘤表面光滑，灰白色或肉色，质地柔软；后变深褐色，质地坚硬，表面粗糙有龟裂，最后外皮脱落并露出许多小木瘤	病菌在土壤中借水流、耕作和地下害虫传播，也可借苗木调运远距离传播，易于从植物伤口侵入	偏碱性的土壤和湿度大的沙壤土发病严重	加强检疫；利用生物制剂K84浸根或在植物生长期浇根处理	合理轮作
4		杨树腐烂病					刮除病斑，涂药防治	
4	上	苹桧锈病		苹果受害后，在叶片背面形成红黄色"毛状物"；柏树发病后，发病部位雨后形成黄褐色鸡冠状孢子角，似柏树"开花"；受害小枝肿大形成球形或半球形瘿瘤	风雨传播	早春多雨、多风，温度17~20℃时，有利于该病的发生；苹果树开花展叶期，降水量15毫米以上，持续时间在两天以上，锈病发病率高；苹果树叶龄在17天以内的嫩叶较易受到侵染	春季第一场透雨后，孢子萌发扩散前在柏树上连喷2次1~3波美度石硫合剂，在仁果类果树上使用15%粉锈宁可湿性粉剂等喷雾防治。7~10月病菌转移到柏树时，使用100倍等量式波尔多液等喷雾防治	苹果树周边1.5~5千米内，圆柏多，则发病重
5	上	枣疯病	枣、酸枣	主要表现为花器退化，萼片、花瓣、雄蕊变小叶，雌蕊变小枝，花梗延长；地下根蘖丛生	经叶蝉等媒介昆虫传播	气候干旱，温度较高的时期，营养不良和管理不善会易于发病	输祛疯灵；剪除销毁病枝；药剂防治叶蝉等传病昆虫	避免靠近油松林，且附近不宜种植芝麻

(续)

月份	旬	有害生物名称	主要寄主植物	主要症状	主要传播途径	适生条件与发病高峰期	主要防治技术	其他说明
5	上	草坪草褐斑病	冷季型草坪草	感病草坪上出现形状不规则或略呈圆形（直径可达1米）的褐色枯草斑块，中央的病株较边缘病株恢复得快，致使枯草斑呈环状或蛙眼状。病斑最初通常为紫绿色，后很快褪绿成浅褐色	通过人为调运草皮、种子，进行远距离传播；也通过气流、水流和土壤进行自然传播	天气湿热且草坪草叶片上有自由水存在时，褐斑病发展非常迅速；种植时间较长的草坪、枯草层厚的草坪，菌源量较大，草坪发病重；低洼潮湿、排水不畅或种植密度大的发病严重；7~8月高温高湿夏季为发病高峰期	加强检疫；加强修剪；喷药预防	
5	下	杨树炭疽病（黑叶病）	侵害多种杨树及板栗、银杏、苹果等，以北京杨受害最重	不同树种症状不同，北京杨感病后，首先叶柄基部出现黑褐色病斑，环叶柄一周后，叶柄及叶片变黑枯死，在嫩枝上的病斑为溃疡斑；毛白杨感病后叶上出现不规则或近圆形病斑，中间为黄褐色或灰白色，边缘为一黑色带	风雨传播	北京杨5月下旬至7月下旬开始发病。发病时间与严重程度与下雨早晚和雨量大小关系密切，下雨早、雨量大、雨日多则发病早且重	浸染初期进行药剂防治	持续至7月下旬，具体防治时间应结合降雨情况监测
5	下	杨树溃疡病	杨	树干中下部，根颈及大树枝条上着生病斑，病斑有水渍状和水泡状两种，水渍状斑褐色，常有褐色液体流出；光皮杨树上水泡状斑色同树皮，手压能挤出树液，粗皮杨树无此病斑	借助水、昆虫传播	4月开始发病，每年有两个发病高峰，第一次在5~6月，第二次在8~9月，春季比秋季发病重	药剂防治。新植树及时浇足水	杨树溃疡病发生时，杨树腐烂病常接踵而至；杨树与苹果树相邻种植时，苹果轮纹病及杨树溃疡病均严重
6	中	杨树黑斑（褐斑）病	加杨、沙兰杨、北京杨	发病初期，病斑较小，约1毫米，黑色或褐色，中央有白色小突起1个；严重发生时，叶片变黑，常造成大量被害叶片提前脱落		高温、高湿、多雨、光照不足、栽植密度过大和通气不良等有利于该病发生	发病初期药剂防治；选择抗性树种，营造混交林；合理密植，改善通风透光条件；增强树势，及时清除病株病枝	
6	中	黄栌枯萎病	黄栌等	叶部症状表现为萎蔫，发病症状可分为两种：叶片从边缘向内逐渐变黄，但叶脉仍保持绿色，后期叶部分或大部分叶片脱落；发病初期，叶片不褪绿，但逐渐失水萎蔫，自叶缘向内干缩、卷曲，后期变得焦枯，然后开始脱落	土壤传播	土壤含水量低易于发病	土壤药剂消毒	对苗圃地进行合理轮作

(续)

月份	旬	有害生物名称	主要寄主植物	主要症状	主要传播途径	适生条件与发病高峰期	主要防治技术	其他说明
8	下	杨树溃疡病					药剂防治	
11	上	杨树炭疽病（黑叶病）					结合冬剪，剪除树冠下部枝叶，深埋或沤肥，减少病菌来源	

注：①主要寄主植物、主要症状、主要传播途径、适生条件与发病高峰期4项按时间顺序仅在首次出现时进行标注；
②注重养护管理，加强检疫和预测预报；
③各区（县）应根据本地区物候期、林地小环境对防治时期进行适当调整。

第二节 有害生物普查

林业有害生物普查是防控林业有害生物的重要基础性工作，目的是为全面掌握辖区林业有害生物种类、分布及危害情况，补充和完善林业有害生物数据库，制定和完善林业有害生物预警方案、防控对策，为防范、封锁和消灭外来有害生物，确定和实施重点治理工程项目，维护生态安全提供科学依据。

20世纪80年代以来，组织开展了3次全市林业有害生物普查工作。通过普查，掌握了本土及外来林业有害生物种类、分布范围、发生面积及危害情况等基础信息，建立和完善林业有害生物数据库，对外来有害生物进行了危险性分析，对未来的发生趋势进行评价，为林业有害生物的动态监测、防控方案制定、科学开展防控和开展林业有害生物风险分析以及预防外来林业有害生物入侵，组织开展防治技术研究，制定更加有效的控制、封锁和扑灭措施等打下了坚实基础。

一、第一次森林病虫普查

1981年4月至1983年4月，根据林业部关于《全国森林病虫普查实施要点》和《全国森林病虫普查内业整理要点》的要求，北京开展了首次森林病虫普查。主要是摸清全市主要树种的病虫种类、分布范围、危害程度及天敌资源等情况。本着"按树种查病种虫种和划片定点定期调查"的原则，全市统一组织，统一技术要求，以县（区）为单位开展普查。采取现场调查与访问相结合的方法，调查病虫发生情况，记载分布状况、危害面积、危害部位、危害程度。现场调查按被查林地面积的0.5%设标准地。在标准地内，随机选定标准树，采取定株数、定时间、定部位的系统调查方法，每5天调查一次。分别记载病虫编号、虫态，统计有虫株率、虫口密度、危害程度；记载病害编号、发病株率，计算感病指数；对蛀干害虫，还要区分小蠹、天牛和吉丁虫幼虫危害情况。通过现场捕捉、灯诱与饲养等多种方法采集昆虫及病害标本，确定被查树种的主要、次要病虫。

本次普查共采集病虫标本19305号次，共发现林果虫害486种，其中林业害虫364种、果树害虫122种，包括干果害虫45种、鲜果害虫77种。共发现林果病害214种，其中林业病害124种、果树病害90种，包括干果病害28种、鲜果病害62种。天敌昆虫107种。初步查清了主要林木树种的主要病虫种类、分布范围和危害程度。

二、第二次林业有害生物普查

为全面掌握北京市林业有害生物情况，特别是林业外来有害生物的种类、分布及危害情况，补充和完善林业有害生物疫情数据，根据国家林业局发布的《关于在全国开展林业有害生物普查工作的通知》精神，2003—2005年，在全市范围内组织开展了林业有害生物普查工作。

普查对象为从国（境）外和1980年以后从外省份传入的危害林业植物及其产品的有害生物，以及本土危害性较大的有害生物，主要包括林业病原微生物、有害昆虫、有害植物及鼠、兔、螨等。普查内容包括有害生物危害的植物种类、分布，有害生物发生面积，危害程度，以及外来有害生物来源调查。普查方法包括前期准备、外业调查、调查资料整理、标本制作与鉴定等方面（图5-27-4）。

图5-27-4　2004年9月，专业技术人员进行林业有害生物普查

本次普查共计调查林木、果树和园林绿化树种200余种，采集昆虫标本18440份，病害标本1000多份，有害植物标本500多份，饲养并制作北京市林业主要害虫生活史标本48套；拍摄有害生物及其危害状况照片18050张。经对标本、图片鉴定和查阅相关资料，确认北京市共有林业病害211种；林业害虫10目133科897属1446种，包括昆虫纲9目、蛛形纲蜱螨目1目（2科7属14种）；哺乳纲啮齿目2科8属14种（害鼠）；有害植物24科53属66种；结合利用有害生物普查，调查了部分害虫天敌情况，初步定名的天敌昆虫10目48科231属429种。

其中，主要病害8种，分别是杨树溃疡病、杨树腐烂病、杨树炭疽病、杨树黑斑病、黄栌白粉病、板栗疫病、冠瘿病、苹桧锈病，其中杨树腐烂病、杨树溃疡病全市均有分布。主要虫害27种，分别是双条杉天牛、光肩星天牛、桑天牛、柏肤小蠹、沟眶象、臭椿沟眶象、柞树吉丁虫、油松毛虫、春尺蠖、舞毒蛾、槐尺蠖、黄连木尺蠖、栎掌舟蛾、延庆腮扁叶蜂、落叶松叶蜂、黄褐天幕毛虫、柳毒蛾、杨扇舟蛾、杨小舟蛾、松梢螟、杨潜叶跳象、梨卷叶象、杨树叶蜂、草履蚧、榆蓝叶甲、核桃举肢蛾、柿蒂虫等。从国外传入的外来有害生物为美国白蛾、红脂大小蠹、蔗扁蛾、西花蓟马4种，从外省份传入的林业有害生物有35种。危害较重的有害植物66种，其中，列入林业危险性有害生物名单的有害植物有16种。危害木材的有害生物8种。林业检疫性有害生物6种，分别为红脂大小蠹、美国白蛾、猕猴桃细菌性溃疡病、蔗扁蛾、冠瘿病菌、草坪草褐斑病菌等。北京市林业补充检疫性有害生物4种，分别为锈色粒肩天牛、根结线虫病、梨圆蚧、白蜡窄吉丁。

三、第三次林业有害生物普查

为全面掌握全市林业有害生物种类、分布及危害情况，充实林业有害生物基础数据库，完善林业有害生物防控及应急方案，根据国家林业局《关于开展全国林业有害生物普查工作的通知》和《全国林业有害生物普查技术方案》，2014—2016年，在全市组织开展了第三次林业有害生物普查工作。

普查范围是全市市域范围内的树木、花卉、种实、果品、木材及其制品的生产和经营场所等。普查重点区域主要包括市、区两级林场、苗圃、交通干线、绿化重点工程区、自然保护区和风景名胜区、果园、花圃、贮木场、木材加工厂以及果品集散地和批发市场等。

普查对象包括对林木、种苗等林业植物及其

产品造成危害的所有病原微生物，有害昆虫，有害植物，鼠、兔、螨类及天敌等。具体是已造成危害，但尚未记录的林业有害生物种类；2003年以来，从国（境）外或省级行政区外传入的林业有害生物种类；在北京市已发生危害或扰民记录的林业有害生物种类；列入《北京市补充林业检疫性有害生物名单》《全国林业检疫性有害生物名单》的物种；林业有害生物天敌等。

普查方法以线路踏查为主，以空中遥感、信息素引诱和灯光引诱等为辅。踏查区域要涵盖普查范围内所有植被类型，每次踏查外业结束后要将调查数据填入踏查记录表并及时进行整理汇总。信息素引诱或灯光引诱，主要应用于生态、经济价值高，分布集中且分布面积较大的林分，或在有害生物发生严重区域周边小班的虫情调查，是对踏查调查方式的一种补充完善。当诱捕到某一种或几种有害生物数量较大时，要迅速扩大调查范围，设立标准地开展系统调查。对于本地区未记录或未监测的林业有害生物种类，应详细调查其发生面积、危害程度等；对于已知或已监测的林业有害生物种类，可用当年的监测调查数据。标准地的设置，人工林累计面积原则上不少于有害生物寄主面积的0.3%；天然林不少于0.02%；苗圃不少于育苗面积（数量）的5%。同一类型的标准地应尽可能有3次以上的重复。每次外业完成后及时将调查数据进行整理汇总为标准地调查记录表。

普查内容主要包括林木病害调查，害虫调查，有害植物调查，鼠（兔）害调查，种实、果品、花卉有害生物发生情况调查和天敌种类调查。标本采集与信息记录包括标本编号、采集时间、地点、寄主植物、采集人姓名等。有害生物照片包括有害生物生态照片和标本照片。

本次普查共设置踏查线路650条，踏查6500千米，设立标准地498个；调查面积6.47万公顷；累计采集制作有害生物标本7550盒，其中生活史标本90种265套；拍摄生物学、形态学及危害状况等照片55517张，视频15个。

普查结果显示，全市共有危害记录的林业有害生物472种。其中，2003年以来北京地区新增新纪录种12种，分别为美国白蛾、红脂大小蠹、雪松长足大蚜、白蜡树卷叶棉蚜、白蜡绵粉蚧、枣大球蚧、悬铃木方翅网蝽、白蜡窄吉丁、锈色粒肩天牛、多斑白条天牛、双线棘丛螟、刺槐叶瘿蚊；常发性林业有害生物有460种，其中虫害384种，包括鳞翅目151种、双翅目4种、半翅目26种、膜翅目19种、同翅目8种、鞘翅目88种、直翅目6种；病害68种，包括真菌性病害63种、细菌性病害4种、寄生性植物病害1种；有害植物8种。

在2010年《北京林业有害生物名录》基础上，补充了2014—2016年第三次普查成果，于2018年形成了《北京林业有害生物普查名录》。共收录林业有害生物2309种，其中有害昆虫1489种、蜱螨14种、病害263种、鼠害14种、有害植物67种、林业害虫天敌昆虫462种。

北京地区主要林业害虫172种，其中，刺吸类害虫50种、食叶类害虫76种、蛀干类害虫（蛀梢蛀果）27种、地下类害虫8种、检疫性有害生物10种，见表5-27-3。北京地区主要林业病害26种，其中，叶部病害10种、枝干病害8种、果实病害5种、根系病害3种，见表5-27-4。北京地区主要林业害虫天敌18种，其中，寄生幼虫、蛹8种，寄生卵2种，捕食性8种，见表5-27-5。

表5-27-3　北京地区主要林业害虫

类型	数量（种）	名称
刺吸类害虫	50	茶翅蝽、金绿宽盾蝽、红足壮异蝽、红脊长蝽、绿盲蝽、梨网蝽、膜肩网蝽、斑衣蜡蝉、大青叶蝉、黑蚱蝉、槐豆木虱、梧桐木虱、合欢羞木虱、黄栌丽木虱、桑木虱、油松球蚜、柏大蚜、居松长足大蚜、栗大蚜、杨白毛蚜、栾多态毛蚜、秋四脉棉蚜、杨枝瘿棉蚜、桃粉大尾蚜、桃瘤头蚜、桃蚜、月季长管蚜、槐蚜、刺槐蚜、黄蚜、草履蚧、柿树白毡蚧、石榴囊毡蚧、日本龟蜡蚧、白蜡蚧、日本扭绵蚧、水木坚蚧、枣大球蚧、朝鲜褐球蚧、朝鲜毛球蚧、桑白盾蚧、山楂叶螨、朱砂叶螨、桑始叶螨、呢柳刺皮瘿、呢柳刺皮瘿螨、国槐红蜘蛛、柏小爪螨、苹果全爪螨、二斑叶螨

(续)

类型	数量（种）	名称
食叶类害虫	76	柳厚壁叶蜂、柳蜷叶蜂、玫瑰三节叶蜂、杨潜叶叶蜂、延庆腮扁叶蜂、落叶松叶蜂、绿芫菁、榆蓝叶甲、榆紫叶甲、核桃扁叶甲黑胸亚种、柳十八斑叶甲、葡萄十星叶甲、杨梢叶甲、黄栌胫跳甲、梨卷叶象、杨潜叶跳象、大灰象甲、元宝枫细蛾、桃潜叶蛾、杨白潜蛾、杨银叶潜蛾、国槐小卷蛾、梨星毛虫、黄杨绢野螟、黄翅缀叶野螟、楸蠹野螟、黄刺蛾、褐边绿刺蛾、中国绿刺蛾、扁刺蛾、枣奕刺蛾、榆凤蛾、丝棉木金星尺蛾、黄连木尺蠖、桑褶翅尺蛾、国槐尺蠖、春尺蠖、枣尺蠖、女贞尺蛾、大造桥虫、落叶松尺蛾、柿星尺蛾、杨扇舟蛾、杨小舟蛾、杨二尾舟蛾、栎掌舟蛾、刺槐掌舟蛾、苹掌舟蛾、槐羽舟蛾、侧柏毒蛾、舞毒蛾、杨雪毒蛾、柳毒蛾、榆毒蛾、盗毒蛾、折带黄毒蛾、角斑古毒蛾、人纹污灯蛾、漆闪污灯蛾、桑剑纹夜蛾、棉铃虫、黄褐天幕毛虫、绵山天幕毛虫、油松毛虫、落叶松毛虫、杨枯叶蛾、枣桃六点天蛾、豆天蛾、榆绿天蛾、樗蚕、绿尾大蚕蛾、银杏大蚕蛾、野蚕、桑蟥、大红蛱蝶、花椒凤蝶、榆蛱蝶（白钩蛱蝶）
蛀干类害虫（蛀梢蛀果）	27	光肩星天牛、桃红颈天牛、红缘天牛、桑天牛、薄翅锯天牛、刺角天牛、云斑白条天牛、青杨天牛、双斑锦天牛、双条杉天牛、四点象天牛、巨胸虎天牛、沟眶象、臭椿沟眶象、赵氏瘿孔象甲、日本双棘长蠹、柏肤小蠹、松纵坑切梢小蠹、油松梢小蠹、松十二齿小蠹、落叶松八齿小蠹、芳香木蠹蛾东方亚种、小线角木蠹蛾、六星黑点豹蠹蛾、松梢螟、白杨透翅蛾、核桃举肢蛾
地下类害虫	8	东方蝼蛄、东方绢金龟、苹毛丽金龟、铜绿金龟、小青花金龟、白星花金龟、华北大黑鳃金龟、大云鳃金龟
检疫性有害生物	10	北京地区有国家林业检疫性有害生物6种：红脂大小蠹、美国白蛾、猕猴桃细菌性溃疡病、蔗扁蛾、冠瘿病菌、草坪草褐斑病菌 北京市补充林业检疫性有害生物4种：锈色粒肩天牛、根结线虫病、梨圆蚧、白蜡窄吉丁

表5-27-4　北京地区主要林业病害

类型	数量（种）	名称
叶部病害	10	黄栌白粉病、毛白杨锈病、苹桧锈病、青杨叶锈病、杨树黑叶病、柿子角斑病、柿子圆斑病、杨树黑斑病、松落针病、杏疔病
枝干病害	8	板栗疫病、杨树溃疡病、合欢枯萎病、黄栌枯萎病、国槐烂皮病、杨树腐烂病、泡桐丛枝病、枣疯病
果实病害	5	桃细菌性穿孔病、桃褐腐病、苹果霉心病、苹果炭疽病、梨黑星病
根系病害	3	冠瘿病、紫纹羽病、根结线虫病

表5-27-5　北京地区主要林业害虫天敌

类型	数量（种）	名称
寄生幼虫、蛹	8	管氏肿腿蜂、白蜡吉丁肿腿蜂、白蛾周氏啮小蜂、白蜡吉丁柄腹茧蜂、丽蚜小蜂、花绒寄甲、中华甲虫蒲螨、麦蒲螨
寄生卵	2	茶翅蝽平腹小蜂、赤眼蜂
捕食性	8	中华草蛉、大草蛉、异色瓢虫、大唼蜡甲、蠋蝽、叉角厉蝽、智利小植绥螨、胡瓜钝绥螨

第三节　有害生物监测预报

监测预报是林业有害生物防控工作的基础，主要是监测林业有害生物发生情况、预测发生趋势，为防控工作提供及时准确的信息。监测预报主要包括监测测报点建设、监测对象确定、测报技术和信息发布等内容。

一、监测测报网及主要监测对象

20世纪80年代初，北京市开始进行林果病虫监测测报工作。根据林木资源现状、有害生物发生规律、分布特点及传播扩散途径等因素，按照国家、市、区三级监测测报点的设置要求，建立监测测报点。截至2020年，北京市共设有各类林业有害生物固定监测测报点4051个。其中，国家级林业有害生物中心测报点10个、市级监测测报点555个、区级监测测报点3486个，基本形成了以国家级中心测报点为龙头，市级监测测报点为主体，区级监测测报点为补充的国家、市、区三级林业有害生物监测测报网络体系，并对40余种主要病虫害和检疫性、危险性林业有害生物开展实时监测和动态管理。年平均对外发布各类监测信息70余条，及时指导全市开展有害生物灾害防范，有效减少了林业有害生物灾害的发生。

2020年，北京市主要林业有害生物监测对象有白蜡窄吉丁、草履蚧、臭椿沟眶象、春尺蠖、苹掌舟蛾、多毛切梢小蠹、刺蛾、光肩星天牛、国槐尺蠖、国槐小卷蛾、黑胫腮扁叶蜂、红脂大小蠹、黄连木尺蠖、金纹细蛾、桔小实蝇、梨卷叶象、梨小食心虫、栎粉舟蛾、栎掌舟蛾、柳蜷叶蜂、落叶松叶蜂、美国白蛾、苹果蠹蛾、苹小卷叶蛾、葡萄蛀果蛾、柿蒂虫、柿棉蚧、双条杉天牛、松墨天牛、松梢螟、桃潜叶蛾、桃小食心虫、桃蛀螟、舞毒蛾、悬铃木方翅网蝽、延庆腮扁叶蜂、杨扇舟蛾、杨小舟蛾、杨雪毒蛾、叶螨、油松毛虫、榆蓝叶甲、缀叶丛螟、纵坑切梢小蠹等。

国家级中心测报点涉及北京市10个区，主要监测检疫性、危险性等林业有害生物，分主测对象和兼测对象两类。2020年监测对象见表5-27-6。

二、监测调查方法

诱捕和阻隔是监测调查的基本方法。诱捕是利用灯光、植物产生或人工合成的昆虫趋性物质、昆虫信息素、诱木或色板等诱集昆虫的方法（图5-27-5），常以单日或某一时间段内的诱捕数量作为统计调查单位。阻隔是在害虫活动区域设置障碍物，以观察记载障碍物下害虫数量、行为等内容。

表5-27-6　北京市国家级中心测报点监测对象

序号	区名称	第一测报对象	第二测报对象
1	门头沟区	红脂大小蠹	草履蚧
2	房山区	春尺蠖	桃小食心虫
3	通州区	美国白蛾	梨小食心虫
4	顺义区	春尺蠖	梨小食心虫
5	昌平区	油松毛虫	金纹细蛾
6	大兴区	美国白蛾	梨小食心虫
7	怀柔区	油松毛虫	栎粉舟蛾
8	平谷区	春尺蠖	桃潜叶蛾
9	密云区	油松毛虫	栎粉舟蛾
10	延庆区		延庆腮扁叶蜂

图 5-27-5 松墨天牛诱捕器

三、主要监测技术

信息素监测 指利用人工合成的信息化合物对昆虫发生动态进行诱捕监测的方法。该方法有灵敏度高、专一性强、用量低及环境友好等特点。目前，全市推广使用的信息素产品包括美国白蛾诱芯、松墨天牛引诱剂、双条杉天牛引诱剂、梨小食心虫等20余种，并结合物联网的技术，加大对智能化监测设备应用推广力度，逐步实现由人防向技防的转变。

灯光诱捕监测 指利用人工组装或专业诱虫灯对趋光性昆虫进行监测的方法。专业诱虫灯可分为太阳能和交流电两种。该方法具有诱捕种类多、适用范围广等特点。主要用于监测美国白蛾、国槐尺蠖、杨扇舟蛾、杨小舟蛾、栎粉舟蛾、黄连木尺蠖等多种趋光性害虫。诱捕时间应在害虫高峰期进行，以减少对天敌昆虫的杀伤。灯光诱捕可能会导致周边树木虫量的增加，应注意及时做好除治工作。

手机终端APP 在北京市国家级中心测报点和市级监测测报点多年监测基础数据的基础上，利用"互联网+"开发出林业有害生物测报手机终端APP。作为一个监测平台，测报人员可在手机上登录林业有害生物测报APP，并实时记录、拍照上传寄主、诱捕器内监测到的成虫数量、天气情况、常见植物物候、防治情况、调查时间、调查人等监测信息以及监测现场的监测照片资料。

无人机监测 2019年，北京市首次使用无人机对山区林业有害生物进行监测调查和松材线虫病疫情普查等工作。无人机在监测过程中每飞行100米即可自动拍出一张局部图，无人机图像识别系统利用专业软件对航拍图像信息进行即时合成，将数百张航拍图最后生成一张航空遥感影像，并利用森林遭受有害生物后在生理机制与外部形态上反映的可探测性，应用无人机遥感技术揭示危害因子，提供危害范围和等级的信息技术。通过受害林木形态变异包括叶形、冠形变化、部分或全部落叶等现象、遥感数据并结合地理信息技术，实现对林业有害生物发生规律、分布状况及防治效果的动态监测及跟踪调查管理。监测人员从影像中便可清晰分辨出林业有害生物疑似发生区，结合GPS精准定位系统，可实现对林业有害生物及时、有效定位、诊断及处理，大大提高了监测的时效性和监测覆盖率。目前，北京市应用的无人机机型有2种，即固定翼无人机和旋翼式无人机。

四、监测与预报

监测是各级监测测报站（点）利用监测设备、用品等，对目标林业有害生物的发生期、发生范围、发生数量、危害程度、危害林业植物种类及相关信息进行采集和上报的过程。预报是指各级林检机构，根据林业有害生物的生物学特性，综合林业资源现状、气象资料，通过汇总分析监测测报站（点）上报的监测数据信息，对目标林业有害生物的发生期、发生范围、发生数量、危害程度、危害林业植物种类等内容进行预测和信息发布的过程。监测预报发布分为定期预报、警报和通报。监测预报内容主要包括发生期预报、发生量预报、发生范围预报和危害程度预报。市、区级林业有害生物防治机构每月定期逐级上报林业有害生物发生、防治情况等信息数据资料，汇总半年、全年监测预报工作情况，并预测主要林业有害生物发生趋势。

五、监测预报点职责

2013年,北京市制定了林业有害生物监测预报管理办法。规定林业有害生物监测测报站(点)分为国家级中心测报点、市级监测测报站(点)和区(县)级监测测报点。国家级中心测报点的设立与管理按照原国家林业局有关规定执行。市级监测测报站点原则设在自然保护区、水源保护区、风景旅游区,重点造林工程区,主要干线公路、铁路、河流、城市道路两侧绿化带和公园绿地等林业有害生物发生、防治区。区(县)级监测测报点作为市级监测测报站(点)的补充,设在市级监测测报站(点)以外的地区。

市级监测测报站点的主要职责是按照林业有害生物监测测报方案、年度工作计划等要求,组织开展监测测报工作,并按时上报相关信息数据资料;绘制并及时修订辖区监测测报对象分布图、调查标准地分布图和踏查线路图等图纸资料;制作并备有辖区监测测报对象和主要林业有害生物的生活史标本;建立健全辖区监测测报对象和主要林业有害生物的档案资料,将监测测报原始记录、图片、越冬基数调查情况、发生趋势预测和年度总结报告等资料登记造册,分类整理归档。

区级监测测报点的主要职责是要按照林业有害生物监测测报方案、年度工作计划等要求,开展监测测报工作,认真观察、规范记录,按时上报相关信息数据资料;规范使用、定期维护保养各种监测测报仪器设备,确保及时、安全开展林业有害生物监测测报工作。

第四节 林业植物检疫

林业植物检疫是依据《植物检疫条例》等法律法规,利用法律、行政和技术手段,防止危害植物的病、虫、杂草和其他有害生物的人为传播,保障国家农、林业生产安全的各种措施的总称。植物检疫的主要任务是防止外来危险性病虫侵害,防止北京市危险性病虫外传,防止国内植物检疫性有害生物扩散,保障植物性商品正常流通。林业植物检疫工作的主要内容是产地检疫、调运检疫、检疫复检、引进林木种子苗木和其他繁殖材料检疫等。

在林业植物检疫工作中,各级林业植物检疫部门主动出击、关口前移,形成了行之有效、完善健全、科学规范的检疫御灾体系,有效将灾害控制在发生初期、萌芽状态。紧紧围绕重点绿化造林工程建设,严禁从松材线虫病、苹果蠹蛾、红脂大小蠹、白蜡窄吉丁等疫情发生区调入相关寄主植物及其产品,严禁未经检疫的苗木和其他繁殖材料进入绿化造林地。

一、产地检疫

森林植物及其产品的产地检疫,是指植物检疫机关对拟调出区(县)级行政区的应检植物、植物产品,或虽不调出,但拟做试验推广使用的种子、苗木和其他繁殖材料在其生长期间进行的田间检查和必要的室内检验的检疫过程。产地检疫的特点是主动、简便、可靠;产地检疫的重点是种子、苗木的生产环节;产地检疫的范围主要包括生产基地和产品基地,生产基地是指种苗繁育基地、种子园、母树林等;产品基地是指果园、贮木场、木材加工厂(经营点)、集贸市场等。产地检疫包括踏查、标准地调查和调查结果处理等内容。

(一)产地检疫调查

踏查 选择有代表性的调查线路,主要查看苗木顶梢、叶片、茎干、枝条,必要时查看根部,初步确定病虫种类、分布范围、发生面积、发生特点和危害程度等内容。

标准地调查 标准地的设置，针叶树一般为 0.1~5 平方米，阔叶树一般为 1~5 平方米，标准地的累计面积不少于调查总面积的 0.1%~5%。标准地调查主要包括统计总株数、病虫种类或编号、被害株数或危害程度、计算虫口密度、有虫株率、感病指数、感病株率等内容，各项调查结果填入产地检疫调查表和产地检疫记录（图 5-27-6）。

图 5-27-6 2004 年 3 月，林业植物检疫工作人员现场检疫检查

调查结果处理 有检疫对象或危险性病虫，要进行除害处理；未发现检疫对象或危险性病虫的，签发"产地检疫合格证"。取得"产地检疫合格证"的林木种子、苗木可以在本行政区域内调运；调出本行政区域的森林植物及其产品，可凭"产地检疫合格证"换发"植物检疫证书"，"植物检疫证书"必须由专职检疫员签发。

（二）产地检疫程序

1. 受理

报检人（单位）需提交产地检疫报检单1份（表中列出报检单位、联系电话、应检物品种类及数量等情况），提交的材料齐全、规范、有效。

申请材料存在可以当场更正的错误的，允许申请人当场更正；申请材料不齐全或不符合法定形式的，应当场或5日内签发"一次性告知书"，将产地检疫时间以受理通知单形式告知申请人或申请单位。

2. 审核

经产地检疫调查、室内检验，对未发现林业检疫性有害生物（森林植物检疫对象）、补充林业检疫性有害生物（补充森林植物检疫对象）或其他危险性病、虫的，签发"产地检疫合格证"。对带有林业检疫性有害生物（森林植物检疫对象）、补充林业检疫性有害生物（补充森林植物检疫对象）或其他危险性病、虫的，签发"检疫处理通知单"，责令申请人在指定地点进行除害处理，无法进行除害处理的，责令改变用途、控制使用或者就地销毁。合格后签发"产地检疫合格证"，如果现场不能确认是否为检疫性林业有害生物的，可取样进一步做室内检疫检验。

3. 单证

主要包括产地检疫报检单、受理通知单、产地检疫告知书、检疫处理通知单、行政许可送达通知书、产地检疫合格证。

二、调运检疫

省份间调运森林植物和产品检疫，简称调运检疫，是在调运林业植物及其产品的过程中实施的检疫，是防止林业检疫性有害生物在国内传播蔓延的重要措施，主要包括调出检疫和调入检疫。

（一）调出检疫

受理报检，审核"森林植物检疫报检单"和调入省的"森林植物检疫要求书"。按照调入省的"森林植物检疫要求书"要求开展现场检验和室内检验，签发"植物检疫证书"。下列情况检疫部门可以直接签发"植物检疫证书"：持有"产地检疫合格证"的；具有口岸检疫单证的；省际间属二次或因中转更换运输工具调运同一批次的森林植物及其产品，有"植物检疫证书"的；从无检疫对象发生的县级行政区域调出的森林植物及其产品，经查核可以签发"植物检疫证书"。

（二）调入检疫

调出省的检疫部门按照调入省森林植物检疫部门开具的"森林植物检疫要求书"开展检疫，并取得调出省市签发的"植物检疫证书"。重点是查验调入的苗木、林产品和随货"植物检疫证书"等；发现检疫对象的应下达"检疫处理通知单"，并及时组织开展除害处理；对调入的森林植物及其产品应组织开展检疫复检和追踪调查，防止检疫性或危险性病虫传播蔓延。对违法调运的应施检疫的森林植物、林产品应进行补检，对违法调运行为可以进行行政处罚。

（三）调运检疫程序

1. 受理

（1）调出受理。对调出北京市的森林植物和产品的检疫，满足下列情况之一者可直接签发"植物检疫证书（出省）"：对调出的林业植物及其产品凭有效期内的"产地检疫合格证"换发"植物检疫证书（出省）"；从国外、境外进口的应施检疫的林业植物及其产品再次调运出北京市时存放时间在一个月内的（可能染疫的除外），带口岸检疫单证；省际间属二次或因中转更换运输工具调运同一批次的林业植物及其产品，存放时间在一个月内的，带森林植物检疫机构有效的"植物检疫证书（出省）"换签新证，但如果转运地疫情严重、可能染疫的应实施检疫，合格后签发"植物检疫证书（出省）"；从无检疫对象发生的县调出的林业植物及其产品，经查核后签发"植物检疫证书（出省）"。

不属于上述情况的，申请人提交调入省签发的"森林植物检疫要求书"，填写"森林植物检疫报检单"。

（2）调入受理。对调入北京市的森林植物和产品的检疫，申请人填写"森林植物检疫要求书"的相关内容，检疫员根据疫情资料开具"森林植物检疫要求书"。申请人提交的申请材料齐全、符合法定形式。申请事项属于本行政机关职权范围，申请材料齐全、符合法定形式，或者申请人按照本行政机关的要求提交全部申请材料的，受理行政许可申请。

2. 审核

（1）调出审核。对照"森林植物检疫报检单"，在现场核对林业植物及其产品名称、数量和来源，检查报检单与调运的应检物是否相符。检查林业植物及其产品的表层、包装物外部、填充物、堆放场所、运载工具和铺垫材料是否带有林业检疫性有害生物（森林植物检疫对象）、补充林业检疫性有害生物（补充森林植物检疫对象）或者检疫要求书中提出的危险性森林病、虫。按照林业植物及其产品的种类和数量，抽取一定数量的样品进行现场检验。如果现场不能确认是否为检疫性林业有害生物（检疫对象）的，可取样进一步做室内检疫检验。

根据疫情普查资料、国家疫情通报、现场检查结果及室内检疫检验结果，确认是否带有林业检疫性有害生物（检疫对象）、补充林业检疫性有害生物（补充检疫对象）或者检疫要求书中提出的危险性森林病、虫。对检疫合格的，签发"植物检疫证书（出省）"。

对发现林业检疫性有害生物（检疫对象）、补充林业检疫性有害生物（补充检疫对象）或者危险性森林病、虫的，签发"检疫处理通知单"，责令申请人在指定地点，在检疫机构的监督下，进行除害处理，合格后签发"植物检疫证书（出省）"。无法进行除害处理的，责令改变用途、控制使用或者就地销毁。

（2）调入审核。检疫员及时对调运进京的林业植物及其产品进行抽查复检，发现带有林业有害生物（检疫对象）或危险性病虫的，要签发"检疫处理通知单"，在检疫机构的监督下进行检疫处理。

3. 告知

及时准确告知申办人办理结果。签发的"植物检疫证书（出省）""森林植物检疫要求书"，及时通知申请人领取。对不符合标准的，不予签发，并将理由以书面形式告知申请人。

三、检疫复检

调入单位（个人）所在地的省份的检疫机构或其委托的检疫机构，对调入的林业植物及其产品，查验"植物检疫证书"，必要时可以进行复检。

复检时发现检疫对象和其他危险性病、虫的，下达"检疫处理通知单"，采取相应的防范疫情扩散的措施，监督、指导收货人进行除害处理，并将有关情况及时通告调出地省级检疫机构。受委托的检疫机构发现检疫对象和其他危险性病、虫的，应及时报告本地省级检疫机构。

复检时发现检疫对象和其他危险性病、虫的，复检情况必须做详细记录，保存抽检样品和标本。

四、引种检疫

从国外引进林木种子、苗木（含分散种植）检疫，简称引种检疫，是《植物检疫条例》赋予省级森林植物检疫机构承担的检疫任务。引种检疫是根据《中华人民共和国进境植物检疫禁止进境物名录》《国家（或地区）及检疫性或危险性病虫名单》《中华人民共和国进境植物检疫危险性病、虫、杂草名录》《中华人民共和国进境植物检疫潜在危险性病、虫、杂草名录》《进口植物检疫截获的部分病虫名单》和国家林业局（现国家林业和草原局）公告等疫情通报进行。

申请从国（境）外引进林木种子、苗木及其他繁殖材料的申请人（单位）或代理人，需填写、提供引进林木种子、苗木及其他繁殖材料检疫审批申请表；属于贸易引进的还需出具进出口贸易林木种苗资格证明；属于交换、科研用途引种的，需提供相关证明资料；提供林木种苗原产地病虫害发生情况的材料，引进种苗的隔离试种计划和管理措施。首次引种国内或北京市没有的林木种子、苗木及其他繁殖材料，或者已有引种，但一次进口量特别巨大的（数额由审批机关根据具体情况自行确定），可组织开展风险评估，再次引进相同品种种苗的，应出具国内种植地森林植物检疫机构出具的疫情监测报告。

隔离试种场所必须具备以下条件：有围墙、防疫沟等自然间隔或不同植物隔离带；周围一定距离内（按不同引种植物而定）不得种植同一科、属植物；灌溉及排水条件应相对独立，符合检疫和除治要求；有完善的管理措施并配备病虫害防治检疫专业技术人员。由 2 名以上检疫员对申报的隔离试种场所进行实地检查。

符合引种审批规定和要求的，填写"引进林木种子、苗木和其他繁殖材料审批单"，提出检疫要求和审批意见；不符合引种审批规定和要求的，做出不予行政许可的书面决定，说明所依据的技术标准和技术规范，并将申请材料退还申请人（单位）或代理人。

五、森林植物检疫对象

森林植物检疫对象（以下简称森检对象）由国家林业主管部门根据全国危险性森林病、虫的发生情况确定或者调整，森检对象名单由国家林业主管部门发布。各省份林业主管部门根据本行政区域内危险性森林病、虫的发生情况确定或者调整补充森检对象名单。补充森检对象名单由省份林业主管部门发布，报国家林业主管部门备案，并通报有关省份林业主管部门。1984—2020 年，国家林业主管部门先后 4 次发布森林植物检疫对象名单，历次森林植物检疫对象名单见表 5-27-7。

1986 年 6 月，北京市人民政府印发关于《北京市林业植物检疫试行办法的通知》，并公布了《北京市林业植物检疫对象和应施检疫的林业植物及其产品补充名单》。以后又分别于 1999 年、2003 年、2005 年、2022 年调整公布了北京市补充森林植物检疫对象名单，见表 5-27-8。

表 5-27-7 森林植物检疫对象

公布时间（年）	数量（种）	检疫对象
1984	20	白杨透翅蛾 *Paranthrene tabaniformis* 杨干象 *Cryptorhynchus lapathi* 杨圆蚧 *Quadraspidotus gigas* 牡蛎蚧 *Lepidosaphes salicina* 日本松干蚧 *Matsucoccus matsumurae* 松突圆蚧 *Hemiberlesia pitysophila* 美国白蛾 *Hyphantria cunea* 紫穗槐豆象 *Acanthoscolides plagiatus* 柠条豆象 *Kytorrhinus immixtus* 落叶松种子广肩小蜂 *Eurytoma laricis* 黄连木种子小蜂 *Eurytoma plotnikovi* 落叶松枯梢病 *Botryosphaeria laricina* 泡桐丛枝病 *phytoplasma* MLO 板栗疫病 *Endothia parasitica* 枣疯病 *phytoplasma* MLO 毛竹枯梢病 *Ceratosphaeria phyllostachydis* 松疱锈病 *Cronartium ribicola* 杨树花叶病毒病 *Poplar mosaic virus* (PMV) 松枯萎病（又名松材线虫病） *Bursaphelenchus xylophilus* 国外松褐斑病 *lecanosticta acicola*
1996	35	杨干象 *Cryptorrhynchus lapathi* 杨干透翅蛾 *Sphecia siningensis* 黄斑星天牛 *Anoplophora nobilis* 松突圆蚧 *Hemiberlesia pitysophila* 日本松干蚧 *Matsucoccus matsumurae* 湿地松粉蚧 *Oracella acuta* 落叶松种子小蜂 *Eurytoma laricis* 泰加大树蜂 *Urocerus gigas taiganus* 大痣小蜂 *Megastigmus* spp. 柳蝙蛾 *Phassus excrescens* 双钩异翅长蠹 *Heterobostrychus aequalis* 美国白蛾 *Hyphantria cunea* 锈色粒肩天牛 *Apriona swainsoni* 双条杉天牛 *Semanotus bifasciatus* 苹果棉蚜 *Eriosoma lanigerum* 苹果蠹蛾 *Laspeyresia pomonella* 梨圆蚧 *Quadraspidiotus perniciosus* 枣大球蚧 *Eulecanium gigantean* 杏仁蜂 *Eurytoma samsonovi* 松枯萎病（又名松材线虫病） *Bursaphelenchus xylophilus* 松疱锈病 *Cronartium ribicola* 松针红斑病 *Dothistroma pini* 松针褐斑病 *Lecanosticta acicola* 冠瘿病 *Agrobacterium tumefaciens* 杨树花叶病毒病 *Poplar mosaic virus* (PMV) 落叶松枯梢病 *Botryosphaeria laricina* 毛竹枯梢病 *Ceratosphaeria phyllostachydis* 杉木缩顶病 *Pestalotiopsis guepinii* 桉树焦枯病 *Cylindrocladium scoparium* 猕猴桃溃疡病 *Pseudomonas syringae* pv. *actinidiae* 肉桂枝枯病 *Lasiodiplodia theobromae* 板栗疫病 *Cryphonectria parasitica*（异名 *Endothia parasitica*） 香石竹枯萎病 *Fusarium oxysporum* f. sp. *dianthi* 菊花叶枯线虫病 *Aphelenchiodes ritzemabosi* 柑橘溃疡病 *Xanthomonas citri*

(续)

公布时间（年）	数量（种）	检疫对象
2004	19	松枯萎病（又名松材线虫病）*Bursaphelenchus xylophilus* 红脂大小蠹 *Dendroctonus valens* 椰心叶甲 *Brontispa longissima* 松突圆蚧 *Hemiberlesia pitysophila* 杨干象 *Cryptorrhynchus lapathi* 薇甘菊 *Mikania micrantha* 苹果蠹蛾 *Cydia pomonella* 美国白蛾 *Hyphantria cunea* 双钩异翅长蠹 *Heterobostrychus aequalis* 猕猴桃细菌性溃疡病菌 *Pseudomonas syringae* pv. *actinidiae* 松疱锈病菌 *Cronartium ribicola* 蔗扁蛾 *Opogona sacchari* 枣大球蚧 *Eulecanium gigantea* 落叶松枯梢病菌 *Botryosphaeria laricina* 杨树花叶病毒 *Poplar mosaic virus* (PMV) 红棕象甲 *Rhynchophorus ferrugineus* 青杨脊虎天牛 *Xylotrechus rusticus* 冠瘿病菌 *Agrobacterium tumefaciens* 草坪草褐斑病菌 *Rhizoctonia solani*
2013	14	松枯萎病（又名松材线虫病）*Bursaphelenchus xylophilus* 美国白蛾 *Hyphantria cunea* 苹果蠹蛾 *Cydia pomonella* 红脂大小蠹 *Dendroctonus valens* 双钩异翅长蠹 *Heterobostrychus aequalis* 杨干象 *Cryptorrhynchus lapathi* 锈色棕榈象 *Rhynchophorus ferrugineus* 青杨脊虎天牛 *Xylotrechus rusticus* 扶桑绵粉蚧 *Phenacoccus solenopsis* 红火蚁 *Solenopsis invicta* 枣实蝇 *Carpomya vesuviana* 落叶松枯梢病菌 *Botryosphaeria laricina* 松疱锈病菌 *Cronartium ribicola* 薇甘菊 *Mikania micrantha*

表5-27-8　北京市林业植物检疫对象补充名单

公布时间（年）	数量（种）	检疫对象
1986	11	柳蝙蝠蛾 *Phassus excrescens* 杨锦纹截尾吉丁（又名杨锦纹吉丁虫）*Poecilonota variolosa* 青杨天牛 *Saperda populnea* 双条杉天牛 *Semanotus bifasciatus* 刺槐种子小峰 *Bruchophagus philorobiniae* 黄斑星天牛 *Anoplophora nobilis* 杨树溃疡病 *Dothiorella gregaria* 苹果锈果病 *Apple rough skin virus* 苹果黑星病 *Venturia inaequalis* 桑萎缩病 MLO
1999	9	松褐天牛（又名松墨天牛）*Monochamus alternatus* 葡萄根瘤蚜 *Viteus vitifoliae* 根结线虫 *Meloidogyne* spp. 沟眶象和臭椿沟眶象 *Eucryptorrhynchus brandti* 和 *Eucryptorrhynchus chinensis* 蔗扁蛾 *Opogona sacchari* 杨锦纹吉丁 *Poecilonota variolosa* 银杏超小卷蛾 *Pammene ginkgoicola* 唐菖蒲干腐病 *Fusarium oxysporum* var. *gladioli* 杨树溃疡病 *Dothiorella gregaria*

(续)

公布时间（年）	数量（种）	检疫对象
2003	10	红脂大小蠹 *Dendroctonus valens* 栗山天牛 *Mallambyx raddei* 松褐天牛（又名松墨天牛）*Monochamus alternatus* 葡萄根瘤蚜 *Viteus vitifoliae* 根结线虫病 *Meloidogyne* spp. 沟眶象和臭椿沟眶象 *Eucryptorrhynchus brandti* 和 *Eucryptorrhynchus chinensis* 蔗扁蛾 *Opogona sacchari* 杨锦纹吉丁 *Poecilonota variolosa* 银杏超小卷蛾 *Pammene ginkgoicola* 唐菖蒲干腐病 *Fusarium oxysporum* var. *gladioli*
2005	9	栗山天牛 *Mallambyx raddei* 锈色粒肩天牛 *Apriona swainsoni* 松褐天牛（又名松墨天牛）*Monochamus alternatus* 根结线虫病 *Meloidogyne* spp. 杨锦纹截尾吉丁（又名杨锦纹吉丁）*Poecilonota variolosa* 银杏超小卷蛾 *Pammene ginkgoicola* 日本松干蚧 *Matsucoccus matsumurae* 梨圆蚧 *Quadraspidiotus perniciosus* 白蜡窄吉丁（又名花曲柳窄吉丁）*Agrilus planipennis*（异名 *Agrilus marcopoli*）
2022	8	松褐天牛（又名松墨天牛）*Monochamus alternatus* 云杉花墨天牛 *Monochamus saltuarius* 锈色粒肩天牛 *Apriona swainsoni* 白蜡窄吉丁（又名花曲柳窄吉丁）*Agrilus planipennis*（异名 *Agrilus marcopoli*） 杨锦纹截尾吉丁（又名杨锦纹吉丁）*Poecilonota variolosa* 根结线虫病 *Meloidogyne* spp. 梨圆蚧 *Quadraspidiotus perniciosus* 银杏超小卷蛾 *Pammene ginkgoicola*

六、无检疫对象苗圃建设

1999—2007年，北京市组织开展了无检疫对象苗圃建设工作，北京市无检疫对象苗圃建设工作主要包括国家级无检疫对象苗圃建设和市级无检疫对象苗圃建设。

国家级无检疫对象苗圃是根据原国家林业局《关于开展检疫对象苗圃建设的通知》精神，按照《全国无检疫对象苗圃评选办法》和《全国无检疫对象苗圃建设要点》的规定和要求，在市级无检疫对象苗圃中选拔推荐，逐级申报并逐项检查验收，检查验收合格后，上报原国家林业局审批确定。

市级无检疫对象苗圃建设标准主要是：①按森检机构要求，配备兼职森检员，负责本单位的疫情、病虫情况调查监测，对检疫对象和危险性病虫进行除害处理，并协助森检机构开展工作。②建立病虫害防治检疫工作室，并配置以下主要设施设备：生物解剖镜、标本柜、档案柜、工作台、必要的实验工具和药品、办公桌椅等，并做到规章制度、职责上墙。③选择繁育的种苗与周围植物不传染或不交叉感染检疫对象和其他危险性病虫。④繁育种苗所用的种子、果实、苗木（含试管苗）插条、接穗、砧木、叶片、芽体、块根、块茎、鳞茎、球茎、花粉、细胞培养材料等繁殖材料，不得带有检疫对象和其他危险性病虫。⑤从外省份引进繁殖材料，必须经过检疫，具备"植物检疫证书"；从国外引种，必须严格履行国外引种检疫审批手续，并按森检机构要求进行隔离试种，待检验合格后，方可扩大繁育。⑥遵照"森林植物检疫技术规程"，开展产地检疫调查，每年不少于2次，并认真填写产地检疫调查表，及时上报森检机构。⑦对所发生的检疫对象和危险性病虫，及时采取有效措施，限期扑灭。⑧所有出圃种苗，必须由兼职森检员签发"产地检疫合格证"，并随货运递。需调出北京市的，凭"产地检疫合格证"换发"植物检疫证书"。⑨建立检疫对象和病虫害防治技术档案，记载种苗繁育全过程的病虫发生及防治情况，直至种苗出圃。⑩采集、制作本单位的检疫对象和其他主要病虫标本，并妥善保存。

截至2007年，北京市共创建国家级无检疫对象苗圃12个，市级无检疫对象苗圃35个。见表5-27-9。

表5-27-9　北京市无检疫对象苗圃建设情况

等级	数量（种）	无检疫对象苗圃名单
国家级	12	北京市温泉苗圃、北京市黄垡苗圃、北京市小汤山苗圃、北京市房山区复兴苗圃场、北京市东北旺苗圃、北京市大东流苗圃（北方国家级林木种苗示范基地）、北京市玄鸿燕塞园林绿化工程有限公司、北京顺丽鑫园林绿化工程有限责任公司、北京市松杉佳卉园林绿化工程有限公司、北京绿昌然苗圃、北京市昌平区林业试验场、北京芳园林木良种有限公司
市级	35	北京市温泉苗圃、北京市黄垡苗圃、北京市小汤山苗圃、北京市房山区复兴苗圃场、北京市东北旺苗圃、朝阳区农林局北花园苗圃、通州区林业局苗圃、华夏园林中心、北方国家级林木种示范基地（北京市大东流苗圃）、房山区张坊镇林场苗圃、北京市十三陵林场苗圃、北京市共青林场苗圃、怀柔区芳园林木良种有限公司、丰台北京如春园林绿化有限公司、丰台区花乡榆树庄绿圣苗木培育中心、北京顺丽鑫园林绿化工程有限责任公司、北京市三北苗木基地、北京市松杉佳卉园林绿化工程有限公司、北京市平谷区种苗服务站、北京市昌平区林业局林业试验场、北京绿昌然苗圃、北京美昌然苗圃、北京市怀柔区雁栖林场苗圃、北京市琅山苗圃、北京市朝阳区大黄庄苗圃、北京五方园林绿化工程有限公司、北京南宫恒达园林绿化工程有限公司、北京市北朗中村花木中心、北京林海园林绿化设计中心、北京原艺奇油松苗圃、北京市怀柔区喇叭沟门林场苗圃、北京长辛店郁都园林绿化服务有限公司苗圃、北京风沙源育苗中心、北京市怀柔区北台上林场苗圃、北京长生园林绿化有限公司苗圃

第五节　有害生物防治

一、防治方法

北京市林业有害生物防治方法主要包括物理防治、化学药剂防治、生物防治和营林措施等几个方面。

（一）物理防治

物理防治是利用器械、光、热、电、温度、湿度和声波等各种物理因素或方法防避、抑制、消除、捕杀有害生物的技术措施。近年来，北京市林业有害生物防治推广应用的物理防治措施主要有诱虫杀虫灯、诱虫色板、防虫网、性诱剂等理化诱控技术措施（图5-27-7）。

（二）化学防治

化学防治是使用化学制剂（杀虫剂、杀菌剂、杀螨剂、杀鼠剂等）防治病虫、杂草和鼠类危害

图5-27-7　太阳能杀虫灯

的技术措施。常用的化学药剂主要有如下几类。

除虫脲，属于昆虫生长调节剂，通过干扰昆虫所特有的蜕皮、变态发育过程而达到防治目的，对人畜十分安全，且不易产生抗性。

苦参碱，是天然植物性药剂，由豆科植物苦

参的干燥根、植株、果实经乙醇等有机溶剂提取制成的一种生物碱，为广谱杀虫剂，具有触杀和胃毒作用，对人畜低毒。

吡虫啉，是新烟碱类杀虫剂，具有广谱、高效、低毒、低残留，害虫不易产生抗性，并有触杀、胃毒和内吸等多重作用，主要用于防治刺吸式口器害虫，对人、畜、植物和天敌具有安全性。

噻虫啉，是一种新型氯代烟碱类杀虫剂。主要作用是干扰昆虫神经系统正常传导，引起神经通道的阻塞，造成乙酰胆碱的大量积累，从而使昆虫异常兴奋，全身痉挛、麻痹而死。具有较强的内吸、触杀和胃毒作用，残效期长，对鞘翅目、鳞翅目害虫有很好的防治效果。属低毒杀虫剂，对人、畜、鸟类及水生生物具有安全性。

百菌清，是一种广谱保护性杀菌剂，对多种真菌病害具有预防作用。其作用机理是与真菌细胞中的三磷酸甘油醛脱氢酶发生作用，破坏该酶活性，使真菌细胞的新陈代谢受到破坏而失去生命力。属于低毒、广谱杀菌剂，药效稳定，残效期长，广泛应用于防治林木和农作物等多种病害，也可用作工业防霉剂、水果保鲜剂。

高效氯氰菊酯，属具备触杀和胃毒作用的拟除虫菊酯类化学杀虫剂，对咀嚼式口器和刺吸式口器的害虫均有良好的防治效果。作用机理是扰乱昆虫的正常生理，使之由兴奋、痉挛到麻痹而死亡。主要特点是高效、广谱，速效性好，击倒力强，是药效最高的杀虫剂之一。

（三）生物防治

生物防治是利用生物及其代谢产物控制另一种生物的技术措施，主要有以虫治虫、以鸟治虫和以菌治虫等。20世纪70年代末，北京市开始从事林业有害生物防治工作，至今生物防治已成为北京市林业有害生物防治的主要措施之一。广泛应用的生物防治产品主要有舞毒蛾病毒、春尺蠖病毒、美国白蛾病毒、杨扇舟蛾病毒，K84抗根癌菌剂，周氏啮小蜂、赤眼蜂、花绒寄甲、管氏肿腿蜂、白蜡吉丁肿腿蜂、平腹小蜂、蒲螨等寄生性天敌和异色瓢虫、蠋蝽、智利小植绥螨等捕食性天敌产品等。2006年，是北京市应用生物防治产品种类较多、防治比例较高、防治面积较大、防治效果较好的一年，全市累计释放周氏啮小蜂10亿头，释放赤眼蜂2亿头，喷洒美国白蛾病毒1.97万公顷，释放管氏肿腿蜂1164万头，施用核多角体病毒防治春尺蠖0.067万公顷，生物和仿生物制剂应用面积3.42万公顷，占防治总面积的91.96%。

（四）营林措施

营林措施是指采用营林或生态手段提高树势，增加植物抗性达到防治有害生物目的的技术措施。如土壤改良、施肥、灌水、修剪（枝）、清洁（卫生）、防冻等措施以及树种搭配、栽植模式、生长环境等。

二、防治机械设备

北京市防控林业有害生物的机械设备，按照用途、性能、工作原理和日工作量的不同可分为5大类，即车载风送式高射程打药机、园林浇水兼打药车、高压物理隔膜泵打药机、背负式喷雾喷粉机和喷烟机。当前，使用的主要机械设备有车载风送式高射程打药机（机、车配套一体）、车载风送式高射程打药机（仅有防治机器）、园林喷雾车、担架式打药机（需小型货车运载）、自走式打药机、手推式打药机、三轮车式物理隔膜泵打药机、背负式喷雾喷粉机、喷烟机、打孔注药机、便携式布撒器和高枝剪等。

三、生物防治技术

2003—2013年，针对美国白蛾、红脂大小蠹、白蜡窄吉丁、双条杉天牛、光肩星天牛、根癌病、春尺蠖、杨扇舟蛾等主要林业有害生物，组织开展了生物防治技术研究与推广工作。

（一）生物防治美国白蛾

美国白蛾，属鳞翅目灯蛾科，是一种世界性

的检疫害虫，被原农业部、原国家质量监督检验检疫总局和原国家林业局分别列为检疫性有害生物。据统计，美国白蛾可危害包括林木、果树、花卉、蔬菜、农作物和杂草在内的300多种植物，暴发时，可在短时间内吃光绿色植物。在北京，美国白蛾一年发生3代，以老熟幼虫在树皮裂缝、树洞、树下土块、瓦砾、枯枝落叶、包装物及建筑物缝隙等隐蔽处化蛹越冬；越冬代成虫于3月中旬至6月下旬羽化，第1、2代和越冬代（3代）幼虫危害期分别为5月上旬至7月上旬、7月上旬至8月下旬、8月下旬至11月上旬，世代重叠严重。

利用周氏啮小蜂防治美国白蛾。释放周氏啮小蜂的最佳时间为老熟幼虫期至化蛹初期。2003—2013年，北京市累计推广应用周氏啮小蜂212.9余亿头，预防、防治面积达1333.33公顷次。

利用美国白蛾核型多角体病毒防治美国白蛾。喷洒美国白蛾核型多角体病毒的最佳时期为美国白蛾1~2龄幼虫数量约占总虫数85%时，若2~3龄幼虫占85%时，其用量可加大1倍（图5-27-8）。2006—2012年，北京市累计推广应用美国白蛾核型多角体病毒93066.67公顷次。

图5-27-8　飞机喷洒美国白蛾核型多角体病毒防治美国白蛾

（二）大唼腊甲防治红脂大小蠹

红脂大小蠹又称强大小蠹，属鞘翅目小蠹科，是一种毁灭性蛀干、蛀根害虫。主要危害油松、白皮松、樟子松、华山松、云杉、冷杉、落叶松等针叶树。红脂大小蠹以成虫和幼虫在树干基部和根部的皮下取食为害，防治困难。

大唼蜡甲，属鞘翅目唼蜡甲科。利用大唼蜡甲防治红脂大小蠹效果显著。释放大唼蜡甲成虫时，将红脂大小蠹侵入孔用斧劈开，把成虫放在洞口或树基部，使之自行进入；释放幼虫时，把幼虫用毛笔放入打开的洞口，用锯末封堵。释放适期为7月中旬至8月底，即红脂大小蠹2~3龄幼虫期。每受害坑道释放5对大唼蜡甲为基数，根据林地受害率和新侵入孔数量，确定单位面积释放量。

（三）肿腿蜂防治白蜡窄吉丁

白蜡窄吉丁又名花曲柳窄吉丁，属鞘翅目吉丁虫科，是白蜡属树木的一种毁灭性的蛀干害虫。其幼虫在树皮下蛀食，形成不规则"S"形蛀道，危害隐蔽、严重，防治困难，是园林绿化的重要害虫。

白蜡吉丁肿腿蜂寄生于白蜡窄吉丁的幼虫、蛹和预蛹，是自然控制白蜡窄吉丁的一种重要寄生蜂，自然寄生率为13.9%左右。释放白蜡吉丁肿腿蜂的最佳时期分别为白蜡窄吉丁蛹期和低龄幼虫期，即每年4月上旬至4月中旬和6月下旬至8月。宜在气温20℃以上，晴朗无风的天气放蜂，放蜂前后15天不得使用广谱性杀虫剂。释放方法是将带蜂的指形管置于植株主干基部或悬挂于树干枝条上。放蜂量：白蜡吉丁肿腿蜂和白蜡窄吉丁益害比为3:1。

（四）管氏肿腿蜂和蒲螨防治双条杉天牛

双条杉天牛，属鞘翅目天牛科，主要以幼虫蛀干危害侧柏、圆柏等柏科树木，危害特点隐蔽。双条杉天牛在北京1年发生1代，全市均有分布。

管氏肿腿蜂是青杨天牛、双条杉天牛、松褐天牛等蛀干害虫的天敌。管氏肿腿蜂防治双条杉天牛幼虫最适宜时间为5月中旬至6月中旬，适宜的虫蜂比为1:1。具体时间是每天9~16点，布点 45~75 个 / 公顷，放蜂时将装有管氏肿腿蜂的指形管拔出棉塞后挂于树枝上，依靠管氏肿腿蜂自身的扩散能力寻找寄主。

蒲螨是多种害虫的体外寄生性天敌，通过向寄主体内注入毒液造成寄主永久性麻痹，然后在其体上完成繁殖发育。利用蒲螨防治双条杉天牛幼虫最适宜时间为 4 月上旬至 5 月上旬。同时，应用管氏肿腿蜂和蒲螨防治双条杉天牛幼虫，两种天敌共同作用于同一寄主，且不相互影响，能提高对寄主的致死率。

（五）花绒寄甲防治光肩星天牛

光肩星天牛是宽生态位的毁灭性的蛀干害虫，全市均有分布。其危害的树木可达 10 科 15 属，主要有柳、杨、苹果、梨、李、樱桃、樱花、榆、桑、枫、桦、元宝枫、刺槐、槭和法国梧桐等树种。每年 4~11 月是光肩星天牛的危害期，由于其卵、幼虫、蛹等虫态在树干内长时间隐蔽生活，且成虫羽化不整齐，故危害严重，防治困难。

花绒寄甲又称花绒坚甲、花绒穴甲。花绒寄甲除寄生松褐天牛外，还寄生光肩星天牛、黄斑星天牛等蛀干害虫。花绒寄甲成虫将卵产在天牛幼虫附近，待孵化后进入天牛蛀道内寻找到寄主，随即附着在天牛幼虫节缝间，分泌毒素将寄主麻醉，寄生在寄主体内取食，1 周左右可将天牛幼虫食尽。花绒寄甲主要用于防治松褐天牛等蛀干类害虫。

（六）松毛虫赤眼蜂防治杨扇舟蛾

杨扇舟蛾，属鳞翅目舟蛾科，以幼虫食叶危害为主。初孵幼虫群集取食叶肉，2 龄后缀叶成苞；3 龄后分散危害，但仍缀叶成苞，白天潜伏，晚上取食。杨扇舟蛾是危害北京地区杨树的主要食叶害虫，一年发生 4 代，第 4 代在 9 月下旬至 10 月上中旬发生，且易出现灾害。

松毛虫赤眼蜂是杨扇舟蛾主要寄生性天敌，最佳释放时间在杨扇舟蛾等鳞翅目害虫的卵期。根据杨扇舟蛾产卵、分布情况，每亩放蜂量为 1 万 ~2 万头，每亩均匀释放 12~15 个点。

（七）春尺蠖病毒防治春尺蠖

春尺蠖，属鳞翅目尺蛾科，是北京地区一年中危害最早的暴食性食叶害虫，雌成虫具有爬行上树的习性。寄主主要有杨、柳、榆、槐、桑、苹果、梨和沙枣等。春尺蠖一年发生 1 代，3 月下旬幼虫开始孵化，4 月中下旬进入暴食期，可在短时间内将成片树木叶片吃花、吃光。使用春尺蠖核型多角体病毒（AciNPV）防治春尺蠖效果明显，防治最佳时间为低龄幼虫期，可采用人工地面防治和飞机喷雾防治。

（八）抗根癌菌剂防治冠瘿病

冠瘿病又名根癌病、根瘤病，是一种发生较为普遍、危害较为严重的细菌性病害。寄主主要有樱花、杨、柳等树木及核果类果树等。病菌多从树木的裂缝、伤口处侵入，主要危害树木的根颈、主根、侧根以及枝干等部位；典型症状是在被害部位出现球形或扁球形瘤状物，初期个小、光滑、柔软，后期表皮粗糙，多开裂。染病树木发育受阻，生长缓慢，植株矮小，严重时叶片黄化、早衰；成年染病果树，果实少而小。利用抗根癌菌剂 K84 预防根癌病防治效果较好，最佳防治方法是在树木、果树栽植前，利用抗根癌菌剂 K84 泥浆进行蘸根处理。

四、飞机防治

飞机防治是指利用多种类型和型号的飞机为喷洒器械的搭载平台，开展超低空作业，广泛用于农林有害生物防治的一种有效防治方法，其具有综合成本低、防治速度快、防控效果好等特点，特别是对突发林业有害生物灾害作用显著，是确保重点地区不发生重大林业有害生物灾害的重要措施，也是国际、国内普遍采用的防治方法。

1979 年以来，北京市重点对五环以外非人口密集区的生态公益林、防护林等林地组织实施飞机防治。目前，使用的药剂主要有20%除虫脲悬浮剂、20%杀铃脲悬浮剂、30%阿维灭幼脲悬浮剂、25%甲维·灭幼脲悬浮剂等高效、低毒、低残留无公害药剂。先后使用的机型主要有固定翼运-5（Y-5）飞机、轻型直升机S-300C，到现在使用的AS350；由原来的常量喷雾，到现在的超低量喷雾；由地面追踪监督，到空中远程指挥调度监管；由人工配药混药，到自动加药混药。飞防工作不断细化精准，飞防效果不断提高，农药利用率稳步提升。

2017年，启用飞防用药精准化作业监管平台，通过远程终端实时查看药剂的混配和加注情况，随用随配、随配随加，实现飞防加药自动化（图5-27-9）；对飞防作业全环节实行全程实时监管，通过电脑终端查看飞防作业状态，包括飞行速度、每秒出药量、作业面积、喷药状态等实时数据，实现精准定位、精准施药、精准监控的集群化应急指挥调度，确保飞防用药处于实时监控状态，既保证了防治技术措施安全、可控、到位，又保证了既定防治效果的实现。

据统计，仅2011—2020年，全市累计开展飞防作业9949架次，预防控制面积99.49万公顷次。

图5-27-9　无人机防治果树病虫害

第六节　有害生物防控实例

一、防控美国白蛾等危险性林业有害生物

美国白蛾是一种以危害绿色植物为主的国际检疫害虫，原产北美，现分布于世界17个国家，1979年，在辽宁省丹东地区首次发现美国白蛾，1989年进入河北省山海关，1995年在天津市塘沽区严重发生，1996年在天津境内的北京市清河农场发现。2003年9月，接河北省相关部门通报，河北省廊坊市香河县发现美国白蛾，据现场调查，最近的美国白蛾发生点距离北京边境仅有300米。2004年4月，在北京市平谷区金海湖周边首次发现美国白蛾；2005年，在北京市9个区（县）监测到美国白蛾；2006年，在16个区（县）监测到美国白蛾。

面对美国白蛾等危险性林木有害生物防控的严峻形势，市委、市政府高度重视，健全了机构，建立了监测、检疫、防治三个体系，强化了群防群治意识，采取了科学的防控技术措施，全面掌握了美国白蛾在北京地区的发生规律和习性特点，大面积推广了综合防治技术，确保了美国白蛾等检疫性有害生物第一时间发现、第一时间处置，全市没有发生美国白蛾灾害，做到了"有虫不成灾"，圆满完成了原国家林业局规定的以美国白蛾为主的林业有害生物防治任务，为保护首都绿色景观完整和北京生态安全奠定了基础。

（一）完善保障制度

联防联治制度。为有效控制美国白蛾的发生和扩散蔓延，确保首都的生态安全，不断加强与天津、河北、辽宁、山东之间，相关区县与河北、天津各相邻县市之间，各部门之间、各部门与区（县）之间、区（县）与区（县）之间、乡镇与乡镇之间、村与村之间多层次的联防联治，制定联动方案，签订联防协议，落实联防责任，制定统一的防治作业时间，防止出现监测和防控死角，实现了防治无界限。

防治作业设计制度。各区（县）在全市防治美国白蛾年度实施方案框架下，分别制定本区（县）防治作业设计，并严格按照作业设计开展防控工作。

疫情报告制度。制定日报告、零报告和特殊情况及时报告等疫情报告制度，确保疫情报告的及时性、准确性和严肃性。

应急处置制度。2006年，为了及时处置美国白蛾等突发林木有害生物事件，北京市防控危险性林木有害生物指挥部印发了《北京市突发林木有害生物事件应急预案》，建立了应急反馈和应急处置机制；2008年，制订了《北京市奥运期间林木有害生物风险评估与对策报告》，实行了对奥运场馆及其主要联络线的动态监测和网络化监测。

检查、巡查制度。组织开展定期、不定期检查、督查工作。重点加大了对乡镇、街道等基层单位的监督检查力度，切实做到及时发现、及时处置。重点乡镇每村设巡查员3~5名，基本做到镇镇有专业队，村村有巡查员，人人有查防责任。

专家咨询制度。组建了由首都科研单位、大专院校、林业主管部门专家组成的"森林病虫害专家库"，为首都美国白蛾等检疫性、危险性林业有害生物防控工作提供技术指导与咨询保障。

奖惩制度。对在防治工作中取得显著成绩的单位和个人，予以表彰；对组织领导不力、没有落实防治措施，造成重大损失的，追究领导责任；对监测不力、检疫执法不严、隐瞒疫情，以及贻误防治时机造成疫情严重扩散蔓延的，防治不力造成疫情扩散蔓延的，除治不力造成灾情的，依法追究有关责任人的责任。

（二）强化技术保障

组织开展美国白蛾防控技术研究。积极与中国科学院微生物研究所、动物研究所、中国林业科学研究院、中国农业大学、北京林业大学、北京市农林科学院、北京农学院等教学科研单位开展相关技术研究，着重开展了美国白蛾快速识别技术，美国白蛾生活史、危害树种与发生规律以及防控技术等研究。其中，"美国白蛾诱芯的研制与开发""美国白蛾病毒杀虫剂规模化生产工艺及应用技术研究"和"应用白僵菌防治美国白蛾技术研究与示范"被列入市级重点科技项目，为科学有效开展美国白蛾防控工作奠定了基础。

加强技术培训。市、区两级以培训班、现场会等形式，组织开展技术培训，培训交流美国白蛾等危险性林木有害生物生活习性、发生规律、发生特点、防控措施、防治手段、防控经验，提高查防人员的专业技术水平、查防能力和综合技术素质。2000—2020年，举办各种形式的培训3000余次，培训人员达200万人次。

二、"奥运"前夕应急防控突发草地螟事件

第29届夏季奥林匹克运动会开幕式于2008年8月8日举行。8月2日下午1点，奥林匹克运动会主场馆地区突发大量"飞蛾"。市防控指挥部办公室接报后，立即组织专家进行鉴定，经过反复比对，确认这是草地螟的一种，称网锥额野螟。初步分析该虫是从蒙古国和中国内蒙古等地区迁飞而来。这种草地螟成虫白天具有很强的群集追逐鲜花、夜晚群集追逐灯光并严重扰民的习性。开幕式前夕的主场馆区白天鲜花盛开、夜晚灯火辉煌，导致了成千上万的草地螟成虫在奥运场馆及周边地区大量集结，将对奥运会开幕式和正常的比赛构成严重影响。虫情就是命令，下午2点，市防控指挥部迅速印发除治草地螟的紧急通知。随后启动了应急预案，紧急调集应急防控车辆、物资和相关专业技术人员待命。下午6点，召开了奥运场馆核心区相关部门参加的紧急防控会议。晚上8点，应急防控车辆、物资和相关人员集结完毕，午夜进入奥运场馆区，迅速展开防控工作。

8月3日，迁飞进入场馆区的草地螟成虫进一步增加，防控形势进一步严峻。据监测调查，当晚全市48个草地螟监测测报点平均单灯诱蛾

量达到4820头，雷达高空探照杀虫灯单灯诱蛾量达到了30万头。对此，市领导迅速作出指示，要求在3天内控制住草地螟的危害，确保奥运开幕式的成功举办和各项赛事的顺利进行。根据市领导的指示，市防控指挥部办公室再次紧急调集分放在朝阳、通州、昌平和怀柔等区（县）的高射程应急风送迷雾式防控车8辆，进入奥运主场馆地区开展紧急除治；同时，调集其他各种防治机械36台套、应急防治药剂3吨，迅速运送到其他奥运场馆开展防控工作。

8月4日，在全力组织开展应急防控的同时，紧急从河南省调集频振式杀虫灯8000多台，从江苏省调集高射程风送迷雾式打药机4台，并多方协调应急防控物资和防控车辆的进京事宜。紧急组装雷达高空探照杀虫灯200台、高射程风送迷雾式打药车11辆。经过3天的紧急防控，到8月8日，消除了草地螟隐患，保障了奥运会开幕式的如期进行。

8月13日、8月22日、9月3日和9月17日，又有多批草地螟成虫随西北南下的强气流进入北京，奥运场馆地区又面临新的威胁。期间，按照《北京市突发林木有害生物事件应急预案》《奥运期间林木有害生物风险评估》的规定，本着"绝不能让小小的草地螟影响'绿色奥运'正常进行"的目标，开展了一次又一次的紧急防控工作，消除了突发有害生物事件对"绿色奥运"的潜在影响。

在整个草地螟应急防控处置过程中，市相关部门联合制定了《北京市草地螟应急防控实施方案》，在草地螟迁飞路径上，设置高空探照杀虫灯进行阻截；采取频振式杀虫灯诱杀成虫，并喷洒苦参碱或烟碱等植物源杀虫剂进行防治；在奥运中心区完成3次打药防治，在其他涉奥重点地区进行普遍预防性打药防治。截至8月20日，全市架设高空探照灯200台；紧急调运频振式杀虫灯8600台；配置高射程车载打药机15台；累计出动各类防控人员34187人次，投入各种防控设备9821台套，防控面积5.13万公顷，使用植物源类药剂46.27吨。其中，奥运场馆草地螟防治共动用车辆8台，防治119台次，出动防治人员94人次，使用苦参碱、烟碱乳油、除虫脲等防治药剂238千克，作业面积634公顷次。

三、2009年第七届中国花卉博览会检疫

第七届中国花卉博览会（北京展区；以下简称七博会）是奥运会后北京承办的规模最大、规格最高、影响最广的国家级盛会，也是新中国成立60周年庆祝活动的重要内容之一。按照工作要求，北京市林业保护站为七博会参展植物及其产品检疫和报关工作办公室的成员单位，负责七博会检疫工作。具体任务是安排驻场专职检疫员，负责制定七博会检疫工作方案、检疫报检工作流程、疫情监测方案、应急预案以及日常检疫工作。同时，在场馆周边设置美国白蛾、红脂大小蠹、松墨天牛、苹果蠹蛾等检疫性林业有害生物的诱捕器，储备应急设备和药剂，做到一旦发现疫情，快速反应，及时除治。

北京市林业保护站与北京海关、北京出入境检验检疫局、顺义区园林绿化局等单位，按照"通力合作、主动服务、阳光执法"的宗旨和"严格执法、热情服务"的原则，优化审批程序，开辟绿色通道，圆满完成了参展植物及其产品的检疫服务工作。

提前做好参展植物及其产品、包装材料的检疫准备工作，制定了《七博会检疫报关工作实施方案》《七博会突发有害生物事件应急预案》《七博会检疫性危险性林木有害生物监测方案》《一对一服务工作手册》《布展施工管理手册》《第七届中国花卉博览会（北京展区）国内参展植物及其产品检疫指南》。

及时对进入七博会场馆的苗木进行检疫检查和检疫复检，并与顺义区林业植物检疫部门上下联动，密切配合，坚持"来苗登记，每批必检，及时联系，主动复检"，共出动检疫人员200人次，签发"森林植物检疫要求书"184份，查验"植物检疫证书"102份，检查参展植物

1043个品种6.9万株,开具"植物检疫证书(出省)"34份。

开辟绿色检疫通道,简化引种审批程序,积极与原国家林业局协调,依法快速办理引进林木种子、苗木和其他繁殖材料的检疫审批手续。

七博会闭幕后,北京市林业保护站与北京海关、北京出入境检验检疫局联合对部分国外进境参展植物实施检疫监管,并对来自哥伦比亚、泰国、朝鲜等国家和台湾地区的101种进境参展植物进行了灭活处理,保障了七博会参展植物的顺利撤展。

四、2019年北京世界园艺博览会检疫工作

"2019北京世界园艺博览会"(以下简称世园会)于2019年4~10月在北京市延庆举办,有114个国家及国际组织,全国31个省份和香港、澳门、台湾地区组团参展,从国内外进入展区的植物品种多、数量大,检疫工作任务繁重。在2017—2019年世园会闭幕期间,主要开展如下植物检疫工作。

(一)世园会参展植物风险评估和靶标有害生物风险分析

根据参展国预提交的进境植物种类和进园安排,对拟入园的64种苗木进行了引进风险评估,收集相关信息,对可能携带的有害生物进行了分析和评估。根据风险分析结果,制定了除害处理和监测技术方案。

(二)参展植物基础信息获取及其溯源追踪管理

利用射频识别标记、二维码等技术,对入园苗木进行溯源追踪,建立追溯溯源数据库,并完成了3000份入园苗木的疫情检测。为使世园会参展的植物实现检疫追溯,2018年11月1日至2019年10月31日,在延庆世园会园区内,悬挂3.5万个植物检疫溯源标签,粘贴二维码宣传标识15万张。

(三)监管植物有害生物监测

在基本摸清园区植物分布基础上,制定了有害生物监测方案,并通过专家论证,先后在园区内建立10个光谱性监测点和100个定向监测点,在园区外建立40个固定监测点。主要监测虫种:春尺蠖、双条杉天牛、松梢螟、柳十八斑叶甲、松阴吉丁、悬铃木方翅网蝽、杨潜叶跳象、黄栌胫跳甲、白蜡窄吉丁、舞毒蛾、柳毒蛾、草履蚧、杨叶甲、国槐小卷蛾、美国白蛾等。

(四)参展植物有害生物除害处理

普防:定期、分片对园区参展植物进行巡视检查,对易发生病虫害的片区进行标记、记录,并制定防治方案。对全园进行了普遍防治作业,同时对重点区域进行了预防性防治。

疫木处理:配合海关部门完成了对新加坡馆、日本馆、泰国馆、叙利亚馆、巴新馆、荷兰馆等外来植物的疫木处理,共处理60批次5581株,其中境外植物52批次5511株,境内植物8批次157株。

五、北京林业生物防治研究推广中心

北京林业生物防治研究推广中心(以下简称生防中心)隶属于北京市西山试验林场,总占地面积6667平方米,房屋2151.55平方米。包括千级洁净度的天敌昆虫生产车间、天敌饲养温室、全国首例负压检疫害虫实验室、百级洁净度的病毒制剂生产车间、微生物菌剂生产车间以及真菌、细菌和线虫微生物实验室等。

主体建筑分别为病毒生产车间755.35平方米;天敌昆虫车间378.95平方米;检疫害虫实验室198.35平方米;菌剂生产车间263.8平方米;昆虫饲养温室305平方米和部分附属建筑250.1平方米。

生防中心可规模化生产17个生物防治产品。包括管氏肿腿蜂、白蜡吉丁肿腿蜂、川硬皮肿腿

蜂、白蛾周氏啮小蜂、赤眼蜂、平腹小蜂、异色瓢虫、大唼蜡甲、光肩星天牛型花绒寄甲和松褐天牛型花绒寄甲等10种天敌昆虫；美国白蛾核型多角体病毒、舞毒蛾核型多角体病毒、杨扇舟蛾颗粒体病毒等3种病毒制剂；抗根结线虫生防菌、抗根癌菌剂、小卷蛾斯氏线虫、杨树抗病保健剂等4种微生物制剂。

其中，年繁育管氏肿腿蜂5000多万头，除满足北京市防治需要外，还远销山东、浙江、广东等十几个省份；年生产白蛾周氏啮小蜂38亿头，为北京地区防治美国白蛾等鳞翅目害虫发挥了重要作用；年生产美国白蛾核型多角体病毒100吨，舞毒蛾核型多角体病毒制剂20吨，可分别防治美国白蛾、舞毒蛾低龄幼虫6.67万公顷、1.33万公顷；年生产抗根结线虫生防菌10吨，可防治果树、蔬菜等农林作物根结线虫病2000公顷；年生产抗根癌菌剂10吨，可防治果树和蔬菜等作物的冠瘿病（根癌病）1333.33公顷；年生产小卷蛾斯氏线虫1.5万袋，可防治木蠹蛾等蛀干害虫4000公顷。

截至2020年，累计推广周氏啮小蜂350亿头、管氏肿腿蜂2.8亿头、花绒寄甲77.3万头、大唼蜡甲38.4万头、异色瓢虫1386万头、平腹小蜂2.9亿头，赤眼蜂46亿头、美国白蛾病毒210吨、舞毒蛾病毒50.6吨、抗根癌菌剂30.8吨，折合生物防治面积123万公顷。这些生防产品的广泛使用大幅度减少了化学农药的使用，有效保护了生态环境，保护了生物多样性。

多年来，生防中心主持或参与完成了"美国白蛾病毒杀虫剂规模化生产工艺和应用技术研究""北京果树害虫天敌工厂化生产与防治技术研究""林业病虫害生物防治关键技术研究""北京市西山试验林场无公害防治标准化示范区项目""美国白蛾核型多角体病毒杀虫辅助剂的筛选及应用技术的研究"等科研项目。其中，"塑料围环防治越冬油松毛虫"获国家林业局科技进步三等奖；"应用管氏肿腿蜂防治双条杉天牛技术"获北京市政府科技进步三等奖和林业部三北防护体系建设技术推广三等奖，被北京市科委授予该成果"高新技术产品"奖；"人工繁育周氏啮小蜂防治美国白蛾技术"获北京市林业局科技进步二等奖；"双条杉天牛综合防治技术"获北京市林业局科技进步二等奖；"美国白蛾病毒杀虫剂规模化生产工艺及应用技术研究"获2008年北京市园林绿化科技进步一等奖；"北京市重要林果病虫害生防产品产业化关键技术研究与应用"获2014年北京市园林绿化科技进步一等奖；"北京市重要林果病虫害生防产品产业化关键技术研究与应用"获2016年北京市农业技术推广一等奖。

生防中心还在《林业科学》《植物保护》《中国生物防治》《中国森林病虫》等国内核心期刊发表研究论文20余篇。获得"粒状淡紫拟青霉生物杀线虫剂的制备方法""粉状葡萄土壤杆菌菌株AE206生物农药的制备方法"等5项国家发明专利和"线虫浸取机"1项实用新型专利。主持或参与制定《管氏肿腿蜂人工繁育》《生物防治产品应用技术规程 杨扇舟蛾颗粒体病毒》《生物防治产品应用技术规程 大唼蜡甲》等北京市地方标准5项，参与编写《管氏肿腿蜂人工繁育及应用技术规程》行业标准1项。

第二十八章　森林防火

森林火灾突发性强、破坏性大、危险性高，是全球发生最频繁、处置救助较为困难的自然灾害之一。

北京市森林防火工作以实现"防控手段现代化、组织体系网络化、队伍建设专业化、应急指挥科学化"为目标，坚持政府全面负责、部门齐抓共管、社会广泛参与的工作机制，坚持专群结合、军地协同、各方支持的工作格局，着力"抓基础、强管理，练精兵、强素质，严责任、强能力"，全面提升森林火灾科学防控水平、综合保障水平和应急处置水平，最大限度减少森林火灾发生和灾害损失，把森林火灾受害率控制在 0.09% 以下，确保了全市不发生重特大森林火灾，不发生重大人员伤亡事故，为保障北京森林资源和生态安全做出了积极贡献。

第一节　森林防火指挥体系与队伍建设

一、森林防火指挥体系

1983 年 3 月，市政府批准实施《北京市郊区森林保护暂行办法》，明确要求各级政府建立护林防火组织。

1985 年 12 月，成立"北京市郊区护林防火委员会"，统一指导郊区护林防火工作。成员单位 18 个，包括北京卫戍区、市计划委员会、市农林办公室、首都绿化委员会办公室、市公安局、市消防局、市林业局、市园林局、武警北京总队、市水利局等，办公室设在市林业局。

1988 年 11 月，"北京市郊区护林防火委员会"更名为"北京市郊区护林防火指挥部"，成员单位增至 22 个。同时，各区（县）、各乡镇政府均成立了森林防火指挥机构，严格落实地方行政首长负责制，层层落实区（县）长、乡镇长（办事处主任、林场场长）、村长"三长"负责制和区（县）领导包乡镇、乡镇领导包村的"两级包片"责任制，强化各级政府、指挥部成员单位和园林绿化部门的"三条线责任制"。1988 年年底，市消防局和市林业局决定在西山、八达岭、上方山和松山等林场兴建 4 支以林地灭火为主的森林消防中队，武警建制，隶属市消防局，林业公安负责业务指导。

1994 年 10 月，"北京市郊区护林防火指挥部"更名为"北京市护林防火指挥部"，成员单位共 26 个，包括北京卫戍区司令部、市市政管理委员会、市政府农林办公室、首都绿化委员会办公室、市公安局、市消防局、市林业局、市园林局、市财政局、市气象局、市水利局等。2003年增加武警森林指挥学校为成员单位，2004年增加市委宣传部、市信息办、市卫生局、市公安交通管理局为成员单位。2004年，"北京市护林防火指挥部"更名为"北京市森林防火指挥部"并沿用至今。

2006年，北京市森林防火指挥部加挂北京市森林防火应急指挥部牌子，并完善两个"指挥部"成员单位相应职责任务，负责预防和扑救北京市或威胁北京市森林资源安全的森林火灾。各区（县）以及各乡镇、国有林场也都成立了相应的组织机构。北京市森林防火应急指挥部总指挥由北京市政府分管副市长担任，副总指挥由市政府副秘书长、北京卫戍区、市园林绿化局主要负责同志担任，成员由市属相关部门领导、14个区森林防火应急指挥部指挥和重要单位的主要负责同志组成。市森林防火指挥部办公室设在北京市园林绿化局。

市森林防火指挥部办公室主要职责是组织落实市森林防火应急指挥部决定，协调和调度成员单位参与森林火灾事件应对相关工作；承担市森林防火应急指挥部应急值守工作；收集分析森林防火情况，及时上报重要工作信息；组织开展森林火灾现场调查，做好森林火灾统计工作；与气象部门会商发布蓝色、黄色预警信息，向市应急办提出发布橙色和红色预警信息的建议；组织制定、修订市级森林火灾应急预案及相关专项预案，指导各区和重点有林单位制定、修订森林火灾应急预案；组织开展专业森林消防队伍业务培训，组织举办较大以上森林火灾扑救应急演练（图5-28-1）；组织指导各区开展森林防火基本知识普及，森林火灾预防等宣传教育工作；负责市级应急指挥系统基础建设与维护管理工作；根据需要设立专家组，开展相应咨询工作；承担市森林防火应急指挥部的日常工作。

2018年，根据国家森林防灭火体制机制改革要求，北京市森林防火指挥部办公室职能由北京市园林绿化局划转至北京市应急管理局。森林公安转隶后，市园林绿化局成立森林防火处，区级园林绿化部门积极推进组建专门森林防火机构。

2021年，市园林绿化局直属森林防火队（北京市航空护林站）更名为市园林绿化局森林防火事务中心（北京市航空护林站）。14个有森林防火任务的区级园林绿化部门均成立了森林防火科室或指定科室具体负责，全市7个山区以及海淀、丰台、石景山共10个区还成立了森林防火巡查队或森林防火事务中心，确保森林防火职责有人担、工作有人抓、任务有人落实。

图5-28-1 森林防火专业技术培训

二、防火专业队伍

1991年12月，在房山区成立北京市第一支专业森林消防中队。每队人员编制10~20名，经费由区（县）财政和林业部门筹集，市财政给每支专业队补助初建费10万元。专业消防队建设实行半军事化管理方式，集中进行扑火知识学习和扑火技能训练。每队配备防火运输车1辆和风力灭火机、灭火水枪、灭火弹、二号工具等若干。另外，各区（县）以乡镇企事业单位为基础，成立半专业扑火队，配备一定数量的扑火工具，遇有山火发生，随时出动，既提高了灭火的速度和质量，又减少了伤亡和损失。

2001年7月，北京市森林防火指挥部制订《北京市森林消防总队建设方案》，规定建立健全森林消防队伍建设，在市级建立森林消防总队和直属大队，在区（县）建立森林消防大队。其中，山区专业森林消防大队不少于4支中队，每个中队人员编制不少于30人；半山区专业森林消防大队不少于2支中队，每个中队人员编制不少于30人；平原区（县）专业森林消防大队不少于1支中队，每个中队人员编制不少于20人；市属国有林场、国家级自然保护区设1支中队，每个中队编制不少于30人；山区重点乡镇要建立专业森林消防中队，人员不少于20人；其他有林单位根据实际需要建立专业森林消防中队，人员不少于15人。队伍建设坚持统一建制，强化整合；统一调度，强化管理；统一标准，强化基础；统一规划，强化投入；坚持属地管理和准军事化管理，防火扑火与生产经营相结合，做到平时能养，战时能用。

2003年10月，成立北京市森林消防总队，总队下设直属大队和房山、门头沟、昌平、延庆等13支区（县）大队、33支中队。2012年，北京市专业森林消防总队直属大队设立2个中队，编制60人。截至2018年，北京市专业森林消防中队139支，总人数3486余人。2019年7月，按照国家森林防灭火体制机制改革要求，各区专业森林消防中队转变隶属关系，由各区应急管理局负责日常管理及业务指导工作。

三、生态林管护员

1985年，根据《北京市农村林木资源保护管理条例》相关规定，在全市森林防火区配备护林员3390名，其中一级防火区14.67万公顷，涉及86个乡、473个自然村、23个林场，配备护林员1168名；二级防火区28万公顷，涉及99个乡、617个自然村，配备护林员1414名；三级防火区29.33万公顷，配备护林员808名。2004年8月，北京市人民政府印发《关于建立山区生态林补偿机制的通知》，为解决山区农民就业问题，设立生态林管护员岗位，主要职责为在森林防火期内，按照上级部门安排，着装上岗认真巡查，制止一切野外违规用火，及时消除火灾隐患；发现火情及时报告，并协助村、乡搞好扑救；火灾扑灭后积极提供起火原因线索，协助有关部门对火灾案件进行查处。当年，山区42990名农民走上了生态林管护工作岗位。

截至2022年，全市生态林管护员总数已达4.3万人，成为森林防火的重要基础力量。

第二节　防火基础设施建设

一、防火设备

常用、有效的灭火机具主要是风力灭火机、灭火弹、水枪、二号工具、扫把、铁锹等。

1993年，建立北京市森林防火物资储备库，建筑面积640平方米，用于存储森林防火设备。

2010年，全市森林防火指挥车、运兵车和物资运输车保有量359辆。市级和区（县）级防扑火物资储备近10万件（套）。一批功能先进的环保阻燃剂、灭火水炮、风力灭火机等扑救工具在森林防火工作中得到广泛应用。

2014年，在市级物资仓库增加储备一批高性能水泵、高压细水雾灭火机、3G单兵回传设备等装备，全市防扑火物资储备总量达到近3万件（套）。密云、房山、怀柔、昌平等区（县）装备了一批性能优越的森林防火车辆。

截至2018年，全市建设森林防火物资储备库40处，物资储备总量达到22.6万件，其中市级物资储备库1处，储备物资3.2万件；区级物资储备库14处，储备物资15.8万件；乡镇物资储备库25处，储备物资3.6万件。

二、指挥通信设施

依据《北京市森林火灾应急处置预案》规定，建立健全了具有现代化通信、高清晰视频、便捷式传输、高素质队伍的指挥系统，为突发森林火灾事件的应急处置，实现快速收集汇总情报、快速下达调度指令、快速集结到达现场、快速安全处置火灾提供了重要保障。

1990年9月，建成北京市护林防火通信指挥中心，开通了150兆和800兆两个通信网络，1991年，森林防火实现市和区（县）两级无线通信联网，其中房山区和密云县实现县乡无线电联网。1995年，全市配备无线电台129部，电话16部。1996年，北京市森林防火应急通信系统有150兆、400兆、800兆三级通信网络，并配备了通信电台和卫星电话。同年，还购置了基地台、车载台12部，手持台84部，手持电话4部，寻呼机54个，在密云、房山、门头沟、平谷、昌平、延庆6个区（县）修建差转台6座。1997年，对无线通信二级网络进行彻底改造，至2000年，二级网络改造全部完成，各区（县）均配置了卫星移动电话。

2001年，全市加强巡护监测网络、森林防火通信网络、林火阻隔网络、林火指挥系统、专业森林消防队伍等5项基础设施建设，建立由800兆、400兆和150兆组成的一级、二级和三级无线通信网。2002年，全年新建指挥室3个、增加电视监测探头7个、新增无线通信电台170个。密云县指挥室建成以后，在水库周边安装了3个监测探头；房山区投资100万元，装备了北京市第一辆现代化森林防火指挥车，配备了微波信号接收系统、GPS定位仪、扩音器、强光探照灯等。2003年，新建区（县）级森林防火指挥室2个，启用卫星监测设备加强林火监控，全市建成森林防火指挥室10个，完成了市森林防火指挥中心的改造升级。森林防火系统装备有线电话461部、无线电台1827部，通过中继台转切，完成有线和无线联通，达到市、区（县）、乡镇（林场）三级防火通信网络畅通，全市基本形成由高空监测、山头瞭望、地面巡逻组成的立体式林火监测网络。2004年，完成了市森林防火指挥中心的改造升级，视频监控设备由21套增加到28套。开展林火气象监测试点，加强了林火预测预报工作。2005年11月，市森林防火指挥中心开通全国统一的森林火情报警电话12119。市森林防火指挥部与市消防局指挥中心建立"119"互通热线和信息共享平台，市消防局将接到的森林火情报警，直接转交北京市森林防火指挥部办公室处置。在山区建立1800个家庭电话联系及报火联系点，全部输入防火信息管理系统。

2008年，北京市森林防火指挥中心应急移动通信指挥系统建成并投入使用。实现语音、图像、数据全天候双向实时传输与共享。

2009年6月，北京市森林防火指挥部制定完善《森林防火指挥中心规范化建设标准（试行）》，同年，市森林防火指挥中心投入运营。2014年，安装400兆通信基站45个，完成了全市森林防火数字通信主干网构架，通信覆盖范围达到65%。

截至2022年，全市建设森林防火指挥系统22套，架设数字基站100座（图5-28-2），配备移动基站37套，各类电台2880部，全市林区通信覆盖率达到85%。

图5-28-2 延庆帮水峪森林防火视频监控基站

三、防火隔离带

1989年,北京市编制了森林防火总体规划,将防火隔离带和防火公路建设作为规划的重要内容,北京市护林防火指挥部要求各区和市属国有林场认真贯彻落实规划,以河流、山脊、公路等为依托,修建防火道路,开设防火隔离带。1997年,全市完成防火隔离带386万延米。在一级防火区、风景游览区和成片针叶林地四周,沿林地周边开设宽15米以上"圈"形防火隔离带,与防火路、防火墙、化学除草相结合,实现防火道半永久、永久化。2010年,全市道路阻隔建设初见成效。林区共开设防火隔离带4553千米、防火道路6853千米、防火步道1371千米。2008—2022年,在西山、十三陵、八达岭、松山、京西等林场建设森林防火公路,总里程约200千米。全市林区路网密度达到6.2米/公顷,国有林区路网密度达到4.7米/公顷。2020年,清理林下可燃物14.1万公顷,新设、维护防火隔离带416.5万延米,形成了自然、工程、生物相结合的林火阻隔网络。

四、防火监控体系

1986年之前,仅在昌平县、平谷县重点村建造简易防火瞭望台25座。

1987年,按照"四网两化"标准要求,采取市、区(县)、有林单位三级投资的办法,有计划地建造永久性防火瞭望塔27座。

2000年,全市首次引进高端远程自动瞭望设备视频监控,可以观测半径3千米以内林区火情,通过指挥系统视频大屏,直接看到火场情况。

2004年4月,北京市首次采用直升机对森林火警进行航空监测。同年,无线图像监控设备达到28套,瞭望监测覆盖面达到70%。

2012年2月,根据《北京市森林防火办法》第十条的规定,经市政府批准同意,市园林绿化局印发《关于临时性森林防火检查站的通知》,在全市一、二级森林防火区设立临时性森林防火检查站395个,并制定《北京市临时性森林防火检查站管理规范》,明确森林防火检查站主要职责是在进入林区和风景旅游区的主要路口,对进山人员、车辆进行森林防火的宣传。在森林防火重要时期,限制人员进入,杜绝火种进山。临时性森林防火检查站建设的要求主要是检查站应当设立在进入一、二级森林防火区的入口处,建筑面积一般不少于20平方米,应当设有明显标志。检查站应当配备必要的设施设备,主要有通信工具、办公用品、检查标志、森林防火通告、森林防火宣传单、防火期过往车辆登记表、灭火器具等。检查站工作人员由各区(县)森林防火指挥机构统一组织岗前培训,核发上岗证并履行检查职责,各区(县)森林防火指挥机构负责对其承担的具体工作进行检查指导;检查站工作人员要熟悉责任区内的林情、社情,了解辖区内人员活动情况和火源管理情况,要认真学习森林防火法规、制度,努力提高业务素质和工作能力。检查站要建立健全工作制度,做到制度上墙等。

截至2022年,全市共建立282座防火瞭望塔(图5-28-3)、1030路林区远程视频监控系统、552处森林防火检查站、384支森林防火巡查队、161支乡镇森林扑火队和市局直属林场防扑火队伍。结合巡查队、生态林管护员地面网格化巡护和无人机空中巡查以及覆盖全市域的森林防火卫星遥感监测预警平台,北京市已初步形成了卫星遥感、航空巡护、视频监控、塔台瞭望、地面巡查"五位一体"监测预警体系,全面提升全市森林火情火灾监测预警能力。

图 5-28-3 怀柔水库周边防火瞭望塔

第三节　森林火灾管控

一、火源管控

多年来，北京市采取多种形式联合防控森林火灾，并取得了较好效果。对于过往林区重要路口，设立森林防火检查站，登记过往车辆人员，提示注意森林防火等。对火源实行强制性管理，尤其对于林区施工、林区爆破、必要的生产用火等，采取行政审批办法，由实施部门提出申请，制定相应的防火方案，相关部门加强监督管理，确保工程与防火"双安全"。在重点防火期及春节等重点节日临时增派人员进行流动检查、巡查。实行卫星、视频、飞机、瞭望塔与地面人员结合立体式防控，提升了森林防火科技水平。据统计，1986—2016年北京市因人为野外用火引发的森林火灾占森林火灾发生总数的99.74%，其中，吸烟、烧荒、上坟烧纸引发的森林火灾发生频次最高，占70.66%，人为野外用火是引发森林火灾的重要风险源。森林火灾火源类型见表5-28-1，发生频次最高的3类火源行为具体见表5-28-2。

表5-28-1　森林火灾火源类型

火源类型	主要内容
生产性用火	包括烧荒、熏肥、燎地边、烧防火道、打铁、电焊以及其他生产用火
非生产性用火	包括上坟烧纸、部队打靶、放烟火、野炊等
非正常性用火	包括纵火、玩火、吸烟、放鞭炮、烧垃圾、打猎、熏獾等
电器设施设备打火	包括变压器、电器打火及火车、汽车运行过程中产生的火源等
过境火	在北京市域外发生并进入北京市域内的火源
自然因素	包括雷击、自燃等现象

表5-28-2　发生频次最高的3类火源行为

单位：次、%

火源行为	起火原因	1986—2016年发生次数	占同期火灾总数量比例
吸烟	吸烟行为导致的林火	123	29.33
烧荒	燎地边、烧荒等行为导致的林火	95	22.67
上坟烧纸	上坟烧纸导致的林火	78	18.66

二、防火规章制度

（一）完善防火规章

1989年10月，《北京市实施〈森林防火条例〉办法》发布。1991年4月，北京市林业局发布的《北京市林地防火区护林防火戒严期火源管制办法》规定，每年3月15日至4月15日为防火戒严期。戒严期内，各级防火区禁止一切野外用火，对可能引起林木火灾的野外用火和居民生活用火进行严格管理。2011年9月，北京市人民政府颁布的《北京市森林防火办法》规定，森林防火工作实行市、区（县）、乡镇人民政府行政首长负责制，并设立相应的森林防火指挥机构，负责组织、协调和指导本行政区域内的森林防火工作；森林、林木、林地及其林缘外侧一定范围内划分为3级防火区：一级防火区是指自然保护区、风景游览区、特种用途林地和千亩以上的有林地；二级防火区是指一级防火区以外的成片有林地；三级防火区是指护路林、护岸林、宜林地和农田林网。防火区的具体范围由区（县）人民政府划定，并设置醒目的标识；每年11月1日至翌年5月31日为森林防火期，其中，每年1月1日至4月15日为森林高火险期，区（县）人民政府可以根据实际情况，将本行政区域内的森林防火期或者森林高火险期提前或者延后，并向社会公布。该办法自2011年11月起施行，《北京市实施〈森林防火条例〉办法》和《北京市林地防火区护林防火戒严期火源管制办法》同时废止。

2011年，根据北京市森林防火总体规划，划分一级火险区3250.2平方千米，主要是千亩以上成片针叶林地；二级火险区6485.3平方千米，主要是平原片林和一级防火区以外山区片林；三级火险区主要是一、二级火险区以外的林地。并提出建立森林预测预报网、巡护监测网、通信交通指挥网、林火阻隔网等建设内容。

2021年，依据《北京市森林防火区划分指导意见》，各区完成一、二、三级森林防火区的划分工作，其中全市一级森林防火区87万余公顷。

（二）制定防火制度

1992年，北京市郊区护林防火指挥部发出《关于公布各区县护林防火第一责任人的通知》。每年10月重点防火期开始前，市郊区护林防火指挥部指挥和区（县）第一负责人签订护林防火责任书，执行《北京市年度护林防火工作奖惩办法》。

1994年，实施主管副市长与主管区（县）长签订年度森林防火责任书制度，主管副市长与14个区（县）及京煤集团森林防火指挥部指挥签订森林防火责任书，区级森林防火指挥部指挥与辖区乡镇、重点有林单位签订责任书，乡镇街道指挥部指挥与村、有林单位等签订责任书。全面落实行政首长负责制，将森林防火工作列入区政府年度目标管理。加强森林防火预防工作，完善应急预案，加强风险预警防控，扎实做好防火巡护、火源管理，加强隐患排查清理，有效降低火险隐患，强化森林防火宣传教育，加强应急值守，确保信息通畅，完善联防联动，强化区域合作。加强森林防火基础设施建设，将森林防火基础设施建设纳入全区发展规划，将森林防火经费纳入区财政年度预算。加强专业森林消防队伍建设，按照《北京市专业森林消防队建设标准》建设专业森林消防队，强化业务培训和扑火实战演练，全面提升应急处置能力。

2001年，市森林防火指挥部制定了北京市森林防火工作考核办法，区（县）森林防火办公室内业建设考核办法、专业森林消防队建设规范等制度。

2004年，北京市制定并完善《北京市森林火灾扑救预案》，2006年，制定《北京市"十一五"期间森林防火基础建设规划》，北京市突发事件应急委员会正式印发《北京市森林火灾扑救应急预案》。

2007年，《北京市森林防火基础设施建设总体规划（2007—2010年）》发布。

2010年，北京市森林防火指挥部办公室修订完成《北京市森林防火年度考核办法》，明确考核对象为区（县）森林防火指挥部，针对责任制落实、工作保障、森林火灾的预防和扑救等内容进行量化考核。

2016年，北京市严格落实森林防火行政首长责任制，坚持实施区长、乡镇长（办事处主任、林场场长）、村长负责制，完善区领导包乡镇、乡镇领导包村的责任制。细化乡镇、村、林场、公园主体责任，强化水务、公路、旅游、民政、气象、宣传、交通、卫生等部门责任，形成了主责清晰、多方联动、保障有力的良好格局。

2022年9月，北京市发布《关于全面加强国庆、党的二十大期间和秋冬季森林防灭火工作的通知》的总林长令。要求强化底线思维，抓实抓细森林防灭火各项工作。各级党委和政府要按照"党政同责、一岗双责、齐抓共管、失职追责"的要求做好森林防火工作，各级林长要亲自部署、亲自督导，将责任和压力层层传导下去。基层单位要强化林长制"一长两员"网格化管理，推动落实防火责任"最后一公里"。

三、防火宣传

森林火灾是一种突发性、危害性和社会性极强的灾害，预防是森林防火的前提与关键，宣传教育是预防工作的重点。每年11月为北京市护林防火"宣传月"，各地区、各单位出动宣传车，建立宣传站，增设、更新、悬挂森林防火宣传标牌，把"森林防火，人人有责"真正变成全社会共同遵守的规范准则，做到群策群力，群防群治。在元旦、春节、清明节、劳动节、国庆节等重点节日，对重点林区的作业人员和进入林区的重点人群采取多种方式宣传教育。充分利用巡逻宣传车、防火宣传站、宣传牌、标语和广播、报纸、电视、网络、手机信息等各类媒体和宣传工具，向社会大众普及森林防火知识。

2008年3月，组织开展"迎奥护绿、全民尽责"为主题的森林防火宣传活动。各区（县）、各乡镇、各街道在人口密集的中心区、重点风景旅游地区集中开展宣传活动，设立宣传站点，利用黑板报、展板、横幅标语等多种形式广泛宣传。共设立宣传站点426个，展出黑板、展板1858块，发放宣传品670214份，挂横幅、条幅1981条，出动宣传车474车辆次，参加活动83153人，受教育群众达291万人次。

2010年11月，开展以《森林防火条例》为主要内容的森林防火宣传月活动，推广森林防火吉祥物"虎威威"，发放各类宣传材料179.7万份，挂横幅8900余条，发送短信5700余条；共设置固定宣传牌6200余块，设置新型太阳能森林防火语音宣传提示杆10根。

截至2018年，全市累计建立各类宣传点2683个，设立固定宣传牌1.3万余块，建设智能语音宣传杆936根，配备78辆宣传车流动式宣传，年均发放宣传品120万余份、发送手机短信81万余条。

2020年，北京市园林绿化局印发《北京市2020—2021年度森林防火期森林防火宣传工作方案》，全年共计发放各类宣传材料140万份、发送手机短信提醒82万条、悬挂宣传条幅9万幅、开展志愿服务4万人次、张贴宣传画3万幅、设置宣传橱窗2600处，以及利用市、区级媒体宣传83次。通过广泛、深入宣传，增强了全民森林防火意识，有效提升森林火灾防范能力，最大限度减少了森林火灾事故发生，营造全社会关注森林防火、参与森林防火、支持森林防火的良好氛围。

2021年，协调市交管局在长安街、二环路等全市主干道和高速路显示屏24小时滚动播放"护林防火警钟长鸣"警示标语，森林防火宣传进入核心城区，受众面广、成效显著。

2022年，全市共计组织森林防火宣传活动553次，发放各类宣传材料120万份，发送手机短信提醒信息600余万条，悬挂和设置各类宣传设施26万处，利用各级广播、电视、报纸等媒体宣传3492次，在森林防火区设置新型太阳能森林防火语音宣传提示杆2448根。

四、京津冀联合防火

北京、天津、河北三地紧密相邻，多年来三地不断加强信息互通、密切协作、共同发展，在交界区域开展隐患排查，加强森林防火综合信息的交流和互享，同时三地积极争取相关政策支持，加大投入力度，推进重点地区森林防火物资装备建设，在森林防火和扑火工作中，将"区划有界，防火无界"落到了实处，过界火的情况越来越少，联防联护工作取得显著成效。

20世纪90年代，每年防火期，北京市的7个山区（县）与河北省、天津市毗邻县乡或者村，召开森林防火联防会议或签署地区间森林防火协议。

2006年9月，北京市园林绿化局与天津市林业局签订《京津森林防火联防工作协议书》，与河北省林业厅签订《京冀森林防火联防工作协议书》，建立联防联控机制。协议签订以来，三地每年轮流组织召开森林防火工作会议，商定本年度联防联控工作部署。制定联合处置森林火灾应急预案，持续开展边界火扑救应急演练，实现了信息共享、扑救力量协作，有效保障了联防区域森林资源的安全。

2006年10月，北京市政府与河北省政府签署了《关于加强经济与社会发展合作备忘录》，双方就加强北京、河北接壤地区的森林保护合作，建立森林保护联防联动合作机制，北京市支持河北省森林防火基础设施建设等达成共识。

2009年，北京市发改委批复了支援环京河北省地区森林防火基础建设项目，项目投入3500万元，建设重点是河北省环京的丰宁县、滦平县、兴隆县、承德县、怀来县、涿鹿县、赤城县、涞水县、三河市9个县（市）和雾灵山国家自然保护区、小五台国家自然保护区的县级森林防火指挥系统、视频监控系统、通信系统并配备各种防火车辆以及各类扑火物资。至2020年，连续11年，共投入1.5亿元专项资金，有效提升了当地森林火灾的预防和处置能力。

2017年，北京市突发事件应急委员会、天津市突发事件应急委员会、河北省突发事件应急管理工作领导小组联合印发《京津冀联合处置森林火灾应急预案》，为全面提高北京、天津、河北三地跨区域或者威胁性较大的森林火灾控制和扑救能力，构建信息互通、协同指挥、联合处置、资源共享的应急联动机制，有效保护京津冀地区森林资源安全。

2021年，北京市、天津市、河北省、山西省、内蒙古自治区林业和草原主管部门联合签订《森林草原防火联防联控合作协议》，秉持"常态协助、资源共享、齐抓保护、区域联动"的合作原则，加强相互配合，构建起北京、天津、河北、山西、内蒙古交界区森林草原资源的绿色保护屏障。

五、航空护林

2002年开始，每年3月1日至5月31日，租用米-8直升飞机一架开展航空护林。主要任务是，运用吊桶吸水方法直接参与扑火作战，重点是在高山、远山等地形复杂区域发生较大面积森林火灾时应用；运送专业森林消防队员和灭火物资，辅助扑火作战；开展空中巡逻火情监测。至2007年，陆续在延庆县的永宁机场、八达岭机场、平谷区黑豆峪机场、房山区燕山、门头沟区椴木沟和第一中学操场、密云县前栗园、京煤集团斋堂山大贝梁、昌平区旧县和怀柔汤河口建立机降点10个，确定直升机固定取水点15个。

2008年4月，经国家林业局和市委编办批准，建立"北京市航空护林站"，设置办公场所，配备机构人员，开展航空护林相关工作（图5-28-4）。

2018年，正式启动无人机空中巡护工作。海淀、昌平、密云、怀柔等区分别以政府购买服务方式，租用无人机开展航空巡护工作。

图5-28-4　航空护林

六、完善预案建设

森林火灾扑救预案是有计划、有组织、分地区、分阶段地对所发生的森林火灾进行科学高效的处置方案。1989年年底，根据《北京市实施〈森林防火条例〉办法》，制定了《北京市森林火灾扑救预案》（以下简称《预案》）。市林业局和各区（县）及市属国有林场，针对重点林区的灭火工作，制定森林火灾扑救预案，包括火灾上报程序、上报时限规定、上报内容要求、扑火力量调集程序、扑救预案实施、交通工具、灭火物资保障等内容。2003年10月，再次对《预案》进行了修订和完善。

2004年，《北京市森林火灾扑救预案》纳入《北京市应对突发公共事件总体预案》（以下简称《预案》），成为全市34个应对突发公共事件专项应急预案之一，于2006年，由北京市突发事件应急委员会正式印发。《预案》在2012年、2017年进行了两次修订完善。

2021年12月，由北京市突发事件应急委员会印发《北京市森林火灾应急预案（2021年修订）》，用于指导预防和处置发生在全市行政区域内或发生在周边省份威胁北京市森林资源安全的，应由北京市处置或参与处置的森林火灾。

七、防火实战演练

2007年3月，市森林防火指挥部办公室在昌平区阳坊综合训练场举办约1000人参加的森林火灾扑救应急预案二级响应综合演习，启动了直升机索降、吊桶灭火演练，进行了科技阻燃产品展示。市公安局、市卫生局、市气象局、市交管局和市通信管理局5个成员单位，15支专业森林消防中队，武警警种指挥学院森林消防中队等参加了演练活动（图5-28-5）。

2012年3月，市森林防火指挥部办公室在房山区周口店开展了森林火灾扑救应急预案、专业森林消防队集结拉动及指挥通信演练活动，房山区、门头沟区、石景山区、丰台区共6支中队参加演练。

2015年4月，在北京市延庆县八达岭镇，开展北京、天津、河北三地森林防火指挥部联合处置森林火灾应急演练，旨在检验《京津冀森林防火协调联动工作机制》。北京市应急办商天津市、河北省应急办，以及三地森林防火指挥部领导通过视频连线指挥调度，7支专业森林消防中队统一行动，配合紧密，反应快速高效，通过演练，检验并完善了京津冀三地信息通报、决策会商和联合处置机制，增强了队伍应急管理意识和京津冀协同处置实战能力，为三地联合应对森林火灾提供了可靠保障。

2018年9月，在平谷区举办了京津冀三地森林火灾应急演练，现场出动指挥车、运兵车、装备车等30余辆，直升机1架，10支森林防火专业队伍，演练了火情侦查报告、启动应急预案、应急响应、火场调度指挥、常规灭火战术、远程输水灭火战术、协同灭火作业、火场清理、气象、医疗、交通等多部门联动保障等内容，通过应急演练，进一步提高了三地森林防火组织指挥和协同作战能力。

图5-28-5　森林防火演练

第二十九章 古树名木保护

古树名木是一个地区自然文化历史遗产的重要组成部分。北京丰富的古树名木资源，是悠久历史的见证，也是古都风貌的重要构成因素，还是现代化大都市不可替代的生物景观。新中国成立以来，北京的古树名木保护工作受到各级政府的高度重视和全社会的广泛关注。特别是进入20世纪80年代以来，各级政府进一步加强古树名木保护工作，组织开展了古树名木资源普查，颁布了加强古树名木保护管理的法律规章，制定了促进古树名木保护、复壮的技术标准和措施，使古树名木保护工作走上了法制化、制度化、规范化、现代化的轨道。

第一节 古树名木保护管理

一、古树名木资源调查

1982年3月，国家城市建设总局印发《关于加强城市和风景名胜区古树名木保护管理的意见》，要求在全国范围内开展对城市和风景名胜区的古树名木调查、保护管理工作。明确规定了古树名木的范围，即古树是指树龄在100年以上的树木，其中，树龄在100年（含）以上300年以下的为二级古树，树龄在300年（含）以上的为一级古树。名木是指珍贵、稀有的或具有重要历史价值和纪念意义的树木。要求逐一进行登记建档、挂牌，制定养护措施。

1983年7月，根据国家城市建设总局印发的通知精神，北京市园林局、北京市林业局分别组织开展了对城区、郊区的古树名木调查登记工作。根据最终普查结果统一为古树名木挂牌，红牌为一级古树，绿牌为二级古树，这是北京市首次开展的古树名木调查工作。1987年6月，北京市林业局在1983年调查的基础上，制定了具体的古树名木调查标准，印发《关于对郊区古树名木进行调查登记建立档案工作的安排》的通知。各郊区（县）林业部门通过走访当地群众、查考文物档案及实地勘测等初查、复查、筛选等工作，摸清了郊区古树名木的资源情况，包括数量及树种构成、分级情况、分布特点等。1993年对郊区的古树进行了统一编号、挂牌、立档工作，并对一级古树进行了逐株拍照，明确了古树养护责任，落实了古树管护责任人。

2001年，全国绿化委员会、国家林业局印发《关于开展古树名木普查建档工作的通知》（以下简称《通知》），北京市园林局根据《通知》要求，对城区和市属公园内的古树名木进行了逐株普查。

本次普查首次引入了 GPS 定位系统，每株古树名木都有了准确的坐标位置，并将城区所有的古树名木都标注在全市的电子地图上，对在城市建设的规划设计审批中避让古树提供了基础数据。

2007 年，北京市园林绿化局对全市城区、郊区的古树名木统一普查、统一管理，制定了《北京市古树名木普查挂牌工作方案》，印发了《关于实施北京市古树名木普查挂牌工作方案的通知》，组织开展了全市城乡统一的古树名木普查工作。普查的目标任务是对全市城乡古树名木进行全面普查，系统查清全市古树名木资源分布和生长状况，形成完整的资源档案；以地理信息系统为基础平台，建立北京市古树名木管理信息系统；健全古树名木的动态监测体系，对古树名木进行动态监测和跟踪管理、定期报告。主要工作包括完成古树名木定位和调查；完成古树名木换牌、挂牌；编制古树名木普查技术报告；建立基于 GIS 的古树名木管理信息系统。普查具体工作由市林勘院实施，采用差分 GPS 对每株古树、每个古树群落进行精确的坐标定位，建立了古树名木 GIS 地理信息管理系统。

2017 年 3 月，全国绿化委员会印发《关于开展古树名木资源普查的通知》，要求各地区、各部门严格执行《古树名木鉴定规范》和《古树名木普查技术规范》两个行业标准，科学规范地做好普查工作。根据通知精神，北京市园林绿化局印发了《关于开展全国古树名木资源普查北京地区调查工作的通知》，制定了全国古树名木资源普查北京地区调查工作方案和调查技术操作细则，组织开展新一轮全市范围内古树名木资源调查工作，范围包括 16 个区及 11 个市属公园和市属国有林场。调查重点是摸清全市古树名木资源总量、种类、分布状况，掌握现存古树名木的生长状况、立地环境及管护情况，形成完整的纸质和电子档案，为市、区两级行政管理部门的科学管理提供依据；完善升级北京市古树名木 GIS 地理信息管理系统，实现古树名木资源管理的动态化、信息化。此次古树名木的外业调查，采用政府购买服务的方式委托第三方专业调查队伍（图 5-29-1）。

调查内容主要包括古树名木的具体位置、生长环境、历史文化、保护级别、树种、树龄、树高、胸径、冠幅、立地条件、生长势、古树管护责任单位（人）等。为提高古树名木定位的准确度，确保调查数据的准确性，外业调查采用实时差分 GPS，实现 GPS 定位信号全覆盖，同时，使用激光测距定位仪，将树木定位的坐标精度提高至厘米级。通过城乡统筹调查，完成了古树名木挂牌工作，使每株古树名木都有了自己的"身份证"，并对潭柘寺"帝王树"、天坛公园"九龙柏"、北海团城"白袍将军"等近百株知名古树设立了永久性标志碑。

图 5-29-1　古树名木外业调查

二、立法管理

1986 年 5 月，北京市人民政府制定了《北京市古树名木保护管理暂行办法》（以下简称《办法》）。作为北京市古树名木保护管理的首部行政法规规章，《办法》首次明确了古树名木的定义、内涵和古树分级标准，明确了古树名木的行政主管机关，城市的古树名木管理由各级园林主管部门负责；农村的古树名木管理由各级林业主管部门负责。古树名木的管护责任单位，应按照市园林、市林业主管部门制定的古树名木养护管理技术规范，精心养护管理，确保古树名木正常生长。《办法》规定，市园林、林业局应组织开展古树资源底数调查，并建档挂牌，古树名木管护责任单位（人）要积极履行管护职责，确保古树正常生长。

1998 年 6 月，北京市第十一届人民代表大会常务委员会第三次会议通过了《北京市古树名木保护管理条例》（以下简称《条例》），使北京古树名木的保护管理由政府行政规章上升为地方性法规。《条例》进一步明确北京市的古树名木，由市园林、林业行政主管部门确认和公布；市和区（县）园林、林业行政主管部门按照职责范围，负责本行政区域内的古树名木保护管理工作；古树名木行政主管部门应当加强对古树名木保护的科学研究，推广应用科学研究成果，普及保护知识，提高保护和管理水平；对本行政区域内的古树名木进行调查登记、鉴定分级、建立档案、设立标志、制定保护措施、确定管护责任者；定期对古树名木生长和管护情况进行检查；对濒危的古树名木提出抢救措施，并监督实施。

2019年7月，北京市第十五届人民代表大会常务委员会第十四次会议通过了《关于修改〈北京市古树名木保护管理条例〉等十一部地方性法规的决定》。新修改后的《条例》进一步明确规定北京市的古树名木由市园林绿化部门确认和公布，市和区园林绿化部门负责本行政区域内古树名木的保护管理工作。

2021年1月，北京市第十五届人民代表大会第四次会议通过了《北京历史文化名城保护条例》，确定了北京历史文化名城的保护对象、保护体系、保护规划、保护措施、保护利用、法律责任等。其中，明确规定将古树名木作为北京历史文化名城的保护对象进一步加强保护。

2022年5月，北京市第十五届人民代表大会常务委员会第三十九次会议通过《北京中轴线文化遗产保护条例》，对北京中轴线及其环境实行整体保护，保护对象包括与北京中轴线遗产价值相关的古树名木，进一步明确将古树名木作为重要保护对象加以保护。

三、行政管理

2006年3月，随着机构改革的深化，北京市园林、林业两个行政管理部门合并，成立北京市园林绿化局，改变了长期以来园林、林业两个政府职能部门分别管理城乡古树名木资源保护的局面。北京市园林绿化局成立以来，古树名木保护管理工作得到进一步加强。具体措施如下：

制定《〈北京市古树名木保护管理条例〉实施办法》。细化古树名木资源调查、建档和行政审批、监督检查等管理制度和工作机制。将古树名木保护管理工作纳入市长和区长签订的绿化目标责任书，明确了各区古树名木保护管理的目标和责任，加强了对属地政府管理责任的考核和监督，区、乡镇（街道）层层落实管护责任，切实做到管护责任到人，管护措施到位。

加强行政审批工作。严格执行新增古树名木确认、古树名木的死亡确认、古树名木避让保护和古树名木迁移4项行政审批工作，严格审批涉及古树名木的建设项目，制定科学的古树名木避让保护方案，切实保护好古树名木及其生长环境。

强化古树名木的全生命周期保护管理。组织开展古树名木日常养护与巡查，规范古树名木标志，细化围栏、支撑、拉纤等配套保护设施。完善应急工作预案，做好狂风、暴雨、大雪、低温等极端天气预警及应急等工作。

规范检查考核，落实管护责任。压实市、区、乡镇（街道）管护责任单位（人）的古树名木管护责任。将古树名木保护管理工作检查形成制度，制定《首都古树名木保护管理检查考核工作方案（试行）》，开展定期和不定期现场检查和巡诊，确保古树名木保护工作取得实效。

四、技术规范

为了规范古树名木日常养护和抢救复壮技术措施，北京市先后制定颁布了一批古树名木保护管理的地方标准，包括《古树名木评价标准》《古树名木保护复壮技术规程》《古树名木日常养护管理规范》《古树名木健康快速诊断技术规程》《古树名木雷电防护技术规范》等，并总结了北京、天津、河北三地古树养护复壮的科研成果和先进经验，发布实施京津冀区域协同首部古树保护地方标准《古柏树养护与复壮技术规程》，首次针对古柏树，制定了春、夏、秋、冬四季日常养护技术以及生长环境改良、古树树体修补、支撑加固、常见虫害防治等各项复壮技术措施。落实古树名木日常养护措施。根据古树名木生长势、立地条件、土壤情况，落实浇水、施肥、有害生物防治、地上环境治理等日常养护管理措施，开展古树名木地下环境改良、支撑加固、树体修复等抢救复壮工作。根据实际，及时梳理重点衰弱、濒危古树名木，全力组织开展抢救复壮工程，做到一树一策，科学修复。建立疑难问题专家会诊机制，在全面科学诊断的基础上，制定有效抢救复壮方案，并对复壮结果进行评估。加强古树种质资源保护，积极开展繁育古树后代技术的研究实验与成果推广。推进大东流苗圃"北京古树名木种质资源保护研究基地"建设，加强对古树优质种质资源的收集、保存和性状评价，积极开展繁育、回归等工作。

为了抢救复壮衰弱、濒危古树，逐步恢复古树名木生长势，消除树体安全隐患，相关部门针对水陆交界处、空旷开阔处等高大、孤立古树名木易被雷击的问题，开展了古树名木雷电防护工作。应用应力波探测技术加大古树名木隐患排查、消除工作，对油松、槐等易内部腐烂以及树冠过大、易折断等防灾能力差的古树名木进行主干扫描，分析主干内部腐朽程度，查找安全隐患并采取有针对性的防范措施，排除古树名木存在的安全隐患，并开展古树名木保护示范区建设。

五、创新管理

北京市园林绿化局着眼于强化古树名木的管理工作，积极引入多种创新性举措。具体措施如下：

加强古树名木保护管理信息化建设。2007年和2017年，分两次在组织开展全市古树名木普查的同时，建立了古树名木保护管理数据库，开发了北京市古树名木保护管理地理信息系统，实现了全市古树名木管理的网络化、信息化。2021年，结合古树名木体检，运用生态文明理念和物联网技术，进一步开发、建立完善全市古树名木信息管理平台，融入古树名木线上动态监测、数据分析、检查考核、诊断治疗、灾害预警等功能，逐步推进全市古树名木"云"管理，提高古树名木保护管理的精细化、智能化水平。2019年，深入贯彻市领导关于落实古树名木管护责任制、对古树定期开展制度性巡查的指示批示精神，首都绿化委员会出台了《进一步加强首都古树名木保护管理的意见》《首都古树名木保护管理检查考核工作方案（试行）》等系列文件，明确要求每株古树名木要有"护树人"，建立健全四级古树名木管护责任体系；与市文物部门联合印发《关于进一步加强古树名木保护管理推进文物与古树名木联动保护机制的通知》，推进首都"活文物"与不可移动文物的全面、系统、整体保护。2021年，组织开展全市古树名木全覆盖体检，摸清了全市古树名木的健康状况；编制出台了《北京市古树名木保护规划（2021—2035年）》，各区陆续编制完成区级规划。

创新古树名木保护新模式。结合各区实际，积极探索古树主题公园、保护小区、古树街巷、古树社区、古树村庄等保护新模式，加强古树名木及其生长环境整体保护。打造密云区新城子镇九搂十八杈古柏主题公园，昌平区檀峪村古青檀主题公园、流村镇白羊城村古树主题公园、大兴区安定镇古银杏主题公园、魏善庄镇大狼垡村古杨树主题公园，以及昌平十三陵镇康陵村古树村庄、房山区上方山森林公园古树保护小区等试点。

探索优化古树名木确认机制。完善"普查+巡查+申请"的古树名木确认新模式。鼓励支持树权单位（人）积极申请，将符合标准的树木纳入古树名木保护管理范围，结合日常巡查检查，"发现一株、确认一株、保护一株"，将达标树木确认为古树名木。结合北京市地方标准《古树名木评价标准》的修订，将部分承载着历史、文化、乡愁，具有一定代表性的经济树种中的珍贵单株纳入古树保护范围。

六、管理责任制

按属地管理原则，区园林绿化局应与乡镇、

街道办事处或古树名木管护责任单位（人）签订保护管理责任书，每株古树名木养护管理应做到责任落实，措施到位。管护责任单位（人）每年年初应根据自管古树名木实际状况，制定日常养护管理计划，落实古树名木的日常养护管理措施，并做好日常养护管理记录。个人管护的古树，个人在制定日常养护管理计划和填写日常养护管理记录表确有困难的，可委托村（居）委会或乡镇、街道办事处代为填写。乡镇、街道办事处每年应巡查辖区内古树名木一次，管护责任单位（人）每年应自主巡查古树名木至少两次，并填写古树名木巡查记录表。发现异常情况应妥善处理，填写古树名木异常情况报告表，并在10个工作日内报告市、区园林绿化局。个人管护的古树由乡镇、街道办事处代为巡查，并填写古树名木巡查记录表和古树名木异常情况报告表。

七、社会参与

为了深入挖掘、整理古树名木相关的历史文献、故事传说，梳理古树相关的文化脉络，充分研究古树承载的北京文化特色，重点加强古树与明清皇城、坛庙寺观、皇家园林和名人故居的文化脉络整理，相关部门先后编辑出版了《北京郊区古树名木志》《见证古都——北京古树名木》《北京古树神韵》《北京古树名木散记》等体现古树名木文化的研究专著、科普读物、宣传画册。组织开展绘画、摄影、征文等活动，吸引社会广泛参与，形成全社会关心古树、爱护古树，与古树相存相依、共生共荣的新风尚。2012年，北京市园林绿化局印发《首都古树名木认养管理暂行办法》，鼓励单位和个人认养古树名木。同时，注意吸纳社会资金参与，在北京绿化基金会的平台上，建立古树名木保护专项基金，鼓励社会力量通过捐资方式，参与古树名木保护（图5-29-2）。

2021年，依托首都相关科研机构、大专院校，联合部分省份，成立古树健康保护国家创新联盟，成员单位20余个。联盟积极配合主管部门推进北京市"古树名木体检全覆盖"工作；参与编制《北京市古树名木保护规划（2021—2035年）》；制订首部京津冀区域协同古树保护地方标准《古柏树养护与复壮技术规程》、修订《古树名木评价标准》等标准规范；开展古槐、古油松等重点树种养护与复壮技术研究，为重点树种标准制定奠定基础。

2022年，经国家林业和草原局批准，设立国家古树健康与古树文化工程技术研究中心，北京农学院在全国高校中首次设立古树保护专业，组织编制了国内首套高等院校古树保护专业方向系列教材，设立了全国首个古树方向专项奖学金。

图5-29-2　2013年，古树名木认养推进活动现场会

第二节　古树名木保护与养护

一、古树名木日常保护

（一）避让保护

（1）古树名木树冠垂直投影外延5米以内为其保护范围。由于历史原因造成保护范围和空间不足的，应在城市建设和改造中予以调整完善。

（2）古树名木保护范围内，地上不应挖坑

取土、动用明火、排放烟气废气、倾倒污水污物、修建建筑物或者构筑物等危害树木生长的行为。各类生产、生活设施，应避开古树名木。

（3）古树名木保护范围内，地下不应动土。

（二）自然灾害防范保护

1. 制定应急预案

针对辖区内古树名木，管护责任单位应自主或在当地主管部门的协调指导下，制定防范各种自然灾害危害的应急预案，明确各部门职责和应急响应机制，细化具体流程，并按照预案要求及时、主动采取防范措施。

2. 雷电防范

有雷击隐患的古树名木，应及时安装防雷电保护装置；防雷电工程应由具有防雷工程专业设计资质和施工资质的单位进行设计、施工；管护责任单位（人）每年应在雨季前检查古树名木防雷电设施，必要时请专业部门进行检测、维修；已遭受雷击的古树名木应及时进行损伤部位的保护处理。

3. 雪灾防除

冬季降雪时，应及时去除古树名木树冠上覆盖的积雪。不应在古树名木保护范围内堆放积雪。

4. 强风防范

根据当地气候特点和天气预报，适时做好强风防范工作，防止古树名木整体倒伏或枝干劈裂。有劈裂、倒伏隐患的古树名木应及时进行树体支撑、拉纤、加固；应及时维护、更新已有支撑、加固设施。

二、古树名木日常养护

（一）春季养护

整理清除古树名木枯死枝叶、病虫枝及树下病虫越冬场所等，消灭越冬病虫源；检查古树名木地上的支撑、加固、拉纤、围栏等保护设施，做好润滑、防腐等维护工作；根据古树名木主要病虫害危害特点和天气状况，加强早春病虫害预测预报及重点防治；根据当年气候特点、树种特性和土壤含水量状况，适时浇灌返青水；2月下旬可向常绿古树名木树冠喷水，清除叶面落尘和部分害虫越冬代卵或幼虫；可结合土壤和树木分析结果，进行配方施肥，以适量腐熟有机肥为宜；古树名木树体有外伤的，应进行消毒、防腐保护处理。

（二）夏季养护

根据病虫害发生特点，加强夏季高温、干旱、高湿环境下古树名木病虫害的日常检查与防治；根据天气状况和土壤含水量，及时浇水并对古树名木保护范围内土壤进行中耕松土；雨季来临前，对有安全隐患的古树名木，督促完成枝条整理、树体支撑、加固及树洞填充、封堵工程；清理病虫枝，加强树冠通风；做好雨季前古树名木地下防涝排水、防止水土流失、护根护坡等地上环境的保护；根据天气和实际情况，保护古树名木树干，防止日灼，可在主干西晒侧捆绑草绳、麻袋片或临时涂白等。

（三）秋季养护

加强高温、干旱环境下古树名木病虫害的日常检查和防治；根据古树名木生长状况，做好中耕松土、施肥或叶面喷肥工作；整理清除干枯枝叶、病虫枝，加强树冠通风；根据天气状况和土壤含水量，适时浇水，防止过早黄叶、落叶；全面检查古树名木生长状况，生长势衰弱的古树名木可在10月下旬实施地上、地下保护复壮工程。

（四）冬季养护

11月上旬开始对古树名木病虫害进行集中防治，重点防治准备越冬的叶部害虫，如叶螨、蚜虫、介壳虫等；11月中下旬土壤封冻前浇灌冻水；做好生长势衰弱古树名木防冻防寒工作，如设风障、主干缠麻等；采取人工捉、挖、刷、刮、剪等办法，清除古树名木树上及地下土壤和周围隐蔽缝隙处的幼虫、蛹、成虫、茧、卵块等；整理清除古树名木枯死枝叶、病虫枝，重点清理槐豆荚等。清除树下杂物和带有病原物的落叶，减少病虫源。环境条件允许的可在树干涂药，防虫防病；整理树下环境卫生，做好古树名木及其周围的安全防火工作（图5-29-3）。

图5-29-3 清理古树围埋物

第三节 古树名木抢救复壮技术

一、基本要求

衰弱、濒危古树名木在采取复壮措施前，应根据其生长状况和生长环境进行综合诊断分析。分析地上、地下环境中是否有妨碍古树名木正常生长的因子；分析、检测根区土壤板结、干旱、水涝、营养状况及污染等情况；查阅档案，了解以往的管护情况和生长状况。根据综合现场诊断和测试分析结果，制定保护复壮方案，做到一树一案。保护复壮方案应经园林绿化主管部门组织相关专家论证，论证通过后方可实施。保护复壮工程施工单位应具有相应专业能力。保护复壮工程完成后，应由园林绿化部门组织专家进行验收。管护责任单位（人）要定期检查，建立古树名木保护复壮技术档案。

二、生长环境改良

（一）地上环境改良

在古树名木的保护范围内，改良后的地上环境，应无任何永久或临时性建筑物、构筑物以及道路、管网等设施；无动用明火、排放废水、废气或堆放有毒有害物品、倾倒杂物等；山坡古树地面根系无裸露；主干无明显被埋干现象。地上环境改良主要包括以下几个方面：

（1）清除古树名木保护范围内影响其正常生长的建（构）筑物、堆放物及其他杂物，给古树名木留出足够的生长空间；暂时无法清除的，进行改造时应予以调整完善，为古树名木留足保护范围。

（2）清理古树名木保护范围内对其生长有不良影响的植物，周边遮挡古树名木光照的大树枝条应及时修剪。

（3）有树堰的古树名木，可铺设不同类型的树堰覆盖物，也可在树堰里种植不影响古树名木生长的乡土地被植物。

（4）古树名木保护范围内地面不宜铺装，确需铺装的应采用透气透水铺装或设置木栈道等，并留出至少3米×3米的树堰，木栈道等下方做好防积水处理；已有的硬铺装应拆除或更换为透气透水铺装，同时设置复壮沟或地面打孔、挖设复壮穴（井）等技术改良土壤。

（5）有雷击隐患的古树名木，应及时安装雷电防护装置。

（6）生长于平地的古树名木，裸露地表的根应加以保护，防止践踏；生长于坡地且树根周围出现水土流失的古树名木，应砌挡土墙护坡，并适量回填原土护根。挡土墙高度、长度及走向据地势而定，并设置排水孔；生长于河道、水系边的古树名木，应根据周边环境用石驳、木桩等进行护岸加固，并做防渗处理，保护根系。

（7）主干被深埋的古树，分期人工清除堆

土，直至露出根颈结合部，每次清土新露出的主干部分及时包缠草绳、蒲包等防寒或防日灼保护材料。

（二）地下环境改良

在古树名木保护范围内，改良后的地下环境，古树的根系土壤应达到无污染、容重在1.4克/立方厘米以下、自然含水率在14%~19%、有机质含量在1.5%以上的标准。

（1）根系土壤密实板结、通气不良，可采取挖复壮沟（穴）、复壮井、打孔埋设通气管等土壤改良技术，改善土壤理化性质。单株古树可挖4~6条复壮沟（穴），群状古树可在古树之间设置2~3条复壮沟（穴）。复壮沟（穴）、复壮井可与通气管相连接，大小和形状因环境而定，也可根据情况单独打孔竖向埋设通气管。

复壮沟 施工位置在树冠垂直投影外侧，以深80~100厘米、宽60~80厘米为宜，长度和形状因环境而定，常采用弧状或放射状。树下易积水或排水不畅的古树名木，复壮沟深度可增加到2米及以下。复壮沟内可根据土壤状况和树木特性添加复壮基质，补充营养元素。复壮基质常采用栎、槲等壳斗科树木经充分腐熟的腐叶土，掺加适量含氮、磷、铁、锌等矿质营养元素的肥料，与原土混合均匀后回填沟内，并浇透水。复壮基质也可选用适量的草炭土、蚯蚓肥、微生物菌肥等。复壮沟的一端或中间常设渗水井。浇水用的渗水井深1.2~1.5米为宜，直径1.2米。排水用的渗水井深2.0~2.5米为宜，渗水井直径以50~60厘米为宜。井内壁用砖垒砌而成，下部不用水泥勾缝。井口加铁盖。

复壮井 宜挖设在树冠垂直投影外缘毛细根分布多的区域，直径或宽度以60~100厘米为宜、深度以1~1.2米为宜。复壮井规格、数量可根据具体情况进行调整，复壮井内填复壮基质同复壮沟。复壮井使用透气透水性能良好的砖逐层圆形码放，确保稳固，砖之间不用水泥勾缝，每层砖应在360°范围内均匀间隔设3处大于10厘米的间隔孔洞，地面安装大小合适的井盖。

埋设通气管 通气管使用节间贯通、直径10~15厘米的纯天然竹筒打孔包棕做成，管高80~100厘米，管口加带孔的金属盖。通气管常埋设在复壮沟的两端，从地表层到地下竖埋。也可以在树冠垂直投影外侧，均匀间隔单独打孔竖向埋设通气管，数量视树冠大小而定，以3~6个为宜。通过通气管可给古树名木浇水灌肥。

通气透水铺装 铺装材料以烧制的青砖和通气透水效果好的倒梯形砖为宜。铺砖时应首先平整地形，注重排水，熟土上加砂垫层，砂垫层上铺设透气砖，砖缝用细砂填满，不得用水泥、石灰勾缝。

（2）根系土壤干旱缺水，应及时进行根部缓流浇水，浇足浇透，不宜使用喷灌，不应使用再生水；当土壤积水，影响根系正常生长时，应及时排涝。

（3）根系土壤被污染时，应根据污染物不同及时采取相应措施加以改造，清除污染源。可换当地熟土，并补充复壮基质。

（4）依据土壤肥力状况和古树名木生长需要，适量施肥，平衡土壤中矿质营养，可结合复壮沟和地面打孔、挖穴等技术进行。根施有机肥料应经过充分腐熟。

三、树干修复

古树名木因树体皮层或木质部腐朽、腐烂，造成主干、枝干木质部裸露，形成空洞或轮廓缺失，应首先进行防腐处理，主干树洞内有树根时应优先保护，按"补干不补皮"的原则进行修复，保持原有自然风貌。

防腐处理 首先清除主干、主枝树洞内壁上裸露的松软腐朽木及杂物，清理至硬质层后使用砂纸打磨至光滑，喷洒2~3遍的杀菌剂，然后喷洒季铵铜（ACQ）水溶性防腐剂，待自然风干后再均匀涂抹纯熟桐油等天然环保防腐材料2~3遍。

使用内支撑 树洞太大或主干缺损太多，影响树体稳定，应及时在树洞内安装金属龙骨，加固树体，龙骨架应紧密顶靠在树洞内壁上，并涂抹防锈漆。龙骨外可通过固定硬木板条造型，木板条外再罩上铁丝网造型，树洞外进行封堵仿真修复，并上下留好通风孔。

封堵处理 已造好型的树洞洞口边缘使用密封性能好的材料封缝，铁丝网外再使用一层无纺布，无纺布上面均匀涂抹高品质硅胶，厚度不小于2厘米，并仿裸露木质部纹理，待硅胶略微凝固时使用染料上色。

应用于树体修复的材料应安全、绿色、环保，达到以下要求：安全可靠，绿色环保，对树体活组织无害；防腐材料防腐效果持久稳定；外表的封堵修复材料应具有较强的防水性，不开裂、不进水，具有较强的抗老化和抗骤冷、骤热性能。

对不易积水、存水的树洞，以及不影响树体安全、积水可在适当位置设导流管（孔）顺利排出的树洞，可不填充封堵，但要做好防腐处理和安全加固处理。树体修复施工宜在树木休眠期、天气干燥时进行。

四、树体支撑、加固

树体明显倾斜或树冠大、枝叶密集、主枝中空、易遭风折的古树名木，可采用硬支撑、拉纤等方法进行支撑、加固；树体上有劈裂或树冠上有断裂隐患的大分枝可采用螺纹杆加固、铁箍加固等方法（图 5-29-4）。

硬支撑 使用钢管、钢板、杉篙、橡胶垫、防锈漆等可满足安全支撑要求的材料。安装时在要支撑的树干、枝上及地面选择受力稳固、支撑效果最好的点作为支撑点。安装时支柱顶端的托板与树体支撑点接触面尽量要大，托板和树皮间应垫有弹性的橡胶垫，支柱下端埋入地下水泥浇筑的基座里，以确保稳固安全。

拉纤 材料选用钢管、抱箍、钢丝绳、螺栓、螺母、紧线器、弹簧、橡胶垫、防锈漆等。硬拉纤常使用2寸钢管（规格：直径约6厘米，壁厚约3毫米），两端压扁并打孔套丝口。抱箍常用宽约12厘米、厚0.5~1厘米的扁钢制作，对接处打孔套丝口。钢管和抱箍外先涂防锈漆，

图 5-29-4　昌平延寿寺盘龙松树体支撑（油松一级古树）

再涂色漆。安装时将钢管的两端与抱箍对接处插在一起，插上螺栓固定，抱箍与树皮间加橡胶垫。软拉纤常用直径8~12毫米的钢丝，在被拉树枝或主干的重心以上选准牵引点，钢丝通过抱箍与被拉树体连接，并加橡胶垫固定，系上钢丝绳，安装紧线器与另一端附着体套上，通过紧线器调节钢丝绳松紧度，使被拉树枝（干）可在一定范围内摇动。随着古树名木的生长，要适当调节抱箍大小和钢丝松紧度。

加固 主要分为拉纤加固和抱箍加固两种形式。拉纤加固所用材料和安装方法同上述的拉纤；抱箍加固是指在树体主干劈裂隐患处安装抱箍，数量视情况而定，所用材料和安装方法同上述的硬支撑。

树体支撑加固选用材料的规格，应根据被支撑、加固树体枝干载荷大小而定，支撑、加固设施与树体接触处要加弹性垫层以保护树皮。

支撑、加固材料应经过防腐蚀保护处理，外观颜色与周边环境相协调。日常巡查中应加强对支撑、拉纤、抱箍等保护设施的检查、维护和调整，及时消除对古树损伤及安全隐患。

五、枝条修整

存在安全隐患的古树枯死枝、折断枝、劈裂枝、病虫枝等需要进行修整清理，能体现古树自然风貌、无安全隐患的枯枝应防腐处理后予以保留。修整清理时应根据树种特性提前制定施工方案，经主管部门审查同意后，选择合适时机进行。

修整时期选择 常绿树种枝条的整理通常在休眠期进行；落叶树枝条整理通常在落叶后与新梢萌动之前进行；易伤流、易流胶的树种枝条整理应避开生长季和落叶后伤流盛期；有安全隐患的枯死枝、断枝、劈裂枝应在发现时及时整理。

操作技术要求 通常采用"三锯下枝法"，在被整理枝条预定切口以外30厘米处，第一锯先锯"向地面"做背口，第二锯再锯"背地面"锯掉树枝，第三锯再根据枝干大小在皮脊前锯掉，不留橛。整理时不要伤及古树干皮，锯口断面平滑，不劈裂，利于排水。锯口直径超过5厘米时，应使锯口的上下延伸面呈椭圆形，以便伤口更好愈合。

断枝、劈裂枝整理 折断残留的枝杈上若尚有活枝，应在距断口2~3厘米处修剪；若无活枝，直径5厘米以下的枝杈则尽量靠近主干或枝干修剪，直径5厘米以上的枝杈则在保留树形的基础上在伤口附近适当处理。

创伤面保护处理 创伤面应力求最小，伤口应及时保护处理，选择具有防腐、防病虫、有助愈合组织形成、对古树无害的伤口愈合剂。所有活枝锯口、劈裂撕裂伤口须首先均匀喷洒2~3遍的5%硫酸铜消毒液，待消毒液自然风干后再均匀涂抹伤口愈合剂。清理枯枝、枯橛的锯口首先喷洒防腐剂，再均匀涂抹纯熟桐油，以利于树木自身的愈合。

六、疏花疏果

对一些具有开花结果特性的古树，为减少树体养分消耗，应根据树种特性，及时进行疏花疏果。如对侧柏和圆柏类开花量大的树种，应在盛花期采用高压喷水的办法，进行疏花（粉）；油松、白皮松等松类古树，宜在幼果期人工剪除球果；银杏在盛花期可利用高压喷水进行疏花，幼果期进行人工除果。

七、围栏保护

树冠下根系分布区易受踩踏、主干易受破坏的古树名木都应设置保护围栏。围栏与树干的距离不小于3米。特殊立地条件无法达到3米的，以人摸不到树干为最低要求。围栏地面高度通常1.2米以上。围栏的式样应与古树名木的周边景观相协调，安全、牢固。

第四节　古树名木保护实例

一、北海团城古树保护

1954年，在东四至西四的道路拓宽改造中，团城位于规划道路范围内，按规划设计团城将被拆除，相关专家纷纷上书提出保护意见。国家领导人亲临团城，察看古建古树，做出了道路向南扩宽，保护团城和古树的指示。如今，团城已成为北京一处独具特色的旅游景点，城内生长的古树白皮松"遮阴侯"和"白袍将军"仍然昂立于天宇下，阅尽沧桑、历久弥坚。

二、八宝山古银杏保护

在石景山区玉泉医院大门外，有两株古银杏树，为元代古刹灵福寺的遗存树木，一雄一雌，树龄已达700余年。中国第一条地铁——北京地铁一号线，原设计方案是在此处设立车站，方便到八宝山革命公墓参加各种悼念活动的人员出行。北京地铁工程设计部门提出伐除古树让位于地铁站的方案。对此，中央批示"银杏树是著名的古树，须原地保护"。按照批示，改变了原来的设计方案，将地铁站的选址东移到了现在玉泉路地铁站的位置。1965年7月，北京地铁一号线的开工仪式在这两株古银杏树下隆重举行。如今，这两株古银杏仍然生机勃发，枝繁叶茂，春夏郁郁葱葱，深秋满树金黄，成为石景山路上一处亮点。

三、东城区少年宫避让保护古树

在东直门南大街10号的东城区少年宫院内的一株古槐树，是早年延寿寺寺庙所遗留。1988年，在建设东城区少年宫时，为避让保护这株古槐树，将楼体原设计方案改为现在的凹形，确保这株古槐得以保存。目前，这株古槐枝繁叶茂，长势良好。

四、古槐死亡依法处理

位于东城区新大路6号院内，有一株古槐，树龄在300年以上，属一级古树，由于受到院内餐厅在其附近搭设炉灶的长期熏烤而死亡。1991年3月，市政府常务会议决定，对造成古槐死亡的责任单位及责任人员依法予以严肃处理，给予对古槐死亡负有领导责任的东城区主管副区长通报批评，对造成古树名木死亡的直接责任单位按古树名木价值赔偿损失，并处以罚款，责成其上级主管部门对责任人员给予行政处分。

五、天宁寺立交桥避让保护古树

在北京市二环路西便门天宁寺立交桥，有一株古槐，雄踞天宁寺桥的道路中央，让立交桥为之分道，被人们戏称为"最牛钉子树"。1991年落成的天宁寺立交桥，在开始建设时，为避让保护这株古槐，设计方专门修改了立交桥的设计方案，专为这棵古树保留了生长空间，由此整体工程预算增加了600多万元。道路建成时，由东往西行驶的车辆到了这株古树前需减速行驶，直行车道限速60千米/小时，弯道限速30千米/小时。这株奇特的"路中树"，成为北京古树保护的典范。

六、四元立交桥避让保护古树

1992年开始建设的国门第一桥——四元立交桥，为保护项目区内古树，特别调整立交桥设计方案。

七、八达岭高速路二期工程避让保护古树

1997年9月，北京八达岭高速二期工程开

始动工建设，居庸关臭泥坑村老八达岭路路边有3株古槐树正好位于新设计的八达岭高速二期路面上，为保留和避让保护这3株古槐树，修改了此处道路的设计方案。

八、德胜门外道路拓宽工程避让古树

2002年，在西城区德胜门外道路拓宽改造工程中，新康街的一株古槐树被完好地保留在路中央。

九、奥运会乒乓球比赛场馆建设避让古树

北京大学体育馆西侧坐落着一处古色古香的清代四合院建筑——治贝子园，该园始建于清嘉庆年间。此宅院南侧长有6株树种各异、姿态俱佳的挂牌保护古树，包括油松、白皮松、侧柏、槐等。北京大学体育馆作为2008年北京奥运会乒乓球比赛场馆，于2005年9月动工兴建。由于治贝子园位于场馆最初的规划范围内，设计师原计划将这座小院子整体平移到一处更开阔的地方去。但查阅历史档案后发现，这座小院是一座规模巨大的清朝园林的一部分，且小院外还生长着6株古树。为保护古建和古树，修改了原有方案，将整个场馆向东平移了6米，体育馆副馆向南平移了3米，所有管道和布线也都为此让路，从而完整地保留了治贝子园和古树。

十、国家游泳中心建设避让古树

北顶娘娘庙位于京城中轴线北延长线北端，属于2008北京奥运会奥林匹克公园中心区规划范围，为了保护北顶娘娘庙和院内古树，修改原有设计方案，将国家游泳中心的建设位置北移了100米。

十一、村民修路保护古树

在海淀区苏家坨镇车耳营村东关帝庙前有一株古油松，为辽代所植，树龄约1000年，胸围350厘米，树高7米，冠幅16米。它的一个主枝向道路方向延伸，好像在迎接过往来客，故称"迎客松"。该树紧挨道路，不仅影响村民出行，也使古树的生长环境不断恶化。为了保护这株古油松，村民自发集资100多万元，把古树树下的道路向南移了10多米，并将树下300多平方米的路面换成了便于古树正常呼吸的透水透气砖，有效地保护古油松的生长环境，确保了古油松的正常生长。2018年，被评为北京"最美十大树王"之油松王。

十二、109国道高速避让保护古树

2020年，规划修建国道109新线高速公路，该路贯穿门头沟区东西，全长65.4千米，起点为西六环路军庄立交桥，终点为门头沟清水镇北京市界，与河北省张涿高速相连，是北京西部唯一的进出京高速通道。在109国道新线修建过程中，发现疑似古树群。对此，门头沟区政府高度重视，迅速组织相关部门和专家对古树群进行初步勘测，依据《北京市古树名木评价标准》，确认为古树群，有61株侧柏，其中37株符合古树标准，9株达到一级古树标准，最大胸径为1.24米，28株达到二级古树标准。

本着"要为古树让路，全力保护古树资源"的理念，北京市园林绿化局（首都绿化委员会办公室）、北京市交通委等市相关部门和门头沟区委、区政府，反复论证优化109国道新线改线方案。将国道109新线高速向北侧山体整体移动，完全绕过古树群，路基由整体式路基方案改为分离式隧道下穿方案，新增左洞长289.1米，右洞长293.7米的隧道。为此，增加红线内占地1220平方米，造价增加约1.5亿元。为确保不影响古树根系的生长，修建隧道时，还采用了人工加机械开挖的方式，减少对古树生长环境的扰动。109国道高速公路建设工程为保护古树让路的做法，受到全社会的广泛关注。

十三、九搂十八杈古柏及其生境整体保护

九搂十八杈古柏位于密云区新城子镇，是北京市树龄最大的古树，约有3500年历史，是北京"最美十大树王"之一。虽然古柏一直由专人保护和复壮，但是因为古柏的东侧紧邻松曹路，古柏根系生长空间和营养面积严重不足。

北京市园林绿化部门多次组织相关科研单位、大专院校的知名专家赴现场踏查、检测、诊断，提出"护树、移路、建园"的基本保护思路。市园林绿化局会同密云区政府多方协调，将原有松曹路东移19.4米，长度195米，腾退公路分局物资站及新城子卫生院部分房屋约1400平方米，拆除旧路面2087平方米，拆除人行道918平方米、路灯4套，高压电线杆移位4个，移栽乔木23株。同时，拆除紧邻古柏的东侧挡墙60米，外移15米，扩大古树营养面积，增加根系的生长空间和透气性。九搂十八杈古柏总体生长面积扩大约400平方米，达到1500平方米；另一株古柏生长面积由原来的20平方米增至300平方米，从根本上解决了古柏长势衰弱问题。

在扩大生长空间和营养面积的基础上，对古柏进行精细化体检，结合体检结果制定专项保护复壮方案，持续开展科学保护复壮措施。实施支撑保护、树体封堵损伤修复、中心树洞封堵和排水引流；通过有机质和菌肥改良土壤环境、修建深根复壮井、复壮沟、加装通气孔；拆除原有木栈道、木围栏和距离古树过近的避雷塔，重新修建保护围栏、安装避雷塔；持续开展病虫害防控、防腐、监控等系列保护复壮措施；重构能自然演替的植物群落，改善古柏树生长状况（图5-29-5）。

围绕古柏建设320亩古树主题公园。在景观改造提升中构建"复层、异龄、混交、多功能"的近自然植物群落，形成稳定的森林生态系统。在保护古树及其生境的同时，将古柏的绿色资源与红色教育基地相结合，配备相应的游憩服务设施，为市民提供休闲娱乐场所，不断提升绿色福祉。

有关密云九搂十八杈古柏重新焕发活力引起社会广泛关注，得到高度肯定并被新华社、中央电视台等数十家国内外媒体广泛宣传报道，向全世界展示了北京古树保护的新技术、新理念、新成效。

图5-29-5　密云九搂十八杈生长环境改良（侧柏一级古树）

第三十章　林业信息化

　　林业信息化是运用云计算、物联网、移动互联网、大数据等新一代信息技术，与传统林业发展相融合，通过逐步建立功能齐备、互通共享、高效便捷、稳定安全的林业信息化体系，促进林业决策科学化、办公规范化、监督透明化和服务便捷化，全面提升林业管理和业务支撑能力，达到人与自然的互感、互知、互动。北京林业信息化工作，紧跟信息技术发展步伐，强化林业信息化建设和管理，聚焦林业业务需求，强化实践应用，实现新一代信息技术与北京园林绿化事业的深度融合。

第一节　林业信息化建设

　　加强北京市林业信息化建设，2000年市林业局成立了信息中心，负责组织全市林业系统网络信息化建设规划、规程、标准、计划的研究、起草和实施，以及全局电子政务的建设和应用工作，开启了北京林业信息化建设的新篇章。2011年，《北京市"十二五"时期园林绿化发展规划》提出"实施科技园林行动，让创新引领发展，提升园林绿化信息化建设水平"。

　　随着网络基础设施及软硬件平台建设的逐年完善，北京市园林绿化信息化工作总体水平和主要业务支撑能力也显著提高。至2014年，建成了园林绿化信息采集和数据中心，中心机房网络硬件设施初具规模，数据存储保障能力不断提高，覆盖全市的园林绿化信息网络，实现了信息资源的共建共享，可保证各级单位安全地互联互通，逐步满足全局办公、管理、协调、监督、应急以及决策的需要。

　　2016年，《北京市"十三五"时期园林绿化发展规划》提出"抓住'互联网+'带来的新机遇，加强信息化建设，提高互联网应用水平，引领首都园林绿化现代化"。同年，先后编制了《北京市智慧公园建设指导书》等一系列文件，指导智慧园林建设。

　　2017年，通过不断加大网络基础设施及软硬件平台的保障服务力度，信息化基础设施日趋完备，安全保障能力稳步提升，建设了"北京市园林绿化局基础设施云平台"，形成了一个稳定、动态、坚固、安全的虚拟服务器集群。平台可提供百余台服务器的虚拟能力，突破了服务器等硬件设施资源对信息化建设的约束和限制，全面提升了数据的存储能力和数据的计算能力。通过不断优化全局网络结构，增加网络设备，部署网管运维软件系统，加强了对局属基层单位信息化建设的指导。

2019年，北京市园林绿化局编制了《园林绿化大数据行动计划工作方案》，根据方案初步构建了包括位置信息数据、互联网舆情数据、网站访问数据、互联网社交软件数据、遥感影像数据、园林绿化相关软件数据、街景数据、物联网数据的8大类数据的首都园林绿化大数据资源体系。

2021年，随着园林绿化行业数据资源管理、信息平台建设等业务的变化和增加，北京市委编办批准将市园林绿化局信息中心更名为北京市园林绿化大数据中心，主要职责调整为承担北京市园林绿化大数据相关工作，承担园林绿化感知体系建设、行业预约平台建设运营等事务性工作。林业信息化人才队伍逐渐壮大，信息化管理体系逐步规范，信息化技术体系日益完善；同时，林业信息化技术在森林监测、保护、惠民等各业务领域成熟应用，使用现代信息化手段，在政务管理、改革发展、科技创新、资源保护、生态修复、公共服务等重点领域，加大技术支撑和智慧引领，实现信息技术与北京园林绿化建设管理的深度融合，为新时代首都园林绿化高质量发展增添了活力。

第二节　林业信息化管理

一、林业数据管理

为加强北京市园林绿化数据的管理，提升数据治理能力，筑牢数据安全屏障，同时规范北京市园林绿化政务数据汇聚工作，贯彻落实数据统管共用要求，依据《中华人民共和国数据安全法》《北京市政务数据分级与安全保护规范》等文件，北京市园林绿化局先后编制了《北京市园林绿化局政务数据管理办法》《北京市园林绿化数据分类分级管理办法》和《北京市园林绿化政务数据汇聚管理办法》。

《北京市园林绿化局政务数据管理办法》从园林绿化政务数据目录的梳理、数据采集、管理与应用、共享开放、安全与考核5个方面明确了各单位的职责权限。局网络安全和信息化工作领导小组负责统筹协调全局园林绿化政务数据管理工作。大数据中心基于局大数据平台实现全局政务数据的汇聚、管理及开发应用，并建立"汇、管、用、评"四位一体管理机制。各单位按照职责，梳理、完善、维护单位的政务数据，并将数据汇聚到局大数据平台共享共用。另外，文件还对委托他人建设、维护的信息系统明确了监管要求。

《北京市园林绿化数据分类分级管理办法》将园林绿化数据按业务视角和数据视角进行分类，并根据数据的敏感程度和可公开共享的范围，将园林绿化数据划分级别，以实行有针对性的保护。按业务视角，将园林绿化数据分为综合支撑类、绿化资源类、生态建设类、生态安全类、资源保护类、绿色惠民类6个大类，大类下细分为36个小类。按照数据视角，将园林绿化数据分为文件数据、数据库数据、遥感数据等6个大类，34个小类。将数据由低到高划分为4个级别，一级数据为可对社会公开的数据；二级数据为无条件共享数据，可在局内和其他委办局无条件共享；三级数据为有条件共享数据，经数据权属单位确认后可共享；四级数据为涉密数据或含有敏感内容的数据，原则上不共享或脱敏后共享。

《北京市园林绿化政务数据汇聚管理办法》以"园林绿化大数据平台"为载体，规范园林绿化数据汇聚流程，主要包括总则、数据提交、数据管理和安全管理4部分内容。总则部分论述制定该办法的目的和依据、办法的适用范围、数据汇聚的原则、各方职责等；数据提交部分论述各单位提交数据的范围、时间、方式和方法等内容；数据管理部分论述各单位对自身数据的维护和管理、各单位对其他单位数据的访问权限、数据更新、数据评价等内容；安全管理部分论述用户权限控制、系统安全控制等内容。

二、信息系统、网络与数据安全管理

2018年，北京市园林绿化局成立了网络安全和信息化工作领导小组，负责贯彻落实中央和北京市关于网络意识形态、网络安全和信息化工作的决策部署和工作要求，统筹推进园林绿化网络安全管理，落实网络安全工作责任制。

为建立健全信息公开审查机制，北京市园林绿化局（首都绿化委员会办公室）印发了《网站栏目管理办法》，明确了网站主动公开栏目的责任单位、职责分工及发布审批流程，完善了本单位主动公开信息发布前的审批流程。对涉及公众切身利益、需要社会广泛知晓的重大行政决策、规范性文件，在决策前、制发过程中通过北京市园林绿化局（首都绿化委员会办公室）网站积极向社会征求意见。围绕园林绿化重点工作，多种形式、全面公开、精准解读相关政策措施，确保政策内涵透明，进一步提升政策性文件解读质量。

为加强网络信息系统与数据安全管理，北京市园林绿化局先后编制了《网络与数据安全管理办法》《政府投资信息化项目全流程管理办法》《园林绿化网络安全事件应急预案》等制度，明确了网络运维管理、网络安全等级保护工作落实机制、园林绿化信息系统与平台运维管理、安全事件应急管理、供应链管理、政务数据全流程管理等方面的工作要求。同时，多措并举，全面加强网络与数据安全管理，每年开展局系统范围内网络安全和数据安全自查工作，组织网络与数据安全培训，配合市委网信办开展国家网络安全宣传周宣传活动，对园林绿化内部网络和云上信息系统开展监测预警、每日巡检、漏洞修复、数据备份、认证加密等安全防护措施。

第三节　林业信息化应用

一、在森林监测中的应用

生态综合感知"万象"模型库　通过在林场、湿地和公园的安防、防火监控摄像头、红外相机等感知设备，同时汇聚社会化观测数据如花伴侣拍照识花、eBird鸟类观测数据等，采集了海量的植物、野生动物、鸟类等生物物种多样性数据，以及物候变化数据、森林病虫害数据等多类生态数据，结合生态资源监测、野生动物保护、植物养护、森林防火、病虫害防治等业务场景，开展机器学习模型训练工作。经过多次迭代和优化训练，针对园林绿化领域的业务需求和监测对象的特点，研发了多种算法，并将其整合为生态综合感知"万象"模型库，以满足业务多样性和个性化需求。在全国率先建成生态综合感知"万象"模型库。

"万象"模型库利用大数据、人工智能等新一代信息技术，以数据接入和采集为基础，通过人工智能图像识别技术，可对城市生态系统中的生物多样性进行全面、实时、精准的监测和管理。结合"万象"生物多样性识别分析能力，能够及时掌握北京生物种类、数量和分布情况等，快速了解生物多样性状况并分析原因，对首都生物多样性的评估和管理起到了支撑作用。"万象"模型库可快速准确识别植物、兽类、鸟类、昆虫4大类物种和树木病虫害，破解了目前生态资源监测领域没有综合大型算法模型库、识别模型种类少、精度低的行业难题。截至2022年，"万象"模型库可以检测和识别5800余种植物、330种野生动物、1045种鸟类、50种昆虫，以及100多种常见林木病虫害，平均识别准确率达到86.3%。实现了"看得清、看得准、看得全、看得懂"的无人化、智慧化和长周期的多物种监测，有效解决生物监测数据"不及时、不全面、不准确"等难题，提升了森林监测信息化、智能化管理水平。

园林"绿视率"监测分析　绿视率是一项国际上新的绿化衡量指标，即人们日常生活中，眼睛看到的绿色植物所占的比例。近年来，网络街景大数据和图像处理技术的发展，促进了绿视率在更大范围的应用。北京市园林绿化局利用人工智能技术，通过机器学习实现了图片中绿色植物的自动识别，通过开发绿视率数据采集系统和绿视率智能化分析模型，对全市五环内的城市主要公共空间，开展了绿视率的调查和分析。该成果为城市绿色空间管理提供了一个新的视觉维度，为"留白增绿"等园林绿化建设提供新的科学决策依据。

杨柳飞絮信息采集APP　利用信息化手段，在全市范围内广泛开展杨柳雌株调查工作，通过杨柳飞絮信息采集APP将采集任务分发到各区园林绿化局，再由各区转发至各乡镇街道，采集人员通过手机APP客户端对杨柳雌株进行定位，快速填写胸径、长势、照片等数据。截至2022年，共采集了168709个点位信息，661万余株杨柳雌株信息，并将采集到的树木点位信息在园林绿化一张图上展示；初步摸清了全市杨柳雌株基数，为北京市杨柳飞絮的防治和预警提供了科学的基础数据。

二、在森林保护中的应用

森林防火"天空地"监测预警体系　随着森林防火各项基础设施建设不断加强和完善，科技支撑不断深化，利用信息化开展森林火灾防治的能力显著提升。通过人防技防相结合，打造全市域卫星监测、无人机、视频监控等森林火灾监测系统，与瞭望塔人工瞭望、巡查队网格化巡护共同组成了五位一体的"天空地"监测预警体系，实现全市林区监控全覆盖，真正做到火情早发现、早处置。其中，卫星监测通过收集12颗静止和极轨卫星遥感影像数据，自动处理数据，快速识别火点，从采集到报警全过程15分钟完成；察打一体无人机智能巡护系统，通过空中侦察，回传现场实时图像，确认火场精确位置，采集火场气象信息，测算火场面积，监测火情发展态势，掌握火场周边信息，针对森林火灾发生早期及火场地势险峻，不易处置等情景，适时开展空中灭火作业，达到抑制或扑灭火情的效果；全市建成了1028路森林防火视频监控，通过红外感知和烟火识别系统，完成对林区全天候、全时段监控，实现森林火情快速判别和准确报警。同时，结合瞭望塔的人工瞭望、384支3900余人巡查队的网格化巡护，实现巡查监管全覆盖。

林业有害生物预警监测　利用高光谱遥感监测森林病虫害，具有周期短且获取信息不受干扰等优势，可以实时、快速观测到植被受病虫害影响时，叶绿素浓度降低甚至消失的情况。近年来，通过探索利用高光谱遥感影像数据获取不同时相植被指数变化情况，快捷准确地确定病虫害发生的林区以及分布范围，从而制定相应的防治措施以进行预警预报和动态监测。同时，在现有森林防火视频监控基础上，增加高光谱、多光谱传感器，结合卫星、无人机、地面观测等手段，高效监测美国白蛾、松材线虫等有害生物危害林木资源的特征变化，提高林业有害生物预防能力。

三、在绿色惠民中的应用

做好市民的出行"推荐官"　为了鼓励市民走出家门，体验首都绿化建设的成果，春季在官方平台和主流互联网平台持续推荐赏花点位，秋季联合首都新闻媒体打造"多彩京秋赏红季"融媒体活动。每年春季，北京市园林绿化局（首都绿化委员会办公室）网站上线"京城游园赏花季"专题，介绍花卉知识和赏花胜地。更新京城游园赏花地图互动版和手绘版，汇集公园花卉观赏片区及花期预报，提供片区、花卉、花期多维度搜索，方便市民导航前往、一键保存和分享。秋季，充分考虑市民游客手机使用习惯，多种形式在各互联网平台引导市民科学赏红、线上赏红。上线了包含赏秋园、金秋路、采摘园和观鸟图等多个主题的"多彩京秋"导览图，市民游客不仅可以查看推荐点位相关信息，还可以在评论区进行互动，发布美图等。另外，与高德地图、百度地图合作，在地图上推出"最美赏秋园"，介绍各公园景观特色、推荐观赏期和乘车路线等，方便市民检索使用；将防火视频、铁塔视频和生物多样性视频等14路直播资源，接入"北京时间"和"央视频慢直播"，市民游客可以"云赏"北京的美丽秋景；在滴滴出行推出了打车和单车优惠活动，在倡导绿色出行的前提下，对出行订单推出优惠政策。经测算，"赏红地图"1400万人次检索使用，赏红景区慢直播视频点击量达300万人次。

做好管理服务的监测评价师 为了更好地掌握全市游憩场所惠及的人群数量，用数据检验绿色惠民成效，选取了重点公园、绿道、主流露营地和国庆花坛4类游憩场所，依据手机信令栅格数据进行了客流数量和游览时段等分析，稳定输出公园实时客流，为游憩场所和配套设施的优化提供数据支撑。

做好公众的信息发布者和政策解读者 近年来，利用首都园林政务网和首都园林绿化微信公众号等公众服务平台，发挥北京市园林绿化局（首都绿化委员会办公室）网站面向群众主动公开的阵地作用，着力抓好政府信息主动公开、决策公开、政策解读等有关重点工作，不断增强首都市民的绿色获得感，助力提升政府部门的执行力和公信力。应用大数据分析技术，采集首都园林绿化政务网上千万访问数据及站内外搜索关键词，基于这些自动采集的海量数据，进行聚类分析，形成统计分析图表。通过分析，掌握网民的访问行为，了解网民的需求及关注热点，依据这些实时数据，不断改进首都园林绿化政务网的服务形式与内容，先后为公众提供了"北京绿道""首都全民义务植树""林木绿地认建认养""北京市公园风景区游览"等多个特色专题，并不定期增加、更新专题。

四、在园林绿化管理中的应用

园林绿化大数据平台 随着各类园林绿化数据的不断汇聚，数据数量也呈几何式增长。从数据安全和数据管理的角度，传统的数据管理方式已经不适合当前的信息化时代。通过建设园林绿化大数据平台，实现综合支撑、绿化资源、生态建设等方面数据的高效存储和管理，各单位可通过平台上传和管理数据，查看全局数据目录，在线申请和审批数据，并实现数据质量的评价管理。大数据平台的建设实现了全局数据的"一张图""一套数""一个库"管理，为数据的安全管理和高效利用提供了有力支撑。

园林绿化"一张图"系统 建设园林绿化"一张图"系统，是指将基础地理、航摄遥感、园林绿化资源等多源信息进行集成，并与园林绿化的规划、调查、监测、审批、工程、执法等业务图层叠加，共同构建统一的空间数据管理平台，实现对全系统空间信息数据进行管理、展示和分析。"一张图"系统作为矢量数据基础底座，能够有效解决目前园林绿化数据底数不清、标准不一、管理不规范、共享协同难、数据资产复用挖掘不足等痛点问题，实现园林绿化资源"统一底图""统一数据""统一标准"，实现园林绿化任务"带图斑下达""带图斑上报""带图斑审批"等，实现市园林绿化局与其他委办局、各区园林绿化局之间数据共享，为园林绿化的动态监管提供支撑。

园林绿化"一张网"平台 充分利用园林绿化行业感知设备和算法，根据主要业务需求，初步建设了园林绿化生态感知监测"一张网"平台，主要包括林地、绿地、公园、果园、感知设备等资源模块和森林防火、病虫害、杨柳飞絮、气象监测、野生动物、公众服务等应用模块。通过感知平台，直观反映资源动态消长变化，显示重大工程建设进度,为碳汇计量、GEP 核算、批后监管等业务应用提供支撑,为防灾减灾、游客量预警、杨柳飞絮防治等业务场景的态势研判和风险预警提供依据,提升生态安全管理水平。

数据看板应用 为更加直观展示全市园林绿化资源变化及重点工程进展等情况,通过数据图表等形式呈现各业务指标的变化趋势,开发了数据看板应用服务。在数据看板中发布了森林、绿地、湿地、游人量、营造林等 5 项业务共 17 项指标数据,展示了全市及各区各项指标近 10 年的变化情况。

野鸭湖湿地自然保护区

第三十一章　果品产业

北京的地理位置、自然环境极宜于落叶果树的生长，果树栽培起源早，伴随着农业社会的出现就开始了。在漫长的岁月更替中，不断由最初的原始状态向传统栽培、现代栽培演进。新中国成立之初，北京的果品面积仅为2.2万公顷，产量为8402.5吨。改革开放以来，随着北京经济、社会的快速发展，果树栽培已成为一项服务首都城市功能、富裕农民的重要产业。全市果树的种植面积不断扩大、栽培管理技术不断创新、果树品种不断丰富、果品产量不断提高，果树生产管理的科学化、集约化、现代化水平不断提升，生态效益、社会效益、经济效益日益显著。此后，随着果树种植面积的不断扩大，果树管理水平的不断提高，果品产量也逐年提高，到2020年，北京果品面积12.42万余公顷，产量为513783.9吨。

第一节　果树生产

一、发展历程

新中国成立后，中共北京市委、北京市人民政府十分重视果树栽培工作，把发展果树生产作为发展郊区农村经济、富裕农民的一项重要产业，在不同时期制定了促进果树产业发展的政策，逐步建立、健全果品生产的行政管理、科技研究和技术推广机构，兴建果品生产基地，普及推广科学管理技术，果品生产迅速发展，果品产量不断提高。70年来，北京果树产业的形成与发展大体经历了以下几个时期。

（一）起步时期（1949—1965年）

1949年新中国成立之初，北京地区残留的果树面积只有2.2万公顷，主要分布在昌平、房山、平谷、门头沟、怀柔、密云、延庆等远郊区（县）的部分地区，近郊只有大兴县南部有集中连片的梨树，其他区（县）则仅有星星点点的果树，果品产量仅为8402.5吨。

果树发展起步时期大体包括新中国成立至"文化大革命"开始前（1949—1965年）。1949年北平和平解放，市人民政府就将加强果树管理、恢复果品生产列入政府议事日程，建立专门工作机构，负责郊区农业、林业和果树生产等各业的组织领导和管理。1952年，成立北京市农林局，果品生产由农林局主管。1952年北京市农林局在五里坨建立北京市果树试验站，专门从事果树试验研究和在郊区推广科学管理技术。科技人员深入重点果产区进行科学研究、生产指导和培训。20世纪50年代中期，果树生产认真贯彻执行果树不与粮、棉争地，发展果树要"上山下滩"的方针，组织农场和区（县）充分利用丘陵和荒滩、荒地，大力发展果树。先后建立了以苹果、梨、桃、葡萄为主的千亩以上的果园19个，500亩以上的果园16个，百亩以上的果园更是星罗棋布，遍及京郊各区（县）。如北京地区面积最大的南口农场果园，就是发动机关干部，在历史上著名的金沙滩这片不毛之地上，挖出鹅卵石填入好土建成的，果树栽培面积466.67多公顷；在永定河旧河床上建成了卢沟桥农场和大瓦窑乡两个千亩以上的大果园；在大兴县沙荒地上一举建成246.67多公顷的葡萄园。这批大果园布局合理，集中成片，便于经营管理；具有比较完备的灌溉条件和防治病虫害的设备，有较强抵御自然灾害的能力。

在大力发展果树种植的同时，还不断加强对原有果树的管理。开展了病虫害普遍防治，针对危害大宗果品梨、核桃、柿子等猖獗的病虫害，如梨黑星病、核桃举肢蛾和柿子圆斑病进行全面调查，摸清了病虫害发生、发展规律，确定了有效的防治措施；推广了以梨、桃为重点的果树修剪技术，邀请专家示范，组织区（县）观摩，确定标准树形，实施精细修剪，并强化树体与土壤管理；加强了果树栽培科技培训与推广，组织科技人员深入重点果产区，采用召开现场会、举办培训班等多种方式，对果农开展果树科技培训，以点带面地加以推广。通过上述措施，使许多成年不结果的果树恢复了生机，果品产量逐年提高。此外，发动群众利用当地野生果树资源，从中选择优良品种加以扩繁推广，利用野生果树就地嫁接，也取得显著成效。到1965年，果树面积发展到6.07万公顷，北京地区果品总产量达到110580吨。

（二）曲折发展时期（1966—1980年）

此时期大体从"文化大革命"时期开始至改革开放初期（1966—1980年）。在"文化大革命"期间，由于强调"以粮为纲"，许多地方纷纷砍掉果树，把果粮间作地变成纯粮田；不少地方或盲目平整土地，把许多小块地平整成大块地，梯田上的果树和果粮间作地的果树全被砍光。或者以去杂去蘖为名，砍掉很多大果树，勉强保留下来的不少果树也被卸掉大枝，给种粮"让路"；许多分布在山区的名产果品，有的面积减少，产量下降，有的濒于灭绝或已经绝迹。如著名的门头沟区龙泉雾香白杏，只残留7棵老树；房山石窝的水蜜桃，是京郊农家品种中的珍品，1976年以前已被破坏绝迹。相当数量的果园管理粗放甚至弃管，病虫害十分严重，果树面积与产量大幅度下降。如葡萄，1966年栽培面积已达761.4公顷，年产量为11500吨，到1976年，仅剩下476.2公顷，年产量下降到6450吨。果树专业技术人员也受到严重冲击，专业技术研究几乎停顿。

党的十一届三中全会以后，为加快果品生产，提高果品产量和质量，促进果树产业的恢复和发展，市委、市政府加强了对果品生产的领导，明确了"林果为主，多种经营，全面发展"的山区建设方针，制定了提高果树发展补贴标准、核减果树占耕地的农业税、对出口创汇高的干果和土特产品实行奖励等优惠政策，建立和健全了各级果树生产管理机构，加强了果树产业科技人才队伍建设，组建了市、区（县）林业技术推广站，使郊区的果品生产逐步进入健康发展的轨道。1979年北京农学院恢复招生，果树专业列为首批开设的3个专业之一，开始为北京培养果树专业技术人才，北京农校也开始为京郊培养果树专业技术人员。1980年，北京市果树总面积7.33万余公顷，产量158994吨。其中，鲜果33845.07公顷，产量148460吨，分别占果树总面积的46.10%和总产量的93.38%；干果39575.87公顷，产量10530.5吨，分别占果树总面积的53.90%，占总产量的6.62%。

（三）快速发展时期（1981—2000年）

此时期大体从改革开放初期至21世纪初

（1981—2000年）。随着改革开放的深入，各级政府把果品生产作为广大农民脱贫致富的门路之一，各项扶持果品生产政策的陆续出台，果树产业进入一个快速发展的新时期。1982年成立北京市人民政府果树顾问团，在果品生产方面为市政府出谋献策。1984年，成立北京市人民政府果品生产领导小组，下设果品生产办公室，统一领导全市果业发展工作，负责制定果树发展区划、果品基地建设和新技术的推广应用。同时，北京农村普遍实行联产承包责任制，扩大果农的生产自主权，在"决不放松粮食生产，积极发展多种经营"的方针指引下，进行农村产业结构的调整，提出在"浅山、丘陵缓坡区，确保谁造谁有，重点发展果树等经济林，建成一批干鲜果品基地，恢复、发展传统名优果品生产，相应核减果树占地粮田面积"。1984年把苹果由二类农副产品改为三类农副产品，对各种水果全部实行多渠道经营，价格随行就市。1993年，市政府在密云县召开全市果品生产工作会议，提出实施果品生产"双五十万"工程，即新发展果树50万亩，更新改造"老、散、劣、杂"果树50万亩的目标，并制定了相应的政策、资金扶持办法。由于政策到位，山区充分发挥山多地广的优势，扩大果树种植面积，平原地区也在不断地改造河滩地、沙荒地，积极发展果树，建设果品生产基地，使果树种植规模迅速扩展。特别是在20世纪90年代后期，郊区各区（县）紧紧围绕市场需求，调整种植业结构，提出山水林田路综合治理，生产生态共同发展，一方面扩大发展果树种植面积，实施山区"经济沟"开发工程，持续推进果树"双五十万亩"发展工程。另一方面努力提高果树管理水平，为提高建园质量和果园管理水平推行标准化果园建设，延长果品市场供应，大力推广果树设施栽培。同时，完善健全了果树生产、专项科研、技术推广相结合的果树产学研结构网络，加强了不同层次专业管理人才的培养，加强了对果树树种、品种的苗木选育、水利和病虫防治等基础设施的配套，大面积推广与应用了一批新技术，如果树良种繁育与新品种应用、果树高产优质矮化密植技术、大规模果园土壤改良技术、果树施肥与节水技术、果树整形修剪技术、果园生草覆盖技术、果园营养液制作与应用技术、果树生长调节剂应用技术、果树病虫害综合防治技术、启动果品采后分选、包装提升技术等。在一系列政策、措施的推动下，果树产业连续实现突破性发展。到1990年，全市经济林面积为114129公顷，其中果树面积为86800公顷，果品产量达到276100吨。1991—1995年，全市经济林面积增加到128571公顷，5年增加14442公顷，其中果树面积从86800公顷增加到104600公顷，5年增加17800公顷，果品产量达到467704吨。1996—2000年，全市经济林面积增加到134842.7公顷，5年增加6271.7公顷，其中果树面积从104600公顷增加到123025.2公顷，5年增加18425.2公顷。果品产量达到564281吨。

（四）高质量发展时期（2001—2020年）

进入21世纪以来，北京的果业发展逐渐实现了由数量增长到质量提升的蜕变，进入到高质量发展的新时期。为推动果树生产向安全精品高档果、地方特色果品和观光果业方向发展，根据适地适树原则，加大果树种植结构调整，适度提升改造老、劣、杂、散等低产低效果园的力度。到2005年，北京的经济林面积发展达到历史最高值，达到164457.6公顷，其中果树面积从2000年的123025.2公顷增加到163304.8公顷，果品产量达到810413吨。到2010年，全市经济林面积为154570.6公顷，其中果树面积153845.87公顷，较5年前减少724.73公顷，但果品产量达到最高值，为977467.1吨。

党的十八大以来，在习近平生态文明思想的指引下，北京果业发展坚持以科技为支撑，以种植结构调整为动力，以果农增收致富为落脚点，提升果品产业的经济性（对农业生产的贡献率）、生态性（对生态环境建设的贡献率）、生活性（对满足市民生活质量提高的贡献率）为出发点，特别是进入21世纪以后，强调果品安全生产，在全国率先提出实施"果树有机化栽培"的生产理念，邀请国际有机运动联盟理事与京内外果树专家一起，探讨研究指导培训，结合全市果树生产实际，编纂教材，形成完善的理论技术指导体系，大力推广果树的有机化栽培；大力发展精品高档果品、大力恢复发展地方特色果品和果园休闲观光业态，使北京市果树产业呈现出由"数量扩张型"向"质量效益型"转变的趋势，果园坚持"适地适当发展多样化优良特色果品满足消费者个性化需求"，全市果树产业进入到一个安全特色化、精品化高质量发展时期。在栽培管理技术上开启了优化果树品种、创新栽培模式、强调改良土壤、推进果树生产标准化、发展都市型观光果树业，依法划定果树生产空间，成为果树产业建设的显著特点。到2020年，全市经济林面积为128576.48公顷，其中果树面积124184.56公顷，果品产量为513783.9吨。

优化果树品种 为适应北京市场对果品的安全、高档、精品、特色、多样、有机等需求，满足消费者的个性化需求，加大了果树品种结构调整优化力度，加快品种更新换代，培育和引进发展名、特、优、新、稀品种。先后从国内外引进特色突出、品质优良、适合观光采摘的优良果树品种，包括甜柿系列、香味葡萄系列、红皮梨系列、洋梨系列、水蜜桃系列、中晚熟樱桃系列、中早熟苹果系列、鲜食杏、无花果等，既丰富了北京地区的果树资源，优化了品种结构，又丰富了北京果品市场。仅2011—2015年，就引进国内外优良新品种349个，取得了良好的引种效益。

20年间，全市共引进筛选2100余个优新品种，其中樱桃品种100个、梨品种500个（以洋梨系列为主）、苹果品种600个、葡萄品种200个、桃品种400余个、枣品种200余个、甜柿品种10余个、无花果品种近30个。截至2020年，全市种植果树品种有3000多个。平谷区从国内外引进优良水蜜桃系列品种50余个，还有油桃、油蟠桃系列超过百个新优品种，目前栽培品种超过400个，实现一年三季有桃；大兴区在巩固自己特色"金把黄"鸭梨基地基础上，建立了近千亩的洋梨基地，从国内外数百个洋梨系列及其他新品种梨中，筛选出适宜大兴发展的丰水、黄金、八月红、绿宝石、金星、爱宕等优良梨品种，逐步改变了大兴区鸭梨、雪花梨一统天下的局面，实现了梨产业升级。

创新栽培模式 2003年以来，随着北京奥运会的临近，食品安全问题受到全社会的关注，为解决果树的安全生产管理问题，以提高果品安全性、提升果品质量为目标，启动了果树有机化栽培技术，重点强化果树有机化栽培、零农残有机化栽培、生物动力有机化栽培等安全有效的果园生产配套技术和管理模式，出台了《北京市有机果品生产技术准则》。以肥沃土壤、培育高光效树形、建立生态调控系统为切入点，先后推出以改良土壤为重点的有机化栽培技术、提高土壤有机肥转化率的零农残有机化栽培技术、调动土壤及树体自身动力的生物动力有机化栽培技术等一系列具有现代理念的新技术。先后建立果树有机化栽培综合配套技术示范果园880个，面积2.2万公顷。建有机肥发酵场78个，年生产有机肥可达28万吨，有机果园每年每公顷施用完熟有机肥2~5吨，使果园土壤有机质含量有了显著提升。

推进果树生产标准化 2003年以来，面对中国加入世界贸易组织的机遇与挑战，要求北京市的果品生产向标准化、安全、无公害方面全面升级。为此，针对果树产业发展的关键技术环节，大力推进果品标准化生产。按照行业或国际果品质量标准，编制了《北京果树标准化生产通则》，并按照有关食品安全质量和产地质量标准要求，制定40余项果树生产技术标准，包括主栽果树品种的果品质量等级标准、主栽果树的无公害、有机化生产技术标准以及主要果品的贮藏保鲜标准，为京郊果树标准化生产管理奠定了基础。其中，果树无公害生产技术标准15个，包括苹果、梨、桃、葡萄、樱桃、枣、杏、李、板栗、核桃、柿子、设施桃、设施葡萄、果树苗木等无公害生产技术标准；无公害果品质量标准22个，包括苹果、梨、桃、葡萄、樱桃、枣、杏、李、板栗、核桃、柿子、设施桃、设施葡萄等；果树生产单项技术标准14个，包括果实套袋、生草、施肥、节水、芳香植物应用、果树营养液技术、果园灌溉等方面，从而提高了果树栽培技术水平和果品产量、质量。全市标准化栽培果树面积达到1.77万公顷，建成40多个技术先进、基础设施优良、经济效益良好的标准化、现代化示范果园。

划定鲜果生产空间 2018年，根据市委、市政府关于调结构转方式、发展高效节水农业的意见中关于"确保北京市农业粮田、菜田、鲜果园生产空间保有量不低于16.67万公顷，其中鲜果园6.67万公顷"的要求，以北京市第八次森林资源规划设计调查数据为基础，划定鲜果种植面积6.88万公顷，同时还完成了全市6.69万公顷干果资源的空间划定工作。全部果树资源已上图进入数据库，实现了全市果树资源分树种、到地块的空间划定工作的全覆盖。

二、各时期果树面积及果品产量

（一）各时期果树面积

根据历次森林资源调查和经济林专项调查，不同时期各区（县）的经济林面积变动情况见表6-31-1。各主要树种面积变动情况见表6-31-2。

表6-31-1 不同时期全市、各区经济林面积变动情况

单位：公顷

统计单位	1990年 合计	1990年 其中果树	1995年 合计	1995年 其中果树	2000年 合计	2000年 其中果树	2005年 合计	2005年 其中果树	2010年 合计	2010年 其中果树	2015年 合计	2015年 其中果树	2020年 合计	2020年 其中果树
全市	114129	86800	128571	104600	134842.7	123025.2	164457.6	163304.8	154570.60	153845.87	136476.15	134714.37	128576.5	124184.56
朝阳区	536	536	463	463	224.7	215.8	287.0	287.0	222.06	222.06	0	0	0	0
丰台区	1383	1300	1320	1200	740.3	734.8	1044.6	1044.6	865.31	865.31	532.42	532.42	343.89	338.05
石景山区	466	466	336	300	288.3	273.8	203.4	203.4	109.31	109.31	36.13	33.75	51.26	41.54
海淀区	3238	3238	3529	3500	2594.4	2591.7	3489.2	3476.5	3218.37	3214.14	2701.75	2639.36	1973.82	1814.40
门头沟区	4518	1900	4937	1800	4868.9	4628.8	6512.8	6176.6	7355.87	6955.34	5498.64	5270.94	5701.86	5233.13
房山区	8952	8200	8250	8100	10747.8	10509.1	15478.4	15281.6	13591.22	13487.80	11103.54	10973.56	8904.44	8658.66
通州区	1881	1881	3208	3200	2894.7	2736.0	6420.1	6391.2	4229.94	4223.35	3820.83	3708.26	3259.19	3164.04
顺义区	3168	3100	4118	4100	5088.8	5013.7	6255.5	6183.4	5060.17	5047.41	4062.72	4011.51	3613.8	3545.24
昌平区	14442	13000	14066	13200	13428.7	12621.1	15938.8	15907.1	15219.36	15182.82	13210.8	13130.67	11248.07	11105.00
大兴区	7054	7054	9682	9682	10798.5	10630.4	14405.0	14079.4	10710.33	10668.61	6841.49	6791.91	7786.75	6291.14
怀柔区	22101	15300	22166	18100	22231.3	20688.9	25344.4	25344.4	24373.95	24373.95	20872.02	20828.8	21336.97	20559.00

（续）

统计单位	1990年		1995年		2000年		2005年		2010年		2015年		2020年	
	合计	其中果树	合计	其中果树	合计	其中果树	合计	其中果树	合计	其中果树	合计	其中果树	合计	其中果树
平谷区	12887	12100	19304	17800	21600.2	21590.6	28239.3	28225.9	27708.54	27708.13	26108.45	26106.45	22712.07	22344.61
密云区	17024	13700	18893	16700	21595.2	20183.8	30324.7	30267.6	30232.27	30152.26	30483.43	30320.25	31247.02	30917.08
延庆区	16479	5000	18299	13200	17740.9	10606.7	10514.5	10436.0	11673.90	11635.37	11203.93	10366.49	10397.34	10172.69

表6-31-2 历次调查各主要果树面积

单位：公顷

	种类	1961年	1980年	1985年	1990年	1995年	2000年	2005年	2010年	2015年	2020年
	全市	60398.9	74246.3	77795.7	114129	128571	134842.7	164457.6	154570.6	136476.15	128576.5
干果	小计	28542.2	40258.8	40156.5	47149	48335	42597	63890.7	69905.7	64952.63	70227.56
	核桃	7102.5	3809.7	2993.3	5319	5013	6227.2	10927.9	13323.24	14425.63	18779.49
	板栗	9211.5	16439.7	16941.7	20273	25076	29427.1	41612.2	45020.76	40659.02	41518.36
	仁用杏	11388.3	18293.4	18261.7	21557	18246	6942.7	11350.6	11561.7	9867.98	8346.12
	干枣	0	0	0	0	0	0	0	0	0	1507.73
	榛子	0	0	0	0	0	0	0	0	0	75.87
	其他	839.9	1716	1959.8	0	0	0	0	0	0	0
鲜果	小计	31856.7	33987.5	37639.2	66487	79572	80428.2	99414.0	83940.17	70729.27	53957.00
	苹果	2538.3	10994.7	12695	21243	31220	23627.3	12949.9	9402.55	8497.4	8301.95
	梨	6352.2	9863.2	9745.5	11108	11249	12762.8	15740.4	10997.87	7708.48	5839.55
	桃	3544.9	4344.7	4910.2	13455	15802	20131.7	31512.4	27356.04	19991.21	16622.98
	鲜枣	0	0	0	0	0	1341	5530.6	5556.12	4971.3	2574.9
	葡萄	761.4	373.8	1588.9	1541	1255	2167.1	4564.9	2811.59	2954.25	1797.35
	李子	0	0	0	0	0	0	4266.0	2803.8	1709.01	1157.16
	柿子	3907.7	3304.2	3238.6	9330	9821	10802.9	13529.7	13033.33	9003.77	6044.53
	鲜杏	0	0	0	0	0	4459.7	7125.0	6420.86	7229.95	5938.59
	樱桃	0	0	0	0	0	0	1660.5	3305.26	4022.92	3296.8
	山楂	1532.4	717.8	963	4608	4064	0	2534.6	2252.75	2264.99	1982.61
	海棠	0	0	0	0	0	0	0	0	0	400.58
	其他	13219.8	4389.1	4498	5202	6161	5135.7	0	0	2375.99	0
其他经济林	小计	0	0	0	493	664	11817.5	1153.0	724.75	794.25	4391.92
	桑树	0	0	0	243	316	2.5	0	0	0	1472.56

(续)

种类		1961年	1980年	1985年	1990年	1995年	2000年	2005年	2010年	2015年	2020年
其他经济林	花椒	0	0	0	81	70	52.2	247.3	79.32	52.94	30.31
	玫瑰	0	0	0	157	141	122.7	225.6	236	137.56	113.82
	香椿	0	0	0	12	25	226.8	97.2	347.41	353.47	445.12
	其他	0	0	0	0	112	11413.3	582.9	62.02	250.27	2330.11

注：1995年以前各期仁用杏面积包括山杏面积，2000年其他经济林面积的其他中包括山杏10540.3公顷。

根据表6-31-2分析，"七五"期末（1990年），全市114129公顷经济林中，干果面积为47149公顷，占41.31%，鲜果面积为66487公顷，占58.26%，其他经济林面积为493公顷，占0.43%。干果种类为仁用杏、板栗和核桃，面积分别为21557公顷、20273公顷、5319公顷，分别占18.89%、17.76%和4.66%；鲜果主要种类为苹果、桃、梨和柿子等，面积分别为21243公顷、13455公顷、11108公顷、9330公顷，占比分别为18.61%、11.795%、9.73%、8.71%。

"八五"期末（1995年），全市128571公顷经济林中，干果面积为48335公顷，占37.59%，鲜果面积为79572公顷，占61.89%，其他经济林面积为664公顷，占0.52%。与"七五"期末相比，干果中板栗面积增加4803公顷，为25076公顷，占10.50%；仁用杏面积减少3311公顷，为18246公顷，占14.19%；核桃面积减少306公顷，为5013公顷，占3.90%。鲜果面积最大的4种顺序变为苹果、桃、梨、柿子；鲜果中苹果和桃增加较多，分别增加9977公顷和2347公顷，面积分别为31220公顷和15802公顷，占比为24.28%和12.29%；梨和柿子面积变化不大；山楂和葡萄有所减少，分别减少544公顷和286公顷。

"九五"期末（2000年），全市134842.7公顷经济林中，干果面积为42597公顷，占31.59%，鲜果面积为80428.2公顷，占59.65%，其他经济林面积为11817.5公顷，占8.76%。干果面积减少较多、其他经济林面积增加较多，一个重要原因是统计口径变化，将山杏从干果中剔除，放于其他经济林中。与"八五"期末相比，干果中板栗面积增加4351.1公顷，为29427.1公顷，核桃面积增加1214.2公顷，为6227.2公顷。鲜果面积最大4种顺序依然是苹果、桃、梨、柿子；尽管苹果减少幅度较大，减少7592.7公顷，面积为23627.3公顷，仍为第一大鲜果，占17.52%；桃面积增加4329.7公顷，达到20131.7公顷，占14.93%；梨面积增加1513.8公顷，达到12762.8公顷，占9.46%；大力发展鲜杏，面积达4459.7公顷。

"十五"期末（2005年），全市164457.6公顷经济林中，干果面积为63890.7公顷，占38.85%，鲜果面积为99414.0公顷，占60.45%，其他经济林面积为1153.0公顷，占0.70%，山杏不再计入经济林中。与"九五"期末相比，干果中板栗面积大幅增加12185.1公顷，达到41612.2公顷，占比为25.30%；核桃和仁用杏面积也大幅增加，分别增加4700.7公顷和4407.9公顷，面积为10927.9公顷和11350.6公顷，占比分别为6.64%和6.90%。鲜果面积最大4种顺序变化为桃、梨、柿子和苹果；桃大幅增加了11380.7公顷，达到31512.4公顷，成为第一大鲜果，占19.16%；苹果面积从23627.3公顷大幅度减少到12949.9公顷，5年间减少10677.4公顷，占比仅为7.87%。李子、鲜枣、鲜杏、葡萄面积也大幅增加，分别增加4266公顷、4189.6公顷、2665.3公顷和2397.8公顷。

"十一五"期末（2010年），全市154570.6公顷经济林中，干果面积为69905.7公顷，占45.22%，鲜果面积为83940.17公顷，占54.31%，其他经济林面积为724.75公顷，占0.47%。与"十五"期末相比，干果增加6015公顷，其中板栗增加3408.56公顷，达到

45020.76公顷，占比为29.13%；核桃面积增加2395.34公顷，面积为13323.24公顷，占比8.62%；仁用杏保持稳定。面积最大的4种鲜果顺序变为桃、柿子、梨和苹果；鲜果面积大幅减少15473.83公顷，梨、桃、苹果减少面积较大，分别减少4742.53公顷、4156.36公顷和3547.35公顷，葡萄和李子也分别减少了1753.31公顷和1462.2公顷；樱桃从1660.5公顷增加到3305.26公顷，5年间面积增大1倍。

"十二五"期末（2015年），全市136476.15公顷经济林中，干果面积为64952.63公顷，占47.59%，鲜果面积为70729.27公顷，占51.83%，其他经济林面积为794.25公顷，占0.58%。与"十一五"期末相比，干果减少4953.07公顷，其中板栗减少4361.74公顷，面积为45020.76公顷，占比为29.79%；仁用杏减少1693.72公顷，核桃面积增加1102.39公顷。面积最大4种鲜果顺序变为桃、柿子、苹果和梨；鲜果面积进一步大幅减少13210.9公顷，桃、柿子、梨减少面积较大，分别减少7364.83公顷、4029.56公顷和3289.39公顷，李子和苹果也分别减少了1094.79公顷和905.15公顷；鲜杏和樱桃则进一步发展扩大，分别增加809.09公顷和717.66公顷。

"十三五"期末（2020年），全市128576.48公顷经济林中，干果面积为70227.56公顷，占54.62%，首次出现干果面积大于鲜果面积，鲜果面积为53957.00公顷，占41.96%，其他经济林面积为4391.92公顷，占3.42%。与"十二五"期末相比，干果增加5274.93公顷，其中核桃增加4353.86公顷、板栗增加859.34公顷、仁用杏减少1521.86公顷。鲜果面积又大幅减少16772.27公顷，面积最大4种鲜果为桃、苹果、柿子和鲜杏；桃、柿子、鲜枣减少面积较大，分别减少3368.23公顷、2959.24公顷和2396.4公顷，梨、鲜杏和葡萄也分别减少了1868.93公顷、1291.36公顷和1156.9公顷，梨面积首次下降到前4名之外。

（二）各时期果品产量

新中国成立之初，北京的果品产量仅为8402.5吨，之后，随着果树种植面积的不断扩大，果树管理水平的不断提高，果品产量也逐年提高，到2010年果品产量达到历史最高值，总计约977467.1吨。其中，鲜果920317吨、干果57150.1千克。2010年以后，由于种植结构调整和优化果树品种，果品产量逐年下降，到2020年，果品产量为513783.9吨。其中，鲜果472218.7吨、干果41565.2千克。历年鲜果产量见表6-31-3，干果产量见表6-31-4。

表6-31-3 各时期鲜果产量

单位：吨

种类	1961年	1980年	1985年	1990年	1995年	2000年	2005年	2010年	2015年	2020年
合计	44266.5	148609	178640	263837	452400	540577	766384.7	920317	793982	472218.7
苹果	134.5	45610	50740.5	74152	133728	151717	140240.3	124288.7	98274	71177.1
梨	12067.5	31278	44967.5	59310	92399	98705	165437.1	167544.3	146326.2	75620.1
桃	1276	14026.5	26100.5	72227	146630	179614	278211.5	403820	382097	218941
鲜枣	0	0	0	0	0	1265	4421.8	17884.9	11574.6	9459.2
葡萄	3769.5	5090	10828.5	12829	14542	23070	70617.8	54882.2	46185	25307.1
李子	0	0	0	0	0	17372.3	18422.3	11537.6	7065.5	
柿子	13141.5	35487.5	30921	26034	33157	48979	49977.6	76284.9	50813.1	26097.6
鲜杏	0	0	0	0	0	7451	18993.7	26910.5	23824	14490.6

(续)

种类	1961年	1980年	1985年	1990年	1995年	2000年	2005年	2010年	2015年	2020年
樱桃	0	0	0	0	0	0	2063.8	4279.8	7341.5	9537.7
山楂	2859.5	2719	3769.5	6545	16188	16551	13247.2	15849.8	10371	10062.8
海棠	0	0	0	0	0	0	0	0	0	0
其他	11018	14397.5	11312	12740	15756	13225	5801.5	10149.3	5638	4460

表6-31-4 全市各时期干果产量

单位：吨

种类	1961年	1980年	1985年	1990年	1995年	2000年	2005年	2010年	2015年	2020年
合计	4433.00	10530.50	9992.50	12263.00	15304.00	23724.00	44028.60	57150.10	34352.60	41565.20
核桃	1702.00	6605.00	3959.00	4606.00	6188.00	8030.00	14295.50	16718.80	9416.80	11353.60
板栗	1671.00	1895.00	3533.10	5231.00	6440.00	10578.00	20224.00	31162.10	18765.80	24771.00
仁用杏	765.50	1729.50	2015.00	1940.00	2011.00	3940.00	8503.70	8988.20	5867.00	5358.80
其他	294.50	301.00	485.40	486.00	665.00	1176.00	1005.40	281.00	303.00	81.80

三、果树基地

（一）果品生产基地

北京地区由于果树栽培历史悠久，形成了一批具有地方特色的果品生产基地，如门头沟、房山的核桃，怀柔、昌平、密云等的板栗，延庆、怀柔、门头沟等山区的仁用杏，房山、昌平、平谷的柿子，大兴、房山的梨等。20世纪50年代后期，各大国营农场和许多区（县）以苹果、梨、桃、葡萄为重点，兴建了一批大果园，又迅速形成一批鲜果生产基地。20世纪80年代以来，北京郊区的果品生产进一步朝着基地化建设的方向发展，果品基地迅速扩大。各区根据地域特色、坚持区域化布局，突出主导树种，大力发展特色果树，形成主导产业。

2001年，在北京市林业局编制的《北京市果树产业发展规划》中，首次明确提出实现"八带、百群、千园"的区域化布局，建设京郊现代化果树基地工程，大力发展安全精品高档果、地方特色果品、观光果业。八带是指浅山丘陵缓坡暖区苹果产业带；永定河、潮白河、温榆河沙地梨产业带；平原、丘陵大桃产业带；平原、山区盆地葡萄产业带；丘陵黄土区柿子产业带；花岗岩、片麻岩成土区板栗产业带；山地沟谷核桃产业带；深山区仁用杏产业带等八大树种优势产业带。百群是指100个以上的名特优新品种群。受北京特殊的地理地貌、自然气候条件影响，经过几百甚至上千年的栽培、演化，形成某一特定区域独有的特色果品群，如郎家园小枣、西峰山小枣、北寨红杏、拳杏、佛见喜梨、金星蜜梨、京白梨、玉皇李子、香山水蜜桃、石窝水蜜桃、燕山红栗等。这些百余个优质的名特优品种群，分散布局，也是京郊果树产业实现"生产唯一性果品，满足个性化需求"的基础。千园即选择交通便利或与旅游景区结合的部分地区建设1000个以上特色明显、品质优良、具有观赏、休闲、科普、颐养身心功能的公园式旅游观光休闲果园，使其由单纯"一产"功能向"二产、三产"的加工、旅游服务功能延伸，以实现生态效益、社会效益与经济效益的完美结合，加速城乡一体化建设。

至2020年，"八带、百群、千园"的京郊果

表 6-31-5　30亩以上果园分布情况

单位：个、亩

统计单位	乡镇个数	村个数	30亩以上果园总个数	30~50亩个数	50~100亩个数	100~200亩个数	200~500亩个数	500~1000亩个数	1000亩以上个数	面积合计
全市	157	958	1803	491	497	410	273	89	43	321199.6
朝阳区	5	8	9	2	1	0	5	1	0	2171.0
海淀区	6	26	43	5	15	7	15	1	0	6410.3
丰台区	3	11	19	10	4	3	2	0	0	1723.0
门头沟区	9	68	115	21	30	32	24	8	0	18371.8
房山区	22	143	291	93	77	65	41	12	3	38445.7
通州区	9	79	123	26	32	37	23	2	3	19482.0
顺义区	19	121	224	68	83	46	22	5	0	23200.0
大兴区	10	90	131	29	35	32	25	10	0	21024.5
昌平区	13	79	150	46	46	36	15	6	1	20014.3
平谷区	16	54	69	17	25	14	11	1	1	9090.0
怀柔区	14	89	274	123	82	48	16	2	3	26240.0
密云区	17	123	264	36	54	62	52	30	30	112558.0
延庆区	14	67	91	15	13	28	22	11	2	22469.0

树产业发展格局基本形成，凸显了北京果树产业的地域特色。果树栽培品种有桃、苹果、梨、葡萄、枣、柿、李、樱桃、板栗、核桃、山楂（红果）等10多个树种，上千个品种，其中有不少具有良好发展前景的名优品种，一些传统品种如磨盘柿、朗家园枣、水蜜桃、甜樱桃、香味葡萄在内的数十个传统名、优、特、新品种得到了恢复发展，精心选育的早久保桃、早玫瑰香葡萄等成为市场新宠。引进了数百个包括苹果、梨、樱桃在内的国外优良品种，值得一提的是，一些引种的国外名品，如红富士苹果、大久保桃、丰水梨等不仅早已成为北京果树的主栽品种，而且青出于蓝而胜于蓝，其品质已达到或超过原产地水平，形成了百余个名、优、特、新品种群，建成了千余个面积百亩以上、特色突出、品质优良的果园。

至2020年，全市共有30亩以上干、鲜果园1803个，总面积321199.6亩（21413.31公顷），具体见表6-31-5。规模化果园的种植模式主要有传统栽培、矮化密植、设施栽培。

（二）优良品种储备展示基地

2000年，北京市林业局向北京市人民政府提出，为适应北京市社会经济发展，使历史上一直以来的作为"一产"的果树生产向都市型、观光型发展，在保障品质稳定提升的基础上拓展果树"一产功能"，解决市民休闲度假观光采摘的需求，并以此提升和加速北京果树产业现代化水平，从品种优化、果树栽培模式、果品安全生产全过程、果园植保、防灾减灾设施、果园灌溉、果品分选包装、冷链运输等全链条提升果树产业水平，实现果树产业高质量发展。按照已形成的"八带"优势树种布局，建设一批"果树主题"果园。其中，一个重要功能是贮备展示进行更新换代的具有发展前景的优新品种；另一个功能就是探索不同种植模式和栽培管理新技术，发挥展示示范作用，并作为果农、种植大户的培训场所。

2005年开始，陆续建设储备展示基地83.33公顷，在昌平区苹果主题公园中建设优良苹果品种、苹果矮化中间砧木品种储备展示基地13.33公顷；在大兴区梨主题公园中建设西洋梨品种、抗旱梨砧木品种储备展示基地13.33公顷；在房山区琉璃河建设砂梨系统品种储备展示基地13.33公顷；在丰台区百枣园建设优良鲜食枣品种储备展示基地6.67公顷；在平谷区建设优良水蜜桃品种、观赏桃品种、优质桃品种、抗病抗虫桃砧木品种储备展示基地13.33公顷；在海淀区建设樱桃优良品种、优良砧木品种储备展示基地6.67公顷；在大兴采育建设优良无核葡萄品种、各种香型葡萄品种、观赏葡萄品种、大果黄色品种储备展示基地13.33公顷；在北农科技示范园、密云县、昌平区建设观赏海棠优良品种储备展示基地3.33公顷。

近年来，依托引进的果树新品种，结合北京观光果业发展的需要，在北京昌平区建成苹果品种园、香味葡萄园、大兴梨品种园、葡萄庄园、平谷大桃品种示范园、丰台中华名枣园、怀柔红梨谷等新品种生产与展示示范基地，结合在京高等院校、科研院所、龙头企业在郊区设立的苹果、梨、桃、葡萄、樱桃、杏、李子、海棠、板栗、核桃、榛子等资源圃、育种基地、品种示范基地等，共计2000余公顷。

（三）苗木繁育基地

进入21世纪以来，北京市林业局积极推进果树苗木产业化进程，推进矮化密植高标准生产，建设果树良种苗木繁育基地66.67公顷；在黄垡苗圃建设西洋梨品种、抗旱梨砧木品种、砂梨系统品种苗木繁育基地13.33公顷；在顺义区三利果树研究所建设樱桃优良品种、优良砧木品种苗木繁育基地10公顷；在通州区张湾镇建设优良无核葡萄品种、玫瑰香型葡萄品种、观赏葡萄品种、大果黄色葡萄品种苗木繁育基地10公顷；在北农科技示范园区、朝阳区建设鲜食枣品种苗木繁育基地6.67公顷；在北农科技示范园区建设观赏海棠优良品种苗木繁育基地6.67公顷；在昌平区、顺义区、平谷区、延庆区建设苹果优良品种、苹果矮化中间砧木品种、水蜜桃品种、观赏桃品种、优质桃品种、抗病抗虫桃砧木品种20公顷。

近年来，依托北京各国营苗圃的转型，以及各区（县）种苗站及果树科，积极推进苗木产业化进程，根据各区（县）新发展果树面积的需要，开展苗木生产，同时结合在京高等院校、科研院所、龙头企业在郊区建成苹果、桃、葡萄、樱桃、海棠、核桃、榛子等苗木繁育基地，极大地促进了果树新建园地的建设质量，促进了新建果树的早成花、早结果、早丰产和早收益。

四、主栽果树

北京地区的主栽果树，鲜果主要有苹果、梨、桃、鲜杏、柿子、樱桃、鲜枣、葡萄、李子、山楂、海棠等。干果主要是板栗、核桃、仁用杏、干枣、榛子等。

（一）鲜果

1. 苹果

苹果（图6-31-1）是北京的主要鲜果，在北京郊区14个区均有分布。由于苹果经济价值高，它是新中国成立后北京地区重点发展的果树，当时主要产地在南口、西山、西郊、卢沟桥、长阳等农场。1949年前北京的苹果主要以中国绵苹果、沙果、槟子、花红为主，新中国成立之前，曾引进一些西洋苹果，在北京建立小规模的试种基地，新中国成立以后，苹果生产受到政府和地方的重视，尤其是改革开放以后，苹果产业实现了大发展。1995年栽培面积达到最高峰，有31220公顷，之后面积不断减少。2000年栽培面积23627.3公顷，产量151717吨，产值46770.33万元。郊区各区以昌平、密云、延庆作为苹果优势产区，栽培面积与产量一直处于郊区前列。改革开放以后，顺义、平谷、房山栽培面积也在迅速扩大。20世纪90年代，昌平区扩大富士栽培面积，尤其是工藤富士、长富2号等品种，2000年前后，先后从日本、意大利、美国等地引进优良新品种60余个，同时采用SH系列矮化中间砧进行矮化密植，使北京苹果的栽培技术水平达到国内领先地位。

图6-31-1 苹果园

2020年，全市苹果面积为8301.95公顷，占全市鲜果面积的15.39%，产量为71177.1吨。其中，苹果面积在1000公顷以上的区有4个，分别是昌平1618.15公顷、延庆1563.55公顷、密云1235.15公顷、顺义1041.94公顷，分别占全市苹果面积的20.17%、19.49%、18.83%和12.55%。

全市集中连片面积在2公顷以上的生产基地（果园）达到552个，总面积达到7242.04公顷。其中，延庆区2公顷以上认证果园10个，7个为无公害果园，3个为有机果园，占地308.39公顷；密云区2公顷以上认证果园18个，9个为无公害果园，9个为有机果园，占地753.33公顷；昌平区2公顷以上认证观光园26个，全部为无公害果园，占地531.33公顷；顺义区2公顷以上认证观光园31个，全部为无公害果园，占地605.06公顷。全市通过安全认证的2公顷以上苹果观光采摘园共104个，16个认证为有机果园，88个认证为无公害果园，占地2406.43公顷。

2. 梨

梨（图6-31-2）是北京郊区的乡土果树树种，各区均有分布。重点集中在5个产区：一是从昌平的十三陵至怀柔的范各庄延伸到密云水库北部各乡，以鸭梨为主；二是平谷中部地区南独乐河、山东庄、大华山一带，以麻梨、秋白梨为主；三是怀柔怀北镇、密云大城子至平谷镇罗营一带，主产红肖梨；四是大兴南部和房山东南部的永定河沿岸各乡，以鸭广梨、鸭梨和子母梨为主，还有一些京白梨；五是门头沟东部的军庄、妙峰山、色树坟、潭柘寺至房山坨里一带，是京白梨的集中产区。大兴区是北京郊区最主要的梨产区，2000年以来，大兴区先后从国外引进砂梨系列品种、洋梨系列品种300余个，极大地丰富了北京梨品种资源，实现了白梨、秋子梨、砂梨、洋梨四大系列全覆盖，在梨园面积不断减少的情况下实现产量基本稳定，效益逐年递增。

图6-31-2 梨园

2020年，全市梨树种植面积为5839.55公顷，占全市鲜果面积的10.82%，产量为75620.1吨。其中，大兴种植面积1308.40公顷、密云1235.15公顷、平谷950.91公顷、房山667.91公顷，分别占全市梨树种植面积的22.41%、21.15%、16.28%和11.44%。全市2公顷以上的梨生产基地（果园）达到334个。其中，大兴区有2公顷以上的认证观光园21，11个为无公害果园，8个为有机果园，2个为绿色果园，占地263.67公顷；顺义区2公顷以上的认证观光园11个，全部为无公害果园，占地140.4公顷；房山区2公顷以上的认证观光园2个，1个为无公害果园，1个为有机果园，占地23.93公顷；平谷区2公顷以上的认证观光园2个，全部为无公害果园，占地7公顷。全市通过安全认证的2公顷以上梨观光采摘园共67个，12个认证为有机果园，53个认证为无公害果园，2个认证为绿色果园，占地1488.44公顷。

3. 桃

桃树（图6-31-3）在北京的平原区和丘陵区广泛分布。原以各农场、海淀、昌平为主要产区。平谷区从20世纪70年代后期至2010年前后，大力发展桃树，已成为北京郊区最主要产桃区。2020年，全市桃树面积16622.98公顷，是面积最大的鲜果，占全市鲜果面积的30.81%，产量为218941吨。桃树主要分布在平谷区和大兴区，面积为9911.52公顷和2568.59公顷，占桃树面积的59.63%和15.45%。平谷区通过引进品种、开发栽培技术、推广设施桃栽培、扩大种植面积，从国内外引进优良水蜜桃系列品种50余个，引进桃优良品种200余个，目前栽培品种超过400个，实现一年三季有桃，显著地提高了桃的栽培面积、产量和产值，被誉为"中国大桃之乡"。

图6-31-3　桃园花海

到2020年，全市2公顷以上的生产基地（果园）达到501个。其中，平谷区2公顷以上的认证观光园42个，全部为无公害果园，占地326.2公顷；通州区2公顷以上的认证观光园4个，全部为无公害果园，占地25.8公顷；顺义区2公顷以上的认证观光园1个，为无公害果园，占地5公顷；大兴区2公顷以上的认证观光园9个，8个为无公害果园，1个为有机果园，占地58.07公顷；昌平区2公顷以上的认证观光园4个，全部为无公害果园，占地41.33公顷；全市通过安全认证的2公顷以上桃观光采摘园共70个，2个为有机果园，68个为无公害果园，占地501.84公顷。

4. 鲜杏

北京鲜食杏特色明显，地方名品有骆驼黄、北寨红杏、香白杏、串枝红等，集中分布在密云、延庆、昌平、平谷等区。1949年，鲜杏栽培以零星栽培为主，产量不高。改革开放后，鲜杏面积不断扩展，产量逐年提升，到2015年栽培面积达到历史最高的7229.95公顷，以后逐年下滑。2020年，鲜杏栽培面积为5938.59公顷，占全市鲜果面积的11.01%，产量为14490.6吨，其中，2公顷以上生产基地（果园）达到280个。栽培面积较大的延庆1069.86公顷、昌平874.65公顷、怀柔834.80公顷、密云782.63公顷、房山632.91公顷，分别占全市鲜杏面积的18.02%、14.73%、14.06%、13.18%和10.66%。

5. 柿子

柿子在北京各区均有分布，1949年前柿子处于零星栽培状态，改革开放后，柿子发展速度很快，2000年前后平谷等区引进陕西阳丰、罗田甜柿和日本甜柿系列品种。到2010年，栽培面积达到最高峰，为13033.33公顷，产量76284.9吨，以后面积逐年下降。2020年，柿子栽培面积为6044.53公顷，占全市鲜果面积的11.20%，产量26097.6吨。其中，面积在2公顷以上的柿子基地（果园）达到87个。柿子主要产区在房山、平谷、昌平，其面积分别为2228.99公顷、2051.81公顷、1153.83公顷，占全市柿子面积的36.88%、33.94%、19.09%。磨盘柿、小火柿、杵头柿、君迁子是北京名柿。

6. 樱桃

在1978年之前，北京的樱桃（图6-31-4）处于零星栽培状态。随着改革开放，北京果品市场对多样化果品的需求量不断增加。进入21世纪后，北京果园观光采摘也得到快速发展，樱桃观光采摘园也蓬勃发展起来，被誉为"春果第一枝"樱桃采摘，广受市民欢迎。到2015年，樱桃栽培面积达到4022.92公顷，产量7341.5吨，在通州、顺义、大兴、海淀、昌平、房山、门头沟等区已形成规模化的栽培。2020年，樱桃栽培面积3296.8公顷，占全市鲜果面积的6.11%，产量9537.7吨。其中，种植面积2公顷以上生产基地（果园）达到422个，其中，通过安全认证的樱桃观光采摘园共94个，无公害果园65个，有机果园25个，绿色果园4个，占地1160.14公顷。面积排列前3位的区为通州911.16公顷、昌平628.60公顷和顺义482.53公顷，其面积分别占全市樱桃面积的27.64%、19.07%、14.64%。

图6-31-4　樱桃密植园

7. 鲜枣

鲜食枣是北京的传统果树，栽培历史悠久，品种资源丰富，是北京市民喜闻乐见的果树之一。新中国成立后很长时间鲜食枣处于零星栽培状态，到20世纪70年代，北京恢复名、特、优果树，利用野生资源酸枣嫁接大枣，使枣的栽培面积不断扩大。改革开放之后，枣的栽培面积、产量和产值进一步提升。2010年，栽培面积5556.12公顷，产量17884.9吨。

2020年，全市鲜枣栽培面积2574.90公顷，产量9459.2吨。其中，面积在2公顷以上生产基地（果园）达到223个。全市通过安全认证的2公顷以上枣观光采摘园共10个，9个为无公害果园，1个为有机果园，占地172公顷。栽培面积较大的区包括昌平691.63公顷、房山515.96公顷、怀柔381.00公顷、密云255.60公顷、大兴247.00公顷、门头沟240.06公顷，分别占全市鲜枣面积的27.15%、20.25%、10.03%、9.69%和9.42%。郎家园枣、长辛店白枣、密云金丝小枣、氽氽枣、马牙枣、红螺脆枣等是北京特色优良品种。丰台地区建有千亩中华名枣园，园内种植优良枣品种百余个。

8. 葡萄

北京的葡萄规模化栽培从大兴团河农场开始，经过20世纪50~60年代的发展，具有了一定的规模。改革开放后，葡萄栽培逐渐形成了以大兴采育、通州张家湾、延庆张山营、顺义大孙各庄为主的成片栽培区域，这些区域不断地向周边扩展。之后，随着北京观光果业的发展，各区（县）根据自身优势相继建立了特色的葡萄观光采摘园。2000年后，密云、房山、延庆等地引进了酿酒葡萄栽培。到2005年，葡萄面积达到最高峰，为4564.9公顷，之后栽培面积逐步减少，至2020年栽培面积为1797.35公顷，产量25307.1吨。其中，2公顷以上的生产基地（果园）达到180个，通过安全认证的2公顷以上葡萄观光采摘园共53个，38个为无公害果园，9个为有机果园，6个为绿色果园，占地799.77公顷。葡萄栽培面积较大的区县依次是房山473.59公顷、延庆302.49公顷、大兴301.74公顷、通州231.71公顷，分别占全市葡萄栽培面积的26.35%、16.83%、16.79%和12.90%。

中国科学院植物研究所选育、审定了一批"京"字头的葡萄新品种：京亚、京优、京玉、京秀、京蜜、京香玉、京翠、京艳、京焰晶（无核）、京莹；北京市农林科学院林业果树研究所也选育审定了一大批"瑞"字头葡萄新品种，广泛推广到各区葡萄种植基地，受到种植者和消费者的喜爱。特别是中国科学院植物研究所选出并审定推广了一批具有自主知识产权适合北京地区冬季寒冷气候，不用埋土防寒的酿酒葡萄品种：北红、北玫、北玺、北馨，受到业界好评。

9. 李子

北京地区李子栽培具有悠久的历史，在400多年前开始栽培李子，但长期处于零散栽培状态。经过20世纪50~60年代和改革开放两个发展时期，李子在北京栽培面积逐渐扩大。到2010年，其栽培面积4266.0公顷，产量18422.3吨，以后栽培面积不断下降。到2020年，李子栽培面积为1157.16公顷，产量7065.5吨。其中，2公顷以上的生产基地（果园）达到99个。在各区（县）的李子栽培中，面积较大的是密云、房山和大兴，分别为476.30公顷、149.34公顷和125.55公顷，占全市李子面积的41.16%、12.91%和10.85%。北京地区李子传统品种有晚红、牛心、玉皇李、无核、小核、黑琥珀等。

10. 山楂（红果）

北京地区山楂栽培历史非常悠久，起始于唐宋时期，是我国燕山栽培区的中心，至明朝中期，由于社会相对稳定，皇城和入药的需求量不断增大，使山楂和山楂加工业得到较大发展。清末民初，由于社会动荡，栽培衰落，新中国成立后得以恢复发展。20世纪70年代末至90年代初，北京和全国一样出现了发展高潮，各区（县）几乎都有栽植。据统计，1949年北京山楂产量187.1吨，到1995年，栽培面积4064公顷，产量16188.0吨，以后栽培面积、产量和产值不断下滑，2020年，全市山楂面积1982.61公顷，产量10062.8吨。主要产区集中在北部和西部山区的密云、怀柔、昌平、延庆、平谷、门头沟、房山一带。栽培面积较大的区依次为密云945.66公顷、延庆382.17公顷和平谷345.22公顷，分别占全市山楂栽培面积的47.70%、19.28%和17.41%。山楂现在依然是北京糖葫芦的主要原料，也是北京市民喜闻乐见的果品。

11. 海棠

海棠又称小苹果，原产北京的海棠种类很多，其栽培历史悠久。历史上，海棠曾是供应北京市场的主要果品。后来，随着苹果的发展，海棠的栽培面积日渐减少。但这些古老品种形态各异，独具特色，在倡导"创造唯一性产品，满足个性化需求"的今天，再一次受到人们的关注。2020年，海棠栽培面积400.58公顷（不计零散栽培），成片栽培的以怀柔、大兴面积最大，占全市栽培面积的70%，零星栽培的以延庆和密云最多。主要品种有沙果、洋白海棠、八棱海棠、冷海棠、槟子、香果等。

（二）干果

1. 板栗

板栗（图6-31-5）是北京的历史名产，曾是皇家贡品，历史上以零星栽培为主。板栗对环境条件要求严格，只有在成土母质为花岗岩和片麻岩的微酸性土壤上，才能正常生长结果，因而传统板栗产区主要分布在西起延庆县的大庄科至昌平县的黑山寨、下庄乡，向东经过怀柔县的黄花城、黄坎、三渡河、沙峪乡到密云县石城、穆家峪、大城子、高岭、巨各庄和平谷县镇罗营乡一线，形成了著名的北部燕山板栗带。板栗栽培历史悠久，但由于多以实生繁殖，所以板栗品种化起步较晚，始于20世纪70年代。由北京市林业局牵头联合北京市农林科学院林业果树研究所的板栗专家与板栗主产区的主管部门及基地经过多年观察筛选，选出了燕红、燕昌、燕丰等栽培性状稳定、产量高、品质优的品种进行高接或嫁接，才逐渐开始推进板栗栽培品种化。栽培品种以燕红板栗为主，后又选育审定了怀九、怀黄两个品种。1980年，板栗栽培面积达到16439.7公顷，到2000年，面积增加到29427.1公顷，这20年间面积增加了12987.4公顷；2000—2010年，是板栗栽培面积快速增加的时期，10年增加15593.66公顷，2010年面积达到45020.76公顷，为历史最大面积；2010 年后，面积有所下降，到 2020 年，全市板栗面积 41518.36 公顷，产量 24771.0 吨，栽培面积占全市干果面积的 59.12%，其中密植板栗面积 36971.88 公顷，占全市干果面积的 52.65%，稀植板栗面积 4546.48 公顷，占全市干果面积的 6.47%。全市 2 公顷以上的板栗生产基地（果园）达到 287 个。板栗面积最多的是密云区，有 19901.93 公顷，占全市板栗面积的 47.94%，其中密植板栗面积 19871.93 公顷，占绝大部分，稀植板栗面积仅有 30 公顷。其次为怀柔区，有 14490.36 公顷，占全市板栗面积的 34.90%，其中密植板栗面积 14354.39 公顷，占绝大部分，稀植板栗面积为 135.96 公顷。

图 6-31-5　板栗密植园

2. 核桃

核桃是北京的历史名产，是北京地区广泛栽植的干果树种，各区均有分布，但主要分布在 7 个山区。历史上核桃主要产地在门头沟区，该区各乡镇都有较多数量的核桃树。怀柔、延庆、昌平 3 区交界处附近的黄坎、沙峪、黄花城、大庄科、黑山寨、下庄等乡镇也是北京地区核桃的又一主产区。房山区的坨里、河北、东班各庄一带以及平谷北部山区、密云水库以北各乡，也有核桃树分布。地方优良品种有薄壳香、香玲等。

新中国成立以来至 20 世纪 80 年代中期，北京核桃栽培几起几落，1961 年栽培面积曾达到 7102.5 公顷，之后逐年下降。到 1985 年，栽培面积降为 2993.3 公顷，以后面积又不断增加，到 2000 年核桃面积增加到 6227.2 公顷。此后，核桃栽培快速发展，到 2020 年，全市核桃面积 18779.49 公顷，占全市干果面积的 26.74%，其中密植核桃面积 13290.85 公顷，占全市干果面积的 18.93%，稀植核桃面积 5488.65 公顷，占全市干果面积的 7.81%。其中，2 公顷以上的生产基地（果园）达到 313 个。经过多年的发展，核桃面积最多的是平谷区，有 5891.28 公顷，占全市核桃面积的 31.37%，其中密植核桃面积 2138.35 公顷，稀植核桃面积 3752.94 公顷。其次为密云区，有 4450.37 公顷，占全市核桃面积的 23.70%，其中密植核桃面积 4412.74 公顷，占绝大部分，稀植核桃面积 37.63 公顷。再次为房山区，有 2304.33 公顷，占全市核桃面积的 12.27%，其中密植核桃面积 1937.95 公顷，稀植核桃面积 366.39 公顷。门头沟区核桃面积为 1078.70 公顷，在全市排在第 6 位。

3. 仁用杏

仁用杏是北京的名优特色果品，主要分布在 7 个山区的深山区。在延庆和怀柔两区交界的各乡镇、门头沟和房山两区的西部山区栽培数量较多，北京地方名特品种有龙王帽、一窝蜂、柏峪扁、北山大扁、长城大扁等。新中国成立后很长时间主要采用山杏嫁接大扁发展仁用杏，20 世纪 90 年代以后大力发展仁用杏种植，到 2020 年，仁用杏种植面积达到 8346.12 公顷，占全市干果面积的 11.88%，产量 5358.80 吨。其中，2 公顷以上的生产基地（果园）达到 43 个，延庆、门头沟、怀柔是主要产区，其面积分别为 4639.79 公顷、1888.20 公顷和 851.69 公顷，占全市仁用杏面积的 55.59%、22.62% 和 10.20%。

4. 枣

北京地区的枣树以鲜食品种为主。全市枣树面积 1507.73 公顷，各区均有分布，但以 7 个山区和丰台为主要分布区，截至 2020 年，昌平、怀柔、丰台面积最大，分别为 543.03 公顷、

412.90公顷和219.50公顷，占全市枣树面积的36.02%、27.39%和14.56%。

五、特色果树

受北京地理地貌和自然气候条件影响，经过长期驯化、演化，形成北京地区独有的名优特色果品群，如郎家园小枣、西峰山小枣、北寨红杏、拳杏、佛见喜梨、金星蜜梨、京白梨、玉皇李子、香山水蜜桃、石窝水蜜桃、燕山红栗等特色果树品种。在保护、扩繁这些独具北京特色果树品种的同时，不断加大国内外新优品种的力度，先后引进了包括苹果、梨、樱桃在内的国外优良品种，形成了百余个名、特、优、新果树品种群，栽培面积达到8.94万公顷。2020年北京市主要特色果树情况见表6-31-6。

表6-31-6　2020年北京市主要特色果树面积

单位：公顷

树种	主要品种	主要分布	面积	结果面积	备注
苹果	红富士	昌平区崔村镇、南绍镇、兴寿镇、南口镇、流村镇等	2000	1666.67	
		门头沟区雁翅镇太子墓村、斋堂镇九龙头村等	666.67	666.67	
		密云区新城子镇	533.33	533.33	
	小国光	延庆区张山营镇刘斌堡村山前一带	2000	1333.33	
梨	黄土坎鸭梨	密云区不老屯镇	800	800	
	红肖梨	密云区大城子镇	散生	近10万株	散生大树
		平谷区镇罗营镇	散生	—	
	京白梨	房山区长阳镇、琉璃河镇	133.33	133.33	
		昌平区阳防镇	66.67	20	
		门头沟区军庄镇、妙峰山镇	133.33	80	
	金星蜜梨	平谷区镇罗营镇	333.33	333.33	
	佛见喜梨	平谷区金海湖镇	6666.67	3株大树	开始恢复
梨	金把黄鸭梨	大兴区庞各庄镇等	2666.67	2666.67	
	高接新品种梨	大兴区庞各庄镇、榆堡镇、北臧村镇等	2120	2120	
	新世纪梨	顺义区李桥镇	533.33	400	
	黄冠梨	顺义区牛栏山镇	333.33	333.33	
	洋梨系列	通州区西集镇、宋庄镇等（巴梨、烟台梨等）	7.33	7.33	
葡萄	优新品种	通州区张家湾镇张湾村	1733.33	1000	
	优新品种	大兴区采育镇	1366.67	1366.67	
	红提	顺义区大孙各庄镇	400	—	
		延庆区张山营镇	1000	666.67	
鲜食杏	大巴达、桃杏、拳杏、串铃等	房山区青龙湖镇（崇各庄村、砣里村）、长沟镇等	1000	633.33	

(续)

树种	主要品种	主要分布	面积	结果面积	备注
鲜食杏	北寨红杏	平谷区南独乐河镇北寨村	400	400	
	香白杏	门头沟区龙泉镇龙泉务村	40	26.67	
	火村红杏	门头沟区斋堂镇火村	53.33	26.67	
	葫芦杏、偏头、串枝红、蜜砣罗等	延庆区井庄镇柳沟村、香营乡新庄堡村、香营村等	333.33	333.33	
	青蜜沙、玉巴达等	顺义区北石槽镇	40	40	
	水晶杏、玉巴达、铁巴达等	海淀区北安河一带	200	200	
	金玉杏	昌平区十三陵地区	100	100	
柿子	大磨盘柿	房山区浅山丘陵地区（张坊镇、河北镇、青龙湖镇等）	6666.67	—	60万株
	陇家庄盖柿	门头沟区妙峰山镇陇驾庄村	26.67	20.00	
	磨盘柿	昌平区十三陵镇、长陵镇、兴寿镇、崔村镇等	3200	3200	
	磨盘柿	平谷区金海湖镇、黄松峪乡、王辛庄镇	散生	3333.33	
	八月节柿子	平谷区黄松峪乡	33.33	13.33	早熟
樱桃	甜樱桃	海淀区四季青镇、北安河乡等	366.67	133.33	
	甜樱桃	门头沟区妙峰山镇樱桃沟村、王平镇等	66.67	26.67	
	甜樱桃	通州区西集镇等	333.33	26.67	
枣	郎枣	朝阳区王四营乡、孙河乡等	200	13.33	
	凌枣	房山区大石窝镇	133.33	133.33	
	氽氽枣	昌平区长陵镇	60	600	
	西峰山小枣	昌平区流村镇	153.33	33.33	
	苏子峪大枣	平谷区大华山镇	66.67	小量结果	
	马牙枣	门头沟区军庄镇	散生	7000~8000株	
李子	玉皇李	密云区东邵渠镇	800	533.33	
桑	果桑	大兴区安定镇	333.33	133.33	
板栗	板栗（燕红、燕昌、燕丰、怀黄等）	密云水库西北东一带	16000	10666.67	
		怀柔二沟（南、北沟）	17666.67	13333.33	
		昌平区长陵镇、兴寿镇等	1000	1000	
		延庆区四海镇、大庄科乡、珍珠泉乡	2000	666.67	
		平谷区镇罗营镇	800	800	
仁用杏	三扁一帽	门头沟区清水镇、斋堂镇、雁翅镇、王平镇、妙峰山镇等（大树以龙王帽为主，幼树以优1、长城1为主）	2000	—	

(续)

树种	主要品种	主要分布	面积	结果面积	备注
仁用杏	龙王帽、一窝蜂	房山区霞云岭乡	580	333.33	
	北山大扁等	怀柔区宝山寺镇、琉璃庙镇等	4000	2666.67	
	龙王帽等	延庆区东部山区	6666.67	2000	
核桃	新品种	门头沟区清水镇、潭柘寺镇、永定镇、雁翅镇等	633.33	3年生	
	老品种		散生	30万株	

六、果树产业发展实例

（一）平谷大桃

平谷是北京市八大优势果树产业带中桃的主要产区。平谷大桃具有悠久历史，据《平谷县志》记载，明万历年间平谷就有桃树种植，明清时期就有皇家贡桃的传说，起源于有"天下大桃第一村"之称的大华山镇后北宫村，大桃品种主要是地方农家毛桃品种。平谷大桃有组织的种植是在20世纪60年代。1967年引进优质大桃品种开始试验，1973年开始规模化种植，20世纪80年代初，实行家庭联产承包责任制后，大华山镇后北宫村用2年时间将全村333.33公顷土地全部栽上桃树，成为平谷第一个大桃生产专业村，也引领了平谷大桃产业的形成和发展。

20世纪80年代中期，平谷在总结后北宫村大桃发展富民成功经验的基础上，提出"山区要想富，必须栽果树""一家一亩果园、一户一名技术员"等一系列措施，推动了大华山、王辛庄、峪口、刘家店、熊儿寨等乡镇的大桃发展。到20世纪80年代末，已形成集中连片2667公顷的大桃生产基地。从20世纪90年代初开始，平谷区在山区开发建设中，提出山水林田路综合治理，顶、坡、沟立体开发，高标准规划一步成型到位，走生态经济型可持续发展的山区开发富民之路的目标，大桃上山、入川、进滩步伐加快，面积以每年2万亩的速度增长，涌现出小峪子、万庄子、鱼子山、东樊各庄、东马各庄、泉水峪、挂甲峪、关上、峨眉山等一大批经济沟开发和山区综合开发先进典型，到2000年大桃种植面积已达14666.67公顷。面对大桃全国性生产扩张、市场竞争日益激烈等挑战，平谷区委、区政府提出全面实施精品战略、营销战略和综合开发战略三大战略，重点实施了果实套袋、树体结构调整和长枝修剪、施用发酵腐熟有机肥、大桃增甜、细菌性黑斑病的防控等关键技术。加大调整大桃种植结构力度，重点建设水蜜桃大区、蟠桃大区、油桃大区，不断引进推广优新品种。开发了桃木制品，开发了桃酒、桃花茶、桃花精油、桃休闲食品、保健品、调味品、食品添加剂等百种产品。依托大桃产业，平谷每年举办的国际桃花音乐节实现了农业产业、旅游业和文化创意产业的结合。2010年以来，大桃产业进入转型升级阶段。一转营销模式，积极推进"互联网+大桃"工程，发展电商和微商，让农民掌握大桃的交易权、定价权、收益权，实现生产与消费的直接对接。二转产业功能，以发展集生产、生态、休闲、文化、体验等多种功能于一体的融合型大桃产业为重点，逐步转变大桃产业单一的种植模式，引领推动全区都市型现代农业发展。三转品牌保护，推出了"果之首，桃之都"平谷大桃区域品牌，将大桃商标、三品一标认证纳入公共标识体系，统一粘贴"平谷大桃"品牌包装标识和二维码，保障平谷大桃优质、安全、可追溯，打造平谷大桃新形象。四转栽植方式，推进高效高密植桃园建设，实现经营体制、栽培模式和栽培技术的"三创新"。

经过40多年的发展，已经建立土肥水管理、整形修剪、花果管理、高光效树体管理、增甜提质、病虫害绿色防控6大体系70余项生产技术规程，形成一套可推广、可操作、可复制、可落地的生产技术体系。积极开展国内外优良品种引进、筛选、培育、推广工作。进入2000年后，结合市场对安全优质大桃品种的需求，丰富适合观光采摘的水蜜桃系列栽培品种，由北京市园林绿化局推荐中国农业大学负责引进了10余个日本水蜜桃系列品种，以后又陆续引进北京市农林科学院林业果树研究所、郑州果树研究所及国内外优质桃品种上百个，为全区大桃品种结构的优化调整提供了源源不断的品种资源。将优质蟠桃、油桃、水蜜桃和高甜度白桃品种作为主要推广对象，使市场新品种脱颖而出，深受广大消费者青睐。目前，平谷有大桃种植面积保持在14666.67公顷左右，主栽的白桃、蟠桃、油桃、黄桃4大系列200多个品种，上市时间从设施桃的3月下旬，一直延续到露地桃的10月中旬，最高年产量31万吨，最高年产值13.5亿元左右（2016年）。全区17个乡镇街道有桃树栽培，大桃生产专业村111个，共有3万户10万农民从事大桃生产。平谷大桃生产进入了精品化、高效化、精细化、订单化生产、供应的发展新阶段。目前，平谷大桃品牌价值101.84亿元。先后获得"中国桃乡""国家地理标志保护产品""中国、欧盟'10+10'地理标志国际互认产品""中国百强农产品区域公用品牌""中国特色农产品优势区""生态原产地产品保护证书"等众多荣誉。2019—2021年，平谷大桃已连续3年成为国庆宴会上特供礼品。

（二）昌平苹果

昌平地处北京西北部，三面环山、平原开阔，素有"京师之枕"的美誉，境内生态环境优良、水土条件优越、自然资源丰富，为果品产业发展提供了独一无二的区位优势。苹果是昌平果品产业的特色和优势，也是北京果树八大优势树种产业带之一的苹果的重要产区。

昌平从20世纪70年代末开始引进发展红富士苹果，几代果树科研管理技术人员一直在研究探索红富士苹果的栽培技术及修剪方式。到20世纪90年代后期，针对20~30年生大冠稀植苹果园枝条密闭产量低、质量差、效益不高的突出问题，昌平区学习借鉴国内外经验，总结出一套地上地下相结合的综合配套技术，特别总结出果农易掌握的垂帘式改造修剪技术，不仅使老苹果园提高了产量而且实现了苹果的全面着色，大大提升了果品质量和观光采摘收益。

2000年以来，昌平依托特有的资源优势，把苹果产业确定为全区的主导产业之一，提出"提质增效、标准管理"的苹果产业发展思路，制定各项发展苹果补助政策，建立苹果专项发展资金，大力扶持发展苹果生产；坚持科技引领，注重苹果栽培科研新成果、新技术的推广应用，注重新品种的培育、引进和推广；创新机制，鼓励集体、个体、社会团体承包经营，建立产前、产中、产后一条龙的市场服务体系。通过不懈努力，昌平苹果种植形成规模，至2020年，全区苹果种植达1618.15公顷，年果品产量、质量稳步提升，果大色优、风味独特、全部达到安全无公害食品标准，占据首都高端苹果市场，品牌享誉京城。

2000年以来，昌平着手建立"苹果标准化示范区"，并逐步建立了一套标准化管理科技推广体系：根据全区苹果生产现状，建立区、镇、村三级"标准化"推广网络，印制上万份苹果标准栽培管理手册发放给果农，增强标准化管理的可操作性；建立标准化示范园，完成苹果主题公园等10个苹果标准化示范园的建设，示范辐射作用得到充分显现；加大推广标准力度，将实用技术组装配套，强化落实。每年推广苹果树形改造、简化修剪及疏花疏果技术。制定《地理标志保护产品 昌平苹果》（GB/T 22444—2008），为昌平苹果品牌发展提供了标准保障。

在推进苹果产业发展进程中，昌平始终坚持科技引领，加大科研攻关和技术推广力度，取得科技成果18项，解决许多苹果生产过程中的技术难题，引领了北京地区苹果产业的创新发展。在国内率先解决了缺少适宜苹果矮化砧木难题，成功优选出SH6矮化中间砧木及多个砧穗品种组合，加快了现代矮砧密植集约高效栽培技术示范推广；研发出具有国内先进水平的细长纺锤形整形修剪技术，7年生每公顷产量达37.5吨，比传统栽培每公顷产量高15吨，优质果率80%以上，投入产出比1∶3以上，特别适合观光采摘，目前已累计推广近万亩，达到高产、优质、高效栽培目标。

同时，大力发展有机化栽培。全部使用有机肥和生物农药，通过行间生草、投放天敌、果实套袋等手段，维护果园的稳定生态系统。自主研究开发了立槽式发酵生物有机肥堆肥技术，该技术以禽畜粪便及有机废弃物为主要原材料，发酵分解过程依靠微生物的作用完成，通过创建适宜微生物生长的原料配比，加入高效率菌种制剂，加上半自动化的设备和先进的处理工艺，产品质量良好，得到广泛应用。调查显示，平均每公顷施入有机肥60立方米以上的果园，加上果园行间生草压青技术，土壤有机质含量每年可增加0.1%~0.2%。土壤养分含量测定显示，昌平区主要苹果种植园区土壤有机质含量从多年前的平均0.8%增加到1.5%水平，是昌平苹果连年优质高产的重要保证。

为满足城市居民对果品的多样化需求，昌平大力发展集休闲、科普、旅游等多种功能为一体的观光采摘果园，区财政设立观光果园建设专项资金，支持建设了一批果园环境优美、硬件设施齐全，采摘品种丰富多样，与民俗旅游、林业科普教育相结合的观光采摘园娱乐项目，精心设计了4条观光采摘旅游路线，为人们休闲观光提供了新的空间，提高了果农的经济收入，也促进了旅游业的发展。

面对北京广阔的消费市场，昌平整合全区果品产业资源，统一标识、统一包装、统一品牌，形成品牌效应，使昌平苹果以统一的形象在市场上展示，对推动昌平现代果品产业发展和增值发挥了越来越重要的作用。建立苹果产销合作组织，参与市场竞争。建立镇、村级专业经济合作服务组织50余个，为果农提供产前、产中、产后全套物资、技术服务；组建了国有果品龙头企业——北京鲜绿安果业有限公司，同时，建立一批以社会资本为主的现代化果业企业；注册"鲜绿安"商标，通过ISO9001国际质量认证体系和ISO14000环境认证体系双项认证，取得了进入国际果品市场的准入证；创建昌平苹果信息网，利用昌平苹果地理信息系统和手机APP，将昌平区10个苹果主产镇、118个苹果种植村、2600余户果农的苹果种植信息进行收集、整理、核对后入网，建立网上商城交易平台，同时利用微信平台、1039交通广播、北京电视台、典型公交线路等多种媒体上宣传昌平苹果，大大提升了昌平苹果的影响力。

（三）海淀樱桃

海淀地区本土樱桃主要以野生的北京对樱为主，生长在西山一带的山谷中，果实红色，小而皮薄汁多，不耐贮运，鲜少人工栽培，可作砧木，但繁殖难度高。新中国成立前有外国人引入西洋樱桃（大樱桃或甜樱桃），在房前屋后单株零星栽培。20世纪60年代，四季青乡玉泉果园少量引进试种大樱桃，作为小果品，未得到重视。进入20世纪80年代，四季青乡、北安河乡、东北旺农场等单位小规模引进试种大樱桃，建立樱桃丰产栽培管理试验园和品种试验园，开创了北京大樱桃园区栽培的先河。经过几十年和几代果树科研、生产技术、管理人员和果农的共同努力，大樱桃栽培打破了"樱桃好吃树难栽"魔咒，历经引进试种、示范推广和规模发展产业化推进等几个阶段，逐渐成为海淀区水果的主要栽培树种，注册了海淀"知春"樱桃商标，推进了樱桃产业向专业化、规范化、现代化、市场化的升级。

20世纪80年代初期，东北旺农场引进多个大樱桃品种，建立起樱桃品种试验园，对引种樱桃品种的生物学特性、丰产性、适地性、抗逆性等进行观测研究，经过几年观测，从中选出那翁、滨库、红灯、大紫、红蜜、红艳等适宜推广栽培的品种。与此同时，四季青乡果林所积极引进、推广新品种，采用新技术建立起樱桃丰产试验园，试验不同栽培密度和土肥、树体管理方式，在学习外地樱桃主栽区技术经验的基础上，摸索出一套适宜北京地区的樱桃丰产栽培技术，使丰产试验园的樱桃每公顷产量达到30吨，产值超万元，成为全市樱桃丰产栽培技术示范园。

进入20世纪90年代后，随着樱桃试种成功，海淀加大果树种植结构调整力度，加大樱桃栽培推广示范范围。随着示范面积的扩大，成立了樱桃协会，建立起樱桃栽培技术协作网，组织专家和技术人员，赴兄弟省份主栽培区现场交流学习，对生产中出现的技术难题，组织技术攻关，通过专业技术人员的不懈努力，解决了樱桃砧木优选、樱桃树体修剪等一系列樱桃栽培、推广中的技术难题，编写出海淀区樱桃栽培管理操作技术规程，制定了《大樱桃无公害栽培技术标准》，指导全区樱桃产业发展。

樱桃具有果实成熟早、果实色泽艳丽、味道鲜美、营养丰富的特点，有"春果第一枝"的美称，是最适合观光采摘的果品。2000年以来，随着农业种植结构调整全面推进，以及绿化隔离地区建设、退耕还林等绿化造林工程的实施，促进了果树产业，特别是观光采摘果业的发展。通过实施万亩樱桃工程，建设起一批有规模、高水平樱桃观光采摘园。同时，实施更新老、杂、劣果树，提升改造果园配套设施，提升园区观光采摘环境等补贴政策，樱桃种植进入大规模快速发展期。此外，在保留传统优良品种的基础上，从国内外引进早、中、晚熟配套品种30余个，使樱桃采摘期从5月上中旬持续至6月底，成龄樱桃园亩收入可达1万~3万元，已经成为当地果农增收的主要来源。

（四）怀柔板栗

板栗是北京八大优势树种产业带之一。怀柔板栗栽植历史悠久，文化积淀深厚，记载栽培技术的文字可追溯到2000多年前。怀柔板栗属燕山板栗系列，主要分布于海拔100~600米的浅山、阳坡和半阳坡地，土壤构成主要为花岗岩、片麻岩风化而成，土壤pH值为5.5~6.8，呈微酸性，这种土壤含有大量的硅酸，板栗果实吸收硅酸后，内皮蜡质含量增加，炒熟后内果皮易剥离。燕山板栗的这一特点是国内外其他地区板栗种群不可比拟的。怀柔地处燕山板栗主产区，形成了怀柔板栗独特的燕山风味。特别是山地散生树所结的燕山板栗，个头大、表皮油亮，这种板栗实生树一般需要10年以上才能挂果，且实生树所产板栗含糖量更高，蛋白质更丰富，更为香甜可口，形成了"怀柔板栗"品牌基础。

怀柔板栗的特点是历史传承老树多。根据调查，怀柔区目前有散生大树0.87万公顷，占到全区板栗产区面积的59%。其中，百年实生板栗树有近4.7万株，主要分布在渤海镇、九渡河镇、雁栖镇、怀北镇、琉璃庙镇。其中渤海、九渡河两镇共有4万余株。留存的百年实生板栗树资源，主要分布在长城遗址沿线，浅山且水源充足地区。300年以上古板栗树资源集中在渤海镇的"明清栗园"及九渡河镇水长城景区内的"明代栗园"。这些古树、老树资源，都受到当地政府和果农较好的保护。

板栗作为怀柔区传统农业产业，在经济和生态方面一直在本区占有重要的地位。从20世纪80年代末期以来，围绕着北京市板栗产业科技创新建设总体要求，怀柔区长期与科研单位合作，从板栗实生树中选出栽培品种怀黄、怀九、燕红等优良品种，并通过大规模的嫁接换优，品种化改造，在全区新发展0.6万公顷密植园；通过对板栗幼树控量修剪、品种化栽培、生物防治、板栗果园培肥与蓄水保墒等技术的研究推广，形成北京地区板栗高效丰产栽培技术规程的地方标准；选育的怀黄、怀九、怀香3个本土板栗品种被北京市林木品种审定委员会审定并在全区推广；建立板栗种质资源圃，收集保存板栗种质资源100余种，成为北京地区唯一研究板栗新技术和推广板栗新品种的平台。

2001年怀柔被国家林业局认定为"中国板栗之乡"，2006年"怀柔板栗"获得原产地证明商标专用权，2007年怀柔板栗栽培技术被列入市政府公布的第二批市级非物质文化遗产名录。

截至 2020 年，怀柔区共有板栗 1.47 万公顷，约 900 万株，约占全区果树总面积的 60%，常年产量约 1 万吨，产值 1 亿元。

（五）大兴梨产业及老梨树、老桑树保护

大兴区作为京郊八大优势树种产业带之一的梨产业带核心区域，20 世纪 90 年代中后期，老梨园面临着树龄老化、品种杂劣、管理跟不上、树势衰弱、产量低、效益差、农民收入低等问题。围绕保护老梨树资源，挖掘老梨园潜力，大兴县林业局总结学习山东省的经验，从 1999 年春开始引进老梨树"单芽切腹接"高接换优技术试点，配合加强肥水管理、病虫害防治、果实套袋等综合配套技术，翌年就收获一定产量，使这项新技术一试成功。从 2000 年起，大兴县政府实施"兴果富民工程"，大兴县林业局技术干部带领广大果农率先大力推广"老梨树高接换优配套技术"。至 2005 年，全区将 2800 公顷老、杂、劣梨园改接成效益非常好的砂梨系统新品种梨（黄金、丰水、圆黄、爱宕等品种）园，第 3 年就恢复梨树产量，使老梨园重新获得高效益，每公顷增收 5.7 万元。到 2004 年大兴区梨树面积达到 7466.67 公顷，占全区果树面积近 50%，产量 52000 余吨，占全区果品总产量的 43%，梨农实现效益 2 亿多元，占全区果品收益的 50% 以上，均为历史最高。此项技术陆续推广到京郊各梨产区。

自古以来大兴区就有种植梨树、桑树的历史，形成全市仅存数量最多、保存最完整的老梨树、老桑树资源，是大兴区重要的区域历史文化名片。2017—2020 年启动新一轮老梨树、老桑树资源保护。据普查，全区树龄 50 年及以上的老梨树、老桑树共 5.1 万株，主要分布在庞各庄、榆垡、安定、长子营和采育 5 个乡镇 40 个行政村。2014 年、2015 年，农业部分别把金把黄鸭梨和老桑树确定为国家地理标志产品。

为加强老梨树、老桑树保护工作，大兴区出台保护政策，落实管理办法，明确保护工作的具体内容、管护责任体系和管护补贴标准，取得明显成效。一是开展资源普查，摸清资源底数。对全区老梨树、老桑树资源进行全面调查，建立完善的电子信息档案，实施动态管理，应用"互联网＋"模式，建立资源动态管理系统，为每株老梨树、老桑树建档、挂牌，同时设置专属二维码，便于随时跟踪、查验，实现了全区老梨树、老桑树资源档案管理的信息化、动态化。二是制定管护补贴标准。明确老梨树、老桑树日常管护补助资金，规定树龄在 50 年及以上、生长良好，且有明确、稳定的管护主体的老梨树、老桑树，由政府按每年每株 262.5 元标准给予补助。三是落实管护责任，明确各镇政府是老梨树、老桑树管护工作的责任主体，对管护措施的落实情况要定期检查，区园林绿化局抽查，抽查结果作为管护资金的拨付依据。为解决部分果农因老龄化无力管护难题，支持、鼓励村集体或镇政府成立管护队伍或委托专业公司统一管护，确保管护工作不留死角。四是提供科技支撑服务，提高管护技术水平。大兴区园林绿化局与镇政府紧密配合建立了"科研院所—区—镇"三级技术培训、推广体系，根据老梨树、老桑树生长情况及管护中存在的问题，制定全年管护技术方案。聘请古树保护专家进行培训指导，自 2018 年以来，全区累计培训果农 1000 余人次。五是广泛宣传，推进资源开发利用。利用网络、广播、电视、报纸等新闻媒体，大力开展老梨树、老桑树保护宣传，增强大兴老梨树老桑树的社会知名度，与各相关部门通力协作，着力做好老梨树、老桑树资源的开发利用，在文化挖掘、科普展示、功能保健、休闲观光、改善环境等方面实现资源的科学、有效利用。

通过以上保护措施，不仅增强了人们对保护老梨树、老桑树的意识，提高了当地果农保护管理的积极性、自觉性，而且焕发了老果树生长生机，提高了果品质量、产量，使珍贵的古果树资源得到有效保护。在巩固老梨树、老桑树保护成果的同时，大兴以梨为主的果品产业，依托百年老梨树的禀赋资源，以"金把黄"为抓

手，充分挖掘"万历古贡树百年金把黄"历史文化，推动大兴区特色林果品牌建设，逐步实现果品品质效益双提升，向生态友好、安全优质高效方向发展。

第二节　主要栽培技术

长期以来，北京果树栽培在认真总结前人经验，广泛吸收国内外果树栽培管理先进技术的基础上，以提高果品的食用安全性，提升果品的质量、产量为目标，紧紧围绕果树生产的关键技术问题，组织专家联合攻关、协同创新，推广应用了一系列高科技的果树栽培技术、现代化的果园生产配套技术和管理模式。

一、果树有机化生产关键技术

果树有机化生产关键技术主要包括土壤改良、果树营养液制作与施用、高光效树体整形修剪、无公害生物防治几个方面的技术。

土壤改良　增施充分腐熟的有机肥是土壤改良的首要措施。充分利用废弃秸秆、杂草、烂果、果皮、果核，甚至餐厅的剩菜剩饭，自制农家肥、有机肥。每亩每年施用充分腐熟的农家肥（秸秆＋牲畜粪便＋酵素）4吨＋高木质素有机肥1吨，连续施用5年，确保土壤有机质含量提高到3%或更高。实施果园生草也是土壤改良的重要方面，果园生草主要在果树行间种植豆科类牧草或自然生草，定期刈割回园，既增加土壤有机物含量，同时由于牧草生根的作用，使土壤的通气透水性提高，土壤微生物繁殖量增大，引来土壤蚯蚓的大量繁殖，杀死土壤线虫等土壤害虫，改善土壤理化性状，提高土壤肥力，同时豆科作物有固氮菌的作用，可有效增加土壤中的氮含量。此外，还应注意果园生态环境的营造。在果园周边（果树周边）种植驱避植物，如薄荷、小西红柿、韭菜、苏子、小麻籽、辣椒等对害虫有驱避作用的植物，增加植物的多样性，招引益虫、驱避害虫，形成果园生态环境的相对平衡。

果树营养液制作与施用　果树营养液的使用主要是解决果实生长发育过程中需肥高峰期、临界期的养分供应问题。在果树生长发育中，会随着花、果的发育出现几个需肥高峰。传统做法主要靠追施氮、磷、钾肥解决，而有机栽培则强调用营养液替代。营养液的种类有植物本体营养液及外源性（其他动植物）营养液两大类。

高光效树体整形修剪　果树生产中存在的一个较突出的问题是栽植密度过大，郁闭度高，不通风、不透光，无效叶片过多，营养消耗大于积累，导致果实着色差、品质不佳，树体衰弱、抗性差。按照有机化栽培的原则，日光是最好的杀虫杀菌高手。凡是树体能照到光的部位，都不会感染病虫。因此，应按照有机化栽培的要求，对果树实行科学合理的修剪，解决果园郁闭度高的问题，以提高光能利用率，提高叶片的光合效率，实现积累养分，恢复树势，健壮树体，增强树体的抵抗力，减少病虫危害（图6-31-6）。

图6-31-6　桃树"Y"字形整形

无公害生物防治 对果树有机栽培过程中的有害生物防治，重点采取物理防治、生物防治和无公害防治相结合的综合防治方法。物理防治方法主要有充分发挥天然消毒剂——日光和风的作用，通过合理修剪，实现通风透光；人工清除越冬害虫卵，树干围环等；利用黑光灯、糖醋液、烂果汁及粘板诱杀害虫，利用防虫网驱避害虫。生物防治的主要做法有在果园内培养、释放捕食螨、赤眼蜂、瓢虫、草蛉、小花蝽天敌昆虫，使果园内的昆虫生物生态系统达到动态平衡。无公害防治的方法主要有使用经过有机认证的生物源、矿物源等药剂，如用木醋液、米醋、白酒等通过合理配制，均可起到病虫防治的作用，用带有苦、辣、酸、辛、涩味的植物提取液可驱避害虫和杀菌。

二、高密度矮化果树栽培技术

建园设计 株行距严格按1米×3米或0.7米×3米设计；小区以50亩左右为宜；道路5米宽左右，以利于机械循环作业；排灌系统设计中排水沟通畅，灌溉选择节水设施。

土壤改良 在果树定植位置的两侧各50厘米范围内，视土壤肥力状况，将蚯蚓肥、农家有机肥、氨基酸肥等按一定比例充分混合后施用于土壤中。

苗木选择 原则上选择矮化砧或矮化中间砧苗木，苗木的根系良好，主根健壮，有4条以上好的侧根，并有较多的须根；植株上的芽发育充实、饱满。

定植密度 苹果、桃、樱桃等果树株行距均采用1米×3米的定植密度，每亩222株；梨树采用株行距0.7米×3米的定植密度，每亩317株（图6-31-7）。

定植、覆膜及起垄 在定植沟上按确定的株行距栽植，栽植深度与原苗木的覆土深度一致，并与地面平直；栽后立即浇一遍透水，2~3天后再浇一遍透水，然后覆盖厚0.08毫米黑色地膜或每平方米90克的黑色地布；翌年春季起垄，高度20~30厘米，但要保证品种的主干或矮化中间砧要有一定高度露在土壤外面，以防止变成实生苗。

图6-31-7 高效密植梨园

生草 定植当年，全园行间自然生草，高度40~50厘米时刈割；种植当年春季行间播种黄豆，7月刈割粉碎翻入土壤；接着自然生草，同年10月行间播种黑麦草。翌年5月刈割前一年播种的黑麦草粉碎入地；再长一茬至7月刈割粉碎入地。若9月行间播种鼠茅草不需刈割，翌年夏季自然枯死。播种1次，以后种子直接落入土壤，秋季萌发。黄豆的播种量是4千克/亩，黑麦草的播种量是6千克/亩，鼠茅草的播种量是1.5~2千克/亩。

节水 安装、使用滴灌、微喷带等高效节水灌溉设施。正常年份每年只需浇2次水，分别是秋季的灌冻水和春季的萌芽前灌水，一般情况下，滴灌每次每亩需水20吨；微喷带每次每亩需水15吨。

生物动力调控 分别使用土壤健康保护调控素、叶片营养调控素、光合作用增强调控素、花蕾营养调控素、果实营养调控素等生物动力调控素，在果树的不同生长发育阶段，根据生长发育状况合理施用。

主干形的建造 苹果定植后的主干形建造，对顶芽和侧芽饱满的健壮苗不定干；对芽质不饱满的虚旺苗可在主干40~60厘米的好芽处定干，剪口以下不留枝，重新培育中干。当营养生长接近停止时，开始整枝，对40~60厘米的横向枝按45°转枝。为了防止枝条长短一致，1年生苗中干顶端的芽每隔5~6个芽刻一个，2年生苗中干上没长出的芽要全部刻出来。横向枝、旺枝要全部刻芽，刻时要注意背上芽在芽后刻，背下芽、侧下芽在芽前刻，中干横向枝上的虚旺小枝，15厘米以内的抑顶促萌。超过15厘米的中间再转一下。2年生的枝条要见串枝花。3年生的苗顶端有果要保留，高度超过2.5米的枝，上部全部刻芽使其成花；横向枝超过60厘米长的，要整枝下垂。最终形成主干强壮，主干高60厘米，树冠直径小于1.3米，树高2.5米左右，主干上生长着3~60厘米长短不一的50~60个横向枝，结果后多呈自然下垂状，果实围绕中干结果，受光均匀的良好树形。桃树、樱桃树等均可按照上述方案进行树形建造。

三、低效果园改造关键技术

果园土壤养分、叶养分诊断及有机配肥节水技术 包括养分诊断标准与配肥方案的确定；生物动力有机肥种类的研制及应用；生物源有机固态肥和液态肥的研制与应用；果园绿肥种类的筛选及种植技术的开发与应用；果园有害残留物诊断及消减技术开发与应用；果园生物节水技术配套与应用。该技术成果的应用，能显著提高老旧果园土壤有机质含量和持水量，降低土壤pH值，改善土壤微生物群落的数量、种类丰富度和多样性，改良土壤碳、氮循环，提升土壤养分水平，减低和消减土壤污染物含量，总体提升土壤生态多功能指数，最终改善果园果树的生长发育、果品产量与品质。

果园主要病虫害绿色防控技术 包括趋避植物的选择、配置及应用；植物源杀虫抑菌营养液的研制工艺与应用；果园缺素症的矫正技术与应用；果园疏花疏果营养液的开发与应用。该技术成果的应用，能显著提高果园节肢动物群落的结构、组成、多样性特征，调控节肢动物功能群落的结构组成和结构，提高益害比；降低果园主要病虫对果树的危害。降低用药次数和用药量。

低产成龄大树树形改造技术 包括"一主多干"树体改造和树形调控、成龄低产大树改造树形结构参数构建，打开郁闭果园光路；现代有机果树栽培技术，增施优质有机肥，培肥改良果园土壤，实现有机化栽培，达到欧盟有机认证标准。该技术成果的应用，能显著改善果园郁闭度和果树光照状况，提高叶效值和叶片的同化能力，提升果树枝条的生长和果实发育，降低果树管理投入，提升果实品质。

四、果树高效节水栽培关键技术

旱地主要果树品种抗旱性综合评价技术 对果树砧木与品种进行多指标综合评价鉴定，建立评价指标体系与评价方法，对旱地苹果砧木与品种、板栗品种、核桃品种、杏砧木与品种进行抗旱性评价，筛选出适合旱地果树栽培的品种与砧木，为旱地果树生产提供优异种质。

旱地果树优质苗木快繁与大苗培育技术 重点创立旱地果树苗木以叶片为材料的再生、增殖、生根培养体系和直接生根、促根户外培养技术体系，外植体直接生根率80%以上；创立木本果树植物幼苗针型微嫁接方法，嫁接成活率98%以上，移栽成活率90%以上。开发动植物源育苗基质和促根营养液技术，圃内成型大苗培育配套技术，大树移栽技术。

复合型抗旱栽培模式技术 以植物抗旱性、耐阴性、挥发物种类、矮株型等指标为依据，对常见的芳香植物、豆科植物、果园绿肥植物、果园常见草植物种类进行筛选与田间试验，选取草本芳香植物115种，建立资源圃，试验确定出抗旱功能强的植物。进行单种、混种、芳香+生草模式3种植物配置模式试验，建立抗旱型+趋避型+增肥型芳香植物间作型+绿肥型抗旱保水复合栽培模式。

旱地果树有机培肥技术 开发以动物残体+植物材料为主的生物动力肥料。以养分总量最大、比例均衡（鸡粪为参比）为原则，利用旱地果园的枯枝落叶、刈割后残体、周边秸秆、屠宰场下脚料、厨余动物材料等废弃材料，引入高效酵素发酵基质，一园一肥场堆沤制作有机肥。应用结果证明其对旱地果树的土壤水分、土壤质量、综合肥力、树体生长、果实品质的改善具有显著作用。利用植物根、茎、叶、花、果及加工品与餐厨动物残体等，加糖、酵素、水等为材料，开发出营养功能营养液（鲜花、水果、叶菜、高氮、海藻、米糠、麻渣、醋渣等）、杀虫抑菌营养液（异味、辣椒白酒、木竹醋、大蒜、核桃青皮等）、综合营养液（芳香植物、中草药、海鲜动物残体、疏花疏果）3种功能性营养液。施用证明其对抑制土壤的水分蒸发和叶片蒸腾，以及改善树体水分状况具有显著作用。

节水灌溉简明技术 建立高效节水灌溉制度，根据果树理论需水期，研究出在果园土壤深0.2~1米范围内，当手攥土壤成团，松手土团不散可不浇水，包括越冬水。实施水肥一体化技术，结合果园滴灌，施用液态肥。选用果树优质抗旱品种。实施节水土壤耕作制度，创造疏松深厚的耕作层有利于提高土壤的储水能力，果园种植前结合深耕改土，配施高效有机肥，果园采收后，结合深翻改土施肥。覆盖保墒，包括地膜、园艺地布覆盖（防草布，透水透气、防杂草）、枝条粉碎覆盖、果园草刈割覆盖等。建立与实施果园生草制度，行间生草，草长至30厘米左右刈割粉碎覆盖。

五、果园智慧化管理关键技术

智慧果园是以互联网技术、大数据技术、人工智能技术为支撑，以区域性果树产业为对象，依据不同果园的特点，构建的集果园生产管理、技术应用、经营销售一体化的先进、绿色生产模式。它通过对果园生产各个环节的高通量的测度、监控、识别、评判，实现果园管理的智能化调控和技术的精准化应用，节约果树生产的物力成本和人力投入，大幅度提升技术的应用效果和产品质量，并能有效减少营销环节，实施品质溯源，快速对接市场需求，加速产业的转型升级，是人工智能对接农业产业升级的重要内容。

果树生长发育及环境影响因子可视化立体监测和智能管控系统 基于物联网和互联网技术，建立智慧果园全程环境因子与树体因子检测系统，制定苹果园智慧化检测总体设计、检测参数设计、检测设备基础规范，以及智慧果园感知数据传输技术标准；采集苹果园大气环境因子、土壤因子、树体生长、果实生长数据，建立苹果树生长季气候因子气温、湿度、光照强度、风力、土壤温度、土壤水分含量、土壤pH值、土壤呼吸强度等的立体检测与数据采集系统；通过对大气—土壤—树体生长—果实品质的相关性进行分析，建立苹果生长发育各阶段，包括萌芽期、开花期、枝条生长期、果实成熟期的可视化动态监测体系，苹果园间作物管理、施肥管理、节水管理、主要病虫害管理的智能化管控系统。

果品安全质量追溯与电商对接服务系统 建立全市30亩以上、不同类型、不同经营主体果园的生产数据库，对树种品种、生产过程、投入品、销售过程进行全程记录。北京果树产业大数据平台和信息化管理已对接专业管理部门的政策与技术决策。研究建立苹果果品有害化学成分酶联免疫快速检测技术，包括农药残留、化肥残留、重金属富集的快速检测技术；确定检测的技术参数。通过对北京苹果主产区果实内外在品质、有害化学成分的监测与数据分析，制定苹果果品安全质量标准；依托技术管理全过程数据记录和快速检测，建立苹果品质安全质量认证和追溯标签技术，对示范园果品进行标注。

六、果树设施栽培技术

设施果树树种品种评价理论与技术 通过研究揭示设施果树耐弱光的生理机理，解析弱光条件下桃、葡萄、樱桃等果树光合碳同化特征，建立适于设施栽培的果树品种的综合评价指标、方法，筛选出设施果树适合性树种与品种资源，为北京设施果树生产提供了理论依据与优异种质。

设施果树室内环境调控技术 通过研究建立

设施果树节能型大棚温室建造结构类型与参数、设施果树光环境因子分布模型、光合—光反应模型，建立了设施果树环境调控装置与技术、日光温室温湿度调控装置与技术，为优化设施果树生长发育环境、提升设施果树产量与品质提供保障（图6-31-8）。

图6-31-8　葡萄棚架栽培

设施果树优质高效生产关键技术　包括设施果树室内温、湿、气控制技术，设施果树地上部树体调控技术，设施果树土壤培肥技术，设施果树水肥一体化技术，设施果树土壤再植障碍和重金属消减技术，设施果树土壤通气技术等。

七、苹果果园精准化管理关键技术

果园土壤间作与覆盖植物种类选择与技术管理模式　包括果园间作物种类的选择、栽植技术与栽植模式。通过研究不同间作模式下，苹果果园中的大气环境因子、土壤环境因子、土壤养分、土壤酶（碳循环、氮循环）、土壤微生物的群落结构、组成的变化规律，以及节肢动物总群落、害虫—天敌亚群落、植食类—捕食类—寄生类—中性昆虫功能群落的结构、组成、多样性特征，提出了间作条件下果园自然天敌假说、化学趋避假说、植物诱集假说，确定了单作、双作、三作、岛屿等模式和间作覆盖植物配置与技术方案，以及机械化刈割和覆盖技术（图6-31-9）。

苹果果园基肥与追肥的施肥技术　通过研究动植物源有机肥、生物动力肥、营养液等施肥处理条件下叶片光合相关指标、干物质分配相关指标、养分分配相关指标、果实生长发育相关指标的变化差异，建立了叶片功能、果实发育与检测指标之间的相关模型，建立养分诊断评价标准，制定果园水肥一体化技术标准；通过研究施肥与修剪对苹果园树势恢复、产量提升的影响，建立了果园最佳施肥量方案、实时性补肥方案和机械施肥方案。

图6-31-9　乔化苹果园铺反光膜增加光照

苹果果园生物节水与设施节水技术　基于北京苹果主产区土壤水分蒸发和树体水分利用效率的数据采集与分析，确定苹果园水分关系模型以及土壤含水量标准，建立土壤生物覆盖、生物节水材料、微生物节水等保水技术体系；配合各种土壤基肥和叶面调控肥的实用技术，确定其土壤水肥耦合机理；制定了水肥一体化技术标准、果园节水技术标准；同时，基于示范园土壤含水量的变化，建立苹果园大气环境与土壤数据采集系统以及苹果园远程灌水自动控制系统，实现了果园精准灌溉。

苹果果园主要病虫害综合防治技术　通过对北京苹果主产区主要病虫害发生的调查、数据采集与分析，掌握果园主要病虫害的危害规律、危害表征和危害程度，确定可视化的预测预报标准和预警指示；建立芳香植物间作、芳香植物营养液等调控苹果园节肢动物群落动态的技术原理与方法；建立萜烯类生物源的农药种类与使用效果信息库，依据病虫危害表征指示和预警信号，建立实时性的防控主要病虫害发生的技术，实现无人机空中和地面定量施药。

八、野生果树资源嫁接利用技术

酸枣接大枣 适宜嫁接的大枣主要品种有伏脆枣、长辛店白枣、马牙白枣、红螺脆枣等。嫁接的主要注意事项是,要在没有病虫危害的优种枣树上采接穗,蜡封接穗要科学保管,接前要检查接穗鲜活程度,嫁接时要一个品种成片嫁接,授粉能力差的品种要注意授粉树的搭配。嫁接时间一般是春末夏初,主要采取蜡封接穗皮下接的嫁接方法。嫁接时间的选择对提高嫁接成活率非常重要,嫁接太早,酸枣树不离皮,接不成;嫁接太迟,太阳光照强易烧芽,因此应根据具体情况适时抢接。

山杏嫁接仁用杏 适宜嫁接的主要品种有北山大扁、龙王帽、长城扁、柏峪扁、一窝蜂、优一等。接穗采集与处理:早春萌芽前(3月上旬前),选健壮无病虫害的优良单株,剪直径在0.5~1.2厘米的发育枝,截成15厘米长的接穗,随采随蘸蜡,将蘸好石蜡的接穗每50根码为一捆,放置冷凉室内,以备嫁接用。嫁接时间:一般在4月中下旬,由于各地物候期的差异,以杏芽萌动为适期。根据被接树龄及树冠大小,选择分布均匀的7~15个枝为高接对象,并于基部80厘米左右处锯头,然后削平截面,剪口下的其他枝一律从基部疏除,然后将接穗基部削成长2厘米左右的斜面,用芽接刀横割斜面背后皮层达木质部,将表皮撕下,轻轻插入高接部位皮层,将削好的接穗插入,直到夹紧露白(接穗削面)为止,用塑料薄膜缠严即可。接后管理:生长季节要多次除萌,待接穗生长至30厘米左右,要及时松绑、绑支柱,以防风折,与此同时做好病虫防治工作。

野生海棠利用 北京地区分布的野生海棠主要品种有八棱海棠、绵苹果、沙果、香果等10余种。由于海棠花鲜艳、花色多样、抗逆性强,在城市绿化和荒山造林中应用非常广泛。在果树生产上广泛作为砧木用于嫁接苹果。通过枝接和芽接,在其上嫁接优良苹果品种,形成苹果嫁接苗或通过矮化中间砧嫁接形成矮化苹果苗。其中,八棱海棠是我国苹果产区应用最广泛的苹果砧木品种。

第三节 管理与服务

一、确定产业发展目标

经过20世纪90年代近10年的面积快速扩张后,北京果树生产面积、产量、效益明显提高,八大优势树种产业带的产业区域化布局初步形成,产业的科技支撑能力显著增强,经营理念和生产方式明显转变,果品流通方式不断创新。但也面临急待解决的问题,如产业优势未充分发挥,精品率较低,树种品种需进一步调整,标准化、区域化栽培问题未足够重视,观光果业建设急需大力发展,果品商品化处理严重滞后,果品营销体系不健全等。针对产业发展现状与问题,北京市林业局在多方论证的基础上,明确提出了京郊果树产业转型升级发展的方向,提出果树产业发展方向是要实现"两个转变",即产业面积向数量扩张型向质量效益型转变、品种由普通品种向名优特色品种转变;确定了以"基本形成的八大优势树种产业带"为基础,恢复发展具有北京特色的名特优品种群(百群),筛选引进国内外优良品种,适应北京国际化大都市的需求,发展观光果业(千园),逐步形成北京果树产业区域化、良种化、标准化和产销一体化的新格局,建立果品网络化的市场营销体系、社会服务体系和政府支持保护体系的战略目标,以及加强北京果树产业市场营销体系建设、产后商品化处理系统建设,以"八带""百群""千园"生产总体布局的战略重点,主导实施果品品牌培育、果品市场体系建设、数字果树产业建设、果品商品化处理体系、标准化有机生产基地建设工程、果业可持续发展科技支撑六大重点工程。在这些基本思路和理念的基础上，编制第一个《北京市果树产业发展规划》，并针对产业持续发展中出现的新问题，通过持续的管理创新，陆续融合在北京市果树产业"十一五""十二五""十三五"发展规划中，为实现果树产业科学长效管理提供重要的宏观指导。

通过规划的实施，北京市果树产业发展迈向了高质量发展的轨道，总体布局科学合理、产业规模基本稳定、优势主导产业特色明显，产后商品化处理体系由零基础开始启动，北京名、特、优果品品牌体系日趋完善，观光果树产业效益显著。果品产量、收益与果农收入均实现快速增长。全市果品产量从1999年的52.8万吨逐年增长到2011年突破100万吨大关，为历史最高，其中干果产量从1999年的22000吨逐年增长到2009年突破50000吨大关；果品收入从1999年的11.4亿元逐年增长到2011年突破40亿元达到42.7亿元，2012年达到历史最高的44亿元，其中干果收入从1999年的2.4亿元逐年增长到2009年的4.5亿元，到2011达到历史最高的7.2亿元。据统计，2005年全市有30.9万户果农，户均果品收入自2010年突破万元，2012年果农户均果品收入达到1.43万元；果园观光采摘收入从2012年开始超过5亿元，延续到2016年最高达到5.6亿元。

二、推动产业发展机制创新

创新投融资机制　改变传统的财政资金无偿投入模式，充分发挥市场配置资源的决定性作用，发挥财政资金导向和杠杆作用，鼓励社会资本投入果树产业，提高财政资金使用效率。采取财政资金股权介入、一定年限后免回报退出的扶持方式，退出资金继续用于扶持果树产业发展。2016年，由北京市园林绿化局、北京市财政局和北京市农业投资有限公司发起投入20亿元资金，设立"北京市果树产业发展基金"，由北京六合基金管理有限公司管理，重点支持新建现代高效节水果园和更新改造低效果园。仅2017年即投资13605万元，其中股权投资2300万元，债权投资11305万元。支持果园建设1057.67公顷，支持果园34家，其中家庭农场7家、专业合作社5家、企业22家，单项最大投入2300万元。

制定惠农富农政策　政策性保险为果树产业发展保驾护航。2017年8月，《北京市密植果园金融综合解决方案》获批农业农村部"金融支农服务创新试点"项目。为了提高果农应对灾害能力，让更多实施果树密植化栽培的果农享受这一政策，组织各区业务主管部门及部分乡镇林业站、部分密植果园种植户联合华农保险公司进行分片培训，仅2个月完成7场培训，覆盖9个区，促成126户次承保"北京密植果园保险"项目，面积达到891.03公顷，总保费达到1003万元，总保额达到12361.825万元。

随着北京市第一期退耕还林任务的到期，多次修改完成《北京市关于完善退耕还林后续政策的意见》，对干果管理实现了突破性进展，解决了部分干果纳入问题。

为保障规模化果园管理设施用地，北京市规划自然委员会、北京市农业农村局、北京市园林绿化局于2021年2月出台了《关于加强和规范设施农业用地管理的通知》，保障了2公顷以上果园管理设施用地的合理性及果农的权益。

争取惠农富农政策　北京市园林绿化局参与制定《北京市2019—2020年度市级农机购置补贴产品》名录，首次补充了林业产业包括果树、花卉、种苗、养蜂等领域21个大类，其中果树11个大类。补贴机具种类分为中央补贴、市级累加补贴、市级单独补贴3个部分，补贴品目范围达203个。

培育新型经营主体　重点培育家庭农场、合作经营、集体经营和企业经营等新型经营主体。发展家庭果树农场44个、合作经营组织18个、集体经营组织8个、企业经营20个。土地向新型经营主体流转，提高了适度规模经营水平。其中，家庭果树农场经营规模在3.33公顷（50亩）以上，平均达到9.27公顷，合作经营、集体经营、企业经营规模在13.33公顷（200亩）以上，平均分别达到45公顷、28.6公顷、32.6公顷。

引进龙头企业带动发展 2014以来，实施全产业链服务带动发展计划，先后引进海升、绿谷、正大集团，北京市供销合作社等一批大型企业投入资金、技术和人才，参与现代化果园的建设、经营和果品的加工、流通，带动果树产业生产、加工、销售全产业链的发展；创新服务方式，以拥有密植高效果树管理技术、生物动力、有机农业技术等相关技术公司为依托，为果园提供技术咨询、半托管或全托管技术服务，基本做到人员有培训、技术有依托、管理能到位、效果有保证，确保新技术落实。

三、坚持果树产业科技创新

依托在京的中央、市属高等院校、科研院所、科技企业，针对林果业生态环境功能提升、林果种质资源创新、产业功能拓展和节水高效栽培等科技重大问题，开展科技攻关。选育出一批生态型新品种和新种质，建立了优质苗木繁育体系；通过研究揭示林木果树优质高抗性状关联的遗传与分子特性与调控机理，建立了生态果园与地被植物节水理论、模式与技术，苹果、梨的矮化理论、模式与技术，成龄低产果园有机生产生态调控理论与技术；组建成立北京市林果业生态环境功能提升协同创新中心。获得新品种、良种审定的品种（含新品种权）21个；北京市审（认）定新品种（砧木）18个；中试新品系37个；推广应用现有新品种89个；结合指导京郊果树综合管理技术提升及果园土壤改良，提出理论成果34项；研制关键技术37项；推广实用技术76项；发表学术论文463篇，其中SCI收录195篇；出版专著7部；获得软件著作权13项。申报发明、实用新型专利112项；授权发明、实用新型专利共105项；实现专利转化11项；制定标准25项。

四、开展"三品一标"认证

无公害农产品、绿色食品、有机农产品、农产品地理标志（以下简称"三品一标"），是政府主导的安全优质农产品公共品牌，是农产品生产消费的主导产品，是传统农业向现代农业转变的重要标志。《中华人民共和国农产品质量安全法》等法律法规确立了"三品一标"的重要地位。2005年，农业部印发的《关于发展无公害农产品绿色食品有机农产品的意见》对"三品"的发展做了详细部署，立足首善之区实际和贯彻落实首都"四个服务"功能定位要求，北京市全面推进农业标准化、品牌化和产业化经营，大力发展无公害农产品，加快发展绿色食品，因地制宜发展有机农产品，保护性发展地理标志农产品，着力提升农产品质量安全水平和农业竞争力，确保安全优质食用林产品的供给。截至2020年，全市通过无公害、绿色、有机认证果园面积共8519.32公顷，其中无公害认证面积4519.82公顷，绿色认证面积1628.42公顷，有机认证面积2371.08公顷；全市18类果品获地理标志产品认证（图6-31-10），认证果园面积达56285.15公顷，果园认证情况见表6-31-7，地理标志果品情况见表6-31-8。

图6-31-10 国家地理标志保护产品——佛见喜梨

表 6-31-7　北京市果园认证情况

单位：公顷

统计单位	无公害面积	绿色认证面积	有机认证面积	地标产品认证面积
全市	4519.82	1628.42	2371.08	56285.15
朝阳区	52.00	0.00	20.00	0.00
海淀区	388.54	16.00	7.33	89.00
丰台区	52.97	0.00	10.00	38.33
门头沟区	111.33	19.43	167.87	251.00
房山区	448.27	54.13	81.00	392.53
通州区	432.99	9.27	283.15	672.45
顺义区	388.87	6.67	220.60	16.33
大兴区	626.23	26.80	137.13	725.17
昌平区	762.40	99.13	37.24	3136.16
平谷区	584.64	1028.65	13.87	11998.56
怀柔区	26.67	274.60	10.22	18651.86
密云区	354.40	28.80	1176.07	17633.02
延庆区	290.52	64.93	206.60	2680.73

表 6-31-8　北京市地理标志果品情况

序号	地标果品名称	认证地域范围
1	海淀玉巴达杏	海淀区苏家坨镇、温泉镇等 2 个镇
2	长辛店白枣	丰台区长辛店镇北京绿野田园休闲农场
3	京白梨	门头沟区军庄镇、潭柘寺镇、妙峰山镇、王平镇等 4 个镇
4	房山磨盘柿	房山全区
5	张家湾葡萄	通州区张家湾镇
6	西集大樱桃	通州区西集镇
7	金把黄鸭梨	大兴区庞各庄镇
8	安定桑椹	大兴区安定镇
9	昌平苹果	昌平全区
10	平谷大桃	平谷全区
11	北寨红杏	平谷区南独乐河镇北寨村
12	佛见喜梨	平谷区金海湖镇茅山后村
13	燕山板栗	密云、昌平、平谷、延庆 4 区
14	延庆国光苹果	延庆全区
15	延怀河谷葡萄	延庆全区

五、实施"一村一品"建设

围绕发挥地方特色优势、建设"一村一品"特色乡村工作,自2011年起农业农村部开展了"一村一品"的评比,旨在提高农业综合效益和增加农民收入,突出产业特色,带动贫困户增收脱贫能力强的特色产业。截至2020年,北京市有全国"一村一品"示范村75个,其中以果品为主导产业的村镇有33个,具体见表6-31-9。

表6-31-9 北京市全国一村一品示范村镇及其果品种类与品种

序号	专业村镇名称	主导产品名称	认定年份
1	北京市门头沟区军庄镇孟悟村	孟悟京白梨	2014
2	北京市门头沟区王平镇西马各庄村	西马樱桃	2015
3	北京市门头沟区雁翅镇太子墓村	红富士苹果	2011
4	北京市房山区长沟镇北甘池村	胜龙泉薄皮核桃	2015
5	北京市房山区长阳镇夏场村	夏家场葡萄	2015
6	北京市房山区张坊镇	磨盘柿	2011
7	北京市顺义区龙湾屯镇柳庄户村	翠柳葡萄	2016
8	北京市顺义区南彩镇河北村	樱桃	2011
9	北京市昌平区崔村镇真顺村	真顺苹果	2014
10	北京市昌平区阳坊镇后白虎涧村	白虎涧京白梨	2016
11	北京市大兴区庞各庄镇梨花村	梨	2011
12	北京市怀柔区渤海镇六渡河村	板栗	2011
13	北京市平谷区南独乐河镇北寨村	北寨红杏	2016
14	北京市平谷区镇罗营镇	乐逍遥蜜梨	2015
15	北京市平谷区刘家店镇	大桃	2011
16	北京市密云区穆家峪镇庄头峪村	红香酥梨	2011
17	北京市密云区新城子镇蔡家甸村	云岫苹果	2012
18	北京市延庆区沈家营镇河东村	葡语农庄葡萄	2016
19	北京市延庆区香营乡新庄堡村	鲜食杏	2016
20	北京市延庆区八达岭镇里炮村	苹果	2011
21	北京市延庆区延庆镇唐家堡村	金粟丰润葡萄	2015
22	北京市延庆区张山营镇前黑龙庙村	前龙葡萄	2012
23	北京市平谷区金海湖镇茅山后村	佛见喜梨	2017
24	北京市通州区西集镇沙古堆村	大樱桃	2018
25	北京市平谷区大华山镇西牛峪村	玉露香梨	2018

(续)

序号	专业村镇名称	主导产品名称	认定年份
26	北京市顺义区龙湾屯镇焦庄户村	苹果	2018
27	北京市怀柔区桥梓镇岐庄村	枣枣枣	2018
28	北京市怀柔区渤海镇	板栗	2018
29	北京市昌平区崔村镇八家村	苹果	2019
30	大兴区安定镇前野厂村	桑葚	2019
31	怀柔区九渡河镇黄花镇村	蓝莓	2019
32	怀柔区怀北镇河防口村	红肖梨	2019
33	平谷区峪口镇西营村	有机大桃	2019

六、建立互助保险制度

为提高果农应对灾害能力，遵照市委、市政府关于建立政策性农业保险制度的要求，开展果树风险互助保险工作。果树风险互助保险的宗旨是，风险互助，一人为大家，大家为一人。果树风险互助保险是果农自己的保险，具有不以营利为目的、技术服务、产销服务和保险服务相结合，政府补贴、农民互助，筹集的互助金用于灾情补助，结余积累仍归投保人等特点。为推进此项工作，广泛开展调查研究，充分了解农民意愿和保险需求，对主要风险类型、发生概率、损失程度、保障水平、保费承受能力，以及通过果树主管部门、果树产业协会，办理果树互助保险业务的可行性等进行深入分析的基础上，北京市果树产业协会制定了风险互助保险管理办法、果树雹灾成本风险互助保险条款（大桃、苹果、梨、葡萄）、损失程度测定标准等果树互助保险管理办法，积极稳妥地开展了果树风险互助试点工作。2006年启动了该项工作，当年首选确定了昌平、大兴、平谷、顺义4个试点区，第一批有90户投保，共收到11.4万元保金。随着逐年推进完善，截至2009年，果树保险已覆盖10个鲜果树种，承保面积1423.13公顷，参保单位（户）833个，农民交互助金254.5159万元，总赔款金额731.5294万元。

果树风险互助工作受到果农认可和欢迎，纷纷成立果树风险互助会社，参与风险互助保险，扩大果树互助保险的覆盖面。2010年，果树保险统一纳入北京市农业政策性保险工作。

七、加强技术培训与推广

为了让广大果农尽快掌握果树栽培新技术，相关部门采用多种方式进行技术培训与推广。在10个区（县），针对苹果、梨、桃等北京10大主栽树种，选拔200名林果乡土专家，对其进行重点培训，并指导他们在自家果园实施有机化栽培系列技术。同时，举办了北京市果树园艺工职业技术大赛，组织编写了北京市果树工职业技能教材，还组织13个区（县）参与职业技能大赛，有效提升了果树从业人员的技术水平。自2004年起，大力宣传、示范、推广果实套袋技术，全市年均套袋5亿个以上，年均苹果套袋超过1.73亿个、葡萄套袋446万个，全市年均生产套袋果5万吨以上。套袋红富士苹果平均增值3倍，有的甚至高达8倍以上；桃，特别是蟠桃增值都在4倍以上；梨、葡萄的增值效果也非常明显（图6-31-11）。怀柔注重推广大面积去雄、地膜覆盖、树形改造、专用肥应用等优新技术，使板栗的质量有了很大提高，一级果率达到90%~95%。同时，还有针对性地开展了果树有机化栽培、果树标准化技术等专题培训、系列培训，通过组织各种研讨、技术培训和现场观摩，市、区两级每年培训科技特派员、果树专业户、果农10万人次以上。根据有机化栽培的理论技术及各区的生产实践，编印了苹果、梨、桃、葡萄、柿子、核桃、板栗等树种的"有机化栽培生产技术"系列丛书各2000册；为推进现代化密植高产高效节水果园的建设，编印了《果树高产高效现代化栽培创新技术》《果树辩证管理学——应用理论与技术》《现代化果树早产高效密植节水种植技术规程》《高效节水现代化果园的技术服务及果品营销手册》等专业技术普及书籍，发放给区（县）相关管理部门及广大果农，极大地提高了北京果树产业的种植和管理技术水平。

技术，提高果农素质，拓展果品市场，启动京郊优质特色精品果的专供、配送，反映果农心声，维护果农利益，为果农排忧解难等方面，发挥了重要作用（图6-31-12）。

图6-31-12　大兴果品销售推介会

图6-31-11　果实套袋

八、建立产业合作组织

2002年9月，北京市果树产业协会正式成立。在市果树产业协会的带动下，各区相继建立果树产业协会，形成了以市协会为龙头的信息交流、科技成果推广、市场销售服务体系，为政府和果农之间架起了一座桥梁。截至2020年，果树产业协会共有会员373个，其中团体会员239个，个人会员134个，涵盖果农25万户，占全市果农总数的80%以上。果树产业协会自成立以来，在多个方面发挥了关键作用。一方面，搭建了信息平台，打造"京果"品牌；另一方面为政府制定果树产业发展规划、承担政策咨询提供助力。同时，建立完善的果树技术咨询服务、技术贮备与技术培训，普及推广果树生产经营的新

九、搭建果树产业信息平台

2017年，开展首次全市果园基础数据全面调查摸底工作，对全市栽培果树的13个区、163个乡镇、2553个行政村的果树资源展开全面清查，摸清了全市果树资源家底。根据果树资源情况和果树产业管理特点，2019年建成了包含188万条数据的"北京市果树产业大数据平台"，为北京果树产业科学管理提供数据支撑，为果树产业信息化、数字化、精准化、动态化管理奠定了坚实基础。果树大数据平台分为3个子系统，即前端大数据可视化展现系统、数据工作台系统、果树史系统。前端大数据可视化展现系统又划分为果树资源、规模化果园、果园管理、经营主体4个板块，各板块拥有不同形式的图表展示数据，将繁琐的数据图形化、清晰化、简洁化；数据工作台系统可实现市级和13个区级主管部门查询、补充、修改、分析和管理数据（可查到区、乡镇、村三级）；果树史系统包括果树历史数据和果树大事记两部分："历史数据"页面通过图表直观展示了1949年以来北京市果树产业面积、产量、收入等重要历史数据及变化，反映了果树产业发展曲线，实现了北京市果树产业有

史以来纸质资料全部电子化。"果树大事记"为1994—2020年27年的发展大事记,记录了北京市果树产业发展的历史,记录了果树产业改革开放以来从注重面积扩大到注重提质增效,由面积扩张型向质量效益型转变,由粗放管理向精细化管理转变,果园由单纯生产型管理向综合观光体验型转变的全过程。

依据果树大数据平台,可实现果树资源、规模化果园、果园管理、经营主体等可视化展示;实现资源数据实时录入、汇总、更新及报表生成;实现后台数据的系统化管理与检测,对于北京果树产业动态化、数字化、精准化、智慧化管理奠定了坚实基础;为合理制定果树产业发展政策、规划、计划、资金等管理提供了科学依据。

十、服务大型国际会议

2008年北京奥运会 参与北京奥组委组织的部分奥运供果基地遴选工作。2006年,为确保能在2008年北京奥运会上呈现优质果品,向国际社会展示中国的果品产业成就,由北京奥组委、北京奥科委、北京市科委、北京市园林绿化局联合主办了"2008年北京奥运推荐果品评选"系列活动,由中国国际林业产业博览会组委会、中国林业产业协会、北京市园林绿化局、中国果品流通协会、中国园艺学会、北京市果树产业协会、北京果树学会等单位组织评选,活动宗旨是立足北京,面向世界,为各地名优果品进京搭建一个高标准、高档次、高水平的交流与展示平台,主题是把更多更好的优质果品奉献给奥运,展示给世界。评选活动连续开展了两年,取得了丰硕成果,得到全国十几个省份名优果品产地的积极响应和参与,两年共有3426个样品入选"2008奥运推荐果品"资格。通过专家评选,有241个样品获得"2008北京奥运推荐果品"一等奖;有401个样品获得二等奖;有590个样品获得三等奖。2008年从5月初至9月末,圆满完成奥运会及残奥会的果品供应任务,共配送661吨,是原始订单的2.3倍。配送果品种类包括苹果、梨、桃、葡萄、西瓜、澳洲青苹、蛇果、菲律宾香蕉、火龙果、猕猴桃、木瓜、树莓等32类南北方果品。其中,国产果品为426吨,占64.4%,进口部分235吨。

第十一届世界葡萄大会 由国际园艺学会(ISHS)主办、被誉为"葡萄界奥运会"的世界葡萄大会,每4年举办一次。2010年8月,在美国纽约州举行的国际园艺学会(ISHS)第十届世界葡萄大会上,我国获得了第十一届世界葡萄大会的举办权,北京市也成为我国首个承办世界葡萄大会的城市。大会于2014年7月29日在北京延庆开幕,会期5天,来自6大洲30多个国家的300余位中外葡萄专家、学者参加。会议期间,中外专家围绕当前世界葡萄栽培技术与葡萄酒产业等共同关注的热点问题和最新研究成果,展开充分交流研讨,参观了延庆区精心建设的面积约200公顷的葡萄博览园。北京作为本次大会的东道主,为保障大会的成功召开做了精心、扎实的筹备,其周到热情的服务,受到了会议主办方和参会者的好评。

第四届国际板栗学术大会 由国际园艺学会(ISHS)主办,每4年举办一次。国际板栗学术大会是具有世界影响力和高标准的国际板栗专业学术会议。前3届分别在意大利、法国、葡萄牙举办。经投票,北京取得第四届国际板栗学术大会主办权,作为中国板栗之乡的北京密云县获得了承办权。2008年9月25日,以"栗栗飘香 世界共享"为主题的2008中国·密云国际板栗文化节暨第四届国际板栗学术会开幕式在密云隆重举行。来自20多个国家的近百名板栗专家、学者出席,交流了世界上最新的板栗研究、种植、加工等理论和技术成果,参观密云的板栗加工企业和板栗种植基地。国际园艺学会负责人对北京成功筹办、承办第四届国际板栗学术会表示感谢,相关机构负责人为密云获得"燕山板栗"地理标志产品授牌,同时对密云板栗产业良种化、标准化、品牌化、产业化发展给予了充分肯定。

第七届世界草莓大会 由国际园艺学会(ISHS)主办,每4年举办一次,是展现全球草莓最新科技前沿成果的学术盛会。前6届分别于1988—2008年，在意大利、美国、荷兰、芬兰、澳大利亚、西班牙举办。第七届世界草莓大会的主题是"健康、发展、共享"，由国际园艺学会、农业部、北京市人民政府、中国工程院、中国园艺学会联合主办，于2012年2月18~22日在北京市昌平区举行。首次采取学术会议与会展博览相结合的模式。在学术研讨交流的基础上，还开展了新成果展示、产业投资洽谈等活动，共吸引66个国家和地区的1000多名学术代表及200余家国内外企业参会参展。

第七届世界草莓大会采取"一区、一场、一园、三中心"的办会模式。"一区"即精品草莓产业示范区。以北京昌平国家农业科技园区（小汤山现代农业科技示范园）为载体，辐射昌平东部适宜发展草莓的兴寿、崔村等6个镇，总体规划面积2000公顷，建成草莓日光温室1.5万栋。"一场"即学术会议主会场。第七届世界草莓大会学术会议主会场设在九华山庄。"一园"即草莓博览园。作为第七届世界草莓大会产业展示的主会场，占地达40余公顷、建设连栋温室4.4万平方米、7.1万平方米日光温室。其中，国际草莓园展区、草莓世界展区、中国草莓科技展区、国际草莓风情展区以及草莓文化展区和草莓采摘体验展区均集中于此。"三中心"即草莓加工中心、草莓产品展示交易中心和农业产业科技促进中心。"三中心"总建筑面积约5万平方米，大会期间用于举办国际草莓产业展，同时也是场馆运行办公的主要场所。

十一、挖掘果品文化遗产

北京农业文化历史悠久，农耕技术发达，农业文化遗产资源丰富，形成以果品类为特色，兼有农作物种植、中草药栽培、禽畜鱼虫养殖、水土资源管理等多种遗产类型。北京作为六朝古都，农业文化遗产皇家特色鲜明。如曾作为贡品的怀柔籹籹枣、密云御皇李子等农业文化遗产系统均具有浓厚的宫廷文化特点。2014年，北京市启动农业文化遗产保护工作，着手开展中国重要农业文化遗产调查与申报工作。2015年"北京平谷四座楼麻核桃生产系统"进入第三批中国重要农业文化遗产名单。2016年，为贯彻落实中央一号文件关于"开展农业文化遗产普查与保护"的要求，在农业部统一部署下，全市开展农业文化遗产普查，印发《关于公布2016年全国农业文化遗产普查结果的通知》，向社会公布408项具有潜在保护价值的农业生产系统，北京市以50项的数量居全国第2，其中林果类36项，具体见表6-31-10。

表6-31-10　北京市系统性农业文化遗产资源林果类名录

序号	名称	所在区域
1	北京朝阳郎家园枣树栽培系统	朝阳区
2	北京海淀玉巴达杏栽培系统	海淀区
3	北京丰台长辛店白枣栽培系统	丰台区
4	北京丰台桃树种植系统	丰台区
5	北京门头沟京白梨栽培系统	门头沟区
6	北京门头沟杏树栽培系统	门头沟区
7	北京门头沟京西核桃栽培系统	门头沟区
8	北京门头沟盖柿栽培系统	门头沟区
9	北京房山京白梨栽培系统	房山区

(续)

序号	名称	所在区域
10	北京房山良乡板栗栽培系统	房山区
11	北京房山菱枣栽培系统	房山区
12	北京房山磨盘柿栽培系统	房山区
13	北京房山山楂栽培系统	房山区
14	北京房山仁用杏栽培系统	房山区
15	北京通州葡萄栽培系统	通州区
16	北京顺义铁吧哒杏栽培系统	顺义区
17	北京大兴安定古桑园	大兴区
18	北京大兴金把黄鸭梨栽培系统	大兴区
19	北京大兴玫瑰香葡萄栽培系统	大兴区
20	北京昌平京西小枣栽培系统	昌平区
21	北京昌平海棠栽培系统	昌平区
22	北京昌平京白梨栽培系统	昌平区
23	北京昌平核桃栽培系统	昌平区
24	北京昌平磨盘柿栽培系统	昌平区
25	北京昌平燕山板栗栽培系统	昌平区
26	北京平谷佛见喜梨栽培系统	平谷区
27	北京平谷蜜梨栽培系统	平谷区
28	北京怀柔板栗栽培系统	怀柔区
29	北京怀柔尜尜枣栽培系统	怀柔区
30	北京怀柔红肖梨栽培系统	怀柔区
31	北京密云黄土坎鸭梨栽培系统	密云区
32	北京密云御皇李子栽培系统	密云区
33	北京延庆香槟果栽培系统	延庆区
34	北京延庆八棱海棠栽培系统	延庆区
35	北京延庆李子栽培系统	延庆区
36	北京延庆葡萄栽培系统	延庆区

第三十二章 森林旅游

随着森林旅游的兴起,各级园林绿化部门在开展森林培育、森林经营过程中,注重充分发挥森林的多重功能,优化森林景观,丰富植被类型。完善基础设施,建设森林公园、湿地公园、郊野公园、观光果园,为开展森林旅游提供了良好的广阔空间。截至 2020 年,北京市建成国家级、市级森林公园 31 个,建成国家级、市级湿地公园 12 个,建成郊野公园 140 余个,观光采摘果园达 1 千余个。

第一节 北京森林旅游资源特点

一、地域特色明显

北京依托丰富的地形地貌、深厚的人文历史,在山区、浅山丘陵地区以及平原地区,形成了地域特色明显的森林旅游资源。山区层峦叠嶂,景致奇特,山水相依,森林景观优美,生物多样性丰富,旅游资源以森林公园为主,形成了几条绵延数百千米的森林风景林带;浅山丘陵地区历史文化蕴藏深厚,从古至今为各种干鲜果品的主产地,是北京森林旅游资源最富集的地区,分布着众多的森林公园和观光采摘果园;平原地区的湿地资源较为丰富,分布着一批湿地自然保护区、湿地公园和郊野公园(图 6-32-1)。

图 6-32-1 东郊森林公园

二、风景资源丰富

北京地处暖温带落叶阔叶林带的典型性地区，又是平原与山地、森林与草原的过渡地带，地形相对高差大，植被垂直分布明显，森林类型多，植物种类丰富，孕育着特殊的植被类型，形成了各具特色的森林景观。典型的山区植被可分为亚高山灌丛—五花草甸带、中山上部桦树林带、中山中部杨、桦、栎类林带、中山下部落叶阔叶群落带 4 个垂直分布带；各类人工林多分布于浅山和平原，形成风景林、经济林及各类防护林，林种类型丰富。依托丰富的森林资源，北京形成了以山区森林公园、平原和丘陵地区观光果园和平原郊野公园为主体的森林旅游框架。依照《中国旅游资源普查规范（试行）》中景观资源类型划分标准所列的类型，北京的森林风景资源极为丰富，基本类型达到全国森林旅游资源基本类型的 87.8%。

三、区位优势明显

北京作为一个具有悠久历史文化的文明古都，又是一个具有 2000 多万人口的现代化、国际化特大城市，交通、通信发达，旅游基础设施完备，经济快速发展，社会稳定，为森林旅游的发展奠定了良好的基础。交通发达，路网密集，高等级的公路、市郊铁路直通郊区各景区和景点，多数景区、景点都处于 1 小时交通圈范围内，且大多开通了公共交通，森林旅游十分便捷；通信设施实现了从城市到乡村，从平原到山区的全覆盖，畅通无阻的通信为森林旅游提供了保障；旅游基础设施、服务设施类型丰富多样。发展森林旅游具有得天独厚的区位优势（图 6-32-2）。

四、京味文化浓郁

近年来，随着传统文化的逐步恢复，各类京味儿文化活动在森林公园异常活跃。这些活动不仅有丰富多彩的民俗文化，还有异彩纷呈的饮食文化，既具有鲜明的地方特色，又有极其广泛的普及性，充满着北京的地域特色和浓郁的乡土民情，深受广大人民群众欢迎。如妙峰山森林公园，每年均举办京味儿文化浓郁的庙会，规模

图 6-32-2　旅游观光列车

大，持续时间长，各种京味儿的文化、花会、小吃在这里得到充分展示，各显风采。

第二节　森林公园

森林公园是指位于城市边界或远郊区域，以森林和野生动植物资源及其外部物质环境为依托，森林景观优美、自然景观和人文景物集中，具有一定规模、可供人们游览、休息或进行科学、文化、教育活动，并按法定程序申报批准的森林地域。下述森林公园主要指由国家、市林业主管部门批准的国家级森林公园和市级森林公园。

一、森林公园分布

北部山区森林公园　北部山区主要以燕山山脉为主，平谷、密云、怀柔、顺义、昌平、延庆属于北部山区。在这一地区，群峰叠起，峭壁千仞，险崖、怪石、云海、松涛、飞瀑俱全，数百千米的长城蜿蜒盘踞其间；海坨山，变化的峰峦、幽深的峡谷、浓密的森林、参天的古木、潺潺的流水、多姿的石趣，令人流连忘返；雾灵山，山分五脉，气象万千，是避暑的胜地，自古有"雾灵清凉界"之称。通过持久的植树造林，长城内外形成了浑厚的绿色生态屏障，建成了十三陵国家森林公园、八达岭国家森林公园、云蒙山国家森林公园、五座楼森林公园、古北口森林公园、白虎涧森林公园、大杨山国家森林公园、静之湖森林公园、黄松峪国家森林公园、丫髻山森林公园、崎峰山森林公园、喇叭沟门国家森林公园、银河谷森林公园、龙门店森林公园、莲花山森林公园15处森林公园，不仅丰富了该地区的植物资源，也提升了长城优美的自然景观。

西部山区森林公园　西部山区属于太行山余脉，以关沟为界，从昌平居庸关到房山张坊，包括昌平、海淀、石景山、门头沟和房山。小西山留存着众多的历史文化遗迹，大西山地区以名山、怪石、花海、古刹而闻名遐迩，有著名的山峰有20多座，百花山、灵山自然保护区镶嵌其中。灵山作为北京最高峰，山势挺拔，森林茂密，是避暑胜地；上方山，烟路通幽，云梯登险，有"自古上方一条路"之说；妙峰山，是佛都胜地，山上的千亩玫瑰园，堪称"华北一绝"。在这一地区，主要有西山国家森林公园、鹫峰国家森林公园、妙峰山森林公园、北宫国家森林公园、上方山国家森林公园、霞云岭国家森林公园、龙山森林公园、小龙门国家森林公园、天门山国家森林公园、西峰寺森林公园、南石洋大峡谷森林公园、双龙峡东山森林公园、二帝山森林公园、马栏森林公园等14个森林公园，形成了森林公园星罗棋布的布局。

平原地区森林公园　在平原地区有大兴古桑国家森林公园和共青滨河森林公园。

二、发展现状

20世纪80年代，随着北京旅游业的兴起，一些森林资源丰富，森林景观优美的林区和国有林场，率先开展了森林旅游。按照"以林为主、多种经营"的方针，上方山、百花山等国有林场，自发开始了森林公园建设。1992年以来，为激发林业内部活力，林业部积极推动森林公园建设，发展森林旅游。各级政府也对森林公园建设给予了一定的资金补助和政策扶持，加快了森林公园建设步伐。到2002年，共批复了西山、十三陵、上方山5个国家级森林公园和11个市级森林公园。此后，北京森林公园建设以规范化、特色化、精品化成为发展目标，整合森林资源、丰富项目产品、提升服务品质，森林公园建设速度加快，质量水平提高。截至2020年，北京市批复的森林公园达到31个，其中国家级森林公园15个，市级森林公园16个，森林公园规划总面积9.66万公顷，约占全市林地面积的9.1%。北京森林公园的旅游接待人数稳步增长，已由20世纪90年代初年接待游客人数不足百万人次，增长到2020年的800余万人次。北京森林公园基本情况见表6-32-1。

表6-32-1　2020年北京市森林公园基本情况

序号	保护地名称	级别	面积（公顷）	批建时间（年）	所在区域
1	上方山国家森林公园	国家级	353.30	1992	房山区
2	十三陵国家森林公园	国家级	8581.53	1992	昌平区
3	西山国家森林公园	国家级	5926.10	1992	海淀区
4	云蒙山国家森林公园	国家级	2586.67	1995	密云区
5	小龙门国家森林公园	国家级	1595.00	2000	门头沟区
6	鹫峰国家森林公园	国家级	775.12	2003	海淀区
7	大杨山国家森林公园	国家级	2106.50	2004	昌平区
8	大兴古桑国家森林公园	国家级	1164.79	2004	大兴区
9	八达岭国家森林公园	国家级	2940.00	2005	延庆区
10	霞云岭国家森林公园	国家级	21487.00	2005	房山区
11	黄松峪国家森林公园	国家级	4274.00	2005	平谷区
12	北宫国家森林公园	国家级	914.50	2005	丰台区
13	天门山国家森林公园	国家级	669.00	2006	门头沟区
14	崎峰山国家森林公园	国家级	4290.00	2006	怀柔区
15	喇叭沟门国家森林公园	国家级	11171.50	2007	怀柔区
16	北京市共青滨河森林公园	市级	634.86	1994	顺义区
17	五座楼森林公园	市级	1367.00	1996	密云区
18	龙山森林公园	市级	140.45	1998	房山区
19	马栏森林公园	市级	281.00	1999	门头沟区
20	丫髻山森林公园	市级	1144.00	1999	平谷区
21	白虎涧森林公园	市级	933.00	1999	昌平区
22	西峰寺森林公园	市级	381.00	2007	门头沟区
23	南石洋大峡谷森林公园	市级	2123.80	2008	门头沟区
24	妙峰山森林公园	市级	2264.70	2008	门头沟区
25	双龙峡东山森林公园	市级	790.00	2010	门头沟区
26	莲花山森林公园	市级	2210.00	2011	延庆区

(续)

序号	保护地名称	级别	面积（公顷）	批建时间（年）	所在区域
27	银河谷森林公园	市级	8446.24	2011	怀柔区
28	静之湖森林公园	市级	351.20	2011	昌平区
29	二帝山森林公园	市级	408.70	2012	门头沟区
30	古北口森林公园	市级	933.30	2013	密云区
31	龙门店森林公园	市级	5380.23	2013	怀柔区

三、森林公园实例

八达岭国家森林公园　该公园地处燕山山脉和太行山脉的交会处，延庆区境内，地处居庸关长城和八达岭长城之间，最高海拔1238米，最低海拔450米，总面积2940公顷，地形地势复杂，生物多样性丰富，分布植物539种、动物158种，森林覆盖率达到96%，是北京地区森林垂直谱系分布比较完整和典型的地区之一。这里奇峰秀美，覆盖着郁郁葱葱的森林，气候凉爽，由于地处平原与深山区的过渡带，季相变化和气候比北京平原地区晚一个季节左右（图6-32-3）。

该公园相拥八达岭长城，主要景区为青龙谷、红叶岭、丁香谷、石峡风景区和青少年素质教育区。境内分布有华北地区面积最大的天然次生暴马丁香林，有大量的谷底、谷侧平台休憩林地，有詹天佑修建的中华第一条铁路——"人"字形铁路，还有关沟72景中的30余景，具备人性化的森林游憩服务设施。公园内四时风光如画，春来山花烂漫，生机无限；夏日秀染叠嶂，雾裹苍龙；秋有万山红遍，丹林浓染；冬季白雪茫茫，长城巍峨。从市区经八达岭高速公路行车40分钟可到达公园，也可以乘坐火车直达公园。2005年由国家林业局批准成立国家级森林公园，2006年正式对外接待游客，目前年接待游客50余万人次，是北京市民开展森林旅游的重要目的地之一。

十三陵国家森林公园　该公园位于昌平区境内，1992年林业部批准成立，名称为"北京

图6-32-3　八达岭国家森林公园

蟒山国家森林公园"，2019年变更为"北京十三陵国家森林公园"。该公园地处燕山山系低山区，海拔平均为350米，最高峰659米，山坡大部分为阳坡和半阳坡，坡度在20°~30°。总面积8581.53公顷，森林覆盖率为96.5%。园内现有植物种类约170余种，林分以人工林为主，主要树种有侧柏、油松、白皮松、圆柏、山杏、元宝枫等；野生植被有荆条、酸枣、绣线菊、白草等。野生动物主要有松鼠、山鸡、蛇、玉鸟、灰喜鹊等。这里一年四季景色宜人，春天，迎春、山桃、连翘、丁香、榆叶梅、芍药、月季、樱花等几十种花木争相怒放，满园春色生机盎然；秋天，黄栌、元宝枫、火炬树、地锦的树叶一片火红，远远望去层林尽染。登山远眺，世界文化遗产明十三陵的各个陵园景点、十三陵水库、蟒山天池、昌平卫星城尽收眼底（图6-32-4）。

20世纪80年代，党和国家领导人栽植的白皮松、油松，如今已长得茁壮茂盛、青翠挺拔；园内"绿化纪念亭"上百块名人绿色文化碑刻，铭刻着中国古今仁人志士关于植树绿化、保护森林的题词，映衬了古今顺应自然，保护自然的生态文明道德观念；蜜蜂谷内的科普大展厅，全面展示了蜜蜂方面的科普知识；耸立在十三陵水库侧畔的观蟒台，是20世纪50年代修建十三陵水库时的总指挥台。如今登临观蟒台，水库宽阔的水面犹在脚底，雾气茫茫，恍若仙境。

由于其特殊的历史背景和得天独厚的自然、人文优势，多年来，该公园致力于青少年科普教育工作，积极组织开展各种科普教育活动，举办了首都青少年绿色营、环境日、野生动物放生等活动及各类科普展。先后被有关部门命名为"全国青少年绿色文明教育基地""北京科普教育基地"。

鹫峰国家森林公园 该公园位于北京小西山地区，横跨海淀和门头沟两区，面积775.12公顷，森林覆盖率96.2%，距中关村高科技园区仅2千米，是离市区最近的国家级森林公园之一。远望鹫峰，山峦上两峰相对而立，宛如一只俯冲而下的鹫鸟，栩栩如生，故称鹫峰。

园内自然环境优美，野生动植物资源丰富，文物古迹众多。最高峰萝芭地北尖海拔1153米。独特的地形地貌使该公园成为植物的天然保存库，主要分为天然植被和人工林两部分，共有野生和栽培植物110科313属684种（含变种），有昆虫种类800余种，还有狍子、雉鸡、野兔、松鼠等多种小动物。

图6-32-4　十三陵国家森林公园

公园分为鹫峰中心区、寨儿峪谷壑区和萝芭地山顶区3大景区。鹫峰中心区主要以人工林和天然林海景观以及较高质量的人文古迹为基础，拥有始建于辽代的鹫峰山庄，明天顺五年的普照寺、明正德六年所建的秀峰寺、咸丰九年的响塘，以及1930年我国自行建造的第一座地震台等，如今多处文物古迹均已得到修复。有国际梅园、牡丹、芍药基地、蜡梅园、地震台、清凉谷、登山古道、松林梦思、鹫峰红叶、望京塔等景点28处。其中，国际梅园是世界上第一个集中展示梅花的园地，集中展示我国华中、华东、西南、华南地区，以及国外栽培的260个梅花优良品种及北京44个露地抗寒优良品种。同时，还有素质拓展训练基地以及9000平方米的教学、住宿、餐饮服务设施。

寨儿峪谷壑区，是以妙峰古香道和人工营造的森林景观为背景，巧夺天工的奇石地貌和各种各样的木本观花、观叶、观果植物为构景主体，有杏林深处、栎荫清趣、古茶棚、九九盘道等景观15个。春季玉兰沟内花香宜人，杏花如同白雪漫山遍野；秋季栎树呈现一种鲜艳亮丽的黄色调，是游人登高望远、享受森林变化之美的好去处。

萝芭地山顶区，是独特的高山盆地地貌，具有奇特的纯落叶松林和高山草甸景观，景区内有五龙泉、松柏森森、四面云山、观景瞭望亭等14处景点，是游人的"空中乐园"。

丰富的资源是公园的宝藏，也是一个天然的课堂。有多所学校在此进行植物、造林、育种、生态、昆虫、森林旅游等课程的教学实习。许多专家在此开展的国家科技课题研究，获得多项成果和奖项。公园以春游、秋游、夏令营的形式面向社会，开展登山健身、举办科普讲座、认知植物、采集、制作标本、普及地震知识、素质拓展训练等科普活动，被有关部门命名为"北京市青少年科普教育基地""全国青少年科普教育基地"。

西山国家森林公园 该公园位于小西山核心地区，属太行山余脉，背倚层峦叠嶂的大西山山脉，前瞻一马平川的北京湾平原，地处海淀区、石景山区和门头沟区的交界处，紧邻五环路，是离市区最近的国家级森林公园，面积5926.1公顷。公园内白塔山上的鬼笑石是远眺北京城的理想观景点，向东眺望，近处玉泉山、颐和园等皇家园林尽收眼底，远处恢宏磅礴的现代城市一览无余。公园内树种多样，针阔混交，由于多年精心培育，林相整齐，生态系统稳定，森林景观颇具特色（图6-32-5）。

图6-32-5　西山国家森林公园

西山四季佳景早已名扬京城。早春，观赏桃花、杏花。小西山观赏桃花、杏花早在清代就有史书记载，新中国成立后又陆续营造了大面积的山桃林、山杏林，使这一景观更加绚丽壮观。北京八景之一的"西山晴雪"，正是对小西山春季特有景色的真实写照。秋观红叶是北京市民的传统习俗，西山红叶景观最为知名。小西山地区的红叶面积达到万余亩，不仅红叶色泽艳丽，而且种类丰富，主要树种有黄栌、元宝枫、火炬树、橡树等。深秋时节，万亩红叶，漫山红遍，层林尽染，再加上远山的苍松翠柏辉映，令人心旷神怡。在公园正门，一道水花四溅的瀑布从假山组合上飞流直下注入微澜荡漾人工湖，使山地景色和季相变化为主体的国家森林公园更加生机勃勃。公园的一道山谷中有一条人工小溪，两岸遍植花卉，称作花溪。森林、瀑布、湖面、花溪依山就势，形成了一幅山水灵动的美好画面。

依托丰富的森林资源和离京城近的地理优势，西山国家森林公园近年来组织了一系列的森林文化活动。其中，森林音乐会是西山国家森林公园最具特色、影响最为深远的森林文化项目。从2013年开始，每年都在林间空地搭建森林大舞台，举办森林音乐会，既有气势磅礴的交响音乐，也有民族气息浓郁的民族音乐，截至2020年累计举办30场次，场均参与观众上千名。同时，公园还常年组织森林文化节、踏青节、牡丹节和秋季的红叶节，不断丰富森林文化活动内容。公园无名英雄广场内的恢宏浮雕，表现的是隐蔽战线的英雄，为了中华民族的解放事业，长期隐姓埋名，默默无闻，忘我工作，不怕流血牺牲的英勇事迹，成为红色旅游景点和爱国主义教育基地。实施了北法海寺遗址保护工程，经创新利用设立西山方志书院及生态论坛——弘林讲堂，陈列着各时期北京及各区（县）、各行业的志书，为人们提供了一处了解国家历史、民族历史、地域历史的新场所。

百望山景区是太行山延伸到华北平原最东端的一处山峰，为北京西山国家森林公园最早开发的景区。景区面积246.34公顷，森林覆盖率95%以上，主峰百望山海拔210米，京密引水渠绕山而过，周边小区密集，交通便利，紧临多所高等院校，是中关村科技园区的标志性地标。其"上山森林，下山都市"的地理位置，是名符其实的北京城市森林公园，是北京市民亲近大自然、登高望远、休憩健身的重要场所。

公园文化底蕴深厚，人文景观独特。流传有佘太君与杨家将的故事；发生过京西著名的黑山扈抗日战斗，建有黑山扈抗日战斗纪念园；建设了"首都绿色文化碑林"，收集整理古今政治人物和文化名人关于崇尚自然、保护森林，弘扬生态道德文化的书法、题词，雕刻、刻制1200余通广布园中。其中，在东门集中刻制、镶嵌了老一辈无产阶级革命家有关林业建设的题词及著名书画家启功、董寿平等书法作品共700多件。沿山麓建有碑亭、碑廊及碑刻艺术墙。沿南山脊至百望山顶峰依山势在林中造景、景中设亭，亭中立碑，建有"枫岭""望绿亭""友谊亭""吟诗阁""揽枫亭"等多个镶嵌的碑刻的景区景点，成为首个集中连片以宣传绿色文化，弘扬生态文明为主题的碑林景观，是公园最具特色的文化品牌。

公园内树木生长郁郁葱葱，植物群落丰富，四季景色各异，尤以秋季彩叶观赏知名，彩叶观赏期可到11月中旬，是公园一张亮丽的风景名片。公园还建成数个水潭小湿地、蓄水池，收集降水，调节小气候，浇灌林木，回灌地下水，干旱季节在水池中放置木排，为野生动物饮水提供方便，有多种野生动物在此栖息，也是大量候鸟迁徙的通道。长期以来，公园坚持生态优先、绿色发展，以打造人与自然和谐共生之境，不断满足市民的绿色获得感为己任，坚持文化铸魂、各类宣传教育为使命任务，依托资源优势，以活动为载体，成功举办"悦"读森林体验游、森林大课堂自然科普教育，"绿水青山就是金山银山""弘扬生态文明，建设美丽中国"书画与摄影作品展，以及系列园林绿化文史资料展等文化展览、科普教育活动，有效提升市民的幸福感和体验感。该景区被相关部门命名为"首都生态文明宣传教育基地""北京市科普基地"和"北京红色旅游（爱国主义教育）景区"。

大杨山国家森林公园 该公园位于昌平区兴寿镇，南临小汤山温泉、桃峪口风景区和银山塔林，西接明十三陵景区，总面积达 2106.5 公顷。这里自然地理条件优越，生物物种丰富，地貌景观多样，陡峭的山势、茂密的森林、清新的空气、谷幽泉清的环境，被称为"京北世外桃源"。这里人文历史遗迹众多，有辽代古寺庙宇 8 处，古塔十几座，庙宇和古塔相互呼应，俨然是一处佛家胜地。

大杨山以巨型花岗石为主体结构，山势险峻，景色壮观，天然形成了如摇头石、鲨鱼嘴、棋盘石、黑龙潭、百灵洞、鹦鸽洞、马刨泉、青龙涧、二龙桥等景点和景区。在主峰山腰有一块称为"万人搂"的 200 多米长的巨石，像仰首的巨龙横卧在路中，巨石下是几百米深的悬崖，登顶峰只能从这里经过，游人到此无不惊叹。山中溪水不断，泉水四季不绝，瀑布飞流直下，涛声撼人心魄，与动物、鸟禽的啼叫声构成一部十分动听的自然交响曲。每当冬季到来，溪水瀑布便形成一条洁白的玉带，环绕山中，在阳光照耀下熠熠生辉。

大杨山是植物的世界，园内有植物 400 余种，分属 82 个科。其中，观赏价值的野生花卉有 74 种，药用植物 124 种，森林覆盖率 90% 以上。在大杨山主要森林植被类型中，落叶阔叶林的优势种是槲栎、辽东栎、槲树等栎类和板栗等；针叶林以油松、侧柏为主；落叶阔叶灌丛主要是栎树萌生丛、荆条、酸枣灌丛等。繁多的古树是该园的显著特点，白皮松、油松、侧柏、橡栎类等古树 200 余株分布其中，有树龄达几百年的栗树王、白皮松，百年的梨树王、漆树王和猕猴桃王等，古树参天，老藤缠绕的景观随处可见，极大地丰富了森林公园的自然景观。这里得天独厚的自然条件适宜许多野生动物的生存，常见的野生动物有狍子、斑羚、野山羊、狐、野兔等，还有数不清的留鸟鸣于山野之中，春秋两季这里更是候鸟迁飞的一个重要中转站，使这里成为一个名符其实的野生动物乐园。

上方山国家森林公园 该公园位于房山区韩村河镇，总面积 353.3 公顷，是集山、林、洞、寺、泉、馆、坑为一体的自然景观与人文景观巧妙组合的景区，分布"九洞十二峰七十二茅庵"，历史悠久，峰奇山秀，文物古迹众多，有古塔 55 座，被历代游人赋予"南有苏杭，北有上方"之美誉。

园内植物资源丰富，据调查共有植物 103 科 363 属 645 种，其中药用植物就有 300 多种，森林覆盖率 95% 以上。森林类型是以侧柏、油松、栎树为主的混交林，为华北地区唯一保存完好的原始次生林。园内古树众多，共有古树 477 株，包括一级古树 51 株、二级古树 426 株。其中，柏树王直径 1.52 米，树高 29 米，树龄达 1000 年以上。古菩提树、古蜡梅更是不可多见。林中还栖息着野生猴群等多种野生动物。

隋唐始建的上方山兜率寺为五进殿宇，大殿后檐墙的"佛经四十二章经"字迹流畅，极富哲理；东路有明代修筑的云梯 262 阶盘崖而上，大有"一夫当关，万夫莫开"之势；"云水洞"洞深 630 米，分为 6 个大厅，洞厅高大，雄伟壮观，分布有 120 余处奇特景观，洞口单体摩崖佛像高 2 米，为辽代作品，尤为奇特的是第二厅由钟乳石形成的"通天柱"，柱高 38 米，上有石锣、石鼓、石琴，巍然壮观，用木棍敲打声音逼真，并能演奏乐曲。

云蒙山国家森林公园 该公园位于密云水库西部，公园总面积 2586.67 公顷，主峰 1414 米。园内山势耸拔雄伟，沟谷切割幽深，奇峰异石多姿，飞瀑流泉遍布，云雾变化莫测，森林茂密，植被繁茂，野生动植物资源十分丰富，700 余种植物分布其间，森林覆盖率 91% 以上。从春至秋，野花相继开放，自然风景十分优美，是以峰、石、潭、瀑、云、林取胜，以雄、险、奇、秀、幽、旷著称的奇山幽境，冠以"黄山缩影"美誉。云蒙山为典型的山地气候，夏季平均气温 20~24℃，园内云山雾罩，凉爽宜人，四季有景，美不胜收。云海、林海、花海"三海奇观"

更为罕见。这里既是旅游观光、避暑度假的理想胜地，又是科研考察、野营实习的极好场所。

共青滨河森林公园 该公园位于潮白河畔的顺义城区东侧，公园总面积634.86公顷，森林覆盖率为82.06%，园内有各种植物260余种、各类野生动物210余种、昆虫150余种。园内分布有滨河文化园、森林游憩园、趣味运动园、滨河度假园4个主题园区，集森林生态保护、科普宣教、森林度假、森林游憩、森林运动等多功能于一体，年均接待游客60万人次。

滨河文化园地处潮白河西岸的公园北端，临近顺义城区，园内有森林文化长廊、杨林故事自然体验步道、森林知识探索步道等森林文化设施，以及笼式标准篮球场、笼式5人制足球场、乒乓球长廊、棋苑、健身步道和器材等体育休闲设施。森林游憩园是植被覆盖率最高的园区，位于公园中部，园内建有2967米长的林下健身步道，园内幽静安逸。趣味运动园是占地面积最大的园区，位于公园南端，体育健身、儿童游乐设施丰富。滨河度假园地处潮白河东岸，园内有顺鑫绿色度假村等旅游、度假、科普、培训等服务设施。

第三节　湿地公园

湿地是自然生态系统的重要组成部分，承载着生物多样性维持、蓄洪防旱、净化水质、区域气候调节、环境美化等多种生态功能，具有巨大的生态服务价值。北京地区良好的自然地理环境和气候条件孕育了丰富的湿地资源。按照《国际湿地公约》统计，北京湿地类型包括河流湿地、湖泊湿地、沼泽湿地和人工湿地4类，湿地面积为6.21万公顷。按保护类别分，北京湿地又可分为湿地自然保护区、保护小区、湿地公园3种类型。北京的湿地公园作为湿地保护的一种重要类型，与湿地自然保护区、保护小区等共同构成了湿地保护管理体系。截至2020年，全市共有湿地公园12个，其中国家湿地公园2个、国家城市湿地公园1个、市级湿地公园9个，湿地公园总面积约2902公顷，分布在海淀、门头沟、房山、大兴、平谷、怀柔、密云、延庆8个行政区。湿地公园既是生物多样性保护的重要平台，也是特色鲜明的旅游资源，不仅提升了生物多样性的保护水平，而且也成为普及科学知识、开展生态文明宣传教育、进行生态旅游观光的重要场所。北京市级湿地公园基本情况见表6-32-2。

表6-32-2　北京市市级湿地公园名录

序号	保护地名称	级别	面积（公顷）	批建时间（年）	行政区域
1	北京翠湖国家城市湿地公园	国家级	157.20	2003	海淀区
2	北京野鸭湖国家湿地公园	国家级	283.40	2006	延庆区
3	北京市长沟泉水国家湿地公园	国家级	388.34	2011	房山区
4	北京市琉璃庙湿地公园	市级	290.00	2011	怀柔区
5	北京市雁翅九河湿地公园	市级	356.00	2013	门头沟区
6	北京市穆家峪红门川湿地公园	市级	156.00	2013	密云区
7	北京市马坊小龙河湿地公园	市级	70.65	2013	平谷区

(续)

序号	保护地名称	级别	面积（公顷）	批建时间（年）	行政区域
8	北京市汤河口湿地公园	市级	680.00	2014	怀柔区
9	大兴长子营湿地公园	市级	54.00	2014	大兴区
10	北京玉渊潭东湖湿地公园	市级	35.00	2016	海淀区
11	大兴杨各庄湿地公园	市级	30.00	2018	大兴区
12	北京南海子湿地公园	市级	401.26	2020	大兴区

一、湿地公园保护管理

建立健全法规体系 为科学保护修复湿地，规范湿地公园规划、建设、保护和管理，近年来，北京市陆续制定了加强湿地保护管理的地方性法规、行政规章和管理办法，对加强湿地公园建设与管理提出了明确要求。2010年，北京市园林绿化局印发了《关于加强我市湿地公园建设工作的通知》，对做好湿地公园规划设计，加强湿地公园管理，加大湿地公园宣传，开拓湿地公园建设新局面等提出了明确要求。2011年，印发了《北京市湿地公园管理暂行办法》，对湿地公园的定义、分级、规划建设原则，市级湿地公园的申请条件、材料、程序和命名方式，湿地公园分区和管理机构职责做出了明确规定。2012年，北京市颁布了《北京市湿地保护条例》，对湿地公园的定义，市、区两级湿地公园的设立，湿地公园分区做出了明确规定。

健全湿地保护体系 截至2020年，全市建立了野鸭湖、汉石桥等6个湿地自然保护区，建立了翠湖国家城市湿地公园、野鸭湖国家湿地公园和长沟国家湿地公园3个国家级湿地公园，批建了怀柔琉璃庙、门头沟雁翅九河、密云穆家峪红门川、平谷马坊小龙河、怀柔汤河口、大兴长子营、海淀玉渊潭东湖、大兴杨各庄、大兴南海子9个市级湿地公园，组织开展了延庆曹官营、密云清水河、房山拒马河黑鹳等7个湿地保护小区建设。以自然保护区为基础，湿地公园为主体，自然保护小区为补充的湿地保护体系基本形成。

完善技术标准体系 先后制定了《北京市级湿地公园建设规范》《北京市级湿地公园评估标准》《湿地恢复与建设技术规程》《湿地监测技术规程》《湿地生态质量评估规范》《小微湿地修复技术规范》6个地方标准，对北京市湿地公园规划建设提供了技术支撑。

二、湿地公园功能利用

根据《北京市湿地公园管理暂行办法》，湿地公园划分为湿地保育区、生态功能展示体验区和管理服务区。保育区开展保护、监测等必需的保护活动；生态功能展示体验区开展生态旅游、科普教育等活动；服务管理区开展管理、接待和服务等活动。湿地公园通过合理分区、多年保育，湿地生态系统完整性、湿地生态功能和湿地生多样性不断提升，生态效益显著。

各个湿地公园结合自身特点，设置形式多样、各具特色的湿地科普教育活动，开办大型生态科普展览以及各类自然生态教育亲子活动，成为提升全社会生态环保意识、开展自然教育的重要载体。特别是利用"北京湿地日""世界湿地日""世界野生动植物日""爱鸟周"等关键节点，不断加大湿地科普宣教力度。翠湖湿地作为国家级城市湿地公园，每年多次组织开展形式多样的湿地科普活动，招募的活动对象包括在校学生、亲子家庭等，为中小学生提供亲近自然、了解自然、近距离观察自然的平台和场所，提升湿地保护意识。玉渊潭东湖湿地公园面向市民预约开放，开设"湿地课堂"，以生态导赏、自然体验、自然手工、趣味游戏、科学小实验等方式开展自然科普教育，每年接待4000余人次。房山长沟泉水素有"甘泉"之美誉，公园以保护华北地区稀缺的泉水湿地为主，兼顾生物多样性涵养和生态农业等功能，吸引众多游客前来观鸟、摄影、休闲观光。

湿地公园有与其他城市休闲公园相类似的配套服务，包括餐饮、小卖部、游船、脚踏车等，合理利用湿地公园丰富的自然资源，组织开展特色突出的生态旅游，不仅为湿地公园带来一定的经济收益，也为湿地周边群众创造了大量的就业机会，提升了湿地公园资源的利用价值。

三、湿地公园实例

翠湖国家城市湿地公园 该公园位于海淀区上庄镇，2003年建成，面积157.2公顷，其中水域90公顷，被建设部命名为"国家级城市湿地公园"。公园的功能定位是"湿地修复的示范""科普科研的基地""生态旅游的窗口""城市发展的绿心""水源涵养的功能区"，分为开放区、封育保护区和封闭区。开放区的开园时间为每年4~10月，采用网上预约方式，每周一、周三、周六面向公众开放，每年接待游客2.7万余人次。

公园动植物资源丰富，融合生物多样性保护、水环境保护、科普教育、生态观景体验等多种功能为一体，具有"湿地秋夏皆绿妆，跌宕芦苇鸟深藏，小舟轻漾惊白鹭，菱叶浮水见鱼翔"的湿地风光。截至2020年，公园累计观测到野生鸟类278种，其中国家一级保护野生鸟类14种，如大鸨、猎隼等，国家二级保护野生鸟类43种，如白琵鹭、花脸鸭等。高等植物达到534种，哺乳动物9种，两栖动物8种，爬行动物9种，鱼类21种。翠湖湿地已成为北京市区鸿雁、苍鹭、普通鸬鹚最大的自然繁殖场所。

公园每年组织开展多种湿地特色主题科普活动和"湿地科普知识进课堂"系列活动，包括"彩蝶飞飞""翠湖观鸟""地球宝库""青蛙王子宫殿"以及双语科普、鸟类系列讲座、湿地自然课堂等，内容充实、形式新颖，并通过官方网站、微信公众号等多种方式进行广泛宣传。

野鸭湖国家湿地公园 该公园位于北京市延庆区西北部，总面积283.4公顷，包含库塘、草本沼泽、森林沼泽、河流湿地等丰富的湿地类型。野鸭湖湿地辽阔，沟岔纵横，库湾众多，芦苇沼泽和湿地草甸丰富，是东亚—澳大利亚迁飞路线上的重要"中转驿站"，华北平原北部最重要的候鸟停歇地和繁殖地（图6-32-6）。3~11月对外开放，每年前来野鸭湖湿地观鸟、摄影、休闲观光的人数达30万人次。同时，根据中小学生科普活动和教学需要，开设湿地科普课程，每年接待中小学生和参加环保公益活动人员达4万余人次。

图6-32-6 野鸭湖国家湿地公园

图 6-32-7　长沟泉水国家湿地公园

野鸭湖湿地为野生动植物提供了丰富的食物来源和良好的避敌条件，为大量珍稀濒危鸟类、两栖类、爬行类、鱼类、哺乳类动物，以及高、低等植物提供生存、栖息的场所，是北京地区乃至华北地区重要的生物栖息地。

野鸭湖湿地生物多样性丰富，有高等植物501种、鸟类368种、两栖爬行类18种、兽类16种、鱼类25种、昆虫432种、浮游动物110种。鸟类资源包括白鹤等全球极危（CR）物种3种、中华秋沙鸭等濒危（EN）物种8种、鸿雁等易危（VU）物种14种以及白肩雕等被列入《濒危野生动植物种国际贸易公约》附录的鸟类10种。

长沟泉水国家湿地公园　该公园位于房山区长沟镇，规划面积388.34公顷，湿地面积117公顷。在公园北部有大量泉眼，泉水清澈，水质优良，四季恒温，水温约15℃，素有"甘泉"之美誉。泉眼群为湿地的源头，在源源不断的泉水补给下，公园范围内形成了由淡水泉、永久性河流、永久性淡水湖、草本沼泽和库塘、稻田组成的多样湿地类型，在北京乃至华北地区都十分罕见（图6-32-7）。

长沟镇毗邻候鸟迁飞路线，是候鸟停歇的重要驿站，为依赖湿地生存的珍稀鸟类提供了良好的生境。据调查，公园有鸟类21科51种、鱼类6科13种、两栖爬行类动物4科9种、维管束植物23科46种、浮游植物33种和浮游动物17种。

经过多年保育，动植物栖息环境得到有效保护及明显改善，公园的生物多样性保护、科普宣教、生态农业等功能越加凸显。公园全年开放，年均接待游客2万余人次。

第四节　郊野公园

一、建设情况

郊野公园是指在一道绿化隔离地区（以下简称"一绿"地区）和二道绿化隔离地区（以下简称"二绿"地区）营造的生态防护林基础上，进行改造提升而形成的公园。绿化隔离地区是北京城市总体规划确定的分散集团式空间布局的绿色隔离空间。1986年正式启动一道绿化隔离地区的绿化造林工程，以营造生态防护林为主。为适应首都城市建设和经济社会发展，满足市民日益增长的休闲需求，巩固绿化成果，2007年北京市在"一绿"地区启动了以实施郊野公园为主要内容的绿化隔离地区"公园环"建设。遵循"绿地为体、公园为形、自然为魂、市民为本"的理念，按照"一环、六区、百园"的空间布局规划实施郊野公园建设，形成整体成环、分段成片的"链状集群式"结构。截至2011年，"一绿"地区共启动郊野公园建设项目60个、建成公园50处，总面积约3033公顷。加上"一绿"地区原有的33个公园，该地区的公园达到83个。

2016年，新版城市总体规划提出构建"一屏、三环、五河、九楔"的市域绿色空间结构，将一道绿化隔离地区"郊野公园环"提升为"城市公园环"，在第二道绿化隔离地区推进郊野公园环建设。2018年以来，坚持生态优先、宜园则园，结合新一轮百万亩造林，共启动建设郊野休闲公园建设项目27个、新增公园19处，建设面积1167公顷，其中新增绿化680公顷、改造提升487公顷。

经过多年建设、改造和提升，截至2022年，"一绿"地区公园数量达到109个，总面积约6780公顷；"二绿"地区公园数量达到44个，总面积约13540公顷。"一绿""城市公园环"已闭合，"二绿""郊野公园环"主体架构基本形成，进一步锚固了城市绿色空间结构的"两环"，显著改善了绿隔地区的整体环境，呈现出森林环绕的优美生态景观。

为满足市民不断增长的休闲健身需求，公园内不断增加大众健身、全民体育等基础配套服务设施。2018年以来，累计建设非标准足球、篮球运动场地84处，羽毛球、网球、乒乓球运动场地49处，修建健身步道52.6千米，设置休闲健身器材76处（组），并大力推进公园健身步道、森林步道等建设。为满足市民个性化需求，有75个公园还因地制宜划分出健身、亲子、野餐、帐篷、露营等不同功能区，并逐步完善了配套服务设施。如今，"以林为体，以野为魂"的郊野公园越来越受到广大市民的关注，逐渐成为人们日常休闲游憩的重要场所。据统计，绿隔地区公园最高瞬时接待游人数量达51.3万人，年接待游人约4454万人次。

二、郊野公园实例

（一）永定河休闲森林公园

该园位于石景山区西南部的永定河畔，公园面积121公顷，2013年4月建成开放。公园建设以"人与自然相互融合"理念，以观光小火车导览赏景为特色，建成"一带、两核、十大景点"优美景观。公园现有各类乔木3万余株、灌木13万余株、地被约23万平方米，植被覆盖率87%，湿地面积约为公园面积的30%。全园分为生态休闲区、森林氧吧区、田园休闲区、功能湿地区4个区域，是集市民休闲娱乐、科普宣传、文化交流、体育健身等功能为一体的公益性城市公园（图6-32-8）。

图6-32-8　永定河休闲森林公园管理处完成北京2022年冬奥会火炬传递服务保障工作

2017年，启动实施了永定河综合治理与生态修复项目，采用人工湿地技术，建成31.03公顷人工湿地，将再生水进行深度净化后入莲石湖，补充永定河生态用水，每日可净化再生水6万立方米。2022年，开展海棠谷景区改造，在实现公园集雨蓄水、节水灌溉目标的同时，模拟自然生境，栽植地被植物、水生植物，丰富景观层次，成为公园的"新地标"。

公园始终坚持生物多样性保护，注重增加植物种类，丰富生物多样性。通过湿地建设与景观改造提升，园内植物从114种增加到272种，其中香蒲、荷花、千屈菜等各类湿生植物43种，粉黛乱子草、晨光芒等观赏草21种。同时，通过栽植山桃等蜜源、食源类植物以及恢复近自然植被群落层次等举措，积极营造良好的生物栖息环境，吸引了绿头鸭、白天鹅、白鹭、凤头䴙䴘等70余种各类鸟禽栖息。

公园在湿地区域内设立120余块湿地科普标牌展牌，以"认识神奇的湿地""水质净化的秘密""与水为伴的植物""亲水而生的鸟类"为主题，详细介绍了湿地与湿地的类型、湿地强大的水体净化功能、湿地中所栖息的鸟类和生长的植物等知识，使游客在亲近自然的同时，认识了解湿地对于人类生存环境的重要意义。

公园运用雕塑、石碑、景墙、铺装等多种形式，表达永定河文化的内涵，在和谐、自然的游憩环境中融入文化气息。公园将长度为2.3千米的原首钢钢渣铁路线，改造为观光车道，并引进"永定号"仿古蒸汽观光小火车，供广大市民赏花、观湖、眺望园景。在观光车道沿线的多个休闲广场中，以汉白玉浮雕和人物雕塑的形式，记载了永定河神话传说故事和永定河的人文历史。

园区内设立园艺驿站，驿站内设置多媒体宣教活动室、手工文创活动区、书籍报纸刊物阅览区等，立足区位优势和园区资源，讲好公园、森林、湿地故事，进行公益性生态文化宣传、园艺技能培训、园艺生活交流，常年开展社会大课堂、重阳节游园会、非遗展示、露营研学等各类活动。

（二）温榆河公园

温榆河公园位于朝阳、顺义、昌平三区交界地区的温榆河、清河两河交汇之处，规划面积约3000公顷，是北京最大的郊野公园，也是重要的防洪通道和生态走廊，分别由3个区建设实施。温榆河公园的建设以"生态、生活、生机"的理念为统领，以温榆河、清河为生态空间骨架，以水绿融合的大尺度森林湿地风貌为特色，以低维护、近自然、富有野趣为特点，采用精野结合、自然生境保护和低干扰修复手法，集生态涵养、生境修复、生物多样性及蓄滞洪功能于一体，营造成会呼吸的"城市生态绿肺"、会自然生长的"城市生态绿洲"，形成水绿融合、生物多样、生态惠民的大尺度绿色生态空间（图6-32-9）。

温榆河公园朝阳段位于整个公园的中部，面积约200公顷。2019年年初率先启动建设，2020年9月建成开园，建设速度快、质量高、效果好，成为温榆河公园建设示范区。示范区有6.6万株乔木、25万株花灌木，42公顷湿地、13公顷花田、

图6-32-9　温榆河公园

10公顷护坡草地，示范区绿地率87.33%。

在温榆河公园朝阳段的建设中，坚持拆迁腾退，构建大尺度生态本底。共关停砂石料厂35家，清退垃圾中转站11家，搬迁5个村2549个院5600多户，腾退住宅等各种建筑423万平方米。保留现状林带和原生植被74公顷，保留现状湖泊湿地15公顷，保留大树4万余株，构建生态绿色骨架，留下乡愁记忆。坚持精野结合，建设成长型公园。大面是野，重点是精，"精"是指精心的设计、精致的景观、精彩的活动等智慧公园的服务与管理体系；"野"是指以生境营造为主、大尺度森林湿地风貌为特色，低维护、近自然为特点的富有野趣的区域。坚持系统治理，形成自然融合风貌。实施山水林田湖草系统综合治理，统筹公园范围内的水系、林草、田园等自然资源，采用低干扰的修复手法，宜林则林、宜湿则湿、宜园则园，形成林水相依、蓝绿交织、林草相映、林中含园、林中有田的自然景观。

在绿化造林设计和施工中，注重科学绿化，营造近自然、低维护景观。坚持"乡土、长寿、食源、美观、抗逆"原则，科学选择绿化树种，突出本地苗木和实生苗，注重食源、蜜源植物和坚果、浆果类树种合理配置，为鸟类和小动物提供食物来源。栽植乔木树种120余种、灌木树种110余种、地被植物120余种。在植物配置上，坚持乔灌草结合，采用"异林、复层、混交"模式，坚持主、伴生树种混交、速生、慢生树种混交，耐阴、喜光树种合理搭配。在保留原有芦苇湿地等生境的基础上，营造密林、疏林、灌丛、农田、草地、滩涂、水域、洼塘、岛屿等多样化生境类型，为野生动植物提供良好的栖息地。坚持低干扰、近自然施工，就坡整地，通过微地形整理、近自然拉坡等方式，最大程度减少土方作业，充分保护原生植被、野生动物栖息地。

（三）将府公园

该园位于朝阳区将台地区，规划占地面积215公顷，分5期建设。2008年，一期建成开放。经过不断改扩建，已形成南北两园，其中南园70公顷、北园71公顷，是电子城周边、酒仙桥和将台地区规模最大的公益性公园，为周边居民提供了亲近自然、健身娱乐、科普体验的绿色休闲空间。2011年被评为北京市精品公园，2014年被评为国家AAA级旅游景区。据不完全统计，将府公园日平均接待游人8000人次，节假日期间日均接待1.5万~2万人次。

公园建设坚持生态优先，突出郊野、自然协调的原则，在原有林地的基础上，最大程度地保护、利用现有林木资源，按照适地适树、丰富生物多样性的要求，以乡土树种为主，优化林分结构，注重植物的空间配置、季相变化、自然景观和生态功能。通过疏林、草坪、大树、花卉、地形和水景等景观元素，将自然林地景观与历史民俗文化主题相结合，打造成为富有"森林氛围·假日之园"的郊野公园。

（四）旧宫公园

该园位于大兴区旧宫镇，紧邻南五环，与南海子公园遥相呼应，面积35.33公顷。公园建设本着"生态优先、自然和谐、兼顾景观"的原则，突出"生态、自然、多彩"的区域景观特色，通过大面积植树造林和生态恢复，营建色彩丰富、结构合理、自然协调、稳定健康的"绿色营地、多彩森林"，与南海子公园形成贯通南北生态景观带，为周边市民营造了完善、和谐、绿色、宜居的生态环境，人文园林、生态园林、节约园林、古韵园林有机融合的特色突出。

人文园林 保留了园内西北角2株50年以上树龄的大杨树，并在公园制高点上新建"集贤亭"，与两株老杨树相望相守，作为公园原址集贤村村庄历史的见证。在园区南侧建设湖心岛，保留了原有20余株老榆树，并配置耐水湿的灌木和水生花卉，丰富了景观层次，使村民"看得见大树，记得住乡愁"。该区域历史上"到处是稻田、荷塘，到了夏天晚上，青蛙叫个不停"，为恢复人们记忆中"听得见蛙声，闻得见稻香"的景象，在公园水系末端设计建设了2亩水稻田。

节约园林 将场地内 50 余万立方米的建筑垃圾分类后粉碎再利用。一方面用于营造微地形，减少种植土的过度使用；另一方面代替传统的级配砂石铺设在园中道路、广场基层，实现了建筑垃圾百分之百循环再利用。引进小红门水厂处理净化后的中水，并设置生态草沟和下凹绿地收集雨水，用于公园的景观用水和园林灌溉用水。

生态园林 公园引用再生水资源打造了 2.2 万平方米景观湖，种植荷花、睡莲、黄菖蒲、千屈菜、芦苇、蒲苇等植物，形成大面积的水生植物群落及滨水植物群落，呈现出丰富的湿地景观，成为良好的野生动植物栖息地。利用水生植物吸收水中的氮、磷、有机物等，抑制水体富营养化，放养鲢、鳙等鱼类，控制水草、藻类数量，使水质长期保持稳定状态。在植物品种选择上，选用金银木、柿树、山楂、海棠等食源植物，为鸟类提供食物来源。为丰富生态景观效果，在林下种植了地被花卉，根据林分密度、林下见光度，安排花期各异、颜色不同的多种花卉组合，从早春 3 月至深秋 10 月，都有不同的花卉供游人观赏。

古韵园林 该园建筑采用中式古典园林建筑手法，古韵风格突出。在西北制高点的"集贤亭"为汉唐风格四角重檐亭，气势磅礴，形体俊美，庄重大方，整齐而不呆板，华美而不纤巧，舒展而不张扬，古朴却富有活力。公园东区的"宜两亭"为六角攒尖亭，取"一亭宜做两家春"之意。湖东岸的水榭、游廊、敞轩、滨水栈道，为清式仿古建筑，采用苏式彩绘，绚丽多彩，形成古韵湿地廊道景观。

（五）东小口城市休闲公园

该园位于昌平区东小口镇，公园处于北中轴线上，东侧紧邻东小口森林公园，南接奥林匹克森林公园，2018 年 7 月开工建设，2020 年 7 月建成开园，面积 110 余公顷。

公园建设遵循"因地制宜，突出特色，以人为本，方便使用"和"功能空间丰富多样"的理念，以原有生长良好的林木为骨架，以"休闲健身"为核心，以"花舞林间"为特色，打造林下花海、林缘花带、起伏花田、特色花园等景点，在园区内布置休闲、健身、儿童活动、科普互动、特色植物观赏等多样的景观功能空间，形成丰富多彩的郊野公园景观。与东小口森林公园、太平郊野公园一起形成 5000 亩以上集中连片、景观优美的大型绿色空间，服务回龙观、天通苑地区近百万市民。公园主要景点包括浪漫花谷、野趣花海、多彩月季园、滨水沙滩、儿童游乐园以及足球、篮球、沙滩排球等运动场。

在园内狭长谷地，以高大乔木为背景，栽植桃花、樱花、海棠、连翘、绣线菊等春季开花植物，营造以春花为特色，面积约 2 公顷的"浪漫花谷"景点。依托现有地形，以 10 余种多年生宿根花卉打造三季交替开放的"野趣花海"，春天金鸡菊、天人菊、二月兰相映成趣；夏季萱草、蛇鞭菊、波斯菊争奇斗艳；金秋紫菀、秋葵、狼尾草绚烂多姿。在公园中部，利用高差起伏地形，打造"多彩月季园"，栽植 3 公顷 10 余万株不同色彩的多品种月季，营造出玫瑰花瓣形的景观效果。利用现有沙地建设沙滩排球场，平日作为健身活动区域，雨季蓄滞雨洪，缓解内涝，发挥海绵城市功能作用。

（六）北京世园公园

该园位于延庆区长城脚下、妫水河畔，前身是 2019 年中国北京世界园艺博览会（以下简称世园会）博览园，2020 年 4 月，经市政府批准，世园会园区正式更名为"北京世园公园"。园区总面积 503 公顷，园区内有中国馆、国际馆、生活体验馆、植物馆、永宁阁、妫汭剧场等建筑，拥有近 5 万平方米的标志性花卉景观和 72 个国内外经典展园，园内约有乔木 11.6 万株、灌木 21.9 万株，乔灌木涵盖 53 科 122 属 393 种，有地被花卉 186 种、野生地被 33 种、水生植物 13 种、温室植物 891 种。

该园四季分明，自然风光秀丽。春天，百花争艳、春意盎然；夏天，绿树浓荫、鸟语花香；秋日，层林尽染、碧水蓝天；冬日，银装素裹、

图 6-32-10 北京世园公园秋景

白雪皑皑。园内有锦绣如意的中国馆、形似花海的国际馆、田园集市般的生活体验馆，还有植物种类繁多的植物馆和绚丽生动的妫汭剧场。在国际园艺展示区，有多个异域风情浓重的国外展园；在中华园区展示区，保留着各省份和香港、澳门、台湾地区富有特色的展园，让人目不暇接（图 6-32-10）。

该园开园以来，围绕"生态文明展示区、特色功能承载地、地区发展增长极"三大功能定位，陆续推出了"生态+研学""生态+体育""生态+音乐""生态+演艺""生态+康养"等特色项目，举办了冰雪嘉年华、国际花园节两大世园品牌节，并创新旅游形式，打造露营文化节，带动延庆地区酒店、商业、休闲娱乐和文化体验等产业发展。积极推进国家营地、零碳园区、智慧体育公园、世园公园中华数字公园体验馆等项目建设，并加强与冬奥、长城联动，打造京张体育文化旅游带关键节点和国内外同类博览会会后利用的新典范。先后荣获国家 AAAA 级旅游景区、国家体育旅游示范基地、国家青少年自然教育绿色营地、北京市旅游度假区等荣誉称号。

第五节 观光果园

一、观光果园现状

北京市观光采摘果园主要分布在平原地区和山区的浅山丘陵区。随着森林旅游的蓬勃发展，一些地理环境优越，交通方便，与旅游景点、景区相邻，生产管理水平较高，果品质量优良，特色突出的果园，逐步成为北京市民春天赏花、秋天摘果的新休闲娱乐场所。为顺应这一潮流，各级政府主管部门和广大果树经营者把发展休闲观光果业、建设观光休闲主题文化果园摆上了重要日程，加大了对果园的基础设施建设的投入、调整果树品种和种植结构、强化果树生产管理的科技含量，提升果品质量水平，建设具有观赏、休闲、科普、颐养身心功能的旅游观光果园，由单纯的产品功能向旅游服务功能延伸，实现生态效益、社会效益与经济效益的完美结合。进入21世纪，及时提出集采摘、休闲、旅游观光、科普宣传于一体的现代型、精品型、文化型的果树主题公园建设理念，先后建成苹果主题公园、香味葡萄主题公园、水蜜桃主题公园、中华名枣园等10个特色主题公园，示范引领全市观光果园建设水平的提升。

北京观光果园类型多样，主要包括采摘园、果树景观园、果树主题公园、科研科普园、休闲体验园、旅游度假园、果树庄园、生态有机园、果树休闲观光区（带）。到2018年，全市通过无公害认证、绿色认证、有机认证，面积在30亩以上的观光采摘果园达到465个，面积20余万亩。其中，苹果观光采摘果园104个、樱桃园94个、桃园70个、梨园67个、葡萄园53个、板栗园32个、枣园10个、柿子园2个，以及蓝莓、桑葚、杏、李、树莓等小果类果园22个。为方便公众观光采摘，在北京市园林绿化局官网发布观光果园的名称、地点、采摘时间、联系方式等相关信息，同时与高德地图等软件公司合作，在地图上标注观光果园位置信息，方便市民导航查询。编写了《观光果园建设规范》地方标准和《观光果园建设——理论实践与鉴赏》《观光采摘园景观规划设计》等理论技术书籍。

二、观光采摘活动

20世纪90年代中期，小规模的果品采摘活动已在部分果园兴起。1994年，海淀区率先在全市成功举办了第一届四季青樱桃采摘节，取得了显著的经济、社会效益，不仅推高了市民果园观光、果品采摘热潮，也推进了观光果园建设。

2003年，市林业主管部门组织开展了"城乡手拉手——百万市民观光采摘活动"，由此开启了延续至今的果园观光旅游、果品采摘活动，成为北京果品产业与观光旅游融合发展的品牌和特色。为迎接2008年北京奥运会的召开，分别举办了面向全国的"迎奥运北京名优果品评选"系列活动和面向全市的"北京名果"大家评系列活动。

各区结合本区果品产业优势，每年组织开展果旅文化宣传活动，宣传自己的特色优质果品。如昌平区的"昌平苹果文化节""草莓文化节"系列活动（图6-32-11）；平谷区的"国际桃花音乐节""北寨红杏采摘节""大桃采摘文化节"系列活动；大兴区的"梨花节""中华名梨评选"系列活动（图6-32-12）；海淀、通州、顺义、门头沟区的"樱桃采摘节"系列活动等，吸引北京市民按时令踏青、赏花、采摘、品尝，参与果园旅游观光活动。近年来，全市年接待市民观光采摘1000万人次以上，不仅提高了果农的收入水平，推动了果树产业的升级与高质量发展，也丰富了北京旅游资源。

图6-32-11 北京·昌平第六届苹果文化节开幕式暨金秋苹果观光采摘游启动仪式

图6-32-12 大兴梨花节

三、观光采摘实例

（一）世园会百果展示园

"2019世界园艺博览会"在北京延庆举办，为借这届博览会举办之机，展示北京果业发展成就，经北京市世界园艺博览会协调局批复同意，在世界园艺博览园内建设"百果展示园"，这是世园会首次将果树作为专类展园展示。市园林绿化局紧紧围绕世园会的办会主题，精心组织、精心设计、精心施工，把"百果园"建设成为一个体现北京果树行业技术和水平、推动产业发展的示范窗口，成为世界园艺博览园中的精品，荣获2019年中国北京世界园艺博览会"最佳创意奖"。

百果园位于世界园艺博览园园区西侧，占地总面积约100亩，是北京世界园艺博览园内单体面积最大的展园。围绕世界园艺博览园的5大展馆之一的万科植物馆布局，与植物馆、百蔬园、百草园、园艺小镇共同组成生活中的园艺展示区。园内汇集了12类果树树种180个果树品种，涵盖了北方地区主要的落叶果树。按照"让园艺融入自然，让自然感动心灵"的世园会办会理念，紧紧围绕"绿色生活美丽家园"的办会主题，以果林为主要载体，按照"一带、五区、多点"的空间结构布局，通过艺术与生活、科技与文化、互动与体验，从果林景观、果艺发展、传统文化、乐活体验4个层面进行展示，以景观化、园林式造园方法，打造一个以果树园艺为特色的精品园中园，带给游人内涵丰富、体验舒适的游赏之旅。进入百果园中，仿佛进入了田野乡村，远离了城市的喧嚣和快节奏的生活，欣赏着田园般的果林景观，享受着田园生活的宁静自在。

1. 一带

即果树园艺历史展示带。以果业发展时序为线索，串联多个主题果园与场地，展示先进的果树栽培技术、种类众多的新优品种、现代果业发展盛况以及我国果树源远流长的栽培历史。

2. 五区

根据场地条件及功能需求，建设不同功能的5个区域，即花映春晖区、果香满夏区、暑味余甘区、珍露润秋区、嘉实冬藏区。按照果树鲜果、干果、食用、赏玩、栽培、野生、木本、藤本等分类，分别展示10大类180多个果树品种。

花映春晖区 设置有主入口、乐果展廊、砧木园、香桃园、馥李园、山楂园。主入口为一个弧形廊架阵列与水景的组合，抽象形成了一个斜插入地的半个苹果，果柄生长的凹陷处设置了一个圆形浅水池，廊架材料选用竹钢材料。乐果展廊占地面积1123平方米，高度约6米，主要以展示果树科普知识、先进果业栽培技术、绿色生态理念、果业品牌为特色，展廊外形来源于水果切片的形式，趣味而富有动感。

果香满夏区 位于百果园西南侧，以杏园、樱桃园为主，还设置了休息廊架，为游人提供了夏热避暑、花果飘香的清凉空间，并展示了篱壁式果树园艺栽培技术。

暑味余甘区 设置有彩虹果吧、蜜枣园、苹果园、金柿园。彩虹果吧为一轻质景观构筑物，占地面积908平方米，高度约5.6米，向游人提供与水果有关的各类创意体验活动，并提供果酒、果汁、果品等供游客品尝。

珍露润秋区 设置有果趣园、珍果园、秋梨园。果趣园主景为一个弧形水景墙与彩色圆形遮阳伞，景墙上的圆洞中镶嵌可翻转的彩色透明水果切片模型。戏水区布置了可供游人互动的水果形装置，可喷水、喷雾、发声、变形等，使游人在游戏的同时学到果树知识。

嘉实冬藏区 设置有甘栗园、葡萄园。葡萄园以各种形式的架式、廊式栽植为主，园中将造型各异的葡萄架与休憩场地结合，营造丰富的绿色空间。其中，有代表性的是列入全球重要农业文化遗产名录的"千年漏斗架葡萄"。

3. 多点

即多个果树品种专类园。百果园建有11个果树品种专类园和多个果树园艺展示、知识科普、互动体验等景点，有寓意"牧童遥指杏花村"的杏树园、"桃李不言下自成蹊"的桃李园、"海棠花溪"的海棠园、"平安如意"的苹果园、"山楂树之恋"的山楂园；有用果树绿化、美化庭院的示范园、果树盆景园等；还有专为儿童设置的游乐迷宫果园。

（二）天汇园观光果园

天汇园果园位于十三陵神路景区东侧，建于2004年，果树栽植面积100余亩，是集旅游、有机果品生产、智慧化管理为一体的观光果园。主栽品种为工藤富士苹果，采用SH6矮化中间砧木，细长纺锤形整形。2006年按照有机果品生产技术要求实施生产管理，2009年进入有机果品生产阶段，2019年开展智慧化果园管理，完成了土壤、树体、微域气候、病虫害全程监控系统的建设，实施节水灌溉、全程机械化操作、病虫害综合防控等智慧化管理技术，亩产2500千克以上，优质果率超过90%，成为北京市标准化苹果矮砧密植、集约栽培示范园。

（三）里炮园艺小镇

该园艺小镇位于延庆区八达岭长城脚下的里炮村。全村果树面积1200亩，以优质有机红富士苹果为主，果品年均产量1700吨。里炮村地理位置优越，日照充足，昼夜温差大，适宜苹果生长，其生产的红富士苹果以个大形正、色泽鲜艳、光洁度好、酸甜适中、香脆可口而著称，是延庆果树专业村之一。2018年，该村在原有果树产业基础上，将园艺理念融入产业发展，成立了里炮村果树盆艺专业合作社。积极引进低矮密植新品种，建设智能温室，生产培育果树盆景。盆栽果树发展到苹果、海棠、石榴、无花果等20余个树种，其中苹果盆景10余万盆，成为该村重要的特色农旅产品。如今该村已成为以苹果为主体，集长城游览、民俗体验、观光采摘、科普教育、文创产品于一体的园艺小镇，成为美丽乡村建设的样板。

（四）北京久运河谷葡萄种植专业合作社

该合作社位于密云区巨各庄镇久远庄村，成立于2012年，占地400多亩，种植'夏黑''摩尔多瓦''红提'等10余种新优葡萄品种，是集农产品生产、观光旅游、技术培训、商务洽谈、生态休闲、特色餐厅和垂钓为一体的现代科技农业园区。园区采用智能化节水灌溉技术，标准化绿色葡萄生产技术，建立了产品追溯体系，做到产品来源可查、去向可追、责任可究，保障食品安全，成为集观光旅游、采摘休闲、科普示范为一体的葡萄公园。

（五）大兴魏善庄镇精品梨观光采摘园

该园位于北京南中轴路延长线上，距永定门约30千米，果园面积300亩，是国内最早的以梨为主、寓梨园文化与农耕文化为一体的、综合效益突出的梨观光园。梨园原有品种是鸭梨、雪花梨，树龄在50年以上，因经济效益差，2000年引进丰水梨、黄金梨进行高接换头200亩，是北京市率先采用高接换优更新老品种，采用架式栽培模式，推广有机化栽培技术，打造精品梨园的样板。该园梨树品种丰富，国内外名、特、优、新梨品种达200多个，并在园内高接了金把黄鸭梨、京白梨、红肖梨和佛见喜等老北京特色梨树品种，研究、示范其在密植栽培条件下优质高效的配套技术，总结了一套标准化栽培管理的技术规程。

2003年，该园接待了100个国家的大使夫人集体到梨园观光采摘和欣赏京剧表演，体验梨园文化。2006年承办"2008北京奥运果品推荐评比"等活动。依托梨园资源优势，魏善庄镇政府还先后承办了10届由中国经济林协会、中国果品流通协会、北京市园林绿化局、大兴区政府联合举办的"春华秋实品牌推介和全国梨王擂台赛"活动。

（六）金果天地（北京）生态科技公司（简称金果天地庄园）

该公司成立于2013年，位于北京市通州区西集镇，占地面积320亩，种植有樱桃、苹果、桃树、葡萄等各种水果，是集高产高效矮化密植示范园、新品种引进繁育示范基地、高新技术推广、旅游观光为一体的综合性农业企业，建成"一园四基地"，即北京果业矮化密植实验标准化示范园、无公害果品生产基地、专业化矮化果品苗木繁育基地、高标准农业机械化自动化示范基地、高标准果品生产培训基地，被北京市观光休闲农业行业协会认证为北京市四星级休闲农业园区（企业）。

（七）平谷国际桃花音乐节

北京平谷国际桃花节，始于1999年，是以桃花为媒介，融旅游、农业、经贸、文化、体育等为一体的大规模的旅游文化活动。每年4月中旬至5月初举办，至2022年已连续举办了24届。其间名称有所变化，2011年加入了音乐元素，更名为"北京平谷国际桃花音乐节"，将音乐元素融入桃花节，使桃花节转型升级为桃花音乐节，实现了音乐与桃花两大元素的成功对接，扩展了桃花节的影响力，旅游接待人次、收入逐年递增，实现了经济效益与社会效益双丰收。

第三十三章 蜂产业

蜂产业是集经济、社会、生态效益于一体的行业，是山区农民致富的重要产业之一。北京养蜂历史悠久。新中国成立至今，北京蜂产业不断发展，逐步形成了蜜蜂饲养、蜂产品加工、蜜蜂授粉、蜂疗保健康复和蜜蜂文化旅游五位一体的产业体系。截至2022年，北京市蜜蜂饲养量为25.8万群，其中中华蜜蜂1.7万群、西方蜜蜂24.1万群；养蜂专业户4500户，从业人员2.5万余人；建立中华蜜蜂自然保护区1家，种蜂场4家，各类蜂产业基地60个，蜂业专业合作组织63家。蜂产业逐渐向饲养规模化、品种优良化、蜂具标准化、生产机械化、产品无公害化、经营集团化、管理科学化、服务社会化方向发展，对保护生态环境、助力农民增收致富发挥了重要作用。

第一节 养蜂生产

一、蜂业发展

北京养蜂历史悠久，东汉末年就有养蜂食蜜的记载。密云的"潮河白蜜"、门头沟的"京西白蜜"都久负盛名。1930年从日本传入养蜂新技术，到20世纪40年代末，北京先后建有"李林园""万和""志诚"和"永丰"4家规模较大的养蜂场，大力推广蜜蜂活框饲养技术，饲养的蜜蜂约5000群，年产蜂蜜约50吨。新中国成立以来，北京养蜂生产经历了起步阶段、探索阶段、发展阶段和提质增效阶段。

（一）起步阶段（1949—1977年）

起步阶段主要以传统方法饲养蜜蜂，养蜂生产由个体经营逐步向集体蜂场发展。1950年成立北京市蜜蜡加工厂，并相继成立国营蜂场。如顺义的为公蜂场、向阳蜂场，门头沟的国营牧场养蜂场、清水苗圃养蜂场、西峰山寺林场养蜂场，平谷的丫髻山林场养蜂场、峪口果园种蜂场，昌平的十三陵养蜂场等。

1958年，国务院批准了农业部、农垦部《关于全国养蜂工作座谈会的报告》，明确"今后养蜂生产的发展应采取以农业合作社为主，各类国营蜂场为辅，外来蜂和本国蜂并重的方针"，北京的养蜂生产加快了集体化步伐，个体蜂农积极加入农业合作社，有条件的地方，还分别建立集体养蜂场和成立国营蜂场。同年，北京市养蜂1.5万群，年产蜂蜜175吨。1960年，北京首次推广生产蜂王浆。1962年，全国防治蜂螨工作会在北京召开，向全国养蜂界发出了"鼓足干劲，防治蜂螨，养蜂再上一层楼"的倡议书。同年，接收了一批来自全国各地大、中专院校养蜂专业的毕业生，成为全市首批从事养蜂业的科技工作者。1966年，北京养蜂2.2万群，年产蜂蜜450吨，蜂王浆500千克。

从20世纪70年代开始，京郊昌平、密云、平谷、顺义、门头沟等区（县）相继建立了种蜂场。1973年8月，农林部在密云县召开全国养蜂生产经验交流会，参观了密云后栗园养蜂场，密云县被评为全国养蜂先进县。怀柔县1973年引进刺槐、紫穗槐等蜜源树种，县委提出山区平均每户养一群蜂。昌平种蜂场1971年从辽宁省宽甸蜜蜂原种场引进澳意蜂王4只，1974年引进意大利蜂王3只，1976年繁育东北黑蜂王18只推广到全县。顺义种蜂场1976年选育出"喀尼阿兰与意大利蜂正反单交""高加索、意大利与喀尼阿兰、意大利正反双交"两组4种组合种，在顺义、平谷、怀柔等县推广。昌平县1977年引进高加索蜂王6只。由于对社员养蜂实行禁养、限养政策，挫伤了蜂农的积极性，加上技术指导跟不上，北京养蜂徘徊不前。

（二）探索阶段（1978—1990年）

党的十一届三中全会以来，党的方针、政策给养蜂业的发展带来了生机和活力，人们的思想冲破了"左"的禁锢，打破了"大锅饭"的羁绊，实行了各种形式的责任制，调动了养蜂者的积极性，家庭养蜂蓬勃兴起，养蜂生产迅速发展，广大蜂农一靠政策，二靠科学，适度规模经营，兴办家庭蜂场，北京市家庭养蜂20群的达1600多户。同时，相继建立了蜂业生产的管理和技术服务组织，1983年，北京市林工商公司成立蜂业经理部，1984年末更名为北京市蜂业公司。1985年，北京林苑蜂胶厂成立。1989年成立北京市蜂业管理站，加强了全市蜂业管理，为广大蜂农提供养蜂技术服务保障。到1990年，北京市饲养蜜蜂达6万群，比1949年增长12倍；饲养蜜蜂千群以上的区县达9个；门头沟、密云、房山、延庆、平谷、昌平、怀柔等区（县）蜂群数量都超过5000群，北京每平方千米载蜂量达3.8群，在全国名列前茅。北京市年产蜂蜜1000多吨，蜂王浆5吨。同时，蜜蜂产品种类也在不断增加，先后开发生产了蜂胶、蜂花粉、雄蜂蛹等蜂产品。

（三）快速发展阶段（1991—2010年）

在这一时期，北京市对养蜂产业的政策扶持力度不断加大，先后对养蜂专业合作组织、新发展蜂群、蜂业科技等方面对养蜂实施政策扶持。1999年，市政府先后制订10项蜂业富民政策，包括建立蜂业合作经济组织，农民家庭新发展养蜂、蜂产品出口创汇，蜂业科技，建立养蜂小区等奖励政策；2007—2010年，市园林绿化局把"养蜂富民"当作完成市政府印发的新农村建设折子工程的重点任务，重点帮扶京郊山区农民实现养蜂致富，从政策帮扶、科技推广、技术培训、组织建设、行业服务等方面，采取"一对一""一带一"帮扶。4年间，为北京山区养蜂户共购置蜂群近4万群、新蜂箱7万套，免费发放新型蜂胶采集器3万套，赠送书籍、光盘等资料10万余份，重点帮扶了京郊山区1600户蜂农实现养蜂致富。2009年，市园林绿化局印发《北京市扶持蜂产业发展有关措施》，对新发展蜜蜂给予每群100元补贴，对蜜蜂授粉蜂群给予每群30元的政策补助，惠及11个区县97个乡镇、459个村、3853户养蜂农户。2009—2011年，发放扶持资金1000万元，新增蜂群10万群。

2004年，北京市委主要领导到山区考察调研，强调要加快蜂产业发展，增加科技投入，不断提高蜂群的饲养水平，在走向市场过程中，要增加农户市场竞争力和抵御风险的能力。根据市领导指示精神，北京市蜂业主管部门强化蜂场建设和管理，组织各区（县）对重点养蜂场加强蜂群饲养管理、基础设施建设、蜜蜂病虫害防治、蜂业科技培训和质量安全检查。向蜂农提供蜂箱、巢框、摇蜜机等标准化蜂机具。研制出新型副盖式蜂胶采集器，在5000多户蜂农中推广，涉及蜂群10万群。2008年北京奥运会期间，北京市有机蜂蜜通过奥组委食品安全检查，并供应奥运会 2.6 吨有机蜂蜜。2010 年，门头沟区 "京西白蜜" 被国家工商总局批准为原产地证明商标，成为全国唯一 "京" 字头的原产地蜂蜜证明商标。

截至 2010 年年底，北京市蜜蜂饲养量从 1990 年的 6 万群增长至 26.3 万群，生产蜂蜜 6270 吨、蜂王浆 114 吨，蜂授粉收入 1100 万元，养蜂总产值 1.7 亿元，出口创汇 1000 万余美元。

（四）提质增效阶段（2011—2022 年）

2011 年以来，北京蜂产业走产业融合化、产品品牌化、主体多元化、经营数字化的新路，推进产业集群成链，努力提升蜂产业高质量发展水平。2011—2015 年，认真落实北京市《蜂产业 "十二五" 发展规划》，推进 "七区八带六龙头" 建设，重点在密云、延庆、平谷、怀柔、房山、门头沟、昌平 7 个区（县），围绕房山区南窖沟域、门头沟区妙峰沟域、昌平区高口沟域、延庆县珍珠山水—四季花海、怀柔区天河川、密云县雾灵香谷、平谷区十八弯风光旅游带 7 大经济沟和密云水库周边建立 8 个蜂业产业带，以蜜蜂健康养殖为重点，以原料蜂产品生产为主线，大力推进无公害、绿色、有机蜂产品生产，提高产品品质，实现养蜂富民，以北京百花蜂产品科技有限公司、北京市蜂业公司、北京中蜜科技发展有限公司、颐寿园（北京）蜂产品有限公司、北京绿纯蜂业技术开发中心、北京蜜蜂堂科技发展有限公司 6 个蜂业龙头企业为重点，以 "龙头企业+基地+协会+农户" 的产业化模式，实现产供销的一条龙服务，建立涵盖北京郊区的产业富民体系，实现蜂业产业空间布局的有效配置和综合利用。同时，建设蜜蜂授粉基地，充分发挥北京市蜜源植物丰富的区位优势，提高产业化规模，推动蜂产业可持续发展。

2016—2020 年，根据《北京市蜂产业 "十三五" 发展规划》，重点推进组织管理体系、市场营销体系、技术推广体系、质量安全体系、社会化服务体系、蜂文化科普体系 "六大体系" 建设。加强蜂产业关键技术研究，提升科研自主创新能力，稳步提升蜂产品生产技术水平和质量安全水平，加快推动蜜蜂授粉产业发展，积极促进农业增产、农民增收和生态增效。并将养蜂机具购置纳入北京市农业机械购置补贴范围。各区县积极出台蜂产业配套扶持政策，密云区、门头沟区出台扶持政策，扶持蜂产业发展；延庆区大力扶持蜂业重点乡镇；怀柔区多次将蜂产业发展列入政府折子工程给予政策支持；大兴区重点加大蜜蜂授粉、无公害蜂产品生产和新发展蜂群的扶持力度，推进蜜蜂授粉业发展；昌平区专项资金对蜜蜂养殖新增蜂群扶持，对授粉蜂群和使用蜜蜂授粉的种植农户均给予资金补助；平谷区启动了千户养蜂精准扶贫项目。

自 2013 年起，北京市全面推进 "养蜂证" 发放工作，至 2020 年，已有 4000 余户蜂农领到了 "养蜂证"，成为有资格证书的职业养蜂人。先后在密云建立全国首家蜜蜂医院和北京市首个区级蜂业质检中心，为蜂农提供优质的检测和蜜蜂病虫害防治服务。2016 年起，北京市启动了蜂产业精准扶贫工程，加大蜂产业帮扶力度，扩大帮扶范围和帮扶领域，指导各区将蜂产业列为年度重点产业发展项目和重点发展工程，从精准到户、基地建设、蜜蜂授粉、龙头带动、蜜蜂养殖、文化建设等方面加大产业扶持力度，对低收入户、养蜂大户、产业合作社和龙头企业给予政策支持与鼓励，调动了低收入户养蜂积极性。2017—2020 年，帮扶 1000 户低收入户从事养蜂生产，给 1500 个农民家庭提供就业机会。为山区养蜂户免费发放蜂群 1 万群、各类蜂机具 3 万件、优良种蜂王 5000 只、养蜂科普材料 1 万余本，并以高于市场价 15% 的价格收购低收入户生产的蜂产品，解决后顾之忧。2020 年，1000 户低收入户均通过养蜂实现脱贫致富。2017 年，由北京市蚕业蜂业管理站和中国蜂产品协会主持制定了国家标准《蜂产业项目运营管理规范》，为北京市乃至全国高质量开展蜂产业精准帮扶工作提供了行之有效的模式和技术依据。

2017年，根据北京市人民政府办公厅《关于推广随机抽查规范事中事后监管工作的实施意见》要求，北京市蚕业蜂业管理站率先在全国养蜂行业开展"对蜂业质量安全的监督检查"的"双随机一公开"监管工作，建立养蜂专业合作社监督检查对象名录库和执法人员名录库，制定《北京市蜂业质量安全监督检查事项清单》，编制《北京市蜂业生产质量安全现场监督检查报告》和《蜜蜂饲养工作日志》。通过随机抽取检查对象和执法人员开展检查工作，并将检查结果在北京市园林绿化局（首都绿化委员会办公室）网站上面向社会公示。2017—2020年，共开展双随机检查48次，执法检查450次，检查蜂业合作社48家，养蜂场450个，出动执法人员160人次，实现了北京市蜂业生产主体产前、产中、产后监管的有效性和随机性，对保障蜂业生产质量安全起到重要作用。

市委、市政府主要领导高度重视蜂产业发展，先后对蜂产业进行专题调研，并做出重要批示指示。市委主要领导2020年7月到密云区调研时指出：小蜜蜂有大文章，要加强产销对接，发挥合作社作用，擦亮"蜂盛蜜匀"品牌，把蜂产品等当地特色农产品做成带动农民增收的大产业；2021年7月，又一次在密云调研时强调：要做好绿水青山就是金山银山后半篇文章。密云林下有蜂、库中有鱼、山上有果，要坚持规模化、标准化、绿色化方向，着力打造"密云农业""蜂盛蜜匀""密云水库鱼"等特色农业品牌，培育更多地理标志产品，建设首都绿色菜园。与此同时，2019年11月，市政府主要领导在《关于本市蜂产业发展有关情况的汇报》上批示，要求研究体制创新，推动科技、企业、市场的深度融合；2021年4月，该领导在密云区调研时指出：要讲好中华蜜蜂故事，做好原产地保护，深入挖掘中华蜜蜂的生态优势、产业价值和精神内涵，打造面向首都乃至全国市场的北京农产品优质品牌。市委、市政府领导的高度重视，为北京蜂业的健康、快速发展，进一步指明了方向，对北京蜂业继续进入发展新阶段是个有力的推动。

2022年，全市蜜蜂饲养量为25.8万群，其中中华蜜蜂1.7万群、西方蜜蜂24.1万群，有养蜂户0.45万户，有中华蜜蜂自然保护区1家，种蜂场4家，蜂蜜产量5853吨，蜂王浆产量58.7吨，养蜂年总产值1.2亿元，蜂产品加工产值超过12亿元，蜂产业直接带动2.5万农民就业。1991—2022年北京蜂业生产情况见表6-33-1。

表6-33-1 1991—2022年北京蜂业生产情况

年份	蜂群数量（群）	蜂蜜年产量（吨）	蜂蜜单产（千克/群）	蜂王浆年产量（吨）	蜂王浆单产（千克/群）
1991	58000	930	16.03	9.0	0.16
1992	58000	1019	17.57	8.5	0.15
1993	57000	945	16.58	7.6	0.13
1994	52000	1625	31.25	10.0	0.19
1995	62000	1790	28.87	11.0	0.18
1996	60000	1800	30.00	12.5	0.21
1997	60000	1400	23.33	13.0	0.22
1998	56000	2080	37.14	15.0	0.27
1999	90000	2400	26.67	16.0	0.18
2000	105000	3560	33.90	30.0	0.29
2001	140000	4000	28.57	31.0	0.22

(续)

年份	蜂群数量（群）	蜂蜜年产量（吨）	蜂蜜单产（千克/群）	蜂王浆年产量（吨）	蜂王浆单产（千克/群）
2002	145000	4500	31.03	35.0	0.24
2003	150000	5500	36.67	35.0	0.23
2004	155000	6000	38.71	56.0	0.36
2005	165000	6000	36.36	56.0	0.34
2006	175000	5500	31.43	72.0	0.41
2007	190000	6200	32.63	65.0	0.34
2008	200000	7500	37.50	51.0	0.26
2009	236000	5270	22.33	72.3	0.31
2010	263000	6270	23.84	114.0	0.43
2011	290000	7500	25.86	126.0	0.43
2012	268000	3750	13.99	88.0	0.33
2013	236000	10000	42.37	95.0	0.40
2014	236000	7600	32.20	88.0	0.37
2015	251000	6440	25.66	71.8	0.29
2016	250000	7350	29.40	88.7	0.35
2017	260000	7840	30.15	89.0	0.34
2018	265000	2351	8.87	51.6	0.19
2019	277600	5040	18.16	69.8	0.25
2020	280000	8970	32.04	65.3	0.23
2021	239700	5141	21.45	64.2	0.27
2022	258000	5853	22.69	58.7	0.23

二、中华蜜蜂保护

中华蜜蜂是我国国家级畜禽遗传资源保护品种。为加强对中华蜜蜂种质资源的保护利用，2000年至今，北京广泛开展中华蜜蜂技术普及和推广工作，组织专家为中华蜜蜂养殖基地开展中华蜜蜂囊状幼虫病虫防治、饲养技术推广、安全蜂药推广等技术服务；加强中华蜜蜂特色品牌建设，引导北京市重点蜂业龙头企业参与中华蜜蜂产品开发和品牌建设，与养蜂基地合作，联合开发中华蜜蜂蜂蜜特色产品；推动蜂旅深度融合，在冯家峪镇和石城镇打造中华蜜蜂授粉果蔬采摘基地、举办"中华蜜蜂割蜜节"等文化活动，擦亮了"蜂盛蜜匀"品牌。2003年，房山区蒲洼乡建立了中华蜜蜂自然保护区，在保护区内清除外来蜂种，鼓励农民饲养中华蜜蜂。2015年，市园林绿化局加大了对密云区中华蜜蜂种蜂场建设的支持力度，指导密云区建立了现代活框饲养、传统木桶饲养、特色异型蜂箱饲养和崖壁蜂场等4种特色中华蜜蜂养殖场（图6-33-1）；2020年对密云区两个在建中华蜜蜂种蜂场现场验收并核发了种畜禽生产经营许可证，种蜂场开展保护中华蜜蜂种群、探索其生物学、遗传学特性、繁育规律等工作。

图 6-33-1　密云保峪岭中华蜜蜂崖壁蜂场

2022年，全市共有中华蜜蜂1.7万群，主要分布在密云石城和冯家峪、房山蒲洼区域，年产中华蜜蜂蜂蜜145吨，产值2100万元。在房山蒲洼建有1个中华蜜蜂自然保护区，在密云建有2个中华蜜蜂种蜂场和4个中华蜜蜂养殖基地。

三、基地建设

蜂业生产基地建设是蜂产业发展的基础。多年来，北京市重视蜂产业基地建设工作，重点加强无公害蜂产品生产基地、大型蜜蜂集约化养殖基地、安全蜂产品标准化示范基地、国家蜂产业技术体系示范基地、蜜蜂健康养殖基地和优良蜂种繁育基地等基地建设工作，完善基础设施建设，加强科技推广和技术力量配置，制定标准化生产技术标准，引进优良蜂种，配套新蜂具、新产品，使蜂产品达到无公害要求和龙头企业原料要求（图6-33-2）。

图 6-33-2　密云标准化蜂产品生产基地

2020年，通过引进优良蜂种、推广新技术、普及蜜蜂授粉、开展文化旅游等方面的工作，提高了蜂产品质量和养蜂技术水平，建成了12类蜂产业基地60个。其中，国家级安全蜂产品标准化示范基地3个、无公害蜂产品生产基地14个、国家蜂产业技术体系示范基地11个、蜜蜂健康养殖示范基地8个、蜂产品可溯源监控技术示范基地4个、成熟蜂蜜生产基地4个、蜜蜂规模化养殖示范基地3个、优良蜂种繁育基地3个、蜜蜂授粉基地5个、中华蜜蜂保护基地2个、蜂产品深加工基地2个、蜜蜂授粉标准化蜂具生产基地1个。

国家蜂产业技术体系示范基地　2009年，北京市蜂产业技术体系综合试验站建设项目，被列入农业部现代农业产业技术体系示范基地建设项目。到2020年建成北京蜂产业技术研发中心，设置有蜂产品开发研究室、蜜蜂授粉研究室、蜜蜂饲养及病虫害研究室、蜜蜂良种引进与扩繁研究室4个功能研究室，建成了11个蜂产业技术体系示范基地，为推动北京市蜂产业高质量发展奠定基础。

蜂产品可溯源监控技术示范基地　2012年，在昌平、门头沟、顺义和密云建成了4个蜂产品可溯源监控技术示范基地，建立了蜂产品质量溯源系统，对蜂产品开展实时跟踪、监测和查询，推行蜂产品质量安全标准化技术，基本实现了蜂产品布局、生产、销售、流通、溯源等全程数字化和智能化。

成熟蜂蜜生产基地　2014年，加大成熟蜂蜜生产技术推广力度，在密云、平谷、房山、门头沟建成4个成熟蜂蜜生产基地，年产量达1000吨。转变生产观念，通过生产天然的成熟蜂蜜，实现了北京市蜂产品的高品质和高附加值。

蜜蜂规模化养殖示范基地　2018—2020年，通过试验示范养蜂新技术、推广先进蜂机具、开展小转地结合大转地饲养模式和推广蜜蜂授粉综合防控技术，初步实现了蜜蜂饲养的规模化，在昌平、密云、门头沟建设蜜蜂规模化养殖示范基地3个，示范蜂群达1万群。其中，昌平基地示范蜂群就达8000群，是华北地区最大的养蜂场。

优良蜂种繁育基地 多年来，北京市加大了优良蜂种繁育力度，注重选育优良蜂种，提高蜂群产量，重点加强北京市3个蜜蜂种王繁育基地建设，实现年产优良种蜂王15000只，每年还从外省市引进了良种蜂王3000余只，有效解决了北京市种蜂王数量紧缺和种性退化问题。2015年，在密云区建成了北京市首个西方蜜蜂育种中心，已繁育出密云一号、密云二号种蜂王，年产2000只。

四、蜂业气象指数保险

蜂业气象指数保险，是为了增加养蜂业抗御自然灾害能力，健全蜂业抗风险机制，保障蜂农养蜂增收致富而设计建立的创新险种，是蜂农应对气象灾害时有效的市场化风险转移工具。

蜂业气象指数保险产品以"政府财政支持、蜂农自主自愿、协会组织推进、人保技术保障"为原则，以构建蜂业生产扶持保障体系为主线，以刺槐和荆条两个主要蜜源植物花期前后的气象指数为指标，本着"宜粗不宜细，宜简不宜繁，循序渐进"的原则，2014年在密云试点运营。当年总保费96.33万元，农户自交保费19.27万元，获得保险赔偿71.5万元，取得较好社会效益和广大蜂农的普遍认可。2020年，密云区创新保险形式，引入商业附加险，在气象指数保险理赔条款不满足的前提下，实现了蜂农的最低赔付保障。

蜂业气象指数保险属于北京市政策性农业保险创新试点险种，根据《北京市政策性农业保险补贴资金管理办法》，市级给予参保农民50%的保费补贴，各区结合本区实际，自主确定本级财政累加农民保费补贴比例。试点蜂业气象指数保险的相关区市区两级累计补贴比例基本达80%，农户自筹20%。

2014—2020年，蜂业气象指数保险已在密云、昌平、怀柔、平谷、房山及门头沟6个区开办，累计承保蜂群196164群，参保蜂农1951户次，累计投保金额789万余元，为蜂农提供8238万余元的风险保障。

第二节 蜜粉源植物与蜜蜂授粉

一、蜜粉源植物

蜜粉源植物是指具有蜜腺且能分泌甜液或能产生花粉并能被蜜蜂采集利用的植物，它是蜜蜂食料的主要来源之一，也是发展养蜂生产的物质基础。其中，能供蜜蜂采集花蜜或兼有少量花粉的植物为蜜源植物；只能为蜜蜂提供花粉或兼有少量花蜜的植物称为粉源植物。根据蜜粉源植物在养蜂生产中的作用和目的不同，又将其分为主要蜜粉源植物和辅助蜜粉源植物。

北京地区地理位置处于南北交界地带，既有热带亲缘植物，又有东北寒冷地带亲缘植物，植物分布受地形、海拔、气候、土壤影响较为显著，种类多，植被茂盛，蜜粉源植物具有种类丰富、分布广、开花时间交错、花期较长以及自然无污染和产蜜品质优良等特点。主要蜜粉源植物有荆条、刺槐、酸枣、山杏等，主要粉源植物有玉米、板栗、油松等。

2019年，结合森林资源调查，北京市组织开展了蜜粉源植物普查工作，摸清了主要及辅助蜜粉源植物种类、花期、分布、面积、蜜粉丰富度、载蜂量及蜂群数等信息，分析、评估蜜蜂养殖业发展潜力。结果表明，北京市蜜粉源植物丰富，共有327种，隶属于73科218属。北京市蜜源植物总面积约27.3万公顷，以荆条、刺槐、酸枣、栾树、山杏5种为主，总面积为22.4万公顷，其中荆条11.9万公顷、山杏6.6万公顷、刺槐2.8万公顷、栾树0.7万公顷、酸枣0.4万公顷；其他辅助蜜源植物有324种，总面积为4.9万公顷。北京主要蜜粉源植物基本情况见表6-33-2。

表 6-33-2　北京主要蜜粉源植物

序号	树名	别名	科	学名	花期（月）	蜜	粉	分布	备注
1	山杨	响杨	杨柳科	*Poplus davidiana*	3~4		+	平原	
2	胡桃	核桃	胡桃科	*Juglans regia*	3~4		+	山区、半山区	
3	甘蓝	大头菜	十字花科	*Brassica oleracea* var. *capitata*	3~4	+	+	平原	蜜琥珀色
4	萝卜	莱菔	十字花科	*Raphanus sativus*	3~4	++	+	全市	
5	杏	杏子	蔷薇科	*Prunus armeniaca*	3~4	++	+	山区	天气好，可取蜜
6	榆树	家榆	榆科	*Ulmus pumila*	3~5		+	全市区、郊区	为早春繁蜂供粉
7	油菜		十字花科	*Brassica rapa* var. *oleifera*	3~5	++	++	全市	可取蜜
8	白菜	黄芽白菜	十字花科	*Brassica rapa* var. *glabra*	3~5		+	全市	
9	桑		桑科	*Morus alba*	3~5	+	+	密云区、平谷区、延庆区	
10	李	李子	蔷薇科	*Prunus salicina*	3~5	+	+	全市	
11	油松	红皮松	松科	*Pinus tabuliformis*	4~5		+	山区	
12	钻天柳	顺河柳	杨柳科	*Salix arbutifolia*	5	++	++	平原、山区	柳属是良好蜜粉源
13	黄瓜		葫芦科	*Cucumis sativus*	5~7	++	++	全市	
14	葡萄		葡萄科	*Vitis vinifera*	5~6	+	+	全市	
15	柿	柿子	柿树科	*Diospyros kaki*	5	++	+	房山区、昌平区为多	产蜜 10~15 千克/箱
16	枣	红枣	鼠李科	*Ziziphus jujuba*	5~7	++	+	昌平区、房山区、密云区	可取蜜 25 千克/箱
17	酸枣		鼠李科	*Ziziphus jujuba* var. *spinosa*	5~7	+	+	山区	
18	山楂	山里红	蔷薇科	*Crataegus pinnatifida*	5~6	+	+	山区	可取蜜
19	桃		蔷薇科	*Prunus persica*	4~5	+	+	全市	
20	苹果		蔷薇科	*Malus pumila*	4~6	++	++	山区、半山区	可取蜜 5 千克/箱
21	白梨		蔷薇科	*Pyrus bretschneideri*	4	++	++	全市	可取蜜 5 千克/箱
22	紫穗槐	紫翠槐	豆科	*Amorpha fruticosa*	5~7	++	++	全市，以路旁为多	可取蜜
23	稻	水稻	禾本科	*Oryza sativa*	5~9		+++	平原	
24	刺槐	刺槐	豆科	*Robinia pseudoacacia*	5	++	+	顺义区、大兴区、通州区	取蜜 10~20 千克/箱
25	六道木		忍冬科	*Abelia biflora*	5~6	+	+	山区、半山区	取蜜 5~10 千克/箱
26	番茄	西红柿	茄科	*Solanum lycopersicum*	5~7	+	+	全市	

(续)

序号	树名	别名	科	学名	花期（月）	蜜	粉	分布	备注
27	南瓜		葫芦科	Cucurbita moschata	5~8	++	++	全市	
28	臭椿		苦木科	Ailanthus altissima	6	++	+	全市	取蜜、味不佳
29	西瓜		葫芦科	Citrullus lanatus	6~8	+	+	大兴区、通州区、顺义区	取蜜
30	荆条	荆子	马鞭草科	Vitex negundo var. heterophylla	6~8	+++	++	山区、半山区	取蜜 20~50千克/箱
31	槐	紫槐	豆科	Styphnolobium japonicum	7~8	++		市区最多	取蜜 5~15千克/箱
32	益母草	益母蒿	唇形科	Leonurus japonicus	7~8	+	+	全市	
33	玉米	玉蜀黍	禾本科	Zea mays	7~8		+++	平原多	可采集花粉
34	向日葵	葵花	菊科	Helianthus annuus	8~9	++	++	平原	可取蜜 10~20千克/箱
35	菊花		菊科	Chrysanthemum × morifolium	9~10	+	+	全市	

二、蜜蜂授粉

北京市蜜蜂授粉产业经历了从农民不认可到欣然接受，再到迫切需要的发展过程。20世纪80年代以来，开展了利用蜜蜂给果树、蔬菜、西瓜等授粉工作，研究并推广了蜂授粉技术，成立了第一家国有控股的蜜蜂授粉专业公司——北京永安信生物授粉有限公司。2008年，启动了北京市蜜蜂授粉富民工程和京津冀现代蜂授粉服务区建设工程。2016年开始推广普及蜂授粉绿色防控技术，北京蜂授粉逐渐向产业化、多元化、生态化方向发展。

（一）蜂授粉起步阶段

20世纪80~90年代，先后在顺义、大兴、昌平、平谷、延庆、海淀、丰台等区（县）进行蜂授粉技术试验示范，在梨、苜蓿、温室蔬菜、西瓜、南瓜、向日葵等植物及蔬菜亲本制种上应用蜜蜂授粉，增产效果显著，并开展蜜蜂、壁蜂、熊蜂等蜂种授粉规律技术研究和推广，先后建立了3个授粉基地和1个壁蜂繁育基地，开展了蜜蜂授粉等技术研究，蜂授粉技术逐步得到推广应用。部分试验作物的授粉增产结果见表6-33-3。

（二）蜂授粉快速发展阶段

2000—2015年，随着现代设施农业的发展和人们对绿色有机果蔬的需求与日俱增，蜜蜂授粉技术作为一项重要的生物技术逐渐成为现代农业必不可少的配套措施之一。小汤山农场、巨山农场、锦绣大地、朝来农艺园等一批高科技园区和大量设施农业顺应时代发展要求，先后在苹果、梨、温室大棚杏、温室大棚桃、草莓、番茄、南瓜、西瓜、辣椒等果蔬生产中采用蜜蜂授粉技术。

表6-33-3 部分试验作物的授粉增产结果

作物	砀山梨	苜蓿	油菜	温室蔬菜	西瓜	南瓜	向日葵	蔬菜亲本制种
增产（%）	85	300	27	50	14.9	20	30	60~120

表 6-33-4　北京地区周年蜜蜂授粉时间

时间	蜂群管理及蜂产品生产	部分作物人工授粉情况	蜜蜂为作物授粉情况
4月上旬至5月上旬	早春繁殖蜂群（定地饲养）、人工喂糖喂粉（奖励饲喂）	温室作物（蔬菜繁种、西瓜、甜瓜、草莓、番茄）及果树花期人工授粉	利用蜜蜂取代人工为作物授粉
5月8日至5月15日	蜂群转地（生产洋槐蜜）	有籽西瓜花期人工授粉	生产洋槐蜜（此期授粉任务结束）
5月20日至5月30日	蜂群繁殖（返回山区）	有籽西瓜花期人工授粉	蜜蜂取代人工为西瓜授粉（此期间可繁殖蜂群，生产王浆及西瓜蜂蜜和花粉）
6月4日至6月20日	因天气干旱，缺粉、缺蜜（蜂群需补喂）	无籽西瓜人工授粉期	蜜蜂取代人工为西瓜授粉（此期间可繁殖蜂群，生产王浆及西瓜蜂蜜和花粉）
6月25日至8月20日	采集荆条蜂蜜及王浆	西瓜花期授粉已结束	蜂群转移、生产荆条蜜及王浆
9月至翌年3月	饲喂蜂群、完全越冬	温室作物（草莓等）	利用少数蜂群为温室作物授粉，其他蜂群越冬或南繁

蜂授粉技术日趋成熟　利用国内领先技术优势，组建规模化、区域化、定量化的授粉专用蜂群快速繁育体系，筛选出适应各种作物、各种环境的优良授粉蜂种，短时间内提供大量授粉蜂群。加强熊蜂繁殖规律研究，在国内首次实现"野生熊蜂人工室内繁殖"，在顺义区建成全国最大熊蜂工厂化生产车间，年产授粉熊蜂群10万群，为京津冀地区果树、设施西（甜）瓜、设施草莓、设施茄果类蔬菜、蔬菜制种等提供蜂授粉服务。在国内首先实现蜜蜂人工周年繁育技术，鉴定筛选出4个优质授粉蜂种，形成以蜜蜂、熊蜂、壁蜂等系列蜂种授粉技术体系。2004年，在全市开展蜜蜂授粉技术试验示范和推广应用，在全国率先提出了"蜜蜂授粉架金桥，养蜂农业双丰收"的蜜蜂授粉产业化体系建设，制定了北京地区周年蜜蜂授粉时间一览表，见表6-33-4。昌平区兴寿天翼草莓园，用蜜蜂为草莓授粉，提高草莓产量，增强草莓口感。

蜜蜂授粉商业化运营　2006年，北京市组建了"蜜蜂授粉专用蜂群繁育联合体"，2007年以来，加强蜜蜂授粉专业队建设，在国内率先启动了"蜜蜂授粉富民工程"，成立了10支蜜蜂授粉专业队（图6-33-3）。引进高产授粉蜂种、新型授粉蜂专用蜂箱，大力推进蜜蜂授粉富民工程，支持专业化授粉企业发展，完善蜜蜂授粉服务跟踪信息库，引导养蜂者与种植业者按照互惠互利方式推动授粉技术的广泛应用，为草莓、茄果蔬菜、蔬菜制种及果树等农作物提供高效的授粉技术服务。

截至2015年年底，北京市已建立蜜蜂授粉良种繁育基地2个，蜜蜂授粉蜂专用蜂具生产基地1个，蜜蜂授粉示范基地7个。年培育微型授粉专用蜂群3万群，繁育授粉熊蜂5万箱，提供授粉蜜蜂8万箱，利用蜜蜂为各种作物、果树、蔬菜制种等授粉推广面积超过3.33万公顷，蜜蜂授粉业实现了蜂农、果农、瓜农、菜农的多赢。

图6-33-3　北京市蜜蜂授粉富民工程启动仪式暨蜜蜂授粉专业队成立大会

（三）蜂授粉深入推进阶段（2016—2020年）

2016年，在京津冀协同发展的推动下，北京启动了"京津冀现代化蜂授粉服务区建设工程"，先后召开梨树、草莓、蓝莓、西瓜、番茄、樱桃、桃等作物的蜂授粉现场观摩会，为京津冀果树、蔬菜和农作物生产基地提供蜜蜂授粉技术支持和服务。2017年起，北京市推广蜂授粉绿色防控技术，引导蜜蜂授粉区科学安全用药，减少设施作物病虫害的发生，实现了设施草莓、西瓜、番茄的蜜蜂授粉绿控全覆盖。2020年，中国蜜蜂授粉博物馆在顺义区蜜蜂授粉基地挂牌，这是全国首家蜜蜂授粉博物馆。

截至2020年年底，北京市已建立蜜蜂、熊蜂授粉技术示范基地12个，蜜蜂良种繁育基地2个，蜜蜂授粉专业合作社2家，授粉专业公司1家，授粉蜂专用蜂具生产基地1个，授粉博物馆1家，授粉科普基地1个，为京津冀及周边省市果树、农作物、蔬菜制种等进行蜂授粉，年授粉面积超过13万公顷，平均增产超过10%，生态效益、经济效益和社会效益显著（图6-33-4）。

图6-33-4　蜜蜂为枣树授粉

第三节　蜂产品加工与市场

一、蜂产品加工

根据产品加工的程度和用途，将蜂产品分为初加工蜂产品、深加工蜂制品和衍生蜂产品3类。初加工蜂产品是指蜂产品原料通过浓缩、过滤、灭菌、分装等初级加工，不改变蜂产品基本性状的蜂产品，如常见的蜂蜜、鲜蜂王浆、鲜蜂花粉、巢蜜、蜂蜡、蜂幼虫、蜂蛹等；深加工蜂制品是指以天然蜂产品为主要原料，采用深加工技术改变蜂产品性状的蜂制品，如蜂蜜酒、蜂蜜醋、蜂胶液、蜂胶胶囊、蜂王浆冻干粉、蜂王浆冻干含片、速溶蜂花粉等；衍生蜂产品主要是指蜂产品通过各种提取技术，利用蜂产品的特定成分添加到化妆品、药品、酒类、保健品、日化产品中。如利用蜂胶提取物的抗菌、消炎、止痒等作用制成蜂胶牙膏、蜂胶皂、蜂胶洗发露、蜂胶沐浴露等蜂胶系列日化产品和蜂胶葡萄酒等酒类产品。

蜂蜜加工　蜂蜜原料通过浓缩、过滤、灭菌、分装，不改变其基本性状。1998年6月，经国家进出口商品检验局审查，北京金华林营养保健品厂获得"出口食品厂、库"注册证书，成为具有出口蜂产品资质的企业。2000年以后，北京相继建立了蜂业公司和加工厂，蜂蜜加工能力日渐增强，年加工、销售蜂蜜1.3万吨。2005年，北京绿纯蜂业技术开发中心获绿色食品认证，成为北京市第一家获得绿色蜂产品认证的企业。2006年，北京市蜂业公司引进了出口标准的蜂蜜加工生产线，并配备完善的蜂产品检测中心、原料库、成品库等基础设施，日加工浓缩蜂蜜能力可达20吨，成为北京市重要蜂蜜加工基地。2014年，北京市引进意大利全自动蜂蜜切盖分离生产线1套，推广成熟蜂蜜生产和多箱体蜜蜂饲养技术，实现了成熟蜂蜜生产的机械化、集约化和标准化。

蜂王浆及蜂王浆制品加工　蜂王浆是青年工蜂舌腺（咽下腺）和上颚腺共同分泌的混合物，

具有增强免疫力、增强体质、延缓衰老等功效。北京蜂王浆产品包括鲜蜂王浆、高原鲜蜂王浆、蜂王浆冻干粉、蜂王浆口服液、王浆蜜、王浆冻干含片及蜂王浆软胶囊等。1997年，北京市蜂业公司实施"蜂产品养殖、加工、销售一条龙示范项目"，在朝阳区建设王浆加工流水线，建立华北地区最大的王浆冷库，年储存加工量可达100吨。2004年，在延庆建设了蜂王浆及蜂王浆冻干粉专业生产加工线，年加工蜂王浆130吨，蜂王浆冻干粉40吨。2007年，北京市蜂业公司生产的华林牌北京极品蜂王浆获中国蜂产品（蜂王浆）消费者满意"十佳产品"称号（图6-33-5）。

其他蜂产品及蜂相关衍生产品 20世纪90年代以来，北京蜂业企业先后开发生产出雄蜂蛹、蜂王幼虫及其冻干粉，并制成胶囊等复合产品；生产出蜂蜡块、蜂蜡颗粒、脱色蜂蜡等原料产品，制成蜂蜡工艺品、蜂蜡蜡烛等特色产品；实现了蜂毒科学生产提取，制成了蜂毒针剂。此外，开发生产出蜂胶无醇葡萄酒、蜂胶皂、蜂胶洗手液、蜂胶洗发液、蜂胶沐浴液、花粉美容香皂等蜂相关衍生产品（图6-33-6）。

图6-33-6 蜂味食品

图6-33-5 2007年，华林牌北京极品蜂王浆获中国蜂产品消费者满意"十佳产品"授牌现场

蜂花粉及蜂花粉制品加工 蜂花粉是指蜜蜂采蜜时带回的花粉团，在蜂巢内经过贮藏和发酵后形成。国内市场销售主要有普通常规花粉、花粉片、特种花粉、花粉蜜膏、速溶花粉等。北京出口产品主要是原料蜂花粉，年出口量100~200吨。

蜂胶及蜂胶制品加工 蜂胶是蜜蜂从植物的芽苞、树皮或树干上采集来的树脂，并混入其上额腺分泌物、蜂蜡和少量花粉加工而成的一种具有芳香气味的胶状混合物。蜂胶含有黄酮化合物等多种化学成分。20世纪90年代末，以原料蜂胶出口为主，国内很少消费蜂胶产品。2000年以来，蜂胶制品发展迅速，开发研制出了蜂胶复合型特种蜂花粉、蜂胶粉、酒溶蜂胶液、水溶蜂胶液、蜂胶蜜、蜂胶软胶囊、蜂胶片、蜂胶蜜糖等蜂胶制品。

二、蜂产品市场

20世纪90年代，国际市场活跃，国内市场稳定发展，竞争激烈，蜂产品供求基本平衡，国内销售扩大，外贸出口增加。1995年，北京市有蜂产品加工、贸易企业100余家，占全国同类企业的1/6，市内销售收入1800万元，出口创汇1120万美元，创利税3034万元。2000年，共向日本、美国、墨西哥、意大利等32个国家和地区出口蜂蜜1000多吨、蜂王浆20吨、蜂胶25吨、花粉120吨，出口创汇额达210万美元。在国内市场，首都市民对蜂王浆、蜂胶、蜂花粉的认识逐步提高，市内共开设蜂产品专卖店和专卖柜100多个。

2003年，随着我国加入世界贸易组织（WTO）后，国际蜂产品市场对中国蜂产品实行严格技术壁垒的后续效应逐步显现，蜂产品出口量大幅下降，国内市场则十分活跃，尤其是"非典"爆发，人们更加关注蜂产品的保健功能和作用，销售异常火爆。2007年，市蚕蜂站与市工商局共同制定《北京市蜂产品收购合同》，蜂农、合作社与企业的蜂产品原料交易更加规范。到2008年，北京市的蜂产品加工、销售企业达42家，有蜂产品专卖店、专柜1500余个，年销售额超过9亿元。北京市蜂业企业申报国家卫生部"健"字号保健产品达20多个。市蜂业公司、百花蜂产品公司、蜜香村蜂胶有限责任公司被评为全国蜂产品行业龙头企业，相关产品成为全国"十佳"产品。

2009年后，蜂产品行业进入快速发展的轨道，行业从传统的生产经营模式向现代的生产经营模式转变，蜂产品逐渐由低质低价向优质优价转变，由低附加值向高附加值转变，由单一化向多元化方向转变。营销重在创建品牌，开发中高端市场，电商等新型的销售模式逐渐兴起。到2015年，北京市蜂产品的网购份额占食品类销售网购总额的比例，从2009年的2%提升到6%。

2016年以来，北京市以创新经济增长方式为突破口，重点推进蜂产品企业调结构、降成本、补短板、增效益，对蜂产品生产全过程进行严格的管理与记录，规范产业链条的各个环节，降低了食品安全风险。加大蜂产品品牌建设培育力度，大力推广京西白蜜、成熟蜜、自流蜜、富硒蜜等特色和高端蜂产品的生产，打造"百花""华林""蜜蜂堂""颐寿园""绿纯""京密""花彤"等蜂产品知名品牌。其中，"京密""绿纯""花彤"成为北京市著名商标和中国驰名商标。

2020年，北京市各蜂业公司、制药厂、外贸公司收购本地及外地蜂蜜2万吨以上，王浆600吨、花粉800吨、蜂胶60吨，蜂产品加工产值超过12亿元，销售额约18亿元，出口创汇超过1800万美元。

截至2020年年底，北京市通过QS认证的蜂产品加工企业42家，其中国家级蜂业产业化龙头企业4家、市级农业产业化重点龙头企业8家，主要有蜂蜜、蜂王浆、蜂花粉、蜂胶、蜂蜡、蜂毒、雄蜂蛹、蜂妆、酒类、复合制品等10大类1000余种蜂产品，其中，蜂蜜类产品销售额占蜂产品市场销售总额的54.7%、蜂王浆类产品占14.6%、蜂胶类产品占8.7%。

第四节　蜂农专业合作社

一、发展历程

蜂农专业合作社是在农村家庭联产承包经营基础上，向蜂农提供蜂业生产资料的购买、蜂产品的销售、加工、运输、贮藏服务，以及提供蜂业生产经营相关技术、产销信息服务的组织。

新中国成立初期至20世纪80年代末，北京市蜂农养蜂生产以自产自销为主。90年代初期在养蜂大户的联合下，自愿成立了互助性的蜂业合作组织，并在政府的指导和引领下，逐步实现互助向服务的转变。1999年，北京市成立第一个跨区县养蜂合作社——华林养蜂合作社；房山区佛子庄乡等6个山区乡镇的蜂农和蜂业管理人员，自愿组织成立跨区域的民办合作经济组织——百花养蜂合作社；门头沟区成立区级养蜂协会；门头沟龙泉镇和军庄镇、昌平流村镇和崔村镇、密云番子牌乡和冯家峪乡、延庆大庄科乡等乡镇，分别成立乡镇级养蜂协会，由蜂农独立管理运作。

2005年，北京市推广江苏、浙江等地的蜂业产业化模式，把农户、合作社、加工企业、销售企业等联合起来，形成蜂业产业一体化经营体系。6月，密云县冯家峪镇制定《养蜂合作社章程》，成立"北京荆花蜂产品产销合作社"，成为北京市第一个由全镇蜂农参加的养蜂合作组织。

2015年以来，北京市积极推动蜂农专业合作组织的服务带动能力，促进蜂农合作社的联合与合作，引导蜂农专业合作社在产业发展、乡村建设、生态保护、文化传承、脱贫攻坚等方面发挥积极作用。

2019年，北京市规模最大的区级蜂产业协会——密云区蜂产业协会成立，注册会员达到2706个，主要负责承接政府委托项目，开展蜂产业相关产品推介服务，开展科学研究、种蜂繁育、试验示范、技术培训、技术推广、产业宣传、经验交流等工作（图6-33-7）。

图6-33-7　蜜蜂饲养管理与蜂产品质量控制技术培训班

截至2020年，北京市有各类蜂农合作组织71个，合作社成员6857户，占北京市养蜂户67.48%，其中成员超过100户的有18个蜂农合作社，成员最多的两个合作社分别是密云京纯养蜂专业合作社和北京奥金达蜂产品专业合作社，成员分别为630户和520户。

北京市蜂农合作社注册资金超过5000万元，其中注册资金在50万元以上的有20家；蜂农合作社总资产超过2亿元，其中总资产超过1000万元的有10家。全市有8家蜂农合作社被评为"中国蜂农合作社示范社"，有2家被授予"全国优秀示范社"荣誉称号。

北京市蜂农合作社饲养蜂群总数约为21万群，约占北京市蜜蜂饲养量的80%；年产蜂蜜7890吨，占北京市蜂蜜产量的88%；年产王浆59吨，占北京市蜂王浆产量的90.3%；年产花粉93吨，占北京市花粉产量的94%；养蜂年产值约1.77亿元，占北京市蜂业产值84.4%。

北京市蜂业合作社已从初期的生产领域合作起步，逐步向品牌、流通、加工等领域融合发展，实现了"四个转变"，即由专业经营型向综合经营型转变、由社员需求型向市场需求型转变、由独立发展型向合作联盟型转变、由横向一体化向纵向一体化转变，成为产业结构调整、乡村振兴和服农富农的有效主体。

二、运营服务

蜂农专业合作社从生产、加工、销售等各个环节为农民获得收益，通过统一供应生产资料、统一技术、统一品牌、统一包装、统一销售、统一物流等，使社员获得了更多利润。组织生产京西白蜜、中华蜜蜂蜂产品、成熟蜂蜜、自流蜜、富硒蜜等唯一性、特色蜂产品占领市场；向蜂农提供产前、产中、产后服务，与会员签订收购协议，以高于市场价5%~10%的保护价，收购会员生产的蜂蜜，解决蜂农生产销售信息不畅难题；二次返利促进蜂农增收，北京金华林养蜂专业合作社、北京京纯养蜂专业合作社和北京奥金达蜂产品专业合作社实行二次返利分红制度，年终可分配盈余的60%按社员与合作社的交易量比例返还，40%按社员入股比例分红，增加了社员的收入。

三、打造品牌

合作社积极注册产品商标，打造优质知名品牌，推广绿色、有机、无公害蜂产品生产，提升了蜂产品质量安全水平。截至2020年，北京市养蜂合作社共注册法城、花彤、京密、赤萝秀、海鲸花等12个商标。北京京纯养蜂专业合作社和北京奥金达养蜂专业合作社生产的蜂蜜产品被评为中国生态原产地保护产品；北京绿纯金养蜂专业合作社生产的"京西白蜜"产品被授予地理标志产品认证。

四、融合发展

在为社员提供服务和进行蜂产品初加工的基础上，合作社与蜂产品精深加工业、蜜蜂授粉业、蜜蜂康养业、蜜蜂文化旅游休闲业和蜜蜂教育业融合，大力发展休闲蜂业、养生蜂业、创意蜂业、蜂业文化等新兴业态；通过菜单式托管、订单帮扶、电商销售、股份合作和大户带动模式，带动农民从事蜂产业；采取"合作社+龙头企业+基地+农户"等多种联合模式，延长产业链条；运用现代信息技术，加快推进蜂农合作社"互联网+"进程，搭建蜂产品网络销售和公共服务信息平台，拓展蜂产品营销渠道。

五、典型案例

（一）北京京纯养蜂专业合作社

北京京纯养蜂专业合作社成立于2004年，位于密云水库东南岸的白龙潭风景区，是集蜜蜂养殖、蜂产品加工销售、蜂产品研发、蜂产品出口、蜂文化旅游于一体的农民专业合作社，已形成合作社+公司+基地+农户的运作模式，合作社拥有加工车间和养殖基地25万平方米，蜜蜂饲养量达到6.3万群，资产规模达6000余万元，2020年销售收入3100万元，合作社成员800余户，涉及密云区14个镇102个自然村，并辐射带动河北承德、秦皇岛、张家口、天津等地农户200余户。

合作社取得了HACCP体系、ISO9001质量管理体系、ISO22000食品安全管理体系认证，"密云京密蜂蜜"获得国家生态原产地产品保护。注册产品商标有"京密""京纯""太师屯"，产品有荆花蜜、巢蜜、蜂花粉、蜂胶、蜂王浆、蜂蛹、蜂皂、面膜8类50余种，建有"蜜蜂大世界"科普教育基地。

2013年，北京京纯养蜂专业合作社被中国蜂产品协会授予"全国蜂农专业合作社示范社"称号；2014年，被中国科学技术协会、财政部评为"全国科普惠农兴村先进单位"；2016年，被北京市农业产业化龙头企业协会确定为重点龙头企业；2018年，"京密"品牌获北京市农业好品牌称号；2019年，被中国蜂产品协会授予全国蜂业优秀合作社、全国蜂业优秀"蜜蜂文化基地"称号。2020年，该合作社的社长被评为全国劳动模范。

（二）北京奥金达蜂产品专业合作社

北京奥金达蜂产品专业合作社成立于2004年，位于密云区高岭镇，是一家集养殖、授粉、旅游、生产、加工、销售于一体的绿色农业科技企业。入社社员921户，分布在密云区9个镇、91个自然村，同时辐射带动河北承德市丰宁、滦平、承德等县。2007年3月注册"花彤"品牌商标。2020年，合作社有"花彤"品牌蜂产品5大类18个；有标准化养蜂基地140个，产蜜蜂群6万群，授粉蜂群8000群；年产蜂蜜3000余吨，产值近5000万元。

合作社发挥蜂产业优势，通过技术帮扶、托底帮扶、保险帮扶、销售帮扶、就业帮扶、对口支援帮扶等，精准帮扶123户低收入农户通过养蜂就业增收致富。先后与对口支援的湖北省竹溪县顺达农业合作社签订协议开展对口帮扶，与河北承德市滦平县供销合作社开展结对帮扶，在滦平地区成立奥金达养蜂合作社分社，为促进当地蜂业发展提供技术、管理、物资等全面服务。

合作社多次被各级党委、政府及相关部门评为"京郊先进专业合作社""全国农民专业合作社示范社""全国蜂产品行业龙头企业""国家高新技术企业"。

（三）北京金华林养蜂专业合作社

北京金华林养蜂专业合作社于2007年9月成立，位于昌平区南口镇，入社社员103户，辐射带动农户200多户，蜂产品注册商标为"赤萝秀"。合作社以养殖蜜蜂、销售蜂产品、提供技术培训等业务为主，蜂群总量达3万群，年产蜂蜜400多吨、王浆3吨、花粉1吨。合作社始终坚持"民办、民有、民管、民受益"的办社原则，坚持依法规范运作，为蜂农提供产前、产中、产后等系列服务。

北京金华林养蜂专业合作社连续多年获得"国家级示范社"和"全国蜂农专业合作社示范

社"称号。2012年,"赤萝秀"蜂蜜获得第十届中国国际农产品交易会金奖。

（四）北京海鲸花养蜂专业合作社

北京海鲸花养蜂专业合作社成立于2010年，位于平谷区南独乐河镇。入社社员380户，其中残疾人120多户，低收入户130多户，蜂群1万余群。建有专业的蜂蜜加工车间，主要产品包括蜂蜜、蜂花粉、蜂王浆、蜂胶液、蜂巢蜜等。合作社采用"合作社＋基地＋农户"的运作模式，以国际标准生产蜂产品，统一加工、统一品牌、统一销售，通过产前、产中、产后的服务，帮助蜂农解决养蜂技术问题、指导培训、负责蜂资供应、蜂蜜购销、加工，为蜂农架起通向市场的桥梁，并按照市场价格与农户签定收购合同，年底根据盈余情况进行二次返利，利益共享，形成了产供销一体的产业链条。

海鲸花养蜂专业合作社先后被各级政府及相关部门授予"全国蜂产品安全与标准化生产基地""全国农民合作社加工示范单位"及妇字号基地、科普基地、助残基地、市级示范社等荣誉称号。该社社长先后荣获"北京市五四奖章""全国青年致富带头人""全国农村创业创新带头人"等荣誉称号。

第五节　蜜蜂科技创新与文化

一、科研与推广

多年来，北京市全面加强蜂业科技创新，推进成果转化，强化技术推广体系建设，以科技成果转化促进产业发展，在蜜蜂标准化饲养、新型蜂产品开发、蜜蜂病虫害防治、蜂产品质量安全与溯源管理、蜜蜂授粉、蜜蜂良种繁育、蜂疗保健、蜜蜂文化观光休闲等领域广泛开展实用蜂业技术的研发、中试和推广工作。先后开展了蜂蜜王浆优质高产综合配套技术、北京巢蜜生产技术、蜜蜂白垩病综合防治技术、北京市蜜蜂授粉产业化关键技术、北京市蜂业生产标准化及深加工基地建设、北京市蜜蜂饲养集约化关键技术、蜂业产业发展关键技术、蜂产品新功能开发技术研究、程序化养蜂法、多箱体养蜂法等蜂业科技研究、试验示范和推广工作。结合郊区区域资源的整体优势，通过实施蜂业科技试验示范项目，以点带面，向周边地区辐射，提升了北京市蜂业生产的整体水平。

截至2020年，先后承担国家、市、行业等各级科研项目65项，荣获省、市、局级各类科技进步奖和推广奖20多项，建成国家蜂产业技术体系北京综合试验站；研发新型蜂产品70余种，获得15项国际金奖和国内奖项，编著出版蜂业科技专著20部，发表科技文章400余篇，拍摄蜜蜂专题科教片12部，培养了一大批养蜂科技人员和技术能手。

2011—2013年，实施了市科委"生态涵养区蜂产业科技示范与产业化促进工程"项目。该项目立足生态涵养区经济发展，以龙头企业和合作社为主体，以科技为核心，创立低碳养蜂、低碳生产加工的"双低碳"蜂产业发展新模式，通过技术攻关解决困扰蜂产业发展的关键性问题，先后解决了延缓蜂蜜结晶、防止蜂蜜柚子茶发酵、花粉深加工等技术难题；研发蜂蜜生姜茶、蜂蜜红枣茶、柠檬花粉素等系列深加工产品。该项目荣获2014年度北京市农业技术推广三等奖。

2015年，实施了市财政"新型巢蜜生产技术"项目。新型巢蜜具有产品附加值高、劳动强度低和文化理念丰富等特点，该项目通过对自酿式瓶装巢蜜、创意图文巢蜜规模化生产技术的研发和示范推广，促进蜂产业与文化创意产业和休闲旅游产业的融合，推进地方旅游业和休闲农业的发展。该项目在密云区建成了1个新型巢蜜规模化生产示范区，年产普通巢蜜2万框，自酿式瓶装巢蜜1万瓶，创意图文巢蜜5000块。

2016—2018年，实施了市科委"蜂产品质量安全保障及蜂业产业链拓展关键技术研究与应用"重大科技项目。该项目建立了蜂蜜产品全程质量监管技术体系，在蜂产品新的生产技术、生产模式、加工手段、蜂具设备等领域开展技术研究。开发了"优质高效蜂毒采集设备""小型太阳能低温保鲜贮藏周转设备"等新型蜜蜂毒生产和贮存设备；制定了蜜蜂毒生产技术规范和蜜蜂毒保存与运输技术规范和蜜蜂毒原料质量标准；开发了蜜蜂毒风湿膏、蜜蜂毒面膜霜、蜜蜂毒刮痧油、蜜蜂毒刮痧水剂等4款蜜蜂毒制品。项目的实施拓宽了蜂业产业链，促进了产品的多元化，提高了蜂产品产业化水平。

2021年，建立了"北京蜂产业研究院"。密云区、中国农业科学院蜜蜂研究所达成合作协议，由密云区牵头，成立全国首家以中华蜜蜂为主要研究对象的蜂产业研究院，重点在蜂业培训服务、种质资源优化、病敌害防治、蜜蜂授粉等方面开展科学研究和成果转化。研究院的建立对加快北京现代蜂业产业体系建设，推动蜂产业高质量发展和助力乡村振兴具有重要意义。

二、技术培训

近年来，北京市蜂产业坚持分类培养，加大科技人才培养力度，通过开展蜂业乡土专家培养、科技下乡、新型蜂农培养和举办养蜂技术培训班，加强蜂农专业知识和实操能力培养，提高蜂农综合素质、增强蜂业科技水平。2010—2020年，北京市蜂业产业累计组织蜜蜂饲养、蜜蜂授粉、蜂产品生产、溯源管理等各类培训班250余次，共计培训13.5万人次，共培养国家级蜂业乡土专家7人，北京市级蜂业技术顾问28人，北京市级养蜂科技协调员300人。通过培训，蜂业从业人员专业化水平明显提升，蜂农创新精神、市场意识和科技意识明显增强。

三、标准化体系建设

2007年以来，北京市加大推进蜂业标准化体系建设力度，在蜜蜂饲养、蜂产品生产、蜂授粉、产品质量、运营管理等方面，形成了比较完备的标准体系。截至2020年，北京市主持制定《巢蜜》《王台蜂王浆》《蜂产业项目运营管理规范》3项蜂业行业国家标准。先后在平谷、密云和门头沟建成3个国家级安全蜂产品标准化示范区，示范规模达到2500户，示范蜂群10万群。制定北京市地方标准8项。

《蜜蜂饲养综合技术规范》 该标准规定了蜜蜂饲养的相关定义、蜜蜂的饲养条件、蜂群饲养管理常用技术、强群饲养技术和四季养蜂各环节的管理技术。

《蜂蜜生产技术规范》 该标准规定了蜂蜜的生产条件、培育适龄采集蜂、采蜜群组织及管理、生产期蜂群管理、取蜜原则、取蜜前的准备、取蜜步骤、蜜蜂病虫害防治及包装、标志、贮存和运输等。

《蜂王浆生产技术规范》 该标准规定了生产蜂王浆的条件、产浆群的组织、生产期产浆群的管理、适龄幼虫的培育、生产工序、蜜蜂病虫害防治等技术要求及包装、标志、贮存和运输等要求。

《蜂花粉生产技术规范》 该标准规定了蜂花粉的定义、生产条件、操作规程、干燥方法、蜜蜂病虫害及包装、标志、贮存和运输。

《蜂胶生产技术规范》 该标准规定了蜂胶的定义、生产条件、生产方法、蜜蜂病虫害防治及包装、标志、贮存和运输。

《设施西瓜蜜蜂授粉技术规范》 该标准规定了设施西瓜蜜蜂授粉专用蜂群的繁育、授粉蜂群运输、设施及环境要求、授粉期管理的基本原则和技术方法。本标准适用于设施西瓜（不包括阳光板温室大棚）生产中使用蜜蜂授粉的情况。

《设施草莓蜜蜂授粉技术规范》 该标准规定了设施草莓授粉蜂群繁育、组织和配备、蜂群运输、授粉期管理及蜂群回收的基本原则和技术方法。本标准适用于设施草莓（阳光板温室大棚除外）的蜜蜂授粉。

《设施茄果类作物熊蜂授粉技术规程》 该标准规定了熊蜂授粉蜂群的预订与运输、检查与接收、设施及环境要求、授粉期管理的基本原则和技术方法。本标准适用于北京地区设施茄果类蔬菜生产中使用熊蜂授粉时的技术操作。

四、专利技术

长期以来，北京市注重蜂产业专利技术的研究与开发，取得了一系列国家专利技术成果。仅由市蚕蜂站主持、参与研究并获得的专利就达52项，其中发明专利9项、实用新型专利40项、外观设计专利2项、软著专利1项，见表6-33-5。截至2020年，52项专利已实现产值5亿多元，增加利税超过1亿元。

五、蜜蜂文化

人类从认识蜜蜂、饲养蜜蜂、研究蜜蜂到利用蜜蜂产品的过程中，形成了丰富多彩的蜜蜂文化，并渗透到人们的衣、食、住、行及文学艺术、民俗、医药等各领域。近年来，北京积极推动蜂产业功能拓展，大力发展蜜蜂文旅深度融合，加强蜜蜂文化创意，推广普及蜜蜂文化。蜜蜂博物馆、蜜蜂文化节、蜜蜂观光园、"蜂"味餐厅、图文蜂蜜等蜜蜂文化传播平台和媒介脱颖而出，同时，蜜蜂认养、蜜蜂教育和文化产品也走进广大市民身边，为蜂产业发展注入了新活力。

表6-33-5 北京市蚕蜂站获专利技术

序号	专利名称	专利号	发明人	类别
1	包装瓶（特种蜂花粉）	ZL 03 3 07358.9	刘进祖、吴忠高	实用新型专利
2	包装瓶	ZL 03 3 07357.0	刘进祖	实用新型专利
3	北京巢蜜格子	ZL 95 2 00121.7	张世英、刘进祖、吴忠高	实用新型专利
4	水溶性蜂胶液及其制备方法	ZL 03 1 41394.3	刘进祖、娄华、吕传军	发明专利
5	蜂胶蜜糖及其制备工艺	ZL 03 1 41393.5	刘进祖、娄华、吴忠高	发明专利
6	蜂胶软胶囊及其制备方法	ZL 03 1 41395.1	刘进祖、吴忠高、娄华	发明专利
7	一种蜂胶无醇葡萄酒	ZL2004 1 0008702.0	钟耀富	发明专利
8	一种富含花粉脂肪类物质的提取方法	ZL 2012 1 0436578.2	刘进祖、吴忠高、刘进、吕传军	发明专利
9	一种用花粉可溶性提取物制备的固体饮料	ZL 2012 1 0435165.2	刘进祖、吴忠高、刘进、吕传军	发明专利
10	一种高精度的卧式搅拌锅	ZL2016 2 0005643.X	吴忠高、刘进祖、刘进、张永贵、赵岳鹏	实用新型专利
11	一种带温度警示的卧式搅拌锅	ZL2016 2 0004642.3	吴忠高、刘进祖、刘进、吕传军、王星	实用新型专利
12	快速推送装置	ZL 2016 2 0010049.X	梁崇波、吴忠高、吕传军、刘进、沈明	实用新型专利
13	快速推送装置	ZL 2016 2 0004515.3	郝紫微、刘进祖、吴忠高、刘进、梁崇波	实用新型专利
14	胶囊计数装置	ZL 2016 2 0005866.6	张永贵、刘进祖、吴忠高、刘进、郝紫微	实用新型专利
15	高效花粉筛选机	ZL 2016 2 0004641.9	田清伟、刘进祖、吴忠高、刘进、吕传军	实用新型专利
16	一种快速推送装置	ZL 2016 2 0004514.9	王星、吴忠高、刘进、张永贵、赵岳鹏	实用新型专利

(续)

序号	专利名称	专利号	发明人	类别
17	一种蜂蜜浓缩设备	ZL 2016 2 0010047.0	沈明、刘进祖、吴忠高、刘进、郝紫微	实用新型专利
18	带有弹性推进装置的蜂蜜过滤装置	ZL 2016 2 0010050.2	汪平凯、刘进祖、吴忠高、刘进、梁崇波	实用新型专利
19	夹层蒸汽锅	ZL 2016 2 0010063.X	刘进祖、吴忠高、刘进、吕传军、郝紫微	实用新型专利
20	搅拌夹层蒸汽锅	ZL 2016 2 0010062.5	褚亮军、刘进祖、吴忠高、刘进、王星	实用新型专利
21	一种蜂蜜浓缩罐	ZL 2016 2 0010048.5	赵岳鹏、刘进祖、刘进、张永贵、吕传军	实用新型专利
22	多层蜂蜜过滤装置	ZL 2016 2 0004643.8	吴忠高、刘进祖、刘进、吕传军、沈明	实用新型专利
23	巢蜜	ZL 2017 3 0594931.3	杨丽鹤、吴忠高、王星	外观设计专利
24	蜂箱	ZL 2018 3 0109210.3	王星、温敏维、刘进祖、吴忠高、肖琴然	外观设计专利
25	生态蜂箱	ZL 2018 2 0396958.0	王星、温敏维、刘进祖、吴忠高、肖秦然	实用新型专利
26	保温蜂箱	ZL 2018 2 0399733.0	刘进祖、温敏维、吴忠高、王星、肖秦然	实用新型专利
27	一种自带巢蜜格的巢蜜盒	ZL 2019 2 1825734.8	翟大福、田清伟、刘进祖、王星、梁崇波	实用新型专利
28	巢蜜包装盒	ZL 2019 3 0588367.3	翟大福、田清伟、刘进祖、王星、梁崇波	实用新型专利
29	蜜蜂授粉微型蜂箱	982160089		实用新型专利
30	壁蜂授粉专用箱	ZL 02 2 00649.4		实用新型专利
31	蜜蜂撞棚技术	ZL 02 1 165742		发明专利
32	中华蜜蜂折叠式巢框	2007201 493529		实用新型专利
33	中华蜜蜂组合式中蜂蜂桶	2007201 49351.4		实用新型专利
34	熊蜂工厂化生产繁育系统	2007100 99744.3		发明专利
35	蜜蜂蜂箱	200930208868.0		实用新型专利
36	蜜蜂饲喂系统	200920 222859.0		发明专利
37	蜂箱	2009100 92990.5		实用新型专利
38	西瓜蜜蜂授粉专用箱	201020 226445.9		实用新型专利
39	一种蜂蜜封口机	ZL 2016 2 0005619.6	吕传军、刘进祖、吴忠高、刘进、王星	实用新型专利
40	一种蜂蜜灌装机	ZL 2016 2 0005641.0	刘进、刘进祖、吴忠高、吕传军、张永贵	实用新型专利
41	一种巢蜜生产方法	US 10,736.345 B2	刘进祖、吴忠高、王星	国际发明专利
42	电子除螨仪（2）	ZL 2020 3 0488606.0	温敏维、汪平凯、张永贵、梁崇波、田清伟	外观设计专利
43	电子除螨仪（5）	ZL 2020 3 0488601.8	温敏维、汪平凯、梁崇波、吕传军、赵岳鹏	外观设计专利
44	蜂用电子除螨仪控制软件[简称：除螨仪软件] V1.0	登记号：2021SR0458033	北京市蚕业蜂业管理站	中华人民共和国国家版权局，计算机软件著作登记证书

(续)

序号	专利名称	专利号	发明人	类别
45	一种正弦波式超声除螨装置	ZL 2020 2 1788336.6	温敏维、方锡红、石艳丽、吕传军、张永贵	实用新型专利
46	一种电场磁场配合的除螨装置及运用该除螨装置的蜂箱	ZL 2020 2 1788339.X	温敏维、王星、张永贵、吕传军、赵岳鹏	实用新型专利
47	一种超声除螨装置及运用该除螨装置的蜂箱	ZL 2020 2 1788412.3	温敏维、方锡红、刘进、张永贵、王星	实用新型专利
48	一种电子除螨仪	ZL 2020 2 1788273.4	温敏维、方锡红、田清伟、石艳丽、梁崇波	实用新型专利
49	一种方波式超声除螨装置	ZL 2020 2 1788275.3	温敏维、汪平凯、张永贵、吕传军、刘进	实用新型专利
50	一种负离子除螨装置及运用该除螨装置的蜂箱	ZL 2020 2 1788415.7	温敏维、汪平凯、梁崇波、吕传军、刘进	实用新型专利
51	一种正弦波式电磁场除螨装置	ZL 2020 2 1788271.5	温敏维、刘进、张永贵、梁崇波、赵岳鹏	实用新型专利
52	一种方波式电磁场除螨装置	ZL 2020 2 1788274.9	温敏维、田清伟、梁崇波、赵岳鹏、石艳丽	实用新型专利

（一）蜜蜂文化主题园区

2003年起，北京市以蜜蜂为主题，开始兴建蜜蜂文化主题园区，通过展板、图片、实物、互动、体验等形式，向大众科普蜜蜂文化、蜜蜂授粉与生态安全、蜜蜂的生物学特性。密云区"蜜蜂大世界科普展示中心"、平谷区"金海湖欢乐养蜂场"、顺义区"中国蜜蜂授粉博物馆"等已经形成一定的品牌效应。

蜜蜂大世界科普展示中心　2016年建成，位于密云区白龙潭。中心展馆展示面积650平方米，展馆以实物、文字、动画、标本模型、互动投影、互动体验，并结合声、光、电灯等特效展示蜜蜂科普文化知识，是北京最大的蜜蜂主题科普馆。中心由科普知识区、互动体验区和产品展示区3个区域组成，设有科普馆、生产区、标准化养蜂体验区、登山游览采摘区、游客接待区、餐饮区、住宿接待区等7大功能区。开设活动有蜂场参观、生产车间参观、科普馆、蜜蜂电影、蜂产品DIY、蜂人表演、互动游戏、爬山、蜜源植物识别等活动。作为北京市中小学科普教育示范基地，截至2020年，60余所学校学生到基地开展社会实践活动，接待社会各界200余万人次参观学习（图6-33-8）。

北京市蜜蜂授粉科普基地　位于顺义区杨镇，基地占地5000余平方米，是国内第一家以蜜蜂授粉为主题的科普示范基地。有全国规模最大的熊蜂繁育车间和授粉蜂繁育场，年可提供授粉专用熊蜂蜂群10000群，蜜蜂蜂群5000余群。

图6-33-8　蜜蜂大世界校外大课堂

（二）蜂文化主题特色活动

通过开展荆花文化节、中蜂割蜜节、丰收节等特色蜜蜂文化主题活动，提升产业知名度和影响力；通过举办蜂业论坛，加强与全国各地养蜂行业的沟通、协作与交流，挖掘蜜蜂区域文化价值。

2014年10月，在北京市蜂业公司成立30周年之际，中国蜂产品协会在人民大会堂举办了"中国蜂业发展论坛"。论坛由北京市蚕业蜂业管理站、北京市蜂业公司承办，主题为"携手北京蜂业，共创甜蜜生活"。启动了"关爱蜜蜂——华林健康甜蜜大使海选"科普系列活动，来自全国各地的800名蜂产品健康甜蜜大使参加了论坛活动。

2018年11月，北京市举办"21世纪第三届全国蜂业科技与蜂产业发展大会暨首届北京密云蜂业发展高峰论坛"，主题为"发展蜜蜂产业，共筑生态家园"。论坛对近两年来中国蜂业在科技成果、产业发展、蜂产品营销、中华蜜蜂保护利用、养蜂与精准扶贫等领域取得的成果和经验进行了深入交流。来自全国各地蜜蜂行业的专家、学者、企业家和蜂农代表近千人参加了大会。

2019年10月，北京市举办"2019京台美丽乡村论坛"，论坛由北京市台湾事务办公室主办，以"蜜蜂·产业·生态"为主题。北京、台湾两地嘉宾分享了养蜂和蜂产业发展经验和技术，围绕蜜蜂授粉、植物多样性、生态改善和乡村休闲产业发展进行研讨交流。市蚕蜂站作了《打造生态化产业链条 助推北京蜂产业实现高质量发展》的主题报告，介绍了北京市蜂产业发展的成就和经验。

2017年，联合国批准每年5月20日为"世界蜜蜂日"。2018—2020年，北京市连续3年组织开展"5·20世界蜜蜂日"活动，向广大市民传播蜜蜂文化，弘扬蜜蜂精神，普及和推广蜂产品健康消费理念，让广大市民携手共同关爱蜜蜂，保护蜜蜂。2018年5月，中国蜂产品协会在朝阳公园以"感恩蜜蜂 与爱同行"为主题举办"5·20世界蜜蜂日"纪念活动，密云蜜蜂大世界、中国蜜蜂博物馆、春之谷国际蜜蜂教育基地也分别举办了纪念活动。2019年5月，密云区举办华北地区"5·20世界蜜蜂日"主题活动暨第二届北京密云蜂产业发展高峰论坛，世界蜜蜂日发起国——斯洛文尼亚共和国的国务秘书和农业部部长等出席了论坛。2020年5月，中国养蜂学会主办的"5·20世界蜜蜂日"主题活动，主会场设在密云蜜蜂大世界，在全国60个地区设分会场。斯洛文尼亚驻华大使和亚蜂联主席分别发表视频讲话，中国养蜂学会向全球发出"尊重自然、关爱生命"的倡议，以传播蜜蜂文化，弘扬蜜蜂精神，普及推广蜂产品健康消费理念，让人类共同关爱蜜蜂，保护蜜蜂。

近年来，北京市推动"蜂旅融合"发展，借助抖音、快手、今日头条等平台，推出蜂文化特色旅游项目，将蜂产业与休闲农业、文化旅游业相结合，打造区域特色品牌。推出了红酒蜂蜜养生游、登高探"蜜"冒险游、甜蜜风情亲子游、割蜜节、蜜蜂文化节、荆花文化节等系列活动。2020年，各类蜂业文化观光园和活动累计接待参观人数20余万人。

第三十四章　自然教育

自然教育是指依托自然资源和自然景观，通过视、听、闻、触、尝、思等方式，欣赏、感知和了解自然，获取自然知识，强化人与自然之间关系，从中获得感触和启发，提高关爱自然、保护自然意识的一种户外教育方式。通过这种"在大自然中的、为了自然的、关于自然的"实践活动，使参与者领悟人与自然的内在联系，进而提升生态文明素养，实现人与自然的和谐共生。

2012年，北京借助实施"中韩合作八达岭地区森林保护与公众教育项目"国际合作，引进国际自然教育理念，开始探索北京森林体验教育发展路径。经过多年探索实践，制定了北京自然教育的发展规划，编制了北京自然教育的地方标准，培育了一批自然教育基地，培养了一批自然教育专业人才，开展了一系列自然教育活动，形成了"森林与教育、森林与健康、森林与艺术、森林与生活"的自然教育新模式，推进了北京自然教育创新发展。

第一节　发展背景

一、自然教育起源

在我国，关注人与自然的关系是中华民族传统文化中的核心内容之一。孔子认为四季轮回和万物生长都有其内在规律，老子提出"道法自然"、孟子提出"不违农时"，都体现了古朴的生态伦理观念，都包含了朴素、清晰的自然观。

在国际上，18世纪中期法国思想家卢梭提出自然教育思想，主张让孩子们远离城市环境，在乡村、郊野、森林等自然环境里接受教育。此观念被认为是当代自然教育启蒙思想。随后，自然学习、乡村学习、自然研究、户外教育、保育教育等活动陆续兴起，成为自然教育萌芽。

20世纪初，早期的自然教育，在启发人们不断认识和理解自然，鼓励人们去思考和探索自己和自然之间关系。随着自然博物和自然史研究自然研习运动兴起，指出要在看得见摸得着真实自然中学习、理解和思考，让人们感受基于自然生态系统和完整自然过程教育观念。

20世纪90年代，卢梭等人的自然教育思想逐渐被更多人关注。其中，以德国、日本、韩国、新加坡为主一些国家率先开始发展自然教育，形成完整的人才培养、项目设计、运营管理体系。香港、台湾地区从20世纪90年代依托国家公园、自然公园、郊野公园开展自然教育活动，形成具有自身特点的管理运营体系，把能够进行森林体验教育和森林疗养各种资源，结合公众日常生活场景和个人发展需要来进行整合，打造时间、空间两大立体绿色休闲生活圈。从运营模式看，把森林体验教育与森林疗养作为普惠社会福祉产品，将自然教育和森林疗养与教育、养老、助残和儿童疗育相结合，政府兜底，提供公共服务；发展产业型自然教育和森林疗养基地，以企业为主体，开发林药旅游产品、森林体育运动产品、森林文化创意产品，为普通市民提供更多选择。

二、北京自然教育基础

自然教育资源丰富　截至2022年，北京森林覆盖率达到44.8%，绿化覆盖率达到49.77%，各类公园1050个，优质自然生态资源奠定了北京市自然教育发展基础，拓展了市民对不同自然教育类型空间的选择，吸引着更多的人参与自然教育，感受身边大自然。随着经济社会发展，人们对回归自然、提升绿色生活质量的意识不断提高，自然教育逐步成为市民必不可少的消费选项和生活方式（图6-34-1）。

自然教育人才集中　自然教育活动有别于一般的自然观光旅游，是将自然生态资源以专业性、科普性、系统性和人文性的形式传递给受众，载体是自然教育从业者和自然教育课程。北京的各类公园、自然保护区、林场、苗圃、科普基地、园艺驿站等大都具有专职、兼职科普讲解人员以及特色鲜明的自然教育课程，同时还有来自首都科研院所、大专院校的自然教育专家团队和志愿者。

自然教育机制创新　2018年9月，成立了"首都自然体验产业国家创新联盟"，联盟以"联合开发、优势互补、资源共享、利益共享"为原则，致力于在自然体验与相关行业之间建立有效运行的产学研结合新机制，已有100余家单位加入联盟，成员单位包括来自全国各地森林公园、林场、苗圃、园林绿化科普基地以及从事自然体验教育的NGO、企业和科研院所等。制定了首都自然体验产业国家创新联盟章程，发布了联盟标识，建立了共建共管机制。成员单位加强交流合作，形成合力，共同推动自然教育产业发展。

顶层设计构建完整　北京市自然教育坚持生态保护优先的原则，以全民共享绿色福祉为目标，以公益化与产业化并举为特色，构建了自然教育发展的顶层设计，从总体布局、发展方向、发展重点、保障体系等多个方面对自然教育产业发展作出总体部署。《北京市自然教育发展"十四五"规划》提出实施7大工程（自然教育体验馆工程、京郊森林健康步道工程、科普解说牌示系统工程、"城里城外"自然课堂工程、"自然+"创意文化产业孵化工程、"绿色人才"培养与管理工程、吸引10万青少年进森林工程），打造10分钟绿色生活方式社区公园圈、半小时城市森林户外休闲圈、1小时自然教育与自然教育近郊游憩圈、2小时环首都森林生态保护与森林游憩圈的战略布局，为北京市自然教育的发展指明了方向、奠定了基础。

图6-34-1　西山自然观察径自然体验活动

第二节 自然教育活动

北京市借鉴先进国际经验，依托园林绿化资源，将科普与宣传生态文明森林文化系列活动深度融合，呈现出森林与艺术、手工、科技和健康等多元素融合特点，创建了"森林与人"系列品牌活动。其中，森林音乐会、"悦"读森林、森林大篷车、大众长走等活动荣获中国林学会颁布的梁希科普奖，森林大篷车、海培计划项目、环湖长走等活动，受到广播、电视、报纸、网络等各类首都新闻媒体的广泛报道。

一、零碳森林音乐会

2010年，北京市园林绿化局启动"零碳音乐季"活动，以宣传"林业应对气候变化"理念为主题，结合音乐会演出，宣传普及零碳理念、倡导市民低碳生活。首届零碳音乐季由北京市政府主办，市园林绿化局、市委宣传部、市文化局等单位承办。2013年，零碳音乐季活动在西山国家森林公园举行，首次由室内转入森林中，更名为北京西山零碳森林音乐会。

截至2020年，零碳森林音乐会已连续举办了11届，演出30场次，配合演出，累计组织开展230场次宣传活动（图6-34-2）。为实现活动碳中和目标，通过实施碳汇造林15.27公顷、增汇经营14.92公顷，完全抵消11届音乐季产生的4136.58吨二氧化碳当量，使音乐季成为真正的"零碳"活动。历届零碳森林音乐会情况见表6-34-1。

图6-34-2 2019年4月，第十届北京西山零碳森林音乐会

表6-34-1 历届零碳森林音乐会情况

年份	主题	演出及宣传场次	辐射受众（万人）	举办地点	形式
2010	聚焦林业碳汇、参与碳补偿、消除碳足迹	40	6	中山音乐堂	通过主题展板、发放折页、互动问答等方式宣传
2011	关注森林、体验森林、参与森林生产、消除碳足迹	60	8	中山音乐堂	通过主题展板、发放折页、互动问答等方式宣传
2012	为了绿色，请重拾手帕	40	6	中山音乐堂	通过主题展板、发放折页、互动问答等方式宣传；同时，通过室内讲座的形式进行知识普及
2013	你我一"筷"	41	10	中山音乐堂、西山国家森林公园	在中山音乐堂，以摆放主题背板、发放折页、互动问答的方式进行宣传；在西山国家森林公园举办森林音乐会，现场通过自然绘画、自然课堂、自然游戏等方式进行互动宣传
2014	走进森林、感知文化	32	4	中山音乐堂、西山国家森林公园	在中山音乐堂，以摆放主题背板、发放折页、互动问答的方式进行宣传；在西山国家森林公园举办森林音乐会
2015	绿色传承文化、音乐传播艺术	24	4	中山音乐堂、西山国家森林公园	在中山音乐堂，以摆放主题背板、发放折页、互动问答的方式进行宣传；在西山国家森林公园举办森林音乐会

(续)

年份	主题	演出及宣传场次	辐射受众（万人）	举办地点	形式
2016	生态、人、音乐	4	2	西山国家森林公园	在西山森林公园摆放主题展板，通过互动问答、折页讲解等方式进行宣传
2017	尊重自然、保护自然、顺应自然	6	3	西山国家森林公园	在西山森林公园摆放主题展板，通过互动问答、折页讲解等方式进行宣传
2018	走进森林、聆听音乐	5	2	西山国家森林公园	在西山森林公园摆放主题展板，通过互动问答、折页讲解等方式进行宣传
2019	律动西山、乐享自然	4	3	西山国家森林公园	打造"音乐会＋绿色市集＋科普长廊"三位一体的宣传方式，绿色市集集中展示与自然教育相关的活动、课程、手工作品、标本等，科普长廊通过十个团组近200块展板进行知识普及
2020	关注生物多样性、共享美丽生活	4	10	西山国家森林公园	采取"线下录制＋线上传播""森林音乐会＋森林课堂"的模式，线上在西山森林公园进行了4场主题演出，同时结合4个园林绿化当下最热的话题进行主题讲解，录制成"音乐＋课堂"的视频材料，加以宣传

二、"悦"读森林

2013年开始，面向社会公众开展"悦"读森林活动，以"用愉悦的心情品味森林"为宗旨，通过让学龄儿童在森林环境中进行阅读和手工制作来打开孩子对自然的探索之门，培养他们对大自然的热爱和对森林资源的保护意识。

活动分为森林阅读、森林手工、森林课堂3部分。森林阅读开创阅读新模式，阅读不再拘泥于教室课堂，不再局限于桌椅板凳，而是将知识学习与森林体验相融合；森林手工充分利用自然枯落物、森林经营产生的废弃物等，让青少年充分发挥想象，发现自然之美，将自然物创作成艺术品；森林课堂则以植物、动物、昆虫等为主题，在森林中通过讲解、识别等方式，带领青少年深入了解自然、感受自然（图6-34-3）。

"悦"读森林活动紧密结合自然，在活动内容和形式上不断寻求创新和突破，取得了良好的社会反响。截至2020年，活动累计举办302场次，其中，森林阅读115场次，森林手工146场次，森林大课堂41场次。历年"悦"读森林活动情况见表6-34-2。

图6-34-3 2014年4月，"悦"读森林活动

表6-34-2 历年"悦"读森林活动情况

单位：场次

年份	森林阅读	森林手工	森林大课堂	小计
合计	115	146	41	302
2013	0	26	4	30
2014	0	24	2	26

(续)

年份	森林阅读	森林手工	森林大课堂	小计
2015	26	26	7	59
2016	9	9	5	23
2017	22	12	5	39
2018	20	11	5	36
2019	18	18	7	43
2020	20	20	6	46

三、森林大篷车

2014年开始，开展"森林大篷车"自然教育活动。对大篷车做了精心设计，车头部位设置简易实验室，可以摆放显微镜等设备进行观察、实验；车身内部设置可翻开的知识展板、可触摸的仿真植物和动物标本、可聆听丛林鸟叫和潺潺的流水等互动设施，公众在此可进行自助式学习；车身外部全部用手绘形式绘制森林元素，让森林大篷车无论行驶在哪个公园，都有极高辨识度；车顶安装太阳能蓄电池，为车体用电提供能源保障，同时更是绿色节能理念的实践与呈现。

森林大篷车课程设置，以"森林与艺术""森林与文化""森林与环境""森林与生活""森林与健康"为主题，结合所在公园资源特色，充分考虑受众年龄特点，开发了一系列森林科普、游戏体验、绘本阅读、手工创作为主要形式的课程，并制作出可以发出声音的森林大篷车宣传折页，触摸画面就可以听到森林中的虫鸣鸟啼、动物吼叫、潺潺流水，让参与者汇集"所看、所听、所感、所触、所想"，感受森林的奥秘。此外，森林大篷车还首创"森林妈妈实践团"和"森林小小志愿者"等亲子教育主题活动，为家庭亲子自然教育提供新模式。

截至2021年，"森林大篷车"累计开展活动418场次，成为北京开展自然教育活动的重要载体，获得北京市第三届社会公益服务品牌活动等称号。

四、森林夏令营

2011年，北京首次举办由80多名青少年参加的森林体验夏令营活动，至2018年连续举办8次，营员数量逐渐增加，累计达上千人次。除通过课堂教学和参观形式进行室内学习，夏令营还设置户外体验环节，融入更多体育项目，包括定向越野和户外趣味体育竞赛等，强调在森林体验活动中加强体育锻炼，增强青少年体魄，拉近青少年和森林距离，让他们更好地享受森林带来的健康福祉（图6-34-4）。

图6-34-4　2016年7月，森林夏令营活动

五、"森林与人"大众长走活动

"森林与人"大众长走活动是面向社会大众开展的自然体验教育活动，着重强调生态文明、绿色发展理念，号召全社会一起行动，让每个公民、每个家庭都成为自然教育的宣传者、实践者、推动者。2011年，首届"森林与人"大众

长走活动在龙潭湖公园举行,至 2022 年连续举办 12 次,每次参加活动人数均在千人以上。参与者在长走过程中,通过参加沿途站点的有奖问答活动,了解森林知识,唤起走进森林、融入自然的热情。

六、青少年森林研学科考活动

2019 年开始,组织开展面向初高中学生的青少年森林研学科考活动。与体验式自然教育活动不同,研学科考活动是带领青少年深入林区一线,通过测量、观测、实验、记录等方式,让青少年真正了解林业生产、监测及实验过程,同时通过研学科考,培养青少年严谨的科学态度、求真的科学精神。同年,结合北京市"西山—永定河"文化带、"长城"文化带和"通州大运河"文化带等地理、文化资源,编制了《北京文化带研究性学习活动指导手册》,进一步丰富了北京园林绿化行业特色的青少年研学科考项目内容。

七、特殊儿童园艺疗法

2016 年开始,连续 3 年将园艺疗法应用在自闭、脑瘫、唐氏等类型的特殊儿童教育中,通过播种、育苗、翻土、踩踏、扦插、修剪、植物作画、摘取果实等形式,对特殊儿童进行有针对性的工作疗法。3 年的实践证明,将园艺疗法融入感统训练,不仅能够帮助特殊儿童建立良好的人际关系、宣泄不良情绪,更能促进培养特殊儿童的注意力、理解力和与人沟通的能力。

第三节　自然教育基地

自然教育基地是开展自然教育活动的重要载体。多年来,北京在自然教育活动中,深入挖掘森林公园、林场资源特色,注重发挥森林多重功能,引导有条件的单位建设、培育自然教育基地。目前,北京的自然教育基地主要包括首都生态文明宣传教育基地、森林文化示范区、园林绿化科普教育基地和园艺驿站 4 个类型。截至 2022 年,全市建成首都生态文明宣传教育基地 30 个、森林文化示范区 10 个、园林绿化科普教育基地 47 个、园艺驿站 103 个。

一、首都生态文明宣传教育基地

2013 年以来,在全市开展了首都生态文明宣传教育基地的评选工作。通过申报、筛选和专家评审等程序,北京林业大学、北京动物园、北京植物园、天坛公园、北海公园、颐和园、北京西山国家森林公园等 30 个单位被评为"首都生态文明宣传教育基地"。各基地拥有不同特色、不同类型的生态教育资源,既有生态资源丰富的大型郊野森林公园,也有寓教于乐的街心公园;既有人文景观厚重的古典皇家园林,也有现代气息浓厚的科技园区等,在宣传生态文化、普及园林绿化知识、规范游园文明行为等方面都发挥了示范、引领作用。

2017 年,依托 30 家首都生态文明宣传教育基地,开展了"'爱绿一起'首都市民生态体验活动",开启了首都生态文明宣传教育系列活动的序幕。至 2022 年,通过线上、线下方式,连续开展 6 年。在教育基地组织各类体验活动,多以家庭为单位,让家长们和孩子一起接受教育,将生态文明宣传教育理念渗透到社会的最小细胞中。家庭成员可以登山游园赏景,沿途识别植物,亲近自然;还可以参与插花课堂和植物手作,体验绿色生活方式;学习辨识鸟类及昆虫生活习性,树立爱护野生动物的意识;还可以开展种植蔬菜等农耕活动,体验乡土之趣。参与者在轻松的状态中零距离地学习生态知识,效果良好。仅 2022 年，以首都生态文明宣传教育基地为依托，举办的"爱绿一起"生态文明教育活动，开展线上、线下活动共 641 场，总受众人数 670 余万人次。如今，"爱绿一起"首都市民生态体验活动已成为首都生态文明宣传教育的品牌，成为首都市民了解首都生态文明建设成果，感受多彩生态文化的重要窗口。

在首都生态文明宣传教育基地示范带动下，各区也围绕本区内的宣传教育基地打造更具特色的生态体验活动，东城区开展"乐享自然 快乐成长"系列活动，打造公园里的自然课堂，让市民和孩子们在大自然中学习生态知识，体味自然乐趣，感悟生命之美。

二、森林文化示范区

2010 年以来，在中韩合作北京八达岭森林体验中心建成的基础上，相继建设了 10 个森林文化示范区，包括西山国家森林公园森林文化示范区、百望山森林公园森林文化示范区、长浴沟自然休养林森林文化示范区、松山生物多样性森林文化示范区、通州副中心森林文化示范区、黄垡苗圃森林文化示范区、大运河休闲公园森林文化示范区、北宫国家森林公园森林文化示范区、翠湖国家城市湿地公园森林文化示范区。各森林文化示范区通过对资源的深入挖掘，形成"森林体验+长城文化""红与绿的文化""娱乐+健身+自然观察"等各具特色的森林文化示范模式。

（一）八达岭森林体验中心

八达岭森林体验中心占地 450 公顷，分为森林体验馆和户外体验路线两部分，2014 年 6 月建成对外开放。该中心坚持"互动体验为主、娱乐科普兼顾"原则，力图使建筑与自然融为一体，展示与体验紧密结合，充分体现森林文化价值（图 6-34-5）。

森林体验馆建筑面积 856 平方米，展示面积 419.7 平方米，共两层，分为入口大厅、4 个展厅与 1 个报告厅，以及相关服务配套设施。展陈包括"八达岭森林的变迁""八达岭森林大家族""森林让生活更美好"及"八达岭森林艺术研究室"等主题，共布设 13 个展区 42 个展项，通过手工制作、多媒体操作、体感互动、角色扮演、拼图游戏等众多手段，调动游客视觉、听觉、嗅觉、触觉等感官，让游客在丰富变化的项目中获得知识与乐趣。

户外体验路线是以森林体验馆为中心，建成松林之吻五感体验径、林间教室、林间动物木雕、动物跳远、动物脚印路、手工生态径、水循环切面展示架等自然体验设施。依据游憩特色，

图 6-34-5 2016 年 6 月，芬兰前总统塔里娅·哈洛宁参观八达岭森林体验中心

分别建成幼儿与小学生体验区、中学生体验区、露营区以及餐饮区，并按活动人群需求设置11条游览线路，体验时间为1~3天时间不等。户外路线和森林体验馆相结合，完善体验中心的环境教育系统，使体验馆中设置的问题和悬念在森林体验路径中能找到相应的实物和答案。

（二）西山森林文化示范区

森林文化示范区面积约14公顷，包括森林文化体验活动中心和自然观察区、游乐体验区、健康休闲区。

森林文化体验活动中心包括西山森林大舞台、森林手工坊和森林茶舍，通过在此举办各类森林文化体验活动，展示森林艺术、森林文化。

自然观察区由1条自然观察径和3个主题休息平台组成。自然观察径是北京市第一条互动体验式自然观察径，沿途设有17个互动体验自然观察设施，以西山森林的发展历史为主线，分"荒山变成绿森林""让森林更健康"和"美丽森林欢迎你"3个主题。展示西山造林营林历史和成就、森林健康以及森林文化等内容。

游乐体验区将游乐、健身与环境教育结合，由9组自然游乐与休息设施组成。设施主材选用木材，道路及场地铺装选用木桩拼铺、松木屑平铺和素土夯实等环保材料和技术。

健康休闲区由综合游乐短线、自然闲趣中线以及远山拓展长线等3条健康步道和大众健身平台、森林疗养平台、森林露营平台及体能拓展平台等4大主题森林疗法休闲平台区组成。游客可根据自己的时间、精力、体力、需求及爱好选择不同的健康步道和休闲平台进行森林健身、休闲和森林医疗体验。

（三）松山生物多样性森林文化示范区

该示范区作为北京生物多样性最丰富的地区之一，是理想的自然教育、教学科研、森林体验和森林疗养基地，拥有生物多样性保护科教中心、野生动物标本馆2个室内科普场馆和1个室外科普体验区。生物多样性保护科教中心面积1000余平方米，分为序厅、导视厅、生态厅、春日之声、夏木莺兰、秋风细雨、冬迹眠眠7个展厅，通过图片、模型和视频等多种形式，构建系统、科学的科教知识体系，形成生动、科学的展示与利用模式，给访客展示四季松山之多样。野生动物标本馆面积528平方米，分为两层：一层设有鸟类展厅、兽类展厅和两栖爬行类展厅，收集鸟类标本139种312个，兽类标本18种53个，两栖爬行类标本30种50个；二层为昆虫类展厅，收集蝶类、蜻蜓类、蜂类和甲虫类等标本共1200余个，是保护区宣传展示的重要窗口和开展科普活动的重要场所。科普体验区位于保护区实验区，总长度1.5千米，面积18.67公顷，建有成套标识标牌系统，包括户外指示牌47块、警示牌64块以及管理类、地质类、生态类、植物类和疗养类等自然教育科普牌60块、科普互动牌10块；户外科普活动设施包括森林讲堂、森林教室、观鸟屋、小动物之家、科普游憩设施、森林疗养设施等，可满足各类森林体验活动的需求。

为强化科普教育工作，加强公众对生态保护的了解，激发生态保护意识，保护区围绕以山、水、林、植物、动物为核心，通过进行多形式、多层次、多角度的森林体验教育活动。每年以各主题纪念日为宣传节点，在"爱鸟周""国际森林日""5·22国际生物多样性日""地球日"等开展丰富多彩的科普活动、普法活动。每年联合优秀组织和院校开展夏令营、教学实习、科学考察等活动，开展森林样地监测、植物调查、动物监测、科学实验等课程，加深生物多样性保护意识，满足不同群体的森林体验需求。

依托示范区，松山国家级自然保护区先后被中国科学技术协会、中国林学会、北京野生动物保护协会等部门授予"全国科普教育基地""全国青少年科技教育基地""北京未成年人生态道德教育基地""北京市科普教育基地""全国林业科普基地""北京市保护野生动物宣传教育基地""自然教育学校（基地）"等称号。

（四）百望山森林文化示范区

百望山森林公园森林资源丰富、历史遗存较多，深厚的文化底蕴和历史背景为森林文化示范区建设奠定了良好基础。2016年，百望山森林文化示范区建成，分为"人与森林""森林大观""遇见生态""多彩百望""鸟鸣百望""绿意碑林"6个区域，分别设立林间剧场、解说牌、景观小品、互动展示牌、野餐桌椅、活动平台等体验教育设施，以展览、解说等多种宣传方式，推广人与自然和谐共生的理念。

该示范区建设结合百望山森林公园的资源禀赋，突出绿色文化与红色教育相结合特色。在对绿色文化挖掘中，重点挖掘百望山森林群落结构、植被演替规律、森林经营措施、特色物种利用、野生动物观察等内容。在对红色教育的挖掘中，重点挖掘战场遗址、古迹、名人碑刻。通过对公园文化挖掘，有利于游客对森林认知和历史文化的了解，提高示范区的森林文化内涵。结合"红与绿"资源，建成一条以体验教育为主导的"自然观察径"，一处以开展户外游憩学习为重要功能的"森林大课堂"，一个面向社会公众了解、认知自然的"森林科普长廊"，一座政治、文化名人抒发绿色情怀的"文化碑林"。其中，自然观察径长790米，由3处平台、3段路径组成，通过观察、体验、解说的形式，结合设施和课程，将森林起源、森林组成、森林防治、森林利用等知识融入其中，不仅通俗易懂，而且充满趣味，为公众了解森林、认识森林搭建了平台。

三、北京市园林绿化科普基地

2017年，启动北京市园林绿化科普基地建设，通过自由申报、现场查验、专家评审、网上公示等环节，对符合要求、条件的林场、苗圃、花圃、森林公园、城市公园等授予"北京市园林绿化科普基地"称号。截至2022年，建成2批次共计47家科普基地，每年通过组织交流学习、技能培训等方式提升基地的科普能力。北京市园林绿化科普基地已发展成为北京园林绿化科普工作的宣传阵地、实践阵地，每年累计组织线上线下科普活动500余场次、辐射受众群体累计数十万人次。

北京市园林绿化局还建设首都生态文明宣传教育基地、互联网+全国义务植树基地等。北京市园林绿化科普基地这些基地和首都生态文明宣传教育基地构成北京市自然教育基地体系。

四、园艺驿站

园艺驿站是由街道社区、乡镇村庄、公园、学校或其他基层单位集成辖区内的生态资源，充分利用公园绿地附属空间和疏解腾退出来的公共空间，建立用于组织开展公益性生态文化宣传、园艺技能培训和园艺生活交流等生态实践活动的场所。

2018年，首都绿化委员会办公室在全市范围内推动园艺驿站建设。在建设单位的选择上，坚持正面引导、激发活力、自筹自建、共建共享；在设施建设上，坚持低碳节约、修旧复新、变废为宝，不搞重复建设；在空间利用上，坚持有效利用公园绿地附属空间和疏解腾退的闲置场所，或组织市民日常活动的便民空间，每个驿站应满足不少于30人开展生态课堂讲座、园艺手工制作或其他园艺便民服务。使园艺驿站成为传播生态文明、开展生态文化活动的共享空间，居民家庭的植物医院和绿色生活超市。

2019年，以园艺驿站和宣教基地为基础，开展了"北京自然笔记征集活动"，旨在通过活动让青少年走进身边的自然，感受自然，从而热爱自然，以"小手拉大手"的形式，用大自然这本天然"课本"，激活他们对自然的探索欲望，激发他们对于自然的热爱与尊重，通过他们的眼睛和画笔做大自然的"宣传委员"，提升全社会生态文明意识。活动组委会从提交的作品中，评审出优秀作品，编撰《自然观察笔记》图书，受到社会各界的关注。截至2022年，"自然笔记"活动已经成功举办4届，受众达数万人次。

园艺驿站是首都绿化美化工作中的创新实

践，以园艺驿站的方式可以进一步满足生态绿色惠民、园艺文化惠民和产业产品惠民的现实需求，有效解决部分区域生态文化发展不平衡、不充分问题。也对高质量推进首都生态文明建设向基层延伸，打通生态惠民工程建设"最后一公里"，具有重要意义。截至 2022 年，全市共建成园艺驿站 103 家，各驿站结合冬奥、党的二十大等热点事件，融合传统文化，针对不同群体组织举办了丰富多样、互动性强的生态文化活动，如生态文化课程、养花擂台赛、给居民送花种、花卉种植培训等，丰富了百姓生活。

五、标准编制

为规范自然教育基地建设和自然教育科普设施设置，在总结经验的基础上，先后编制发布了《森林文化基地建设导则》《森林体验教育基地评定导则》《园林绿化科普标识设置规范》3 个北京地方标准和《森林类自然教育基地建设导则》《自然教育标识设置规范》2 个团体标准，团体标准由中国林学会发布。

《森林文化基地建设导则》 该标准规定森林文化基地建设原则、地址选择要求、资源调查、主要功能类型与要求、森林功能调整、设施与道路建设，以及运营与管理等内容。提出"保护优先、文化主导、低碳节能、互动体验"的建设原则；从权属、运营、交通、面积、森林资源等方面提出选址要求；同时明确森林文化基地科普教育、健身疗养、休闲娱乐、景观欣赏、历史人文等功能，并结合功能分类，提出对森林文化基地进行森林调整。

《森林体验教育基地评定导则》 该标准规定森林体验教育基地评定内容和评定程序等技术要求；明确申报主体、基地权属、管理保障、资源环境、设施、人员、课程 7 大类评定内容；提出申报、审查、评定程序。

《园林绿化科普标识设置规范》 该标准规定了园林绿化科普标识设置的原则、分类、设计与选址、施工与管理等技术要求。适用于本市范围内自然保护区、森林公园、湿地公园、风景名胜区、地质公园、公园绿地、苗圃等进行园林绿化科普标识的设置与管理。

《森林类自然教育基地建设导则》 该标准规定了森林类自然教育基地建设原则、选址要求、基地调查内容、主要功能定位与建设要求、设施类型以及运营与管理等内容。适用于森林类自然教育基地建设。

《自然教育标识设置规范》 该标准规定了自然教育标识设置的原则、分类、设计与选址、施工与管理等技术要求。适用于全国范围内国家公园、自然保护区、自然公园、城市公园绿地、林地、苗圃等场地的自然教育标识的设置与管理。

第四节 自然教育解说员培养

自然教育解说员在推进自然教育发展中具有举足轻重的作用，他们既要具备自然教育解说的理论基础，又要具备自然教育的解说技巧，是宣传生态文明理念的践行者。为加强自然教育解说员培养，北京借鉴国际先进理念，制定自然教育解说员培养计划，编制培训教材，组织开展培训，招募志愿者，实施自然教育解说员认证管理，探索出一条专群结合的自然教育解说员人才培养路径。

一、培训课程设置

北京自然教育解说员培训，旨在提升科普一线工作人员自然解说理论水平，提高解说技能与技巧。课程设置由基础理论、经典案例、实操技巧、特色课程 4 部分组成，有理论学习、有技能实践。

基础理论包含环境教育理论与务实、自然教育发展沿革、生态价值理论、基地运营与建设等方面。重点讲述国际、国内环境教育内涵与外延、兴起与发展、立法与现状，以及解说的媒介与方法、原则与要素等内容。

技能实操围绕资源、受众、媒介3个要素，在教学方法、课程设计、解说技巧等方面开展培训。通过技能技巧培训，学员们基本可以掌握课程撰写基本流程、确立解说主旨、掌握解说技巧、组织体验型互动活动等技能。

特色课程是基础理论与技能技巧课程的有益补充，除基础理论外，可根据需要调整，增加解说牌规划与设计、场域规划与设计、环境心理学、文创产品开发、户外安全与救援、野外植物识别等内容。

根据上述课程设置内容和培训要求，结合北京实际，先后编辑出版了《自然体验教育活动指南》《自然解说员培训指南》《自然体验活动课程案例集》等系列图书。

二、自然教育解说员培训

2012年，选派6名科普一线人员赴韩国参加"森林解说员"培训，完成144学时课程及考核，6人均获得韩国山林厅颁发"森林解说员"培训证书。

2013年，举办首次自然教育解说员培训，培训围绕环境教育的理论实践、自然游戏的设计引导、无痕山林的理念传播等内容，主要培训园林绿化科普一线的专业技术人员，来自32家单位的38名学员参加培训。

2016年，开展第二期自然教育解说员培训，来自28家单位的35名学员参加培训。邀请了在自然教育解说方面有着先进理念的台湾专家，讲授环境教育理念、自然解说技法技巧、自然解说系统建设等方面的内容。培训进一步完善了学习与考核机制，坚持做到"申报严、管理严、考核严"。通过培训，学员理论水平得到有效提升，解说技能得到显著提高。

2018年，第三期自然教育解说员培训调整了部分课程内容，增加了户外急救、生态摄影等特色课程体验。来自28家单位的42名学员参加培训。

截至2021年，全市共开展自然教育解说员培训5期，获自然教育解说员证书有205人，并初步建立了人才认证管理机制（图6-34-6）。

图6-34-6　第四届自然解说员培训

此外，为推进自然教育活动的有序开展，从2015年开始，面向社会公众和大中小学生招募自然教育志愿者，组建志愿者队伍——"绿粉儿会"。每年对新晋志愿者进行岗前培训。截至2022年，累计培训志愿者5000余人次，志愿者服务时长累计达2万余小时。

第三十五章 森林疗养

森林疗养是指利用森林环境和资源，在森林中开展静息、散步等活动，实现增进身心健康及预防、治疗疾病的一种辅助替代疗法。2010 年，北京市开始引入森林疗养的理念。2013 年以来，开展了森林疗养技术的引进、消化吸收和推广工作，在挖掘森林疗养内涵、拓展森林疗养价值、推广森林疗养服务、开发森林疗养产品、培养森林疗养人才等方面进行了积极探索。

第一节 森林疗养的发展背景

一、森林疗养起源

森林疗养起源于德国，发展于日本、韩国，此外，一些欧美国家根据当地民情和林情，也开展并形成各具特色的森林疗养模式。德国的森林疗养模式偏重于治疗功效，森林疗养课程已被纳入了医疗保障体系；在森林经营中，以疗养为主导功能的定位清晰，培育森林疗养功能始终优先木材培养。日本在亚洲国家中率先引进森林疗养理念，经过 30 年的发展，其模式特征已非常清晰，森林疗养偏重于预防功效，社会对通过森林疗养预防疾病认可度高；通过森林疗养缓解压力的研究水平世界领先，森林疗养课程已相对固定化；建立完备的森林疗养基地认证制度和森林理疗师考核制度，森林疗养管理工作非常规范。韩国的森林疗养虽然起步较晚，但国家把森林疗养作为一项社会福祉，深受国民认可，政府专门为森林疗养立法，成立管理机构，森林疗养基地建设和运营管理均由国家出资，政策和机构保障做得好；森林疗养偏重于保健功效，建立了服务胎儿、幼儿、中小学生、成年人和老年人等各年龄段的森林讲解体系；经营管理工作做得好，公众参与热情高，实行预约制入园。

二、森林疗养的医学定位

健康包含健康生活方式、保健和治疗 3 个层面，而森林疗养介于保健与治疗两个层面的过渡区域。森林疗养属于辅助和替代疗法，具有保健、预防、康复、治疗 4 个属性。

（一）保健属性

森林疗养的保健属性以高端休闲业态存在。研究表明，森林中高浓度的负氧离子可起到调节中枢神经、降低血压、促进内分泌功能等作用，而植物芬多精则可杀死细菌和真菌，提高人体免疫力。随着对森林保健功能研究的不断深入，森林疗养的保健属性将得到充分开发和利用。

（二）预防属性

森林疗养的预防属性主要针对生活习惯病。生活习惯病是由不良生活习惯所造成的亚健康状态，包括肥胖、高血糖、高血压、过敏、头痛、抑郁等。生活习惯病大多因为压力而产生，由心理问题传导为生理病态，而森林疗养可有效调节生活压力，预防生活习惯病效果显著。

（三）康复属性

森林疗养的康复属性是指疾病治愈后的健康恢复过程。人与森林有一种天然亲和感，森林里的溪流和植物光合作用可释放大量负氧离子，为病人提供了符合康复要求的身心环境。近年来，森林康复机构在各地不断兴起，森林疗养为病人加快康复带来希望。

（四）治疗属性

森林疗养的治疗属性主要集中在心理疾病领域。认知障碍、自闭症等心理疾病患者长期或定期进行森林疗养，表现为精神和情感趋向稳定，恐慌行为减少，交流行为增加。欧美和日本均有大量疗效实证报告。此外，森林疗养对治疗部分生理疾病也具有一定作用，早在100多年前，德国就利用森林疗养来治疗肺结核。

三、森林疗养的发展前景

森林疗养不仅是森林疗养师主导下的服务业，更是林业一、二、三产业融合的链接点，相关林业产业越完善，业态越丰富，森林疗养发展基础就越完备，森林疗养前景就越广阔。在整个森林培育利用的产业体系中，造林经营、木材加工、森林旅游，都可以成为森林疗养的实现手段。有多样的业态，就可能有多样的森林疗法；有多样的森林疗法，森林疗养才能得到更广泛的应用。开展森林疗养可以带动旅游、餐饮、住宿等第三产业的发展，促进就业，改善民生。从产业发展角度来看，森林疗养是一项战略新兴产业，发展森林疗养对增进公众健康和发展区域经济的价值，以及对行业的促进作用正逐渐显露出来。

第二节　北京森林疗养现状

一、理念宣传

随着国际先进林业经营理念的引进传播，森林疗养的理念也逐渐为人们所接受。2010—2022年，北京市陆续组织翻译出版了《森林医学》《森林疗养学》《森林疗养与儿童康复》等11部专著；邀请日本、韩国和台湾不同流派的专家来华讲学36人次，对全市林业技术骨干500余人次开展培训，并选派技术和管理人员30余人次赴日韩实地考察和培训；面向医生开展了1期森林疗法处方培训，面向爱好者开展了15期"森林疗养工作坊"研讨交流；建立了微信、微博、小红书、抖音等森林疗养公众平台，每年阅读量达数百万人次；召开了6届森林疗养国际研讨会，协助举办了全国森林疗养师年会、全国森林疗养课程设计大赛等会展活动。

二、森林疗养师培训

撰写《森林疗养师培训教材应用技术篇》等12部核心教材，编制《园艺疗法在森林疗养中的应用》等29类视频及访谈辅助教材，开发了辐射全国的森林疗养师在线培训系统。起草了《森林疗养师职业资格标准》，建立了森林疗养师预约服务平台，设立了森林疗养师注册和派遣制度，认定了16家森林疗养中介服务机构和29家森林疗养师执业场地。

2015年，启动森林疗养师培训工作，森林疗养师培训人数屡创新高，第六届森林疗养师培训班申请报名人数多达1836个。截至2022年，已面向全国举办了9届森林疗养师培训，累计培训4300余人，其中530名学员通过资格考试。

三、森林疗养基地建设

开展了森林疗养公众需求和森林疗养资源调查，提出了北京市森林疗养的发展目标任务；起草了《森林疗养资源评价标准》《森林疗养基地建设技术导则》和《森林疗养基地认证标准和审核导则》，参与了国家层面森林康养相关标准起草；认定了自然疗养公园、自然疗养地、自然休养林、自然休养村、森林幼儿园、食养山房等10种类型森林疗养基地；开发了森林胎教、森林月子会、森林魔法学院、森林婚礼、森林办公等数十类森林疗养服务产品；开展了2期森林疗养基地经营管理人才培训。在八达岭森林公园、松山国家级自然保护区、密云史长峪村、怀柔西台子村等地开展了森林疗养基地建设示范，完成了八达岭森林疗养基地的认证挂牌工作。

四、开展森林医学实证研究

与北京大学医学部、中国康复研究中心等机构合作，启动"森林疗养标准及关键技术研究与示范项目"，对1455位志愿者开展了进入森林前后心理、心血管、呼吸指标变化的大样本医学研究；针对睡眠、更年期障碍等健康问题，编制了17套森林疗养课程，制定了《北京市通用森林疗养菜单》。

五、森林疗养服务技术集成

（一）辅助替代疗法集成

借鉴国外先进理念和经验，北京市按照疗养素材、作用机制和适应证，将森林疗养的相关辅助替代疗法归纳为森林五感疗法、气候地形疗法、森林作业疗法、森林心理疏导、感觉统合训练、森林回忆疗法、药草和营养支持7种类型。各种疗法的疗养素材、作用机制、适应证见表6-35-1。

表6-35-1 辅助替代疗法

疗法名称	疗养素材	作用机制	适应证
森林五感疗法（日式）	五感舒适：来自森林的触觉、听觉、味觉、嗅觉、视觉五感刺激。 气候舒适：气候舒适指数和时间。 自然暴露：自然度、紫外线、树木挥发物、土壤微生物、负氧离子浓度等	调整自律神经，改善内分泌和免疫	与压力有关的心身疾病
气候地形疗法（德式）	冷凉气候、海拔、步道坡度、铺装材质等	低温运动	与运动疗法适应证一致，心血管疾病、骨质疏松症、支气管哮喘
森林作业疗法（园艺疗法）	森林资源利用包括根雕、草木染、提精油、草编、采种子、捡蘑菇和挖山野菜等。 森林经营包括抚育、间伐、修林间步道等。 林区生活体验：包括露营、砍柴、野炊、野餐等	猎获、照料和创造需求的满足	与作业疗法适应证一致，回归社会和提高生命质量
森林心理疏导（荒野疗愈和森林拓展训练）	绿色镇静、自然隐喻、冒险和无条件接纳环境	认知、表达、接纳	焦虑、抑郁、自闭等心理问题，以及团队建设和领导力提升

(续)

疗法名称	疗养素材	作用机制	适应证
感觉统合训练	感官刺激和自然游戏	触觉、前庭觉、本体觉、视知觉和听知觉的训练	儿童感统失调
森林回忆疗法	森林中不变的、能与过去链接的环境特征	重组过去经验，体验正向情感	老年痴呆前期干预
药草和营养支持	药草植物、芳香植物、代茶植物、食源植物和蜜源植物	植物活性成分	根据活性成分而异

（二）森林疗养因子

按照医学循证研究，森林疗养因子主要有气候类型、温湿度、气压、光照、光周期、负氧离子、植物挥发物、盐雾、森林声响、露水、温冷泉、腐殖质、地质环境、地磁强度等，疗养因子的作用机制见表6-35-2。

表 6-35-2　森林疗养因子

疗养因子	作用机制
气候类型	气候分为保护、负荷和刺激3种类型，森林一般属保护型气候，而高山森林具有刺激型气候特征
温湿度	影响体温，对循环和呼吸系统有调节作用，可调节新陈代谢。气温骤变容易引发脑梗塞等心脑血管疾病；干燥空气容易诱发感冒及呼吸系统疾病；湿度高于80%会增加风湿、肾病、菌性痢疾和湿疹的发病风险
气压（氧分压）	直接作用于呼吸系统、循环系统、造血器官和自律神经，影响血氧饱和度。低氧分压有利于提高运动成绩，但容易造成失眠；另外，低气压过境，肺结核、血痰等心肺功能不好的人病情会加重
光照（紫外线）	自然光包含舒适和情感要素，影响脑神经发育，可提高工作效率。紫外线增加维生素D，促进钙质吸收；影响色素沉积，具有杀菌的作用
光周期	光周期影响褪黑素分泌，长光周期促进性激素分泌；短光周期增强免疫，增加抑郁发病率
负氧离子	刺激副交感神经活性，降解有害气体、调节人体生理机能、消除疲劳、改善睡眠等；影响血清形成，用于刺泡皮炎、高血脂、高血压、面部褐斑、痤疮和支气管炎的治疗
植物挥发物	青草香：青叶醇和青叶醛具有减压作用。 芬多精：萜烯类植物挥发物具有镇静、杀菌和除臭活性。 花香：花朵类挥发物具有兴奋作用
盐雾	盐洞或海滨环境中，空气中的盐雾对改善呼吸系统有良好作用
森林声响	按低频和高频进行分类，鸟鸣等高频声响适合改善精神状态，松涛等低频声响可以创造安全舒适感
露水	露珠为植物承接后，成分类似于精油或纯露。如白花露水能够缓解糖尿病，百花露水具有美容功效，柏叶露水或菖蒲露水洗眼睛能增强视力，用韭叶露水可以治疗白癜风
温冷泉	泉水中的微量元素能补充身体所需和改善皮肤。水浴可增强免疫力、促进静脉回流、缓解肢体疲劳、刺激新陈代谢、改善头痛和高血压，还有镇静和助眠作用
腐殖质	土壤微生物和胡敏酸，通过泥浆浴、泥炭浴来调理慢性疾病，在抗病毒、抗菌、抗肿瘤、提高免疫力、影响酶活性、促进代谢等方面都有实证研究
地质环境	地质环境中硒、碘、钼、铁、铜、锌等微量元素从不同层面影响健康
地磁强度	低强度地磁区致人类成熟得快但身材略矮，高强度地磁区致人类成熟得慢但身材较高；高强度地磁区高血压、风湿病及神经系统疾病的发病率略高

第三节 森林疗养的应用探索

一、不同树种的森林疗养功能

研究表明,北京地区大多数树种都具有疗养功能,不同树种的疗养功能存在一定差异。

油松 油松夏季挥发物中含有60余种化学组分,包括烷烃、萜烯、醇、脂、酮、醛、酸和芳烃等八大类,其中萜烯类化合物种类最多、占挥发物总量的比例超过85%。萜烯类化合物被认为是芬多精的主要成分,浓度适宜时有益于人体健康。α-蒎烯、β-蒎烯和月桂烯具有镇痛、祛痰止咳和杀菌作用,d-柠檬烯能够缓解胆结石和高血压,而莰烯对兴奋神经和降低血脂有帮助。油松挥发物主要受光照和气温影响,白天正午挥发物浓度可达夜晚和清晨的一倍。

中医认为,松针具有祛风、活血、安神、明目、解毒、止痒和去疲劳的功效。近年来,松针被广泛应用于风湿、心脑血管疾病、糖尿病和肥胖的辅助治疗。松针含有丰富的花青素、粗蛋白、维生素、脂肪酸和生物黄酮,可以制成饮品。这种饮料不仅对癌细胞有一定预防和抑制作用,长期饮用还可以增加食欲、抗衰老、消除疲劳和提高免疫力。

侧柏 侧柏堪称森林疗养的"全科医生"。在侧柏环境中感觉清新、舒爽和愉悦,情绪更容易放松。研究发现,侧柏的挥发物对变异链球菌具有较强的抗菌性,在侧柏林中漫步有清肺止咳的效果;侧柏挥发物对肺癌细胞NCI-H460有明显抑制作用。侧柏叶烧成灰对止血有奇效,侧柏炭可以降低血浆和全血低切黏度、改善内源性凝血功能及促进血小板聚集功能而发挥止血作用。侧柏叶黄酮具有抗运动性疲劳的作用。侧柏精油的主要成分是罗汉柏烯、雪松醇、花侧柏烯,对金黄色葡萄球菌、乳酸菌、大肠杆菌和沙门氏菌都有强抑制作用。但木材精油的品质要比树叶和树皮精油高,树龄越老的侧柏木精油提取率越高。

添加侧柏叶提取物的洗发香波,可以去屑,也可以用于预防及辅助治疗脱发症状;侧柏叶中总黄酮能够抑制酪氨酸酶活性,抑制黑色素的合成,具有明显的美白功效。侧柏种仁可以养心安神,侧柏枝叶中也具有类似功效物质,可以用侧柏叶做成枕头治疗失眠,将侧柏叶剪碎、晒干,塞入枕头,就能帮助客人在淡雅清香中安然入眠。

柳树 柳树皮含有天然的水杨苷,吸收后经酵素转化成水杨酸,它是一种天然的止痛药,也是阿司匹林的主要成分。在现代制药技术普及之前,柳树皮提取液是西方唯一的止痛药水。中国也有把柳树皮入药的记录,素有"榆树救荒柳树祛病"的说法。不光柳树皮可以止痛,柳树叶等其他部位也有类似功效。在古希腊,医生会让产妇咀嚼柳树叶,以此来缓解分娩疼痛;而在1500年前中国民间就用柳树枝条治疗头痛和牙痛。现代医学研究证明,柳叶及根皮均含有单宁、柳酸、水杨苷等成分,不仅可以解热镇痛,还对金黄色葡萄球菌、绿脓杆菌等多种致病菌有较强抑制作用。另外,英国研究人员发现,柳树皮的提取物能切断人体对癌细胞的血液供应,从而杀死95%以上的固体肿瘤细胞,柳树皮提取物已被制成抗癌新药。在园林绿化行业,流行用柳树皮来栽植兰花,因为柳树皮中的柳酸、水杨苷对植物根系生长有促进作用,同时,兰花的肉质根非常容易腐烂,而柳树皮的有效成分还有杀菌作用。

杨树 研究表明,杨树的枝叶、树皮和花絮含有水杨酸酯、酚酸、黄酮等活性物质,具有抗炎、镇痛、解热、抗病毒等作用。据《本草纲目》记载,毛白杨树皮煮水可以止泻,而毛白杨嫩叶煮水对软组织感染和各类溃疡都具有治疗作用。北方民间还有用毛白杨花絮煮水治疗病毒性感冒的做法。国外利用杨树嫩叶和树皮已成功开发出抗风湿制剂,利用石油醚萃取杨树皮,得到的杨树类脂可以用作化妆品基质。

槐 研究表明,槐角中的染料木素对雌性大鼠骨质疏松症有防治作用，槐角总黄酮还可显著降低高脂血症大鼠的血脂水平。槐角中含有较丰富的蛋白质，对 DPPH 和 ABTS 自由基有清除作用，是潜在的天然抗氧化剂。槐叶和根皮也有清热解毒作用，可治疗疮毒。槐花精油对金黄色葡萄球菌、溶血性链球菌、甲型副伤寒沙门菌等多种细菌均有抑制作用，其中对金黄色葡萄球菌的抑制作用最强，具有抗病毒、抗衰老、抗菌等多重活性。

臭椿 臭椿果实在中药里叫作凤眼草，它是清热祛湿、止泻止血的良药。臭椿根皮和茎皮可以提取苦木科特有的苦木苦味素，这种提取物对抗炎、抗病毒和抗肿瘤都有很高活性。臭椿木材和树皮中的纤维较长，木材是造纸的好材料，树皮可以制作绳索。

元宝枫 元宝枫种子富含神经酸，是支持大脑发育的重要物质，经常摄入神经酸，对于提高大脑活跃度、预防脑神经衰老都具有重要作用。元宝枫种子含油量在 46%~48%，而神经酸就占油脂组成的 5%~6%。从元宝枫种子提取的植物油，无毒性无刺激、氧化稳定性好，防腐杀菌力强，可为皮肤提供多种天然活性成分。元宝枫叶片中富含绿原酸，是一种重要的生物活性物质，具有抗菌、抗病毒、降血压和兴奋中枢神经系统等作用。

二、森林疗养适应证

森林疗养适应证非常广泛，实践中对缓解焦虑、抑郁、自闭、多动，调节血压、血糖、干预慢阻肺，增强心肺功能具有一定辅助替代治疗作用。

（一）焦虑缓解

焦虑是人们在生活、工作的快节奏和高压力下常常出现的心境之一。如果弥漫的焦虑情绪得不到缓解和释放，长久以往就会形成焦虑症，损害人们的身心健康，严重影响人们的生活、工作和学习。森林疗养通过让人们融入森林，通过五感体验，松动与转化引起焦虑的观念和意识，释放积压已久的压力，缓解紧张焦虑情绪，放松心情，稳定自我。

（二）抑郁干预

抑郁被称为"情绪感冒"，大多数抑郁患者会多次复发，预防性干预至关重要。根据非药物干预抑郁研究进展，森林疗养侧重以下方式。

日光浴 研究发现在人体中，褪黑激素分泌受到光照的制约，光照减少导致褪黑激素分泌增加，会抑制分管人体细胞的活性与兴奋激素，导致心情压抑，故抑郁症发病与雨天多、日照少有关。所以在郁闭度合适的森林中，通过日光浴可以干预抑郁。

运动 运动干预抑郁的机制，主要是提高血清素、去甲肾上腺素和多巴胺的水平，刺激大脑产生内啡肽，使人们感到快乐和放松。此外，运动还能减轻肌肉骨骼系统的疲劳和疼痛，增加肌肉的力量，对于缓解抑郁引发的身体症状也很有帮助。走进森林就会产生一定的运动量，因此可以形成有效干预。

放松训练 大多数学者把"认知行为疗法"作为非药物干预抑郁的首选。"放松训练"是认知行为疗法的重要组成部分。在森林中打开五感、做森林冥想、做伸展运动都是有效的放松训练。

正念训练 "觉知与接受当下，不加判断"的正念训练，是干预抑郁的重要方法。研究发现，大脑中的杏仁核是处理情绪、感知思想重要部位，正念训练能够增加脑区杏仁核的活动程度，缓解抑郁焦虑等不良情绪。

自然联结 森林能够提供一个区隔日常生活的环境，走进森林会提升个体与自然的接触程度，收获更多幸福感，同时，转换环境能有效保护自尊和避免自卑，从而有效降低抑郁情绪。

（三）血压调节

选择负氧离子高的森林环境 负氧离子对人体器官有广泛的益处，在干预高血压方面，它可以通过大脑的皮质功能，对皮质下中枢产生影响，从而出现明显的降压效果，这是森林疗养治疗高血压的主要机制之一。对于高血压患者的森林疗养场地，应该尽量选择瀑布、水边、针叶林等负氧离子高的林分。另外，寒冷干燥的气候容易引发高血压，而温暖湿润气候能够减少血管收缩和病损，还有利于减少神经和心血管负担，所以用森林疗养来干预高血压，还要从时间和地点的选择上应注意大气候环境影响。

选择优美静谧的森林环境 通过欣赏森林中的美景，听一听虫飞鸟鸣，摸一摸青苔和粗岩，舒适地森林感官体验，可以有效平衡自律神经，降低血压。

开展适量运动 规律有序适量的运动，可以改善心肌血液循环、增强心肌代谢和血管弹性，扩张血管，从而有效地降低高血压，并减少降压药物对靶器官的损害。疗养院通常会将森林漫步、传统太极拳和八段锦等有氧运动，作为高血压的治疗课程。

控制饮食 低脂、低胆固醇和低盐的饮食被认为有助于控制高血压，疗养院的高血压综合疗养课程，一般会推荐蛋白质较高、脂肪较少的食物。

舒适护理 疗养院大多将"自然疗养因子"结合"舒适护理"作为高血压干预的主要手段，避免出现应激反应。

（四）慢阻肺干预

森林中，清新空气、负氧离子、芬多精都是慢阻肺的疗养素材。在海拔较低、含氧量较高的森林，更有利于改善肺泡分泌和肺通气功能。负氧离子还能加强气管黏膜上皮的纤毛运动，缓解小气道痉挛，降低小气道阻力。另外，具有杀菌效果的芬多精，对小气道炎症引发的病变也有缓解作用。"缩唇呼吸"是慢阻肺干预的常见方法，而森林中的缩唇呼吸训练会更有优势。

（五）心肺功能锻炼

利用森林中步道的坡度、铺装等不同地形因素带来的运动负荷，以规定速度行走，可以进行心肺功能康复锻炼。在森林中进行运动，除了地形因素会对循环、肌肉、骨骼系统带来负荷外，也会包含气压、温度、日照等气候因素对自律神经系统带来的影响。另外，低温运动效果更佳，宜选择高海拔阴坡森林环境进行心肺功能锻炼。

三、焦虑症森林疗养实例

时间 每年4~8月进行，一个疗程为7次，每周安排一次，每次3个半小时。

地点 在西山国家森林公园。该公园由油松、侧柏、刺槐等植被组成，林木茂密幽静，花草繁盛，清幽秀美。用于开展森林疗养的区域，有专门的自然观察径，有3条风格各异的森林健康步道，还专门设置了4个供森林疗养活动的功能主题平台，即森林综合平台、森林冥想平台、森林野趣交流平台、深林静坐疗养平台，森林疗养环境极佳。在这远离喧嚣、静谧幽静的自然环境中，有益于全面放松身心，释放焦虑紧张，是森林疗养的良好场所。

参与对象 出现紧张、焦虑、抑郁情绪的人群；需要改善焦虑、失眠和释放压力、缓解慢性疲劳的人群。

目标要求 让参与者融入森林打开五感，放松心情；松动与转化引起焦虑的观念和意识，缓解紧张焦虑情绪，稳定自我；敞开心扉，沟通交流，获得理解和共鸣，释放积压已久的压力；掌握利用森林治愈元素改善焦虑的自我疗愈方法；建立一种减轻压力、放松心情、化解焦虑、助益睡眠的生活方式。

课程内容 森林疗养师引领参与者，在森林疗养区赏析自然、融入自然、感知自然，使参与者在优美的自然环境中，通过心理疏导、倾诉交流，开展呼吸冥想、森林悦读、手工制作等一系列轻松愉快的活动，达到放松身心的目的。活动内容不拘于某一固定形式，可根据自然环境的物候变化灵活安排。活动结束后，要有现场分享、交流和反馈环节。

效果评估 采用焦虑量表或主观评价法进行疗养效果评估。

第四节　森林疗养师培训

森林疗养师是掌握林学、医学和心理学等基础知识，利用特定的森林疗养资源和疗养手段，为目标人群提供预防、保健和康复等健康管理服务的专业人员（图 6-35-1）。

图 6-35-1　在松山自然保护区开展森林疗养师培训

一、职业基本要求

专业背景　森林疗养师应具备良好的专业背景，学历在大专以上，具有林业、心理学和医学等相关专业知识。

理论知识　掌握森林医学、环境心理学、康复景观学等基础理论知识，对康复医学基础知识也要有一定了解，熟悉运动疗法、作业疗法、芳香疗法、气候疗法、食物疗法等替代疗法的基本原理。

执业伦理　森林疗养师要热爱自然、尊重自然，掌握自然保护的一般方法；熟悉了解服务对象基本信息，并保护其隐私；不夸大森林疗养效果，执业过程不搞迷信活动，不违背社会伦理。

二、培训方式

森林疗养师培训分为理论知识培训、实操技能培训和在职训练 3 部分，按要求完成所有培训且考核合格，方可获得森林疗养师资格。具体培训流程及考核办法如下：

第一阶段：理论知识培训阶段，通过初审及电话面试的学员，需在开通学习账号 5 个月内，完成在线培训课程，提交学术论文。

第二阶段：实操技能培训阶段，理论知识培训阶段合格者，方有资格进入实操培训，实操培训阶段为期 5 天，培训结束后进行闭卷考试。

第三阶段：在职训练阶段，笔试合格者在积累 1 年在职训练经验后，可申请实操考核，并最终获得森林疗养师资格。

三、培训内容

培训内容涉及森林疗养的作用机理、实施方法、课程编制、效果评估和野外安全管理等方面。

（一）基础知识

1. 森林疗养与健康

（1）整体健康观：理解包括身体、心理和社会交往的整体健康观，了解医学模式变迁和整体医学。

（2）辅助替代疗法：理解辅助替代疗法，了解辅助替代疗法与传统医学的差异。

（3）康复医学：了解康复医学的工作模式，明晰森林疗养师在医疗环境和非医疗环境中的工作定位。

（4）森林疗养的含义：掌握森林疗养的概念、内涵、基本属性和主要形式。

（5）行业概况：了解森林疗养发展历史，掌握行业发展动向。

2. 森林疗养因子

（1）相关理论及假说：理解和掌握亲生物假说、注意力恢复理论、压力缓解理论等相关理论及假说。

（2）复合型因子：能够理解和运用森林在气候舒适、五感舒适，以及作为镇静、运动、冒险、怀旧、无条件接纳等环境方面具有的优势；

能够识别和运用森林中感统训练、自然游戏、自然隐喻、作业等素材；能够识别和运用森林中芳香、药草、营养、代茶饮等植物资源。

（3）单因子：能够解说和运用芬多精、负氧离子、绿视率、森林声响、土壤微生物、气候类型、温湿度、气压、光照、紫外线、光周期、盐雾、露水、温冷泉、腐殖质、地质环境、地磁强度等因子的疗养功能。

3. 森林疗养效果评价

（1）森林疗养效果：掌握森林疗养对人体神经（精神、情绪和作业效率）、免疫、内分泌、循环等系统的疗养效果。

（2）生理指标：掌握心率变异性、脑波、皮肤导电率、脉搏、血压、血糖、血氧饱和度、唾液皮质醇等指标的监测和评价方法，掌握压力的生理综合评价法。

（3）心理量表：掌握情绪、睡眠、抑郁、焦虑、多动、自闭、认知等心理量表的使用方法。

4. 职业素养

（1）职业道德：理解和遵守森林疗养师的职业守则、职业道德。

（2）基本素养：掌握野外安全管理、户外礼仪、沟通技巧等基本素养。

（二）应用技术

1. 五感刺激技术

理解日式森林疗法的基本原理，掌握日式森林疗法的适应证、禁忌和个体差异，能够运用视听嗅味触等五感刺激技巧。

2. 气候地形运动技术

理解气候地形疗法的基本原理，掌握气候地形疗法的适应证和禁忌，能够运用步道长度、坡度、铺装等设计运动强度。

3. 森林作业技术

理解作业疗法的基本原理，掌握森林中常见作业方式的适应证和禁忌，能够运用森林作业方式开展认知、表达和肢体动作干预。

4. 荒野疗愈技术

理解荒野疗愈的基本原理，掌握荒野疗愈的适应证和禁忌，能够运用森林中冒险素材并开展相关安全管理。

5. 森林回忆技术

掌握回忆疗法的基本原理和技巧，能够运用森林环境开展回忆疗法干预老年痴呆。

6. 森林叙事技术

掌握叙事疗法的基本原理和技巧，能够运用森林素材开展叙事疗法进行心理疏导。

7. 即兴技术

掌握即兴的技巧，能够开展大地艺术、森林舞动等表达性艺术干预。

8. 正念练习技术

掌握正念练习的技巧，能够将正念融于打开五感、徒步、赤足等活动中。

9. 躯体扫描技术

理解躯体扫描放松法的适用对象，掌握在森林中开展躯体扫描的技巧。

10. 安全岛技术

理解安全岛的基本原理和适用对象，能够在森林环境中指导营建安全岛。

11. 心理暗示技术

掌握心理暗示的基本原理，能够运用自然隐喻开展心理暗示。

12. 渐进式肌肉放松技术

理解渐进式肌肉放松的适用对象，掌握在森林中开展渐进式肌肉放松的技巧。

13. 呼吸法

掌握腹式呼吸、缩唇呼吸等呼吸方法的基本原理，并能够灵活运用。

14. 想象放松法（冥想）

掌握冥想练习的技术，能够结合森林环境辅助开展冥想练习。

15. 沟通技术

掌握倾听、肯定陈述、积极回应等技术。

16. 森林芳香技术

理解芳香疗法的基本原理，掌握芳香疗法的适应证和禁忌，能够运用森林中芳香素材制作精油、制作草本茶和开展初级芳香疗法实践。

17. 自我反思技术

掌握在森林中自我疏导的技巧，理解自我反思程序设计思路。

18. 团体带领技术

掌握团体动力学的基本原理，能够在森林中开展团体心理疏导。

19. 曼陀罗技术

掌握曼陀罗心理疏导的基本原理，能够在森林中开展大地曼陀罗。

（三）森林疗养案例集

森林疗养案例集是收集森林疗养实践中成功干预案例汇集而成，供培训者实操训练参考借鉴。案例集分总论及分论两部分。

总论重点介绍了森林疗养的主要适应证和适用人群，以及森林疗养在福祉、医疗、心理咨询和康复等领域的应用情况。

分论分别介绍了不同案例森林疗养的干预目标、理论支撑、适用人群、主要森林疗养课程、疗养效果及评估方法。具体包括高血压干预、高血糖干预、干眼症干预、慢阻肺干预、耳鸣干预；睡眠干预、过敏干预、美容、疼痛管理、预防老年痴呆、生命质量提升；创伤应激干预、自闭干预、多动干预、改善感统失调、焦虑干预、抑郁干预、提高认知水平；改善注意力、促进社会交往、提高工作效能等案例。

第三十六章　林下经济

林下经济是指依托森林、林地及其生态环境，遵循可持续经营原则，以开展复合经营为主要特征的生态友好型经济，主要包括林下种植、林下养殖、相关产品采集加工、森林景观利用等方面，丰富的林地资源为林下经济的发展提供了广阔空间。近年来，北京市在保护林木资源的前提下，充分利用林地资源，开展多种经营，发展林下经济，实行长短结合，以短养长，以林养林，进行了积极的探索和实践，大力发展林菌、林草、林药等林下种植和林下养殖，取得了显著的经济效益、生态效益和社会效益。

第一节　发展现状

一、发展历程

21世纪以来，北京市充分利用林地资源优势，积极发展林菌、林草、林药、林桑间作和林下养殖，大力发展林下经济。

2004年7月，通州区在永乐店镇陈辛庄村开展"林菌间作"试验。投资7000元引种黑木耳菌棒3100个，在林间建塑料拱棚14个进行培植试验，当年采收木耳5吨，创收1万元。2005年，通州区把林菌间作列入支农重点项目，对林农给予每棒1元的补助，林菌间作面积扩大到13.33公顷，产黑木耳830吨，平菇80吨，收入180余万元，获利80余万元。北京市林业局组织召开现场会，推广通州区永乐店镇利用林下土地资源发展林菌间作的经验。

2006年6月，市园林绿化局与市科学技术协会、北京林学会、市果树产业协会、通州区人民政府，在永乐店镇联合举办"搞好防沙治沙，发展林下经济，推动新农村建设"系列活动。举办科技咨询和"防沙治沙与发展循环经济"研讨，对林农开展林下经济技术培训。

2007年，市政府把发展林下经济纳入《北京市"十一五"防沙治沙规划》和为民办实事项目，安排资金支持示范基地建设和引种。当年建立林下经济示范点20处，示范面积666.67公顷。

2008年，北京市政府把发展林下经济作为民办实事项目，在通州区、昌平区、延庆县等12个区（县）建设林菌、林禽、林药、林花、林桑、林草、林粮和林蔬8种模式示范点3600公顷（图6-36-1）。2009—2010年连续两年将发展林下经济纳入社会主义新农村折子工程中，按照以奖代补、先干后补等鼓励政策，实行按不同建设模式给予不同补贴标准的办法，极大地促进了林下经济的发展。

图6-36-1　林蔬模式（延庆树下种植朝天椒）

2009年，北京市完成林下经济示范面积1360公顷。其中，大兴区、顺义区完成林菌示范26.67公顷；密云县、大兴区发展饲料桑基地示范533.33公顷；房山区、门头沟区完成仿野生菌示范66.67公顷，完成林缘香料基地示范266.67公顷。编写出版了《林下经济理论与实践》一书。

2010年，房山、平谷、密云、延庆等区县，建设林缘玫瑰、林下仿野生菌、林下中草药、林下饲料桑等示范区，面积576.67公顷。

2016—2020年，全市林下经济产值累计达18.8亿元，共有156家企业、81家合作社以及每年的1.1万农户从事与林下经济相关的生产经营活动。延庆、怀柔、房山、门头沟等10个区形成了林药、林花、林蜂、林游、林菌、林禽、林桑、林草、林粮、林蔬10种林下经济发展模式。截至2020年，北京市林下经济累计保存面积15400公顷，有10家从事林下经济的新型林业经营主体先后被认定为"国家林下经济示范基地"。

二、主要工作

（一）制定林下经济政策文件

2006年，市园林绿化局和市财政局制定"以奖代补"政策，支持林下经济发展。林下菌类每亩奖励1000元，林下种植小杂粮、牧草、花卉、药材等每亩奖励400元，林下养殖家禽类每亩奖励200元。

2009年2月，市园林绿化局印发《关于进一步推动林下经济发展的意见》，提出了发展一村一品产业、延伸产业发展链条、加大资金扶持力度、建设风险互助体系、建立配送服务体系5项重点任务及相关保障措施。

2010年，市园林绿化局组织编制了《北京市"十二五"林下经济（沙产业）规划》，提出北京市林下经济产业总体布局，规划建成林下经济3690.87公顷。

2018年5月，市政府办公厅印发《关于完善集体林权制度促进首都林业发展的实施意见》指出，在不影响森林生态功能发挥和不破坏森林植被的前提下，可在国家二级公益林和市级公益林适度发展林下经济。

2021年9月，市政府办公厅印发《关于本市发展新型集体林场的指导意见》，明确要求在保持森林生态系统的完整性和稳定性前提下，依托绿色空间和绿色资源，科学发展符合行业规范和区域特色的林下经济。

2022年，市园林绿化局、市农业农村局联合发布《关于科学利用森林资源促进林下经济高质量发展的通知》，对科学利用森林资源发展林下经济进一步提出明确要求。

（二）开展林下经济耐阴植物选育研究

2014—2016年，北京市园林绿化局与北京农学院、吉鼎力达公司联合开展了林下耐阴植物的选育与开发工作。经过3年的研究，从54种备选植物中筛选出13种适合北京山区和平原林下栽培的、适合不同郁闭度的耐阴植物。其中，适合在低郁闭度林分下生长的植物有射干、红花、万寿菊、决明子、板蓝根、药用桑、牛膝、紫苏；适合在中郁闭度林分下生长的植物有北苍术、牛蒡；适合在高郁闭度林分下生长的植物有藤三七、半夏、穿龙薯蓣。制定了蕨类植物栽培标准和12种适宜林下种植的植物栽培技术手册。

（三）开展林下经济效益调查研究

2015—2018年，先后与北京农学院、北京林业大学等院校合作，开展了北京市林下经济发展调查研究、生态林合理化林下养殖效益研究、北京市集体林地经营与流转现状等系列调查研究，全面梳理北京市林下经济发展情况，并研究对策建议。通过生态林合理化林下养殖效益研究，得出了林下养鸡的合理密度为不超过1200只/公顷，20天进行一次林地轮换，并在林下播种饲草用于增加食物和林地生物多样性的林下养殖模式，让林地得到休养，才能兼顾生态效益、经济效益和社会效益。

（四）举办林下经济成果展

2013年6月14~16日，以"展示成就、扩大交流、提升品质、推动发展"为宗旨，以"享生态成果、用林下产品、品绿色美食"为主题，北京市在景山公园举行林下经济成果展。展览分为林下经济成果图片和实物、林下经济产品贸易与投融资洽谈、参展产品评优、林下经济精品网开通展示等5大版块内容，全面展示北京市林下经济发展成就。共有12个区县、56家企业参展，参展林下经济产品166种，吸引了3万多市民参观体验，对林下经济发展起到了很好的宣传、推动作用。2014—2020年，北京市又先后在朝阳兴隆公园、丰台绿堤公园、海淀公园、八达岭森林体验馆和延庆四海种植专业合作社、京林绿色科技有限公司等多家公园、林下经济示范基地开展林下经济成果展，均取得良好效果。

（五）举办"乡村振兴与集体林业现代化论坛"

为更好地发挥首都人才优势，吸引更多专业、科技人才为林业发展服务，2018年4月，北京市园林绿化局与中国林业产权交易所、北京林业大学、北京中医药管理局等单位合作，举办"乡村振兴与集体林业现代化论坛"，邀请了科研院所、高校、社会企业和政府部门的专家，就集体林权改革，一、二、三产业与乡村振兴融合发展，林下经济建设，林下中药材产业发展模式，北京森林医药优势等方面开展了深入交流研讨，为北京市林下经济发展建言献策。

第二节　林下经济主要模式栽培技术

一、林药栽培技术

（一）林下半夏栽培技术

1. 前期准备

在郁闭度0.5~0.8的阔叶林地（如杨树、柳树、刺槐、梨树等林地）内，选择湿润肥沃、质地疏松、排灌良好、pH值中性的砂质壤土栽植。翻耕土地20厘米左右，除去石砾及杂草。播种前深翻1次，整细耙平。根据林木间距大小确定畦宽，畦距树干基部至少50厘米，畦埂高10~15厘米。栽植时间为土壤化冻后春栽。

2. 栽植管理

选择无机械损伤、无病斑、直径0.5~1.0厘米的块茎作种，开沟深3~4厘米，行距20厘米，株距3厘米，芽头向上，覆土搂平，稍加镇压。林地每亩种块茎40~60千克。出芽1周后开始除草，一般除草4次。浇水和雨后及时中耕，保持林地土壤疏松无杂草。种植前每亩施有机肥1000~1500千克，"小满"前后追施珠芽肥，视生长情况喷施植物源营养液。

6月以后，对落地的珠芽培土，8月中旬对落地的种子培土。用厚1.5~2厘米的细土，盖住珠芽和种子。生长季节如遇干旱及时浇水，追肥后及采收前适量浇水。雨季应及时排水，以防烂根。抽出花蕾后及时剪掉。

3. 病虫害防治

叶斑病　与禾本科作物实行2年以上的轮作；林地作业时注意工具消毒，减少人为传播；及时拔除病株并携出林地外处理，病穴消毒；发病初期用1:1:120的波尔多液500倍液，每7~10天喷1次，连续喷2次。

块茎腐烂病　与禾本科作物实行3~5年轮作；合理施有机肥料，适量施草木灰，提高植株抗病力；及时拔除病株烧毁，并用10%的石灰水对病穴消毒。

立枯病　与禾本科作物轮作；苗期加强中耕锄草，合理追肥浇水，雨后及时排水，避免重茬。

金针虫　入冬前将栽种地深耕后耙平，减少幼虫的越冬基数；用0.2%~0.3%的石硫合剂在播种或栽植前喷洒。

蓟马　发生初期用蓝板诱杀，每公顷挂30~40块；用0.3%苦参碱乳剂800~1000倍液或天然除虫菊素2000倍液喷雾防治。

4. 采收处理

当年秋季茎叶枯干倒苗后采挖，收获后及时去皮、洗净晒干或烘干。人工去皮时，需涂姜汁、菜籽油或戴橡胶手套保护操作者。

（二）林下射干栽培技术

1. 前期准备

在郁闭度0.2~0.4的阔叶林地（如杨树、柳树、刺槐、梨树等林地）中，选择排灌良好、背风向阳、土质肥沃的砂质土壤种植。翻耕土地20厘米左右，除去石砾及杂草。播种前深翻1次，整细耙平。根据林木间距大小确定畦宽，畦距树干基部至少50厘米，畦埂高10~15厘米。播种和栽植时间为霜降前后秋播。播种一个月前处理种子。种子用清水浸泡1周，换水3~4次，加入1/3体积的细沙揉搓，清水冲洗干净。一周后捞起，捞起前再揉搓冲洗1次，滤出水分。将种子放入透气的容器内，用透气的布盖严，淋水保持湿润，15天左右种子开始露白，种子露白达60%可取出播种。

2. 栽植管理

直播　开沟将种子均匀播入沟内后盖细土6厘米，压实灌水。林地每亩播种量0.75~1千克。

根状茎栽植　用1~2个芽头的根茎，按行距20厘米、株距15厘米开6~7厘米深的穴，每穴竖放一株，芽向上，填土压实盖平。林地亩用量约6000株。

苗高2厘米时适当疏苗，苗高6厘米左右时按行株距30厘米×25厘米定植。幼苗出齐后，及时除草和松土2~3次，最后1次在根际培土，防倒伏。种植前每亩施有机肥1000~1500千克。播种翌年开花，除留种地外，及时摘除花蕾。

3. 病虫害防治

锈病　发病初期喷施200~300倍木醋液，每周1次，连喷2~3次。

射干钻心虫　7~8月上旬利用黑光灯诱杀成虫。

4. 采收处理

栽种2~3年后收获根茎。秋季地上部枯萎后或早春萌芽前选晴天挖取根茎。采收后洗净泥土，去掉须根，去芦，切成1.5厘米厚的薄片，晒干或烘干可供药用。

（三）林下知母栽培技术

1. 前期准备

在郁闭度0.2~0.3的阔叶林地（如杨树、柳树、刺槐、梨树等林地）中，选择排水良好、沙质壤土、富含腐殖质的中性土壤种植。翻耕土地25~30厘米，除去石砾和杂草。播种前深翻1次，整细耙平。根据林木间距大小确定畦宽，畦距树干基部至少50厘米，畦埂高10~15厘米。

春季播种或秋季播种均可。春播于4月中旬，秋播于上冻前。分株繁殖宜在秋冬季植株休眠期至翌年早春萌发前。

春播时先用30℃的温水浸种8~12小时，捞出晾干，用2倍的湿沙拌匀，在向阳温暖处挖浅窝，将种子堆在窝内，用膜覆盖。当气温在

18~20℃时，约半个月即可萌发。当多数种子露白时即可播入林地。秋播当年不出苗，翌年春天出苗。

2. 栽植管理

直播　按行距25厘米开浅沟，均匀播种，覆土1~2厘米，稍加镇压。林地每亩播种量0.5~0.75千克。

分株繁殖　挖出2年生苗根茎，带须根切成3~6厘米长，间隔5厘米平放覆土。可结合收获将刨出的根状茎的芽头切下，进行分株繁殖。林地亩用量为60~100千克。苗高2~3厘米时去弱苗和密苗，苗高6厘米时按株距10厘米定苗。幼苗出土长出3片真叶时，浅锄松土。每年除草松土2~3次。雨后和秋末须培土。种植前每亩施有机肥料1000~1500千克。5~6月，除留种地外，及时剪去花薹。直播地幼苗期灌水1次，移栽后灌水1次，采收前1个月灌水1次。雨季，疏通排水沟及时排水。

3. 病虫害防治

蚜虫　黄板诱杀，初发期每公顷挂30~40块黄板；用0.3%苦参碱乳剂800~1000倍液或天然除虫菊素2000倍液喷雾防治。

金龟子　入冬前深耕耙平，减少幼虫（蛴螬）越冬基数。成虫黑光灯诱杀，或人工振落后临时放养成龄鸡或鸭捕食。

立枯病　避免重茬，与禾本科作物3~5年轮作；发现病株及时剔除。

4. 采收处理

3~4年采收一次。秋后植株枯萎后至翌年春季发芽前采收。采后烘干，干后去净须毛即为毛知母。趁鲜时剥去外皮，直接烘干或晒干即为知母肉。知母富含黏液，需较长时间才能晒干。

（四）林下穿龙薯蓣栽培技术

1. 前期准备

在郁闭度0.4~0.6的阔叶林地（如杨树、柳树、刺槐、梨树等林地）中，选择疏松、肥沃的砂质壤土种植。翻耕土地20厘米左右，除去石砾及杂草。播种前深翻1次，整细耙平。根据林木间距大小确定畦宽，畦距树干基部至少50厘米，畦埂高10~15厘米。春播，根茎繁殖春季或秋后都可进行。

3月中旬左右用冷水浸泡种子48小时后捞出沥干，用3倍于种子量的湿沙与种子混匀后装入透气袋中，沙藏，播种前10天取出。

2. 栽植管理

直播　在苗床上开沟，行距15厘米左右，沟深2~3厘米，沟宽20厘米，均匀撒入种子，覆土1~2厘米，覆盖稻草或遮阳网。播种后及时浇水使床面始终保持湿润，至苗出齐为止。林地亩播种量1.1~1.25千克。

根茎繁殖　将根茎挖出，幼嫩部分切成3~5厘米小段，按行距45~60厘米，开10~15厘米深的沟，按株距30厘米将根茎栽于沟中，覆土压实。林地亩用量50千克。

生长期间每年中耕除草3~4次；第2年生长季节，及时人工培土，防止根茎外露。春季干旱浇透水1次。种植前每亩施有机肥1000~1500千克。搭架供植物缠绕，也可在春季苗高30~40厘米摘顶，令其"矮化"。

3. 病虫害防治

立枯病　避免重茬；发现病株立即拔除并烧毁；对病穴深挖换土，每10平方米用硫黄粉5克消毒。

锈病　发病初期喷施200~300倍木醋液防治，每周1次，连喷2~3次。

四纹丽金龟　利用成虫假死的习性，人工摇树，使其落地假死而进行捕杀，或临时放养成龄鸡或鸭捕食。

4. 采收处理

翌年8月上旬后采收，先除地上茎再挖掘根茎。采后去掉须根及残皮，切成小段，晒干、烘干。

（五）林下藤三七栽培技术

1. 前期准备

在郁闭度0.6~0.8的阔叶林地（如杨树、刺槐等林地）中，选择排水良好的沙壤土种植。翻耕土地 25 厘米，除去石砾及杂草。栽植前深翻 1 次，整细耙平。根据林木间距大小确定畦宽，畦距树干基部至少 50 厘米，畦埂高 10~15 厘米。春栽或春季新枝萌芽后可扦插繁殖。

2. 栽植管理

扦插 带叶扦插成活快。剪取 1 年生以上茎蔓，长 15 厘米，具 2~3 个节，插入土中 4~5 厘米后浇透水。林地亩扦插约 1500 株。

珠芽（块茎）繁殖 在老植株上掰取饱满珠芽，单个栽于穴盘或营养钵，芽尖向上，栽植不宜过深，微露芽尖即可。林地每亩栽植约 1500 株。

及时中耕松土除草，增加土壤的透气性。视土壤墒情浇水，保持土壤湿润。多雨季节，注意排水，防止积水。种植前每亩施有机肥料 1000~1500 千克；每采收 1 次或 2 次后穴施经高温消毒的膨化鸡粪，每亩 200 千克左右。用竹竿或木条等搭成 2 米左右高的支架以便藤三七缠绕生长。为提高分枝数，生长初期打顶促进侧枝发生。及时摘掉珠芽和打掉花穗，有利叶片生长。

3. 病虫害防治

蛇眼病 可适当密植、遮阴，避免过多浇水和施氮肥。

4. 采收处理

藤三七叶片、嫩梢、株芽和块根均可采收。定植后 75 天左右即可采收，以不影响植株生长为宜。茎蔓生长到 12~15 厘米时摘取嫩梢，选取厚、大叶片采摘。生长前期 15~20 天采收 1 次，中、后期 10~15 天采收 1 次。块根于秋季采收，采收后烘干备用。

（六）林下红花栽培技术

1. 前期准备

在郁闭度 0.2~0.4 的阔叶林地（如杨树、柳树、刺槐、梨树等林地）中，选择排水良好、土层深厚、中等肥沃的砂质壤土种植。翻耕土地 20~30 厘米，除去石砾及杂草。播种前深翻 1 次，整细耙平。根据林木间距大小确定畦宽，畦距树干基部至少 50 厘米，畦埂高 10~15 厘米。

播种宜在春季土壤化冻后进行。

播种前，将种子置于 50℃温水中浸种 10 分钟，再放入冷水中冷却沥干即可播种。

2. 种植管理

条播 行距 40 厘米，沟深 3 厘米，将种子均匀撒入沟内，覆土后稍加镇压，浇水。

穴播 行距 40 厘米，穴距 25 厘米，每穴播种 4~6 粒。林地每亩播种 1~1.25 千克。

幼苗具 2~3 片真叶时，疏细弱和过密苗；苗高 10 厘米时，按株距 25 厘米定苗，穴播留苗 2 株。出苗 60 天左右小水漫灌，以林地内无积水为准。开花期和盛花期各灌水 1 次。其他时间不干不灌。种植前每亩施有机肥 1000~1500 千克。

3. 病虫害防治

锈病 使用不带菌的种子；防止浇水过多，适当增施磷、钾肥，使植株生长健壮；及时、集中处理有病植株；发病初期喷施 0.2%~0.3% 石硫合剂防治。

黑斑病 控制水分，土壤湿度不可过高；清除病枝残叶，集中销毁；发病初期，用 1：1：300 波尔多液 500 倍液喷雾防治，每隔 7 天 1 次，或与 200~300 倍木醋液交替喷施 2~3 次。

炭疽病 排除积水降低土壤湿度，抑制病原菌传播；发现病株后，立即拔除集中烧毁；发病前用喷施 200~300 倍木醋液，每周 1 次，连喷 2~3 次。

4. 采收处理

6~7 月采收，花由黄变红时为最佳采摘时期，采收后立即晒干、阴干或烘干。种子为中药材"白平子"，花后 20 天瘦果成熟时，晴天割取，脱粒后晒干。

（七）林下北苍术栽培技术

1. 前期准备

在郁闭度 0.4~0.6 的阔叶林地（如杨树、柳树、刺槐、梨树等林地）中，选择疏松、肥沃、排水良好的腐殖土或砂壤土种植。翻耕土地 20 厘米左右，除去石砾及杂草。栽植前深翻 1 次，整细耙平。根据林木间距大小确定畦宽，畦距树干基部至少50厘米，畦埂高10~15厘米。

种植时间为4月初。

2. 栽植管理

直播 分条播和撒播。条播畦面横向开沟，沟距20~25厘米、沟深3厘米，种子均匀撒于沟中，然后覆土；撒播直接在畦面上均匀撒上种子，覆土2~3厘米。播后均应在表面覆盖一层稻草，适时浇水保持土壤湿度，出苗后及时去掉盖草，经常松土保墒、锄草。林地亩用种量约0.125千克。

分株繁殖 将根状茎切成小块，每块带1~3个芽。林地每亩用量5000块。栽后覆土压实浇水。

苗高3厘米左右间苗，苗高10厘米左右定株，株行距15厘米×30厘米，定株后须中耕除草、培土，防止苗木倾倒。种植前每亩施有机肥1000~1500千克。非留种地及时摘除花蕾。

3. 病虫害防治

根腐病 实行轮作；生长期注意排水，以防止积水和土壤板结。

蚜虫 黄板诱杀，初发期可每公顷挂30~40块黄板；用0.3%苦参碱乳剂800~1000倍液或天然除虫菊素2000倍液喷雾防治。

4. 采收处理

栽种2年以后收获。春、秋两季采挖块茎但以秋后至春季苗出土前质量最好。挖出后，除去茎叶和泥土，晒至四五成干时，撞掉须根，呈黑褐色，再晒至六七成干时，再撞一次，以去掉全部老皮，晒至全干时再撞，使表皮呈黄褐色。

二、林菌栽培技术

（一）林下食用菌大棚栽培技术

1. 前期准备

选择位于上风地带、远离污染源、地势平坦、具有干净水源、排灌方便的林地。树种为杨树、松树、栎树、白蜡树、槭树等；树木遮阴度为65%~70%，林木行间距为3~4米。适宜栽培种类主要有香菇、黑皮鸡枞、黑木耳、玉木耳、榆黄菇、白灵菇、杏鲍菇、平菇、灵芝、鸡腿菇等品种。

2. 大棚设置

长30~50米，宽2.5~3米，顶高2.3~2.5米，肩高1.7~1.8米，两侧设1.2~1.4米的通风口，顶部设0.7米的通风口，内部设置自动化微喷控制系统、供水及供电系统等，外部加设棚膜、高密度遮阳网、手动或电动卷膜器。

3. 栽培管理

平原地区林地出菇棚可使用时间为3~11月，山区林地出菇棚使用时间为3月中下旬至10月中旬。栽培季节：早春可选择白灵菇、杏鲍菇、香菇等中低温型品种；春季可选择黑木耳（图6-36-2）、玉木耳、鸡腿菇等中温型品种；夏季可选择黑皮鸡枞、灵芝、榆黄菇等中高温型品种；秋季与春季选择品种相同。

平菇、榆黄菇、灵芝、杏鲍菇可采用码垛式或覆土模式栽培，香菇可采用地摆模式、半覆土模式或层架模式栽培，黑皮鸡枞可采用覆土模式栽培，黄伞、猴头等品种可采用码垛式栽培，具体栽培模式需因地制宜，根据场地和条件灵活选用。

图6-36-2 林菌模式（大兴青云店镇林下培育木耳）

（二）林下食用菌仿野生栽培技术

1. 前期准备

林地选择郁闭度0.6以上的油松林地、落叶松林地、阔叶林地、混交林地等。栽培地点宜选择土壤腐殖质层较厚、蓄水保水力强、排灌方便、方便采收的林地。适宜栽培菌类有大肥菇、双孢蘑菇、鸡腿菇、杏鲍菇、白灵菇等。

2. 播种时间

春季10厘米地温稳定在5℃以上即可播种。秋季以木腐型食用菌为主，8月下旬播种，晚秋出菇；10月下旬播种，越冬后早春出菇。

3. 栽培管理

坑栽 对于林木分布不均匀的林地，挖直径50~100厘米、深25~30厘米的坑。浇透底水，放入堆肥，分层或混合播种，总厚度23~28厘米。1平方米播菌种1000克，回填，覆土厚度2~3厘米，略高于地面，呈龟背状，取干草或干树叶覆盖于表面保湿。

坑栽时一次性给足水分，一般情况下无需再浇水，主要依靠自然降水和林地土壤的水分。草腐型食用菌播种后35~40天开始出菇。木腐型食用菌因种类不同在种植20~30天后出菇。

畦栽 对于林木分布均匀的或有较大空地的林地，挖宽50~100厘米、深20~30厘米、长度随地段而定的畦，种植方法同坑栽。可采用扣拱棚，棚内温度不超过26℃，注意通风管理，出菇后保湿。进入高温期揭去棚膜，自然出菇。

对畦栽的草腐型食用菌扣拱棚，有条件的可在出菇期进行浇水管理；对畦栽的木腐型食用菌，在出菇前后视土壤墒情适时浇水，第一潮菇采收后，浇一次透水，盖棚膜继续管理。

4. 病虫害防治

病害防治 对于培养后期或出菇阶段栽培坑或畦出现的局部杂菌感染，可在感染部位撒石灰粉。

虫害防治 发生虫害时，应选用已经在国家登记的可以在食用菌生产上使用的农药进行防治。

5. 采收处理

根据食用菌的种类和产品需要，确定采收标准、采收时间和采收方法。

（三）林下羊肚菌栽培技术

1. 前期准备

在地势较高、通风良好、土壤腐殖质含量高、土质疏松、保水透气、便于排水的林地内，设置塑料大棚栽培羊肚菌，大棚外壁由内向外覆盖聚乙烯多功能复合膜、95%遮阳率以上遮阳网，棚内沿长轴安装微喷设施。

在菇棚四周开好排水沟，对菇棚的地面、棚顶及周边环境进行消毒。整地做畦，翻松、拉平畦上泥土，畦床宽1~1.2米，长度依田块而定，畦间留0.4~0.5米的操作通道。畦床表面撒生石灰450千克/公顷，播种前一周浇一次透水。

制作外营养袋，采用12厘米×24厘米聚乙烯灭菌袋装袋，每袋配方为小麦粒120克、谷壳30克、玉米芯60克、腐殖质土50克、石灰1%~1.5%、石膏2%，含水量50%~60%，常压灭菌24小时，冷却后使用。

羊肚菌种植品种应选择发菌出菇快、产量高和抗逆性好的羊肚菌品种，如六妹羊肚菌。

2. 栽培管理

在10月下旬至11月中旬、温度稳定在10~20℃时播种栽培，于翌年3月初至4月中旬大量出菇。

每亩菌种用量200~250千克。在菇床上开3~4条纵沟，播种时将菌种捣碎，撒入菇床上的沟内，捣碎上面的泥土然后拉平，喷水一次，使土壤的含水量达60%左右，覆盖黑色地膜。

菌丝爬上土壤表面后放置营养袋。每条菇床摆放营养袋2排，袋间距0.4~0.5米，每亩摆放1500~2000袋。摆放时用刀尖在营养袋纵轴方向开8~10厘米小口，将开口处接触地面并用力压，使营养袋内基质与菇床上羊肚菌菌丝紧密接触。

养菌期间菇床土壤含水量保持在45%~65%，菇棚内温度保持在10~20℃，保持微弱光线条件。

在2月下旬后，气温回升到10℃以上，撤去地膜通风并喷水，保持空气湿度不低于80%，刺激原基形成。原基形成后，通过闭棚、减少通风与浇水频率和强度等措施来保持小环境稳定，相对空气湿度控制在85%以上，温度在5~18℃。

羊肚菌子实体出土后一般经过7~10天生长后成熟，在菌帽脉络清晰、蜂窝状的子囊果基本展开、菇体色泽从淡转深时即可采收。采收方法是用小刀从菌柄基部紧贴地面处割下，清除基部泥土，装箱冷藏保鲜。羊肚菌可鲜销或晒干（烘干）分级销售，干品需要用塑料袋密封保存，减少挤压变形或破损，保持朵型圆满完整。

（四）灰树花人工栽培技术

灰树花又名栗蘑，野生的栗蘑发生于夏秋间的栗树根部周围、树干及木桩周围。栗蘑适合在林荫下生长，在板栗、苹果、樱桃、桃等树下也可种植。常见的栽培方式有林下小拱棚仿野生栽培模式、冷棚栽培模式、日光温室栽培模式、闲置房屋覆土栽培模式等。

1. 栽培时间

利用板栗等林地空间种植，一般在清明节前后，地下5厘米地温稳定在10℃左右时种植。一般4月种植，5月收获第一茬，一年可出3茬，整个生长周期在5~8月，板栗收获在9月，互不影响。利用日光温室可提前1~2个月栽培。

2. 菌种准备

马铃薯蛋白胨综合培养基和加富PDA综合培养基都适合灰树花母种生长，最佳碳、氮源分别是果糖和牛肉膏，有机氮源比无机氮源更适合于灰树花菌丝生长。

3. 培养料制备

灰树花属木质腐生菌，培养料主料是栗木屑、棉籽壳，辅料为麦麸、玉米粉、蔗糖等。主料一般采用山毛榉、栗树、橡树等阔叶树杂木屑，颗粒大小0.5~2毫米为宜，颗粒过细容易出现畸形子实体，颗粒过粗又容易使产量下降，适量（30%以下）添加一些针叶木屑效果更好。

辅料主要有麸皮、玉米粉。玉米粉较佳，用30%麸皮+70%玉米粉效果也很好。辅料一般占总干料重的20%~30%，过量容易出现畸形菇。

常用配方是栗木屑45%、棉籽皮35%、麦麸10%、玉米粉5%、黄豆粉2%、糖1%、石膏1%、生长素1%，或栗壳或栗苞（发酵软化粉碎）17%、栗树屑17%、棉籽壳34%、麦麸10%、玉米粉10%、糖1%、石膏1%、细土10%，含水量60%。

4. 覆土栽培

整地做畦，畦长3~5米，宽50厘米，深25~30厘米，畦间距80厘米。栽培前1天，畦内灌1次透水，水渗后在畦面撒少许石灰消毒。

菌丝长满后，将菌袋的棉塞、套环取下，用小刀将塑料袋纵向划开，划时注意不要伤及原基，去掉外面的塑料袋，取出里面的菌棒，直立挨紧排放畦内。脱袋入畦要选在晴天无风的早晚进行，边排袋、边覆土、边浇水、边遮阴，防止菌块长时间暴露在阳光下。脱袋时将手、小刀和搬运菌块的筐用2%来苏尔或1%高锰酸钾水溶液消毒。

排放菌棒时，要求畦内所有菌棒的顶端在同一个平面上。当菌棒出现长短不一的情况时，可以在菌棒底部垫土或适当加深畦底。

排完菌棒后要及时覆土，覆土时要尽量将菌棒间隙填满。覆土分2次进行，第1次覆土厚1.5厘米，以刚好覆盖住隆起的原基为度。浇第1次水时要在畦面上喷洒，将覆土湿透、沉实，切忌大水漫灌。等水渗透后，再覆第2层土，覆土1~1.5厘米，再用水淋湿。

完成覆土后，在畦的四周做高度为10厘米、宽度为15厘米左右、用塑料布包裹的防水土埂，塑料布的一端埋在菌棒与畦的间隙当中，另一端向上将土埂包住并用土压实，目的是挡水和防止畦旁出土的蘑菇沾上土。然后搭盖小拱棚，盖膜覆草帘。为防止灰树花菇体沾染沙土，原基分化后在菇体周围摆放一些小石子。

5. 出菇管理

早春温度较低，每隔7~15天向畦内喷洒1次水。经过20~35天菌丝开始形成菇蕾。出菇期菌棒含水量保持在55%~65%，棚内空气相对湿度保持在85%~95%。

原基形成后注意加大通风量，通风时间每次0.5小时左右，每天2~3次，无风或阴天时可通风1小时。原基形成后透光掌握以棚里面能看书即可。

灰树花的生长温度控制在22~26℃，超过30℃时，采取增加喷水次数、加盖遮阳物、加强通风、草帘上喷水等措施降低温度。

6. 采收

灰树花原基出现 18~25 天后可以采摘，采摘的标准是菌盖的边缘小边白色变得不明显且其边缘稍向内卷时，或菌盖背面的子实层体刚出现菌孔，尚未释放孢子时，即为适宜采摘期。

采后畦内 2~3 天不要浇水，让菌丝恢复生长。3 天后浇 1 次透水，继续按出菇前的方法管理，过 15~30 天出下潮菇。灰树花全部出菇结束后，需要做好场地处理，以备翌年继续栽培使用。

三、林花栽培技术

（一）林下油用牡丹种植技术

选择质地疏松、肥沃，中性或微碱性的砂壤土林地。提前挖好栽植穴，保持好间距，在秋季 9 月上旬至 10 月上旬，选择 2 年生的小苗，将断裂、病根剪除后浸杀虫、杀菌剂，采用穴植法栽植，将苗木放入穴中央，保持根系舒展，覆土 20 厘米并踩实，深以根颈处略低于地平为宜。

油用牡丹忌积水，栽植后浇一次透水，生长季节酌情浇水。一般浇花前水、花后水、封冻水。栽植当年不施肥，一年后在秋季施肥，以腐熟有机肥料为主，结合松土，撒施、穴施均可。春季花前施一次氮、磷、钾复合肥，夏季施一次磷、钾肥，结合浇水施花前肥、花后肥。

栽植当年，多行平茬。春季萌发后，留 5 枝左右，其余抹除，使翌年开花结籽。生长季节应及时中耕，清除杂草，及时喷药防治病、虫害发生。秋冬季剪去干花柄、细弱、病枝，对两年生油用牡丹的地块实施翻耕。

（二）林下菊花、玫瑰、色素万寿菊等种植技术

选择排水条件良好、郁闭度小于 0.6 的林地。种植地块每亩施 2 吨有机肥，用旋耕机旋耕一遍，旋耕深度 15~20 厘米（图 6-36-3）。

4 月中旬至 5 月底栽植种苗，密度为色素万寿菊株行距 0.4 米×0.6 米；玫瑰株行距 0.5 米×1 米；菊花株行距 0.3 米×0.4 米。种植时浇好定根水，使根系充分吸水，以后靠雨水浇灌即可。

菊花每 3 年重新定植一次，玫瑰每 10~15 年重新定植一次，色素万寿菊每年定植一次。

林地病虫害以预防为主。可安装太阳能杀虫灯，雨季来临前打一次广谱性杀虫、杀菌剂预防。

图 6-36-3　林花模式（延庆林下种植万寿菊）

（三）林下百合种植技术

在深根性树种为主、郁闭度 0.6 以下的林分中，选择排水良好、疏松肥沃、土壤病虫害少的砂壤土，做畦起垄种植，畦宽 1~1.2 米，畦垄距树干 40 厘米以上。

种植两年后采收，宜选择周径 8~10 厘米或 10~12 厘米规格的种球，种植一年后采收，宜选择 12~14 厘米或 14~16 厘米规格的种球。种植前用多菌灵或甲基托布津 300~500 倍液浸泡 15~30 分钟，晾干后种植。可在春季和秋季播种。栽植密度根据种球分级标准，10~12 厘米、12~14 厘米种球株距 20~25 厘米；14~16 厘米种球株距 25~30 厘米。栽植深度以种球以上覆土 5~8 厘米为宜。

苗期管理重点为中耕除草、培土。灌溉或除草导致种球外露应及时培土，避免影响茎、根生长。施肥分两次进行：基肥，在整地前撒施充分腐熟的农家肥，每亩撒施 1~2 吨；追肥，主要在出苗前期、植株生长前期、生长中期和枯萎后期四个阶段进行。种植后和开春解冻之后浇一次

透水，以后视土壤墒情适时浇水，雨天注意排水，切忌积水。花蕾出现1~2厘米打顶，以增加产量。打顶工作一般在阳光旺盛的中午进行，这样能够有效减少病原菌的侵入，加快伤口组织愈合。

百合的地上害虫主要是蚜虫、蓟马、菜青虫等，地下害虫有蛴螬等。种植前对种球和土壤进行消毒和深耕处理。在春季解冻之后或发病初期用吡虫啉、阿维菌素等药剂喷施防治，连续2~3次。

立枯病、根腐病发病初期用30%恶霉灵800倍液5~7天灌根1次，连续2~3次。百合灰霉病采用加强通风，降低湿度的方式预防，发病初期用40%嘧霉胺1000倍液2种药剂交替使用，每7天喷1次，连续2~3次。

四、林下养殖技术

林下养殖技术主要是指在不破坏森林资源和生态环境的前提下，依托森林、林地及其生态环境，在林内或林地边缘，开展家禽养殖以及驯养、繁殖、保护和开发利用特种经济动物和昆虫的养殖技术（图6-36-4）。

图6-36-4 林禽模式（房山琉璃河镇林下养鸡）

（一）"林+草+鸡"种养技术

选择适宜生草的生态林地或果园（郁闭度小于0.6）和适度规模经营的种养殖企业或专业合作社，选择菊苣、红三叶、白三叶、鸭茅等适生优质草种；采取机械条播、单播或混播等方式，如菊苣单播，菊苣与紫花苜蓿混播，白三叶、多年生黑麦草与鸭茅混播等；播种时间为平原和浅山区3月底至4月初或8月上旬，深山区4月中旬或7月底，最佳播种时间为夏末秋初。播种前结合林下土地整理施底肥。

选择春季播种的林下草地，应加强苗期杂草防控。早春返青时及时灌溉透水1次，越冬前灌溉1次。

实施低密度放养，根据林下草地生物产量和营养特性，制定草地放养鸡群的适宜密度。当林下种植草层高度达到20~30厘米时，推荐1500~2025只/公顷。采用林下草地划区轮换与限时放养相结合的方式，草地放养3个月后肉鸡即可出栏，亦可继续放养收获蛋品。

成熟的技术模式主要有林下单播菊苣草地低密度放养鸡技术；林下混播草地（菊苣+紫花苜蓿，菊苣+多年生黑麦草+鸭茅）低密度放养鸡技术；玉米+豆粕型日粮中添加林地草产品（苜蓿草粉、菊苣草浆、白三叶和鸭茅混合鲜草草浆）养鸡技术；"林+草+鸡"种养结合模式下的鸡粪无害化处理与还田利用技术（林间草地消纳+益生菌发酵床消解+好氧堆肥发酵相结合技术）。

（二）林下低密度油鸡散养技术

1. 前期准备

在郁闭度0.5~0.7的高大落叶乔木林地中，选择株行距不低于4米、地势较高、干燥通风的场地，建造小型鸡舍。郁闭度太低，鸡群在夏季缺乏遮阴，易引起热应激甚至中暑死亡。郁闭度太高，在雨季地面容易潮湿，湿度大易造成生长发育受阻，且林下牧草不易生长。

配置具备防暑保温功能的鸡舍，林下养鸡可以实现全年周期循环。缺乏保温的简易鸡舍，可以在春、夏、秋3季养殖。

北京油鸡抗逆性强、耐粗饲、肉蛋品质好，是适宜林下养殖的优质地方鸡种。

2. 鸡舍建筑与养殖密度

在林间空地建造具有保温隔热功能的小型鸡舍，为鸡群提供舒适安全的生活栖息环境。鸡舍可采用彩钢保温板或轻型保温材料建造，不砍伐树木，不硬化地面，不破坏土地。舍内设施配置充分考虑鸡的动物福利需要，配备漏粪地板、自动饮水、自由采食、产蛋箱和栖架等设施。

鸡舍舍内面积以12~20平方米为宜，舍外配套建设围栏以控制鸡群的放养与回笼，围栏面积为舍内面积的1.0~1.5倍。每亩林地的养鸡数量以不超过50只为宜，如果林下植被丰富，可以适当增加养殖数量，反之则应减少养鸡数量。

3. 鸡群饲养

1日龄雏鸡应在室内育雏，达到42日龄左右脱温后，再逐步放到林地放养。喂食和饮水器具尽量置于鸡舍内，保证饮水卫生。舍外活动区要平整，地势稍高，不能有积水洼地。舍内外应保持干燥，饮水器不能漏水，避免鸡粪和垫料发酵。

4. 鸡粪有机化处理

通常采用槽式发酵法和塔式发酵罐法处理鸡粪。槽式发酵法投资小、技术容易掌握，适合规模较小的鸡场利用。先将经过初步干燥处理后的鸡粪与锯末、秸秆及发酵菌等辅料混合，堆放在宽2~3米、长约50米的水泥槽内发酵，其间利用翻抛机定期翻动，经过1~2周的发酵后即可制成有机肥。塔式发酵罐法，也称立体发酵法，鸡粪在立体发酵罐内进行发酵。由于发酵罐内有搅拌装置、加热装置和排放气体净化装置，发酵效果不受气温影响，可全年高效运行，无污染。

第三节　野生菌的驯化利用

野生菌味道鲜美，营养丰富。开展野生菌资源调查、引种驯化、优良菌种菌株筛选、人工促繁、仿野生栽培、应用推广和规模化生产，对丰富林下经济内容，促进林区经济发展具有重要意义。北京地区已经驯化栽培的野生菌有墨汁鬼伞、荷叶离褶伞、灰树花等，能够仿野生栽培或人工保育的野生菌主要有猪苓、血红铆钉菇、点柄粘盖牛肝菌等。

一、猪苓仿野生栽培技术

（一）菌核菌种制备

猪苓属药用真菌，具有治疗肿瘤的功效。猪苓菌丝和次生菌丝密集地绕结成菌核。菌核多年生，能贮存营养，环境不适时可长期休眠，遇蜜环菌和适宜的环境能萌生菌丝，形成白苓。菌核有黑、灰、白三种不同的颜色和形态，按颜色和肉质分别称作"枯苓（老苓）""黑苓""灰苓"和"白苓"。

猪苓仿野生栽培宜选择生活力旺盛的灰苓或具有弹性、断面菌丝白色或微黄色、新鲜无霉变、无虫、未干燥的黑苓，由离层或细腰处掰开，50~80克，切忌用刀切。100克以下的菌核，每窝1平方米用种量为300~500克。

（二）伴生菌蜜环菌的培养

大多数野生猪苓菌核表面有蜜环菌索附着，蜜环菌是猪苓生长的营养来源，蜜环菌越多猪苓生长越旺盛。因此在栽培猪苓之前，要先培养蜜环菌。一般采用蜜环菌三级瓶装菌种，500~600毫升耐高压塑料瓶装。蜜环菌菌种可直接伴栽，也可先培育菌材，然后再进行猪苓的播种。

对蜜环菌菌种的要求：①菌丝生长旺盛、菌索粗壮均匀有力，菌丝紧贴每根小菌枝，长满后整个瓶内形成一个菌枝团，剥开小菌枝，皮下有白色蜜环菌菌丝生长。②菌瓶营养液呈透明的棕红色、无浑浊，瓶壁上有淡白色至浅黄色和棕黑色半固体透明菌丝分泌物，黑暗中有荧光，瓶口无杂菌，有少量棕红色至浅黑色菌索长出。③用手捏菌瓶有硬度，无霉臭及其他气味，如果菌种变软、营养液浑浊或有其他气味属被污染菌种，则不能使用。

蜜环菌一般每年培养两次。第一次在3~6月，培养的菌枝供10~11月培养菌材或栽培猪苓时用；第二次在11月至翌年2月，供翌年春栽猪苓时用。选直径为1.5~2厘米的阔叶树的新鲜枝条如栎树、桦树、山楂枝条，削去细枝、树叶，斜砍成6~8厘米的小节，晾晒2~3天，用0.25%硝酸铵或0.5%蔗糖溶液浸泡1小时左右。小菌枝装入500毫升塑料瓶，灌水后灭菌，接种，菌种制作可按照农业行业标准《食用菌菌种生产技术规程》实施。

（三）菌材的培养

一般把长满蜜环菌的棒叫菌材或菌棒。蜜环菌对不同树种枝条的侵染与生长情况不同。有研究表明，蜜环菌在山荆子、苦栎树树枝上萌发最早，菌索长势最为粗壮，干重最大，板栗等次之；海棠树菌索在枝条表面爬行速度最快。固体和液体菌种接种对木材上菌索的生长影响差异不大，苦栎、板栗、柿子树、山荆子的枝杈是生产蜜环菌枝条菌种的良好材料。

生产中在进行蜜环菌菌材培养时多选用直径为4~8厘米的栎树、桦树、山楂等阔叶树枝条，锯成50厘米短节，同时每隔2~3厘米斜砍一个鱼鳞口，每段木砍2排，晾晒2~3天。在露天或温室内，砌一个高1米左右、长宽依据地方大小而定的砖池，内铺一层粗河沙，然后码放一层直径4~8厘米树棒，树棒上撒三级蜜环菌菌种，之后铺一层粗河沙，循环操作，接近满池时铺15~20厘米粗河沙，浇透水。池面盖树叶，以后定期浇水，2~3个月后树棒上长满蜜环菌菌索即可使用。

（四）栽培条件

在海拔600~1000米、郁闭度0.5~0.8的阴坡次生阔叶林、杂灌林中，选择腐殖质层较厚、有机质含量高、疏松透气、土质湿润、pH值偏酸性的土壤栽培，并符合国家标准《土壤环境质量农用地土壤污染风险管控标准（试行）》和农业行业标准《无公害食品 蔬菜产地环境条件》的要求。选择杨、栗、柳、桐及果树等阔叶树的树叶，按栽培面覆盖10厘米厚的数量准备。

（五）挖栽培窝

猪苓种植时间可在初春土壤解冻后或晚秋上冻前进行，北方地区以5~7月最为适宜，提前1~2周挖好栽培窝或沟、畦，晾晒备用。栽培窝或沟、畦上方遮阴度应在60%~80%。

在适宜种植猪苓的山坡，在距离树干1~1.5米的位置挖栽培窝，窝与窝之间距离50~100厘米。栽培窝长120厘米，宽50~60厘米，深20~25厘米。

（六）林地栽培

1. 蜜环菌材 + 菌种 + 树棒 + 猪苓种

在栽培窝底部填树叶3~5厘米，然后放4根菌材和4根直径4~8厘米的树棒，菌材与树棒交替放置，间隔5~8厘米，树棒上砍一些鱼鳞口以便快速感染蜜环菌。菌材两侧均匀放入猪苓种，在空隙处放入树枝，撒蜜环菌2瓶，盖土10~15厘米。表面再覆盖2~3厘米湿树叶。每窝用苓种0.5千克、用菌材4根、树棒4根、树枝3千克、树叶3千克、蜜环菌2瓶。腐殖质层较厚的林地可以播种两层。

2. 蜜环菌 + 树棒 + 猪苓种

将栽培窝底部挖松整平，填上3~4厘米树叶，每窝平摆8根树棒，树棒与树棒之间间隔5~8厘米空隙，空隙处回填腐殖土或沙土将树棒半埋。在每根树棒两侧均匀放入猪苓菌核种，每根树棒放猪苓种5~6个。空隙处均匀摆放树枝。将蜜环菌菌种均匀放入猪苓种和树枝两边。用腐殖土或沙土把树枝填实，盖严树棒，然后再均匀撒上树叶和树枝，用土覆盖10~15厘米，窝表面呈平顶状，便于保水保墒，高山浅盖，低山厚盖。每窝用种0.5千克、树棒8根、树枝3千克、树叶3千克、蜜环菌4瓶。

（七）后期管理

栽后不需任何特殊管理，不用施肥，不用除草，使其保持自然生长，每年栽培窝上方可添一些树叶，保湿和增加腐殖质。

栽培猪苓下种后不宜翻动，并忌牲畜践踏；夏季如遇干旱，可引水浇灌；每年春季在穴顶加盖一层树叶和腐殖土，这样可减少土壤水分蒸发，补充土壤有机质，提高土壤肥力。

（八）采收

当年夏季林地播种的猪苓菌种在适宜的条件下，翌年夏可以看到萌发的健壮灰苓，第3年至第4年是猪苓快速生长形成产量的时期，一般第4年采挖，4年后每窝产鲜苓10~15千克，按折干率40%可得干品4~6千克。采挖的猪苓去净泥土和菌索，及时晾干晒干或烘干销售，可选有弹性的灰苓和黑苓作菌种。

二、血红铆钉菇人工仿野生栽培

（一）发生条件

血红铆钉菇是一种菌根性食用菌，其发生区域与菌塘位置、老熟子实体孢子散发有密切关系，保护好野生菌发生的菌塘，适当留一些老熟子实体有助于血红铆钉菇产量维持。目前，血红铆钉菇仅能仿野生栽培，在原生区域加强菌塘生长环境保护，人工扩散其孢子或菌丝体，促使血红铆钉菇扩繁生长。北京山区血红铆钉菇多发生在树龄在40~50年的油松林地，是一种与油松林共生的外生菌根食用菌，适宜的林内郁闭度为0.6~0.9，郁闭度低于0.6的地区血红铆钉菇子实体发生量小。

血红铆钉菇的发生区域具有较强的固定性，每年出菇期出菇的位置几乎没有什么变化，而且血红铆钉菇发生地总是有牛肝菌同时出现。

血红铆钉菇的子实体的主要发生期为每年8月中旬至9月下旬；子实体发生后第5天左右释放孢子；其子实体的干物质含量为12.3%，降水量与子实体发生关系最为密切。

血红铆钉菇子实体形成与土壤养分相关度小，甚至石缝里也可以出菇，腐质层较薄林地与土层较厚林地的出菇没有显著差别，但腐质层较厚的土壤有利于子实体个体发育。

（二）栽培技术

血红铆钉菇的人工驯化栽培主要是在油松适生林内进行。栽培方法主要有油松感染苗移植法、松蘑蘑菇圈移植法、孢子接种法。

油松感染苗移植法 将被血红铆钉菇感染的3~5年生油松幼苗栽到没有长松蘑的地方，移栽地最好是阳光充足、土层较浅、比较干燥的油松林地。在选好移栽地的松树附近约1米处细根多的地方挖坑放入感染苗，盖上厚土，加盖落叶以防干燥。移栽后，血红铆钉菇菌丝每年向外伸展15厘米，当直径达1米以上时才能长出子实体。因此，此法从培养感染苗到长出子实体时间较长，需5~6年时间。

蘑菇圈移植法 在发生血红铆钉菇的蘑菇圈中，选取长势好、将要开伞的子实体，以它为中心，先挖出10~15厘米见方、带有大量菌根的土块，然后在准备种植血红铆钉菇的松树周围挖出同样大小的坑穴，把挖来的带有菌根的子实体土块放进去。这样除了活的菌根和菌丝能长到新的树根上外，子实体落下的孢子也能萌发后形成菌丝，并生长侵入到松树的细根中。

孢子接种法 在血红铆钉菇充分成熟并大量地产生孢子时，将其采下放到桶中，按每个子实体用水1千克的比例加入干净的水，搅拌后立即用孢子液接种。接种前选好接种地，在树周围细根茂密处，凿出直径1~3厘米、深10~15厘米的圆洞，将孢子液灌入洞中，再盖上土。

上述几种方法实施之后均需要若干年菌塘菌丝的生长之后，在适宜条件下才能发生子实体。

三、点柄粘盖牛肝菌人工驯化栽培

（一）发生条件

点柄粘盖牛肝菌，又名栗壳牛肝菌、松蘑或

黄蘑，属牛肝菌科，是一种外生菌根食用菌，常见于夏秋季节，是北京油松林地的优势菌根性食用菌之一，也是北京地区野生食用菌中的珍品。

该菌多发生在土壤类型为棕壤土和褐土、土壤pH值在5.7~7.6、土壤含水量为12.9%~68.5%、林分郁闭度为0.56~0.8的林地中。在海拔400~1100米、不同坡向的油松林地都可以见到点柄粘盖牛肝菌的子实体。发生地地表层枯落物厚度3~6厘米，最厚处可达10厘米。

（二）发生时间

温度、降雨对点柄粘盖牛肝菌的发生影响很大，在较为干旱的年份，一般在8月上旬至9月下旬发生，发生高峰在8月下旬。在雨水充沛的年份，则在夏初的6月中下旬发生，继而在8月中旬至9月下旬发生，10月雨水后再次发生，出菇可达到4~5潮。

点柄粘盖牛肝菌子实体露出地表后第5天左右开始释放孢子，之后子实体菌柄高度基本稳定，而菌盖继续长大，菌盖间的差异在后期明显，子实体在第7天腐烂自溶。点柄粘盖牛肝菌单个子实体重量20~150克，含水量为88%~91%。

（三）发生规律

海拔、坡度、坡向对点柄粘盖牛肝菌的发生有影响，温度与湿度是子实体发生的不可或缺因子。一般情况下，海拔高的林地发生时期早于海拔低的林地，陡坡比缓坡发生得多些，山的中、下部多于顶部。夏初和秋季阳坡发生量大，夏末和初秋阴坡发生多，林间雨水聚集的小生境常常是点柄粘盖牛肝菌发生密集的区域。

点柄粘盖牛肝菌生长发育与天气变化密切相关。在温湿度适宜的情况下生长稳定，生长量逐步增加。温度较高的8月中旬，地表温度26~28℃时，部分点柄粘盖牛肝菌即干枯萎缩并停止生长。在雨后生长迅速，天热时普遍生虫。9月下旬当气温下降时，生长速度明显下降，但菇质明显好于8月、10月时菇体生虫现象大大减少。

点柄粘盖牛肝菌存在成片的菌塘，菌塘菌丝在0~10厘米最为密集，并可以延伸至土壤30~40厘米处。菌塘菌丝健壮洁白，子实体也经常同时出现。

（四）菌丝培养

研究表明，点柄粘盖牛肝菌菌丝体在葡萄糖、果糖、甘露醇、麦芽糖为碳源的培养基上能正常生长，其中以葡萄糖培养基上生长最快，生长浓密，颜色洁白，其次为果糖，再次是麦芽糖与甘露醇。

点柄粘盖牛肝菌菌丝体对氮源有较广的适应性，对大多数的无机氮、有机氮均可利用。菌丝体在含不同氮源的培养基中生长情况有较大差异，最适氮源为氯化铵与硝酸铵。

点柄粘盖牛肝菌菌丝体在15~29℃均可萌发生长，菌丝生长适宜温度范围是23~25℃，最适温度为25℃，此时菌丝体浓密洁白，生长最快，低于23℃时，菌丝生长缓慢。

pH值环境对点柄粘盖牛肝菌菌丝体生长有较大影响，菌丝生长适宜的pH值为4.5，喜偏酸性的环境。

（五）人工保育措施

1. 菌根苗培育

将被点柄粘盖牛肝菌感染的幼松苗栽到没有长点柄粘盖牛肝菌的油松林，盖上厚土、落叶，移栽后，点柄粘盖牛肝菌菌丝在适宜的条件下向外伸展，多年后会长出子实体。也可以在采挖后将点柄粘盖牛肝菌子实体收集起来，经粉碎后加水立即浇在林地中的松树或灌木的营养根上，促进菌塘菌丝体的生长。在实验室，合成菌根采取组织分离和孢子分离的方法，获得点柄粘盖牛肝菌纯菌剂，然后回接到油松幼苗根部，以获得感染牛肝菌菌丝的松树菌根。实验表明，孢子悬液剂型菌剂对1月龄和3月龄油松幼苗感染率和成活率均能达到100%。

2. 原生境菌塘保护

菌塘是菌根和菌丝以及子实体生长发育的基

地，保护原生境菌塘是确保点柄粘盖牛肝菌持续产出的关键环节。点柄粘盖牛肝菌菌塘附近要禁止放牧和开荒，采挖时要尽量减少对菌塘的干扰。每次野外采挖点柄粘盖牛肝菌后，要及时用腐殖质土将窝塘填平、盖好，尽量不破坏地表和枯枝落叶层，使其菌塘得到最好的保护。

3. 保留老熟子实体

点柄粘盖牛肝菌的子实体成熟开伞后，孢子随风散落，条件适宜时就萌发成菌丝体，菌丝体与幼根结合形成新的菌根，产生新的菌塘，这样点柄粘盖牛肝菌就能不断繁衍下去。因此，在采挖时不能采取一扫而光的掠夺方式，每个菌塘每年至少保留3~5个开伞的成熟子实体，以便形成新的菌根，增加形成新菌塘的机会。

4. 保持合理郁闭度

林分郁闭度直接影响点柄粘盖牛肝菌宿主植物生长的好坏，郁闭度在0.5~0.8，最有利于点柄粘盖牛肝菌的生长发育。郁闭度小于0.3，光照太强，土壤干燥，点柄粘盖牛肝菌的幼菇刚出土就会开伞，容易被蛆虫吃；郁闭度大于0.8，林下光照太弱，此时虽然长出的菇颜色好，经济价值较高，但是产量少。

第四节 林下经济实例

按照国家林业和草原局关于开展林下经济示范基地建设的通知要求，北京市有10家从事林下经济的新型林业经营主体先后被认定为"国家林下经济示范基地"，包括北京京林绿色科技有限公司、北京聚兰兴养殖专业合作社、北京红石山谷森林康养有限公司、北京灵之秀文化发展有限公司、北京草根堂种养殖专业合作社、北京四海种植专业合作社、北京万丰菌业专业合作社、北京市房山区辛庄村循环种养林下经济示范基地、北京市怀柔区雷西沟药材种植林下经济示范基地、北京市密云区金叵罗林下种植示范基地。他们对全市林下经济发展起到了重要示范作用。

一、北京草根堂种养殖专业合作社

该示范基地位于房山区石楼镇杨驸马庄村，经营林地153余公顷，通过探索林下种植与中小学生大课堂、中医药文化、户外拓展等相结合的一、二、三产融合发展模式，利用4.67公顷林地种植了30余种乡土中药材，建成150米长的"中医药科普长廊"，开展了中草药科普、农耕体验、青少年户外拓展等多种森林景观利用活动，年接待游客达到10万余人。2015年，被国家林业局认定为"国家林下经济示范基地"。

2011年基地建成以来，通过发展林下经济每年带动当地农户500户，户均增收2万元以上，带动600人实现就业，其中妇女达480人，取得了较好的经济效益和社会效益。在示范基地的带动下，房山区石楼镇、大石窝、琉璃河镇等十几个村开始种植中草药，面积达533余公顷，同时也充分解决了当地村民的就业问题。

二、北京四海种植专业合作社

该示范基地位于延庆区四海镇，有社员238户，林下主要种植茶菊、玫瑰、林下食用菌等，种植面积172余公顷，年产值约1500余万元。2015年，被国家林业局认定为"国家林下经济示范基地"。

2005年8月合作社成立以来，为农户提供种苗、技术培训、收购农户种植产品进行加工、销售等服务，带动四海镇前山村、王顺沟村、楼梁村、菜食河村、黑汉岭村5个村种植茶菊，以集中劳动和分散辐射等方式帮助本地区低收入户增收，为当地提供劳动岗位400余个，低收入户实现年均增收达2.5万元。合作社坚持有机绿色的标准，注册了"京水源"牌商标、通过了产品 QS 认证，"菊花茶系列"产品被延庆县旅游局评为特色旅游商品，并获得第二届中国国际林业产业博览会暨第四届中国义乌国际森林产品博览会金奖。

三、北京灵之秀文化发展有限公司林下经济示范基地

该示范基地位于门头沟区雁翅镇大村，拥有约 667 公顷林地。北京灵之秀文化发展有限公司与大村地区 6 个行政村紧密配合，采用"龙头企业＋合作社＋基地＋农户"的模式发展林下经济，带领当地农民利用核桃树、杏树的林间空地，种植黄芩、金银花、紫苏等植物，公司除定期收购外，年底还对社员进行分红。同时，公司投资建成了有机农产品加工厂，进行山茶、干果等农产品加工，并开发出了黄芩翠芽、黄芩禅茶、酸枣芽茶、杏福一号等特色农产品，注册了"灵之秀""举人茶""大村三宝""荣德泰""京西山茶" 5 个商标。采用"产品上网、游客上山、服务进社区、宣传进展会"的经营模式。成立旅游服务中心，通过开展线上线下相结合的系列森林文化旅游活动，形成了一、二、三产融合的发展模式。先后举办了 11 届山茶旅游文化节，吸引了大批游客来到茶山采茶观光；组织了 200 多场服务进社区活动；参加了近百场展示、展销会的宣传活动。每年有上万人走进大村、体验山茶采摘游，较好地带动了当地旅游业的发展。2015 年，被国家林业局认定为"国家林下经济示范基地"。

2008 年以来，基地每年吸纳当地 60 多名农民就业，带动 200~300 户农民增收，户均增收 6000~8000 元。

四、北京京林绿色科技有限公司怀柔林下经济产业示范基地

2018 年，北京京林绿色科技有限公司依托北京林业大学的科技优势，与镇政府合作，建立北林怀柔林下经济产业示范基地。该基地位于怀柔区桥梓镇前辛庄村，占地面积约 67 公顷。基地借鉴国内外农林复合生态系统经营、自然教育、生态文明教育和"互联网＋"的成功经验，以"林＋"的方式，发展林下花卉种植、林下中药材种植、林下蔬菜种植、林下花卉（药材）产品开发与产业化利用，开展以林业科普与森林体验为主的森林旅游活动。2019 年，被国家林业和草原局认定为"国家林下经济示范基地"。2020 年 10 月，基地被确定为"怀柔区互联网＋全民义务植树基地"。

基地围绕北京林业大学科研品种资源、科技成果及人才优势，联合在京科研机构、行业骨干企业，初步建成科研成果转移转化平台、行业创新发展平台、生态文明教育体验平台、农林小微企业创新创业孵化平台、林下文创科普体验平台、林下经济咨询服务 6 大产业公共服务平台。

基地建成以来累计雇佣本地劳动力 9 万多人次，每年解决 60 个当地村民就业。同时，帮扶基地周边 4 个低收入村成立押花专业合作社，发展社员 150 多人，组织社员进行花卉种植、采集押制与产业化生产。

五、北京聚兰兴养殖专业合作社

该示范基地位于门头沟区清水镇台上村，是一家从事生态种养殖循环农业的农民专业合作社。合作社与中国农业大学、中国医学科学院药用植物研究所合作，成立林下种植中草药教授工作站，以在林下种植名贵中药材和深度开发为核心，采取"公司＋村集体＋合作社＋农户"的模式，从黄塔村、塔河村、双塘涧村、台上村、八亩堰村、张家铺村等几个低收入村流转园地和生态林地 130 多公顷，重点开发北五味子、京西白蜜、霍山石斛、黄精、地黄等名贵中药材，为当地百姓找到一条绿色增收的新路子。2019 年，被国家林业和草原局认定为"国家林下经济示范基地"。

示范基地拥有年产 400 万株北五味子种苗的生产能力，具有完整的生产、销售渠道。依托中国农业大学、中国医学科学院药用植物研究所的

合作优势，对接2家国家功能实验室，开展产学研用服务平台建设。

示范基地通过土地流转、增加就业等方式，带动当地农民参与林下经济建设。为周边9个低收入村859人提供了长期就业机会。

六、北京红石山谷森林康养有限公司林下经济示范基地

该示范基地位于昌平区南口镇新元村，2011年，北京红石山谷森林康养有限公司承包了该村约667公顷荒山并进行投资建设。在山上大力植树造林，发展果树等经济林，把荒山变成了花果山；通过与医院、学校、科研院所等机构合作，开展康复训练、自然体验、森林康养等活动，为广大市民提供了森林休闲、康养活动场所，成为全国森林康养示范基地。2019年，被国家林业和草原局认定为"国家林下经济示范基地"。

示范基地承接了航天种子培育基地项目，选取优质的航天种子，在基地种植航天蔬菜。通过在林下养鸡、养羊，采用立体农业、生态循环的生产方式，建成了集森林景观利用、林下种植、林下养殖、林下采集为一体的国家级森林康养基地。同时，组织开展了自然教育和青少年植物科普示范活动。示范基地通过吸收当地村民就业，带动村民增收，收到良好效果。截至2020年，累计带动本地劳动力就业2万多人次。

七、北京市房山区辛庄村循环种养林下经济示范基地

该示范基地位于房山区大石窝镇辛庄村，现有林地40余公顷，主要开展林下种植花卉、中草药、食用菌、林下低密度养鸡等特色种养殖活动，并与上下游企业建立了相对稳定的供求关系，形成了较为完整的生产加工、仓储物流、销售网络、技术培训的产业链条，是林下经济从生产到销售全产业链模式的试点示范，林下经济收益由基地经营者、村集体和农户按照合同规定分红。2021年，被国家林业和草原局认定为"第五批国家林下经济示范基地"。

基地采用一、二、三产融合发展模式，实现林下种养殖与休闲观光、科普教育的有机衔接，同时对林下产品的生产原料、工艺、生产管理和产品质量检测等关键环节进行全程控制，实现林下产品的绿色安全。

八、北京市怀柔区雷西沟药材种植林下经济示范基地

该示范基地位于怀柔区琉璃庙镇河北村雷西沟，经营主体是以种植穿山龙、黄精等中药材为主的北京平安富兴种植专业合作社，经营面积80公顷。基地以林下仿野生栽培方式，发展林下中药材种植、产业化利用。借鉴国内农林复合生态系统经营、自然教育以及生态文明教育"互联网+"的成功经验，践行一、二、三产融合发展。自2015年建成以来，累计雇佣本地劳动力3500人次，发放劳务佣金360多万元。通过吸纳劳动力的方式帮助该镇3个村、88人实现就业。2021年，被国家林业和草原局认定为"第五批国家林下经济示范基地"。

九、北京市密云区金叵罗林下种植示范基地

该示范基地位于密云溪翁庄镇，经营主体是密云区溪翁庄镇金叵罗村股份经济合作社，集中连片发展的林下经济有533余公顷，把林下中药材、食用菌栽培和林下养殖与当地的农耕文化、民俗活动、休闲旅游结合起来，实现一、二、三产的有机融合，"贡米打包饭"成为本村独具特色的民俗活动，村内的北井系列小院、老友季精品民宿成为享誉京郊的网红打卡地。通过"林下种植+民俗活动"带动本村村民60户就业，民俗户最高年收入可达50多万元。2020年，该村农民人均纯收入2.7万元。2021年，被国家林业和草原局认定为"第五批国家林下经济示范基地"。

第五节 桑蚕生产

一、发展历程

北京的栽桑养蚕历史悠久,京郊农民利用山野桑树和房前屋后、沟路渠边的散生桑树饲养家蚕,使桑蚕业渐渐成为郊区农民的一项传统副业,但蚕品种多为自繁自育的土种,蚕茧产量不高。1949年北京市桑蚕茧产量仅为1万千克。

新中国成立后,桑蚕业受到政府重视,组织普查北京市桑树资源,培训一批桑蚕技术骨干深入生产第一线,向广大蚕农传授栽桑养蚕技术,使用改良蚕品种替代土种,1952年北京市蚕茧产量3.5万千克。自国民经济第一个五年计划(1953—1957年)开始,京郊蚕业生产正式纳入农业生产计划,成为发展农业的一项重要内容。在此期间,京郊蚕茧产量年均递增20%,到1958年北京市蚕茧产量达到15.34万千克。1958年2月,全国桑蚕生产会议在北京召开。会后,市政府根据当时蚕业生产发展形势,决定由市农林局和市丝绸公司抽调10多名专业技术人员成立养蚕办公室,主抓北京市养蚕业生产,办公室设在市农林局林业处。养蚕办公室先后从安徽、四川、浙江等蚕业大省选调技术人员多人,充实养蚕业专业技术与管理队伍。同时,成立北京市蚕种场,负责全市蚕种生产、桑蚕技术推广等工作。随后,养蚕办公室对北京市养蚕业作了全面规划,先后建设百亩以上的成片桑园生产点6处,面积达200余公顷,利用空闲地栽桑3000多万株。1959年,蚕业生产扩展到15个区(县),50多个人民公社,4个国营林场苗圃,全年饲养量7000多张蚕种,生产蚕茧11.9万千克。

20世纪60年代中后期,由于桑树资源遭受严重破坏,北京郊区的养蚕业一度下滑。市政府适时制定了一系列恢复蚕业生产的措施,使下降趋势得到控制。调整了茧价,拿出补助资金扶持农民育苗栽桑。调整蚕业生产布局,本着因地制宜、相对集中、讲求实效的原则,有计划地在密云、平谷、怀柔、房山和顺义等地建设稳产、高产生产基地11个,有的基地短期内即见成效。如位于密云县深山区的四合堂乡,交通不便,资源匮乏。该乡在上级部门的支持下,致力于发展桑蚕生产,从20世纪70年代初期开始连续十几年蚕业生产年收入都超过10万元,占全乡农副业总收入的10%左右,户均收入达150多元。蚕业生产真正成为该乡治贫治穷的骨干副业。为了鼓励蚕农多生产蚕茧,同时解决蚕农,尤其是山区养蚕农民吃粮难的问题,国家对蚕茧生产实行粮食化肥的奖售补贴政策,蚕农以茧换粮,以茧换肥,调动了栽桑养蚕的积极性。各养蚕基地乡根据桑树资源和生产情况适当调整了生产形式。资源少且分散的地区,实行分树到户,分户饲养,收入归己。有条件的地方则鼓励搞养蚕重点户。

1974年,北京市蚕茧产量恢复到15万千克。此后,北京市蚕茧生产比较稳定,蚕茧年产量始终在10万千克以上。同时,养蚕地区发展到11个县区、120多个公社、400多个大队。

1985年3月,北京市土产公司印发《关于从1985年起改变蚕茧经营体制的通知》,明确规定"谁发种,谁收购"。由于蚕茧销售困难,极少数收茧站又趁机压级压价,甚至拒收蚕茧,严重挫伤了蚕农的生产积极性。蚕农收入锐减,随之大量毁桑改种。当年,北京市蚕茧产量只有4万千克,不到上年10万千克的半数。翌年又降至3.5万千克。

为了重新稳定蚕业生产局面,解决"卖茧难"的问题,市政府农林办公室山区处拨出专项资金分别在密云县四合堂乡、房山区十渡乡、平谷县黄松峪乡各建一座烘茧灶,加工后的干茧产销直挂,直接销售给南方蚕区,不仅提高了茧价,减少了中间环节,而且蚕茧初加工获得的利润通过降低蚕种收费、半价提供养蚕消毒药物又返还给蚕农,使蚕农的生产积极性有所提高。此外，为了消化蚕农生产的蚕茧，房山区十渡乡利用自己生产的蚕丝加工真丝挂毯，通过外贸部门出口创汇。随后几年，由于市场供求变动频繁，蚕茧销售价格也随之忽高忽低，蚕茧大战与卖茧难交替出现，蚕农生产积极性再次受到影响。因此，从1987—1990年，京郊蚕茧年产量始终徘徊在4万~5万千克。

20世纪90年代初期，蚕茧生产一度出现恢复迹象，1993年蚕茧产量达到6.5万千克。1994年，平谷县马昌营乡、大兴庄乡自筹资金30万元，购桑苗200万株，建立成片速生桑园16.67公顷。马昌营乡还建立了烘茧灶等附属配套设施。但从1995年开始，国际蚕丝市场形势每况愈下，导致国内蚕丝市场十分不景气。新发展蚕区经不起强烈的市场冲击，面对蚕茧降价，发生大量毁桑现象，成片桑园只保留下2公顷。

2014年3月，北京市蚕种场与房山区青龙湖镇协商，租赁上万村200公顷土地，利用平原造林政策，合作建设桑树品种研发实验基地——北京龙乡圣树文化园，引进中椹1号等优良果桑苗7000余株，同时，引入适合北方气候特点的330多个优良桑树品种进行比选栽培试验。此外，为突出基地特色，还从北京周边引入大规格乔木桑1万余株，用于园区行道树和造林建园。基地桑树种植面积达到46.67余公顷，为华北地区桑树品种资源最丰富、功能最多的桑树品种园，成为桑蚕文化的传承和普及基地。

二、蚕种生产

为了提供京郊蚕业生产的用种，1958年由北京市农林局接管原河北省良乡试验农场，在农场原有桑园的基础上建立北京市蚕种场。该场设计生产规模为年产杂交蚕种5万张。有蚕室5幢和各项配套设备，总面积40公顷。1960年秋，良乡蚕种场与良乡公社的黄辛庄大队合并，土地面积一度超过200公顷。1962年场队分开，蚕种场又隶属市农林局。1980年蚕种场划归市林业局领导。

1958年，蚕种场桑园面积约23公顷，有养蚕室6栋，地下贮桑室10间，用于催青、保种的冷库1座。1959—1990年，蚕种场共生产一代杂交蚕种22.1万张。原种来自江苏镇江，主要有瀛翰、华9、瀛文、华10、春·蕾、镇·珠等品种，不仅满足了全市生产用种，还外销周边地区。从1990年开始，在怀柔县范各庄乡石片村、密云县四合堂乡的二平台村饲养原种蚕，成茧检验合格后，由蚕种场生产一代杂交蚕种。1995年后，北京不再生产蚕种。

三、养蚕

（一）桑蚕

1958—1989年北京市桑蚕生产统计见表6-36-1。

表6-36-1　1958—1989年北京市桑蚕生产情况

年份	发种量（张）	产茧量（千克）	年份	发种量（张）	产茧量（千克）
1958	6268	153409.0	1966	4532	107762.0
1959	7061	119060.0	1967	3551	104345.5
1960	8542	103834.0	1968	3296	73728
1961	4922	741285.0	1969	3751	103460
1962	3421	64433.0	1970	4406	121240.5
1963	3332	80490.5	1971	4393	103782
1964	4050	10627.0	1972	5332	101036
1965	4847	123934.5	1973	6619	132537.5

(续)

年份	发种量（张）	产茧量（千克）	年份	发种量（张）	产茧量（千克）
1974	6692	150312	1982	4466	104046.0
1975	6432	132471	1983	5182	106401.5
1976	5823	130270.5	1984	3780	98562.5
1977	4092	121900.0	1985	2297	40397
1978	4355	109630.0	1986	1281	35242.5
1979	4667	123023.5	1987	1460	40100
1980	4860	105600.0	1988	2922	43700
1981	4853	101496.5	1989	2168	46500

（二）柞蚕

密云、怀柔、延庆、门头沟和房山等地区柞树资源丰富。1958年北京市农林局分别从辽宁、山东等地聘请5名有放养柞蚕经验的蚕农到京郊传授养蚕技术，并派出相关技术人员赴河南省南召蚕业试验场学习柞蚕生产管理技术。当年春秋两季放养柞蚕按卵量计为61千克，共产柞蚕茧70余万粒，合4591.5千克。1959年柞蚕茧进一步发展，放卵量增加到104千克，产柞蚕茧7950千克。后因柞树资源分散，蚕茧出售困难，鸟兽虫危害严重等因素而停止发展。

（三）蓖麻蚕

1957年7月，平谷县农业局引进第一代蓖麻蚕种1盒，在马坊乡二条街村试养，品种为花黄。当年繁育2代，每代1盒种生产24千克。1958年邀请中国农业科学院镇江蚕研所科技人员指导蓖麻蚕茧生产，在顺义县杨镇生产蚕种93盒，发放到朝阳、顺义、通县等区县饲养，生产蓖麻蚕茧5921千克。后因蚕病防治困难和茧价偏低等原因，未能进一步推广。

（四）蚕业副产物利用

1. 桑椹

历史上，大兴县安定镇周边的沙地上人工栽植了大片桑树，生产"腊皮桑椹"，其汁多味浓、香甜可口，成为明、清两朝的皇家贡品。到20世纪90年代初，该镇的前野厂、后野厂和后安定村仍有约67公顷树龄在200年以上的大桑树，每年春季生产几十吨桑椹供应首都市场。为了把桑椹产业做大，安定镇大力发展果桑种植，引进桑产品加工龙头企业，实行"加工龙头企业＋协会＋农户"的产业化运作模式，把桑椹深加工成桑椹汁、果酱、果脯和膨化食品等。到2005年，安定镇的果桑种植面积从原有的67公顷发展到433余公顷。为了加速桑椹产业的发展，安定镇还专门成立了果桑产销协会，实行销售奖励政策等措施。每年5月下旬举办桑椹文化节，吸引四面八方的游人前来观光采摘。

2. 桑叶饲料（图6-36-5）

桑叶不仅含有丰富的粗蛋白、矿物质等多种营养物质，还可为牲畜提供全面、充足的营养。同时，其含有独特的植物激素异黄酮、抑菌素、杀菌素、生物碱等有效的抗病成分，由于不存在化学合成药物的弊病，故而优势明显。饲喂桑饲料不仅可提高肉、奶、蛋的产量、品质，改善其色泽、口味，增加营养价值，还可以抑制饲料中各种有害菌群、增加动物的免疫力和提高抗应激能力，桑饲料的高消化分解率还可以大大减轻粪便气味污染。

2005年，在通州区永乐店镇建成年生产能力10000吨的桑饲料自动化生产线，生产桑饲料粉、桑饲料颗粒和桑配合专用颗粒饲料等多种桑饲料，绝大部分出口到日本和韩国，开创了中国饲料桑商品化出口的先河。

图 6-36-5　林下饲料桑种植

（五）桑蚕文化

1. 先蚕坛

元朝在元大都城东南郊皇家籍田内曾建有先蚕坛。明嘉靖九年（1530年）在北郊安定门外重建先蚕坛，明嘉靖十年（1531年）迁至西苑仁寿宫侧。乾隆七年（1742年），在西苑东北角（今北海公园后门）再次重建。此座先蚕坛占地面积17000平方米，坐北朝南，坛墙周长约530米，正门设在西南角，入正门即为先蚕坛，四丈见方，高四尺，三面有台阶，台前为桑园，台后有亲蚕门，入门有亲蚕殿。亲殿后有浴蚕池，池北是后殿，殿内屏风绘有蚕织图。宫殿左边有一条浴蚕河，河上有南北木桥两座，南桥东为先蚕神殿，北桥东为27间蚕所，皆西向。先蚕神殿左右有牲亭、井亭各一，再往北有神库、神厨，并有蚕署3间。

先蚕坛竣工后，成为北京著名的九坛八庙中的一坛，是皇家坛庙文化的重要组成部分，是中轴线上不可或缺的历史文化建筑群。1957年10月，包含先蚕坛在内的北海、团城被北京市人民政府公布为北京市第一批市级文物保护单位。1961年3月，包含先蚕坛在内的北海及团城被中华人民共和国国务院公布为第一批全国重点文物保护单位。

2. 御林古桑园

该园位于大兴区安定镇前野厂村，属永定河近代洪积平原，地势平坦，有部分自然沙丘地貌，总面积1164.79公顷，是目前华北最大、北京地区独有的以桑为特色、蕴含桑历史和桑文化的千亩古桑园。其中，树龄最老的桑树超过150年，至今仍然枝繁叶茂，春末夏初，紫红色、玉白色的桑椹挂满枝头，是开展森林生态旅游的良好场所。2004年12月，该园被国家林业局批准为"国家级森林公园"。

参考文献

北京林业志编委会，1993. 北京林业志（上、下卷）[M]. 北京：中国林业出版社.

北京市地方志编纂委员会，2000. 北京志·地质矿产水利气象卷·水利志 [M]. 北京：北京出版社.

北京市地方志编纂委员会，2000. 北京志·市政卷·园林绿化志 [M]. 北京：北京出版社.

北京市地方志编纂委员会，2016. 北京志·自然环境卷·自然环境志 [M]. 北京：北京出版社.

北京市地方志编纂委员会，2018. 北京志·水务志（1991—2010）[M]. 北京：北京出版社.

北京市地方志编纂委员会，2019. 北京志·国土资源志（1991—2010）[M]. 北京：北京出版社.

北京市地方志编纂委员会，2003. 北京志·农业卷·林业志 [M]. 北京：北京出版社.

北京市地方志编纂委员会，2017. 北京志·气象志（1996—2010）[M]. 北京：北京出版社.

北京市地方志编纂委员会，2018. 北京志·园林绿化志（1991—2010）[M]. 北京：北京出版社.

北京市林业局，1982. 北京果树栽培技术手册 [M]. 北京：北京出版社.

北京市园林绿化局（首都绿化委员会办公室），2019. 北京园林绿化大事记（1949—2019）[M]. 北京：中国林业出版社.

北京市园林绿化局，2006. 生态公益林管护指南 [M]. 北京：中国林业出版社.

北京市园林绿化局果树产业处，2008. 北京奥运推荐果品图册 [M]. 北京：北京科学技术出版社.

陈青君，刘松，2013. 北京野生大型真菌图册 [M]. 北京：中国林业出版社.

陈嵘，1983. 中国森林史料 [M]. 北京：中国林业出版社.

陈卫，胡东，付必谦，等，2007. 北京湿地生物多样性研究 [M]. 北京：科学出版社.

程继鸿，陈青君，2015. 北京地区主要野生菌资源与利用 [M]. 北京：中国农业大学出版社.

崔国发，邢韶华，赵勃，2008. 北京山地植物和植被保护研究 [M]. 北京：中国林业出版社.

董瑞龙，2011. 北京园林绿化发展战略 [M]. 北京：中国林业出版社.

冯玉波，鲁挺，1992. 传粉昆虫 [M]. 兰州：甘肃科学技术出版社.

高士武，2012. 北京平原地区林业有害生物 [M]. 哈尔滨：东北林业大学出版社.

关玲，陶万强，2010. 北京林业有害生物名录 [M]. 哈尔滨：东北林业大学出版社.

关玲，朱绍文，2018. 北京林业有害生物普查名录 [M]. 哈尔滨：东北林业大学出版社.

关玲，朱绍文，2018. 北京市林业有害生物普查图册 [M]. 哈尔滨：东北林业大学出版社.

国家林业局野生动植物保护与自然保护区管理司，中国科学院植物研究所，2013. 中国珍稀濒危植物图鉴 [M]. 北京：中国林业出版社.

河北省农业科学院果树研究所，1986. 河北果树志 [M]. 石家庄：河北人民出版社.

华北树木志编写组，1984. 华北树木志 [M]. 北京：中国林业出版社.

雷霆，崔国发，卢宝明，等，2010. 北京湿地植物研究 [M]. 北京：中国林业出版社.

李景文，姜英淑，张志翔，等，2012. 北京森林植物多样性分布与保护管理 [M]. 北京：科学出版社.

李俊清，等，2008. 北京山地森林的生态修复 [M]. 北京：科学出版社.

李莉，2017. 中国林业史 [M]. 北京：中国林业出版社.

林业部野生动物和森林植物保护司，1990. 森林植物检疫对象和检疫技术 [M]. 长春：吉林科学技术出版社.

刘宝存，赵永志，等，2016. 北京土壤 [M]. 北京：中国农业出版社.

刘孟军，1998. 中国野生果树 [M]. 北京：中国农业出版社.

龙兴桂，2000. 现代中国果树栽培：落叶果树卷 [M]. 北京：中国林业出版社.

陆秋农，贾定贤，1999. 中国果树志：苹果卷 [M]. 北京：中国农业科技出版社.

陆元昌，2006. 近自然森林经营的理论与实践 [M]. 北京：科学出版社.

马红，赵敏燕，邵丹，等，2022. 自然解说员培训指南 [M]. 北京：中国林业出版社.

马履一，甘敬，贾黎明，等，2011. 油松、侧柏人工林抚育研究 [M]. 北京：中国环境科学出版社.

马忠良，1997. 中国森林的变迁 [M]. 北京：中国林业出版社.

卯晓岚，2000. 中国大型真菌 [M]. 郑州：河南科学技术出版社.

莫容，胡洪涛，2009. 北京古树名木散记 [M]. 北京：北京燕山出版社.

南海龙，2022. 森林疗养师培训教材——案例集篇 [M]. 北京：科学出版社.

南海龙，王小平，等，2016. 森林疗养漫谈 [M]. 北京：中国林业出版社.

曲泽洲，1990. 北京果树志 [M]. 北京：北京出版社.

闪崇辉，2004. 北京名果 [M]. 北京：科学技术文献出版社.

束怀瑞，2009. 果树栽培理论与实践 [M]. 北京：中国农业出版社.

陶万强，关玲，2010. 美国白蛾实用防控技术 [M]. 哈尔滨：东北林业大学出版社.

陶万强，关玲，2014. 北京林业有害生物防控研究 [M]. 哈尔滨：东北林业大学出版社.

陶万强，关玲，2017. 北京林业有害生物 [M]. 哈尔滨：东北林业大学出版社.

汪祖华，庄恩及，1999. 中国果树志：桃卷 [M]. 北京：中国林业出版社.

王合，等，2017. 北京常见果树病虫害防治技术 [M]. 哈尔滨：东北林业大学出版社.

王九龄，李荫秀，1992. 北京森林史辑要 [M]. 北京：北京科学技术出版社.

王力荣，等，2012. 中国桃遗传资源 [M]. 北京：中国农业出版社.

王小平，陆元昌，秦永胜，2008. 北京近自然森林经营技术指南 [M]. 北京：中国林业出版社.

王小平，张志翔，甘敬，等，2008. 北京森林植物图谱 [M]. 北京：科学出版社.

吴廷燮，等，2000. 北京市志稿 [M]. 北京：北京燕山出版社.

吴燕如，1965. 中国经济昆虫志（第九册）[M]. 北京：北京科学技术出版社.

郗荣庭，张毅萍，1996. 中国果树志：核桃卷 [M]. 北京：中国林业出版社.

肖能文，高晓奇，等，2018. 北京市生物多样性评估与保护对策 [M]. 北京：中国林业出版社.

信善林，孔雪华，2017. 齐民要术与林果栽培 [M]. 北京：中国农业科学技术出版社.

闫国增，王合，2014. 北京山区林业有害生物 [M]. 哈尔滨：东北林业大学出版社.

姚允聪，付占芳，李雄，2009. 观光果园建设：理论、实践与鉴赏 [M]. 北京：中国农业出版社.

于志民，2019. 北京森林与经营 [M]. 北京：中国林业出版社.

余新晓，甘敬，李金海，等，2010. 森林健康评价、监测与预警 [M]. 北京：科学出版社.

余新晓，岳永杰，王小平，等，2010. 森林生态系统结构及空间格局 [M]. 北京：科学出版社.

虞国跃，2003. 赏玩虫 [M]. 北京：中国林业出版社.

翟明普，沈国舫，2016. 森林培育学 [M]. 3版. 北京：中国林业出版社.

翟旺，张守道，1994. 太行山系森林与生态简史 [M]. 太原：山西高校联合出版社.

张钢民，薛康，杜鹏志，等，2011. 北京常见森林植物识别手册 [M]. 北京：中国林业出版社.

张宇和，等，2005. 中国果树志：板栗榛子卷 [M]. 北京：中国林业出版社.

张志翔，等，2018. 京津冀地区保护植物图谱 [M]. 北京：中国林业出版社.

赵欣如，朱雷，等，2021. 北京鸟类图鉴 [M]. 北京：中国林业出版社.

中共北京市委组织部，2019. 北京市情 [M]. 北京：北京出版社.

中国农业科学院果树研究所，1963. 中国果树志（第三卷）：梨 [M]. 上海：上海科学技术出版社.

中国森林编辑委员会，1997. 中国森林 [M]. 北京：中国林业出版社.

中华人民共和国国务院新闻办公室，2021. 中国的生物多样性保护白皮书 [M]. 北京：人民出版社.

周彩贤，马红，张玉钧，等，2016. 自然体验教育活动指南 [M]. 北京：中国林业出版社.

周彩贤，智信，朱建刚，2016. 近自然森林经营——北京的探索与实践 [M]. 北京：中国林业出版社.

附 录

北京市园林绿化地方标准名录

(截至2022年12月25日)

序号	标准号	标准名称	行业主管部门
1	DB11/T 082—2015	管氏肿腿蜂人工繁育	北京市园林绿化局
2	DB11/T 126—2012	封山育林技术规程	北京市园林绿化局
3	DB11/T 211—2017	园林绿化用植物材料 木本苗	北京市园林绿化局
4	DB11/T 212—2017	园林绿化工程施工及验收规范	北京市园林绿化局
5	DB11/T 213—2022	城镇绿地养护技术规范	北京市园林绿化局
6	DB11/T 214—2016	居住区绿地设计规范	北京市园林绿化局
7	DB11/T 222—2004	主要造林树种苗木质量分级	北京市园林绿化局
8	DB11/T 245—2012	园林绿化工程监理规程	北京市园林绿化局
9	DB11/T 281—2015	屋顶绿化规范	北京市园林绿化局
10	DB11/T 290—2005	山区生态公益林抚育技术规程	北京市园林绿化局
11	DB11/T 335—2022	园林设计文件内容及深度要求	北京市园林绿化局
12	DB11/T 342—2015	观光果园建设规范	北京市园林绿化局
13	DB11/T 434—2022	核桃轻简化栽培技术规程	北京市园林绿化局
14	DB11/T 435—2021	杏生产技术规程	北京市园林绿化局
15	DB11/T 436—2021	李生产技术规程	北京市园林绿化局
16	DB11/T 476—2021	林木育苗技术规程	北京市园林绿化局
17	DB11/T 478—2022	古树名木评价规范	北京市园林绿化局
18	DB11/T 480—2007	蜜蜂饲养综合技术规范	北京市园林绿化局
19	DB11/T 481—2007	蜂蜜生产技术规范	北京市园林绿化局
20	DB11/T 482—2007	蜂王浆生产技术规范	北京市园林绿化局
21	DB11/T 483—2007	蜂花粉生产技术规范	北京市园林绿化局
22	DB11/T 484—2007	蜂胶生产技术规范	北京市园林绿化局
23	DB11/T 508—2017	林木及观赏植物品种审定技术规范	北京市园林绿化局
24	DB11/T 559—2008	木本观赏植物栽植与管理	北京市园林绿化局

(续)

序号	标准号	标准名称	行业主管部门
25	DB11/T 599—2016	北京主要鲜果等级	北京市园林绿化局
26	DB11/T 632—2009	古树名木保护复壮技术规程	北京市园林绿化局
27	DB11/T 659—2018	森林资源资产价值评估技术规范	北京市园林绿化局
28	DB11/T 670—2009	精品公园评定标准	北京市园林绿化局
29	DB11/T 679—2009	森林资源损失鉴定标准	北京市园林绿化局
30	DB11/T 680—2009	彩色马蹄莲种球繁育技术规程	北京市园林绿化局
31	DB11/T 681—2009	切花芍药种苗贮藏技术规程	北京市园林绿化局
32	DB11/T 682—2009	切花百合设施生产技术规程	北京市园林绿化局
33	DB11/T 683—2009	大油芒容器育苗技术规程	北京市园林绿化局
34	DB11/T 684—2022	桃生产技术规范	北京市园林绿化局
35	DB11/T 702—2010	春尺蠖监测与防治技术规程	北京市园林绿化局
36	DB11/T 703—2010	美国白蛾综合防控技术规程	北京市园林绿化局
37	DB11/T 704—2010	双条杉天牛监测与防治技术规程	北京市园林绿化局
38	DB11/T 712—2019	园林绿化工程资料管理规程	北京市园林绿化局
39	DB11/T 724—2010	沙化土地监测指标体系	北京市园林绿化局
40	DB11/T 725—2010	森林健康经营与生态系统健康评价规程	北京市园林绿化局
41	DB11/T 726—2019	露地花卉布置技术规程	北京市园林绿化局
42	DB11/T 727—2018	主要花坛花卉产品等级	北京市园林绿化局
43	DB11/T 746—2010	公园无障碍设施设置规范	北京市园林绿化局
44	DB11/T 748—2010	大规格苗木移植技术规程	北京市园林绿化局
45	DB11/T 767—2010	古树名木日常养护管理规范	北京市园林绿化局
46	DB11/T 768—2010	北京市级湿地公园建设规范	北京市园林绿化局
47	DB11/T 769—2010	北京市级湿地公园评估标准	北京市园林绿化局
48	DB11/T 771—2010	涝峪薹草栽培技术规程	北京市园林绿化局
49	DB11/T 772—2010	梨贮藏保鲜技术规程	北京市园林绿化局
50	DB11/T 792—2011	植物源营养液制作及在果树上的应用技术	北京市园林绿化局
51	DB11/T 793—2011	低效生态公益林改造技术规程	北京市园林绿化局
52	DB11/T 794—2011	公园绿地应急避难功能设计规范	北京市园林绿化局
53	DB11/T 795.1—2011	园林绿化网格化管理 第1部分：系统建设规范	北京市园林绿化局
54	DB11/T 795.2—2011	园林绿化网格化管理 第2部分：网格划分与编码规则	北京市园林绿化局

(续)

序号	标准号	标准名称	行业主管部门
55	DB11/T 795.3—2012	园林绿化网格化管理 第3部分：对象、事件、业务分类与编码	北京市园林绿化局
56	DB11/T 822—2015	盆栽红掌栽培技术规程	北京市园林绿化局
57	DB11/T 830—2011	草履蚧监测与防治技术规程	北京市园林绿化局
58	DB11/T 831—2011	油松毛虫监测与防治技术规程	北京市园林绿化局
59	DB11/T 839—2017	行道树栽植与养护管理技术规范	北京市园林绿化局
60	DB11/T 842—2019	近自然森林经营技术规程	北京市园林绿化局
61	DB11/T 844—2011	独本菊栽培技术规程	北京市园林绿化局
62	DB11/T 845—2011	切花菊设施生产技术规程	北京市园林绿化局
63	DB11/T 846—2019	茶菊生产技术规程	北京市园林绿化局
64	DB11/T 864—2020	园林绿化种植土壤技术要求	北京市园林绿化局
65	DB11/T 865—2020	藤本月季养护规程	北京市园林绿化局
66	DB11/T 866—2012	盆栽凤梨生产技术规程	北京市园林绿化局
67	DB11/T 887—2012	设施西瓜蜜蜂授粉技术规范	北京市园林绿化局
68	DB11/T 896—2020	苹果生产技术规程	北京市园林绿化局
69	DB11/T 897—2020	葡萄生产技术规程	北京市园林绿化局
70	DB11/T 898—2020	盆栽小菊栽培技术规程	北京市园林绿化局
71	DB11/T 899—2019	盆栽蝴蝶兰栽培技术规程	北京市园林绿化局
72	DB11/T 928—2020	苹果矮砧栽培技术规程	北京市园林绿化局
73	DB11/T 930—2012	平原地区森林生态体系建设技术规程 景观生态林	北京市园林绿化局
74	DB11/T 936.13—2020	节水评价规范 第13部分：公园	北京市园林绿化局
75	DB11/T 951—2013	苹果蠹蛾检疫防治技术规程	北京市园林绿化局
76	DB11/T 952—2013	黄连木尺蠖监测与防治技术规程	北京市园林绿化局
77	DB11/T 953—2013	林业碳汇计量监测技术规程	北京市园林绿化局
78	DB11/T 955—2013	花卉产品等级 切花菊	北京市园林绿化局
79	DB11/T 966—2013	切花红掌设施栽培技术规程	北京市园林绿化局
80	DB11/T 988—2013	柳枝稷栽培技术规程	北京市园林绿化局
81	DB11/T 989—2022	园林绿化工程竣工图编制规范	北京市园林绿化局
82	DB11/T 990—2013	榆叶梅繁殖与栽培养护技术规程	北京市园林绿化局
83	DB11/T 991—2013	果园生草技术规程	北京市园林绿化局
84	DB11/T 1013—2022	绿化种植分项工程施工工艺规程	北京市园林绿化局
85	DB11/T 1045—2020	白皮松育苗技术规程	北京市园林绿化局

(续)

序号	标准号	标准名称	行业主管部门
86	DB11/T 1046—2013	百合种球繁育技术规程	北京市园林绿化局
87	DB11/T 1047—2022	果品等级 鲜食枣	北京市园林绿化局
88	DB11/T 1048—2013	花卉产品等级 盆栽凤梨	北京市园林绿化局
89	DB11/T 1049—2020	花卉产品等级 切花百合	北京市园林绿化局
90	DB11/T 1050—2021	梨小食心虫监测与防治技术规程	北京市园林绿化局
91	DB11/T 1051—2013	沙地桑树栽培技术规程	北京市园林绿化局
92	DB11/T 1052—2022	主要花坛花卉种苗产品等级	北京市园林绿化局
93	DB11/T 1059—2014	设施草莓蜜蜂授粉技术规范	北京市园林绿化局
94	DB11/T 1085—2022	梨生产技术规范	北京市园林绿化局
95	DB11/T 1089—2014	林业碳汇项目审定与核证技术规范	北京市园林绿化局
96	DB11/T 1091—2014	设施茄果类蔬菜熊蜂授粉技术规程	北京市园林绿化局
97	DB11/T 1092—2014	紫薇繁殖与栽培养护技术规程	北京市园林绿化局
98	DB11/T 1097—2014	矮丛薹草栽培技术规程	北京市园林绿化局
99	DB11/T 1099—2014	林业生态工程生态效益评价技术规程	北京市园林绿化局
100	DB11/T 1112—2014	高速公路边坡绿化设计、施工及养护技术规范	北京市园林绿化局
101	DB11/T 1113—2014	古树名木健康快速诊断技术规程	北京市园林绿化局
102	DB11/T 1127—2022	万寿菊生产技术规程	北京市园林绿化局
103	DB11/T 1128—2014	竹子栽培养护技术规程	北京市园林绿化局
104	DB11/T 1129—2014	生物防治产品应用技术规程 杨扇舟蛾颗粒体病毒	北京市园林绿化局
105	DB11/T 1144—2014	盆栽春石斛兰栽培技术规程	北京市园林绿化局
106	DB11/T 1145—2014	花卉产品等级 红掌	北京市园林绿化局
107	DB11/T 1146—2022	花卉产品等级 盆栽菊花	北京市园林绿化局
108	DB11/T 1175—2015	园林绿地工程建设规范	北京市园林绿化局
109	DB11/T 1176—2015	花卉产品等级 月季	北京市园林绿化局
110	DB11/T 1184—2015	城市绿地土壤施肥技术规程	北京市园林绿化局
111	DB11/T 1185—2015	彩色马蹄莲设施栽培技术规程	北京市园林绿化局
112	DB11/T 1186—2015	枣疯病综合防治技术规程	北京市园林绿化局
113	DB11/T 1187—2015	自然保护区珍稀濒危树种监测技术规程	北京市园林绿化局
114	DB11/T 1214—2015	平原地区造林项目碳汇核算技术规程	北京市园林绿化局

(续)

序号	标准号	标准名称	行业主管部门
115	DB11/T 1243—2015	观赏海棠繁育与栽培技术规范	北京市园林绿化局
116	DB11/T 1298—2015	公园数据元规范	北京市园林绿化局
117	DB11/T 1299—2015	柳蜷叶蜂监测与防治技术规程	北京市园林绿化局
118	DB11/T 1300—2015	湿地恢复与建设技术规程	北京市园林绿化局
119	DB11/T 1301—2015	湿地监测技术规程	北京市园林绿化局
120	DB11/T 1302—2018	芒属和荻属植物栽培技术规程	北京市园林绿化局
121	DB11/T 1303—2015	花卉产品等级 马蹄莲	北京市园林绿化局
122	DB11/T 1304—2015	森林文化基地建设导则	北京市园林绿化局
123	DB11/T 1322.76—2018	安全生产等级评定技术规范 第76部分：园林绿化施工单位	北京市园林绿化局
124	DB11/T 1322.77—2018	安全生产等级评定技术规范 第77部分：公园风景名胜区	北京市园林绿化局
125	DB11/T 1322.78—2018	安全生产等级评定技术规范 第78部分：野生动物养殖场所	北京市园林绿化局
126	DB11/T 1330—2016	生物防治产品应用技术规程 大喙蜡甲	北京市园林绿化局
127	DB11/T 1331—2016	梨密植早果高效栽培技术规程	北京市园林绿化局
128	DB11/T 1351—2016	林木采种基地建设技术规程	北京市园林绿化局
129	DB11/T 1358—2016	黄栌景观林养护技术规程	北京市园林绿化局
130	DB11/T 1359—2016	平原生态公益林养护技术导则	北京市园林绿化局
131	DB11/T 1379—2016	花卉产品等级 观赏蕨种苗及盆栽产品	北京市园林绿化局
132	DB11/T 1380—2016	观赏荷花栽培技术规程	北京市园林绿化局
133	DB11/T 1381—2016	葡萄设施栽培技术规程	北京市园林绿化局
134	DB11/T 1398—2017	丁香繁殖与栽培技术规程	北京市园林绿化局
135	DB11/T 1430—2017	古树名木雷电防护技术规范	北京市园林绿化局
136	DB11/T 1431—2017	桃树根癌病综合防治技术规程	北京市园林绿化局
137	DB11/T 1432—2017	生物防治产品应用技术规程 舞毒蛾核型多角体病毒	北京市园林绿化局
138	DB11/T 1433—2017	栾树育苗技术规程	北京市园林绿化局
139	DB11/T 1434—2017	园林地被建植与管理技术规程	北京市园林绿化局
140	DB11/T 1435—2017	园林给排水分项工程施工工艺规程	北京市园林绿化局
141	DB11/T 1436—2022	海绵城市集雨型绿地工程设计规范	北京市园林绿化局
142	DB11/T 1437—2017	森林固碳增汇经营技术规程	北京市园林绿化局
143	DB11/T 1474—2017	水源保护林改造技术规程	北京市园林绿化局
144	DB11/T 1499—2017	节水型苗圃建设规范	北京市园林绿化局

(续)

序号	标准号	标准名称	行业主管部门
145	DB11/T 1500—2017	自然保护区建设和管理规范	北京市园林绿化局
146	DB11/T 1501—2017	平原森林节水保育技术规程	北京市园林绿化局
147	DB11/T 1502—2017	节水型林地、绿地建设规程	北京市园林绿化局
148	DB11/T 1503—2017	湿地生态质量评估规范	北京市园林绿化局
149	DB11/T 1512—2018	园林绿化废弃物资源化利用规范	北京市园林绿化局
150	DB11/T 1513—2018	城市绿地鸟类栖息地营造及恢复技术规范	北京市园林绿化局
151	DB11/T 1514—2018	低效果园改造技术规范	北京市园林绿化局
152	DB11/T 1547—2018	主要林木害虫监测调查技术规程	北京市园林绿化局
153	DB11/T 1548—2018	朱顶红栽培技术规程	北京市园林绿化局
154	DB11/T 1567—2018	森林疗养基地建设技术导则	北京市园林绿化局
155	DB11/T 1596—2018	公园绿地改造技术规范	北京市园林绿化局
156	DB11/T 1600—2018	萱草生产栽培技术规程	北京市园林绿化局
157	DB11/T 1601—2018	毛白杨繁育技术规程	北京市园林绿化局
158	DB11/T 1602—2018	生物防治产品应用技术规程 白蜡吉丁肿腿蜂	北京市园林绿化局
159	DB11/T 1603—2018	睡莲栽培技术规程	北京市园林绿化局
160	DB11/T 1604—2018	园林绿化用地土壤质量提升技术规程	北京市园林绿化局
161	DB11/T 1605—2018	鸟类多样性及栖息地质量评价技术规程	北京市园林绿化局
162	DB11/T 1615—2019	园林绿化科普标识设置规范	北京市园林绿化局
163	DB11/T 1623—2019	玉簪栽培技术规程	北京市园林绿化局
164	DB11/T 1637—2019	城市森林营建技术导则	北京市园林绿化局
165	DB11/T 1648—2019	樱桃砧木组培快繁技术规程	北京市园林绿化局
166	DB11/T 1660—2019	森林体验教育基地评定导则	北京市园林绿化局
167	DB11/T 1664—2019	主要果树害虫监测调查技术规程	北京市园林绿化局
168	DB11/T 1690—2019	矿山植被生态修复技术规范	北京市园林绿化局
169	DB11/T 1691—2019	腾退空间园林绿化建设规范	北京市园林绿化局
170	DB11/T 1692—2019	城市树木健康诊断技术规程	北京市园林绿化局
171	DB11/T 1733—2020	绿地保育式生物防治技术规程	北京市园林绿化局
172	DB11/T 1758—2020	草花组合景观营建及管护技术规程	北京市园林绿化局
173	DB11/T 1778—2020	美丽乡村绿化美化技术规程	北京市园林绿化局
174	DB11/T 1779—2020	浅山区造林技术规程	北京市园林绿化局

(续)

序号	标准号	标准名称	行业主管部门
175	DB11/T 1780—2020	山区森林质量提升技术规程	北京市园林绿化局
176	DB11/T 1800—2020	规模化苗圃生产与管理规范	北京市园林绿化局
177	DB11/T 1801—2020	木本香薷栽培技术规程	北京市园林绿化局
178	DB11/T 1802—2020	果树水肥一体化技术规程	北京市园林绿化局
179	DB11/T 1803—2020	春季开花木本植物花期延迟技术规程	北京市园林绿化局
180	DB11/T 1878—2021	鸟类生态廊道设计与建设规范	北京市园林绿化局
181	DB11/T 1881—2021	大规格容器苗培育技术规程	北京市园林绿化局
182	DB11/T 1928—2021	小微湿地修复技术规程	北京市园林绿化局
183	DB11/T 1942—2021	银杏养护技术规程	北京市园林绿化局
184	DB11/T 1962—2022	食用林产品质量安全追溯元数据	北京市园林绿化局
185	DB11/T 1970—2022	牡丹繁殖与栽培技术规程	北京市园林绿化局
186	DB11/T 1989—2022	园林绿化生态系统监测网络建设规范	北京市园林绿化局、北京市生态环境局
187	DB11/T 1994—2022	百合林下栽培技术规程	北京市园林绿化局
188	DB11/T 1995—2022	花卉交易服务规范	北京市园林绿化局
189	DB11/T 1996—2022	仁果类水果采后处理技术规范	北京市园林绿化局
190	DB11/T 2029—2022	森林体验指数评价技术规范	北京市园林绿化局
191	DB11/T 2030—2022	沙枣育苗技术规程	北京市园林绿化局
192	DB11/T 2072—2022	栎属植物苗木繁育与栽培技术规程	北京市园林绿化局
193	DB11/T 3028—2022	古柏树养护与复壮技术规程	北京市园林绿化局
194	DB11/T 3029—2022	园林绿化有机覆盖物应用技术规程	北京市园林绿化局